# 固体電子の量子論

浅野建一［著］

Quantum Theory of Electrons in Solids

Kenichi ASANO

東京大学出版会

Quantum Theory of Electrons in Solids
Kenichi ASANO
University of Tokyo Press, 2019
ISBN978-4-13-062619-4

# 緒　言

本書はいわゆる固体電子論の教科書である．つまり，電子の振る舞いに着目して，固体が示すさまざまな性質（物性）を明らかにする物理学の理論分野を扱っている．主たる読者としては，物理学科の四年生から大学院修士課程までの学生を想定し，学部生の間に習う量子力学と統計力学の基礎知識のみを前提として，読者を専門的な研究の入り口まで案内することを目指している．

固体電子論は量子力学の確立以降，現在に至るまで急速に発展しており，著者が大学院生だった 1990 年代後半と比較しても，研究対象の広がり，内容の深化の両面で格段の進歩を遂げた．その結果，学生は非常に早い段階から，専門性の高い知識を身に着けることを求められるようになった．先を急ぐあまり，学びを自分の専門のごく近くのみに限定してしまう者も増えている．しかしこれは危険な傾向だ．物理学の体系の性質上，広く固めた基礎の上に，少しずつ専門性の高い知識を積み上げていかないと，せっかく学んだことが「砂上の楼閣」になってしまいかねない．

大学院へ入学が内定した学生に，入学までに何を勉強しておくべきか尋ねられることがある．以前は上記の観点から，教科書レベルの量子力学と統計力学を自在に使いこなせることと，基礎的な固体電子論の教科書を一冊熟読することだけを求めていた．しかし最近，この答えでよいのか自信を持てなくなった．筆者が学生だった頃と比べても，学部生で習う知識と，最先端の研究を扱う論文やレビューが前提とする知識の隔たりが大きく広がっているからである．この隔たりを埋める教科書が欲しいところなのだが，最近国内で出版されたものの多くは，学部生の読者を想定した初歩的な内容か，話題を絞った専門性の高い内容の両極端に偏る傾向にあって，扱う題材の広さと深さのバランスの面で，この目的に適しているとは言い難い．

今どきの学生を悩ますもう一つ大きな問題に，情報の氾濫がある．彼らは筆者が学生だった頃とは比較にならない，膨大な量の情報と直に接することができる幸運に浴している．ただし，その恩恵を享受するためには，玉石混交の情報から重要なものだけを選び出し，真贋を見極める能力が必要とされる．ここでもやはり，広さと深さのバランスがとれた基礎知識を早期に修得することが求められているわけだ．結局，時代の要求に応える教科書が乏しければ，自分で用意するしかないという結論に至った．

実際の執筆にあたって，前提となる知識を最小限に絞り込むことからはじめた．そのうちで，学部の量子力学と統計力学の講義で取り上げられない可能性が少しでもある項目については，第I部で解説を与えることにした．次に，国内外の固体電子論に関連する教科書や専門書を集め，そこで扱われている項目の中で，現代的視点から本書に相応しいと思われるものを厳選した．すべての項目を覆うことはせず，重要概念だけに話を限る代わりに，取り上げた各項目については，読者が将来取り組む研究に資するレベルまで掘り下げて解説することを目指した．また，第II部以降で取り上げた項目に関しては，大学院生に戻ったつもりで，研究課題を扱うのと同じ要領で原稿執筆に臨んだ．最初は一旦原論文や参考文献を遠ざけて，第I部で解説した予備知識だけから，筆者なりにどこまでの結論を導き出せるか追求したわけである．そのため，本書は単なる原論文や参考文献の劣化コピーにはなっていないはずだ．筆者の計算の道筋が原論文と異なっていることも多かったので，数値計算も簡単なものは自前でプログラムを組み，原論文の結果との整合性を後から慎重に確認している．

初等的な教科書の中には，計算の途中経過を省いて，いきなりエレガントな直観的描像を与えているものも少なくない．しかし，実際の研究の場で最初から完全な直観的描像が描けている問題を扱うことは稀である（そのような問題は，大抵自明でつまらない）．本書では，多少まどろっこしくても，泥臭い計算をして結果を導いた後で，その物理的意味を吟味する順序に拘った．ただし，高度な手法を用いれば短い計算で済むものも，初等的な手法だけを用いて導くと長く退屈な計算になりやすいので，そうならないないように最善を尽くした．また，教科書として自己完結していることを重んじ，新しい概念や手法を一から説明するのはもちろん，計算途中で必要な数学公式の導出に至るまで，他書を一切参照せずに内容を理解できるように細心の注意を払った．

本書の構成を概観しておこう．既に述べた通り，第I部では本書を通じて必要になる基礎概念を解説した．まず第1章では，主だったモデルハミルトニアンを取り上げ，それらが第一原理のハミルトニアンのどの要素を捨て，どの要素を残したものなのか述べた．第2章と第3章ではそれぞれ，量子力学続論，統計力学続論と呼ぶべき内容をまとめた．これらの内容については，既に予備知識をお持ちの読者も多いと思うが，本書で用いる記号の説明を兼ねているので，ご一読頂きたい．第4章は線形応答理論（久保公式）の説明に割いた．久保公式を単なる一次摂動の問題として雑に扱う本も多いが，実際にはさまざまな使用上の注意があることを強調しておいた．

第II部はバンド計算（一電子近似）の話題にあてた．第5章と第6章では，離散的な並進対称性に着目し，一電子ハミルトニアンをブロック対角化するという観点を前面に出して，Blochの定理を扱い，それに関連する標準的な話題を一通り紹介している．第7章では一電子近似の具体的な手法として，平衡統計力学における変分法の観点から，Hartree-Fock近似と，密度汎関数法に基づくKohn-Sham理論を論じた．

第III部では物質の電磁応答を扱っている．特に第8章をその一般論にあてた．電磁応答を扱う際には，何を計算したら望みの情報が得られるのかよく考えねばならないのだが，この点を十分に説明していない教科書が多く，しばしば初学者の混乱を招く原因になっている．そこで，この点を説明するために一章を割く価値があると考えた．後続の第9–11章は，金属および絶縁体の電磁応答（輸送現象・光学応答・遮蔽効果）を具体的に調べる内容になっている．初等的な教科書では，この内容をBoltzmann方程式を基に論じることが多いが，本書では最初から久保公式を駆使している．

第IV部以降はやや専門的な内容である．第IV部では局所的に働く強い電子間相互作用がもたらす諸現象を扱った．第12章では，相互作用のある系を相互作用のない系からの延長で捉えるFermi液体論について述べ，Green関数に関する初歩的な導入も与えた．第13章では局所的に働く電子間相互作用が重要になる最も単純な問題として，金属中の磁性不純物の問題（近藤問題）を取り上げた．さらに，第14章では，非常に強い電子間相互作用が系を絶縁化させ，Fermi液体の描像が破綻するMott-Hubbard転移について述べた．

第V部は相転移（自発的対称性の破れ）に関連する話題にあてた．第15章では金属強磁性，第16章と第17章では超伝導について扱っている．いずれの場合についても，感受率の発散を手懸りに，相転移の可能性を探っている点が特色になっている．最後の第VI部（第18章および第19章）では，整数および分数量子Hall効果を扱った．これは現在の花形研究分野であるトポロジカル物性論へつながる内容である．

本書の目次を眺めて，Green関数の摂動論に関する詳細な解説を期待した方がおられるかもしれない．しかし，本書ではFeynmanダイヤグラムを駆使した摂動計算の技法は扱っていない．この話題については，和書に限っても既に良書が多数出版されており，それらに勝る内容を大幅なページ増を避けながら盛り込むのは難しいと考えたからである．興味がある方には，本書を読んだ後（あるいは並行して），この話題を扱った専門書を読むことを薦めたい．Green 関数の摂動論をはじめて学ぶ際に陥りやすい罠は，美しく整備された計算技巧に目を奪われて，肝心の物理的意味を見失うことにあるが，本書を読んだ方にとっては，Feynman ダイヤグラムの裏にある物理的意味を読み取ることも，さほど難しいことでないだろう．

本書の内容は筆者が大阪大学で行った大学院の講義のレジュメが原型になっている．講義では，第 3 章と第 4 章の内容をかいつまんで説明した後，受講者から希望があった話題をいくつか取り上げていた．書き溜めたレジュメが一冊の教科書の原型になるまでに至ったのは，彼らが十数年にわたって実にさまざまな（我儘放題な）希望を出し，間違いの多いレジュメに真摯に向き合ってくれたお蔭である．さらに，東京大学大学院総合文化研究科の清水明研究室，加藤雄介研究室，堀田知佐研究室の大学院生や卒業生の方々には，本書の未熟な段階の原稿を輪講していただき，誤植や改善点を多数ご指摘頂いた．特に，藤倉恭太氏，中村望氏，畠山遼子氏，箱嶋秀昭氏，篠崎美沙子氏，田中克大氏，横山祐人氏，上田和正氏，弓削達郎氏には，文章や計算の綿密なチェックをしていただいた．また，東京大学出版会の岸純青氏には本書の出版に際してひとかたならぬ助力を賜った．この場を借りて皆様にお礼申し上げる．最後に，本書の執筆を支えてくれた妻の知佐に感謝したい．

2019 年 7 月

浅野建一

# 目　次

# 本書で用いる記号・表記

## 数学の記号・記法

### 数学定数

$e$　自然対数の底．$e = 2.718281828459045\cdots$．素電荷も $e$ で表す．

$\pi$　円周率．$\pi = 3.14159265358979\cdots$．

$\gamma$　Euler 定数 $\gamma \equiv \lim_{n\to+\infty}\left(\sum_{j=1}^{n} j^{-1} - \ln n\right) = 0.5772156649\cdots$．物理量にも $\gamma$ を用いることがある．

$i$　虚数単位．整数の変数も $i$ で表す．

### 必ずしも一般的でない数学記号

$A \equiv B$　$A$ を $B$ と定義する．

$A \rightsquigarrow B$　$A$ を $B$ に置き換える．

$\pm, \mp$　$+$ と $-$ の場合の式を一つにまとめて表す際に用いる．複号 $\pm$ や $\mp$ を含む複数の式が並ぶときは，特に断らない限り復号同順の意味．

$\{a_j\}_{j=1,2,\cdots,n}$　$a_1, a_2, \cdots, a_n$ を要素とする集合．文脈から $j$ が動く範囲が明らかなら $\{a_j\}$ と略記．

$F(x)|_{x=a}$　$F(x)|_{x=a} \equiv F(a)$．

$[F(x)]_a^b$　$[F(x)]_a^b \equiv F(b) - F(a)$．

$\min_x F$, $\max_x F$　$x$ を動かしたときの $F$ の最小値，最大値．

${}_nC_m$　二項係数．${}_nC_m \equiv n!/m!(n-m)!$（$n$, $m$ は 0 以上の整数）．

### 線形代数

$a, b, \cdots$　原則としてスカラー量を斜体で表す．

$\boldsymbol{a}, \boldsymbol{b}, \cdots$　原則としてベクトル量を太字の斜体で表す．

$\underline{A}, \underline{B}, \cdots$　原則として行列やテンソルで表される量を下線付きの斜体で表す．

$a_\mu$, $A_{\mu\nu\cdots}$　ベクトル $\boldsymbol{a}$，行列やテンソル $\underline{A}$ の成分．原則として添字 $\mu, \nu, \cdots$ はそれぞれ番号を指すが，$x, y, z$ 方向の成分という意味で用いる場合は $x, y, z$ を指す．

$\delta_{\mu\nu}$　Kronecker のデルタ．単位行列の成分．$\mu = \nu$ のとき 1，それ以外は 0．

$\varepsilon_{\mu_1\mu_2\cdots\mu_n}$　Levi-Civita の記号．$\varepsilon_{12\cdots n} = 1$ を満たす $n$ 階完全反対称テンソルの成分．$(\mu_1, \mu_2, \cdots, \mu_n)$ が $(1, 2, \cdots, n)$ の置換ならばその符号，それ以外は 0.

$\boldsymbol{a} \cdot \boldsymbol{b}$　実または複素ベクトル $\boldsymbol{a}$ と $\boldsymbol{b}$ の内積．$\boldsymbol{a} \cdot \boldsymbol{b} \equiv \sum_\mu a_\mu^* b_\mu$.

$\boldsymbol{a} \times \boldsymbol{b}$　三次元実ベクトル $\boldsymbol{a}$ と $\boldsymbol{b}$ の外積．$(\boldsymbol{a} \times \boldsymbol{b})_\mu \equiv \sum_{\nu\xi} \varepsilon_{\mu\nu\xi} a_\nu b_\xi$.

$\boldsymbol{a} = 0$　ベクトル $\boldsymbol{a}$ がゼロベクトルに等しいことを表す．

$a = |\boldsymbol{a}|$, $\boldsymbol{a}^2 = |\boldsymbol{a}|^2$　混乱のない限り，$|\boldsymbol{a}| \equiv \sqrt{\boldsymbol{a} \cdot \boldsymbol{a}}$ を $a$，$|\boldsymbol{a}|^2 = \boldsymbol{a} \cdot \boldsymbol{a}$ を $\boldsymbol{a}^2$ と略記．

$\boldsymbol{a} \parallel \boldsymbol{b}$　実ベクトル $\boldsymbol{a}$ と $\boldsymbol{b}$ が平行．

$\boldsymbol{a} \perp \boldsymbol{b}$　実ベクトル $\boldsymbol{a}$ と $\boldsymbol{b}$ が垂直．

$a = a\underline{1}$　混乱のない限り，単位行列 $\underline{1}$ のスカラー倍 $a\underline{1}$ を $a$ と略記．

$\mathrm{Tr}\underline{A}$　正方行列 $\underline{A}$ のトレース．$\mathrm{Tr}\underline{A} \equiv \sum_\mu A_{\mu\mu}$.

$\det\underline{A}$　正方行列 $\underline{A}$ の行列式．$\det\underline{A} \equiv \sum_P (-1)^P A_{1P(1)} A_{2P(2)} \cdots A_{nP(n)}$（$n$ は $\underline{A}$ の次数，$P$ は番号列 $(1, 2, \cdots, n)$ の置換，$(-1)^P$ はその符号）.

$\underline{A}^{-1}$　行列式がゼロでない正方行列 $\underline{A}$ の逆行列．$\underline{A}^{-1}\underline{A} = \underline{A}\,\underline{A}^{-1} = 1$.

$\underline{A}^\dagger$　複素行列 $\underline{A}$ のエルミート共役．$\left(A^\dagger\right)_{\mu\nu} \equiv A_{\nu\mu}^*$.

$F(\underline{A})$　正方行列 $\underline{A}$ と Laurent 展開可能な関数 $F(z) = \sum_{j=-\infty}^{+\infty} c_j (z - a)^j$ に対し $F(\underline{A}) \equiv \sum_{j=-\infty}^{+\infty} c_j (\underline{A} - a)^j$ と定める．もし $\underline{A} = \underline{P}\,\underline{D}\,\underline{P}^{-1}$，$D_{\mu\nu} = D_\mu \delta_{\mu\nu}$ と対角化可能なら，$F(\underline{A}) = \underline{P}\,F(\underline{D})\,\underline{P}^{-1}$，$(F(\underline{D}))_{\mu\nu} = F\left(D_\mu\right)\delta_{\mu\nu}$ と定めることもできる．

**極限・大小比較・近似**

$x \to a \pm 0$　$x > a$（$x < a$）の条件を課して $x$ を $a$ に近づける片側極限．

$\delta$　片側極限を正の無限小 $\delta$ を用いて表すことがある．この場合，$\delta > 0$ としたまま計算を進め，一番最後に $\delta \to +0$ の極限をとることを意味する．

$A \ll B$, $B \gg A$　$A$ が $B$ に比べて非常に小さい（$\Leftrightarrow$ $B$ が $A$ に比べて非常に大きい）．数値比較では $A$ が $B$ の 1/10 程度より小さいことを指す．極限評価で $f(x) \ll g(x)\ (x \to a)$ と書いた場合は $\lim_{x\to a} |f(x)/g(x)| = 0$ の意．

$A \sim B$　$A$ と $B$ が同程度．数値比較では，$A$ と $B$ がほぼ同じ桁数の数値で表されることを指す．極限評価で $f(x) \sim g(x)\ (x \to a)$ と書いた場合は，$x \to a$ で $|f(x)/g(x)|$ が非ゼロの有限値に近づくことを指す．

$A \gtrsim B$, $B \lesssim A$　$A > B$ または $A \sim B$.

$f(x) = o\,(g(x))\ (x \to a)$　$f(x) \ll g(x)\ (x \to a)$ と同値．

$f(x) = O\,(g(x))\ (x \to a)$　$x \to a$ の極限で $|f(x)/g(x)|$ が有界．

$A \approx B$　$A$ は $B$ に近似的に等しい．原則的に $|A - B| \ll |A|$ の意味だが，文脈から大きさの基準が明らかなら，$|A|$ が基準より非常に小さいことを $A \approx 0$

と書く．

**級数和・微積分**

$\sum_j, \sum_{i,j}$　和 $a_1 + a_2 + \cdots + a_n$ を $\sum_{j=1}^n a_j$ と書く．添字が動く範囲が文脈から明らかなら $\sum_j a_j$ と略す．$\sum_i \sum_j$ や $\sum_j \sum_i$ を $\sum_{i,j}$ とも書く（ただし，無限和では，和をとる順序によらず値が決まることが前提）．

$\prod_j, \prod_{i,j}$　積 $a_1 \cdot a_2 \cdot \cdots \cdot a_n$ を $\prod_{j=1}^n a_j$ と書く．添字が動く範囲が文脈から明らかなら $\prod_j a_j$ と略す．$\prod_i \prod_j$ や $\prod_j \prod_i$ を $\prod_{i,j}$ とも書く（ただし，無限積では，積をとる順序によらず値が決まることが前提）．

$\nabla$　ナブラ微分演算子 $\nabla \equiv (\partial/\partial x, \partial/\partial y, \partial/\partial z)$．$\nabla_{\boldsymbol{k}} \equiv \left(\partial/\partial k_x, \partial/\partial k_y, \partial/\partial k_z\right)$ のように定め，座標以外の多変数微分を表す際にも用いる．

$\int_D F(\boldsymbol{r}) d^3\boldsymbol{r}$　領域 $D$ 上でとったスカラー場 $F(\boldsymbol{r})$ の空間積分．重積分でも積分記号を $\int$ とし，体積要素 $dxdydz$ を $d^3\boldsymbol{r}$ と略す．積分範囲が $F(\boldsymbol{r})$ の定義域全体にわたる場合は積分範囲を略す．

$\int_C \boldsymbol{F}(\boldsymbol{r}) \cdot d\boldsymbol{r}$　曲線 $C$ に沿ったベクトル場 $\boldsymbol{F}(\boldsymbol{r})$ の線積分．線要素ベクトルを $d\boldsymbol{r}$ と書く．$C$ が閉曲線の場合（周回積分）は積分記号に $\oint$ を用いる．

$\int_S \boldsymbol{F}(\boldsymbol{r}) \cdot d\boldsymbol{S}$　表裏が定まった曲面 $S$ 上でとったベクトル場 $\boldsymbol{F}(\boldsymbol{r})$ の面積分．面要素の面積を $dS$，$S$ に垂直で裏から表に向く単位ベクトルを $\boldsymbol{n}$ として $d\boldsymbol{S} \equiv \boldsymbol{n} dS$．

$\mathrm{P}\int_a^b f(x)dx$　$f(x)$ が $x = c$ で発散し，$\int_a^b f(x)dx$ を定義できない場合であっても，$\lim_{\delta\to+0}\left(\int_a^{c-\delta} f(x)dx + \int_{c+\delta}^b f(x)dx\right)$ が収束すれば，これを（Cauchy の）主値積分と呼び，$\mathrm{P}\int_a^b f(x)dx$ と書く．複数の発散点がある場合も同様に定義する．

$\int_C F(z)dz$　複素平面上の曲線 $C$ に沿った複素関数 $F(z)$ の線積分．$C$ が閉曲線である場合（周回積分）は積分記号に $\oint$ を用いる．

**関数解析**

$F(\boldsymbol{r}, t) \rightleftharpoons F(\boldsymbol{q}, \omega)$　時間に依存する場（時刻 $t$ と位置 $\boldsymbol{r}$ の関数）$F(\boldsymbol{r}, t)$ に対し，

$$F(\boldsymbol{q}, \omega) \equiv \int_{-\infty}^{+\infty} dt \int d^3\boldsymbol{r} F(\boldsymbol{r}, t) e^{-i\boldsymbol{q}\cdot\boldsymbol{r}+i\omega t}$$

と定める．空間積分は系の体積 $V$ 全体にわたってとる．$F(\boldsymbol{r}, t)$ を $F$ の実空間・実時間表示，$F(\boldsymbol{q}, \omega)$ を $F$ の波数・周波数表示と呼ぶ．本書では位置ベクトルに $\boldsymbol{r}$ または $\boldsymbol{R}$，時刻に $t$，波数ベクトルに $\boldsymbol{k}$ または $\boldsymbol{q}$，振動数に $\omega$ の文字をあて，変数に使う文字によって表示を区別する．

特に断らない限り，系の形状を $x, y, z$ 軸に平行な辺 $L = V^{1/3}$ を持つ立方体とし，$x, y, z$ 方向に周期的境界条件を課す．このとき，$\boldsymbol{q} = (2\pi n_x/L, 2\pi n_y/L, 2\pi n_z/L)$ ($n_\mu$：整数) として，$F(\boldsymbol{r}, t)$ は，

$$F(\boldsymbol{r}, t) = \int_{-\infty}^{+\infty} \frac{d\omega}{2\pi} \frac{1}{V} \sum_{\boldsymbol{q}} F(\boldsymbol{q}, \omega) e^{i\boldsymbol{q}\cdot\boldsymbol{r} - i\omega t}$$
$$\overset{V\to+\infty}{\to} \int_{-\infty}^{+\infty} \frac{d\omega}{2\pi} \int \frac{d^3\boldsymbol{q}}{(2\pi)^3} F(\boldsymbol{q}, \omega) e^{i\boldsymbol{q}\cdot\boldsymbol{r} - i\omega t}$$

と Fourier 展開される．時刻 $t$，位置 $\boldsymbol{r}$ のみの関数に対する周波数表示・波数表示（Fourier 展開）も同様に $F(\omega) \equiv \int_{-\infty}^{+\infty} dt F(t) e^{i\omega t}$ $\left(F(t) = \int_{-\infty}^{+\infty} (d\omega/2\pi) F(\omega) e^{-i\omega t}\right)$，$F(\boldsymbol{q}) \equiv \int d^3\boldsymbol{r} F(\boldsymbol{r}) e^{-i\boldsymbol{q}\cdot\boldsymbol{r}}$ $\left(F(\boldsymbol{r}) = V^{-1} \sum_{\boldsymbol{q}} F(\boldsymbol{q}) e^{i\boldsymbol{q}\cdot\boldsymbol{r}}\right)$ と定める．

$F_{\parallel}(\boldsymbol{q}, \omega)$, $\boldsymbol{F}_{\perp}(\boldsymbol{q}, \omega)$　ベクトル場 $\boldsymbol{F}(\boldsymbol{r}, t)$ の波数・周波数表示を $\boldsymbol{F}(\boldsymbol{q}, \omega)$ とするとき，その $\boldsymbol{q}$ に平行な成分 $F_{\parallel}(\boldsymbol{q}, \omega) \equiv \boldsymbol{F}(\boldsymbol{q}, \omega) \cdot \boldsymbol{q}/q$ を縦成分，垂直な成分 $\boldsymbol{F}_{\perp}(\boldsymbol{q}, \omega) \equiv \boldsymbol{F}(\boldsymbol{q}, \omega) - F_{\parallel}(\boldsymbol{q}, \omega)\boldsymbol{q}/q$ を横成分と呼ぶ．

$V(\boldsymbol{r}) \rightleftharpoons V_{\boldsymbol{K}}$　$V(\boldsymbol{r} + \boldsymbol{a}_1) = V(\boldsymbol{r} + \boldsymbol{a}_2) = V(\boldsymbol{r} + \boldsymbol{a}_3) = V(\boldsymbol{r})$ を満たす周期関数 $V(\boldsymbol{r})$ の波数表示（Fourier 展開）を，

$$V_{\boldsymbol{K}} \equiv \frac{1}{v_c} \int_{v_c} d^3\boldsymbol{r} V(\boldsymbol{r}) e^{-i\boldsymbol{K}\cdot\boldsymbol{r}}, \quad \left(V(\boldsymbol{r}) = \sum_{\boldsymbol{K}} V_{\boldsymbol{K}} e^{i\boldsymbol{K}\cdot\boldsymbol{r}}\right)$$

定める．ただし，空間上の周期単位（単位胞）の体積 $v_c \equiv |\boldsymbol{a}_1 \cdot (\boldsymbol{a}_2 \cdot \boldsymbol{a}_3)|$ がゼロでないとし，その上でとった空間積分を $\int_{v_c}$ と書いた．また，$\boldsymbol{K}$ は $e^{i\boldsymbol{K}\cdot\boldsymbol{a}_1} = e^{i\boldsymbol{K}\cdot\boldsymbol{a}_2} = e^{i\boldsymbol{K}\cdot\boldsymbol{a}_3} = 1$ を満たす波数ベクトル（逆格子ベクトル）．

$F[g]$　汎関数．$g$ の関数形（ここでは $\boldsymbol{r}$ の関数とする）を与えると $F$ の値が定まる．丸括弧でなく角括弧を使って通常の関数と区別する．

$\dfrac{\delta F[g]}{\delta g(\boldsymbol{r})}$　汎関数 $F[g]$ の一次変分が $\delta F \equiv F[g + \delta g] - F[g] = \int (\delta F/\delta g(\boldsymbol{r})) \delta g(\boldsymbol{r}) d^3\boldsymbol{r}$ となるように汎関数微分 $\delta F[g]/\delta g(\boldsymbol{r})$ を定める．これは関数 $g$ を与えると定まる $\boldsymbol{r}$ の関数で，$\delta g(\boldsymbol{r}) = \epsilon\delta(\boldsymbol{r} - \boldsymbol{r}')$ を代入するとわかるように，形式的には $\delta F[g]/\delta g(\boldsymbol{r}') = \lim_{\epsilon\to 0} \left(F[g(\boldsymbol{r}) + \epsilon\delta(\boldsymbol{r} - \boldsymbol{r}')] - F[g(\boldsymbol{r})]\right)/\epsilon$.

**特殊関数**

指数関数 $e^z \equiv \sum_{j=0}^{+\infty} z^j/j!$，三角関数 $\sin z \equiv (e^{iz} - e^{-iz})/2i$，$\cos z \equiv (e^{iz} + e^{-iz})/2$，$\tan z \equiv \sin z/\cos z$，$\cot z \equiv \cos z/\sin z$，双曲線関数 $\sinh z \equiv (e^z - e^{-z})/2$，$\cosh z \equiv (e^z + e^{-z})/2$，$\tanh z \equiv \sinh z/\cosh z$，$\coth z \equiv \cosh z/\sinh z$ の他，以下の関数を断らずに用いる．以下，$x$ を実変数，$z$ を複素変数とする．

$\mathrm{Re}z$, $\mathrm{Im}z$　複素数 $z$ の実部と虚部．

$\ln z$　自然対数．特に断らない限り，$e^{\ln z} = z$，$-\pi < \mathrm{Im}(\ln z) \le \pi$ によって定まる主値を表す（実軸の負の部分を分岐切断に選んだことになる）．

$\sqrt{z}$　平方根．特に断らない限り，$\sqrt{z} \equiv e^{(\ln z)/2}$ によって定まる主値を指す．

$\arctan x$　逆正接関数．特に断らない限り，$\tan(\arctan x) = x$，$-\pi/2 < \arctan x \le \pi/2$ によって定まる主値を表す．

$\theta(x)$　階段関数．$x < 0$ のとき 0，$x = 0$ のとき 1/2，$x > 0$ のとき 1．

$\delta(x)$, $\delta(\boldsymbol{r})$　（Dirac の）デルタ関数．（超）関数 $\delta(x)$ は任意の $F(x)$ に対し $F(0) = \int F(x)\delta(x)dx$ を満たす．同様に，$\delta(\boldsymbol{r})$ は任意の $F(\boldsymbol{r})$ に対し $F(0) = \int F(\boldsymbol{r})\delta(\boldsymbol{r})d^3\boldsymbol{r}$ を満たす．

$\mathrm{sgn}(x)$　符号関数．$x \neq 0$ では $x$ の符号，$x = 0$ では 0．

$\Gamma(z)$　ガンマ関数 $\Gamma(z) \equiv \int_0^{+\infty} x^{z-1}e^{-x}dx$．

$\zeta(x)$　（Riemann の）ゼータ関数 $\zeta(x) \equiv \sum_{j=1}^{+\infty} j^{-x}$．ただし $x > 1$ とする．

## 物理学の記号・記法

**物理定数**　（SI 単位系での定義値を ≡，実験値を = で示す．）

$c$　光速．$c \equiv 2.99792458 \times 10^8\ \mathrm{m \cdot s^{-1}}$．

$e$　素電荷．$e \equiv 1.602176634 \times 10^{-19}\ \mathrm{s \cdot A}$．自然対数の底も $e$ で表す．

$h$，$\hbar$　$h \equiv 6.62607015 \times 10^{-34}\ \mathrm{m^2 \cdot kg \cdot s^{-1}}$ を Planck 定数として $\hbar \equiv h/2\pi$．

$k_\mathrm{B}$　Boltzmann 定数．$k_\mathrm{B} \equiv 1.380649 \times 10^{-23}\ \mathrm{m^2 \cdot kg \cdot s^{-2} \cdot K^{-1}}$．

$N_\mathrm{A}$　Avogadro 数．$N_\mathrm{A} \equiv 6.02214076 \times 10^{23}\ \mathrm{mol^{-1}}$．

$m$　電子の静止質量．$m = 9.10938356(11) \times 10^{-31}\ \mathrm{kg}$．整数の変数にも $m$ を用いる．

$g$　電子の $g$ 因子．$g = 2.00231930436182(52)$．しばしば 2 で近似される．

**電磁気学の単位**

現在，多くの電磁気学の教科書では，長さ・質量・時間・電流の単位を基本単位とする SI 単位系を採用している．そこでは，時刻 $t$ での位置と速度が $\boldsymbol{r}$, $\boldsymbol{v}$ の点電荷 $q'$ が電磁場から受ける古典的な力（Lorentz 力）を，

$$\boldsymbol{F} = q'\boldsymbol{E}' + q'\boldsymbol{v} \times \boldsymbol{B}',$$

と書いて，$\boldsymbol{E}'(\boldsymbol{r}, t)$，$\boldsymbol{B}'(\boldsymbol{r}, t)$ を電場，磁束密度と呼び，それらが Maxwell 方程式，

$$\nabla \cdot \boldsymbol{B}' = 0, \quad \nabla \times \boldsymbol{E}' + \frac{\partial \boldsymbol{B}'}{\partial t} = 0, \quad \epsilon_0 \nabla \cdot \boldsymbol{E}' = n'_\mathrm{c}, \quad \frac{1}{\mu_0}\nabla \times \boldsymbol{B}' - \epsilon_0 \frac{\partial \boldsymbol{E}'}{\partial t} = \boldsymbol{j}'$$

に従うことを出発点としている．ただし，$n'_{\rm c}(\boldsymbol{r},t)$ と $\boldsymbol{j}'(\boldsymbol{r},t)$ はそれぞれ電荷密度と電流密度で，定数 $\epsilon_0 \equiv 1/\mu_0 c^2$ と $\mu_0 = 4\pi\times 10^{-7}\ \mathrm{m\cdot kg\cdot s^{-2}\cdot A^{-2}}$ はそれぞれ真空の誘電率および透磁率である[1)]．また，スカラーポテンシャル $\phi'(\boldsymbol{r},t)$ とベクトルポテンシャル $\boldsymbol{A}'(\boldsymbol{r},t)$ を，次式を満たすように定める．

$$\boldsymbol{E}' = -\nabla\phi' - \frac{\partial \boldsymbol{A}'}{\partial t}, \quad \boldsymbol{B}' = \nabla\times\boldsymbol{A}'.$$

一方，電荷を $q \equiv q'/\sqrt{4\pi\epsilon_0}$ で表す伝統的な流儀もある．$q'$ の単位は $\mathrm{s\cdot A}$，$1/\sqrt{4\pi\epsilon_0}$ の単位は $\mathrm{m^{3/2}\cdot kg^{1/2}\cdot s^{-2}\cdot A^{-1}}$ だから，$q$ の単位は $\mathrm{m^{3/2}\cdot kg^{1/2}\cdot s^{-1}}$ で A を含まない．つまり，この流儀では長さ・質量・時間の単位のみを基本単位とする Gauss 単位系[2)]を用いることになる．電荷の再定義に伴い，電荷密度，電流密度，電場も自然に $n_{\rm c} \equiv n'_{\rm c}/\sqrt{4\pi\epsilon_0}$，$\boldsymbol{j} \equiv \boldsymbol{j}'/\sqrt{4\pi\epsilon_0}$，$\boldsymbol{E} \equiv \sqrt{4\pi\epsilon_0}\boldsymbol{E}'$ と再定義される．ただし，磁束密度だけはもう一工夫して $\boldsymbol{B} \equiv c\sqrt{4\pi\epsilon_0}\boldsymbol{B}'(=\sqrt{4\pi/\mu_0}\boldsymbol{B}')$ と再定義し，$\boldsymbol{E}$ と $\boldsymbol{B}$ の次元を揃えておく．その結果，Lorentz 力の表式は，

$$\boldsymbol{F} = q\boldsymbol{E} + q\left(\frac{\boldsymbol{v}}{c}\right)\times\boldsymbol{B}$$

に，Maxwell 方程式は，

$$\nabla\cdot\boldsymbol{B} = 0, \quad \nabla\times\boldsymbol{E} + \frac{1}{c}\frac{\partial\boldsymbol{B}}{\partial t} = 0, \quad \nabla\cdot\boldsymbol{E} = 4\pi n_{\rm c}, \quad \nabla\times\boldsymbol{B} - \frac{1}{c}\frac{\partial\boldsymbol{E}}{\partial t} = \frac{4\pi}{c}\boldsymbol{j}$$

に帰す．電磁ポテンシャルも $\phi \equiv \sqrt{4\pi\epsilon_0}\phi'$，$\boldsymbol{A} \equiv c\sqrt{4\pi\epsilon_0}\boldsymbol{A}'$ と再定義すると，

$$\boldsymbol{E} = -\nabla\phi - \frac{1}{c}\frac{\partial\boldsymbol{A}}{\partial t}, \quad \boldsymbol{B} = \nabla\times\boldsymbol{A}$$

となる．再定義（単位変換）後の表式では，時間の次元を含む量が必ず光速 $c$ と対で現れるため，相対論との相性がよい．また，$\boldsymbol{E}$ と $\boldsymbol{B}$ の次元が同じなので，両者の効果の大小を比較する際に便利である．本書では見映えのよい Gauss 単位系の表式を採用するが，具体的な物理量の数値は実験値と比較しやすいように SI 単位系で表す．少々ややこしいが，本文の表式から物理量の数

1）真空の透磁率 $\mu_0$ が人為的な値なのは，元々 1 A を $\mu_0$ がこの値になるように定めた経緯があるため．$4\pi$ の因子で Maxwell 方程式に $4\pi$ が現れるのを避け，$10^{-7}$ の因子で日常生活で目にする電流値が 1 A のオーダーになるようにしたのだ．現行の SI 単位系では，定義値にする対象を $\mu_0$ から素電荷 $e$ に変えたので，$\mu_0 = 4\pi\times 10^{-7}\ \mathrm{m\cdot kg\cdot s^{-2}\cdot A^{-2}}$ も測定誤差の範囲で等しいという意味に変わった．

2）大昔，長さ・質量・時間の単位に cm, g, s を用いていた頃は，単位の頭文字を冠して cgs-Gauss 単位系と呼んでいた．ここでは m, kg, s を用いているので，本当は MKS-Gauss 単位系と呼ぶべきだろう．

値を計算する際には，Gauss 単位系から SI 単位系への換算を忘れないようにして欲しい[3]．

**量子力学・統計力学**

$|\bullet\rangle$, $\langle\bullet|$　原則として，多粒子系の状態ケットを $|\bullet\rangle$ のように縦棒と山括弧を用いて表し，それに共役なブラを $\langle\bullet|$ と表す．

$|\bullet)$, $(\bullet|$　原則として，一粒子系の状態ケットを $|\bullet)$ のように縦棒と丸括弧を用いて表し，それに共役なブラを $(\bullet|$ と表す．

$\mathbb{V}, \mathbb{W}, \cdots$　Hilbert 空間や Fock 空間を白抜き文字で表す．

$\mathcal{A}, \mathcal{B}, \cdots$　$|\bullet\rangle$ に作用する演算子を花文字で表す．なお，特に断らない限り，演算子は線形であるとする（時間反転演算子だけは例外）．

$\hat{A}, \hat{B}, \cdots$　$|\bullet)$ に作用する演算子をハット記号をのせた斜体で表す．

$\mathcal{A}^{-1}$, $\mathcal{A}^{\dagger}$, $F(\mathcal{A})$, $\mathrm{Tr}\mathcal{A}$, $\det\mathcal{A}, \cdots$　行列の場合と同様に定める．

$|\bullet\rangle_1 \otimes |\circ\rangle_2$　系（あるいは自由度）1,2 の状態ケットがそれぞれ $|\bullet\rangle$, $|\circ\rangle$ であるとき，系 1,2 の複合系の状態ケットを $|\bullet\rangle_1 \otimes |\circ\rangle_2$ と表す．共役なブラは $\langle\bullet|_1 \otimes \langle\circ|_2$ と書く．

$[\mathcal{A}, \mathcal{B}]_\pm$　本書では，演算子 $\mathcal{A}$, $\mathcal{B}$ の反交換関係 $\mathcal{AB} + \mathcal{BA}$，交換関係 $\mathcal{AB} - \mathcal{BA}$ を $[\mathcal{A}, \mathcal{B}]_+$，$[\mathcal{A}, \mathcal{B}]_-$ と書く．他書では $\{\mathcal{A}, \mathcal{B}\}$，$[\mathcal{A}, \mathcal{B}]$ と書くことも多い．

$\mathcal{A}(t)$　演算子 $\mathcal{A}$ の Heisenberg 表示．本書では特に断らない限りハミルトニアン $\mathcal{H}$ が時間依存しない場合を考えるので，$\mathcal{A}(t) = e^{i\mathcal{H}t/\hbar}\mathcal{A}e^{-i\mathcal{H}t/\hbar}$．

$\dot{\mathcal{A}}$　$d\mathcal{A}(t)/dt = \dot{\mathcal{A}}(t)$ が成り立つように $\dot{\mathcal{A}} \equiv [\mathcal{A}, \mathcal{H}]_- / i\hbar$ と定める．

$\langle\!\langle \mathcal{A} \rangle\!\rangle$　演算子 $\mathcal{A}$ が表す物理量の平均値．系の状態を表す統計演算子を $\varrho$ として $\langle\!\langle \mathcal{A} \rangle\!\rangle \equiv \mathrm{Tr}(\varrho\mathcal{A})$．

$\langle\!\langle \mathcal{A} \rangle\!\rangle_{\mathrm{eq}}$　熱平衡状態における平均値．熱平衡状態を表す統計演算子を $\varrho_{\mathrm{eq}}$ として $\langle\!\langle \mathcal{A} \rangle\!\rangle_{\mathrm{eq}} \equiv \mathrm{Tr}\left(\varrho_{\mathrm{eq}}\mathcal{A}\right)$．

$\langle\!\langle \mathcal{A} \rangle\!\rangle_t$　時刻 $t$ における平均値．Schrödinger 表示の下で時間依存する統計演算子（von Neumann 方程式の解）を $\varrho(t)$ として，$\langle\!\langle \mathcal{A} \rangle\!\rangle_t \equiv \mathrm{Tr}(\varrho(t)\mathcal{A})$．

---

3）基本的には，Gauss 単位系の表式に現れる変数や物理定数に，SI 単位系の下での値を単位を含めて代入した後で，計算結果の単位が SI 単位系の下で正しくなるまで Coulomb 定数 $1/4\pi\epsilon_0 = 8.987551787 \times 10^9\ \mathrm{m^3 \cdot kg \cdot s^{-4} \cdot A^{-2}}$ および光速 $c \equiv 2.99792458 \times 10^8\ \mathrm{m \cdot s^{-1}}$ を乗除すればよい．ただし，電束密度と磁場が $\boldsymbol{D} \equiv \sqrt{4\pi/\epsilon_0}\boldsymbol{D}'$, $\boldsymbol{H} \equiv \sqrt{4\pi\mu_0}\boldsymbol{H}'$ と再定義されることを反映して，電束密度や磁場が関係する量に対してはこの換算法を適用できない．たとえば，Gauss 単位系の誘電率や透磁率の表式から SI 単位系での誘電率や透磁率の値を求める際には，それぞれ $\epsilon_0, \mu_0$ を乗じることになる．つまり，Gauss 単位系での誘電率や透磁率の値は，SI 単位系の比誘電率や比透磁率に等しい．

$\overline{F}$　　$F(t)$の長時間平均．$\overline{F} \equiv \lim_{\tau\to+\infty} \tau^{-1} \int_0^\tau F(t)dt$.

## 物理量・変数の表記

### 基本的な定数・系を特徴づける量

$a$　　格子定数.

$v_c$　　単位胞の体積.

$Z$　　イオン核の価数.

BZ　　第一 Brillouin ゾーン.

$a_B$　　Bohr 半径．$a_B \equiv \hbar^2/me^2$.

Ry　　基底状態にある水素原子の束縛エネルギー．$\mathrm{Ry} \equiv e^4m/2\hbar^2$.

$n$　　平均電子密度．整数の変数にも $n$ を用いる.

$d$　　平均電子間距離．$d \equiv (3/4\pi n)^{1/3}$.

$r_s$　　$r_s$ パラメーター．$r_s \equiv d/a_B$.

$\rho_M$　　イオン核の平均質量密度.

$\omega_D$　　Debye 振動数.

$c_\parallel$　　縦波音響モードの伝播速度（音速）.

$g_q$　　結合定数．たとえば，電子-フォノン相互作用の文脈では電子とフォノンの結合定数を，Anderson モデルの文脈では s 電子と d 電子の混成を表す.

$\omega_p$　　プラズマ振動数．$\omega_p \equiv \sqrt{4\pi ne^2/m}$．ただし，第 9 章では $m$ をバンドの有効質量 $m_b$ に置き換えたものを用いる.

$\tau$　　電子散乱の時間間隔に対応する緩和時間.

$\tau_{tr}$　　輸送緩和時間．散乱角の影響を考慮した電流の緩和時間.

$E_g$　　バンドギャップ.

$m_e$　　伝導帯の底近傍での電子の有効質量.

$g_e$　　伝導帯の底近傍での電子の有効 $g$ 因子.

$m_h$　　価電子帯の頂上近傍での正孔の有効質量.

$t$　　サイト間の飛び移り積分（の大きさ）．時刻も $t$ で表す.

$W$　　バンド幅.

$U$　　オンサイト相互作用エネルギー.

$\Delta$　　エネルギーギャップ.

$\mu_B$　　Bohr 磁子．$\mu_B \equiv e\hbar/2mc$.

$\Phi_0$　　磁束量子．$\Phi_0 \equiv hc/e$.

$\omega_c$　（伝導帯の底近傍の）電子のサイクロトロン振動数．$\omega_c \equiv eB/m_e c$.

$\ell$　磁場長．$\ell \equiv \sqrt{\hbar c/eB}$.

$\nu$　Landau 準位の占有率．行列やテンソルの成分を指す添字にも $\nu$ を用いる．

**時刻と振動数・座標と運動量（波数ベクトル）・スピン**

$t$　時刻．サイト間の飛び移り積分にも $t$ を用いる．

$\omega$　振動数.

$\boldsymbol{r}\,(\hat{\boldsymbol{r}})$　位置ベクトル（演算子）．$(x, y, z)$ と成分表示する．

$\boldsymbol{R}\,(\hat{\boldsymbol{R}})$　位置ベクトル（演算子）．イオン核やサイトの位置を表すことが多い．第 VI 部ではサイクロトロン軌道の中心座標を表す．

$\boldsymbol{n}$　格子ベクトル．

$\boldsymbol{p}\,(\hat{\boldsymbol{p}})$　運動量ベクトル（演算子）．

$\hat{\boldsymbol{\pi}}$　第 VI 部で力学的運動量演算子（古典的には質量と速度の積）を表す．

$\boldsymbol{k}$　波数ベクトル．一電子が持つ（結晶では第一 Brillouin ゾーン内の）波数ベクトルを表すことが多い．

$\boldsymbol{q}$　波数ベクトル．外場の空間変調を特徴づける波数ベクトルや，散乱による電子の波数ベクトルの変化を表すことが多い．

$\boldsymbol{Q}$　重心運動量に対応する波数ベクトル．第 14 章では反強磁性ベクトル．

$\boldsymbol{K}$　逆格子ベクトル．第 VI 部では保存運動量演算子を $\hbar\hat{\boldsymbol{K}}$ と表す．

$\hat{\boldsymbol{q}}$　波数ベクトル $\boldsymbol{q}$ の向きを持つ単位ベクトル．$\hat{\boldsymbol{q}} \equiv \boldsymbol{q}/q$．ハット記号をのせているが演算子ではない．

$\boldsymbol{e}$　Jones ベクトル．偏光の向きを表す（複素）単位ベクトルで，電磁場の波数ベクトル $\boldsymbol{q}$ に垂直．文脈によっては単に一般の単位ベクトルを表すこともある．

$\hat{\boldsymbol{s}}$　電子のスピン演算子．

$\hat{\boldsymbol{\sigma}}$　Pauli のスピン演算子．$\hat{\boldsymbol{\sigma}} \equiv 2\hat{\boldsymbol{s}}/\hbar$.

$\sigma$　$\hat{\sigma}_z$ の固有値．$\sigma = +1, -1$ を $\sigma = \uparrow, \downarrow$ とも書き，上向き・下向きスピンと呼ぶ．

$\hat{\boldsymbol{S}}$　局在スピンを表す演算子．

$\vartheta$　角度．極座標の文脈では極角を表す．

$\varphi$　角度．特に回転角を表す場合が多い（回転ベクトルは $\boldsymbol{\varphi}$）．極座標の文脈では方位角を表す．スカラーポテンシャル $\phi$ と同じギリシャ文字だが字体が異なる．

$\Omega$　立体角．熱力学ポテンシャルも $\Omega$ で表す．

**熱力学変数**

$V$　体積.

$E$　エネルギー.

$S$　エントロピー.

$F$　Helmholtz の自由エネルギー.

$\Omega$　熱力学ポテンシャル．立体角も $\Omega$ で表す.

$T$　絶対温度.

$\beta$　逆温度．$\beta \equiv 1/k_{\mathrm{B}}T$.

$T_{\mathrm{c}}$　転移温度.

$\mu$　化学ポテンシャル．透磁率や行列やテンソルの成分を指す添字にも $\mu$ を用いる.

$C_V$　単位体積当たりの定積比熱.

$\kappa$　等温圧縮率．1.7 節では弾性定数の意味で用いる.

$N$　電子数（あるいは粒子数）．Landau 準位の指数も $N$ で表す.

$N_{\mathrm{c}}$　単位胞の数.

**演算子**

$\mathcal{H}$　ハミルトニアン.

$\hat{H}$　一電子（あるいは一粒子）系のハミルトニアン.

$\mathcal{N}$　電子数演算子（あるいは一般の粒子数演算子）

$V(\boldsymbol{r})$　一電子ポテンシャル.

$U(\boldsymbol{r})$　相互作用ポテンシャル.

$\rho$　電子密度演算子．統計演算子 $\varrho$ と同じギリシャ文字だが字体が異なる.

$c_{\bullet}^{\dagger}$, $c_{\bullet}$　電子（文脈により一般の粒子を指す場合もある）の生成・消滅演算子.

$b_{\bullet}^{\dagger}$, $b_{\bullet}$　フォノンの生成・消滅演算子．第 VI 部では電子の中心座標が持つ角運動量を昇降する演算子.

$a_{\bullet}^{\dagger}$, $a_{\bullet}$　ボゴロンの生成・消滅演算子. 第 VI 部では Landau 準位の昇降演算子.

$\mathcal{T}_{\boldsymbol{a}}$, $\hat{T}_{\boldsymbol{a}}$　並進移動演算子（$\boldsymbol{a}$ は並進ベクトル).

$\mathcal{R}_{\varphi}$, $\hat{R}_{\varphi}$　回転演算子（$\boldsymbol{\varphi}$ は回転ベクトル).

$\mathcal{I}$, $\hat{I}$　空間反転演算子.

$\Theta$, $\hat{\Theta}$　時間反転演算子.

$\mathcal{P}$　射影演算子.

$\varrho$　統計演算子．電子密度演算子 $\rho$ と同じギリシャ文字だが字体が異なる.

$\varrho_{\mathrm{eq}}$　熱平衡状態を表す統計演算子.

**一電子（一粒子）エネルギー・エネルギーバンド**

$\epsilon$ 一電子（あるいは一粒子）エネルギー.

$\epsilon_{\boldsymbol{k}}$ 自由電子の分散関係 $\hbar^2\boldsymbol{k}^2/2m$ あるいは注目したエネルギーバンドの分散関係.

$\epsilon_{n,\boldsymbol{k}}$ $n$ 番目のエネルギーバンドの分散関係.

$\boldsymbol{v}_{n,\boldsymbol{k}}$ バンド分散 $\epsilon_{n,\boldsymbol{k}}$ から求まる群速度．$\boldsymbol{v}_{n,\boldsymbol{k}} \equiv \nabla_{\boldsymbol{k}}\epsilon_{n,\boldsymbol{k}}/\hbar$.

$\underline{m_{\rm b}}$, $\underline{m_{\rm b}^{-1}}$ 注目しているエネルギーバンドから求まる有効質量テンソル，逆有効質量テンソル．$(\underline{m_{\rm b}}^{-1})_{\mu\nu} \equiv \hbar^{-2}\partial^2\epsilon_{n,\boldsymbol{k}}/\partial k_\mu \partial k_\nu$.

$\epsilon_{\rm F}$ Fermi 準位.

$k_{\rm F}$ Fermi 波数.

$v_{\rm F}$ Fermi 速度.

$D(\epsilon)$, $D^{(0)}(\epsilon)$, $D_{\rm F}^{(0)}$ （一電子）状態密度を $D(\epsilon)$ と表す．相互作用を無視あるいは一電子近似で考慮している場合は $D^{(0)}(\epsilon)$ と書く．また，$D_{\rm F}^{(0)} \equiv D^{(0)}(\epsilon_{\rm F})$.

$f(\epsilon)$, $\tilde{f}(\epsilon)$ Fermi 分布関数．$f(\epsilon) \equiv (e^{\beta(\epsilon-\mu)}+1)^{-1}$．$\mu = 0$ の分布関数を $\tilde{f}(\epsilon)$ と書く.

$f_{\rm B}(\epsilon)$ $\mu = 0$ の場合の Bose 分布関数．$f_{\rm B}(\epsilon) \equiv (e^{\beta\epsilon}-1)^{-1}$.

**相関関数・スペクトル・感受率・Green 関数**

$g_{\sigma\sigma'}(\boldsymbol{r},\boldsymbol{r}')$ 対分布関数．位置 $\boldsymbol{r}$ に $\sigma$ スピン電子，位置 $\boldsymbol{r}'$ にこれとは別の $\sigma'$ スピン電子を同時に見出す確率密度を，両電子間に相関がないときの値が 1 になるように規格化したもの．一様で等方的な系では $|\boldsymbol{r}-\boldsymbol{r}'|$ の関数になり，これを $g_{\sigma\sigma'}(|\boldsymbol{r}-\boldsymbol{r}'|)$ と書く．スピン分解しない場合は $\sigma\sigma'$ の添字を付けない.

$\chi_\bullet(\boldsymbol{q})$, $\chi_\bullet$ 波数ベクトル $\boldsymbol{q}$ の静外場を印加した場合の等温感受率を $\chi_\bullet(\boldsymbol{q})$，静的一様感受率 $\lim_{\boldsymbol{q}\to 0}\chi_\bullet(\boldsymbol{q})$ を $\chi_\bullet$ と書く.

$\chi_{\mathcal{BA}}(\omega)$ 複素感受率．$\chi_{\mathcal{BA}}(\omega) = (i/\hbar)\int_0^{+\infty}\langle\!\langle[\mathcal{B}(t),\mathcal{A}]_-\rangle\!\rangle_{\rm eq}e^{i\omega t-\delta t}dt$（久保公式）.

$P(\omega)$ 外場のパワー損失スペクトル．特に光吸収スペクトルを表す場合が多い.

$\hat{G}(\omega)$ 一電子遅延 Green 関数．$(\alpha|\hat{G}|\alpha') \equiv -(i/\hbar)\int_0^{+\infty}\langle\!\langle[c_\alpha(t), c_{\alpha'}^\dagger]_-\rangle\!\rangle_{\rm eq}e^{i\omega t-\delta t}dt$.

$\hat{\Sigma}(\omega)$ 自己エネルギー．摂動導入前後の一電子遅延 Green 関数をそれぞれ $\hat{G}^{(0)}$，$\hat{G}$ として $\hat{\Sigma} \equiv (\hat{G}^{(0)})^{-1} - (\hat{G})^{-1}$.

$m^*$ （Fermi 液体論における）準粒子の有効質量.

$A_\alpha(\omega)$ 一電子スペクトル．$A_\alpha(\omega) \equiv -{\rm Im}(\alpha|\hat{G}(\omega)|\alpha)/\pi$.

**物質の電磁気学**

$\boldsymbol{E}$　電場.

$\boldsymbol{B}$　磁束密度.

$\boldsymbol{D}$　電束密度.

$\boldsymbol{H}$　磁場.

$\boldsymbol{P}$　分極．ただし，第 1 章ではイオン核の運動量演算子を $\hat{\boldsymbol{P}}$ と書く.

$\boldsymbol{M}$　磁化.

$n_{\mathrm{c}}$　電荷密度.

$\boldsymbol{j}$　電流密度.

$\rho_{\mathrm{c}}$　電荷密度演算子.

$\boldsymbol{\mathcal{J}}$　電流密度演算子．常磁性・反磁性成分（ベクトルポテンシャルに比例しない・する成分）を $\boldsymbol{\mathcal{J}}^{(\mathrm{p})}$，$\boldsymbol{\mathcal{J}}^{(\mathrm{d})}$ と書く.

$\phi$　スカラーポテンシャル．角度を表す $\varphi$ と同じギリシャ文字だが字体が異なる.

$\boldsymbol{A}$　ベクトルポテンシャル.

$\mathcal{K}_{\mu\nu}(\boldsymbol{q},\omega)$　巨視的に見て一様な系の電磁応答核．$\mu,\nu = 0$ が時間成分，$1,2,3$ が空間成分を表す.

$\underline{K}(\boldsymbol{q},\omega)$　電磁応答核の空間成分を切り出したもの．巨視的に見て等方的な系では，縦場と横場の応答が分離するので，各々の応答を $K_{\parallel}(q,\omega) \equiv \hat{\boldsymbol{q}} \cdot (\underline{K}(\boldsymbol{q},\omega)\hat{\boldsymbol{q}})$，$K_{\perp}(q,\omega) \equiv \boldsymbol{e} \cdot (\underline{K}(\boldsymbol{q},\omega)\boldsymbol{e})$（$\boldsymbol{e}$ は $\hat{\boldsymbol{q}} \equiv \boldsymbol{q}/q$ に垂直な任意の単位ベクトル）で表せる.

$\underline{\sigma}(\boldsymbol{q},\omega)$　（複素）伝導率テンソル．巨視的に見て等方的な系に対しては $K_{\parallel}, K_{\perp}$ の定義に準じて $\sigma_{\parallel}(q,\omega), \sigma_{\perp}(q,\omega)$ を定める.

$\underline{\epsilon}(\boldsymbol{q},\omega)$　（複素）誘電率テンソル．巨視的に見て等方的な系に対しては $K_{\parallel}, K_{\perp}$ の定義に準じて $\epsilon_{\parallel}(q,\omega), \epsilon_{\perp}(q,\omega)$ を定める.

$\underline{\mu}(\boldsymbol{q},\omega)$　（複素）透磁率テンソル．巨視的に見て等方的な系に対して $K_{\parallel}, K_{\perp}$ の定義に準じて $\mu_{\parallel}, \mu_{\perp}$ を定めると，磁束密度は縦成分を持たないので $\mu_{\parallel} = 0$ となり，$\mu(q,\omega) \equiv \mu_{\perp}(q,\omega)$ だけを考えればよくなる.

$D^{(\mathrm{D})}$　Drude 重み.

$D^{(\mathrm{M})}$　Meissner 重み.

$D^{(0)}$　反磁性電流密度の $D^{(\mathrm{D})}$ や $D^{(\mathrm{M})}$ への寄与．電子系では $D^{(0)} = ne^2/m$.

# 第 I 部

# 基礎概念

# 第1章

# 物性論におけるモデル

## 1.1 量子多体系としての物質

**物性論**は，物質の性質（**物性**）を**量子統計力学**の枠組みを使って解明しようという壮大な企てである．たかだか 1 keV 程度までのエネルギースケールを考察する場合には，原子核を一個の粒子として扱ってよいから，物質系を原子核とそれを取り巻く電子の集合体とみなし，非相対論的量子力学を適用できる．つまり，$N_{\mathrm{I}}$ 個の原子核と $N$ 個の電子を荷電粒子とみなし，それらの間に働く Coulomb 相互作用を考慮して，物質系の定常状態 $|\Psi\rangle$ とそのエネルギー $E$ が満たす Schrödinger 方程式を，具体的に[1]，

$$\mathcal{H}^{(1\mathrm{st})}|\Psi\rangle = E|\Psi\rangle \tag{1.1}$$

$$\mathcal{H}^{(1\mathrm{st})} = \sum_{i=1}^{N}\frac{\hat{\boldsymbol{p}}_i^2}{2m} + \sum_{\lambda=1}^{N_{\mathrm{I}}}\frac{\hat{\boldsymbol{P}}_\lambda^2}{2M_\lambda} - \sum_{i,\lambda}\frac{Z_\lambda e^2}{\left|\hat{\boldsymbol{r}}_i - \hat{\boldsymbol{R}}_\lambda\right|} + \frac{1}{2}\sum_{i\neq j}\frac{e^2}{\left|\hat{\boldsymbol{r}}_i - \hat{\boldsymbol{r}}_j\right|} + \frac{1}{2}\sum_{\lambda\neq\lambda'}\frac{Z_\lambda Z_{\lambda'} e^2}{\left|\hat{\boldsymbol{R}}_\lambda - \hat{\boldsymbol{R}}_{\lambda'}\right|} \tag{1.2}$$

と書き下せる．ハミルトニアン $\mathcal{H}^{(1\mathrm{st})}$ に現れる $\hat{\boldsymbol{r}}_i$, $\hat{\boldsymbol{p}}_i$ は $i$ 番目の電子の位置演算子と運動量演算子，$\hat{\boldsymbol{R}}_\lambda$, $\hat{\boldsymbol{P}}_\lambda$ は $\lambda$ 番目の原子核の位置演算子と運動量演算子である．また，電子の質量と電荷を $m$，$-e$，$\lambda$ 番目の原子核の質量と電荷を $M_\lambda$，$+Z_\lambda e$ とした．場合によっては，電磁場との相互作用，Zeeman 分裂，スピン軌道相互作用，超微細相互作用等を表す補正項を付加する必要がある．それでも，日常我々が目にする物性のすべては，原理上この Schrödinger 方程式 $+\alpha$ から導き出せるはずであり，物性論における**第一原理**は確定していると言ってよい．

---

1) 本書では **Dirac のブラケット記法**を多用する．馴染みがなければ，J. J. Sakurai and J. Napolitano: *Modern Quantum Mechanics* (Addison-Wesley, 1993) の第 1 章や，清水明：『新版 量子論の基礎』（サイエンス社, 2004）の第 3 章を参照せよ．また，**Gauss 単位系**を用いる．

しかし，このような第一原理が定まっていても，物理としては何も理解したことにはなっていない．実際，金属と絶縁体の違い，物質の色や光沢の起源，鉄が磁石にくっつく理由，トランジスターの動作原理，超伝導の発現機構等の数え上げたらきりがない多種多彩な物理現象を，第一原理の Schrödinger 方程式を眺めただけでは説明できない．これは，多様な物性の起源が，系を構成する粒子の数が恐ろしく大きく（$N$ や $N_\mathrm{I}$ は **Avogadro 数（$\approx 6 \times 10^{23}$ /mol）のオーダー**），しかもそれらが相互作用していることにあるからである．まさに **More is different**[2]．これは同時に物性論の難しさの根源でもある．実際，第一原理の Schrödinger 方程式を解いて，系の厳密な電子状態を求めることは，事実上不可能であり，我々は実験事実を睨み，物理的・数学的直観を働かせて，さまざまな**近似**を導入しながら現象の本質に迫るしかない．

一般に，第一原理の Schrödinger 方程式と，我々が日常目にする物質が示す巨視的な性質の間には，気が遠くなるような隔たりがある．その間には幾重にもわたる**階層的構造**が存在し，各階層において物理現象を支配する法則が存在する．もちろん各階層の物理法則は，第一原理から出発して，一つ一つ近似の段階を経ながら演繹できるはずのものだ．しかし，現実にはそのように議論を進めていくのは至難の業で，むしろ第一原理から裏づけが取れていない経験的な事実を基礎にしたり，第一原理から決めるべきパラメーターを未知のままに残した理論（**現象論**）が重要な役割を果たす場合も多い．この種の理論の代表格が**モデル理論**である．そこでは，数学というより，物理的直観を頼りにして，本質的に重要であると思われる要素だけを残し，第二義的な要素を大胆に捨てて抽象化した，**モデル**が考察される．その根底には**普遍性（universality）**の哲学がある．つまり，相当数の物質群が共通に示す物理現象は，簡約化されたモデルでも定性的には理解できるはずだと考えるわけだ．実際に素性がよくわかった典型的なモデルが得られたら，それとの類似点や相違点を基準にして**物質を分類**することができる．この観点から，物性論をある種の**分類学**と位置づけ，その進歩を分類の切り口となる新しい普遍性の発見に求めることもできるだろう．

しかし，この方向性だけでは限界がある．物質の多様性を解明する**化学的視点**に立ち戻り，第一原理から出発して個々の物質が示す**特殊性**を詳らかにしようとすれば，モデル現象論だけでは役不足になる．この問題の解決を目指し

2）P. W. Anderson: Science **177**, 393 (1972) の表題．当時の風潮だった行き過ぎた還元主義への批判．

て，**第一原理計算（バンド計算）**の分野では，現象論的なパラメーターの導入を極力廃し，しかも定量的に信頼できる計算手法の開発が進められている．計算可能な物理量が限られてはいるものの，現段階でも既にかなり広い物質群を扱うことに成功しており，最近では有用な機能を持つ新物質を設計しようという**錬金術**的な試みまである．こうした未知の物質も相手にすれば，多様性はますます広がり，The rest is infinite. ということになるだろう[3)]．

もちろん，普遍性と特殊性という視点は二者択一ではない．車の両輪のように不可分である．普遍性による分類の先に特殊性が，特殊性の共通項として普遍性がある．本書では，モデル理論を中心に取り上げ，物性論に現れるさまざまな「コンセプト」を俯瞰してもらうことを優先し，普遍性の視点に重きを置いた．そのため，個別の物質に関する議論が割愛されていることが多いが，これは単に筆者の力量不足と紙面の制約による都合に過ぎない．この点については，読者がより深く学習や研究を進めていく過程において，各自で補完してくれることを期待している．

以下では，本書で扱う主だったモデルを眺めていく．それらが物質系のどんな側面を抽出したものなのか？　という視点に立って読み進めて欲しい．

## 1.2 Born-Oppenheimer 近似

第一原理の Schrödinger 方程式はあまりにも自由度が大きいので，多少なりとも自由度を減らしておきたい．そこで，電子を原子核に強く束縛されているものとそうでないものに分ける．通常は，原子の閉殻に属する電子（**内殻電子**）を前者に，そうでないもの（**価電子**）を後者に分類する．内殻電子は原子核と強く結合して**イオン核**を形成するから，物質がイオン核と価電子の集合で構成されていると見直すことができる．このとき，$N$ は価電子の数，$N_{\mathrm{I}}$ はイオン核の数，$Z_{\lambda}$ はイオンの価数に再定義される[4)]．閉殻構造を持つ希ガス原子のイオン化エネルギーは，一般に 10 ~ 20 eV 程度であるので，それよりも低いエネルギー領域を扱う際には，この扱いで十分である．

次に，**Born-Oppenheimer 近似**を行う．電子の約 1800 倍の質量を持つ陽子や中性子を含むイオン核は，電子に比べてゆっくり動くため，電子系の状態に

3）金森順次郎，米沢富美子，川村清，寺倉清之：『固体』（岩波書店, 1994）のまえがき．

4）この再定義はイオン核の半径（～最外内殻軌道の半径）より外側で有効．最外の閉殻に属する電子まで価電子に含めることがある．

着目するときには，式 (1.2) においてイオン核の運動エネルギーを無視し，各イオン核の位置 $\{\boldsymbol{R}_\lambda\}$ をパラメーターとみなせる．したがって，電子系の状態 $|\Psi_n^{(\mathrm{e})};\{\boldsymbol{R}_\lambda\}\rangle$ は Schrödinger 方程式,

$$\mathcal{H}^{(\mathrm{e})}(\{\boldsymbol{R}_\lambda\})\left|\Psi_n^{(\mathrm{e})};\{\boldsymbol{R}_\lambda\}\right\rangle = E_n(\{\boldsymbol{R}_\lambda\})\left|\Psi_n^{(\mathrm{e})};\{\boldsymbol{R}_\lambda\}\right\rangle \tag{1.3}$$

$$\mathcal{H}^{(\mathrm{e})}(\{\boldsymbol{R}_\lambda\}) = \sum_{i=1}^{N}\frac{\hat{\boldsymbol{p}}_i^2}{2m} - \sum_{i,\lambda}\frac{Z_\lambda e^2}{|\hat{\boldsymbol{r}}_i - \boldsymbol{R}_\lambda|} + \frac{1}{2}\sum_{i\neq j}\frac{e^2}{\left|\hat{\boldsymbol{r}}_i - \hat{\boldsymbol{r}}_j\right|} + \frac{1}{2}\sum_{\lambda\neq\lambda'}\frac{Z_\lambda Z_{\lambda'} e^2}{|\boldsymbol{R}_\lambda - \boldsymbol{R}_{\lambda'}|} \tag{1.4}$$

に従う（$n$ は各固有状態を指定する添字）．一方，イオン核の状態を考える際には，電子系が上方程式が定める定常状態にあると考えてよいので，イオン核系は電子系のエネルギー $E_n(\{\boldsymbol{R}_\lambda\})$ をある種のポテンシャル（**断熱ポテンシャル**）として感じることになる．つまり，全系のエネルギー $E$ とイオン核系の状態 $|\Psi_n^{(\mathrm{I})}\rangle$ は Schrödinger 方程式[5),

$$\mathcal{H}_n^{(\mathrm{I})}\left|\Psi_n^{(\mathrm{I})}\right\rangle = E\left|\Psi_n^{(\mathrm{I})}\right\rangle,\quad \mathcal{H}_n^{(\mathrm{I})} = \sum_{\lambda=1}^{N_\mathrm{I}}\frac{\hat{\boldsymbol{P}}_\lambda^2}{2M_\lambda} + E_n(\{\hat{\boldsymbol{R}}_\lambda\}) \tag{1.5}$$

に従う．

イオン核系の状態を知るためには，あらゆる $\{\boldsymbol{R}_\lambda\}$ の配置に対して電子の Schrödinger 方程式を解いて断熱ポテンシャルを構成する必要があるが，この作業は大変難しい．そこで本書では，考察の対象を**固体**，しかも**結晶**に絞り，第ゼロ近似として，イオン核の位置 $\{\boldsymbol{R}_\lambda\}$ を周期的に配列した釣りあいの位置（断熱ポテンシャルを最小にする位置）に固定した場合について考える．実際の結晶では，イオン核は釣りあい位置の近傍を振動し，一種の連成調和振動子を構成している．この**格子振動**による影響は絶対零度では小さいが，温度の上

5）Schrödinger 方程式 (1.1), (1.2) を満たす全系の状態を $|\Psi\rangle$，電子系の状態が $|\Psi_n^{(\mathrm{e})};\{\boldsymbol{R}_\lambda\}\rangle$ でイオン核系の状態が $|\{\boldsymbol{R}_\lambda\}\rangle$（各イオン核が $\boldsymbol{R}_\lambda$ に局在した状態）の全系の状態を $|\Psi_n^{(\mathrm{e})};\{\boldsymbol{R}_\lambda\}\rangle\otimes|\{\boldsymbol{R}_\lambda\}\rangle$ とする．両者の内積 $\Psi_n^{(\mathrm{I})}(\{\boldsymbol{R}_\lambda\}) \equiv \langle\Psi_n^{(\mathrm{e})};\{\boldsymbol{R}_\lambda\}|\otimes\langle\{\boldsymbol{R}_\lambda\}|\Psi\rangle$ は「イオン核系の波動関数」という意味を持つので，イオン核がばね定数 $\kappa$ の調和振動子型ポテンシャルを感じるとすれば，$\Psi_n^{(\mathrm{I})}(\{\boldsymbol{R}_\lambda\})$ の $\boldsymbol{R}_\lambda$ 依存性を特徴づける長さスケールは，次元解析から $a_\mathrm{I} \sim (\hbar^2/\kappa M_\lambda)^{1/4}$ である．一方，各電子が $\{\boldsymbol{r}_i\}$ に局在した状態を $|\{\boldsymbol{r}_i\}\rangle$ とし，電子系の波動関数 $\langle\{\boldsymbol{r}_i\}|\Psi_n^{(\mathrm{e})};\{\boldsymbol{R}_\lambda\}\rangle$ を定めると，そこでは電子とイオン核の相対位置だけが重要なので，$\langle\{\boldsymbol{r}_i\}|\Psi_n^{(\mathrm{e})};\{\boldsymbol{R}_\lambda\}\rangle$ の $\boldsymbol{r}_i$ および $\boldsymbol{R}_\lambda$ 依存性は同程度の長さスケール $a_\mathrm{e}$ で特徴づけられる．ところが，電子はイオン核と同程度のポテンシャルを感じるので，再び次元解析から $a_\mathrm{e} \sim (\hbar^2/\kappa m)^{1/4}$ が成り立つ．したがって，$\langle\Psi_n^{(\mathrm{e})};\{\boldsymbol{R}_\lambda\}|$ と $\Psi_n^{(\mathrm{I})}(\{\boldsymbol{R}_\lambda\})$ に作用する $\nabla_{\boldsymbol{R}_\lambda}$ はそれぞれ $a_\mathrm{e}^{-1}$ および $a_\mathrm{I}^{-1}$ 程度の大きさを持ち，$a_\mathrm{I}/a_\mathrm{e} \sim (m/M_\lambda)^{1/4} \ll 1$ 程度の相対誤差を無視すれば，$\langle\Psi_n^{(\mathrm{e})};\{\boldsymbol{R}_\lambda\}|\otimes\langle\{\boldsymbol{R}_\lambda\}|\hat{\boldsymbol{P}}_{\lambda'}^2|\Psi\rangle = \langle\Psi_n^{(\mathrm{e})};\{\boldsymbol{R}_\lambda\}|\otimes(-\hbar^2\nabla_{\boldsymbol{R}_{\lambda'}}^2\langle\{\boldsymbol{R}_\lambda\}|)|\Psi\rangle \approx -\hbar^2\nabla_{\boldsymbol{R}_{\lambda'}}^2\Psi_n^{(\mathrm{I})}(\{\boldsymbol{R}_\lambda\})$ と近似できる．その結果，Schrödinger 方程式 (1.1), (1.2) は $(\sum_\lambda(-\hbar^2\nabla_{\boldsymbol{R}_\lambda}^2/2M_\lambda) + E_n(\{\boldsymbol{R}_\lambda\}))\Psi_n^{(\mathrm{I})}(\{\boldsymbol{R}_\lambda\}) = E\Psi_n^{(\mathrm{I})}(\{\boldsymbol{R}_\lambda\})$ に帰し，$\langle\{\boldsymbol{R}_\lambda\}|\Psi_n^{(\mathrm{I})}\rangle = \Psi_n^{(\mathrm{I})}(\{\boldsymbol{R}_\lambda\})$ が定める イオン核系の状態 $|\Psi_n^{(\mathrm{I})}\rangle$ は方程式 (1.5) に従う．

昇とともに顕著になる[6].

以降では，固定したイオン核の位置 $\{\boldsymbol{R}_\lambda\}$ を明示せず，単に電子と呼ぶときは価電子を指すものとする．このとき，電子に対する Schrödinger 方程式は，

$$\mathcal{H}^{(\mathrm{e})}\left|\Psi^{(\mathrm{e})}\right\rangle = E\left|\Psi^{(\mathrm{e})}\right\rangle, \quad \mathcal{H}^{(\mathrm{e})} = \sum_{i=1}^{N}\left(\frac{\hat{\boldsymbol{p}}_i^2}{2m} + V_{\mathrm{L}}(\hat{\boldsymbol{r}}_i)\right) + \frac{1}{2}\sum_{i\neq j}\frac{e^2}{\left|\hat{\boldsymbol{r}}_i - \hat{\boldsymbol{r}}_j\right|} + E_{\mathrm{I}} \tag{1.6}$$

となる．ここで，

$$V_{\mathrm{L}}(\boldsymbol{r}) \equiv -\sum_{\lambda}\frac{Z_\lambda e^2}{|\boldsymbol{r}-\boldsymbol{R}_\lambda|}, \quad E_{\mathrm{I}} \equiv \frac{1}{2}\sum_{\lambda\neq\lambda'}\frac{Z_\lambda Z_{\lambda'} e^2}{|\boldsymbol{R}_\lambda - \boldsymbol{R}_{\lambda'}|} \tag{1.7}$$

を導入した[7]．イオン核が周期的に配列していることを反映して，格子ポテンシャル $V_{\mathrm{L}}(\boldsymbol{r})$ が結晶と同じ周期性を持つことに注意しよう．こうして，価電子の自由度のみに着目した Schrödinger 方程式を導けたが，価電子の数は依然

---

6) 実際には，温度上昇は単に格子振動を励起するだけでなく，釣りあい位置 $\{\boldsymbol{R}_\lambda\}$ も変化させる．経験的に固体の多くが熱膨張することを知っていると思うが（電車のレールのつなぎ目に隙間をあけるのは，レールの熱膨張に備えるため），これは温度を上げると格子定数が増大することを意味している．

7) 本当はもう少し精密な議論が要る．たとえば，$\boldsymbol{R}_\lambda$ が Bravais 格子を成し，$Z_\lambda = Z > 0$ の場合，

$$E_{\mathrm{I}} \equiv \frac{1}{2}\sum_{\lambda\neq\lambda'}\frac{Z_\lambda Z'_\lambda e^2}{|\boldsymbol{R}_\lambda - \boldsymbol{R}_{\lambda'}|} = \frac{NZe^2}{2}\left(\sum_{\boldsymbol{R}_\lambda\neq 0}\frac{1}{|\boldsymbol{R}_\lambda|} - \frac{N_{\mathrm{I}}}{V}\int\frac{d^3\boldsymbol{r}}{r}\right) + \frac{N^2}{2V}\int\frac{e^2}{r}d^3\boldsymbol{r}$$

と書ける．ここで，$N = ZN_{\mathrm{I}}$ を用いた．右辺の $N$ に比例する（示量的な）第一項を $N\epsilon_{\mathrm{M}}$ と書き，$\epsilon_{\mathrm{M}}$ を **Madelung エネルギー**と呼ぶ．一方，$N^2$ に比例する（示量的でない）第二項は $\sum_i V_{\mathrm{L}}(\hat{\boldsymbol{r}}_i)$ と $(1/2)\sum_{i\neq j} e^2/|\hat{\boldsymbol{r}}_i - \hat{\boldsymbol{r}}_j|$ に含まれる $N^2$ に比例する項と打ち消しあう（この事情は，後述する 1.5 節の議論と同じ）．なお，Madelung エネルギー $\epsilon_{\mathrm{M}}$ は，定義通りに計算すると収束が悪いので，カットオフ $K_{\mathrm{c}}$ を適当に選び，Poisson 和公式 $\sum_{\boldsymbol{R}_\lambda}\delta(\boldsymbol{R}-\boldsymbol{R}_\lambda) = (N_{\mathrm{I}}/V)\sum_{\boldsymbol{K}} e^{i\boldsymbol{K}\cdot\boldsymbol{R}}$ を用いて，収束が速い **Ewald 和**，

$$\begin{aligned}
\epsilon_{\mathrm{M}} &\equiv \frac{Ze^2}{2}\left(\sum_{\boldsymbol{R}_\lambda\neq 0}\frac{1}{|\boldsymbol{R}_\lambda|} - \frac{N_{\mathrm{I}}}{V}\int\frac{d^3\boldsymbol{r}}{r}\right)\\
&= \frac{Ze^2}{2}\left(\sum_{\boldsymbol{R}_\lambda\neq 0}\int_0^\infty dx\frac{2e^{-\boldsymbol{R}_\lambda^2 x^2}}{\sqrt{\pi}} - \frac{N_{\mathrm{I}}}{V}\lim_{K\to 0}\frac{4\pi}{K^2}\right)\\
&= \frac{Ze^2}{2}\left(\int_0^{K_{\mathrm{c}}} dx\int d^3\boldsymbol{R}\frac{2e^{-R^2x^2}}{\sqrt{\pi}}\left(\frac{N_{\mathrm{I}}}{V}\sum_{\boldsymbol{K}} e^{i\boldsymbol{K}\cdot\boldsymbol{R}} - \delta(\boldsymbol{R})\right) + \sum_{\boldsymbol{R}_\lambda\neq 0}\int_{K_{\mathrm{c}}}^\infty dx\frac{2e^{-\boldsymbol{R}_\lambda^2 x^2}}{\sqrt{\pi}} - \frac{N_{\mathrm{I}}}{V}\lim_{K\to 0}\frac{4\pi}{K^2}\right)\\
&= \frac{Ze^2}{2}\left(\frac{N_{\mathrm{I}}}{V}\sum_{\boldsymbol{K}\neq 0}\frac{4\pi e^{-K^2/4K_{\mathrm{c}}^2}}{K^2} - \frac{2K_{\mathrm{c}}}{\sqrt{\pi}} - \frac{\pi N_{\mathrm{I}}}{VK_{\mathrm{c}}^2} + \sum_{\boldsymbol{R}_\lambda\neq 0}\frac{\mathrm{erf}\,(K_{\mathrm{c}}|\boldsymbol{R}_\lambda|)}{|\boldsymbol{R}_\lambda|}\right)
\end{aligned}$$

に変形して求めるとよい．ここで，$\boldsymbol{K}$ は逆格子ベクトル，$\mathrm{erf}(x) \equiv \int_x^\infty (2e^{-y^2}/\sqrt{\pi})dy$ は誤差関数である．

Avogadro 数個のオーダーであり，方程式を厳密に解くことはできないという事情は変わっていない．

## 1.3 Sommerfeld モデル

これ以上先に進む前に，第ゼロ近似として格子ポテンシャルと電子間相互作用を両方とも無視した **Sommerfeld モデル**について復習しておこう．このモデルにおいて，各電子の状態 $|\psi)$ とそのエネルギー $\epsilon$ は，一電子 Schrödinger 方程式[8]，

$$\hat{H}|\psi) = \epsilon|\psi), \quad \hat{H} = \frac{\hat{\boldsymbol{p}}^2}{2m} \tag{1.8}$$

に従う．この方程式を扱うには運動量演算子 $\hat{\boldsymbol{p}}$ の具体形が要る．本書で使う記号の説明を兼ねて少し説明しておこう．

**正準量子化**の手続きにおいて，**位置演算子** $\hat{\boldsymbol{r}} = (\hat{r}_x, \hat{r}_y, \hat{r}_z) = (\hat{x}, \hat{y}, \hat{z})$ と**運動量演算子** $\hat{\boldsymbol{p}} = (\hat{p}_x, \hat{p}_y, \hat{p}_z)$ は，**正準交換関係**，

$$\left[\hat{r}_\mu, \hat{r}_\nu\right]_- = \left[\hat{p}_\mu, \hat{p}_\nu\right]_- = 0, \quad \left[\hat{r}_\mu, \hat{p}_\nu\right]_- = i\hbar\delta_{\mu\nu} \tag{1.9}$$

を満たすエルミート演算子として導入される（$[\hat{A}, \hat{B}]_- \equiv \hat{A}\hat{B} - \hat{B}\hat{A}$ は，演算子 $\hat{A}$ と $\hat{B}$ の交換関係を表す）．位置演算子 $\hat{\boldsymbol{r}}$ の各成分が互いに可換なので，それらの同時固有状態が存在する[9]．そして，電子の位置が $\boldsymbol{r}$ に確定した同時固有状態を $|\boldsymbol{r})$ とすると，それらを規格化したものの集合は，電子の（軌道部分の）状態を張る完全正規直交系を成し，

$$\hat{\boldsymbol{r}}|\boldsymbol{r}) = \boldsymbol{r}|\boldsymbol{r}), \quad (\boldsymbol{r}|\boldsymbol{r}') = \delta(\boldsymbol{r} - \boldsymbol{r}'), \quad \int d^3\boldsymbol{r}|\boldsymbol{r})(\boldsymbol{r}| = 1 \tag{1.10}$$

を満たす．ここで，$\delta(\boldsymbol{r})$ は Dirac のデルタ関数を表す．二つのケットの内積は確率振幅としての意味を持つから，状態 $|\psi)$ に対応する（座標表示の）波動関数を $(\boldsymbol{r}|\psi)$ と表せる．このとき，状態 $\hat{\boldsymbol{p}}|\psi)$ に対応する波動関数が，

$$(\boldsymbol{r}|\hat{\boldsymbol{p}}|\psi) = -i\hbar\nabla(\boldsymbol{r}|\psi) \tag{1.11}$$

---

8）本書では，多粒子系の状態を $|\psi\rangle$ のように，一粒子あるいは数個の粒子の状態を $|\psi)$ のように書く．

9）この文章の意味がよくわからない場合は，2.1 節を参照．

と書けると考えればよい[10]．実際，上式が定める演算子 $\hat{\boldsymbol{p}}$ は，$(\boldsymbol{r}|\hat{\boldsymbol{p}}^\dagger|\boldsymbol{r}') = (\boldsymbol{r}'|\hat{\boldsymbol{p}}|\boldsymbol{r})^* = i\hbar\nabla'\delta(\boldsymbol{r}-\boldsymbol{r}') = -i\hbar\nabla\delta(\boldsymbol{r}-\boldsymbol{r}') = (\boldsymbol{r}|\hat{\boldsymbol{p}}|\boldsymbol{r}')$ だからエルミートであって，

$$(\boldsymbol{r}|\left[\hat{p}_\mu, \hat{p}_\nu\right]_-|\psi) = -\hbar^2\nabla_\mu\nabla_\nu(\boldsymbol{r}|\psi) + \hbar^2\nabla_\nu\nabla_\mu(\boldsymbol{r}|\psi) = 0 \tag{1.12}$$

$$(\boldsymbol{r}|\left[\hat{r}_\mu, \hat{p}_\nu\right]_-|\psi) = r_\mu\left(-i\hbar\nabla_\nu(\boldsymbol{r}|\psi)\right) + i\hbar\nabla_\nu\left(r_\mu(\boldsymbol{r}|\psi)\right) = (\boldsymbol{r}|i\hbar\delta_{\mu\nu}|\psi) \tag{1.13}$$

からわかるように正準交換関係を満たす．

運動量演算子 $\hat{\boldsymbol{p}}$ の各成分は可換だから，それらの同時固有状態が存在する．電子の運動量が $\hbar\boldsymbol{k}$ に確定した同時固有状態を $|\boldsymbol{k})$ とし，固有方程式，

$$\hat{\boldsymbol{p}}|\boldsymbol{k}) = \hbar\boldsymbol{k}|\boldsymbol{k}) \tag{1.14}$$

の両辺に左から $(\boldsymbol{r}|$ を内積すると，

$$-i\hbar\nabla(\boldsymbol{r}|\boldsymbol{k}) = \hbar\boldsymbol{k}(\boldsymbol{r}|\boldsymbol{k}) \tag{1.15}$$

となる．これを，電子が体積 $V = L^3$ の立方体の中にあるとして，周期境界条件，

$$(x, y, z|\boldsymbol{k}) = (x+L, y, z|\boldsymbol{k}) = (x, y+L, z|\boldsymbol{k}) = (x, y, z+L|\boldsymbol{k}) \tag{1.16}$$

を課して解くと，**波数ベクトル $\boldsymbol{k}$ の de Broglie 波**，

$$(\boldsymbol{r}|\boldsymbol{k}) = \frac{1}{\sqrt{V}}e^{i\boldsymbol{k}\cdot\boldsymbol{r}} \tag{1.17}$$

$$\boldsymbol{k} = \frac{2\pi}{L}\left(n_x, n_y, n_z\right), \quad (n_x, n_y, n_z\text{: 整数}) \tag{1.18}$$

を得る．ただし，$(\boldsymbol{k}|\boldsymbol{k}) = \int |(\boldsymbol{r}|\boldsymbol{k})|^2 d^3\boldsymbol{r} = 1$ となるように規格化し，$(\boldsymbol{r}=0|\boldsymbol{k})$ が正の実数になるように波動関数の位相を選んだ（規格化の際の空間積分は立方体内で行い，無限系の結果は後で $L \to +\infty$ とすれば求まると考える）．このとき，$|\boldsymbol{k})$ の集合は，

10）標語的に $(\boldsymbol{r}|\hat{\boldsymbol{p}} = -i\hbar\nabla(\boldsymbol{r}|$ あるいは $\hat{\boldsymbol{p}}|\boldsymbol{r}) = i\hbar\nabla|\boldsymbol{r})$ とも書けるが，これらの式では $(\boldsymbol{r}|\hat{p}_x\hat{x}|\psi) = -i\hbar\nabla((\boldsymbol{r}|\hat{x}|\psi)) = -i\hbar\nabla(x(\boldsymbol{r}|\psi))$ のような計算をする際に注意を要する．

$$(\boldsymbol{k}|\boldsymbol{k}') = \int d^3\boldsymbol{r}(\boldsymbol{k}|\boldsymbol{r})(\boldsymbol{r}|\boldsymbol{k}') = \int d^3\boldsymbol{r}\frac{e^{i(-\boldsymbol{k}+\boldsymbol{k}')\cdot\boldsymbol{r}}}{V} = \delta_{\boldsymbol{k},\boldsymbol{k}'} \tag{1.19}$$

$$\sum_{\boldsymbol{k}} |\boldsymbol{k})(\boldsymbol{k}| = \sum_{\boldsymbol{k}} \int d^3\boldsymbol{r}d^3\boldsymbol{r}'|\boldsymbol{r})(\boldsymbol{r}|\boldsymbol{k})(\boldsymbol{k}|\boldsymbol{r}')(\boldsymbol{r}'| \tag{1.20}$$

$$= \int d^3\boldsymbol{r}d^3\boldsymbol{r}'\frac{1}{V}\sum_{\boldsymbol{k}} e^{i\boldsymbol{k}\cdot(\boldsymbol{r}-\boldsymbol{r}')}|\boldsymbol{r})(\boldsymbol{r}'| = 1 \tag{1.21}$$

を満たすので，電子の（軌道部分の）状態を張る完全正規直交系を成す．

本題に戻り，一電子 Schrödinger 方程式 (1.8) を解こう．$\hat{H}$ は演算子として $\hat{\boldsymbol{p}}$ しか含まないので，上述の $|\boldsymbol{k})$ がそのまま $\hat{H}$ の固有状態になる．実際に $|\boldsymbol{k})$ に $\hat{H}$ を作用させれば，$|\boldsymbol{k})$ のエネルギー固有値が，

$$\epsilon_{\boldsymbol{k}} = \frac{\hbar^2 k^2}{2m} \tag{1.22}$$

と求まる．ここで **（一電子）状態密度**，

$$D^{(0)}(\epsilon) \equiv \frac{1}{V}\sum_{\boldsymbol{k}} \delta(\epsilon - \epsilon_{\boldsymbol{k}})$$
$$= \frac{1}{(2\pi)^3}\sum_{\boldsymbol{k}} \frac{(2\pi)^3}{L^3}\delta(\epsilon - \epsilon_{\boldsymbol{k}}) \overset{L\to\infty}{\to} \frac{1}{(2\pi)^3}\int d^3\boldsymbol{k}\,\delta(\epsilon - \epsilon_{\boldsymbol{k}}) \tag{1.23}$$

を導入しておくと便利である．$\epsilon_1 < \epsilon_{\boldsymbol{k}} < \epsilon_2$ を満たす $\boldsymbol{k}$ 点の数（一スピン当たりの一電子状態の数）を，$V\int_{\epsilon_1}^{\epsilon_2} D^{(0)}(\epsilon)d\epsilon$ と表せることが「状態密度」の名の由来である．右辺の $\boldsymbol{k}$ についての和を積分へ移行できるのは，これがちょうど区分求積の形になっているからである（式 (1.18) に注意）．積分を実行すると，

$$D^{(0)}(\epsilon) = \int_0^{+\infty} dk\frac{4\pi k^2}{(2\pi)^3}\delta\left(\epsilon - \frac{\hbar^2 k^2}{2m}\right) = \frac{1}{4\pi^2}\left(\frac{2m}{\hbar^2}\right)^{3/2}\theta(\epsilon)\sqrt{\epsilon} \tag{1.24}$$

を得る．ここで，デルタ関数の公式[11)]，

$$\delta\,(g(x)) = \sum_i \frac{\delta\,(x - x_i)}{|g'(x_i)|}, \quad (x_i \text{ は } g(x) = 0 \text{ の解．ただし } g'(x_i) \neq 0 \text{ とする}) \tag{1.25}$$

11）十分小さく $\delta_i > 0$ を選べば，$y = g(x)$ は $|x - x_i| \leq \delta_i$ で単調で逆関数 $x = g_i^{-1}(y)$ を持ち，任意の連続関数 $f(x)$ に対し，$\int_{-\infty}^{+\infty} f(x)\delta(g(x))dx = \sum_i \int_{g(x_i-\delta_i)}^{g(x_i+\delta_i)} f(g_i^{-1}(y))\delta(y)(g'(g_i^{-1}(y)))^{-1}dy = \sum_i \mathrm{sgn}(g'(x_i))f(x_i)/g'(x_i) = \sum_i f(x_i)/|g'(x_i)|$（sgn は符号関数）（証明終わり）．

を用いた．また，

$$\theta(x) \equiv \begin{cases} 0 & (x < 0) \\ 1/2 & (x = 0) \\ 1 & (x > 0) \end{cases} \tag{1.26}$$

は（Heaviside の）階段関数である．

電子がスピン 1/2 を持つことと Pauli 排他律を考慮すると，電子ガスの基底状態は $\boldsymbol{k}$ で指定される一電子状態にエネルギーの低い方から順に二個ずつ（上下スピン電子各一個ずつ）の電子を詰めた多体状態である．したがって，$L$ が十分に大きければ，電子の占める状態は $\boldsymbol{k}$ 空間の球となる．これが **Fermi 球**であり，その半径 $k_\mathrm{F}$ を **Fermi 波数**と呼ぶ．絶対零度における化学ポテンシャル（**Fermi 準位**または **Fermi エネルギー**）は，$\epsilon_\mathrm{F} = \hbar^2 k_\mathrm{F}^2/2m$ となる．また，電子密度 $n$ は，

$$n = \frac{2}{V}\sum_{\epsilon_k \le \epsilon_\mathrm{F}} 1 = 2\int_{-\infty}^{\epsilon_\mathrm{F}} D^{(0)}(\epsilon)d\epsilon = \frac{1}{3\pi^2}\left(\frac{2m\epsilon_\mathrm{F}}{\hbar^2}\right)^{3/2} = \frac{k_\mathrm{F}^3}{3\pi^2} \tag{1.27}$$

に等しいから（右辺の 2 倍はスピン自由度に由来），

$$k_\mathrm{F} = \left(3\pi^2 n\right)^{1/3}, \quad \epsilon_\mathrm{F} = \frac{\hbar^2}{2m}\left(3\pi^2 n\right)^{2/3} \tag{1.28}$$

となり，Fermi 準位における状態密度を，

$$D_\mathrm{F}^{(0)} \equiv D^{(0)}(\epsilon_\mathrm{F}) = \frac{1}{4\pi^2}\left(\frac{2m}{\hbar^2}\epsilon_\mathrm{F}\right)^{3/2}\frac{1}{\epsilon_\mathrm{F}} = \frac{2mk_\mathrm{F}}{(2\pi\hbar)^2} = \frac{3}{4}\frac{n}{\epsilon_\mathrm{F}} \tag{1.29}$$

と表せる．また，単位体積当たりの内部エネルギー（内部エネルギー密度）$u$ が，

$$u = \frac{2}{V}\sum_{\epsilon_k \le \epsilon_\mathrm{F}} \epsilon_k = 2\int_{-\infty}^{\epsilon_\mathrm{F}} \epsilon D^{(0)}(\epsilon)d\epsilon = \frac{3}{5}\epsilon_\mathrm{F} n \tag{1.30}$$

と求まる．つまり，一電子当たりの内部エネルギーは $\epsilon_\mathrm{F}$ の 3/5 倍に等しい．

上記の $n$ と $u$ の表式は，基底状態に対して（絶対零度において）計算されたものであった．より一般に，温度 $T$ と化学ポテンシャル $\mu$ が定まった熱平衡状態においては，

$$n(T,\mu) = \frac{2}{V}\sum_{\boldsymbol{k}} f(\epsilon_{\boldsymbol{k}}) = 2\int_{-\infty}^{\infty} D^{(0)}(\epsilon) f(\epsilon) d\epsilon \tag{1.31}$$

$$u(T,\mu) = \frac{2}{V}\sum_{\boldsymbol{k}} \epsilon_{\boldsymbol{k}} f(\epsilon_{\boldsymbol{k}}) = 2\int_{-\infty}^{\infty} \epsilon D^{(0)}(\epsilon) f(\epsilon) d\epsilon \tag{1.32}$$

が成り立つ．ただし $f(\epsilon)$ は **Fermi 分布関数**,

$$f(\epsilon) = \frac{1}{e^{\beta(\epsilon-\mu)}+1} \tag{1.33}$$

であり，$k_{\mathrm{B}}$ を Boltzmann 定数として逆温度を $\beta = 1/k_{\mathrm{B}}T$ と定めた．

以下では，電子が **Fermi 縮退**した低温領域 $k_{\mathrm{B}}T \ll \epsilon_{\mathrm{F}}$ について考えよう[12]．典型的な金属では $\epsilon_{\mathrm{F}}/k_{\mathrm{B}} \sim 10^4 \sim 10^5$ K なので[13]，室温もこの領域にある．まず，式 (1.31) に **Sommerfeld 展開**[14]，

$$\int_{-\infty}^{+\infty} g(\epsilon) f(\epsilon) d\epsilon = \int_{-\infty}^{\mu} g(\epsilon) d\epsilon + \frac{\pi^2}{6}(k_{\mathrm{B}}T)^2 g'(\mu) + \cdots \tag{1.34}$$

を適用し，

$$n = 2\int_{-\infty}^{\epsilon_{\mathrm{F}}} D^{(0)}(\epsilon) d\epsilon = 2\int_{-\infty}^{+\infty} D^{(0)}(\epsilon) f(\epsilon) d\epsilon \tag{1.35}$$

を用いると，$k_{\mathrm{B}}T/\epsilon_{\mathrm{F}}$ について二次までの項を残す近似で，

---

12）Fermi 縮退の条件 $k_{\mathrm{B}}T/\epsilon_{\mathrm{F}} \ll 1$ を，密度 $n$ と**熱的 de Broglie 波長** $\lambda_{\mathrm{T}} \equiv h/\sqrt{2\pi m k_{\mathrm{B}}T}$ を使って $n\lambda_{\mathrm{T}}^3 \gg 1$ と表現することも多い．フェルミオン系でしか Fermi 縮退が起こらないので，ボゾン系では $\epsilon_{\mathrm{F}}$ に直観的意味をつけにくいが，$n\lambda_{\mathrm{T}}^3 \gg 1$ の条件は同種粒子の統計性に関係なくわかりやすい意味を持つからである．つまり，同種粒子間の平均距離が $\lambda_{\mathrm{T}}$ より十分近ければ量子統計性が効くが，十分遠ければ量子統計性は効かないというわけだ．実際，理想 Bose 気体が **Bose-Einstein 凝縮**する条件は，$n\lambda_{\mathrm{T}}^3 > \zeta(3/2) \approx 2.612$ と表される（$\zeta(x) \equiv \sum_{n=1}^{+\infty} n^{-x}$ はゼータ関数）．

13）たとえば，アルカリ金属を考えると，イオン核と価電子の数は等しい．したがって，平均電子間隔 $d$ は格子定数と同程度（1 Å のオーダー）であり，$\epsilon_{\mathrm{F}} = \hbar k_{\mathrm{F}}^2/2m \sim \hbar^2/md^2 \sim 1$ eV $\sim 10^4$ K．同じ理由で，Bohr 半径 $a_{\mathrm{B}}$ で無次元化した平均距離 $r_s \equiv d/a_{\mathrm{B}}$ は 1 のオーダーとなる（$r_s$ =3.22(Li)，3.96(Na)，4.87(K)，5.18(Rb)，5.57(Cs)）．原子番号が増えると格子定数が広がるため，$r_s$ が増大する．

14）奇関数 $h(\epsilon) \equiv f(\mu+\epsilon) - \theta(-\epsilon)$ および定積分 $I_n \equiv \int_0^{+\infty} dx x^{2n+1}/(e^x+1)$ を導入し，$g(\epsilon+\mu) = \sum_{n=0}^{+\infty} g^{(n)}(\mu)\epsilon^n/n!$（$g^{(n)} \equiv d^n g/d\epsilon^n$）と冪展開すると，

$$\delta G \equiv \int_{-\infty}^{+\infty} g(\epsilon) f(\epsilon) d\epsilon - \int_{-\infty}^{\mu} g(\epsilon) d\epsilon = \int_{-\infty}^{+\infty} g(\epsilon+\mu) h(\epsilon) d\epsilon = \sum_{n=0}^{+\infty} \frac{g^{(2n+1)}(\mu)}{(2n+1)!}(k_{\mathrm{B}}T)^{2(n+1)} 2I_n$$

を得る．定積分 $I_n$ は $\pi/\sinh(\pi z)$ の部分分数展開（16.2 節の脚注 7）から導かれる，

$$\int_0^{+\infty} \frac{\sin(ax)dx}{e^x+1} = \int_0^{+\infty} \sum_{n=1}^{+\infty}(-1)^{n+1} e^{-nx} \sin(ax) dx = \sum_{n=1}^{+\infty} \frac{(-1)^{n+1} a}{n^2+a^2} = \frac{1}{2}\left(\frac{1}{a} - \frac{\pi}{\sinh(\pi a)}\right)$$

の両辺を $a$ について冪展開した結果を比較すれば求まる．たとえば一次項の比較（左辺 $aI_0$，右辺 $\pi^2 a/12$）は $I_0 = \pi^2/12$ を与え，これを $\delta G$ の冪展開に代入すると，式 (1.34) を得る．

$$(\epsilon_{\rm F}-\mu)D_{\rm F}^{(0)} = \int_{-\infty}^{\epsilon_{\rm F}} D^{(0)}(\epsilon)d\epsilon - \int_{-\infty}^{\mu} D^{(0)}(\epsilon)d\epsilon$$
$$= \frac{\pi^2}{6}(k_{\rm B}T)^2 D^{(0)\prime}(\mu) = \frac{\pi^2}{6}(k_{\rm B}T)^2 D^{(0)\prime}(\epsilon_{\rm F}) \tag{1.36}$$

を得る．この式を $\mu$ について解くと，

$$\mu(T,n) = \epsilon_{\rm F} - \frac{\pi^2}{6}\frac{D^{(0)\prime}(\epsilon_{\rm F})}{D_{\rm F}^{(0)}}(k_{\rm B}T)^2 = \epsilon_{\rm F}\left(1-\frac{\pi^2}{12}\left(\frac{k_{\rm B}T}{\epsilon_{\rm F}}\right)^2\cdots\right) \tag{1.37}$$

となる（$n$ 依存性は $\epsilon_{\rm F}$ を通じて入る）．一方，式 (1.32) を Sommerfeld 展開すると，

$$u(T,n) = 2\left(\int_{-\infty}^{\mu}\epsilon D^{(0)}(\epsilon)d\epsilon + \frac{\pi^2}{6}\left(D^{(0)}(\mu)+\mu D^{(0)\prime}(\mu)\right)(k_{\rm B}T)^2+\cdots\right)$$
$$= 2\left(\int_{-\infty}^{\epsilon_{\rm F}}\epsilon D^{(0)}(\epsilon)d\epsilon - (\epsilon_{\rm F}-\mu)\epsilon_{\rm F}D_{\rm F}^{(0)} + \frac{\pi^2}{6}\left(D_{\rm F}^{(0)}+\epsilon_{\rm F}D^{(0)\prime}(\epsilon_{\rm F})\right)(k_{\rm B}T)^2+\cdots\right)$$
$$= \frac{3}{5}\epsilon_{\rm F}n + 2D_{\rm F}^{(0)}\frac{\pi^2}{6}(k_{\rm B}T)^2+\cdots \tag{1.38}$$

となる（$\epsilon_{\rm F}$ と $D_{\rm F}^{(0)}$ も $n$ に依存することに注意）．この式から，低温における単位体積当たりの**電子比熱**（定積比熱）が，

$$C_V^{(\rm e)} = \frac{\partial u}{\partial T} = \gamma T, \quad \gamma = \frac{2\pi^2}{3}D_{\rm F}^{(0)}k_{\rm B}^2 \tag{1.39}$$

と求まる．$\gamma$ は **Sommerfeld 係数**と呼ばれる．

いまさら自由電子？と思うかもしれないが，最外殻の s 電子一個が価電子となっているアルカリ金属（Li,Na,K,Rb,Cs）では，$\gamma$ の実測値が式 (1.39) の値に近い．しかし，そうなると逆に疑問が沸いてくる．格子ポテンシャルは原子核の近傍では非常に大きな値を持つし，電子間相互作用にしても決して小さいとは思えないからだ[15]．これらの疑問に対する答えは，6.2 節で扱う**擬ポテンシャル**の概念と，第 12 章で扱う **Landau の Fermi 液体論**によって与えられる．

15）後述するように，絶対零度における相互作用の強さは，脚注 13 で定義した $r_{\rm s} \equiv d/a_{\rm B}$ で与えられるが，その値は 1 のオーダーで決して小さくない．

## 1.4　一電子近似とバンド理論

再び，格子ポテンシャルと電子間相互作用の効果を考えよう．**多体問題**としての難しさの根源は，ハミルトニアンに現れる電子間相互作用，

$$\mathcal{U}_{\mathrm{ee}} = \frac{1}{2}\sum_{i\neq j}\frac{e^2}{|\hat{\boldsymbol{r}}_i - \hat{\boldsymbol{r}}_j|} \tag{1.40}$$

にある．そこで一つの電子に注目し，他の電子がこの電子に及ぼす影響は，格子ポテンシャル $V_{\mathrm{L}}(\boldsymbol{r})$ を有効ポテンシャル $V(\boldsymbol{r})$ へ置き換えることによって取り込もうというのが，**一電子近似**の基本的なアイデアである．これにより，注目した一電子に対する Schrödinger 方程式を，

$$\hat{H}|\psi\rangle = \epsilon|\psi\rangle, \quad \hat{H} = \frac{\hat{\boldsymbol{p}}^2}{2m} + V(\hat{\boldsymbol{r}}) \tag{1.41}$$

と表せ，これを解けば，固有値（一電子エネルギー）$\epsilon_\alpha$ と，それに対応する固有状態（一電子状態の軌道部分）$|\alpha\rangle$ が求まる．

ここで「有効ポテンシャル $V(\boldsymbol{r})$ をどのように決めればよいか？」という大問題が残る．本来，注目した電子とその他の電子は区別できないので，$V(\boldsymbol{r})$ は $\epsilon_\alpha, |\alpha\rangle$ に依存して決まるはずである．したがって，以下のような手順を踏んで，$\epsilon_\alpha, |\alpha\rangle$ と $V(\boldsymbol{r})$ を**自己無撞着**（英語で **self-consistent**．自己矛盾がないという意味）に決定しなければならない．

(0) $\epsilon_\alpha, |\alpha\rangle$ の候補を与える．
(1) $\epsilon_\alpha, |\alpha\rangle$ の情報を使って，有効一電子ポテンシャル $V(\boldsymbol{r})$ を構成する．
(2) 有効的な一電子 Schrödinger 方程式 (1.41) を解いてエネルギー固有値・固有状態の組をすべて求め，それを新しい $\epsilon_\alpha, |\alpha\rangle$ の候補とする．
(3) (1) と (2) の作業を新旧の $\epsilon_\alpha, |\alpha\rangle$ が変わらなくなるまで続ける．

計算手続きのステップ (1) で $V(\boldsymbol{r})$ を構成する仕方により，さまざまな一電子近似を考えうる．それらのうちで最も初等的なものが，第7章で紹介する **Hartree-Fock (HF) 近似**である．

一電子近似により，有効的な一電子準位 $\epsilon_\alpha$ と一電子状態の軌道部分 $|\alpha\rangle$ が求まるから，Sommerfeld モデルの扱いと同様のやり方で，さまざまな物理量が計算できると思うかもしれない．しかし，この一電子準位や一電子状態の

概念が（そのままの形で）有効なのは，基本的に少数の電子だけが関与する現象や物理量（たとえばイオン化エネルギー）を扱う場合である．そうでない場合，つまり全電子（あるいは巨視的な数の電子）が関与する現象や物理量を考える際には十分な注意が必要となる．たとえば，系の基底状態のエネルギー（絶対零度における全電子のエネルギー）を計算する際に，Fermi 準位を $\epsilon_F$ とし，スピン自由度に由来する 2 倍を考慮して，$E \stackrel{?}{=} 2\sum_\alpha \epsilon_\alpha \theta(\epsilon_F - \epsilon_\alpha)$ と見積もるのは誤りである．注目した電子のエネルギーには，他の電子からの影響が取り込まれているため，単純に $\epsilon_\alpha$ を足し上げると，電子間相互作用の効果を二重に数えてしまう．

自発的な対称性の破れが起こらなければ，式 (1.41) に現れる**有効ポテンシャル $V(\boldsymbol{r})$ は，結晶（元の格子ポテンシャル $V_L(\boldsymbol{r})$）と同じ周期性を持つ**．このような周期ポテンシャル中の一電子状態の一般的な扱いについては，第 5 章および第 6 章で詳しく議論するが，結果を先に言ってしまうと，式 (1.41) を解いて得られる一電子準位は帯状に分布する．つまり，$\epsilon_\alpha$ が有限のエネルギー幅の中に連続的に分布する．これを**（エネルギー）バンド**と呼ぶ．一般にバンドは複数でき，バンドとバンドの間には一電子準位が存在しないエネルギー域（**バンドギャップ**）が現れることがある．その例として，半経験的に決めた $V(\boldsymbol{r})$ を用いて計算された，珪素（Si）の（一電子）状態密度，

$$D^{(0)}(\epsilon) = \frac{1}{V}\sum_\alpha \delta(\epsilon - \epsilon_\alpha) \tag{1.42}$$

を図 1.1 に示す．これがゼロになるエネルギー域がバンドギャップである．

もし Fermi 準位がバンドギャップの中にあると，系は**絶縁体（バンド絶縁体）**になる．系に電流を誘起するために系を励起する必要があるが，励起には（最低でも）バンドギャップに当たる有限のエネルギーが必要だからである．逆に，Fermi 準位がバンドの中にあれば系は一般に**金属**になると予想される．これは，無限小のエネルギーで系を励起できるからである．このように，エネルギーバンドと Fermi 準位の位置関係から金属と絶縁体を区別を論じたのが **Bloch-Wilson 理論**である．

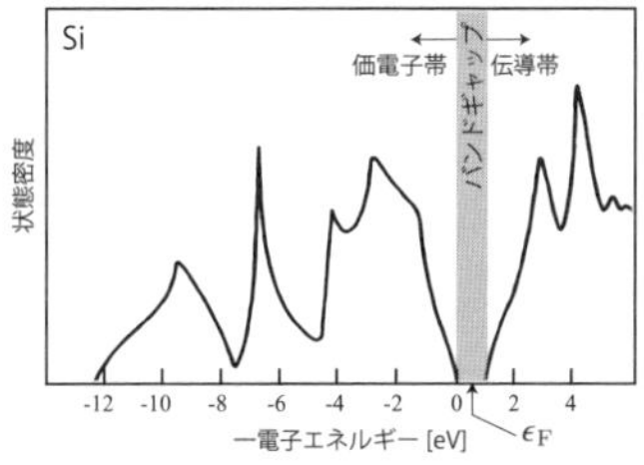


図 1.1 珪素（Si）の状態密度 [J. R. Chelikowski, D. J. Chadi and M. L. Cohen: Phys. Rev. B **8**, 2786 (1973).]

ただし，一電子近似では取り込みきれない

相互作用効果が存在することに注意しなければならない．これは真の多体効果と言うべきもので，**電子相関**と呼ばれる．ここで疑問になるのは，「電子相関が強いために，Bloch-Wilson 理論が予言する定性的な結論が覆ることがあるか？　あるならばどんなときか？」という問題である．これに関して，Bloch-Wilson 理論では金属になるはずの系が，電子相関の効果により絶縁体になることがあるという話題を 1.6 節で取り上げよう．

## 1.5　ジェリウムモデル

一電子近似では，電子間相互作用の効果を格子ポテンシャルに繰り込んだ．これは結晶の周期ポテンシャルの効果を重視したアプローチである．これとは逆に，電子間相互作用の効果に注目して，とりあえず格子ポテンシャルの効果を無視するというアプローチもある．即ち，周期的に配列したイオン核の正電荷を塗りつぶして，一様な背景電荷に置きかえた**ジェリウムモデル**を考えるのである．塗りつぶしの作業により，式 (1.6) のハミルトニアンに現れる $V_{\rm L}(\boldsymbol{r})$ および $E_{\rm I}$ が，

$$V_{\rm L}(\boldsymbol{r}) = -\sum_{\lambda} \frac{Z_\lambda e^2}{|\boldsymbol{r}-\boldsymbol{R}_\lambda|} \approx -\int d^3\boldsymbol{R}\, \frac{Ze^2 n_{\rm I}}{|\boldsymbol{r}-\boldsymbol{R}|} \tag{1.43}$$

$$E_{\rm I} = \frac{1}{2}\sum_{\lambda\neq\lambda'} \frac{Z_\lambda Z_{\lambda'} e^2}{|\boldsymbol{R}_\lambda-\boldsymbol{R}_{\lambda'}|} \approx \frac{1}{2}\int d^3\boldsymbol{R} d^3\boldsymbol{R}'\, \frac{Z^2 e^2 n_{\rm I}^2}{|\boldsymbol{R}-\boldsymbol{R}'|} \tag{1.44}$$

と近似される．ここで，$n_{\rm I} = N_{\rm I}/V$ はイオン核の密度，$Z$ はイオン核の平均価数であり，電気的中性の条件から電子密度 $n = N/V$ と $n = n_{\rm I}Z$ の関係がある．

ここで，Coulomb ポテンシャル，

$$U(\boldsymbol{r}) = \frac{e^2}{r} \tag{1.45}$$

を Fourier 展開しよう．ここでは発散の問題を避けるため，人工的な収束因子を付け，

$$U(\boldsymbol{r}) = \frac{e^2}{r} e^{-\delta r} \tag{1.46}$$

に置き換えておき，後で $\delta \to +0$ の極限をとることにする．そうすると，

$$U(\boldsymbol{r}) = \frac{1}{V}\sum_{\boldsymbol{q}} U_q e^{i\boldsymbol{q}\cdot\boldsymbol{r}} \tag{1.47}$$

$$\begin{aligned} U_q &\equiv \int U(\boldsymbol{r}) e^{-i\boldsymbol{q}\cdot\boldsymbol{r}} d^3\boldsymbol{r} = \int_0^{+\infty} dr \int_{-1}^{+1} d(\cos\vartheta) \frac{e^2}{r} e^{-iqr\cos\vartheta - \delta r} \cdot 2\pi r^2 \\ &= \frac{4\pi e^2}{q}\int_0^{+\infty} \sin(qr) e^{-\delta r} dr = \frac{4\pi e^2}{q^2+\delta^2} \end{aligned} \tag{1.48}$$

と Fourier 展開できる．これを用いると，背景正電荷の影響を表す定数部分を，

$$\begin{aligned} \left(\sum_i V_{\mathrm{L}}\right) + E_{\mathrm{I}} &= -Nn \int U(\boldsymbol{r}) d^3\boldsymbol{r} + \frac{Nn}{2}\int U(\boldsymbol{r}) d^3\boldsymbol{r} \\ &= -\frac{N^2}{2V} U_{q=0} = -\frac{N^2}{2V}\frac{4\pi e^2}{\delta^2} \end{aligned} \tag{1.49}$$

と書き表せる．

ここで，電子密度演算子 $\rho(\boldsymbol{r})$ を，

$$\rho(\boldsymbol{r}) \equiv \sum_{i=1}^{N} \delta(\boldsymbol{r} - \hat{\boldsymbol{r}}_i) = \frac{1}{V}\sum_{\boldsymbol{q}} \rho_{\boldsymbol{q}} e^{i\boldsymbol{q}\cdot\boldsymbol{r}}, \quad \rho_{\boldsymbol{q}} \equiv \int \rho(\boldsymbol{r}) e^{-i\boldsymbol{q}\cdot\boldsymbol{r}} d^3\boldsymbol{r} = \sum_{i=1}^{N} e^{-i\boldsymbol{q}\cdot\hat{\boldsymbol{r}}_i} \tag{1.50}$$

と Fourier 展開すると，

$$\begin{aligned} \frac{1}{2}\sum_{i\neq j} U(\hat{\boldsymbol{r}}_i - \hat{\boldsymbol{r}}_j) &= \frac{1}{2V}\sum_{\boldsymbol{q}} U_q \left(\rho_{-\boldsymbol{q}}\rho_{\boldsymbol{q}} - N\right) \\ &= \frac{1}{2V}\sum_{\boldsymbol{q}\neq 0} U_q \left(\rho_{-\boldsymbol{q}}\rho_{\boldsymbol{q}} - N\right) + \frac{N^2}{2V}\frac{4\pi e^2}{\delta^2} - \frac{N}{2V}\frac{4\pi e^2}{\delta^2} \end{aligned} \tag{1.51}$$

を得る（$N = \rho_{\boldsymbol{q}=0}$ に注意）．右辺第二項は背景正電荷の影響と相殺して消える．人工的に導入された $\delta$ が最終結果に影響しないようにするには，相互作用が及ぶ長さスケール $\delta^{-1}$ を系のサイズ $V^{1/3}$ 程度に選んでおけば十分である．このとき右辺第三項は，**熱力学極限**[16]で $4\pi e^2 N/2V\delta^2 \sim 4\pi e^2 N/2V^{1/3} \propto N^{2/3}$ となり，左辺が表す $N$ に比例して大きくなる量（示量変数）を計算する際には無視できる．こうして，電子系の Schrödinger 方程式は，

16) 系の熱力学的状態を指定するために必要十分な示強変数および示量変数を列挙し，示量変数同士の比と示強変数を固定したまま，示量変数を無限大に近づける極限が熱力学極限である．特に $T = 0$ では $(N, V)$ が系の熱力学的状態を指定するので，$N/V$ を固定して $N \to \infty$, $V \to \infty$ とする極限を指す．

$$\mathcal{H}|\Psi^{(e)}\rangle = E|\Psi^{(e)}\rangle, \quad \mathcal{H} = \sum_{i=1}^{N} \frac{\hat{\boldsymbol{p}}_i^2}{2m} + \frac{1}{2V}\sum_{\boldsymbol{q}\neq 0} U_q \left(\rho_{-\boldsymbol{q}}\rho_{\boldsymbol{q}} - N\right) \tag{1.52}$$

に帰する．上式では単に $U_q = 4\pi e^2/q^2$ としてよい．

ここで電子間距離を，体積 $V/N = 1/n$ の球の半径，

$$d \equiv \left(\frac{3}{4\pi n}\right)^{1/3} = \left(\frac{9\pi}{4}\right)^{1/3} \frac{1}{k_{\mathrm{F}}} \tag{1.53}$$

程度と見積もると，相互作用エネルギーの大きさは $e^2/d$ 程度，絶対零度における電子の運動エネルギーは $\hbar^2 k_{\mathrm{F}}^2/2m \sim \hbar^2/md^2$ 程度で，「相互作用の特徴的な強さ」を表す無次元量 (**$r_{\mathrm{s}}$ パラメーター**) は，

$$r_{\mathrm{s}} \equiv \frac{e^2/d}{\hbar^2/md^2} = \frac{d}{a_{\mathrm{B}}} \tag{1.54}$$

を，$d$ を Bohr 半径，

$$a_{\mathrm{B}} \equiv \frac{\hbar^2}{me^2} \approx 0.5292\ \text{Å} \tag{1.55}$$

を単位にして測った量になる．つまり，**絶対零度では電子密度 $n$ が小さいほど相互作用は強く，大きいほど相互作用は弱い**[17)]．通常の金属では $r_{\mathrm{s}}$ は 1 のオーダーの値をとる．実際，価電子は単位胞当たり数個存在し，単位胞の大きさは $a_{\mathrm{B}}$ のオーダーだから，電子間距離 $d$ は $a_{\mathrm{B}}$ のオーダーになる．

ジェリウムモデルの基底状態を指定する熱力学変数は電子数 $N$ と体積 $V$ である．基底状態のエネルギーを一電子当たりに換算した $\epsilon_{\mathrm{g}} \equiv E/N$ を考えると，その $(N,V)$ 依存性は示強的で，任意の $\lambda > 0$ に対し $\epsilon_{\mathrm{g}}(\lambda N, \lambda V) = \epsilon_{\mathrm{g}}(N,V)$ が成立するから，$\epsilon_{\mathrm{g}}$ は電子密度 $n = N/V$ のみを通じて $(N,V)$ に依存する．実際の $\epsilon_{\mathrm{g}}$ の表式は，$n$ 以外に，電子を特徴づけるパラメーター $m$ と $e$ および量子力学の普遍定数である Planck 定数 $\hbar$ を含みうる．したがって，$\epsilon_{\mathrm{g}}$ を水素原子の

---

17) この文章が直観に反するという人がいる．確かに相互作用エネルギー $e^2/d$ は $n$ の増加関数だが，運動エネルギー $\hbar^2/md^2$ がそれ以上に速く大きくなるため，それらの比 $r_{\mathrm{s}}$ は $n$ の減少関数になる．大小比較は，何に比べて大きいか（小さいか）をはっきりさせないと意味がないことを肝に銘じよう．また，$r_{\mathrm{s}}$ が相互作用の強さを表すのは，$k_{\mathrm{B}}T \ll \epsilon_{\mathrm{F}}$ の Fermi 縮退した低温領域に限定されることにも注意してほしい．$k_{\mathrm{B}}T \gg \epsilon_{\mathrm{F}}$ の高温領域では，特徴的な運動エネルギーが古典理想気体の $3k_{\mathrm{B}}T/2$ に置き換わるので，相互作用の強さは，不完全性パラメーター $\Gamma = e^2/dk_{\mathrm{B}}T$ で見積もられる．絶対零度で相互作用の強さを表す $r_{\mathrm{s}}$ パラメーターは $n^{-1/3}$ に比例する $n$ の**減少関数**だったが，この不完全性パラメーター $\Gamma$ は $n^{1/3}$ に比例し，$n$ の**増加関数**である．

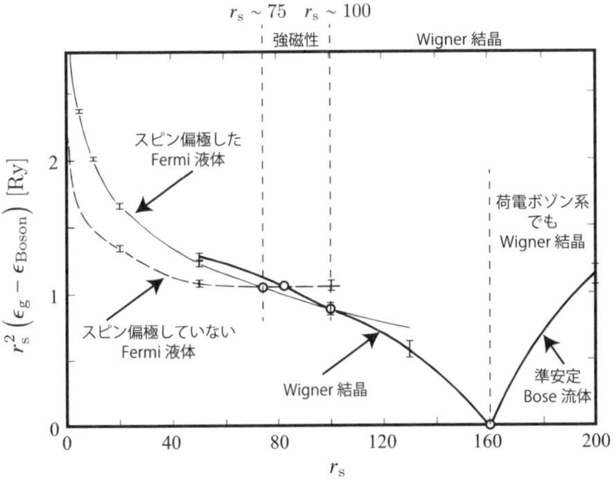


図 1.2　拡散モンテカルロ法によって計算されたジェリウムモデルの基底状態のエネルギー $\epsilon_g$．電子のスピンが偏極していない場合，偏極している場合，電子が Wigner 結晶を組んだ場合に対する計算結果を比較している．参照値の $\epsilon_{\rm Boson}$ は，電子と同じ電荷，質量，密度を持つ仮想的な荷電ボゾン系の基底状態のエネルギーで，これも計算値．一粒子当たりの $\epsilon_g - \epsilon_{\rm Boson}$ を $r_s^{-2}$Ry を単位にとってプロットしている．[D. Ceperley and B. J. Alder: Phys. Rev. Lett. **45**, 566 (1980).]

1s 準位に対する束縛エネルギー，

$$1\ {\rm Ry} \equiv \frac{\hbar^2}{2ma_{\rm B}^2} = \frac{e^2}{2a_{\rm B}} = \frac{e^4 m}{2\hbar^2} \approx 13.6\ {\rm eV} \tag{1.56}$$

で割って無次元化した $\epsilon_g/1$ Ry の表式は，$n$，$m$，$e$，$\hbar$（同じことだが $d, m, e, \hbar$）を組み合わせて作られる無次元量だけを用いて表されるはずだ．しかし，このような無次元量は $r_s$ パラメーター（あるいはその関数）以外にない．つまり，**ジェリウムモデルの基底状態は，$r_s$ パラメーターだけで特徴づけられる．**

ジェリウムモデルの相互作用ゼロの極限（$r_s \to 0$）はお馴染みの Sommerfeld モデルに帰着する．一方，相互作用が強い極限 $r_s \to \infty$ では，相互作用のみが支配的になるため，電子が互いを避けあって局在化し，電子が周期的に並んだ結晶（**Wigner 結晶**）が形成される．このように，両極限で何が起こるかについてはある程度わかっているが，電子相関の効果まで考慮して任意の $r_s$ の値における基底状態を取り扱うことは非常に難しい．小さな $r_s \lesssim 1$ に対しては Sommerfeld モデルを出発点として $r_s$ を展開パラメーターとした摂動論が有効である．このような理論の代表格として，**乱雑位相近似**（Random Phase

Approximation, **RPA** と略す）を第 11 章で取り上げる．しかし，$r_s \gtrsim 10$ では数値計算に頼るしかない．図 1.2 に示すように，拡散モンテカルロ法による計算は，強結合領域 $r_s \gtrsim 100$ で Wigner 結晶化が起こる前に，$75 \lesssim r_s \lesssim 100$ の範囲で電子スピンが自発的に向きを揃えた強磁性状態（より正確には電子スピンが完全に偏極した状態）が実現する可能性を示している[18]．

## 1.6　Hubbard モデル

一電子近似では「(自由電子) + (格子ポテンシャル) = ？」という観点を重視し，ジェリウムモデルでは，「(自由電子) + (電子間相互作用) = ？」という観点を重視したのであった．これらのアプローチでは，残りの効果は（たとえば摂動的に）補正として取り込んでいくことになる．しかし，「(自由電子) + (格子ポテンシャル) + (電子間相互作用) = ？」という観点に立ってはじめて理解できる物性もある．

具体例として遷移金属酸化物 MO を議論しよう．ここで M は 3d 遷移元素（具体的には Mn, Fe, Co, Ni, Cu）を表す．酸素は $O^{2-}$ が閉殻構造であることに注意し，$M^{2+}O^{2-}$ の状態を出発点にとる．このとき，$M^{2+}$ は $n$ 個の 3d 電子を持つとする（$n$ の値は，$Mn^{2+}$:5, $Fe^{2+}$:6, $Co^{2+}$:7, $Ni^{2+}$:8, $Cu^{2+}$:9）．この出発点の状態から電子を移動させるとき，以下の二つの可能性がある．

(1) ある $M^{2+}$ の 3d 電子を他の $M^{2+}$ へ移動させる．化学式で書けば，

$$\left(M^{2+}O^{2-}\right)_2 \to M^{3+}O^{2-} + M^{1+}O^{2-}$$

であり，d 電子が $n$ 個ある状態を $d^n$ と書いて，

$$d^n + d^n \to d^{n+1} + d^{n-1}$$

とも表せる．

(2) $O^{2-}$ から $M^{2+}$ へ電子を移動させる．化学式で書けば，

18) 拡散モンテカルロ法は，ほとんど厳密な結果を与えるという意味で，最も信頼できる数値計算手法の一つだが，基底状態の性格をある程度予見できていないと機能しない．Ceperley-Alder の計算では，$10 \lesssim r_s \lesssim 100$ の領域に現れうる状態として，強磁性状態だけが想定されているが，これとは別の性格を持つ状態（たとえば超伝導状態など）が実現する可能性は残されている．

$$\mathrm{M^{2+}O^{2-} \to M^{+}O^{-}}$$

であり，酸素の 2p 軌道に電子の空席が一個ある状態を $\underline{\mathrm{L}}$ と書いて，

$$\mathrm{d}^n + \mathrm{d}^n \to \mathrm{d}^{n+1} + \mathrm{d}^n\underline{\mathrm{L}}$$

とも表せる．

まず (1) の場合から考えよう．局在性が強い 3d 軌道を複数の電子が占有すると，電子間には強い Coulomb 斥力が働く．二電子間の相互作用エネルギーを定数 $U$ で表せば，3d 軌道を占める電子の相互作用エネルギーは $Un(n-1)/2$ 程度である．一方，$\mathrm{M^{3+}}$ のイオンへ周りの $\mathrm{M^{2+}}$ から 3d 電子が飛び移ったり，$\mathrm{M^{+}}$ のイオンから周りの $\mathrm{M^{2+}}$ へ 3d 電子が飛び移る過程が可能である．飛び移りによるエネルギー低下のスケールを $W$ とすると[19]，(1) のタイプの電子移動に要するエネルギーは，

$$\epsilon_{\mathrm{gap}} \sim \frac{U}{2}(n-1)(n-2) + \frac{U}{2}(n+1)n - 2\cdot\frac{U}{2}n(n-1) - W = U - W \qquad (1.57)$$

となる．したがって，$U \gg W$ であれば $\epsilon_{\mathrm{gap}} > 0$ なので電子の移動は許されず（弱い電場を印加しても電流は流れず），系は絶縁体になる．これを **Mott-Hubbard 絶縁体**と呼ぶ．一方 $U \ll W$ であれば $\epsilon_{\mathrm{gap}} < 0$ なので自発的に $\mathrm{M^{3+}}$ や $\mathrm{M^{+}}$ を生じて電子が移動できるようになり系は金属になる．両者の移り変わりは $U \sim W$ で起こると予想される．

次に (2) の場合を考えよう．$\mathrm{O^{2-}}$ から電子を一個剥いで $\mathrm{M^{2+}}$ へ電子を移動させるのに要するエネルギーを $\Delta$ としよう．その他に，励起状態が運動することによるエネルギーの低下を考慮する必要がある．$\mathrm{M^{+}}$ から周りの $\mathrm{M^{2+}}$ へ電子が飛び移ることで生じるエネルギーの低下は $W/2$ 程度であり，$\mathrm{O^{-}}$ へ他の $\mathrm{O^{2-}}$ から電子が移動することで生じるエネルギーの低下は $W'/2$ である．以上の考察から，(2) のタイプの電子移動に要するエネルギーは，

19) ピンと来ない人は以下の例を考えよ．まず，エネルギーが同じ一電子状態 $|1)$ と $|2)$ があったとする．両状態間を電子が「飛び移れる」ようにすると，一電子ハミルトニアンは $\hat{H}_1 = -t|1)(2| - t|2)(1|$ と書け（$-t$ は飛び移り積分と呼ばれる），これを対角化するとエネルギー準位は $\pm t$ となる．つまり，両状態間の電子の飛び移りを許したことで，$|t|$ だけエネルギーが低い（高い）一電子状態ができたわけだ．そこから類推すれば，$W$ が飛び移り積分の大きさ $|t|$ に比例することを予想できる．

$$\epsilon_{\rm gap} \sim \Delta - \frac{W + W'}{2} \tag{1.58}$$

程度となる．(1) の場合同様，$\epsilon_{\rm gap} > 0$ ならば系は絶縁体，$\epsilon_{\rm gap} < 0$ ならば系は金属となって，両者の間の境目は $\Delta \sim (W + W')/2$ にあると考えられる．$\epsilon_{\rm gap} > 0$ の場合の絶縁体は**電荷移動型絶縁体**と呼ばれる[20]．実際には Mott-Hubbard 絶縁体と電荷移動型絶縁体の間に明確な区別があるわけではなく，式 (1.57) と (1.58) を比べたとき，前者が後者より小さければ Mott-Hubbard 絶縁体に近く，前者が後者より大きければ電荷移動型絶縁体に近いと考えるべきである．

上記の状況を，（一電子）状態密度の模式図 1.3 を使って整理しよう．相互作用がある系に対する状態密度の厳密な定義は 12.3 節で与えるが，ここでは有効的な一電子エネルギーの分布とみなして定性的に論じよう．まず，$\mathrm{d}^n$ の状態を基準として，「3d 電子一個の（有効的な）エネルギー」について考えると，最高占有準位に対応する「$\mathrm{d}^n$ と $\mathrm{d}^{n-1}$ のエネルギー差」$\epsilon_{\rm L}$ と，最低非占有準位に対応する「$\mathrm{d}^{n+1}$ と $\mathrm{d}^n$ のエネルギー差」$\epsilon_{\rm U}$ という二種類のエネルギーを定義できる．3d 軌道内の電子間に働く強い相互作用のために，両者は異なり，$\epsilon_{\rm U} - \epsilon_{\rm L} \sim U$ である．この事実を反映して，遷移金属イオンの 3d 軌道に由来する状態密度は，$\epsilon_{\rm L}$ 付近に位置する**下部 Hubbard バンド**と，$\epsilon_{\rm U} \sim \epsilon_{\rm L} + U$ 付近に位置する**上部 Hubbard バンド**に分裂する．これらの状態密度には，3d 電子の飛び移りの効果を反映して，$W$ 程度の幅がつく．また，占有準位に由来する下部 Hubbard バンドは電子によって完全に占有され，非占有準位に由来する上部 Hubbard バンドは空席となる．一方，酸素イオンの 2p 軌道に由来する状態密度（**p バンド**）は，2p 準位 $\epsilon_{\rm p}$ 付近に幅 $W'$ で広がり，完全に占有されている．$\Delta$ の定義から $\Delta \sim \epsilon_{\rm U} - \epsilon_{\rm p}$ である．

Mott-Hubbard 絶縁体は $W \ll U \ll \Delta$ の場合に当たり（図 1.3(a)），系を励起するのに必要な最小のエネルギーは，上部 Hubbard バンドと下部 Hubbard バンドの間に開いたエネルギーギャップ $\epsilon_{\rm gap} \sim U - W$ になる．これが式 (1.57) である．一方，電荷移動型絶縁体は $U \gg \Delta \gg W, W'$ の場合に当たり（図 1.3(b)），系を励起するのに要する最小のエネルギーは，上部 Hubbard バンドと p バンドの間に開いたエネルギーギャップ $\epsilon_{\rm gap} \sim \Delta - (W + W')/2$ になる．これが式 (1.58) である．光電子分光による状態密度の測定によると，Mn よりも原子番号が大きい M = Fe, Co, Ni, Cu に対して，MO 型の酸化物は電荷移動型

20）A. Fujimori and F. Minami: Phys. Rev. B **30**, 957 (1984); J. Zaanen, G. A. Zawatzky and J. W. Allen: Phys. Rev. Lett. **55**, 418 (1985).

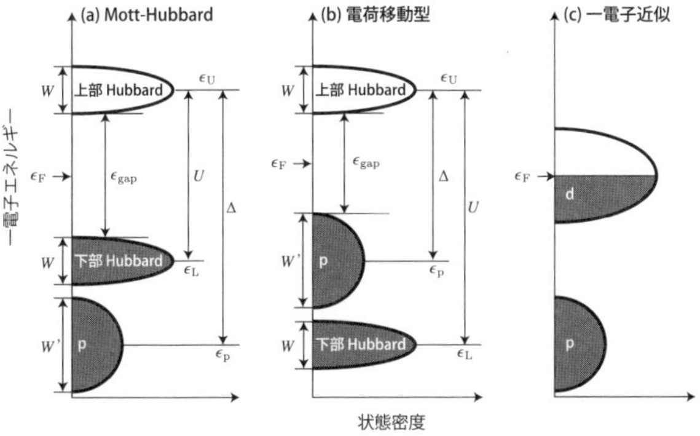


図 1.3 状態密度の模式図．(a) Mott-Hubbard 絶縁体，(b) 電荷移動型絶縁体，(c) 一電子近似．

絶縁体である．Mott-Hubbard 絶縁体の典型例としては，原子番号が小さい Ti や V の化合物 $V_2O_3$, $La_{1-x}Sr_xTiO_3$, $La_{1-x}Sr_xVO_3$ を挙げることができる．

Mott-Hubbard 絶縁体にしろ，電荷移動型絶縁体にしろ，3d 軌道内で局所的に働く強い相互作用効果によって，上部 Hubbard バンドと下部 Hubbard バンドが形成されたことが，系が絶縁化した原因になっている．この効果は単純な一電子近似をしてしまうと抜け落ちてしまう．一電子近似を行うと，着目した電子以外の電子の配置情報がすべて平均化されてしまうため，先ほど述べた最高占有準位と最低非占有準位の区別が失われ，3d 軌道由来のバンドが分裂することもなくなるからである．その結果，図 1.3(c) のような状態密度が得られて，3d 軌道由来のバンドは部分的に占有された状況になり，系は常に金属という結論しか得られない．

本書では第 14 章において，Mott-Hubbard 絶縁体について議論する．そこで用いられるのが **Hubbard モデル**[21]である．Mott-Hubbard 絶縁体では，p バンドは低エネルギーの物理現象に直接関与しない．そこで 3d 電子だけに着目し，さらに 3d 軌道の五重縮退を無視するという簡単化を行って，ハミルトニアンを，

$$\mathcal{H} = -t \sum_{(ij)\sigma} \left( c_{i\sigma}^{\dagger} c_{j\sigma} + \mathrm{h.c} \right) + U \sum_{i} n_{i\uparrow} n_{i\downarrow} \tag{1.59}$$

に選ぶ（ここでは第二量子化された形で表記するが，第二量子化については

21）この名は，Hubbard I, II, III と呼ばれる連作論文 [J. Hubbard: J. Proc. R. Soc. London A **276**, 238 (1963); **277**, 237 (1964); **281**, 401 (1964).] にちなんだものだが，モデルの発案者は Hubbard ではない．

3.1 節で詳しく述べるので，式の意味を大雑把に理解するだけでよい）．ここで，$i$ は周期的に並んだ遷移金属イオンの位置（**サイト**）を指定するための添字であり，$\sum_{(i,j)}$ は最近接サイトの対についての和をとることを表す．また，$c_{i\sigma}(c_{i\sigma}^{\dagger})$ は $i$ 番目のサイトに局在し，$\sigma$ スピンを持つ電子を一つ消す（作る）演算子であり，$n_{i\sigma} = c_{i\sigma}^{\dagger}c_{i\sigma}$ は第 $i$ サイト上で $\sigma$ スピンを持つ電子の個数を表す演算子である．

Hubbard モデルにおいて，「(自由電子) + (格子ポテンシャル) + (電子間相互作用)」という三要素がどのように考慮されているかを述べておこう．第一に，電子の自由電子的な振る舞い（**遍歴性**）は**電子が隣接サイト間を飛び移る効果**（第一項）として考慮されている．飛び移り積分の大きさ $|t|$ が大きいほどこの効果が大きい．第二に，格子ポテンシャルの効果は電子の位置を**周期的に並んだサイト**上に離散化することで考慮されている．最後に，電子間相互作用の効果は，同一サイト上に二電子が同時に存在するとエネルギーが $U > 0$ だけ上昇するという**オンサイト相互作用**（第二項）として考慮されている．3d 軌道の縮退を無視しているので，Pauli 排他律のために，$i$ 番目のサイトを同じスピンを持つ二電子が同時に占有することはできない．したがって，オンサイト相互作用は反平行スピンを持つ電子間にしか働かない．

Hubbard モデルの基底状態を特徴づける要素は，

(1) 相互作用の強さ $U/|t|$
(2) 一サイト当たりの電子数（**占有率**）$n$
(3) サイトの幾何学的な配置（結晶構造や次元性）

と三つあり，$r_s$ だけで特徴づけられたジェリウムモデルとは対照的である．このモデルでは，これらの要素を現象論的パラメーターとみなして定性的な物理の理解を狙う．Mott-Hubbard 絶縁体が実現するのは，$n = 1$（**half-filling**）であって，なおかつ $U/|t|$ が非常に大きい場合である．つまり，Mott-Hubbard 絶縁体は，**オンサイト相互作用**と，**占有率と格子周期の整合性**（英語で commensurability．今の場合 $n$ がちょうど 1 という状況のこと）の二者が絶妙に協力しあった結果生じたものである．一方，$U/|t| = 0$ では，電子の**遍歴性**を反映して系は金属になっているから，$U/|t|$ を 0 から無限大まで大きくしたとき，ある $U/|t|$ の値を境に金属から絶縁体への相転移（**Mott-Hubbard 転移**）が起こる可能性がある．あるいは，無限小の $U/|t| > 0$ を導入した途端に系が絶縁化することもありうる．こうした金属から絶縁体への変化

を議論する際には，金属と絶縁体の両方を相手にする必要があるので，まさに「(自由電子) + (格子ポテンシャル) + (電子間相互作用)」の三要素すべてが重要になる．

## 1.7　格子振動の影響

ここまでイオン核の運動を無視してきたが，実際のイオン核は，周期的に配列した釣りあいの位置の周りでわずかに振動している．この**格子振動**は電荷の空間的ゆらぎを伴うため，負電荷を持つ電子に影響を与える．本節では，長波長・低エネルギー領域の格子振動を半現象論的に扱って，電子と格子振動の相互作用を論じる．

イオン核系を連成調和振動子とみなして古典力学で扱おう．結晶の基本周期単位（**単位胞**）がイオン核を $s$ 個含むとき，単位胞の数を $N_c$ として，運動の自由度は $3sN_c$（3 の因子は空間次元に由来）だから，**固有モード（基準振動）**は $3sN_c$ 個あり，それぞれ系を伝わる**波**を表す．その波数ベクトル $\boldsymbol{q}$ は $N_c$ 個の値をとりうるので[22]，固有モードの振動数を $\boldsymbol{q}$ の関数として表した**分散関係**を描くと，枝が $3sN_c/N_c = 3s$ 本（$\boldsymbol{q}$ に対し平行に振動する**縦波**の枝が $s$ 本，垂直に振動する**横波**の枝が $2s$ 本）現れる．

各イオン核には内力しか働いていないから，全イオン核が釣りあいを保ったまま並進運動（自由度 3）を行う運動方程式の解が存在する．これは波数ベクトルと振動数が共にゼロの固有モードが三個存在することを意味する．そのため，長波長極限（$q \to 0$）で振動数がゼロに近づく分散関係の枝が三本存在する．これらの枝に属する固有モードを**音響モード**と呼び，縦波音響モード (LA) の枝が一本，横波音響モード (TA) の枝が二本ある．一方，音響モード以外の枝に属する固有モードを**光学モード**と呼び，縦波光学 (LO) モードの枝が $(s-1)$ 本，横波光学 (TO) モードの枝が $2(s-1)$ 本ある．長波長の音響モードでは各単位胞内で全イオン核が揃って運動したが，光学モードでは長波長極限でも各単位胞内でイオン核同士が相対的に振動するので，振動数が非ゼロの大きな値をとる．図 1.4 に，珪素（Si）の格子振動（$s = 2$ の例）について各モードの分散関係を示した．

22）周期境界条件を課した一次元系を考えると，波数 $q$ と格子定数（単位胞の長さ）$a$ は $e^{iq(N_c a)} = (e^{iqa})^{N_c} = 1$ を満たすので，（$e^{iqa}$ の値で）区別される $q$ は $N_c$ 個ある．三次元系でも事情は同じ．

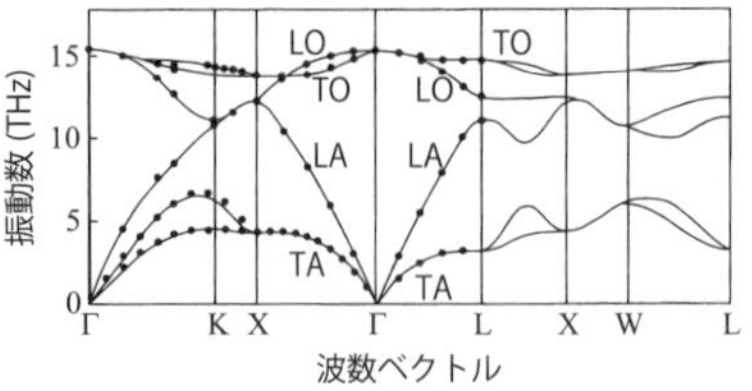


図 1.4　珪素（Si）に対して理論的に計算された，縦波音響モード (LA)，横波音響モード (TA)，縦波光学モード (LO)，横波光学モード (TO) の分散関係．点は中性子非弾性散乱による実験値．Γ, K, L, M, X, W は，波数空間の対称性の高い点に付けられた名で，Γ 点が波数ゼロに当たる．これらの点を結ぶ線に沿って分散関係が描かれている．[P. Giannozzi, S. de Gironcoli, P. Pavone, and S. Baroni: Phys. Rev. B **43**, 7231 (1991).].

一般に，古典波を量子力学で扱うと，粒子性を併せ持つようになる（**波動・粒子二重性**）．音響モードと光学モードに対応する粒子は，それぞれ**音響フォノン**，**光学フォノン**と呼ばれる．本書では，長波長・低エネルギー（低温）領域で重要になる音響フォノンを半現象論的に論ずるにとどめ，光学フォノンおよび光学フォノンと電子の相互作用（**Fröhlich 相互作用**）に関する議論は他書に譲ることにする[23)]．

各イオン核の釣りあい位置を $\boldsymbol{R}_\lambda^{(0)}$，そこからのイオン核の座標のずれ（**変位**）を $\boldsymbol{u}\left(\boldsymbol{R}_\lambda^{(0)}\right)$ と書くと，長波長の音響モードでは $\boldsymbol{u}\left(\boldsymbol{R}_\lambda^{(0)}\right)$ が格子定数に比べて非常に長いスケールでゆっくり空間変化する．したがって，変位を座標 $\boldsymbol{r}$ の滑らかな関数 $\boldsymbol{u}(\boldsymbol{r})$ とみなせる．これはイオン核の格子を粗視化して，連続的な**弾性体**とみなすことに相当する（**Debye モデル**）．この弾性体が等方的だと仮定すると，弾性体の歪み（$\boldsymbol{u}$ の空間微分）が誘起するポテンシャルエネルギーの上昇は，任意の軸周りの座標回転に対して不変な $(\nabla\cdot\boldsymbol{u})^2$，$\sum_\mu|\nabla_\mu\boldsymbol{u}|^2$，$|\nabla\times\boldsymbol{u}|^2$ だけを用いて表されるはずである．ただし，$\nabla\times\boldsymbol{u}$ が表す変形は回転で歪みでないので，表式に $|\nabla\times\boldsymbol{u}|^2$ は現れない．したがって，各体積要素の運動エネルギーと，歪みについて二次近似したポテンシャルエネルギーを足し上げることにより，弾性体の古典力学を記述するハミルトニアンを，

$$\mathcal{H}_{\mathrm{ph}} = \int d^3\boldsymbol{r}\left(\frac{\boldsymbol{\pi}^2}{2\rho_{\mathrm{M}}} + \frac{\kappa_1}{2}(\nabla\cdot\boldsymbol{u})^2 + \frac{\kappa_2}{2}\sum_\mu\left|\nabla_\mu\boldsymbol{u}\right|^2\right) \tag{1.60}$$

と表せる．ここで，$\boldsymbol{\pi}(\boldsymbol{r})$ は位置 $\boldsymbol{r}$ における運動量密度，$\rho_{\mathrm{M}}$ は（歪みがないときの）弾性体の質量密度である．また，$\kappa_1 > 0$ と $\kappa_2 > 0$ は**弾性定数**と呼ばれ，本来は微視的に決定されるべき量だが，ここではこれらを現象論的パラメーターとして扱う．

量子力学に移行するには，$\boldsymbol{u}$ と $\boldsymbol{\pi}$ を正準交換関係，

23）たとえば，安藤恒也：『大学院物性物理 1　量子物性』（講談社サイエンティフィク，1996）1.4 節．

$$\left[u_\mu(\boldsymbol{r}), \pi_{\mu'}(\boldsymbol{r}')\right]_- = i\hbar\delta_{\mu\mu'}\delta(\boldsymbol{r}-\boldsymbol{r}'), \quad \left[u_\mu(\boldsymbol{r}), u_{\mu'}(\boldsymbol{r}')\right]_- = \left[\pi_\mu(\boldsymbol{r}), \pi_{\mu'}(\boldsymbol{r}')\right]_- = 0 \quad (1.61)$$

に従うエルミート演算子として扱えばよい．やや天下りになるが，ここで $\boldsymbol{q}$ を波数ベクトル，$\lambda = \parallel, \perp, \perp'$ をイオン核の振動方向を区別する添字とし，無次元の演算子，

$$b_{\boldsymbol{q}\lambda} \equiv \left(\frac{\rho_{\rm M}\omega_{q\lambda}}{2\hbar}\right)^{1/2} u_{\boldsymbol{q}\lambda} + i\left(\frac{1}{2\hbar\rho_{\rm M}\omega_{q\lambda}}\right)^{1/2}\pi_{\boldsymbol{q}\lambda}, \quad O_{\boldsymbol{q}\lambda} \equiv \frac{1}{\sqrt{V}}\int i\boldsymbol{e}_{\boldsymbol{q}\lambda}\cdot\boldsymbol{O}(\boldsymbol{r})e^{-i\boldsymbol{q}\cdot\boldsymbol{r}}d^3\boldsymbol{r} \quad (1.62)$$

を導入しよう．ただし，$O = u, \pi$ の意味とし，各 $(\boldsymbol{q}, \lambda)$ に対して**分極ベクトル** $\boldsymbol{e}_{\boldsymbol{q}\lambda}$ を $\boldsymbol{e}_{\boldsymbol{q}\parallel} = \boldsymbol{q}/q$，$\boldsymbol{e}_{\boldsymbol{q}\lambda}\cdot\boldsymbol{e}_{\boldsymbol{q}\lambda'} = \delta_{\lambda\lambda'}$，$\boldsymbol{e}_{\boldsymbol{q}\lambda} = -\boldsymbol{e}_{-\boldsymbol{q}\lambda}$ を満たすように選ぶ．また，$\omega_{q\lambda}(\geq 0)$ は振動数の次元を持つ未定のパラメーターである．このとき，式 (1.61) の正準交換関係は，

$$\left[b_{\boldsymbol{q}\lambda}, b^\dagger_{\boldsymbol{q}'\lambda'}\right]_- = \delta_{\lambda\lambda'}\delta_{\boldsymbol{q}\boldsymbol{q}'}, \quad \left[b_{\boldsymbol{q}\lambda}, b_{\boldsymbol{q}'\lambda'}\right]_- = \left[b^\dagger_{\boldsymbol{q}\lambda}, b^\dagger_{\boldsymbol{q}'\lambda'}\right]_- = 0 \quad (1.63)$$

を導く．上記の交換関係は，$(\boldsymbol{q}, \lambda)$ で指定される独立な調和振動子の昇降演算子が満足するものに一致している．

エルミート性 $\boldsymbol{O}^\dagger(\boldsymbol{r}) = \boldsymbol{O}(\boldsymbol{r})$ から $O^\dagger_{-\boldsymbol{q}\lambda} = O_{\boldsymbol{q}\lambda}$ なので，

$$\begin{aligned}\boldsymbol{u}(\boldsymbol{r}) &= \frac{1}{\sqrt{V}}\sum_{\boldsymbol{q}\lambda}(-i\boldsymbol{e}_{\boldsymbol{q}\lambda})u_{\boldsymbol{q}\lambda}e^{i\boldsymbol{q}\cdot\boldsymbol{r}} \\ &= \frac{-i}{\sqrt{V}}\sum_{\boldsymbol{q}\lambda}\left(\frac{\hbar}{2\rho_{\rm M}\omega_{q\lambda}}\right)^{1/2}\boldsymbol{e}_{\boldsymbol{q}\lambda}\left(b_{\boldsymbol{q}\lambda} + b^\dagger_{-\boldsymbol{q}\lambda}\right)e^{i\boldsymbol{q}\cdot\boldsymbol{r}} \quad (1.64)\end{aligned}$$

$$\begin{aligned}\boldsymbol{\pi}(\boldsymbol{r}) &= \frac{1}{\sqrt{V}}\sum_{\boldsymbol{q}\lambda}(-i\boldsymbol{e}_{\boldsymbol{q}\lambda})\pi_{\boldsymbol{q}\lambda}e^{i\boldsymbol{q}\cdot\boldsymbol{r}} \\ &= \frac{-1}{\sqrt{V}}\sum_{\boldsymbol{q}\lambda}\left(\frac{\hbar\rho_{\rm M}\omega_{q\lambda}}{2}\right)^{1/2}\boldsymbol{e}_{\boldsymbol{q}\lambda}\left(b_{\boldsymbol{q}\lambda} - b^\dagger_{-\boldsymbol{q}\lambda}\right)e^{i\boldsymbol{q}\cdot\boldsymbol{r}} \quad (1.65)\end{aligned}$$

と表せる．上式を式 (1.60) に代入し，$b^\dagger b^\dagger$ や $bb$ に比例する項が消えるように $\omega_{q\lambda}$ を定めると，$\mathcal{H}_{\rm ph}$ は $(\boldsymbol{q}, \lambda)$ で指定される独立な調和振動子のハミルトニアンの和の形，

$$\mathcal{H}_{\rm ph} = \sum_{\boldsymbol{q}\lambda} \hbar\omega_{q\lambda}\left(b^\dagger_{\boldsymbol{q}\lambda}b_{\boldsymbol{q}\lambda} + \frac{1}{2}\right), \quad \omega_{q\lambda} = c_\lambda q, \quad \left(c_\parallel \equiv \sqrt{\frac{\kappa_1+\kappa_2}{\rho_{\rm M}}},\ c_\perp = c_{\perp'} \equiv \sqrt{\frac{\kappa_2}{\rho_{\rm M}}}\right) \tag{1.66}$$

に帰す．上式は古典力学における固有モードへの分解に対応している．

昇降演算子の交換関係を反映して，$b^\dagger_{\boldsymbol{q}\lambda}b_{\boldsymbol{q}\lambda}$ の固有値は整数値 $0, 1, 2, \cdots$ をとるので[24]，$b^\dagger_{\boldsymbol{q}\lambda}b_{\boldsymbol{q}\lambda}$ が状態 $(\boldsymbol{q}, \lambda)$ の「粒子」の個数を表していると解釈できる．この「粒子」こそ，$(\boldsymbol{q}, \lambda)$ で指定される音響モードの「波」を量子化した**音響フォノン**である．定義から $\boldsymbol{e}_{\boldsymbol{q}\parallel} \parallel \boldsymbol{q}$，$\boldsymbol{e}_{\boldsymbol{q}\perp}, \boldsymbol{e}_{\boldsymbol{q}\perp'} \perp \boldsymbol{q}$ だから，$\lambda = \parallel$ が縦波，$\lambda = \perp, \perp'$ が横波音響モードに対応する．また，$\omega_{q\lambda} = c_\lambda q$ は長波長領域における音響モードの**分散関係**を表し，$c_\parallel$ と $c_\perp = c_{\perp'}$ はそれぞれ縦波と横波の伝播速度という意味を持つ．音響モードは**音波**を表すのでこれらは**音速**であって，表式から明らかなように $c_\parallel \geq c_\perp > 0$ を満たす．同じ状態の音響フォノンが何個でも存在できるから，音響フォノンは**ボゾン**で，昇降演算子 $b^\dagger_{\boldsymbol{q}\lambda}$ と $b_{\boldsymbol{q}\lambda}$ は，状態 $(\boldsymbol{q}\lambda)$ のその数を一つ増減させる**生成・消滅演算子**として機能する．実際，式 (1.63) は，ボゾンの生成・消滅演算子を規定する交換関係（3.1 節で述べる）に一致している．

本節の冒頭で述べたように，波数ベクトル $\boldsymbol{q}$ がとりうる値は全部で $N_{\rm c}$ 個ある．式 (1.66) でこの制限を考慮するために $q \equiv |\boldsymbol{q}|$ に上限値を設けよう．波数空間上には波数ベクトルが $V/(2\pi)^3$ の密度で一様分布しているから，体積 $(2\pi)^3 N_{\rm c}/V$ の球の半径を $q$ の上限値とすればよい[25]，この $q$ に対する制限を $\omega_{q\parallel} = c_\parallel q$ に対する制限に書き直すと，$v_{\rm c} \equiv V/N_{\rm c}$ を単位胞の体積として，

---

24）既知の事項だと思うが一応証明しておく．交換関係 $[\hat{B}, \hat{B}^\dagger]_- = 1$ を満たす演算子を $\hat{B}$ とすると，$\hat{B}^\dagger\hat{B}$ の固有値 $b$ は非負である．実際，対応する規格化された固有状態を $|b\rangle$ とすると，$b = (\langle b|\hat{B}^\dagger)(\hat{B}|b\rangle) \geq 0$ である．また，$\hat{B}^\dagger\hat{B}(\hat{B}^\dagger|b\rangle) = \hat{B}^\dagger(\hat{B}^\dagger\hat{B}+1)|b\rangle = (b+1)\hat{B}^\dagger|b\rangle$，$(\langle b|\hat{B})(\hat{B}^\dagger|b\rangle) = \langle b|(\hat{B}^\dagger\hat{B}+1)|b\rangle = b+1 > 0$ だから，$\hat{B}^\dagger|b\rangle$ は固有値 $b+1$ を持つ $\hat{B}^\dagger\hat{B}$ の固有状態になる．同様に，$\hat{B}^\dagger\hat{B}(\hat{B}|b\rangle) = (\hat{B}\hat{B}^\dagger - 1)\hat{B}|b\rangle = (b-1)\hat{B}|b\rangle$ だから，$b = (\langle b|\hat{B}^\dagger)(\hat{B}|b\rangle) > 0$ である限り $\hat{B}|b\rangle$ は固有値 $b-1$ を持つ $\hat{B}^\dagger\hat{B}$ の固有状態になる．即ち，$\hat{B}^\dagger, \hat{B}$ により $\hat{B}^\dagger\hat{B}$ の固有値が「昇降」する．固有値 $b$ を超えない最大の整数を $n$ としたとき，$b \neq n$ だと $\hat{B}^{n+1}|b\rangle$ が負の固有値 $b-n-1$ を持つ $\hat{B}^\dagger\hat{B}$ の固有状態になり，矛盾を生じる．したがって $b = n$ である（証明終わり）．

25）厳密に言うと，本節の波数ベクトル $\boldsymbol{q}$ は第一 Brillouin ゾーン内で定義された Bloch 波数ベクトルを指す（5.1 節）．ここでは，第一 Brillouin ゾーンを同じ体積を持つ球に置き換えたことになる．

$$\omega_{q\parallel} \le \omega_{\mathrm{D}} \equiv c_{\parallel}\left(\frac{6\pi^2}{v_{\mathrm{c}}}\right)^{1/3} \tag{1.67}$$

となる．振動数の上限値 $\omega_{\mathrm{D}}$ を **Debye 振動数**と呼ぶ．典型的な金属では，格子振動を特徴づけるエネルギー $\hbar\omega_{\mathrm{D}}$ は温度換算で $10^2$ K のオーダーで，電子の運動を特徴づける $10^4$ K のオーダーの Fermi エネルギーに比べて非常に小さい．これは，重いイオン核が軽い電子に比べて非常にゆっくりと運動することの反映である．

縦波音響フォノンは正電荷を持つイオン核の疎密波に対応しているので，電荷の空間的ゆらぎを伴っており，負電荷 $-e$ を持つ電子と相互作用する．格子変位がないとき，単位胞の数密度は $v_{\mathrm{c}}^{-1}$ である．変位 $\boldsymbol{u}$ があると，位置 $\boldsymbol{r}$ に置かれた $x$ 方向の微小な長さ $\Delta x$ が $\Delta x' = \Delta x + u_x(x+\Delta x, y, z) - u_x(x, y, z) = (1 + \partial u_x/\partial x)\,\Delta x$ に引き伸ばされ，$y$, $z$ 方向についても同じことが起きるから，座標 $\boldsymbol{r}$ における単位胞の数密度は，格子歪みについて一次近似で，

$$\delta\rho_{\mathrm{cell}}(\boldsymbol{r}) = \frac{1}{v_{\mathrm{c}}}\left(\frac{\Delta x\Delta y\Delta z}{\Delta x'\Delta y'\Delta z'} - 1\right) \approx -\frac{1}{v_{\mathrm{c}}}\nabla\cdot\boldsymbol{u}(\boldsymbol{r}) \tag{1.68}$$

だけ変化する．この近似の下で，ハミルトニアンに現れる電子と格子振動の相互作用（**変形ポテンシャル相互作用**）を，

$$\begin{aligned}\mathcal{H}_{\text{e-ph}} &\equiv -\int d^3\boldsymbol{r}'\int d^3\boldsymbol{r}\,U(\boldsymbol{r}'-\boldsymbol{r})\rho(\boldsymbol{r}')\delta\rho_{\mathrm{cell}}(\boldsymbol{r})\\ &\approx \int d^3\boldsymbol{r}'\int d^3\boldsymbol{r}\,U(\boldsymbol{r}'-\boldsymbol{r})\rho(\boldsymbol{r}')\frac{\nabla\cdot\boldsymbol{u}(\boldsymbol{r})}{v_{\mathrm{c}}}\end{aligned} \tag{1.69}$$

と書き下せる．ただし，単位胞内のイオン核が持つ電荷を $+Ze$（$Z = 1, 2, \cdots$ は価数），電子密度演算子を $\rho(\boldsymbol{r})$，座標が $\boldsymbol{r}$ 離れた点電荷 $+Ze$ と点電荷 $-e$ の間の相互作用ポテンシャルを $-U(\boldsymbol{r})$ と表した．上式に式 (1.64) と Fourier 展開 $\rho(\boldsymbol{r}) = V^{-1}\sum_{\boldsymbol{q}}\rho_{\boldsymbol{q}}e^{i\boldsymbol{q}\cdot\boldsymbol{r}}$，$U(\boldsymbol{r}) = V^{-1}\sum_{\boldsymbol{q}}U_q e^{i\boldsymbol{q}\cdot\boldsymbol{r}}$ を代入すると，

$$\mathcal{H}_{\text{e-ph}} = \frac{1}{\sqrt{V}}\sum_{\boldsymbol{q}} g_q\rho_{-\boldsymbol{q}}\left(b_{\boldsymbol{q}} + b_{-\boldsymbol{q}}^{\dagger}\right), \quad g_q \equiv \frac{U_q}{v_{\mathrm{c}}}q\sqrt{\frac{\hbar}{2\rho_{\mathrm{M}}\omega_q}} \approx u_{\mathrm{c}}\sqrt{\frac{\hbar q}{2\rho_{\mathrm{M}}c_{\parallel}}} \tag{1.70}$$

に至る[26)]．電子と相互作用するのが縦波フォノンだけなので $\lambda =\parallel$ の添字を省

---

26) この相互作用は電子–格子系の全運動量を保存する過程（正常過程）に対応している．実際の結晶では正常過程以外に，全運動量が逆格子ベクトルだけ変わる **Umklapp 過程**も許される．Umklapp 過程では縦波だけでなく横波フォノンも電子と相互作用する．

略した．元々の相互作用ポテンシャルは Coulomb 型の $U_q \equiv \int U(\boldsymbol{r})e^{-i\boldsymbol{q}\cdot\boldsymbol{r}}d^3\boldsymbol{r} = \int (Ze^2/r)e^{-i\boldsymbol{q}\cdot\boldsymbol{r}}d^3\boldsymbol{r} = 4\pi Ze^2/q^2$ だが，後述するように $U_q$ は電子系によって遮蔽されて $q \to 0$ で発散しなくなり，$U_q/v_c \approx u_c \equiv v_c^{-1}\lim_{q\to 0} U_q$ と近似できる．

本節の扱いでは，$g_q$ の表式に現れる $u_c$ と $c_\parallel$ が現象論的パラメーターのままである．しかし，ジェリウムモデルの背景電荷を本節で述べた弾性体で置き換えたモデルを用い，典型的な金属を想定して電子系が Fermi 縮退していると仮定すれば，それらの値を大雑把に評価できる．まず，格子変位により生じた単位胞および電子の密度の変化を古典量として扱い，それらの位置 $\boldsymbol{r}$，時刻 $t$ における値を $\delta\rho_{\mathrm{cell}}(\boldsymbol{r},t)$ および $\delta\rho(\boldsymbol{r},t)$ とすると，Coulanb ゲージの下でのスカラーポテンシャル $\phi(\boldsymbol{r},t)$ は Poisson 方程式，

$$\nabla^2\phi(\boldsymbol{r},t) = -4\pi\left(Ze\delta\rho_{\mathrm{cell}}(\boldsymbol{r},t) - e\delta\rho(\boldsymbol{r},t)\right) \tag{1.71}$$

に従う．一方，一電子近似を適用し，$\phi(\boldsymbol{r},t)$ の空間的・時間的変化が緩やかなために，電子系が各時刻で局所的な熱平衡状態に達していると考えると（**Thomas-Fermi 近似**），$f(\epsilon)$ を Fermi 分布関数，$D^{(0)}(\epsilon)$ を Sommerfeld モデルの状態密度 (1.24) として，

$$\begin{aligned}\delta\rho(\boldsymbol{r},t) &\approx \frac{2}{V}\sum_{\boldsymbol{k}}\left(f\left(\epsilon_{\boldsymbol{k}} - e\phi(\boldsymbol{r},t)\right) - f\left(\epsilon_{\boldsymbol{k}}\right)\right)\\ &\approx 2e\phi(\boldsymbol{r},t)\int\left(-\frac{\partial f}{\partial\epsilon}\right)D^{(0)}(\epsilon)d\epsilon\end{aligned} \tag{1.72}$$

となる．上式と $O(\boldsymbol{r},t) = (2\pi)^{-1}\int d\omega V^{-1}\sum_{\boldsymbol{q}} O(\boldsymbol{q},\omega)e^{i\boldsymbol{q}\cdot\boldsymbol{r}-i\omega t}$ $(O = \phi, \delta\rho_{\mathrm{cell}})$ を式 (1.71) に代入し，一個のイオン核が作る有効ポテンシャルを重ね合わせた形 $e\phi(\boldsymbol{r},t) = \int d^3\boldsymbol{r}' U(\boldsymbol{r}-\boldsymbol{r}')\delta\rho_{\mathrm{cell}}(\boldsymbol{r}',t)$（$\Leftrightarrow e\phi(\boldsymbol{q},\omega) = U_q\delta\rho_{\mathrm{cell}}(\boldsymbol{q},\omega)$）と見比べると，

$$U_q = \frac{4\pi Ze^2}{q^2 + \lambda_{\mathrm{sc}}^{-2}}, \quad \lambda_{\mathrm{sc}}^{-2} \equiv 8\pi e^2\int\left(-\frac{\partial f}{\partial\epsilon}\right)D^{(0)}(\epsilon)d\epsilon \tag{1.73}$$

を得る．イオン核が作る電荷分布の変化 $+Ze\delta\rho_{\mathrm{cell}}$ が作る場は，電子分布の変化 $-e\rho$ を誘起し，それが作る分極場によって弱められる（**遮蔽効果**）．この効果を考慮した有効ポテンシャルが式 (1.73) だ．ここでは電子が Fermi 縮退していて $-\partial f/\partial\epsilon \approx \delta(\epsilon - \epsilon_{\mathrm{F}})$（$\epsilon_{\mathrm{F}}$: Fermi 準位）だから，電子が一様分布したときの密度を $n$ として，

$$\lambda_{\mathrm{sc}}^{-2} \approx 8\pi e^2 D^{(0)}\left(\epsilon_{\mathrm{F}}\right) = \frac{6\pi ne^2}{\epsilon_{\mathrm{F}}} \tag{1.74}$$

となる（式 (1.29) を用いた）．系が電気的に中性（$nv_c = Z$）であることも用い

ると[27)]，

$$u_{\rm c} \equiv \frac{1}{v_{\rm c}} \lim_{q\to 0} U_q = \frac{1}{v_{\rm c}} \lim_{q\to 0} \frac{4\pi Ze^2}{q^2 + \lambda_{\rm sc}^{-2}} = \frac{2\epsilon_{\rm F}}{3} \tag{1.75}$$

と評価できる．

一方，単位胞内のイオン核が「纏まって」運動すると考えた場合，古典量として扱った格子変位 $\boldsymbol{u}(\boldsymbol{r},t)$ は Newton 方程式，

$$\rho_{\rm M} v_{\rm c} \frac{\partial^2 \boldsymbol{u}(\boldsymbol{r},t)}{\partial t^2} = -Ze\nabla\phi(\boldsymbol{r},t) \tag{1.76}$$

に従う．これに $\boldsymbol{u}$ と $\phi$ の Fourier 展開，式 (1.68) が導く $e\phi(\boldsymbol{q},\omega) = U_q \delta\rho_{\rm cell}(\boldsymbol{q},\omega) = U_q(-i\boldsymbol{q}\cdot\boldsymbol{u}(\boldsymbol{q},\omega)/v_{\rm c})$，式 (1.75) を代入し，両辺に $\boldsymbol{e}_{\boldsymbol{q}\parallel}$ を内積した，

$$-\rho_{\rm M} v_{\rm c} \omega^2 \boldsymbol{e}_{\boldsymbol{q}\parallel}\cdot\boldsymbol{u}(\boldsymbol{q},\omega) \approx -\frac{2Z\epsilon_{\rm F}}{3} q^2 \boldsymbol{e}_{\boldsymbol{q}\parallel}\cdot\boldsymbol{u}(\boldsymbol{q},\omega), \quad (q\to 0) \tag{1.77}$$

から縦波音響モードの分散関係を求めれば，**Bohm-Staver 関係式**[28)]，

$$c_\parallel \approx \sqrt{\frac{2Z\epsilon_{\rm F}}{3\rho_{\rm M} v_{\rm c}}} = v_{\rm F}\sqrt{\frac{Zm}{3\rho_{\rm M} v_{\rm c}}} \tag{1.78}$$

を導ける．ただし，$v_{\rm F} \equiv \hbar k_{\rm F}/m$ は Fermi 面上の電子の速度（**Fermi 速度**）である．

本書では，変形ポテンシャル相互作用 $\mathcal{H}_{\text{e-ph}}$ が，

(1) 低温における電気抵抗（9.5 節）．
(2) 電子の有効質量の増大（16.1 節）．
(3) 電子間の有効引力相互作用（16.1 節）．

をもたらすことを順次明らかにしていく．特に (3) は，第 16 章と第 17 章の主題である**超伝導**の起源になるので重要である．

---

27）通常の金属では $r_s \sim e^2 k_{\rm F}/\epsilon_{\rm F} \sim 1$ だから $\lambda_{\rm sc}^{-1} \sim k_{\rm F}$．したがって $q \ll k_{\rm F}$ では $U_q \approx \lim_{q\to 0} U_q$．

28）D. Bohm and T. Staver: Phys. Rev. **84**, 836 (1950).

# 第2章

# 量子力学からの準備

## 2.1　演算子のブロック対角化

量子力学において，測定値が実数の物理量は，量子状態全体が張る線形空間（**Hilbert 空間**）$\mathbb{V}$ に作用し，$\mathcal{A}^\dagger = \mathcal{A}$ を満たす演算子[1]（**エルミート演算子**）によって表される．一般に，演算子 $\mathcal{A}$ の固有値 $a$ に対応する固有状態（固有ケット）の集合は，$\mathbb{V}$ の部分空間を張る．この部分空間 $\mathbb{V}_a$ の完全正規直交系を $\{|a,\mu\rangle\}_{\mu=1,2,\cdots,n_a}$ とする．即ち，$a$ と $\{|a,\mu\rangle\}_{\mu=1,2,\cdots,n_a}$ は，**固有方程式**,

$$\mathcal{A}|a,\mu\rangle = a|a,\mu\rangle \tag{2.1}$$

と，正規直交性 $\langle a,\mu|a,\mu'\rangle = \delta_{\mu\mu'}$ を満たすように決められている．部分空間 $\mathbb{V}_a$ の次元 $n_a$ を固有値 $a$ の**縮退度**と呼び，$n_a > 1$ ならば固有値 $a$ は**縮退**していると言う（縮退度 $n_a$ は無限大になることもある）．エルミート演算子 $\mathcal{A}$ に対しては,

$$a^* = (\langle a,\mu|\mathcal{A}|a,\mu\rangle)^* = \langle a,\mu|\mathcal{A}^\dagger|a,\mu\rangle = \langle a,\mu|\mathcal{A}|a,\mu\rangle = a \tag{2.2}$$

が成り立つから，固有値 $a$ は実数である．また,

$$a\langle a,\mu|a',\mu'\rangle = \left(\langle a,\mu|\mathcal{A}^\dagger\right)|a',\mu'\rangle = \langle a,\mu|\left(\mathcal{A}|a',\mu'\rangle\right) = a'\langle a,\mu|a',\mu'\rangle \tag{2.3}$$

だから，$a \neq a'$ のとき $\langle a,\mu|a',\mu'\rangle = 0$ となり，$|a,\mu\rangle$ をもれなく集めたものは，$\langle a,\mu|a',\mu'\rangle = \delta_{aa'}\langle a,\mu|a,\mu'\rangle = \delta_{aa'}\delta_{\mu\mu'}$ を満たす正規直交系になる．さらに，$\mathcal{A}$ が物理量を表すときには，この正規直交系が $\sum_{a,\mu}|a,\mu\rangle\langle a,\mu| = 1$ を満たす Hilbert 空間 $\mathbb{V}$ の完全正規直交系でなければならない．以降，本書を通じて,

---

1）本書で特に断らず「演算子」というとき，その線形性を暗黙の了解とする．つまり，任意の複素数 $c_1, c_2$，任意のケット $|\Psi_1\rangle, |\Psi_2\rangle$ に対し，$\mathcal{A}(c_1|\Psi_1\rangle + c_2|\Psi_2\rangle) = c_1\mathcal{A}|\Psi_1\rangle + c_2\mathcal{A}|\Psi_2\rangle$ が成り立つとする．

エルミート演算子がこの要請を満たすことを暗黙の了解とする．このとき，$\mathcal{A}$ は，

$$\mathcal{A} = \sum_{a,\mu} a|a,\mu\rangle\langle a,\mu| = \sum_{a} a\mathcal{P}_a, \quad \mathcal{P}_a \equiv \sum_{\mu} |a,\mu\rangle\langle a,\mu| \tag{2.4}$$

と**対角化**（**スペクトル分解**）される．

Hilbert 空間 $\mathbb{V}$ の部分空間 $\mathbb{W}$ に対し，$\mathbb{W}$ に属するすべてのケットに直交するケットの集合が成す $\mathbb{V}$ の部分空間 $\mathbb{W}_\perp$ を $\mathbb{W}$ の**直交補空間**と呼ぶ．任意の $|\Psi\rangle \in \mathbb{V}$ は，

$$|\Psi\rangle = |\Psi\rangle_\parallel + |\Psi\rangle_\perp, \quad (|\Psi\rangle_\parallel \in \mathbb{W}, \quad |\Psi\rangle_\perp \in \mathbb{W}_\perp) \tag{2.5}$$

の形に一意的に分解されるので，演算子 $\mathcal{P}$ を，

$$\mathcal{P}|\Psi\rangle = |\Psi\rangle_\parallel \tag{2.6}$$

によって定めて，部分空間 $\mathbb{W}$ への**射影演算子**と呼ぶ．明らかに，式 (2.4) の $\mathcal{P}_a$ は，部分空間 $\mathbb{V}_a$ への射影演算子になっており，$\mathcal{P}_a$ の定義式，正規直交性 $\langle a,\mu|a'\mu'\rangle = \delta_{aa'}\delta_{\mu\mu'}$ および完全性 $\sum_{a,\mu}|a,\mu\rangle\langle a,\mu| = 1$ は，$\mathcal{P}_a$ に関する諸公式，

$$\mathcal{P}_a^\dagger = \mathcal{P}_a, \quad \mathcal{P}_a\mathcal{P}_{a'} = \delta_{aa'}\mathcal{P}_a, \quad \sum_a \mathcal{P}_a = 1, \quad \mathcal{P}_a\mathcal{A} = a\mathcal{P}_a = \mathcal{A}\mathcal{P}_a \tag{2.7}$$

を導く．量子力学では，$|\Psi\rangle$ で表される状態に対して，$\mathcal{A}$ が表す物理量（以下，物理量 $\mathcal{A}$ と呼ぶ）の理想的な測定を行うと，測定値として $\mathcal{A}$ の固有値のいずれかが得られ，固有値 $a$ が測定される確率は $\langle\Psi|\mathcal{P}_a|\Psi\rangle$ だと考える（**Born の確率規則**）[2)]．式 (2.4) から，

$$\langle\Psi|\mathcal{A}|\Psi\rangle = \sum_a a\langle\Psi|\mathcal{P}_a|\Psi\rangle = \sum_{a,\mu} a\,|\langle a,\mu|\Psi\rangle|^2 \tag{2.8}$$

なので，$\langle\Psi|\mathcal{A}|\Psi\rangle$ は系の状態が $|\Psi\rangle$ で表されるときの物理量 $\mathcal{A}$ の期待値を表す．

以上のように，量子力学ではエルミート演算子の対角化が重要だが，Hilbert 空間の次元が非常に大きい（一般には無限次元）ため，その遂行は一般に難しい．実際にエルミート演算子 $\mathcal{B}$ を対角化する際には，作業を簡単化するために，$\mathcal{B}$ と**可換**，つまり，

2）$\langle\Psi|\mathcal{P}_a|\Psi\rangle = \sum_\mu |\langle a,\mu|\Psi\rangle|^2 \geq 0$，$\sum_a\langle\Psi|\mathcal{P}_a|\Psi\rangle = \langle\Psi|\Psi\rangle = 1$ だから $\langle\Psi|\mathcal{P}_a|\Psi\rangle$ は確率の意味を持つ．

$$[\mathcal{A},\mathcal{B}]_- \equiv \mathcal{A}\mathcal{B} - \mathcal{B}\mathcal{A} = 0 \tag{2.9}$$

を満たすエルミート演算子 $\mathcal{A}$ で，スペクトル分解 (2.4) が既知であるものを見つけておくとよい．実際，式 (2.7) の第四式から，

$$a\mathcal{P}_a\mathcal{B}\mathcal{P}_{a'} = \mathcal{P}_a\mathcal{A}\mathcal{B}\mathcal{P}_{a'} = \mathcal{P}_a\mathcal{B}\mathcal{A}\mathcal{P}_{a'} = a'\mathcal{P}_a\mathcal{B}\mathcal{P}_{a'} \tag{2.10}$$

が成り立つから，任意の $a \neq a'$ に対し $\mathcal{P}_a\mathcal{B}\mathcal{P}_{a'} = 0$ となり，$\mathcal{B}$ を，

$$\mathcal{B} = \sum_{aa'}\mathcal{P}_a\mathcal{B}\mathcal{P}_{a'} = \sum_a \mathcal{B}_a, \quad \mathcal{B}_a \equiv \mathcal{P}_a\mathcal{B}\mathcal{P}_a \tag{2.11}$$

の形に**ブロック対角化**できる[3]．**ブロック演算子** $\mathcal{B}_a$ は，$\mathcal{B}$ を左右の $\mathcal{P}_a$ で挟んだ形を持つため，$\mathbb{V}_a$ に属する状態ケットを $\mathbb{V}_a$ に属する状態ケットに写す．また，$\mathcal{B}$ のエルミート性 $\mathcal{B}^\dagger = \mathcal{B}$ と，式 (2.7) の第一式から，

$$\mathcal{B}_a^\dagger = \mathcal{P}_a^\dagger\mathcal{B}^\dagger\mathcal{P}_a^\dagger = \mathcal{P}_a\mathcal{B}\mathcal{P}_a = \mathcal{B}_a \tag{2.12}$$

が成り立つので，$\mathcal{B}_a$ はエルミート演算子である．そこで，**各部分空間 $\mathbb{V}_a$ 内で $\mathcal{B}_a$ を対角化しよう**．つまり，各 $\mathbb{V}_a$ 内で固有方程式 $\mathcal{B}_a|a,b,\mu\rangle = b|a,b,\mu\rangle$ を解いて，固有値 $b$ に属する固有状態全体が張る部分空間 $\mathbb{V}_{a,b}$ の完全正規直交系 $\{|a,b,\mu\rangle\}_{\mu=1,2,\cdots,n_{a,b}}$ を求め，

$$\mathcal{B}_a = \sum_{b,\mu} b|a,b,\mu\rangle\langle a,b,\mu| = \sum_b b\mathcal{P}_{a,b}, \quad \mathcal{P}_{a,b} \equiv \sum_\mu |a,b,\mu\rangle\langle a,b,\mu| \tag{2.13}$$

と書き表す．このとき，$\mathbb{V}_{a,b}$ への射影演算子 $\mathcal{P}_{a,b}$ は，式 (2.7) の各性質に対応して，$\mathcal{P}_{a,b}^\dagger = \mathcal{P}_{a,b}$，$\mathcal{P}_{a,b}\mathcal{P}_{a',b'} = \delta_{a,a'}\delta_{b,b'}\mathcal{P}_{a,b}$，$\sum_b \mathcal{P}_{a,b} = \mathcal{P}_a$，$\mathcal{P}_{a,b}\mathcal{B}_a = b\mathcal{P}_{a,b} = \mathcal{B}_a\mathcal{P}_{a,b}$ を満たす．

その結果，$\mathcal{A}$ と $\mathcal{B}$ は，

$$\mathcal{A} = \sum_a a\mathcal{P}_a = \sum_{a,b} a\mathcal{P}_{a,b}, \quad \mathcal{B} = \sum_a \mathcal{B}_a = \sum_{a,b} b\mathcal{P}_{a,b} \tag{2.14}$$

と**同時対角化**される．つまり，$\{|a,b,\mu\rangle\}_{\mu=1,2,\cdots,n_{a,b}}$ は，$\mathcal{A}$ の固有値が $a$，$\mathcal{B}$ の固有値が $b$ の**同時固有状態**の集合になっている．しかも，$\sum_{a,b,\mu}|a,b,\mu\rangle\langle a,b,\mu| = \sum_{a,b}\mathcal{P}_{a,b} = \sum_a \mathcal{P}_a = 1$ だから，すべての $(a,b)$ について $\{|a,b,\mu\rangle\}_{\mu=1,2,\cdots,n_{a,b}}$ をも

3）仮に $\mathcal{A}$ のすべての固有値に縮退がなければ，固有値 $a$ に対応する固有ケットを $|a\rangle$ として $\mathcal{B}_a = |a\rangle\langle a|\mathcal{B}|a\rangle\langle a|$ となり，$\mathcal{B}$ は $\mathcal{B} = \sum_a \langle a|\mathcal{B}|a\rangle|a\rangle\langle a|$ と対角化される．式 (2.11) は $\mathcal{A}$ の固有値に縮退があるために，$\mathcal{B}$ の対角化が不完全に終わっている状況を表す．

れなく集めると，Hilbert 空間 $\mathbb{V}$ の完全正規直交系になる[4]．このように，各 $\mathbb{V}_a$ 内で $\mathcal{B}_a$ の固有状態をすべて求めれば，元々対角化されていた $\mathcal{A}$ だけでなく，$\mathcal{B}$ も対角化される．大きな次元を持つ Hilbert 空間 $\mathbb{V}$ 内で $\mathcal{B}$ を対角化する作業が，より小さな次元を持つ部分空間 $\mathbb{V}_a$ 内で $\mathcal{B}_a$ を対角化する作業へ簡約されるわけだ[5]．逆に，$\mathcal{A}$ と $\mathcal{B}$ が式 (2.14) の形に同時対角化されていれば，$\mathcal{P}_{a,b}\mathcal{P}_{a',b'} = \delta_{aa'}\delta_{bb'}\mathcal{P}_{a,b} = \mathcal{P}_{a',b'}\mathcal{P}_{a,b}$ から $[\mathcal{A},\mathcal{B}]_- = 0$ が成り立つことにも注意しよう．つまり，二つのエルミート演算子 $\mathcal{A}, \mathcal{B}$ に対して，両者が可換であることと，両者が同時対角化できることは同値である．

測定値が複素数の物理量を考えたい場合もある．このような物理量は，

$$\left[C, C^\dagger\right]_- = 0 \tag{2.15}$$

を満たす演算子（**正規演算子**）$C$ によって表される．実際，$C$ をエルミートな「実部」$\mathcal{A} \equiv (C + C^\dagger)/2$ と「虚部」$\mathcal{B} \equiv (C - C^\dagger)/2i$ に分解して $C = \mathcal{A} + i\mathcal{B}$ と書いたとき，$[C, C^\dagger]_- = -2i[\mathcal{A},\mathcal{B}]_- = 0$ が満たされているときにだけ，$\mathcal{A}$ と $\mathcal{B}$ を式 (2.14) の形に同時対角化して，

$$C = \sum_c c\mathcal{P}_c, \quad (c \equiv a + ib,\ \mathcal{P}_c \equiv \mathcal{P}_{a,b}) \tag{2.16}$$

とスペクトル分解でき，物理量 $C$ に対する理想的な測定を，エルミート演算子で表される物理量とまったく同列に扱える．また，上記のスペクトル分解を起点に，ブロック対角化について先ほどと同様の考察を行えば，二つの正規演算子が可換であることと，それらが同時対角化可能であることが同値であることも明らかである．

## 2.2　量子力学における対称性

系の状態を新しい状態に写す変換 $\mathfrak{S}$ を考えよう．規格化されたケット $|\Psi\rangle$

4）$\mathcal{A}$ と $\mathcal{B}$ が非可換でも同時固有状態が存在することはある．たとえば，$\hat{\boldsymbol{L}} = \hat{\boldsymbol{r}} \times \hat{\boldsymbol{p}}$ を軌道角運動量演算子として $\hat{\boldsymbol{L}}^2$ の固有値がゼロの状態 $|L = 0\rangle$ を考えると，$\boldsymbol{L}$ の異なる成分同士は非可換なのにもかかわらず，$\hat{L}_x|L = 0\rangle = \hat{L}_y|L = 0\rangle = \hat{L}_z|L = 0\rangle = 0$ となり，$|L = 0\rangle$ は $\hat{L}_\mu$ $(\mu = x, y, z)$ の同時固有状態になる．しかし，$\mathcal{A}$ と $\mathcal{B}$ の同時固有状態だけで完全正規直交系を構成することはできない．

5）たとえば，Householder 変換を利用して $M \times M$ のエルミート行列の固有値と固有ベクトルを数値的にすべて求める場合，$M^3$ のオーダーの計算量が要る．しかし，ブロック対角化により $(M/n) \times (M/n)$ の行列ブロックを $n$ 個扱えばよいのなら，計算量は $n \times (M/n)^3 = M^3/n^2$ となって $1/n^2$ 倍に減る．

と $e^{i\vartheta}|\Psi\rangle$ は同じ状態を表すから，状態の変換はケットの変換を完全には定めない．しかし，ケットに付く位相の変換規則を何かしら与えると，ケットの変換 $|\tilde{\Psi}\rangle = \mathfrak{S}[|\Psi\rangle]$ が定まる[6]．変換 $\mathfrak{S}$ が確率振幅の絶対値を不変に保ち，任意の $|\Psi\rangle, |\Phi\rangle$ について，

$$\left|\langle\tilde{\Psi}|\tilde{\Phi}\rangle\right| = |\langle\Psi|\Phi\rangle|, \quad \left(|\tilde{\Psi}\rangle \equiv \mathfrak{S}[|\Psi\rangle],\ |\tilde{\Phi}\rangle \equiv \mathfrak{S}[|\Phi\rangle]\right) \tag{2.17}$$

を満たすとき，$\mathfrak{S}$ は**対称変換**であると言う[7]．対称変換 $\mathfrak{S}$ が，物理量を表す正規演算子（スペクトル分解しておく）$\mathcal{A} = \sum_{a,\mu} a|a,\mu\rangle\langle a,\mu|$ を，

$$\tilde{\mathcal{A}} = \mathfrak{S}[\mathcal{A}] \equiv \sum_{a,\mu} a|\widetilde{a,\mu}\rangle\langle\widetilde{a,\mu}|, \quad (|\widetilde{a,\mu}\rangle \equiv \mathfrak{S}[|a,\mu\rangle]) \tag{2.18}$$

へ写すと考えると，$\{|\widetilde{a,\mu}\rangle\}$ が完全正規直交系になるので[8]，$\tilde{\mathcal{A}}$ は正規演算子になる．しかも，$\langle\tilde{\Psi}|\tilde{\mathcal{A}}|\tilde{\Psi}\rangle = \sum_{a,\mu} a|\langle\widetilde{a,\mu}|\tilde{\Psi}\rangle|^2 = \sum_{a,\mu} a|\langle a,\mu|\Psi\rangle|^2 = \langle\Psi|\mathcal{A}|\Psi\rangle$ が成り立つから，対称変換の前後で対応する物理量の期待値がすべて不変に保たれる．この意味で，対称変換を**物理現象に対する視点の変更**とみなせる．系のハミルトニアン $\mathcal{H}$ に対して，

$$\mathfrak{S}[\mathcal{H}] = \mathcal{H} \tag{2.19}$$

を満たす対称変換 $\mathfrak{S}$ が存在するとき，つまり，視点の変更 $\mathfrak{S}$ がハミルトニアン $\mathcal{H}$ を不変に保つとき，「系は変換 $\mathfrak{S}$ に対して**対称**である」あるいは「系に変換 $\mathfrak{S}$ に対する**対称性**がある」と表現する．

条件 (2.17) を満たす一つのやり方は，

$$\mathcal{U}^{-1} = \mathcal{U}^{\dagger}, \quad \left(\Leftrightarrow \mathcal{U}^{\dagger}\mathcal{U} = \mathcal{U}\mathcal{U}^{\dagger} = 1\right) \tag{2.20}$$

を満たす演算子（**ユニタリー演算子**）$\mathcal{U}$ による変換，

$$\mathfrak{S}[|\Psi\rangle] = \mathcal{U}|\Psi\rangle \tag{2.21}$$

---

6）状態の変換が対称変換であるか否かは，位相の変換規則の選び方によらずに決まる．また，後述する正規演算子の変換 $\tilde{\mathcal{A}} = \mathfrak{S}[\mathcal{A}]$ も，位相の変換規則の選び方には依存しない．

7）$|\Psi\rangle$ と $|\Phi\rangle$ が同じ状態を表すことを $|\Psi\rangle \leftrightarrow |\Phi\rangle$ と書くと，$|\langle\Psi|\Phi\rangle| = 1$ と $|\Psi\rangle \leftrightarrow |\Phi\rangle$ は同値である．したがって，式 (2.17) が成り立つとき，$|\Psi\rangle \leftrightarrow |\Phi\rangle$ と $|\tilde{\Psi}\rangle \leftrightarrow |\tilde{\Phi}\rangle$ は同値である．つまり，対称変換は状態間の一対一対応を与え，逆変換を持つ．

8）対称変換は完全正規直交系を完全正規直交系へ写す．実際，完全正規直交系 $\{|n\rangle\}$ に対し $|\tilde{n}\rangle \equiv \mathfrak{S}[|n\rangle]$ と定めると，条件 (2.17) から $|\langle\tilde{n}|\tilde{m}\rangle| = |\langle n|m\rangle| = \delta_{nm}|\langle n|n\rangle| = \delta_{nm}$．また，任意の $|\tilde{\Psi}\rangle = \mathfrak{S}[|\Psi\rangle]$ に対し，式 (2.17) から $\sum_n\langle\tilde{\Psi}|\tilde{n}\rangle\langle\tilde{n}|\tilde{\Psi}\rangle = \sum_n|\langle\tilde{n}|\tilde{\Psi}\rangle|^2 = \sum_n|\langle n|\Psi\rangle|^2 = |\langle\Psi|\Psi\rangle| = |\langle\tilde{\Psi}|\tilde{\Psi}\rangle| = \langle\tilde{\Psi}|\tilde{\Psi}\rangle$ が成り立つから $\sum_n|\tilde{n}\rangle\langle\tilde{n}| = 1$．

を考えることである．実際，$|\tilde{\Psi}\rangle = \mathcal{U}|\Psi\rangle$，$|\tilde{\Phi}\rangle = \mathcal{U}|\Phi\rangle$ に対し，$\langle\tilde{\Psi}|\tilde{\Phi}\rangle = \langle\Psi|\mathcal{U}^\dagger\mathcal{U}|\Phi\rangle = \langle\Psi|\Phi\rangle$ だから，式 (2.17) が満たされる．2.3 節で述べるように，代表的な対称変換の多くがユニタリー演算子によって表される．式 (2.18), (2.20), (2.21) から，

$$\mathfrak{S}[\mathcal{A}] = \mathcal{U}\mathcal{A}\mathcal{U}^\dagger = \mathcal{U}\mathcal{A}\mathcal{U}^{-1} \tag{2.22}$$

であるから，$\mathcal{U}$ が表す変換に対する系の対称性を，

$$\mathcal{U}\mathcal{H}\mathcal{U}^{-1} = \mathcal{H}, \quad (\Leftrightarrow\ [\mathcal{U},\mathcal{H}]_- = 0) \tag{2.23}$$

と表現できる．

定常状態に対する Schrödinger 方程式（$\mathcal{H}$ に対する固有方程式），

$$\mathcal{H}|\Psi\rangle = E|\Psi\rangle \tag{2.24}$$

を解くのが難しいのは，Hilbert 空間の次元が非常に大きい（一般には無限大）からである．そこで，2.1 節で述べたブロック対角化の技法により，考察する線形空間の次元を減らしておきたい．このとき，系の対称性に着目すると，$\mathcal{H}$ と可換な正規演算子が見つかる場合がある．実際，ユニタリー演算子 $\mathcal{U}$ によって表される対称変換に対して系が対称であれば，式 (2.23) から $\mathcal{H}$ と $\mathcal{U}$ は可換だが，

$$\left[\mathcal{U},\mathcal{U}^\dagger\right]_- = \mathcal{U}\mathcal{U}^{-1} - \mathcal{U}^{-1}\mathcal{U} = 1 - 1 = 0 \tag{2.25}$$

だから，**ユニタリー演算子は正規演算子**である．しかも，対称変換を表す $\mathcal{U}$ のスペクトル分解は既知であることが多い．**ユニタリー演算子の固有値が大きさ 1 の複素数**であることにも注意しよう．実際，$\mathcal{U}$ の固有値と固有ケットの組を $u$，$|u\rangle$ とすると，

$$\mathcal{U}|u\rangle = u|u\rangle \ \Rightarrow\ |u|^2 = \langle u|u^*u|u\rangle = \langle u|\mathcal{U}^\dagger\mathcal{U}|u\rangle = 1 \tag{2.26}$$

が成り立つ．系の対称性に着目してブロック対角化を行う方法が威力を発揮する例として，5.2 節で Bloch の定理を取り上げる．2.3 節で述べるように，対称性は，保存則をはじめとして，系が厳密に満たすべきさまざまな制約についても教えてくれる．

条件 (2.17) を満たすもう一つのやり方は，**反ユニタリー演算子** $\bar{\mathcal{U}}$ による変換，

$$\mathfrak{S}[|\Psi\rangle] = \bar{\mathcal{U}}|\Psi\rangle \tag{2.27}$$

を考えることである．ここで，$\bar{\mathcal{U}}$ が反ユニタリー演算子であるとは，$\bar{\mathcal{U}}$ が，

$$\bar{\mathcal{U}}(c_1|\Psi\rangle + c_2|\Phi\rangle) = c_1^*\bar{\mathcal{U}}|\Psi\rangle + c_2^*\bar{\mathcal{U}}|\Phi\rangle, \quad (c_1, c_2 \text{ は任意の複素数}) \tag{2.28}$$

を満たす反線形演算子であり，なおかつ，

$$\langle\Psi|\left(\bar{\mathcal{U}}^\dagger|\Phi\rangle\right) = \langle\Phi|\left(\bar{\mathcal{U}}|\Psi\rangle\right), \quad (|\Psi\rangle,\ |\Phi\rangle \text{ は任意}) \tag{2.29}$$

によってエルミート共役な反線形演算子 $\bar{\mathcal{U}}^\dagger$ を定めたときに[9]，

$$\bar{\mathcal{U}}^{-1} = \bar{\mathcal{U}}^\dagger, \quad \left(\Leftrightarrow \bar{\mathcal{U}}^\dagger\bar{\mathcal{U}} = \bar{\mathcal{U}}\bar{\mathcal{U}}^\dagger = 1\right) \tag{2.30}$$

が満たされることを指す．実際このとき，$|\tilde{\Psi}\rangle \equiv \bar{\mathcal{U}}|\Psi\rangle$，$|\tilde{\Phi}\rangle \equiv \bar{\mathcal{U}}|\Phi\rangle$ に対し $\langle\tilde{\Psi}|\tilde{\Phi}\rangle = \langle\Phi|\bar{\mathcal{U}}^\dagger\bar{\mathcal{U}}|\Psi\rangle = \langle\Phi|\Psi\rangle$ だから，式 (2.17) が成立する．なお，本書では演算子の線形性を暗黙の了解とするが，反ユニタリー演算子は例外とする．また，混乱を防ぐため，反線形演算子は常にケットに作用する約束とする（つまり $\langle\Psi|\bar{\mathcal{U}}|\Phi\rangle = \langle\Psi|(\bar{\mathcal{U}}|\Phi\rangle)$ の意味）．反ユニタリー演算子で表される対称変換の代表例は，2.4 節で述べる時間反転である．

式 (2.18), (2.27), (2.29) から，$\tilde{\mathcal{A}} = \mathfrak{S}[\mathcal{A}]$ は，任意の $|\Psi\rangle$ に対し，

$$\begin{aligned}\tilde{\mathcal{A}}|\Psi\rangle &= \sum_{a,\mu} a|\widetilde{a,\mu}\rangle\langle\widetilde{a,\mu}|\Psi\rangle = \bar{\mathcal{U}}\sum_{a,\mu} a^*|a,\mu\rangle\langle\Psi|\widetilde{a,\mu}\rangle \\ &= \bar{\mathcal{U}}\sum_{a,\mu} a^*|a,\mu\rangle\langle a,\mu|\bar{\mathcal{U}}^\dagger|\Psi\rangle = \bar{\mathcal{U}}\mathcal{A}^\dagger\bar{\mathcal{U}}^\dagger|\Psi\rangle\end{aligned} \tag{2.31}$$

を満たす．上式と式 (2.30) は，

$$\mathfrak{S}[\mathcal{A}] = \bar{\mathcal{U}}\mathcal{A}^\dagger\bar{\mathcal{U}}^\dagger = \bar{\mathcal{U}}\mathcal{A}^\dagger\bar{\mathcal{U}}^{-1} \tag{2.32}$$

を導くから，$\bar{\mathcal{U}}$ が表す変換に対する系の対称性を，

$$\bar{\mathcal{U}}\mathcal{H}\bar{\mathcal{U}}^{-1} = \mathcal{H}, \quad \left(\Leftrightarrow \left[\bar{\mathcal{U}}, \mathcal{H}\right]_- = 0\right) \tag{2.33}$$

と表現できる．反ユニタリー演算子による変換を扱う際に，$|\tilde{\Psi}\rangle \equiv \bar{\mathcal{U}}|\Psi\rangle$，$|\tilde{\Phi}\rangle$

9) 元々，演算子 $\mathcal{A}$ のエルミート共役 $\mathcal{A}^\dagger$ は，$\langle\Phi|\mathcal{A}|\Psi\rangle$ を $\langle\Psi|\mathcal{A}^\dagger|\Phi\rangle$ の形に書き直したいという数学的動機に基づいて導入されたものである．ただし，線形演算子 $\mathcal{A}$ に対しては，$\mathcal{A}^\dagger$ も線形になるようにひと手間加えて，$\langle\Psi|\mathcal{A}^\dagger|\Phi\rangle = (\langle\Phi|\mathcal{A}|\Psi\rangle)^*$ を $\mathcal{A}^\dagger$ の定義としなければならなかった．しかし，反線形演算子 $\bar{\mathcal{A}}$ に対しては，$\langle\Psi|\bar{\mathcal{A}}^\dagger|\Phi\rangle = \langle\Phi|\bar{\mathcal{A}}|\Psi\rangle$ をそのまま定義とすれば，$\bar{\mathcal{A}}^\dagger$ は反線形になる．

$\equiv \bar{\mathcal{U}}|\Phi\rangle$，$\tilde{\mathcal{A}} = \bar{\mathcal{U}}\mathcal{A}^\dagger\bar{\mathcal{U}}^{-1}$ に対して成り立つ公式，

$$\langle\tilde{\Psi}|\tilde{\mathcal{A}}|\tilde{\Phi}\rangle = \langle\tilde{\Psi}|\bar{\mathcal{U}}\mathcal{A}^\dagger|\Phi\rangle = (\langle\Phi|\mathcal{A})\,\bar{\mathcal{U}}^\dagger\left(\bar{\mathcal{U}}|\Psi\rangle\right) = \langle\Phi|\mathcal{A}|\Psi\rangle \tag{2.34}$$

が有用である．たとえば，上式で $|\Phi\rangle = |\Psi\rangle$ とすると，$\langle\tilde{\Psi}|\tilde{\mathcal{A}}|\tilde{\Psi}\rangle = \langle\Psi|\mathcal{A}|\Psi\rangle$ となり，変換前後で物理量の期待値が不変であることを確認できる．

実は，状態の変換からケットの変換 $\mathfrak{S}[|\Psi\rangle]$ を定める際に，こちらで与える位相の変換規則をうまく選べば，$\mathfrak{S}[|\Psi\rangle]$ をユニタリー変換（式 (2.21)）か反ユニタリー変換（式 (2.27)）のどちらかにすることができることが示されている（**Wigner の定理**）[10]．

## 2.3　並進，回転および空間反転対称性

パラメーターに依存する対称変換が，パラメーターの変化によって連続的に恒等変換につながるなら，この対称変換はユニタリー演算子によって表される．ユニタリー演算子を恒等演算子へ連続変形することはできるが，反ユニタリー演算子はできないからだ．例として**並進移動**を考えよう．量子力学において，粒子系を**並進ベクトル** $\boldsymbol{a}$ だけ並進移動する対称変換は，各粒子の座標，運動量，スピン演算子 $\hat{\boldsymbol{r}}_i, \hat{\boldsymbol{p}}_i, \hat{\boldsymbol{s}}_i$ を，

$$\mathcal{T}_{\boldsymbol{a}}\hat{\boldsymbol{r}}_i\mathcal{T}_{\boldsymbol{a}}^{-1} = \hat{\boldsymbol{r}}_i - \boldsymbol{a}, \quad \mathcal{T}_{\boldsymbol{a}}\hat{\boldsymbol{p}}_i\mathcal{T}_{\boldsymbol{a}}^{-1} = \hat{\boldsymbol{p}}_i, \quad \mathcal{T}_{\boldsymbol{a}}\hat{\boldsymbol{s}}_i\mathcal{T}_{\boldsymbol{a}}^{-1} = \hat{\boldsymbol{s}}_i, \tag{2.35}$$

と変換し，$\mathcal{T}_{\boldsymbol{a}=0} = 1$ を満たすユニタリー演算子（**並進移動演算子**）$\mathcal{T}_{\boldsymbol{a}}$ によって表される[11]．このとき，$\hat{\boldsymbol{r}}_i, \hat{\boldsymbol{p}}_i, \hat{\boldsymbol{s}}_i$ の関数として表される任意の演算子は，$\mathcal{T}_{\boldsymbol{a}}g(\{\hat{\boldsymbol{r}}_i, \hat{\boldsymbol{p}}_i, \hat{\boldsymbol{s}}_i\})\mathcal{T}_{\boldsymbol{a}}^{-1} = g\left(\left\{\mathcal{T}_{\boldsymbol{a}}\hat{\boldsymbol{r}}_i\mathcal{T}_{\boldsymbol{a}}^{-1}, \mathcal{T}_{\boldsymbol{a}}\hat{\boldsymbol{p}}_i\mathcal{T}_{\boldsymbol{a}}^{-1}, \mathcal{T}_{\boldsymbol{a}}\hat{\boldsymbol{s}}_i\mathcal{T}_{\boldsymbol{a}}^{-1}\right\}\right) = g(\{\hat{\boldsymbol{r}}_i - \boldsymbol{a}, \hat{\boldsymbol{p}}_i, \hat{\boldsymbol{s}}_i\})$ と変換される．

並進ベクトルの向きを単位ベクトル $\boldsymbol{e}$ の向きに固定し，$a\boldsymbol{e}$ 並進移動した後，$a'\boldsymbol{e}$ 並進移動すると，全体で $(a + a')\boldsymbol{e}$ 並進移動したことになるから，$\mathcal{T}_{(a+a')\boldsymbol{e}} = \mathcal{T}_{a'\boldsymbol{e}}\mathcal{T}_{a\boldsymbol{e}}$ が成り立つと期待できる．この指数関数との類似性に注目して，

---

10）証明はたとえば，A. Messiah: *Quantum Mechanics* (Dover, 2014) XV-2 節や，河原林研：『量子力学』（岩波書店, 2001）の付録にある．

11）各粒子の位置が $\boldsymbol{r}_i$ に局在した状態 $|\{\boldsymbol{r}_i\}\rangle$ に対して，$\hat{\boldsymbol{r}}_i\mathcal{T}_{\boldsymbol{a}}|\{\boldsymbol{r}_i\}\rangle = \mathcal{T}_{\boldsymbol{a}}\mathcal{T}_{\boldsymbol{a}}^{-1}\hat{\boldsymbol{r}}_i\mathcal{T}_{\boldsymbol{a}}|\{\boldsymbol{r}_i\}\rangle = \mathcal{T}_{\boldsymbol{a}}(\hat{\boldsymbol{r}}_i + \boldsymbol{a})|\{\boldsymbol{r}_i\}\rangle = (\boldsymbol{r}_i + \boldsymbol{a})\mathcal{T}_{\boldsymbol{a}}|\{\boldsymbol{r}_i\}\rangle$ が成り立つから，$\mathcal{T}_{\boldsymbol{a}}$ は各粒子の局在位置を $\boldsymbol{a}$ だけずらす．これが，$\mathcal{T}_{\boldsymbol{a}}\hat{\boldsymbol{r}}_i\mathcal{T}_{\boldsymbol{a}}^{-1} = \hat{\boldsymbol{r}}_i + \boldsymbol{a}$ ではなく，$\mathcal{T}_{\boldsymbol{a}}\hat{\boldsymbol{r}}_i\mathcal{T}_{\boldsymbol{a}}^{-1} = \hat{\boldsymbol{r}}_i - \boldsymbol{a}$ から $\mathcal{T}_{\boldsymbol{a}}$ を定めた理由である．同じ理由で，後述する回転においても，式 (2.42) の右辺に $\underline{R}_{\vec{\varphi}}$ でなく $\underline{R}_{\vec{\varphi}}^{-1}$ が現れる．

$$\mathcal{T}_{ae} = e^{-ia\mathcal{G}} \tag{2.36}$$

とおいてみよう．演算子 $\mathcal{G}$ は**生成子**と呼ばれ，$\mathcal{G}$ をエルミート演算子に選ぶと，$\left(e^{-ia\mathcal{G}}\right)^\dagger = e^{ia\mathcal{G}} = \left(e^{-ia\mathcal{G}}\right)^{-1}$ となって，$\mathcal{T}_{ae}$ はユニタリー演算子になる．

ここで，演算子 $\mathcal{A}$, $\mathcal{B}$ に対して成り立つ **Baker-Campbell-Hausdorff の補助定理**,

$$\begin{aligned} e^{\mathcal{B}}\mathcal{A}e^{-\mathcal{B}} &= \mathcal{A} + [\mathcal{B},\mathcal{A}]_- + \frac{1}{2!}[\mathcal{B},[\mathcal{B},\mathcal{A}]_-]_- + \frac{1}{3!}[\mathcal{B},[\mathcal{B},[\mathcal{B},\mathcal{A}]_-]_-]_- + \cdots \\ &= \mathcal{A} - [\mathcal{A},\mathcal{B}]_- + \frac{1}{2!}[[\mathcal{A},\mathcal{B}]_-,\mathcal{B}]_- - \frac{1}{3!}[[[\mathcal{A},\mathcal{B}]_-,\mathcal{B}]_-,\mathcal{B}]_- + \cdots \end{aligned} \tag{2.37}$$

が有用である．この定理は，$\lambda$ に関する冪展開,

$$\mathcal{F}(\lambda) \equiv e^{\lambda\mathcal{B}}\mathcal{A}e^{-\lambda\mathcal{B}} = \mathcal{F}\Big|_{\lambda=0} + \left.\frac{d\mathcal{F}}{d\lambda}\right|_{\lambda=0}\lambda + \frac{1}{2!}\left.\frac{d^2\mathcal{F}}{d\lambda^2}\right|_{\lambda=0}\lambda^2 + \frac{1}{3!}\left.\frac{d^3\mathcal{F}}{d\lambda^3}\right|_{\lambda=0}\lambda^3 + \cdots \tag{2.38}$$

に，演算子 $C$ に対して成り立つ恒等式,

$$\frac{d}{d\lambda}\left(e^{\lambda\mathcal{B}}Ce^{-\lambda\mathcal{B}}\right) = e^{\lambda\mathcal{B}}\mathcal{B}Ce^{-\lambda\mathcal{B}} - e^{\lambda\mathcal{B}}C\mathcal{B}e^{-\lambda\mathcal{B}} = e^{\lambda\mathcal{B}}[\mathcal{B},C]_-\,e^{-\lambda\mathcal{B}} \tag{2.39}$$

を繰り返し用いて求めた $d^n\mathcal{F}/d\lambda^n$ の表式を代入すれば示せる（証明終わり）.

式 (2.35) 左辺に $\mathcal{T}_{ae} = e^{-ia\mathcal{G}}$ を代入してから式 (2.37) を使って展開し，その結果を右辺と比較すると,

$$[-i\mathcal{G},\hat{\boldsymbol{r}}_i]_- = -\boldsymbol{e}, \quad [-i\mathcal{G},\hat{\boldsymbol{p}}_i]_- = [-i\mathcal{G},\hat{\boldsymbol{s}}_i]_- = 0 \tag{2.40}$$

が成り立てばよいことがわかる．さらに，正準交換関係 (1.9) を思い出すと,

$$\mathcal{G} = \boldsymbol{e}\cdot\boldsymbol{\mathcal{P}}/\hbar, \quad \boldsymbol{\mathcal{P}} \equiv \sum_i \hat{\boldsymbol{p}}_i, \quad \mathcal{T}_{\boldsymbol{a}} = e^{-ia\mathcal{G}} = e^{-i\boldsymbol{a}\cdot\boldsymbol{\mathcal{P}}/\hbar} \tag{2.41}$$

とすればよいことに気づく．任意の並進移動に対して対称な系（任意の $\boldsymbol{a}$ に対し $\mathcal{T}_{\boldsymbol{a}}\mathcal{H}\mathcal{T}_{\boldsymbol{a}}^{-1} = \mathcal{H}$ を満たす系）は**一様**であるという．式 (2.37) から明らかなように**一様系では全運動量演算子 $\boldsymbol{\mathcal{P}}$ が $\mathcal{H}$ と可換になる（$\boldsymbol{\mathcal{P}}$ が保存する**[12]**）**．しかも $\boldsymbol{\mathcal{P}}$ の各成分が互いに可換だから，$\mathcal{H}$，$\mathcal{P}_x, \mathcal{P}_y, \mathcal{P}_z$ を同時対角化可能である．

12）Heisenberg 方程式から，$d\boldsymbol{\mathcal{P}}(t)/dt = i[\mathcal{H},\boldsymbol{\mathcal{P}}(t)]_-/\hbar = 0$.

次に，原点を通る軸周りの**回転**を考え，その回転軸の向き（回転に対し右ねじの向きを正とする）と回転角を，**回転ベクトル** $\boldsymbol{\varphi}$ の向きと長さで表そう．量子力学において，この回転を粒子系に対して行う変換は，$\hat{\boldsymbol{r}}_i, \hat{\boldsymbol{p}}_i, \hat{\boldsymbol{s}}_i$ を，

$$\mathcal{R}_{\boldsymbol{\varphi}}\hat{\boldsymbol{r}}_i\mathcal{R}_{\boldsymbol{\varphi}}^{-1} = \underline{R}_{\boldsymbol{\varphi}}^{-1}\hat{\boldsymbol{r}}_i, \quad \mathcal{R}_{\boldsymbol{\varphi}}\hat{\boldsymbol{p}}_i\mathcal{R}_{\boldsymbol{\varphi}}^{-1} = \underline{R}_{\boldsymbol{\varphi}}^{-1}\hat{\boldsymbol{p}}_i, \quad \mathcal{R}_{\boldsymbol{\varphi}}\hat{\boldsymbol{s}}_i\mathcal{R}_{\boldsymbol{\varphi}}^{-1} = \underline{R}_{\boldsymbol{\varphi}}^{-1}\hat{\boldsymbol{s}}_i \tag{2.42}$$

と変換し，$\mathcal{R}_{\boldsymbol{\varphi}=0} = 1$ を満たすユニタリー演算子（**回転演算子**）$\mathcal{R}_{\boldsymbol{\varphi}}$ によって表される．ただし，$\underline{R}_{\boldsymbol{\varphi}}$ は，三次元空間で回転ベクトル $\boldsymbol{\varphi}$ の回転を表す三行三列の直交行列（回転行列）である．このとき，$\hat{\boldsymbol{r}}_i, \hat{\boldsymbol{p}}_i, \hat{\boldsymbol{s}}_i$ の関数として表される任意の演算子は，$\mathcal{R}_{\boldsymbol{\varphi}}g\left(\{\hat{\boldsymbol{r}}_i, \hat{\boldsymbol{p}}_i, \hat{\boldsymbol{s}}_i\}\right)\mathcal{R}_{\boldsymbol{\varphi}}^{-1} = g\left(\left\{\underline{R}_{\boldsymbol{\varphi}}^{-1}\hat{\boldsymbol{r}}_i, \underline{R}_{\boldsymbol{\varphi}}^{-1}\hat{\boldsymbol{p}}_i, \underline{R}_{\boldsymbol{\varphi}}^{-1}\hat{\boldsymbol{s}}_i\right\}\right)$ と変換される．

回転の幾何学的意味から[13]，ベクトル $\boldsymbol{u}$ の微小回転について，

$$\underline{R}_{\boldsymbol{\varphi}}\boldsymbol{u} = \boldsymbol{u} + \boldsymbol{\varphi}\times\boldsymbol{u} + o(|\boldsymbol{\varphi}|) \tag{2.43}$$

が成り立つ．また，回転軸の向きを単位ベクトル $\boldsymbol{e}$ の向きに固定し，角度 $\varphi$ 回転してから角度 $\varphi'$ 回転すると，全体で角度 $\varphi+\varphi'$ 回転したことになるので，回転行列は $\underline{R}_{\varphi'\boldsymbol{e}}\underline{R}_{\varphi\boldsymbol{e}} = \underline{R}_{(\varphi+\varphi')\boldsymbol{e}}$ を満たす．これら二つの結果から導かれる微分公式，

$$\frac{d}{d\varphi}\underline{R}_{\varphi\boldsymbol{e}}\boldsymbol{u} = \lim_{\delta\varphi\to 0}\frac{1}{\delta\varphi}\left(\underline{R}_{(\varphi+\delta\varphi)\boldsymbol{e}} - \underline{R}_{\varphi\boldsymbol{e}}\right)\boldsymbol{u} = \lim_{\delta\varphi\to 0}\frac{1}{\delta\varphi}\left(\underline{R}_{\delta\varphi\boldsymbol{e}} - 1\right)\underline{R}_{\varphi\boldsymbol{e}}\boldsymbol{u} = \boldsymbol{e}\times\left(\underline{R}_{\varphi\boldsymbol{e}}\boldsymbol{u}\right) \tag{2.44}$$

を繰り返し用いると，ベクトル $\boldsymbol{u}$ の一般の回転について，

$$\underline{R}_{\varphi\boldsymbol{e}}\boldsymbol{u} = \sum_{n=0}^{+\infty}\frac{\varphi^n}{n!}\left(\frac{d^n}{d\varphi^n}\underline{R}_{\varphi\boldsymbol{e}}\boldsymbol{u}\bigg|_{\varphi=0}\right) = \boldsymbol{u} + \varphi\boldsymbol{e}\times\boldsymbol{u} + \frac{1}{2!}\left(\varphi\boldsymbol{e}\times(\varphi\boldsymbol{e}\times\boldsymbol{u})\right) + \cdots \tag{2.45}$$

を示せる．

回転行列の性質 $\underline{R}_{\varphi'\boldsymbol{e}}\underline{R}_{\varphi\boldsymbol{e}} = \underline{R}_{(\varphi+\varphi')\boldsymbol{e}}$ に対応して，$\mathcal{R}_{\varphi'\boldsymbol{e}}\mathcal{R}_{\varphi\boldsymbol{e}} = \mathcal{R}_{(\varphi+\varphi')\boldsymbol{e}}$ が成り立つと期待して，エルミート演算子 $\mathcal{G}$ を生成子とする指数関数の形，

$$\mathcal{R}_{\varphi\boldsymbol{e}} = e^{-i\varphi\mathcal{G}} \tag{2.46}$$

を予想しよう．式 (2.42) 左辺に上式を代入してから，式 (2.37) を使って展開した結果と，右辺を式 (2.45) を使って展開した結果を比較すると，

$$[-i\mathcal{G}, \hat{\boldsymbol{r}}_i]_- = -\boldsymbol{e}\times\hat{\boldsymbol{r}}_i, \quad [-i\mathcal{G}, \hat{\boldsymbol{p}}_i]_- = -\boldsymbol{e}\times\hat{\boldsymbol{p}}_i, \quad [-i\mathcal{G}, \hat{\boldsymbol{s}}_i]_- = -\boldsymbol{e}\times\hat{\boldsymbol{s}}_i \tag{2.47}$$

---

13）回転角 $|\boldsymbol{\varphi}|$ について一次近似の範囲で，$\delta\boldsymbol{u} \equiv \underline{R}_{\boldsymbol{\varphi}}\boldsymbol{u} - \boldsymbol{u}$ は $\boldsymbol{\varphi}$ と $\boldsymbol{u}$ に垂直である．また，$\boldsymbol{\varphi}$ と $\boldsymbol{u}$ が成す角を $\vartheta$ として，$|\delta\boldsymbol{u}| = |\boldsymbol{\varphi}||\boldsymbol{u}||\sin\vartheta|$ が成り立つ．

が成り立てばよいことがわかる．さらにここで，全軌道角運動量演算子 $\mathcal{L}$ と全スピン演算子 $\mathcal{S}$ の和（全角運動量演算子），

$$\mathcal{J} \equiv \mathcal{L} + \mathcal{S}, \quad \left( \mathcal{L} \equiv \sum_i \hat{\boldsymbol{r}}_i \times \hat{\boldsymbol{p}}_i,\ \mathcal{S} \equiv \sum_i \hat{\boldsymbol{s}}_i \right), \tag{2.48}$$

が，Levi-Civita の記号を $\varepsilon_{\mu\nu\xi}$ として[14)]，

$$\left[ \mathcal{J}_\mu, \hat{X}_\nu \right]_- = i\hbar \sum_\xi \varepsilon_{\mu\nu\xi} \hat{X}_\xi, \quad \left( \hat{\boldsymbol{X}} = \hat{\boldsymbol{r}}_i, \hat{\boldsymbol{p}}_i, \hat{\boldsymbol{s}}_i \right) \tag{2.49}$$

を満たすことと，外積の定義 $(\boldsymbol{a} \times \boldsymbol{b})_\nu = \sum_{\mu\xi} \varepsilon_{\nu\mu\xi} a_\mu b_\xi = -\sum_{\mu\xi} \varepsilon_{\mu\nu\xi} a_\mu b_\xi$ を思い出すと，

$$\mathcal{G} = \boldsymbol{e} \cdot \mathcal{J}/\hbar, \quad \mathcal{R}_\varphi = e^{-i\varphi\mathcal{G}} = e^{-i\boldsymbol{\varphi}\cdot\mathcal{J}/\hbar} \tag{2.50}$$

とすればよいことに気づく．$\mathcal{L}$ の任意の成分と $\mathcal{S}$ の任意の成分は可換なので，$\mathcal{R}_\varphi = e^{-i\boldsymbol{\varphi}\cdot\mathcal{L}} e^{-i\boldsymbol{\varphi}\cdot\mathcal{S}}$ と分解でき，$e^{-i\boldsymbol{\varphi}\cdot\mathcal{L}}$ が軌道自由度（$\hat{\boldsymbol{r}}_i$ と $\hat{\boldsymbol{p}}_i$），$e^{-i\boldsymbol{\varphi}\cdot\mathcal{S}}$ がスピン自由度（$\hat{\boldsymbol{s}}_i$）の回転を担う．

任意の原点を通る軸周りの回転に対して対称な系（任意の $\boldsymbol{\varphi}$ に対して $\mathcal{R}_\varphi \mathcal{H} \mathcal{R}_\varphi^{-1} = \mathcal{H}$ を満たす系）は**等方的**であるという．式 (2.37) から明らかなように，**等方的な系では，全角運動量演算子 $\mathcal{J}$ が $\mathcal{H}$ と可換になる（$\mathcal{J}$ が保存する）**．ただし，$\mathcal{J}$ の異なる成分は互いに可換ではないので，$\mathcal{H}$ との同時対角化を考える意味があるのは，たとえば可換な演算子の組になる $\mathcal{J}^2$ と $\mathcal{J}_z$ である．このとき，同時固有状態の $\mathcal{J}^2$ $\mathcal{J}_z$ の固有値を $\hbar^2 J(J+1)$，$\hbar M$ とすると，エネルギー固有状態は量子数 $M = -J, -J+1, \cdots, J-1, J$ について（少なくとも $2J+1$ 重に）縮退する．これは $M$ の値を 1 ずらす $\mathcal{J}_\pm \equiv \mathcal{J}_x \pm i\mathcal{J}_y$ が，$\mathcal{H}$ と可換でエネルギーを変えないことによる[15)]．

連続パラメーターに依存しない離散的な対称変換もユニタリー演算子によって表される場合がある．たとえば**空間反転**は，

$$\mathcal{I} \hat{\boldsymbol{r}}_i \mathcal{I}^{-1} = -\hat{\boldsymbol{r}}_i, \quad \mathcal{I} \hat{\boldsymbol{p}}_i \mathcal{I}^{-1} = -\hat{\boldsymbol{p}}_i, \quad \mathcal{I} \hat{\boldsymbol{s}}_i \mathcal{I}^{-1} = \hat{\boldsymbol{s}}_i, \tag{2.51}$$

14）$\varepsilon_{\mu\nu\xi}$ は $(\mu, \nu, \xi)$ が $(1,2,3)$ の置換に一致すれば置換の符号，それ以外なら 0.

15）ハミルトニアン $\mathcal{H}$ と演算子 $\mathcal{A}$ に対し，$\mathcal{H}|\Psi\rangle = E\Psi\rangle$，$\mathcal{A}|\Psi\rangle = a|\Psi\rangle$ を満たす同時固有状態 $|\Psi\rangle$ が存在したとしよう．このとき，$[\mathcal{H}, \mathcal{B}]_-|\Psi\rangle = 0$ と $[\mathcal{A}, \mathcal{B}]_-|\Psi\rangle \neq 0$ を満たす演算子 $\mathcal{B}$ が存在すれば，エネルギー準位 $E$ は縮退する．実際 $\mathcal{B}|\Psi\rangle$ は，$\mathcal{A}\mathcal{B}|\Psi\rangle \neq \mathcal{B}\mathcal{A}|\Psi\rangle = a\mathcal{B}|\Psi\rangle$ だから $|\Psi\rangle$ と線形独立で，$\mathcal{H}\mathcal{B}|\Psi\rangle = \mathcal{B}\mathcal{H}|\Psi\rangle = E\mathcal{B}|\Psi\rangle$ だから $\mathcal{H}$ のエネルギー $E$ に属する固有状態である．

を満たすユニタリー演算子（**空間反転演算子**）$\mathcal{I}$ によって表され[16]，$\hat{\boldsymbol{r}}_i$, $\hat{\boldsymbol{p}}_i$, $\hat{\boldsymbol{s}}_i$ の関数として表される任意の演算子は $\mathcal{I}g(\{\hat{\boldsymbol{r}}_i, \hat{\boldsymbol{p}}_i, \hat{\boldsymbol{s}}_i\})\mathcal{I}^{-1} = g(\{-\hat{\boldsymbol{r}}_i, -\hat{\boldsymbol{p}}_i, \hat{\boldsymbol{s}}_i\})$ と変換される．

具体的に，$i$ 番目の粒子の位置とスピンが $\boldsymbol{r}_i$, $\sigma_i$ に定まった $N$ 粒子状態 $|\{\boldsymbol{r}_i, \sigma_i\}\rangle$ に[17]，$\mathcal{I}|\{\boldsymbol{r}_i, \sigma_i\}\rangle = |\{-\boldsymbol{r}_i, \sigma_i\}\rangle$ と作用する演算子，

$$\mathcal{I} \equiv \sum_{\{\sigma_i\}} \int \prod_i d^3\boldsymbol{r}_i |\{-\boldsymbol{r}_i, \sigma_i\}\rangle\langle\{\boldsymbol{r}_i, \sigma_i\}| = \sum_{\{\sigma_i\}} \int \prod_i d^3\boldsymbol{r}_i |\{\boldsymbol{r}_i, \sigma_i\}\rangle\langle\{-\boldsymbol{r}_i, \sigma_i\}| \quad (2.52)$$

は，空間反転演算子として機能する．実際，上記の演算子は

$$\mathcal{I}^2 = 1, \quad \mathcal{I}^\dagger = \mathcal{I}, \quad \left(\Leftrightarrow \mathcal{I}^{-1} = \mathcal{I} = \mathcal{I}^\dagger\right) \quad (2.53)$$

を満たすので，ユニタリー演算子である．また，各粒子の波数ベクトルとスピン座標が $\boldsymbol{k}_i, \sigma_i$ に定まった状態 $|\{\boldsymbol{k}_i, \sigma_i\}\rangle$ への作用が，$\mathcal{I}|\{\boldsymbol{k}_i, \sigma_i\}\rangle = |\{-\boldsymbol{k}_i, \sigma_i\}\rangle$ であることも併せて考慮すると[18]，

$$\mathcal{I}\hat{\boldsymbol{r}}_j\mathcal{I}^{-1}|\{\boldsymbol{r}_i, \sigma_i\}\rangle = \mathcal{I}\hat{\boldsymbol{r}}_j|\{-\boldsymbol{r}_i, \sigma_i\}\rangle = -\boldsymbol{r}_j\mathcal{I}|\{-\boldsymbol{r}_i, \sigma_i\}\rangle = -\hat{\boldsymbol{r}}_j|\{\boldsymbol{r}_i, \sigma_i\}\rangle \quad (2.54)$$

$$\mathcal{I}\hat{\boldsymbol{p}}_j\mathcal{I}^{-1}|\{\boldsymbol{k}_i, \sigma_i\}\rangle = \mathcal{I}\hat{\boldsymbol{p}}_j|\{-\boldsymbol{k}_i, \sigma_i\}\rangle = -\hbar\boldsymbol{k}_j\mathcal{I}|\{-\boldsymbol{k}_i, \sigma_i\}\rangle = -\hat{\boldsymbol{p}}_j|\{\boldsymbol{k}_i, \sigma_i\}\rangle \quad (2.55)$$

を導け，しかも $|\{\boldsymbol{r}_i, \sigma_i\}\rangle$ および $|\{\boldsymbol{k}_i, \sigma_i\}\rangle$ は完全系だから，式 (2.52) の演算子は式 (2.51) を満たす（$\mathcal{I}$ はスピン自由度には何もしないので $\mathcal{I}\hat{\boldsymbol{s}}_i\mathcal{I}^{-1} = \hat{\boldsymbol{s}}_i$ は自明）．

式 (2.53) の $\mathcal{I}^2 = 1$ は，$\mathcal{I}$ の固有値が $\pm 1$ であることを教える．固有値が $+1$ の場合を**偶パリティ**，$-1$ の場合を**奇パリティ**と呼ぶ．空間反転に対して対称な系（$\mathcal{I}\mathcal{H}\mathcal{I}^{-1} = \mathcal{H}$ を満たす系）では，$\mathcal{I}$ が $\mathcal{H}$ と可換で，両者を同時対角化できる．つまり，Schrödinger 方程式を解く際に偶および奇パリティの状態を別々に扱える．$\hat{\boldsymbol{r}}_i$ や $\hat{\boldsymbol{p}}_i$（の各成分）が状態のパリティを反転させることにも注意しよう．実際，$\mathcal{I}|\Psi_\pm\rangle = \pm|\Psi_\pm\rangle$ であるとき，

---

16）スピン演算子だけ変換後の符号を変えないのは，これが軌道角運動量 $\hat{\boldsymbol{r}}_i \times \hat{\boldsymbol{p}}_i$ と同じ変換則に従うべきだからである．一般に，位置や運動量のように空間反転で符号を変えるベクトルを**極性ベクトル**，角運動量のように符号を変えないベクトルを**軸性ベクトル**と呼ぶ．

17）3.1 節で述べるように，$|\{\boldsymbol{r}_i, \sigma_i\}\rangle \equiv |\boldsymbol{r}_1, \sigma_1)_1 \otimes |\boldsymbol{r}_2, \sigma_2)_2 \otimes \cdots \otimes |\boldsymbol{r}_N, \sigma_N)_N$ は，$N$ 個の同種粒子からなる系の Hilbert 空間 $\mathbb{V}_N$ の完全正規直交系としては不適切である．しかし，本章の議論で必要なのは，任意の状態を $|\{\boldsymbol{r}_i, \sigma_i\}\rangle$ の線形結合で表せるという事実だけで，$|\{\boldsymbol{r}_i, \sigma_i\}\rangle$ が張る空間 $\tilde{\mathbb{V}}_N$ は $\mathbb{V}_N$ を包含するため，議論に修正は必要ない．

18）式 (1.17) が導く $\langle\{-\boldsymbol{r}_i, \sigma_i\}|\{\boldsymbol{k}_i, \sigma'_i\}\rangle = \prod_i \delta_{\sigma_i\sigma'_i} e^{-i\boldsymbol{k}_i\cdot\boldsymbol{r}_i}/\sqrt{V} = \langle\{\boldsymbol{r}_i, \sigma_i\}|\{-\boldsymbol{k}_i, \sigma'_i\}\rangle$ に注意．

$$\mathcal{I}\hat{X}|\Psi_\pm\rangle = \mathcal{I}\hat{X}\mathcal{I}^{-1}\mathcal{I}|\Psi_\pm\rangle = -\hat{X}\mathcal{I}|\Psi_\pm\rangle = \mp\hat{X}|\Psi_\pm\rangle, \quad (\hat{X} = \hat{\boldsymbol{r}}_i, \hat{\boldsymbol{p}}_i) \tag{2.56}$$

が成り立つ.

## 2.4 時間反転対称性

反ユニタリー変換（式 (2.27)）で表される対称変換の代表は**時間反転**である．時間反転はビデオの巻き戻し再生のようなもので，古典力学では各粒子の運動の向きを逆転させて $\boldsymbol{r}_i \rightsquigarrow \boldsymbol{r}_i, \boldsymbol{p}_i \rightsquigarrow -\boldsymbol{p}_i$ と置き換える[19)]．量子力学でこれに対応する変換[20)]，

$$\Theta\hat{\boldsymbol{r}}_i\Theta^{-1} = \hat{\boldsymbol{r}}_i, \quad \Theta\hat{\boldsymbol{p}}_i\Theta^{-1} = -\hat{\boldsymbol{p}}_i, \quad \Theta\hat{\boldsymbol{s}}_i\Theta^{-1} = -\hat{\boldsymbol{s}}_i \tag{2.57}$$

を行うのが**時間反転演算子** $\Theta$ である．このとき，$\hat{\boldsymbol{r}}_i, \hat{\boldsymbol{p}}_i, \hat{\boldsymbol{s}}_i$ の関数として表される任意の演算子は，$\Theta g(\{\hat{\boldsymbol{r}}_i, \hat{\boldsymbol{p}}_i, \hat{\boldsymbol{s}}_i\})\,\Theta^{-1} = g(\{\hat{\boldsymbol{r}}_i, -\hat{\boldsymbol{p}}_i, -\hat{\boldsymbol{s}}_i\})$ と変換される．時間反転演算子 $\Theta$ はユニタリー演算子ではありえない．もし $\Theta$ がユニタリー演算子だとすると，

$$i\hbar = \Theta(i\hbar)\Theta^{-1} = \Theta\left[\hat{x}, \hat{p}_x\right]_-\Theta^{-1} = \left[\Theta\hat{x}\Theta^{-1}, \Theta\hat{p}_x\Theta^{-1}\right]_- = \left[\hat{x}, -\hat{p}_x\right]_- = -i\hbar \tag{2.58}$$

となって，矛盾をきたす.

時間反転演算子を具体的に書き下すための準備として，反線形演算子 $\Theta_0$ を，

$$\Theta_0|\{\boldsymbol{r}_i, \sigma_i\}\rangle = |\{\boldsymbol{r}_i, \sigma_i\}\rangle \tag{2.59}$$

によって定めよう．任意のケット $|\Psi\rangle = \sum_{\{\sigma_i\}}\int\prod_i d^3\boldsymbol{r}_i|\{\boldsymbol{r}_i, \sigma_i\}\rangle\langle\{\boldsymbol{r}_i, \sigma_i\}|\Psi\rangle$ に対する $\Theta_0$ の作用は，

$$\begin{aligned}\Theta_0|\Psi\rangle &= \sum_{\{\sigma_i\}}\int\prod_i d^3\boldsymbol{r}_i|\{\boldsymbol{r}_i, \sigma_i\}\rangle\,(\langle\{\boldsymbol{r}_i, \sigma_i\}|\Psi\rangle)^* \\ &= \sum_{\{\sigma_i\}}\int\prod_i d^3\boldsymbol{r}_i|\{\boldsymbol{r}_i, \sigma_i\}\rangle\langle\Psi|\{\boldsymbol{r}_i, \sigma_i\}\rangle\end{aligned} \tag{2.60}$$

となる．このように，$\Theta_0$ は座標表示の波動関数を複素共役をとったものに置

19）本書では $a$ を $b$ に置き換えることを $a \rightsquigarrow b$ と表す.

20）スピン演算子は，軌道角運動量 $\hat{\boldsymbol{r}}_i \times \hat{\boldsymbol{p}}_i$ と同じ変換則に従うと考える.

き換えるので，$\Theta_0$ を**複素共役演算子**と呼ぶ．特に，$|\{\boldsymbol{k}_i,\sigma_i\}\rangle$ の位相を式 (1.17) に従って選ぶと，$(\langle\{\boldsymbol{r}_i,\sigma_i\}|\{\boldsymbol{k}_i,\sigma_i'\}\rangle)^* = \prod_i \delta_{\sigma_i\sigma_i'} e^{-i\boldsymbol{k}_i\cdot\boldsymbol{r}_i}/\sqrt{V} = \langle\{\boldsymbol{r}_i,\sigma_i\}|\{-\boldsymbol{k}_i,\sigma_i'\}\rangle$ なので，

$$\Theta_0|\{\boldsymbol{k}_i,\sigma_i\}\rangle = |\{-\boldsymbol{k}_i,\sigma_i\}\rangle \tag{2.61}$$

が成り立つ．また，式 (2.59), (2.60) から，任意の $|\Psi\rangle, |\Phi\rangle$ に対し，

$$\Theta_0^2|\Psi\rangle = \sum_{\{\sigma_i\}}\int\prod_i d^3\boldsymbol{r}_i|\{\boldsymbol{r}_i,\sigma_i\}\rangle\,((\langle\{\boldsymbol{r}_i,\sigma_i\}|\Psi\rangle)^*)^* = |\Psi\rangle \tag{2.62}$$

$$\langle\Psi|\Theta_0|\Phi\rangle = \sum_{\{\sigma_i\}}\int\prod_i d^3\boldsymbol{r}_i\langle\Psi|\{\boldsymbol{r}_i,\sigma_i\}\rangle\langle\Phi|\{\boldsymbol{r}_i,\sigma_i\}\rangle = \langle\Phi|\Theta_0|\Psi\rangle \tag{2.63}$$

なので，$\Theta_0$ は，

$$\Theta_0^2 = 1, \quad \Theta_0^\dagger = \Theta_0, \quad \left(\Leftrightarrow\ \Theta_0^\dagger = \Theta_0 = \Theta_0^{-1}\right) \tag{2.64}$$

を満たす．したがって，**$\boldsymbol{\Theta_0}$ は反ユニタリー演算子である**．

複素共役演算子 $\Theta_0$ による $\hat{\boldsymbol{r}}_i$ と $\hat{\boldsymbol{p}}_i$ の変換則は，

$$\begin{aligned}\Theta_0\hat{\boldsymbol{r}}_j\Theta_0^{-1}|\{\boldsymbol{r}_i,\sigma_i\}\rangle &= \Theta_0\hat{\boldsymbol{r}}_j|\{\boldsymbol{r}_i,\sigma_i\}\rangle = \Theta_0\boldsymbol{r}_j|\{\boldsymbol{r}_i,\sigma_i\}\rangle = \boldsymbol{r}_j\Theta_0|\{\boldsymbol{r}_i,\sigma_i\}\rangle \\ &= \boldsymbol{r}_j|\{\boldsymbol{r}_i,\sigma_i\}\rangle = \hat{\boldsymbol{r}}_j|\{\boldsymbol{r}_i,\sigma_i\}\rangle\end{aligned} \tag{2.65}$$

$$\begin{aligned}\Theta_0\hat{\boldsymbol{p}}_j\Theta_0^{-1}|\{\boldsymbol{k}_i,\sigma_i\}\rangle &= \Theta_0\hat{\boldsymbol{p}}_j|\{-\boldsymbol{k}_i,\sigma_i\}\rangle = \Theta_0(-\hbar\boldsymbol{k}_j)|\{-\boldsymbol{k}_i,\sigma_i\}\rangle = -\hbar\boldsymbol{k}_j\Theta_0|\{-\boldsymbol{k}_i,\sigma_i\}\rangle \\ &= -\hbar\boldsymbol{k}_j|\{\boldsymbol{k}_i,\sigma_i\}\rangle = -\hat{\boldsymbol{p}}_j|\{\boldsymbol{k}_i,\sigma_i\}\rangle\end{aligned} \tag{2.66}$$

と，$|\{\boldsymbol{r}_i,\sigma_i\}\rangle$ および $|\{\boldsymbol{k}_i,\sigma_i\}\rangle$ の完全性から明らかなように，式 (2.57) と同じ，

$$\Theta_0\hat{\boldsymbol{r}}_i\Theta_0^{-1} = \hat{\boldsymbol{r}}_i, \quad \Theta_0\hat{\boldsymbol{p}}_i\Theta_0^{-1} = -\hat{\boldsymbol{p}}_i \tag{2.67}$$

に従う．つまり，スピン演算子を扱わない（ハミルトニアンがスピン演算子を含まない）限り，$\Theta_0$ を時間反転演算子として用いて構わない．

しかし，スピン演算子を扱うと問題を生じる．慣例に従い，$|\{\boldsymbol{r}_i,\sigma_i\}\rangle$ を $\hat{s}_{i,z}$ の固有状態に選び（つまり $\hat{s}_{i,z}$ の行列表示は実対角行列），$|\{\boldsymbol{r}_i,\sigma_i\}\rangle$ の位相を $\hat{s}_{i,\pm} \equiv \hat{s}_{i,x} \pm i\hat{s}_{i,y}$ の行列表示が実行列になるように定めると[21]，

21）式 (2.59) によって反線形演算子を定めるためには，$|\{\boldsymbol{r}_i,\sigma_i\}\rangle$ の位相を決めておく必要がある．

$$\Theta_0 \hat{s}_{i,x} \Theta_0^{-1} = \Theta_0 \frac{\hat{s}_{i,+} + \hat{s}_{i,-}}{2} \Theta_0^{-1} = \frac{\hat{s}_{i,+} + \hat{s}_{i,-}}{2} = \hat{s}_{i,x} \tag{2.68}$$

$$\Theta_0 \hat{s}_{i,y} \Theta_0^{-1} = \Theta_0 \frac{\hat{s}_{i,+} - \hat{s}_{i,-}}{2i} \Theta_0^{-1} = -\frac{\hat{s}_{i,+} - \hat{s}_{i,-}}{2i} = -\hat{s}_{i,y} \tag{2.69}$$

$$\Theta_0 \hat{s}_{i,z} \Theta_0^{-1} = \hat{s}_{i,z} \tag{2.70}$$

となって，$\Theta_0 \hat{\boldsymbol{s}}_i \Theta_0 = -\hat{\boldsymbol{s}}_i$ は満たされない．そこで，時間反転演算子として，$\mathcal{U}\Theta_0$ を使うことを検討しよう．ただし，$\mathcal{U}$ はスピン演算子だけを使って表せるユニタリー演算子であるとする．$\mathcal{U}\Theta_0$ が反ユニタリー演算子の性質 (2.28)，(2.30) を満たすことはただちに確認でき[22]，$\mathcal{U}\Theta_0 \hat{\boldsymbol{r}}_i \Theta_0^{-1} \mathcal{U}^{-1} = \hat{\boldsymbol{r}}_i$ と $\mathcal{U}\Theta_0 \hat{\boldsymbol{p}}_i \Theta_0^{-1} \mathcal{U}^{-1} = -\hat{\boldsymbol{p}}_i$ もそのまま成立する．したがって，$\mathcal{U}\Theta_0 \hat{\boldsymbol{s}}_i \Theta_0^{-1} \mathcal{U}^{-1} = -\hat{\boldsymbol{s}}_i$，つまり，スピン演算子の各成分を，

$$\mathcal{U} \hat{s}_{i,x} \mathcal{U}^{-1} = -\hat{s}_{i,x}, \quad \mathcal{U} \hat{s}_{i,y} \mathcal{U}^{-1} = \hat{s}_{i,y}, \quad \mathcal{U} \hat{s}_{i,z} \mathcal{U}^{-1} = -\hat{s}_{i,z} \tag{2.71}$$

と変換する $\mathcal{U}$ を選べばよい．この変換は，スピンを $y$ 軸周りに $\pi$ 回転すれば実現できる．即ち，スピン演算子を扱う場合には，$\mathcal{U} = e^{-i\pi \hat{S}_y/\hbar}$ とした，

$$\Theta = e^{-i\pi \hat{S}_y/\hbar} \Theta_0, \quad \hat{\boldsymbol{S}} = \sum_i \hat{\boldsymbol{s}}_i \tag{2.72}$$

が，**時間反転演算子**として機能する[23]．このとき，$\Theta_0 \mathcal{U} \Theta_0^{-1} = e^{i\pi \Theta_0 \hat{S}_y \Theta_0^{-1}/\hbar} = e^{-i\pi \hat{S}_y/\hbar} = \mathcal{U}$ だから，$\Theta_0$ と $\mathcal{U}$ は可換である．また，式 (2.64) から $\Theta_0^2 = 1$ なので，

$$\Theta^2 = (\mathcal{U}\Theta_0)^2 = \mathcal{U}^2 = e^{-2\pi i \hat{S}_y/\hbar} = (-1)^{\sum_i 2s_i} \tag{2.73}$$

が成り立つ．ただし，$s_i$ は各粒子が持つスピンを表す（電子ならば $s_i = 1/2$）．

変換則 (2.57) から，物性論に現れる第一原理のハミルトニアン (1.2) が，時間反転に対して対称で，

$$\Theta \mathcal{H}^{(1\mathrm{st})} \Theta^{-1} = \mathcal{H}^{(1\mathrm{st})}|_{(\hat{\boldsymbol{r}}_i, \hat{\boldsymbol{p}}_i, \hat{\boldsymbol{s}}_i) \rightsquigarrow (\hat{\boldsymbol{r}}_i, -\hat{\boldsymbol{p}}_i, -\hat{\boldsymbol{s}}_i)} = \mathcal{H}^{(1\mathrm{st})} \tag{2.74}$$

を満足することがわかる．したがって，そこから構築されるモデルハミルト

---

22）$\mathcal{U}\Theta_0$ は反線形で，$\langle\Psi|\Theta_0^\dagger \mathcal{U}^\dagger|\Phi\rangle = \langle\Phi|\mathcal{U}\Theta_0|\Psi\rangle = \langle\Psi|(\mathcal{U}\Theta_0)^\dagger|\Phi\rangle$ から $(\mathcal{U}\Theta_0)^\dagger = \Theta_0^\dagger \mathcal{U}^\dagger$ だから，$(\mathcal{U}\Theta_0)^\dagger(\mathcal{U}\Theta_0) = 1$ を満たす．より一般に，複数のユニタリー演算子と反ユニタリー演算子の積は，反ユニタリー演算子の個数が奇数ならば反ユニタリー演算子，偶数ならばユニタリー演算子になる．

23）スピンの $y$ 成分だけが特別扱いされているように見えるのは，$\hat{s}_{i,z}$ の固有状態 $|\{\boldsymbol{r}_i, \sigma_i\}\rangle$ の位相を $\hat{s}_{i,\pm} \equiv \hat{s}_{i,x} \pm i\hat{s}_{i,y}$ の行列表示が実行列になるように選んだことによる．

ニアンにも，時間反転対称性がある．ただし，磁束密度 $\boldsymbol{B}$ が存在する場合は注意が要る．この場合でも，この世のすべての物理法則に時間反転操作を施すのなら，時間反転対称性がある．その際，注目している系を記述するハミルトニアンだけでなく，$\boldsymbol{B}$ を決める Maxwell 方程式にも時間反転操作を施すので，電流の向きが反転し，それに伴って $\boldsymbol{B}$ の向きも反転する．したがって，$\mathcal{H}_{\boldsymbol{B}}$ を磁束密度が $\boldsymbol{B}$ であるときのハミルトニアンとすると，

$$\Theta\mathcal{H}_{\boldsymbol{B}}\Theta^{-1}|_{\boldsymbol{B}\rightsquigarrow-\boldsymbol{B}} = \mathcal{H}_{\boldsymbol{B}} \tag{2.75}$$

が成立する．つまり，$\boldsymbol{B} \neq 0$ の場合には，一般に $\Theta\mathcal{H}_{\boldsymbol{B}}\Theta^{-1} = \mathcal{H}_{-\boldsymbol{B}} \neq \mathcal{H}_{\boldsymbol{B}}$ であり，注目している系の自由度にのみ時間反転操作を施すことを考えているときには，「時間反転対称性が破れている」ことになる．

一般に，$|\tilde{\Psi}\rangle \equiv \Theta|\Psi\rangle$ の意味として，

$$\mathcal{H}_{\boldsymbol{B}}|\Psi\rangle = E|\Psi\rangle \;\Rightarrow\; \Theta\mathcal{H}_{\boldsymbol{B}}\Theta^{-1}\Theta|\Psi\rangle = E\Theta|\Psi\rangle \Rightarrow\; \mathcal{H}_{-\boldsymbol{B}}|\tilde{\Psi}\rangle = E|\tilde{\Psi}\rangle \tag{2.76}$$

だから，$\mathcal{H}_{\boldsymbol{B}}$ の固有値を $E$，対応する固有状態を $|\Psi\rangle$ とすれば，$\mathcal{H}_{-\boldsymbol{B}}$ も同じ固有値 $E$ を持ち，対応する固有状態は $|\tilde{\Psi}\rangle$ となる．特に式 (2.73) で，$\Theta^2 = -1$（$\sum_i 2s_i$ が奇数）となる場合，$\Theta^\dagger = \Theta^{-1} = -\Theta$ だから，

$$\langle\Psi|\tilde{\Psi}\rangle = \langle\Psi|\Theta|\Psi\rangle = \langle\Psi|\Theta^\dagger|\Psi\rangle = \langle\Psi|(-\Theta)|\Psi\rangle = -\langle\Psi|\tilde{\Psi}\rangle = 0 \tag{2.77}$$

が成立し，$|\Psi\rangle$ と $|\tilde{\Psi}\rangle$ は直交する．したがって，$\mathcal{H}_{\boldsymbol{B}=0}$ のエネルギー固有値は必ず（少なくとも）二重に縮退する．これを **Kramers 縮退**と呼ぶ．

## 2.5　ゲージ対称性

電磁場中を運動する質量 $m$ と電荷 $q$ を持つ一粒子の運動を考えよう．電磁気学で習うように，電場 $\boldsymbol{E}(\boldsymbol{r},t)$ と磁束密度 $\boldsymbol{B}(\boldsymbol{r},t)$ に対し，$c$ を光速として，

$$\boldsymbol{E}(\boldsymbol{r},t) = -\nabla\phi(\boldsymbol{r},t) - \frac{1}{c}\frac{\partial\boldsymbol{A}(\boldsymbol{r},t)}{\partial t}, \quad \boldsymbol{B}(\boldsymbol{r},t) = \nabla\times\boldsymbol{A}(\boldsymbol{r},t) \tag{2.78}$$

を満たすスカラーポテンシャル $\phi(\boldsymbol{r},t)$ とベクトルポテンシャル $\boldsymbol{A}(\boldsymbol{r},t)$ が存在する．ただし $\phi(\boldsymbol{r},t)$ と $\boldsymbol{A}(\boldsymbol{r},t)$ の選択には任意性があり，$\Lambda(\boldsymbol{r},t)$ を任意の関数として**ゲージ変換**，

$$\phi(\boldsymbol{r},t) \rightsquigarrow \phi(\boldsymbol{r},t) - \frac{1}{c}\frac{\partial\Lambda}{\partial t}, \quad \boldsymbol{A}(\boldsymbol{r},t) \rightsquigarrow \boldsymbol{A}(\boldsymbol{r},t) + \nabla\Lambda(\boldsymbol{r},t) \tag{2.79}$$

を行っても，変換後のスカラーポテンシャルとベクトルポテンシャルは，変換前と同じ電場 $\boldsymbol{E}(\boldsymbol{r},t)$ と磁束密度 $\boldsymbol{B}(\boldsymbol{r},t)$ を表す．元々 Maxwell 方程式は $\boldsymbol{E}(\boldsymbol{r},t)$ と $\boldsymbol{B}(\boldsymbol{r},t)$ に対する方程式として表されているから，当然ゲージ変換に対して不変である．これが**古典電磁気学におけるゲージ対称性（ゲージ不変性）**である．

まず古典力学の範囲で，電磁場中を運動する一個の荷電粒子（質量 $m$，電荷 $q$）を考えよう．この系のハミルトニアンは，

$$H(\boldsymbol{r},\boldsymbol{p},t) = \frac{1}{2m}\left(\boldsymbol{p} - \frac{q}{c}\boldsymbol{A}(\boldsymbol{r},t)\right)^2 + q\phi(\boldsymbol{r},t) \tag{2.80}$$

である．このハミルトニアンの妥当性を見るために，粒子の位置 $\boldsymbol{r}$ と正準運動量 $\boldsymbol{p}$ が従う運動方程式（正準方程式）を書き下すと，$\mu,\nu = x,y,z$ として，

$$\dot{r}_\mu = \frac{\partial H}{\partial p_\mu} = \frac{1}{m}\left(p_\mu - \frac{q}{c}A_\mu(\boldsymbol{r},t)\right) \tag{2.81}$$

$$\dot{p}_\mu = -\frac{\partial H}{\partial r_\mu} = \frac{q}{mc}\sum_\nu\left(p_\nu - \frac{q}{c}A_\nu(\boldsymbol{r},t)\right)\frac{\partial A_\nu}{\partial r_\mu} - q\frac{\partial \phi}{\partial r_\mu} \tag{2.82}$$

となる．上式から正準運動量 $\boldsymbol{p}$ を消去し，$dA_\mu/dt = \sum_\nu \dot{r}_\nu \partial A_\mu/\partial r_\nu + \partial A_\mu/\partial t$ を用いて整理すると，確かに **Lorentz 力**の下で運動する質点の Newton 方程式，

$$m\ddot{\boldsymbol{r}} = \frac{q}{c}\dot{\boldsymbol{r}} \times \boldsymbol{B}(r,t) + q\boldsymbol{E}(\boldsymbol{r},t) \tag{2.83}$$

が再現される．ハミルトニアン $H(\boldsymbol{r},\boldsymbol{p},t)$ は $\phi(\boldsymbol{r},t)$ と $\boldsymbol{A}(\boldsymbol{r},t)$ を含み，ゲージ変換に対して不変でないが，粒子の運動方程式は $\boldsymbol{E}(\boldsymbol{r},t)$ と $\boldsymbol{B}(\boldsymbol{r},t)$ を使って書き表されており，ゲージ変換に対して不変である．これが**古典力学におけるゲージ対称性**である．

量子力学へ移行するには，ハミルトニアンに現れる $\boldsymbol{r}$ と $\boldsymbol{p}$ を演算子 $\hat{\boldsymbol{r}}$ と $\hat{\boldsymbol{p}}$ に置き換えればよい[24]．その結果，時刻 $t$ における粒子の状態 $|\psi,t\rangle$ の時間発展を記述する Schrödinger 方程式は，

$$i\hbar\frac{d}{dt}|\psi,t\rangle = H(\hat{\boldsymbol{r}},\hat{\boldsymbol{p}},t)|\psi,t\rangle \tag{2.84}$$

となる．古典力学と同じく，ハミルトニアン $H(\hat{\boldsymbol{r}},\hat{\boldsymbol{p}},t)$ はゲージ変換 (2.79) に対して不変でない．**量子力学にもゲージ対称性**があるとすれば，それはどのよ

24）非可換なエルミート演算子の積がエルミート演算子になるとは限らないので，この置き換えには注意が要る．しかしここでは $\hat{\boldsymbol{p}} - (q/c)\boldsymbol{A}(\hat{\boldsymbol{r}},t)$ がエルミート演算子になるため，この心配は無用となる．

うなものだろうか．答えを先に述べてしまうと，以下のユニタリー演算子 $\hat{U}$ によるケットの変換，

$$|\widetilde{\psi, t}\rangle = \hat{U}|\psi, t\rangle, \quad \hat{U} \equiv e^{iq\Lambda(\hat{\boldsymbol{r}},t)/\hbar c} \tag{2.85}$$

を考えるとよい．上記の変換は，$\langle\boldsymbol{r}|\widetilde{\psi, t}\rangle = \langle\boldsymbol{r}|\hat{U}|\psi, t\rangle = e^{iq\Lambda(\boldsymbol{r},t)/\hbar c}\langle\boldsymbol{r}|\psi, t\rangle$ からわかるように，**座標表示の波動関数の位相を局所的に変える**．確率密度 $|\langle\boldsymbol{r}|\psi, t\rangle|^2$（これは可観測量である）が，この変換に対して不変であることにも注意しよう．

Schrödinger 方程式 (2.84) を $|\widetilde{\psi, t}\rangle = \hat{U}|\psi, t\rangle$ に対するものに書き直すと，

$$i\hbar\frac{d}{dt}|\widetilde{\psi, t}\rangle = \tilde{H}(\hat{\boldsymbol{r}}, \hat{\boldsymbol{p}}, t)\,|\widetilde{\psi, t}\rangle \tag{2.86}$$

$$\begin{aligned}\tilde{H}(\hat{\boldsymbol{r}}, \hat{\boldsymbol{p}}, t) &\equiv \hat{U}H(\hat{\boldsymbol{r}}, \hat{\boldsymbol{p}}, t)\,\hat{U}^{-1} - i\hbar\hat{U}\frac{d\hat{U}^{-1}}{dt} = H\left(\hat{U}\hat{\boldsymbol{r}}\hat{U}^{-1}, \hat{U}\hat{\boldsymbol{p}}\hat{U}^{-1}, t\right) - \frac{q}{c}\frac{\partial\Lambda(\hat{\boldsymbol{r}}, t)}{\partial t}\\ &= H\left(\hat{\boldsymbol{r}}, \hat{\boldsymbol{p}} - \frac{q}{c}\nabla\Lambda(\hat{\boldsymbol{r}}, t), t\right) - \frac{q}{c}\frac{\partial\Lambda(\hat{\boldsymbol{r}}, t)}{\partial t} = H(\hat{\boldsymbol{r}}, \hat{\boldsymbol{p}}, t)\Big|_{\substack{\phi\rightsquigarrow\phi-c^{-1}\partial\Lambda/\partial t\\ \boldsymbol{A}\rightsquigarrow\boldsymbol{A}+\nabla\Lambda}}\end{aligned} \tag{2.87}$$

となり，元の方程式の形を維持したまま，$\phi(\boldsymbol{r}, t)$ と $\boldsymbol{A}(\boldsymbol{r}, t)$ にゲージ変換 (2.79) を施した方程式が導かれる．ここで，$e^{-i\hat{\boldsymbol{p}}\cdot\boldsymbol{a}/\hbar}g(\hat{\boldsymbol{r}})e^{i\hat{\boldsymbol{p}}\cdot\boldsymbol{a}/\hbar} = g(\hat{\boldsymbol{r}} - \boldsymbol{a})$（∵ 式 (2.35), (2.41)）の両辺を $\boldsymbol{a}$ で微分してから，$\boldsymbol{a} = 0$ を代入して得られる，

$$[g(\hat{\boldsymbol{r}}), \hat{\boldsymbol{p}}]_- = i\hbar\nabla g(\hat{\boldsymbol{r}}), \quad (g(\boldsymbol{r})\text{ は任意}) \tag{2.88}$$

と式 (2.37) から，

$$\hat{U}\hat{\boldsymbol{r}}\hat{U}^{-1} = \hat{\boldsymbol{r}}, \quad \hat{U}\hat{\boldsymbol{p}}\hat{U}^{-1} = \hat{\boldsymbol{p}} - \frac{q}{c}\nabla\Lambda(\hat{\boldsymbol{r}}, t) \tag{2.89}$$

が成り立つことを用いた．つまり，ゲージ変換 (2.79) と同時に，波動関数の位相の変換 (2.85) を行えば，量子力学の理論が不変に保たれ，一連の変換を物理現象に対する視点の変更の一つとみなせる．

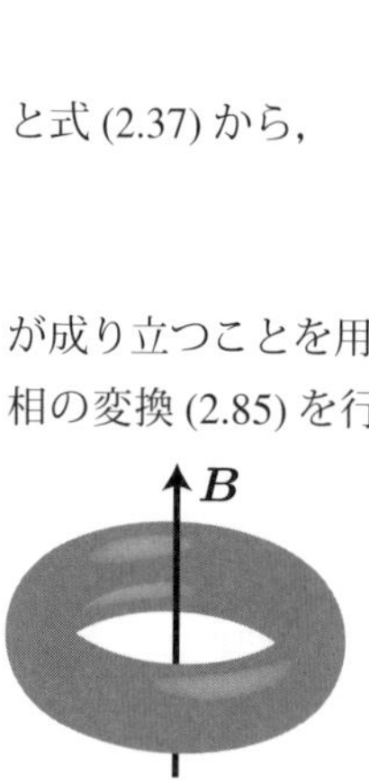

図 2.1　穴のあいた領域

ゲージ変換に関連するもう少し進んだ話題として，**Byers-Yang の定理**を取り上げておこう[25]．図 2.1 のように，穴のあいた領域の内部に $N$ 個の電子が閉じ込められており，この領域の外部にのみ静的な磁束密度 $\boldsymbol{B}(\boldsymbol{r})$ が存在しているとする．このとき，$\boldsymbol{B}(\boldsymbol{r})$ を表すベクトルポテ

25）N. Byers and C. N. Yang: Phys. Rev. Lett. **7**, 46 (1961).

ンシャルを $\boldsymbol{A}(\boldsymbol{r})$ として，電子系の Schrödinger 方程式を，

$$\left(\sum_{i=1}^{N}\frac{1}{2m}\left(\hat{\boldsymbol{p}}_i+\frac{e}{c}\boldsymbol{A}\left(\hat{\boldsymbol{r}}_i\right)\right)^2+V\left(\{\hat{\boldsymbol{r}}_i\}\right)\right)|\Psi\rangle=E|\Psi\rangle \tag{2.90}$$

と書ける．ただし，$V(\{\boldsymbol{r}_i\})$ は電子を領域内に閉じ込める一体ポテンシャルや，電子間相互作用ポテンシャル等を表す．Byers-Yang の定理は，この電子系の（すべての）エネルギー準位が，穴を貫く磁束 $\Phi$ の周期関数として振る舞い，その周期が**磁束量子** $\Phi_0\equiv hc/e$ であることを主張する．以下，この定理を示そう．

仮定から，電子が閉じ込められている領域内で $\boldsymbol{B}(\boldsymbol{r})=\nabla\times\boldsymbol{A}(\boldsymbol{r})=0$ なので，領域内のそれぞれの $\boldsymbol{r}$ の近傍において $\boldsymbol{A}(\boldsymbol{r})=\nabla\Lambda(\boldsymbol{r})$ を満たす $\Lambda(\boldsymbol{r})$ が存在する．それらを滑らかにつなぎあわせて，領域内全体で定義された $\Lambda(\boldsymbol{r})$ を構成すると，必然的に $\Lambda(\boldsymbol{r})$ は多価関数になる．実際，領域内で $\boldsymbol{r}$ が穴を一周するたびに $\Lambda(\boldsymbol{r})$ の値は，

$$\oint\nabla\Lambda(\boldsymbol{r})\cdot d\boldsymbol{r}=\oint\boldsymbol{A}(\boldsymbol{r})\cdot d\boldsymbol{r}=\int_S\boldsymbol{B}(\boldsymbol{r})\cdot d\boldsymbol{S}=\Phi \tag{2.91}$$

だけ変化する（$S$ は穴を一周する経路を縁に持つ曲面）．この $\Lambda(\boldsymbol{r})$ を使い，

$$|\tilde{\Psi}\rangle=e^{i\sum_i e\Lambda(\hat{\boldsymbol{r}}_i)/\hbar c}|\Psi\rangle \tag{2.92}$$

と表されるゲージ変換（多価関数を使うので**特異ゲージ変換**と呼ぶ）を考えると，$|\tilde{\Psi}\rangle$ が従う Schrödinger 方程式は，

$$\left(\sum_{i=1}^{N}\frac{\hat{\boldsymbol{p}}_i^2}{2m}+V\left(\{\hat{\boldsymbol{r}}_i\}\right)\right)|\tilde{\Psi}\rangle=E|\tilde{\Psi}\rangle \tag{2.93}$$

となって $\boldsymbol{A}$ が消去された形になる．その代わり，$\boldsymbol{A}$ の影響は（座標表示の）波動関数に対する境界条件に現れる．ゲージ変換前の波動関数 $\langle\{\boldsymbol{r}_i\}|\Psi\rangle$ は，各電子の位置 $\boldsymbol{r}_i$ の一価関数でなければならない．したがって，ゲージ変換後の波動関数 $\langle\{\boldsymbol{r}_i\}|\tilde{\Psi}\rangle=\langle\{\boldsymbol{r}_i\}|\Psi\rangle e^{i\sum_i e\Lambda(\boldsymbol{r}_i)/\hbar c}$ は，「一電子の座標 $\boldsymbol{r}_j$ を領域内で穴の周りに一周させると $e\Phi/\hbar c$ だけ位相が進む」という境界条件を満たす．波動関数にこの「位相をひねった」境界条件を課して，$\boldsymbol{A}$ を消去した Schrödinger 方程式 (2.93) を解けば，元の方程式 (2.90) を解いたのと同じエネルギー準位が得られる．ところが，境界条件の「位相のひねり」を表す位相因子 $e^{ie\Phi/\hbar c}=e^{2\pi i\Phi/\Phi_0}$ は $\Phi$ の周期関数だから，エネルギー準位も $\Phi$ の周期関数となり，その

周期は $\Phi_0$ に等しい（証明終わり）.

電子が存在する場所では $\boldsymbol{B} = 0$ なので，電子に Lorentz 力は働かず，古典力学の範囲だと，電子系は穴を貫く磁束の影響を受けない．しかし量子力学では，穴を貫いた磁束が電子系の波動関数の位相に影響を与え，その帰結としてさまざまな物理量が周期 $\Phi_0$ の $\Phi$ の周期関数になるわけだ．この周期性は微小金属リングの電気伝導等に見られ，総じて **Aharanov-Bohm (AB) 効果**と呼ばれている[26).]

## 2.6　有効ハミルトニアンの方法

定常状態に対する Schrödinger 方程式，

$$\mathcal{H}|\psi\rangle = E|\psi\rangle \tag{2.94}$$

を解く際，Hilbert 空間 $\mathbb{V}$ の次元が大きいことが障害になることは既に述べた．2.2 節では系の対称性を利用して，考察の対象となる Hilbert 空間の次元を減らす方法を紹介したが，この方法では次元を劇的には減らせない場合が多く，対称性による分類で得られた部分空間が興味の対象となる状態群と一致する保証もない．本節では，実際に興味のある部分空間（たとえば低エネルギー状態の集合が張る空間）$\mathbb{W}$ だけに着目して議論を行うことを考える．つまり，$\mathcal{P}$ を部分空間 $\mathbb{W}$ への射影演算子として，

$$\mathcal{H}_{\rm eff}\mathcal{P}|\psi\rangle = E\mathcal{P}|\psi\rangle \tag{2.95}$$

を満たす**有効ハミルトニアン** $\mathcal{H}_{\rm eff}$ を探す．このとき，単に $\mathcal{H}_{\rm eff} = \mathcal{PHP}$ にはならない．$\mathbb{W}$ 外の状態群が $\mathbb{W}$ 内の状態へ間接的に与える影響を取り込む作業（**くりこみ**）が必要になる．

ここで，$\mathbb{W}$ の直交補空間を $\mathbb{W}_\perp$ と定め，$\mathbb{W}_\perp$ への射影演算子を $\mathcal{Q}$ とすると，$\mathcal{P}$ および $\mathcal{Q}$ は，

$$\mathcal{P}^2 = \mathcal{P}, \quad \mathcal{Q}^2 = \mathcal{Q}, \quad \mathcal{P} + \mathcal{Q} = 1, \quad \mathcal{PQ} = \mathcal{QP} = 0 \tag{2.96}$$

を満たす[27)]．まず，$\mathcal{H}(\mathcal{P} + \mathcal{Q})|\psi\rangle = E|\psi\rangle$ の両辺に $\mathcal{P}$ や $\mathcal{Q}$ を作用させると，

---

26）Y. Aharonov and D. Bohm: Phys. Rev. **115**, 485 (1959).

27）$\mathbb{W}$ を張る完全正規直交系を $\{|a\rangle\}$ として $\mathcal{P} = \sum_a |a\rangle\langle a|$，$\mathbb{W}_\perp$ を張る完全正規直交系を $\{|b\rangle\}$ として $\mathcal{Q} = \sum_b |b\rangle\langle b|$ である．任意の $|a\rangle$ と任意の $|b\rangle$ は直交しており，$\{|a\rangle\}$ と $\{|b\rangle\}$ の和集合

$$\mathcal{PHP}|\psi\rangle + \mathcal{PHQ}|\psi\rangle = E\mathcal{P}|\psi\rangle \tag{2.97}$$

$$\mathcal{QHP}|\psi\rangle + \mathcal{QHQ}|\psi\rangle = E\mathcal{Q}|\psi\rangle \tag{2.98}$$

を得る．第二式 (2.98) は，

$$(E - \mathcal{QHQ})\,\mathcal{Q}|\psi\rangle = \mathcal{QHP}|\psi\rangle \tag{2.99}$$

とも書ける．一般に射影演算子に逆演算子は存在しないので，$\mathbb{V}$ に作用する演算子として $(E - \mathcal{QHQ})^{-1}$ を定義することはできない．しかし，$\mathbb{W}_\perp$ に属する状態ケットにだけ作用するという制限の下では逆演算子を定義できて，式 (2.98) を形式的に，

$$\mathcal{Q}|\psi\rangle = \frac{1}{E - \mathcal{QHQ}}\mathcal{QHP}|\psi\rangle \tag{2.100}$$

と解ける．この結果を第一式 (2.97) へ代入した，

$$\mathcal{PHP}|\psi\rangle + \mathcal{PHQ}\frac{1}{E - \mathcal{QHQ}}\mathcal{QHP}|\psi\rangle = E\mathcal{P}|\psi\rangle \tag{2.101}$$

は，有効ハミルトニアンの表式，

$$\mathcal{H}_{\text{eff}} = \mathcal{PHP} + \mathcal{PHQ}\frac{1}{E - \mathcal{QHQ}}\mathcal{QHP} \tag{2.102}$$

を導く．この結果は厳密だが，$\mathcal{H}_{\text{eff}}$ がエネルギー $E$ に依存していて使い勝手が悪い．そこで通常は $\mathbb{W}_\perp$ 内の状態のエネルギーから $\mathbb{W}$ 内の状態のエネルギーを引いた差 $\Delta E$ を $\mathcal{PHP}$ と $\mathcal{QHQ}$ から見積もって，$E - \mathcal{QHQ} \approx -\Delta E$ と近似することが多い．この場合，$\mathcal{PHQ} + \mathcal{QHP}$ を摂動項とする二次摂動の評価になる．

簡単な応用例として，ハミルトニアン $\mathcal{H} = \mathcal{H}_0 + \mathcal{V}$ の $\mathcal{V}$ を摂動として扱う問題を考えよう．非摂動ハミルトニアン $\mathcal{H}_0$ はすでに対角化されており，その固有値を $E_m^{(0)}$，正規化された固有状態を $|m^{(0)}\rangle$ として，

$$\mathcal{H}_0 = \sum_m E_m^{(0)} \left|m^{(0)}\right\rangle\left\langle m^{(0)}\right| \tag{2.103}$$

と書けているとする．また，固有値 $E_m^{(0)}$ に縮退がないことを仮定する．$\mathcal{P}$ と $\mathcal{Q}$ を，

は，全 Hilbert 空間の完全正規直交系を成す．

$$\mathcal{P} = \left|n^{(0)}\right\rangle\left\langle n^{(0)}\right|, \quad \mathcal{Q} = \sum_{m(\neq n)} \left|m^{(0)}\right\rangle\left\langle m^{(0)}\right| \tag{2.104}$$

と定めると，有効ハミルトニアンは，

$$\begin{aligned}\mathcal{H}_{\text{eff}} =&\mathcal{P}(\mathcal{H}_0 + \mathcal{V})\mathcal{P} + \mathcal{P}\mathcal{V}\mathcal{Q}\frac{1}{E - \mathcal{Q}\mathcal{H}_0\mathcal{Q}}\mathcal{Q}\mathcal{V}\mathcal{P} \\ =&E_n^{(0)}\left|n^{(0)}\right\rangle\left\langle n^{(0)}\right| + \left|n^{(0)}\right\rangle\left\langle n^{(0)}\right|\mathcal{V}\left|n^{(0)}\right\rangle\left\langle n^{(0)}\right| \\ &+ \sum_{m(\neq n)}\left|n^{(0)}\right\rangle\left\langle n^{(0)}\right|\mathcal{V}\left|m^{(0)}\right\rangle\frac{1}{E - E_m^{(0)}}\left\langle m^{(0)}\right|\mathcal{V}\left|n^{(0)}\right\rangle\left\langle n^{(0)}\right|\end{aligned} \tag{2.105}$$

となる．$\mathbb{W}$ に属している状態は $|n^{(0)}\rangle$ だけなので，$\mathcal{H}$ の $n$ 番目のエネルギー固有値を，

$$E_n = \left\langle n^{(0)}\right|\mathcal{H}_{\text{eff}}\left|n^{(0)}\right\rangle = E_n^{(0)} + \left\langle n^{(0)}\right|\mathcal{V}\left|n^{(0)}\right\rangle + \sum_{m(\neq n)}\frac{\left|\left\langle m^{(0)}\right|\mathcal{V}\left|n^{(0)}\right\rangle\right|^2}{E_n^{(0)} - E_m^{(0)}} + o(\mathcal{V}^2) \tag{2.106}$$

と評価できる（二次摂動の範囲では右辺の $E$ を $E_n^{(0)}$ で置き換えてよい）．また，対応する固有状態 $|n\rangle$ を，

$$\begin{aligned}|n\rangle &= (\mathcal{P} + \mathcal{Q})|n\rangle = \mathcal{P}|n\rangle + \frac{1}{E - \mathcal{Q}\mathcal{H}_0\mathcal{Q}}\mathcal{Q}\mathcal{V}\mathcal{P}|n\rangle \\ &= \left|n^{(0)}\right\rangle\left\langle n^{(0)}\middle|n\right\rangle + \sum_{m(\neq n)}\left|m^{(0)}\right\rangle\frac{1}{E - E_m^{(0)}}\left\langle m^{(0)}\right|\mathcal{V}\left|n^{(0)}\right\rangle\left\langle n^{(0)}\middle|n\right\rangle \\ &= \left|n^{(0)}\right\rangle + \sum_{m(\neq n)}\left|m^{(0)}\right\rangle\frac{\left\langle m^{(0)}\right|\mathcal{V}\left|n^{(0)}\right\rangle}{E_n^{(0)} - E_m^{(0)}} + o(\mathcal{V})\end{aligned} \tag{2.107}$$

と評価できる．最後に $E$ を $E_n^{(0)}$ に置き換え，右辺全体を $\langle n^{(0)}|n\rangle$ で割った（後者の作業を行っても，右辺のノルムの 1 からのずれが $\mathcal{V}$ について二次に留まるため，結果は $\mathcal{V}$ の一次近似として正しい）．こうして，よく知られた二次摂動の公式が再現された．

## 2.7　パラメーターに依存するハミルトニアン

本節では，$M$ 個の実数パラメーター $\boldsymbol{R} = (R_1, R_2, \cdots, R_M)$ の関数として滑らかに変化するハミルトニアン $\mathcal{H}(\boldsymbol{R})$ を扱う．Schrödinger 方程式，

$$\mathcal{H}(\boldsymbol{R})|m;\boldsymbol{R}\rangle = E_m(\boldsymbol{R})|m;\boldsymbol{R}\rangle \tag{2.108}$$

を解くと（$m$ は準位を区別する番号），準位交差[28]していない $\boldsymbol{R}$ の近傍では，滑らかな $\boldsymbol{R}$ の一価関数として各 $|m;\boldsymbol{R}\rangle$ を定めることができる．これをあらかじめ $\langle m;\boldsymbol{R}|m;\boldsymbol{R}\rangle = 1$ となるように正規化しておくと，$\{|m;\boldsymbol{R}\rangle\}$ は完全正規直交系を成し，

$$\langle m;\boldsymbol{R}|n;\boldsymbol{R}\rangle = \delta_{mn}, \qquad \sum_m |m;\boldsymbol{R}\rangle\langle m;\boldsymbol{R}| = 1 \tag{2.109}$$

を満たす．左式両辺に $\nabla_{\boldsymbol{R}} \equiv (\partial/\partial R_1, \partial/\partial R_2, \cdots, \partial/\partial R_M)$ を作用させた結果，

$$(\nabla_{\boldsymbol{R}}\langle m;\boldsymbol{R}|)\,|n;\boldsymbol{R}\rangle + \langle m;\boldsymbol{R}|\,(\nabla_{\boldsymbol{R}}|n;\boldsymbol{R}\rangle) = 0 \tag{2.110}$$

と，式 (2.108) の行列表示 $\langle m;\boldsymbol{R}|\mathcal{H}(\boldsymbol{R})|n;\boldsymbol{R}\rangle = E_n(\boldsymbol{R})\delta_{nm}$ は，

$$\begin{aligned}\nabla_{\boldsymbol{R}} E_n \delta_{mn} &= (\nabla_{\boldsymbol{R}}\langle m;\boldsymbol{R}|)\,\mathcal{H}(\boldsymbol{R})|n;\boldsymbol{R}\rangle + \langle m;\boldsymbol{R}|\,(\nabla_{\boldsymbol{R}}\mathcal{H})\,|n;\boldsymbol{R}\rangle \\ &\quad + \langle m;\boldsymbol{R}|\mathcal{H}(\boldsymbol{R})\,(\nabla_{\boldsymbol{R}}|n;\boldsymbol{R}\rangle) \\ &= \langle m;\boldsymbol{R}|\,(\nabla_{\boldsymbol{R}}\mathcal{H})\,|n;\boldsymbol{R}\rangle + (E_m(\boldsymbol{R}) - E_n(\boldsymbol{R}))\langle m;\boldsymbol{R}|\,(\nabla_{\boldsymbol{R}}|n;\boldsymbol{R}\rangle)\end{aligned} \tag{2.111}$$

を導く．その $m = n$ の場合，

$$\nabla_{\boldsymbol{R}} E_n = \langle n;\boldsymbol{R}|\,(\nabla_{\boldsymbol{R}}\mathcal{H})\,|n;\boldsymbol{R}\rangle \tag{2.112}$$

を **Hellmann-Feynman の定理**[29]，$m \neq n$ の場合を変形した，

$$\langle m;\boldsymbol{R}|\,(\nabla_{\boldsymbol{R}}|n;\boldsymbol{R}\rangle) = -\,(\nabla_{\boldsymbol{R}}\langle m;\boldsymbol{R}|)\,|n;\boldsymbol{R}\rangle = \frac{\langle m;\boldsymbol{R}|\,(\nabla_{\boldsymbol{R}}\mathcal{H})\,|n;\boldsymbol{R}\rangle}{E_n(\boldsymbol{R}) - E_m(\boldsymbol{R})} \tag{2.113}$$

を，（必ずしも一般的呼称でないが）**Born-Fock 公式**[30]と呼ぶ．

ここで，**Berry 接続**，

$$\boldsymbol{A}_n(\boldsymbol{R}) \equiv \frac{1}{i}\langle n;\boldsymbol{R}|\,(\nabla_{\boldsymbol{R}}|n;\boldsymbol{R}\rangle) \tag{2.114}$$

を導入すると，式 (2.110) から $\boldsymbol{A}_n^*(\boldsymbol{R}) = \boldsymbol{A}_n(\boldsymbol{R})$ なので，これは実数ベクトルで，

28）$m \neq n$ に対し $E_m(\boldsymbol{R}) = E_n(\boldsymbol{R})$ となること．

29）通り名は Hellmann-Feynman だが，彼らより先に Pauli や Schrödinger が同等な公式を見出している．

30）断熱定理の証明を与えた論文 M. Born and V. Fock: Z. Phys. **51**, 165 (1928) の式 (29).

$$\nabla_{\boldsymbol{R}}|n;\boldsymbol{R}\rangle = \sum_m |m;\boldsymbol{R}\rangle\langle m;\boldsymbol{R}|\,(\nabla_{\boldsymbol{R}}|n;\boldsymbol{R}\rangle)$$
$$= |n;\boldsymbol{R}\rangle\,(i\boldsymbol{A}_n(\boldsymbol{R})) + \sum_{m(\neq n)} |m;\boldsymbol{R}\rangle \frac{\langle m;\boldsymbol{R}|(\nabla_{\boldsymbol{R}}\mathcal{H})|n;\boldsymbol{R}\rangle}{E_n(\boldsymbol{R}) - E_m(\boldsymbol{R})} \tag{2.115}$$

が成り立つ．上式と Hellmann-Feynman の定理を用いれば，$\delta\boldsymbol{R}$ の二次近似で，

$$E_n(\boldsymbol{R}+\delta\boldsymbol{R}) \approx E_n(\boldsymbol{R}) + (\delta\boldsymbol{R}\cdot\nabla_{\boldsymbol{R}})E_n(\boldsymbol{R}) + \frac{1}{2}(\delta\boldsymbol{R}\cdot\nabla_{\boldsymbol{R}})^2 E_n(\boldsymbol{R})$$
$$= E_n(\boldsymbol{R}) + \langle n;\boldsymbol{R}|\,(\delta\boldsymbol{R}\cdot\nabla_{\boldsymbol{R}}\mathcal{H})\,|n;\boldsymbol{R}\rangle$$
$$+ \frac{1}{2}\delta\boldsymbol{R}\cdot\nabla_{\boldsymbol{R}}\,(\langle n;\boldsymbol{R}|\,(\delta\boldsymbol{R}\cdot\nabla_{\boldsymbol{R}}\mathcal{H})\,|n;\boldsymbol{R}\rangle)$$
$$= E_n(\boldsymbol{R}) + \langle n;\boldsymbol{R}|\,(\delta\boldsymbol{R}\cdot\nabla_{\boldsymbol{R}}\mathcal{H})\,|n;\boldsymbol{R}\rangle + \frac{1}{2}\langle n;\boldsymbol{R}|\left((\delta\boldsymbol{R}\cdot\nabla_{\boldsymbol{R}})^2\,\mathcal{H}\right)|n;\boldsymbol{R}\rangle$$
$$+ \sum_{m(\neq n)} \frac{|\langle m;\boldsymbol{R}|\,(\delta\boldsymbol{R}\cdot\nabla_{\boldsymbol{R}}\mathcal{H})\,|n;\boldsymbol{R}\rangle|^2}{E_n(\boldsymbol{R}) - E_m(\boldsymbol{R})} \tag{2.116}$$

と評価できる．また，$1 + i\boldsymbol{A}_n(\boldsymbol{R})\cdot\delta\boldsymbol{R} \approx e^{i\boldsymbol{A}_n(\boldsymbol{R})\cdot\delta\boldsymbol{R}}$ だから，$\delta\boldsymbol{R}$ の一次近似で，

$$|n;\boldsymbol{R}+\delta\boldsymbol{R}\rangle \approx |n;\boldsymbol{R}\rangle + (\delta\boldsymbol{R}\cdot\nabla_{\boldsymbol{R}})|n;\boldsymbol{R}\rangle$$
$$\approx e^{i\boldsymbol{A}_n(\boldsymbol{R})\cdot\delta\boldsymbol{R}}\left(|n;\boldsymbol{R}\rangle + \sum_{m(\neq n)} |m;\boldsymbol{R}\rangle \frac{\langle m;\boldsymbol{R}|\,(\delta\boldsymbol{R}\cdot\nabla_{\boldsymbol{R}}\mathcal{H})\,|n;\boldsymbol{R}\rangle}{E_n(\boldsymbol{R}) - E_m(\boldsymbol{R})}\right) \tag{2.117}$$

が成り立つ．これらの近似式を用いれば，$E_n(\boldsymbol{R}+\delta\boldsymbol{R})$ や，$|n;\boldsymbol{R}+\delta\boldsymbol{R}\rangle$ の位相因子を除いた部分を，ケットの微分 $\nabla_{\boldsymbol{R}}|n;\boldsymbol{R}\rangle$ を計算せずに評価できる．

以上の準備の下で，図 2.2 のように $\boldsymbol{R}$ が時刻 $t = 0$ に $\boldsymbol{R} = \boldsymbol{R}_0$ を出発し，閉曲線 $C$ をゆっくり一周した後，$t = \tau$ に再び $\boldsymbol{R} = \boldsymbol{R}_0$ に戻ってくる時間変化を考察しよう．はじめ（$t = 0$）の状態ケットを $|n;\boldsymbol{R}_0\rangle$ として，$\boldsymbol{R}$ が $C$ を一周した後（$t = \tau$）の状態ケットを求めたい．時刻を無次元量 $s = t/\tau$ で指定すると，時間依存 Schrödinger 方程式を，

$$i\hbar\frac{d}{ds}|\psi(s)\rangle = \mathcal{H}\,(\boldsymbol{R}(s))\,\tau|\psi(s)\rangle \tag{2.118}$$

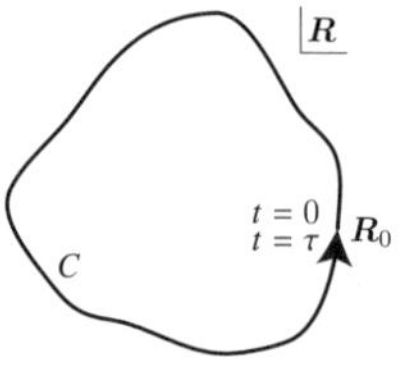

図 2.2　Berry 位相を考える閉曲線 $C$

と表せるので，これを初期条件 $|\psi(s=0)\rangle = |n;\boldsymbol{R}_0\rangle$ の下で解き，$|\psi(s=1)\rangle$ を求めればよい．その際に，$\boldsymbol{R}(s)$ の関数形を保ったまま $\tau \to +\infty$ とすれば，$\boldsymbol{R}$ をゆっくり動かす極限（**断熱極限**）をとったことになる．

閉曲線 $C$ 上で準位交差がなく，各 $|m;\boldsymbol{R}\rangle$ を $C$ 上で滑

らかな $\boldsymbol{R}$ の一価関数として定義できるものとしよう．このとき，$|\psi(s)\rangle$ を，

$$|\psi(s)\rangle = \sum_m c_m(s) e^{-i\Omega_m(s)\tau} e^{-i\vartheta_m(s)} |m; \boldsymbol{R}(s)\rangle \tag{2.119}$$

$$\Omega_m(s) \equiv \frac{1}{\hbar}\int_0^s E_m(\boldsymbol{R}(s'))\,ds', \quad \vartheta_m(s) \equiv \int_0^s \boldsymbol{A}_m(\boldsymbol{R}(s')) \cdot \frac{d\boldsymbol{R}(s')}{ds'} ds' \tag{2.120}$$

と展開でき，$d|m; \boldsymbol{R}\rangle/ds = (d\boldsymbol{R}/ds) \cdot (\nabla_{\boldsymbol{R}}|m; \boldsymbol{R}(s)\rangle)$ と式 (2.115) を用いると，Schrödinger 方程式 (2.118) から，展開係数 $c_m(s)$ が従う微分方程式，

$$\frac{dc_m}{ds} = -\sum_{j(\neq m)} e^{i(\Omega_m(s)-\Omega_j(s))\tau} e^{i(\vartheta_m(s)-\vartheta_j(s))} \frac{d\boldsymbol{R}}{ds} \cdot \left.\frac{\langle m; \boldsymbol{R}|(\nabla_{\boldsymbol{R}}\mathcal{H})|j; \boldsymbol{R}\rangle}{E_j(\boldsymbol{R}) - E_m(\boldsymbol{R})}\right|_{\boldsymbol{R}=\boldsymbol{R}(s)} c_j(s) \tag{2.121}$$

を導ける．初期条件は $c_m(s=0) = \delta_{mn}$ である．両辺を積分して，等価な積分方程式，

$$c_m(s) - \delta_{mn} = -\sum_{j(\neq m)} \int_0^s e^{i\Omega_{m,j}(s')\tau} g_{m,j}(s') c_j(s') ds' \tag{2.122}$$

の形に書き直すと，$C$ 上で準位交差がないことを反映して，$\Omega_{m,j}(s) \equiv \Omega_m(s) - \Omega_j(s)$ $(j \neq m)$ は停留点を持たない滑らかな単調関数[31]，$g_{m,j}(s)$ は連続関数になる．このとき，Riemann-Lebesgue の定理[32]から，断熱極限（$\tau \to +\infty$）で，

$$\int_0^s e^{i\Omega_{m,j}(s')\tau} g_{m,j}(s') ds' = \int_0^{\Omega_{m,j}(s)} e^{i\Omega_{m,j}\tau} g_{m,j}(s'(\Omega_{m,j})) \frac{ds'}{d\Omega_{m,j}} d\Omega_{m,j} \to 0 \tag{2.123}$$

が成り立ち，方程式は $c_m(s) = \delta_{mn}$ を解に持つ（**断熱定理**）．つまり，$\boldsymbol{R}$ が $C$ を一周した後の状態ケットは，

$$|\psi(s=1)\rangle = e^{-i\Omega_n(s=1)\tau} e^{-i\vartheta_n(s=1)} |n; \boldsymbol{R}(s=1)\rangle = e^{-(i/\hbar)\int_0^\tau E_n(\boldsymbol{R}(t))dt} e^{-i\gamma_n(C)} |n; \boldsymbol{R}_0\rangle \tag{2.124}$$

となり，$C$ を一周する前のケット $|\psi(s=0)\rangle = |n, \boldsymbol{R}_0\rangle$ と同じ状態を表す．両ケットの位相差は，$\boldsymbol{R}$ が不動の場合でも自明に現れる**動力学的位相** $\hbar^{-1}\int_0^\tau E_n(\boldsymbol{R}(t))dt$ と，$\boldsymbol{R}$ が $C$ を一周したことで現れる **Berry 位相**[33]，

$$\gamma_n(C) \equiv \int_0^1 \boldsymbol{A}_n(\boldsymbol{R}(s)) \cdot \frac{d\boldsymbol{R}}{ds} ds = \oint_C \boldsymbol{A}_n(\boldsymbol{R}) \cdot d\boldsymbol{R} \tag{2.125}$$

の和になる．

---

31) $d\Omega_{m,j}/ds = (E_m(\boldsymbol{R}(s)) - E_j(\boldsymbol{R}(s)))/\hbar$ が常に同じ符号を持つことに注意．

32) 閉区間 $[a, b]$ 上で連続な関数 $g(x)$ に対し，$\lim_{y\to\pm\infty} \int_a^b e^{ixy} g(x) dx = 0$.

33) M. V. Berry: Proc. R. Soc. Lond. A **392**, 45 (1984).

Berry 位相の位相因子 $e^{-i\gamma_n(C)}$ が，$|n;\boldsymbol{R}\rangle$ の位相の選択によらない可観測量であることに注意しよう．実際，$|n;\boldsymbol{R}\rangle \rightsquigarrow e^{i\Lambda_n(\boldsymbol{R})}|n;\boldsymbol{R}\rangle$ と位相を選び直すと，Berry 接続が，

$$\boldsymbol{A}_n(\boldsymbol{R}) \rightsquigarrow \boldsymbol{A}_n(\boldsymbol{R}) + \nabla_{\boldsymbol{R}}\Lambda_n(\boldsymbol{R}) \tag{2.126}$$

と置き換わり，Berry 位相自体も変更されるが，$|n;\boldsymbol{R}\rangle$ と $e^{i\Lambda_n(\boldsymbol{R})}|n;\boldsymbol{R}\rangle$ が共に $C$ 上で $\boldsymbol{R}$ の一価関数として定まっているならば，$e^{i\Lambda_n(\boldsymbol{R})}$ も一価なので[34]，

$$e^{-i\oint_C(\boldsymbol{A}_n(\boldsymbol{R})+\nabla_{\boldsymbol{R}}\Lambda_n(\boldsymbol{R}))\cdot d\boldsymbol{R}} = e^{-i\oint_C \boldsymbol{A}_n(\boldsymbol{R})\cdot d\boldsymbol{R}} e^{i\Lambda_n(\boldsymbol{R}(s=0))}/e^{i\Lambda_n(\boldsymbol{R}(s=1))} = e^{-i\oint_C \boldsymbol{A}_n(\boldsymbol{R})\cdot d\boldsymbol{R}} \tag{2.127}$$

が満たされ，Berry 位相の位相因子は不変である．特に，$\boldsymbol{R}$ 空間が三次元の場合には，電磁気学からの類推を働かせて，Berry 接続 $\boldsymbol{A}_n(\boldsymbol{R})$ を「ベクトルポテンシャル」，Berry 位相 $\gamma_n(C)$ を $C$ が囲む「磁束」，式 (2.126) を「ゲージ変換」とみなすと面白い[35]．このとき考えたくなるのが，ゲージ不変な「磁束密度」(**Berry 曲率**)，

$$\begin{aligned}\boldsymbol{B}_n(\boldsymbol{R}) \equiv \nabla_{\boldsymbol{R}} \times \boldsymbol{A}_n(\boldsymbol{R}) &= \frac{1}{i}\sum_m (\nabla_{\boldsymbol{R}}\langle n;\boldsymbol{R}|)\,|m;\boldsymbol{R}\rangle \times \langle m;\boldsymbol{R}|\,(\nabla_{\boldsymbol{R}}|n;\boldsymbol{R}\rangle)\\ &= \frac{1}{i}\sum_{m(\neq n)} \frac{\langle n;\boldsymbol{R}|\,(\nabla_{\boldsymbol{R}}\mathcal{H})\,|m;\boldsymbol{R}\rangle \times \langle m;\boldsymbol{R}|\,(\nabla_{\boldsymbol{R}}\mathcal{H})\,|n;\boldsymbol{R}\rangle}{(E_m(\boldsymbol{R}) - E_n(\boldsymbol{R}))^2}\end{aligned} \tag{2.128}$$

である（右辺の変形は Born-Fock 公式 (2.113) による）．実際，閉曲線 $C$ を端に持つ曲面 $S$ 上で[36] $\boldsymbol{A}_n(\boldsymbol{R})$ が特異性を示さなければ[37]，Stokes の定理が，「磁束」（Berry 位相）$\gamma_n(C)$ と「磁束密度」（Berry 曲率）$\boldsymbol{B}_n(\boldsymbol{R})$ を，

$$\gamma_n(C) = \oint_C \boldsymbol{A}_n(\boldsymbol{R})\cdot d\boldsymbol{R} = \int_S \nabla_{\boldsymbol{R}} \times \boldsymbol{A}_n(\boldsymbol{R})\cdot d\boldsymbol{S} = \int_S \boldsymbol{B}_n(\boldsymbol{R})\cdot d\boldsymbol{S} \tag{2.129}$$

と結びつける．

例として，一様静磁束密度を印加した 1/2 スピンと同形のハミルトニアン，

$$\hat{H}(\boldsymbol{R}) = \boldsymbol{R}\cdot\hat{\sigma} \tag{2.130}$$

を持つ二準位系を考えよう．ただし，$\boldsymbol{R} = (X, Y, Z)$ は三次元実ベクトルのパ

34）$\Lambda_n(\boldsymbol{R})$ 自体は多価関数でもよい．その場合「特異ゲージ変換」を考えたことになる．
35）$\boldsymbol{R}$ 空間が三次元以外の場合に議論を拡張すると，Berry 曲率は二階の反対称テンソルになる．
36）$C$ を一周するとき，$S$ の表面を左手に見ながら進むことになるように，$S$ の表裏を定める．
37）$S$ 上で $|n;\boldsymbol{R}\rangle$ が滑らかな $\boldsymbol{R}$ の一価関数として定まっていることが前提となる．

ラメーターであり，$\hat{s}$ をスピン演算子として $\hat{\boldsymbol{\sigma}} = 2\hat{\boldsymbol{s}}/\hbar$ と定めた．明らかに，$\boldsymbol{R}$ に対して平行および反平行のスピン状態 $|+;\boldsymbol{R})$，$|-;\boldsymbol{R})$ は，Schrödinger 方程式，

$$\hat{H}(\boldsymbol{R})|\pm;\boldsymbol{R}) = \pm R|\pm;\boldsymbol{R}) \tag{2.131}$$

を満たす．

「磁束密度」（Berry 曲率）は，式 (2.128) と $\hat{\boldsymbol{\sigma}} \times \hat{\boldsymbol{\sigma}} = 2i\hat{\boldsymbol{\sigma}}$，$(\pm;\boldsymbol{R}|\hat{\boldsymbol{\sigma}}|\pm;\boldsymbol{R}) = \pm\boldsymbol{R}/R$ から，

$$\begin{aligned}\boldsymbol{B}_\pm(\boldsymbol{R}) &= \frac{1}{i}\frac{(\pm;\boldsymbol{R}|\hat{\boldsymbol{\sigma}}|\mp;\boldsymbol{R}) \times (\mp;\boldsymbol{R}|\hat{\boldsymbol{\sigma}}|\pm;\boldsymbol{R})}{(2R)^2} = \frac{1}{i4R^2}\sum_{s=\pm}(\pm;\boldsymbol{R}|\hat{\boldsymbol{\sigma}}|s;\boldsymbol{R}) \times (s;\boldsymbol{R}|\hat{\boldsymbol{\sigma}}|\pm;\boldsymbol{R}) \\ &= \frac{1}{i4R^2}(\pm;\boldsymbol{R}|\hat{\boldsymbol{\sigma}} \times \hat{\boldsymbol{\sigma}}|\pm;\boldsymbol{R}) = \frac{1}{2R^2}(\pm;\boldsymbol{R}|\hat{\boldsymbol{\sigma}}|\pm;\boldsymbol{R}) = \pm\frac{\boldsymbol{R}}{2R^3}\end{aligned} \tag{2.132}$$

と求まる．上式は Coulomb の法則（点電荷が作る電場の表式）と同形だから，

$$\nabla_{\boldsymbol{R}} \cdot \boldsymbol{B}_\pm(\boldsymbol{R}) = \pm 2\pi\delta(\boldsymbol{R}) \tag{2.133}$$

が成り立つ．つまり，準位交差が起こる点（この例では $\boldsymbol{R} = 0$）は，通常「磁束」の湧き出し点になる．

このとき，$|\pm;\boldsymbol{R})$ あるいは「ベクトルポテンシャル」（Berry 接続）$\boldsymbol{A}_\pm(\boldsymbol{R})$ の特異性は，湧き出し点以外の点にまで及ぶ．実際，$(\sigma|\hat{\boldsymbol{\sigma}}|\sigma')$ が慣習的な Pauli 行列になるように，$z$ 軸正（$\sigma = +$）および負（$\sigma = -$）の向きのスピン状態 $|\sigma)$ の位相を定めると，

$$|+;\boldsymbol{R})^{(\mathrm{I})} = \frac{1}{\sqrt{2R(R+Z)}}((R+Z)|+) + (X+iY)|-)) \tag{2.134}$$

$$|-;\boldsymbol{R})^{(\mathrm{I})} = \frac{1}{\sqrt{2R(R+Z)}}(-(X-iY)|+) + (R+Z)|-)) \tag{2.135}$$

は Schrödinger 方程式 (2.131) を満たすが，これらは $\boldsymbol{R}$ を $Z$ 軸負の部分に近づけたとき，近づける向きによって異なる極限を持ち，$Z$ 軸上の負の部分で一意に定まらない．そこで，$X + iY$ の偏角 $\varphi$ を使って状態の位相を選び直した，

$$|+;\boldsymbol{R})^{(\mathrm{II})} = e^{-i\varphi}|+;\boldsymbol{R})^{(\mathrm{I})} = \frac{1}{\sqrt{2R(R-Z)}}((X-iY)|+) + (R-Z)|-)) \tag{2.136}$$

$$|-;\boldsymbol{R})^{(\mathrm{II})} = e^{+i\varphi}|-;\boldsymbol{R})^{(\mathrm{I})} = \frac{1}{\sqrt{2R(R-Z)}}(-(R-Z)|+) + (X+iY)|-)) \tag{2.137}$$

を考えると，これらは $Z$ 軸負の部分で一意に定まるが，今度は $Z$ 軸正の部分で

の一意性を失っている．偏角 $\varphi$ は $\boldsymbol{R}$ が $Z$ 軸を一周巡ると $\pm 2\pi$ だけ値を変える多価関数なので，$\boldsymbol{A}_{\pm}^{(\mathrm{I})}(\boldsymbol{R}) = -i(\pm;\boldsymbol{R}|^{(\mathrm{I})}\nabla_{\boldsymbol{R}}|\pm;\boldsymbol{R})^{(\mathrm{I})}$ と $\boldsymbol{A}_{\pm}^{(\mathrm{II})}(\boldsymbol{R}) = -i(\pm;\boldsymbol{R}|^{(\mathrm{II})}\nabla_{\boldsymbol{R}}|\pm;\boldsymbol{R})^{(\mathrm{II})}$ を結ぶ，

$$\boldsymbol{A}_{\pm}^{(\mathrm{II})}(\boldsymbol{R}) = \boldsymbol{A}_{\pm}^{(\mathrm{I})}(\boldsymbol{R}) \mp \nabla_{\boldsymbol{R}}\varphi \tag{2.138}$$

は「特異ゲージ変換」と呼ぶべきものになり，多価性を反映して $\nabla_{\boldsymbol{R}}\varphi = (-Y, +X, 0)/(X^2+Y^2)$ は $Z$ 軸上すべての点で発散する．ところが，$\boldsymbol{A}_{\pm}^{(\mathrm{I})}(\boldsymbol{R})$（$\boldsymbol{A}_{\pm}^{(\mathrm{II})}(\boldsymbol{R})$）は $Z$ 軸上の正（負）の部分で発散しないので，必然的に $\boldsymbol{A}_{\pm}^{(\mathrm{II})}(\boldsymbol{R})$（$\boldsymbol{A}_{\pm}^{(\mathrm{I})}(\boldsymbol{R})$）はそこで発散することになる．言い方を変えると，上記の「特異ゲージ変換」は，$Z$ 軸負の部分にあった特異性を，$Z$ 軸正の部分へ移動させるわけだ．

上記の例に限らず一般的に，「磁束密度」（Berry 曲率）$\boldsymbol{B}_n(\boldsymbol{R})$ の特異性は準位交差が起きる点にしか現れないが，$|n;\boldsymbol{R}\rangle$ や「ベクトルポテンシャル」（Berry 接続）$\boldsymbol{A}_n(\boldsymbol{R})$ の特異性はこの点以外にまで及ぶ．実際，準位交差が起きる点から伸びた曲線（**Dirac ストリング**[38]）上で，$|n;\boldsymbol{R}\rangle$ は $\boldsymbol{R}$ の関数として一意に定まらず，$\boldsymbol{A}_n(\boldsymbol{R})$ は発散する．「特異ゲージ変換」により，Dirac ストリングの形状や伸びる向きを変えることはできるが，これを消去することはできない．以上の注意は式 (2.129) の Stokes の定理を運用する際に重要になる．実際，曲面 $S$ 上で準位交差が起きないだけでなく，$S$ が Dirac ストリングと交差しない（$S$ 上で $|n;\boldsymbol{R}\rangle$ が $\boldsymbol{R}$ の一価関数として定まる）ように「ゲージ」（$|n;\boldsymbol{R}\rangle$ の位相）を選ばねばならない．

ここで，**任意の閉曲面 $S$ を貫いて湧き出す「磁束」$\Phi_n \equiv \int_S \boldsymbol{B}_n(\boldsymbol{R})\cdot d\boldsymbol{S}$ が，$S$ 上で準位交差が起きない限り，$2\pi$ の整数倍に等しい**ことを示そう．閉曲面が端を持たないことと式 (2.129) から，$\Phi_n \overset{?}{=} 0$ だと思うかもしれないが，$S$ 上で準位交差が起きなくても，$S$ 内では準位交差（「磁束」の湧き出し）が許されるから，$\Phi_n \neq 0$ となりうる．実際に $\Phi_n \neq 0$ の場合，Dirac ストリングは不可避的に $S$ と交わり，そこで $|n;\boldsymbol{R}\rangle$ が一価関数でなくなって，「ベクトルポテンシャル」（Berry 接続）$\boldsymbol{A}_n(\boldsymbol{R})$ も特異的になるため，式 (2.129) を適用できない．それでも，図 2.3 のように

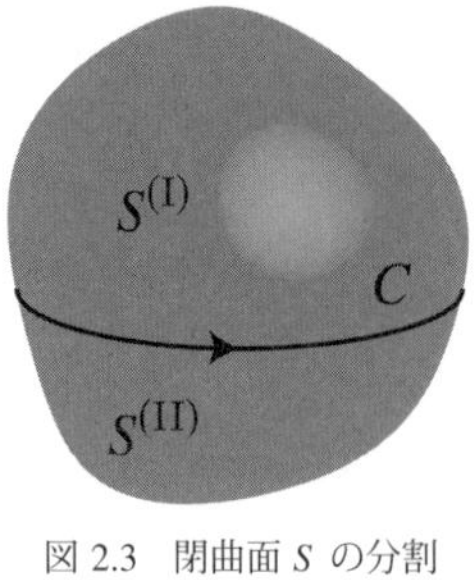

図 2.3　閉曲面 $S$ の分割

38）この名は，本当の磁束の湧き出し点（モノポール）の量子化を論じた Dirac にちなむ [P. A. M. Dirac: Proc. R. Soc. Lond. A **133**, 60 (1931).].

$S$ を二つの曲面 $S^{(\mathrm{I})}, S^{(\mathrm{II})}$ に分割して，Dirac ストリングが $S^{(\mathrm{I})}$（あるいは $S^{(\mathrm{II})}$）と交わらないように「ゲージ」を選ぶことはできる．即ち，定義域を $S^{(\mathrm{I})}, S^{(\mathrm{II})}$ 上に限れば，滑らかな $\boldsymbol{R}$ の一価関数として $|n;\boldsymbol{R}\rangle^{(\mathrm{I})}, |n;\boldsymbol{R}\rangle^{(\mathrm{II})}$ を定めることができ，特異性のない「ベクトルポテンシャル」（Berry 接続）$\boldsymbol{A}_n^{(\mathrm{I})}(\boldsymbol{R}), \boldsymbol{A}_n^{(\mathrm{II})}(\boldsymbol{R})$ を選べる．このとき，$S^{(\mathrm{I})}$ および $S^{(\mathrm{II})}$ 上の面積分にそれぞれ式 (2.129) を適用でき，

$$\Phi_n = \int_{S^{(\mathrm{I})}} \boldsymbol{B}_n(\boldsymbol{R}) \cdot d\boldsymbol{S} + \int_{S^{(\mathrm{II})}} \boldsymbol{B}_n(\boldsymbol{R}) \cdot d\boldsymbol{S} = \oint_C \boldsymbol{A}_n^{(\mathrm{I})}(\boldsymbol{R}) \cdot d\boldsymbol{R} - \oint_C \boldsymbol{A}_n^{(\mathrm{II})}(\boldsymbol{R}) \cdot d\boldsymbol{R} \tag{2.139}$$

を得る．ここで，$S^{(\mathrm{I})}$ と $S^{(\mathrm{II})}$ の境界を表す閉曲線 $C$ を，$S^{(\mathrm{I})}$ の表面を左手に見ながら（$S^{(\mathrm{II})}$ の表面を右手に見ながら）一周するものとする．ところが，閉曲線 $C$ 上では $|n;\boldsymbol{R}\rangle^{(\mathrm{I})}$ と $|n;\boldsymbol{R}\rangle^{(\mathrm{II})}$ が共に一意に定まっているので，式 (2.127) から $e^{-i\oint_C \boldsymbol{A}_n^{(\mathrm{I})}(\boldsymbol{R})\cdot d\boldsymbol{R}} = e^{-i\oint_C \boldsymbol{A}_n^{(\mathrm{II})}(\boldsymbol{R})\cdot d\boldsymbol{R}}$ が成り立ち，式 (2.139) の右辺は $2\pi$ の整数倍に等しい（証明終わり）．

整数値をとる $\Phi_n/2\pi$ は連続的に変化できないので，系に何か連続的な変形を加えても，$S$ 上で準位交差が起きない限り値を変えない．数学では，このように（一定の条件下で）連続変形に対して不変な量を**トポロジカル数**あるいは**トポロジカル不変量**と呼ぶ．ここで論じた $\Phi_n/2\pi$ は**（第一）Chern 数**と呼ばれるトポロジカル数に相当する．

第3章

# 平衡統計力学からの準備

## 3.1 第二量子化

本節では多数の同種粒子から成る系について論じる．その下準備として，系（あるいは自由度）1,2 の Hilbert 空間 $\mathbb{V}_1, \mathbb{V}_2$ から，系 1,2 を合わせた複合系の Hilbert 空間を構成する手続きについて述べておこう．一般に，系 1,2 の状態ケットがそれぞれ $|\Psi\rangle, |\Phi\rangle$ であるとき，複合系の状態ケットを $|\Psi\rangle_1 \otimes |\Phi\rangle_2$ と書き表し[1]，（両状態の）**積状態**と呼ぶ．系 1（系 2）だけに注目する限り，状態 $|\Psi\rangle$（$|\Phi\rangle$）と区別できない複合系の状態が $|\Psi\rangle_1 \otimes |\Phi\rangle_2$ だと言ってもよい．この意味で，**テンソル積** $\otimes$ は分配則，

$$(c|\Psi\rangle_1 + c'|\Psi'\rangle_1) \otimes |\Phi\rangle_2 = c|\Psi\rangle_1 \otimes |\Phi\rangle_2 + c'|\Psi'\rangle_1 \otimes |\Phi\rangle_2 \tag{3.1}$$

$$|\Psi\rangle_1 \otimes (c|\Phi\rangle_2 + c'|\Phi'\rangle_2) = c|\Psi\rangle_1 \otimes |\Phi\rangle_2 + c'|\Psi\rangle_1 \otimes |\Phi'\rangle_2 \tag{3.2}$$

を満たすべきである．積状態の集合が張る線形空間を $\mathbb{V}_1 \otimes \mathbb{V}_2$ とすると，それが複合系の Hilbert 空間になる（このことを量子力学の「公理」の一つだと考えてよい）．複合系の状態が，積状態だけでなく，複数の積状態の線形結合としてしか表現できない**量子もつれ状態**を含むことに注意しよう．

実際には，系 1, 2 の Hilbert 空間 $\mathbb{V}_1, \mathbb{V}_2$ を張る完全正規直交系 $\{|a\rangle\}, \{|b\rangle\}$ から，積状態の集合 $\{|a\rangle_1 \otimes |b\rangle_2\}$ を構成するとよい．積状態の物理的意味と内積が確率振幅の意味を持つことに鑑みると，$|\Psi\rangle_1 \otimes |\Phi\rangle_2$ と $|\Psi'\rangle_1 \otimes |\Phi'\rangle_2$ の内積は $\langle\Psi|\Psi'\rangle\langle\Phi|\Phi'\rangle$ であるべきなので，$\{|a\rangle_1 \otimes |b\rangle_2\}$ は正規直交系になるはずだ．テンソル積の分配則から，任意の積状態の線形結合を $|a\rangle_1 \otimes |b\rangle_2$ の線形結合で表せること（完全性）も明らかである．したがって，$\{|a\rangle_1 \otimes |b\rangle_2\}$ を，

1) 左右のケットのいずれが系 1,2 の状態を表すのか明らかなら，添字を略して $|\Psi\rangle \otimes |\Phi\rangle$ と書く．

$$(\langle a|_1 \otimes \langle b|_2)(|a'\rangle_1 \otimes |b'\rangle_2) = \delta_{aa'}\delta_{bb'}, \quad \sum_{a,b} |a\rangle_1 \otimes |b\rangle_2 \langle a|_1 \otimes \langle b|_2 = 1 \tag{3.3}$$

を満たす完全正規直交系として扱い，内積が導入された線形空間を張れば，それが複合系の Hilbert 空間 $\mathbb{V}_1 \otimes \mathbb{V}_2$ になる（ケット $|\bullet\rangle_1 \otimes |\circ\rangle_2$ に共役なブラを $\langle\bullet|_1 \otimes \langle\circ|_2$ と書いた）．その次元は $\mathbb{V}_1$ と $\mathbb{V}_2$ の次元の積に等しい．このとき，複合系の状態ケット $|\Psi\rangle = \sum_{a,b} c_{a,b}|a\rangle_1 \otimes |b\rangle_2$ に対し，系1（2）のみに作用する演算子 $\mathcal{A}_1$（$\mathcal{A}_2$）の作用を，

$$\mathcal{A}_1|\Psi\rangle = \sum_{a,b} c_{a,b}\,(\mathcal{A}_1|a\rangle_1) \otimes |b\rangle_2, \quad \mathcal{A}_2|\Psi\rangle = \sum_{a,b} c_{a,b}|a\rangle_1 \otimes (\mathcal{A}_2|b\rangle_2) \tag{3.4}$$

と書き下せる．上式を用いると，$[\mathcal{A}_1, \mathcal{A}_2]_- = 0$ を確認できる．

本題に戻って，$N$ 個の同種粒子から成る系について考えよう．まず，一粒子系の Hilbert 空間 $\mathbb{V}_{N=1}$ から $N$ 粒子系の Hilbert 空間 $\mathbb{V}_N$ を構成したい．そこで，$\mathbb{V}_{N=1}$ の完全正規直交系 $\{|\alpha)\}_{\alpha=1,2,\cdots,M}$（$M$ は無限大でもよい）を用意し，$i$ 番目の粒子の状態が $|\alpha_i)$ である積状態，

$$|\alpha_1, \alpha_2, \cdots, \alpha_N\rangle \overset{?}{\equiv} |\alpha_1)_1 \otimes |\alpha_2)_2 \otimes \cdots \otimes |\alpha_N)_N \tag{3.5}$$

を構成しよう（ケットに付けた添字は粒子の番号を表す）．上述の議論から，この積状態の集合が $\mathbb{V}_N$ の完全正規直交系だと予想したくなるが，そうならない．これは同種粒子を区別できないこと（**不可弁別性**）による．つまり，粒子に割り振った番号はあくまで便宜上のものに過ぎず，$N$ 個の粒子の一粒子状態のリストが同じであれば，何番目の粒子がどの一粒子状態にあるかということには意味がない．二つの粒子の状態 $\alpha_i$ と $\alpha_j$ を交換しても同じ状態を表すので，$s$ を定数として，

$$|\alpha_1, \cdots, \alpha_i, \cdots, \alpha_j, \cdots, \alpha_N\rangle = s|\alpha_1, \cdots, \alpha_j, \cdots, \alpha_i, \cdots, \alpha_N\rangle \tag{3.6}$$

が要請される．再度交換を行うと何もしなかったことになるので $s^2 = 1$ であり，$s = -1$ の粒子を**フェルミオン**，$s = +1$ の粒子を**ボゾン**と呼ぶ．一般に，半整数スピンを持つ粒子がフェルミオン，整数スピンを持つ粒子がボゾンであることが知られている．式 (3.5) の積状態は明らかに上記の条件を満たしていない．

式 (3.5) の積状態が張る空間 $\tilde{\mathbb{V}}_N$ から，不可弁別性によって制限された部分空間を切り出して $\mathbb{V}_N$ を構成する必要があるわけだ．そこで，式 (3.5) の積状態を任意の $\alpha_i$ と $\alpha_j$ の入れ替えに対して反対称化あるいは対称化して，式 (3.6)

を満たすように，

$$|\alpha_1, \alpha_2, \cdots, \alpha_N\rangle \equiv C \sum_P (\mp 1)^P |\alpha_{P(1)}\rangle_1 \otimes |\alpha_{P(2)}\rangle_2 \otimes \cdots \otimes |\alpha_{P(N)}\rangle_N \tag{3.7}$$

と修正しよう．ここで，$P$ は番号の置換を表し，右辺の和に現れる符号として，$P$ の符号 $(-1)^P$ を採用した場合[2)]がフェルミオン系，$(+1)^P \equiv +1$ を採用した場合がボゾン系に対応する（以降，本節を通じて，複号は上の符号がフェルミオン系，下の符号がボゾン系に対する結果を表す）．あらゆる $P$ を尽くすと，$N!$ 個の番号列 $(\alpha_{P(1)}, \alpha_{P(2)}, \cdots, \alpha_{P(N)})$ が生成される．状態 $|\alpha\rangle$ を占有する粒子数を $n_\alpha \equiv \sum_{i=1}^N \delta_{\alpha\alpha_i}$ とすると，生成された番号列の中で区別できるのは $N!/n_1!n_2!\cdots n_M!$ 個だけで[3)]，同じ番号列が $n_1!n_2!\cdots n_M!$ 回ずつ重複して現れる．以上の点と，式 (3.5) の積状態が $\tilde{\mathbb{V}}_N$ の完全正規直交系を成すことに注意して，規格化因子を求めると，

$$C = \frac{1}{n_1!n_2!\cdots n_M!} \cdot \left(\frac{N!}{n_1!n_2!\cdots n_M!}\right)^{-1/2} = \frac{1}{\sqrt{n_1!n_2!\cdots n_M!}} \cdot \frac{1}{\sqrt{N!}} \tag{3.8}$$

となる．ただしフェルミオン系では，$i \neq j$ に対して $\alpha_i = \alpha_j$ だと，式 (3.7) 右辺がゼロとなって状態を表さなくなるから，$n_\alpha$ の値は 0 または 1 に制限され（**Pauli 排他律**），常に $n_\alpha! = 1$ である．ボゾン系にはこの制限がなく，$n_\alpha = 0, 1, 2, \cdots$ が許される[4)]．

式 (3.7) の状態から互いに区別できるものを漏れなく抜き出すと，フェルミオン系では $1 \leq \alpha_1 < \alpha_2 < \cdots < \alpha_N \leq M$，ボゾン系では $1 \leq \alpha_1 \leq \alpha_2 \leq \cdots \leq \alpha_N \leq M$ の条件の下で $\alpha_i$ を動かした $\{|\alpha_1, \alpha_2, \cdots, \alpha_N\rangle\}$ が得られ，それらが張る $\tilde{\mathbb{V}}_N$ の部分空間が $\mathbb{V}_N$ になる．しかも，式 (3.5) の積状態が $\tilde{\mathbb{V}}_N$ の完全正規直交系を成すことを反映して，$\{|\alpha_1, \alpha_2, \cdots, \alpha_N\rangle\}$ は $\mathbb{V}_N$ の完全正規直交系になっている．したがって，$\mathbb{V}_N$ の次元はフェルミオン系で ${}_MC_N$，ボゾン

2) 置換 $P$ を複数回の二つの番号の交換で実現したとき，その回数を $M$ として $(-1)^P \equiv (-1)^M$．

3) たとえば，$(\alpha_1, \alpha_2, \alpha_3) = (2, 2, 5)$ の場合を考えたとき，六個の番号列 $(\alpha_{P(1)}, \alpha_{P(2)}, \alpha_{P(3)})$ の内で区別できるのは $(2, 2, 5), (2, 5, 2), (5, 2, 2)$ の三個で，同じ番号列が二回ずつ現れる．

4) $|\{\boldsymbol{r}_i, \sigma_i\}\rangle \equiv |\boldsymbol{r}_1, \sigma_1\rangle_1 \otimes |\boldsymbol{r}_2, \sigma_2\rangle_2 \otimes \cdots \otimes |\boldsymbol{r}_N, \sigma_N\rangle_N$ なので，フェルミオン系では座標表示の波動関数が

$$\langle\{\boldsymbol{r}_i, \sigma_i\}|\alpha_1, \alpha_2, \cdots, \alpha_N\rangle = \frac{1}{\sqrt{N!}} \sum_P (-1)^P (\boldsymbol{r}_1, \sigma_1|\alpha_{P(1)})(\boldsymbol{r}_2, \sigma_2|\alpha_{P(2)}) \cdots (\boldsymbol{r}_N, \sigma_N|\alpha_N)$$

となり，規格化因子 $(N!)^{-1/2}$ を別にすれば $(\boldsymbol{r}_i, \sigma_i|\alpha_j)$ を成分とする $N \times N$ 行列の行列式に等しい．これを **Slater 行列式**と呼ぶ．

系で ${}_{N+M-1}C_N$ であり，確かに $\tilde{\mathbb{V}}_N$ の次元 $M^N$ より低い．任意の $N$ 粒子系の状態 $|\Psi\rangle$ を $|\alpha_1, \alpha_2, \cdots \alpha_N\rangle$ の線形結合で表せるが，**通常はどんな一粒子状態の完全正規直交系 $\{|\alpha\rangle\}$ を選んでも，単一の $|\alpha_1, \alpha_2, \cdots, \alpha_N\rangle$ だけを使って $|\Psi\rangle = |\alpha_1, \alpha_2, \cdots, \alpha_N\rangle$ と表現することはできず，線形結合による表現を必要とする**ことに注意しよう．

ここまで，区別ができない粒子に無理やり番号を付け，各粒子の一粒子状態が定まった積状態から出発し，後から同種粒子の不可弁別性による制限を考慮して，$N$ 粒子系の完全正規直交系 $\{|\alpha_1, \alpha_2, \cdots, \alpha_N\rangle\}$ を構成した．しかし，はじめから同種粒子の不可弁別性を意識すると，実際には各一粒子状態を占有する粒子数の情報にしか意味がないことに気づく．この事実を確かめるには，

$$
\begin{aligned}
c_\alpha^\dagger|\alpha_1, \alpha_2, \cdots, \alpha_N\rangle &= \sqrt{n_\alpha + 1}|\alpha, \alpha_1, \alpha_2, \cdots, \alpha_N\rangle \\
&= \sqrt{n_\alpha + 1}\begin{cases} |\alpha, \alpha_1, \alpha_2, \cdots, \alpha_N\rangle & (\alpha \le \alpha_1) \\ (\mp 1)^j|\alpha_1, \cdots, \alpha_j, \alpha, \alpha_{j+1}, \cdots, \alpha_N\rangle & (\alpha_j < \alpha \le \alpha_{j+1}) \\ (\mp 1)^N|\alpha_1, \alpha_2, \cdots, \alpha_N, \alpha\rangle & (\alpha > \alpha_N) \end{cases}
\end{aligned}
\tag{3.9}
$$

によって，状態 $|\alpha\rangle$ の粒子を一個生成する演算子（**生成演算子**）$c_\alpha^\dagger$ を定めるとよい．この生成演算子の定義式を繰り返し使うと，$|\alpha_1, \alpha_2, \cdots, \alpha_N\rangle$ の別表記（**数表示**）として，

$$
|n_1, n_2, \cdots, n_M\rangle \equiv \frac{1}{\sqrt{n_1!n_2!\cdots n_M!}}\left(c_1^\dagger\right)^{n_1}\left(c_2^\dagger\right)^{n_2}\cdots\left(c_M^\dagger\right)^{n_M}|0\rangle \tag{3.10}
$$

を得る．ただし，$|0\rangle$ は粒子が一つもない真空状態を表している．数表示では，フェルミオン系に対し $n_\alpha = 0, 1$，ボゾン系に対し $n_\alpha = 0, 1, 2, \cdots$ として，$\sum_\alpha n_\alpha = N$ の制限下で許される $|n_1, n_2, \cdots, n_M\rangle$ の集合が $\mathbb{V}_N$ の完全正規直交系となる．

さらに，すべての粒子数の状態全体が張る線形空間（**Fock 空間**），

$$
\mathbb{V} \equiv \left\{\sum_{N=0}^{+\infty} c_N|\Psi_N\rangle \middle| |\Psi_N\rangle \in \mathbb{V}_N,\ c_N \text{ は複素数}\right\} \tag{3.11}
$$

を導入しよう[5]．粒子数を表すエルミート演算子を $\boldsymbol{N}$ とすると，$\mathbb{V}_N$ は $\boldsymbol{N}$ の

5）直和の記号 $\oplus$ を使えば $\mathbb{V} \equiv \mathbb{V}_0 \oplus \mathbb{V}_1 \oplus \mathbb{V}_2 \oplus \cdots$．

固有値が $N$ の固有状態が張る空間なので，$|\Psi\rangle \in \mathbb{V}_N$ と $|\Psi'\rangle \in \mathbb{V}_{N'}$ は $N \neq N'$ ならば直交する．しかも，Fock 空間 $\mathbb{V}$ では $\sum_\alpha n_\alpha = N$ の制限がないから，フェルミオン系では $n_\alpha = 0, 1$，ボゾン系では $n_\alpha = 0, 1, 2, \cdots$ とした $\{|n_1, n_2, \cdots, n_M\rangle\}$ がそのまま $\mathbb{V}$ の完全正規直交系となる．

数表示を使うと，式 (3.9) を，

$$c_\alpha^\dagger |n_1, \cdots, n_\alpha, \cdots, n_M\rangle$$
$$= \begin{cases} \delta_{n_\alpha,0}(-1)^{\sum_{\alpha'(<\alpha)} n_{\alpha'}} |n_1, \cdots, n_\alpha + 1, \cdots, n_M\rangle & (\text{フェルミオン}) \\ \sqrt{n_\alpha + 1} |n_1, \cdots, n_\alpha + 1, \cdots, n_M\rangle & (\text{ボゾン}) \end{cases} \tag{3.12}$$

と書き表せる．フェルミオン系の場合，式 (3.9) 右辺は $\alpha_j$ $(j = 1, 2, \cdots, N)$ の中に $\alpha$ に等しいものがあるとゼロになる．上式中の $\delta_{n_\alpha,0}$ の因子はこの Pauli 排他律を表す．ボゾン系の場合には $n_\alpha$ の値に上限がないので，この因子がない．また，

$$\langle n_1, n_2, \cdots, n_M | c_\alpha | n'_1, n'_2, \cdots, n'_M\rangle = \left(\langle n'_1, n'_2, \cdots, n'_M | c_\alpha^\dagger | n_1, n_2, \cdots, n_M\rangle\right)^* \tag{3.13}$$

に注意すると，$c_\alpha$ が状態 $|\alpha)$ の粒子を一つ消す演算子（**消滅演算子**）であって，

$$c_\alpha |n_1, \cdots, n_\alpha, \cdots, n_M\rangle = (\mp 1)^{\sum_{\alpha'(<\alpha)} n_{\alpha'}} \sqrt{n_\alpha} |n_1, \cdots, n_\alpha - 1, \cdots, n_M\rangle \tag{3.14}$$

を満たすことがわかる．このとき明らかに，

$$c_\alpha^\dagger c_\alpha |n_1, n_2, \cdots, n_M\rangle = n_\alpha |n_1, n_2, \cdots, n_M\rangle \tag{3.15}$$

が成り立ち，$c_\alpha^\dagger c_\alpha$ は一粒子状態 $\alpha$ を占有する粒子数を表す演算子，$|n_1, n_2, \cdots, n_M\rangle$ はそれらの同時固有状態になる．したがって，粒子数演算子を，

$$\mathcal{N} = \sum_\alpha c_\alpha^\dagger c_\alpha \tag{3.16}$$

と書き下せる．また，式 (3.12), (3.14) を使って消滅演算子や生成演算子間の反交換・交換関係を調べると，

$$\left[c_\alpha^\dagger, c_{\alpha'}^\dagger\right]_+ = [c_{\alpha'}, c_\alpha]_+ = 0, \qquad \left[c_\alpha, c_{\alpha'}^\dagger\right]_+ = \delta_{\alpha\alpha'}, \qquad (\text{フェルミオン}) \tag{3.17}$$

$$\left[c_\alpha^\dagger, c_{\alpha'}^\dagger\right]_- = [c_{\alpha'}, c_\alpha]_- = 0, \qquad \left[c_\alpha, c_{\alpha'}^\dagger\right]_- = \delta_{\alpha\alpha'}, \qquad (\text{ボゾン}) \tag{3.18}$$

となる．ただし，二つの演算子 $\mathcal{A}, \mathcal{B}$ に対し，複号同順で $[\mathcal{A}, \mathcal{B}]_\pm = \mathcal{A}\mathcal{B} \pm \mathcal{B}\mathcal{A}$

の意味である．特に，フェルミオン系では $\left(c_\alpha^\dagger\right)^2 = (c_\alpha)^2 = 0$ だから，反交換関係によって Pauli 排他律が自動的に保証されている．

数表示に移行する前の表記では，$N$ 粒子系の力学的な物理量を表す演算子 $O$ は，$i$ 番目の粒子に作用する位置演算子 $\hat{\boldsymbol{r}}_i$，運動量演算子 $\hat{\boldsymbol{p}}_i$，スピン演算子 $\hat{\boldsymbol{s}}_i$ の式として表される．この $O$ を演算子として生成・消滅演算子だけを含む形に書き直し，数表示前の基底 $|\alpha_1, \alpha_2, \cdots, \alpha_N\rangle$ を用いたときの $O$ の行列表示と，数表示後の基底 $|n_1, n_2, \cdots, n_M\rangle$ を用いたときの $O$ の行列表示を一致させることを考えよう．この演算子の書き直し作業を**第二量子化**と呼ぶ．第二量子化を行う前に，あらかじめ演算子 $O$ を $n$ 体演算子 $O_n$ の和に分解しておくとよい．

$$O = \sum_n O_n \tag{3.19}$$

ここで，$n$ 体演算子とは，$n$ 個の粒子間の相互作用を表す項である．$N$ 個の粒子は互いに区別できないので，$O$ の表式は，任意の $(\hat{\boldsymbol{r}}_i, \hat{\boldsymbol{p}}_i, \hat{\boldsymbol{s}}_i)$ と $(\hat{\boldsymbol{r}}_j, \hat{\boldsymbol{p}}_j, \hat{\boldsymbol{s}}_j)$ の入れ替えに関して対称でなければならない．したがって，一体演算子を，

$$O_1 = \sum_i O_1\left(\hat{\boldsymbol{r}}_i, \hat{\boldsymbol{p}}_i, \hat{\boldsymbol{s}}_i\right) = \sum_i \sum_{\alpha,\alpha'} |\alpha)_i (\alpha|\hat{O}_1|\alpha')(\alpha'|_i \tag{3.20}$$

$$(\alpha|\hat{O}_1|\alpha') \equiv (\alpha|O_1\left(\hat{\boldsymbol{r}}, \hat{\boldsymbol{p}}, \hat{\boldsymbol{s}}\right)|\alpha') \tag{3.21}$$

二体演算子を，

$$\begin{aligned} O_2 &= \frac{1}{2!}\sum_{i\neq j} O_2\left(\hat{\boldsymbol{r}}_i, \hat{\boldsymbol{p}}_i, \hat{\boldsymbol{s}}_i; \hat{\boldsymbol{r}}_j, \hat{\boldsymbol{p}}_j, \hat{\boldsymbol{s}}_j\right) \\ &= \frac{1}{2}\sum_{i\neq j}\sum_{\alpha,\alpha',\alpha'',\alpha'''} |\alpha)_i \otimes |\alpha')_j (\alpha, \alpha'|\hat{O}_2|\alpha'', \alpha''')(\alpha''|_i \otimes (\alpha'''|_j \end{aligned} \tag{3.22}$$

$$(\alpha, \alpha'|\hat{O}_2|\alpha'', \alpha''') \equiv (\alpha|_1 \otimes (\alpha'|_2 O_2\left(\hat{\boldsymbol{r}}_1, \hat{\boldsymbol{p}}_1, \hat{\boldsymbol{s}}_1; \hat{\boldsymbol{r}}_2, \hat{\boldsymbol{p}}_2, \hat{\boldsymbol{s}}_2\right)|\alpha'')_1 \otimes |\alpha''')_2 \tag{3.23}$$

と表せる．ただし，$\hat{\boldsymbol{r}}_1, \hat{\boldsymbol{p}}_1, \hat{\boldsymbol{s}}_1$ はブラ $(\alpha|_1$ とケット $|\alpha'')_1$ にのみ，$\hat{\boldsymbol{r}}_2, \hat{\boldsymbol{p}}_2, \hat{\boldsymbol{s}}_2$ はブラ $(\alpha'|_2$ とケット $|\alpha''')_2$ にのみ作用する約束とする．より一般の $n$ 体演算子についても，同様の手続きによってブラケット形式の表式を得ることができる．

各 $n$ 体演算子 $O_n$ は，$n$ 個の生成演算子と $n$ 個の消滅演算子を使って表現できる．たとえば一体および二体演算子の第二量子化された表式は，それぞれ，

$$\mathcal{O}_1 = \sum_{\alpha\alpha'} (\alpha|\hat{O}_1|\alpha') c_\alpha^\dagger c_{\alpha'} \tag{3.24}$$

$$\mathcal{O}_2 = \frac{1}{2} \sum_{\alpha,\alpha'\alpha''\alpha'''} (\alpha\alpha'|\hat{O}_2|\alpha''\alpha''') c_\alpha^\dagger c_{\alpha'}^\dagger c_{\alpha'''} c_{\alpha''} \tag{3.25}$$

となる．数表示の前後で，表式 (3.20) と (3.24) が等価であることを示すには，$\sum_i |\alpha)_i(\alpha'|_i$ と $c_\alpha^\dagger c_{\alpha'}$ が同じ働きをすることを示せばよい．前者を式 (3.7) に作用させると，式 (3.7) 右辺で $\alpha_i = \alpha'$ を満たす $\alpha_i$ の一つを $\alpha_i = \alpha$ に置き換えてから，全体を $n_{\alpha'}$ 倍した結果を得る．一方，後者を式 (3.10) に作用させると，式 (3.10) 右辺で $c_{\alpha'}^\dagger$ を一つ $c_\alpha^\dagger$ に置き換えてから，全体を $n_{\alpha'}$ 倍した結果を得る．したがって，両者の等価性はほとんど自明である．表式 (3.22) と (3.25) の等価性も同様にして確認できる．

一粒子状態の選び方には任意性がある．一粒子状態に対する完全正規直交系として，$\{|\alpha)\}$ とは別の $\{|\beta)\}$ を選ぶと，$|\alpha)$ と $|\beta)$ の間には，

$$|\beta) = \sum_\alpha |\alpha)(\alpha|\beta) \tag{3.26}$$

の関係がある．状態 $|\beta)$ の粒子を一つ作る・消す演算子を $d_\beta^\dagger$, $d_\beta$ とすれば，第二量子化前後で $|\beta)$ と $d_\beta^\dagger|0\rangle$ が対応すべしという要請から，関係式，

$$\left\{ \begin{array}{l} d_\beta = \sum_\alpha (\beta|\alpha) c_\alpha \\ d_\beta^\dagger = \sum_\alpha (\alpha|\beta) c_\alpha^\dagger \end{array} \right. , \quad \left( \Leftrightarrow \left\{ \begin{array}{l} c_\alpha = \sum_\beta (\alpha|\beta) d_\beta \\ c_\alpha^\dagger = \sum_\beta (\beta|\alpha) d_\beta^\dagger \end{array} \right. \right) \tag{3.27}$$

が導かれる．このような生成・消滅演算子の書き換え操作を**正準変換**という．実際に，$c_\alpha$ および $c_\alpha^\dagger$ に対して得られた結果に上の関係式を代入すれば，

$$\left[d_\beta, d_{\beta'}\right]_+ = \left[d_\beta^\dagger, d_{\beta'}^\dagger\right]_+ = 0, \qquad \left[d_\beta, d_{\beta'}^\dagger\right]_+ = \delta_{\beta\beta'} \qquad (\text{フェルミオン}) \tag{3.28}$$

$$\left[d_\beta, d_{\beta'}\right]_- = \left[d_\beta^\dagger, d_{\beta'}^\dagger\right]_- = 0, \qquad \left[d_\beta, d_{\beta'}^\dagger\right]_- = \delta_{\beta\beta'} \qquad (\text{ボゾン}) \tag{3.29}$$

および，

$$\mathcal{O}_1 = \sum_{\alpha\alpha'} (\alpha|\hat{O}_1|\alpha') c_\alpha^\dagger c_{\alpha'} = \sum_{\beta\beta'} (\beta|\hat{O}_1|\beta') d_\beta^\dagger d_{\beta'} \tag{3.30}$$

$$\begin{aligned} \mathcal{O}_2 &= \frac{1}{2} \sum_{\alpha\alpha'\alpha''\alpha'''} (\alpha\alpha'|\hat{O}_2|\alpha''\alpha''') c_\alpha^\dagger c_{\alpha'}^\dagger c_{\alpha'''} c_{\alpha''} \\ &= \frac{1}{2} \sum_{\beta\beta'\beta''\beta'''} (\beta\beta'|\hat{O}_2|\beta''\beta''') d_\beta^\dagger d_{\beta'}^\dagger d_{\beta'''} d_{\beta''} \end{aligned} \tag{3.31}$$

が成り立つことを確認できる．

## 3.2 統計演算子

標題の統計演算子について議論する前に，演算子の**トレース（対角和）**について述べておこう．演算子 $\mathcal{A}$ のトレースは，考察の対象としている Fock 空間（あるいは Hilbert 空間）の完全正規直交系を $|m\rangle$ として，

$$\mathrm{Tr}\mathcal{A} \equiv \sum_m \langle m|\mathcal{A}|m\rangle \tag{3.32}$$

と定義される．このとき，二つの演算子 $\mathcal{A}$, $\mathcal{B}$ に対して，**トレースの巡回公式**[6)]，

$$\mathrm{Tr}\,(\mathcal{A}\mathcal{B}) = \mathrm{Tr}\,(\mathcal{B}\mathcal{A}) \tag{3.33}$$

が（条件付きで）成り立つ．形式的な「証明」は，

$$\mathrm{Tr}\,(\mathcal{A}\mathcal{B}) = \sum_m \sum_n \langle m|\mathcal{A}|n\rangle\langle n|\mathcal{B}|m\rangle = \sum_n \sum_m \langle n|\mathcal{B}|m\rangle\langle m|\mathcal{A}|n\rangle = \mathrm{Tr}\,(\mathcal{B}\mathcal{A}) \tag{3.34}$$

だが，注意が要る．$m$ と $n$ に関する和の順序を入れ替えているが，$m$ と $n$ の和はともに無限和だから，二重和が絶対収束しなければ，この操作が許されない可能性がある[7)]．数学的には，$\mathrm{Tr}\mathcal{A}$ が有限に定まっていて[8)]，$\mathcal{B}$ が有界ならば[9)]，$\mathcal{A}\mathcal{B}$ と $\mathcal{B}\mathcal{A}$ のトレースも有限に定まり，公式 (3.33) が成り立つことが知られている．$\mathcal{B}$ が有界でなくても，$\mathcal{A}$ が $\mathcal{B}$ に対する「カットオフ」として働いて $\mathcal{A}\mathcal{B}$ と $\mathcal{B}\mathcal{A}$ のトレースを有限に定める場合は，トレース内で $\mathcal{B}$ を有界演算子に準じて扱えて，公式が成り立つ．

$\mathrm{Tr}\mathcal{A}$ が有限に定まっているとき，その値は計算に用いる完全正規直交系 $\{|m\rangle\}$ の選択によらない．実際，式 (3.32) で用いた $\{|m\rangle\}$ とは別の完全正規直交系を $\{|\tilde{m}\rangle\}$ とすると，$\mathcal{U} \equiv \sum_m |\tilde{m}\rangle\langle m|$ が $|\tilde{m}\rangle = \mathcal{U}|m\rangle$ を満たすユニタリー演算子

6) 公式名は，演算子積のトレースが積の「巡回置換」に対して不変であることに由来する（たとえば $\mathrm{Tr}\,(\mathcal{A}\mathcal{B}\mathcal{C}) = \mathrm{Tr}\,(\mathcal{B}\mathcal{C}\mathcal{A}) = \mathrm{Tr}\,(\mathcal{C}\mathcal{A}\mathcal{B})$）．それ以外の積の順序変更ではトレースの値が変わりうる．

7) 公式が成立しない例として，位置演算子 $\hat{x}$ と運動量演算子 $\hat{p}$ に対する $\mathrm{Tr}(\hat{x}\hat{p}) \neq \mathrm{Tr}(\hat{p}\hat{x})$ がある．

8) 数学的には，$\mathrm{Tr}\,(|\mathcal{A}|) \equiv \mathrm{Tr}\,(\mathcal{A}^\dagger\mathcal{A})^{1/2}$ が有限値であるとき，$\mathcal{A}$ はトレースクラスだと言う．本書で「$\mathrm{Tr}\mathcal{A}$ が有限に定まる」と言うときには，$\mathcal{A}$ がトレースクラスであることを指す．当たり前だが統計演算子はトレースクラス．

9) $\mathcal{B}$ のノルム $\|\mathcal{B}\| \equiv \sup_{\||\psi\rangle\|=1} \|\mathcal{B}|\psi\rangle\|$ が有限に留まることを指す．たとえばユニタリー演算子は有界．

となり,

$$\sum_m \langle\tilde{m}|\mathcal{A}|\tilde{m}\rangle = \sum_m \langle m|\mathcal{U}^\dagger\mathcal{A}\mathcal{U}|m\rangle = \mathrm{Tr}\left(\mathcal{U}^\dagger\mathcal{A}\mathcal{U}\right) = \mathrm{Tr}\left(\mathcal{A}\mathcal{U}\mathcal{U}^\dagger\right) = \mathrm{Tr}\mathcal{A} \tag{3.35}$$

を得る.

量子力学において,系の状態に関する完全な情報は(規格化された)ケット $|\Psi\rangle$ によって表される.このようにケットによって表される量子力学的な状態を**純粋状態**と呼ぶ.この場合,演算子 $\mathcal{A}$ で表される物理量の期待値は,$\langle\mathcal{A}\rangle = \langle\Psi|\mathcal{A}|\Psi\rangle$ である.完全正規直交系を $\{|m\rangle\}$ とすれば,この期待値を,

$$\langle\mathcal{A}\rangle \equiv \langle\Psi|\mathcal{A}|\Psi\rangle = \sum_m \langle\Psi|\mathcal{A}|m\rangle\langle m|\Psi\rangle = \sum_m \langle m|\Psi\rangle\langle\Psi|\mathcal{A}|m\rangle = \mathrm{Tr}\left(\varrho_{\mathrm{pure}}\mathcal{A}\right) \tag{3.36}$$

と表すこともできる.ここで,状態 $|\Psi\rangle$ への射影演算子を,

$$\varrho_{\mathrm{pure}} = |\Psi\rangle\langle\Psi| \tag{3.37}$$

と定めた.量子力学的状態とケットの対応は一対一でなく,$|\Psi\rangle$ と $e^{i\vartheta}|\Psi\rangle$ は同じ状態を表す.しかし,$\varrho_{\mathrm{pure}}$ は $|\Psi\rangle \rightsquigarrow e^{i\vartheta}|\Psi\rangle$(このとき同時に $\langle\Psi| \rightsquigarrow e^{-i\vartheta}\langle\Psi|$)の置き換えに対して不変なので,量子力学的状態と $\varrho_{\mathrm{pure}}$ の対応は一対一である.

一方,量子統計力学では,系の量子力学的な状態について完全な情報を知ることができない場合も扱うので,「状態」の概念を以下に述べる**混合状態**へ拡張する必要がある.このように情報が不足していると,同じ条件の下で,与えられた系のコピー(それらは互いに相互作用しないとする)の集団(**アンサンブル**)を用意しても,各コピー系の量子力学的状態を表すケット $|\Psi^{(i)}\rangle$ $(i = 1, 2, \cdots, M)$ はまちまちになる.それでも,射影演算子を**アンサンブル平均(統計平均)**した**統計演算子(密度演算子)**,

$$\varrho = \lim_{M\to\infty}\frac{1}{M}\sum_{i=1}^{M}\varrho_{\mathrm{pure}}^{(i)} = \lim_{M\to\infty}\frac{1}{M}\sum_{i=1}^{M}\left|\Psi^{(i)}\right\rangle\left\langle\Psi^{(i)}\right| \tag{3.38}$$

がわかっていれば,量子力学的な期待値をとる操作と,アンサンブル平均をとる操作の両方を行った $\mathcal{A}$ の平均値を,

$$\langle\!\langle\mathcal{A}\rangle\!\rangle = \lim_{M\to\infty}\frac{1}{M}\sum_{i=1}^{M}\left\langle\Psi^{(i)}\right|\mathcal{A}\left|\Psi^{(i)}\right\rangle = \lim_{M\to\infty}\frac{1}{M}\sum_{i=1}^{M}\mathrm{Tr}\left(\left|\Psi^{(i)}\right\rangle\left\langle\Psi^{(i)}\right|\mathcal{A}\right) = \mathrm{Tr}\left(\varrho\mathcal{A}\right) \tag{3.39}$$

と表せる．つまり，演算子で表される任意の物理量の平均値が定まるという意味で，統計演算子が量子統計力学的な「状態」を表していると言うことができる．

統計演算子は明らかにエルミートで，任意のケット $|\Phi\rangle$ に対し，

$$\langle\Phi|\varrho|\Phi\rangle = \langle\Phi|\left(\lim_{M\to\infty}\frac{1}{M}\sum_{i=1}^{M}\left|\Psi^{(i)}\right\rangle\left\langle\Psi^{(i)}\right|\right)|\Phi\rangle = \lim_{M\to\infty}\frac{1}{M}\sum_{i=1}^{M}\left|\left\langle\Phi\left|\Psi^{(i)}\right.\right\rangle\right|^2 \geq 0 \quad (3.40)$$

を満たす非負演算子である．また，そのトレースは，

$$\mathrm{Tr}\varrho = \sum_m \lim_{M\to\infty}\frac{1}{M}\sum_{i=1}^{M}\left\langle m\left|\Psi^{(i)}\right.\right\rangle\left\langle\Psi^{(i)}\left|m\right.\right\rangle = \lim_{M\to\infty}\frac{1}{M}\sum_{i=1}^{M}\left\langle\Psi^{(i)}\left|\Psi^{(i)}\right.\right\rangle = 1 \quad (3.41)$$

を満足する．

統計演算子 $\varrho$ はエルミートだから，その固有値 $p_m$（$m = 1,2,\cdots$）は実数で，各 $p_m$ に対応する固有状態で完全正規直交系 $\{|m\rangle\}$ を構成すると，

$$\varrho = \sum_m |m\rangle p_m\langle m| \quad (3.42)$$

と対角化される．このとき，$p_m = \langle m|\varrho|m\rangle \geq 0$ かつ $\sum_m p_m = \mathrm{Tr}\varrho = 1$ だから，固有値 $p_m$ は確率の意味を持つ．系が純粋状態であることは，ある特定の $k$ に対し $p_k = 1$，残りすべての $m \neq k$ に対して $p_m = 0$ となることを意味する．$p_m \geq 0$ かつ $\sum_m p_m = 1$ であることを考慮すれば，この条件はあらゆる $m$ に対し $p_m^2 = p_m$ が成り立つことだと言ってもよい．つまり，系が純粋状態であることと，冪等条件，

$$\varrho^2 = \sum_m |m\rangle p_m^2\langle m| = \sum_m |m\rangle p_m\langle m| = \varrho \quad (3.43)$$

は同値である．逆に，$\varrho^2 \neq \varrho$ であるときには，$\varrho$ が純粋状態ではない量子統計力学的な状態を表していることになる．これを**混合状態**と呼ぶ．

ハミルトニアンが $\mathcal{H}(t)$（陽に時間依存していてもよい）の系のアンサンブルを考えよう．Schrödinger 表示（状態ケットが時間発展する描像）では，系の時間発展の情報はすべて統計演算子が担う．つまり，初期時刻 $t = t_0$ における統計演算子を $\varrho(t_0) = \sum_m |m\rangle p_m\langle m|$ として，時刻 $t$ における統計演算子は，

$$\varrho(t) = \sum_m |m;t\rangle p_m\langle m;t| \quad (3.44)$$

となる[10)]．ただし，$|m;t\rangle$ は時間に依存する Schrödinger 方程式，

$$i\hbar\frac{d}{dt}|m;t\rangle = \mathcal{H}(t)|m;t\rangle \tag{3.45}$$

を初期条件 $|m;t=t_0\rangle = |m\rangle$ の下で解いた解である．実際，時刻 $t$ における $\mathcal{A}$ の平均値を，

$$\langle\!\langle \mathcal{A} \rangle\!\rangle_t = \sum_m p_m \langle m;t|\mathcal{A}|m;t\rangle = \mathrm{Tr}\,(\varrho(t)\mathcal{A}) \tag{3.46}$$

と表せる．式 (3.44) の両辺を時間微分すると，**von Neumann 方程式**，

$$\frac{d}{dt}\varrho(t) = \frac{1}{i\hbar}\,[\mathcal{H}(t),\varrho(t)]_- \tag{3.47}$$

を導ける．これを微分方程式と見て，与えられた初期条件（$\varrho(t=t_0)$ の具体形）の下で解けば，$\varrho(t)$ を時刻 $t$ の関数として決定できる．上式は Heisenberg 方程式と形がよく似ているが，右辺の交換子の $\mathcal{H}(t)$ と $\varrho(t)$ の順序が逆である．以降本書を通じて，時間依存する統計演算子 $\varrho(t)$ は，$\varrho$ の Heisenberg 表示（Heisenberg 方程式の解）ではなく，von Neumann 方程式の解を指すので，混乱しないように注意して欲しい．

ごく一般に，任意の二つの統計演算子 $\varrho, \tilde{\varrho}$ は **Gibbs-Klein の不等式**[11)]，

$$\mathrm{Tr}(\varrho\ln\varrho) \geq \mathrm{Tr}(\varrho\ln\tilde{\varrho}) \tag{3.48}$$

を満足し，等号は $\tilde{\varrho} = \varrho$ のときのみ成立する．実際，$\varrho = \sum_m |m\rangle p_m\langle m|$, $\tilde{\varrho} = \sum_n |\tilde{n}\rangle\tilde{p}_n\langle\tilde{n}|$（$p_m \geq 0$, $\tilde{p}_n \geq 0$, $\sum_m p_m = \sum_n \tilde{p}_n = 1$）と対角表示し，完全性関係 $\sum_m |m\rangle\langle m| = 1$，$\sum_n |\tilde{n}\rangle\langle\tilde{n}| = 1$ に注意すると，

$$\begin{aligned}
\text{左辺} - \text{右辺} &= \sum_m p_m \ln p_m - \sum_{m,n} |\langle m|\tilde{n}\rangle|^2 p_m \ln\tilde{p}_n \\
&= \sum_{m,n} |\langle m|\tilde{n}\rangle|^2 p_m \ln p_m - \sum_{m,n} |\langle m|\tilde{n}\rangle|^2 p_m \ln\tilde{p}_n \\
&= -\sum_{m,n} |\langle m|\tilde{n}\rangle|^2 p_m \ln\frac{\tilde{p}_n}{p_m} \geq \sum_{m,n} |\langle m|\tilde{n}\rangle|^2 (p_m - \tilde{p}_n) = 0
\end{aligned} \tag{3.49}$$

を得る．最終段で，任意の $x \geq 0$ に対して成立する不等式 $-\ln x \geq 1-x$（$x=1$

10）$i\hbar(d\mathcal{U}(t)/dt) = \mathcal{H}(t)\mathcal{U}(t)$，$\mathcal{U}(t_0) = 1$ から決まる時間発展演算子 $\mathcal{U}(t)$ は，$d(\mathcal{U}^\dagger(t)\mathcal{U}(t))/dt = \mathcal{U}^\dagger(t)(-\mathcal{H}(t)/i\hbar)\mathcal{U}(t) + \mathcal{U}^\dagger(t)(\mathcal{H}(t)/i\hbar)\mathcal{U}(t) = 0$，$\mathcal{U}^\dagger(t_0)\mathcal{U}(t_0) = 1$ を満たすので，ユニタリ演算子である．ところが，$|m;t\rangle = \mathcal{U}(t)|m;t_0\rangle$ なので，$\{|m;t_0\rangle\}$ が完全正規直交系なら，$\{|m;t\rangle\}$ も完全正規直交系．

11）O. Klein: Z. Phys **72**, 767 (1931).

のときのみ等号成立）に，$x = \tilde{p}_n/p_m$ を代入したものを用いた[12]．等号は「すべての $(m,n)$ に対し $p_m = \tilde{p}_n$ または $\langle m|\tilde{n}\rangle = 0$」のときのみ成立するが，この条件は $\varrho - \tilde{\varrho} = \sum_{m,n} |m\rangle ((p_m - \tilde{p}_n)\langle m|\tilde{n}\rangle) \langle\tilde{n}| = 0$ と等価である（証明終わり）．

## 3.3　熱平衡状態と変分原理

統計演算子の導入により演算子 $\mathcal{A}$ で表される物理量の平均値（量子力学的期待値とアンサンブル平均の両方を考慮したもの）を $\langle\!\langle\mathcal{A}\rangle\!\rangle = \mathrm{Tr}\,(\varrho\mathcal{A})$ と書き下せるようになった．しかし，系の熱力学を考えるには未だ不足である．まず，熱平衡状態における平均値を計算する際に用いるべき統計演算子 $\varrho_{\mathrm{eq}}$ が不明である．また，熱平衡状態の熱力学を構築するのに必須のエントロピーは，位置や運動量演算子を使って表せる「力学的」物理量ではなく，計算法がわからない．通常は，等重率の原理と Boltzmann エントロピーから出発して熱平衡状態の統計力学を組み立てるのだが，ここでは少し趣向を変えて，**von Neumann のエントロピー演算子**，

$$\mathcal{S} \equiv -k_{\mathrm{B}} \ln \varrho \tag{3.50}$$

を導入し，一般の統計演算子 $\varrho$ に対する「拡張エントロピー」を，

$$\langle\!\langle\mathcal{S}\rangle\!\rangle = -k_{\mathrm{B}} \mathrm{Tr}\,(\varrho \ln \varrho) = -k_{\mathrm{B}} \sum_m p_m \ln p_m \tag{3.51}$$

と定めることから始めよう．実は，

(1) $0 \le x \le 1$ で定義された非負関数 $g(x)$ を使って $\mathcal{S} = g(\varrho)$ と表せる．
(2) 拡張エントロピーは相加的．即ち，独立な二つの系の拡張エントロピーの和が，両者の複合系の拡張エントロピーに等しい．

という二つの条件を課すと，$\mathcal{S}$ の表式が定数倍（単位の選び方の自由度）を除いて式 (3.50) に定まる．実際，独立な系 1, 2 の統計演算子を $\varrho_1 = \sum_m |m\rangle p_m \langle m|$, $\varrho_2 = \sum_n |\tilde{n}\rangle \tilde{p}_n \langle\tilde{n}|$ と対角表示すると，複合系の統計演算子は $\varrho = \sum_{m,n} |m\rangle_1 \otimes |\tilde{n}\rangle_2 p_m \tilde{p}_n \langle m|_1 \otimes \langle\tilde{n}|_2$ と対角表示されるので，二つの条件は，

$$\sum_m p_m g(p_m) + \sum_n \tilde{p}_n g(\tilde{p}_n) = \sum_{m,n} p_m \tilde{p}_n g(p_m \tilde{p}_n) \tag{3.52}$$

---

12）直線 $y = 1 - x$ は下に凸な曲線 $y = -\ln x$ に点 $(1, 0)$ において接するから，前者は常に後者の下方にあって（グラフを描いて確認せよ）$-\ln x \ge 1 - x$．等号は $x = 1$ のときのみ成立．

の成立を要求する．左辺を $\sum_{m,n} p_m \tilde{p}_n (g(p_m) + g(\tilde{p}_n))$ と書き直せばわかるように，上式は関数方程式 $g(x) + g(y) = g(xy)$ と等価で，その解は $C$ を定数として $g(x) = C \ln x$ である．また，$0 \leq x \leq 1$ 上で $g(x)$ が非負なので $C < 0$ である[13]（証明終わり）．

熱力学によると，巨視的な**孤立系**ではエントロピー $S$ を減少させない（$\Delta S \geq 0$）変化だけが許される（**エントロピー増大則**）．即ち，ある拘束条件の下で熱平衡状態にあった孤立系が，拘束の解除によって新たな熱平衡状態に達したとすると，拘束解除前より後の方がエントロピーが小さくなることはない．そのため，拘束条件をパラメーター化し，エントロピーをその関数として表すと，エントロピーは可能な限り増大し，拘束解除後の熱平衡状態ではエントロピーを最大にするパラメーターの値が実現する（**エントロピー最大の原理**）．これが孤立系の熱力学における**変分原理**である．

この変分原理を拡大解釈し，拡張エントロピー $\langle\!\langle S \rangle\!\rangle$ を最大にする統計演算子が $\varrho_{\rm eq}$ だと考えてみよう[14]．ただしここでは孤立系を扱っているので，アンサンブル平均の対象は，エネルギー $E$ が（ほぼ）確定し，系の体積 $V$, 粒子数 $N$ も確定した量子力学的状態（線形独立なものは $W$ 個あるとする）の集団（**小正準アンサンブル**）になる．まず，Gibbs-Klein の不等式 (3.48) から，任意の統計演算子 $\tilde{\varrho}$ について，

$$\langle\!\langle S \rangle\!\rangle \leq -k_{\rm B} {\rm Tr}\,(\varrho \ln \tilde{\varrho}), \quad (\text{等号成立は}\,\varrho = \tilde{\varrho}\,\text{のときのみ}) \tag{3.53}$$

が成り立つことに注目する．ここでもし，右辺が $\varrho$ に依存しなくなるように $\tilde{\varrho}$ を選ぶことができたら，この右辺の値が $\varrho$ を動かした場合の $\langle\!\langle S \rangle\!\rangle$ の最大値になる．しかも，不等式の等号は $\varrho = \tilde{\varrho}$ のときのみ成立するから，選ばれた $\tilde{\varrho}$ が $\varrho_{\rm eq}$ に他ならない．そこで，${\rm Tr}\varrho = 1$ を利用して不等式右辺の $\varrho$ 依存性をなくすことを目指すと，$\ln \tilde{\varrho} =$ 定数（$\Leftrightarrow$ $\tilde{\varrho} =$ 正の定数）とすればよいことに気づく．さらに ${\rm Tr}\tilde{\varrho} = 1$ を考慮すれば，

13）関数方程式に $x = y = 1$ を代入して得られる $g(1) = 0$ を初期条件とし．関数方程式の両辺を $y$ 微分した後 $y = 1$ を代入した微分方程式 $g'(1) = xg'(x)$ を解くと，$g(x) = g'(1) \int_1^x dy/y = g'(1) \ln x$ を得る．仮定から $g(x)$ は $0 \leq x \leq 1$ で非負だから $g'(1)$ は負．

14）このように考えるからと言って，拡張エントロピー $\langle\!\langle S \rangle\!\rangle$ そのものを非平衡状態に対するエントロピーの定義とするのは早計である．$\{|m; t\rangle\}$ が各時刻で完全正規直交系を成すことに注意し，式 (3.44) を使うと，孤立系では式 (3.51) が時刻 $t$ によらず成立し，$\langle\!\langle S \rangle\!\rangle$ が時間変化しないことを示せる．つまり，$\langle\!\langle S \rangle\!\rangle$ からは孤立系に対するエントロピー増大則を導けない．

$$\varrho_{\rm eq} = 1/W \tag{3.54}$$

に至る．この結果は，すべての $m$ に対して $p_m = 1/W$ が成り立つことを示しており，**等重率の原理**を再現している[15]．実際に $\tilde{\varrho} = \varrho_{\rm eq}$ を不等式 (3.53) に代入すると，

$$\langle\!\langle \mathcal{S} \rangle\!\rangle \le S = k_{\rm B} \ln W, \quad \left(\text{等号成立は}\, \varrho = \varrho_{\rm eq}\, \text{のときのみ}\right) \tag{3.55}$$

となり，$\langle\!\langle \mathcal{S} \rangle\!\rangle$ の最大値 $S$ が，**Boltzmann エントロピー**を再現することもわかる．つまり，等重率の原理と Boltzmann エントロピーの表式の代わりに，拡張エントロピーと変分原理を統計力学の出発点としてもよいわけだ．

次に，温度 $T$，化学ポテンシャル $\mu$ の**リザバー**（熱浴兼粒子浴）と接した体積 $V$ の系の熱力学を考察しよう．系とリザバーを合わせた複合系は孤立系だから，系のエントロピーの変化 $\Delta S$ とリザバーのエントロピーの変化 $\Delta S_{\rm R}$ の和は非負である．系のエネルギーと粒子数の変化をそれぞれ $\Delta E, \Delta N$ とすると，$\mu\Delta N$ が化学的仕事を表すことと熱力学第一法則から，系がリザバーから受け取った熱を $\Delta E - \mu\Delta N$ と表せ，$\Delta S_{\rm R} = -(\Delta E - \mu\Delta N)/T$ を得る．したがって，$\Delta S - (\Delta E - \mu\Delta N)/T \ge 0$ が成り立つ．言い換えると，$(T, V, \mu)$ が与えられた環境の下で許される変化は，**熱力学ポテンシャル**，

$$\Omega(T, V, \mu) = E - TS - \mu N \tag{3.56}$$

を増加させないものだけである（即ち，$\Delta\Omega = \Delta E - T\Delta S - \mu\Delta N \le 0$）．そして，そこから導かれる変分原理は，**熱力学ポテンシャル最小の原理**である．

そこで，拡張熱力学ポテンシャル，

$$\langle\!\langle \Omega \rangle\!\rangle \equiv \langle\!\langle \mathcal{H} \rangle\!\rangle - T\langle\!\langle \mathcal{S} \rangle\!\rangle - \mu\langle\!\langle \mathcal{N} \rangle\!\rangle = {\rm Tr}\,(\varrho(\mathcal{H} - \mu\mathcal{N})) + k_{\rm B}T\,{\rm Tr}\,(\varrho \ln \varrho) \tag{3.57}$$

を導入し，$\langle\!\langle \Omega \rangle\!\rangle$ を最小にする $\varrho$ が $\varrho_{\rm eq}$ だと考えよう．ただし，$\mathcal{N}$ は粒子数演算子であり，アンサンブル平均の対象は体積 $V$ だけが確定し，$E$ と $N$ は確定

15)「孤立系の熱平衡状態の熱力学的性質は，すべての許される状態が等確率で現れるとしたアンサンブル平均を使って**再現できる**」というのが等重率の原理である．「**再現できる**」という所がミソで，実際に各時刻における量子状態の「出現確率」が厳密に等重率の原理に従うと言っているわけではない．十分に巨視的な系であれば，$W$ 個の状態のうち圧倒的多数は「典型的な」量子状態で占められており，それらはどれも同じ熱力学的性質を示す．したがって，等重率を仮定してアンサンブル平均をとれば，「恣意性なく」典型的な状態の性質を抽出できるのである．

していないという条件の下で許される量子力学的状態の集団（**大正準アンサンブル**）とする．Gibbs-Klein の不等式 (3.48) から，任意の統計演算子 $\tilde{\varrho}$ に対して，

$$\langle\!\langle \Omega \rangle\!\rangle \geq \mathrm{Tr}\,(\varrho(\mathcal{H} - \mu\mathcal{N})) + k_{\mathrm{B}}T\,\mathrm{Tr}\,(\varrho \ln \tilde{\varrho}), \quad (\text{等号成立は}\ \varrho = \tilde{\varrho}\ \text{のときのみ}) \tag{3.58}$$

が成り立つので，先ほどと同様に不等式右辺が $\varrho$ に依存しなくなるように $\tilde{\varrho}$ を選べたら，それが $\varrho_{\mathrm{eq}}$ になる．そこで，$\mathrm{Tr}\rho = 1$ を利用して不等式右辺の $\varrho$ 依存性をなくすことを目指すと，$\ln \tilde{\varrho} = -(\mathcal{H} - \mu\mathcal{N})/k_{\mathrm{B}}T +$ 定数（$\Leftrightarrow$ $\tilde{\varrho} =$ 正の定数 $\times\, e^{-(\mathcal{H}-\mu\mathcal{N})/k_{\mathrm{B}}T}$）とすればよいことがわかり，さらに $\mathrm{Tr}\tilde{\varrho} = 1$ も考慮すると，よく知られた結果，

$$\varrho_{\mathrm{eq}} = \frac{1}{\Xi} e^{-\beta(\mathcal{H}-\mu\mathcal{N})}, \quad \Xi \equiv \mathrm{Tr} e^{-\beta(\mathcal{H}-\mu\mathcal{N})}, \quad \beta \equiv \frac{1}{k_{\mathrm{B}}T} \tag{3.59}$$

を再現できる．ここで，$\Xi$ を**大分配関数**，$\beta$ を**逆温度**と呼ぶ．以下本書を通じて，特に断らない限り，$\varrho_{\mathrm{eq}}$ は上記の統計演算子を指す．実際に $\tilde{\varrho} = \varrho_{\mathrm{eq}}$ を不等式 (3.58) 右辺に代入すると，

$$\langle\!\langle \Omega \rangle\!\rangle \geq \Omega = -k_{\mathrm{B}}T \ln \Xi, \quad \left(\text{等号成立は}\ \varrho = \varrho_{\mathrm{eq}}\ \text{のときのみ}\right) \tag{3.60}$$

が得られ，$\langle\!\langle \Omega \rangle\!\rangle$ の最小値 $\Omega$ は，お馴染みの熱力学ポテンシャルの表式を与える[16)]．

変分原理の不等式 (3.60) は，低い $\langle\!\langle \Omega \rangle\!\rangle$ を与える $\varrho$ ほど $\varrho_{\mathrm{eq}}$ をよく近似した統計演算子であるという判定基準を与える．扱いが難しい複雑なハミルトニアン $\mathcal{H}$ を，より簡単なハミルトニアン $\mathcal{H}_{\mathrm{app}}$ で近似したいという場面に出くわしたとしよう．その際に，近似ハミルトニアンの形をある程度限定する代わりに，少数の調節可能な自由度やパラメーター（**変分パラメーター**）を残しておき，これらを後から最適化するというやり方が考えられる．この最適化の指針に変分原理を用いることができる．たとえば，変分パラメーター $\boldsymbol{\alpha} = (\alpha_1, \alpha_2, \cdots)$ を含む近似ハミルトニアン $\mathcal{H}_{\mathrm{app}}(\boldsymbol{\alpha})$ を，温度 $T$，体積 $V$，化学ポテ

16) 同様の考察を $(T, V, N)$ が与えられた環境下においても行える．この場合，熱力学における変分原理は Helmholtz 自由エネルギー $F = E - TS$ が最小という条件になる．したがって，アンサンブル平均の対象を体積 $V$ と粒子数 $N$ が確定した量子状態の集団（**正準アンサンブル**）に選び，拡張 Helmholtz 自由エネルギー $\langle\!\langle \hat{F} \rangle\!\rangle = \langle\!\langle \mathcal{H} \rangle\!\rangle - T\langle\!\langle \mathcal{S} \rangle\!\rangle$ を定め，$\langle\!\langle \hat{F} \rangle\!\rangle$ を最小にする $\varrho$ を $\varrho_{\mathrm{eq}}$ とすればよい．実際に $\varrho_{\mathrm{eq}}$ を求めると，馴染みの結果 $\varrho_{\mathrm{eq}} = e^{-\beta H}/Z$，$Z = \mathrm{Tr} e^{-\beta H}$ および $F = \langle\!\langle \hat{F} \rangle\!\rangle_{\mathrm{eq}} = -k_{\mathrm{B}}T \ln Z$ を得る．

ンシャル $\mu$ が与えられた環境下での熱平衡状態をなるべく正確に記述するように最適化するには，近似的な大正準アンサンブルの統計演算子，

$$\varrho_{\mathrm{app}}(\boldsymbol{\alpha}) \equiv \frac{e^{-\beta(\mathcal{H}_{\mathrm{app}}(\boldsymbol{\alpha})-\mu\mathcal{N})}}{\Xi_{\mathrm{app}}(\boldsymbol{\alpha})}, \quad \Xi_{\mathrm{app}}(\boldsymbol{\alpha}) \equiv \mathrm{Tr} e^{-\beta(\mathcal{H}_{\mathrm{app}}(\boldsymbol{\alpha})-\mu\mathcal{N})} \tag{3.61}$$

を導入し，$\varrho_{\mathrm{app}}$ を使って計算した平均値を $\langle\!\langle \bullet \rangle\!\rangle_{\mathrm{app}}$ として，

$$\begin{aligned}\langle\!\langle \Omega \rangle\!\rangle_{\mathrm{app}} &= \mathrm{Tr}\left(\varrho_{\mathrm{app}}(\mathcal{H} - \mu\mathcal{N})\right) + k_{\mathrm{B}}T\,\mathrm{Tr}\left(\varrho_{\mathrm{app}} \ln \varrho_{\mathrm{app}}\right) \\ &= \langle\!\langle \mathcal{H} - \mathcal{H}_{\mathrm{app}} \rangle\!\rangle_{\mathrm{app}} - k_{\mathrm{B}}T \ln \Xi_{\mathrm{app}}\end{aligned} \tag{3.62}$$

を最小にする $\boldsymbol{\alpha}$ を探せばよい．

## 3.4　Bloch-de Dominicisの定理

ここでは簡単な例として相互作用のない多粒子系の問題を考えよう．第二量子化前の表示では，ハミルトニアンは一体演算子だけで，

$$\mathcal{H} = \sum_i H_1(\hat{\boldsymbol{r}}_i, \hat{\boldsymbol{p}}_i, \hat{\boldsymbol{s}}_i) \tag{3.63}$$

と書けている．ただし $\hat{\boldsymbol{r}}_i$，$\hat{\boldsymbol{p}}_i$，$\hat{\boldsymbol{s}}_i$ はそれぞれ $i$ 番目の粒子に作用する位置，運動量，スピン演算子である．ここで，一粒子状態に対する完全正規直交系 $\{|\alpha)\}$ を**一粒子ハミルトニアン** $\hat{H}_1 \equiv H_1(\hat{\boldsymbol{r}}, \hat{\boldsymbol{p}}, \hat{\boldsymbol{s}})$ の固有状態に選ぶ．即ち，$|\alpha)$ に対応する固有値を $\epsilon_\alpha$ として，

$$\hat{H}_1|\alpha) = \epsilon_\alpha|\alpha) \tag{3.64}$$

が成り立つとする．このとき，$(\alpha|\hat{H}_1|\alpha') = \epsilon_\alpha\delta_{\alpha\alpha'}$ だから，状態 $\alpha$ の粒子を一つ作る・消す演算子を $c_\alpha^\dagger, c_\alpha$ として，

$$\mathcal{H} - \mu\mathcal{N} = \sum_\alpha (\epsilon_\alpha - \mu) c_\alpha^\dagger c_\alpha \tag{3.65}$$

となる（式(3.15)から $\mathcal{N} = \sum_\alpha c_\alpha^\dagger c_\alpha$ であることに注意）．ご存じの通り，このような相互作用しない多粒子系においては，**Fermi分布関数**や**Bose分布関数**，

$$f(\epsilon_\alpha) \equiv \left\langle\!\!\left\langle c_\alpha^\dagger c_\alpha \right\rangle\!\!\right\rangle_{\mathrm{eq}} = \frac{1}{e^{\beta(\epsilon_\alpha-\mu)} \pm 1} \tag{3.66}$$

が重要となる（以下，複号は上の符号がフェルミオン系，下の符号がボゾン系に対応し，分布関数 $f(\epsilon)$ もそれぞれFermi分布およびBose分布関数に対応す

るものとする)．上式を生成・消滅演算子の反交換関係や交換関係だけを使って導出してみよう．

まず，式 (2.37) から，$t$ を複素変数として，

$$
\begin{aligned}
c_\alpha(t) &\equiv e^{i(\mathcal{H}-\mu\mathcal{N})t/\hbar} c_\alpha e^{-i(\mathcal{H}-\mu\mathcal{N})t/\hbar} \\
&= c_\alpha + \frac{it}{\hbar}[\mathcal{H}-\mu\mathcal{N}, c_\alpha]_- + \frac{1}{2!}\left(\frac{it}{\hbar}\right)^2 [[\mathcal{H}-\mu\mathcal{N}, [\mathcal{H}-\mu\mathcal{N}, c_\alpha]_-]_- + \cdots \\
&= c_\alpha + \frac{it}{\hbar}(-(\epsilon_\alpha-\mu))c_\alpha + \frac{1}{2!}\left(\frac{it}{\hbar}\right)^2 (-(\epsilon_\alpha-\mu))^2 c_\alpha + \cdots \\
&= e^{-i(\epsilon_\alpha-\mu)t/\hbar} c_\alpha
\end{aligned} \tag{3.67}
$$

$$
c_\alpha^\dagger(t) \equiv e^{i(\mathcal{H}-\mu\mathcal{N})t/\hbar} c_\alpha^\dagger e^{-i(\mathcal{H}-\mu\mathcal{N})t/\hbar} = (c_\alpha(t^*))^\dagger = e^{i(\epsilon_\alpha-\mu)t/\hbar} c_\alpha^\dagger \tag{3.68}
$$

が成り立つことに注意しよう．ここで，交換関係を，

$$
\begin{aligned}
[\mathcal{H}-\mu\mathcal{N}, c_\alpha]_- &= \sum_{\alpha'}(\epsilon_{\alpha'}-\mu)\left[c_{\alpha'}^\dagger c_{\alpha'}, c_\alpha\right]_- \\
&= \sum_{\alpha'}(\epsilon_{\alpha'}-\mu)\left(c_{\alpha'}^\dagger\, [c_{\alpha'}, c_\alpha]_\pm \mp \left[c_{\alpha'}^\dagger c_\alpha\right]_\pm c_{\alpha'}\right) \\
&= -\sum_{\alpha'}(\epsilon_\alpha-\mu)\delta_{\alpha\alpha'} c_{\alpha'} = -(\epsilon_\alpha-\mu)c_\alpha
\end{aligned} \tag{3.69}
$$

と計算した[17]．

さらに，式 (3.33), (3.68) を用いると，$\langle\!\langle c_\alpha^\dagger c_{\alpha'} \rangle\!\rangle_{\mathrm{eq}}$ が方程式，

$$
\begin{aligned}
\left\langle\!\!\left\langle c_\alpha^\dagger c_{\alpha'} \right\rangle\!\!\right\rangle_{\mathrm{eq}} &\equiv \frac{1}{\Xi}\mathrm{Tr}\left(e^{-\beta(\mathcal{H}-\mu\mathcal{N})} c_\alpha^\dagger c_{\alpha'}\right) = \frac{1}{\Xi}\mathrm{Tr}\left(c_\alpha^\dagger(i\hbar\beta) e^{-\beta(\mathcal{H}-\mu\mathcal{N})} c_{\alpha'}\right) \\
&= \frac{1}{\Xi}\mathrm{Tr}\left(c_{\alpha'} c_\alpha^\dagger(i\hbar\beta) e^{-\beta(\mathcal{H}-\mu\mathcal{N})}\right) = e^{-\beta(\epsilon_\alpha-\mu)} \left\langle\!\!\left\langle c_{\alpha'} c_\alpha^\dagger \right\rangle\!\!\right\rangle_{\mathrm{eq}} \\
&= e^{-\beta(\epsilon_\alpha-\mu)}\left(\delta_{\alpha\alpha'} \mp \left\langle\!\!\left\langle c_\alpha^\dagger c_{\alpha'} \right\rangle\!\!\right\rangle_{\mathrm{eq}}\right)
\end{aligned} \tag{3.70}
$$

を満たしていることがわかる．これを解くと，代数計算だけから，

---

17) 交換関係や反交換関係を計算する際，以下の公式が便利．

$$
\begin{aligned}
[AB, C]_+ &= A[B, C]_- + [A, C]_+ B = A[B, C]_+ - [A, C]_- B \\
[AB, C]_- &= A[B, C]_+ - [A, C]_+ B = A[B, C]_- + [A, C]_- B \\
[A, BC]_+ &= [A, B]_- C + B[A, C]_+ = [A, B]_+ C - B[A, C]_- \\
[A, BC]_- &= [A, B]_+ C - B[A, C]_+ = [A, B]_- C + B[A, C]_-.
\end{aligned}
$$

$$\left\langle\!\!\left\langle c_\alpha^\dagger c_{\alpha'} \right\rangle\!\!\right\rangle_{\rm eq} = \delta_{\alpha\alpha'} f(\epsilon_\alpha) = \delta_{\alpha\alpha'} \frac{1}{e^{\beta(\epsilon_\alpha-\mu)} \pm 1} \tag{3.71}$$

と求まる．ついでに熱力学ポテンシャルも計算しておこう．熱力学関係式，

$$\frac{\partial\Omega}{\partial\mu} = -\frac{\partial}{\partial(\beta\mu)} \ln \Xi = -\frac{{\rm Tr}\left(\mathcal{N} e^{-\beta(\mathcal{H}-\mu\mathcal{N})}\right)}{{\rm Tr}\left(e^{-\beta(\mathcal{H}-\mu\mathcal{N})}\right)} = -\langle\!\langle \mathcal{N} \rangle\!\rangle_{\rm eq} = -\sum_\alpha f(\epsilon_\alpha) \tag{3.72}$$

と，$\lim_{\mu\to-\infty}\Omega = 0$ は[18]，

$$\Omega = -\sum_\alpha \int_{-\infty}^{\mu} \frac{d\mu'}{e^{\beta(\epsilon_\alpha-\mu')} \pm 1} = \mp k_{\rm B} T \sum_\alpha \ln\left(1 \pm e^{-\beta(\epsilon_\alpha-\mu)}\right) \tag{3.73}$$

を導く．

上記の計算手法はより一般的な場合へ拡張できる．たとえば，

$$\begin{aligned}
\left\langle\!\!\left\langle c_{\alpha_1}^\dagger c_{\alpha_2}^\dagger c_{\alpha_3} c_{\alpha_4} \right\rangle\!\!\right\rangle_{\rm eq} &= \frac{1}{\Xi} {\rm Tr}\left(c_{\alpha_1}^\dagger (i\hbar\beta) e^{-\beta(\mathcal{H}-\mu\mathcal{N})} c_{\alpha_2}^\dagger c_{\alpha_3} c_{\alpha_4}\right) \\
&= \frac{1}{\Xi} {\rm Tr}\left(c_{\alpha_2}^\dagger c_{\alpha_3} c_{\alpha_4} c_{\alpha_1}^\dagger (i\hbar\beta) e^{-\beta(\mathcal{H}-\mu\mathcal{N})}\right) \\
&= e^{-\beta(\epsilon_{\alpha_1}-\mu)} \left\langle\!\!\left\langle c_{\alpha_2}^\dagger c_{\alpha_3} c_{\alpha_4} c_{\alpha_1}^\dagger \right\rangle\!\!\right\rangle_{\rm eq} \\
&= e^{-\beta(\epsilon_{\alpha_1}-\mu)} \left\langle\!\!\left\langle c_{\alpha_2}^\dagger c_{\alpha_3} (\delta_{\alpha_1\alpha_4} \mp c_{\alpha_1}^\dagger c_{\alpha_4}) \right\rangle\!\!\right\rangle_{\rm eq} \\
&= e^{-\beta(\epsilon_{\alpha_1}-\mu)} \left(\delta_{\alpha_1\alpha_4} \left\langle\!\!\left\langle c_{\alpha_2}^\dagger c_{\alpha_3} \right\rangle\!\!\right\rangle_{\rm eq} \mp \left\langle\!\!\left\langle c_{\alpha_2}^\dagger (\delta_{\alpha_1\alpha_3} \mp c_{\alpha_1}^\dagger c_{\alpha_3}) c_{\alpha_4} \right\rangle\!\!\right\rangle_{\rm eq}\right) \\
&= e^{-\beta(\epsilon_{\alpha_1}-\mu)} \Big(\delta_{\alpha_1\alpha_4} \left\langle\!\!\left\langle c_{\alpha_2}^\dagger c_{\alpha_3} \right\rangle\!\!\right\rangle_{\rm eq} \mp \delta_{\alpha_1\alpha_3} \left\langle\!\!\left\langle c_{\alpha_2}^\dagger c_{\alpha_4} \right\rangle\!\!\right\rangle_{\rm eq} \\
&\qquad \mp \left\langle\!\!\left\langle c_{\alpha_1}^\dagger c_{\alpha_2}^\dagger c_{\alpha_3} c_{\alpha_4} \right\rangle\!\!\right\rangle_{\rm eq}\Big)
\end{aligned} \tag{3.74}$$

となることから，

$$\begin{aligned}
\left\langle\!\!\left\langle c_{\alpha_1}^\dagger c_{\alpha_2}^\dagger c_{\alpha_3} c_{\alpha_4} \right\rangle\!\!\right\rangle_{\rm eq} &= \delta_{\alpha_1\alpha_4}\delta_{\alpha_2\alpha_3} f(\epsilon_{\alpha_1}) f(\epsilon_{\alpha_2}) \mp \delta_{\alpha_1\alpha_3}\delta_{\alpha_2\alpha_4} f(\epsilon_{\alpha_1}) f(\epsilon_{\alpha_2}) \\
&= \left\langle\!\!\left\langle c_{\alpha_1}^\dagger c_{\alpha_4} \right\rangle\!\!\right\rangle_{\rm eq} \left\langle\!\!\left\langle c_{\alpha_2}^\dagger c_{\alpha_3} \right\rangle\!\!\right\rangle_{\rm eq} \mp \left\langle\!\!\left\langle c_{\alpha_1}^\dagger c_{\alpha_3} \right\rangle\!\!\right\rangle_{\rm eq} \left\langle\!\!\left\langle c_{\alpha_2}^\dagger c_{\alpha_4} \right\rangle\!\!\right\rangle_{\rm eq}
\end{aligned} \tag{3.75}$$

を得る．即ち，生成・消滅演算子の積の平均値は，可能な二つずつの平均値の積で書かれた項へ分解されて，各項には演算子の入れ替えに対応する符号が付く．これは，任意の生成・消滅演算子の積の平均値を計算する際にも成り立つ

18）$e^{-\beta(\mathcal{H}-\mu\mathcal{N})}$ の期待値を $\mu\to-\infty$ の極限で計算すると，ゼロでない粒子数を持つすべての状態に対してゼロ，真空状態（粒子数ゼロの状態）に対してのみ 1 が得られる．したがって，この極限で $\Xi = {\rm Tr}e^{-\beta(\mathcal{H}-\mu\mathcal{N})} = 1$．あるいは同じことだが，$\Omega = -k_{\rm B}T\ln\Xi = 0$．

一般的な事実で，$C_1, C_2, \cdots, C_{2n}$ を $c_{\alpha_j}$ あるいは $c^\dagger_{\alpha_j}$ のいずれかを表す記号として，

$$\langle\!\langle C_1 C_2 \cdots C_{2n} \rangle\!\rangle_{\rm eq} = \sum_P{}' (\mp 1)^P \langle\!\langle C_{P(1)} C_{P(2)} \rangle\!\rangle_{\rm eq} \langle\!\langle C_{P(3)} C_{P(4)} \rangle\!\rangle_{\rm eq} \cdots \langle\!\langle C_{P(2n-1)} C_{P(2n)} \rangle\!\rangle_{\rm eq} \tag{3.76}$$

が成り立つ（**Bloch-de Dominicis の定理**）[19]．ただし $\sum'_P$ は，番号の置換 $P$ のうち，$P(1) < P(2), P(3) < P(4), \cdots, P(2n-1) < P(2n)$ かつ $P(1) < P(3) < \cdots < P(2n-1)$ を満たすものについての和を表す．さらに，一般の生成・消滅演算子 $d^\dagger_\beta$，$d_\beta$ が，$c^\dagger_\alpha$，$c_\alpha$ と正準変換 (3.27) によって結びついていることに注意すると，$C_1, C_2, \cdots, C_{2n}$ が $c_{\alpha_j}$ や $c^\dagger_{\alpha_j}$ そのものではなく，$d^\dagger_\beta$ および $d_\beta$ のいずれかを表している場合でも，式 (3.76) が成立することを示せる．

## 3.5 熱力学版 Hellmann-Feynman の定理

2.7 節では，実数パラメーター $\boldsymbol{R} = (R_1, R_2, \cdots, R_{\rm M})$ に依存するハミルトニアン $\mathcal{H}(\boldsymbol{R})$ の固有値と固有状態を考察し，Hellmann-Feynman の定理 (2.112) を導いた．本節では同様の考察を，熱力学ポテンシャルに対して行ってみよう．

**熱力学ポテンシャルに対する Hellmann-Feynman の定理**は，式 (2.112) の結果から導くこともできるが，ここでは直接，熱力学ポテンシャルの定義式，

$$\Omega(\boldsymbol{R}) = -\frac{1}{\beta} \ln \Xi(\boldsymbol{R}), \quad \Xi(\boldsymbol{R}) = {\rm Tr}\left(e^{-\beta(\mathcal{H}(\boldsymbol{R}) - \mu\mathcal{N})}\right) \tag{3.77}$$

を $\boldsymbol{R}$ で微分してみよう．その結果，$\nabla_{\boldsymbol{R}} \equiv (\partial/\partial R_1, \partial/\partial R_2, \cdots, \partial/\partial R_M)$ の意味として，

$$\begin{aligned}\nabla_{\boldsymbol{R}}\Omega &= -\frac{1}{\beta} \cdot \frac{1}{\Xi(\boldsymbol{R})} \cdot \nabla_{\boldsymbol{R}} \left({\rm Tr}\left(e^{-\beta(\mathcal{H}(\boldsymbol{R}) - \mu\mathcal{N})}\right)\right) \\ &= -\frac{1}{\beta} \frac{1}{\Xi(\boldsymbol{R})} {\rm Tr}\left(\nabla_{\boldsymbol{R}} e^{-\beta(\mathcal{H}(\boldsymbol{R}) - \mu\mathcal{N})}\right) \\ &= \langle\!\langle \nabla_{\boldsymbol{R}} \mathcal{H} \rangle\!\rangle_{\boldsymbol{R}}\end{aligned} \tag{3.78}$$

---

19）原論文は C. Bloch and C. de Dominics: Nucl. Phys. **7**, 459 (1958). 容易に想像がつくように，数学的帰納法に基づいた一般的証明を与えることもできるが，単に形式的な議論になるので割愛する [M. Gaudin: Nucl. Phys. **15**, 89 (1960).]．絶対零度の場合については Wick が先に証明していたので，この定理も **Wick の定理**と呼ぶことがある [G. C.Wick: Phys. Rev. **80**, 268 (1950).].

を得る．ただし，$\langle\!\langle O \rangle\!\rangle_{\boldsymbol{R}}$ は，熱平衡状態における $O$ の平均値を，$\mathcal{H}(\boldsymbol{R})$ を使って計算することを表している．また，

$$\mathrm{Tr}\left(\nabla_{\boldsymbol{R}} e^{-\beta(\mathcal{H}(\boldsymbol{R})-\mu\mathcal{N})}\right) = \mathrm{Tr}\left((-\beta\nabla_{\boldsymbol{R}}\mathcal{H}) e^{-\beta(\mathcal{H}(\boldsymbol{R})-\mu\mathcal{N})}\right) \tag{3.79}$$

を用いた．冪展開式 $e^{-\beta(\mathcal{H}-\mu\mathcal{N})} = \sum_{n=0}^{+\infty} (-\beta(\mathcal{H}-\mu\mathcal{N}))^n /n!$ から，

$$\begin{aligned} \nabla_{\boldsymbol{R}} e^{-\beta(\mathcal{H}-\mu\mathcal{N})} &= -\beta\nabla_{\boldsymbol{R}}\mathcal{H} + \frac{1}{2!}\left((-\beta\nabla_{\boldsymbol{R}}\mathcal{H})(\mathcal{H}-\mu\mathcal{N}) + (\mathcal{H}-\mu\mathcal{N})(-\beta\nabla_{\boldsymbol{R}}\mathcal{H})\right) + \cdots \\ (-\beta\nabla_{\boldsymbol{R}}\mathcal{H})\, e^{-\beta(\mathcal{H}-\mu\mathcal{N})} &= -\beta\nabla_{\boldsymbol{R}}\mathcal{H} + (-\beta\nabla_{\boldsymbol{R}}\mathcal{H})(\mathcal{H}-\mu\mathcal{N}) + \cdots \end{aligned} \tag{3.80}$$

だから，$\nabla_{\boldsymbol{R}}\mathcal{H}$ と $\mathcal{H}-\mu\mathcal{N}$ が非可換な場合，$\nabla_{\boldsymbol{R}} e^{-\beta(\mathcal{H}-\mu\mathcal{N})}$ と $(-\beta\nabla_{\boldsymbol{R}}\mathcal{H})\, e^{-\beta(\mathcal{H}-\mu\mathcal{N})}$ は異なる演算子になる．しかし，トレースの巡回公式 (3.33) のお陰で，両者のトレースは一致するのだ．

# 第4章

# 線形応答の量子論

## 4.1 久保公式

実験的に物質の性質を調べる際には，物質に（何らかの意味での）**外力**（力学的な力，電磁場等々）を加え，それに対する手ごたえ（**応答**）を解析する．このとき，加える外力の大きさが十分小さければ，応答も小さく外力に比例するだろう．このような応答が**線形応答**であり，応答と外力の間の比例係数は（線形）**感受率**と呼ばれる．第1章では，本書で取り扱う代表的なモデルを紹介したが，それらにおいて種々の感受率を計算する際に，本章で解説する**久保公式**が威力を発揮する[1]．

まず，系をリザバー（温度 $T$，化学ポテンシャル $\mu$）に接触させて，熱平衡状態に「初期化」しておく．次に，系をリザバーから切り離して外場を印加し，その際に生じる熱平衡状態からの「ずれ」を調べよう．いきなり強い外場をかけると解析性が損なわれるから，無限の過去において熱平衡状態にあった系に，時刻 $t$ までの間，限りなくゆっくりと外場を印加することを考える（**断熱的印加**）．このとき，時刻 $t$ における統計演算子 $\varrho(t)$ は，von Neumann 方程式，

$$\frac{d}{dt}\varrho(t) = \frac{1}{i\hbar}\left[\mathcal{H} + \mathcal{H}_{\mathrm{ext}}(t), \varrho(t)\right]_{-} \tag{4.1}$$

を，初期条件 $\varrho(t \to -\infty) = \varrho_{\mathrm{eq}}$ の下で解いた解として与えられる．ただし，$\mathcal{H}$ は外場が印加されていないときの系のハミルトニアン，$\mathcal{H}_{\mathrm{ext}}(t)$ は外場の印加によってハミルトニアンに加わった摂動項，$\varrho_{\mathrm{eq}} = e^{-\beta(\mathcal{H}-\mu N)}/\Xi$（ただし $\Xi = \mathrm{Tr}e^{-\beta(\mathcal{H}-\mu N)}$）は熱平衡状態を表す統計演算子である．外場について**一次の変化**を考察するために，

1）R. Kubo: J. Phys. Soc. Jpn. **12**, 570 (1957).

$$\varrho(t) = \varrho_{\mathrm{eq}} + \varrho'(t) \tag{4.2}$$

と書こう．$\mathcal{H}$ と粒子数演算子 $\mathcal{N}$ が可換だと仮定すると $[\mathcal{H}, \varrho_{\mathrm{eq}}]_- = 0$ だから，式 (4.1) 右辺で外場について二次以上の寄与（$\mathcal{H}_{\mathrm{ext}}(t)$ と $\varrho'(t)$ の積）を切り捨てることにより，

$$i\hbar \frac{d}{dt}\varrho'(t) = [\mathcal{H}, \varrho'(t)]_- + \left[\mathcal{H}_{\mathrm{ext}}(t), \varrho_{\mathrm{eq}}\right]_- \tag{4.3}$$

を得る．ここで，$\varrho'(t) \equiv e^{-i\mathcal{H}t/\hbar}\tilde{\varrho}'(t)e^{i\mathcal{H}t/\hbar}$ と定めると，$i\hbar(d\varrho'/dt) = [\mathcal{H}, \varrho'(t)]_- + i\hbar e^{-i\mathcal{H}t/\hbar}(d\tilde{\varrho}'/dt)e^{i\mathcal{H}t/\hbar}$ が成り立つので，上式をさらに，

$$i\hbar \frac{d}{dt}\tilde{\varrho}'(t) = e^{i\mathcal{H}t/\hbar}\left[\mathcal{H}_{\mathrm{ext}}(t), \varrho_{\mathrm{eq}}\right]_- e^{-i\mathcal{H}t/\hbar} \tag{4.4}$$

と変形できる．$\tilde{\varrho}'(t)$ に対する初期条件が $\tilde{\varrho}'(t \to -\infty) = 0$ であることに注意して，この方程式を解けば，$\varrho'(t)$ を外場の一次で評価した結果として，

$$\varrho'(t) = -\frac{i}{\hbar}\int_{-\infty}^{t} ds e^{-i\mathcal{H}(t-s)/\hbar}\left[\mathcal{H}_{\mathrm{ext}}(s), \varrho_{\mathrm{eq}}\right]_- e^{i\mathcal{H}(t-s)/\hbar} \tag{4.5}$$

を得る．

以降では，外場項 $\mathcal{H}_{\mathrm{ext}}(t)$ が，時間に依存しない演算子 $\mathcal{A}$ と，外場の強さを表すパラメーター（こちらは一般に時刻 $t$ に依存する）$F(t)$ を使って，

$$\mathcal{H}_{\mathrm{ext}}(t) = -F(t)\mathcal{A} \tag{4.6}$$

と表せる場合を考察する．このとき，$\mathcal{A}$ は外力 $F(t)$ に共役な物理量であると言う．また，熱平衡状態における演算子 $\mathcal{B}$ の平均値がゼロであること，

$$\langle\!\langle \mathcal{B} \rangle\!\rangle_{\mathrm{eq}} \equiv \mathrm{Tr}\left(\varrho_{\mathrm{eq}}\mathcal{B}\right) = 0 \tag{4.7}$$

を仮定する．もし，$\langle\!\langle \mathcal{B} \rangle\!\rangle_{\mathrm{eq}} \neq 0$ ならば，$\mathcal{B} - \langle\!\langle \mathcal{B} \rangle\!\rangle_{\mathrm{eq}}$ を改めて $\mathcal{B}$ に選べばよい．

時刻 $t$ における $\mathcal{B}$ の平均値 $\langle\!\langle \mathcal{B} \rangle\!\rangle_t$ は，時刻 $t$ より過去（$t' \leq t$）の外力 $F(t')$ の関数形から決まり，未来（$t' > t$）の $F(t')$ の関数形にはよらない（**因果律**）．また，時間の一様性（$\mathcal{H}$ が時間依存しないこと）を反映して，時刻 $t$ における外力の影響は，外力が印加された時刻 $t'$ から測った時間 $t - t'$ に依存して現れる．したがって，$F(t)$ について一次近似（**線形応答**）では，過去の外力の情報に重みを付ける関数 $\tilde{f}_{\mathcal{B}\mathcal{A}}$ が存在し，応答を $\langle\!\langle \mathcal{B} \rangle\!\rangle_t = \int_{-\infty}^{t} \tilde{f}_{\mathcal{B}\mathcal{A}}(t-t')F(t')dt'$ の形に表せるはずだ．実際，式 (4.5), (4.6) は，

$$\langle\!\langle \mathcal{B} \rangle\!\rangle_t \equiv \mathrm{Tr}\,(\varrho(t)\mathcal{B}) = \mathrm{Tr}\,(\varrho'(t)\mathcal{B}) = \int_{-\infty}^{t} \tilde{f}_{\mathcal{B}\mathcal{A}}(t-t')F(t')dt' \tag{4.8}$$

$$\tilde{f}_{\mathcal{B}\mathcal{A}}(t) = \frac{i}{\hbar}\mathrm{Tr}\left(e^{-i\mathcal{H}t/\hbar}\left[\mathcal{A}, \varrho_{\mathrm{eq}}\right]_{-} e^{i\mathcal{H}t/\hbar}\mathcal{B}\right) = \frac{i}{\hbar}\mathrm{Tr}\left(\left[\mathcal{A}, \varrho_{\mathrm{eq}}\right]_{-} \mathcal{B}(t)\right) \tag{4.9}$$

を導く．ここで，トレースの巡回公式 (3.33) を使い，$\mathcal{B}$ の **Heisenberg 表示**[2] $\mathcal{B}(t) \equiv e^{i\mathcal{H}t/\hbar}\mathcal{B}e^{-i\mathcal{H}t/\hbar}$ を導入した．以下では特に断らない限り，$\mathcal{H}$ だけでなく $\mathcal{A}$ と $\mathcal{B}$ が粒子数演算子 $\mathcal{N}$ と可換であることを仮定しよう．この仮定の下では，

$$\mathcal{B}(t) \equiv e^{i\mathcal{H}t/\hbar}\mathcal{B}e^{-i\mathcal{H}t/\hbar} = e^{i(\mathcal{H}-\mu\mathcal{N})t/\hbar}\mathcal{B}e^{-i(\mathcal{H}-\mu\mathcal{N})t/\hbar} \tag{4.10}$$

が成り立ち，$\mathcal{H} - \mu\mathcal{N}$ を Fock 空間に作用する「ハミルトニアン」のように扱える．さらに，もう一度トレースの巡回公式 (3.33) を用いると，式 (4.9) をすっきりした形，

$$\begin{aligned}\tilde{f}_{\mathcal{B}\mathcal{A}}(t) &= \frac{i}{\hbar}\mathrm{Tr}\left(\left[\mathcal{A}, \varrho_{\mathrm{eq}}\right]_{-} \mathcal{B}(t)\right) = \frac{i}{\hbar}\mathrm{Tr}\left(\mathcal{A}\varrho_{\mathrm{eq}}\mathcal{B}(t) - \varrho_{\mathrm{eq}}\mathcal{A}\mathcal{B}(t)\right) \\ &= \frac{i}{\hbar}\mathrm{Tr}\left(\varrho_{\mathrm{eq}}\mathcal{B}(t)\mathcal{A} - \varrho_{\mathrm{eq}}\mathcal{A}\mathcal{B}(t)\right) = \frac{i}{\hbar}\langle\!\langle [\mathcal{B}(t), \mathcal{A}]_{-} \rangle\!\rangle_{\mathrm{eq}}\end{aligned} \tag{4.11}$$

に書き直せる．上式が実用的な意味で最も便利な $\tilde{f}_{\mathcal{B}\mathcal{A}}(t)$ の表式である．

式 (4.11) ほどではないが，カノニカル相関（定義は後述）を用いた $\tilde{f}_{\mathcal{B}\mathcal{A}}(t)$ の表式もよく用いられる．この表式を導く準備として，演算子 $\mathcal{A}$ に対し，

$$\dot{\mathcal{A}} \equiv \frac{1}{i\hbar}[\mathcal{A}, \mathcal{H}]_{-} = \frac{1}{i\hbar}[\mathcal{A}, \mathcal{H} - \mu\mathcal{N}]_{-} \tag{4.12}$$

と定めよう．この演算子を $\dot{\mathcal{A}}$ と書くのは，$\dot{\mathcal{A}}(t) \equiv e^{i(\mathcal{H}-\mu\mathcal{N})t/\hbar}\dot{\mathcal{A}}e^{-i(\mathcal{H}-\mu\mathcal{N})t/\hbar}$ および $\mathcal{A}(t) \equiv e^{i(\mathcal{H}-\mu\mathcal{N})t/\hbar}\mathcal{A}e^{-i(\mathcal{H}-\mu\mathcal{N})t/\hbar}$ に対して，

$$\frac{d\mathcal{A}(t)}{dt} = e^{i(\mathcal{H}-\mu\mathcal{N})t/\hbar}\left(\frac{i}{\hbar}(\mathcal{H}-\mu\mathcal{N})\mathcal{A} - \mathcal{A}\frac{i}{\hbar}(\mathcal{H}-\mu\mathcal{N})\right)e^{-i(\mathcal{H}-\mu\mathcal{N})t/\hbar} = \dot{\mathcal{A}}(t) \tag{4.13}$$

が成り立つからである．さて，$d\mathcal{A}(-i\hbar\tau)/d\tau = -i\hbar\dot{\mathcal{A}}(-i\hbar\tau)$ の両辺を，$\tau$ について 0 から $\beta$ まで積分し，後から両辺に左から $e^{-\beta(\mathcal{H}-\mu\mathcal{N})}$ を作用させると，恒等式，

$$\left[\mathcal{A}, e^{-\beta(\mathcal{H}-\mu\mathcal{N})}\right]_{-} = -i\hbar e^{-\beta(\mathcal{H}-\mu\mathcal{N})}\int_0^\beta \dot{\mathcal{A}}(-i\hbar\tau)d\tau \tag{4.14}$$

2) $\mathcal{H}$ を無摂動ハミルトニアンと見るならば，正確には相互作用表示というべき．

を導ける．上式を式 (4.9) に代入すると，

$$\tilde{f}_{\mathcal{BA}}(t) = \beta\langle\!\langle \dot{\mathcal{A}}; \mathcal{B}(t)\rangle\!\rangle_{\mathrm{eq}}, \quad \left(\langle\!\langle \mathcal{X}; \mathcal{Y}\rangle\!\rangle_{\mathrm{eq}} \equiv \frac{1}{\beta}\int_0^\beta \langle\!\langle \mathcal{X}(-i\hbar\tau)\mathcal{Y}\rangle\!\rangle_{\mathrm{eq}}\, d\tau\right) \tag{4.15}$$

に至る．ここで，$\langle\!\langle \mathcal{X}; \mathcal{Y}\rangle\!\rangle_{\mathrm{eq}}$ を演算子 $\mathcal{X}$ と $\mathcal{Y}$ の**カノニカル相関**と呼ぶ．トレースの巡回公式 (3.33) と $\left[\varrho_{\mathrm{eq}}, \mathcal{H}\right]_- = 0$ を用いて変形し，以下のように書き表すこともできる．

$$\begin{aligned}
\tilde{f}_{\mathcal{BA}}(t) &= \beta\langle\!\langle \dot{\mathcal{A}}; \mathcal{B}(t)\rangle\!\rangle_{\mathrm{eq}} \\
&= \frac{1}{i\hbar}\int_0^\beta \mathrm{Tr}\left(\varrho_{\mathrm{eq}}\left(\mathcal{A}(-i\hbar\tau)(\mathcal{H}-\mu\mathcal{N})\mathcal{B}(t) - (\mathcal{H}-\mu\mathcal{N})\mathcal{A}(-i\hbar\tau)\mathcal{B}(t)\right)\right) d\tau \\
&= \frac{1}{i\hbar}\int_0^\beta \mathrm{Tr}\left(\varrho_{\mathrm{eq}}\left(\mathcal{A}(-i\hbar\tau)(\mathcal{H}-\mu\mathcal{N})\mathcal{B}(t) - \mathcal{A}(-i\hbar\tau)\mathcal{B}(t)(\mathcal{H}-\mu\mathcal{N})\right)\right) d\tau \\
&= \frac{1}{i\hbar}\int_0^\beta \mathrm{Tr}\left(\varrho_{\mathrm{eq}}\mathcal{A}(-i\hbar\tau)\left[\mathcal{H}-\mu\mathcal{N}, \mathcal{B}(t)\right]_-\right) d\tau = -\beta\langle\!\langle \mathcal{A}; \dot{\mathcal{B}}(t)\rangle\!\rangle_{\mathrm{eq}}
\end{aligned} \tag{4.16}$$

導出過程および結果の妥当性や，実際の運用上の注意等は後々考えることにすれば（4.3 節，4.4 節），とにかく $\mathcal{A}, \mathcal{B}, \mathcal{H}$ の情報から（原理的には）計算可能な一連の $\tilde{f}_{\mathcal{BA}}(t)$ の表式（以下では**久保公式**と総称する）が導かれた．ここで**応答関数**，

$$f_{\mathcal{BA}}(t) \equiv \tilde{f}_{\mathcal{BA}}(t)\theta(t) \tag{4.17}$$

を導入し，因果律による制約を階段関数 $\theta(t)$ で表すと，式 (4.8) を畳み込み積分の形，

$$\langle\!\langle \mathcal{B}\rangle\!\rangle_t = \int_0^{+\infty} \tilde{f}_{\mathcal{BA}}(t')F(t-t')dt' = \int_{-\infty}^{+\infty} f_{\mathcal{BA}}(t')F(t-t')dt' \tag{4.18}$$

に変形できる．したがって，$F(t)$ と $\langle\!\langle \mathcal{B}\rangle\!\rangle_t$ を，

$$F(t) = \frac{1}{2\pi}\int_{-\infty}^{+\infty} F(\omega)e^{-i\omega t+\delta t}d\omega, \quad \langle\!\langle \mathcal{B}\rangle\!\rangle_t = \frac{1}{2\pi}\int_{-\infty}^{+\infty} B(\omega)e^{-i\omega t+\delta t}d\omega \tag{4.19}$$

と Fourier 展開するのが便利である．ただし，断熱的に外場を印加したことを忘れないように，無限小の正の実数 $\delta$ を導入しておいた．実際に上式を代入すると，

$$B(\omega) = \chi_{\mathcal{BA}}(\omega)F(\omega) \tag{4.20}$$

$$\chi_{\mathcal{BA}}(\omega) \equiv \int_{-\infty}^{+\infty} f_{\mathcal{BA}}(t)e^{i\omega t-\delta t}dt = \int_0^{\infty} \tilde{f}_{\mathcal{BA}}(t)e^{i\omega t-\delta t}dt \tag{4.21}$$

を得る．$\chi_{\mathcal{BA}}(\omega)$ を**複素感受率**と呼ぶ．

ここで，Fock 空間の完全正規直交系 $\{|m\rangle\}_{m=1,2,\cdots}$ を $\mathcal{H}-\mu\mathcal{N}$ の固有状態に選び，$|m\rangle$ に対応する $\mathcal{H}-\mu\mathcal{N}$ の固有値を $\tilde{E}_m$ と書くと，式 (4.9), (4.21) から，

$$
\begin{aligned}
\chi_{\mathcal{BA}}(\omega) &= \frac{i}{\hbar}\int_0^\infty dt\, e^{i\omega t-\delta t}\mathrm{Tr}\left(\left[\mathcal{A},\varrho_{\mathrm{eq}}\right]_-\mathcal{B}(t)\right) \\
&= \frac{i}{\hbar}\int_0^\infty dt\, e^{i\omega t-\delta t}\sum_{m,n}\left(\langle n|\mathcal{A}|m\rangle p_m - p_n\langle n|\mathcal{A}|m\rangle\right)\langle m|e^{i\tilde{E}_m t/\hbar}\mathcal{B}e^{-i\tilde{E}_n t/\hbar}|n\rangle \\
&= -\sum_{m,n}\frac{(p_m-p_n)\langle m|\mathcal{B}|n\rangle\langle n|\mathcal{A}|m\rangle}{\hbar\omega+\tilde{E}_m-\tilde{E}_n+i\delta}
\end{aligned} \tag{4.22}
$$

を得る（$p_m \equiv e^{-\beta\tilde{E}_m}/\Xi$ と定め，正の無限小量 $\hbar\delta$ を改めて $\delta$ と書き直した）．これを $\chi_{\mathcal{BA}}(\omega)$ の **Lehmann-Källén 表示**と呼ぶ．ただし，有限サイズ系でしか上述のような $|m\rangle$ を用意できる保証がないので，上式は有限サイズ系でしか有効でない．無限に大きな系を考える場合には，右辺の熱力学極限をとるわけだが，その結果は $\omega$ の複素関数として実軸直下だけに極を持つとは限らず，実軸より下に離れた位置に極を持ったり，実軸上に分岐切断線を持ったりするので注意が必要である（実例は 11.1 節を参照）．

複素感受率 $\chi_{\mathcal{BA}}(\omega)$ に対して一般的に成り立つ公式を導いておこう．まず，「線形」応答を考えているので当然ではあるが，$\chi_{\mathcal{BA}}(\omega)$ は $\mathcal{A}$ および $\mathcal{B}$ について双線形である．即ち，$c_1, c_2$ を任意の複素数として，

$$
\chi_{c_1\mathcal{B}_1+c_2\mathcal{B}_2,\mathcal{A}}(\omega) = c_1\chi_{\mathcal{B}_1,\mathcal{A}}(\omega) + c_2\chi_{\mathcal{B}_2,\mathcal{A}}(\omega) \tag{4.23}
$$

$$
\chi_{\mathcal{B},c_1\mathcal{A}_1+c_2\mathcal{A}_2}(\omega) = c_1\chi_{\mathcal{B},\mathcal{A}_1}(\omega) + c_2\chi_{\mathcal{B},\mathcal{A}_2}(\omega) \tag{4.24}
$$

が成り立つ．また，$\chi_{\mathcal{BA}}(\omega)$ を Lehmann-Källén 表示して，複素共役をとると，

$$
(\chi_{\mathcal{BA}}(\omega))^* = \sum_{m,n}\frac{(p_m-p_n)\langle n|\mathcal{B}^\dagger|m\rangle\langle m|\mathcal{A}^\dagger|n\rangle}{-\left(\hbar\omega+\tilde{E}_m-\tilde{E}_n-i\delta\right)} = \chi_{\mathcal{B}^\dagger\mathcal{A}^\dagger}(-\omega) \tag{4.25}
$$

を示せる．特に $\mathcal{A}, \mathcal{B}$ がエルミートなら，$\chi_{\mathcal{BA}}(\omega)$ の実部（虚部）が $\omega$ の偶関数（奇関数）になることに注意しよう．

さらに，時間反転対称性からもう一つ公式を導ける．ここでは系に静磁束密度が印加されている場合も扱えるように，磁束密度が $\boldsymbol{B}$ のときのハミルトニアンを $\mathcal{H}_{\boldsymbol{B}}$ と書こう．2.4 節で議論したように，Fock 空間上で考えた $\mathcal{H}_{\boldsymbol{B}}-\mu\mathcal{N}$ の固有値を $\tilde{E}_n$，対応する固有状態を $|n\rangle$ とすれば，$\mathcal{H}_{-\boldsymbol{B}}-\mu\mathcal{N}$ も同じ固有値 $\tilde{E}_n$ を持ち，対応する固有状態は時間反転演算子 $\Theta$ を用いて $|\tilde{n}\rangle \equiv \Theta|n\rangle$ と書け

る．時間反転によって，演算子 $\mathcal{A}$, $\mathcal{B}$ も式 (2.32) に従って $\tilde{\mathcal{A}} \equiv \Theta\mathcal{A}^\dagger\Theta^{-1}$，$\tilde{\mathcal{B}} \equiv \Theta\mathcal{B}^\dagger\Theta^{-1}$ に変換され，変換前後の演算子の行列要素の間に，式 (2.34) の関係があることに注意すると，

$$\chi_{\mathcal{B}\mathcal{A}}(\omega, \boldsymbol{B}) = -\sum_{m,n} \frac{(p_m - p_n)\langle\tilde{m}|\tilde{\mathcal{A}}|\tilde{n}\rangle\langle\tilde{n}|\tilde{\mathcal{B}}|\tilde{m}\rangle}{\hbar\omega + \tilde{E}_m - \tilde{E}_n + i\delta} = \chi_{\tilde{\mathcal{A}}\tilde{\mathcal{B}}}(\omega, -\boldsymbol{B}) \tag{4.26}$$

を導ける．ただし，$\chi_{\mathcal{B}\mathcal{A}}(\omega, \boldsymbol{B})$ は磁束密度が $\boldsymbol{B}$ であるときの複素感受率を表す．

一般に，演算子 $\mathcal{A}$ に時間反転操作を施したときに，

$$\tilde{\mathcal{A}} \equiv \Theta\mathcal{A}^\dagger\Theta^{-1} = \pm\mathcal{A} \tag{4.27}$$

が成り立つとき，右辺の符号がプラスならば $\mathcal{A}$ は時間反転に対して偶，マイナスならば奇であると言う．演算子 $\mathcal{A}$ と $\mathcal{B}$ に対して，時間反転に対する偶奇性が定まっているとき，式 (4.26) は，

$$\chi_{\mathcal{B}\mathcal{A}}(\omega, \boldsymbol{B}) = \pm\chi_{\mathcal{A}\mathcal{B}}(\omega, -\boldsymbol{B}) \tag{4.28}$$

に帰する．右辺の符号は $\mathcal{A}$ と $\mathcal{B}$ の偶奇が一致するとき正符号，異なるとき負符号とする．

## 4.2　Kramers-Kronig の関係式と総和則

複素感受率 $\chi_{\mathcal{B}\mathcal{A}}(\omega)$ の変数 $\omega$ を実数から複素数へ拡張したとき，**複素平面の上半面 $\mathrm{Im}\omega > 0$ において $\chi_{\mathcal{B}\mathcal{A}}(\omega)$ は解析的**になる．実際，$e^{i\omega t - \delta t} = e^{i(\mathrm{Re}\omega)t - (\mathrm{Im}\omega + \delta)t}$ が $t \to +\infty$ で指数関数的に減衰することを反映して，$\chi_{\mathcal{B}\mathcal{A}}(\omega)$ の定義式 (4.21) の積分は（絶対かつ一様に）収束する[3]．そのため，指数関数の解析性をそのまま反映して $\chi_{\mathcal{B}\mathcal{A}}(\omega)$ も解析的になる．そもそも積分が収束したのは，積分範囲が $t = 0$ から $\infty$ までだからであるが，この積分範囲は因果律からの帰結なので，$\chi_{\mathcal{B}\mathcal{A}}(\omega)$ が上半面で解析的であることを，**因果律**が $\chi_{\mathcal{B}\mathcal{A}}(\omega)$ に課す物理的要請だと考えることができる．

複素感受率に課されるもう一つの物理的要請は，複素平面の上半面で **$|\omega| \to +\infty$ としたとき $\chi_{\mathcal{B}\mathcal{A}}(\omega) \to 0$** となることである．この要請は，$\hbar|\omega|$ が系

3）ただし，$f_{\mathcal{B}\mathcal{A}}(t)$ は連続関数で，$t \to +\infty$ でも有界に留まると仮定する．

を特徴づけるどんなエネルギースケールよりも大きくなれば，系が外場の時間変動に追随できず，応答もなくなるという事実を表現している[4)]．

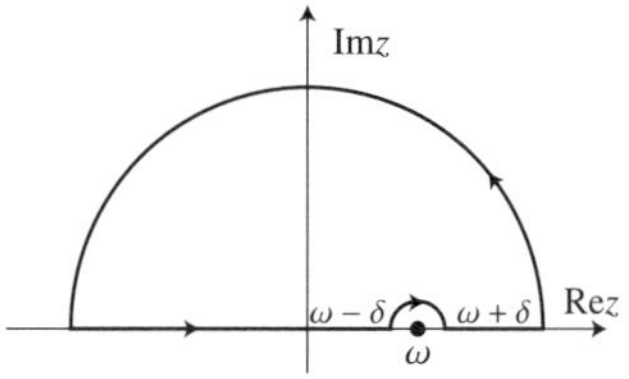


図 4.1 積分経路

複素平面の上半面で $\chi_{\mathcal{BA}}(\omega)$ は解析的だから，Cauchy の積分定理から，図 4.1 の閉じた積分経路に対し，

$$\oint \frac{\chi_{\mathcal{BA}}(z)}{z-\omega}dz \equiv \int_{\substack{|\omega'-\omega|<\delta\\ \text{を除く実軸}}} \frac{\chi_{\mathcal{BA}}(\omega')}{\omega'-\omega}d\omega' + \int_{C_{\text{小}}} \frac{\chi_{\mathcal{BA}}(z)}{z-\omega}dz + \int_{C_{\text{大}}} \frac{\chi_{\mathcal{BA}}(z)}{z-\omega}dz = 0 \tag{4.29}$$

が成り立つ．ここで，$C_{\text{小}}$ は $z=\omega$ を中心とする半径 $\delta$ の半円，$C_{\text{大}}$ は大きな半円を表す．まず，$\delta\to+0$ の極限をとると，右辺第一項は Cauchy の主値積分，第二項は，

$$\int_{C_{\text{小}}} \frac{\chi_{\mathcal{BA}}(z)}{z-\omega}dz = \chi_{\mathcal{BA}}(\omega)\int_{C_{\text{小}}} \frac{dz}{z-\omega} = \chi_{\mathcal{BA}}(\omega)[\ln(z-\omega)]_{\omega-\delta}^{\omega+\delta} = -i\pi\chi_{\mathcal{BA}}(\omega) \tag{4.30}$$

を与える（対数関数は主値をとる）．一方，$\lim_{|z|\to\infty}\chi_{\mathcal{BA}}(z)=0$ だから，$C_{\text{大}}$ の半径を無限大にする極限で右辺第三項は消える．したがって，**Kramers-Kronig の関係式**，

$$\chi_{\mathcal{BA}}(\omega) = \frac{1}{\pi i}\mathrm{P}\int_{-\infty}^{+\infty} d\omega' \frac{\chi_{\mathcal{BA}}(\omega')}{\omega'-\omega} \tag{4.31}$$

が成り立つ（記号 P で主値積分を表す）．上式を実部と虚部を分けて，

$$\mathrm{Re}\chi_{\mathcal{BA}}(\omega) = \frac{1}{\pi}\mathrm{P}\int_{-\infty}^{+\infty} d\omega' \frac{\mathrm{Im}\chi_{\mathcal{BA}}(\omega')}{\omega'-\omega}, \quad \mathrm{Im}\chi_{\mathcal{BA}}(\omega) = -\frac{1}{\pi}\mathrm{P}\int_{-\infty}^{+\infty} d\omega' \frac{\mathrm{Re}\chi_{\mathcal{BA}}(\omega')}{\omega'-\omega} \tag{4.32}$$

と書くと，**複素感受率の実部と虚部が互いに独立ではない**ことが了解される．

応答関数 $f_{\mathcal{BA}}(t)$ を $t>0$ について冪級数展開した，

4) あるいは以下のように考えてもよい．応答関数 $f_{\mathcal{BA}}(t)$ をある種の時間相関関数とみなすと，十分に複雑で巨視的な系では，$t\to+\infty$ で $|f_{\mathcal{BA}}(t)|$ が速やかにゼロに近づき，$\int_0^{+\infty}|f_{\mathcal{BA}}(t)|dt$ が有限値に収束すると期待される．このとき Riemann-Lebesgue の定理は，$\lim_{|\omega|\to+\infty}\chi_{\mathcal{BA}}(\omega)=0$ を導く．

$$f_{\mathcal{BA}}(t) = \sum_{n=0}^{\infty} f_{\mathcal{BA}}^{(n)}(+0)\frac{t^n}{n!}, \quad \left(\text{ただし，} f_{\mathcal{BA}}^{(n)}(+0) \equiv \lim_{t\to+0} \frac{d^n f_{\mathcal{BA}}}{dt^n}\right) \tag{4.33}$$

を複素感受率 $\chi_{\mathcal{BA}}(\omega)$ の定義式に代入し，項別積分すれば，

$$\chi_{\mathcal{BA}}(\omega) = \int_0^{\infty} e^{i\omega t - \delta t} f_{\mathcal{BA}}(t)dt = \sum_{n=0}^{\infty}\left(\frac{i}{\omega}\right)^{n+1} f_{\mathcal{BA}}^{(n)}(+0), \quad (|\omega| \to +\infty) \tag{4.34}$$

の漸近形を得る．したがって，複素平面の上半面で解析的な関数，

$$g_k(\omega) \equiv \omega^k \chi_{\mathcal{BA}}(\omega) - \sum_{n=0}^{k-1}\left(i^{n+1} f_{\mathcal{BA}}^{(n)}(+0)\right)\omega^{k-n-1} \tag{4.35}$$

は，$|\omega| \to +\infty$ で $g_k(\omega) = i^{k+1} f_{\mathcal{BA}}^{(k)}(+0)\omega^{-1} + O\left(\omega^{-2}\right)$ の漸近形を持ち，Kramers-Kronig の関係式，

$$g_k(\omega) = \frac{1}{\pi i} \mathrm{P}\int_{-\infty}^{+\infty} d\omega' \frac{g_k(\omega')}{\omega' - \omega} \tag{4.36}$$

を満たす．上式両辺に $-i\omega$ をかけ，$\omega \to \infty$ の極限をとると，**$k$ 次モーメント総和則**，

$$\frac{1}{\pi}\int_{-\infty}^{+\infty} g_k(\omega)d\omega = -i\lim_{\omega\to\infty} \omega g_k(\omega) = i^k f_{\mathcal{BA}}^{(k)}(+0) \tag{4.37}$$

を導ける．ここで先ほどの $g_k(\omega)$ の漸近形を用いた．

Kramers-Kronig の関係式や総和則が，因果律（$\mathrm{Im}z > 0$ における $\chi_{\mathcal{BA}}(z)$ の解析性）と，$\lim_{|z|\to\infty} \chi_{\mathcal{BA}}(z) = 0$ という二つの物理的な要請だけから導かれたことを強調しておこう．即ち，**本節のここまでの議論に，久保公式（$f_{\mathcal{BA}}(t)$ あるいは $\chi_{\mathcal{BA}}(\omega)$ の具体的な表式）は不要である**．

ここから先は久保公式のご利益にあずかろう．式 (4.11) を使うと，モーメント総和則の表式中に現れる $f_{\mathcal{BA}}^{(k)}(+0)$ の値を具体的に，

$$\begin{aligned} f_{\mathcal{BA}}^{(k)}(+0) &= \frac{i}{\hbar}\left\langle\!\!\left\langle \left[ \left.\frac{d^k \mathcal{B}(t)}{dt^k}\right|_{t=0}, \mathcal{A}\right]_- \right\rangle\!\!\right\rangle_{\mathrm{eq}} \\ &= \left(\frac{i}{\hbar}\right)^{k+1} \langle\!\langle [\underbrace{[\mathcal{H}, [\mathcal{H}, \cdots [\mathcal{H}, \mathcal{B}]_-]_-]_-}_{k\text{ 回}}, \mathcal{A}]_- \rangle\!\rangle_{\mathrm{eq}} \end{aligned} \tag{4.38}$$

と書き下せる．小さな $k$ に対しては上記の量を簡単に計算できる場合がしばしばあり，その際にモーメント総和則は有用な式となる．総和則は $\chi_{\mathcal{BA}}(\omega)$ が満

たすべき制限を与えるので，近似計算や数値計算によって得られた $\chi_{\mathcal{BA}}(\omega)$ が妥当なものであるかどうかをチェックする際に用いるとよい．

## 4.3　揺動散逸定理

本節では，外場項が，

$$\mathcal{H}_{\text{ext}}(t) = -\frac{1}{2}\left(\mathcal{A}Fe^{-i\omega t+\delta t} + \mathcal{A}^\dagger F^* e^{i\omega t+\delta t}\right) \tag{4.39}$$

と書ける場合の線形応答を考察する．ただし，外場印加前の熱平衡状態では $\langle\!\langle \mathcal{A} \rangle\!\rangle_{\text{eq}} = 0$ であるとする．まず，外力が系に与える仕事率（系の力学的エネルギーの単位時間当たりの変化率）を求めよう．その結果は，

$$\begin{aligned}\frac{dW}{dt} &\equiv \frac{d}{dt}\text{Tr}\left(\varrho(t)\mathcal{H}\right) = \text{Tr}\left(\frac{d\varrho}{dt}\left(\mathcal{H} + \mathcal{H}_{\text{ext}}(t) - \mathcal{H}_{\text{ext}}(t)\right)\right) = -\text{Tr}\left(\frac{d\varrho'}{dt}\mathcal{H}_{\text{ext}}(t)\right) \\ &= \frac{1}{2}\left(\frac{d}{dt}\left(\text{Tr}\left(\varrho'(t)\mathcal{A}\right)\right)Fe^{-i\omega t+\delta t} + \frac{d}{dt}\left(\text{Tr}\left(\varrho'(t)\mathcal{A}^\dagger\right)\right)F^* e^{i\omega t+\delta t}\right)\end{aligned} \tag{4.40}$$

となる．ここで，von Neumann 方程式 (4.1) とトレースの巡回公式 (3.33) から導かれる，

$$\text{Tr}\left(\frac{d\varrho(t)}{dt}\left(\mathcal{H} + \mathcal{H}_{\text{ext}}(t)\right)\right) = \frac{1}{i\hbar}\text{Tr}\left(\left[\mathcal{H} + \mathcal{H}_{\text{ext}}(t), \varrho(t)\right]_-\left(\mathcal{H} + \mathcal{H}_{\text{ext}}(t)\right)\right) = 0 \tag{4.41}$$

を用いた．外力 $F(t) = Fe^{-i\omega t+\delta t}$ に，それと共役な物理量の「変位」$\text{tr}(\varrho'(t)\mathcal{A})$ の時間微分をかけると仕事率になるという結果は，古典力学でもお馴染みのものである．式 (4.40) において，$\varrho'(t) \equiv \varrho(t) - \varrho_{\text{eq}}$ を $F$ の一次近似で評価すれば，$dW/dt$ を $F$ の二次近似で評価できたことになる．複素感受率の定義と，式 (4.25) から，

$$\begin{aligned}\text{Tr}\left(\varrho'(t)\mathcal{A}\right) &= \frac{1}{2}\chi_{\mathcal{A}\mathcal{A}^\dagger}(-\omega)F^* e^{i\omega t+\delta t} + (e^{-i\omega t}\text{で振動する項}) + o\left(|F|\right) \\ &= \frac{1}{2}\left(\chi_{\mathcal{A}^\dagger\mathcal{A}}(\omega)\right)^* F^* e^{i\omega t+\delta t} + (e^{-i\omega t}\text{で振動する項}) + o\left(|F|\right) \\ \text{Tr}\left(\varrho'(t)\mathcal{A}^\dagger\right) &= \frac{1}{2}\chi_{\mathcal{A}^\dagger\mathcal{A}}(\omega)Fe^{-i\omega t+\delta t} + (e^{i\omega t}\text{で振動する項}) + o\left(|F|\right)\end{aligned} \tag{4.42}$$

だから，仕事率の長時間平均（単位時間当たりに系が吸収した仕事）が，

$$\overline{\frac{dW}{dt}} \equiv \lim_{\tau\to+\infty}\frac{1}{\tau}\int_0^\tau \frac{dW}{dt}dt = \frac{1}{2}\omega\text{Im}\chi_{\mathcal{A}^\dagger\mathcal{A}}(\omega)|F|^2 + o\left(|F|^2\right) \tag{4.43}$$

と求まる．ただし，$\delta \to +0$ としてから $\tau \to +\infty$ として，外場印加の時間ス

ケール $1/\delta$ より十分短いが，外場の振動周期 $2\pi/\omega$ より十分長い時間にわたって時間平均をとった．熱力学第二法則により，単一の熱源から熱を奪い，他の熱源へ熱を捨てることなく外界に正の仕事をなすことはできないので，系が吸収した仕事は正でなければならない．

実際に，式 (4.43) 右辺に久保公式から求めた複素感受率を代入したとき，これが $\omega$ によらず常に正になることを確認しよう．Lehmann-Källén 表示 (4.22) と公式，

$$\frac{1}{x \pm i\delta} = \mathrm{P}\frac{1}{x} \mp i\pi\delta(x) \tag{4.44}$$

を用いると（P は後で $x$ について積分する際に主値をとることを意味する）[5]，

$$\mathrm{Im}\chi_{\mathcal{A}^\dagger\mathcal{A}}(\omega) = \left(1 - e^{-\beta\hbar\omega}\right)\pi\sum_{m,n} p_m|\langle n|\mathcal{A}|m\rangle|^2\delta\left(\hbar\omega + \tilde{E}_m - \tilde{E}_n\right) \tag{4.45}$$

を得るが，$\omega$ と $\left(1 - e^{-\beta\hbar\omega}\right)$ の正負が一致するので，$\omega$ によらず $\omega\mathrm{Im}\chi_{\mathcal{A}^\dagger\mathcal{A}}(\omega) \geq 0$ となる．上式は $\hbar\omega = \tilde{E}_n - \tilde{E}_m$ においてデルタ関数の特異性を持つように見えるが，熱力学極限をとったときに $\tilde{E}_m$ あるいは $\tilde{E}_n$ が連続的に分布すれば，$m$, $n$ についての和をとった結果が $\omega$ の連続関数に化けることにも注意しよう[6]．

線形応答理論では，時間的に振動する外場を印加し続けた系が，非平衡定常状態に達し，その熱平衡状態からのずれが外場の一次のオーダーに留まることを**仮定する**．帳尻が合うためには，（長時間平均して見たときに）系は吸収したエネルギーと同じエネルギーを系外へ放出しなければならない[7]．このとき，エネルギーを系外へ放出する機構や，定常状態を保つように課した境界条件があるはずだが，久保公式では複素感受率がそれらの詳細によらず，孤立系のハミルトニアンの情報だけで決まると**信じて**[8]，単なる外場に対する一次摂

---

5）複素平面の上半面の実軸近傍において解析的な $f(z)$ に対し，$\delta \to +0$ の極限で，

$$\int_{-\infty}^{+\infty}\frac{f(x)}{x+i\delta}dx = \int_{|x|<\delta\text{を除く実軸}}\frac{f(x)}{x}dx + \int_{C_{\text{小}}}\frac{f(z)}{z} + O(\delta) \to \mathrm{P}\int_{-\infty}^{+\infty}\frac{f(x)}{x}dx - i\pi f(0)$$

が成り立つ（$C_{\text{小}}$ は原点を中心に上半面に描いた半径 $\delta$ の半円）．式 (4.44) は上式の標語的表現．

6）実際の数値シミュレーションで無限に大きな系を扱うことはできないから，しばしば有限サイズ系で得られた結果から，熱力学極限をとった後の結果を「想像する」必要に迫られる．有限サイズ系で求めた複素感受率から無限に大きな系の複素感受率を類推する際には，典型的な準位間隔（系のサイズ長を $L$ とすると $L^{-1}$ に比例）より大きな $\delta > 0$ を手で導入することが多い．

7）これは，粘性抵抗がある調和振動子に振動外力を加えると，外力がなした仕事が粘性抵抗による摩擦熱となって系外へ放出され，定常的な振動が続くのと同じ事情である．

8）これは，平衡統計力学において，どんな境界条件の下で熱平衡状態が実現されたのかによら

動（4.1 節）で話をすませている[9]．

上述の仮定の下で，式 (4.43) 右辺の $\mathrm{Im}\chi_{\mathcal{A}^\dagger\mathcal{A}}(\omega)$ は，**エネルギー散逸**という不可逆性の情報を表していることになる．$\mathrm{Im}\chi_{\mathcal{A}^\dagger\mathcal{A}}(\omega)$ がゼロでなくなった背景には，無限小の $\delta$ の導入がある．即ち，微小な外場の印加レート $\delta > 0$ は，過去と未来を区別し，因果性の概念を持ち込むという意味で，いわば「不可逆性の種」としての役割を果たす．そのため，計算途中で短絡的に $\delta = 0$ としてはいけない．特に，熱力学極限をとる場合には，**熱力学極限をとった後で $\delta \to +0$ としないと，物理的意味がある（正しく不可逆性を考慮した）結果は得られない**．我々が欲しいのは系に内在する不可逆性の情報だが，本質的に不可逆性は無限に大きな系からしか出てきようがない．そこで，まず「不可逆性の種」$\delta$ を式に仕込んでから，熱力学極限をとって無限に大きな系に潜む不可逆性の情報を引き出し，最後に $\delta$ をゼロに近づけて最終結果の $\delta$ 依存性を消去するわけだ[10),11)]．より一般に，式 (4.21) は，

$$\begin{aligned}\chi_{\mathcal{BA}}(\omega) &\equiv \lim_{\delta\to+0}\lim_{\text{熱力学極限}}\int_{-\infty}^{+\infty} f_{\mathcal{BA}}(t)e^{i\omega t-\delta t}dt \\ &= \lim_{\delta\to+0}\lim_{\text{熱力学極限}}\int_{0}^{+\infty} \tilde{f}_{\mathcal{BA}}(t)e^{i\omega t-\delta t}dt \end{aligned} \tag{4.46}$$

を意味すると考えねばならない[12]．

外場が誘起した非平衡定常状態でのエネルギー散逸を記述する $\mathrm{Im}\chi_{\mathcal{A}^\dagger\mathcal{A}}(\omega)$ は，$\mathcal{A}$ と $\mathcal{A}^\dagger$ の時間相関 $\langle\!\langle\mathcal{A}^\dagger(t)\mathcal{A}\rangle\!\rangle_{\mathrm{eq}}$ や $\langle\!\langle\mathcal{A}\mathcal{A}^\dagger(t)\rangle\!\rangle_{\mathrm{eq}}$（ここでは $\langle\!\langle\mathcal{A}\rangle\!\rangle_{\mathrm{eq}} = 0$ を仮定したので，熱平衡状態におけるゆらぎという意味を持つ）と，

---

ず，系のハミルトニアンだけで熱平衡状態を議論できると信じるのと同様の精神である．

9) 4.1 節の久保公式の導出を見直すとわかるように，外場印加時に系をリザバーから切り離すので，エネルギーを放出する先を具体的には考慮していない．熱平衡状態からのずれが外場の一次に留まるという物理的状況は，外場の一次摂動の寄与しか考えないことに反映されている．

10) この極限操作と相転移で議論される Bogoliubov の準平均（15.2 節）の極限操作は発想が似ている．

11) 散乱問題を Green 関数を用いて扱う際もこの順番で極限をとることを思い出そう．散乱ポテンシャルの断熱的導入に要する時間を $\delta^{-1} > 0$，系のサイズを特徴づける長さを $L$，散乱される粒子の特徴的な群速度を $v > 0$ とすると，$\delta^{-1}$ は粒子の波束が長さ $L$ を伝わるのに要する時間 $L/v$ よりも十分小さいはずだから，$L \to \infty$ とした後で $\delta \to +0$ としないと意味のある結果が得られない．

12) とにかく $\delta \to +0$ の極限を最後にとることが肝要である．$\delta > 0$ が有限な間は $e^{-\delta t}$ が $t$ 積分の収束因子として働くので，熱力学極限と $t$ 積分の上限を無限大にとばす極限の順序は入れ替え可能である．

$$\int_{-\infty}^{+\infty} \langle\!\langle \mathcal{A}^\dagger(t)\mathcal{A}\rangle\!\rangle_{\rm eq} e^{i\omega t} dt = e^{\beta\hbar\omega} \int_{-\infty}^{+\infty} \langle\!\langle \mathcal{A}\mathcal{A}^\dagger(t)\rangle\!\rangle_{\rm eq} e^{i\omega t} dt = \frac{2\hbar}{1 - e^{-\beta\hbar\omega}} {\rm Im}\chi_{\mathcal{A}^\dagger\mathcal{A}}(\omega) \tag{4.47}$$

の関係で結ばれる（**揺動散逸定理**）．上式は比較対象を各々 Lehmann-Källén 表示すれば明白である．具体的には式 (4.45) や，

$$\int_{-\infty}^{+\infty} \langle\!\langle \mathcal{A}^\dagger(t)\mathcal{A}\rangle\!\rangle_{\rm eq} e^{i\omega t} dt = 2\pi\hbar \sum_{m,n} p_m |\langle n|\mathcal{A}|m\rangle|^2 \,\delta\left(\hbar\omega + \tilde{E}_m - \tilde{E}_n\right) \tag{4.48}$$

等を用いればよい．量子系では演算子の非可換性により $\langle\!\langle \mathcal{A}^\dagger(t)\mathcal{A}\rangle\!\rangle_{\rm eq}$ や $\langle\!\langle \mathcal{A}\mathcal{A}^\dagger(t)\rangle\!\rangle_{\rm eq}$ 等のさまざまな時間相関を考えうるが，それらの測定可能性は自明でない．時間相関の測定では，$\mathcal{A}$ の測定後に時間間隔 $t$ を空けて $\mathcal{A}^\dagger$ を測定するが，量子系では先行する測定の仕方が後続の測定結果に影響するためである．久保は演算子の積を対称化した $\langle\!\langle [\mathcal{A}^\dagger(t), \mathcal{A}]_+/2\rangle\!\rangle_{\rm eq}$ が測定可能だと予想し[13]，式 (4.47) を，

$$\int_{-\infty}^{+\infty} \left\langle\!\!\left\langle \frac{1}{2}[\mathcal{A}^\dagger(t), \mathcal{A}]_+ \right\rangle\!\!\right\rangle_{\rm eq} e^{i\omega t} dt = \hbar \coth\left(\frac{\beta\hbar\omega}{2}\right) {\rm Im}\chi_{\mathcal{A}^\dagger\mathcal{A}}(\omega) \tag{4.49}$$

の形に書いた．

## 4.4　複素感受率の静的極限

安直に考えれば，時間に依存しない（静的な）外場を系に印加したときの応答は，久保公式で求めた複素感受率の静的極限（$\omega \to 0$ の極限）によって評価できそうである．しかしこの極限操作には注意が要る．久保公式の導出過程では，外場印加時に系をリザバーから切り離しているからだ[14]．実際，系をリ

---

13）可能な限り古典的理想測定を模倣すると，巨視的な系で測定される相関関数は普遍的に対称化積型になる [K. Fujikura and A. Shimizu: Phys. Rev. Lett. **117**, 010402 (2016).].

14）系をリザバーから切断し，外場を断熱的に（単にゆっくりという意味で，熱力学の準静的断熱過程とは意味が異なる）印加すると，$\mathcal{H}$ の各エネルギー固有状態は，準位交差せず $\mathcal{H} - F\mathcal{A}$ のそれに連続的につながる（断熱定理）．$\chi_{\mathcal{B}\mathcal{A}}(\omega \to 0)$ の計算では，このようなエネルギー固有状態の変化を追跡しているが，アンサンブル平均をとる際に各状態に付ける確率重みは，ハミルトニアン $\mathcal{H} - \mu\mathcal{N}$ の固有値から決めた（つまり $F = 0$ のときの）値のままである．一方，等温感受率を計算する際には，$\mathcal{H} - F\mathcal{A} - \mu\mathcal{N}$ を使って通常の意味の大正準アンサンブルの平均をとるので，アンサンブル平均で各エネルギー固有状態に付ける確率重みにも $\mathcal{H} - F\mathcal{A} - \mu\mathcal{N}$ の固有値から決めた値を使う．両感受率が一致する保証はない．

ザバーに接触させたまま，静的な外場を印加すれば，外場印加下で熱平衡状態に達している状況を考えることもできる．この状況下での線形応答を論じる際に通常興味があるのは**等温感受率**，

$$\chi^{\mathrm{T}}_{\mathcal{B}\mathcal{A}} \equiv \lim_{F\to 0}\frac{1}{F}\left(\langle\!\langle B\rangle\!\rangle_{\mathrm{eq},F} - \langle\!\langle B\rangle\!\rangle_{\mathrm{eq}}\right) = \frac{\partial}{\partial F}\left(\frac{\mathrm{Tr}\left(e^{-\beta(\mathcal{H}-\mu\mathcal{N}-F\mathcal{A})}\mathcal{B}\right)}{\mathrm{Tr}\left(e^{-\beta(\mathcal{H}-\mu\mathcal{N}-F\mathcal{A})}\right)}\right)_{F=0} \tag{4.50}$$

である．ここで，$\langle\!\langle\bullet\rangle\!\rangle_{\mathrm{eq},F}$ は外場の強さが $F$ であるときの大正準アンサンブルについての平均を表し，$\langle\!\langle\bullet\rangle\!\rangle_{\mathrm{eq}} = \langle\!\langle\bullet\rangle\!\rangle_{\mathrm{eq},F=0}$ は外場がないときの平均を指す[15)]．

異なる物理的意味を持つ $\chi_{\mathcal{B}A}(\omega\to 0)$ と $\chi^{\mathrm{T}}_{\mathcal{B}A}$ が一致する保証はない．両者の違いを調べるために，まず等温感受率 $\chi^{\mathrm{T}}_{\mathcal{B}\mathcal{A}}$ の表式を書き下しておこう．その際に恒等式，

$$e^{-\beta(\mathcal{H}-\mu\mathcal{N}-F\mathcal{A})} = e^{-\beta(\mathcal{H}-\mu\mathcal{N})}\left(1 + F\int_0^\beta \mathcal{A}(-i\hbar\tau)d\tau\right) + o(F) \tag{4.51}$$

を用いると便利である．上式を示すには，

$$\begin{aligned}
&\frac{d}{d\tau}\left(e^{\tau(\mathcal{H}-\mu\mathcal{N})}e^{-\tau(\mathcal{H}-\mu\mathcal{N}-F\mathcal{A})}\right)\\
&= e^{\tau(\mathcal{H}-\mu\mathcal{N})}\left((\mathcal{H}-\mu\mathcal{N}) - (\mathcal{H}-\mu\mathcal{N}-F\mathcal{A})\right)e^{-\tau(\mathcal{H}-\mu\mathcal{N}-F\mathcal{A})}\\
&= e^{\tau(\mathcal{H}-\mu\mathcal{N})}F\mathcal{A}e^{-\tau(\mathcal{H}-\mu\mathcal{N}-F\mathcal{A})} = F\mathcal{A}(-i\hbar\tau) + o(F)
\end{aligned} \tag{4.52}$$

の両辺を $\tau$ について 0 から $\beta$ まで積分した後で，両辺に左から $e^{-\beta(\mathcal{H}-\mu\mathcal{N})}$ を作用させればよい．式 (4.51) を式 (4.50) に代入し，これまで通り $\langle\!\langle\mathcal{B}\rangle\!\rangle_{\mathrm{eq}} = 0$ を仮定すれば，

$$\begin{aligned}
\chi^{\mathrm{T}}_{\mathcal{B}\mathcal{A}} &= \int_0^\beta \langle\!\langle\mathcal{A}(-i\hbar\tau)\mathcal{B}\rangle\!\rangle_{\mathrm{eq}}d\tau - \langle\!\langle\mathcal{B}\rangle\!\rangle_{\mathrm{eq}}\int_0^\beta \langle\!\langle\mathcal{A}(-i\hbar\tau)\rangle\!\rangle_{\mathrm{eq}}d\tau\\
&= \beta\langle\!\langle\mathcal{A};\mathcal{B}\rangle\!\rangle_{\mathrm{eq}} - \beta\langle\!\langle\mathcal{A}\rangle\!\rangle_{\mathrm{eq}}\langle\!\langle\mathcal{B}\rangle\!\rangle_{\mathrm{eq}} = \beta\langle\!\langle\mathcal{A};\mathcal{B}\rangle\!\rangle_{\mathrm{eq}}
\end{aligned} \tag{4.53}$$

を得る．$\langle\!\langle\mathcal{A};\mathcal{B}\rangle\!\rangle_{\mathrm{eq}}$ は，式 (4.15) で導入したカノニカル相関である[16)]．

---

15）熱力学が扱う等温感受率は，本節で述べた化学ポテンシャル $\mu$ 一定の条件下ではなく，粒子数 $N$ 一定の条件下で計算されたものであることが多い．しかし，両者の違いは，$\langle\!\langle\mathcal{A}\rangle\!\rangle_{\mathrm{eq}} = 0$ ならば問題にならない．外場印加下の大正準ポテンシャルを，$\Omega_F = -\beta^{-1}\ln\left(\mathrm{Tr}\left(e^{-\beta(\mathcal{H}-\mu\mathcal{N}-F\mathcal{A})}\right)\right)$ として，$\langle\!\langle\mathcal{A}\rangle\!\rangle_{\mathrm{eq}} = -(\partial\Omega/\partial F)_{F=0} = 0$ だから，$\Omega_F = \Omega_{F=0} + o(F)$ であり，外場を印加した熱平衡状態における，粒子数 $N$ と化学ポテンシャル $\mu$ の対応は $N = -\partial\Omega_F/\partial\mu = -\partial\Omega_{F=0}/\partial\mu + o(F)$ となる．つまり，線形応答の範囲では $N$ と $\mu$ の関係が $F$ に依存しないと考えてよく，$N$，$\mu$ どちらを固定して等温感受率を求めても同じ結果が得られる．

16）古典極限（$\hbar\to 0$）では $[\mathcal{A},\mathcal{H}]_- = O(\hbar)$ を無視でき，$\mathcal{A}(-i\hbar\tau) \equiv e^{\tau(\mathcal{H}-\mu\mathcal{N})}\mathcal{A}e^{-\tau(\mathcal{H}-\mu\mathcal{N})} \to \mathcal{A}$ だか

特に，$\mathcal{B}=\mathcal{A}$ かつ $\mathcal{A}$ がエルミートの場合には，

$$\chi^{\mathrm{T}}_{\mathcal{A}\mathcal{A}}=\int_0^\beta \left\langle\!\!\left\langle \mathcal{A}\left(-\frac{i\hbar\tau}{2}\right)\mathcal{A}\left(\frac{i\hbar\tau}{2}\right)\right\rangle\!\!\right\rangle_{\mathrm{eq}} d\tau=\int_0^\beta \left\langle\!\!\left\langle \left(\mathcal{A}\left(\frac{i\hbar\tau}{2}\right)\right)^\dagger\mathcal{A}\left(\frac{i\hbar\tau}{2}\right)\right\rangle\!\!\right\rangle_{\mathrm{eq}} d\tau\geq 0 \tag{4.54}$$

が成り立つ．ここでは，$\langle\!\langle\mathcal{A}\rangle\!\rangle_{\mathrm{eq}}=0$ を仮定しているので，Hellmann-Feynman の定理 (3.78) から，外力に共役な物理量の「変位」$A\equiv\langle\!\langle\mathcal{A}\rangle\!\rangle_{\mathrm{eq},F}-\langle\!\langle\mathcal{A}\rangle\!\rangle_{\mathrm{eq}}$ に対し，

$$A=-\frac{\partial\Omega_F}{\partial F}=\chi^{\mathrm{T}}_{\mathcal{A}\mathcal{A}}F+o(F),\quad \left(\Omega_F\equiv-\frac{1}{\beta}\ln\left(\mathrm{Tr}\left(e^{-\beta(\mathcal{H}-\mu N-F\mathcal{A})}\right)\right)\right) \tag{4.55}$$

が成り立つ．さらに，「変位」$A$ を変数とする熱力学関数を，Legendre 変換 $\tilde{\Omega}_A\equiv\Omega_F+FA$ によって定めると，

$$\tilde{\Omega}_A=\tilde{\Omega}_{A=0}+\frac{1}{2\chi^{\mathrm{T}}_{\mathcal{A}\mathcal{A}}}A^2+o\left(A^2\right) \tag{4.56}$$

を得る．つまり，$1/\chi^{\mathrm{T}}_{\mathcal{A}\mathcal{A}}>0$ には「ばね定数」という物理的意味がある．また，このことから，**$1/\chi^{\mathrm{T}}_{\mathcal{A}\mathcal{A}}\to+0$（$\Leftrightarrow\chi^{\mathrm{T}}_{\mathcal{A}\mathcal{A}}\to+\infty$）が，$A\neq 0$ への不安定性を表す**こともわかる．

本題に戻り，今度は複素感受率の静的極限 $\chi_{\mathcal{B}\mathcal{A}}(\omega\to 0)$ を式 (4.53) と比較しやすい形に書き直そう．式 (4.16) を式 (4.21) に代入した式を部分積分すると，

$$\begin{aligned}\chi_{\mathcal{B}\mathcal{A}}(\omega)&=-\int_0^{+\infty}\beta\langle\!\langle\mathcal{A};\dot{\mathcal{B}}(t)\rangle\!\rangle_{\mathrm{eq}}e^{i\omega t-\delta t}dt\\&=-\int_0^{+\infty}\frac{d}{dt}\left(\beta\langle\!\langle\mathcal{A};\mathcal{B}(t)\rangle\!\rangle_{\mathrm{eq}}\right)e^{i\omega t-\delta t}dt\\&=-\left[\beta\langle\!\langle\mathcal{A};\mathcal{B}(t)\rangle\!\rangle_{\mathrm{eq}}e^{i\omega t-\delta t}\right]_0^{+\infty}+i(\omega+i\delta)\int_0^{+\infty}\beta\langle\!\langle\mathcal{A};\mathcal{B}(t)\rangle\!\rangle_{\mathrm{eq}}e^{i\omega t-\delta t}dt\\&\to\chi^{\mathrm{T}}_{\mathcal{B}\mathcal{A}}-\beta\overline{\langle\!\langle\mathcal{A};\mathcal{B}(t)\rangle\!\rangle_{\mathrm{eq}}},\quad(\omega=0,\ \delta\to+0)\end{aligned} \tag{4.57}$$

を導ける[17]．ここで，時刻 $t>0$ で定義された関数 $f(t)$ の長時間平均 $\overline{f(t)}$ に対し，

$$\overline{f(t)}\equiv\lim_{\tau\to\infty}\frac{1}{\tau}\int_0^\tau f(t)dt=\lim_{\delta\to+0}\delta\int_0^{+\infty}f(t)e^{-\delta t}dt \tag{4.58}$$

---

ら，$\langle\!\langle\mathcal{A};\mathcal{B}\rangle\!\rangle_{\mathrm{eq}}\equiv\beta^{-1}\int_0^\beta\langle\!\langle\mathcal{A}(-i\hbar\tau)\mathcal{B}\rangle\!\rangle_{\mathrm{eq}}d\tau\to\langle\!\langle\mathcal{A}\mathcal{B}\rangle\!\rangle_{\mathrm{eq}}$ となり，カノニカル相関は通常の相関に帰す．裏返せば，量子補正込みの相関がカノニカル相関だと言える．

17）$\langle\!\langle\mathcal{A};\mathcal{B}(t)\rangle\!\rangle_{\mathrm{eq}}$ はある種の時間相関関数なので，$t\to+\infty$ の極限でも有界に留まると仮定した．

が成り立つことを用いた．さらに，時間相関関数 $\overline{\langle\!\langle \mathcal{A}; \mathcal{B}(t) \rangle\!\rangle_{\mathrm{eq}}}$ や $\overline{\langle\!\langle \mathcal{B}(t)\mathcal{A} \rangle\!\rangle_{\mathrm{eq}}}$ 等を Lehmann-Källén 表示をするときと同様に変形することにより，

$$\begin{aligned}\overline{\langle\!\langle \mathcal{A}; \mathcal{B}(t) \rangle\!\rangle_{\mathrm{eq}}} &= \sum_{m,n} p_m \delta_{\tilde{E}_m, \tilde{E}_n} \langle m|\mathcal{A}|n\rangle\langle n|\mathcal{B}|m\rangle \\ &= \overline{\langle\!\langle \mathcal{B}(t)\mathcal{A} \rangle\!\rangle_{\mathrm{eq}}} \left( = \overline{\langle\!\langle \mathcal{A}\mathcal{B}(t) \rangle\!\rangle_{\mathrm{eq}}} = \overline{\langle\!\langle [\mathcal{A}, \mathcal{B}(t)]_+/2 \rangle\!\rangle_{\mathrm{eq}}} \right) \end{aligned} \tag{4.59}$$

を示せるので，$\chi_{\mathcal{B}\mathcal{A}}(\omega \to 0) = \chi^{\mathrm{T}}_{\mathcal{B}\mathcal{A}}$ となるための必要十分条件として，**混合性の条件**，

$$\overline{\langle\!\langle \mathcal{B}(t)\mathcal{A} \rangle\!\rangle_{\mathrm{eq}}} = 0 \quad \left( \Leftrightarrow \overline{\langle\!\langle \mathcal{A}\mathcal{B}(t) \rangle\!\rangle_{\mathrm{eq}}} = 0 \Leftrightarrow \overline{\langle\!\langle [\mathcal{A}, \mathcal{B}(t)]_+ /2 \rangle\!\rangle_{\mathrm{eq}}} = 0 \right) \tag{4.60}$$

を得る．一般に，十分に複雑で巨視的な系では，長い時間が経過すると，二つの物理量の時間相関が切れ，

$$\langle\!\langle \mathcal{B}(t)\mathcal{A} \rangle\!\rangle_{\mathrm{eq}} \to \langle\!\langle \mathcal{B}(t) \rangle\!\rangle_{\mathrm{eq}} \langle\!\langle \mathcal{A} \rangle\!\rangle_{\mathrm{eq}} = \langle\!\langle \mathcal{B} \rangle\!\rangle_{\mathrm{eq}} \langle\!\langle \mathcal{A} \rangle\!\rangle_{\mathrm{eq}} = 0, \quad (t \to +\infty) \tag{4.61}$$

となることが期待されるが，このとき混合性の条件 (4.60) が満たされる．

複素感受率の静的極限に関する別の話題として，荷電粒子系に一様な静電場 $\boldsymbol{E}$ や一様な静磁束密度 $\boldsymbol{B}$ を印加した場合の線形応答の問題を取り上げよう．これらの外場は，たとえばスカラーポテンシャル $\phi = -\boldsymbol{E} \cdot \boldsymbol{r}$ やベクトルポテンシャル $\boldsymbol{A} = \boldsymbol{B} \times \boldsymbol{r}/2$ で表せるが，それらは $|\boldsymbol{r}| \to +\infty$ で発散する．この問題を回避するため，$\phi \propto e^{i\boldsymbol{q}\cdot\boldsymbol{r}-i\omega t}$ や $\boldsymbol{A} \propto e^{i\boldsymbol{q}\cdot\boldsymbol{r}-i\omega t}$ を印加して，$\boldsymbol{E} = -\nabla\phi - c^{-1}\partial\boldsymbol{A}/\partial t = -i\boldsymbol{q}\phi + i\omega\boldsymbol{A}/c$ や $\boldsymbol{B} = \nabla \times \boldsymbol{A} = i\boldsymbol{q} \times \boldsymbol{A}$ に対する応答を調べておき，後から一様極限 $\boldsymbol{q} \to 0$ と静的極限 $\omega \to 0$ をとるという計算技巧がよく用いられるのだが (第 8 章)，その際に二つの極限をとる順序が問題になる．

一様な静的磁束密度を印加したときに生じる磁化（磁気感受率）や，一様な静的電場を印加したときに生じる分極（電荷感受率）を考えるときには，まず静的極限 $\omega \to 0$ をとってから一様極限 $\boldsymbol{q} \to 0$ をとる．外場が熱平衡状態を壊さない「静的な」状況下の応答（等温感受率）を調べたいので，先に静的極限をとってこの「静的な」状況を作っておいてから，外場を一様場に近づけるわけだ．ただしこのとき，$\boldsymbol{q} \neq 0$ の場合について，複素感受率の静的極限が等温感受率に一致している必要がある．

例として一様系を考えよう．波数 $\boldsymbol{q} \neq 0$ の電磁場は，系に運動量 $\hbar\boldsymbol{q}$ を与えるから，複素感受率 $\chi_{\mathcal{B}\mathcal{A}}(\omega)$ に現れる演算子 $\mathcal{A}$ は系の全運動量を $\hbar\boldsymbol{q}$ 増やす．

したがって，式(4.59)で $|m\rangle$ と $|n\rangle$ を全運動量演算子の同時固有状態に選ぶと，$|m\rangle$ と $|n\rangle$ の全運動量の差が $\hbar\boldsymbol{q} \neq 0$ に等しいとき以外 $\langle m|\mathcal{A}|n\rangle = 0$ となる．このとき，$\mathcal{H} - \mu N$ の固有値に縮退がなければ，常に $\delta_{\tilde{E}_m,\tilde{E}_n}\langle m|\mathcal{A}|n\rangle = 0$ だから $\overline{\langle\!\langle \mathcal{B}(t)\mathcal{A}\rangle\!\rangle_{\rm eq}} = 0$ となる．縮退がある場合でも，よほど病的な系でなければ，$\delta_{\tilde{E}_m,\tilde{E}_n}\langle m|\mathcal{A}|n\rangle \neq 0$ を満たす $n, m$ の組が少なすぎて，$\overline{\langle\!\langle \mathcal{B}(t)\mathcal{A}\rangle\!\rangle_{\rm eq}}$ は熱力学極限で無視可能になる．つまり，通常は $\boldsymbol{q} \neq 0$ ならば混合性の条件が満たされ，複素感受率の静的極限は等温感受率に一致すると考えてよい．

一方，一様電場が誘起する電流（直流伝導率）を考える場合は，順番が先ほどとは逆で，まず一様極限 $\boldsymbol{q} \to 0$ をとってから静的極限 $\omega \to 0$ をとる．もし先に静的極限をとると，系が静的な外場ポテンシャルの影響下で新たな熱平衡状態に達し，電流が流れる「動的な」状況を考察したことにならない．「動的な」状況を考察するために，静的極限をとる作業を計算の一番最後まで残しておかねばならないのである．外場の印加によってエネルギーの散逸（ここではJoule熱）を生じる応答を考えているので，計算途中で複素感受率の虚部が自明にゼロにならないように，最後に $\omega \to 0$ の極限をとると言ってもよい．以上のように，**求めたい感受率がどんな状況を想定したものかを頭に置き，物理的直観の助けを借りて，適切な極限順序を選ぶ必要がある．**

もう一つ，複素感受率の静的極限に関連する話題として，$\chi_{\mathcal{B}\mathcal{A}}(\omega)$ と $\chi_{\dot{\mathcal{B}}\mathcal{A}}(\omega)$（あるいは $\chi_{\mathcal{B}\dot{\mathcal{A}}}(\omega)$）を結ぶ関係式について取り上げよう．式(4.57)において，$\mathcal{B}$ を $\dot{\mathcal{B}}$ に置き換え，式(4.11), (4.16)から $\tilde{f}_{\mathcal{B}\mathcal{A}}(t) = -\beta\langle\!\langle \mathcal{A}; \dot{\mathcal{B}}(t)\rangle\!\rangle_{\rm eq} = (i/\hbar)\langle\!\langle [\mathcal{B}(t), \mathcal{A}]_-\rangle\!\rangle_{\rm eq}$ であることを用いると，

$$\begin{aligned}\chi_{\dot{\mathcal{B}}\mathcal{A}}(\omega) &= \beta\langle\!\langle \mathcal{A}; \dot{\mathcal{B}}\rangle\!\rangle_{\rm eq} + i(\omega + i\delta)\int_0^\infty \beta\langle\!\langle \mathcal{A}; \dot{\mathcal{B}}(t)\rangle\!\rangle_{\rm eq} e^{i\omega t - \delta t} dt \\ &= -\frac{i}{\hbar}\langle\!\langle [\mathcal{B}, \mathcal{A}]_-\rangle\!\rangle_{\rm eq} - i(\omega + i\delta)\chi_{\mathcal{B}\mathcal{A}}(\omega)\end{aligned} \tag{4.62}$$

を導ける．これを公式らしい形に整理すると，

$$\chi_{\mathcal{B}\mathcal{A}}(\omega) = \frac{-(i/\hbar)\langle\!\langle [\mathcal{B}, \mathcal{A}]_-\rangle\!\rangle_{\rm eq} - \chi_{\dot{\mathcal{B}}\mathcal{A}}(\omega)}{i(\omega + i\delta)} = \frac{-(i/\hbar)\langle\!\langle [\mathcal{B}, \mathcal{A}]_-\rangle\!\rangle_{\rm eq} + \chi_{\mathcal{B}\dot{\mathcal{A}}}(\omega)}{i(\omega + i\delta)} \tag{4.63}$$

となる．後半の等号は，式(4.16)から導かれる公式，

$$\tilde{f}_{\dot{\mathcal{B}}\mathcal{A}}(t) = -\beta\langle\!\langle \mathcal{A}; \ddot{\mathcal{B}}(t)\rangle\!\rangle_{\rm eq} = \beta\langle\!\langle \dot{\mathcal{A}}; \dot{\mathcal{B}}(t)\rangle\!\rangle_{\rm eq} = -\tilde{f}_{\mathcal{B}\dot{\mathcal{A}}}(t), \quad (\Leftrightarrow \chi_{\dot{\mathcal{B}}\mathcal{A}}(\omega) = -\chi_{\mathcal{B}\dot{\mathcal{A}}}(\omega)) \tag{4.64}$$

に基づく．

ここで疑問に思うことは，式 (4.63) 右辺の静的極限（$\omega \to 0$）が，問題の詳細によらず，常に発散しそうに見えることである．物理的に考えると，通常そんなことにはならないはずだ．実際には，混合性の条件，

$$\overline{\langle\!\langle \dot{\mathcal{B}}(t)\mathcal{A} \rangle\!\rangle_{\mathrm{eq}}} = 0 \tag{4.65}$$

を満たす巨視的で複雑な系では，式 (4.59) から $\overline{\langle\!\langle \mathcal{A}; \dot{\mathcal{B}}(t) \rangle\!\rangle_{\mathrm{eq}}} = 0$ が満たされるため，式 (4.62) 右辺第二項の $\delta$ に比例する寄与が消え，

$$\chi_{\dot{\mathcal{B}}\mathcal{A}}(0) = -\chi_{\mathcal{B}\dot{\mathcal{A}}}(0) = -\frac{i}{\hbar} \langle\!\langle [\mathcal{B}, \mathcal{A}]_- \rangle\!\rangle_{\mathrm{eq}} \tag{4.66}$$

が成り立って，公式 (4.63) が $\omega \to 0$ において自明には発散しない形，

$$\chi_{\mathcal{B}\mathcal{A}}(\omega) = \frac{\chi_{\dot{\mathcal{B}}\mathcal{A}}(0) - \chi_{\dot{\mathcal{B}}\mathcal{A}}(\omega)}{i\omega} = \frac{\chi_{\mathcal{B}\dot{\mathcal{A}}}(\omega) - \chi_{\mathcal{B}\dot{\mathcal{A}}}(0)}{i\omega} \tag{4.67}$$

に帰着するというカラクリになっている．結局，$\omega \to 0$ で分子がゼロになることに対応して，分母の $\omega + i\delta$ を $\omega$ に置き換えてよくなったわけだが，それでも $\chi_{\dot{\mathcal{B}}\mathcal{A}}(\omega)$ や $\chi_{\mathcal{B}\dot{\mathcal{A}}}(\omega)$ の計算途中で短絡的に $\delta = 0$ とすることは許されないので注意しよう．

## 4.5　相互作用がない系の複素感受率

具体例として，相互作用がない系の複素感受率 $\chi_{\mathcal{B}\mathcal{A}}(\omega)$ を計算してみよう．一粒子ハミルトニアンの固有値を $\epsilon_\alpha$，固有ケットを $|\alpha)$ とし，状態 $|\alpha)$ の粒子を一つ生成（消滅）させる演算子を，$c_\alpha^\dagger$（$c_\alpha$）とすれば，多粒子系のハミルトニアンを，

$$\mathcal{H} - \mu\mathcal{N} = \sum_\alpha (\epsilon_\alpha - \mu)\, c_\alpha^\dagger c_\alpha \tag{4.68}$$

と第二量子化できる．以下では，$\mathcal{A}$ と $\mathcal{B}$ も一体演算子で，第二量子化された形で，

$$\mathcal{A} = \sum_{\alpha_1\alpha_2} (\alpha_1|\hat{A}|\alpha_2) c_{\alpha_1}^\dagger c_{\alpha_2}, \quad \mathcal{B} = \sum_{\alpha_1\alpha_2} (\alpha_1|\hat{B}|\alpha_2) c_{\alpha_1}^\dagger c_{\alpha_2} \tag{4.69}$$

と表されているとする．

まず，式 (3.67), (3.68) から導かれる，

$$\mathcal{B}(t) = \sum_{\alpha_1\alpha_2} (\alpha_1|\hat{B}|\alpha_2) c_{\alpha_1}^\dagger(t) c_{\alpha_2}(t) = \sum_{\alpha_1\alpha_2} (\alpha_1|\hat{B}|\alpha_2) e^{i(\epsilon_{\alpha_1} - \epsilon_{\alpha_2})t/\hbar} c_{\alpha_1}^\dagger c_{\alpha_2} \tag{4.70}$$

を式 (4.9) に代入すると，

$$
\begin{aligned}
\tilde{f}_{\mathcal{BA}}(t) &= \frac{i}{\hbar}\langle\!\langle[\mathcal{B}(t),\mathcal{A}]_-\rangle\!\rangle_{\rm eq} \\
&= \frac{i}{\hbar}\sum_{\alpha_1\alpha_2\alpha_1'\alpha_2'}(\alpha_1|\hat{B}|\alpha_2)(\alpha_1'|\hat{A}|\alpha_2')e^{i\left(\epsilon_{\alpha_1}-\epsilon_{\alpha_2}\right)t/\hbar}\left\langle\!\!\left\langle\left[c^\dagger_{\alpha_1}c_{\alpha_2},c^\dagger_{\alpha_1'}c_{\alpha_2'}\right]_-\right\rangle\!\!\right\rangle_{\rm eq} \\
&= \frac{i}{\hbar}\sum_{\alpha_1\alpha_2}(\alpha_1|\hat{B}|\alpha_2)(\alpha_2|\hat{A}|\alpha_1)e^{i\left(\epsilon_{\alpha_1}-\epsilon_{\alpha_2}\right)t/\hbar}\left(f\left(\epsilon_{\alpha_1}\right)-f\left(\epsilon_{\alpha_2}\right)\right)
\end{aligned}
\tag{4.71}
$$

を得る．ここで，Bloch-de Dominicis の定理を用いて，

$$
\begin{aligned}
\left\langle\!\!\left\langle\left[c^\dagger_{\alpha_1}c_{\alpha_2},c^\dagger_{\alpha_1'}c_{\alpha_2'}\right]_-\right\rangle\!\!\right\rangle_{\rm eq} &= \left\langle\!\!\left\langle c^\dagger_{\alpha_1}c_{\alpha_2}\right\rangle\!\!\right\rangle_{\rm eq}\left\langle\!\!\left\langle c^\dagger_{\alpha_1'}c_{\alpha_2'}\right\rangle\!\!\right\rangle_{\rm eq}+\left\langle\!\!\left\langle c^\dagger_{\alpha_1}c_{\alpha_2'}\right\rangle\!\!\right\rangle_{\rm eq}\left\langle\!\!\left\langle c_{\alpha_2}c^\dagger_{\alpha_1'}\right\rangle\!\!\right\rangle_{\rm eq} \\
&\quad \left\langle\!\!\left\langle c^\dagger_{\alpha_1'}c_{\alpha_2'}\right\rangle\!\!\right\rangle_{\rm eq}\left\langle\!\!\left\langle c^\dagger_{\alpha_1}c_{\alpha_2}\right\rangle\!\!\right\rangle_{\rm eq}-\left\langle\!\!\left\langle c^\dagger_{\alpha_1'}c_{\alpha_2}\right\rangle\!\!\right\rangle_{\rm eq}\left\langle\!\!\left\langle c_{\alpha_2'}c^\dagger_{\alpha_1}\right\rangle\!\!\right\rangle_{\rm eq} \\
&= \delta_{\alpha_1\alpha_2'}\delta_{\alpha_2\alpha_1'}\left(f\left(\epsilon_{\alpha_1}\right)\left(1\mp f\left(\epsilon_{\alpha_2}\right)\right)-f\left(\epsilon_{\alpha_2}\right)\left(1\mp f\left(\epsilon_{\alpha_1}\right)\right)\right) \\
&= \delta_{\alpha_1\alpha_2'}\delta_{\alpha_2\alpha_1'}\left(f\left(\epsilon_{\alpha_1}\right)-f\left(\epsilon_{\alpha_2}\right)\right)
\end{aligned}
\tag{4.72}
$$

と計算した（複号は上の符号がフェルミオン系，下の符号がボゾン系に対応し，分布関数 $f(\epsilon)$ もそれぞれ Fermi 分布および Bose 分布関数に対応する）．

最後に，式 (4.71) を式 (4.21) に代入し，$t$ 積分を実行すると，

$$
\begin{aligned}
\chi_{\mathcal{BA}}(\omega) &= \int_0^\infty \tilde{f}_{\mathcal{BA}}(t)e^{i\omega t-\delta t}dt \\
&= \frac{i}{\hbar}\sum_{\alpha_1\alpha_2}\left(f\left(\epsilon_{\alpha_1}\right)-f\left(\epsilon_{\alpha_2}\right)\right)(\alpha_1|\hat{B}|\alpha_2)(\alpha_2|\hat{A}|\alpha_1) \\
&\qquad\qquad \times\int_0^{+\infty}e^{i\left(\hbar\omega+\epsilon_{\alpha_1}-\epsilon_{\alpha_2}\right)t/\hbar-\delta t}dt \\
&= -\sum_{\alpha_1\alpha_2}\frac{\left(f\left(\epsilon_{\alpha_1}\right)-f\left(\epsilon_{\alpha_2}\right)\right)(\alpha_1|\hat{B}|\alpha_2)(\alpha_2|\hat{A}|\alpha_1)}{\hbar\omega+\epsilon_{\alpha_1}-\epsilon_{\alpha_2}+i\delta}
\end{aligned}
\tag{4.73}
$$

に至る．ここで正の無限小量 $\hbar\delta$ を改めて $\delta$ と書いた．

# 第 II 部

# バンド理論

# 第5章 結晶中の一電子状態

## 5.1 Bravais 格子と逆格子

1.4 節で述べたように，一電子近似では格子ポテンシャルに電子間相互作用の効果を繰り込んだ有効ポテンシャル $V(\boldsymbol{r})$ を導入し，問題を一電子 Schrödinger 方程式，

$$\hat{H}|\psi\rangle = \epsilon|\psi\rangle, \quad \hat{H} = \frac{\hat{\boldsymbol{p}}^2}{2m} + V(\hat{\boldsymbol{r}}) \tag{5.1}$$

に帰着させる．このとき $V(\boldsymbol{r})$ は格子と同じ周期性を持つので，あらかじめ，周期ポテンシャル中の一電子状態が持つ一般的性質を調べておけば便利だろう．

はじめに，基本的な用語をまとめておく．結晶が並進ベクトル $\boldsymbol{n}$ だけ並進移動する変換に対して不変であるとき，つまり任意の $\boldsymbol{r}$ に対し，

$$V(\boldsymbol{r} + \boldsymbol{n}) = V(\boldsymbol{r}) \tag{5.2}$$

が成り立つとき，$\boldsymbol{n}$ を結晶の（**Bravais**）**格子ベクトル**と呼ぶ．任意の格子ベクトル $\boldsymbol{n}$ は，**基本並進ベクトル** $\boldsymbol{a}_i$ $(i = 1, 2, 3)$ を導入することにより，

$$\boldsymbol{n} = n_1\boldsymbol{a}_1 + n_2\boldsymbol{a}_2 + n_3\boldsymbol{a}_3, \quad (n_1,\ n_2\ , n_3 \text{ は整数}) \tag{5.3}$$

と書き表される．格子ベクトル $\boldsymbol{n}$ 全体が表す離散点の集合を **Bravais 格子**と呼び，個々の離散点を**格子点**と呼ぶ．基本並進ベクトル $\boldsymbol{a}_1$，$\boldsymbol{a}_2$，$\boldsymbol{a}_3$ を三辺とする平行六面体を考えると，結晶はこの平行六面体のブロックを隙間なく積み上げたものとなる．このように基本単位となるブロックを**単位胞**と呼ぶ．基本並進ベクトルの選び方には任意性があるが，どのような選び方をしても単位胞の体積，

$$v_{\mathrm{c}} \equiv |\boldsymbol{a}_1 \cdot (\boldsymbol{a}_2 \times \boldsymbol{a}_3)| = |\boldsymbol{a}_2 \cdot (\boldsymbol{a}_3 \times \boldsymbol{a}_1)| = |\boldsymbol{a}_3 \cdot (\boldsymbol{a}_1 \times \boldsymbol{a}_2)| \tag{5.4}$$

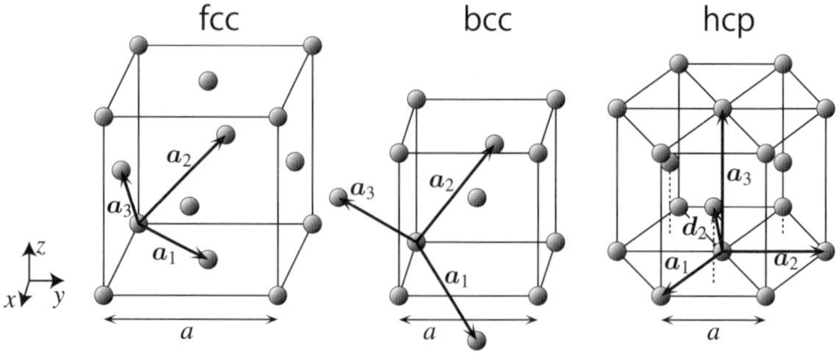


図 5.1　基本並進ベクトルの選び方の例．左から面心立方（face centered cubic, 略して fcc），体心立方（body centered cubic, 略して bcc），六方最密充填格子（hexagonal close-packed, 略して hcp）の場合．$a$ は格子定数．

は不変である．

一つの単位胞が一つのイオン核しか含まない場合は話が単純である．実際，イオン核の一つを座標原点に選べば，結晶を構成するすべてのイオン核の位置は，格子ベクトルを使って $\boldsymbol{R_n} = \boldsymbol{n}$ と表せる（つまり Bravais 格子に一致する）．単位胞内に複数個のイオン核が存在する場合には，単位胞内の各イオンの位置を指定するベクトルを $\boldsymbol{d}_\nu$（$\nu = 1, 2, \cdots, s$）として，イオン核の位置を $\boldsymbol{R}_{\boldsymbol{n},\nu} = \boldsymbol{n} + \boldsymbol{d}_\nu$ と表せる．図 5.1 のように，平行六面体の単位胞を選んだとき，その代表的な辺の長さを**格子定数**と呼ぶ[1]．

任意の格子ベクトル $\boldsymbol{n}$ に対し $e^{i\boldsymbol{K}\cdot\boldsymbol{n}} = 1$ を満たす $\boldsymbol{K}$ を**逆格子ベクトル**と呼ぶ．即ち，

$$\boldsymbol{K} \cdot \boldsymbol{a}_i = 2\pi \times (\text{整数}) \tag{5.5}$$

である．逆格子ベクトル全体は波数空間上で周期的に並んだ離散点の集合（**逆格子**）を構成する．実際，任意の逆格子ベクトル $\boldsymbol{K}$ は，

$$\boldsymbol{K} = n_1\boldsymbol{b}_1 + n_2\boldsymbol{b}_2 + n_3\boldsymbol{b}_3, \quad (n_1,\ n_2\ , n_3\ \text{は整数}) \tag{5.6}$$

1）$\tilde{\boldsymbol{a}}_i \equiv \tilde{\boldsymbol{a}}_i/a, \tilde{\boldsymbol{d}}_\nu \equiv \boldsymbol{d}_\nu/a$ として，

| | | | |
|---|---|---|---|
| 単純立方格子 (sc)： | $\tilde{\boldsymbol{a}}_1 = (1, 0, 0)$, | $\tilde{\boldsymbol{a}}_2 = (0, 1, 0)$, | $\tilde{\boldsymbol{a}}_3 = (0, 0, 1)$ |
| 面心立方格子 (fcc)： | $\tilde{\boldsymbol{a}}_1 = (1/2, 1/2, 0)$, | $\tilde{\boldsymbol{a}}_2 = (0, 1/2, 1/2)$, | $\tilde{\boldsymbol{a}}_3 = (1/2, 0, 1/2)$ |
| 体心立方格子 (bcc)： | $\tilde{\boldsymbol{a}}_1 = (1/2, 1/2, -1/2)$, | $\tilde{\boldsymbol{a}}_2 = (-1/2, 1/2, 1/2)$, | $\tilde{\boldsymbol{a}}_3 = (1/2, -1/2, 1/2)$ |
| 六方最密充填格子 (hcp)： | $\tilde{\boldsymbol{a}}_1 = \left(\sqrt{3}/2, -1/2, 0\right)$, | $\tilde{\boldsymbol{a}}_2 = (0, 1, 0)$, | $\tilde{\boldsymbol{a}}_3 = \left(0, 0, \sqrt{8/3}\right)$ |
| | $\tilde{\boldsymbol{d}}_1 = 0$, | $\tilde{\boldsymbol{d}}_2 = \left(1/\sqrt{3}, 0, \sqrt{2/3}\right)$ | |

と書ける．ここで $\boldsymbol{b}_i$ は，

$$\boldsymbol{a}_i \cdot \boldsymbol{b}_j = 2\pi\delta_{ij} \tag{5.7}$$

を満たす逆格子の基本並進ベクトルで，

$$\boldsymbol{b}_1 \equiv \frac{2\pi(\boldsymbol{a}_2 \times \boldsymbol{a}_3)}{\boldsymbol{a}_1 \cdot (\boldsymbol{a}_2 \times \boldsymbol{a}_3)}, \quad \boldsymbol{b}_2 \equiv \frac{2\pi(\boldsymbol{a}_3 \times \boldsymbol{a}_1)}{\boldsymbol{a}_2 \cdot (\boldsymbol{a}_3 \times \boldsymbol{a}_1)}, \quad \boldsymbol{b}_3 \equiv \frac{2\pi(\boldsymbol{a}_1 \times \boldsymbol{a}_2)}{\boldsymbol{a}_3 \cdot (\boldsymbol{a}_1 \times \boldsymbol{a}_2)} \tag{5.8}$$

と定義される[2)]．容易に確かめられるように，逆格子の逆格子は元の Bravais 格子になっている．

ここで，「任意の格子ベクトル $\boldsymbol{n}$ に対し，$e^{i\boldsymbol{k}\cdot(\boldsymbol{r}+\boldsymbol{n})} = e^{i\boldsymbol{k}\cdot\boldsymbol{r}}$ が成り立つ」という条件と「$\boldsymbol{k}$ がある逆格子ベクトルに等しい」という条件が同値であることに注目しよう．このことから，結晶と同じ周期性 $V(\boldsymbol{r}+\boldsymbol{n}) = V(\boldsymbol{r})$ を持つ任意のポテンシャルは，逆格子ベクトルの波数成分しか持たないこと，即ち，

$$V(\boldsymbol{r}) = \sum_{\boldsymbol{K}} V_{\boldsymbol{K}} e^{i\boldsymbol{K}\cdot\boldsymbol{r}} \tag{5.9}$$

と展開できることが結論される．与えられた $V(\boldsymbol{r})$ から $V_{\boldsymbol{K}}$ を求めるには，

$$V_{\boldsymbol{K}} = \frac{1}{V}\int V(\boldsymbol{r})e^{-i\boldsymbol{K}\cdot\boldsymbol{r}}d^3\boldsymbol{r} = \frac{N_{\mathrm{c}}}{V}\int_{v_{\mathrm{c}}} V(\boldsymbol{r})e^{-i\boldsymbol{K}\cdot\boldsymbol{r}}d^3\boldsymbol{r} = \frac{1}{v_{\mathrm{c}}}\int_{v_{\mathrm{c}}} V(\boldsymbol{r})e^{-i\boldsymbol{K}\cdot\boldsymbol{r}}d^3\boldsymbol{r} \tag{5.10}$$

を計算すればよい．ただし，$N_{\mathrm{c}} = V/v_{\mathrm{c}}$ は単位胞の数，$\int_{v_{\mathrm{c}}}$ は単位胞上で積分することを示す[3)]．

---

2) $\tilde{\boldsymbol{b}}_i \equiv \boldsymbol{b}_i/(2\pi/a)$ として，

| | | | |
|---|---|---|---|
| 単純立方格子 (sc)： | $\tilde{\boldsymbol{b}}_1 = (1,0,0)$, | $\tilde{\boldsymbol{b}}_2 = (0,1,0)$, | $\tilde{\boldsymbol{b}}_3 = (0,0,1)$ |
| 面心立方格子 (fcc)： | $\tilde{\boldsymbol{b}}_1 = (1,1,-1)$, | $\tilde{\boldsymbol{b}}_2 = (-1,1,1)$, | $\tilde{\boldsymbol{b}}_3 = (1,-1,1)$ |
| 体心立方格子 (bcc)： | $\tilde{\boldsymbol{b}}_1 = (1,1,0)$, | $\tilde{\boldsymbol{b}}_2 = (0,1,1)$, | $\tilde{\boldsymbol{b}}_3 = (1,0,1)$ |
| 六方最密充填格子 (hcp)： | $\tilde{\boldsymbol{b}}_1 = \left(2/\sqrt{3},0,0\right)$, | $\tilde{\boldsymbol{b}}_2 = \left(1/\sqrt{3},1,0\right)$, | $\tilde{\boldsymbol{b}}_3 = \left(0,0,\sqrt{3/8}\right)$ |

3) 本書では，特に断らぬ限り，$g(\boldsymbol{r})$ の Fourier 成分 $g_{\boldsymbol{k}}$ を，

$$g(\boldsymbol{r}) = \frac{1}{V}\sum_{\boldsymbol{k}} g_{\boldsymbol{k}} e^{i\boldsymbol{k}\cdot\boldsymbol{r}}, \quad g_{\boldsymbol{k}} = \int g(\boldsymbol{r})e^{-i\boldsymbol{k}\cdot\boldsymbol{r}}d^3\boldsymbol{r}$$

によって定義している．これは体積無限大の極限をとったとき，$V^{-1}\sum_{\boldsymbol{k}} \to (2\pi)^{-3}\int d^3\boldsymbol{k}$ と読みかえるだけで済むため，見通しがよいからである．しかし，格子ポテンシャル $V(\boldsymbol{r})$ の Fourier 成分 $V_{\boldsymbol{K}}$ は，

$$V(\boldsymbol{r}) = \sum_{\boldsymbol{K}} V_{\boldsymbol{K}} e^{i\boldsymbol{K}\cdot\boldsymbol{r}}, \quad V_{\boldsymbol{K}} = \frac{1}{v_{\mathrm{c}}}\int_{v_{\mathrm{c}}} V(\boldsymbol{r})e^{-i\boldsymbol{K}\cdot\boldsymbol{r}}d^3\boldsymbol{r}$$

によって定義する．こちらでは上記のようなご利益がないので，はじめから $1/v_{\mathrm{c}}$ の因子を $V_{\boldsymbol{K}}$ へ取り込んで，$1/v_{\mathrm{c}}$ の因子を書く手間を省いた方が式の表記がスッキリするのだ．

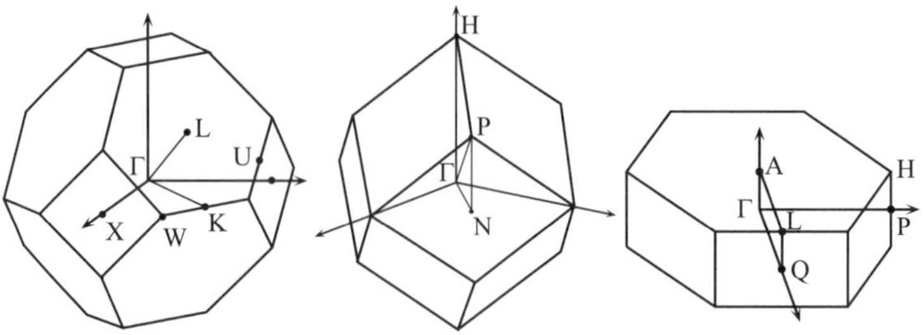


図 5.2　左から面心立方，体心立方，六方最密充填格子の第一 Brillouin ゾーン．Γ は原点である．その他の対称性のよい点には図の記号のような名前がついている．

ここまでは単位胞を $\boldsymbol{a}_1$，$\boldsymbol{a}_2$，$\boldsymbol{a}_3$ が成す平行六面体に選んで議論した．しかし実際には，単位胞は基本的なブロックになっていればどのような形状をしていてもよい．ただし，どのような形状を選んでも**単位胞の体積 $v_c$ は不変**である．Bravais 格子は**離散的な回転対称性や反転対称性**を持っている場合がある．たとえば，単純立方格子の Bravais 格子は原点を通り $\boldsymbol{a}_i$ の向きを向く直線周りに 90 度回転する変換に対して不変であり，原点を通り二つのベクトル $\boldsymbol{a}_1$ と $\boldsymbol{a}_2$ を含む平面に関する鏡映変換に対しても不変である．原点から隣接する格子点へ向かうベクトルの垂直二等分面をすべて描いたとき，原点から垂直二等分面を一つもよぎらずに到達できる領域を **Wigner-Seitz セル**と呼ぶ．これは，**Bravais 格子と同じ対称性を持つ**単位胞となるので重要である．

逆格子も周期的な離散点の集合であるから単位胞を定義できる．その形状の選び方にはやはり任意性があるが，波数空間上の体積は一意に決まり，

$$|\boldsymbol{b}_1 \cdot (\boldsymbol{b}_2 \times \boldsymbol{b}_3)| = \frac{(2\pi)^3}{v_c} \tag{5.11}$$

である．特に，逆格子に対する Wigner-Seitz セルは，**第一 Brillouin ゾーン**あるいは単に Brillouin ゾーンと呼ばれる．

一般に逆格子ベクトル $\boldsymbol{K}$ の垂直二等分面を **Bragg 面**と呼ぶ．数学的に言うと，これは，

$$\boldsymbol{K} \cdot \left(\boldsymbol{k} - \frac{\boldsymbol{K}}{2}\right) = 0 \tag{5.12}$$

を満たす $\boldsymbol{k}$ 点の集合である．原点からどんな Bragg 面も横切らずに到達できる波数空間の領域が第一 Brillouin ゾーンである．例として，図 5.1 で示した結晶に対する第一 Brillouin ゾーンを図 5.2 に示した．高次の Brillouin ゾーンはこれを一般化したもので，第 $(n+1)$ Brillouin ゾーンは，第 $n$ Brillouin ゾーン

からBragg面を一つだけ横切って到達できる波数空間の領域のうち，第 $(n-1)$ Brillouinゾーンを除いた部分を指す（図5.3）.

波数ベクトルは，波数空間の単位体積に $V/(2\pi)^3$ 個存在するから，一つのBrillouinゾーン内に存在する波数ベクトルは，

$$\frac{(2\pi)^3}{v_c} \cdot \frac{V}{(2\pi)^3} = \frac{V}{v_c} = N_c \tag{5.13}$$

個ある．つまり，結晶中に存在する単位胞の数 $N_c$ に等しい[4]．

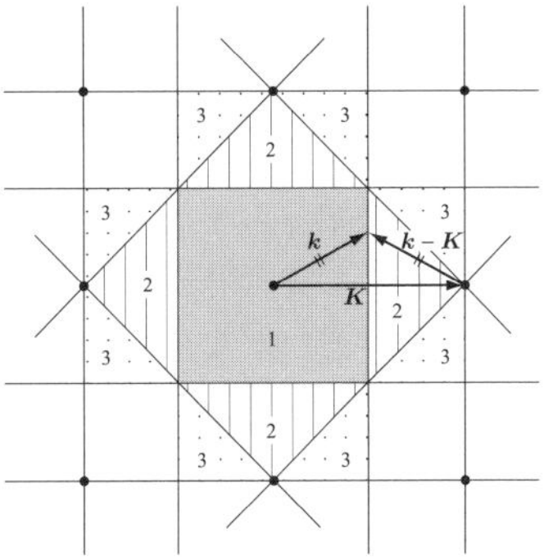


図5.3 二次元正方格子の逆格子点（黒丸）と，第一，第二，第三Brillouinゾーン（それぞれ1, 2, 3で示す）．第四Brillouinゾーン以上は図示していない．

## 5.2 Blochの定理

2.1節と2.2節では，系の対称性に注目して，ハミルトニアンと可換なユニタリー演算子を見つけると，Schrödinger方程式を解く際に相手にするHilbert空間の次元を減らせることを述べた．周期ポテンシャルの存在下では，連続的な並進対称性が失われているが，**離散的な並進対称性**が生き残っている．以下ではこの対称性を活用することを目指す．

最初に2.3節で述べた並進移動を復習しておく．2.3節では，多粒子系の並進移動を考え，それを表すユニタリー演算子を導入した．本節では一電子系をベクトル $\boldsymbol{\delta}$ だけ並進移動することを考えればよい．そのためには，電子の位置演算子 $\hat{\boldsymbol{r}}$ と運動量演算子 $\hat{\boldsymbol{r}}$，スピン演算子 $\hat{\boldsymbol{s}}$ を，

$$\hat{T}_\delta \hat{\boldsymbol{r}} \hat{T}_\delta^{-1} = \hat{\boldsymbol{r}} - \boldsymbol{\delta}, \quad \hat{T}_\delta \hat{\boldsymbol{p}} \hat{T}_\delta^{-1} = \hat{\boldsymbol{p}}, \quad \hat{T}_\delta \hat{\boldsymbol{s}} \hat{T}_\delta^{-1} = \hat{\boldsymbol{s}} \tag{5.14}$$

と変換するユニタリー演算子，

$$\hat{T}_\delta = e^{-i\boldsymbol{\delta}\cdot\hat{\boldsymbol{p}}/\hbar} \tag{5.15}$$

を用いればよい（式(2.35), (2.41)を参照）．式(1.11)から，電子が位置 $\boldsymbol{r}$ に局在している状態 $|\boldsymbol{r})$ と任意の一電子状態（の軌道部分）$|\psi)$ に対して，

$$(\boldsymbol{r}|\hat{T}_\delta^\dagger|\psi) = (\boldsymbol{r}|\hat{T}_{-\delta}|\psi) = (\boldsymbol{r}|e^{i\boldsymbol{\delta}\cdot\hat{\boldsymbol{p}}/\hbar}|\psi) = e^{\boldsymbol{\delta}\cdot\nabla}(\boldsymbol{r}|\psi) = (\boldsymbol{r}+\boldsymbol{\delta}|\psi) \tag{5.16}$$

4）1.7節の脚注22も参照せよ．

が成り立つので，$\hat{T}_{\delta}$ は以下のように電子の局在位置を $\boldsymbol{\delta}$ だけずらす．

$$\hat{T}_{\delta}|\boldsymbol{r}) = |\boldsymbol{r}+\boldsymbol{\delta}), \quad \left(\Leftrightarrow \ (\boldsymbol{r}|\hat{T}_{\delta}^{\dagger} = (\boldsymbol{r}+\boldsymbol{\delta}|\right). \tag{5.17}$$

ここで，波数 $\boldsymbol{q}$ の平面波状態 $|\boldsymbol{q})$ が，$\hat{T}_{\delta} = e^{-i\boldsymbol{\delta}\cdot\hat{\boldsymbol{p}}/\hbar}$ の固有状態（固有値は $e^{-i\boldsymbol{q}\cdot\boldsymbol{\delta}}$）であり，その集合 $\{|\boldsymbol{q})\}$ が一電子状態の Hilbert 空間を張る完全正規直交系であることに注意しよう．実際，$\hat{\boldsymbol{p}}|\boldsymbol{q}) = \hbar\boldsymbol{q}|\boldsymbol{q})$ だから，

$$\hat{T}_{\delta}|\boldsymbol{q}) = e^{-i\boldsymbol{q}\cdot\boldsymbol{\delta}}|\boldsymbol{q}) \tag{5.18}$$

が成立する．

本題に戻り，周期ポテンシャル $V(\boldsymbol{r})$ 中の一電子に対する Schrödinger 方程式，

$$\hat{H}|\psi) = \epsilon|\psi), \quad \hat{H} = \frac{\hat{\boldsymbol{p}}^2}{2m} + V(\hat{\boldsymbol{r}}) \tag{5.19}$$

を考える．**Bloch の定理**[5]は，この Schrödinger 方程式から得られるすべてのエネルギー固有状態を，第一 Brillouin ゾーン内の波数ベクトル $\boldsymbol{k}$ で指定されるグループに分類でき，波数 $\boldsymbol{k}$ のグループに属する固有状態 $|\psi_{\boldsymbol{k}})$ が，任意の格子ベクトル $\boldsymbol{n}$ に対し，

$$\hat{T}_{-\boldsymbol{n}}|\psi_{\boldsymbol{k}}) = e^{i\boldsymbol{k}\cdot\boldsymbol{n}}|\psi_{\boldsymbol{k}}), \quad \left(\Leftrightarrow \ (\boldsymbol{r}+\boldsymbol{n}|\psi_{\boldsymbol{k}}) = e^{i\boldsymbol{k}\cdot\boldsymbol{n}}(\boldsymbol{r}|\psi_{\boldsymbol{k}})\right) \tag{5.20}$$

を満たすという主張である．

証明は 2.1 および 2.2 節の一般論を頭に置いて行うとよい．まず，ハミルトニアン $\hat{H}$ が任意の格子ベクトル $-\boldsymbol{n}$ の並進移動に対して対称であることに着目する．実際，

$$\hat{T}_{-\boldsymbol{n}}\hat{H}\hat{T}_{-\boldsymbol{n}}^{-1} = \frac{\left(\hat{T}_{-\boldsymbol{n}}\hat{\boldsymbol{p}}\hat{T}_{-\boldsymbol{n}}^{-1}\right)^2}{2m} + V\left(\hat{T}_{-\boldsymbol{n}}\hat{\boldsymbol{r}}\hat{T}_{-\boldsymbol{n}}^{-1}\right) = \frac{\hat{\boldsymbol{p}}^2}{2m} + V(\hat{\boldsymbol{r}}+\boldsymbol{n}) = \hat{H} \tag{5.21}$$

が成り立ち，$\hat{H}$ と $\hat{T}_{-\boldsymbol{n}}$ は可換である．また，基本並進ベクトル $\boldsymbol{a}_i$ $(i=1,2,3)$ に対し，$\hat{T}_{-\boldsymbol{a}_i}\hat{T}_{-\boldsymbol{a}_j} = \hat{T}_{-\boldsymbol{a}_i-\boldsymbol{a}_j} = \hat{T}_{-\boldsymbol{a}_j}\hat{T}_{-\boldsymbol{a}_i}$ が満たされる．したがって，$\hat{H}, \hat{T}_{-\boldsymbol{a}_1}, \hat{T}_{-\boldsymbol{a}_2}, \hat{T}_{-\boldsymbol{a}_3}$ は互いに可換であり，すべてのエネルギー固有状態 $|\psi)$ を，

5）F. Bloch: Z. Phys. **52**, 555 (1929).

$$\hat{H}|\psi) = \epsilon|\psi) \tag{5.22}$$

$$\hat{T}_{-\boldsymbol{a}_i}|\psi) = c_i|\psi), \quad (i = 1, 2, 3) \tag{5.23}$$

を満たす同時固有状態に選べる．$\hat{T}_{-\boldsymbol{a}_i}$ はユニタリー演算子だから，$c_i$ は大きさ 1 の複素数となり，

$$c_i = e^{i\boldsymbol{k}\cdot\boldsymbol{a}_i}, \quad (i = 1, 2, 3) \tag{5.24}$$

を満たす第一 Brillouin ゾーン内の波数ベクトル $\boldsymbol{k}$ が一意的に定まる．このとき，任意の格子ベクトル $\boldsymbol{n} = n_1\boldsymbol{a}_1 + n_2\boldsymbol{a}_2 + n_3\boldsymbol{a}_3$ に対して，

$$\hat{T}_{-\boldsymbol{n}}|\psi) = \left(\hat{T}_{-\boldsymbol{a}_1}\right)^{n_1}\left(\hat{T}_{-\boldsymbol{a}_2}\right)^{n_2}\left(\hat{T}_{-\boldsymbol{a}_3}\right)^{n_3}|\psi) = c_1^{n_1}c_2^{n_2}c_3^{n_3}|\psi) = e^{i\boldsymbol{k}\cdot\boldsymbol{n}}|\psi) \tag{5.25}$$

が成り立つ（証明終わり）．

実際に，$\hat{H}$ と $\hat{T}_{-\boldsymbol{a}_i}$ の同時固有状態を求める際には，2.1 節で述べたブロック対角化の手法を用いるとよい．その準備として，$\hat{T}_{-\boldsymbol{a}_i}$ $(i = 1, 2, 3)$ の同時固有状態について考えよう．上述のように，$\hat{T}_{-\boldsymbol{a}_i}$ $(i = 1, 2, 3)$ の同時固有状態に対し，第一 Brillouin ゾーン内の波数ベクトル $\boldsymbol{k}$ が存在し，任意の格子ベクトル $\boldsymbol{n}$ に対して，

$$\hat{T}_{-\boldsymbol{n}}|\psi_{\boldsymbol{k}}) = e^{i\boldsymbol{k}\cdot\boldsymbol{n}}|\psi_{\boldsymbol{k}}), \quad \left(\Leftrightarrow (\boldsymbol{r}+\boldsymbol{n}|\psi_{\boldsymbol{k}}) = e^{i\boldsymbol{k}\cdot\boldsymbol{n}}(\boldsymbol{r}|\psi_{\boldsymbol{k}})\right) \tag{5.26}$$

が成り立つ．このとき $|\psi_{\boldsymbol{k}})$ を，**Bloch 波数（ベクトル）$\boldsymbol{k}$ の Bloch 状態**あるいは **Bloch 波**と呼ぶ．以下では，波数 $\boldsymbol{k}$ の Bloch 状態が張る部分空間を $\mathbb{V}_{\boldsymbol{k}}$ と書こう．ハミルトニアン $\hat{H}$ をブロック対角化するには，$\mathbb{V}_{\boldsymbol{k}}$ の完全正規直交系を知る必要がある．答えを先に述べると，逆格子ベクトルを $\boldsymbol{K}$ として，$\boldsymbol{k}+\boldsymbol{K}$ を波数ベクトルに持つ平面波状態 $|\boldsymbol{k}+\boldsymbol{K})$ の集合が $\mathbb{V}_{\boldsymbol{k}}$ の完全正規直交系になる．実際，

$$\hat{T}_{-\boldsymbol{n}}|\boldsymbol{k}+\boldsymbol{K}) = e^{i\boldsymbol{n}\cdot\hat{\boldsymbol{p}}/\hbar}|\boldsymbol{k}+\boldsymbol{K}) = e^{i(\boldsymbol{k}+\boldsymbol{K})\cdot\boldsymbol{n}}|\boldsymbol{k}+\boldsymbol{K}) = e^{i\boldsymbol{k}\cdot\boldsymbol{n}}|\boldsymbol{k}+\boldsymbol{K}) \tag{5.27}$$

が成り立つ．$\boldsymbol{k}$ と $\boldsymbol{K}$ を両方動かすと，$\boldsymbol{k}+\boldsymbol{K}$ が波数空間をくまなく動いて，$|\boldsymbol{k}+\boldsymbol{K})$ 全体が Hilbert 空間の完全正規直交系を成すから，$\boldsymbol{k}$ を固定して $\boldsymbol{K}$ だけ動かすと，$|\boldsymbol{k}+\boldsymbol{K})$ の集合は $\mathbb{V}_{\boldsymbol{k}}$ の完全正規直交系になる．

上記の議論から，$\mathbb{V}_{\boldsymbol{k}}$ への射影演算子 $\hat{P}_{\boldsymbol{k}}$ を，

$$\hat{P}_{\boldsymbol{k}} = \sum_{\boldsymbol{K}}|\boldsymbol{k}+\boldsymbol{K})(\boldsymbol{k}+\boldsymbol{K}| \tag{5.28}$$

と書き表せる．これを用いると，ブロック対角化されたハミルトニアンの表式として，

$$\hat{H} = \sum_{\boldsymbol{k}} \hat{H}_{\boldsymbol{k}} \tag{5.29}$$

$$\begin{aligned}\hat{H}_{\boldsymbol{k}} \equiv \hat{P}_{\boldsymbol{k}} \hat{H} \hat{P}_{\boldsymbol{k}} &= \sum_{\boldsymbol{K}\boldsymbol{K}'} |\boldsymbol{k}+\boldsymbol{K})(\boldsymbol{k}+\boldsymbol{K}|\hat{H}|\boldsymbol{k}+\boldsymbol{K}')(\boldsymbol{k}+\boldsymbol{K}'| \\ &= \sum_{\boldsymbol{K}\boldsymbol{K}'} |\boldsymbol{k}+\boldsymbol{K})\left(\frac{\hbar^2(\boldsymbol{k}+\boldsymbol{K})^2}{2m}\delta_{\boldsymbol{K}\boldsymbol{K}'} + V_{\boldsymbol{K}-\boldsymbol{K}'}\right)(\boldsymbol{k}+\boldsymbol{K}'|\end{aligned} \tag{5.30}$$

を得る．各 $\mathbb{V}_{\boldsymbol{k}}$ を張る完全正規直交系 $\{|\boldsymbol{k}+\boldsymbol{K})\}$ は，逆格子ベクトル $\boldsymbol{K}$ でラベル付けされているが，$\boldsymbol{K}$ は（体積無限大の極限でも）離散値をとる．この事実を反映して，$\hat{H}_{\boldsymbol{k}}$ に対する固有方程式 (5.31) を解いて得られるエネルギー固有値も，離散値をとる．そこで，これを $n$ で番号付けして $\epsilon_{n,\boldsymbol{k}}$ とし，対応する固有状態を $|\psi_{n,\boldsymbol{k}})$ と書くと，各 $\mathbb{V}_{\boldsymbol{k}}$ 内で簡約化された Schrödinger 方程式は，

$$\hat{H}_{\boldsymbol{k}}|\psi_{n,\boldsymbol{k}}) = \epsilon_{n,\boldsymbol{k}}|\psi_{n,\boldsymbol{k}}) \tag{5.31}$$

となる．固有値 $\epsilon_{n,\boldsymbol{k}}$ と固有状態 $|\psi_{n,\boldsymbol{k}})$（$n$ は固有状態を区別する添字）をすべての $\boldsymbol{k}$ について集めると，$\hat{H}$ の固有値と固有状態がすべて求まる．

簡約化された Schrödinger 方程式 (5.31) をそのまま扱ってもよいが，ユニタリー演算子 $e^{-i\boldsymbol{k}\cdot\hat{\boldsymbol{r}}}$ によって「ゲージ変換」した，

$$|u_{n,\boldsymbol{k}}) \equiv e^{-i\boldsymbol{k}\cdot\hat{\boldsymbol{r}}}|\psi_{n,\boldsymbol{k}}), \quad \left(\Leftrightarrow\ |\psi_{n,\boldsymbol{k}}) = e^{i\boldsymbol{k}\cdot\hat{\boldsymbol{r}}}|u_{n,\boldsymbol{k}})\right) \tag{5.32}$$

を導入すると便利である．このとき，$|u_{n,\boldsymbol{k}})$ に対する有効一電子 Schrödinger 方程式には，「ベクトルポテンシャル」$(\hbar c/e)\nabla(\boldsymbol{k}\cdot\boldsymbol{r}) = \hbar c\boldsymbol{k}/e$ が現れて，

$$\hat{H}^{(\mathrm{eff})}_{\boldsymbol{k}}|u_{n,\boldsymbol{k}}) = \epsilon_{n,\boldsymbol{k}}|u_{n,\boldsymbol{k}}) \tag{5.33}$$

$$\begin{aligned}\hat{H}^{(\mathrm{eff})}_{\boldsymbol{k}} &\equiv e^{-i\boldsymbol{k}\cdot\hat{\boldsymbol{r}}}\hat{H}_{\boldsymbol{k}}e^{i\boldsymbol{k}\cdot\hat{\boldsymbol{r}}} \\ &= \sum_{\boldsymbol{K}\boldsymbol{K}'} e^{-i\boldsymbol{k}\cdot\hat{\boldsymbol{r}}}|\boldsymbol{k}+\boldsymbol{K})\left(\frac{(\hbar\boldsymbol{k}+\hbar\boldsymbol{K})^2}{2m}\delta_{\boldsymbol{K}\boldsymbol{K}'} + V_{\boldsymbol{K}-\boldsymbol{K}'}\right)(\boldsymbol{k}+\boldsymbol{K}'|e^{i\boldsymbol{k}\cdot\hat{\boldsymbol{r}}} \\ &= \sum_{\boldsymbol{K},\boldsymbol{K}'} |\boldsymbol{K})(\boldsymbol{K}|\left(\frac{(\hat{\boldsymbol{p}}+\hbar\boldsymbol{k})^2}{2m} + V(\hat{\boldsymbol{r}})\right)|\boldsymbol{K}')(\boldsymbol{K}'| \\ &= \hat{P}_{\boldsymbol{k}=0}\left(\frac{(\hat{\boldsymbol{p}}+\hbar\boldsymbol{k})^2}{2m} + V(\hat{\boldsymbol{r}})\right)\hat{P}_{\boldsymbol{k}=0}\end{aligned} \tag{5.34}$$

となる．ここで，$e^{-i\boldsymbol{k}\cdot\hat{\boldsymbol{r}}}|\boldsymbol{k}+\boldsymbol{K}) = |\boldsymbol{K})$ と $V_{\boldsymbol{K}-\boldsymbol{K}'} = (\boldsymbol{K}|V(\hat{\boldsymbol{r}})|\boldsymbol{K}')$ を用いた．部分空間

$\mathbb{V}_{k=0}$ 内だけで有効 Schrödinger 方程式を扱うことを暗黙の了解として，$\hat{H}_{k}^{(\mathrm{eff})}$ に現れる射影演算子 $\hat{P}_{k=0}$ はしばしば省略される．

有効 Schrödinger 方程式を $u_{n,k}(r) \equiv (r|u_{n,k})$ に対する方程式に書き表すと，

$$\left(\frac{(-i\hbar\nabla + \hbar \boldsymbol{k})^2}{2m} + V(\boldsymbol{r})\right) u_{n,\boldsymbol{k}}(\boldsymbol{r}) = \epsilon_{n,\boldsymbol{k}} u_{n,\boldsymbol{k}}(\boldsymbol{r}) \tag{5.35}$$

となる．ただし，$|u_{n,k}) \in \mathbb{V}_{k=0}$ を反映して，$u_{nk}(r)$ には周期境界条件，

$$u_{n,\boldsymbol{k}}(\boldsymbol{r} + \boldsymbol{n}) = u_{n,\boldsymbol{k}}(\boldsymbol{r}) \tag{5.36}$$

が課されることになる．元々の Schrödinger 方程式では単位胞が $N_c$ 個あったが，$u_{n,k}(r)$ に対する有効 Schrödinger 方程式では，周期境界条件を課した一個の単位胞の中で問題を解けばよい．これは大幅に問題が簡単化されたことを示している．

式 (5.36) は，$u_{n,k}(r)$ が格子定数程度の長さスケールで激しく振動する関数であることを教える．定義式 (5.32) から，$\psi_{n,k}(r) \equiv (r|\psi_{n,k})$ と $u_{n,k}(r) \equiv (r|u_{n,k})$ の間に，

$$\psi_{n,\boldsymbol{k}}(\boldsymbol{r}) = e^{i\boldsymbol{k}\cdot\boldsymbol{r}} u_{n,\boldsymbol{k}}(\boldsymbol{r}) \tag{5.37}$$

の関係が成り立つが，上記の事実を反映して，格子定数程度の長さスケールで見ると $\psi_{n,k}(r)$ も激しく振動する．しかし，格子定数よりもずっと大きな長さスケールで見ると，$\psi_{n,k}(r)$ の振動の振幅はゆっくりと変化し，その包絡関数は波数ベクトル $\boldsymbol{k}$ の平面波のように変化する．式 (5.37) はこの振る舞いを式で表現したものである．

本節を終える前に，Bloch 状態の一般的性質について簡単にまとめておこう．Bloch 状態はユニタリー演算子 $\hat{T}_{-n}$ の固有状態であり，ユニタリー演算子の異なる固有値に属する固有状態同士は直交するから，**異なる Bloch 波数の Bloch 状態同士は直交する**．また，$|\psi_k)$ を Bloch 波数 $\boldsymbol{k}$ の Bloch 状態とするとき，式 (5.14) から，

$$\hat{T}_{-\boldsymbol{n}}\hat{\boldsymbol{p}}|\psi_{\boldsymbol{k}}) = \hat{T}_{-\boldsymbol{n}}\hat{\boldsymbol{p}}\hat{T}_{-\boldsymbol{n}}^{-1}\hat{T}_{-\boldsymbol{n}}|\psi_{\boldsymbol{k}}) = \hat{\boldsymbol{p}}\hat{T}_{-\boldsymbol{n}}|\psi_{\boldsymbol{k}}) = e^{i\boldsymbol{k}\cdot\boldsymbol{n}}\hat{\boldsymbol{p}}|\psi_{\boldsymbol{k}}) \tag{5.38}$$

となるから，$\hat{\boldsymbol{p}}|\psi_k)$ も波数 $\boldsymbol{k}$ の Bloch 状態になる．標語的に言えば，**運動量演算子は Bloch 波数を保存する**．同じく，式 (5.14) から，

$$\hat{T}_{-n}e^{i\boldsymbol{q}\cdot\hat{\boldsymbol{r}}}|\psi_{\boldsymbol{k}}\rangle = \hat{T}_{-n}e^{i\boldsymbol{q}\cdot\hat{\boldsymbol{r}}}\hat{T}_{-\boldsymbol{n}}^{-1}\hat{T}_{-\boldsymbol{n}}|\psi_{\boldsymbol{k}}\rangle = e^{i\boldsymbol{q}\cdot(\hat{\boldsymbol{r}}+\boldsymbol{n})}\hat{T}_{-\boldsymbol{n}}|\psi_{\boldsymbol{k}}\rangle = e^{i(\boldsymbol{k}+\boldsymbol{q})\cdot\boldsymbol{n}}e^{i\boldsymbol{q}\cdot\hat{\boldsymbol{r}}}|\psi_{\boldsymbol{k}}\rangle \tag{5.39}$$

が成り立ち，$e^{i\boldsymbol{q}\cdot\hat{\boldsymbol{r}}}|\psi_{\boldsymbol{k}}\rangle$ は波数 $\boldsymbol{k}+\boldsymbol{q}$ の Bloch 状態になる．ただし，$\boldsymbol{k}+\boldsymbol{q}$ が第一 Brillouin ゾーンからはみ出した場合は，適当な逆格子ベクトルを加えて第一 Brillouin ゾーン内に還元する約束とする．標語的に言えば，**$e^{i\boldsymbol{q}\cdot\hat{\boldsymbol{r}}}$ は Bloch 波数を $\boldsymbol{q}$ だけ変化させる**．選択則の形で書くと，$|\psi_{\boldsymbol{k}}\rangle$ と $|\phi_{\boldsymbol{k}'}\rangle$ をそれぞれ波数 $\boldsymbol{k}, \boldsymbol{k}'$ の Bloch 状態として，たとえば，

$$\langle\phi_{\boldsymbol{k}'}|\hat{\boldsymbol{p}}|\psi_{\boldsymbol{k}}\rangle \propto \delta_{\boldsymbol{k}',\boldsymbol{k}}, \quad \langle\phi_{\boldsymbol{k}'}|e^{i\boldsymbol{q}\cdot\hat{\boldsymbol{r}}}|\psi_{\boldsymbol{k}}\rangle \propto \delta'_{\boldsymbol{k}',\boldsymbol{k}+\boldsymbol{q}}, \quad \langle\phi_{\boldsymbol{k}'}|\left[\hat{\boldsymbol{p}}, e^{i\boldsymbol{q}\cdot\hat{\boldsymbol{r}}}\right]_+|\psi_{\boldsymbol{k}}\rangle \propto \delta'_{\boldsymbol{k}',\boldsymbol{k}+\boldsymbol{q}} \tag{5.40}$$

等が成り立つ．ここで，拡張された Kronecker のデルタを，

$$\delta'_{\boldsymbol{q}\boldsymbol{q}'} = \begin{cases} 1 & (\boldsymbol{q}-\boldsymbol{q}'\text{ が逆格子ベクトルの一つに等しいとき}) \\ 0 & (\text{それ以外}) \end{cases} \tag{5.41}$$

と定めた．

## 5.3　エネルギーバンド

前節で述べたように，簡約化された Schrödinger 方程式 (5.31) を各 $\mathbb{V}_{\boldsymbol{k}}$ 内で解いて得られるエネルギー準位は，離散値 $\epsilon_{n,\boldsymbol{k}}$ をとる．ここで，番号 $n$ を止めたまま $\boldsymbol{k}$ を第一 Brillouin ゾーン内で連続的に動かすと，$\epsilon_{n,\boldsymbol{k}}$ は $\boldsymbol{k}$ と一電子エネルギーの関係（**バンド分散**）を定める．このとき，$\epsilon_{n,\boldsymbol{k}}$ がとるエネルギーの値の範囲は**帯状**になり，これを**（エネルギー）バンド**と呼ぶ．また，バンドとバンドの間にエネルギー固有値が存在しないエネルギー域が現れる場合があり，これを**バンドギャップ**と呼ぶ．バンド分散の例を図 5.4 に示す．

バンド分散が求まると，$n$ 番目のバンドに対する**状態密度**を，

$$D_n^{(0)}(\epsilon) \equiv \int_{\mathrm{BZ}} \frac{d^3\boldsymbol{k}}{(2\pi)^3}\delta(\epsilon - \epsilon_{n,\boldsymbol{k}}) \tag{5.42}$$

によって定めることができる．BZ は積分を第一 Brillouin ゾーン内で行うことを示している．積分内のデルタ関数は，状態密度に寄与するのが $\epsilon_{n,\boldsymbol{k}} = \epsilon$ で定義される等エネルギー面上の状態だけであることを示しているので，積分を等エネルギー面上の面積分と，単位法線ベクトル $\boldsymbol{n}_{\boldsymbol{k}} = \nabla_{\boldsymbol{k}}\epsilon_{n,\boldsymbol{k}}/\left|\nabla_{\boldsymbol{k}}\epsilon_{n,\boldsymbol{k}}\right|$ 方向の積分の多重積分として計算するとよい．$\boldsymbol{n}_{\boldsymbol{k}}$ 方向の積分を実行すると，式 (1.25) から $|\boldsymbol{n}_{\boldsymbol{k}}\cdot\nabla_{\boldsymbol{k}}\epsilon_{n,\boldsymbol{k}}|^{-1} = |\nabla_{\boldsymbol{k}}\epsilon_{n,\boldsymbol{k}}|^{-1}$ という因子が現れるから，

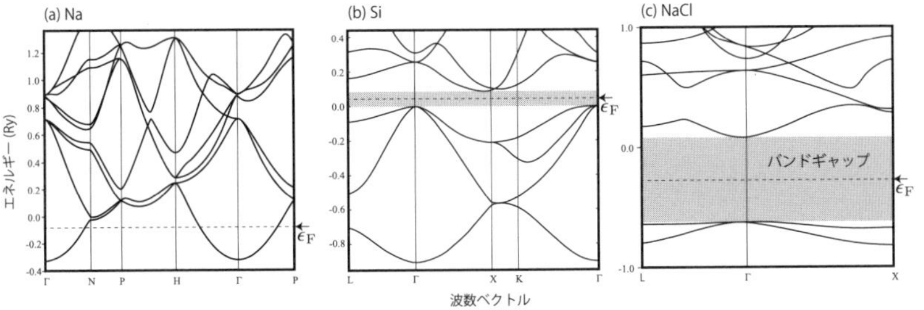


図 5.4 (a) ナトリウム（Na），(b) 珪素（Si），(c) 塩化ナトリウム（NaCl）のバンド分散．第一 Brillouin ゾーンの対称性の高い点を結ぶ直線に沿ってバンド分散がプロットされている．灰色で示したエネルギー域がバンドギャップ．[(a) W. Y. Ching and J. Callaway: Phys. Rev. B **11**, 1324 (1975); (b) J. R. Chelikowsky and M. L. Cohen: Phys. Rev. B **14**, 556 (1976); (c) A. B. Kunz: Phys. Rev. B **26**, 2056 (1982).]

$$D_n^{(0)}(\epsilon) = \frac{1}{(2\pi)^3} \int_{\epsilon_{n,\boldsymbol{k}}=\epsilon} \frac{dS}{\left|\nabla_{\boldsymbol{k}} \epsilon_{n,\boldsymbol{k}}\right|} \tag{5.43}$$

を得る．

バンド分散が交差する $\boldsymbol{k}$ 点を除けば，$\epsilon_{n,\boldsymbol{k}}$ は $\boldsymbol{k}$ の関数として，至る所連続かつ微分可能である．しかも $\epsilon_{n,\boldsymbol{k}}$ は有界なので，第一 Brillouin ゾーン内のある $\boldsymbol{k}$ 点で最大（最小）となり，そこで $\nabla_{\boldsymbol{k}} \epsilon_{n,\boldsymbol{k}} = 0$ となる．より一般に極大・極小点だけでなく鞍点も含めて，Brillouin ゾーン内には $\nabla_{\boldsymbol{k}} \epsilon_{n,\boldsymbol{k}} = 0$ となる $\boldsymbol{k}$ 点（**臨界点**）が複数存在し，対応するエネルギーで状態密度の微分が発散する（**van Hove 特異性**）[6]．**臨界点** $\boldsymbol{k} = \boldsymbol{k}_0$ 近傍では，$\epsilon_c \equiv \epsilon_{n,\boldsymbol{k}_0}$ からのエネルギーのずれを，$\boldsymbol{k} - \boldsymbol{k}_0$ について二次近似で，

$$\begin{aligned} \epsilon_{n,\boldsymbol{k}} - \epsilon_c &\approx \frac{1}{2} \sum_{\mu,\nu=x,y,z} \left.\frac{\partial^2 \epsilon_{n,\boldsymbol{k}}}{\partial k_\mu \partial k_\nu}\right|_{\boldsymbol{k}=\boldsymbol{k}_0} \left(k_\mu - k_{0\mu}\right)(k_\nu - k_{0\nu}) \\ &= \frac{\hbar^2 k_1^2}{2m_1} + \frac{\hbar^2 k_2^2}{2m_2} + \frac{\hbar^2 k_3^2}{2m_3} \end{aligned} \tag{5.44}$$

と評価できる．ただし，$\partial^2 \epsilon_{n,\boldsymbol{k}}/\partial k_\mu \partial k_\nu|_{\boldsymbol{k}=\boldsymbol{k}_0}$ $(\mu, \nu = x, y, z)$ を成分に持つ三次実対称行列の固有値（実数になる）と規格化された固有ベクトル（三次元空間を張る正規直交系になる）を，$\hbar^2/m_i$ および $\boldsymbol{e}_i$ $(i = 1, 2, 3)$ とし，$\boldsymbol{k} - \boldsymbol{k}_0 = \sum_{i=1}^3 k_i \boldsymbol{e}_i$ により $k_i$ を定めた．このとき，負値をとる $m_i$ の数が $n$ 個の場合を $M_n$ 型と呼ぶと，図 5.5 に示すように，$\epsilon = \epsilon_c$ 近傍において，$O(\epsilon - \epsilon_c)$ の誤差を無

6) L. van Hove: Phys. Rev. **89**, 1189 (1953). この論文では，式 (5.45) だけでなく，二次元以上では鞍点に対応する van Hove 特異点が必ず存在することを，微分幾何学の Morse の定理から導いている．

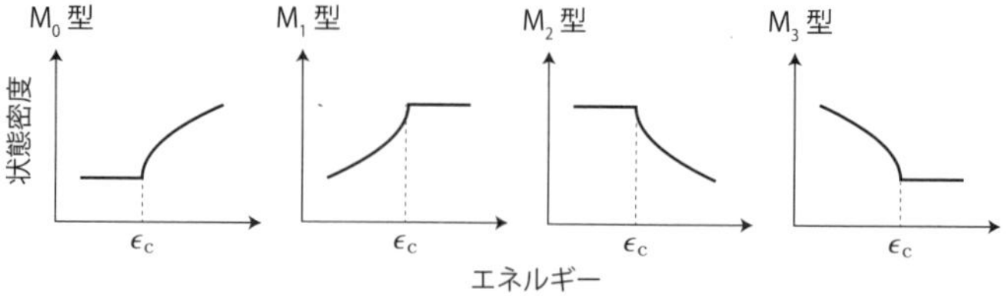


図 5.5　van Hove 特異点近傍の状態密度（模式図）

視する近似の下で，

$$D_n^{(0)}(\epsilon) - D_n^{(0)}(\epsilon_c) \approx \begin{cases} +\dfrac{1}{4\pi^2}\left(\dfrac{2m}{\hbar^2}\right)^{3/2}(\epsilon-\epsilon_c)^{1/2}\,\theta(\epsilon-\epsilon_c) & (\mathrm{M}_0 \text{ 型}) \\ -\dfrac{1}{4\pi^2}\left(\dfrac{2m}{\hbar^2}\right)^{3/2}(\epsilon_c-\epsilon)^{1/2}\,\theta(\epsilon_c-\epsilon) & (\mathrm{M}_1 \text{ 型}) \\ -\dfrac{1}{4\pi^2}\left(\dfrac{2m}{\hbar^2}\right)^{3/2}(\epsilon-\epsilon_c)^{1/2}\,\theta(\epsilon-\epsilon_c) & (\mathrm{M}_2 \text{ 型}) \\ +\dfrac{1}{4\pi^2}\left(\dfrac{2m}{\hbar^2}\right)^{3/2}(\epsilon_c-\epsilon)^{1/2}\,\theta(\epsilon_c-\epsilon) & (\mathrm{M}_3 \text{ 型}) \end{cases} \tag{5.45}$$

が成り立つ（$m \equiv |m_1 m_2 m_3|^{1/3}$）．$\mathrm{M}_0$ 型や $\mathrm{M}_3$ 型については，式 (1.24) と同様の計算により上式を示せる．$\mathrm{M}_1$ 型（$m_1 > 0, m_2 > 0, m_3 < 0$ とする）について上式を示すには，$\delta\epsilon \equiv \epsilon - \epsilon_c$，$s \equiv \delta\epsilon/|\delta\epsilon|$，$\tilde{k}_i \equiv k_i\sqrt{\hbar^2/2|m_i\delta\epsilon|}$，$\tilde{k} \equiv \sqrt{\tilde{k}_1^2 + \tilde{k}_2^2}$ と定め，エネルギーカットオフを $\xi_0$ として，$\boldsymbol{k} = \boldsymbol{k}_0$ 近傍の $\boldsymbol{k}$ 点からの寄与を，

$$\begin{aligned} &\int_{\hbar^2 k_i^2/2m \lesssim \xi_0} \frac{dk_1 dk_2 dk_3}{(2\pi)^3}\delta\left(\epsilon - \epsilon_c - \frac{\hbar^2 k_1^2}{2m_1} - \frac{\hbar^2 k_2^2}{2m_2} - \frac{\hbar^2 k_3^2}{2m_3}\right) \\ &= \frac{1}{(2\pi)^3|\delta\epsilon|}\left(\frac{2m|\delta\epsilon|}{\hbar^2}\right)^{3/2}\int_{\tilde{k}_i^2 \lesssim \xi_0/|\delta\epsilon|} d\tilde{k}_1 d\tilde{k}_2 d\tilde{k}_3\,\delta\left(s - \tilde{k}_1^2 - \tilde{k}_2^2 + \tilde{k}_3^2\right) \\ &= \frac{1}{(2\pi)^3}\left(\frac{2m}{\hbar^2}\right)^{3/2}|\delta\epsilon|^{1/2}\int_{0 \le \tilde{k} \lesssim \sqrt{\xi_0/|\delta\epsilon|}}\left(\tilde{k}^2 - s\right)^{-1/2}\theta\left(\tilde{k}^2 - s\right)2\pi\tilde{k}d\tilde{k} \\ &= (\text{定数}) - \frac{1}{4\pi^2}\left(\frac{2m}{\hbar^2}\right)^{3/2}|\delta\epsilon|^{1/2}\,\theta(-\delta\epsilon) + O(\delta\epsilon) \end{aligned} \tag{5.46}$$

と評価すればよい（式 (1.25) を用いた）．$\mathrm{M}_2$ 型についても同様である．

状態密度を定義できたので，Fermi 準位 $\epsilon_F$ を定めよう．$\epsilon_F$ がバンドの一つ（または複数）の中に位置する場合は，Sommerfeld モデルの場合と同様に，

$$2\int_{-\infty}^{\epsilon_F}\sum_n D_n^{(0)}(\epsilon)d\epsilon = \frac{N}{V} \tag{5.47}$$

から決めればよい（2 の因子は電子のスピンに由来）．しかし，$\epsilon_F$ がバンドギャップ内に位置する場合，上式から $\epsilon_F$ を決めることはできない．この場合，一旦有限温度における化学ポテンシャル $\mu$ を求め，それが絶対零度の極限でどんな値に近づくか調べればよい．以下，Fermi 準位が $n$ 番目と $n+1$ 番目のバンド間に開いたバンドギャップ内に位置するとする．バンドギャップの大きさを $E_g$ として，$k_BT \ll E_g$ では，

$$2\int_{-\infty}^{+\infty}\left(D_n^{(0)}(\epsilon)+D_{n+1}^{(0)}(\epsilon)\right)f(\epsilon)d\epsilon = 2\int_{-\infty}^{+\infty}D_n^{(0)}(\epsilon)d\epsilon \tag{5.48}$$

が $\mu$ を決める．ただし $f(\epsilon)=(e^{\beta(\epsilon-\mu)}+1)^{-1}$ は Fermi 分布関数である．上式は，

$$n_e = n_h, \quad \left(n_e \equiv 2\int_{-\infty}^{+\infty}D_{n+1}^{(0)}(\epsilon)f(\epsilon)d\epsilon,\ n_h \equiv 2\int_{-\infty}^{+\infty}D_n^{(0)}(\epsilon)\left(1-f(\epsilon)\right)d\epsilon\right) \tag{5.49}$$

と書き直せる．ここで，$n_e$ は $n+1$ 番目のバンドを占有する電子の数密度，$n_h$ は $n$ 番目のバンドから電子が抜けた孔（**正孔**）の数密度を表す．$n_e$ や $n_h$ を評価する際には，$n$ 番目のバンドの上端 $\epsilon_v$，および $n+1$ 番目のバンドの下端 $\epsilon_c$ 近傍のエネルギー領域が重要になるが，これらはそれぞれ式 (5.45) の $M_3$ 型，$M_0$ 型の van Hove 特異点で $D_n^{(0)}(\epsilon_c)=0$ の場合に対応する．$n$ 番目のバンドの上端 $\epsilon_v$ と $n+1$ 番目のバンドの下端 $\epsilon_c$ を与える $\boldsymbol{k}$ 点の周りで式 (5.44) の展開をしたときに現れる $m_i$ $(i=1,2,3)$ の値をそれぞれ $-m_{hi}(<0)$，$m_{ei}(>0)$ とし，$m_h \equiv (m_{h1}m_{h2}m_{h3})^{1/3}$, $m_e \equiv (m_{e1}m_{e2}m_{e3})^{1/3}$ と定めると，

$$D_n^{(0)}(\epsilon) \approx \frac{1}{4\pi^2}\left(\frac{2m_h}{\hbar^2}\right)^{3/2}(\epsilon_v-\epsilon)^{1/2}\,\theta(\epsilon_v-\epsilon) \tag{5.50}$$

$$D_{n+1}^{(0)}(\epsilon) \approx \frac{1}{4\pi^2}\left(\frac{2m_e}{\hbar^2}\right)^{3/2}(\epsilon-\epsilon_c)^{1/2}\,\theta(\epsilon-\epsilon_c) \tag{5.51}$$

となる．また，十分低温では $\epsilon_v<\mu<\epsilon_c$ であり，しかも $\epsilon<\epsilon_v$ において $1-f(\epsilon)\approx e^{+\beta(\epsilon-\mu)}(\ll 1)$，$\epsilon>\epsilon_c$ において $f(\epsilon)\approx e^{-\beta(\epsilon-\mu)}(\ll 1)$ と近似できるので，

$$n_e \approx \frac{2(2m_e)^{3/2}}{4\pi^2\hbar^3}\int_{\epsilon_c}^{+\infty}d\epsilon\, e^{-\beta(\epsilon-\mu)}\sqrt{\epsilon-\epsilon_c} = \frac{2e^{\beta(\mu-\epsilon_c)}}{\lambda_e^3}, \quad n_h \approx \frac{2e^{\beta(\epsilon_v-\mu)}}{\lambda_h^3} \tag{5.52}$$

が成り立つ[7)]．ここで，電子および正孔に対する**熱的 de Broglie 波長**，

7）ガンマ関数の公式 $\Gamma(z)\equiv\int_0^{+\infty}x^{z-1}e^{-x}dx=[-x^{z-1}e^{-x}]_0^{+\infty}+(z-1)\int_0^{+\infty}x^{z-2}e^{-x}dx=(z-1)\Gamma(z-1)$，$\Gamma(1/2)=\int_0^{+\infty}y^{-1}e^{-y^2}2ydy=\sqrt{\pi}$ および $\Gamma(1)=1$ から，$n=0,1,2,\cdots$ に対し，

$$\Gamma\left(n+\frac{1}{2}\right)\equiv\int_0^{+\infty}x^{n-1/2}e^{-x}dx=\frac{(2n)!\sqrt{\pi}}{2^{2n}n!}, \quad \Gamma(n+1)\equiv\int_0^{+\infty}x^ne^{-x}dx=n!$$

$$\lambda_e \equiv \frac{h}{\sqrt{2\pi m_e k_B T}}, \quad \lambda_h \equiv \frac{h}{\sqrt{2\pi m_h k_B T}} \tag{5.53}$$

を導入した．したがって，$n_e = n_h$ の条件と，$E_g = \epsilon_c - \epsilon_v$ は，

$$n_e = n_h = \sqrt{n_e n_h} = \frac{2e^{-\beta E_g/2}}{(\lambda_e \lambda_h)^{3/2}} \tag{5.54}$$

$$\mu = \frac{1}{2}(\epsilon_c + \epsilon_v) + \frac{3}{4} k_B T \ln \frac{m_h}{m_e} \tag{5.55}$$

を導く．ここで，活性化エネルギーが $E_g$ ではなく $E_g/2$ である（$n_e \propto e^{-\beta E_g}$ ではなく $n_e \propto e^{-\beta E_g/2}$ となる）ことに注意しよう．電子と正孔を一対励起するのに必要なエネルギーは $E_g$ だが，電子や正孔を単独で作るのに必要なエネルギーはその半分 $E_g/2$ というわけである．これと連動して，**Fermi 準位（絶対零度極限における化学ポテンシャル）はバンドギャップの中心に位置する**（$\mu \to (\epsilon_c + \epsilon_v)/2$）．

9.1 節で詳しく述べるように，一電子近似＋線形応答理論の範囲では，低温極限における直流伝導率[8]は，Fermi 準位近傍の一電子状態の情報だけで決まる．Fermi 準位がバンドギャップ中に位置するときは，伝導率に参与できる一電子状態が存在しないため，系は**絶縁体**になる．逆に，Fermi 準位がいずれかのバンドを横切れば系は**金属**である．やかましいことを言えば，Fermi 準位直上に一電子状態が存在しても，それらがすべて空間的に局在した状態であれば系は絶縁体になるが，Bloch 状態は常に系全体に広がった状態を表すので，理想的な結晶（完全結晶）ではこの可能性は排除される．以上のように，エネルギーバンドと Fermi 準位の位置関係から金属と絶縁体を区別を論じたのが **Bloch-Wilson 理論**である．

一般に，固体のバンド構造は極めて複雑だが，第一 Brillouin ゾーン内に含まれる $\boldsymbol{k}$ 点の数は結晶中の単位胞の数 $N_c$ に等しく，電子のスピン自由度も考慮すると，一バンドに収容可能な電子数は普遍的に $2N_c$ である．絶縁体では，整数本のバンドが，電子によってちょうど完全に満たされた状況が実現している．したがって，「**絶縁体では一単位胞当たりの電子数は偶数**」である．対偶をとって「**一単位胞当たりの電子数が奇数ならば金属**」であると言ってもよい．

ただし，上記の結論は，一電子近似の下で導かれているので，強い電子間相

8）系に一様電場 $\boldsymbol{E}$ を印加したとき，系に誘起される電流密度を $\boldsymbol{j}$ として，直流伝導度テンソル $\underline{\sigma}$ は $\boldsymbol{j} = \underline{\sigma}\boldsymbol{E}$ によって定義される．

互作用効果がある場合には成り立たないことがある．その好例が 1.6 節で紹介した Mott-Hubbard 絶縁体である．また，逆は必ずしも真ではなく，一単位胞当たりの電子数が偶数でも，系が必ず絶縁体になるとは限らない．複数のバンドが重なり合っていれば，それらを同時に Fermi 準位が横切ることによって金属になることができる．Be，Mg，アルカリ土類金属 (Ca,Sr,$\cdots$) に代表される二価金属がその好例である．

## 5.4 バンドと対称性

ここまで，周期ポテンシャル $V(\boldsymbol{r})$ 中の一電子に対する Schrödinger 方程式，

$$\hat{H}|\psi\rangle = \epsilon|\psi\rangle, \quad \hat{H} = \frac{\hat{\boldsymbol{p}}^2}{2m} + V(\hat{\boldsymbol{r}}) \tag{5.56}$$

を考えてきた．そこでは，格子ベクトル $\boldsymbol{n}$ だけ並進移動させても $\hat{H}$ が不変，つまり，

$$\hat{T}_{-\boldsymbol{n}}\hat{H}\hat{T}_{-\boldsymbol{n}}^{-1} = \hat{H} \tag{5.57}$$

という**離散的な並進対称性**に着目することによって，一電子エネルギー固有状態を，Bloch 波数 $\boldsymbol{k}$ で分類できることを知った．$\boldsymbol{k}$ で指定されるエネルギー固有状態のうちで $n$ 番目のものを $\epsilon_{n,\boldsymbol{k}}$，対応する固有状態を $|\psi_{n,\boldsymbol{k}}\rangle$ とすれば，

$$\hat{H}|\psi_{n,\boldsymbol{k}}\rangle = \epsilon_{n,\boldsymbol{k}}|\psi_{n,\boldsymbol{k}}\rangle \tag{5.58}$$

である．ハミルトニアン $\hat{H}$ は離散的な並進対称性以外にも時間反転対称性を持つ．また，場合によっては，離散的な回転対称性や空間反転対称性を持つことがある．以下では，これらのまだ利用していない対称性から，どんな情報を引き出せるか考えよう．

まず**時間反転対称性**について調べる．一電子ハミルトニアン (5.56) はスピン演算子を含んでいないから，2.4 節で述べたように，複素共役演算子を時間反転演算子として用いてよい．ここでは，一電子状態の軌道部分だけを扱うので，$\hat{\Theta}_0|\boldsymbol{r}\rangle = |\boldsymbol{r}\rangle$ を満たす反線形演算子 $\hat{\Theta}_0$ が，式 (2.67) の変換則，

$$\hat{\Theta}_0\hat{\boldsymbol{r}}\hat{\Theta}_0^{-1} = \hat{\boldsymbol{r}}, \quad \hat{\Theta}_0\hat{\boldsymbol{p}}\hat{\Theta}_0^{-1} = -\hat{\boldsymbol{p}} \tag{5.59}$$

を満たし，時間反転演算子の資格を持つ．この変換則から，

$$\hat{\Theta}_0\hat{H}\hat{\Theta}_0^{-1} = \frac{1}{2m}\left(\hat{\Theta}_0\hat{\boldsymbol{p}}\hat{\Theta}_0^{-1}\right)^2 + V\left(\hat{\Theta}_0\hat{\boldsymbol{r}}\hat{\Theta}_0^{-1}\right) = \frac{(-\hat{\boldsymbol{p}})^2}{2m} + V(\hat{\boldsymbol{r}}) = \hat{H} \tag{5.60}$$

が成り立つので，$\hat{H}$ は時間反転に対して不変である．上式から $\hat{\Theta}_0\hat{H} = \hat{H}\hat{\Theta}_0$ であることに注意し，式 (5.58) の両辺に左から $\hat{\Theta}_0$ を作用させると，

$$\hat{H}\hat{\Theta}_0|\psi_{n,\boldsymbol{k}}\rangle = \epsilon_{n,\boldsymbol{k}}\hat{\Theta}_0|\psi_{n,\boldsymbol{k}}\rangle \tag{5.61}$$

となり，$\hat{\Theta}_0|\psi_{n,\boldsymbol{k}}\rangle$ が $\hat{H}$ の固有状態で，その固有値が $\epsilon_{n,\boldsymbol{k}}$ であることがわかる．一方，並進移動演算子に対する時間反転操作を考えると，

$$\hat{\Theta}_0\hat{T}_{\boldsymbol{\delta}}\hat{\Theta}_0^{-1} = \hat{\Theta}_0 e^{-i\boldsymbol{\delta}\cdot\hat{\boldsymbol{p}}/\hbar}\hat{\Theta}_0^{-1} = e^{i\boldsymbol{\delta}\cdot\left(\hat{\Theta}_0\boldsymbol{p}\hat{\Theta}_0^{-1}\right)/\hbar} = e^{i\boldsymbol{\delta}\cdot(-\boldsymbol{p})/\hbar} = \hat{T}_{\boldsymbol{\delta}} \tag{5.62}$$

となる．上式から $\hat{\Theta}_0\hat{T}_{-\boldsymbol{n}} = \hat{T}_{-\boldsymbol{n}}\hat{\Theta}_0$ であるので，

$$\hat{T}_{-\boldsymbol{n}}\hat{\Theta}_0|\psi_{n,\boldsymbol{k}}\rangle = \hat{\Theta}_0\hat{T}_{-\boldsymbol{n}}|\psi_{n,\boldsymbol{k}}\rangle = \hat{\Theta}_0 e^{i\boldsymbol{k}\cdot\boldsymbol{n}}|\psi_{n,\boldsymbol{k}}\rangle = e^{-i\boldsymbol{k}\cdot\boldsymbol{n}}\hat{\Theta}_0|\psi_{n,\boldsymbol{k}}\rangle \tag{5.63}$$

となって，$\Theta_0|\psi_{n,\boldsymbol{k}}\rangle$ が Bloch 波数 $-\boldsymbol{k}$ の Bloch 状態であることも示せる．したがって，

$$\epsilon_{n,-\boldsymbol{k}} = \epsilon_{n,\boldsymbol{k}} \tag{5.64}$$

であり，固有状態の位相をうまく選んでおけば，

$$|\psi_{n,-\boldsymbol{k}}\rangle = \hat{\Theta}_0|\psi_{n,\boldsymbol{k}}\rangle \tag{5.65}$$

を満たせる．

次に，周期ポテンシャル $V(\boldsymbol{r})$ が，**離散的回転**に対して対称であったとしよう．つまり，原点を通る回転軸の周りに，角度 $2\pi/M$ (ただし $M = 2, 3, 4, 6$)[9] だけ回転する変換を表す直交行列を $\underline{R}$ としたとき，任意の $\boldsymbol{r}$ に対し，

9) $M$ の許される値が $M = 2, 3, 4, 6$ のみであることを示しておく．まず，回転軸に垂直な格子ベクトルが存在することに注意しよう．実際，$\boldsymbol{n}$ が格子ベクトルならば，$\underline{R}^N\boldsymbol{n} - \boldsymbol{n} \neq 0$ $(N = 1, 2, \cdots, M-1)$ も格子ベクトルになるが，これが回転軸に直交するのは明らかである．そこで，$\boldsymbol{n}(\neq 0)$ を回転軸に垂直な最小の長さを持つ格子ベクトルに選ぶと，$\boldsymbol{n}_{N,\mp} \equiv \underline{R}^N\boldsymbol{n} \mp \boldsymbol{n}$ $(N = 1, 2, \cdots, M-1)$ は回転軸に直交するか，またはゼロベクトルに等しいので，

$$\left|\boldsymbol{n}_{N,-}\right| = 2|\boldsymbol{n}||\sin(\pi N/M)| \geq |\boldsymbol{n}|$$
$$\left|\boldsymbol{n}_{N,+}\right| = 2|\boldsymbol{n}||\cos(\pi N/M)| \geq |\boldsymbol{n}|,\ \text{または}\ = 0$$

が成り立つ．つまり，「$1/6 \leq N/M \leq 1/3$ または $2/3 \leq N/M \leq 5/6$ または $N/M = 1/2$」が $N = 1, 2, \cdots, M-1$ に対して要求される．$M = 2, 3, 4, 6$ でこの条件が満たされることはすぐに確認できる．一方，$M = 5$ では $N = 2, 3$ が，$M \geq 7$ では $N = 1$ が条件を満たさない．

$$V(\boldsymbol{r}) = V\left(\underline{R}^{-1}\boldsymbol{r}\right) \tag{5.66}$$

が満たされているとする．このとき結晶は **$M$ 回対称性**を持つと言う．量子力学における回転については 2.2 節で一般的に論じたが，ここではスピン自由度を扱わず，一電子系だけを考えるので，上記の回転を表すユニタリー演算子として，

$$\hat{R} = e^{-i(2\pi/M)\boldsymbol{e}\cdot\hat{\boldsymbol{\ell}}/\hbar}, \quad \hat{\boldsymbol{\ell}} = \hat{\boldsymbol{r}} \times \hat{\boldsymbol{p}} \tag{5.67}$$

を用いれば十分である．ただし，$\boldsymbol{e}$ は回転軸の向きを表す単位ベクトルを表す．実際，$\hat{R}$ は式 (2.42) の変換則，

$$\hat{R}\hat{\boldsymbol{r}}\hat{R}^{-1} = \underline{R}^{-1}\hat{\boldsymbol{r}}, \quad \hat{R}\hat{\boldsymbol{p}}\hat{R}^{-1} = \underline{R}^{-1}\hat{\boldsymbol{p}} \tag{5.68}$$

を満足する．このとき，

$$\hat{R}\hat{H}\hat{R}^{-1} = \frac{1}{2m}\left(\hat{R}\hat{\boldsymbol{p}}\hat{R}^{-1}\right)^2 + V\left(\hat{R}\hat{\boldsymbol{r}}\hat{R}^{-1}\right) = \frac{1}{2m}\left(\underline{R}^{-1}\hat{\boldsymbol{p}}\right)^2 + V\left(\underline{R}^{-1}\hat{\boldsymbol{r}}\right) = \hat{H} \tag{5.69}$$

となるから，ハミルトニアンは $\hat{R}$ が表す離散的な回転に対して不変である．上式から $\hat{R}\hat{H} = \hat{H}\hat{R}$ だから，式 (5.58) の両辺に左から $\hat{R}$ を作用させると，

$$\hat{H}\hat{R}|\psi_{n,\boldsymbol{k}}\rangle = \epsilon_{n,\boldsymbol{k}}\hat{R}|\psi_{n,\boldsymbol{k}}\rangle \tag{5.70}$$

が導かれ，$\hat{R}|\psi_{n,\boldsymbol{k}}\rangle$ が $\hat{H}$ の固有状態で，その固有値が $\epsilon_{n,\boldsymbol{k}}$ であることがわかる．一方，並進移動演算子に対する回転を考えると，

$$\hat{R}\hat{T}_{\delta}\hat{R}^{-1} = e^{-i\delta\cdot\left(\hat{R}\hat{p}\hat{R}^{-1}\right)/\hbar} = e^{-i\delta\cdot(\underline{R}^{-1}\hat{p})/\hbar} = e^{-i(\underline{R}\delta)\cdot\hat{p}/\hbar} = \hat{T}_{\underline{R}\delta} \tag{5.71}$$

となる．上式は $\hat{R}\hat{T}_{-\boldsymbol{n}} = \hat{T}_{-\underline{R}\boldsymbol{n}}\hat{R}$（$\Leftrightarrow$ $\hat{T}_{-\boldsymbol{n}}\hat{R} = \hat{R}\hat{T}_{-\underline{R}^{-1}\boldsymbol{n}}$）を意味するので，

$$\hat{T}_{-\boldsymbol{n}}\hat{R}|\psi_{n,\boldsymbol{k}}\rangle = \hat{R}\hat{T}_{-\underline{R}^{-1}\boldsymbol{n}}|\psi_{n,\boldsymbol{k}}\rangle = \hat{R}e^{i\boldsymbol{k}\cdot(\underline{R}^{-1}\boldsymbol{n})}|\psi_{n,\boldsymbol{k}}\rangle = e^{i(\underline{R}\boldsymbol{k})\cdot\boldsymbol{n}}\hat{R}|\psi_{n,\boldsymbol{k}}\rangle \tag{5.72}$$

となって，$\hat{R}|\psi_{n,\boldsymbol{k}}\rangle$ が Bloch 波数 $\underline{R}\boldsymbol{k}$ の Bloch 状態であることも言える．したがって，

$$\epsilon_{n,\underline{R}\boldsymbol{k}} = \epsilon_{n,\boldsymbol{k}} \tag{5.73}$$

が成り立ち，**バンド分散は結晶と同じ回転対称性を持つ**．また，固有状態の位相をうまく選んでおけば，

$$|\psi_{n,\underline{R}\boldsymbol{k}}\rangle = \hat{R}|\psi_{n,\boldsymbol{k}}\rangle \tag{5.74}$$

を満たせる．

なお，回転操作まで含めた複数の対称操作を考えると，それらは必ずしも互いに可換ではなくなる．そのため，結晶を不変に保つ対称操作が複数ある場合には，それらの集合が作る**群の既約表現**を考える必要がある[10)]．

## 5.5　スピン軌道相互作用がある場合

相対論的補正としてスピン軌道相互作用を考慮すると，一電子ハミルトニアンは，

$$\hat{H} = \frac{\hat{\boldsymbol{p}}^2}{2m} + V(\hat{\boldsymbol{r}}) + \frac{1}{2m^2c^2}\hat{\boldsymbol{s}}\cdot(\nabla V(\hat{\boldsymbol{r}})\times\hat{\boldsymbol{p}}) \tag{5.75}$$

となる．ここで，$c$ は光速，$\hat{\boldsymbol{s}}$ は電子のスピン演算子である．この場合でも $V(\boldsymbol{r})$ が格子ベクトルを周期とする周期関数であれば，Bloch の定理が成立し，各固有状態を Bloch 波数 $\boldsymbol{k}$ で分類できる．スピン軌道相互作用があると，$\hat{s}_z$ は良い量子数ではなくなるが，Bloch 波数 $\boldsymbol{k}$ を持ち，$\hat{s}_z$ の期待値の符号が正（負）の固有状態で $n$ 番目のものを $|\psi_{n,\boldsymbol{k},\Uparrow}\rangle$（$|\psi_{n,\boldsymbol{k},\Downarrow}\rangle$），その固有値を $\epsilon_{n,\boldsymbol{k},\Uparrow}$（$\epsilon_{n,\boldsymbol{k},\Downarrow}$）と書くことにしよう．即ち，

$$\hat{H}|\psi_{n,\boldsymbol{k},\sigma}\rangle = \epsilon_{n,\boldsymbol{k},\sigma}|\psi_{n,\boldsymbol{k},\sigma}\rangle, \quad (\sigma = \Uparrow, \Downarrow) \tag{5.76}$$

である．

前節とは違い，電子のスピン自由度をあらわに考えることになる．したがって，2.4 節で述べたように，時間反転演算子 $\hat{\Theta}$ として，位置演算子 $\hat{\boldsymbol{r}}$ と運動量演算子 $\hat{\boldsymbol{p}}$ に対する変換則 $\hat{\Theta}\hat{\boldsymbol{r}}\hat{\Theta}^{-1} = \hat{\boldsymbol{r}}$，$\hat{\Theta}\hat{\boldsymbol{p}}\hat{\Theta}^{-1} = -\hat{\boldsymbol{p}}$ に加えて，スピン演算子 $\hat{\boldsymbol{s}}$ に対する変換則，

$$\hat{\Theta}\hat{\boldsymbol{s}}\hat{\Theta}^{-1} = -\hat{\boldsymbol{s}} \tag{5.77}$$

を満たす，

$$\hat{\Theta} = e^{-i\pi\hat{s}_y/\hbar}\hat{\Theta}_0 = -i\hat{\sigma}_y\hat{\Theta}_0 \tag{5.78}$$

10）この点については，犬井鉄郎，田辺行人，小野寺嘉孝：『応用群論』（裳華房, 1980）が詳しい．

を採用しなければならない（式 (2.72) 参照）．ここで，$\hat{\boldsymbol{\sigma}} \equiv 2\hat{\boldsymbol{s}}/\hbar$ は **Pauli のスピン演算子**であり，$\hat{\sigma}_y^2 = 1$ から[11)]，$e^{-i\pi\hat{s}_y/\hbar} = e^{-i\pi\hat{\sigma}_y/2} = \cos(\pi/2) - i\sin(\pi/2)\hat{\sigma}_y = -i\hat{\sigma}_y$ であることを用いた．

変換則 $\hat{\Theta}\hat{\boldsymbol{r}}\hat{\Theta}^{-1} = \hat{\boldsymbol{r}}$，$\hat{\Theta}\hat{\boldsymbol{p}}\hat{\Theta}^{-1} = -\hat{\boldsymbol{p}}$，$\hat{\Theta}\hat{\boldsymbol{s}}\hat{\Theta}^{-1} = -\hat{\boldsymbol{s}}$ を用いて，ハミルトニアン (5.75) が時間反転に対して不変であること（$\hat{\Theta}\hat{H}\hat{\Theta}^{-1} = \hat{H}$）を示すのは容易である．したがって，前節と同様の議論により，$|\tilde{\psi}_{n,\boldsymbol{k},\sigma}) \equiv \hat{\Theta}|\psi_{n,\boldsymbol{k},\sigma})$ が，Bloch 波数 $-\boldsymbol{k}$ を持つ $\hat{H}$ の固有状態で，そのエネルギーが $\epsilon_{n,\boldsymbol{k},\sigma}$ であることがわかる．しかも，式 (5.77) から $\hat{\Theta}\hat{s}_z = -\hat{s}_z\hat{\Theta}$ だから，

$$(\tilde{\psi}_{n,\boldsymbol{k},\sigma}|\hat{s}_z|\tilde{\psi}_{n,\boldsymbol{k},\sigma}) = (\tilde{\psi}_{n,\boldsymbol{k},\sigma}|\hat{s}_z\hat{\Theta}|\psi_{n,\boldsymbol{k},\sigma}) = -(\tilde{\psi}_{n,\boldsymbol{k},\sigma}|\hat{\Theta}\hat{s}_z|\psi_{n,\boldsymbol{k},\sigma})$$
$$= -(\psi_{n,\boldsymbol{k},\sigma}|\hat{s}_z|\psi_{n,\boldsymbol{k},\sigma}) \tag{5.79}$$

が言える．つまり，バンドの番号付けをうまく行っておけば，

$$\epsilon_{n,\boldsymbol{k},\Uparrow} = \epsilon_{n,-\boldsymbol{k},\Downarrow} \tag{5.80}$$

が成り立ち，さらに固有状態の位相をうまく選んでおけば，

$$|\psi_{n,\boldsymbol{k},\Uparrow}) = \hat{\Theta}|\psi_{n,-\boldsymbol{k},\Downarrow}) \tag{5.81}$$

を満たせる．上式から明らかなように，式 (5.80) は 2.4 節で述べた Kramers 縮退を表している．特に，$\boldsymbol{k} = \boldsymbol{K}/2$（$\boldsymbol{K}$ は逆格子ベクトル）の場合が面白い．このとき，$\boldsymbol{k} - (-\boldsymbol{k}) = \boldsymbol{K}$ だから，時間反転でうつりあう $\boldsymbol{k}$ と $-\boldsymbol{k}$ が Bloch 波数として等価になる．この意味で，$\boldsymbol{k} = \boldsymbol{K}/2$ を**時間反転不変運動量（Time-Reversal Invariant Momenta, 略して TRIM）**と呼ぶ[12)]．Bloch 波数 $\boldsymbol{k}$ が TRIM に等しいときには，Kramers 縮退が同じ Bloch 波数で起きることになる（つまり，$\epsilon_{n,\boldsymbol{k},\Uparrow} = \epsilon_{n,\boldsymbol{k},\Downarrow}$）．

結晶が空間反転対称性を持っているときには，一電子準位の縮退に関してさらに進んだことが言える．量子力学における空間反転については 2.2 節で一般的に論じたが，ここでは一電子状態だけを扱うので，$\hat{I}|\boldsymbol{r},\sigma) = |-\boldsymbol{r},\sigma)$ を満たす演算子 $\hat{I}$ を空間反転演算子に採用すればよい．実際，$\hat{I}$ は式 (2.51) の変換則，

11）$\hat{\sigma}_\mu$ の固有値は ±1 だから $\hat{\sigma}_\mu^2 = 1$.

12）第一 Brillouin ゾーン内の TRIM は，逆格子の基本並進ベクトルを $\boldsymbol{b}_i$ $(i = 1,2,3)$ として，$\boldsymbol{k} = (n_1\boldsymbol{b}_1 + n_2\boldsymbol{b}_2 + n_3\boldsymbol{b}_3)/2$ $(n_i = 0,1)$ と書け，全部で八個ある．

$$\hat{I}\hat{\boldsymbol{r}}\hat{I}^{-1} = -\hat{\boldsymbol{r}}, \quad \hat{I}\hat{\boldsymbol{p}}\hat{I}^{-1} = -\hat{\boldsymbol{p}}, \quad \hat{I}\hat{\boldsymbol{s}}\hat{I}^{-1} = \hat{\boldsymbol{s}} \tag{5.82}$$

を満たすユニタリー演算子になる．ポテンシャルが空間反転対称性を持ち，

$$V(\boldsymbol{r}) = V(-\boldsymbol{r}) \tag{5.83}$$

を満たすならば，ハミルトニアンは $\hat{I}\hat{H}\hat{I}^{-1} = \hat{H}$ を満たし，空間反転に対し不変になる（$\nabla V(-\boldsymbol{r}) = -\nabla V(\boldsymbol{r})$ に注意）．したがって，

$$\epsilon_{n,\boldsymbol{k},\sigma} = \epsilon_{n,-\boldsymbol{k},\sigma}, \quad (\sigma = \Uparrow, \Downarrow) \tag{5.84}$$

が成り立ち，波動関数の位相をうまく選んでおけば，

$$|\psi_{n,\boldsymbol{k},\sigma}\rangle = \hat{I}|\psi_{n,-\boldsymbol{k},\sigma}\rangle \tag{5.85}$$

となる．先ほど議論した時間反転対称性からの結果と合わせると，空間反転対称性を持つ結晶では，TRIM だけではなく，すべての Bloch 波数 $\boldsymbol{k}$ に対して，

$$\epsilon_{n,\boldsymbol{k},\Uparrow} = \epsilon_{n,\boldsymbol{k},\Downarrow} \tag{5.86}$$

となることが結論される．逆に言えば，空間反転対称性を持たない結晶では，磁束密度の印加による Zeeman 分裂がなくても $\epsilon_{n,\boldsymbol{k},\Uparrow} \neq \epsilon_{n,\boldsymbol{k},\Downarrow}$ となってよい．

# 第6章

# バンド理論の基礎

## 6.1 ほとんど自由な電子のモデル

前章ではいささか抽象的な議論に終始したので，本章ではもう少し具体的な問題を考える．まず，一電子 Schrödinger 方程式，

$$\hat{H}|\psi) = \epsilon|\psi), \quad \hat{H} = \frac{\hat{\boldsymbol{p}}^2}{2m} + V(\hat{\boldsymbol{r}}) \tag{6.1}$$

において，周期ポテンシャル $V(\boldsymbol{r}) = \sum_{\boldsymbol{K}} V_{\boldsymbol{K}} e^{i\boldsymbol{K}\cdot\boldsymbol{r}}$（$\boldsymbol{K}$：逆格子ベクトル）が弱い場合を考察しよう．

周期ポテンシャルが存在しない（$V(\boldsymbol{r}) = 0$）場合，方程式は (1.8) に帰着する．したがって，固有状態は波数ベクトル $\boldsymbol{q}$ によって指定され，固有エネルギーを $\epsilon_{\boldsymbol{q}}^{(0)}$，固有波動関数を $(\boldsymbol{r}|\boldsymbol{q})$ とすれば，式 (1.17), (1.22) に示した通り，

$$\epsilon_{\boldsymbol{q}}^{(0)} = \frac{\hbar^2 q^2}{2m}, \quad (\boldsymbol{r}|\boldsymbol{q}) = \frac{1}{\sqrt{V}} e^{i\boldsymbol{q}\cdot\boldsymbol{r}} \tag{6.2}$$

が成り立つ．周期ポテンシャル $V(\hat{\boldsymbol{r}})$ が存在するときの一電子エネルギー準位は，短絡的に二次摂動の公式 (2.106) を使うと，

$$\epsilon_{\boldsymbol{q}} = \epsilon_{\boldsymbol{q}}^{(0)} + (\boldsymbol{q}|V(\hat{\boldsymbol{r}})|\boldsymbol{q}) + \sum_{\boldsymbol{q}'(\neq \boldsymbol{q})} \frac{|(\boldsymbol{q}|V(\hat{\boldsymbol{r}})|\boldsymbol{q}')|^2}{\epsilon_{\boldsymbol{q}}^{(0)} - \epsilon_{\boldsymbol{q}'}^{(0)}} \tag{6.3}$$

と評価できる．ここで，$V(\boldsymbol{r})$ が逆格子ベクトルの Fourier 成分しか持たず，

$$(\boldsymbol{q}|V(\hat{\boldsymbol{r}})|\boldsymbol{q}') = \sum_{\boldsymbol{K}} V_{\boldsymbol{K}} (\boldsymbol{q}|e^{i\boldsymbol{K}\cdot\hat{\boldsymbol{r}}}|\boldsymbol{q}') = \sum_{\boldsymbol{K}} \delta_{\boldsymbol{q}-\boldsymbol{q}',\boldsymbol{K}} V_{\boldsymbol{K}} \tag{6.4}$$

となるので（$\boldsymbol{K}$ は逆格子ベクトル），最終的に，

$$\epsilon_{\boldsymbol{q}} = \epsilon_{\boldsymbol{q}}^{(0)} + V_{\boldsymbol{K}=0} + \sum_{\boldsymbol{K}(\neq 0)} \frac{|V_{\boldsymbol{K}}|^2}{\epsilon_{\boldsymbol{q}}^{(0)} - \epsilon_{\boldsymbol{q}-\boldsymbol{K}}^{(0)}} \tag{6.5}$$

を得る．一次摂動項 $V_{K=0}$ は単なる定数エネルギーシフトなので，以下ではこの項を落とす．

上述の摂動展開は，$|V_{\boldsymbol{K}}| \ll \left|\epsilon^{(0)}_{\boldsymbol{q}} - \epsilon^{(0)}_{\boldsymbol{q}-\boldsymbol{K}}\right|$ でのみ有効である．逆に言えば，

$$\epsilon^{(0)}_{\boldsymbol{q}} \approx \epsilon^{(0)}_{\boldsymbol{q}-\boldsymbol{K}}, \quad \Leftrightarrow \quad \boldsymbol{K}\cdot\left(\boldsymbol{q} - \frac{\boldsymbol{K}}{2}\right) \approx 0 \tag{6.6}$$

となるときには摂動論が破綻する．つまり，**摂動論は $\boldsymbol{q}$ が Bragg 面（第一および高次 Brillouin ゾーンの境界面）の近傍にあると破綻する**．このとき，$|\boldsymbol{q}\rangle$ と $|\boldsymbol{q}-\boldsymbol{K}\rangle$ がほぼ縮退したエネルギーを持つために，これらの状態間に強い混成が起こる．この混成のみを考慮する近似を行なうと，一電子状態を，

$$|\psi\rangle \approx c_1|\boldsymbol{q}\rangle + c_2|\boldsymbol{q}-\boldsymbol{K}\rangle \tag{6.7}$$

と展開でき，問題は $2\times2$ 行列に対する固有方程式，

$$\begin{pmatrix} \epsilon^{(0)}_{\boldsymbol{q}} & V_{\boldsymbol{K}} \\ V_{-\boldsymbol{K}} & \epsilon^{(0)}_{\boldsymbol{q}-\boldsymbol{K}} \end{pmatrix}\begin{pmatrix} c_1 \\ c_2 \end{pmatrix} = \epsilon\begin{pmatrix} c_1 \\ c_2 \end{pmatrix} \tag{6.8}$$

に帰着する．これを解いて固有エネルギーを求めると，

$$\epsilon_{\pm} = \frac{1}{2}\left(\epsilon^{(0)}_{\boldsymbol{q}} + \epsilon^{(0)}_{\boldsymbol{q}-\boldsymbol{K}} \pm \sqrt{\left(\epsilon^{(0)}_{\boldsymbol{q}} - \epsilon^{(0)}_{\boldsymbol{q}-\boldsymbol{K}}\right)^2 + 4\,|V_{\boldsymbol{K}}|^2}\right) \tag{6.9}$$

を得る．$|\boldsymbol{q}\rangle$ と $|\boldsymbol{q}-\boldsymbol{K}\rangle$ が混成した結果，波数ベクトル $\boldsymbol{q}$ は，もはや近似的にさえ良い量子数ではない[1)]．しかし，$V_{\boldsymbol{K}} \to 0$ としたときに $|\boldsymbol{q}\rangle$ に連続的に近づくという意味で，$\boldsymbol{q}$ で指定された固有状態 $|\psi_{\boldsymbol{q}}\rangle$ を定義することはできる．このとき，固有状態 $|\psi_{\boldsymbol{q}}\rangle$ のエネルギー $\epsilon_{\boldsymbol{q}}$ は，

$$\begin{cases} \epsilon_{\boldsymbol{q}} = \epsilon_- \\ \epsilon_{\boldsymbol{q}-\boldsymbol{K}} = \epsilon_+ \end{cases} (\epsilon^{(0)}_{\boldsymbol{q}} \le \epsilon^{(0)}_{\boldsymbol{q}-\boldsymbol{K}}\text{の場合}) \quad \begin{cases} \epsilon_{\boldsymbol{q}} = \epsilon_+ \\ \epsilon_{\boldsymbol{q}-\boldsymbol{K}} = \epsilon_- \end{cases} (\epsilon^{(0)}_{\boldsymbol{q}} \ge \epsilon^{(0)}_{\boldsymbol{q}-\boldsymbol{K}}\text{の場合}) \tag{6.10}$$

となる．即ち，Bragg 面上で，$\epsilon_{\boldsymbol{q}}$ の値が不連続に $\epsilon_+ - \epsilon_- = 2|V_{\boldsymbol{K}}|$ だけ跳ぶ．この跳びがバンドギャップの起源である．図 6.1 に，このバンドギャップ形成の様子を示した．

バンドギャップが生じる機構をもっと直観的に理解したければ，一次元系を

1）波数ベクトル $\boldsymbol{q}$ を第一 Brillouin ゾーン内の波数ベクトル $\boldsymbol{k}$ と逆格子ベクトル $\boldsymbol{K}$ の和に一意的に分解できるが，この $\boldsymbol{k}$ が Bloch 波数であり，良い量子数である．

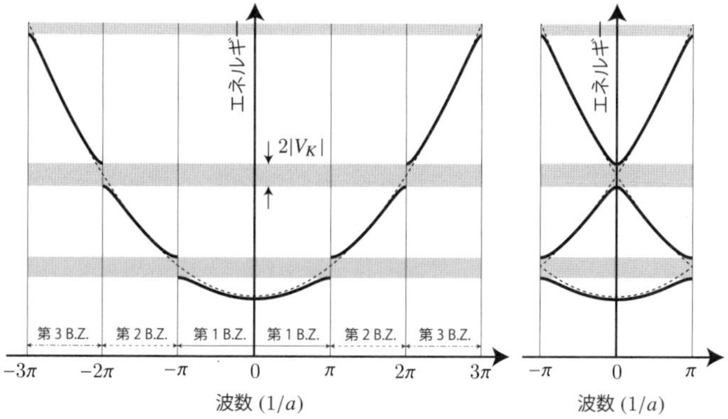


図 6.1 弱い一次元周期ポテンシャル中の電子に対するバンド分散．拡張 Brillouin ゾーン方式（左）と還元 Brillouin ゾーン方式（右）による図示.

考えるとよい．Bragg 点 $q = K/2$ では[2]，

$$\begin{cases} (x|q) = (x|K/2) = L^{-1/2}e^{iKx/2} \\ (x|q-K) = (x|-K/2) = L^{-1/2}e^{-iKx/2} \end{cases} \tag{6.11}$$

をそれぞれ入射波と反射波とみなせる（このような周期ポテンシャルによる反射は **Bragg 反射**と呼ばれる）．ただし，$L$ は系の長さである．イオン核の位置 $x = na$（$a$ は周期で $n$ は整数）でポテンシャルが最小値を持つ場合（$V_K < 0$）を考えると，エネルギー固有値は，

$$\epsilon_\pm = \epsilon^{(0)}_{K/2} \pm |V_{\boldsymbol{K}}| = \epsilon^{(0)}_{K/2} \mp V_{\boldsymbol{K}} \tag{6.12}$$

で与えられ，対応する固有状態 $|\psi_\pm)$ の波動関数は，

$$(x|\psi_\pm) = \frac{1}{\sqrt{2L}}\left(e^{iKx/2} \mp e^{-iKx/2}\right) \tag{6.13}$$

となる．つまり入射波と反射波は干渉して**定在波**を作る．このとき，ポテンシャルの低い所で大きな振幅を持つ cosine 解の方が sine 解に比べ低い固有エネルギーを持つ．これがエネルギーギャップを生ずる物理的理由である．

等エネルギー面 $\epsilon_{\boldsymbol{q}} = \epsilon_0$ を考えよう．ある逆格子ベクトル $\boldsymbol{K}$ に対し $\epsilon_0 > \epsilon^{(0)}_{\boldsymbol{K}/2}$ が成り立っていると，非摂動の等エネルギー面（球面）$\epsilon^{(0)}_{\boldsymbol{q}} = \epsilon_0$ は $\boldsymbol{K}$ の垂直二等分面で表される Bragg 面と交わる（図 6.2）．$\boldsymbol{q}$ を $\boldsymbol{K}$ に平行な成分と直交す

2）一次元系では Bragg 面ではなく，Bragg 点となる.

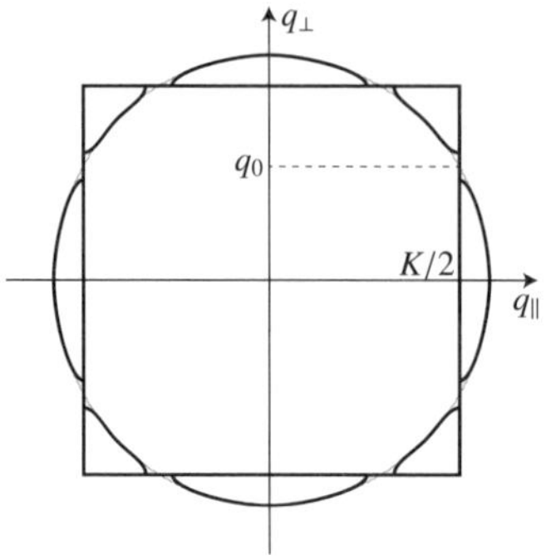


図 6.2　等エネルギー面が Bragg 面と交わる様子

る成分に分け，それらの大きさを $q_\parallel$，$q_\perp$ と書くと，交線は $(q_\parallel, q_\perp) = (K/2, q_0)$ で表される円になる（$q_0 > 0$ は $(\hbar K/2)^2/2m + \hbar^2 q_0^2/2m = \epsilon_0$ から決まる定数）．この交線近傍では摂動論が破綻するため，周期ポテンシャルの影響を考慮した等エネルギー面は球面から大きく歪む．実際に，上で求めた Bragg 面近傍での $\epsilon_{\boldsymbol{q}}$ の表式を評価すれば，等エネルギー面の方程式として，

$$\left(\frac{\hbar^2 q_0}{m}\right)^2 (q_\perp - q_0)^2 - \left(\frac{\hbar^2 K}{2m}\right)^2 \left(q_\parallel - \frac{K}{2}\right)^2 = |V_{\boldsymbol{K}}|^2 \tag{6.14}$$

が得られ，これは $\boldsymbol{K}$ を含む平面上に双曲線を描く．**等エネルギー面と Bragg 面（$q_\parallel$=$K/2$）が垂直に交わる**ことに注意しよう．

上で議論したように，周期ポテンシャルが弱ければ，エネルギー固有状態を波数空間全体の値をとる $\boldsymbol{q}$ で指定できる．この方法を**拡張ゾーン**方式と呼ぶ．一方，前節までのように，状態を第一 Brillouin ゾーン内の波数ベクトルで指定する方法を，**還元ゾーン**方式と呼ぶ．両者の比較を図 6.1 に示した．拡張ゾーン方式から還元ゾーン方式に移行するには，高次 Brillouin ゾーン内の波数ベクトル $\boldsymbol{q}$ に適切な逆格子ベクトルを加えて，第一 Brillouin ゾーン内のベクトル $\boldsymbol{k}$ に移してやればよい．この移行作業を「Brillouin ゾーンを**折り畳む**」と表現する．

本節で述べた弱い周期ポテンシャルの描像に立つと，第 2 族元素（Be,Mg, Ca,Sr,Ba,Ra）が何故単体で金属になるかを理解できる．これらの元素の価電子は一単位胞当たり二個ある．つまり，結晶に含まれる価電子の数は，第一 Brillouin ゾーン内にある $\boldsymbol{k}$ 点の数の二倍である．電子のスピン自由度を考慮すると，これは波数空間における Fermi 球の体積と第一 Brillouin ゾーンの体積が一致することを意味している．拡張ゾーン方式で図示したとき，周期ポテンシャルが十分弱ければ，図 6.2 のように第一 Brillouin ゾーンと Fermi 球の形状は異なる．したがって，第一 Brillouin ゾーン内に Fermi 球外の領域ができるが，これはバンドが完全に満たされないことを意味する．一方で，第一 Brillouin ゾーンからはみ出した Fermi 球内の領域ができるが，これはエネルギー的に重なった別のバンドに残りの価電子が収容されることを意味している.

## 6.2 擬ポテンシャル

イオン核が電子に及ぼすポテンシャルは，イオン核の近傍では非常に大きい．したがって，前節の周期ポテンシャルが弱いと仮定した議論は，一見無意味に思える．しかし，アルカリ金属や Al 等では，この描像が大変うまくいく．この矛盾を解く上で思い出すべきなのは，我々が価電子の自由度のみに注目しているという事実である.

この点について考えるために，原点に置かれた一原子の問題に立ち戻ろう．イオン核のポテンシャル（原子核が作る Coulomb ポテンシャルを内殻電子が遮蔽したもの）を $V_{\mathrm{a}}(\boldsymbol{r})$ と書くと，原子中の一電子状態は，Schrödinger 方程式,

$$\hat{H}_{\mathrm{a}}|\psi) = \epsilon|\psi), \quad \hat{H}_{\mathrm{a}} = \frac{\hat{\boldsymbol{p}}^2}{2m} + V_{\mathrm{a}}(\hat{\boldsymbol{r}}) \tag{6.15}$$

を解くことで求まる．内殻電子が占有する準位（閉殻をなした準位）を $\epsilon_c$，その固有状態を $|c)$ と書き，価電子の準位（それ以外の準位）を $\epsilon_v$，その固有状態を $|v)$ と書こう．このとき，$\hat{H}_{\mathrm{a}}$ を,

$$\hat{H}_{\mathrm{a}} = \sum_c \epsilon_c|c)(c| + \sum_v \epsilon_v|v)(v| \tag{6.16}$$

とスペクトル分解できる.

さてここで，$\hat{F}_c$ を任意の演算子として，**擬ポテンシャル**,

$$\hat{V}_{\mathrm{ps}} = V_{\mathrm{a}}(\hat{\boldsymbol{r}}) + \hat{V}_{\mathrm{R}}, \quad \hat{V}_{\mathrm{R}} = \sum_c |c)(c|\hat{F}_c \tag{6.17}$$

を導入し[3]，擬 Schrödinger 方程式,

$$\hat{H}_{\mathrm{ps}}|\phi) = \epsilon|\phi), \quad \hat{H}_{\mathrm{ps}} = \frac{\hat{\boldsymbol{p}}^2}{2m} + \hat{V}_{\mathrm{ps}} = \hat{H}_{\mathrm{a}} + \hat{V}_{\mathrm{R}} \tag{6.18}$$

を考えてみよう．射影演算子 $\hat{P} = \sum_v |v)(v| = 1 - \sum_c |c)(c|$ を導入すると,

3）一般には $V_{\mathrm{R}}$ は非エルミートになってしまうが，この点が後の議論で問題になることはない.

$$
\begin{aligned}
\hat{P}\hat{H}_{\mathrm{ps}} = \hat{P}(\hat{H}_{\mathrm{a}} + \hat{V}_{\mathrm{R}}) &= \hat{P}\left(\sum_c \epsilon_c|c)(c| + \sum_v \epsilon_v|v)(v| + \sum_c |c)(c|\hat{F}_c\right) \\
&= \sum_v \epsilon_v|v)(v| = \left(\sum_c \epsilon_c|c)(c| + \sum_v \epsilon_v|v)(v|\right)\hat{P} \\
&= \hat{H}_{\mathrm{a}}\hat{P}
\end{aligned} \tag{6.19}
$$

より，

$$
\hat{P}\hat{H}_{\mathrm{ps}}|\phi) = \hat{H}_{\mathrm{a}}\hat{P}|\phi) = \epsilon\hat{P}|\phi) \tag{6.20}
$$

となり，$|\phi)$ が $\hat{H}_{\mathrm{ps}}$ の固有状態であれば，$\hat{P}|\phi) \neq 0$ である限り，$\hat{P}|\phi)$ は $\hat{H}_{\mathrm{a}}$ の固有状態になっていて，その固有値は $\hat{H}_{\mathrm{a}}$ の価電子準位の一つ $\epsilon_v$ に一致する．しかも，$(\boldsymbol{r}|c)$ は $\boldsymbol{r}$ が原点から離れると速やかにゼロに近づくので，そこでは $\hat{P} \to 1$ となり，波動関数 $(\boldsymbol{r}|\phi)$ 自体が（定数倍を除き）$(\boldsymbol{r}|v)$ に一致する[4]．このように価電子準位のみに注目する限りにおいては $\hat{H}_{\mathrm{a}}$ の代わりに $\hat{H}_{\mathrm{ps}}$ を考えてもよい．

演算子 $\hat{F}_c$ は任意だが，一例として $\hat{F}_c = -V_{\mathrm{a}}(\hat{\boldsymbol{r}})$ と選んでみよう．このとき，

$$
\hat{V}_{\mathrm{ps}} = V_{\mathrm{a}}(\hat{\boldsymbol{r}}) - \sum_c |c)(c|V_{\mathrm{a}}(\hat{\boldsymbol{r}}) \tag{6.21}
$$

となる．内殻電子の波動関数は原点近傍に局在しており，原点近傍においてはほぼ完全系をなして $\sum_c |c)(c| \approx 1$ となっているはずである．したがって，$\hat{V}_{\mathrm{ps}}$ は原点近傍では比較的小さな値に抑えられる．$\hat{F}_c$ の任意性を生かせば，擬ポテンシャルの原点近傍の値をもっと小さく抑えることも可能だろう[5]．このように調整した擬ポテンシャルをイオン核のポテンシャルとして使えば，格子ポテンシャルを，

$$
\hat{V}_{\mathrm{L}} = \sum_{\boldsymbol{R}} \hat{V}_{\mathrm{ps},\boldsymbol{R}} \tag{6.22}
$$

と表せる．ただし，$\hat{V}_{\mathrm{ps},\boldsymbol{R}}$ はイオン核位置を格子点 $\boldsymbol{R}$ にずらした場合の擬ポテンシャルを表す．こうして，前節に述べた「弱い一電子ポテンシャル」の描像

---

4）原点から離れたところで $(\boldsymbol{r}|\phi)$ と $(\boldsymbol{r}|v)$ を一致させたとき，両者のノルム $(\phi|\phi)$ と $(v|v)$ が一致する保証は一般にない．実は両者のノルムが等しくなるように工夫した擬ポテンシャルを構成することが可能であり，これをノルム保存擬ポテンシャルと呼ぶ．

5）原論文は，J. C. Phillips and L. Kleinman: Phys. Rev. **116**, 287 (1959)．現実に第一原理計算の分野で用いられている擬ポテンシャルがどんなものであるかについて興味があれば，R. M. Martin: *Electronic Structure* (Cambridge University Press, 2004) の第 11 章を参照せよ．

が現実味を帯びてくる．

上記の議論からわかるように，擬ポテンシャルがイオン核の近くで小さな値に抑えられる原因は，価電子の波動関数と内殻電子の波動関数の直交性にある．内殻電子の波動関数はイオン核近くに多数の節は持たない．逆に価電子の波動関数は，この内殻電子の波動関数と直交するために，イオン核の近くで多数の節を作る．その結果，価電子の運動エネルギーが非常に高くなる．この運動エネルギーの上昇分をイオン核の一電子ポテンシャルへ転嫁したのが擬ポテンシャルである．このとき，運動エネルギーの上昇が，イオン核の引力ポテンシャルによる大きなエネルギーの低下を相当分打ち消して，「弱い擬ポテンシャル」の描像が成立している．裏返せば，少数の内殻電子しか持たない原子からなる固体では，「弱い擬ポテンシャル」という描像は妥当性を失う．実際，2p の価電子を持つ Li では，内殻に p 軌道がないので，他のアルカリ金属に比べ Sommerfeld モデルからのずれが大きい．同様の理由で B, C, N, O, F の 2p 電子は局在性が強く，これらの元素を含む物質で $\pi$ 結合等の特殊な電子状態が形成される一因になっている．

## 6.3 強束縛モデル

自由電子から出発して弱い周期ポテンシャルの効果を取り込むという見方とは逆に，各イオン核の周りに局在した電子の軌道を出発点にして電子状態を考察するのが，**強束縛（tight-binding）モデル**である．以下では，単位胞内に $s$ 個の原子を含む結晶を考え，単位胞内の原子を $\nu = 1, 2, \cdots, s$ で区別する．一個の原子を原点上に孤立させ，着目するエネルギー領域で一電子近似を行って得られる有効 Schrödinger 方程式を，ブラケット記法で，

$$\hat{H}_\nu|\nu, a) = \epsilon_a^{(\nu)}|\nu, a), \quad \hat{H}_\nu = \frac{\hat{\boldsymbol{p}}^2}{2m} + V_\nu(\hat{\boldsymbol{r}}) \tag{6.23}$$

と書こう．ここで，$V_\nu(\boldsymbol{r})$ はイオン核のポテンシャル，$a = 1, 2, \cdots f_\nu$ は電子の軌道を指定する添字である．結晶中で単位胞の位置を指定する格子ベクトルを $\boldsymbol{n}$，単位胞内の原子 $\nu$ の位置を指定するベクトルを $\boldsymbol{d}_\nu$ とすれば，結晶中の一電子ハミルトニアンを，

$$\hat{H} = \frac{\hat{\boldsymbol{p}}^2}{2m} + \sum_{\boldsymbol{n},\nu} V_\nu(\hat{\boldsymbol{r}} - \boldsymbol{n} - \boldsymbol{d}_\nu) = \frac{\hat{\boldsymbol{p}}^2}{2m} + \sum_{\boldsymbol{n},\nu} \hat{T}_{\boldsymbol{n}+\boldsymbol{d}_\nu} V_\nu(\hat{\boldsymbol{r}}) \hat{T}^{-1}_{\boldsymbol{n}+\boldsymbol{d}_\nu} \tag{6.24}$$

と近似できる．ここで $\hat{T}_\delta$ は 5.2 節で導入した並進移動を表すユニタリー演算子である．

以下では，注目するエネルギー領域において，電子がイオン核の近傍に十分局在しているとする．このとき，

$$|\boldsymbol{n}, \nu, a) \equiv \hat{T}_{\boldsymbol{n}+\boldsymbol{d}_\nu}|\nu, a) \tag{6.25}$$

と定めると，$|\boldsymbol{n}, \nu, a)$ は**サイト** $\boldsymbol{R}_{\boldsymbol{n},\nu} = \boldsymbol{n} + \boldsymbol{d}_\nu$ 上に電子が強く局在した状態となって，

$$(\boldsymbol{n}, \nu, a|\boldsymbol{n}', \nu', a') = \delta_{\boldsymbol{n}\boldsymbol{n}'}\delta_{\nu\nu'}\delta_{aa'} \tag{6.26}$$

が近似的に満たされる．そこで，$\{|\boldsymbol{n}, \nu, a)\}$ を完全正規直交系とみなして，一電子ハミルトニアンを行列表示してみると，

$$\begin{aligned}
&(\boldsymbol{n}, \nu, a|\hat{H}|\boldsymbol{n}', \nu', a') \\
&= (\boldsymbol{n}, \nu, a|\left(\frac{\hat{\boldsymbol{p}}^2}{2m} + \sum_{\boldsymbol{n}'',\nu''} \hat{T}_{\boldsymbol{n}''+\boldsymbol{d}_{\nu''}} \hat{V}_{\nu''}(\hat{\boldsymbol{r}})\hat{T}^{-1}_{\boldsymbol{n}''+\boldsymbol{d}_{\nu''}}\right)|\boldsymbol{n}', \nu', a') \\
&= (\boldsymbol{n} - \boldsymbol{n}', \nu, a|\left(\hat{T}_{-\boldsymbol{n}'}\frac{\hat{\boldsymbol{p}}^2}{2m}\hat{T}^{-1}_{-\boldsymbol{n}'} + \sum_{\boldsymbol{n}'',\nu''} \hat{T}_{\boldsymbol{n}''-\boldsymbol{n}'+\boldsymbol{d}_{\nu''}} \hat{V}_{\nu''}(\hat{\boldsymbol{r}})\hat{T}^{-1}_{\boldsymbol{n}''-\boldsymbol{n}'+\boldsymbol{d}_{\nu''}}\right)|0, \nu', a') \\
&= (\boldsymbol{n} - \boldsymbol{n}', \nu, a|\hat{H}|0, \nu', a')
\end{aligned} \tag{6.27}$$

が成り立つことがわかる．したがって，$\boldsymbol{n}$ だけ離れたサイト間の行列要素

$$-t^{\nu\nu'}_{aa'}(\boldsymbol{n}) \equiv (\boldsymbol{n}, \nu, a|\hat{H}|0, \nu', a') \tag{6.28}$$

だけを計算すればよい．

まず同一サイト内（$\boldsymbol{n} = 0$ かつ $\nu = \nu'$）の行列要素は，

$$\begin{aligned}
-t^{\nu\nu}_{aa'}(0) &= (0, \nu, a|\left(\frac{\hat{\boldsymbol{p}}^2}{2m} + V_\nu(\hat{\boldsymbol{r}} - \boldsymbol{d}_\nu)\right)|0, \nu, a') \\
&\quad + \sum_{\substack{(\boldsymbol{n}'',\nu'') \\ \neq (0,\nu)}} (0, \nu, a|V_{\nu''}(\hat{\boldsymbol{r}} - \boldsymbol{n}'' - \boldsymbol{d}_{\nu''})|0, \nu, a') \\
&= \epsilon^{(\nu)}_a \delta_{aa'} + \Delta\epsilon^{(\nu)}_{aa'}
\end{aligned} \tag{6.29}$$

と計算できる．第一項は孤立原子のエネルギー準位であり，第二項は**結晶場**の効果と呼ばれる．一方，異なるサイト間（$\boldsymbol{n} \neq 0$ または $\nu \neq \nu'$）の行列要素は，

電子がサイト間を飛び移る過程を表すため，**飛び移り積分**と呼ばれ，

$$\begin{aligned}
-t_{aa'}^{\nu\nu'}(\boldsymbol{n}) &= (\boldsymbol{n},\nu,a|\left(\frac{\hat{\boldsymbol{p}}^2}{2m}+V_{\nu'}(\hat{\boldsymbol{r}}-\boldsymbol{d}_{\nu'})\right)|0,\nu',a') + (\boldsymbol{n},\nu,a|V_\nu(\hat{\boldsymbol{r}}-\boldsymbol{n}-\boldsymbol{d}_\nu)|0,\nu',a') \\
&\qquad + \sum_{\substack{(\boldsymbol{n}'',\nu'') \\ (\neq(\boldsymbol{n},\nu),(0,\nu'))}} (\boldsymbol{n},\nu,a|V_{\nu''}(\hat{\boldsymbol{r}}-\boldsymbol{n}''-\boldsymbol{d}_{\nu''})|0,\nu',a') \\
&= \epsilon_{a'}^{(\nu')}(\boldsymbol{n},\nu,a|0,\nu',a') + (\boldsymbol{n},\nu,a|V_\nu(\hat{\boldsymbol{r}}-\boldsymbol{n}-\boldsymbol{d}_\nu)|0,\nu',a') \\
&\qquad + \sum_{\substack{(\boldsymbol{n}'',\nu'') \\ (\neq(\boldsymbol{n},\nu),(0,\nu'))}} (\boldsymbol{n},\nu,a|V_{\nu''}(\hat{\boldsymbol{r}}-\boldsymbol{n}''-\boldsymbol{d}_{\nu''})|0,\nu',a') \\
&= (\boldsymbol{n},\nu,a|V_\nu(\hat{\boldsymbol{r}}-\boldsymbol{n}-\boldsymbol{d}_\nu)|0,\nu',a') + \sum_{\substack{(\boldsymbol{n}'',\nu'') \\ (\neq(\boldsymbol{n},\nu),(0,\nu'))}} (\boldsymbol{n},\nu,a|V_{\nu''}(\hat{\boldsymbol{r}}-\boldsymbol{n}''-\boldsymbol{d}_{\nu''})|0,\nu',a')
\end{aligned} \tag{6.30}$$

と評価できる．右辺第一項は，原子軌道の中心とポテンシャルの中心が二つのサイトだけにまたがっているので二中心積分，第二項は三つの異なったサイトにまたがっているので三中心積分と呼ばれている．イオン核による束縛が十分に強ければ主要な寄与は二中心積分によって与えられる．

ハミルトニアンを対角化する際には，$\boldsymbol{k}$ を Bloch 波数，$N_{\mathrm{c}}$ を単位胞の数として，

$$|\nu,a,\boldsymbol{k}) = \frac{1}{\sqrt{N_{\mathrm{c}}}}\sum_{\boldsymbol{n}} e^{i\boldsymbol{k}\cdot(\boldsymbol{n}+\boldsymbol{d}_\nu)}|\boldsymbol{n},\nu,a) = \frac{1}{\sqrt{N_{\mathrm{c}}}}\sum_{\boldsymbol{n}} e^{i\boldsymbol{k}\cdot(\boldsymbol{n}+\boldsymbol{d}_\nu)}\hat{T}_{\boldsymbol{n}+\boldsymbol{d}_\nu}|\nu,a) \tag{6.31}$$

の集合を完全正規直交系に選び直すとよい．実際この基底は，

$$\hat{T}_{-\boldsymbol{n}}|\nu,a,\boldsymbol{k}) = \frac{1}{\sqrt{N_{\mathrm{c}}}}\sum_{\boldsymbol{n}'} e^{i\boldsymbol{k}\cdot(\boldsymbol{n}'+\boldsymbol{d}_\nu)}\hat{T}_{-\boldsymbol{n}+\boldsymbol{n}'+\boldsymbol{d}_\nu}|\nu,a) = e^{i\boldsymbol{k}\cdot\boldsymbol{n}}|\nu,a,\boldsymbol{k}) \tag{6.32}$$

を満たす Bloch 状態になっている．したがって，

$$(\nu,a,\boldsymbol{k}|\hat{H}|\nu',a',\boldsymbol{k}') = \delta_{\boldsymbol{k}\boldsymbol{k}'}(\nu,a,\boldsymbol{k}|\hat{H}|\nu',a',\boldsymbol{k}) \tag{6.33}$$

となって，ハミルトニアンが Bloch 波数 $\boldsymbol{k}$ で指定されるブロックにブロック対角化される．エネルギー固有値は，各 $\boldsymbol{k}$ に対して小さなエルミート行列（単位胞に含まれる電子の軌道の総数を $n_{\mathrm{orb}} = \sum_{\nu=1}^{s} f_\nu$ として $n_{\mathrm{orb}}\times n_{\mathrm{orb}}$ 行列），

$$(\nu, a, \boldsymbol{k}|\hat{H}|\nu', a', \boldsymbol{k}) = \delta_{aa'}\epsilon_a^{(\nu)} + \delta_{\nu\nu'}\left(\Delta\epsilon_{aa'}^{(\nu)} - \sum_{\boldsymbol{n}\neq 0} t_{aa'}^{\nu\nu}(\boldsymbol{n})e^{-i\boldsymbol{k}\cdot\boldsymbol{n}}\right) - (1-\delta_{\nu\nu'})\sum_{\boldsymbol{n}} t_{aa'}^{\nu\nu'}(\boldsymbol{n})e^{-i\boldsymbol{k}\cdot(\boldsymbol{n}+\boldsymbol{d}_\nu-\boldsymbol{d}_{\nu'})} \tag{6.34}$$

を対角化するだけで求まる．

以下，定性的な議論では副次的な効果とみなせる結晶場の効果と三中心積分の寄与を無視する．このとき，$\boldsymbol{n}+\boldsymbol{d}_\nu$ と $\boldsymbol{d}_{\nu'}$ を結ぶ軸を $z$ 軸にとり，二中心積分に現れる原子軌道の波動関数 $|\nu, a)$ と $|\nu', a')$ を軌道角運動量の $z$ 成分 $\hat{L}_z$ の固有状態に選んでおくと便利である．実際，$\hat{L}_z|\nu, a) = \hbar m|\nu, a)$, $\hat{L}_z|\nu', a') = \hbar m'|\nu', a')$ であったとすると，飛び移り積分に対する選択則として，

$$-t_{aa'}^{\nu\nu'}(\boldsymbol{n}) = (\boldsymbol{n}, \nu, a|V_\nu(\hat{\boldsymbol{r}} - \boldsymbol{n} - \boldsymbol{d}_\nu)|0, \nu', a') = (\nu, a|\hat{T}^\dagger_{\boldsymbol{n}+\boldsymbol{d}_\nu} V_\nu(\hat{\boldsymbol{r}} - \boldsymbol{n} - \boldsymbol{d}_\nu)\hat{T}_{\boldsymbol{d}_{\nu'}}|\nu', a') = (\nu, a|V_\nu(\hat{\boldsymbol{r}})\hat{T}_{-(\boldsymbol{n}+\boldsymbol{d}_\nu-\boldsymbol{d}_{\nu'})}|\nu', a') \propto \delta_{mm'} \tag{6.35}$$

を導ける．ここで，$V_\nu(\boldsymbol{r})$ が中心力ポテンシャルで回転操作に対し不変だから，$\hat{L}_z$ と $V_\nu(\hat{\boldsymbol{r}})$ が可換であり，$z$ 方向の並進移動と $z$ 軸周りの回転操作が可換だから，$\hat{L}_z$ と $\hat{T}_{-(\boldsymbol{n}+\boldsymbol{d}_\nu-\boldsymbol{d}_{\nu'})}$ が可換であることを用いた．つまり，$V_\nu(\hat{\boldsymbol{r}})$ と $\hat{T}_{-(\boldsymbol{n}+\boldsymbol{d}_\nu-\boldsymbol{d}_{\nu'})}$ は共に $\hat{L}_z$ の値を保存する．$m = m' = 0$, $m = m' = \pm 1$, $m = m' = \pm 2$ の場合をそれぞれ $\sigma$, $\pi$, $\delta$ と名づけ，たとえば s と p の軌道間の飛び移り積分で $m = m' = \pm 1$ のものを (sp$\pi$) のように表記すると，s, p, d 軌道を考える場合には，(ss$\sigma$), (sp$\sigma$), (sd$\sigma$), (pp$\sigma$), (pp$\pi$), (pd$\sigma$), (pd$\pi$), (dd$\sigma$), (dd$\pi$), (dd$\delta$) の 10 種類の飛び移り積分がある．実際には原子軌道を $\hat{L}_z$ の固有状態に選ばず，その線形結合をとり直し，原子軌道の波動関数を実関数に選んで飛び移り積分を考えることも多い[6]．たとえば p 軌道に $\mathrm{p}_x$, $\mathrm{p}_y$, $\mathrm{p}_z$，d 軌道に $\mathrm{d}_{yz}$, $\mathrm{d}_{zx}$, $\mathrm{d}_{xy}$, $\mathrm{d}_{x^2-y^2}$, $\mathrm{d}_{3z^2-r^2}$ という名前がついているのを見たことがあるかもしれないが（s 軌道はもともと実数），それらは慣用的に用いられる実数化された原子軌道の波動関数である[7]．原子軌道の波動関数が実数化されていると，飛び移り積分も実数になる．このとき，

6）両者の対応表は，J. C. Slater and G. F. Koster: Phys. Rev. **94**, 1498 (1954) にまとめられている．

7）具体的には，$\tilde{x} \equiv x/r, \tilde{y} \equiv y/r, \tilde{z} \equiv z/r$, 球面調和関数を $Y_{l,m}$ として，

$$\mathrm{p}_x:\ (-Y_{1,1} + Y_{1,-1})/\sqrt{2} = \sqrt{3/4\pi}\tilde{x}, \quad \mathrm{p}_y:\ i\,(Y_{1,1} + Y_{1,-1})/\sqrt{2} = \sqrt{3/4\pi}\tilde{y},$$

$$\mathrm{p}_z:\ Y_{1,0} = \sqrt{3/4\pi}\tilde{z}$$

および

$$
\begin{aligned}
-t^{\nu\nu'}_{aa'}(\boldsymbol{n}) &= (\boldsymbol{n}, \nu, a|V_\nu(\hat{\boldsymbol{r}} - \boldsymbol{n} - \boldsymbol{d}_\nu)|0, \nu', a') \\
&= \int d^3\boldsymbol{r}(\boldsymbol{n}, \nu, a|\boldsymbol{r})V_\nu(\boldsymbol{r} - \boldsymbol{n} - \boldsymbol{d}_\nu)(\boldsymbol{r}|0, \nu', a') \\
&= \int d^3\boldsymbol{r}(\nu, a|\boldsymbol{r} - \boldsymbol{n} - \boldsymbol{d}_\nu)V_\nu(\boldsymbol{r} - \boldsymbol{n} - \boldsymbol{d}_\nu)(\boldsymbol{r} - \boldsymbol{d}_{\nu'}|\nu', a')
\end{aligned}
\tag{6.36}
$$

と書け，$V_\nu(\boldsymbol{r} - \boldsymbol{n} - \boldsymbol{d}_\nu) < 0$ であるので，$t^{\nu\nu'}_{aa'}(\boldsymbol{n})$ の符号は $(\boldsymbol{r} - \boldsymbol{n} - \boldsymbol{d}_\nu|\nu, a)$ と $(\boldsymbol{r} - \boldsymbol{d}_{\nu'}|\nu', a')$ の重なりが大きいところで，両波動関数の符号を調べれば推測できる．

最後に簡単な計算例を示しておこう．ここでは単位胞内に原子が一個しかなく，注目しているエネルギー領域に s 軌道一つしかない場合を考える．$n_{\rm orb} = 1$ だから $\nu, a$ の添字は不要で，対角化も済んでいる．先ほどの符号の推定法は $t(\boldsymbol{n}) > 0$ を与え，バンド分散，

$$
\epsilon_{\boldsymbol{k}} = \epsilon - \sum_{\boldsymbol{n}} t(\boldsymbol{n}) \cos(\boldsymbol{k} \cdot \boldsymbol{n}) \tag{6.37}
$$

は $\boldsymbol{k} = 0$ で最小となる．さらに簡単化し，$t(\boldsymbol{n})$ は最近接サイト間でのみゼロでないとし，その値を $t$ とすると，格子定数 $a$ の単純立方（sc），面心立方（fcc），体心立方（bcc）に対して，

$$
\epsilon^{\rm (sc)}_{\boldsymbol{k}} = -2t \sum_{i=x,y,z} \cos(k_i a) \tag{6.38}
$$

$$
\epsilon^{\rm (fcc)}_{\boldsymbol{k}} = -4t \sum_{(ij)=(xy),(yz),(zx)} \cos\left(\frac{k_i a}{2}\right)\cos\left(\frac{k_j a}{2}\right) \tag{6.39}
$$

$$
\epsilon^{\rm (bc)}_{\boldsymbol{k}} = -8t \prod_{i=x,y,z} \cos\left(\frac{k_i a}{2}\right) \tag{6.40}
$$

を得る．**一つのサイトに注目したときの最近接サイトの数を $z$ とすると，バンドの幅が $2zt$ である**ことに注意せよ．

---

$\mathrm{d}_{yz}$ : $i(Y_{2,1} + Y_{2,-1})/\sqrt{2} = \sqrt{15/4\pi}\tilde{y}\tilde{z}$,　$\mathrm{d}_{zx}$ : $-(Y_{2,1} - Y_{2,-1})/\sqrt{2} = \sqrt{15/4\pi}\tilde{z}\tilde{x}$,

$\mathrm{d}_{xy}$ : $-i(Y_{2,2} - Y_{2,-2})/\sqrt{2} = \sqrt{15/4\pi}\tilde{x}\tilde{y}$,

$\mathrm{d}_{x^2-y^2}$ : $(Y_{2,2} + Y_{2,-2})/\sqrt{2} = \sqrt{15/4\pi}(\tilde{x}^2 - \tilde{y}^2)/2$,

$\mathrm{d}_{3z^2-r^2}$ : $Y_{2,0} = \sqrt{5/4\pi}(3\tilde{z}^2 - 1)/2$

## 6.4　$\boldsymbol{k}\cdot\boldsymbol{p}$ 摂動と有効質量近似

周期ポテンシャル $V(\boldsymbol{r})$ 中の一電子エネルギー固有状態を Bloch 状態に選び，Bloch 波数を $\boldsymbol{k}$ として，Schrödinger 方程式を，

$$\hat{H}|\psi_{n,\boldsymbol{k}}\rangle = \epsilon_{n,\boldsymbol{k}}|\psi_{n,\boldsymbol{k}}\rangle, \quad \hat{H} = \frac{\hat{\boldsymbol{p}}^2}{2m} + V(\hat{\boldsymbol{r}}) \tag{6.41}$$

と書こう．Brillouin ゾーン上の一点 $\boldsymbol{k} = \boldsymbol{k}_0$（多くの場合 $\boldsymbol{k}_0$ は対称性が高い点が選ばれる）において，Schrödinger 方程式が完全に解けていて，$\epsilon_{n,\boldsymbol{k}_0}$ および $|\psi_{n\boldsymbol{k}_0}\rangle$ が既知であるとき，この情報から $\boldsymbol{k}_0$ 近傍の $\boldsymbol{k}$ 点における $\epsilon_{n,\boldsymbol{k}}$ や $|\psi_{n,\boldsymbol{k}}\rangle$ の情報を引き出すのが **$\boldsymbol{k}\cdot\boldsymbol{p}$ 摂動法**である[8]．本節ではこの方法について述べる．

出発点は，有効 Schrödinger 方程式 (5.34) である．もう一度書いておこう．

$$\hat{H}^{(\mathrm{eff})}_{\boldsymbol{k}}|u_{n,\boldsymbol{k}}\rangle = \epsilon_{n,\boldsymbol{k}}|u_{n,\boldsymbol{k}}\rangle, \quad \hat{H}^{(\mathrm{eff})}_{\boldsymbol{k}} = \frac{(\hat{\boldsymbol{p}} + \hbar\boldsymbol{k})^2}{2m} + V(\hat{\boldsymbol{r}}) \tag{6.42}$$

ただし，$|u_{n,\boldsymbol{k}}\rangle \equiv e^{-i\boldsymbol{k}\cdot\hat{\boldsymbol{r}}}|\psi_{n,\boldsymbol{k}}\rangle$ に $\hat{T}_{-\boldsymbol{n}}|u_{n,\boldsymbol{k}}\rangle = |u_{n,\boldsymbol{k}}\rangle$ の周期境界条件を課すことを前提として，射影演算子 $\hat{P}_{\boldsymbol{k}=0}$ を省略した．上方程式が $\boldsymbol{k} = \boldsymbol{k}_0$ で解けていて，$\epsilon_{n,\boldsymbol{k}_0}$ と $|u_{n,\boldsymbol{k}_0}\rangle$ が既知であったとし，$\epsilon_{n,\boldsymbol{k}_0}$ には縮退がない（$\boldsymbol{k} = \boldsymbol{k}_0$ でバンド交差がない）とする．式 (2.116) と (2.117) を有効ハミルトニアン $\hat{H}^{(\mathrm{eff})}_{\boldsymbol{k}}$ に適用して，$\boldsymbol{k} = \boldsymbol{k}_0$ 近傍の $\epsilon_{n,\boldsymbol{k}}$ と $|u_{n,\boldsymbol{k}}\rangle$ を，$\tilde{\boldsymbol{k}} = \boldsymbol{k} - \boldsymbol{k}_0$ について冪展開した表式を求めると，

$$\epsilon_{n,\boldsymbol{k}_0+\tilde{\boldsymbol{k}}} = \epsilon_{n,\boldsymbol{k}_0} + \frac{\hbar}{m}\tilde{\boldsymbol{k}}\cdot\boldsymbol{p}_{nn} + \frac{\hbar^2\tilde{k}^2}{2m} + \frac{\hbar^2}{m^2}\sum_{n'(\neq n)}\frac{\left|\tilde{\boldsymbol{k}}\cdot\boldsymbol{p}_{n'n}\right|^2}{\epsilon_{n,\boldsymbol{k}_0} - \epsilon_{n',\boldsymbol{k}_0}} + o(\tilde{k}^2) \tag{6.43}$$

$$\begin{aligned}|u_{n,\boldsymbol{k}_0+\tilde{\boldsymbol{k}}}\rangle &= e^{iA_n(\boldsymbol{k}_0)\cdot\tilde{\boldsymbol{k}}}\left(|u_{n,\boldsymbol{k}_0}\rangle + \sum_{n'(\neq n)}\frac{\hbar}{m}\frac{\tilde{\boldsymbol{k}}\cdot\boldsymbol{p}_{n'n}}{\epsilon_{n,\boldsymbol{k}_0} - \epsilon_{n',\boldsymbol{k}_0}}|u_{n',\boldsymbol{k}_0}\rangle + o(\tilde{k})\right)\\ &= e^{iA_n(\boldsymbol{k}_0)\cdot\tilde{\boldsymbol{k}}}\left(|u_{n,\boldsymbol{k}_0}\rangle + \sum_{n'(\neq n)}(-i\tilde{\boldsymbol{k}}\cdot\boldsymbol{r}_{n'n})|u_{n',\boldsymbol{k}_0}\rangle + o(\tilde{k})\right)\end{aligned} \tag{6.44}$$

となる．ここで，

8）J. M. Luttinger and W. Kohn: Phys. Rev. **97**, 869 (1955).

$$\boldsymbol{p}_{n'n} \equiv (u_{n',\boldsymbol{k}_0}|(\hat{\boldsymbol{p}} + \hbar\boldsymbol{k}_0)|u_{n,\boldsymbol{k}_0}) = (\psi_{n',\boldsymbol{k}_0}|\hat{\boldsymbol{p}}|\psi_{n,\boldsymbol{k}_0}) \tag{6.45}$$

$$\boldsymbol{r}_{n'n} \equiv (u_{n',\boldsymbol{k}_0}|\hat{\boldsymbol{r}}|u_{n,\boldsymbol{k}_0}) = (\psi_{n',\boldsymbol{k}_0}|\hat{\boldsymbol{r}}|\psi_{n,\boldsymbol{k}_0}) \tag{6.46}$$

$$\boldsymbol{A}_n(\boldsymbol{k}) \equiv \frac{1}{i}(u_{n,\boldsymbol{k}}|\frac{\partial}{\partial\boldsymbol{k}}|u_{n,\boldsymbol{k}}) \tag{6.47}$$

と定め，

$$\frac{\partial\hat{H}^{(\mathrm{eff})}_{\boldsymbol{k}}}{\partial k_\mu} = \frac{\hbar}{m}(p_\mu + \hbar k_\mu) = \frac{\hbar}{m}e^{-i\boldsymbol{k}\cdot\hat{\boldsymbol{r}}}p_\mu e^{i\boldsymbol{k}\cdot\hat{\boldsymbol{r}}}, \quad \frac{\partial^2\hat{H}^{(\mathrm{eff})}_{\boldsymbol{k}}}{\partial k_\mu\partial k_\nu} = \frac{\hbar^2}{m}\delta_{\mu\nu} \tag{6.48}$$

および $n \neq n'$ に対して成立する，

$$\frac{\boldsymbol{p}_{n'n}}{m} = (\psi_{n'\boldsymbol{k}_0}|\frac{1}{i\hbar}\left[\hat{r},\hat{H}\right]_-|\psi_{n\boldsymbol{k}_0}) = \frac{\epsilon_{n\boldsymbol{k}_0} - \epsilon_{n'\boldsymbol{k}_0}}{i\hbar}\boldsymbol{r}_{n'n} \tag{6.49}$$

を用いた[9]．式 (6.44) の位相因子 $e^{i\boldsymbol{A}_n(\boldsymbol{k}_0)\cdot\tilde{\boldsymbol{k}}}$ は波数空間上での位相の大域的な変化（Berry 位相）を論じる際には重要だが，単に $\boldsymbol{k} = \boldsymbol{k}_0$ 近傍だけを論じているときには状態ケットの位相を選択し直すことで消去できる．このとき，式 (6.43) と (6.44) の右辺はともに，$\epsilon_{n,\boldsymbol{k}_0}$ と $|u_{n,\boldsymbol{k}_0})$ の知識だけで計算可能である．

展開式 (6.43) は，

$$\boldsymbol{v}_{n,\boldsymbol{k}_0} \equiv \frac{1}{\hbar}\left.\frac{\partial\epsilon_{n,\boldsymbol{k}}}{\partial\boldsymbol{k}}\right|_{\boldsymbol{k}=\boldsymbol{k}_0} = \frac{\boldsymbol{p}_{nn}}{m} \tag{6.50}$$

$$\left(\underline{m_{\mathrm{b}}}^{-1}\right)_{\mu\nu} \equiv \frac{1}{\hbar^2}\left.\frac{\partial^2\epsilon_{n,\boldsymbol{k}}}{\partial k_\mu\partial k_\nu}\right|_{\boldsymbol{k}=\boldsymbol{k}_0} = \frac{1}{m}\left(\delta_{\mu\nu} + \frac{2}{m}\sum_{n'(\neq n)}\frac{(p_\mu)_{nn'}(p_\nu)_{n'n}}{\epsilon_{n,\boldsymbol{k}_0} - \epsilon_{n',\boldsymbol{k}_0}}\right) \tag{6.51}$$

を導く．上式が定める $\underline{m_{\mathrm{b}}}^{-1}$ およびその逆行列 $\underline{m_{\mathrm{b}}}$ は対称行列になり，それぞれ**逆有効質量テンソル**および**有効質量テンソル**と呼ばれる．特に，$\boldsymbol{k} = \boldsymbol{k}_0$ が $n$ 番目のバンド分散の極小（極大）を与える場合には，

$$\epsilon_{n,\boldsymbol{k}_0+\tilde{\boldsymbol{k}}} = \epsilon_{n,\boldsymbol{k}_0} + \frac{\hbar^2}{2}\tilde{\boldsymbol{k}}\cdot\left(\underline{m_{\mathrm{b}}}^{-1}\tilde{\boldsymbol{k}}\right) + O\left(\tilde{k}^3\right) \tag{6.52}$$

と書け，$\underline{m_{\mathrm{b}}}^{-1}$ は正値行列（負値行列）になる．ここでさらに，$\boldsymbol{k} = \boldsymbol{k}_0$ 近傍の波数を持つ電子に，ゆっくり変動する弱い外場ポテンシャル $V_{\mathrm{ext}}(\boldsymbol{r})$ を印加し

9）位置演算子が非有界なので一見 $\boldsymbol{r}_{n'n}$ が発散しそうだが，格子ベクトルを $\boldsymbol{n}$，単位胞の体積を $v_{\mathrm{c}}$，単位胞の数を $N_{\mathrm{c}}$ として，$(\boldsymbol{r}+\boldsymbol{n}|u_{n\boldsymbol{k}_0}) = (\boldsymbol{r}|u_{n\boldsymbol{k}_0})$，$\int_{v_{\mathrm{c}}}(u_{n'\boldsymbol{k}_0}|\boldsymbol{r})(\boldsymbol{r}|u_{n\boldsymbol{k}_0})d^3\boldsymbol{r} = (u_{n'\boldsymbol{k}_0}|u_{n\boldsymbol{k}_0})/N_{\mathrm{c}} = \delta_{n'n}/N_{\mathrm{c}}$ だから，$n \neq n'$ のとき $\boldsymbol{r}_{n'n} = \sum_{\boldsymbol{n}}\int_{v_{\mathrm{c}}}(u_{n'\boldsymbol{k}_0}|\boldsymbol{r}+\boldsymbol{n})(\boldsymbol{r}+\boldsymbol{n})(\boldsymbol{r}+\boldsymbol{n}|u_{n\boldsymbol{k}_0})d^3\boldsymbol{r} = N_{\mathrm{c}}\int_{v_{\mathrm{c}}}(u_{n'\boldsymbol{k}_0}|\boldsymbol{r})\boldsymbol{r}(\boldsymbol{r}|u_{n\boldsymbol{k}_0})d^3\boldsymbol{r}$ は，たかだか格子定数のオーダー．

よう．ただし，「ゆっくり」とは，結晶の一周期での外場の変化は十分に小さいという意味で，「弱い」とはポテンシャルの変動の特徴的な大きさがバンド幅やバンドギャップに比べて十分小さいという意味である．外場項の行列要素を，展開式 (6.44) を使って評価すると，$V_{\text{ext}}(\boldsymbol{r}) = V^{-1}\sum_{\boldsymbol{q}} V_{\text{ext}}(\boldsymbol{q})e^{i\boldsymbol{q}\cdot\boldsymbol{r}}$ として，

$$
\begin{aligned}
(\psi_{n,\boldsymbol{k}_0+\tilde{\boldsymbol{k}}}|V_{\text{ext}}(\hat{\boldsymbol{r}})|\psi_{n',\boldsymbol{k}_0+\tilde{\boldsymbol{k}}'}) &= \frac{1}{V}V_{\text{ext}}(\tilde{\boldsymbol{k}}-\tilde{\boldsymbol{k}}')\left(\delta_{nn'} + \frac{\hbar}{m}\frac{(\tilde{\boldsymbol{k}}-\tilde{\boldsymbol{k}}')\cdot\boldsymbol{p}_{nn'}}{\epsilon_{n,\boldsymbol{k}_0}-\epsilon_{n',\boldsymbol{k}_0}}(1-\delta_{nn'}) + \cdots\right) \\
&\approx \delta_{nn'}\frac{1}{V}V_{\text{ext}}(\tilde{\boldsymbol{k}}-\tilde{\boldsymbol{k}}')
\end{aligned}
\tag{6.53}
$$

を得る．外場ポテンシャル $V_{\text{ext}}(\boldsymbol{r})$ は，格子定数に比べて十分長い長さスケールで空間変化するので，$V_{\text{ext}}(\boldsymbol{q})$ が有意な値を持つのは $qa \ll 1$ の場合に限られる．ここでは $\tilde{k}a, \tilde{k}'a \ll 1$ も仮定しているから，式 (5.40) の選択則 $(\psi_{n,\boldsymbol{k}_0+\tilde{\boldsymbol{k}}}|e^{i\boldsymbol{q}\cdot\hat{\boldsymbol{r}}}|\psi_{n',\boldsymbol{k}_0+\tilde{\boldsymbol{k}}'}) \propto \delta'_{\tilde{\boldsymbol{k}},\tilde{\boldsymbol{k}}'+\boldsymbol{q}}$ において，$\delta'_{\tilde{\boldsymbol{k}},\tilde{\boldsymbol{k}}'+\boldsymbol{q}}$ を $\delta_{\tilde{\boldsymbol{k}},\tilde{\boldsymbol{k}}'+\boldsymbol{q}}$ に置き換えてよいことに注意しよう．また，最終段への変形では $\left|V_{\text{ext}}(\tilde{\boldsymbol{k}}-\tilde{\boldsymbol{k}}')/(\epsilon_{n,\boldsymbol{k}_0}-\epsilon_{n',\boldsymbol{k}_0})\right| \ll 1$ を用いた[10)]．

つまり，$n$ 番目のバンド分散の極小（極大）近傍に注目するときには，元の一電子 Schrödinger 方程式 $(\hat{H}+V_{\text{ext}}(\hat{\boldsymbol{r}}))|\psi) = \epsilon|\psi)$ の代わりに，$|\psi) = \sum_{\tilde{\boldsymbol{k}}} F(\tilde{\boldsymbol{k}})|\psi_{n,\boldsymbol{k}_0+\tilde{\boldsymbol{k}}})$ と展開したときの係数 $F(\tilde{\boldsymbol{k}})$ が満たす固有方程式，

$$
\sum_{\tilde{\boldsymbol{k}}'}\left(\delta_{\tilde{\boldsymbol{k}}\tilde{\boldsymbol{k}}'}\frac{\hbar^2}{2}\tilde{\boldsymbol{k}}\cdot\left(\underline{m_{\text{b}}}^{-1}\tilde{\boldsymbol{k}}\right) + \frac{1}{V}V_{\text{ext}}(\tilde{\boldsymbol{k}}-\tilde{\boldsymbol{k}}')\right)F(\tilde{\boldsymbol{k}}') = (\epsilon-\epsilon_{n,\boldsymbol{k}_0})F(\tilde{\boldsymbol{k}}) \tag{6.54}
$$

を解けばよい（$\sum_{\boldsymbol{k}}|F(\boldsymbol{k})|^2 = 1$ となるように規格化する）．包絡関数

$$
F(\boldsymbol{r}) = \frac{1}{\sqrt{V}}\sum_{\tilde{\boldsymbol{k}}} F(\tilde{\boldsymbol{k}})e^{i\tilde{\boldsymbol{k}}\cdot\boldsymbol{r}} \tag{6.55}
$$

を導入して，実空間表示で書くならば，

$$
\left(\frac{1}{2}(-i\hbar\nabla)\cdot\left(\underline{m_{\text{b}}}^{-1}(-i\hbar\nabla)\right) + V_{\text{ext}}(\boldsymbol{r})\right)F(\boldsymbol{r}) = (\epsilon-\epsilon_{n,\boldsymbol{k}_0})F(\boldsymbol{r}) \tag{6.56}
$$

---

10) 近似精度を論じるためには，格子および外場ポテンシャルを特徴づける長さスケール $a$ および $\ell$ を，$\hbar^2/ma^2 \sim |\epsilon_{n,\boldsymbol{k}_0}-\epsilon_{n',\boldsymbol{k}_0}|$ (ただし $n \neq n'$)，$\hbar^2/m\ell^2 \sim |V_{\text{ext}}(\boldsymbol{q})/V|$ (ただし $\boldsymbol{q} \neq 0$) を満たすように導入するとよい．直観的に言うと，$a$ は格子定数程度，$\ell$ は後述の包絡関数の空間的広がり程度の長さスケールを与え，それゆえ $\boldsymbol{p}_{nn'} \sim \hbar/a$, $\tilde{k} \sim \tilde{k}' \sim 1/\ell$ である．したがって，式 (6.52) 第二項と，式 (6.53) で残した寄与は，$(\hbar^2/2)\sum_{\alpha\beta}\tilde{k}_\alpha(1/m_{\text{b}})_{\alpha\beta}\tilde{k}_\beta \sim |V_{\text{ext}}(\tilde{\boldsymbol{k}}-\tilde{\boldsymbol{k}}')/V| \sim \hbar^2/m\ell^2 = \hbar^2/ma^2 \times (a/\ell)^2$ と評価される．一方，式 (6.52) および式 (6.53) で無視した寄与は，それぞれ $O(\tilde{k}^3) \sim \hbar^2/ma^2\times(a/\ell)^3$，$|(V_{\text{ext}}(\tilde{\boldsymbol{k}}-\tilde{\boldsymbol{k}}')/V)\cdot(\hbar/m)\cdot(\tilde{\boldsymbol{k}}-\tilde{\boldsymbol{k}}')\cdot\boldsymbol{p}_{nn'}/(\epsilon_{n,\boldsymbol{k}_0}-\epsilon_{n',\boldsymbol{k}_0})| \sim \hbar^2/ma^2\times(a/\ell)^3$ と評価され，共に $a/\ell$ について高次の寄与になる．

となる（規格化条件は $\int d^3\boldsymbol{r}|F(\boldsymbol{r})|^2 = 1$）．この方程式は電子の質量が有効質量テンソルに代わっただけで，周期ポテンシャルがないときの Schrödinger 方程式と同形である（言い換えれば，周期ポテンシャルの効果が質量に繰り込まれている）．その意味で，ここで述べた近似を**有効質量近似**と呼ぶ．なお，包絡関数 $F(\boldsymbol{r})$ と元の Schrödinger 方程式の固有波動関数 $(\boldsymbol{r}|\psi)$ の対応は，

$$(\boldsymbol{r}|\psi) = \left( (\boldsymbol{r}|\psi_{n,\boldsymbol{k}_0}) + \sum_{n'(\neq n)} (\boldsymbol{r}|\psi_{n',\boldsymbol{k}_0}) \frac{\boldsymbol{p}_{n'n} \cdot (-i\hbar\nabla)}{m(\epsilon_{n',\boldsymbol{k}_0} - \epsilon_{n,\boldsymbol{k}_0})} \right) F(\boldsymbol{r}) \sqrt{V} \tag{6.57}$$

となる．

## 6.5 半導体のドーピング

バンド絶縁体のうち，Fermi 準位が位置するバンドギャップ[11]が比較的小さい（典型的には数 eV 程度以下の）ものを**半導体**と呼ぶ．本節では，応用上重要な IV 族，III-V 族，II-VI 族半導体について論じよう．

IV 族半導体（第 14 族元素の単体．例：珪素（Si））は，図 6.3 左に示すようにダイヤモンド型の結晶構造を持つ．これは，各原子を中心に四個の隣接原子が正四面体の頂点を成す四配位構造である．単位胞は二つの原子を含み，それらがそれぞれ独立に面心立方格子を構成する．III-V 族半導体（第 13 族と第 15 族元素の化合物．例：砒化ガリウム（GaAs）[12]）や，II-VI 族半導体（第 12 族と第 16 族元素の化合物．例：テルル化カドミウム（CdTe））も，単位胞内の二個の原子の種類が異なるだけで同じ原子配置（閃亜鉛鉱型構造）をとる．どちらの結晶構造でも，第一 Brillouin ゾーンは面心立方格子と同じである（図 6.3 右）．これらの半導体では，構成元素の原子番号が大きいほどバンドギ

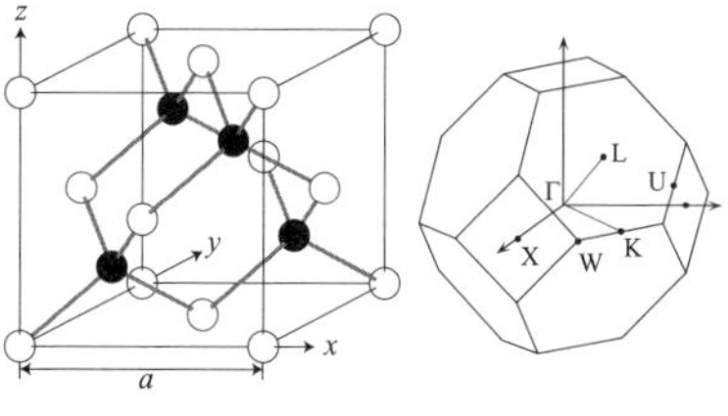


図 6.3 ダイヤモンド型および閃亜鉛鉱型の結晶構造（左）と第一 Brillouin ゾーン（右）．左図で白丸と黒丸で示した原子はそれぞれ面心立方格子を成す．白丸と黒丸の原子が同種の場合がダイヤモンド型で，異種の場合が閃亜鉛鉱型．

11）半導体分野で，単にバンドギャップと言うときには，Fermi 準位が位置しているものを指す．
12）半導体分野ではガリウム砒素（さらに略してガリ砒素）というあだ名で呼ばれることも多い．

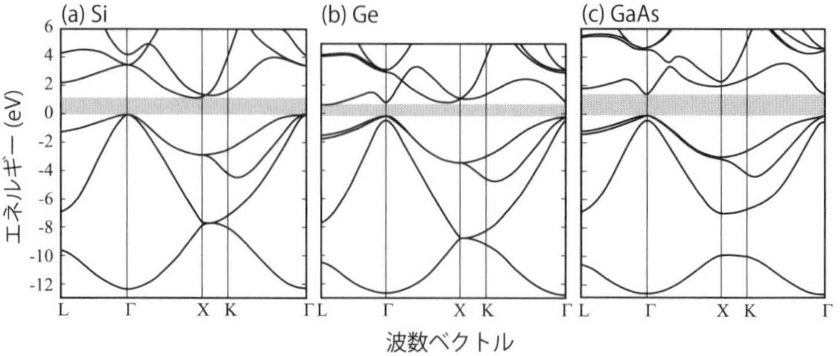


図 6.4　(a) 珪素（Si），(b) ゲルマニウム（Ge），(c) 砒化ガリウム（GaAs）のバンド分散．灰色で示したエネルギー領域が伝導帯と価電子帯間のバンドギャップ．珪素とゲルマニウムは間接型，砒化ガリウムは直接型．[J. R. Chelikowsky and M. L. Cohen: Phys. Rev. B **14**, 556 (1976).]

ャップが小さくなる傾向がある[13]，たとえばIV族半導体の絶対零度におけるバンドギャップは，ダイヤモンド（C）が 5.33 eV，珪素（Si）が 1.14 eV，ゲルマニウム（Ge）が 0.744 eV である[14]．

絶対零度において価電子によって完全に占有されるバンドを**価電子帯**，バンドギャップを隔てて最も低いエネルギーを持つ空席のバンドを**伝導帯**と呼ぶ．価電子帯の上端は多くの場合Γ点にある．一方，伝導帯のバンド分散は，Γ点，X点の近く（第一 Brillouin ゾーン内に六点ある），L点（第一 Brillouin ゾーン内に四点ある）に極小点（**谷**）を持ち，Γ点，X点の近く，L点の谷のいずれが伝導帯の下端を与えるかについては場合による．図 6.4 のように，IV族半導体では伝導帯の下端がΓ点以外にあり，珪素（Si）ではX点近く，ゲルマニウム（Ge）ではL点にある．一方，III-V族およびII-VI族半導体は，

13）隣接する原子間を結ぶ線分（ボンド）上では，両端の原子から伸びた $sp^3$ 混成軌道が重なって混成し，低エネルギーの結合性分子軌道と高エネルギーの反結合性分子軌道に分裂している．このとき，一原子当たり四個（一ボンド当たり二個）の価電子が結合性分子軌道を満たし，反結合性分子軌道は空席になることが，バンドギャップ形成の起源である．実際には，$sp^3$ 混成軌道は真の原子軌道でないので，同じ原子に属する四つの $sp^3$ 混成軌道間に電子の飛び移りがあり，結合性・反結合性分子軌道の準位にはバンド幅が付く．それが先ほどのエネルギー分裂より小さければ，結合性軌道由来の価電子帯と反結合性軌道由来の伝導帯の間にバンドギャップが開く．原子番号が増えると格子定数が増大し，ボンド上の $sp^3$ 混成軌道間の混成が弱まるので，結合性・反結合性分子軌道の準位間の分裂が小さくなり，バンドギャップも減少する．

14）周期律表でもう一つ下段の錫（ダイヤモンド構造の $\alpha$-Sn）は，ギャップが潰れた半金属である．

伝導帯の下端を Γ 点に持つことが多い[15]．伝導帯の下端が Γ 点にある化合物半導体のように，伝導帯の下端と価電子帯の上端が同じ $\boldsymbol{k}$ 点にある場合を**直接型**，IV 族半導体のように，両者が異なる $\boldsymbol{k}$ 点にある場合を**間接型**と呼んで区別する．この区別は光学応答を考える際に重要になる（10.1 節）．価電子帯の上端における正孔の有効質量(有効質量テンソルの固有値の絶対値)，伝導帯の下端における電子の有効質量(有効質量テンソルの固有値）は総じて軽く，典型的には $0.1m$ 程度である．

IV 族半導体に第 15 族元素（燐（P)，砒素（As)，アンチモン（Sb)，ビスマス（Bi)）を一個不純物として加えると，第 15 族元素は第 14 族元素より一個多い価電子を持つから，母体の半導体へ電子を一個供与する性質を示す．このように電子を母体物質へ供与する性質を持つ不純物を**ドナー**と呼ぶ．供与された電子は伝導帯に入るが，陽イオン化したドナーに引き付けられて束縛状態を形成する．この束縛状態を調べるのに，前節で述べた有効質量近似が有用である．伝導帯の下端 $\epsilon_{\mathrm{c}}$ における電子の有効質量(有効質量テンソルの固有値)が小さいため，包絡関数 $F(\boldsymbol{r})$ の空間変化の長さスケールが長いと予想されるからである．ここでは簡単のため，有効質量の異方性（有効質量テンソルの固有値の間の差）を無視し，これを $m_{\mathrm{e}}$ とおいて，有効 Schrödinger 方程式 (6.56) を書き下すと，

$$\left(-\frac{\hbar^2\nabla^2}{2m_{\mathrm{e}}}-\frac{e^2}{\epsilon_0 r}\right)F(\boldsymbol{r})=(\epsilon-\epsilon_{\mathrm{c}})F(\boldsymbol{r}) \tag{6.58}$$

となる．有効質量近似では格子定数よりずっと長い空間スケールの物理に着目しているので，連続的な誘電媒質である半導体の中に陽イオンが埋め込まれているという描像になる．したがって，陽イオン化したドナーが作る Coulomb ポテンシャルを半導体の静的誘電率 $\epsilon_0$ で割っておく必要がある．この遮蔽効果により Coulomb ポテンシャルは弱められ，有効質量近似がさらに妥当性を増す．

この有効 Schrödinger 方程式は水素原子に対する Schrödinger 方程式と同形である．実際，水素原子の結果に対して $m \rightsquigarrow m_{\mathrm{e}}$，$e^2 \rightsquigarrow e^2/\epsilon_0$ の置き換えを行うことによって，電子の束縛準位（**ドナー準位**)，

$$\epsilon=\epsilon_{\mathrm{c}}-E_{\mathrm{d}}\frac{1}{n^2},\quad \left(E_{\mathrm{d}}=\frac{m_{\mathrm{e}}e^4}{2\epsilon_0^2\hbar^2}=\frac{m_{\mathrm{e}}}{\epsilon_0^2 m}\mathrm{Ry},\ n=1,2,\cdots\right) \tag{6.59}$$

15）ただし例外もある．代表的な III-V 族半導体では，アルミニウムと V 族元素の化合物（AlP, AlAs, AlSb）および燐化ガリウム（GaP）が X 点の近くに伝導帯の下端を持つ．

が得られる[16]．電子の有効質量の典型的な値は $m_{\mathrm{e}} \sim 0.1m$，誘電率の典型的な値は $\epsilon_0 \sim 10$ であるので，束縛エネルギー $E_{\mathrm{d}}$ は水素原子の束縛エネルギー $1\mathrm{Ry} \approx 13.6\,\mathrm{eV}$ の $10^{-3}$ 倍程度で，バンドギャップに比べて非常に小さい（準位が**浅い**）．また，有効 Bohr 半径（$n = 1$ の束縛状態の波動関数の空間的広がり）は，

$$a_{\mathrm{d}} = \frac{\epsilon_0 \hbar^2}{m_{\mathrm{e}} e^2} = \frac{\epsilon_0 m}{m_{\mathrm{e}}} a_{\mathrm{B}} \tag{6.60}$$

と書け，真の Bohr 半径 $a_{\mathrm{B}} \approx 0.529\,\text{Å}$ の $10^2$ 倍程度で，格子定数よりずっと長い．これらの結果は，有効質量近似が妥当な範囲で議論が閉じていることを示している．

一方，IV 族半導体に第 13 族元素（ホウ素（B），アルミニウム（Al），ガリウム（Ga），インジウム（In））を不純物として加えると，第 13 族元素は第 14 族元素より一個少ない価電子を持つので，先ほどとは逆に電子を一個受け取りやすい性質を示す．このように母体物質から電子を受け取る性質がある不純物を**アクセプター**と呼ぶ．電子は価電子帯から引き抜かれ，そこに正孔を残すが，この正孔は陰イオン化したアクセプターに引き付けられて束縛状態を形成する．価電子帯の上端 $\epsilon_{\mathrm{v}}$ における有効質量テンソルの固有値はすべて負となる．それらの間の差（有効質量の異方性）を無視し，同じ値 $-m_{\mathrm{h}}$ をとるとして，有効 Schrödinger 方程式 (6.56) を書き下すと，

$$\left(\frac{\hbar^2 \nabla^2}{2m_{\mathrm{h}}} + \frac{e^2}{\epsilon_0 r}\right) F(\boldsymbol{r}) = (\epsilon - \epsilon_{\mathrm{v}}) F(\boldsymbol{r}) \tag{6.61}$$

となる．質量 $-m_{\mathrm{h}}$，エネルギー $\epsilon$ の電子が抜けた孔（**正孔**）は，質量 $m_{\mathrm{h}}$，エネルギー $-\epsilon$ を持つフェルミオン[17]として振る舞う．つまり，上式両辺に $(-1)$ をかけたものが，正孔に対する有効 Schrödinger 方程式を与えるが，これは水

16）ここで述べた扱いは単純化され過ぎており，実際の珪素（Si）やゲルマニウム（Ge）のドナー準位はもう少し複雑である．第一に，伝導帯の電子の有効質量に異方性があることを考慮する必要がある．第二に，伝導帯の下端に対応する谷が第一 Brillouin ゾーン内に複数あり，この谷自由度による縮退を谷間の相互作用が解くので，ドナー準位に微細構造を生じる．第三に，ドナーのごく近傍では引力ポテンシャルの形が Coulomb 型からずれる（中央胞補正）ため，同じ V 族元素のドナーでもドナーの種類によってドナー準位のエネルギーが多少ばらつく．

17）正孔は電子が抜けた孔だから，その一粒子分布関数を，

$$1 - \frac{1}{e^{\beta(\epsilon-\mu)} + 1} = \frac{1}{e^{\beta(-(\epsilon-\mu))} + 1}$$

と書ける．上式はエネルギー $-\epsilon$，化学ポテンシャル $-\mu$ のフェルミオンに対する Fermi 分布関数に他ならない．

素原子に対する Schrödinger 方程式と同形であり，正孔の束縛準位（アクセプター準位）は，

$$-\epsilon = -\epsilon_{\mathrm{v}} - E_{\mathrm{a}}\frac{1}{n^2}, \quad \left(E_{\mathrm{a}} = \frac{m_{\mathrm{h}}e^4}{2\epsilon_0^2\hbar^2} = \frac{m_{\mathrm{h}}}{\epsilon_0^2 m}\mathrm{Ry},\ n = 1, 2, \cdots\right) \tag{6.62}$$

となる[18]．通常 $m_{\mathrm{h}} \sim m_{\mathrm{e}}$ なので，これも浅い準位となる．$n = 1$ の束縛状態の波動関数の空間的広がりを表す長さが格子定数よりもずっと長いことも同様である．

一般に半導体は，わずかな不純物の添加（**ドーピング**）によって物性を大きく変えるので，ドーピングをしていない純粋な半導体を**真性半導体**，ドーピングを行った半導体を**外因性半導体**（または**不純物半導体**）と呼んで区別する．外因性半導体のうち，添加した不純物（**ドーパント**）がドナーであるものを **n 型半導体**，アクセプターであるものを **p 型半導体**と呼ぶ．有限温度の n 型半導体では，ドナーの束縛状態から散乱状態（伝導帯）へ電子が熱励起される．同様に，有限温度の p 型半導体でも，アクセプターの束縛状態から散乱状態（価電子帯）へ正孔が熱励起される．こうして不純物から解離した電子や正孔は，それぞれ電荷 $-e$，$+e$ を運ぶので**キャリアー**と総称される．

ドナーの密度が $n_{\mathrm{d}}$ の n 型半導体において，ドナーから解離して伝導帯へ熱励起された電子（**伝導電子**）の密度 $n_{\mathrm{e}}$ を考察しよう（p 型半導体においてアクセプターから解離して価電子帯に熱励起された正孔の密度 $n_{\mathrm{h}}$ についても同様の考察が可能である）．以下では，束縛準位としてエネルギーが最低の $n = 1$ の準位だけを考慮する．また，同じ束縛状態を同時に二個の電子が占有する可能性を無視する．これは，二重占有が Coulomb 斥力による大きなエネルギー上昇を伴うからである．以上の前提の下では，ドナーの状態として，上向きスピン電子を束縛した電気的に中性な状態，下向きスピン電子を束縛した電気的に中性な状態，電子が一個解離して陽イオン化した状態の三つだけを考えればよく，各状態の Boltzmann 因子の比は，$e^{-\beta(\epsilon_{\mathrm{c}}-E_{\mathrm{d}}-\mu)} : e^{-\beta(\epsilon_{\mathrm{c}}-E_{\mathrm{d}}-\mu)} : 1$ となる．真性半導体に対する伝導電子密度の表式 (5.54) に鑑みると，$e^{-\beta E_{\mathrm{g}}/2}/n_{\mathrm{d}}\lambda_{\mathrm{e}}^3 \ll 1$（$E_{\mathrm{g}}$ はバンドギャップ．$\lambda_{\mathrm{h}} \sim \lambda_{\mathrm{e}} \equiv h/\sqrt{2\pi m_{\mathrm{e}} k_{\mathrm{B}} T}$ とした）となる温度領域では，価電子帯から伝導帯への熱励起を無視できるので，伝導電子の密度 $n_{\mathrm{e}}$ を，陽イオン化したドナーの密度と同一視して，

18) 扱いが単純化され過ぎているのはドナー準位の場合と同様である．より精密に考える場合には，正孔の有効質量の異方性および中央胞補正に加え，価電子帯上端付近の複雑なバンド構造（重い正孔バンドと軽い正孔バンドが Γ 点で縮退していること）を考慮する必要がある．

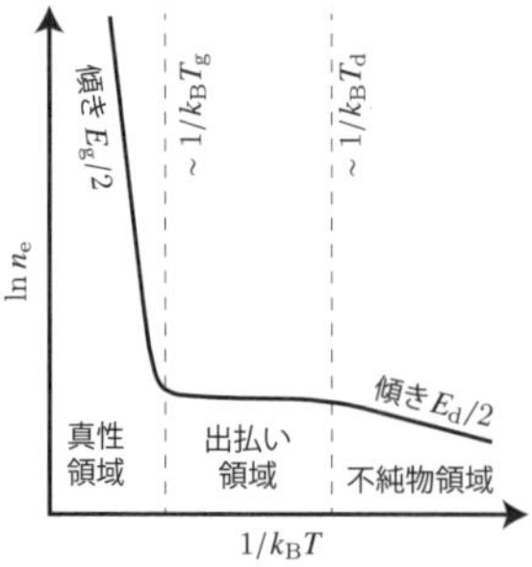


図 6.5　n 型半導体における伝導電子密度の温度依存性（模式図）

$$n_\mathrm{e} = \frac{n_\mathrm{d}}{1 + 2e^{-\beta(\epsilon_\mathrm{c} - E_\mathrm{d} - \mu)}} \tag{6.63}$$

と評価できる．一方，$k_\mathrm{B}T \ll \epsilon_\mathrm{c} - \mu$ である限り，式 (5.52) はドナーの有無によらず有効だから，

$$n_\mathrm{e} = 2\lambda_\mathrm{e}^{-3} e^{\beta(\mu - \epsilon_\mathrm{c})} \tag{6.64}$$

と見積もることもできる．

二通りの $n_\mathrm{e}$ の表式から $e^{\beta(\mu-\epsilon_\mathrm{c})}$ の因子を消去すると，ドナーのイオン化率 $\alpha \equiv n_\mathrm{e}/n_\mathrm{d}$ に対する **Saha-Langmuir 方程式**[19]，

$$\frac{\alpha^2}{1-\alpha} = \frac{e^{-\beta E_\mathrm{d}}}{n_\mathrm{d}\lambda_\mathrm{e}^3} \tag{6.65}$$

を導ける．これを $\alpha$ について解けば $n_\mathrm{e} = n_\mathrm{d}\alpha$ が温度の関数として求まり，その結果を式 (6.64) に再代入して $\mu$ について解くと $\mu$ の温度依存性も決まる．その結果，以下のように三つの特徴的な温度領域が現れる（図 6.5）．以下，$e^{-\beta E_\mathrm{d}}/n_\mathrm{d}\lambda_\mathrm{e}^3 \sim 1$ および $e^{-\beta E_\mathrm{g}/2}/n_\mathrm{d}\lambda_\mathrm{e}^3 \sim 1$ となる温度をそれぞれ $T_\mathrm{d}$, $T_\mathrm{g}$ と定めよう（$E_\mathrm{g} \gg E_\mathrm{d}$ だから $T_\mathrm{d} \ll T_\mathrm{g}$）．

(1) **不純物（凍結）領域**（$T \ll T_\mathrm{d}$）：
$e^{-\beta E_\mathrm{g}/2}/n_\mathrm{d}\lambda_\mathrm{e}^3 \ll e^{-\beta E_\mathrm{d}}/n_\mathrm{d}\lambda_\mathrm{e}^3 \ll 1$ なので，式 (6.65) が妥当で，しかも右辺が小さい．したがって，左辺で $\alpha \ll 1, \alpha^2/(1-\alpha) \approx \alpha^2$ と近似でき[20]，

$$n_\mathrm{e} \approx n_\mathrm{d}\left(n_\mathrm{d}\lambda_\mathrm{e}^3\right)^{-1/2} e^{-\beta E_\mathrm{d}/2} \tag{6.66}$$

$$\mu \approx \epsilon_\mathrm{c} - \frac{E_\mathrm{d}}{2} + \frac{k_\mathrm{B}T}{2}\ln\left(\frac{n_\mathrm{d}\lambda_\mathrm{e}^3}{4}\right) \tag{6.67}$$

を得る．特に $T \to 0$ では $\mu$ が伝導帯の下端とドナー準位の中間にくる．

(2) **出払い（飽和）領域**（$T_\mathrm{d} \ll T \ll T_\mathrm{g}$）：
$e^{-\beta E_\mathrm{g}/2}/n_\mathrm{d}\lambda_\mathrm{e}^3 \ll 1 \ll e^{-\beta E_\mathrm{d}}/n_\mathrm{d}\lambda_\mathrm{e}^3$ なので，式 (6.65) が妥当で，しかも右辺が大きい．したがって，左辺で $\alpha \approx 1, \alpha^2/(1-\alpha) \approx 1/(1-\alpha)$ と近似でき，

19）M. Saha: Philos. Mag. Ser. 6 **40**, 472 (1920); Proc. R. Soc. Lond. A **99**, 135 (1921). K. H. Kingdon and I. Langmuir: Phys. Rev. **22**, 148 (1923).

20）不純物領域でも出払い領域でも式 (6.63) が妥当なのは明らか．また，$n_\mathrm{d}$ が小さく，$T \sim T_\mathrm{d}$ で $n_\mathrm{d}\lambda_\mathrm{e}^3 \ll 1$ であるならば，両領域で式 (6.64) も妥当である（$\because\ n_\mathrm{e}\lambda_\mathrm{e}^3 \lesssim n_\mathrm{d}\lambda_\mathrm{e}^3|_{T\sim T_\mathrm{d}} \ll 1$）．

$$n_{\rm e} = n_{\rm d}\left(1 - n_{\rm d}\lambda_{\rm e}^3 e^{\beta E_{\rm d}}\right) \tag{6.68}$$

$$\mu = \epsilon_{\rm c} + k_{\rm B}T\left(\ln\left(\frac{n_{\rm d}\lambda_{\rm e}^3}{2}\right) - n_{\rm d}\lambda_{\rm e}^3 e^{\beta E_{\rm d}}\right) \tag{6.69}$$

を得る．

(3) **真性領域**（$T \gg T_{\rm g}$）：

$e^{-\beta E_{\rm g}/2}/n_{\rm d}\lambda_{\rm e}^3 \gg 1$ なので，式 (6.65) が妥当でなくなる（前提である式 (6.63) が成立しない）．ごくわずかなドナーが供与する伝導電子の密度（式 (6.63) 右辺）よりも，価電子帯から伝導帯に熱励起される伝導電子の密度の方が圧倒的に大きくなるからである．つまり，この領域の $n_{\rm e}$ および $\mu$ は，真性半導体に対して導かれた式 (5.54) および式 (5.55) によって与えられる．

# 第7章

# 一電子近似の手法

## 7.1　Hartree-Fock 近似

一体および二体演算子からなるハミルトニアン，

$$\mathcal{H} = \sum_{i=1}^{N} H_1(\hat{\boldsymbol{r}}_i, \hat{\boldsymbol{p}}_i, \hat{\boldsymbol{s}}_i) + \frac{1}{2}\sum_{i\neq j} H_2(\hat{\boldsymbol{r}}_i, \hat{\boldsymbol{p}}_i, \hat{\boldsymbol{s}}_i; \hat{\boldsymbol{r}}_j, \hat{\boldsymbol{p}}_j, \hat{\boldsymbol{s}}_j,) \tag{7.1}$$

によって記述される多電子系を考えよう．ただし，$\boldsymbol{r}_i$，$\boldsymbol{p}_i$，$\boldsymbol{s}_i$ はそれぞれ $i$ 番目の電子の位置，運動量，スピン演算子を表す．一電子状態に対する完全正規直交系 $\{|\alpha)\}$ を一つ選び，状態 $|\alpha)$ の電子を一個作る・消す演算子を $c_\alpha^\dagger$，$c_\alpha$ と書くと，第二量子化されたハミルトニアンは，

$$\mathcal{H} = \sum_{\alpha\alpha'}(\alpha\big|\hat{H}_1\big|\alpha')c_\alpha^\dagger c_{\alpha'} + \frac{1}{2}\sum_{\alpha,\alpha',\alpha'',\alpha'''}(\alpha,\alpha'\big|\hat{H}_2\big|\alpha'',\alpha''')c_\alpha^\dagger c_{\alpha'}^\dagger c_{\alpha'''} c_{\alpha''} \tag{7.2}$$

となる．ここで，

$$(\alpha|\hat{H}_1|\alpha') \equiv (\alpha|H_1(\hat{\boldsymbol{r}}, \hat{\boldsymbol{p}}, \hat{\boldsymbol{s}})|\alpha') \tag{7.3}$$

$$(\alpha,\alpha'|\hat{H}_2|\alpha'',\alpha''') \equiv (\alpha|_1 \otimes (\alpha'|_2 H_2\,(\hat{\boldsymbol{r}}_1, \hat{\boldsymbol{p}}_1, \hat{\boldsymbol{s}}_1; \hat{\boldsymbol{r}}_2, \hat{\boldsymbol{p}}_2, \hat{\boldsymbol{s}}_2)\,|\alpha'')_1 \otimes |\alpha''')_2 \tag{7.4}$$

である．なお，式 (7.4) において $\hat{\boldsymbol{r}}_1, \hat{\boldsymbol{p}}_1, \hat{\boldsymbol{s}}_1$ はブラ $(\alpha|_1$ とケット $|\alpha'')_1$ にのみ作用し，$\hat{\boldsymbol{r}}_2, \hat{\boldsymbol{p}}_2, \hat{\boldsymbol{s}}_2$ はブラ $(\alpha'|_2$ とケット $|\alpha''')_2$ にのみ作用する．

**Hartree-Fock (HF) 近似**では，ハミルトニアンを一体演算子しか含まない形，

$$\mathcal{H}_{\rm HF} = \sum_\alpha \epsilon_\alpha c_\alpha^\dagger c_\alpha + C, \quad (C：\text{定数}) \tag{7.5}$$

で近似し，一電子状態の完全正規直交系 $\{|\alpha)\}$ と，一電子エネルギー $\epsilon_\alpha$ を，3.3 節で述べた変分原理を使って最適なものに選ぶ．つまりこれらの自由度を，式

(3.62) に当たる，

$$\langle\!\langle \Omega \rangle\!\rangle_{\mathrm{HF}} = \langle\!\langle \mathcal{H} - \mathcal{H}_{\mathrm{HF}} \rangle\!\rangle_{\mathrm{HF}} - k_{\mathrm{B}} T \ln \Xi_{\mathrm{HF}} \tag{7.6}$$

を最小にするように決める．ここで，$\langle\!\langle \bullet \rangle\!\rangle_{\mathrm{HF}}$ は $\varrho_{\mathrm{HF}} \equiv e^{-\beta(\mathcal{H}_{\mathrm{HF}}-\mu N)}/\Xi_{\mathrm{HF}}$（$\Xi_{\mathrm{HF}} = \mathrm{Tr} e^{-\beta(\mathcal{H}_{\mathrm{HF}}-\mu N)}$）を使って計算した平均値を表す．上式右辺において，$-k_{\mathrm{B}} T \ln \Xi_{\mathrm{HF}}$ および $\langle\!\langle \mathcal{H}_{\mathrm{HF}} \rangle\!\rangle_{\mathrm{HF}}$ はただちに，

$$-k_{\mathrm{B}} T \ln \Xi_{\mathrm{HF}} = -k_{\mathrm{B}} T \sum_{\alpha} \ln\left(1 + e^{-\beta(\epsilon_\alpha - \mu)}\right) + C \tag{7.7}$$

$$\langle\!\langle \mathcal{H}_{\mathrm{HF}} \rangle\!\rangle_{\mathrm{HF}} = \sum_{\alpha} \epsilon_\alpha \langle\!\langle c_\alpha^\dagger c_\alpha \rangle\!\rangle_{\mathrm{HF}} + C = \sum_{\alpha} \epsilon_\alpha f(\epsilon_\alpha) + C \tag{7.8}$$

と計算できる．一方，$\langle\!\langle \mathcal{H} \rangle\!\rangle_{\mathrm{HF}}$ は，Bloch-de Dominicis の定理から，

$$\left\langle\!\!\left\langle c_\alpha^\dagger c_{\alpha'} \right\rangle\!\!\right\rangle_{\mathrm{HF}} = \delta_{\alpha\alpha'} f(\epsilon_\alpha) \tag{7.9}$$

$$\left\langle\!\!\left\langle c_{\alpha_1}^\dagger c_{\alpha_2}^\dagger c_{\alpha_3} c_{\alpha_4} \right\rangle\!\!\right\rangle_{\mathrm{HF}} = (\delta_{\alpha_1\alpha_4}\delta_{\alpha_2\alpha_3} - \delta_{\alpha_1\alpha_3}\delta_{\alpha_2\alpha_4}) f(\epsilon_{\alpha_1}) f(\epsilon_{\alpha_2}) \tag{7.10}$$

が成り立つことを用いて，

$$\langle\!\langle \mathcal{H} \rangle\!\rangle_{\mathrm{HF}} = \sum_{\alpha} (\alpha|\hat{H}_1|\alpha) f(\epsilon_\alpha) + \frac{1}{2} \sum_{\alpha\alpha'} \Big( (\alpha,\alpha'|\hat{H}_2|\alpha,\alpha') - (\alpha,\alpha'|\hat{H}_2|\alpha',\alpha) \Big) f(\epsilon_\alpha) f(\epsilon_{\alpha'}) \tag{7.11}$$

と求まる．右辺の $\alpha, \alpha'$ についての和において，$(\alpha,\alpha'|\hat{H}_2|\alpha,\alpha')$ に比例する寄与は，状態 $\alpha$，$\alpha'$ にある電子がそのまま状態 $\alpha$，$\alpha'$ に散乱される**直接相互作用（Hartree 項）**を表し，$(\alpha,\alpha'|\hat{H}_2|\alpha',\alpha)$ に比例する寄与は状態 $\alpha$，$\alpha'$ にある電子が状態を入れ替えて $\alpha'$，$\alpha$ に散乱される**交換相互作用（Fock 項）**を表す．交換相互作用は二つの電子を区別できないという量子力学的効果から生じており，これに付いているマイナス符号は，フェルミオンの統計性に起因している．また，$\alpha = \alpha'$ の寄与が直接相互作用と交換相互作用の間で打ち消し合って消えることに注意しよう．$(\alpha,\alpha|\hat{H}_2|\alpha,\alpha)$ は自分自身との相互作用（**自己相互作用**）を表す非物理的な寄与で，HF 近似ではこれが最終結果に現れないようになっている．

以上まとめれば，

$$\langle\!\langle \Omega \rangle\!\rangle_{\mathrm{HF}} = -k_{\mathrm{B}}T \sum_{\alpha} \ln\left(1 + e^{-\beta(\epsilon_\alpha - \mu)}\right) + \sum_{\alpha} \left((\alpha|\hat{H}_1|\alpha) - \epsilon_\alpha\right) f(\epsilon_\alpha)$$
$$+ \frac{1}{2} \sum_{\alpha\alpha'} \left((\alpha, \alpha'|\hat{H}_2|\alpha, \alpha') - (\alpha, \alpha'|\hat{H}_2|\alpha', \alpha)\right) f(\epsilon_\alpha) f(\epsilon_{\alpha'}) \tag{7.12}$$

となる．はじめに，$\epsilon_\alpha$ に関する変分をとろう．Fermi 分布関数の微分が，

$$\frac{\partial f(\epsilon)}{\partial \epsilon} = -\beta f(\epsilon)\,(1 - f(\epsilon)) \tag{7.13}$$

と書けることを用いると，変分がゼロに等しいという条件を，

$$0 = \frac{\partial \langle\!\langle \Omega \rangle\!\rangle_{\mathrm{HF}}}{\partial \epsilon_\alpha} = -\beta f(\epsilon_\alpha)\,(1 - f(\epsilon_\alpha)) \Bigg( (\alpha|\hat{H}_1|\alpha) - \epsilon_\alpha$$
$$+ \sum_{\alpha'} \left((\alpha, \alpha'|\hat{H}_2|\alpha, \alpha') - (\alpha, \alpha'|\hat{H}_2|\alpha', \alpha)\right) f(\epsilon_{\alpha'}) \Bigg) \tag{7.14}$$

と書き下せ，これを整理して，

$$\epsilon_\alpha = (\alpha|\hat{H}_1|\alpha) + \sum_{\alpha'} \left((\alpha, \alpha'|\hat{H}_2|\alpha, \alpha') - (\alpha, \alpha'|\hat{H}_2|\alpha', \alpha)\right) f(\epsilon_{\alpha'}) \tag{7.15}$$

を得る．

次に一電子状態 $|\alpha)$ について変分をとる．その際，正規直交性 $(\alpha|\alpha') = \delta_{\alpha\alpha'}$ を拘束条件として課すことになるが，直交性は後回しにしてとりあえず $(\alpha|\alpha) = 1$ だけを Lagrange 未定乗数 $\lambda_\alpha$ を導入して考慮する．その結果，変分がゼロに等しいという条件は，

$$0 = \delta(\alpha| \cdot \frac{\delta}{\delta(\alpha|} \left( \langle\!\langle \Omega \rangle\!\rangle_{\mathrm{HF}} - \sum_{\alpha} \lambda_\alpha \left((\alpha|\alpha) - 1\right) \right)$$
$$+ \frac{\delta}{\delta|\alpha)} \left( \langle\!\langle \Omega \rangle\!\rangle_{\mathrm{HF}} - \sum_{\alpha} \lambda_\alpha \left((\alpha|\alpha) - 1\right) \right) \cdot \delta|\alpha) \tag{7.16}$$

の形になる．ブラとケットが双対関係にあるため，右辺にケット $|\alpha)$ についての変分（第二項）だけでなく，ブラ $(\alpha|$ についての変分（第一項）も現れる．しかし，第一項と第二項は常に複素共役の関係にあるから，第一項がゼロとなるように[1)]，

1) $|\psi)$ が任意の $|\phi)$ に対し $(\phi|\psi) + (\psi|\phi) = 0$ を満たすとき，$|\phi') = i|\phi)$ に対しても $(\phi'|\psi) + (\psi|\phi') = -i(\phi|\psi) + i(\psi|\phi) = 0$ なので，実は任意の $|\phi)$ に対し $(\phi|\psi) = 0$.

$$H_1(\hat{\boldsymbol{r}},\hat{\boldsymbol{p}},\hat{\boldsymbol{s}})|\alpha) + \sum_{\alpha'} f(\epsilon_{\alpha'})(\alpha'|_2 H_2(\hat{\boldsymbol{r}},\hat{\boldsymbol{p}},\hat{\boldsymbol{s}};\hat{\boldsymbol{r}}_2,\hat{\boldsymbol{p}}_2,\hat{\boldsymbol{s}}_2)|\alpha)\otimes|\alpha')_2$$
$$-\sum_{\alpha'} f(\epsilon_{\alpha'})(\alpha'|_2 H_2(\hat{\boldsymbol{r}},\hat{\boldsymbol{p}},\hat{\boldsymbol{s}};\hat{\boldsymbol{r}}_2,\hat{\boldsymbol{p}}_2,\hat{\boldsymbol{s}}_2)|\alpha')\otimes|\alpha)_2 = \lambda_\alpha|\alpha) \tag{7.17}$$

を解いて $|\alpha)$ を定めれば，第二項も同時にゼロとなり，式 (7.16) を解いたことになる（添字なしの $\hat{\boldsymbol{r}}$, $\hat{\boldsymbol{p}}$, $\hat{\boldsymbol{s}}$ は添字なしのケットにのみ作用する）．また，式 (7.17) の両辺に左側から $(\alpha|$ をかけると，式 (7.15) から，

$$\lambda_\alpha(\alpha|\alpha) = (\alpha|\hat{H}_1|\alpha) + \sum_{\alpha'}\Big((\alpha,\alpha'|\hat{H}_2|\alpha,\alpha') - (\alpha,\alpha'|\hat{H}_2|\alpha',\alpha)\Big) f(\epsilon_{\alpha'}) = \epsilon_\alpha \tag{7.18}$$

となり，$(\alpha|\alpha)=1$ から $\lambda_\alpha = \epsilon_\alpha$ が導かれる．

つまり，$\epsilon_\alpha$ と $|\alpha)$ を求めるために，有効一電子 Schrödinger 方程式（**Hartree-Fock (HF) 方程式**）

$$\Big(H_1(\hat{\boldsymbol{r}},\hat{\boldsymbol{p}},\hat{\boldsymbol{s}}) + \hat{V}_{\mathrm{HF}}\Big)|\alpha) = \epsilon_\alpha|\alpha) \tag{7.19}$$

を解けばよい．ただし，電子間相互作用の効果を取り込んだ有効一電子ポテンシャル $\hat{V}_{\mathrm{HF}}$ は，直接相互作用に由来する $\hat{V}_{\mathrm{H}}$ と，交換相互作用に由来する $\hat{V}_{\mathrm{X}}$ から成り，

$$\hat{V}_{\mathrm{HF}} = V_{\mathrm{H}}(\hat{\boldsymbol{r}},\hat{\boldsymbol{p}},\hat{\boldsymbol{s}}) + \hat{V}_{\mathrm{X}} \tag{7.20}$$
$$\hat{V}_{\mathrm{H}} = V_{\mathrm{H}}(\hat{\boldsymbol{r}},\hat{\boldsymbol{p}},\hat{\boldsymbol{s}}) = \sum_{\alpha'} f(\epsilon_{\alpha'})(\alpha'|_2 H_2(\hat{\boldsymbol{r}},\hat{\boldsymbol{p}},\hat{\boldsymbol{s}};\hat{\boldsymbol{r}}_2,\hat{\boldsymbol{p}}_2,\hat{\boldsymbol{s}}_2)|\alpha')_2 \tag{7.21}$$
$$\hat{V}_{\mathrm{X}}|\psi) = -\sum_{\alpha'} f(\epsilon_{\alpha'})(\alpha'|_2 H_2(\hat{\boldsymbol{r}},\hat{\boldsymbol{p}},\hat{\boldsymbol{s}};\hat{\boldsymbol{r}}_2,\hat{\boldsymbol{p}}_2,\hat{\boldsymbol{s}}_2)|\alpha')\otimes|\psi)_2 \tag{7.22}$$

と書き表せる．有効ハミルトニアンがエルミートなので，後回しにした直交性の条件 $(\alpha|\alpha')=0$ $(\alpha\neq\alpha')$ は自動的に満たされていることに注意しよう．

重要な点は，$\hat{V}_{\mathrm{HF}}$ が $|\alpha)$ に依存しており，**自己無撞着**な解を求めなければならない点にある．既に 1.4 節でも説明したが，通常は以下の手続きに従えばよい．

(0) 適当な $\epsilon_\alpha, |\alpha)$ の候補を与える．

(1) $\epsilon_\alpha, |\alpha)$ から，式 (7.21) と (7.22) を使って，$\hat{V}_{\mathrm{H}}$ と $\hat{V}_{\mathrm{X}}$ を構成する．

(2) HF 方程式 (7.19) を解いて，すべてのエネルギー固有値と固有状態を求め，それを新しい $\epsilon_\alpha, |\alpha)$ の候補とする[2)]．

---

2) 実際には得られた $|\alpha)$ をそのまま新しい $|\alpha)$ として用いず，古い $|\alpha)$ と得られた $|\alpha)$ を (1 −

(3) (2) と (3) の作業を新旧の $\epsilon_\alpha$, $|\alpha)$ が変わらなくなるまで繰り返す（初期形の与え方によって複数の自己無撞着解が得られることもある．その場合には実際に $\langle\!\langle \Omega \rangle\!\rangle_{\rm HF}$ を計算して比較し，真の最低値を与えるものを真の解として採用する）．

HF 方程式の自己無撞着解が求まれば，熱力学ポテンシャルが近似的に，

$$\begin{aligned}\langle\!\langle \Omega \rangle\!\rangle_{\rm HF} = &- k_{\rm B}T \sum_\alpha \ln\left(1 + e^{-\beta(\epsilon_\alpha - \mu)}\right)\\ &- \frac{1}{2}\sum_{\alpha\alpha'}\Big((\alpha,\alpha'|\hat{H}_2|\alpha,\alpha') - (\alpha,\alpha'|\hat{H}_2|\alpha',\alpha)\Big) f(\epsilon_\alpha) f(\epsilon_{\alpha'})\end{aligned} \quad (7.23)$$

と求まる（式 (7.12) へ式 (7.15) を代入した）．上式において，第一項で二重に数えてしまった相互作用効果が第二項で相殺されている．式 (7.5) の定数項 $C$ をこの項に選び，

$$\mathcal{H}_{\rm HF} = \sum_\alpha \epsilon_\alpha c_\alpha^\dagger c_\alpha - \frac{1}{2}\sum_{\alpha\alpha'}\Big((\alpha,\alpha'|\hat{H}_2|\alpha,\alpha') - (\alpha,\alpha'|\hat{H}_2|\alpha',\alpha)\Big) f(\epsilon_\alpha) f(\epsilon_{\alpha'}) \quad (7.24)$$

としておくと，$\langle\!\langle \Omega \rangle\!\rangle_{\rm HF} = -k_{\rm B}T \ln \Xi_{\rm HF}$ となり，$\mathcal{H}_{\rm HF}$ が統計演算子の最適化された近似形を与えるだけでなく，大正準ポテンシャルの近似値も正しく与えるので便利である．ここまで述べた定式化は，$(T, V, \mu)$ が指定された熱平衡状態を扱う形式になっている．しかし実際には，$(T, V, N)$ が指定された熱平衡状態を扱う場合の方が多い．この場合，計算手続きのステップ (1) の直前に，与えられた $N$ に対して $N = \sum_\alpha f(\epsilon_\alpha)$ となるように $\mu$ の値を定める作業を追加すればよい[3)]．

こうして実際に $\mathcal{H}_{\rm HF}$ が定まると，物理量 $\mathcal{A}$ の平均値は HF 近似の範囲で，

$$\langle\!\langle \mathcal{A} \rangle\!\rangle_{\rm HF} \equiv {\rm Tr}(\varrho_{\rm HF}\mathcal{A}) \quad (7.25)$$

と書け，右辺は Bloch-de Dominicis の定理を使って具体的に計算できる．特

---

$\lambda$) : $\lambda$ の割合で混ぜたものを新しい $|\alpha)$ として採用する方がよい（混合パラメーター $0 < \lambda < 1$ は収束を速めるように調節する）．この方法を単純混合法とか線形外挿法という．より収束を加速するために Broyden 法等を用いる場合もある．

3) 厳密に言うと，熱力学ポテンシャルに対する変分原理は $(T, V, \mu)$ を固定した状況下で適用すべきで，HF 方程式を解く途中で $\mu$ の値を更新するのはこの原則に反する．しかし，本文で述べた方法で自己無撞着に $|\alpha) = |\alpha)_{\rm sc}$ と $\mu = \mu_{\rm sc}$ が定まるときには，化学ポテンシャルを $\mu = \mu_{\rm sc}$ に固定したときにも $|\alpha) = |\alpha)_{\rm sc}$ が自己無撞着解（の一つ）になるのは明らかである．したがって，通常は問題を生じない．

に，系のエネルギー $\langle\!\langle\mathcal{H}\rangle\!\rangle_{\rm HF}$（式 (7.11)）を電子の分布関数 $f(\epsilon_\alpha)$ の汎関数とみなして変分すると，

$$\epsilon_\alpha = \frac{\delta\langle\!\langle\mathcal{H}\rangle\!\rangle_{\rm HF}}{\delta f(\epsilon_\alpha)} \tag{7.26}$$

が得られる．つまり，$\epsilon_\alpha$ は相互作用が繰り込まれた一電子の有効エネルギーを表す．特に絶対零度を考えたとき，一電子の減少（これはある種の無限小変化である）が，一電子状態 $|\alpha)$ の再構成（電子状態の緩和）を引き起こさなければ，$\epsilon_\alpha$ は系のイオン化エネルギー (一電子を無限遠に引き離すのに必要なエネルギー）という物理的な意味を持つ．これを **Koopmans の定理**という[4)]．

## 7.2　ジェリウムモデルの HF 近似

軌道部分が式 (1.17) の平面波状態 $|\boldsymbol{k})$, スピン部分が $|\sigma=\uparrow,\downarrow)$ の一電子状態 $|\boldsymbol{k},\sigma)\equiv|\boldsymbol{k})\otimes|\sigma)$ に電子を一個作る・消す演算子 $c^\dagger_{\boldsymbol{k}\sigma}$，$c_{\boldsymbol{k},\sigma}$ を導入し，式 (1.52) のジェリウムモデルのハミルトニアン，

$$\mathcal{H} = \sum_{i=1}^{N}\frac{\hat{\boldsymbol{p}}_i^2}{2m} + \frac{1}{2V}\sum_{\boldsymbol{q}\neq 0}U_q\,(\rho_{-\boldsymbol{q}}\rho_{\boldsymbol{q}} - N) \tag{7.27}$$

を第二量子化した形で表すと，

$$\mathcal{H} = \sum_{\boldsymbol{k}\sigma}\epsilon_{\boldsymbol{k}}c^\dagger_{\boldsymbol{k}\sigma}c_{\boldsymbol{k}\sigma} + \frac{1}{2V}\sum_{\boldsymbol{q}\neq 0}U_q\sum_{\boldsymbol{k}\boldsymbol{k}'}\sum_{\sigma\sigma'}c^\dagger_{\boldsymbol{k}+\boldsymbol{q}\sigma}c^\dagger_{\boldsymbol{k}'-\boldsymbol{q}\sigma'}c_{\boldsymbol{k}'\sigma'}c_{\boldsymbol{k}\sigma} \tag{7.28}$$

となる．ここで，$\epsilon_{\boldsymbol{k}} = \hbar^2\boldsymbol{k}^2/2m$ と定め，波数表示の密度演算子 $\rho_{\boldsymbol{q}} = \sum_{i=1}^{N}e^{-i\boldsymbol{q}\cdot\hat{\boldsymbol{r}}_i}$ を，

$$\rho_{\boldsymbol{q}} = \sum_{\boldsymbol{k}_1\sigma_1,\boldsymbol{k}_2\sigma_2}(\boldsymbol{k}_1\sigma_1|e^{-i\boldsymbol{q}\cdot\hat{\boldsymbol{r}}}|\boldsymbol{k}_2\sigma_2)c^\dagger_{\boldsymbol{k}_1\sigma_1}c_{\boldsymbol{k}_2\sigma_2} = \sum_{\boldsymbol{k}\sigma}c^\dagger_{\boldsymbol{k}-\boldsymbol{q}\sigma}c_{\boldsymbol{k}\sigma} \tag{7.29}$$

$$\left(\because\ (\boldsymbol{k}_1\sigma_1|e^{i\boldsymbol{q}\cdot\hat{\boldsymbol{r}}}|\boldsymbol{k}_2\sigma_2) = \delta_{\sigma_1\sigma_2}\int d^3\boldsymbol{r}(\boldsymbol{k}_1|\boldsymbol{r})e^{i\boldsymbol{q}\cdot\boldsymbol{r}}(\boldsymbol{r}|\boldsymbol{k}_2) = \delta_{\sigma_1\sigma_2}\delta_{\boldsymbol{k}_1,\boldsymbol{k}_2+\boldsymbol{q}}\right) \tag{7.30}$$

電子数演算子を $\mathcal{N} = \sum_{\boldsymbol{k}}\sum_{\sigma}c^\dagger_{\boldsymbol{k}\sigma}c_{\boldsymbol{k}\sigma}$ と第二量子化し，

4）T. Koopmans: Physica **1**, 104 (1934).

$$\begin{aligned}\rho_{-q}\rho_{q} - \mathcal{N} &= \sum_{kk'}\sum_{\sigma\sigma'} c^{\dagger}_{k+q\sigma} c_{k\sigma} c^{\dagger}_{k'-q\sigma'} c_{k'\sigma'} - \sum_{k}\sum_{\sigma} c^{\dagger}_{k\sigma} c_{k\sigma} \\ &= \sum_{kk'}\sum_{\sigma\sigma'} \left( c^{\dagger}_{k+q\sigma} c^{\dagger}_{k'-q\sigma'} c_{k'\sigma'} c_{k\sigma} + \delta_{k,k'-q}\delta_{\sigma\sigma'} c^{\dagger}_{k+q\sigma} c_{k'\sigma'} \right) \\ &\quad - \sum_{k}\sum_{\sigma} c^{\dagger}_{k\sigma} c_{k\sigma} \\ &= \sum_{kk'}\sum_{\sigma\sigma'} c^{\dagger}_{k+q\sigma} c^{\dagger}_{k'-q\sigma'} c_{k'\sigma'} c_{k\sigma} \end{aligned} \tag{7.31}$$

と計算した.

これを HF 近似で考察しよう．簡単のため，以下では絶対零度の場合を考える．ジェリウムモデルは並進対称性を有するので，自発的な並進対称性の破れが起きない限り，HF 方程式にも並進対称性があり，一電子状態 $|\boldsymbol{k},\sigma)$ が HF 方程式の解であることが自明にわかってしまう．HF 方程式のエネルギー固有値も $\boldsymbol{k}$ の関数になるから，これを $\epsilon^{(\mathrm{qp})}_{\boldsymbol{k}}$ とすると，ジェリウムモデルは回転対称でもあるので，自発的に回転対称性が破れなければ，$\epsilon^{(\mathrm{qp})}_{\boldsymbol{k}}$ は $k = |\boldsymbol{k}|$ の関数になる．$\epsilon^{(\mathrm{qp})}_{\boldsymbol{k}}$ は $\epsilon_{\boldsymbol{k}}$ から変形されるが，少なくとも相互作用効果が弱い間は $k$ の単調増加関数であり続けるだろう．このとき，自発的にスピン偏極（上下のスピンを持つ電子数の差）が生じなければ,

$$\varrho_{\mathrm{HF}} = |\mathrm{HF}\rangle\langle\mathrm{HF}|, \quad |\mathrm{HF}\rangle = \prod_{|\boldsymbol{k}|\le k_{\mathrm{F}},\sigma} c^{\dagger}_{\boldsymbol{k}\sigma}|0\rangle \tag{7.32}$$

となる．つまり，$|\mathrm{HF}\rangle$ は Sommerfeld モデルの基底状態（Fermi 球）を表す．これを使って，基底状態のエネルギーを $\mathrm{Tr}(\varrho_{\mathrm{HF}}\mathcal{H}) = \langle\mathrm{HF}|\mathcal{H}|\mathrm{HF}\rangle$ と近似するのだから，**ジェリウムモデルに対しては HF 近似と相互作用に関する一次摂動は等価**である.

相互作用ポテンシャルを,

$$U(\boldsymbol{r}) = \frac{1}{V}\sum_{q\neq 0} U_{q} e^{i\boldsymbol{q}\cdot\boldsymbol{r}} = \frac{1}{V}\sum_{q\neq 0} \frac{4\pi e^{2}}{q^{2}} e^{i\boldsymbol{q}\cdot\boldsymbol{r}} \tag{7.33}$$

Fourier 展開できることに注意し，HF 方程式に平面波解 $|\boldsymbol{k},\sigma)$ を代入して，式 (7.30) を使うと,

$$V_{\mathrm{H}}(\hat{\boldsymbol{r}}) = \frac{1}{V}\sum_{\boldsymbol{q}\neq 0}\frac{4\pi e^2}{q^2}\sum_{|\boldsymbol{k}'|\leq k_{\mathrm{F}},\sigma'}(\boldsymbol{k}',\sigma'|e^{-i\boldsymbol{q}\cdot\hat{\boldsymbol{r}}}|\boldsymbol{k}',\sigma')e^{i\boldsymbol{q}\cdot\hat{\boldsymbol{r}}} = 0 \tag{7.34}$$

$$\begin{aligned}\hat{V}_{\mathrm{X}}|\boldsymbol{k}\sigma) &= -\frac{1}{V}\sum_{\boldsymbol{q}\neq 0}\frac{4\pi e^2}{q^2}\sum_{k'\leq k_{\mathrm{F}},\sigma'}(\boldsymbol{k}',\sigma'|e^{-i\boldsymbol{q}\cdot\hat{\boldsymbol{r}}}|\boldsymbol{k},\sigma)e^{i\boldsymbol{q}\cdot\hat{\boldsymbol{r}}}|\boldsymbol{k}',\sigma') \\ &= \left(-\frac{1}{V}\sum_{|\boldsymbol{k}'|\leq k_{\mathrm{F}},\boldsymbol{k}'(\neq\boldsymbol{k})}U_{\boldsymbol{k}'-\boldsymbol{k}}\right)|\boldsymbol{k},\sigma)\end{aligned} \tag{7.35}$$

となり，実際に平面波解が自己無撞着解であることを確認できる．ここで，$\hat{V}_{\mathrm{X}}$ の式中で $\sigma' = \sigma$ の寄与だけが生き残ることに注意しよう．この因子は，**交換相互作用が同種粒子間（今の場合は同じスピンを持つ電子間）にしか働かないこと**を表す．

HF 方程式のエネルギー固有値を，

$$\epsilon_{\boldsymbol{k}}^{(\mathrm{qp})} = \epsilon_{\boldsymbol{k}} + \Sigma_{\mathrm{X}}(\boldsymbol{k}) \tag{7.36}$$

の形に書くと，$\Sigma_{\mathrm{X}}(k)$ は，

$$\begin{aligned}\Sigma_{\mathrm{X}}(\boldsymbol{k}) &= -\frac{1}{V}\sum_{|\boldsymbol{k}'|\leq k_{\mathrm{F}},\boldsymbol{k}'(\neq\boldsymbol{k})}U_{\boldsymbol{k}'-\boldsymbol{k}} \\ &= -\frac{1}{(2\pi)^2}\int_0^{k_{\mathrm{F}}}dk'\int_{-1}^{+1}d(\cos\vartheta)\frac{4\pi e^2 k'^2}{k'^2+k^2-2kk'\cos\vartheta} \\ &= -\frac{e^2}{2\pi k}\int_0^{k_{\mathrm{F}}}dk'k'\ln\frac{(k+k')^2}{(k-k')^2} = -\frac{e^2}{\pi k}\left[kk' - \frac{1}{2}(k^2-k'^2)\ln\left|\frac{k+k'}{k-k'}\right|\right]_0^{k_{\mathrm{F}}} \\ &= -\frac{2e^2 k_{\mathrm{F}}}{\pi}F\left(\frac{k}{k_{\mathrm{F}}}\right)\end{aligned} \tag{7.37}$$

と計算され，

$$F(x) \equiv \frac{1}{2} + \frac{1-x^2}{4x}\ln\left|\frac{1+x}{1-x}\right| \tag{7.38}$$

は **Kohn の関数**と呼ばれる（図 7.1）．$\epsilon_{\boldsymbol{k}}^{(\mathrm{qp})}$ は波数 $\boldsymbol{k}$ を持つ一電子の有効エネルギー（後に述べる Landau の Fermi 液体論の言葉で言えば，$\epsilon_{\boldsymbol{k}}^{(\mathrm{qp})}$ は波数 $\boldsymbol{k}$ を持つ**準粒子**のエネルギー）である．その自由電子の分散からの補正 $\Sigma_{\mathrm{X}}(\boldsymbol{k})$ は**交換自己エネルギー**と呼ばれる．後で詳しく述べるように，Fermi 面における準粒子の**有効質量**，

$$m^* = \frac{\hbar k_F}{v_F}, \quad v_F = \frac{1}{\hbar} \left. \frac{\partial \epsilon_{\boldsymbol{k}}^{(\mathrm{qp})}}{\partial k} \right|_{k=k_F} \tag{7.39}$$

は低温における電子比熱等を決める重要な物理量である．ところが，HF 近似でこれを求めると，$F'(x)$ が $x = 1$ で対数発散することを反映して，$m^* = 0$ という非物理的な答えが得られる．これは HF 近似では相互作用の**遮蔽効果**が考慮されていないことに起因しており，HF 近似の限界を示している．

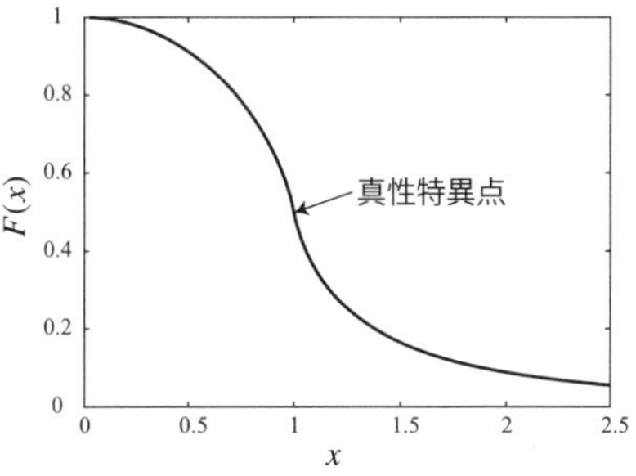

図 7.1　Kohn の関数

一方，一電子当たりの相互作用エネルギーは，

$$\begin{aligned} \epsilon_X &= \frac{1}{2N} \sum_{\sigma} \sum_{|\boldsymbol{k}| \le k_F} \sum_{\sigma'} \sum_{|\boldsymbol{k}'| \le k_F} \Big( (\boldsymbol{k}\sigma, \boldsymbol{k}'\sigma' | \hat{H}_2 | \boldsymbol{k}\sigma, \boldsymbol{k}'\sigma') - (\boldsymbol{k}\sigma, \boldsymbol{k}'\sigma' | \hat{H}_2 | \boldsymbol{k}'\sigma', \boldsymbol{k}\sigma) \Big) \\ &= \frac{1}{2N} \sum_{\sigma} \sum_{|\boldsymbol{k}| \le k_F} \sum_{\sigma'} \sum_{|\boldsymbol{k}'| \le k_F} \Big( (\boldsymbol{k}, \boldsymbol{k}' | \hat{H}_2 | \boldsymbol{k}, \boldsymbol{k}') - \delta_{\sigma\sigma'} (\boldsymbol{k}, \boldsymbol{k}' | \hat{H}_2 | \boldsymbol{k}', \boldsymbol{k}) \Big) \\ &= \frac{1}{2N} \sum_{|\boldsymbol{k}| \le k_F} \sum_{|\boldsymbol{k}'| \le k_F} \Big( 4(\boldsymbol{k}, \boldsymbol{k}' | \hat{H}_2 | \boldsymbol{k}, \boldsymbol{k}') - 2(\boldsymbol{k}, \boldsymbol{k}' | \hat{H}_2 | \boldsymbol{k}', \boldsymbol{k}) \Big) \end{aligned} \tag{7.40}$$

から計算できる．ただし，式 (7.28) からわかるように，

$$\begin{aligned} (\boldsymbol{k}\sigma, \boldsymbol{k}'\sigma' | \hat{H}_2 | \boldsymbol{k}''\sigma'', \boldsymbol{k}'''\sigma''') &= \delta_{\sigma\sigma''} \delta_{\sigma'\sigma'''} (\boldsymbol{k}, \boldsymbol{k}' | \hat{H}_2 | \boldsymbol{k}'', \boldsymbol{k}''') \\ &= \delta_{\sigma\sigma''} \delta_{\sigma'\sigma'''} \frac{1}{V} \sum_{\boldsymbol{q} \ne 0} U_q \delta_{\boldsymbol{k}, \boldsymbol{k}''+\boldsymbol{q}} \delta_{\boldsymbol{k}', \boldsymbol{k}'''-\boldsymbol{q}} \end{aligned} \tag{7.41}$$

である. 式 (7.40) 二段目の第二項で $\delta_{\sigma\sigma'}$ の因子が現れるのは，既に述べたように**交換相互作用が，同種粒子間（今の場合は同じスピンを持つ電子間）にしか働かない**ことを表している．第一項（直接相互作用）はゼロを与え，第二項（交換相互作用）は，

$$\begin{aligned}\epsilon_{\mathrm{X}} &= -\frac{1}{N}\cdot\frac{1}{V}\sum_{\boldsymbol{k}'\neq\boldsymbol{k},|\boldsymbol{k}'|\leq k_{\mathrm{F}},|\boldsymbol{k}|\leq k_{\mathrm{F}}} U_{\boldsymbol{k}-\boldsymbol{k}'} = \frac{1}{2N}\cdot 2\sum_{|\boldsymbol{k}|\leq k_{\mathrm{F}}}\Sigma_{\mathrm{X}}(\boldsymbol{k}) \\ &= -\frac{3\pi^2}{k_{\mathrm{F}}^3}\cdot\frac{1}{(2\pi)^3}\int_0^{k_{\mathrm{F}}} 4\pi k^2 dk\left(\frac{2e^2k_{\mathrm{F}}}{\pi}F\left(\frac{k}{k_{\mathrm{F}}}\right)\right) = -\frac{3e^2k_{\mathrm{F}}}{\pi}\int_0^1 dxx^2F(x) \\ &= -\frac{3e^2k_{\mathrm{F}}}{\pi}\left[\frac{x^3}{6}+\frac{x}{8}-\frac{x^3}{24}-\frac{(1-x^2)^2}{16}\ln\left|\frac{1+x}{1-x}\right|\right]_0^1 \\ &= -\frac{3e^2k_{\mathrm{F}}}{4\pi} \end{aligned} \tag{7.42}$$

と求まる．相互作用エネルギーは，すべての電子の交換自己エネルギーを単純に足し上げれば求まる気がするかもしれないが，その結果は $2N^{-1}\sum_{|\boldsymbol{k}|\leq k_{\mathrm{F}}}\Sigma_{\mathrm{X}}(k)$ となり，正しい $\epsilon_{\mathrm{X}}$ の値の二倍であることに注意しよう．各電子が自分以外の電子から受ける影響が $\Sigma_{\mathrm{X}}(k)$ であるので，これをすべて足し上げると，相互作用の寄与を二重に数えてしまうことになるのである[5)].

1.5 節で述べたように，ジェリウムモデルの基底状態のエネルギーを Ry を単位にして測り，一電子当たりに換算した量は $r_{\mathrm{s}}$ パラメーターのみを用いて表せる．実際に，HF 近似で得られた結果を $r_{\mathrm{s}}$ パラメーターで表そう．このとき，Fermi 波数 $k_{\mathrm{F}}$ と平均電子間距離 $d$ の間に，

$$n = \frac{2}{(2\pi)^3}\frac{4\pi}{3}k_{\mathrm{F}}^3 = \left(\frac{4\pi d^3}{3}\right)^{-1} \quad\Leftrightarrow\quad k_{\mathrm{F}}a_{\mathrm{B}} = \left(\frac{9\pi}{4}\right)^{1/3}\frac{1}{r_{\mathrm{s}}} \tag{7.43}$$

の関係があることを用いるとよい．一電子当たりの平均運動エネルギーは，非摂動ハミルトニアン（つまり Sommerfeld モデル）で計算したものに等しいから，Ry を単位として，

$$\frac{3\epsilon_{\mathrm{F}}/5}{1\mathrm{Ry}} = \frac{3}{5}\cdot\frac{\hbar^2k_{\mathrm{F}}^2}{2m}\bigg/\frac{\hbar^2}{2ma_{\mathrm{B}}^2} = \frac{3}{5}\left(\frac{9\pi}{4}\right)^{2/3}\frac{1}{r_{\mathrm{s}}^2} \approx \frac{2.210}{r_{\mathrm{s}}^2} \tag{7.44}$$

となる．一方，上で求めた一電子当たりの交換相互作用エネルギーは，Ry を単位として，

$$\frac{\epsilon_{\mathrm{X}}}{1\mathrm{Ry}} = -\frac{3e^2k_{\mathrm{F}}}{4\pi}\bigg/\frac{e^2}{2a_{\mathrm{B}}} = -\frac{3}{2\pi}\left(\frac{9\pi}{4}\right)^{1/3}\frac{1}{r_{\mathrm{s}}} \approx -\frac{0.916}{r_{\mathrm{s}}} \tag{7.45}$$

5）このような二重の数え上げに対する注意は，一電子近似一般に当てはまる．

と書ける．

以上の議論では，自発的な並進対称性の破れやスピン偏極が起こらないと仮定してきた．しかし，この仮定の妥当性については検討を要する．例として，自発的なスピン偏極の可能性について考えてみよう[6),7)]．交換相互作用項の形を見ると，スピン偏極が起こった方が相互作用エネルギーが下がる形をしている．一方，運動エネルギーはスピン偏極が起こると上がる．実際，すべての電子が上向きスピンを持つという仮定をしてエネルギーの低い状態から順に一個ずつ電子を詰めると，各状態に上下スピンの電子二個を詰めたときよりもずっと Fermi 準位が高くなるのは明らかである．結局，$r_s$ が大きく，前者の効果が後者の効果を凌駕したとき，スピンの向きを揃えた方がエネルギーが下がることになる．実際，HF 近似で計算すると，相互作用が強い所（$r_s > 5.4502\cdots$）でスピンが完全に一方向に揃った強磁性的な基底状態への転移が起こるという結論が得られる．ただし現実には，相関効果によってスピン偏極は強く妨げられ，完全偏極が起こる $r_s$ の値は現実的にはありえないような大きな値にずれる（図 1.2 に示した拡散モンテカルロ法による数値計算によれば $r_s \sim 75$）[8)]．金属中の電子が自発的にスピン偏極（強磁性）を示す可能性については，第 15 章で再検討する．

## 7.3　交換正孔

スピン $\sigma$ を持つ電子の密度を表す演算子は，第二量子化する前の表示で，

$$\rho_\sigma(\boldsymbol{r}) = \sum_i \delta(\boldsymbol{r} - \hat{\boldsymbol{r}}_i)\delta_{\sigma,\hat{\sigma}_{z,i}} \tag{7.46}$$

である．一電子状態に対する完全正規直交系として，軌道部分 $|\alpha)$ とスピン部分 $|\sigma =\uparrow,\downarrow)$ の積状態を採用し，状態 $|\alpha)\otimes|\sigma)$ の電子を一つ生成・消滅する演

6) F. Bloch: Z. Phys. **57**, 545 (1929).

7) 自発的な並進対称性の破れの可能性については，A. W. Overhauser: Phys. Rev. **128**, 1437 (1962).

8) 同じスピンを持つ二電子は同じ位置には来れないので（Pauli 排他律），それらは強く避けあう．異なるスピンを持つ二電子間にも，Coulomb 斥力に起因する避けあい（相関効果）があるが，一般に後者の効果は前者の効果よりも弱い（後者では二電子が同じ位置に来る確率がゼロでない）．そのため，スピンを揃えるほど相互作用エネルギーが下がる．後述するように，HF 近似では，同じスピンを持つ二電子間の避けあいの効果だけを考慮し，異なるスピンを持つ電子同士の避けあいの効果を無視するため，スピン偏極による相互作用エネルギーの低下を過剰評価してしまう．

算子を $c^\dagger_{\alpha\sigma}$，$c_{\alpha\sigma}$ として，$\rho_\sigma(\boldsymbol{r})$ を第二量子化すると，

$$\begin{aligned}\rho_\sigma(\boldsymbol{r}) &= \sum_{\alpha_1\alpha_2}\sum_{\sigma_1\sigma_2}\left((\alpha_1|\delta(\boldsymbol{r}-\hat{\boldsymbol{r}})|\alpha_2)\times(\sigma_1|\delta_{\sigma,\hat{\sigma}_2}|\sigma_2)\right)c^\dagger_{\alpha_1\sigma_1}c_{\alpha_2\sigma_2}\\ &= \sum_{\alpha_1\alpha_2}\left(\int(\alpha_1|\boldsymbol{r}')\delta(\boldsymbol{r}-\boldsymbol{r}')(\boldsymbol{r}'|\alpha_2)d^3\boldsymbol{r}'\right)c^\dagger_{\alpha_1\sigma}c_{\alpha_2\sigma}\\ &= \sum_{\alpha\alpha'}(\alpha|\boldsymbol{r})(\boldsymbol{r}|\alpha')c^\dagger_{\alpha\sigma}c_{\alpha'\sigma}\end{aligned}\tag{7.47}$$

となる．これを用いて**対分布関数**は，

$$g_{\sigma\sigma'}(\boldsymbol{r},\boldsymbol{r}')\equiv\frac{\langle\!\langle\rho_\sigma(\boldsymbol{r})\rho_{\sigma'}(\boldsymbol{r}')\rangle\!\rangle_{\mathrm{eq}}-\langle\!\langle\rho_\sigma(\boldsymbol{r})\rangle\!\rangle_{\mathrm{eq}}\delta_{\sigma\sigma'}\delta(\boldsymbol{r}-\boldsymbol{r}')}{\langle\!\langle\rho_\sigma(\boldsymbol{r})\rangle\!\rangle_{\mathrm{eq}}\langle\!\langle\rho_{\sigma'}(\boldsymbol{r}')\rangle\!\rangle_{\mathrm{eq}}}\tag{7.48}$$

と定義される．この関数は位置 $\boldsymbol{r}$ に $\sigma$ スピン電子，位置 $\boldsymbol{r}'$ にこれとは別の $\sigma'$ スピン電子を同時に見出す確率密度を，二電子間に相関がないときの値が 1 になるように規格化したものになっている．

電子が液体相にあるときには，$|\boldsymbol{r}_1-\boldsymbol{r}_2|\to\infty$ で電子間の相関が消失するので（むしろこれが「液体」という言葉の定義である），

$$\lim_{|\boldsymbol{r}_1-\boldsymbol{r}_2|\to\infty}g_{\sigma\sigma'}(\boldsymbol{r}_1,\boldsymbol{r}_2)=1\tag{7.49}$$

が成り立つ．また，Pauli 排他律を反映して，

$$g_{\sigma\sigma}(\boldsymbol{r},\boldsymbol{r})=0\tag{7.50}$$

が成り立つ．

実際に，HF 近似の範囲で対分布関数を計算してみよう．ここでは HF 方程式に現れる有効ハミルトニアンが電子の空間部分の自由度にだけ作用する形になっていて，エネルギーが軌道部分の量子数 $\alpha$ だけに依存した形で $\epsilon_\alpha$ と書ける場合に話を限定する．このとき一電子状態は $|\alpha)\otimes|\sigma)$ の形になる．Bloch-de Dominicis の定理を使って，

$$\langle\!\langle\rho_\sigma(\boldsymbol{r})\rangle\!\rangle_{\mathrm{HF}}=\sum_\alpha|(\boldsymbol{r}|\alpha)|^2f(\epsilon_\alpha)\tag{7.51}$$

および，

$$
\begin{aligned}
&\langle\!\langle \rho_\sigma(\boldsymbol{r})\rho_{\sigma'}(\boldsymbol{r}')\rangle\!\rangle_{\mathrm{HF}} \\
&\quad = \sum_\alpha \sum_{\alpha'} \Big( |(\boldsymbol{r}|\alpha)|^2 \, |(\boldsymbol{r}'|\alpha')|^2 - \delta_{\sigma\sigma'} (\alpha|\boldsymbol{r})(\boldsymbol{r}|\alpha')(\alpha'|\boldsymbol{r}')(\boldsymbol{r}'|\alpha) \Big) f(\epsilon_\alpha) f(\epsilon_{\alpha'}) \\
&\qquad + \langle\!\langle \rho_\sigma(\boldsymbol{r})\rangle\!\rangle_{\mathrm{HF}} \delta_{\sigma\sigma'} \delta(\boldsymbol{r}-\boldsymbol{r}') \\
&\quad = \langle\!\langle \rho_\sigma(\boldsymbol{r})\rangle\!\rangle_{\mathrm{HF}} \langle\!\langle \rho_{\sigma'}(\boldsymbol{r}')\rangle\!\rangle_{\mathrm{HF}} + \delta_{\sigma\sigma'} \langle\!\langle \rho_\sigma(\boldsymbol{r})\rangle\!\rangle_{\mathrm{HF}} \delta(\boldsymbol{r}-\boldsymbol{r}') \\
&\qquad - \delta_{\sigma\sigma'} \left| \sum_\alpha (\alpha|\boldsymbol{r})(\boldsymbol{r}'|\alpha) f(\epsilon_\alpha) \right|^2
\end{aligned}
\tag{7.52}
$$

と計算できるから，対分布関数は，

$$
g^{(\mathrm{HF})}_{\sigma\sigma'}(\boldsymbol{r},\boldsymbol{r}') = 1 - \delta_{\sigma\sigma'} \frac{|\sum_\alpha (\alpha|\boldsymbol{r})(\boldsymbol{r}'|\alpha) f(\epsilon_\alpha)|^2}{\langle\!\langle \rho_\sigma(\boldsymbol{r})\rangle\!\rangle_{\mathrm{HF}} \langle\!\langle \rho_{\sigma'}(\boldsymbol{r}')\rangle\!\rangle_{\mathrm{HF}}} \tag{7.53}
$$

と表される．

このとき，$\sigma \neq \sigma'$ に対しては，

$$
g^{(\mathrm{HF})}_{\sigma\sigma'}(\boldsymbol{r},\boldsymbol{r}') = 1, \quad (\sigma \neq \sigma') \tag{7.54}
$$

が得られ，異なるスピンを持つ電子同士はまったく相関なしに振る舞うという結果となる．一方，$\sigma = \sigma'$ に対しては $\boldsymbol{r}' = \boldsymbol{r}$ において，

$$
g^{(\mathrm{HF})}_{\sigma\sigma}(\boldsymbol{r},\boldsymbol{r}) = 0 \tag{7.55}
$$

が得られ，Pauli 排他律を反映した結果になる．特に絶対零度において，Pauli 排他律による電子同士の避けあいによって，$\boldsymbol{r}$ の周りから電子が何個いなくなったか調べると，

$$
\int d^3\boldsymbol{r}' \Big( \langle\!\langle \rho_\sigma(\boldsymbol{r}')\rangle\!\rangle_{\mathrm{HF}} - \langle\!\langle \rho_\sigma(\boldsymbol{r}')\rangle\!\rangle_{\mathrm{HF}} g^{(\mathrm{HF})}_{\sigma\sigma}(\boldsymbol{r},\boldsymbol{r}') \Big) = \frac{\sum_\alpha |(\boldsymbol{r}|\alpha)|^2 \, (f_\alpha(\epsilon_\alpha))^2}{\sum_\alpha |(\boldsymbol{r}|\alpha)|^2 \, f_\alpha(\epsilon_\alpha)} = 1 \tag{7.56}
$$

を得る（$\because$ 絶対零度では $f(\epsilon_\alpha) = 0$ または 1 だから $f(\epsilon_\alpha) = (f(\epsilon_\alpha))^2$）．つまり，各々の電子が，自分と同じスピンを持つ電子一個が抜けた穴（正孔）を伴っているという描像になる．この穴を**交換正孔**と呼ぶ．

例として，前節でも扱った絶対零度のジェリウムモデルを考察しよう．まず，電子密度の期待値は場所によらず，

$$
\langle\!\langle \rho_\sigma(\boldsymbol{r})\rangle\!\rangle_{\mathrm{HF}} = \frac{N}{2V} = \frac{n}{2} \tag{7.57}
$$

となる．これは電子が一様に分布しているので当たり前である．ここで，

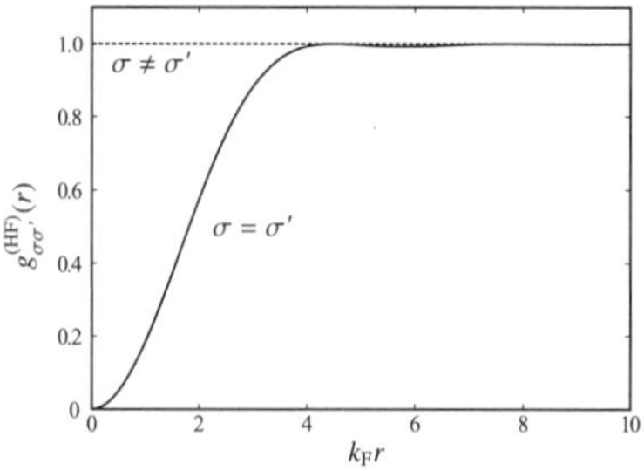


図 7.2　HF 近似によるジェリウムモデルの対分布関数

$$j_1(x) = \frac{\sin x}{x^2} - \frac{\cos x}{x} \tag{7.58}$$

を一次の球 Bessel 関数として，

$$\sum_{|\boldsymbol{k}|\le k_{\mathrm{F}}} (\boldsymbol{k}|\boldsymbol{r})(\boldsymbol{r}'|\boldsymbol{k}) \overset{V\to+\infty}{\to} \frac{1}{(2\pi)^3}\int_0^{k_{\mathrm{F}}} dk \int_{-1}^{+1} d(\cos\vartheta) 2\pi k^2 e^{-ik|\boldsymbol{r}-\boldsymbol{r}'|\cos\vartheta}$$
$$= \frac{k_{\mathrm{F}}^3}{2\pi^2}\frac{j_1(k_{\mathrm{F}}|\boldsymbol{r}-\boldsymbol{r}'|)}{k_{\mathrm{F}}|\boldsymbol{r}-\boldsymbol{r}'|} \tag{7.59}$$

が成り立つことに注意すると，密度-密度相関関数を，

$$\langle\!\langle \rho_\sigma(\boldsymbol{r})\rho_{\sigma'}(\boldsymbol{r}')\rangle\!\rangle_{\mathrm{HF}} = \frac{n^2}{4} + \frac{n}{2}\delta_{\sigma\sigma'}\delta(\boldsymbol{r}-\boldsymbol{r}') - \delta_{\sigma\sigma'}\left(\frac{3n}{2}\frac{j_1(k_{\mathrm{F}}|\boldsymbol{r}-\boldsymbol{r}'|)}{k_{\mathrm{F}}|\boldsymbol{r}-\boldsymbol{r}'|}\right)^2 \tag{7.60}$$

と計算し，対分布関数を，

$$g^{(\mathrm{HF})}_{\sigma\sigma'}(\boldsymbol{r},\boldsymbol{r}') = g^{(\mathrm{HF})}_{\sigma\sigma'}(|\boldsymbol{r}'-\boldsymbol{r}|)$$
$$= 1 - \delta_{\sigma\sigma'}\left(3\frac{j_1(k_{\mathrm{F}}|\boldsymbol{r}-\boldsymbol{r}'|)}{k_{\mathrm{F}}|\boldsymbol{r}-\boldsymbol{r}'|}\right)^2 \tag{7.61}$$

と求めることができる．これをプロットしたのが図 7.2 である．

ごく一般に，一電子当たりの相互作用エネルギー $\epsilon_{\mathrm{int}}$ と対分布関数 $g_{\sigma\sigma'}(\boldsymbol{r},\boldsymbol{r}') = g_{\sigma\sigma'}(|\boldsymbol{r}-\boldsymbol{r}'|)$ の間には，厳密な関係式，

$$\epsilon_{\mathrm{int}} \equiv \frac{1}{N}\cdot\frac{1}{2}\cdot\frac{1}{V}\sum_{\boldsymbol{q}\neq 0} U_q\left(\langle\!\langle \rho_{-\boldsymbol{q}}\rho_{\boldsymbol{q}}\rangle\!\rangle_{\mathrm{eq}} - N\right)$$
$$= \frac{1}{2N}\sum_{\sigma\sigma'}\int d^3\boldsymbol{r}d^3\boldsymbol{r}'\frac{e^2}{|\boldsymbol{r}-\boldsymbol{r}'|}\left(\langle\!\langle \rho_\sigma(\boldsymbol{r})\rho_{\sigma'}(\boldsymbol{r}')\rangle\!\rangle_{\mathrm{eq}} - \frac{n^2}{4} - \frac{n}{2}\delta_{\sigma\sigma'}\delta(\boldsymbol{r}-\boldsymbol{r}')\right)$$
$$= \frac{1}{2n}\sum_{\sigma\sigma'}\int d^3\boldsymbol{r}\frac{e^2}{r}\left(\frac{n}{2}\right)^2 (g_{\sigma\sigma'}(r) - 1) \tag{7.62}$$

が成立する．ここで，$g_{\sigma\sigma'}(r)$ を $g^{(\mathrm{HF})}_{\sigma\sigma'}(r)$ で近似すると，再び式 (7.42) の結果が導かれる．

$$\begin{aligned}\epsilon_{\mathrm{X}} &= \frac{1}{2n}\sum_{\sigma\sigma'}\int d^3\boldsymbol{r}\frac{e^2}{r}\left(\frac{n}{2}\right)^2\left(g^{(\mathrm{HF})}_{\sigma\sigma'}(r)-1\right) = -\frac{1}{n}\int d^3\boldsymbol{r}\frac{e^2}{r}\left(\frac{3n}{2}\frac{j_1(k_{\mathrm{F}}r)}{k_{\mathrm{F}}r}\right)^2 \\ &= -\frac{3e^2k_{\mathrm{F}}}{\pi}\int_0^\infty\frac{dx}{x}(j_1(x))^2 = -\frac{3e^2k_{\mathrm{F}}}{\pi}\left[\frac{-2x^2+2x\sin 2x+\cos 2x-1}{8x^4}\right]_0^{+\infty} \\ &= -\frac{3e^2k_{\mathrm{F}}}{4\pi} \end{aligned} \tag{7.63}$$

このやり方だと，$\epsilon_{\mathrm{X}}$ の起源が，電子とそれに伴う交換正孔の間の Coulomb 相互作用であることがわかりやすい．もし交換正孔がなかったら存在したはずの Coulomb 斥力のエネルギー上昇の分だけ基底状態の**エネルギーが下がる**のである．

## 7.4 カスプ定理

前節で述べたように，HF 近似では同じスピンを持つ電子同士が Pauli 排他律によって避けあう効果が交換正孔として考慮され，$g^{(\mathrm{HF})}_{\sigma\sigma}(r=0)=0$ が満たされる．しかし，異なるスピンを持つ電子同士には何の相関もないという妙な結果になってしまう．実際には異なるスピンを持つ電子同士も Coulomb 相互作用のために避けあっているはずである．この効果によって対分布関数に生じる「孔」は **Coulomb 孔**と呼ばれる．このように HF 近似で無視された電子間の相関を**電子相関**と呼ぶ．

実際に，異なるスピンを持つ電子間にも避けあいの効果が存在することを確認するには，絶対零度において，厳密な $g_{\uparrow\downarrow}(r)=g_{\downarrow\uparrow}(r)$ が $r\to 0$ で示す振る舞いを調べてみるとよい．$i$ 番目の電子の位置座標を $\boldsymbol{r}_i$，スピンを $\sigma_i=\uparrow,\downarrow$ として $x_i\equiv(\boldsymbol{r}_i,\sigma_i)$ と定義し，ジェリウムモデルの真の基底状態 $|\Psi\rangle$ を表す $N$ 電子波動関数を $\Psi(x_1,x_2,\cdots,x_N)$ と書くと[9]，対分布関数の物理的意味から，

$$g_{\sigma_1\sigma_2}(\boldsymbol{r}_1,\boldsymbol{r}_2)\propto\sum_{\sigma_3,\cdots,\sigma_N}\int d^3\boldsymbol{r}_3\cdots d^3\boldsymbol{r}_N\,|\Psi(x_1,x_2,x_3,x_4,\cdots,x_N)|^2 \tag{7.64}$$

が成り立つ．ここで，$\Psi$ を $\boldsymbol{r}=\boldsymbol{r}_1-\boldsymbol{r}_2$ の関数と見て（他の座標自由度は今は重

9) $|\{x_i\}\rangle\equiv|x_1\rangle_1\otimes|x_2\rangle_2\otimes\cdots\otimes|x_N\rangle_N$ として，$\Psi(x_1,x_2,\cdots,x_N)\equiv\langle\{x_i\}|\Psi\rangle$.

要でないので省略する），Schrödinger 方程式中で $r \to 0$ で主要な寄与をする部分のみを抜き出すと，

$$\left(-\frac{\hbar^2}{2m_\mathrm{r}}\nabla^2 + \frac{e^2}{r} + \cdots\right)\Psi(\boldsymbol{r}) = E_0\Psi(\boldsymbol{r}) \tag{7.65}$$

を得る．ただし，$m_\mathrm{r} = m/2$ は換算質量である．まず，$\sigma_1 = \sigma_2$ の場合には，Pauli 排他律から $\Psi(r = 0) = 0$ でなければならない．したがって $\Psi(\boldsymbol{r}) = O(r)$ $(r \to 0)$ より，

$$g_{\sigma\sigma}(r) \propto |\Psi(\boldsymbol{r})|^2 = O(r^2), \quad (r \to 0) \tag{7.66}$$

が結論される．しかし，$\sigma_1 \neq \sigma_2$ の場合は $\Psi(r = 0) \neq 0$ であってよい（Coulomb ポテンシャルの障壁は $r = 0$ で無限に高いが，それでもトンネル効果による波動関数のしみ出しはある）．$r \to 0$ で $\Psi(\boldsymbol{r})$ の主要な寄与を与えるのは $r = 0$ でゼロでない値を持つ s 波成分であることに注意すれば，$r \to 0$ で $\Psi(\boldsymbol{r})$ を $r$ だけに依存する実関数とみなしてよく，Schrödinger 方程式は，

$$\left(-\frac{\hbar^2}{2m_\mathrm{r}}\left(\frac{d^2}{dr^2} + \frac{2}{r}\frac{d}{dr}\right) + \frac{e^2}{r}\right)\Psi(r) = E_0\Psi(r) \tag{7.67}$$

に帰す．これに展開式 $\Psi(r) = a_0 + a_1 r + \cdots$ を代入して計算すると，$a_1/a_0 = e^2 m_\mathrm{r}/\hbar^2$ が得られ，**Kimball 条件**[10)]，

$$\begin{aligned} g_{\uparrow\downarrow}(r) &= g_{\uparrow\downarrow}(0)\frac{|\Psi(r)|^2}{|\Psi(r=0)|^2} = g_{\uparrow\downarrow}(0)\frac{(a_0 + a_1 r + \cdots)^2}{a_0^2} \\ &= g_{\uparrow\downarrow}(0)\left(1 + \frac{r}{a_\mathrm{B}} + \cdots\right), \quad (r \to 0) \end{aligned} \tag{7.68}$$

を導ける．上式は $g_{\uparrow\downarrow}(\boldsymbol{r})$ のグラフが $r = 0$ で**カスプ状の極小**（微係数が不連続で，尖った形状の極小）を示すことを教える．この事実を指して Kimball 条件を**カスプ条件**あるいは**カスプ定理**と呼ぶこともある．

## 7.5　密度汎関数理論

HF 近似はハミルトニアン自体をなるべく正確に一電子近似するという発想に基づいていた．ここで述べる**密度汎関数理論**（Density Functional Theory, 略して **DFT**）では，最適化する対象として電子密度に着目するという発想の転

10）J. C. Kimball: Phys. Rev. A **7**, 1648 (1973).

換を行い，一電子近似の手軽さの部分を残したまま，電子相関効果を取り入れる．この理論は今日の第一原理計算の基礎づけを与える重要なものとなっている．以下，多電子系のハミルトニアンとして，非常に一般的な形のもの，

$$\mathcal{H} = \mathcal{H}_{\rm jel} + \int V_{\rm ext}(\boldsymbol{r})\rho(\boldsymbol{r})d^3\boldsymbol{r} \tag{7.69}$$

を考える．第一項 $\mathcal{H}_{\rm jel}$ はジェリウムモデルのハミルトニアンである．また，第二項に現れる $V_{\rm ext}(\boldsymbol{r})$ は外的に加えた一電子ポテンシャル，$\rho(\boldsymbol{r}) = \sum_\sigma \rho_\sigma(\boldsymbol{r})$ は（スピン分解されていない）電子密度の演算子である[11]．

統計演算子が $\varrho$ であるときの系の電子密度は，

$$n_\varrho(\boldsymbol{r}) \equiv {\rm Tr}\,(\varrho\rho(\boldsymbol{r})) \tag{7.70}$$

と与えられる．ただし，電子密度と統計演算子の対応は一対一ではなく，$\varrho \neq \varrho'$ でも $n_\varrho(\boldsymbol{r}) = n_{\varrho'}(\boldsymbol{r})$ となりうる[12]．一般に，同じ電子密度を与える統計演算子は無数に存在するので[13]，$n_\varrho(\boldsymbol{r})$ が $n(\boldsymbol{r})$ に等しいという条件を満たす統計演算子だけを抽出して，その中で $\varrho$ を動かしたときに得られる拡張熱力学ポテンシャルの最小値を，

$$\Omega_{\rm HK}[n] \equiv \min_{n_\varrho(\boldsymbol{r})=n(\boldsymbol{r})} \langle\!\langle \Omega \rangle\!\rangle = \min_{n_\varrho(\boldsymbol{r})=n(\boldsymbol{r})} \left({\rm Tr}\,(\varrho(\mathcal{H} - \mu\mathcal{N})) + k_{\rm B}T\,{\rm Tr}\,(\varrho \ln \varrho)\right) \tag{7.71}$$

と書こう．これは電子密度 $n(\boldsymbol{r})$ の汎関数と考えることができ，**Hohenberg-Kohn の汎関数**と呼ばれる．これをさらに，

$$\Omega_{\rm HK}[n] = F_{\rm jel}[n] + \int (V_{\rm ext}(\boldsymbol{r}) - \mu)\, n(\boldsymbol{r})d^3\boldsymbol{r} \tag{7.72}$$

$$F_{\rm jel}[n] \equiv \min_{n_\varrho(\boldsymbol{r})=n(\boldsymbol{r})} \left({\rm Tr}\left(\varrho\mathcal{H}_{\rm jel}\right) + k_{\rm B}T\,{\rm Tr}\,(\varrho \ln \varrho)\right) \tag{7.73}$$

と書き換えたとき，$F_{\rm jel}[n]$ は $\mathcal{H}_{\rm jel}$ のみを使って定義され，$V_{\rm ext}(\boldsymbol{r})$ の詳細によらない．この意味で **$F_{\rm jel}[n]$ は普遍的な汎関数**だと言える．また，上記の $\Omega_{\rm HK}[n]$ の定義と，変分原理は，熱平衡状態における熱力学ポテンシャルを $\Omega$ として，

---

11) 第二量子化に不慣れな人は，第二量子化する前に戻って，$\rho(\boldsymbol{r}) = \sum_i \delta(\boldsymbol{r} - \hat{\boldsymbol{r}}_i)$ および $\int V_{\rm ext}(\boldsymbol{r})\rho(\boldsymbol{r})d^3\boldsymbol{r} = \sum_i V_{\rm ext}(\hat{\boldsymbol{r}}_i)$ と書いてみると理解しやすいだろう．

12) 非常に簡単な例として，一電子系の純粋状態を考えてみよう．系の量子状態を表す波動関数が $\psi(\boldsymbol{r})$ であっても $\psi(\boldsymbol{r})e^{i\chi(\boldsymbol{r})}$ であっても，得られる電子密度はともに $n(\boldsymbol{r}) = |\psi(\boldsymbol{r})|^2$ である．

13) 物理的にまっとうな電子密度 $n(\boldsymbol{r})$ に対しては $n_\varrho(\boldsymbol{r}) = n(\boldsymbol{r})$ を満たす統計演算子 $\varrho$ が必ず存在する．たとえば J. E. Harriman: Phys. Rev. A **24**, 680 (1981). を参照．

$$\min_n \Omega_{\mathrm{HK}}[n] = \Omega \tag{7.74}$$

が成り立ち，最小値を与える $n(\boldsymbol{r}) = n_{\mathrm{eq}}(\boldsymbol{r})$ が熱平衡状態で実現する電子密度であることを教える[14)]．

次に，オリジナルの電子系とは別に参照系を用意する．参照系のハミルトニアンは，$\mathcal{H}_{\mathrm{jel}}$ を Sommerfeld モデルのハミルトニアン $\mathcal{H}_0$ へ，一電子ポテンシャル $V_{\mathrm{ext}}(\boldsymbol{r})$ を有効ポテンシャル $V_{\mathrm{eff}}(\boldsymbol{r})$ へ置き換えたもので，

$$\mathcal{H}^{(\mathrm{ref})} \equiv \mathcal{H}_0 + \int V_{\mathrm{eff}}(\boldsymbol{r})\rho(\boldsymbol{r})d^3\boldsymbol{r} \tag{7.75}$$

と定義される．先ほどとまったく同様に，参照系に対しても Hohenberg-Kohn の汎関数 $\Omega^{(\mathrm{ref})}_{\mathrm{HK}}[n]$ を定義できる．具体的に書き下せば，

$$\begin{aligned}\Omega^{(\mathrm{ref})}_{\mathrm{HK}}[n] &\equiv \min_{n_\varrho(\boldsymbol{r})=n(\boldsymbol{r})} \left(\mathrm{Tr}\left(\varrho(\mathcal{H}^{(\mathrm{ref})} - \mu\mathcal{N})\right) + k_{\mathrm{B}}T\,\mathrm{Tr}\,(\varrho\ln\varrho)\right) \\ &= F_0[n] + \int (V_{\mathrm{eff}}(\boldsymbol{r}) - \mu)\, n(\boldsymbol{r})d^3\boldsymbol{r}\end{aligned} \tag{7.76}$$

$$F_0[n] \equiv \min_{n_\varrho(\boldsymbol{r})=n(\boldsymbol{r})} (\mathrm{Tr}\,(\varrho\mathcal{H}_0) + k_{\mathrm{B}}T\,\mathrm{Tr}\,(\varrho\ln\varrho)) \tag{7.77}$$

となる．$F_0[n]$ が $\mathcal{H}_0$ だけを使って定義され，$V_{\mathrm{eff}}(\boldsymbol{r})$ の詳細によらないことに注意しよう．つまり **$F_0[n]$ も普遍的な汎関数である**．熱平衡状態にある参照系の熱力学ポテンシャルを $\Omega^{(\mathrm{ref})}$ とすれば，

$$\min_n \Omega^{(\mathrm{ref})}_{\mathrm{HK}}[n] = \Omega^{(\mathrm{ref})} \tag{7.78}$$

が成り立つことも同様である．$\Omega^{(\mathrm{ref})}_{\mathrm{HK}}[n]$ の最小値を与える $n(\boldsymbol{r}) = n^{(\mathrm{ref})}_{\mathrm{eq}}(\boldsymbol{r})$ は，熱平衡状態にある参照系の電子密度を与える．

以下では，「**参照系の一電子ポテンシャル $V_{\mathrm{eff}}(\boldsymbol{r})$ をうまく選べば，$n^{(\mathrm{ref})}_{\mathrm{eq}}(\boldsymbol{r}) = n_{\mathrm{eq}}(\boldsymbol{r})$ とすることができる**」という **Kohn-Sham の仮説**を認めよう[15)]．電子間相互作用の導入によって生じる普遍汎関数の変化分を，

$$U[n] \equiv F_{\mathrm{jel}}[n] - F_0[n] \tag{7.79}$$

と書くと，$\Omega_{\mathrm{HK}}[n]$ を最小にする $n_{\mathrm{eq}}(\boldsymbol{r})$ は，

---

14）密度汎関数理論の原論文は，P. Hohenberg and W. Kohn: Phys. Rev. **136**, B864 (1964). 本節ではこの論文には従わず，Levy の制限付き探索法 [M. Levy: Proc. Natl. Acad. Sci. U.S.A. **76**, 6062 (1979).] を有限温度の場合へ拡張した．

15）筆者の知る限り，今のところこの仮説に対する厳密な証明はない．原論文は W. Kohn and L. J. Sham: Phys. Rev. **140**, A1133 (1965).

$$\frac{\delta\Omega_{\rm HK}[n_{\rm eq}]}{\delta n(\boldsymbol{r})} = \frac{\delta F_0[n_{\rm eq}]}{\delta n(\boldsymbol{r})} + \frac{\delta U[n_{\rm eq}]}{\delta n(\boldsymbol{r})} + V_{\rm ext}(\boldsymbol{r}) - \mu = 0 \tag{7.80}$$

を満たす[16)]．もし，同じ $n_{\rm eq}(\boldsymbol{r})$ が $\Omega^{\rm (ref)}_{\rm HK}[n]$ も最小にするとすれば，

$$\frac{\delta\Omega^{\rm (ref)}_{\rm HK}[n_{\rm eq}]}{\delta n(\boldsymbol{r})} = \frac{\delta F_0[n_{\rm eq}]}{\delta n(\boldsymbol{r})} + V_{\rm eff}(\boldsymbol{r}) - \mu = 0 \tag{7.81}$$

も成立しなければならない．したがって，$V_{\rm eff}(\boldsymbol{r})$ は，

$$V_{\rm eff}(\boldsymbol{r}) = \frac{\delta U[n_{\rm eq}]}{\delta n(\boldsymbol{r})} + V_{\rm ext}(\boldsymbol{r}) \tag{7.82}$$

と決まる．

参照系のハミルトニアン $\mathcal{H}^{\rm (ref)}$ は相互作用項を含まないので，有効一電子 Schrödinger 方程式，

$$\left(\frac{\hat{\boldsymbol{p}}^2}{2m} + V_{\rm eff}(\hat{\boldsymbol{r}})\right)|\alpha) = \epsilon_\alpha|\alpha) \tag{7.83}$$

を解き，そのエネルギー固有値・固有状態の組 $\epsilon_\alpha$, $|\alpha)$ をすべて求めれば，軌道部分が $|\alpha)$，スピン部分が $|\sigma)$ の状態に電子を一つ作る・消す演算子を $c^\dagger_{\alpha\sigma}$, $c_{\alpha\sigma}$ として，$\mathcal{H}^{\rm (ref)} = \sum_{\alpha\sigma}\epsilon_\alpha c^\dagger_{\alpha\sigma}c_{\alpha\sigma}$ となる．したがって，式 (7.47) を用いることにより，

$$\begin{aligned} n_{\rm eq}(\boldsymbol{r}) = n^{\rm (ref)}_{\rm eq}(\boldsymbol{r}) &= \sum_\sigma \langle\!\langle \rho_\sigma(\boldsymbol{r})\rangle\!\rangle^{\rm (ref)}_{\rm eq} = \sum_{\alpha\alpha'\sigma}(\alpha|\boldsymbol{r})(\boldsymbol{r}|\alpha')\left\langle\!\!\left\langle c^\dagger_{\alpha\sigma}c_{\alpha'\sigma}\right\rangle\!\!\right\rangle^{\rm (ref)}_{\rm eq} \\ &= 2\sum_\alpha f(\epsilon_\alpha)\,|(\boldsymbol{r}|\alpha)|^2 \end{aligned} \tag{7.84}$$

を得る．ここで，$\langle\!\langle\bullet\rangle\!\rangle^{\rm (ref)}_{\rm eq}$ は $\mathcal{H}^{\rm (ref)}$ を使って計算された熱平衡状態における平均値を表し，$f(\epsilon)$ は Fermi 分布関数である．さらに，式 (3.73) を使えば，熱平衡状態における参照系の熱力学ポテンシャルも，

$$\Omega^{\rm (ref)} = -2k_{\rm B}T\sum_\alpha \ln\left(1 + e^{-\beta(\epsilon_\alpha-\mu)}\right) \tag{7.85}$$

と求まる．

実際には，$V_{\rm eff}(\boldsymbol{r})$ 自体が $n_{\rm eq}(\boldsymbol{r})$ に依存しているので，上記の一連の方程式（**Kohn-Sham 方程式**）は自己無撞着に解かねばならない．つまり，以下の手

16) 汎関数 $X[n]$ の一次変分が $\delta X \equiv X[n+\delta n] - X[n] = \int(\delta X[n]/\delta n(\boldsymbol{r}))\delta n(\boldsymbol{r})d^3\boldsymbol{r}$ となるように汎関数微分 $\delta X[n]/\delta n(\boldsymbol{r})$ を定める．これは関数 $n$ を与えると定まる $\boldsymbol{r}$ の関数になる．$\delta n(\boldsymbol{r}) = \epsilon\delta(\boldsymbol{r}-\boldsymbol{r}')$ を代入すればわかるように，形式的には $\delta X[n]/\delta n(\boldsymbol{r}') = \lim_{\epsilon\to 0}(X[n(\boldsymbol{r}) + \epsilon\delta(\boldsymbol{r}-\boldsymbol{r}')] - X[n(\boldsymbol{r})])/\epsilon$.

順を踏む．

(0) 適当な $n_{\mathrm{eq}}(\boldsymbol{r})$ の候補を与える．
(1) 有効ポテンシャルを式 (7.82) から決定する．
(2) 有効一電子 Schrödinger 方程式 (7.83) を解いて，エネルギー固有値・固有状態 $\epsilon_\alpha, |\alpha)$ をすべて求める．
(3) 式 (7.84) を用いて新しい $n_{\mathrm{eq}}(\boldsymbol{r})$ の候補を定める17)．
(4) (1), (2), (3) を新旧の $n_{\mathrm{eq}}(\boldsymbol{r})$ が変わらなくなるまで繰り返す．

この手順で $n_{\mathrm{eq}}(\boldsymbol{r})$ が決まってしまえば，熱力学ポテンシャルが，

$$\begin{aligned}\Omega &= F_0[n_{\mathrm{eq}}] + U[n_{\mathrm{eq}}] + \int (V_{\mathrm{ext}}(\boldsymbol{r}) - \mu)\, n_{\mathrm{eq}}(\boldsymbol{r}) d^3\boldsymbol{r} \\ &= \Omega^{(\mathrm{ref})} + U[n_{\mathrm{eq}}] - \int \frac{\delta U[n_{\mathrm{eq}}]}{\delta n(\boldsymbol{r})} n_{\mathrm{eq}}(\boldsymbol{r}) d^3\boldsymbol{r}\end{aligned} \tag{7.86}$$

と求まり（$\Omega^{(\mathrm{ref})}$ は式 (7.85) を使って計算する），系の熱力学的性質を議論できる．本節でここまで述べてきた定式化は，$(T, V, \mu)$ が指定された熱平衡状態を扱う形式になっている．しかし実際には，$(T, V, N)$ が指定された熱平衡状態を扱う場合の方が多い．この場合には，計算手続きのステップ (2) の直後に，与えられた $N$ に対して，$N = \int d^3\boldsymbol{r} n_{\mathrm{eq}}^{(\mathrm{ref})}(\boldsymbol{r}) = 2\sum_\alpha f(\epsilon_\alpha)$ となるように $\mu$ を定める作業を追加すればよい．

こうして，相互作用する多電子系を，有効的な一電子系に置き換えて議論できるようになった．これ以上先に進もうとすれば，$U[n]$ の具体形が必要になる．しかし，厳密な $U[n]$ の汎関数形を知るということは，密度に空間変化があるという条件の下でジェリウムモデルを厳密に解くということに等しく，不可能な話である．ここで何か近似が必要になる．実用的な $U[n]$ の近似形は，今のところ絶対零度でしか知られていない．絶対零度では，式 (7.73), (7.77) において $k_{\mathrm{B}}T\mathrm{Tr}(\varrho \ln \varrho)$ から来る寄与（温度とエントロピーの積に対応する）がゼロとなり，$F_{\mathrm{jel}}[n]$ と $F_0[n]$ はエネルギーの意味を持つ．そこで，相互作用の導入によって生じたエネルギー差 $U[n] \equiv F_{\mathrm{jel}}[n] - F_0[n]$ を，相互作用エネルギーの古典的な見積りに当たる **Hartree エネルギー**（第一項）と，残りの**交換相関エネルギー**（第二項）に分けて，

17) HF 近似のときと同じで，実際には単純混合法や Broyden 法が用いられる．

$$U[n] = \frac{e^2}{2}\int d^3\boldsymbol{r}d^3\boldsymbol{r}'\,\frac{n(\boldsymbol{r})n(\boldsymbol{r}')}{|\boldsymbol{r}-\boldsymbol{r}'|} + E_{\rm XC}[n] \tag{7.87}$$

と書き下しておき，$E_{\rm XC}[n]$ の近似形を与えることにする．最も代表的な**局所密度近似**（Local Density Approximation, 略して **LDA**）では，

$$E_{\rm XC}[n] \approx \int d^3\boldsymbol{r}\,\epsilon_{\rm XC}(n(\boldsymbol{r}))n(\boldsymbol{r}) \tag{7.88}$$

と近似する[18]．ただし，$\epsilon_{\rm XC}(n)$ は電子密度 $n$ のジェリウムモデルに対する一電子当たりの交換相関エネルギーである．このとき，有効ポテンシャルの表式は，

$$V_{\rm eff}(\boldsymbol{r}) = e^2\int d^3\boldsymbol{r}'\,\frac{n_{\rm eq}(\boldsymbol{r}')}{|\boldsymbol{r}-\boldsymbol{r}'|} + \epsilon_{\rm XC}(n_{\rm eq}(\boldsymbol{r})) + n_{\rm eq}(\boldsymbol{r})\left.\frac{d\epsilon_{\rm XC}}{dn}\right|_{n=n_{\rm eq}(\boldsymbol{r})} + V_{\rm ext}(\boldsymbol{r}) \tag{7.89}$$

となる．さまざまな $\epsilon_{\rm XC}(n)$ の近似形が提案されているが，たとえば Perdew と Zunger は[19]，弱相関極限での摂動論の結果と強結合領域での拡散モンテカルロ法の計算結果[20]を内挿して，

$$\epsilon_{\rm XC}(r_{\rm s}) = \epsilon_{\rm X}(r_{\rm s}) + \epsilon_{\rm C}(r_{\rm s}), \quad \left(r_{\rm s} = (3/4\pi n a_{\rm B}^3)^{1/3}\right) \tag{7.90}$$

$$\frac{\epsilon_{\rm X}(r_{\rm s})}{1{\rm Ry}} = -\frac{0.916}{r_{\rm s}} \tag{7.91}$$

$$\frac{\epsilon_{\rm C}(r_{\rm s})}{1{\rm Ry}} = \begin{cases} -0.2846/(1+1.0529\sqrt{r_{\rm s}}+0.3334r_{\rm s}) & (r_{\rm s}\geq 1) \\ 0.0622\ln r_{\rm s} - 0.0960 + 0.0040r_{\rm s}\ln r_{\rm s} - 0.0232r_{\rm s} & (r_{\rm s}\leq 1) \end{cases} \tag{7.92}$$

を与えている．$\epsilon_{\rm X}$ は，ジェリウムモデルにおける一電子当たりの交換相互作用エネルギー（式 (7.42)）であり，$\epsilon_{\rm C}$ が電子相関効果を表す．弱結合領域（$r_{\rm s}\leq 1$）における $\epsilon_{\rm C}$ の表式の第一項は，11.5 節で扱う乱雑位相近似（RPA）の結果に対応する[21]．

18）この近似の精神は Thomas-Fermi 近似（1.7 節）と同じものである．

19）J. P. Perdew and A. Zunger: Phys. Rev. B **23**, 5048 (1981).

20）D. M. Ceperley and B. J. Alder: Phys. Rev. Lett. **45**, 566 (1980).

21）Perdew-Zunger の論文では，弱結合領域（$r_{\rm s}\leq 1$）における $\epsilon_{\rm C}$ の表式において，第一項だけでなく第二項も摂動論の結果から定めたと書かれている．しかし，そこで使われた摂動論の結果 [M. Gell-Mann and K. A. Brueckner: Phys. Rev. **106**, 364 (1957).] には数値的な誤りがある [1966 年に Onsager らが指摘.]．当初の Perdew-Zunger の方針を貫くなら，第二項の 0.0960 を正しい値 0.0938 に変えて，他の係数の値を調整し直すべきなのだが，近似式 (7.92) をそのまま使っても，実用上は大きな問題にならなかったようである．

# 第 III 部

# 固体電子の電磁応答

# 第8章

# 物質の電磁気学

## 8.1 微視的な Maxwell 方程式

物質中の電磁場を考えよう．物質を構成する荷電粒子まで遡り，微視的に考えると，位置 $\boldsymbol{r}$，時刻 $t$ における電場 $\boldsymbol{E}(\boldsymbol{r}, t)$ と磁束密度 $\boldsymbol{B}(\boldsymbol{r}, t)$ は，真空中の Maxwell 方程式，

$$i\boldsymbol{q} \cdot \boldsymbol{B}(\boldsymbol{q}, \omega) = 0, \qquad \nabla \cdot \boldsymbol{B}(\boldsymbol{r}, t) = 0 \tag{8.1}$$

$$i\boldsymbol{q} \times \boldsymbol{E}(\boldsymbol{q}, \omega) - \frac{i\omega}{c}\boldsymbol{B}(\boldsymbol{q}, \omega) = 0, \qquad \nabla \times \boldsymbol{E}(\boldsymbol{r}, t) + \frac{1}{c}\frac{\partial \boldsymbol{B}(\boldsymbol{r}, t)}{\partial t} = 0 \tag{8.2}$$

$$i\boldsymbol{q} \cdot \boldsymbol{E}(\boldsymbol{q}, \omega) = 4\pi n_{\mathrm{c}}(\boldsymbol{q}, \omega), \qquad \nabla \cdot \boldsymbol{E}(\boldsymbol{r}, t) = 4\pi n_{\mathrm{c}}(\boldsymbol{r}, t) \tag{8.3}$$

$$i\boldsymbol{q} \times \boldsymbol{B}(\boldsymbol{q}, \omega) + \frac{i\omega}{c}\boldsymbol{E}(\boldsymbol{q}, \omega) = \frac{4\pi}{c}\boldsymbol{j}(\boldsymbol{q}, \omega), \qquad \nabla \times \boldsymbol{B}(\boldsymbol{r}, t) - \frac{1}{c}\frac{\partial \boldsymbol{E}(\boldsymbol{r}, t)}{\partial t} = \frac{4\pi}{c}\boldsymbol{j}(\boldsymbol{r}, t) \tag{8.4}$$

に従う．ここで，場 $O(\boldsymbol{r}, t)$ の波数・振動数表示 $O(\boldsymbol{q}, \omega)$ を，

$$O(\boldsymbol{q}, \omega) \equiv \int dt \int d^3\boldsymbol{r}\, O(\boldsymbol{r}, t) e^{-i\boldsymbol{q}\cdot\boldsymbol{r}+i\omega t}, \quad O(\boldsymbol{r}, t) = \int \frac{d\omega}{2\pi}\frac{1}{V}\sum_{\boldsymbol{q}} O(\boldsymbol{q}, \omega) e^{i\boldsymbol{q}\cdot\boldsymbol{r}-i\omega t} \tag{8.5}$$

により定め，波数・振動数表示と実空間・実時間表示の方程式を併記した．$c$ は光速であり，電荷密度 $n_{\mathrm{c}}$ と電流密度 $\boldsymbol{j}$ は，それぞれ，

$$n_{\mathrm{c}}(\boldsymbol{q}, \omega) = n_{\mathrm{c}}^{(\mathrm{ex})}(\boldsymbol{q}, \omega) + n_{\mathrm{c}}^{(\mathrm{in})}(\boldsymbol{q}, \omega), \qquad \boldsymbol{j}(\boldsymbol{q}, \omega) = \boldsymbol{j}^{(\mathrm{ex})}(\boldsymbol{q}, \omega) + \boldsymbol{j}^{(\mathrm{in})}(\boldsymbol{q}, \omega) \tag{8.6}$$

と二つの寄与に分解される．まず，$n_{\mathrm{c}}^{(\mathrm{ex})}$，$\boldsymbol{j}^{(\mathrm{ex})}$ は，物質系の外部にある電荷密度と電流密度で，これらは我々が自由に制御できるとする．ただしもちろん，連続の方程式，

$$-i\omega n_c^{(\mathrm{ex})}(\boldsymbol{q},\omega) + i\boldsymbol{q}\cdot\boldsymbol{j}^{(\mathrm{ex})}(\boldsymbol{q},\omega) = 0, \qquad \frac{\partial n_c^{(\mathrm{ex})}(\boldsymbol{r},t)}{\partial t} + \nabla\cdot\boldsymbol{j}^{(\mathrm{ex})}(\boldsymbol{r},t) = 0 \tag{8.7}$$

は満たしているとする．一方，$n_c^{(\mathrm{in})}$，$\boldsymbol{j}^{(\mathrm{in})}$ は，物質系を構成する荷電粒子が作る電荷密度と電流密度である．後述するように，物質系の運動方程式を解いてこれらの時間依存性を定めていれば，$n_c^{(\mathrm{in})}$，$\boldsymbol{j}^{(\mathrm{in})}$ も自動的に連続の方程式，

$$-i\omega n_c^{(\mathrm{in})}(\boldsymbol{q},\omega) + i\boldsymbol{q}\cdot\boldsymbol{j}^{(\mathrm{in})}(\boldsymbol{q},\omega) = 0, \qquad \frac{\partial n_c^{(\mathrm{in})}(\boldsymbol{r},t)}{\partial t} + \nabla\cdot\boldsymbol{j}^{(\mathrm{in})}(\boldsymbol{r},t) = 0 \tag{8.8}$$

を満足する．

Maxwell 方程式の第一式 (8.1) は $\boldsymbol{B}(\boldsymbol{q},\omega)$ が $\boldsymbol{q}$ と直交することを示し，

$$\boldsymbol{B}(\boldsymbol{q},\omega) = i\boldsymbol{q}\times\boldsymbol{A}(\boldsymbol{q},\omega), \qquad \boldsymbol{B}(\boldsymbol{r},t) = \nabla\times\boldsymbol{A}(\boldsymbol{r},t) \tag{8.9}$$

を満たす $\boldsymbol{A}(\boldsymbol{q},\omega)$ が存在することを保証する．さらに，これを第二式 (8.2) へ代入すると $i\boldsymbol{q}\times\left(\boldsymbol{E}(\boldsymbol{q},\omega) - ic^{-1}\omega\boldsymbol{A}(\boldsymbol{q},\omega)\right) = 0$ となり，括弧内のベクトルは $\boldsymbol{q}$ と平行となるから，これを $-i\boldsymbol{q}\phi(\boldsymbol{q},\omega)$ とおけば，

$$\boldsymbol{E}(\boldsymbol{q},\omega) = -i\boldsymbol{q}\phi(\boldsymbol{q},\omega) + \frac{i\omega}{c}\boldsymbol{A}(\boldsymbol{q},\omega), \qquad \boldsymbol{E}(\boldsymbol{r},t) = -\nabla\phi(\boldsymbol{r},t) - \frac{1}{c}\frac{\partial\boldsymbol{A}(\boldsymbol{r},t)}{\partial t} \tag{8.10}$$

が満たされる．$\phi$ と $\boldsymbol{A}$ をそれぞれ**スカラーポテンシャル**，**ベクトルポテンシャル**と呼ぶ．以下では，ベクトル場 $\boldsymbol{a}(\boldsymbol{r},t)$ の Fourier 変換 $\boldsymbol{a}(\boldsymbol{q},\omega)$ を $\boldsymbol{q}$ に平行な**縦成分**と，$\boldsymbol{q}$ に垂直な**横成分**に分けて，

$$\boldsymbol{a}(\boldsymbol{q},\omega) = a_\parallel(\boldsymbol{q},\omega)\hat{\boldsymbol{q}} + \boldsymbol{a}_\perp(\boldsymbol{q},\omega) \tag{8.11}$$

と分解しよう．ただし，$a_\parallel(\boldsymbol{q},\omega) \equiv \hat{\boldsymbol{q}}\cdot\boldsymbol{a}(\boldsymbol{q},\omega)$，$\hat{\boldsymbol{q}} \equiv \boldsymbol{q}/q$ である．この定義の下で，

$$E_\parallel(\boldsymbol{q},\omega) = -iq\phi(\boldsymbol{q},\omega) + \frac{i\omega}{c}A_\parallel(\boldsymbol{q},\omega), \qquad \boldsymbol{E}_\perp(\boldsymbol{q},\omega) = \frac{i\omega}{c}\boldsymbol{A}_\perp(\boldsymbol{q},\omega), \tag{8.12}$$

$$B_\parallel(\boldsymbol{q},\omega) = 0, \qquad \boldsymbol{B}_\perp(\boldsymbol{q},\omega) = i\boldsymbol{q}\times\boldsymbol{A}_\perp(\boldsymbol{q},\omega) \tag{8.13}$$

となる．つまり，電磁場の縦成分（**縦場**）は $\phi(\boldsymbol{q},\omega)$ と $A_\parallel(\boldsymbol{q},\omega)$，横成分（**横場**）は $\boldsymbol{A}_\perp(\boldsymbol{q},\omega)$ によって決まる．これらを代入し，Maxwell 方程式の第三式 (8.3) と第四式 (8.4) を書き直すと，

$$q^2\left(\phi(\boldsymbol{q},\omega) - \frac{\omega}{cq}A_\parallel(\boldsymbol{q},\omega)\right) = 4\pi n_c(\boldsymbol{q},\omega) \tag{8.14}$$

$$\left(c^2q^2 - \omega^2\right)\boldsymbol{A}_\perp(\boldsymbol{q},\omega) = 4\pi c\boldsymbol{j}_\perp(\boldsymbol{q},\omega) \tag{8.15}$$

を得る．ここで，$-i\boldsymbol{q}\times(-i\boldsymbol{q}\times\boldsymbol{A}_\perp(\boldsymbol{q},\omega)) = q^2\boldsymbol{A}_\perp(\boldsymbol{q},\omega)$ を用いた．式 (8.4) からは，

$$\left(cq\omega\phi(\boldsymbol{q},\omega) - \omega^2 A_\parallel(\boldsymbol{q},\omega)\right) = 4\pi c\, j_\parallel(\boldsymbol{q},\omega) \tag{8.16}$$

も導かれるが，この式は連続の方程式 $-i\omega n_{\rm c}(\boldsymbol{q},\omega) + iq j_\parallel(\boldsymbol{q},\omega) = 0$ を使うと，式 (8.14) と等価になるため，改めて考慮する必要はない．

なお，$\boldsymbol{E}$ と $\boldsymbol{B}$ に対して $\phi$ と $\boldsymbol{A}$ は一意に定まらない．実際，

$$\phi(\boldsymbol{q},\omega) \rightsquigarrow \phi(\boldsymbol{q},\omega) + \frac{i\omega}{c}\Lambda(\boldsymbol{q},\omega), \qquad \phi(\boldsymbol{r},t) \rightsquigarrow \phi(\boldsymbol{r},t) - \frac{1}{c}\frac{\partial\Lambda(\boldsymbol{r},t)}{\partial t} \tag{8.17}$$

$$\boldsymbol{A}(\boldsymbol{q},\omega) \rightsquigarrow \boldsymbol{A}(\boldsymbol{q},\omega) + i\boldsymbol{q}\Lambda(\boldsymbol{q},\omega), \qquad \boldsymbol{A}(\boldsymbol{r},t) \rightsquigarrow \boldsymbol{A}(\boldsymbol{r},t) + \nabla\Lambda(\boldsymbol{r},t) \tag{8.18}$$

の置き換え（**ゲージ変換**）を行っても同じ $\boldsymbol{E}$ と $\boldsymbol{B}$ を得る．ゲージ変換によって変化するのは $\phi$ と $A_\parallel$ だけで，$\boldsymbol{A}_\perp$ は不変に保たれることに注意しよう．ゲージ変換に関する不定性を除くためにスカラーポテンシャルとベクトルポテンシャルに対して加える付加条件をゲージと呼ぶ．本書を通じて特に断らない限り **Coulomb ゲージ**，

$$i\boldsymbol{q}\cdot\boldsymbol{A}(\boldsymbol{q},\omega) = 0, \qquad \nabla\cdot\boldsymbol{A}(\boldsymbol{r},t) = 0 \tag{8.19}$$

を用いる．このゲージでは $A_\parallel = 0$ なので，縦場と横場がそれぞれスカラーポテンシャルとベクトルポテンシャルだけで決まり，Maxwell 方程式 (8.14), (8.15) の形式解は，

$$\phi(\boldsymbol{q},\omega) = \frac{4\pi}{q^2}n_{\rm c}(\boldsymbol{q},\omega) = \frac{4\pi}{q^2}\left(n_{\rm c}^{\rm (ex)}(\boldsymbol{q},\omega) + n_{\rm c}^{\rm (in)}(\boldsymbol{q},\omega)\right) \tag{8.20}$$

$$\boldsymbol{A}(\boldsymbol{q},\omega) = \frac{4\pi c}{c^2q^2-\omega^2}\boldsymbol{j}_\perp(\boldsymbol{q},\omega) = \frac{4\pi c}{c^2q^2-\omega^2}\left(\boldsymbol{j}_\perp^{\rm (ex)}(\boldsymbol{q},\omega) + \boldsymbol{j}_\perp^{\rm (in)}(\boldsymbol{q},\omega)\right) \tag{8.21}$$

となる．このゲージの特徴は，実時間・実空間表示のスカラーポテンシャルが，

$$\phi(\boldsymbol{r},t) = \int d^3\boldsymbol{r}'\,\frac{n_{\rm c}(\boldsymbol{r}',t)}{|\boldsymbol{r}-\boldsymbol{r}'|} \tag{8.22}$$

と表され，同時刻の電荷分布によって決定される点にある．

ここで，式 (8.20) 右辺の第一項と第二項をそれぞれ $\phi^{\rm (ex)}$ と $\phi^{\rm (in)}$，式 (8.21) 右辺の第一項と第二項をぞれぞれ $\boldsymbol{A}^{\rm (ex)}$ と $\boldsymbol{A}^{\rm (in)}$ と名づけると，$\phi^{\rm (ex)}$ と $\boldsymbol{A}^{\rm (ex)}$ は，既知の量である $n_{\rm c}^{\rm (ex)}$ と $\boldsymbol{j}^{\rm (ex)}$ から決定できる．一方で，$\phi^{\rm (in)}$，$\boldsymbol{A}^{\rm (in)}$ を決めるにはまず $n_{\rm c}^{\rm (in)}$ と $\boldsymbol{j}^{\rm (in)}$ を知らなくてはならない．そのためには物質系の動力学を考

える必要がある．

## 8.2　電磁応答核

物質系の動力学を考えるために，物質系のハミルトニアンを設定しよう．電磁場の自由度の一部を古典論，物質を量子論で扱う**半古典論**の立場では，荷電粒子間相互作用をどの範囲まで量子論で扱うかによって，ハミルトニアンの設定の仕方が変わる．具体例で考えた方がわかりやすいので，ここでは荷電粒子系を考え，$i$ 番目の粒子の電荷，質量，位置演算子，運動量演算子を $e_i$，$m_i$，$\hat{\boldsymbol{r}}_i$，$\hat{\boldsymbol{p}}_i$ としよう．

荷電粒子系のハミルトニアンとして「第一原理的」な，

$$\mathcal{H}(t) = \sum_i \frac{1}{2m_i}\left(\hat{\boldsymbol{p}}_i - \frac{e_i}{c}\boldsymbol{A}(\hat{\boldsymbol{r}}_i, t)\right)^2 + \frac{1}{2}\sum_{i \neq j}\frac{e_i e_j}{|\hat{\boldsymbol{r}}_i - \hat{\boldsymbol{r}}_j|} + \sum_i e_i \phi^{(\mathrm{ex})}(\hat{\boldsymbol{r}}_i, t) \tag{8.23}$$

を用いた場合，第二項で荷電粒子間の縦場を介した相互作用（Coulomb 相互作用）が量子論で扱われる．一方，横場を介した相互作用（磁気的相互作用）は，古典論で扱われる「平均場（自己無撞着場[1]）」$\boldsymbol{A}^{(\mathrm{in})}(= \boldsymbol{A} - \boldsymbol{A}^{(\mathrm{ex})})$ を通じて考慮され，$\boldsymbol{A}^{(\mathrm{in})}$ に取り込めなかった残存相互作用（遮蔽された磁気的相互作用）の効果は無視される．磁気的相互作用は，古典論の範囲では荷電粒子が運ぶ電流間に働く相互作用なので，荷電粒子が運動する典型的な速さを $v$ とすれば，Coulomb 相互作用に比べ $(v/c)^2$ 倍程度小さい．それよりさらに小さな残存相互作用は通常無視してよい．

一方，荷電粒子間の Coulomb 相互作用を一電子近似で扱ったハミルトニアン，

$$\mathcal{H}(t) = \sum_i \frac{1}{2m_i}\left(\hat{\boldsymbol{p}}_i - \frac{e_i}{c}\boldsymbol{A}(\hat{\boldsymbol{r}}_i, t)\right)^2 + \sum_i e_i \phi(\hat{\boldsymbol{r}}_i, t) + \text{（演算子を含まない項）} \tag{8.24}$$

を用いた場合には，縦場および横場を介する相互作用効果の両方が，それぞれ古典論で扱われる「平均場（自己無撞着場）」$\boldsymbol{A}^{(\mathrm{in})}(= \boldsymbol{A} - \boldsymbol{A}^{(\mathrm{ex})})$ と $\phi^{(\mathrm{in})}(= \phi - \phi^{(\mathrm{ex})})$ を通じて考慮される．Coulomb 相互作用のうち $\phi^{(\mathrm{in})}$ に取り込めなかった

1）$\boldsymbol{A}^{(\mathrm{in})}$ は $\boldsymbol{j}^{(\mathrm{in})}$ から決まるが，$\boldsymbol{j}^{(\mathrm{in})}$ が物質系の動力学を決めるハミルトニアン $\mathcal{H}(t)$ に依存するので，$\boldsymbol{A}^{(\mathrm{in})}$ は自己無撞着に決めるべき自由度になっている．

効果を単純に無視せず，遮蔽された相互作用として考慮する場合もある[2)]．

後述するように，ハミルトニアンとして式 (8.23) と (8.24) のどちらのタイプを選択するかによって，縦場に対する応答を計算する際の流儀が変わる．一般的用語ではないが，本書では式 (8.23) のタイプを採用する場合を ***D* 法**，式 (8.24) のタイプを採用する場合を ***E* 法**と呼んで区別する[3)]．あくまで ***D*** 法のハミルトニアンが「第一原理的」なものであり，***E*** 法のハミルトニアンは，Coulomb 相互作用について一電子近似を行った後の姿である[4)]．このことから，可能な限り ***D*** 法を用いるべきであると思うかもしれない．しかし，***E*** 法を使うと，***D*** 法を用いた場合に面倒な計算を要した結果が簡単に得られることが多い．

いずれの流儀を選ぶにしろ，一旦ハミルトニアンが設定されれば，物質系内に存在する電荷密度と電流密度の平均値が，

$$n_{\mathrm{c}}^{(\mathrm{in})}(\boldsymbol{r},t) = \mathrm{Tr}\,(\varrho(t)\rho_{\mathrm{c}}(\boldsymbol{r})), \quad \boldsymbol{j}^{(\mathrm{in})}(\boldsymbol{r},t) = \mathrm{Tr}\,(\varrho(t)\boldsymbol{\mathcal{J}}(\boldsymbol{r},t)) \tag{8.25}$$

と求まる．ただし，$\varrho(t)$ は von Neumann 方程式 (3.47) に初期条件を与えて解いた統計演算子である．荷電粒子系の電荷密度および電流密度を表す演算子は，

$$\rho_{\mathrm{c}}(\boldsymbol{q}) \equiv \sum_i e_i e^{-i\boldsymbol{q}\cdot\hat{\boldsymbol{r}}_i}, \qquad \rho_{\mathrm{c}}(\boldsymbol{r}) \equiv \sum_i e_i \delta(\boldsymbol{r}-\hat{\boldsymbol{r}}_i) \tag{8.26}$$

$$\boldsymbol{\mathcal{J}}(\boldsymbol{q},t) \equiv \frac{1}{2}\sum_i e_i \left[\hat{\boldsymbol{v}}_i(t), e^{-i\boldsymbol{q}\cdot\hat{\boldsymbol{r}}_i}\right]_+, \qquad \boldsymbol{\mathcal{J}}(\boldsymbol{r},t) \equiv \frac{1}{2}\sum_i e_i \left[\hat{\boldsymbol{v}}_i(t), \delta(\boldsymbol{r}-\hat{\boldsymbol{r}}_i)\right]_+ \tag{8.27}$$

と定義され，$\hat{\boldsymbol{r}}_i$ は各荷電粒子の位置演算子，

$$\hat{\boldsymbol{v}}_i(t) \equiv \frac{1}{i\hbar}\left[\hat{\boldsymbol{r}}_i, \mathcal{H}(t)\right]_- = \frac{1}{m_i}\left(\hat{\boldsymbol{p}}_i - \frac{e_i}{c}\boldsymbol{A}(\hat{\boldsymbol{r}}_i,t)\right) \tag{8.28}$$

は速度演算子である[5)]．さらに，電流密度演算子を，**常磁性電流密度** $\mathcal{J}^{(\mathrm{p})}$ と**反磁性電流密度** $\mathcal{J}^{(\mathrm{d})}$ の和として，

2) 遮蔽された相互作用によって生じる補正を考慮する場合，遮蔽効果を二重にカウントしないように注意．遮蔽された相互作用が遮蔽された相互作用をさらに遮蔽する効果を取り除く必要がある．

3) この用語は，Y. Toyozawa: *Optical Processes in Solids* (Cambridge University Press, 2003) にならったもの．名前の由来は，式 (8.23) では電束密度 $\boldsymbol{D}$，式 (8.24) では電場 $\boldsymbol{E}$ が外場とみなされることにある．

4) 第 11 章で詳しく議論するように，単純な ***E*** 法は RPA に相当する．

5) $\dfrac{d}{dt}\mathrm{Tr}\,(\varrho(t)\hat{\boldsymbol{r}}_i) = \mathrm{Tr}\left(\dfrac{1}{i\hbar}\left[\mathcal{H}(t),\varrho(t)\right]_-\hat{\boldsymbol{r}}_i\right) = \mathrm{Tr}\left(\varrho(t)\dfrac{1}{i\hbar}\left[\hat{\boldsymbol{r}}_i,\mathcal{H}(t)\right]_-\right) = \mathrm{Tr}\,(\varrho(t)\hat{\boldsymbol{v}}_i(t))$ だから $\hat{\boldsymbol{v}}_i(t)$ は速度の意味を持つ．ここで，von Neumann 方程式 (3.47) とトレースの巡回公式 (3.33) を用いた．

$$\mathcal{J} = \mathcal{J}^{(\mathrm{p})} + \mathcal{J}^{(\mathrm{d})} \tag{8.29}$$

$$\mathcal{J}^{(\mathrm{p})}(\boldsymbol{q}) \equiv \frac{1}{2}\sum_i \frac{e_i}{m_i}\left[\hat{\boldsymbol{p}}_i, e^{-i\boldsymbol{q}\cdot\hat{\boldsymbol{r}}_i}\right]_+, \qquad \mathcal{J}^{(\mathrm{p})}(\boldsymbol{r}) \equiv \frac{1}{2}\sum_i \frac{e_i}{m_i}\left[\hat{\boldsymbol{p}}_i, \delta(\boldsymbol{r}-\hat{\boldsymbol{r}}_i)\right]_+ \tag{8.30}$$

$$\mathcal{J}^{(\mathrm{d})}(\boldsymbol{q},t) \equiv -\sum_i \frac{e_i^2}{m_i c}\boldsymbol{A}(\hat{\boldsymbol{r}}_i,t)e^{-i\boldsymbol{q}\cdot\hat{\boldsymbol{r}}_i}, \quad \mathcal{J}^{(\mathrm{d})}(\boldsymbol{r},t) \equiv -\sum_i \frac{e_i^2}{m_i c}\boldsymbol{A}(\boldsymbol{r},t)\delta(\boldsymbol{r}-\hat{\boldsymbol{r}}_i) \tag{8.31}$$

と表すと便利である．式 (2.88)，トレースの巡回公式 (3.33)，von Neumann 方程式 (3.47) から，

$$\begin{aligned}\frac{\partial}{\partial t}n_{\mathrm{c}}^{(\mathrm{in})}(\boldsymbol{q},t) &= \mathrm{Tr}\left(\frac{1}{i\hbar}\left[\mathcal{H}(t),\varrho(t)\right]_-\rho_{\mathrm{c}}(\boldsymbol{q})\right) = \mathrm{Tr}\left(\varrho(t)\frac{1}{i\hbar}\left[\rho_{\mathrm{c}}(\boldsymbol{q}),\mathcal{H}(t)\right]_-\right)\\ &= \mathrm{Tr}\left(\varrho(t)\left(-i\boldsymbol{q}\cdot\mathcal{J}(\boldsymbol{q},t)\right)\right) = -i\boldsymbol{q}\cdot\boldsymbol{j}^{(\mathrm{in})}(\boldsymbol{q},t)\end{aligned} \tag{8.32}$$

が成り立ち，$n_{\mathrm{c}}^{(\mathrm{in})}$ と $\boldsymbol{j}^{(\mathrm{in})}$ が連続の方程式を満たすことも確認できる．

ハミルトニアンにスピン演算子を含む補正項（Zeeman 項やスピン軌道相互作用項）まで含めて考えている場合は，$\mathcal{J}$ の表式に粒子のスピンによる電流密度の寄与 $\mathcal{J}^{(\mathrm{s})}$ を加える必要がある．この寄与は，スピン磁化を表す演算子を $\mathcal{M}^{(\mathrm{s})}$ として，

$$\mathcal{J}^{(\mathrm{s})}(\boldsymbol{q}) \equiv ic\boldsymbol{q}\times\mathcal{M}^{(\mathrm{s})}(\boldsymbol{q}) \qquad \mathcal{J}^{(\mathrm{s})}(\boldsymbol{r}) \equiv c\nabla\times\mathcal{M}^{(\mathrm{s})}(\boldsymbol{r}) \tag{8.33}$$

と定義される．たとえば，荷電粒子として電子を想定した場合，各電子のスピン演算子を $\hat{\boldsymbol{s}}_i$ として，

$$\mathcal{M}^{(\mathrm{s})}(\boldsymbol{q}) = -\sum_i \frac{g\mu_{\mathrm{B}}}{\hbar}\hat{\boldsymbol{s}}_i e^{-i\boldsymbol{q}\cdot\hat{\boldsymbol{r}}_i} \qquad \mathcal{M}^{(\mathrm{s})}(\boldsymbol{r}) = -\sum_i \frac{g\mu_{\mathrm{B}}}{\hbar}\hat{\boldsymbol{s}}_i\delta(\boldsymbol{r}-\hat{\boldsymbol{r}}_i) \tag{8.34}$$

であり，$g \approx 2$ は電子スピンの **g 因子**，$\mu_{\mathrm{B}} = e\hbar/2mc$ は **Bohr 磁子**である．ただし，スピンが乱雑な向きを向く非磁性物質では，$\mathcal{J}^{(\mathrm{s})}$ の寄与が非常に小さいことが予想されるので，以下では断らぬ限り，この寄与を無視して話を進める．

式 (8.25) から直接 $n_{\mathrm{c}}^{(\mathrm{in})}$ と $\boldsymbol{j}^{(\mathrm{in})}$ を計算することは現実的ではない．電磁場が小さい場合は，ハミルトニアンで古典的に扱った場を摂動場とみなし，線形応答の範囲で $n_{\mathrm{c}}^{(\mathrm{in})}$ と $\boldsymbol{j}^{(\mathrm{in})}$ を計算するのが得策である．そこで，

$$n_{\mathrm{c}}^{(\mathrm{in})}(\boldsymbol{q},\omega) = n_{\mathrm{c}}^{(\mathrm{eq})}(\boldsymbol{q},\omega) + n_{\mathrm{c}}^{(\mathrm{ind})}(\boldsymbol{q},\omega), \qquad \boldsymbol{j}^{(\mathrm{in})}(\boldsymbol{q},\omega) = \boldsymbol{j}^{(\mathrm{ind})}(\boldsymbol{q},\omega) \tag{8.35}$$

と分解しよう．ここで，

$$n_{\mathrm{c}}^{(\mathrm{eq})}(\boldsymbol{q},\omega) \equiv \mathrm{Tr}\left(\varrho_{\mathrm{eq}}\rho_{\mathrm{c}}(\boldsymbol{q})\right)\cdot 2\pi\delta(\omega), \quad n_{\mathrm{c}}^{(\mathrm{eq})}(\boldsymbol{r},t) \equiv n_{\mathrm{c}}^{(\mathrm{eq})}(\boldsymbol{r}) \equiv \mathrm{Tr}\left(\varrho_{\mathrm{eq}}\rho_{\mathrm{c}}(\boldsymbol{r})\right) \tag{8.36}$$

は，外部電磁場 $\phi^{(\mathrm{ex})}, \boldsymbol{A}^{(\mathrm{ex})}$ がない熱平衡状態で物質系に存在する静的な電荷密度を表す．熱平衡状態で物質系に存在する電流密度 $\boldsymbol{j}^{(\mathrm{eq})}$ は，物質系の時間反転対称性が自発的に破れなければゼロだから，ここでは考慮していない．一方，$n_{\mathrm{c}}^{(\mathrm{ind})}$ と $\boldsymbol{j}^{(\mathrm{ind})}$ は，外部電磁場の印加により物質系に誘起された電荷密度と電流密度である．式 (8.35) の分解に合わせ，スカラーポテンシャルとベクトルポテンシャルも，

$$\phi^{(\mathrm{in})}(\boldsymbol{q},\omega) = \sum_{\alpha=\mathrm{eq},\,\mathrm{ind}} \phi^{(\alpha)}(\boldsymbol{q},\omega), \quad \phi^{(\alpha)}(\boldsymbol{q},\omega) \equiv \frac{4\pi}{q^2} n_{\mathrm{c}}^{(\alpha)}(\boldsymbol{q},\omega), \quad (\alpha = \mathrm{eq}, \mathrm{ind}) \tag{8.37}$$

$$\boldsymbol{A}^{(\mathrm{in})}(\boldsymbol{q},\omega) = \boldsymbol{A}^{(\mathrm{ind})}(\boldsymbol{q},\omega), \qquad \boldsymbol{A}^{(\mathrm{ind})}(\boldsymbol{q},\omega) \equiv \frac{4\pi c}{c^2q^2-\omega^2}\boldsymbol{j}_{\perp}^{(\mathrm{ind})}(\boldsymbol{q},\omega) \tag{8.38}$$

と分解しよう．

平衡状態での値からのずれ $n_{\mathrm{c}}^{(\mathrm{ind})}, \boldsymbol{j}^{(\mathrm{ind})}$ を線形応答理論を使って見積もるのだが，注意しなければならないのは．ハミルトニアンの設定の仕方で，何を「外場」と見るかが変わる点である．外場として扱う電磁場を四元ベクトル形式で表すと，

$$\left(\tilde{A}^0, \tilde{A}^1, \tilde{A}^2, \tilde{A}^3\right) = \left(\tilde{\phi}, \tilde{\boldsymbol{A}}\right) = \begin{cases} \left(\phi^{(\mathrm{ex})}(\boldsymbol{q},\omega), \boldsymbol{A}(\boldsymbol{q},\omega)\right) & (\boldsymbol{D}\text{ 法の場合}) \\ \left(\phi(\boldsymbol{q},\omega) - \phi^{(\mathrm{eq})}(\boldsymbol{q},\omega), \boldsymbol{A}(\boldsymbol{q},\omega)\right) & (\boldsymbol{E}\text{ 法の場合}) \end{cases} \tag{8.39}$$

となる．外場がない（$\tilde{A}^{\mu} = 0$）ときのハミルトニアン（無摂動ハミルトニアン）を $\mathcal{H}$，そこからのずれ（摂動項）を $\mathcal{H}_{\mathrm{ext}}(t) \equiv \mathcal{H}(t) - \mathcal{H}$ と書くと，外場の一次で，

$$\begin{aligned} \mathcal{H}_{\mathrm{ext}}(t) &= -\sum_i \frac{e_i}{2m_ic}\left(\tilde{\boldsymbol{A}}(\hat{\boldsymbol{r}}_i,t)\cdot\hat{\boldsymbol{p}}_i + \hat{\boldsymbol{p}}_i\cdot\tilde{\boldsymbol{A}}(\hat{\boldsymbol{r}}_i,t)\right) + \sum_i e_i\tilde{\phi}(\hat{\boldsymbol{r}}_i,t) \\ &= -\frac{1}{c}\int\frac{d\omega}{2\pi}\,e^{-i\omega t+\delta t}\frac{1}{V}\sum_{\boldsymbol{q}}\mathcal{J}_{\mu}^{(\mathrm{p})}(-\boldsymbol{q})\tilde{A}^{\mu}(\boldsymbol{q},\omega) \end{aligned} \tag{8.40}$$

である．ここで，$(\mathcal{J}^{(\mathrm{p})0}, \mathcal{J}^{(\mathrm{p})1}, \mathcal{J}^{(\mathrm{p})2}, \mathcal{J}^{(\mathrm{p})3}) \equiv \left(c\rho_{\mathrm{c}}, \boldsymbol{\mathcal{J}}^{(\mathrm{p})}\right)$ と定め，外場の断熱的印加を表す無限小の定数 $\delta > 0$ を導入した．また，Minkowski 空間の計量の下で，Einstein の縮約記法を用いた．つまり，成分を指定する添字を上付きから下付き（あるいはその逆）に変えるときには，その添字が 0 ならば $-1$ をかけ，そうでなければそのままにする（例：$a^{02} = -a_0{}^2 = a^0{}_2 = -a_{02}$）．さらに，表式中に重複して現れる上下の添字について和をとる（例：$a_\mu b^\mu = -a^0b^0 +$

$a^1b^1 + a^2b^2 + a^3b^3)$.

外場 $\tilde{A}^\mu$ に対する線形応答は，$(j^{(\mathrm{ind})0}, j^{(\mathrm{ind})1}, j^{(\mathrm{ind})2}, j^{(\mathrm{ind})3}) \equiv \left(cn_{\mathrm{c}}^{(\mathrm{ind})}, \boldsymbol{j}^{(\mathrm{ind})}\right)$ として，

$$j_\mu^{(\mathrm{ind})}(\boldsymbol{q}, \omega) = -\frac{1}{c}\sum_{\boldsymbol{q}'}\mathcal{K}_{\mu\nu}(\boldsymbol{q}, \boldsymbol{q}'; \omega)\tilde{A}^\nu(\boldsymbol{q}', \omega) \tag{8.41}$$

の形に表現でき，テンソル $\mathcal{K}_{\mu\nu}(\boldsymbol{q}, \boldsymbol{q}'; \omega)$ を**電磁応答核**[6)]と呼ぶ．その表式は，

$$\mathcal{K}_{\mu\nu}(\boldsymbol{q}, \boldsymbol{q}'; \omega) = (1 - \delta_{\mu,0})\delta_{\mu\nu}\frac{1}{V}\langle\!\langle \mathcal{D}(\boldsymbol{q} - \boldsymbol{q}')\rangle\!\rangle_{\mathrm{eq}} - \frac{1}{V}\chi_{\mathcal{J}_\mu^{(\mathrm{p})}(\boldsymbol{q}), \mathcal{J}_\nu^{(\mathrm{p})}(-\boldsymbol{q}')}(\omega) \tag{8.42}$$

$$\mathcal{D}(\boldsymbol{q}) \equiv \sum_i \frac{e_i^2}{m_i} e^{-i\boldsymbol{q}\cdot\hat{\boldsymbol{r}}_i} \tag{8.43}$$

と求まる．上式の第一項と第二項は，それぞれ反磁性電流密度と常磁性電流密度に由来しており，後者の寄与を計算するために久保公式を用いた．

連続の方程式は，$(q^0, q^1, q^2, q^3) \equiv (\omega/c, \boldsymbol{q})$ を用いて，

$$q^\mu j_\mu^{(\mathrm{ind})}(\boldsymbol{q}, \omega) = 0 \tag{8.44}$$

と表される．上式に式 (8.41) を代入した式が，任意の $\tilde{A}^\mu$ に対して成り立つために，電磁応答核は，

$$q^\mu \mathcal{K}_{\mu\nu}(\boldsymbol{q}, \boldsymbol{q}'; \omega) = 0 \tag{8.45}$$

を満たさなければならない．さらに，式 (4.26) から導かれる，

$$\mathcal{K}_{\mu\nu}(\boldsymbol{q}, \boldsymbol{q}'; \omega) = \mathcal{K}^{\nu\mu}(-\boldsymbol{q}', -\boldsymbol{q}; \omega) \tag{8.46}$$

に注意すると，式 (8.45) から，$(q'^0, q'^1, q'^2, q'^3) = (\omega/c, \boldsymbol{q}')$ として，

$$\mathcal{K}_{\mu\nu}(\boldsymbol{q}, \boldsymbol{q}'; \omega) q'^\nu = 0 \tag{8.47}$$

を得る．より具体的に，式 (8.45), (8.47) をテンソルの成分を使って書き表すと（$\mathcal{K}_{\mu\nu}(\boldsymbol{q}, \boldsymbol{q}'; \omega)$ を $\mathcal{K}_{\mu\nu}$ と略記する），

$$\mathcal{K}_{00} = -\sum_{\mu=1}^{3}\frac{cq_\mu}{\omega}\mathcal{K}_{\mu 0} = -\sum_{\nu=1}^{3}\frac{cq'_\nu}{\omega}\mathcal{K}_{0\nu} = \sum_{\mu=1}^{3}\sum_{\nu=1}^{3}\frac{c^2 q_\mu q'_\nu}{\omega^2}\mathcal{K}_{\mu\nu} \tag{8.48}$$

---

6）電磁応答核に関して，西川恭治，森弘之：『統計物理学』（朝倉書店, 2000）3.3 節および J. R. Schrieffer: *Theory of Superconductivity* (Perseus, 1971) 第 8 章の内容が参考になる．

となる．ここまで常に Coulomb ゲージを用いてきたが，実際にはゲージの選択は自由であり，$\Lambda(\boldsymbol{q},\omega)$ を任意関数として，外場 $\tilde{A}^{\mu}(\boldsymbol{q},\omega)$ を，

$$\tilde{A}^{\mu}(\boldsymbol{q},\omega) \rightsquigarrow \tilde{A}^{\mu}(\boldsymbol{q},\omega) + iq^{\mu}\Lambda(\boldsymbol{q},\omega) \tag{8.49}$$

と置換しても同じ $j^{(\mathrm{ind})\mu}(\boldsymbol{q},\omega)$ が応答として返ってこなければならない．この要請は，連続の方程式の帰結である式 (8.47) が成立していれば，自動的に満足される．したがって，近似計算を行う際には，近似が連続の方程式を破らないように注意を払う必要がある．さもないと，ゲージ不変でない結果が導かれてしまう．

## 8.3 巨視的な電磁場

以下では，巨視的長さスケールで変動する電磁場の成分（**巨視的な電磁場**）のみに注目しよう．即ち，物質系を特徴づける微視的な長さスケール（複数あるときはそれらのうちで一番長いものを選ぶ）を $a$ としたとき，電磁場を特徴づける波数ベクトル $\boldsymbol{q}$ が $qa \ll 1$ を満たす場合を考える．一般には，$\phi^{(\mathrm{ex})}$ および $\boldsymbol{A}^{(\mathrm{ex})}$ が巨視的な長さスケールで変動しても，$\phi^{(\mathrm{in})}$ と $\boldsymbol{A}^{(\mathrm{in})}$（したがって $\phi$ と $\boldsymbol{A}$）に微視的な長さスケールで変動する短波長成分が現れうるが，以下ではこの短波長成分を切り捨て（**長波長近似**），

$$f_{\mathrm{c}}(q) = \begin{cases} 1 & (qa \ll 1) \\ 0 & (qa \gg 1) \end{cases} \tag{8.50}$$

を満たす滑らかなカットオフ関数 $f_{\mathrm{c}}(q)$ を用意し，

$$\phi_{\mathrm{LW}}(\boldsymbol{q},\omega) \equiv f_{\mathrm{c}}(q)\phi(\boldsymbol{q},\omega), \quad \boldsymbol{A}_{\mathrm{LW}}(\boldsymbol{q},\omega) \equiv f_{\mathrm{c}}(q)\boldsymbol{A}(\boldsymbol{q},\omega) \tag{8.51}$$

を議論する．Maxwell 方程式 (8.3), (8.4) は線形なので，長波長近似の下でもそのまま成立する．要するに，$\boldsymbol{q} = 0$ 近傍に注目するというだけのことになるので，以下では混乱のない限り，$\phi_{\mathrm{LW}}$ や $\boldsymbol{A}_{\mathrm{LW}}$ も $\phi$, $\boldsymbol{A}$ と書き表す．

まず，$n_{\mathrm{c}}^{(\mathrm{eq})}$ が作る巨視的な静電場（自発分極）がゼロならば，長波長近似の下で $n_{\mathrm{c}}^{(\mathrm{eq})} = 0$ と考えてよい．たとえば，空間反転中心を持つ結晶はこの条件を満たす．一方，物質系の時間反転対称性が自発的に破られること（たとえば自発磁化の出現）がなければ，（長波長近似とは関係なく）$\boldsymbol{j}^{(\mathrm{eq})} = 0$ である．つ

まり，これらの条件下では，$j^{(\mathrm{in})\mu} = j^{(\mathrm{ind})\mu}$ となる[7]．さらに，巨視的な長さスケールで見て物質が一様であるときには，長波長近似の下で，電磁応答核の $\boldsymbol{q} = \boldsymbol{q}'$ の対角成分だけが重要となり[8]，

$$j_\mu^{(\mathrm{in})}(\boldsymbol{q}, \omega) = j_\mu^{(\mathrm{ind})}(\boldsymbol{q}, \omega) \approx -\frac{1}{c}\mathcal{K}_{\mu\nu}(\boldsymbol{q}, \omega)\tilde{A}^\nu(\boldsymbol{q}, \omega) \tag{8.52}$$

$$\mathcal{K}_{\mu\nu}(\boldsymbol{q}, \omega) \equiv \mathcal{K}_{\mu\nu}(\boldsymbol{q}, \boldsymbol{q}; \omega) = (1 - \delta_{\mu,0})\delta_{\mu\nu}\left(\frac{1}{V}\sum_i \frac{e_i^2}{m_i}\right) - \frac{1}{V}\chi_{\mathcal{J}_\mu^{(\mathrm{p})}(\boldsymbol{q}),\mathcal{J}_\nu^{(\mathrm{p})}(-\boldsymbol{q})}(\omega) \tag{8.53}$$

と近似できる．特に，可視光（波長 380〜750nm）や赤外光に対する応答を考えている場合には，さらに $\mathcal{K}_{\mu\nu}(\boldsymbol{q}, \omega) \approx \mathcal{K}_{\mu\nu}(\boldsymbol{q} = 0, \omega)$ と近似して構わない．長波長近似の下で，Maxwell 方程式と式 (8.52) を連立させて解けば巨視的な電磁場 $\boldsymbol{A}(\boldsymbol{q}, \omega)$, $\phi(\boldsymbol{q}, \omega)$ が求まる．これが巨視的な電磁場を決める「第一原理的な方程式」である．

歴史的な理由で，電磁応答核の代わりに**（複素）伝導率テンソル** $\underline{\sigma}(\boldsymbol{q}, \omega)$ もよく用いられる．これは，系に誘起された電流密度 $\boldsymbol{j}^{(\mathrm{in})}(\boldsymbol{q}, \omega)$ を電場 $\boldsymbol{E}(\boldsymbol{q}, \omega)$ の一次近似で，

$$\boldsymbol{j}^{(\mathrm{in})}(\boldsymbol{q}, \omega) = \underline{\sigma}(\boldsymbol{q}, \omega)\boldsymbol{E}(\boldsymbol{q}, \omega) \tag{8.54}$$

と書いた際に現れるテンソルである．巨視的長さスケールで物質系が一様なだけでなく，等方的な場合には，空間を特徴づける方向が $\boldsymbol{q}$ 以外にないので縦・横場の応答が分離し，

$$j_\parallel^{(\mathrm{in})}(\boldsymbol{q}, \omega) = \sigma_\parallel(q, \omega)E_\parallel(\boldsymbol{q}, \omega) \qquad \Big(\sigma_\parallel(q, \omega) \equiv \hat{\boldsymbol{q}} \cdot \big(\underline{\sigma}(\boldsymbol{q}, \omega)\hat{\boldsymbol{q}}\big)\Big) \tag{8.55}$$

$$\boldsymbol{j}_\perp^{(\mathrm{in})}(\boldsymbol{q}, \omega) = \sigma_\perp(q, \omega)\boldsymbol{E}_\perp(\boldsymbol{q}, \omega) \qquad \Big(\sigma_\perp(q, \omega) \equiv \boldsymbol{e} \cdot \big(\underline{\sigma}(\boldsymbol{q}, \omega)\boldsymbol{e}\big)\Big) \tag{8.56}$$

が成り立つ．ここで，$\hat{\boldsymbol{q}} \equiv \boldsymbol{q}/q$ は $\boldsymbol{q}$ と同じ向きを持つ単位ベクトル，$\boldsymbol{e}$ は $\hat{\boldsymbol{q}}$ に垂直な任意の単位ベクトルである．

伝導率テンソルと電磁応答核の関係を調べておこう．式 (8.39) に示したように，物質系のハミルトニアンを $\boldsymbol{E}$ 法と $\boldsymbol{D}$ 法のどちらに選ぶかによって，外場として扱われる電磁場が異なるから，場合分けが必要である．まず，$\boldsymbol{E}$ 法のハ

---

7）自発分極を持つ**強誘電体**や，自発磁化を持つ**磁性体**では，$j^{(\mathrm{eq})\mu} = j^{(\mathrm{in})\mu} - j^{(\mathrm{ind})\mu} \neq 0$ となりうる．

8）たとえば結晶は格子定数 $a$ より長いスケールで見れば一様である．実際，結晶では $\boldsymbol{q} - \boldsymbol{q}'$ が逆格子ベクトルに等しい成分だけが非ゼロになりうるので，$qa, q'a \ll 1$ では $\underline{\mathcal{K}}(\boldsymbol{q}, \boldsymbol{q}'; \omega) \propto \delta_{\boldsymbol{q},\boldsymbol{q}'}$ と近似できる．ジェリウムモデルのように微視的に見ても一様な系では，任意の $\boldsymbol{q}, \boldsymbol{q}'$ に対し厳密に $\underline{\mathcal{K}}(\boldsymbol{q}, \boldsymbol{q}'; \omega) \propto \delta_{\boldsymbol{q},\boldsymbol{q}'}$ が成り立つ．

ミルトニアン (8.24) を採用した場合から調べる．外場を表す $(\phi(\boldsymbol{q},\omega), \boldsymbol{A}(\boldsymbol{q},\omega))$ に $\phi = 0$ とするゲージ（Weyl ゲージ）を課すと，縦横両方の成分を含む電場を $\boldsymbol{E}$ として $\boldsymbol{A}(\boldsymbol{q},\omega) = (c/i\omega)\boldsymbol{E}(\boldsymbol{q},\omega)$ となる．これを式 (8.52) へ代入すれば，**中野–久保公式**[9)]，

$$\underline{\sigma}(\boldsymbol{q},\omega) = -\frac{1}{i\omega}\underline{K}(\boldsymbol{q},\omega) \tag{8.57}$$

を得る．ここで，電磁応答核 $\underline{\mathcal{K}}(\boldsymbol{q},\omega)$ の空間部分（$\mathcal{K}_{\mu\nu}$ の $\mu,\nu = 1,2,3$ の成分を切り出したテンソル）を $\underline{K}(\boldsymbol{q},\omega)$ と書いた．特に，物質系に巨視的な等方性がある場合には，$K_{\parallel}(q,\omega) \equiv \hat{\boldsymbol{q}}\cdot(\underline{K}(\boldsymbol{q},\omega)\hat{\boldsymbol{q}})$，$K_{\perp}(q,\omega) \equiv \boldsymbol{e}\cdot(\underline{K}(\boldsymbol{q},\omega)\boldsymbol{e})$ として，

$$\sigma_{\parallel}(q,\omega) = -\frac{1}{i\omega}K_{\parallel}(q,\omega) = \frac{i\omega}{(cq)^2}\mathcal{K}_{00}(q,\omega) \tag{8.58}$$

$$\sigma_{\perp}(q,\omega) = -\frac{1}{i\omega}K_{\perp}(q,\omega) \tag{8.59}$$

が成り立つ．式 (8.58) 右辺の変形に式 (8.48) を使った．

次に，$\boldsymbol{D}$ 法のハミルトニアン (8.23) を採用した場合を考える．ここでは，はじめから物質系の巨視的な等方性を仮定する．また，外場を表す $(\phi^{(\mathrm{ex})}(\boldsymbol{q},\omega), \boldsymbol{A}(\boldsymbol{q},\omega))$ に Coulomb ゲージを課し，外場の縦成分を $\phi^{(\mathrm{ex})}$，横成分を $\boldsymbol{A}$ で表す．まず横場に対する応答を調べよう．電場の横成分を $\boldsymbol{E}_{\perp}$ として $\boldsymbol{A}(\boldsymbol{q},\omega) = (c/i\omega)\boldsymbol{E}_{\perp}(\boldsymbol{q},\omega)$ と書けるので，式 (8.52) から，$\sigma_{\perp}(q,\omega)$ の表式が中野–久保公式 (8.57) と同形であること，即ち，

$$\sigma_{\perp}(q,\omega) = -\frac{1}{i\omega}K_{\perp}(q,\omega) \tag{8.60}$$

を示せる．しかし，縦場に対する応答では事情が一変する．$\boldsymbol{D}$ 法では，外場の縦成分が $\phi(\boldsymbol{q},\omega) = E_{\parallel}(\boldsymbol{q},\omega)/(-iq)$ でなく，$\phi^{(\mathrm{ex})}(\boldsymbol{q},\omega)$ によって表されるためである．ここで，

$$\frac{E_{\parallel}(\boldsymbol{q},\omega)}{-iq} = \phi(\boldsymbol{q},\omega) = \phi^{(\mathrm{ex})}(\boldsymbol{q},\omega) + \frac{4\pi}{q^2}n_{\mathrm{c}}^{(\mathrm{in})}(\boldsymbol{q},\omega) = \left(1 + \frac{4\pi}{(cq)^2}\mathcal{K}_{00}(q,\omega)\right)\phi^{(\mathrm{ex})}(\boldsymbol{q},\omega) \tag{8.61}$$

と，連続の方程式 (8.8) および電磁応答核の定義式 (8.52) から導かれる，

$$j_{\parallel}^{(\mathrm{in})}(\boldsymbol{q},\omega) = \frac{\omega}{q}n_{\mathrm{c}}^{(\mathrm{in})}(\boldsymbol{q},\omega) = \frac{\omega}{c^2 q}\mathcal{K}_{00}(q,\omega)\phi^{(\mathrm{ex})}(\boldsymbol{q},\omega) \tag{8.62}$$

9) H. Nakano: Prog. Theor. Phys. **15**, 77 (1956); R. Kubo: Cand. J. Phys. **34**, 1274 (1956).

を連立して $\phi^{(\mathrm{ex})}(\boldsymbol{q},\omega)$ を消去すれば，$\epsilon_{\parallel}(q,\omega)$ を後述する縦場に対する誘電率として，

$$\sigma_{\parallel}(q,\omega)=\frac{i\omega}{(cq)^2}\mathcal{K}_{00}(q,\omega)\epsilon_{\parallel}(q,\omega)=-\frac{1}{i\omega}K_{\parallel}(q,\omega)\epsilon_{\parallel}(q,\omega) \tag{8.63}$$

$$\epsilon_{\parallel}(q,\omega)=\left(1+\frac{4\pi}{(cq)^2}\mathcal{K}_{00}(q,\omega)\right)^{-1}=\left(1+\frac{4\pi}{\omega^2}K_{\parallel}(q,\omega)\right)^{-1} \tag{8.64}$$

を得る[10)]．ここで式 (8.48) を使った．このように，**$D$ 法では $\sigma_{\parallel}(q,\omega)$ と電磁応答核の対応関係が $\epsilon_{\parallel}(q,\omega)$ の因子の分だけ中野–久保公式とは異なる．**荷電粒子間の Coulomb 相互作用をあらわに扱う $D$ 法では，荷電粒子が外電場を遮蔽する効果を考慮する必要があるため，式 (8.63) の右辺に $\epsilon_{\parallel}(q,\omega)$ の因子が現れるのである．

やはり歴史的な理由で，多くの電磁気学の教科書では，先ほど述べた第一原理的な方程式系ではなく，現象論的な方程式系（物質中の Maxwell 方程式）が扱われている．そこでは，長波長近似した後の巨視的な電場 $\boldsymbol{E}$, 磁束密度 $\boldsymbol{B}$ に加えて，補助場として電束密度 $\boldsymbol{D}$ と磁場 $\boldsymbol{H}$ を導入し，方程式を，

$$i\boldsymbol{q}\cdot\boldsymbol{B}(\boldsymbol{q},\omega)=0 \tag{8.65}$$

$$i\boldsymbol{q}\times\boldsymbol{E}(\boldsymbol{q},\omega)-\frac{i\omega}{c}\boldsymbol{B}(\boldsymbol{q},\omega)=0 \tag{8.66}$$

$$i\boldsymbol{q}\cdot\boldsymbol{D}(\boldsymbol{q},\omega)=4\pi n_{\mathrm{c}}^{(\mathrm{ex})}(\boldsymbol{q},\omega) \tag{8.67}$$

$$i\boldsymbol{q}\times\boldsymbol{H}(\boldsymbol{q},\omega)+\frac{i\omega}{c}\boldsymbol{D}(\boldsymbol{q},\omega)=\frac{4\pi}{c}\boldsymbol{j}^{(\mathrm{ex})}(\boldsymbol{q},\omega) \tag{8.68}$$

とする．自発分極や自発磁化を持たない物質の線形な電磁応答に関する情報は，**構成方程式**,

$$\boldsymbol{D}(\boldsymbol{q},\omega)=\underline{\epsilon}(\boldsymbol{q},\omega)\boldsymbol{E}(\boldsymbol{q},\omega) \tag{8.69}$$

$$\boldsymbol{B}(\boldsymbol{q},\omega)=\underline{\mu}(\boldsymbol{q},\omega)\boldsymbol{H}(\boldsymbol{q},\omega) \tag{8.70}$$

を通じて反映される．ここで，$\underline{\epsilon}(\boldsymbol{q},\omega)$ を**（複素）誘電率テンソル**，$\underline{\mu}(\boldsymbol{q},\omega)$ を**（複素）透磁率テンソル** と呼ぶ．式 (8.3) と (8.67) の差分，式 (8.4) と (8.68) の差分から，**分極** $\boldsymbol{P}\equiv(\boldsymbol{D}-\boldsymbol{E})/4\pi$ と**磁化** $\boldsymbol{M}\equiv(\boldsymbol{B}-\boldsymbol{H})/4\pi$ が満たすべき方程式と

10) ここでは，先に $\mathcal{K}_{00}(\boldsymbol{q},\boldsymbol{q}';\omega)$ を $\boldsymbol{q}=\boldsymbol{q}'$ の対角成分だけ残した $\mathcal{K}_{00}(q,\omega)$ に置き換えてから，$\sigma_{\parallel}(q,\omega)$ や $\epsilon_{\parallel}(q,\omega)$ を求めた．しかし，$\mathcal{K}_{00}(\boldsymbol{q},\boldsymbol{q}';\omega)$ を $(\boldsymbol{q},\boldsymbol{q}')$ 成分に持つ行列 $\hat{K}(\omega)$ と，$4\pi/q^2$ を対角要素に持つ対角行列 $\hat{U}$ を導入し，行列形式で，$\hat{\epsilon}_{\parallel}(\omega)=\left(1+c^{-2}\hat{U}\hat{K}(\omega)\right)^{-1}$ を求めて，最後に $\hat{\epsilon}_{\parallel}(\omega)$ の対角成分を $\epsilon_{\parallel}(q,\omega)$ と定めた方が，より精密な議論になる．

して,

$$-iqP_{\parallel}(\boldsymbol{q},\omega) = n_{\mathrm{c}}^{(\mathrm{in})}(\boldsymbol{q},\omega), \quad \left(\Leftrightarrow\ -i\omega P_{\parallel}(\boldsymbol{q},\omega) = j_{\parallel}^{(\mathrm{in})}(\boldsymbol{q},\omega)\right) \tag{8.71}$$

$$ic\boldsymbol{q}\times\boldsymbol{M}(\boldsymbol{q},\omega) - i\omega\boldsymbol{P}_{\perp}(\boldsymbol{q},\omega) = \boldsymbol{j}_{\perp}^{(\mathrm{in})}(\boldsymbol{q},\omega) \tag{8.72}$$

が導かれる.

ここで一つ問題が生じる. 現象論的な方程式系 (8.65)-(8.70) が, 第一原理的な方程式系 (8.1)-(8.4), (8.52), (8.53) と同じ $\boldsymbol{E}, \boldsymbol{B}$ を解に持つという要請だけでは, $\boldsymbol{D}$ と $\boldsymbol{H}$（同じことだが $\boldsymbol{P}$ と $\boldsymbol{M}$）が一意に定まらず, $\underline{\epsilon}$, $\underline{\mu}$ も定義できない. 実際, 式 (8.71) と (8.72) から一意に決まるのは分極の縦成分 $P_{\parallel}(\boldsymbol{q},\omega) = n_{\mathrm{c}}^{(\mathrm{in})}(\boldsymbol{q},\omega)/(-iq) = j_{\parallel}^{(\mathrm{in})}(\boldsymbol{q},\omega)/(-i\omega)$ だけで, $\boldsymbol{P}_{\perp}$ と $\boldsymbol{M}$ の定義には曖昧さが残る. ただし, $q/\omega \to 0$ あるいは $\omega/q \to 0$ の極限では式 (8.72) 左辺の二項の片方が消え, 定義に曖昧さがない. 本書では, これら二つの極限につながるように, 荷電粒子系を特徴づける速さを $v$ として, 以下のように定める.

(1) $cq \lesssim \omega$ が成り立つ場合（例：光学応答や直流伝導）, 式 (8.72) 左辺で第二項に対し第一項を無視して, $-i\omega\boldsymbol{P}_{\perp}(\boldsymbol{q},\omega) = \boldsymbol{j}_{\perp}^{(\mathrm{in})}(\boldsymbol{q},\omega)$ とする[11].

(2) $\omega \ll vq$ が成り立つ場合（例：静電応答や静磁応答）, 式 (8.72) 左辺で第一項に対し第二項を無視して, $ic\boldsymbol{q}\times\boldsymbol{M}(\boldsymbol{q},\omega) = \boldsymbol{j}_{\perp}^{(\mathrm{in})}(\boldsymbol{q},\omega)$ とする. なお, この場合には, 式 (8.68) 左辺で第二項（変位電流）を第一項に対して無視してよい[12].

(3) (1), (2) 以外の場合には, $\boldsymbol{P}_{\perp}$ や $\boldsymbol{M}$（同じことだが, 誘電率および透磁率）を導入せず, 第一原理的な方程式系に戻って考える.

まず, (1) $cq \lesssim \omega$（例：光学応答や直流伝導）の場合, 式 (8.72) 左辺で第二項に対し第一項を無視するので, 縦・横両成分に対し $\boldsymbol{P}(\boldsymbol{q},\omega) = \boldsymbol{j}^{(\mathrm{in})}(\boldsymbol{q},\omega)/(-i\omega)$ となるが, 両辺に $\boldsymbol{P}(\boldsymbol{q},\omega) = (\underline{\epsilon}(\boldsymbol{q},\omega) - 1)\boldsymbol{E}(\boldsymbol{q},\omega)/4\pi$ と, $\boldsymbol{j}^{(\mathrm{in})}(\boldsymbol{q},\omega) = \underline{\sigma}(q,\omega)\boldsymbol{E}(\boldsymbol{q},\omega)$

11) 後述のように, 磁気感受率 $\chi_{\mathrm{m}} = \lim_{B\to 0} M/B$ は $(v/c)^2$ のオーダーの微小量と期待される. さらに $\epsilon_{\perp} \sim 1$ を期待すると, 式 (8.66) より $P_{\perp} \sim E_{\perp} \sim \omega B/cq$ だから, $cq \lesssim \omega$ では, $\omega P_{\perp}/cqM \sim (\omega/cq)^2(c/v)^2 \gg 1$ となり, 式 (8.72) 左辺で第一項に対し第二項を無視できる [L. D. Landau, L. P. Pitaevskii, E. M. Lifshitz: *Electrodynamics of Continuous Media, 2nd Edition* (Butterworth-Heinemann, 1984), §.79]. 直流伝導率を計算する際, 先に $q = 0$ としてから $\omega \to 0$ とすることにも注意（4.4 節).

12) 脚注 11 と同様に考えると, $\omega \ll vq$ は $\omega P_{\perp}/cqM \lesssim (\omega/vq)^2 \ll 1$ を導き, 式 (8.72) 左辺で第二項に対し第一項を無視できる. 同時に, $\omega D_{\perp}/cqH \sim \omega E_{\perp}/cqB = (\omega/cq)^2 \sim (\omega/vq)^2(v/c)^2 \ll 1$. 一様外場に対する等温感受率を計算する際, 先に $\omega = 0$ としてから $q \to 0$ とすることにも注意（4.4 節).

を代入すると,

$$\underline{\epsilon}(\boldsymbol{q},\omega) = 1 + \frac{4\pi i}{\omega}\underline{\sigma}(\boldsymbol{q},\omega) \tag{8.73}$$

が得られ, $\underline{\epsilon}(\boldsymbol{q},\omega)$ と $\underline{\sigma}(\boldsymbol{q},\omega)$ が同等の情報を持つことがわかる．物質系が巨視的に見て等方的であれば，式 (8.55), (8.56) と同様に, $D_{\parallel}(\boldsymbol{q},\omega) = \epsilon_{\parallel}(q,\omega)E_{\parallel}(q,\omega)$, $\boldsymbol{D}_{\perp}(\boldsymbol{q},\omega) = \epsilon_{\perp}(q,\omega)\boldsymbol{E}_{\perp}(q,\omega)$ を満たす $\epsilon_{\parallel}(q,\omega) \equiv \hat{\boldsymbol{q}}\cdot\left(\underline{\epsilon}(\boldsymbol{q},\omega)\hat{\boldsymbol{q}}\right)$ と $\epsilon_{\perp}(q,\omega) \equiv \boldsymbol{e}\cdot\left(\underline{\epsilon}(\boldsymbol{q},\omega)\boldsymbol{e}\right)$ を定義でき，縦・横場に対する誘電率と伝導率の間には，関係式,

$$\epsilon_{\parallel}(q,\omega) = 1 + \frac{4\pi i}{\omega}\sigma_{\parallel}(q,\omega), \quad \epsilon_{\perp}(q,\omega) = 1 + \frac{4\pi i}{\omega}\sigma_{\perp}(q,\omega) \tag{8.74}$$

が成り立つ.

次に, (2) $\omega \ll vq$（例：静電応答や静磁応答）の場合を論じよう．簡単のため，ここではじめから物質系が巨視的に見て等方的であることを仮定する．分極の縦成分 $P_{\parallel}$ の定義には任意性がないので, $cq \lesssim \omega$ の場合と同じく, $\epsilon_{\parallel}(q,\omega)$ と $\sigma_{\parallel}(q,\omega)$ の間に,

$$\epsilon_{\parallel}(q,\omega) = 1 + \frac{4\pi i}{\omega}\sigma_{\parallel}(q,\omega) \tag{8.75}$$

の関係がある．一方，横場に対する応答では，式 (8.72) で第一項に対し第二項を無視するので $ic\boldsymbol{q}\times\boldsymbol{M}(\boldsymbol{q},\omega) = \boldsymbol{j}_{\perp}^{(\mathrm{in})}(\boldsymbol{q},\omega)$ となるが，両辺に $\boldsymbol{M}(\boldsymbol{q},\omega) = (1 - 1/\mu(q.\omega))\boldsymbol{B}(\boldsymbol{q},\omega)/4\pi$ と，式 (8.66) から導かれる $\boldsymbol{j}_{\perp}^{(\mathrm{in})}(\boldsymbol{q},\omega) = \sigma_{\perp}(q,\omega)\boldsymbol{E}_{\perp}(\boldsymbol{q},\omega) = (i\omega/cq^2)\sigma_{\perp}(q,\omega)i\boldsymbol{q}\times\boldsymbol{B}(\boldsymbol{q},\omega)$ を代入すると,

$$\mu(q,\omega) = \left(1 - \frac{4\pi i\omega}{(cq)^2}\sigma_{\perp}(q,\omega)\right)^{-1} = \left(1 + \frac{4\pi}{(cq)^2}K_{\perp}(q,\omega)\right)^{-1} \tag{8.76}$$

が得られ[13)], 今度は $\mu(q,\omega)$ と $\sigma_{\perp}(q,\omega)$ が同等の情報を持つことがわかる．ここで, $\boldsymbol{E}$ 法と $\boldsymbol{D}$ 法どちらを採用した場合でも，横場に対する伝導率が中野-久保公式 $\sigma_{\perp}(q,\omega) = -K_{\perp}(q,\omega)/i\omega$ で表されることを用いた.

透磁率を式 (8.76) のように $K_{\perp}(q,\omega)$ を用いて表すと，あらゆる物質の一様静透磁率がゼロになる（$\mu \equiv \mu(q\to 0,\omega = 0) = 0$）と思うかもしれないが，これは早計である[14)]．その理由を述べよう．まず，式 (8.48) から,

13) $\boldsymbol{B}$ が横成分しか持たないため，透磁率は $\mu = \mu_{\perp}$ を満たし, $\boldsymbol{H}$ および $\boldsymbol{M}$ も横成分しか持たない.

14) 8.5 節で述べるように，式 (8.79) が成立せず，本当に $\mu = 0$ となるのが超伝導体.

$$\omega^2 K_{00}(q,\omega) = (cq)^2 K_{\parallel}(q,\omega) \tag{8.77}$$

なので，任意の $q$ に対して，

$$K_{\parallel}(q,\omega=0)=0 \tag{8.78}$$

が成立する．$A_{\parallel}(\boldsymbol{q},\omega=0)$ は電場にも磁束密度にも寄与しないから，これは物理的に見ても当然の結論である．さらに，$q\to 0$ では $\boldsymbol{q}$ の向きに意味がなくなるので，縦場に対する応答がなければ，横場に対する応答もなくなり，

$$\lim_{q\to 0} K_{\perp}(q,\omega=0)=0 \tag{8.79}$$

が期待される（**反磁性総和則**）．通常，$K_{\perp}(q,\omega=0)$ は $\boldsymbol{q}$ の関数として滑らかなので，このとき $K_{\perp}(q,\omega=0)=O(q^2)$，つまり $\mu\equiv\mu(q\to 0,\omega=0)\neq 0$ となる．一般に $\mu>1$（$B>H$）ならば系は**常磁性**，逆に $\mu<1$（$B<H$）ならば**反磁性**を示すと言う．

ついでに，磁化 $\boldsymbol{M}(\boldsymbol{q},\omega)\equiv(\boldsymbol{B}(\boldsymbol{q},\omega)-\boldsymbol{H}(\boldsymbol{q},\omega))/4\pi$ と磁束密度 $\boldsymbol{B}(\boldsymbol{q},\omega)$ の関係式を求めておくと，

$$\boldsymbol{M}(\boldsymbol{q},\omega)=\chi_{\mathrm{m}}(q,\omega)\boldsymbol{B}(\boldsymbol{q},\omega),\quad \chi_{\mathrm{m}}(q,\omega)=\frac{1}{4\pi}\left(1-\frac{1}{\mu(q,\omega)}\right)=-\frac{1}{(cq)^2}K_{\perp}(q,\omega) \tag{8.80}$$

となる．本書では専ら，上式が定める**（磁束密度に対する）磁気感受率** $\chi_{\mathrm{m}}(q,\omega)$ を考察する．反磁性総和則 (8.79) に注意し，小さな $q$ に対し $|K_{\perp}(q,\omega=0)|=(vq)^2+o(q^2)$ と書くと，定数 $v$ は速度の次元を持ち，式 (8.80) から $|\chi_{\mathrm{m}}|=(v/c)^2\ll 1$ となる[15]．そのため，通常はハミルトニアンの小さな補正とみなせる Zeeman 項やスピン軌道相互作用項が，磁気応答に対して主要な $(v/c)^2$ のオーダーの寄与を与えうる．物質の磁性（磁気的性質）を論じる際には，これらの補正項を系のハミルトニアンに残した上で，電流密度演算子に式 (8.33) の $\mathcal{J}^{(\mathrm{s})}(\boldsymbol{q})=ic\boldsymbol{q}\times\mathcal{M}^{(\mathrm{s})}(\boldsymbol{q})$ を含めておけばよい．実際，たとえば電子系で Zeeman 項を外場項として考慮した場合，これを式 (8.40) に取り込める形，

15）物質を特徴づける速度 $v$ を，金属における電子の Fermi 速度や，原子軌道を占める電子の速度程度と見積もると $|\chi_{\mathrm{m}}|\sim 10^{-5}$．ただし，強磁性体や超伝導体にはこの評価を適用できない．

$$\sum_i \frac{g\mu_{\mathrm{B}}}{\hbar}\hat{\boldsymbol{s}}_i\cdot\boldsymbol{B}(\hat{\boldsymbol{r}}_i,t) = -\int\frac{d\omega}{2\pi}e^{-i\omega t+\delta t}\frac{1}{V}\sum_{\boldsymbol{q}}\boldsymbol{\mathcal{M}}^{(\mathrm{s})}(-\boldsymbol{q})\cdot(i\boldsymbol{q}\times\boldsymbol{A}(\boldsymbol{q},\omega))$$
$$= -\frac{1}{c}\int\frac{d\omega}{2\pi}e^{-i\omega t+\delta t}\frac{1}{V}\sum_{\boldsymbol{q}}\boldsymbol{\mathcal{J}}^{(\mathrm{s})}(-\boldsymbol{q})\cdot\boldsymbol{A}_\perp(\boldsymbol{q},\omega) \tag{8.81}$$

に変形できるので，式 (8.76) や式 (8.80) がそのまま成り立つ．このとき，Zeeman 項が誘起するスピン磁化を記述する感受率（**スピン磁気感受率**）を次式で表せる．

$$\chi_{\mathrm{s}}(q,\omega) \equiv -\frac{1}{(cq)^2}\cdot\left(-\frac{1}{V}\chi_{\boldsymbol{e}\cdot\boldsymbol{\mathcal{J}}^{(\mathrm{s})}(\boldsymbol{q}),\boldsymbol{\mathcal{J}}^{(\mathrm{s})}(-\boldsymbol{q})\cdot\boldsymbol{e}}(\omega)\right) = \frac{1}{V}\chi_{\boldsymbol{e}'\cdot\boldsymbol{\mathcal{M}}^{(\mathrm{s})}(\boldsymbol{q}),\boldsymbol{\mathcal{M}}^{(\mathrm{s})}(-\boldsymbol{q})\cdot\boldsymbol{e}'}(\omega) \tag{8.82}$$

ここでは系が等方的なので $\boldsymbol{q}$ に対し垂直な単位ベクトル $\boldsymbol{e}, \boldsymbol{e}'$ を任意に選べるが，元々 $\boldsymbol{e}$ は $\boldsymbol{A}_\perp$ の向きを表すので，単位ベクトル $\boldsymbol{e}' \equiv \hat{\boldsymbol{q}}\times\boldsymbol{e}$ は $\boldsymbol{B}$ の向きという意味を持つ．

なお，歴史的な理由で，他書では，

$$\boldsymbol{M}(\boldsymbol{q},\omega) = \tilde{\chi}_{\mathrm{m}}(q,\omega)\boldsymbol{H}(\boldsymbol{q},\omega), \quad \tilde{\chi}_{\mathrm{m}}(q,\omega) = \frac{\mu(q,\omega)-1}{4\pi} = \frac{\chi_{\mathrm{m}}(q,\omega)}{1-4\pi\chi_{\mathrm{m}}(q,\omega)} \tag{8.83}$$

が定める（磁場に対する）磁気感受率 $\tilde{\chi}_{\mathrm{m}}(q,\omega)$ を論じている場合が多い．ただし，$|\chi_{\mathrm{m}}(q,\omega)|$ が非常に小さい通常の物質では $\chi_{\mathrm{m}}$ と $\tilde{\chi}_{\mathrm{m}}$ の違いを無視できる．

## 8.4　物質を伝播する光

本節では，巨視的に見て一様かつ等方的な物質を伝播する光（可視光や赤外光）を論じる．$cq \lesssim \omega$ の状況なので，式 (8.72) 左辺で第二項に対し第一項を無視し，$\boldsymbol{H}(\boldsymbol{q},\omega) = \boldsymbol{B}(\boldsymbol{q},\omega)$ としてよい．さらに，$i\boldsymbol{q}\cdot\boldsymbol{D}(\boldsymbol{q},\omega) = \epsilon_\parallel(q,\omega)i\boldsymbol{q}\cdot\boldsymbol{E}(\boldsymbol{q},\omega) = \epsilon_\parallel(q,\omega)q^2\phi(\boldsymbol{q},\omega)$，$i\boldsymbol{q}\times\boldsymbol{B}(\boldsymbol{q},\omega) = i\boldsymbol{q}\times(i\boldsymbol{q}\times\boldsymbol{A}(\boldsymbol{q},\omega)) = q^2\boldsymbol{A}(\boldsymbol{q},\omega)$ および $\boldsymbol{D}_\perp(\boldsymbol{q},\omega) = \epsilon_\perp(\boldsymbol{q},\omega)\boldsymbol{E}_\perp(\boldsymbol{q},\omega) = \epsilon_\perp(\boldsymbol{q},\omega)i\omega\boldsymbol{A}(\boldsymbol{q},\omega)/c$ を用いると，現象論的な方程式系 (8.65)–(8.70) を，

$$\epsilon_\parallel(q,\omega)q^2\phi(\boldsymbol{q},\omega) = 4\pi n_{\mathrm{c}}^{(\mathrm{ex})}(\boldsymbol{q},\omega) \tag{8.84}$$

$$\left(c^2q^2 - \epsilon_\perp(q,\omega)\omega^2\right)\boldsymbol{A}(\boldsymbol{q},\omega) = 4\pi c\boldsymbol{j}_\perp^{(\mathrm{ex})}(\boldsymbol{q},\omega) \tag{8.85}$$

へ変形できる．この方程式は，我々が実際に制御している $n_{\mathrm{c}}^{(\mathrm{ex})}$，$\boldsymbol{j}^{(\mathrm{ex})}$ からただちに $\phi$ と $\boldsymbol{A}$ を求めることができる形になっていて便利である．特に，

$$\epsilon_{\parallel}(q,\omega) = 0 \tag{8.86}$$

$$c^2q^2 - \epsilon_{\perp}(q,\omega)\omega^2 = 0 \tag{8.87}$$

が満たされているときには，たとえ $n_{\rm c}^{(\rm ex)} = \boldsymbol{j}^{(\rm ex)} = 0$ でも非ゼロの電磁場が存在しうる．式 (8.86), (8.87) を満たす電磁場の固有モードを，それぞれ**縦固有モード**，**横固有モード**と呼ぶ[16]．特に横固有モードは物質を伝播する**光**を表す．既に述べたように，可視光や赤外光を考えた場合には $\epsilon_{\parallel}(q,\omega)$ と $\epsilon_{\perp}(q,\omega)$ をそれぞれ $\epsilon_{\parallel}(q=0,\omega)$ と $\epsilon_{\perp}(q=0,\omega)$ に置き換えて構わない．このとき，方向を特徴づけるベクトルがなくなるため，$\epsilon(\omega) \equiv \epsilon_{\perp}(q=0,\omega) = \epsilon_{\parallel}(q=0,\omega)$ となる[17]．

物質中を $z$ 軸正の向きに進行する光は，

$$\boldsymbol{A}(z,t) = \frac{c\boldsymbol{\mathcal{E}}}{i\omega} e^{i\omega(n(\omega)z/c-t)} \tag{8.88}$$

によって表される．ここで，$\boldsymbol{\mathcal{E}}$ は $z$ 軸に垂直なベクトルであり，

$$n(\omega) \equiv \sqrt{\epsilon(\omega)} \tag{8.89}$$

は**複素屈折率**である[18]．このとき，電場と磁束密度を $\boldsymbol{e}_z = (0,0,1)$ として，

$$\boldsymbol{E}(z,t) = \boldsymbol{\mathcal{E}} e^{i\omega(n(\omega)z/c-t)}, \quad \boldsymbol{B}(z,t) = n(\omega)\boldsymbol{e}_z \times \boldsymbol{E}(z,t) \tag{8.90}$$

と書ける．つまり，$|\boldsymbol{\mathcal{E}}|$ は電場の振幅を表す．また，電場が振動する向き（**偏光**の向き）を表す単位ベクトル $\boldsymbol{e} \equiv \boldsymbol{\mathcal{E}}/|\boldsymbol{\mathcal{E}}|$ を **Jones ベクトル**と呼ぶ（$\boldsymbol{e}$ は複素ベクトルでもよい[19]）．式 (8.88) から物質中の光の**位相速度**が，

$$c' \equiv \frac{c}{\mathrm{Re}\, n(\omega)} \tag{8.91}$$

によって与えられることがわかる．波が運ぶエネルギー流は波の振幅の二乗に比例するから，物質を透過する光の強度の減衰率は，単位長さ当たり，

16) 巨視的な長さスケールで等方的とみなせない場合であっても，一般には固有モードを考えることができる．しかしその場合には縦横のモードが混成する．

17) ただしこれは，ハミルトニアンの設定において横場と縦場が対等に扱われた場合の話である．$\boldsymbol{E}$ 法のハミルトニアン (8.24) では縦場と横場は対等に扱われているが，$\boldsymbol{D}$ 法のハミルトニアン (8.23) では縦場を介した粒子間相互作用（Coulomb 相互作用）が特別視されていて，両者の扱いが対等ではない．そのため，$\boldsymbol{D}$ 法を採用し，Coulomb 相互作用を RPA を超えて扱うと，$\epsilon_{\perp}(q=0,\omega) \neq \epsilon_{\parallel}(q=0,\omega)$，あるいは $\sigma_{\perp}(q=0,\omega) \neq \sigma_{\parallel}(q=0,\omega)$ を導く可能性がある．

18) 平方根は主値をとる．即ち，$z = |z|e^{i\varphi}$ $(-\pi < \varphi \leq +\pi)$ に対し $\sqrt{z} \equiv \sqrt{|z|}e^{i\varphi/2}$.

19) たとえば $\boldsymbol{e}_x, \boldsymbol{e}_y$ を $x$ 軸，$y$ 軸正の向きの単位ベクトルとしたとき，$\boldsymbol{e} = \boldsymbol{e}_x$ は $x$ 方向の**直線偏光**，$\boldsymbol{e} = (\boldsymbol{e}_x \pm i\boldsymbol{e}_y)/\sqrt{2}$ は**円偏光**を表す．

$$\alpha(\omega) \equiv \frac{2\mathrm{Im}n(\omega)\omega}{c} \tag{8.92}$$

である．これを**吸収係数**（**減衰係数**）と呼ぶ．また，電場の振幅が減衰する特徴的な長さ（**表皮長**）は，

$$\delta(\omega) \equiv \frac{2}{\alpha(\omega)} = \frac{c}{\mathrm{Im}n(\omega)\omega} \tag{8.93}$$

と与えられる．

ここでエネルギーの収支について調べたい．そのために，式 (8.2), (8.4) の両辺にそれぞれ $\boldsymbol{B}$ と $\boldsymbol{E}$ を内積した結果を組み合わせて作った，

$$-\frac{1}{4\pi}\left(\boldsymbol{E}\cdot\frac{\partial \boldsymbol{E}}{\partial t} + \boldsymbol{B}\cdot\frac{\partial \boldsymbol{B}}{\partial t}\right) - \frac{c}{4\pi}(\boldsymbol{B}\cdot(\nabla\times\boldsymbol{E}) - \boldsymbol{E}\cdot(\nabla\times\boldsymbol{B})) = \boldsymbol{E}\cdot\boldsymbol{j} \tag{8.94}$$

に，微分公式 $\nabla\cdot(\boldsymbol{f}\times\boldsymbol{g}) = \boldsymbol{g}\cdot(\nabla\times\boldsymbol{f}) - \boldsymbol{f}\cdot(\nabla\times\boldsymbol{g})$ を適用することで得られる，

$$-\frac{\partial}{\partial t}\left(\frac{\boldsymbol{E}^2 + \boldsymbol{B}^2}{8\pi}\right) - \frac{c}{4\pi}\nabla\cdot(\boldsymbol{E}\times\boldsymbol{B}) = \boldsymbol{E}\cdot\boldsymbol{j} \tag{8.95}$$

に着目する．上式の意味は，両辺を閉曲面 $S$ で囲まれる領域上で積分して得られる，

$$-\frac{d}{dt}\int_{S内}\frac{\boldsymbol{E}^2 + \boldsymbol{B}^2}{8\pi}d^3\boldsymbol{r} - \int_S \frac{c}{4\pi}(\boldsymbol{E}\times\boldsymbol{B})\cdot d\boldsymbol{S} = \int_{S内}\boldsymbol{E}\cdot\boldsymbol{j}d^3\boldsymbol{r} \tag{8.96}$$

から明らかである（第二項を Gauss の定理を用いて $S$ 上の面積分に書き直した）．実際，右辺は $S$ 内に存在する電流に電磁場が与える仕事率を表すから，上式をエネルギー保存則とみなし，左辺第一項を $S$ 内の電磁場が蓄えたエネルギーの減少率，第二項を $S$ を貫いて単位時間当たりに流入した電磁場のエネルギーと解釈できる．このとき，$(\boldsymbol{E}^2 + \boldsymbol{B}^2)/8\pi$ は電磁場が蓄えているエネルギー密度，**Poynting ベクトル** $(c/4\pi)\boldsymbol{E}\times\boldsymbol{B}$ は電磁場が運ぶエネルギー流密度という意味を持つ．

式 (8.95) 両辺の長時間平均を考えよう．ここでは，系と電磁場が定常状態に達している場合を考えているので，式 (8.95) の左辺第一項の長時間平均は消える[20]．また，$\boldsymbol{j} = \boldsymbol{j}^{(\mathrm{in})}$ なので，$O(t)$ の長時間平均を $\overline{O}$ と表す約束の下で，

$$-\frac{c}{4\pi}\nabla\cdot\overline{(\boldsymbol{E}\times\boldsymbol{B})} = \overline{\boldsymbol{E}\cdot\boldsymbol{j}^{(\mathrm{in})}} \tag{8.97}$$

を得る．先ほどの考察から，左辺が電磁場が失った単位時間・単位体積当たり

20）一般に $f(t)$ が有界ならば，$\overline{df/dt} \equiv \lim_{\tau\to+\infty}\int_0^\tau (df/dt)dt/\tau = \lim_{\tau\to+\infty}(f(\tau) - f(0))/\tau = 0.$

のエネルギー，右辺が系が電磁場から吸収した単位時間・単位体積当たりのエネルギーを表すことがわかる．そこで，上式に式 (8.90) と $z = 0$ を代入して得られる $\omega$ の関数[21]，

$$P(\omega) \equiv -\frac{c}{4\pi}\nabla\cdot\overline{(\boldsymbol{E}\times\boldsymbol{B})} = \frac{c}{4\pi}(\mathrm{Re}\,n(\omega))\,\alpha(\omega)\overline{\boldsymbol{E}^2} = \frac{\omega\mathrm{Im}\epsilon(\omega)}{4\pi}\frac{\boldsymbol{\mathcal{E}}^2}{2} \tag{8.98}$$

$$= \overline{\boldsymbol{E}\cdot\boldsymbol{j}^{(\mathrm{in})}} = \mathrm{Re}\sigma(\omega)\frac{\boldsymbol{\mathcal{E}}^2}{2} \tag{8.99}$$

を**光吸収スペクトル**と呼ぶ．定常状態では，系が吸収したエネルギーは **Joule 熱**として系外に捨てられる．4.3 節で述べた通り，エネルギー散逸を決めている $\mathrm{Im}\epsilon(\omega) = 4\pi\mathrm{Re}\sigma(\omega)/\omega$（式 (8.73)）は，$\chi_{\mathcal{A}^\dagger\mathcal{A}}(\omega)$（$\mathcal{A} = \boldsymbol{\mathcal{J}}^{(\mathrm{p})}(\boldsymbol{q} = 0)\cdot\boldsymbol{e}$）の虚部に比例する．

図 8.1 のように，真空中から平らな物質表面（$z = 0$）に光を垂直入射しよう．物質中（$z > 0$）での電磁場は式 (8.90) で与えられる．真空中（$z < 0$）の光は，$z$ 軸正の向きに進行する入射波と負の向きに進行する反射波の重ね合わせで，

$$\boldsymbol{A}(z,t) = \frac{c\boldsymbol{\mathcal{E}}_1}{i\omega}e^{i\omega(z/c-t)} + \frac{c\boldsymbol{\mathcal{E}}_2}{i\omega}e^{-i\omega(z/c+t)} \tag{8.100}$$

によって表される．ここでは電磁場が物質表面に平行だから，表面における接続条件は[22]，

$$\boldsymbol{E}(z=-0,t) = \boldsymbol{E}(z=+0,t),$$
$$\boldsymbol{H}(z=-0,t) = \boldsymbol{H}(z=+0,t) \tag{8.101}$$

となり，$\boldsymbol{E} = -\partial\boldsymbol{A}/c\partial t$，$\boldsymbol{H} = \boldsymbol{B} = \nabla\times\boldsymbol{A}$ から，

$$\boldsymbol{\mathcal{E}} = \boldsymbol{\mathcal{E}}_1 + \boldsymbol{\mathcal{E}}_2,\quad n(\omega)\boldsymbol{\mathcal{E}} = \boldsymbol{\mathcal{E}}_1 - \boldsymbol{\mathcal{E}}_2 \tag{8.102}$$

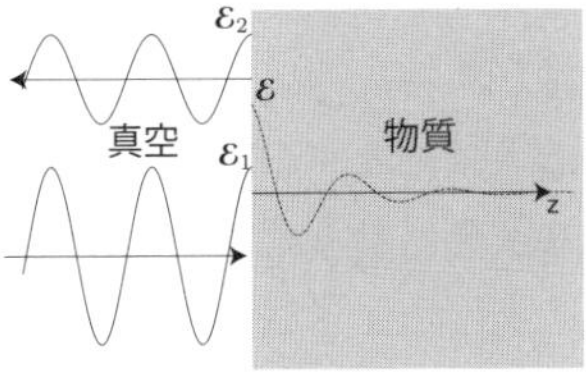


図 8.1　物質表面に直線偏光を垂直入射した場合の模式図

21）電磁場を複素形式で表している場合，電磁場について二次の物理量の計算は，実部をとってから行わねばならないことに注意．つまり，$\boldsymbol{E}$ を電場の複素表現として $\boldsymbol{E}$ の箇所に $(\boldsymbol{E}+\boldsymbol{E}^*)/2$ をそれぞれ代入することになる．長時間平均をとると $\boldsymbol{E}^*\cdot\boldsymbol{E}$，$\boldsymbol{E}\cdot\boldsymbol{E}^*$ に比例する項は消え，$\overline{\boldsymbol{E}^2} = (\boldsymbol{E}\cdot\boldsymbol{E}+\boldsymbol{E}^*\cdot\boldsymbol{E}^*)/4 = \boldsymbol{\mathcal{E}}^2/2$ を得る（複素ベクトル $\boldsymbol{a}, \boldsymbol{b}$ の内積を $\boldsymbol{a}\cdot\boldsymbol{b} = a_x^*b_x+a_y^*b_y+a_z^*b_z$ と定める）．

22）表面に垂直な二辺と表面に平行な二辺に囲まれた長方形 $S$ を表面をまたぐようにとり，$S$ 上で $\nabla\times\boldsymbol{E}+\dot{\boldsymbol{B}}/c = 0$ の両辺を面積分し，第一項に $C$ を $S$ の端として Stokes の定理を適用すると，表面に垂直な $S$ の辺の長さをゼロに近づける極限で，$\oint_C \boldsymbol{E}\cdot d\boldsymbol{r} = \int_S(\nabla\times\boldsymbol{E})\cdot d\boldsymbol{S} = -\int_S\dot{\boldsymbol{B}}\cdot d\boldsymbol{S}/c \to 0$ を得る．この式が $S$ の選び方によらず成立するためには，$\boldsymbol{E}$ の表面に平行な成分が表面上で連続でなければならない．同様に $\nabla\times\boldsymbol{H}-\dot{\boldsymbol{D}}/c = 4\pi c^{-1}\boldsymbol{j}^{(\mathrm{ex})} = 0$ が，$\boldsymbol{H}$ の表面に平行な成分の連続性を導く．

を得る．したがって，光の**反射係数**が，

$$R(\omega) \equiv \frac{\mathcal{E}_2^2}{\mathcal{E}_1^2} = \left| \frac{1 - n(\omega)}{1 + n(\omega)} \right|^2 \tag{8.103}$$

と求まる．

## 8.5　金属・絶縁体・超伝導体

電気を伝えるかどうかで金属と絶縁体を区別できるのは，絶対零度においてのみである．絶対零度で直流伝導率，

$$\sigma_{\mathrm{DC}} \equiv \lim_{\omega \to 0} \sigma(\omega) \tag{8.104}$$

がゼロでなければ**金属**，ゼロならば**絶縁体**であり，$\sigma_{\mathrm{DC}}$ が大きいほど「良い」金属（良導体という意味で）である（ここでは話を簡単にするため，巨視的に見て一様かつ等方的な系を考え，$\sigma(\omega) = \sigma(q = 0, \omega)$ は単なるスカラー量とした）．

絶対零度で $\sigma_{\mathrm{DC}} = 0$ でも，一般に有限温度では $\sigma_{\mathrm{DC}} > 0$ なので，上記の判定法は有限温度で有効でない．しかし，我々が実際に相手にできるのは有限温度のみだし，低温で系が超伝導相や磁性相へ相転移してしまう場合には，絶対零度と（転移温度より高温の）有限温度の電気伝導の性質がまったく異なる可能性があるため，このままではいささか不便だ．絶対零度で $\sigma_{\mathrm{DC}} > 0$ の系の温度を上げたとすると，熱励起された格子振動によって電子がより頻繁に散乱されるようになるので，$\sigma_{\mathrm{DC}}$ が減るだろう．逆に，絶対零度で $\sigma_{\mathrm{DC}} = 0$ の系の温度を上げたとすると，熱励起された電子や正孔（キャリアー）が電流を運ぶようになって $\sigma_{\mathrm{DC}}$ が増えるだろう．そこで通常は，**温度を上げたとき $\sigma_{\mathrm{DC}}$ が減少する系を金属的，増大する系を絶縁体的と判定する．**

式 (8.104) の $\omega \to 0$ 極限については一考を要する．8.3 節の議論に従うと，$\sigma(\omega)$ を，

$$\sigma(\omega) = -\frac{1}{i\omega} K_{\perp}(q = 0, \omega) = \frac{1}{i\omega} \left( \frac{1}{V} \chi_{\boldsymbol{e} \cdot \mathcal{J}^{(0)}, \mathcal{J}^{(0)} \cdot \boldsymbol{e}}(\omega) - D^{(0)} \right) \tag{8.105}$$

$$\mathcal{J}^{(0)} \equiv \mathcal{J}^{(\mathrm{p})}(\boldsymbol{q} = 0) = \sum_i \frac{e_i}{m_i} \hat{\boldsymbol{p}}_i, \quad D^{(0)} \equiv \frac{1}{V} \sum_i \frac{e_i^2}{m_i} \tag{8.106}$$

と表せるが，上式には $1/\omega$ の因子がついており，$\sigma_{\mathrm{DC}}$ が発散しそうである．しかし物理的に考えると，通常は $\sigma_{\mathrm{DC}}$ は発散しないはずだ．実際，全分極演

算子 $\mathcal{P}^{(0)} \equiv \sum_i e_i \hat{\boldsymbol{r}}_i$ に対して，$\dot{\mathcal{P}}^{(0)} = \mathcal{J}^{(0)}$ が成り立つので，式 (4.65) に $\mathcal{A} = \mathcal{J}^{(0)} \cdot \boldsymbol{e}, \mathcal{B} = \boldsymbol{e} \cdot \mathcal{P}^{(0)}$ を代入した混合性の条件，

$$\overline{\left\langle\!\left\langle \left(\boldsymbol{e} \cdot \mathcal{J}^{(0)}(t)\right)\left(\mathcal{J}^{(0)} \cdot \boldsymbol{e}\right)\right\rangle\!\right\rangle_{\mathrm{eq}}} = 0 \tag{8.107}$$

が満たされていれば，式 (4.66) に当たる，

$$\frac{1}{V}\chi_{\boldsymbol{e}\cdot\mathcal{J}^{(0)},\mathcal{J}^{(0)}\cdot\boldsymbol{e}}(0) = -\frac{1}{V}\cdot\frac{i}{\hbar}\left\langle\!\left\langle\left[\boldsymbol{e}\cdot\mathcal{P}^{(0)}, \mathcal{J}^{(0)}\cdot\boldsymbol{e}\right]_-\right\rangle\!\right\rangle_{\mathrm{eq}} = \frac{1}{V}\sum_i \frac{e_i^2}{m_i} = D^{(0)} \tag{8.108}$$

が成り立ち，式 (8.105) は，

$$\sigma(\omega) = \frac{1}{V}\frac{1}{i\omega}\left(\chi_{\boldsymbol{e}\cdot\mathcal{J}^{(0)},\mathcal{J}^{(0)}\cdot\boldsymbol{e}}(\omega) - \chi_{\boldsymbol{e}\cdot\mathcal{J}^{(0)},\mathcal{J}^{(0)}\cdot\boldsymbol{e}}(0)\right) \tag{8.109}$$

に帰する．この式は $\omega \to 0$ で $1/\omega$ の因子による自明な発散がないことが明示的で使いやすく，実際の計算にしばしば用いられる．式 (4.25) から $\left(\chi_{\boldsymbol{e}\cdot\mathcal{J}^{(0)},\mathcal{J}^{(0)}\cdot\boldsymbol{e}}(\omega)\right)^* = \chi_{\boldsymbol{e}\cdot\mathcal{J}^{(0)},\mathcal{J}^{(0)}\cdot\boldsymbol{e}}(-\omega)$ が成り立ち[23]，$\chi_{\boldsymbol{e}\cdot\mathcal{J}^{(0)},\mathcal{J}^{(0)}\cdot\boldsymbol{e}}(\omega)$ の実部は $\omega$ の偶関数，虚部は $\omega$ の奇関数だから，直流伝導率は，

$$\sigma_{\mathrm{DC}} \equiv \lim_{\omega\to 0}\sigma(\omega) = \lim_{\omega\to 0}\frac{1}{V}\frac{\mathrm{Im}\chi_{\boldsymbol{e}\cdot\mathcal{J}^{(0)},\mathcal{J}^{(0)}\cdot\boldsymbol{e}}(\omega)}{\omega} = \frac{1}{V}\left.\frac{d\mathrm{Im}\chi_{\boldsymbol{e}\cdot\mathcal{J}^{(0)},\mathcal{J}^{(0)}\cdot\boldsymbol{e}}(\omega)}{d\omega}\right|_{\omega=0} \tag{8.110}$$

と表され，期待通り実数になる．

しかし理論計算では，電流を緩和する機構を無視した理想化されたモデルを扱うことも多い．このような場合，混合性の条件 (8.107) が必ずしも満たされず，実際に $\omega = 0$ に $\sigma(\omega)$ の極が現れてしまうことがある．$\sigma(\omega)$ は $\mathrm{Im}\omega \geq 0$ で解析的であるべきだから，この極が本当は $\omega = -i\delta$ に位置すると考えると[24]，$\omega = 0$ 近傍で，

$$\sigma(\omega) \approx \frac{iD^{(\mathrm{D})}}{\omega + i\delta}, \quad \left(\mathrm{Re}\sigma(\omega) \approx \pi D^{(\mathrm{D})}\delta(\omega),\ \mathrm{Im}\sigma(\omega) \approx \frac{D^{(\mathrm{D})}}{\omega}\right) \tag{8.111}$$

$$D^{(\mathrm{D})} \equiv \lim_{\omega\to 0}\mathrm{Re}K_\perp(q = 0, \omega) = D^{(0)} - \frac{1}{V}\lim_{\omega\to 0}\mathrm{Re}\chi_{\boldsymbol{e}\cdot\mathcal{J}^{(0)},\mathcal{J}^{(0)}\cdot\boldsymbol{e}}(\omega) \tag{8.112}$$

が成り立ち[25]，$D^{(\mathrm{D})}$ を **Drude 重み**と呼ぶ．$\mathrm{Re}\sigma(\omega) \geq 0$ だから $D^{(\mathrm{D})} \geq 0$ であ

23) ここでは $\boldsymbol{e}$ を実ベクトルに選ぶ．

24) 久保公式の導出の際，外場を断熱印加するために導入した無限小の $\delta$ を真面目に考慮すると，式 (8.105) において $1/\omega$ の因子を $1/(\omega + i\delta)$ へ修正すべきということである．ただし，この修正は混合性の条件 (8.107) が成立しない系を扱うときにだけ必要である．混合性の有無で $i\delta$ が省略可能か否かが変わるという事情は，式 (4.67) と共通である．

25) 公式 (4.44) に注意．$\mathrm{Re}\sigma(\omega) \to (\pi/2)D^{(\mathrm{D})}\delta(\omega)$ としている文献もあるが，そこでは $\omega > 0$ の制

る．混合性を持たない系では，式 (8.108) の右辺と左辺の差が残るが，この差が Drude 重みを与える．実際に $D^{(\mathrm{D})} > 0$ となった場合には，常に完全導体（$\sigma_{\mathrm{DC}} = +\infty$）という結果になってしまうので，$\sigma_{\mathrm{DC}}$ を金属性の尺度とするのは得策でない．そこで，Drude 重みを金属性の尺度とし，大きな $D^{(\mathrm{D})}$ を持つものを「良い」金属だとみなす．

式 (8.112) では $q = 0$ としてから $\omega \to 0$ とする極限をとったが，今度は逆に $\omega = 0$ としてから $q \to 0$ とする極限，即ち，**Meissner 重み**，

$$D^{(\mathrm{M})} \equiv \lim_{q\to 0} K_{\perp}(q, \omega = 0) = D^{(0)} - \frac{1}{V} \lim_{q\to 0} \chi_{\boldsymbol{e}\cdot\mathcal{J}^{(\mathrm{p})}(\boldsymbol{q}), \mathcal{J}^{(\mathrm{p})}(-\boldsymbol{q})\cdot\boldsymbol{e}}(\omega = 0) \tag{8.113}$$

について考えよう．明らかに $D^{(\mathrm{M})}$ は実数である．通常は式 (8.79) の反磁性総和則が成り立って $D^{(\mathrm{M})} = 0$ となるが，もしこれを破って $D^{(\mathrm{M})} > 0$ となった「異常な」物質があったとすると，式 (8.76) から形式的に $\mu(q \to 0, \omega = 0) = 0$ となり，一様静磁場を物質外部から印加しても，物質内部のバルク領域では $\boldsymbol{B} = 0$ となる（**Meissner-Ochsenfeld 効果**）．17.3 節で詳しく述べるが，ゲージ対称性を自発的に破った系では，このような反磁性総和則の破れが実際に許される．本書では $D^{(\mathrm{M})} > 0$ となる物質を**超伝導体**と呼ぶ．式 (8.113) 右辺の第一項は（自明に存在する）反磁性電流密度，第二項は $\boldsymbol{A}_{\perp}$ によって誘起された常磁性電流密度に由来する．つまり超伝導体は，反磁性総和則が予想するよりも常磁性電流密度の誘起が抑えられ（$\chi_{\boldsymbol{e}\cdot\mathcal{J}^{(\mathrm{p})}(\boldsymbol{q}), \mathcal{J}^{(\mathrm{p})}(-\boldsymbol{q})\cdot\boldsymbol{e}}(\omega = 0)$ が小さくなり），第一項と第二項の打ち消しあいが不完全になった物質だと言える．$D^{(\mathrm{M})}$ が大きいほど「良い」超伝導体である．

4.4 節で述べたように，$K_{\perp}(q, \omega)$ は $q = \omega = 0$ で特異的で，$q \to 0$ としてから $\omega \to 0$ とするか，$\omega \to 0$ としてから $q \to 0$ とするかで異なった極限値に近づくのが普通である[26]．これは，極限のとり方の順序によってエネルギー散逸を伴う応答を考察しているかどうか（複素感受率の虚部が自明にゼロになるか否か）の状況が変わるためであった．ただし，**基底状態からの励起にエネルギーギャップ $\Delta > 0$ が存在する場合**（励起に必要な最小のエネルギーが $\Delta > 0$ である場合）は例外で，Lehmann-Källén 表示から明らかなよう

---

限を設けて $\mathrm{Re}\sigma(\omega)$ を議論しており，$\delta(\omega)$ のピークの寄与を $\omega$ が正と負の領域で半分に割っている．

26) 例として電子密度 $n$ のジェリウムモデルを考えると，並進対称性により電子の全運動量に比例する $\mathcal{J}^{(0)} = (-e/m) \sum_i \hat{\boldsymbol{p}}_i$ が保存する（$\mathcal{J}^{(0)}(t) = \mathcal{J}^{(0)}$）から，任意の $\omega > 0$ に対し $\chi_{\mathcal{J}^{(0)}_{\mu}, \mathcal{J}^{(0)}_{\nu}}(\omega) = 0$（$\Leftrightarrow K_{\mu\nu}(q = 0, \omega) = D^{(0)}\delta_{\mu\nu} = (ne^2/m)\delta_{\mu\nu}$）となる．したがって，$D^{(\mathrm{D})} = \mathrm{Re}K_{\perp}(q = 0, \omega \to 0) = ne^2/m$．一方，この系は反磁性総和則を満たし，$D^{(\mathrm{M})} = K_{\perp}(q \to 0, \omega = 0) = 0$．

に，絶対零度では $\hbar\omega < \Delta$ で恒等的に $\mathrm{Im}\chi_{e\cdot\mathcal{J}^{(0)}(q),\mathcal{J}^{(0)}(-q)\cdot e}(\omega) = 0$ であり，極限操作の順序によらず常に散逸がない応答を考えていることになる．したがって，$K_{\perp}(q,\omega)$ はどちらの順序で極限をとっても同じ値に近づき，**絶対零度において $D^{(\mathrm{D})} = D^{(\mathrm{M})} = 0$ か $D^{(\mathrm{D})} = D^{(\mathrm{M})} > 0$ の二者択一の可能性しかなくなる**[27]．前者の $D^{(\mathrm{D})} = D^{(\mathrm{M})} = 0$ の場合，系は絶縁体である．実際，$D^{(\mathrm{D})} = 0$ だから式(8.110) が成立し，しかも $\hbar\omega < \Delta$ で恒等的に $\mathrm{Im}\chi_{e\cdot\mathcal{J}^{(0)}(q),\mathcal{J}^{(0)}(-q)\cdot e}(\omega) = 0$ なので $\sigma_{\mathrm{DC}} = 0$ である．一方，後者の $D^{(\mathrm{D})} = D^{(\mathrm{M})} > 0$ は，励起にエネルギーギャップがある超伝導体に対応している．このとき，「超伝導」の名に相応しく，電気抵抗がゼロになること（$\sigma_{\mathrm{DC}} = D^{(\mathrm{D})}\delta(0) = +\infty$）に注意しよう．実際に電場を印加したとき，$D^{(\mathrm{D})} = D^{(\mathrm{M})} = 0$ の場合には系が絶縁体なので電流が流れず，$D^{(\mathrm{D})} = D^{(\mathrm{M})} > 0$ の場合には電流が流れるが電気抵抗ゼロなので，いずれにしてもエネルギー散逸はない．

27）D. J. Scalapino, S. R. White and S. C. Zhang: Phys. Rev. B **47**, 7995 (1993).

# 第 9 章

# 金属の電気伝導と光学応答

## 9.1　久保-Greenwood 公式

一電子近似の範囲で伝導率テンソル $\underline{\sigma}(\boldsymbol{q},\omega)$ を論じよう．（第二量子化前の）電子系のハミルトニアンが，一電子ハミルトニアンの和として，

$$\mathcal{H} = \sum_{i=1}^{N} \left( \frac{\hat{\boldsymbol{p}}_i^2}{2m} + V(\hat{\boldsymbol{r}}_i) \right) + (\text{定数}) \tag{9.1}$$

と書けているとする．結晶に格子欠陥や不純物等が存在するような場合も含めて考えたいので，ポテンシャル $V(\boldsymbol{r})$ としてはごく一般的なものを想定する．また，外部電磁場を印加したときの電子系のハミルトニアンは，各電子のハミルトニアンに $-e\phi(\hat{\boldsymbol{r}}_i, t)$ を加え，さらに $\hat{\boldsymbol{p}}_i \rightsquigarrow \hat{\boldsymbol{p}}_i + e\boldsymbol{A}(\hat{\boldsymbol{r}}_i, t)/c$ の置換を行ったものになるとする．これは，8.2 節の用語で言えば，$\boldsymbol{E}$ 法を採用したことを意味する．

中野-久保公式 (8.57) を計算の出発点とし，電子が運ぶ電流に対して定義される伝導率テンソル $\underline{\sigma}(\boldsymbol{q},\omega)$ の各成分を，

$$\sigma_{\mu\nu}(\boldsymbol{q},\omega) = -\frac{1}{i\omega} K_{\mu\nu}(\boldsymbol{q},\omega) = \frac{1}{i\omega} \left( \frac{1}{V} \chi_{\mathcal{J}^{(\mathrm{p})}_{\mu}(\boldsymbol{q}) \mathcal{J}^{(\mathrm{p})}_{\nu}(-\boldsymbol{q})}(\omega) - D^{(0)} \delta_{\mu\nu} \right) \tag{9.2}$$

と書く．ただし，$n$ を電子密度として，

$$\boldsymbol{\mathcal{J}}^{(\mathrm{p})}(\boldsymbol{q}) \equiv -\frac{e}{2m} \sum_i \left[ \hat{\boldsymbol{p}}_i, e^{-i\boldsymbol{q}\cdot\hat{\boldsymbol{r}}_i} \right]_+, \quad D^{(0)} \equiv \frac{ne^2}{m} \tag{9.3}$$

である．通常の電気伝導や光学伝導において，格子欠陥や不純物による散乱効果のために系が混合性を持つ場合，$\sigma(\boldsymbol{q},\omega \to 0)$ が無条件に発散するとは考えられないから，

$$\underline{K}(\boldsymbol{q}, \omega = 0) = 0 \tag{9.4}$$

$$\Leftrightarrow \ \sigma_{\mu\nu}(\boldsymbol{q}, \omega) = \frac{1}{i\omega} \cdot \frac{1}{V} \left( \chi_{\mathcal{J}_\mu^{(p)}(\boldsymbol{q}), \mathcal{J}_\nu^{(p)}(-\boldsymbol{q})}(\omega) - \chi_{\mathcal{J}_\mu^{(p)}(\boldsymbol{q}), \mathcal{J}_\nu^{(p)}(-\boldsymbol{q})}(0) \right) \tag{9.5}$$

が成り立つと予想できる．正確に言うと，上式は $q$ について一次近似で正しい[1]．

一電子状態の軌道部分を張る完全正規直交系 $\{|\alpha)\}$ を，一電子 Schrödinger 方程式，

$$\left( \frac{\hat{\boldsymbol{p}}^2}{2m} + V(\hat{\boldsymbol{r}}) \right) |\alpha) = \epsilon_\alpha |\alpha) \tag{9.6}$$

を満たすように選び，軌道部分が $|\alpha)$，スピンが $|\sigma =\uparrow, \downarrow)$ の状態にある電子を一つ作る・消す演算子を $c_{\alpha\sigma}^\dagger, c_{\alpha\sigma}$ とすれば，

$$\mathcal{H} - \mu\mathcal{N} = \sum_{\alpha\sigma} (\epsilon_\alpha - \mu) c_{\alpha\sigma}^\dagger c_{\alpha\sigma} + (\text{定数}) \tag{9.7}$$

$$\boldsymbol{\mathcal{J}}^{(p)}(\boldsymbol{q}) = \sum_{\alpha\alpha'\sigma} (\alpha|\hat{\boldsymbol{j}}^{(p)}(\boldsymbol{q})|\alpha') c_{\alpha\sigma}^\dagger c_{\alpha'\sigma}, \quad \hat{\boldsymbol{j}}^{(p)}(\boldsymbol{q}) \equiv \frac{-e}{2m} \left[ \hat{\boldsymbol{p}}, e^{-i\boldsymbol{q}\cdot\hat{\boldsymbol{r}}} \right]_+ \tag{9.8}$$

と書けるので，相互作用がない場合の複素感受率の表式 (4.73) から，

$$\frac{1}{V} \chi_{\mathcal{J}_\mu^{(p)}(\boldsymbol{q}) \mathcal{J}_\nu^{(p)}(-\boldsymbol{q})}(\omega) = -\frac{2}{V} \sum_{\alpha_1\alpha_2} \frac{(f(\epsilon_{\alpha_1}) - f(\epsilon_{\alpha_2}))(\alpha_1|\hat{j}_\mu^{(p)}(\boldsymbol{q})|\alpha_2)(\alpha_2|\hat{j}_\nu^{(p)}(-\boldsymbol{q})|\alpha_1)}{\hbar\omega + \epsilon_{\alpha_1} - \epsilon_{\alpha_2} + i\delta} \tag{9.9}$$

を得る（右辺の 2 倍の因子はスピンの和から生じる）．この結果を式 (9.5) に代入して整理すれば，

$$\sigma_{\mu\nu}(\boldsymbol{q}, \omega) = -2 \frac{i\hbar}{V} \sum_{\alpha_1\alpha_2} \frac{f(\epsilon_{\alpha_1}) - f(\epsilon_{\alpha_2})}{\epsilon_{\alpha_1} - \epsilon_{\alpha_2}} \cdot \frac{(\alpha_1|\hat{j}_\mu^{(p)}(\boldsymbol{q})|\alpha_2)(\alpha_2|\hat{j}_\nu^{(p)}(-\boldsymbol{q})|\alpha_1)}{\hbar\omega + \epsilon_{\alpha_1} - \epsilon_{\alpha_2} + i\delta} \tag{9.10}$$

に至る[2]．

---

1）系が巨視的に見て等方的であるとしよう．縦場に対する伝導率については，式 (8.78) から式 (9.4) が厳密に成り立つ．横場に対する伝導率については，式 (8.79) から $K_\perp(q, \omega = 0) = O(q^2)$ $(q \to 0)$ となり，式 (9.4) は厳密な式ではなくなるが，$O(q^2)$ の寄与を無視する範囲では成立する．

2）略さず計算すると，右辺の Fermi 分布関数を使って書けている部分は，

$$\frac{f(\epsilon_{\alpha_1}) - f(\epsilon_{\alpha_2})}{\epsilon_{\alpha_1} - \epsilon_{\alpha_2} + i\delta} = \mathrm{P}\frac{f(\epsilon_{\alpha_1}) - f(\epsilon_{\alpha_2})}{\epsilon_{\alpha_1} - \epsilon_{\alpha_2}} - i\pi \left( f(\epsilon_{\alpha_1}) - f(\epsilon_{\alpha_2}) \right) \delta \left( \epsilon_{\alpha_1} - \epsilon_{\alpha_2} \right)$$

となるが，右辺の虚部は $\delta$ 関数の引数がゼロのとき，係数もゼロになるので消える．また，右辺の実部は $\epsilon_{\alpha_1} \to \epsilon_{\alpha_2}$ としても発散しないので，積分時に主値をとることを示す記号 P は不要になる．

通常の光学応答や直流伝導を扱う際には $\underline{\sigma}(\omega) \equiv \underline{\sigma}(\boldsymbol{q} = 0, \omega)$ を考えればよい．実際，式 (8.99) で示したように，系に吸収された光のエネルギーは Joule 熱として消費されるので，光吸収スペクトルは，$\boldsymbol{e}$ を Jones ベクトルとして，

$$
\begin{aligned}
&\mathrm{Re}\left(\boldsymbol{e}\cdot\left(\underline{\sigma}(\omega)\boldsymbol{e}\right)\right)\\
&= 2\frac{e^2\hbar}{V}\sum_{\alpha_1\alpha_2}\frac{f(\epsilon_{\alpha_1})-f(\epsilon_{\alpha_2})}{\epsilon_{\alpha_1}-\epsilon_{\alpha_2}}\mathrm{Im}\left(\frac{(\alpha_1|\boldsymbol{e}\cdot\hat{\boldsymbol{p}}/m|\alpha_2)(\alpha_2|\hat{\boldsymbol{p}}\cdot\boldsymbol{e}/m|\alpha_1)}{\hbar\omega+\epsilon_{\alpha_1}-\epsilon_{\alpha_2}+i\delta}\right)\\
&= -\frac{2\pi e^2\hbar}{V}\sum_{\alpha_1\alpha_2}\frac{f(\epsilon_{\alpha_1}+\hbar\omega)-f(\epsilon_{\alpha_1})}{\hbar\omega}\left|(\alpha_2|\frac{\hat{\boldsymbol{p}}\cdot\boldsymbol{e}}{m}|\alpha_1)\right|^2\delta\left(\hbar\omega+\epsilon_{\alpha_1}-\epsilon_{\alpha_2}\right) \qquad (9.11)
\end{aligned}
$$

に比例する．ここで式 (4.44) を用いた．上式は**久保-Greenwood 公式**[3)]，

$$
\mathrm{Re}\left(\boldsymbol{e}\cdot\left(\underline{\sigma}(\omega)\boldsymbol{e}\right)\right) = -\int\frac{f(\epsilon+\hbar\omega)-f(\epsilon)}{\hbar\omega}\tilde{\sigma}(\omega;\epsilon)d\epsilon \qquad (9.12)
$$

$$
\tilde{\sigma}(\omega;\epsilon) \equiv \frac{2\pi e^2\hbar}{V}\sum_{\alpha_1\alpha_2}\left|(\alpha_2|\frac{\hat{\boldsymbol{p}}\cdot\boldsymbol{e}}{m}|\alpha_1)\right|^2\delta\left(\hbar\omega+\epsilon-\epsilon_{\alpha_2}\right)\delta\left(\epsilon-\epsilon_{\alpha_1}\right) \qquad (9.13)
$$

に変形できる．温度依存性はすべて $-(f(\epsilon+\hbar\omega)-f(\epsilon))/\hbar\omega$ に押し込められており，$\tilde{\sigma}(\omega;\epsilon)$ は温度によらない．

最後に $\omega \to 0$ として，直流伝導率を求めよう．式 (4.26) から，系の時間反転対称性が破れていなければ，$\sigma_{\mu\nu}(\omega) = \sigma_{\nu\mu}(\omega)$ が成立し，$\underline{\sigma}_{\mathrm{DC}} = \lim_{\omega\to 0}\underline{\sigma}(\omega)$ が対称テンソルであることがわかる．したがって，$\underline{\sigma}_{\mathrm{DC}}$ の三つの固有ベクトルは互いに直交する．そこでそれらの方向が $x, y, z$ 軸と一致する座標系を選ぶと[4)]，直流伝導率テンソルは対角成分しか持たず，それらを，

$$
\sigma_{\mathrm{DC},\mu\mu} \equiv \sigma_{\mu\mu}(\omega\to 0) = -\int\frac{\partial f}{\partial\epsilon}\tilde{\sigma}_{\mu\mu}(\epsilon)d\epsilon \qquad (9.14)
$$

$$
\tilde{\sigma}_{\mu\mu}(\epsilon) \equiv \frac{2\pi e^2\hbar}{V}\sum_{\alpha_1\alpha_2}\left|(\alpha_2|\frac{\hat{p}_\mu}{m}|\alpha_1)\right|^2\delta\left(\epsilon-\epsilon_{\alpha_2}\right)\delta\left(\epsilon-\epsilon_{\alpha_1}\right) \qquad (9.15)
$$

と表せる[5)]．特に**電子系が Fermi 縮退している場合には，** $-\partial f/\partial\epsilon \approx \delta(\epsilon-\epsilon_{\mathrm{F}})$ と近似できるので，

---

3）D. A. Greenwood: Proc. Phys. Soc. **71**, 585 (1958).

4）実際には，系の対称性に着目することにより，対角化を行わずに座標系の選び方がわかる場合が多い．

5）D. A. Greenwood: Proc. Phys. Soc. **71**, 585 (1958).

$$\sigma_{\mathrm{DC},\mu\mu} = \frac{2\pi e^2\hbar}{V}\sum_{\alpha_1\alpha_2}\left|(\alpha_2|\frac{\hat{p}_\mu}{m}|\alpha_1)\right|^2 \delta(\epsilon_{\mathrm{F}} - \epsilon_{\alpha_2})\,\delta(\epsilon_{\mathrm{F}} - \epsilon_{\alpha_1}) \tag{9.16}$$

となり，**直流伝導率が Fermi 準位直上の一電子状態の情報だけで決まる**ことになる．典型的な金属では，室温でも電子が Fermi 縮退しており，上式が妥当である．

ここで，$\dot{\hat{\boldsymbol{r}}} = \hat{\boldsymbol{p}}/m$ であることを思い出すと，さらに一歩進んで，

$$(\alpha_2|\frac{\hat{\boldsymbol{p}}}{m}|\alpha_1) = (\alpha_2|\dot{\hat{\boldsymbol{r}}}|\alpha_1) = (\alpha_2|\frac{1}{i\hbar}\left[\hat{\boldsymbol{r}}, \frac{\hat{\boldsymbol{p}}^2}{2m} + V(\hat{\boldsymbol{r}})\right]_- |\alpha_1) = \frac{\epsilon_{\alpha_1} - \epsilon_{\alpha_2}}{i\hbar}(\alpha_2|\hat{\boldsymbol{r}}|\alpha_1) \tag{9.17}$$

と変形できそうな気がするが，上式を式 (9.16) に代入すると $\sigma_{\mathrm{DC},\mu\mu} \overset{?}{=} 0$ となり，あらゆる物質が絶縁体という非物理的な結論しか得られなくなってしまう．一般に，無限系では非有界演算子 $\hat{\boldsymbol{r}}$ の行列要素の値が不定になりうるため，上記の変形を無条件には行えない．有限確定値をとる $\hat{\boldsymbol{p}}$ の行列要素に余計な手を加えない方が賢いのだ．ただし，例外的に上記の変形が有効な場合がある．格子欠陥や不純物による結晶の乱れが強く，Fermi 面上にあるすべての一電子状態が空間的に局在した状態（**局在状態**）になった場合には，$\hat{\boldsymbol{r}}$ の行列要素が有限確定値になるので，上記の変形が正当化され，真に $\sigma_{\mathrm{DC},\mu\mu} = 0$ となり，系は絶縁体（**Anderson 絶縁体**）になる．

## 9.2　Drude 公式

久保-Greenwood 公式は非常に一般的な公式だが，実際に不純物や格子欠陥等のポテンシャルを考慮した Schrödinger 方程式を解くのは骨が折れる．また，電子を散乱する（電流を緩和させる）機構は，不純物散乱や格子欠陥のように一電子ポテンシャルで表現できるもの，即ち散乱の前後で電子のエネルギーを変化させない**弾性散乱**ばかりではない．格子振動による散乱や，電子間散乱などのように散乱の前後で電子のエネルギーを変化させる**非弾性散乱**も存在する．そこで以下では，散乱機構の詳細に立ち入るのをひとまずやめて，散乱機構を現象論的に扱うことを目指そう．

まず，完全な結晶の伝導率をすべての散乱機構を無視して計算することから始めよう．即ち，一電子 Schrödinger 方程式 (9.6) において，一電子ポテンシャル $V(\boldsymbol{r})$ が結晶の周期を持つポテンシャルを表すとし，一電子 Schrödinger 方程式を解いて得られるバンド分散を $\epsilon_{n,\boldsymbol{k}}$，対応する Bloch 状態を $|n, \boldsymbol{k})$ とお

く（$n$ はバンドを指定する添字，$\boldsymbol{k}$ は Bloch 波数）．式 (5.40) から，Bloch 波数に関する選択則，

$$(n_1, \boldsymbol{k}_1|\hat{\boldsymbol{j}}^{(\mathrm{p})}(\boldsymbol{q})|n_2, \boldsymbol{k}_2) = (n_1, \boldsymbol{k}_1|\hat{\boldsymbol{j}}^{(\mathrm{p})}(\boldsymbol{q})|n_2, \boldsymbol{k}_2)\delta_{\boldsymbol{k}_1, \boldsymbol{k}_2 - \boldsymbol{q}} \tag{9.18}$$

が導かれるので（ここでは $\boldsymbol{q}$ が小さいとしているので，$\boldsymbol{k}_2 - \boldsymbol{q}$ が第一 Brillouin ゾーンからはみ出すことはないとする），式 (9.10) は，

$$\sigma_{\mu\nu}(\boldsymbol{q}, \omega) = -2\frac{i\hbar}{V}\sum_{n_1,n_2}\sum_{\boldsymbol{k}}\frac{f(\epsilon_{n_1,\boldsymbol{k}}) - f(\epsilon_{n_2,\boldsymbol{k}+\boldsymbol{q}})}{\epsilon_{n_1,\boldsymbol{k}} - \epsilon_{n_2,\boldsymbol{k}+\boldsymbol{q}}} \times \frac{(n_1, \boldsymbol{k}|\hat{j}_\mu^{(\mathrm{p})}(\boldsymbol{q})|n_2, \boldsymbol{k}+\boldsymbol{q})(n_2, \boldsymbol{k}+\boldsymbol{q}|\hat{j}_\nu^{(\mathrm{p})}(-\boldsymbol{q})|n_1, \boldsymbol{k})}{\hbar\omega + \epsilon_{n_1,\boldsymbol{k}} - \epsilon_{n_2,\boldsymbol{k}+\boldsymbol{q}} + i\delta} \tag{9.19}$$

を導く．

以下では系が金属で，電子によって部分的に占有されているバンドが $n = n_{\mathrm{F}}$ のバンドだけだとする．つまり，$n \neq n_{\mathrm{F}}$ のバンドは $n = n_{\mathrm{F}}$ のバンドから十分に大きなエネルギーで隔てられていて，考えている温度領域において，$n < n_{\mathrm{F}}$ のバンドは電子によって完全に占有され（$f(\epsilon_{n,\boldsymbol{k}}) = 1$），$n > n_{\mathrm{F}}$ のバンドは空席（$f(\epsilon_{n,\boldsymbol{k}}) = 0$）であるとする．このとき，$\boldsymbol{q}$ と $\omega$ が十分小さければ，式 (9.19) の $n_1, n_2$ についての和において，$n_1 = n_2 = n_{\mathrm{F}}$ の寄与が主要項となる．そこで，この寄与だけを残し，

$$\epsilon_{n_{\mathrm{F}},\boldsymbol{k}} - \epsilon_{n_{\mathrm{F}},\boldsymbol{k}+\boldsymbol{q}} \approx -\boldsymbol{v}_{\boldsymbol{k}} \cdot \hbar\boldsymbol{q}, \quad \boldsymbol{v}_{\boldsymbol{k}} \equiv \hbar^{-1}\nabla_{\boldsymbol{k}}\epsilon_{n_{\mathrm{F}},\boldsymbol{k}} \tag{9.20}$$

$$f(\epsilon_{n_{\mathrm{F}},\boldsymbol{k}}) - f(\epsilon_{n_{\mathrm{F}},\boldsymbol{k}+\boldsymbol{q}}) \approx (\partial f/\partial\epsilon)_{\epsilon=\epsilon_{n_{\mathrm{F}},\boldsymbol{k}}}(-\boldsymbol{v}_{\boldsymbol{k}} \cdot \hbar\boldsymbol{q}) \tag{9.21}$$

と $\boldsymbol{q}$ について一次近似する．また，$\hat{\boldsymbol{j}}^{(\mathrm{p})}(-\boldsymbol{q})$ の行列要素については，選択則以外の $\boldsymbol{q}$ 依存性を無視し，式 (6.50) を使って，

$$(n_{\mathrm{F}}, \boldsymbol{k}+\boldsymbol{q}|\hat{\boldsymbol{j}}^{(\mathrm{p})}(-\boldsymbol{q})|n_{\mathrm{F}}, \boldsymbol{k}) \approx -e(n_{\mathrm{F}}, \boldsymbol{k}|\frac{\hat{\boldsymbol{p}}}{m}|n_{\mathrm{F}}, \boldsymbol{k}) = -e\boldsymbol{v}_{\boldsymbol{k}} \tag{9.22}$$

と評価する．以上の結果を式 (9.19) へ代入すると，

$$\sigma_{\mu\nu}(\boldsymbol{q}, \omega) = 2\frac{i\hbar e^2}{V}\sum_{\boldsymbol{k}}\left(-\frac{\partial f}{\partial\epsilon}\right)_{\epsilon=\epsilon_{n_{\mathrm{F}},\boldsymbol{k}}}\frac{v_{\boldsymbol{k},\mu}v_{\boldsymbol{k},\nu}}{\hbar\omega - \hbar\boldsymbol{v}_{\boldsymbol{k}} \cdot \boldsymbol{q} + i\delta} \tag{9.23}$$

を得る．

しかし，この議論には穴がある．式 (9.4) は系が混合性を有することを前提としているが，電子が散乱される機構がなければ混合性を期待できない．そこで，上式に電子が散乱される効果を現象論的に導入するために，「*ad hoc* な

（その場凌ぎの）」処置として，無限小の $\delta$ を有限の定数 $\hbar/\tau_{\mathrm{tr}}$ へ置き換える**緩和時間近似**を行う．無限小の不可逆性を導入している $\delta$ を有限の大きさにすれば，散乱による電流の緩和（これは不可逆現象である）を考慮できるだろうというわけだ．ここで導入された $\tau_{\mathrm{tr}}$ は**輸送緩和時間**と呼ばれ，電流の緩和を特徴づける時間を表す．その結果，

$$\sigma_{\mu\nu}(\boldsymbol{q},\omega) = \frac{2e^2}{V}\sum_{\boldsymbol{k}}\left(-\frac{\partial f}{\partial \epsilon}\right)_{\epsilon=\epsilon_{n_{\mathrm{F}},\boldsymbol{k}}} \frac{v_{\boldsymbol{k},\mu}v_{\boldsymbol{k},\nu}\tau_{\mathrm{tr}}}{1-i\left(\omega-\boldsymbol{v}_{\boldsymbol{k}}\cdot\boldsymbol{q}\right)\tau_{\mathrm{tr}}} \tag{9.24}$$

に至る．

通常の光学応答や直流電気伝導を考える際に必要な伝導率は，$\boldsymbol{e}$ を印加電場の Jones ベクトルとして $\boldsymbol{e}\cdot\left(\underline{\sigma}(\boldsymbol{q}=0,\omega)\boldsymbol{e}\right)$ であり，**Drude 公式**[6)]，

$$\sigma(\omega) \equiv \boldsymbol{e}\cdot\left(\underline{\sigma}(\boldsymbol{q}=0,\omega)\boldsymbol{e}\right) = \frac{ne^2\tau_{\mathrm{tr}}}{m_{\mathrm{b}}}\frac{1}{1-i\omega\tau_{\mathrm{tr}}} = \frac{ine^2}{m_{\mathrm{b}}}\frac{1}{\omega+i/\tau_{\mathrm{tr}}} \tag{9.25}$$

の形に表せる．ここで，$n_{\mathrm{F}}$ 番目のバンドを占有する電子の数密度を $n \equiv \sum_{\boldsymbol{k}} 2f(\epsilon_{n_{\mathrm{F}},\boldsymbol{k}})/V$ として，

$$\frac{1}{m_{\mathrm{b}}} \equiv \frac{2}{nV}\sum_{\boldsymbol{k}}\left(-\frac{\partial f}{\partial \epsilon}\right)_{\epsilon=\epsilon_{n_{\mathrm{F}},\boldsymbol{k}}}(\boldsymbol{e}\cdot\boldsymbol{v}_{\boldsymbol{k}})(\boldsymbol{v}_{\boldsymbol{k}}\cdot\boldsymbol{e}) \tag{9.26}$$

である．部分積分により，逆有効質量テンソル $(\underline{m_{\mathrm{b}}}^{-1})_{\mu\nu} \equiv \hbar^{-2}\partial^2\epsilon_{n_{\mathrm{F}},\boldsymbol{k}}/\partial k_\mu \partial k_\nu$ を使って，

$$\frac{1}{m_{\mathrm{b}}} = \frac{2}{nV}\sum_{\boldsymbol{k}}\left(-\frac{1}{\hbar^2}\left((\boldsymbol{e}\cdot\nabla_{\boldsymbol{k}})f\left(\epsilon_{n_{\mathrm{F}},\boldsymbol{k}}\right)\right)\left((\nabla_{\boldsymbol{k}}\cdot\boldsymbol{e})\epsilon_{n_{\mathrm{F}},\boldsymbol{k}}\right)\right) = \frac{\sum_{\boldsymbol{k}} f(\epsilon_{\boldsymbol{k}})\boldsymbol{e}\cdot(\underline{m_{\mathrm{b}}}^{-1}\boldsymbol{e})}{\sum_{\boldsymbol{k}} f(\epsilon_{\boldsymbol{k}})} \tag{9.27}$$

とも表せ，$1/m_{\mathrm{b}}$ は各電子が持つ $\boldsymbol{e}$ 方向の逆有効質量 $\boldsymbol{e}\cdot(\underline{m_{\mathrm{b}}}^{-1}\boldsymbol{e})$ の平均値に等しい．ただし，電子が Fermi 縮退している場合には $-\partial f/\partial\epsilon \approx \delta(\epsilon-\epsilon_{\mathrm{F}})$ と近似できるので，そのまま式 (9.26) を用いた方が，$1/m_{\mathrm{b}}$ を Fermi 面近傍の $\epsilon_{n_{\mathrm{F}},\boldsymbol{k}}$ の情報だけから計算できて便利である．いずれにしても，**Drude 公式の計算にバンド分散 $\epsilon_{n_{\mathrm{F}},\boldsymbol{k}}$ の情報のみが必要で，$|n_{\mathrm{F}},\boldsymbol{k})$ の情報は要らない**ことに注意しよう．

直流伝導率は $\omega\to 0$ とすれば求まり，

---

6) P. Drude: Ann. Physik **306**, 566 (1900); *ibid.* **308**, 369 (1900).

$$\sigma_{\text{DC}} = \sigma(\omega \to 0) = \frac{ne^2\tau_{\text{tr}}}{m_{\text{b}}} \tag{9.28}$$

となる．この結果は $\tau_{\text{tr}}$ を有限に留めたまま $\omega \to 0$ とすることで得られたものである．散乱機構を無限小（$\hbar/\tau_{\text{tr}} \to +0$）にしてから，$\omega = 0$ 近傍に着目すると，式 (4.44) から，

$$\text{Re}\sigma(\omega) \to \pi\frac{ne^2}{m_{\text{b}}}\delta(\omega), \quad \omega\text{Im}\sigma(\omega) \to \frac{ne^2}{m_{\text{b}}} \tag{9.29}$$

を得る．つまり，Drude 重みは $D^{(\text{D})} = ne^2/m_{\text{b}}$ である．

本節を終える前に，式 (9.24) で行った「*ad hoc* な」緩和時間近似の成立条件について論じておこう．この近似が正当化されるためには，（少なくとも）Fermi 面近傍の一電子状態が Bloch 状態でよく近似され，散乱によって大きく乱されないことが必要である．輸送緩和時間 $\tau_{\text{tr}}$ は，電子が散乱されずに動ける特徴的な時間だから，Fermi 面上の $\boldsymbol{v}_{\boldsymbol{k}}$ の特徴的な大きさ（**Fermi 速度**）を $v_{\text{F}}$ として，電子が散乱されずに動ける長さ（**平均自由行程**）は $\ell \equiv v_{\text{F}}\tau_{\text{tr}}$ 程度である．この長さスケールにわたって，一電子状態の Bloch 波数が精度よく定義できなければならないので，$k_{\text{F}}$ を Fermi 波数として，$k_{\text{F}}\ell \gg 1$ が要求される．この条件は，電子の運動を古典力学で扱えるための条件と言ってもよい．電子に対する特徴的な長さのスケールが平均自由行程 $\ell$，運動量のスケールが $\hbar k_{\text{F}}$ だから，電子の運動を古典力学で扱えるのは，電子の位置と運動量の測定誤差 $\Delta x$ と $\Delta p$ が，$\Delta x \ll \ell$ かつ $\Delta p \ll \hbar k_{\text{F}}$ を満たす場合である．これらの条件が不確定性関係 $\Delta x\Delta p \gtrsim \hbar$ と両立するには，$k_{\text{F}}\ell \gg 1$ でなければならない．逆に，$k_{\text{F}}\ell \lesssim 1$ では，Drude 公式からのずれが大きくなると予想される．低温領域でこのずれを議論する際には，量子効果（特に電子の波動性を反映した干渉効果）の考察を要する．

実際に $n_{\text{F}}$ 番目のバンドを占有する電子の運動を古典力学で扱ってみよう．即ち，各電子に振動電場 $\boldsymbol{E}e^{-i\omega t}$ による力と，緩和時間 $\tau_{\text{tr}}$ の粘性抵抗力だけが働くとし，電子の全運動量 $\boldsymbol{P}$ が Newton 方程式，

$$\dot{\boldsymbol{P}} = -enV\boldsymbol{E}e^{-i\omega t} - \frac{\boldsymbol{P}}{\tau_{\text{tr}}} \tag{9.30}$$

に従って時間変化すると考える．この線形常微分方程式の定常解（$t \gg \tau_{\text{tr}}$ の解）は，$\boldsymbol{P}(t) \propto e^{-i\omega t}$ を仮定することによって，$\boldsymbol{P}_\infty(t) = -ienV\boldsymbol{E}e^{-i\omega t}/(\omega + i/\tau_{\text{tr}})$ と求まり，$\boldsymbol{j}^{(\text{in})}(t) \equiv -e\boldsymbol{P}_\infty(t)/Vm_{\text{b}} = \sigma(\omega)\boldsymbol{E}e^{-i\omega t}$ から再び Drude 公式 (9.25) を得る．ただしここで，電子の質量として $m$ ではなく $m_{\text{b}}$ を使ったことに注意しよ

う．電子の運動を古典力学で扱うと言っても，電子の重心速度と運動量の関係には，バンド分散 $\epsilon_{n_{\rm F},\boldsymbol{k}}$ の情報が反映されている．このバンド分散は量子力学の帰結なので，Drude 公式の扱いを単に古典的とは言わず，**準古典的**と言う．

## 9.3　金属の光学応答

式 (8.73) を使えば，伝導率の Drude 公式 (9.25) から誘電率の Drude 公式，

$$\epsilon(\omega) = 1 + \frac{i\left(\omega_{\rm p}\tau_{\rm tr}\right)^2}{\omega\tau_{\rm tr}(1 - i\omega\tau_{\rm tr})} \tag{9.31}$$

を導ける．ここで，

$$\omega_{\rm p} \equiv \sqrt{\frac{4\pi ne^2}{m_{\rm b}}} \tag{9.32}$$

は**プラズマ振動数**と呼ばれ，電子の集団運動を特徴づける振動数である（この点については 11.3 節で詳しく述べる）．$m_{\rm b}$ を電子の静止質量程度と見積もると，$r_{\rm s}$ パラメーターを用いて，$\hbar\omega_{\rm p} \sim \sqrt{12}r_{\rm s}^{-3/2}{\rm Ry}$ と書け，$r_s = 2 \sim 6$ 程度の通常の金属では $\hbar\omega_{\rm p} = 3 \sim 17{\rm eV}$ となる．典型的な金属における緩和時間は $\tau_{\rm tr} \sim 10{\rm fs}$（$\hbar/\tau_{\rm tr} \sim 0.1{\rm eV}$）程度だから，$\omega_{\rm p}\tau_{\rm tr} \gg 1$ が満たされていると考えてよい．そこで，典型的な値として $\omega_{\rm p}\tau_{\rm tr} = 10^2$ を式 (9.31) に代入し，得られた $\epsilon(\omega)$ から光吸収スペクトル（式 (8.98)），表皮長（式 (8.93)），反射係数（式 (8.103)）を求め，両対数グラフとして示したのが図 9.1 である．この図から，$\omega\tau_{\rm tr} \sim 1$ と $\omega \sim \omega_{\rm p}$ において $\omega$ 依存性に大きな変化があることを読み取れる．そこで，以下のように三つの振動数領域に分けて結果を整理しよう．

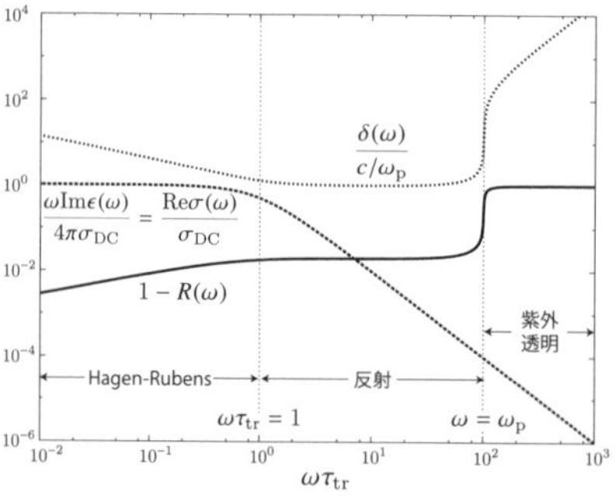


図 9.1　Drude 公式に $\omega_{\rm p}\tau_{\rm tr} = 10^2$ を代入して求めた，無次元化された光吸収スペクトル $\omega{\rm Im}\epsilon(\omega)/4\pi\sigma_{\rm DC} = {\rm Re}\sigma(\omega)/\sigma_{\rm DC}$，無次元化された表皮長 $\omega_{\rm p}\delta(\omega)/c$ および反射係数の 1 からの差分 $1 - R(\omega)$．

(1) Hagen-Rubens の領域（$\omega\tau_{\text{tr}} \ll 1$）：
電子は緩和時間の間に電場の振動を感知できない．つまり，電子にとって $\omega \to 0$ と大差ない状況であって，

$$\epsilon(\omega) \approx i\frac{\omega_{\text{p}}^2\tau_{\text{tr}}}{\omega} = \frac{4\pi i\sigma_{\text{DC}}}{\omega}, \quad \sigma(\omega) \approx \sigma_{\text{DC}} = \frac{ne^2\tau_{\text{tr}}}{m_{\text{b}}} \tag{9.33}$$

と評価できる．このとき $\omega\text{Im}\epsilon(\omega)/4\pi = \text{Re}\sigma(\omega) \approx \sigma_{\text{DC}}$ だから，光吸収スペクトルはほとんど $\omega$ 依存性を持たない．複素屈折率は，

$$n(\omega) \equiv (\epsilon(\omega))^{1/2} \approx e^{i\pi/4}\cdot\sqrt{\frac{\omega_{\text{p}}^2\tau_{\text{tr}}}{\omega}} = e^{i\pi/4}\cdot\sqrt{\frac{4\pi\sigma_{\text{DC}}}{\omega}} \tag{9.34}$$

となり，$\text{Re}n(\omega) \approx \text{Im}n(\omega) \gg 1$ である．表皮長，

$$\delta(\omega) \equiv \frac{c}{\text{Im}n(\omega)\omega} \approx \frac{c}{\omega_{\text{p}}}\sqrt{\frac{2}{\omega\tau_{\text{tr}}}} = \frac{c}{\sqrt{2\pi\sigma_{\text{DC}}\omega}} \tag{9.35}$$

は $c/\omega_{\text{p}}$ に比べて長く，$\omega^{-1/2}$ に比例して減少する．また，$|n(\omega)| \gg 1$ であるため反射係数 $R$ は 1 に近い値をとり，**Hagen-Rubens の関係式**[7)]，

$$R(\omega) \equiv \left|\frac{1-n(\omega)}{1+n(\omega)}\right|^2 \approx 1 - 4\text{Re}\frac{1}{n(\omega)} \approx 1 - 2\sqrt{\frac{2\omega}{\omega_{\text{p}}^2\tau_{\text{tr}}}} = 1 - \sqrt{\frac{2\omega}{\pi\sigma_{\text{DC}}}} \tag{9.36}$$

に従う．$1 - R(\omega)$ は $\omega^{1/2}$ に比例して増大する．

(2) 反射領域（$1 \ll \omega\tau_{\text{tr}} \ll \omega_{\text{p}}\tau_{\text{tr}}$）：
緩和時間内に電子が電場の激しい振動を感じる場合である．複素誘電率は，

$$\epsilon(\omega) \approx -\frac{\omega_{\text{p}}^2}{\omega^2} + i\frac{\omega_{\text{p}}^2}{\omega^3\tau_{\text{tr}}} = -\left(\frac{\omega_{\text{p}}}{\omega}\right)^2\left(1 - i\frac{1}{\omega\tau_{\text{tr}}}\right) \tag{9.37}$$

と評価され，光吸収スペクトルは $\omega^{-2}$ に比例して減少する．複素屈折率は，

$$n(\omega) \equiv (\epsilon(\omega))^{1/2} \approx i\frac{\omega_{\text{p}}}{\omega}\left(1 - \frac{i}{2\omega\tau_{\text{tr}}}\right) = \frac{\omega_{\text{p}}}{\omega}\left(\frac{1}{2\omega\tau_{\text{tr}}} + i\right) \tag{9.38}$$

となり，$\text{Im}n(\omega) \gg 1$ かつ $\text{Re}n(\omega) \ll \text{Im}n(\omega)$ である．表皮長は，

---

7）E. Hagen and H. Rubens: Ann. Physik **316**, 873 (1903).

$$\delta(\omega) \equiv \frac{c}{\mathrm{Im}n(\omega)\omega} \approx \frac{c}{\omega_\mathrm{p}} \tag{9.39}$$

となり，ほとんど $\omega$ 依存性を持たず，通常の金属では $10^{-7}$m 程度である．Hagen-Rubens の領域と同様に $|n(\omega)| \gg 1$ だから，反射係数は 1 に近いが，

$$R(\omega) \approx 1 - 4\mathrm{Re}\frac{1}{n(\omega)} \approx 1 - \frac{2}{\omega_\mathrm{p}\tau_\mathrm{tr}} \tag{9.40}$$

だから，$1 - R(\omega)$ はほとんど $\omega$ 依存性を持たない．

(3) 紫外透明領域（$\omega \gg \omega_\mathrm{p}$）：
$\omega_\mathrm{p}$ は電子の運動を特徴づける振動数であるので，$\omega \gg \omega_\mathrm{p}$ では電子系が電場の振動に応答できなくなり，$\epsilon(\omega)$ および $n(\omega)$ は 1 へ近づく．実際に複素誘電率と複素屈折率を評価すると，

$$\epsilon(\omega) \approx 1 - \frac{\omega_\mathrm{p}^2}{\omega^2} + i\frac{\omega_\mathrm{p}^2}{\omega^3\tau_\mathrm{tr}}, \quad n(\omega) \equiv (\epsilon(\omega))^{1/2} \approx 1 - \frac{\omega_\mathrm{p}^2}{2\omega^2} + i\frac{\omega_\mathrm{p}^2}{2\omega^3\tau_\mathrm{tr}} \tag{9.41}$$

となり，$\mathrm{Im}n(\omega) \ll 1 - \mathrm{Re}n(\omega) \ll 1$ である．光吸収スペクトルの $\omega$ 依存性は反射領域と変わらない．一方，表皮長は，

$$\delta(\omega) = \frac{c}{\mathrm{Im}n(\omega)\omega} \approx \frac{c}{\omega_\mathrm{p}} \cdot \frac{2\omega^2\tau_\mathrm{tr}}{\omega_\mathrm{p}} \tag{9.42}$$

となり，$\omega^2$ に比例して増大する．また，$n(\omega)$ が 1 に近いから，反射係数はほとんどゼロである．つまり，金属は幾分透明になる．

可視光の振動数はエネルギー換算で数 eV 程度なので，プラズマ振動数よりも小さく，ほとんどすべて反射される．これが**金属光沢**の起源である．一方，プラズマ振動数より高い振動数を持つ紫外光は金属を透過する．図 9.1 からわかるように，反射係数 $R(\omega)$ は，$\omega = \omega_\mathrm{p}$ 近傍で急激にゼロに落ちるので，実験的にはそのエネルギー位置（**プラズマ端**）から $\omega_\mathrm{p}$ を同定できる．

ここまで，光学応答について調べるのに $\sigma(\boldsymbol{q} = 0, \omega)$ を考えればよいと考えてきた．しかし，極低温（液体 He 温度）の清浄な金属では $\boldsymbol{q} = 0$ とすることが正当化されない場合がある．上述のように，金属の表皮長 $\delta$ は $c/\omega_\mathrm{p} \sim 10^{-7}$m まで短くなりうる．一方，電子の平均自由行程 $\ell$ は，低温の清浄な金属では $10^{-5}$m 程度以上に達する[8]（通常は $10^{-8}$m 程度）．したがって，$\ell \gg \delta$ の

8) 低温極限では電子を散乱する機構として最も重要なのは不純物散乱となる．不純物は原子が置換された形で混じるため，その散乱断面積は格子定数を $a$ として $Q^{(\mathrm{imp})} \sim a^2$ 程度だろ

状況を実現しうる．この場合，電子が感じる電場を空間的に一様とはみなせないので，式 (9.24) に立ち戻り，$\boldsymbol{q}$ 依存性を残したまま $\sigma(\boldsymbol{q},\omega)$ を評価する必要がある．以下では簡単化のために，$\boldsymbol{e}$ を $x$ 軸正の向き，$\boldsymbol{q}$ を $z$ 軸正の向きに選び，低温極限（$-\partial f/\partial\epsilon \to \delta(\epsilon-\epsilon_{\mathrm{F}})$）を考える．また，$\epsilon_{n_{\mathrm{F}},\boldsymbol{k}} = \epsilon_{\mathrm{F}}$ で表される Fermi 面が半径 $k_{\mathrm{F}}$ の球面で，その上で $\boldsymbol{v_k}$ の大きさ（Fermi 速度）が常に $v_{\mathrm{F}}$ に等しいと仮定しよう．このとき，極座標を導入することにより，

$$
\begin{aligned}
\sigma_{\perp}(q,\omega) &\equiv \boldsymbol{e}\cdot\left(\underline{\sigma}(\boldsymbol{q},\omega)\boldsymbol{e}\right) \\
&= \frac{2e^2}{(2\pi)^3}\int_{\mathrm{Fermi}\ 面} \frac{|\boldsymbol{v_k}\cdot\boldsymbol{e}|^2\tau_{\mathrm{tr}}}{1-i(\omega-\boldsymbol{q}\cdot\boldsymbol{v_k})\tau_{\mathrm{tr}}}\frac{dS}{\hbar v_{\mathrm{F}}} \\
&= \frac{2e^2}{(2\pi)^3}\cdot\int_{-1}^{+1} d(\cos\vartheta)\int_0^{2\pi} d\varphi \frac{v_{\mathrm{F}}^2\tau_{\mathrm{tr}}\sin^2\vartheta\cos^2\varphi}{1-i\omega\tau_{\mathrm{tr}}+iqv_{\mathrm{F}}\tau_{\mathrm{tr}}\cos\vartheta}\frac{k_{\mathrm{F}}^2}{\hbar v_{\mathrm{F}}} \\
&= \frac{e^2 v_{\mathrm{F}} k_{\mathrm{F}}^2\tau_{\mathrm{tr}}}{(2\pi)^2\hbar(1-i\omega\tau_{\mathrm{tr}})}\cdot\left(\frac{2}{s^2}+\frac{s^2-1}{s^3}\ln\frac{1+s}{1-s}\right)
\end{aligned}
\tag{9.43}
$$

と計算できる．ただし，

$$
s \equiv \frac{iqv_{\mathrm{F}}\tau_{\mathrm{tr}}}{1-i\omega\tau_{\mathrm{tr}}} \tag{9.44}
$$

である．さらに $k_{\mathrm{F}}^3 = 3\pi^2 n$ に注意し，有効質量 $m_{\mathrm{b}}$ を $v_{\mathrm{F}} = \hbar k_{\mathrm{F}}/m_{\mathrm{b}}$ により定めれば，

$$
\sigma_{\perp}(q,\omega) = \frac{ne^2}{m_{\mathrm{b}}}\frac{\tau_{\mathrm{tr}}}{1-i\omega\tau_{\mathrm{tr}}}F(s), \qquad F(s) \equiv \frac{3}{4}\left(\frac{2}{s^2}+\frac{s^2-1}{s^3}\ln\frac{1+s}{1-s}\right) \tag{9.45}
$$

を得る．ここで，$q\to 0$（同じことだが $s\to 0$）とすれば，$F(s)\to 1$ となって[9]，Drude 公式が再現される．逆に，電場の空間変調の長さスケール $1/q$ が平均自由行程 $\ell \sim v_{\mathrm{F}}\tau_{\mathrm{tr}}$ よりも非常に小さい場合は $|s| \gg 1$ となる．このとき，$F(s)\to(3/4)(i\pi/s)$ であるので，

$$
\sigma_{\perp}(q,\omega) = \frac{3}{4}\frac{ne^2}{m_{\mathrm{b}}}\frac{\pi}{v_{\mathrm{F}}q} = \frac{1}{4\pi}\frac{e^2}{\hbar}\frac{k_{\mathrm{F}}^2}{q} \tag{9.46}
$$

となる．物質中を伝播する光（電磁場の横成分）を考えたとき，物質の性質はすべて $\epsilon_{\perp}(q,\omega) = 1+4\pi i\sigma_{\perp}(q,\omega)/\omega$ を通じて反映されるから，**物質中の光に関与する物質パラメーターは Fermi 波数 $k_{\mathrm{F}}$ のみとなり，緩和時間 $\tau_{\mathrm{tr}}$ は関与し**

---

う．典型的な高純度金属中の不純物元素の比率は $10^{-4}$ 程度なので（銅だと $10^{-9}$ に達する試料もある），不純物の密度は $n^{(\mathrm{imp})} \sim 10^{-4}a^{-3}$ 程度．このとき平均自由行程の定義を思い出すと，$\ell \sim (n^{(\mathrm{imp})}Q^{(\mathrm{imp})})^{-1} \sim 10^4 a \sim 10^{-6}\,\mathrm{m}$ とオーダー評価できる．

9）$\ln((1+s)/(1-s)) = 2s+(2/3)s^3+\cdots$ に注意．

**なくなる**．この事実は Fermi 面の形状を調べる際に利用される（実際には表面インピーダンスを測定する）．

## 9.4　不純物による散乱

Drude 公式は現象論的な式で，輸送緩和時間 $\tau_{\mathrm{tr}}$ の計算手法を提供しないため，定量的な予言能力を欠いている．そこで以下では輸送緩和時間を見積もることを考えよう．既に述べたように電子を散乱する機構としてはいろいろなものがありうるが，本節では弾性散乱の代表格である**不純物による散乱**を扱う．極低温では格子振動による散乱や電子間散乱は強く抑制されるため，実際に不純物による散乱が支配的になる．

これまで通り一電子近似の範疇で考え，$N$ 電子系のハミルトニアンが一電子ハミルトニアンの和の形に表されるとするが，話を簡単にするために，不純物が作る一電子ポテンシャル $V^{(\mathrm{imp})}(\boldsymbol{r})$ だけを考慮したモデルハミルトニアン，

$$\mathcal{H} = \sum_{i=1}^{N}\left(\frac{\hat{\boldsymbol{p}}_i^2}{2m} + V^{(\mathrm{imp})}(\hat{\boldsymbol{r}}_i)\right) + (\text{定数}) \tag{9.47}$$

を用いる．そして，同一の種類の不純物がランダムな位置に分布している場合を考える．つまり，原点に孤立した一個の不純物が作るポテンシャルを $u(r)$ として[10)]，

$$\begin{aligned}\sum_{i=1}^{N} V^{(\mathrm{imp})}(\hat{\boldsymbol{r}}_i) &\equiv \sum_{i=1}^{N}\sum_{j=1}^{N^{(\mathrm{imp})}} u\left(\left|\hat{\boldsymbol{r}}_i - \boldsymbol{R}_j\right|\right) = \frac{1}{V}\sum_{\boldsymbol{q}} u_q \rho_{\boldsymbol{q}}^{(\mathrm{imp})}\rho_{-\boldsymbol{q}} \\ &= \sum_{i=1}^{N} n^{(\mathrm{imp})} u_{q=0} + \frac{1}{V}\sum_{\boldsymbol{q}\neq 0} u_q \rho_{\boldsymbol{q}}^{(\mathrm{imp})}\rho_{-\boldsymbol{q}}\end{aligned} \tag{9.48}$$

である．ただし，$N^{(\mathrm{imp})}$ は不純物の数，$n^{(\mathrm{imp})} \equiv N^{(\mathrm{imp})}/V$ は不純物密度で，各不純物の位置 $\boldsymbol{R}_j$ は空間上にランダムに分布しているとする．また，ポテンシャル $u(r)$，不純物密度 $\rho^{(\mathrm{imp})}(\boldsymbol{r}) = \sum_{i=1}^{N^{(\mathrm{imp})}} \delta(\boldsymbol{r} - \boldsymbol{R}_i)$，電子密度演算子 $\rho(\boldsymbol{r}) = \sum_{i=1}^{N} \delta(\boldsymbol{r} - \hat{\boldsymbol{r}}_i)$ をそれぞれ，

10）$u(r)$ は原点からの距離 $r = |\boldsymbol{r}|$ だけに依存する球対称なポテンシャルであるとする．

$$u_q = \int u(r) e^{-i\boldsymbol{q}\cdot\boldsymbol{r}} d^3\boldsymbol{r}, \quad \rho_{\boldsymbol{q}}^{(\mathrm{imp})} = \sum_{i=1}^{N^{(\mathrm{imp})}} e^{-i\boldsymbol{q}\cdot\boldsymbol{R}_i}, \quad \rho_{\boldsymbol{q}} = \sum_{i=1}^{N} e^{-i\boldsymbol{q}\cdot\hat{\boldsymbol{r}}_i} \tag{9.49}$$

と波数表示した．式 (9.48) の第一項は単に $n^{(\mathrm{imp})} u_{q=0}$ だけ一電子エネルギーを定数シフトさせる働きしかしない（化学ポテンシャルの補正になる）ので，以降の議論ではこの項を省く．不純物の位置 $\boldsymbol{R}_j$ がランダムなので，不純物配置に関する平均（以下，$\langle \bullet \rangle_{\mathrm{imp}}$ と表す）をとったとき，$\boldsymbol{q} \neq 0$ に対して，

$$\frac{1}{V} \left\langle \rho_{\boldsymbol{q}}^{(\mathrm{imp})} \rho_{-\boldsymbol{q}}^{(\mathrm{imp})} \right\rangle_{\mathrm{imp}} = \frac{1}{V^3} \sum_{i,j} \int d^3\boldsymbol{R}_i d^3\boldsymbol{R}_j e^{-i\boldsymbol{q}\cdot(\boldsymbol{R}_j - \boldsymbol{R}_i)} = \frac{1}{V} \sum_{i,j} \delta_{i,j} = n^{(\mathrm{imp})} \tag{9.50}$$

となることに注意しよう．二重和の中で $i \neq j$ の寄与は乱雑な位相を持つ位相因子の和となって消えるわけである．

不純物配置に関する平均をとると，系は巨視的に見て一様かつ等方的である．したがって，$\sigma_{\mu\nu}(\boldsymbol{q} = 0, \omega) = \sigma(\omega)\delta_{\mu\nu}$ と表せ，中野–久保公式 (9.2) より，

$$\sigma(\omega) = \frac{1}{3} \mathrm{Tr}\left(\underline{\sigma}(\boldsymbol{q} = 0, \omega)\right) = \frac{1}{i\omega} \left( \frac{e^2}{m^2} \cdot \frac{1}{3V} \sum_{\mu} \chi_{\mathcal{P}_\mu \mathcal{P}_\mu}(\omega) - \frac{ne^2}{m} \right) \tag{9.51}$$

となる．ここで，$n$ は電子密度，$\boldsymbol{\mathcal{P}} = \sum_{i=1}^{N} \hat{\boldsymbol{p}}_i$ は全運動量演算子を表す．さらに，式 (4.67) と $\chi_{\dot{\mathcal{P}}_\mu \mathcal{P}_\mu}(0) = (i/\hbar)\langle\!\langle [\mathcal{P}_\mu, \mathcal{P}_\mu]_- \rangle\!\rangle_{\mathrm{eq}} = 0$ を用いると，上式に現れる $\chi_{\mathcal{P}_\mu \mathcal{P}_\mu}(\omega)$ を，

$$\chi_{\mathcal{P}_\mu \mathcal{P}_\mu}(\omega) = \frac{1}{i\omega} \left( -\chi_{\dot{\mathcal{P}}_\mu \mathcal{P}_\mu}(\omega) \right) = \frac{1}{\omega^2} \left( \chi_{\dot{\mathcal{P}}_\mu \dot{\mathcal{P}}_\mu}(\omega) - \chi_{\dot{\mathcal{P}}_\mu \dot{\mathcal{P}}_\mu}(0) \right) \tag{9.52}$$

と変形できる．ただし，不純物が電子系に及ぼす「ランダム力」を表す演算子[11)]，

$$\dot{\boldsymbol{\mathcal{P}}} = \frac{i}{\hbar} [\mathcal{H}, \boldsymbol{\mathcal{P}}]_- = -\sum_{i=1}^{N} \nabla V^{(\mathrm{imp})}(\hat{\boldsymbol{r}}_i) = -\frac{i}{V} \sum_{\boldsymbol{q}} \boldsymbol{q} u_q \rho_{\boldsymbol{q}}^{(\mathrm{imp})} \rho_{-\boldsymbol{q}} \tag{9.53}$$

が複雑な時間発展をすることを期待して，式 (4.67) の前提となる混合性の条件 $\overline{\langle\!\langle \dot{\mathcal{P}}_\mu(t) \mathcal{P}_\mu \rangle\!\rangle_{\mathrm{eq}}} = \overline{\langle\!\langle \dot{\mathcal{P}}_\mu(t) \dot{\mathcal{P}}_\mu \rangle\!\rangle_{\mathrm{eq}}} = 0$ が満たされるとした．上式を式 (9.52) に代入し，式 (9.50) を用いて不純物配置に関して平均すると，$u_q$ についての二次近似で，

11）式 (2.88) に注意．

$$\frac{1}{3V}\sum_{\mu}\chi_{\mathcal{P}_\mu\mathcal{P}_\mu}(\omega) = \frac{1}{3V^3\omega^2}\sum_{\mu}\sum_{\boldsymbol{q},\boldsymbol{q}'} q_\mu q'_\mu u_q u_{q'}\left\langle \rho^{(\mathrm{imp})}_{\boldsymbol{q}}\rho^{(\mathrm{imp})}_{-\boldsymbol{q}'}\right\rangle_{\mathrm{imp}} \times \left(\chi_{\rho_{-q}\rho_{q'}}(\omega) - \chi_{\rho_{-q}\rho_{q'}}(0)\right)$$

$$\approx \frac{i}{\omega}\frac{1}{3V}\sum_{\boldsymbol{q}} \boldsymbol{q}^2 n^{(\mathrm{imp})}\left|u_q\right|^2 \gamma_{\boldsymbol{q}}(\omega) \tag{9.54}$$

$$\gamma_{\boldsymbol{q}}(\omega) \equiv \frac{1}{V}\frac{\chi^{(0)}_{\rho_q\rho_{-q}}(\omega) - \chi^{(0)}_{\rho_q\rho_{-q}}(0)}{i\omega} \tag{9.55}$$

を得る．ここで，右辺が $u_q$ を二回かけた形をしているので，そこに現れる $\chi_{\rho_q\rho_{-q'}}(\omega)$ を不純物が存在しない系のもの $\chi^{(0)}_{\rho_q\rho_{-q'}}(\omega)$ に置き換えた．その際，不純物がない系には並進対称性があるので，$\chi^{(0)}_{\rho_q\rho_{-q'}}(\omega) = \delta_{\boldsymbol{q},\boldsymbol{q}'}\chi^{(0)}_{\rho_q\rho_{-q}}(\omega)$ となる．さらに，$\gamma_{\boldsymbol{q}}(\omega)$ の定義式と式 (9.5) の類似性に注目し，9.1 節と同様の変形を行うと，久保–Greenwood 公式 (9.12), (9.13) に対応する表式，

$$\mathrm{Re}\gamma_{\boldsymbol{q}}(\omega) = -\int \frac{f(\epsilon+\hbar\omega) - f(\epsilon)}{\hbar\omega}\tilde{\gamma}_{\boldsymbol{q}}(\omega;\epsilon)d\epsilon \tag{9.56}$$

$$\tilde{\gamma}_{\boldsymbol{q}}(\omega;\epsilon) \equiv \frac{2\pi\hbar}{V}\sum_{\boldsymbol{k}\boldsymbol{k}'}\left|(\boldsymbol{k}'|e^{-i\boldsymbol{q}\cdot\hat{\boldsymbol{r}}}|\boldsymbol{k})\right|^2 \delta\left(\epsilon+\hbar\omega-\epsilon_{\boldsymbol{k}'}\right)\delta\left(\epsilon-\epsilon_{\boldsymbol{k}}\right)$$

$$= \frac{2\pi\hbar}{V}\sum_{\boldsymbol{k}\boldsymbol{k}'}\delta_{\boldsymbol{q},\boldsymbol{k}-\boldsymbol{k}'}\delta\left(\epsilon_{\boldsymbol{k}}-\epsilon_{\boldsymbol{k}'}+\hbar\omega\right)\delta\left(\epsilon-\epsilon_{\boldsymbol{k}}\right) \tag{9.57}$$

を導ける．ただし，$|\boldsymbol{k})$ は式 (1.17) の平面波状態で，不純物ポテンシャルがないときの一電子ハミルトニアン $\hat{\boldsymbol{p}}^2/2m$ の固有値 $\epsilon_{\boldsymbol{k}} = \hbar^2\boldsymbol{k}^2/2m$ に属する固有状態である．

さらに，$\gamma_{\boldsymbol{q}}(\omega)$ の $\omega$ 依存性を無視して，

$$\gamma_{\boldsymbol{q}}(\omega) \approx \gamma_{\boldsymbol{q}}(\omega\to 0) = \mathrm{Re}\gamma_{\boldsymbol{q}}(\omega\to 0) = \int d\epsilon\left(-\frac{\partial f}{\partial\epsilon}\right)\tilde{\gamma}_{\boldsymbol{q}}(\omega=0;\epsilon) \tag{9.58}$$

と近似する．ここで，式 (4.25) と Sommerfeld モデルの空間反転対称性から $\left(\chi^{(0)}_{\rho_q\rho_{-q}}(\omega)\right)^* = \chi^{(0)}_{\rho_q\rho_{-q}}(-\omega)$ が成立する（$\mathrm{Re}\chi^{(0)}_{\rho_q\rho_{-q}}(\omega)$ が $\omega$ の偶関数になる）ため，$\mathrm{Im}\gamma_{\boldsymbol{q}}(\omega\to 0) = 0$ であることを用いた．上式と式 (9.54) を式 (9.51) に代入し，積分を実行すると[12]，

12）原論文は W. Götze and P. Wölfle: Phys. Rev. B **6**, 1226 (1972). 森–Zwanzig の射影演算子法（記憶関数の方法）[R. Zwanzig: Phys. Rev. **124**, 983 (1961); H. Mori: Prog. Theor. Phys. **33**, 423 (1965); *ibid.* **34**, 399 (1965).] において，最も粗いレベルの近似評価を行った結果とみなすこともできる．

$$\sigma(\omega) \approx \frac{1}{\omega}\frac{ine^2}{m} + \frac{1}{\omega^2}\frac{2\pi}{\hbar}\frac{e^2}{3V^2}\sum_{\boldsymbol{k},\boldsymbol{k}'}\left(-\frac{\partial f}{\partial \epsilon}\right)_{\epsilon=\epsilon_{\boldsymbol{k}}}\left(\frac{\hbar(\boldsymbol{k}-\boldsymbol{k}')}{m}\right)^2 n^{(\mathrm{imp})}\left|u_{|\boldsymbol{k}-\boldsymbol{k}'|}\right|^2 \delta(\epsilon_{\boldsymbol{k}}-\epsilon_{\boldsymbol{k}'}) \tag{9.59}$$

に至る．ただし，この結果には問題がある．厳密な $\sigma(\omega)$ は $\omega \to 0$ で有限に留まると期待されるのに，上式右辺は $\omega \to 0$ で発散してしまうのだ．不純物がないときの伝導率 $ine^2/m(\omega + i\delta)$ を出発点として，$|u_q|^2$ について冪展開すると $\omega \to 0$ で展開式が破綻するのである．この破綻は式 (9.24) から予見できるものである．実際，$|u_q|^2$ が微小なときには $1/\tau_{\mathrm{tr}}$ も微小なので，式 (9.24) を $1/\tau_{\mathrm{tr}}$ について形式的に冪展開すると，

$$\sigma(\omega) = \frac{1}{3}\mathrm{Tr}\left(\underline{\sigma}(\boldsymbol{q}=0,\omega)\right) = \frac{2ie^2}{3V}\sum_{\boldsymbol{k}}\left(-\frac{\partial f}{\partial \epsilon}\right)_{\epsilon=\epsilon_{n_{\mathrm{F}},\boldsymbol{k}}}\frac{\boldsymbol{v}_{\boldsymbol{k}}^2}{\omega + i/\tau_{\mathrm{tr}}} \tag{9.60}$$

$$\approx \frac{1}{\omega}\frac{ine^2}{m} + \frac{1}{\omega^2}\frac{2e^2}{3V}\sum_{\boldsymbol{k}}\left(-\frac{\partial f}{\partial \epsilon}\right)_{\epsilon=\epsilon_{\boldsymbol{k}}}\left(\frac{\hbar \boldsymbol{k}}{m}\right)^2\frac{1}{\tau_{\mathrm{tr}}} + \cdots \tag{9.61}$$

を得る．ここで，$\boldsymbol{v}_{\boldsymbol{k}} = \hbar^{-1}\nabla_{\boldsymbol{k}}\epsilon_{\boldsymbol{k}} = \hbar\boldsymbol{k}/m$ を代入し，式 (9.26), (9.27) から導かれる $(2/nV)\sum_{\boldsymbol{k}}(-\partial f/\partial\epsilon)_{\epsilon=\epsilon_{\boldsymbol{k}}}\boldsymbol{v}_{\boldsymbol{k}}^2/3 = \mathrm{Tr}(\underline{m_{\mathrm{b}}}^{-1})/3 = m^{-1}$ を右辺第一項に適用した．この冪展開を有限次数で止めると $\omega \to 0$ で発散する表式になる．

そこで，式 (9.59) も展開前は式 (9.60) の姿をしていたと考えて，式 (9.59), (9.61) を比較して $1/\tau_{\mathrm{tr}}$ を求めることにする[13), 14)]．その結果，$1/\tau_{\mathrm{tr}}$ が実は $\epsilon_{\boldsymbol{k}}$（あるいは同じことだが $k = |\boldsymbol{k}|$）に依存すると考えるべき量で，

13）この比較が意味を持つためには，式 (9.58) の近似と式 (9.61) の展開が両立する $\omega$ の領域が存在しなければならない．式 (9.57) からわかるように，電子が Fermi 縮退した典型的な金属では $|\hbar\omega| \ll \epsilon_{\mathrm{F}}$ において $\gamma_{\boldsymbol{q}}(\omega)$ の $\omega$ 依存性を無視でき，式 (9.58) の近似が正当化される．一方，式 (9.61) の展開は $|\omega| \gg 1/\tau_{\mathrm{tr}}$ で妥当である．したがって，$\epsilon_{\mathrm{F}}\tau_{\mathrm{tr}}/\hbar \sim k_{\mathrm{F}}\ell \gg 1$ ならば，望み通りの $\omega$ の領域が存在する（$\ell \sim v_{\mathrm{F}}\tau_{\mathrm{tr}}$ は平均自由行程）．これは 9.2 節の最後で述べた緩和時間近似が妥当であるための必要条件に他ならない．

14）厳密な $\sigma(\omega)$ を無理やり Drude 公式 (9.25) の形に書くと，$1/\tau_{\mathrm{tr}}$ は $\omega$ に依存する．逆に言うと，Drude 公式は $1/\tau_{\mathrm{tr}}$ の $\omega$ 依存性を無視した近似式である．ここでは，この近似が妥当だと仮定して，$\omega\tau_{\mathrm{tr}} \gg 1$ で妥当な $\sigma(\omega)$ の展開式から $1/\tau_{\mathrm{tr}}$ の表式を求め，それが $\omega\tau_{\mathrm{tr}} \ll 1$ でも通用すると考えたことになる．はじめから Drude 公式の成立を前提とした議論になっているから，本節の手法（あるいはその拡張）を用いて，Drude 公式を超えた結果を導いたり，Drude 公式の妥当性を論じることはできない．このレベルの議論には，Green 関数の摂動論に基づいた取り扱いが必要である．

$$\begin{aligned}\frac{1}{\tau_{\rm tr}(\epsilon_{\boldsymbol{k}})} &= \frac{2\pi}{\hbar}\cdot\frac{1}{V}\sum_{\boldsymbol{k}'}\frac{(\boldsymbol{k}-\boldsymbol{k}')^2}{2\boldsymbol{k}^2}n^{(\rm imp)}\left|u_{|\boldsymbol{k}-\boldsymbol{k}'|}\right|^2\delta\left(\epsilon_{\boldsymbol{k}}-\epsilon_{\boldsymbol{k}'}\right)\\ &= \frac{2\pi n^{(\rm imp)}D^{(0)}\left(\epsilon_{\boldsymbol{k}}\right)}{\hbar}\int\frac{d\Omega}{4\pi}(1-\cos\vartheta)\left|u_{q(\vartheta)}\right|^2\\ &= \frac{2\pi n^{(\rm imp)}D^{(0)}\left(\epsilon_{\boldsymbol{k}}\right)}{\hbar}\int_0^{2k}\frac{|u_q|^2q^3}{4k^4}dq\end{aligned}\tag{9.62}$$

と表されることがわかる．ここで，$\boldsymbol{k}$ と $\boldsymbol{k}'$ がなす角（**散乱角**）を $\vartheta$ として $q(\vartheta)\equiv 2k\sin(\vartheta/2)$ であり，$D^{(0)}(\epsilon)$ は Sommerfeld モデルの状態密度，$\int d\Omega/4\pi = (1/2)\int_{-1}^{+1}d(\cos\vartheta)$ は立体角に関する平均操作を表す．また，積分変数を $(1-\cos\vartheta)d(\cos\vartheta) = 8\sin^3(\vartheta/2)d\left(\sin(\vartheta/2)\right) = 8q^3dq/(2k)^4$ と変換した．輸送緩和時間が $\epsilon_{\boldsymbol{k}}$ に依存することで，9.2 節の Drude 公式 (9.25) 以下の議論に修正が要ると思うかもしれないが，通常の金属では室温でも電子が Fermi 縮退しており，$-\partial f/\partial\epsilon\approx\delta(\epsilon-\epsilon_{\rm F})$ と近似できるから，$1/\tau_{\rm tr}$ を，

$$\frac{1}{\tau_{\rm tr}(\epsilon_{\rm F})} = \frac{2\pi n^{(\rm imp)}D_{\rm F}^{(0)}}{\hbar}\int\frac{d\Omega}{4\pi}(1-\cos\vartheta)\left|u_{q(\vartheta)}\right|^2 = \frac{2\pi n^{(\rm imp)}D_{\rm F}^{(0)}}{\hbar}\int_0^{2k_{\rm F}}\frac{|u_q|^2q^3}{4k_{\rm F}^4}dq\tag{9.63}$$

の意味だと思い直せば，Drude 公式 (9.25) 以下の議論がそのまま成立する．ただし，$D_{\rm F}^{(0)}\equiv D^{(0)}(\epsilon_{\rm F})$ であり，$k_{\rm F}$ を Fermi 波数として $q(\vartheta) = 2k_{\rm F}\sin(\vartheta/2)$ である．

式 (9.62) の物理的意味を考えておこう．単位時間内に不純物によって電子の波数ベクトルが $\boldsymbol{k}$ から $\boldsymbol{k}'(\neq\boldsymbol{k})$ へ散乱される確率を，Fermi の黄金率で見積もると，

$$W_{\boldsymbol{k}'\boldsymbol{k}} = \frac{2\pi}{\hbar}\left|(\boldsymbol{k}'|V^{(\rm imp)}(\hat{\boldsymbol{r}})|\boldsymbol{k})\right|^2\delta\left(\epsilon_{\boldsymbol{k}'}-\epsilon_{\boldsymbol{k}}\right) = N^{(\rm imp)}\frac{2\pi}{\hbar}\left|(\boldsymbol{k}'|u(\hat{\boldsymbol{r}})|\boldsymbol{k})\right|^2\delta\left(\epsilon_{\boldsymbol{k}'}-\epsilon_{\boldsymbol{k}}\right)\tag{9.64}$$

を得る．ただしここで，$\boldsymbol{k}\neq\boldsymbol{k}'$ に対し，

$$\left|(\boldsymbol{k}'|V^{(\rm imp)}(\hat{\boldsymbol{r}})|\boldsymbol{k})\right|^2 = \left\langle\left|\frac{1}{V}u_{|\boldsymbol{k}'-\boldsymbol{k}|}\rho_{\boldsymbol{k}'-\boldsymbol{k}}^{(\rm imp)}\right|^2\right\rangle_{\rm imp} = N^{(\rm imp)}\left|(\boldsymbol{k}'|u(\hat{\boldsymbol{r}})|\boldsymbol{k})\right|^2\tag{9.65}$$

と，不純物配置に関する平均をとった．この $W_{\boldsymbol{k}'\boldsymbol{k}}$ を使うと，式 (9.62) を，

$$\frac{1}{\tau_{\rm tr}(\epsilon_{\boldsymbol{k}})} = \sum_{\boldsymbol{k}'}W_{\boldsymbol{k}'\boldsymbol{k}}\left(1-\cos\vartheta\right)\tag{9.66}$$

と書き表せる．つまり，$1/\tau_{\rm tr}(\epsilon_{\boldsymbol{k}})$ は電子の「散乱頻度」に関係する量である．ただし，単純に電子の波数ベクトルが $\boldsymbol{k}$ からそれ以外の波数ベクトルへ単位時間に遷移する確率を単純に求めると，

$$\frac{1}{\tau(\epsilon_{\boldsymbol{k}})} = \sum_{\boldsymbol{k}'(\neq \boldsymbol{k})} W_{\boldsymbol{k}'\boldsymbol{k}} \tag{9.67}$$

になり，式 (9.66) と比較すると，ちょうど **$(1 - \cos\vartheta)$ の因子だけ異なる**．この因子は，散乱角 $\vartheta$ が大きい（運動量の向きを大きく曲げる）散乱ほど電流を緩和する効果が大きいことを表している．$1/\tau$ と $1/\tau_{\rm tr}$ はいずれもある種の「散乱頻度」を表しているが，前者の単純な散乱頻度と，後者の電流の緩和レートという物理的意味の違いが，$(1 - \cos\vartheta)$ の因子に現れているわけである．

## 9.5 格子振動による散乱

1.7 節で見たように，縦波音響フォノンは電荷の空間的なゆらぎを伴うので，電子はそれに散乱されて，有限の輸送緩和時間が生じる．その際，電子は格子振動とエネルギーのやり取りをするので，これは非弾性散乱の例になっている．ただし，やり取りされるエネルギーが非常に小さいため，後述するように弾性散乱に準じて扱える．

この散乱を考えるために，電子系のハミルトニアン（第一項）として Sommerfeld モデルのものを採用し，それに式 (1.66) の縦波音響フォノンのハミルトニアン（第二項）と，式 (1.70) の変形ポテンシャル相互作用（第三項）を加えた，

$$\mathcal{H} = \sum_{\boldsymbol{k},\sigma} \epsilon_{\boldsymbol{k}} c^{\dagger}_{\boldsymbol{k}\sigma} c_{\boldsymbol{k}\sigma} + \sum_{\boldsymbol{q}} \hbar\omega_q \left( b^{\dagger}_{\boldsymbol{q}} b_{\boldsymbol{q}} + \frac{1}{2} \right) + \frac{1}{\sqrt{V}} \sum_{\boldsymbol{q}} g_q \rho_{-\boldsymbol{q}} \left( b_{\boldsymbol{q}} + b^{\dagger}_{-\boldsymbol{q}} \right) \tag{9.68}$$

を全系のハミルトニアンとする．ここでは第二量子化の表記を用い，波数ベクトル $\boldsymbol{k}$，スピン $\sigma$ の電子の生成・消滅演算子を $c^{\dagger}_{\boldsymbol{k}\sigma}$, $c_{\boldsymbol{k}\sigma}$，波数ベクトル $\boldsymbol{q}$ の縦波音響フォノンの生成・消滅演算子を $b^{\dagger}_{\boldsymbol{q}}$, $b_{\boldsymbol{q}}$ とした．また，電子の分散関係は $\epsilon_{\boldsymbol{k}} = \hbar^2 \boldsymbol{k}^2/2m$，縦波音響フォノンの分散関係は $\omega_q = c_{\parallel} q$，電子とフォノンの結合定数は $g_{\boldsymbol{q}} \approx u_{\rm c} \sqrt{\hbar q / 2\rho_{\rm M} c_{\parallel}}$ と表され，$c_{\parallel}$ は音速，$\rho_{\rm M}$ はイオン核の平均質量密度，$u_{\rm c}$ はエネルギーの次元を持つ定数である．式 (7.29) から $\rho_{-\boldsymbol{q}} =$

$\sum_{k\sigma} c^{\dagger}_{\boldsymbol{k}+\boldsymbol{q}\sigma} c_{\boldsymbol{k}\sigma}$ だから，変形ポテンシャル相互作用は，電子が波数ベクトル $\boldsymbol{k}$ の状態から $\boldsymbol{k}+\boldsymbol{q}$ の状態へ散乱される際に，波数ベクトル $\boldsymbol{q}$ の縦波音響フォノンを「吸収」する過程と，波数ベクトル $-\boldsymbol{q}$ の縦波音響フォノンを「放出」する過程からなり，全系の運動量を保存する[15]．

前節と同様に，式 (9.51), (9.52) を用いて輸送緩和時間を評価しよう．まず，式 (9.52) に格子振動が電子に及ぼす「ランダム力」の表式（ここでは第二量子化前の表式 $\boldsymbol{\mathcal{P}} = \sum_i \hat{\boldsymbol{p}}_i$，$\rho_{-\boldsymbol{q}} = \sum_i e^{i\boldsymbol{q}\cdot\hat{\boldsymbol{r}}_i}$ を用いた方が便利）[16]，

$$\dot{\boldsymbol{\mathcal{P}}} \equiv \frac{i}{\hbar}[\mathcal{H}, \boldsymbol{\mathcal{P}}]_- = \frac{1}{\sqrt{V}}\sum_{\boldsymbol{q}} g_q \frac{i}{\hbar}[\rho_{-\boldsymbol{q}}, \boldsymbol{\mathcal{P}}]_- \left(b_{\boldsymbol{q}} + b^{\dagger}_{-\boldsymbol{q}}\right)$$
$$= -\frac{i}{\sqrt{V}}\sum_{\boldsymbol{q}} \boldsymbol{q} g_q \rho_{-\boldsymbol{q}} \left(b_{\boldsymbol{q}} + b^{\dagger}_{-\boldsymbol{q}}\right) \tag{9.69}$$

を代入し，$g_q$ について二次近似で，

$$\frac{1}{3V}\sum_{\mu} \chi_{\mathcal{P}_\mu \mathcal{P}_\mu}(\omega) \approx \frac{i}{\omega}\frac{1}{V}\sum_{\mu}\sum_{\boldsymbol{q}\boldsymbol{q}'} \frac{q_\mu q'_\mu}{3} g_q g_{q'} \gamma^{(\text{e-ph})}_{\boldsymbol{q}\boldsymbol{q}'}(\omega)$$
$$\approx \frac{i}{\omega}\frac{1}{V}\sum_{\boldsymbol{q}} \frac{q^2}{3} g_q^2 \mathrm{Re}\gamma^{(\text{e-ph})}_{\boldsymbol{q}\boldsymbol{q}}(\omega \to 0) \tag{9.70}$$

$$\gamma^{(\text{e-ph})}_{\boldsymbol{q}\boldsymbol{q}'}(\omega) \equiv \frac{1}{V}\frac{1}{i\omega}\left(\chi^{(0)}_{\rho_{\boldsymbol{q}}\left(b_{-\boldsymbol{q}}+b^{\dagger}_{\boldsymbol{q}}\right), \rho_{-\boldsymbol{q}'}\left(b_{\boldsymbol{q}'}+b^{\dagger}_{-\boldsymbol{q}'}\right)}(\omega) - \chi^{(0)}_{\rho_{\boldsymbol{q}}\left(b_{-\boldsymbol{q}}+b^{\dagger}_{\boldsymbol{q}}\right), \rho_{-\boldsymbol{q}'}\left(b_{\boldsymbol{q}'}+b^{\dagger}_{-\boldsymbol{q}'}\right)}(0)\right)$$
$$\approx \frac{1}{V}\frac{\delta_{\boldsymbol{q}\boldsymbol{q}'}}{i\omega}\left(\chi^{(0)}_{\rho_{\boldsymbol{q}} b^{\dagger}_{\boldsymbol{q}}, \rho_{-\boldsymbol{q}} b_{\boldsymbol{q}}}(\omega) + \chi^{(0)*}_{\rho_{-\boldsymbol{q}} b^{\dagger}_{-\boldsymbol{q}}, \rho_{\boldsymbol{q}} b_{-\boldsymbol{q}}}(-\omega)\right.$$
$$\left. - \chi^{(0)}_{\rho_{\boldsymbol{q}} b^{\dagger}_{\boldsymbol{q}}, \rho_{-\boldsymbol{q}} b_{\boldsymbol{q}}}(0) - \chi^{(0)*}_{\rho_{-\boldsymbol{q}} b^{\dagger}_{-\boldsymbol{q}}, \rho_{\boldsymbol{q}} b_{-\boldsymbol{q}}}(0)\right) \tag{9.71}$$

と評価する．右辺が $g_q^2$ に比例するので，右辺に現れる複素感受率をすべて変形ポテンシャル相互作用がない系のもの（$\chi^{(0)}_{\bullet}$ と表す）に置き換え，それらに式 (4.23)-(4.25) を適用し，変形ポテンシャル相互作用を無視したハミルトニアンが各波数のフォノン数を保存することを考慮したときに自明にゼロになる項を省いた．さらに，$\gamma^{(\text{e-ph})}_{\boldsymbol{q}\boldsymbol{q}}(\omega) \approx \gamma^{(\text{e-ph})}_{\boldsymbol{q}\boldsymbol{q}}(\omega \to 0) = \mathrm{Re}\gamma^{(\text{e-ph})}_{\boldsymbol{q}\boldsymbol{q}}(\omega \to 0)$ と近似した．

次に，式 (9.70) に現れる $\mathrm{Re}\gamma^{(\text{e-ph})}_{\boldsymbol{q}\boldsymbol{q}}(\omega \to 0)$ を評価する．電子系のハミルトニ

---

15) 厳密に言えば，散乱前後で保存されるのは結晶運動量なので，運動量が逆格子ベクトルだけ変化する散乱過程（**Umklapp 過程**）も許されるが，ここでは簡単のために無視している．

16) イオン核の自由度のみに作用する $b^{\dagger}_{\boldsymbol{q}}, b_{\boldsymbol{q}}$ は，電子系の自由度のみに作用する $\boldsymbol{\mathcal{P}}$ と可換．

アン（式 (9.68) 第一項）のエネルギー準位と固有状態を $E_a$, $|a\rangle$, 縦波音響フォノンのハミルトニアン（第二項）のエネルギー準位と固有状態を $E_b$, $|b\rangle$ として，変形ポテンシャル相互作用を無視したハミルトニアンのエネルギー準位と固有状態を $E_a + E_b$, $|a\rangle \otimes |b\rangle$ と表せるから，式 (4.45) を用いると，$p_a = e^{-\beta E_a} / \sum_a e^{-\beta E_a}$, $p_b = e^{-\beta E_b} / \sum_b e^{-\beta E_b}$ として，

$$
\begin{aligned}
&\mathrm{Im}\chi^{(0)}_{\rho_q b_q^\dagger, \rho_{-q} b_q}(\omega) \\
&= \pi\left(1 - e^{-\beta\hbar\omega}\right) \sum_{a,b,a',b'} p_a p_b \left|\langle a'|\rho_{-q}|a\rangle\right|^2 \left|\langle b'|b_q|b\rangle\right|^2 \delta(\hbar\omega + E_a + E_b - E_{a'} - E_{b'}) \\
&= \pi\left(1 - e^{-\beta\hbar\omega}\right) \sum_{a,b,a',b'} p_a p_b \left|\langle a'|\rho_{-q}|a\rangle\right|^2 \left|\langle b'|b_q|b\rangle\right|^2 \delta(\hbar\omega + E_a - E_{a'} + \hbar\omega_q) \qquad (9.72)
\end{aligned}
$$

と変形できる．さらに式 (3.71) から，$\sum_{b,b'} p_b |\langle b|b_q^\dagger|b'\rangle|^2 = \sum_b p_b \langle b|b_q^\dagger b_q|b\rangle = f_\mathrm{B}\left(\hbar\omega_q\right)$（$f_\mathrm{B}(\epsilon) \equiv (e^{\beta\epsilon} - 1)^{-1}$ は Bose 分布関数）が成り立つことを用いると[17)]，

$$
\begin{aligned}
\mathrm{Im}\chi^{(0)}_{\rho_q b_q^\dagger, \rho_{-q} b_q}(\omega) &= \pi\left(1 - e^{-\beta\hbar\omega}\right) f_\mathrm{B}\left(\hbar\omega_q\right) \\
&\quad \times \sum_{a,a'} p_a \left|\langle a'|\rho_{-q}|a\rangle\right|^2 \delta(\hbar\omega + E_a - E_{a'} + \hbar\omega_q) \\
&= f_\mathrm{B}\left(\hbar\omega_q\right) \frac{1 - e^{-\beta\hbar\omega}}{1 - e^{-\beta\hbar(\omega+\omega_q)}} \mathrm{Im}\chi^{(0)}_{\rho_q\rho_{-q}}(\omega + \omega_q) \\
&\approx f_\mathrm{B}\left(\hbar\omega_q\right) \frac{\beta\hbar\omega}{1 - e^{-\beta\hbar\omega_q}} \mathrm{Im}\chi^{(0)}_{\rho_q\rho_{-q}}(\omega_q) + o(\omega), \quad (\omega \to 0) \qquad (9.73)
\end{aligned}
$$

を導ける．したがって，式 (9.55) で定義される $\gamma_q(\omega)$ を用いて，

$$
\begin{aligned}
\mathrm{Re}\gamma^{(\text{e-ph})}_{qq}(\omega \to 0) &= f_\mathrm{B}\left(\hbar\omega_q\right) \frac{2\beta\hbar}{1 - e^{-\beta\hbar\omega_q}} \frac{1}{V} \mathrm{Im}\chi^{(0)}_{\rho_q\rho_{-q}}(\omega_q) \\
&= f_\mathrm{B}\left(\hbar\omega_q\right) \frac{2\beta\hbar\omega_q}{1 - e^{-\beta\hbar\omega_q}} \frac{1}{V} \frac{\mathrm{Im}\chi^{(0)}_{\rho_q\rho_{-q}}(\omega_q) - \mathrm{Im}\chi^{(0)}_{\rho_q\rho_{-q}}(0)}{\omega_q} \\
&\approx f_\mathrm{B}\left(\hbar\omega_q\right) \frac{2\beta\hbar\omega_q}{1 - e^{-\beta\hbar\omega_q}} \mathrm{Re}\gamma_q(\omega \to 0) \qquad (9.74)
\end{aligned}
$$

と評価でき（$\mathrm{Im}\chi^{(0)}_{\rho_q\rho_{-q}}(0) = 0$ に注意），これを式 (9.70) に代入すれば，

17）系と外界間のフォノンのやり取りがなくても，フォノンは勝手に生成・消滅してその数を変化させるので，フォノンを系に追加・除去するのに要するエネルギー（フォノンの化学ポテンシャル）はゼロ．

$$\frac{1}{3V}\sum_{\mu}\chi_{\mathcal{P}_\mu\mathcal{P}_\mu}(\omega) \approx \frac{i}{\omega}\cdot\frac{1}{V}\sum_{\boldsymbol{q}}\frac{q^2}{3}g_q^2 f_{\rm B}\left(\hbar\omega_q\right)\frac{2\beta\hbar\omega_q}{1-e^{-\beta\hbar\omega_q}}{\rm Re}\gamma_{\boldsymbol{q}}(\omega\to 0) \tag{9.75}$$

を得る．上式は式 (9.54) に式 (9.58) を代入した結果と同形で，ちょうど $n^{(\rm imp)}|u_q|^2 \rightsquigarrow g_q^2 f_{\rm B}\left(\hbar\omega_q\right)2\beta\hbar\omega_q/(1-e^{-\beta\hbar\omega_q})$ の置き換えをした形を持つ．したがって，前節と同様に計算を進めると，式 (9.62) にこの置き換えを施した結果（**Bloch-Grüneisen 公式**[18]），

$$\begin{aligned}\frac{1}{\tau_{\rm tr}(\epsilon_{\boldsymbol{k}})} &= \frac{2\pi D^{(0)}(\epsilon_{\boldsymbol{k}})}{\hbar}\int_0^{q_{\max}} g_q^2 f_{\rm B}\left(\hbar\omega_q\right)\frac{2\beta\hbar\omega_q}{1-e^{-\beta\hbar\omega_q}}\frac{q^3}{4k^4}dq \\ &= \frac{\pi c_{\parallel}k}{2}\cdot\frac{D^{(0)}(\epsilon_{\boldsymbol{k}})u_{\rm c}^2}{\rho_{\rm M}c_{\parallel}^2}\cdot\left(\frac{k_{\rm B}T}{\hbar c_{\parallel}k}\right)^5\int_0^{\hbar c_{\parallel}q_{\max}/k_{\rm B}T}\frac{x^5}{(e^x-1)(1-e^{-x})}dx\end{aligned} \tag{9.76}$$

に至る．ただし，$q$ の値の範囲が，$0 \le q = 2k\sin(\vartheta/2) \le 2k$ だけでなく，式 (1.67) によっても制限されるため，$\omega_{\rm D}$ を Debye 振動数として，$q_{\max} \equiv \min(2k, \omega_{\rm D}/c_{\parallel})$ となることに注意が必要である．

こうして $\epsilon_{\boldsymbol{k}}$ に依存する輸送緩和時間が得られたが，前節と同様に，通常の金属では $1/\tau_{\rm tr}$ が $1/\tau_{\rm tr}(\epsilon_{\rm F})$ の意味だと考えれば，9.2 節の Drude 公式 (9.25) 以下の議論に修正は要らない．単位胞の体積 $v_{\rm c}$ に含まれるイオン核の電荷を $Ze$（$Z = 1, 2, \cdots$ は価数）とすると，系が電気的に中性であることから $nv_{\rm c} = Z$ なので，式 (1.28), (1.67) から，

$$\frac{\omega_{\rm D}/c_{\parallel}}{2k_{\rm F}} = \frac{(6\pi^2/v_{\rm c})^{1/3}}{2(3\pi^2 n)^{1/3}} = \frac{1}{2}\left(\frac{2}{Z}\right)^{1/3} < 1 \tag{9.77}$$

が成り立ち，$q_{\max} = \omega_{\rm D}/c_{\parallel}$ となる．さらに，式 (9.77) と $D_{\rm F}^{(0)} = 3n/4\epsilon_{\rm F} = 3Z/4\epsilon_{\rm F}v_{\rm c}$ を使い，式 (1.75), (1.78) によって $c_{\parallel}$ と $u_{\rm c}$ を評価すれば，

$$\frac{1}{\tau_{\rm tr}(\epsilon_{\rm F})} \approx \frac{\pi\omega_{\rm D}}{4}\left(\frac{2}{Z}\right)^{4/3}\left(\frac{k_{\rm B}T}{\hbar\omega_{\rm D}}\right)^5\int_0^{\hbar\omega_{\rm D}/k_{\rm B}T}\frac{x^5}{(e^x-1)(1-e^{-x})}dx \tag{9.78}$$

を導ける．低温領域（$k_{\rm B}T \ll \hbar\omega_{\rm D}$）では，上式右辺の積分の上限を $+\infty$ に置

18) F. Bloch: Z. Phys. **59**, 208 (1930); E. Grüneisen: Ann. Physik **408**, 530 (1933).

き換えてよいので[19]，$1/\tau_{\mathrm{tr}}(\epsilon_{\mathrm{F}})$ は $T^5$ に比例する．一方，高温領域（$\hbar\omega_{\mathrm{D}} \ll k_{\mathrm{B}}T$）では，

$$\int_0^{\hbar\omega_{\mathrm{D}}/k_{\mathrm{B}}T} \frac{x^5}{(e^x-1)(1-e^{-x})}dx \approx \int_0^{\hbar\omega_{\mathrm{D}}/k_{\mathrm{B}}T} x^3 dx = \frac{1}{4}\left(\frac{\hbar\omega_{\mathrm{D}}}{k_{\mathrm{B}}T}\right)^4 \tag{9.79}$$

と評価でき，$1/\tau_{\mathrm{tr}}(\epsilon_{\mathrm{F}})$ は $T$ に比例する．

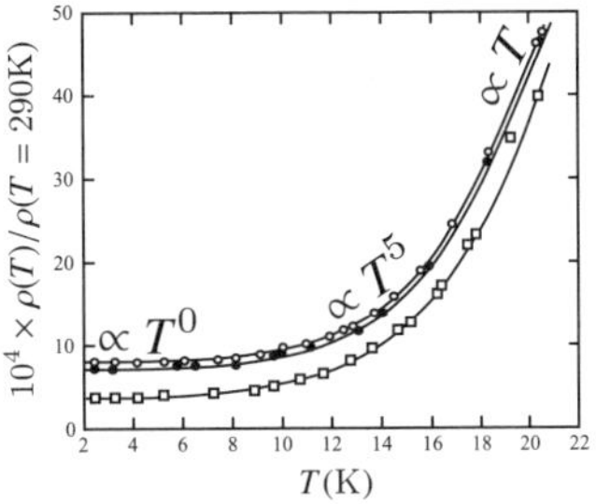


図 9.2　ナトリウム（Na）の抵抗率の温度依存性（290K における値との比）．下から上の曲線に行くに従って試料の不純物密度が大きい．[D. K. C. MacDonald and K. Mendelssohn: Proc. R. Soc. Lond. A **202**, 103 (1950).]

不純物による散乱と格子振動による散乱を同時に考えてみよう．個々の散乱過程が独立に起こり，互いに干渉しないとする扱いの範囲では，複数の散乱機構が存在する場合の緩和時間を，各散乱機構による緩和時間 $\tau_{\mathrm{tr},i}$ を使って，

$$\frac{1}{\tau_{\mathrm{tr}}} = \sum_i \frac{1}{\tau_{\mathrm{tr},i}} \tag{9.80}$$

と評価できる（**Matthiessen の規則**）．したがって，$1/\tau_{\mathrm{tr}}$ は，不純物散乱が支配的な低温で定数に漸近し，温度が上がって格子振動の効果が支配的になると $T^5$ に比例して増大，さらに温度が $\hbar\omega_{\mathrm{D}}$ より高くなると $T$ に比例して増大する．図 9.2 に，ナトリウム（Na）で測定された抵抗率（$\propto 1/\tau_{\mathrm{tr}}$）の温度依存性を示す．温度上昇に伴って，定数から $T^5$ に比例する増加に転じ，最終的に $T$ に比例する様子を見てとれる．

## 9.6 Fermi 縮退していない場合

9.4 節と 9.5 節において，輸送緩和時間が散乱される電子のエネルギー $\epsilon_{\boldsymbol{k}}$ に依存することを見た．ただし，既に何度も述べてきたように，通常の金属では，室温でも電子が Fermi 縮退しており，式 (9.24) で $-\partial f/\partial\epsilon \approx \delta(\epsilon-\epsilon_{\mathrm{F}})$ と近似できるので，$\tau_{\mathrm{tr}}$ が $\tau_{\mathrm{tr}}(\epsilon_{\mathrm{F}})$ の意味であると思い直すと，Drude 公式 (9.25) 以

---

19) $\displaystyle\int_0^{+\infty} \frac{x^5 dx}{(e^x-1)(1-e^{-x})} = \int_0^{+\infty} x^5 \left(\frac{-1}{e^x-1}\right)' dx = \int_0^{+\infty} \frac{5x^4 dx}{e^x-1} = \sum_{n=1}^{+\infty}\int_0^{+\infty} 5x^4 e^{-nx} dx$
$\displaystyle= \sum_{n=1}^{+\infty} \frac{5!}{n^5} \approx 124.43.$

降の議論がそのまま成立する．

しかし，電子が Fermi 縮退していない場合には，議論に修正が必要になる．この状況は，外因性半導体や半金属（わずかに重なりあったバンドをそれぞれ電子と正孔が占有することで金属になっている物質）で実現される．本節では，出払い領域にある n 型半導体を念頭に置いて，低密度の電子が伝導帯の下端近傍を占有している系を考えよう（p 型半導体のように低密度の正孔が価電子帯の上端近傍にある系でも同様の考察が可能である）．簡単のため，伝導帯の下端が Γ 点にあり，その近傍でバンド分散 $\epsilon_{\mathrm{c},\boldsymbol{k}}$ が等方的であるとすると，小さな $k$ に対して $\epsilon_{\mathrm{c},\boldsymbol{k}} \approx \epsilon_{\mathrm{c},\boldsymbol{k}=0} + \hbar^2 k^2/2m_{\mathrm{e}}$ が成り立つ．したがって，式 (9.60) から，

$$\begin{aligned}\sigma(\omega) &= \frac{2ie^2}{V}\sum_{\boldsymbol{k}}\left(-\frac{\partial f}{\partial \epsilon}\right)_{\epsilon=\epsilon_{n_{\mathrm{F}},\boldsymbol{k}}} \frac{\boldsymbol{v}_{\boldsymbol{k}}^2/3}{\omega + i/\tau_{\mathrm{tr}}(\epsilon_{\boldsymbol{k}})} \\ &= \frac{ine^2}{m_{\mathrm{e}}}\int \beta e^{-\beta\epsilon}\frac{2\epsilon/3}{\omega + i/\tau_{\mathrm{tr}}(\epsilon)} D^{(0)}(\epsilon)d\epsilon \Big/ \int e^{-\beta\epsilon} D^{(0)}(\epsilon) d\epsilon \\ &= \frac{ine^2}{m_{\mathrm{e}}}\int_0^{+\infty} \frac{4\xi^{3/2}e^{-\xi}}{3\sqrt{\pi}} \frac{1}{\omega + i/\tau_{\mathrm{tr}}(\xi k_{\mathrm{B}} T)} d\xi \end{aligned} \tag{9.81}$$

を得る．ここで，$\boldsymbol{k}$ についての和を $\epsilon = \epsilon_{\mathrm{c},\boldsymbol{k}} - \epsilon_{\mathrm{c},\boldsymbol{k}=0} = m_{\mathrm{e}}\boldsymbol{v}_{\boldsymbol{k}}^2/2 = \hbar^2 \boldsymbol{k}^2/2m_{\mathrm{e}}$ の積分に書き換えるため，Sommerfeld モデルの状態密度 (1.24) に $m \rightsquigarrow m_{\mathrm{e}}$ の置き換えを施した，

$$D^{(0)}(\epsilon) = \frac{1}{4\pi^2}\left(\frac{2m_{\mathrm{e}}}{\hbar^2}\right)^{3/2} \theta(\epsilon)\sqrt{\epsilon} \tag{9.82}$$

を導入した．また，$n = 2\int d\epsilon f(\epsilon) D^{(0)}(\epsilon) d\epsilon$ を使い，Fermi 分布関数を Boltzmann 分布で近似して $f(\epsilon) \approx e^{-\beta(\epsilon-\mu)}$ とした．最後に $\xi = \beta\epsilon$ と変数変換して，5.3 節の脚注 7 で示した公式 $\int_0^{+\infty} x^{n-1/2}e^{-x}dx = (2n)!\sqrt{\pi}/2^{2n}n!$（$n = 0, 1, 2, \cdots$）を用いた．特に直流極限（$\omega \to 0$）では，式 (9.81) は，

$$\sigma_{\mathrm{DC}} = \frac{ne^2\bar{\tau}_{\mathrm{tr}}}{m_{\mathrm{e}}}, \quad \bar{\tau}_{\mathrm{tr}} \equiv \int_0^{+\infty} \frac{4\xi^{3/2}e^{-\xi}}{3\sqrt{\pi}} \tau_{\mathrm{tr}}(k_{\mathrm{B}}T\xi)\, d\xi \tag{9.83}$$

に帰し，先ほどの公式から $\int_0^{+\infty} 4\xi^{3/2}e^{-\xi}d\xi/3\sqrt{\pi} = 1$ だから，$\bar{\tau}_{\mathrm{tr}}$ は $\tau_{\mathrm{tr}}(k_{\mathrm{B}}T\xi)$ の重み付き平均という意味を持つ．

外因性半導体では電子密度（正確には伝導電子の密度）$n$ が温度やドーパントの密度に依存するため，式 (9.83) において $n$ とそれ以外の部分を切り分けて考えた方がよい．そこで以下では，一個の電子の動きやすさを表す**移動度**

**（易動度）**，

$$\mu_{\mathrm{mob}} \equiv \frac{e\bar{\tau}_{\mathrm{tr}}}{m_{\mathrm{e}}} \tag{9.84}$$

の温度依存性を論じよう．

たとえば，不純物による散乱を考える場合，式 (9.62) に現れる状態密度を式 (9.82) に置き換えれば $1/\tau_{\mathrm{tr}}(\epsilon_{\boldsymbol{k}})$ の表式が得られる．n 型半導体で重要なのは，陽イオン化したドナーによる散乱である．この場合，$Z_{\mathrm{d}}$ をイオンの価数として $u_q = -4\pi Z_{\mathrm{d}} e^2/q^2$ だから，冪的な $\epsilon_{\boldsymbol{k}}$ 依存性に対して対数関数的な $\epsilon_{\boldsymbol{k}}$ 依存性を無視する範囲で，$1/\tau_{\mathrm{tr}}(\epsilon_{\boldsymbol{k}}) \propto \sqrt{\epsilon_{\boldsymbol{k}}} \cdot k^{-4} \propto \epsilon_{\boldsymbol{k}}^{-3/2}$ が得られ[20]，式 (9.83), (9.84) は $\mu_{\mathrm{mob}} \propto T^{3/2}$ を導く．

音響フォノン（変形ポテンシャル）による散乱を考える場合も，式 (9.76) に同様の置き換えを施せばよい[21]．ここでは格子定数を $a \sim v_{\mathrm{c}}^{1/3} = c_{\parallel}/\omega_{\mathrm{D}}$ として，長波長領域 $ka \ll 1$ を考えているから，$q_{\max} = 2k (\ll \omega_{\mathrm{D}}/c_{\parallel})$ である．式 (9.79) と同様の計算によって式 (9.76) 右辺の積分を $4(\hbar c_{\parallel} k/k_{\mathrm{B}} T)^4$ と評価すると[22]，$1/\tau_{\mathrm{tr}}(\epsilon_{\boldsymbol{k}}) \propto T \cdot \sqrt{\epsilon_{\boldsymbol{k}}}$ が得られ，式 (9.83), (9.84) は $\mu_{\mathrm{mob}} \propto T^{-3/2}$ を導く．

単位胞に異なる種類の原子を含み，空間反転対称性を欠く結晶構造を持つ絶縁体は**圧電性**を示すことがある．これは，結晶に応力を加えたとき，格子の歪みの発生に伴って巨視的な電気分極を生じる性質である．圧電性を示す III-V 族半導体や II-VI 族半導体では，音響フォノンの励起に伴う格子歪みが巨視的な電気分極を誘起し，それが電子と相互作用する**圧電分極相互作用**を，変形ポテンシャル相互作用とは別に考慮しなければならない．格子歪み（格子変位 $\boldsymbol{u}(\boldsymbol{r})$ の微分）に比例した電気分極 $\boldsymbol{P}^{(\mathrm{pz})}(\boldsymbol{r})$ が生じると考えると，分極電荷

20）単純に考えると $1/\tau_{\mathrm{tr}}(\epsilon_k) \propto \epsilon_{\boldsymbol{k}}^{-3/2} \int_0^{2k} dq/q$ となり，右辺は対数的に発散する．しかし，$q \equiv 2k\sin(\vartheta/2)$ が小さいときには，散乱角 $\vartheta$ が小さく，電子がイオンから遠く離れた場所を通過することになるので，注目したイオンとは別のイオンによる散乱の影響の方が大きくなる．つまり，$\vartheta$ には（$\epsilon_k$ に依存する）下限値 $\vartheta_{\min} > 0$ があり，$1/\tau_{\mathrm{tr}}(\epsilon_k) \propto \epsilon_{\boldsymbol{k}}^{-3/2} \int_{2k\sin(\vartheta_{\min}/2)}^{2k} dq/q = -\epsilon_{\boldsymbol{k}}^{-3/2} \ln\sin(\vartheta_{\min}(\epsilon_k)/2)$ となって発散は抑えられる（**Conwell-Weisskopf モデル** [E. Conwell and V. F. Weisskopf: Phys. Rev. **77**, 388 (1950).]）．また，伝導電子による Coulomb ポテンシャルの遮蔽を考慮すると，$q$ 積分の下限に Debye-Hückel の遮蔽定数（11.2 節）程度のカットオフが入るので，やはり発散が抑えられる（**Brooks-Herring モデル** [H. Brooks: Phys. Rev. **83**, 879 (1951).]）．いずれにしても，冪的な $\epsilon_k$ 依存性に対して，対数関数的な $\epsilon_k$ 依存性を無視する範囲では $1/\tau(\epsilon_k) \propto \epsilon_{\boldsymbol{k}}^{-3/2}$ とみなせる．

21）半導体でも変形ポテンシャル相互作用が式 (1.70) の形に表されると考えてよいが，典型的な金属に対する評価式 (1.75), (1.78) を用いることはできない．

22）この評価は $k_{\mathrm{B}}T \gg \hbar c_{\parallel} k$ で妥当である．ここでは $\epsilon_k \sim k_{\mathrm{B}}T$ なので，$k_{\mathrm{B}}T \gg m_{\mathrm{e}} c_{\parallel}^2$ であればよい．典型的な半導体では $m_{\mathrm{e}} \sim 10^{-31}$ kg，$c_{\parallel} \lesssim 10^4$ m/s なので $m_{\mathrm{e}} c_{\parallel}^2/k_{\mathrm{B}} \lesssim 1$ K．

密度 $\rho_{\mathrm{c}}^{(\mathrm{pz})}(\boldsymbol{r}) \equiv -\nabla\cdot\boldsymbol{P}^{(\mathrm{pz})}(\boldsymbol{r})$ は $\boldsymbol{u}(\boldsymbol{r})$ の二階微分に比例することになる．したがって，$\rho_{\mathrm{c}}^{(\mathrm{pz})}(\boldsymbol{r}) = V^{-1}\sum_{\boldsymbol{q}}\rho_{\mathrm{c}}^{(\mathrm{pz})}(\boldsymbol{q})e^{i\boldsymbol{q}\cdot\boldsymbol{r}}$ と Fourier 展開し，$\boldsymbol{u}(\boldsymbol{r})$ の Fourier 展開が式 (1.64) で与えられることを用いると[23]，

$$\frac{1}{V}\rho_{\mathrm{c}}^{(\mathrm{pz})}(\boldsymbol{q}) = Cq^2\left(\frac{-i}{\sqrt{V}}\left(\frac{\hbar}{2\rho_{\mathrm{M}}\omega_q}\right)^{1/2}\left(b_{\boldsymbol{q}}+b_{-\boldsymbol{q}}^{\dagger}\right)\right),\quad (C\text{：定数}) \tag{9.85}$$

と書け，圧電分極相互作用（電子と分極電荷の Coulomb 相互作用）を，

$$\mathcal{H}_{\text{e-ph}}^{(\mathrm{pz})} = \int d^3\boldsymbol{r}'\int d^3\boldsymbol{r}\,\frac{-e\rho(\boldsymbol{r}')\rho_{\mathrm{c}}^{(\mathrm{pz})}(\boldsymbol{r})}{|\boldsymbol{r}'-\boldsymbol{r}|} = \frac{1}{\sqrt{V}}\sum_{\boldsymbol{q}} g_q^{(\mathrm{pz})}\rho_{-\boldsymbol{q}}\left(b_{\boldsymbol{q}}+b_{-\boldsymbol{q}}^{\dagger}\right) \tag{9.86}$$

$$g_q^{(\mathrm{pz})} = \frac{4\pi e}{q^2}iCq^2\left(\frac{\hbar}{2\rho_{\mathrm{M}}\omega_q}\right)^{1/2} = iC4\pi e\left(\frac{\hbar}{2\rho_{\mathrm{M}}c_{\parallel}q}\right)^{1/2} \tag{9.87}$$

と表せる[24]．上式は，係数 $g_q \propto q^{1/2}$ が，$g_q^{(\mathrm{pz})} \propto q^{-1/2}$ に置き換わっただけで，変形ポテンシャル相互作用の表式 (1.70) と同形である．この点に注意して計算を行うと，圧電分極による散乱について，$1/\tau_{\mathrm{tr}}(\epsilon_{\boldsymbol{k}}) \propto T\sqrt{\epsilon_{\boldsymbol{k}}}/k^2 \propto T/\sqrt{\epsilon_{\boldsymbol{k}}}$ および $\mu_{\mathrm{mob}} \propto T^{-1/2}$ を得る．

23）実際の圧電性物質は強い異方性を持つのが普通なので，この式では縦波と横波両方の寄与を平均化した音響フォノンを考えていることになる．

24）変形ポテンシャル相互作用の場合と異なり，電子と巨視的な電気分極の相互作用を考えているから，Coulomb ポテンシャルは遮蔽されない．

第 10 章

# 絶縁体・半導体の光学応答

## 10.1 一電子近似の光吸収スペクトル

本章ではバンド絶縁体(真性半導体を含む)の光学応答を論じる．手始めに一電子近似の下で考え，一電子 Schrödinger 方程式を解いて得られるバンド分散を $\epsilon_{n,\boldsymbol{k}}$，対応する Bloch 状態を $|n,\boldsymbol{k})$ とする．エネルギーが低い方から数えて $n_\mathrm{v}$ 番目のバンド（**価電子帯**）と $n_\mathrm{c}=n_\mathrm{v}+1$ 番目のバンド（**伝導帯**）の間に大きさ $E_\mathrm{g}$ のバンドギャップがあり，その中心に Fermi 準位が位置する $k_\mathrm{B}T \ll E_\mathrm{g}$ の低温領域では,

$$f(\epsilon_{n,\boldsymbol{k}})=\begin{cases}1 & (n\le n_\mathrm{v})\\ 0 & (n\ge n_\mathrm{c}=n_\mathrm{v}+1)\end{cases} \tag{10.1}$$

としてよい．バンドギャップが比較的小さい半導体でも，$E_\mathrm{g}\sim 1\,\mathrm{eV}\sim 10^4\,\mathrm{K}$ だから，室温でもこの評価は正確である．以上の準備の下で，久保-Greenwood 公式 (9.13) を用いると，$\omega>0$ における光吸収スペクトル（に比例する量）を,

$$\begin{aligned}P(\omega)\equiv&\mathrm{Re}\left(\boldsymbol{e}\cdot\left(\underline{\sigma}(\omega)\boldsymbol{e}\right)\right)\\ =&-\int d\epsilon\frac{f(\epsilon+\hbar\omega)-f(\epsilon)}{\hbar\omega}\cdot\frac{2\pi e^2\hbar}{V}\sum_{n_1,\boldsymbol{k}_1,n_2,\boldsymbol{k}_2}\left|(n_2,\boldsymbol{k}_2|\frac{\hat{\boldsymbol{p}}\cdot\boldsymbol{e}}{m}|n_1,\boldsymbol{k}_1)\right|^2\\ &\times\delta\left(\hbar\omega+\epsilon-\epsilon_{n_2,\boldsymbol{k}_2}\right)\delta\left(\epsilon-\epsilon_{n_1,\boldsymbol{k}_1}\right)\\ =&\frac{2\pi}{\omega}\left(\frac{e}{m}\right)^2\frac{1}{V}\sum_{n_1\le n_\mathrm{v},n_2\ge n_\mathrm{c}}\sum_{\boldsymbol{k}}\left|\boldsymbol{p}_{n_2n_1\boldsymbol{k}}\cdot\boldsymbol{e}\right|^2\delta\left(\hbar\omega+\epsilon_{n_1,\boldsymbol{k}}-\epsilon_{n_2,\boldsymbol{k}}\right)\end{aligned} \tag{10.2}$$

と計算できる．ただし，$\boldsymbol{p}_{n'n\boldsymbol{k}}$ を,

$$(n',\boldsymbol{k}|\hat{\boldsymbol{p}}|n,\boldsymbol{k}')=\boldsymbol{p}_{n'n\boldsymbol{k}}\delta_{\boldsymbol{k}\boldsymbol{k}'} \tag{10.3}$$

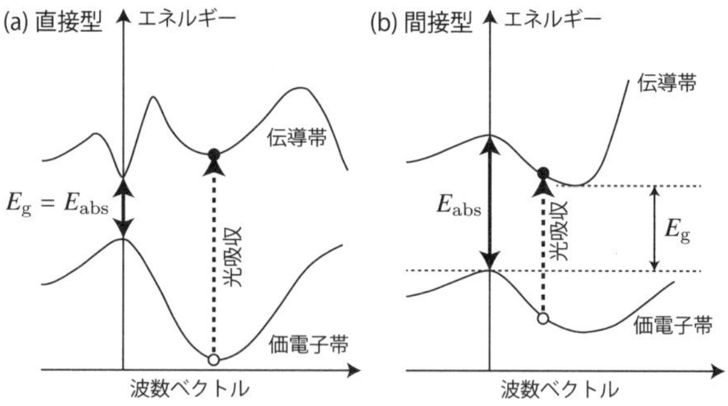


図 10.1　直接遷移の模式図

によって定めた．絶縁体が光を吸収すると，電子が Fermi 準位より下のバンドから上のバンドへ励起される．実際，式 (10.2) 右辺のデルタ関数は，$\epsilon_{n_1,\boldsymbol{k}_1}$ のエネルギーを持っていた電子が，光のエネルギー $\hbar\omega$ を吸収して $\epsilon_{n_2,\boldsymbol{k}_2}$ のエネルギーに励起されることを表現している．式 (10.3) が示すとおり，運動量演算子 $\hat{\boldsymbol{p}}$ は Bloch 波数 $\boldsymbol{k}$ を保存するから，図 10.1 に示すような $\boldsymbol{k}_1 = \boldsymbol{k}_2$ の遷移（**直接遷移**あるいは**双極子遷移**と呼ぶ）のみが許される．さらに，$n \neq n'$ の場合に成り立つ関係式 (6.49),

$$\frac{\boldsymbol{p}_{n'n\boldsymbol{k}}}{m} = \frac{\epsilon_{n\boldsymbol{k}} - \epsilon_{n'\boldsymbol{k}}}{i\hbar}\boldsymbol{r}_{n'n\boldsymbol{k}}, \quad \boldsymbol{r}_{n'n\boldsymbol{k}} \equiv (n', \boldsymbol{k}|\hat{\boldsymbol{r}}|n, \boldsymbol{k}) \tag{10.4}$$

を用いると，式 (10.2) を，

$$P(\omega) = \frac{2\pi\omega}{V} \sum_{n_1 \leq n_v, n_2 \geq n_c} \sum_{\boldsymbol{k}} \left|-e\boldsymbol{r}_{n_2 n_1 \boldsymbol{k}} \cdot \boldsymbol{e}\right|^2 \delta\left(\hbar\omega + \epsilon_{n_1,\boldsymbol{k}} - \epsilon_{n_2,\boldsymbol{k}}\right) \tag{10.5}$$

と書き直せる．上式に現れる $-e\boldsymbol{r}_{n'n\boldsymbol{k}}$ が，電気双極子モーメントを表す演算子 $-e\hat{\boldsymbol{r}}$ の行列要素であることが，「双極子」遷移の名前の由来である．

通常，行列要素 $\boldsymbol{p}_{n_2 n_1 \boldsymbol{k}}$ は強い $\boldsymbol{k}$ 依存性を持たず，$n_1(\leq n_v)$ 番目から $n_2(\geq n_c)$ 番目のバンドへ遷移する光吸収を考えたとき，光吸収スペクトルの特異性は，**結合状態密度**,

$$J_{n_2,n_1}(\omega) \equiv \frac{1}{V}\sum_{\boldsymbol{k}} \delta\left(\hbar\omega - \epsilon_{n_2,\boldsymbol{k}} + \epsilon_{n_1,\boldsymbol{k}}\right) \tag{10.6}$$

から生じる．実際，$\nabla_{\boldsymbol{k}}(\epsilon_{n_2,\boldsymbol{k}} - \epsilon_{n_1,\boldsymbol{k}}) = 0$ を満たす $\boldsymbol{k}$ 点（**臨界点**）が存在すると，対応するエネルギーの近くで結合状態密度は特異性（**van Hove 特異性**）を示

す．この事情は 5.3 節の議論とまったく同様である．臨界点 $\boldsymbol{k} = \boldsymbol{k}_0$ において，$\partial^2(\epsilon_{n_2,\boldsymbol{k}} - \epsilon_{n_1,\boldsymbol{k}})/\partial k_\mu \partial k_\nu|_{\boldsymbol{k}=\boldsymbol{k}_0}$ を成分に持つ三次実対称行列を定め，その固有値を $\hbar^2/m_i$，規格化された固有ベクトルを $\boldsymbol{e}_i$ とし，$\boldsymbol{k} - \boldsymbol{k}_0 = \sum_i k_i \boldsymbol{e}_i$ によって $k_i$ を定めると，$\boldsymbol{k} - \boldsymbol{k}_0$ について二次近似で，

$$(\epsilon_{n_2,\boldsymbol{k}} - \epsilon_{n_1,\boldsymbol{k}}) - (\epsilon_{n_2,\boldsymbol{k}_0} - \epsilon_{n_1,\boldsymbol{k}_0}) \approx \frac{\hbar^2 k_1^2}{2m_1} + \frac{\hbar^2 k_2^2}{2m_2} + \frac{\hbar^2 k_3^2}{2m_3} \tag{10.7}$$

と評価できる．したがって，5.3 節の用語にならって，負の値を持つ $m_i$ の数が $n$ 個の場合に現れる van Hove 特異性を $\mathrm{M}_n$ 型と呼ぶと，各型の結合状態密度に現れる特異性は式 (5.45) によって表される．二つのバンド分散 $\epsilon_{n_1,\boldsymbol{k}}$ と $\epsilon_{n_2,\boldsymbol{k}}$ が $\boldsymbol{k} = \boldsymbol{k}_0$ で同時に臨界点を持てば，$\epsilon_{n_2,\boldsymbol{k}} - \epsilon_{n_1,\boldsymbol{k}}$ も $\boldsymbol{k} = \boldsymbol{k}_0$ に臨界点を持つが，$\epsilon_{n_2,n_1,\boldsymbol{k}}$ が $\boldsymbol{k} = \boldsymbol{k}_0$ に臨界点を持つからといって，$\epsilon_{n_1,\boldsymbol{k}}$ や $\epsilon_{n_2,\boldsymbol{k}}$ が $\boldsymbol{k} = \boldsymbol{k}_0$ に臨界点を持つとは限らない．

伝導帯のエネルギーが最小となる $\boldsymbol{k}$ 点と，価電子帯のエネルギーが最大になる $\boldsymbol{k}$ 点が一致するとき，バンドギャップは**直接型**である（**直接ギャップ**である）と言い，逆に両者の第一 Brillouin ゾーン内の位置がずれている場合は，バンドギャップが**間接型**である（**間接ギャップ**である）と言う．図 10.1 からわかるように，直接型ではバンドギャップ $E_\mathrm{g}$ と式 (10.2) から求めた光吸収スペクトルの低エネルギー側の端 $E_\mathrm{abs}$ が一致する．一方，間接型では $E_\mathrm{abs}$ は $E_\mathrm{g}$ より大きい．

直接ギャップを持つ絶縁体では，$\hbar\omega \approx E_\mathrm{abs} = E_\mathrm{g}$ で結合状態密度 (10.6) は $\mathrm{M}_0$ 型の van Hove 特異性を示す．したがって，直接ギャップが位置している $\boldsymbol{k}$ 点（$\boldsymbol{k} = \boldsymbol{k}_0$ とする）において直接遷移が許容されていれば（$\boldsymbol{p}_{n_\mathrm{c} n_\mathrm{v} \boldsymbol{k}=\boldsymbol{k}_0} \cdot \boldsymbol{e} \neq 0$），$\hbar\omega \approx E_\mathrm{g}$ の光吸収スペクトルは，

$$\mathrm{Re}\left(\boldsymbol{e} \cdot \left(\underline{\sigma}(\omega)\boldsymbol{e}\right)\right) \propto \left(\hbar\omega - E_\mathrm{g}\right)^{1/2} \theta(\hbar\omega - E_\mathrm{g}) \tag{10.8}$$

となる．一方，直接遷移が禁制（$\boldsymbol{p}_{n_\mathrm{c} n_\mathrm{v} \boldsymbol{k}=\boldsymbol{k}_0} \cdot \boldsymbol{e} = 0$）ならば，$\boldsymbol{p}_{n_\mathrm{c},n_\mathrm{v}\boldsymbol{k}} \cdot \boldsymbol{e} \propto |\boldsymbol{k} - \boldsymbol{k}_0| \propto \sqrt{\hbar\omega - E_\mathrm{g}}$ なので，

$$\mathrm{Re}\left(\boldsymbol{e} \cdot \left(\underline{\sigma}(\omega)\boldsymbol{e}\right)\right) \propto \left(\hbar\omega - E_\mathrm{g}\right)^{3/2} \theta(\hbar\omega - E_\mathrm{g}) \tag{10.9}$$

となる．ただし，10.3 節以降で述べるように，$\hbar\omega \approx E_\mathrm{g}$ の光吸収スペクトルは励起子効果による影響を受けやすい．式 (10.8) や (10.9) の $\hbar\omega$

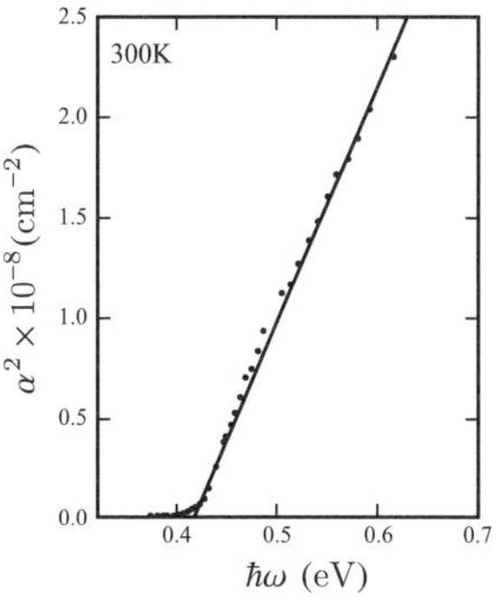


図 10.2　硫化鉛 (II)（PbS）で観測された室温における吸収係数 $\alpha(\omega)$ の二乗 [W. W. Scanlon: Phys. Rev. **109**, 47 (1958).]

依存性が見えるのは，励起子効果が小さい場合である．

図 10.2 に，硫化鉛 (II)（PbS）で測定された室温における吸収係数 $\alpha(\omega)$ の二乗を示した．この物質は L 点に直接ギャップを持ち，そこで直接遷移が許容されている．式 (8.98), (8.99), (10.8) を用いると，$\hbar\omega \approx E_{\mathrm{g}}$ で $(\alpha(\omega))^2 = (4\pi\mathrm{Re}\sigma(\omega)/c\mathrm{Re}n(\omega))^2 \approx (4\pi\mathrm{Re}\sigma(\omega)/c\mathrm{Re}n(\omega = E_{\mathrm{g}}/\hbar))^2 \propto (\hbar\omega - E_{\mathrm{g}})\theta(\hbar\omega - E_{\mathrm{g}})$ と評価できるが，実験データは見事にこの結果を支持している．

## 10.2　フォノン介在型間接遷移

間接ギャップを持つ絶縁体では，前節で述べた直接遷移だけを考えると，$\hbar\omega \approx E_{\mathrm{g}}$ において光吸収がないことになる．しかし，電子とフォノンの相互作用まで考慮すると，わずかながら $\hbar\omega \approx E_{\mathrm{g}}$ でも光吸収が可能になる．本節ではこの現象について論じよう．以下では，伝導帯のエネルギーの最小点（**谷**）が $\boldsymbol{k} = \boldsymbol{k}_0 \neq 0$ にあり，価電子帯のエネルギーの最大点は Γ 点（$\boldsymbol{k} = 0$）にあるとする．多くの場合，$\boldsymbol{k}_0$ は第一 Brillouin ゾーンの境界あるいはその近くにあり，結晶の対称性を反映して複数の等価な谷が現れるが，この多谷効果を無視する．

電子とフォノンが結合した系のハミルトニアンには，式 (9.68) を拡張した，

$$
\begin{aligned}
\mathcal{H} = &\sum_{\substack{n=n_{\mathrm{c}},n_{\mathrm{v}} \\ \boldsymbol{k}\sigma}} \epsilon_{n\boldsymbol{k}} c^{\dagger}_{n\boldsymbol{k}\sigma} c_{n\boldsymbol{k}\sigma} + \sum_{\boldsymbol{q}} \hbar\omega_{q} \left( b^{\dagger}_{\boldsymbol{q}} b_{\boldsymbol{q}} + \frac{1}{2} \right) \\
&+ \frac{1}{\sqrt{V}} \sum_{\substack{n=n_{\mathrm{c}},n_{\mathrm{v}} \\ \boldsymbol{k}\boldsymbol{q}\sigma}} g_{n\boldsymbol{q}} c^{\dagger}_{n\boldsymbol{k}+\boldsymbol{q}\sigma} c_{n\boldsymbol{k}\sigma} \left( b_{\boldsymbol{q}} + b^{\dagger}_{-\boldsymbol{q}} \right)
\end{aligned}
\tag{10.10}
$$

を用いる．第一項が（一電子近似された）電子系，第二項がフォノン系，第三項が両者の相互作用を表す．ここでは簡単のため，伝導帯（$n = n_{\mathrm{c}}$）と価電子帯（$n = n_{\mathrm{v}}$）のみに着目し，これらのバンドに波数ベクトル $\boldsymbol{k}$，スピン $\sigma$ の電子を生成・消滅する演算子を $c^{\dagger}_{n\boldsymbol{k}\sigma}$, $c_{n\boldsymbol{k}\sigma}$ とした．また，電子系と結合するフォノン分岐を一つに限定し，波数ベクトル $\boldsymbol{q}$ のフォノンを生成・消滅する演算子を $b^{\dagger}_{\boldsymbol{q}}$, $b_{\boldsymbol{q}}$ とした．さらに，電子のバンド分散を $\epsilon_{n\boldsymbol{k}}$，フォノンの分散関係を $\omega_{\boldsymbol{q}}$，電子とフォノンの結合定数を $g_{n\boldsymbol{q}}$ とし，フォノンによる電子のバンド間散乱を無視した．参考にした式 (9.68) ではフォノン分岐として縦波音響フォノンのみを考えていたが，ここではフォノン分岐の種類を特定しない．それでも，電子-フォノン相互作用が系の全運動量を保存する限り，ハミルトニアン

は式 (10.10) の形を持つ．以下では，イオン核が電子に比べて非常に重いことを念頭に置いて $\hbar\omega_{\boldsymbol{q}} \ll E_{\mathrm{g}}$ とし，前節と同様に $k_{\mathrm{B}}T \ll E_{\mathrm{g}}$ の低温領域に注目する．

中野-久保公式 (8.105) に戻り，式 (4.23), (4.24) を使うと，光吸収スペクトルを，

$$
\begin{aligned}
P(\omega) \equiv \mathrm{Re}\Big(\boldsymbol{e}\cdot\big(\underline{\sigma}(\omega)\boldsymbol{e}\big)\Big) &= \frac{1}{\omega}\cdot\frac{1}{V}\mathrm{Im}\chi_{\boldsymbol{e}\cdot\mathcal{J}^{(0)},\mathcal{J}^{(0)}\cdot\boldsymbol{e}}(\omega) \\
&\approx \frac{1}{\omega}\cdot\frac{1}{V}\left(\frac{e}{m}\right)^2 \mathrm{Im}\sum_{\boldsymbol{k}\boldsymbol{k}'}\chi_{\mathcal{P}^{\dagger}_{\boldsymbol{k}},\mathcal{P}_{\boldsymbol{k}'}}(\omega) \qquad (10.11)
\end{aligned}
$$

と表せる．ただしここで，価電子帯から伝導帯へのバンド間遷移のみに注目し，

$$
\mathcal{J}^{(0)}\cdot\boldsymbol{e} = \frac{-e}{m}\sum_{nn'\boldsymbol{k}\sigma}(\boldsymbol{p}_{nn'\boldsymbol{k}}\cdot\boldsymbol{e})c^{\dagger}_{n\boldsymbol{k}\sigma}c_{n'\boldsymbol{k}\sigma} \approx \frac{-e}{m}\sum_{\boldsymbol{k}}\mathcal{P}_{\boldsymbol{k}}, \qquad (10.12)
$$

$$
\mathcal{P}_{\boldsymbol{k}} \equiv p_{\boldsymbol{k}}\sum_{\sigma}c^{\dagger}_{n_{\mathrm{c}}\boldsymbol{k}\sigma}c_{n_{\mathrm{v}}\boldsymbol{k}\sigma}, \quad p_{\boldsymbol{k}} \equiv \boldsymbol{p}_{n_{\mathrm{c}}n_{\mathrm{v}}\boldsymbol{k}}\cdot\boldsymbol{e} \qquad (10.13)
$$

と近似した．さらに，$\chi_{\mathcal{P}^{\dagger}_{\boldsymbol{k}},\mathcal{P}_{\boldsymbol{k}'}}(\omega)$ に対し式 (4.63) を適用し，Heisenberg 方程式[1)]，

$$
\dot{\mathcal{P}}_{\boldsymbol{k}} = \frac{i}{\hbar}[\mathcal{H},\mathcal{P}_{\boldsymbol{k}}]_{-} = \frac{i}{\hbar}(\epsilon_{n_{\mathrm{c}}\boldsymbol{k}} - \epsilon_{n_{\mathrm{v}}\boldsymbol{k}})\mathcal{P}_{\boldsymbol{k}} + \mathcal{F}_{\boldsymbol{k}} \qquad (10.14)
$$

$$
\mathcal{F}_{\boldsymbol{k}} \equiv \frac{i}{\hbar}\frac{p_{\boldsymbol{k}}}{\sqrt{V}}\sum_{\boldsymbol{q}\sigma}\Big(g_{n_{\mathrm{c}}\boldsymbol{q}}c^{\dagger}_{n_{\mathrm{c}}\boldsymbol{k}+\boldsymbol{q}\sigma}c_{n_{\mathrm{v}}\boldsymbol{k}\sigma} - g_{n_{\mathrm{v}}\boldsymbol{q}}c^{\dagger}_{n_{\mathrm{c}}\boldsymbol{k}\sigma}c_{n_{\mathrm{v}}\boldsymbol{k}-\boldsymbol{q}\sigma}\Big)\Big(b_{\boldsymbol{q}} + b^{\dagger}_{-\boldsymbol{q}}\Big) \qquad (10.15)
$$

および式 (4.24) を用いると，

$$
\chi_{\mathcal{P}^{\dagger}_{\boldsymbol{k}}\mathcal{P}_{\boldsymbol{k}'}}(\omega) = \frac{-\langle\!\langle[\mathcal{P}^{\dagger}_{\boldsymbol{k}},\mathcal{P}_{\boldsymbol{k}'}]_{-}\rangle\!\rangle_{\mathrm{eq}} - i\hbar\chi_{\mathcal{P}^{\dagger}_{\boldsymbol{k}},\mathcal{F}_{\boldsymbol{k}'}}(\omega)}{\hbar\omega - \epsilon_{n_{\mathrm{c}}\boldsymbol{k}'} + \epsilon_{n_{\mathrm{v}}\boldsymbol{k}'} + i\delta} \qquad (10.16)
$$

を導ける．価電子帯が完全に占有され伝導帯が空の電子状態では，電子のバンド内散乱が禁止されるので，$k_{\mathrm{B}}T \ll E_{\mathrm{g}}$ では，平衡状態を表す統計演算子は電子-フォノン相互作用の影響を受けず，$\langle\!\langle[\mathcal{P}^{\dagger}_{\boldsymbol{k}},\mathcal{P}_{\boldsymbol{k}'}]_{-}\rangle\!\rangle_{\mathrm{eq}} = \delta_{\boldsymbol{k}\boldsymbol{k}'}|p_{\boldsymbol{k}}|^2\sum_{\sigma}\langle\!\langle c^{\dagger}_{n_{\mathrm{v}}\boldsymbol{k}\sigma}c_{n_{\mathrm{v}}\boldsymbol{k}\sigma} - c^{\dagger}_{n_{\mathrm{c}}\boldsymbol{k}\sigma}c_{n_{\mathrm{c}}\boldsymbol{k}\sigma}\rangle\!\rangle_{\mathrm{eq}} = 2\delta_{\boldsymbol{k}\boldsymbol{k}'}|p_{\boldsymbol{k}}|^2$，$\langle\!\langle[\mathcal{P}^{\dagger}_{\boldsymbol{k}},\mathcal{F}_{\boldsymbol{k}'}]_{-}\rangle\!\rangle_{\mathrm{eq}} = 0$ となる．このことに注意し，$\chi_{\mathcal{P}^{\dagger}_{\boldsymbol{k}},\mathcal{F}_{\boldsymbol{k}'}}(\omega)$ に対して式 (10.16) を導いた際と同様の考察を行うと，

1) イオン核の自由度のみに作用する $b^{\dagger}_{\boldsymbol{q}}, b_{\boldsymbol{q}}$ は，電子系の自由度のみに作用する $\mathcal{P}_{\boldsymbol{k}}$ と可換．

$$\chi_{\mathcal{P}_{\boldsymbol{k}}^{\dagger}\mathcal{P}_{\boldsymbol{k}'}}(\omega) = \frac{-2\delta_{\boldsymbol{kk}'}|p_{\boldsymbol{k}}|^2}{\hbar\omega - \epsilon_{n_{\rm c}\boldsymbol{k}} + \epsilon_{n_{\rm v}\boldsymbol{k}} + i\delta} + \frac{\hbar^2\chi_{\mathcal{F}_{\boldsymbol{k}}^{\dagger}\mathcal{F}_{\boldsymbol{k}'}}(\omega)}{(\hbar\omega - \epsilon_{n_{\rm c}\boldsymbol{k}} + \epsilon_{n_{\rm v}\boldsymbol{k}} + i\delta)(\hbar\omega - \epsilon_{n_{\rm c}\boldsymbol{k}'} + \epsilon_{n_{\rm v}\boldsymbol{k}'} + i\delta)} \tag{10.17}$$

に至る．

式 (10.17) を式 (10.11) に代入し，$\hbar\omega \approx E_{\rm g}$ に注目しよう．このとき，任意の $\boldsymbol{k}$ に対し $\hbar\omega - \epsilon_{n_{\rm c}\boldsymbol{k}} + \epsilon_{n_{\rm v}\boldsymbol{k}} \neq 0$ だから，式 (10.17) 第一項の虚部は消え，第二項の分母に現れる $i\delta$ を無視できて，結合定数 $g_{n\boldsymbol{q}}$ について二次近似で，

$$\begin{aligned} P(\omega) &= \frac{1}{\omega}\cdot\frac{1}{V^2}\left(\frac{e}{m}\right)^2\sum_{\boldsymbol{qq}'}\mathrm{Im}\left(\chi_{Q_{\boldsymbol{q}}^{\dagger}(\omega)\left(b_{\boldsymbol{q}}^{\dagger}+b_{-\boldsymbol{q}}\right),Q_{\boldsymbol{q}'}(\omega)\left(b_{\boldsymbol{q}'}+b_{-\boldsymbol{q}'}^{\dagger}\right)}(\omega)\right) \\ &\approx \frac{1}{\omega}\cdot\frac{1}{V^2}\left(\frac{e}{m}\right)^2\sum_{\boldsymbol{q}}\left(\mathrm{Im}\chi^{(0)}_{Q_{\boldsymbol{q}}^{\dagger}(\omega)b_{\boldsymbol{q}}^{\dagger},Q_{\boldsymbol{q}}(\omega)b_{\boldsymbol{q}}}(\omega) + \mathrm{Im}\chi^{(0)}_{Q_{\boldsymbol{q}}^{\dagger}(\omega)b_{-\boldsymbol{q}},Q_{\boldsymbol{q}}(\omega)b_{-\boldsymbol{q}}^{\dagger}}(\omega)\right) \end{aligned} \tag{10.18}$$

$$\begin{aligned} Q_{\boldsymbol{q}}(\omega) &\equiv \sum_{\boldsymbol{k}\sigma} p_{\boldsymbol{k}}\frac{g_{n_{\rm c}\boldsymbol{q}}c_{n_{\rm c}\boldsymbol{k}+\boldsymbol{q}\sigma}^{\dagger}c_{n_{\rm v}\boldsymbol{k}\sigma} - g_{n_{\rm v}\boldsymbol{q}}c_{n_{\rm c}\boldsymbol{k}\sigma}^{\dagger}c_{n_{\rm v}\boldsymbol{k}-\boldsymbol{q}\sigma}}{\hbar\omega - \epsilon_{n_{\rm c}\boldsymbol{k}} + \epsilon_{n_{\rm v}\boldsymbol{k}}} \\ &= \sum_{\boldsymbol{k}\sigma}\left(\frac{p_{\boldsymbol{k}}g_{n_{\rm c}\boldsymbol{q}}}{\hbar\omega - \epsilon_{n_{\rm c}\boldsymbol{k}} + \epsilon_{n_{\rm v}\boldsymbol{k}}} - \frac{p_{\boldsymbol{k}+\boldsymbol{q}}g_{n_{\rm v}\boldsymbol{q}}}{\hbar\omega - \epsilon_{n_{\rm c}\boldsymbol{k}+\boldsymbol{q}} + \epsilon_{n_{\rm v}\boldsymbol{k}+\boldsymbol{q}}}\right)c_{n_{\rm c}\boldsymbol{k}+\boldsymbol{q}\sigma}^{\dagger}c_{n_{\rm v}\boldsymbol{k}\sigma} \end{aligned} \tag{10.19}$$

と評価できる．ここで，式 (4.23), (4.24) を使い，右辺に現れる複素感受率を，電子-フォノン相互作用がない系のもの（$\chi^{(0)}_{\bullet}$ と表す）で近似した．また，電子-フォノン相互作用を無視すると各波数のフォノン数が保存するため，$\chi^{(0)}_{Q_{\boldsymbol{q}}^{\dagger}(\omega)b_{\boldsymbol{q}}^{\dagger},Q_{\boldsymbol{q}'}(\omega)b_{\boldsymbol{q}'}}(\omega) \propto \delta_{\boldsymbol{qq}'}$，$\chi^{(0)}_{Q_{\boldsymbol{q}}^{\dagger}(\omega)b_{\boldsymbol{q}}^{\dagger},Q_{\boldsymbol{q}'}(\omega)b_{\boldsymbol{q}'}^{\dagger}}(\omega) = 0$ 等が成り立つことを用いている．

式の形から明らかなように，式 (10.18) 右辺の括弧内第一項は，電子が波数 $\boldsymbol{q}$ のフォノンを吸収し，価電子帯の波数 $\boldsymbol{k}$ の状態から伝導帯の波数 $\boldsymbol{k}+\boldsymbol{q}$ の状態へ励起される過程を表しており，第二項は電子が波数 $-\boldsymbol{q}$ のフォノンを放出して，価電子帯の波数 $\boldsymbol{k}$ の状態から伝導帯の波数 $\boldsymbol{k}+\boldsymbol{q}$ の状態へ励起される過程を表している（図 10.3 ）．つまり，フォノンを吸収・放出して運動量の差を補うことで，電子系だけでは不可能だった光学遷移が可能になる．これを**間接遷移**と呼ぶ．

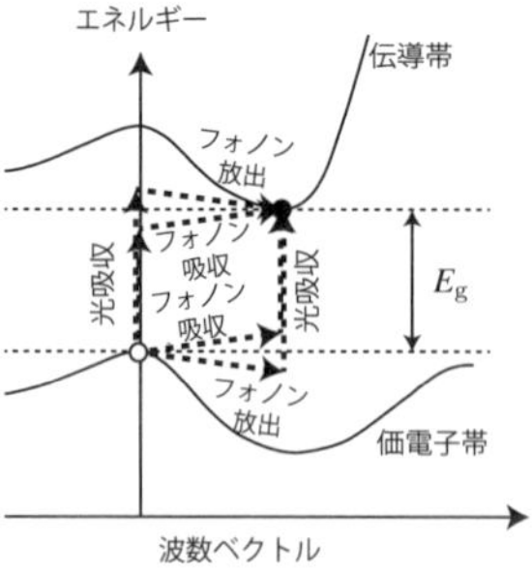

図 10.3　フォノン介在型間接遷移の模式図

式 (10.18) 右辺の括弧内に現れる複素感受率の

虚部は，式 (9.73) と同様に計算できる．ここでは $e^{-\beta\hbar\omega} \approx 0$ と近似でき，時間反転対称性から $\omega_{\boldsymbol{q}} = \omega_{-\boldsymbol{q}}$ が成り立つので，

$$\mathrm{Im}\chi^{(0)}_{Q^\dagger_{\boldsymbol{q}}(\omega)b^\dagger_{\boldsymbol{q}},Q_{\boldsymbol{q}}(\omega)b_{\boldsymbol{q}}}(\omega) = f_{\mathrm{B}}(\hbar\omega_{\boldsymbol{q}})\mathrm{Im}\chi^{(0)}_{Q^\dagger_{\boldsymbol{q}}(\omega),Q_{\boldsymbol{q}}(\omega)}(\omega + \omega_{\boldsymbol{q}}) \tag{10.20}$$

$$\mathrm{Im}\chi^{(0)}_{Q^\dagger_{\boldsymbol{q}}(\omega)b_{-\boldsymbol{q}},Q_{\boldsymbol{q}}(\omega)b^\dagger_{-\boldsymbol{q}}}(\omega) = \left(f_{\mathrm{B}}(\hbar\omega_{\boldsymbol{q}}) + 1\right)\mathrm{Im}\chi^{(0)}_{Q^\dagger_{\boldsymbol{q}}(\omega),Q_{\boldsymbol{q}}(\omega)}(\omega - \omega_{\boldsymbol{q}}) \tag{10.21}$$

となる．ただし，$f_{\mathrm{B}}(\epsilon) \equiv (e^{\beta\epsilon} - 1)^{-1}$ は Bose 分布関数である．さらに，式 (4.44), (4.73), (10.1) を用いると，

$$\mathrm{Im}\chi^{(0)}_{Q^\dagger_{\boldsymbol{q}}(\omega),Q_{\boldsymbol{q}}(\omega)}(\omega \pm \omega_{\boldsymbol{q}}) = 2\pi \sum_{\boldsymbol{k}} \left| \frac{p_{\boldsymbol{k}} g_{n_{\mathrm{c}}\boldsymbol{q}}}{\hbar\omega - \epsilon_{n_{\mathrm{c}}\boldsymbol{k}} + \epsilon_{n_{\mathrm{v}}\boldsymbol{k}}} - \frac{p_{\boldsymbol{k}+\boldsymbol{q}} g_{n_{\mathrm{v}}\boldsymbol{q}}}{\hbar\omega - \epsilon_{n_{\mathrm{c}}\boldsymbol{k}+\boldsymbol{q}} + \epsilon_{n_{\mathrm{v}}\boldsymbol{k}+\boldsymbol{q}}} \right|^2 \times \delta\left(\hbar\omega - \epsilon_{n_{\mathrm{c}}\boldsymbol{k}+\boldsymbol{q}} + \epsilon_{n_{\mathrm{v}}\boldsymbol{k}} \pm \hbar\omega_{\boldsymbol{q}}\right) \tag{10.22}$$

と計算できる．以上の結果を式 (10.18) に代入して整理すれば，最終的に，

$$P(\omega) = \frac{1}{\omega} \cdot \frac{2\pi}{V^2} \left(\frac{e}{m}\right)^2 \sum_{\boldsymbol{k}_1,\boldsymbol{k}_2,s=\pm} \left(f_{\mathrm{B}}(\hbar\omega_{\boldsymbol{k}_1-\boldsymbol{k}_2}) + \delta_{s,-}\right) C_{s,\boldsymbol{k}_1,\boldsymbol{k}_2} \times \delta\left(\hbar\omega - \epsilon_{n_{\mathrm{c}}\boldsymbol{k}_1} + \epsilon_{n_{\mathrm{v}}\boldsymbol{k}_2} + s\hbar\omega_{\boldsymbol{k}_1-\boldsymbol{k}_2}\right) \tag{10.23}$$

$$C_{\pm,\boldsymbol{k}_1,\boldsymbol{k}_2} = \left| \frac{p_{\boldsymbol{k}_2} g_{n_{\mathrm{c}}\boldsymbol{k}_1-\boldsymbol{k}_2}}{\epsilon_{n_{\mathrm{c}}\boldsymbol{k}_1} - \epsilon_{n_{\mathrm{c}}\boldsymbol{k}_2} \mp \hbar\omega_{\boldsymbol{k}_1-\boldsymbol{k}_2}} - \frac{p_{\boldsymbol{k}_1} g_{n_{\mathrm{v}}\boldsymbol{k}_1-\boldsymbol{k}_2}}{\epsilon_{n_{\mathrm{v}}\boldsymbol{k}_1} - \epsilon_{n_{\mathrm{v}}\boldsymbol{k}_2} \mp \hbar\omega_{\boldsymbol{k}_1-\boldsymbol{k}_2}} \right|^2 \tag{10.24}$$

に至る．$s = +, -$ の項はそれぞれフォノン吸収，放出の過程に対応する．

ここでは $\hbar\omega \approx E_{\mathrm{g}}$ なので $\boldsymbol{k}_1 \approx \boldsymbol{k}_0$, $\boldsymbol{k}_2 \approx 0$ だが，$\boldsymbol{k}_0$ が第一 Brillouin ゾーンの境界近くにあるときには，$\Omega \equiv \omega_{\boldsymbol{k}_1-\boldsymbol{k}_2}$ と $C_\pm \equiv C_{\pm,\boldsymbol{k}_1,\boldsymbol{k}_2}$ の $\boldsymbol{k}_1$, $\boldsymbol{k}_2$ 依存性は一般に小さく，これらを定数とみなしてよい．特に，伝導帯の最小点近傍および価電子帯の最大点近傍で，

$$\epsilon_{n_{\mathrm{c}}\boldsymbol{k}_1} \approx \epsilon_{n_{\mathrm{c}}\boldsymbol{k}_0} + \frac{\hbar^2(\boldsymbol{k}_1 - \boldsymbol{k}_0)^2}{2m_{\mathrm{e}}}, \quad \epsilon_{n_{\mathrm{v}}\boldsymbol{k}_2} \approx \epsilon_{n_{\mathrm{v}}0} - \frac{\hbar^2\boldsymbol{k}_2^2}{2m_{\mathrm{h}}}, \quad \left(\epsilon_{n_{\mathrm{c}}\boldsymbol{k}_0} - \epsilon_{n_{\mathrm{v}}0} = E_{\mathrm{g}}\right) \tag{10.25}$$

と近似できる場合には，$\boldsymbol{k}_1$ と $\boldsymbol{k}_2$ についての和を，

$$\begin{aligned} &\frac{1}{V^2}\sum_{\boldsymbol{k}_1\boldsymbol{k}_2} \delta\left(\hbar\omega - E_{\mathrm{g}} - \frac{\hbar^2(\boldsymbol{k}_1 - \boldsymbol{k}_0)^2}{2m_{\mathrm{e}}} - \frac{\hbar^2\boldsymbol{k}_2^2}{2m_{\mathrm{h}}} \pm \hbar\Omega\right) \\ &\propto \int_0^{+\infty} d\epsilon_1 \sqrt{\epsilon_1} \int_0^{+\infty} d\epsilon_2 \sqrt{\epsilon_2}\,\delta\left(\hbar\omega - E_{\mathrm{g}} - \epsilon_1 - \epsilon_2 \pm \hbar\Omega\right) \\ &\propto \left(\hbar\omega - E_{\mathrm{g}} \pm \hbar\Omega\right)^2 \theta\left(\hbar\omega - E_{\mathrm{g}} \pm \hbar\Omega\right) \end{aligned} \tag{10.26}$$

と実行できて，

$$P(\omega) \propto \sum_{s=\pm} C_s(f_{\mathrm{B}}(\hbar\Omega) + \delta_{s,-})\left(\hbar\omega - E_{\mathrm{g}} + s\hbar\Omega\right)^2 \theta\left(\hbar\omega - E_{\mathrm{g}} + s\hbar\Omega\right) \tag{10.27}$$

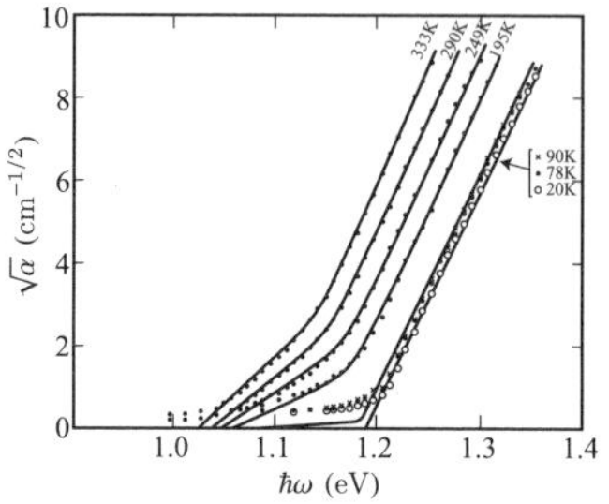


図 10.4　珪素（Si）におけるバンドギャップ $E_{\mathrm{g}}$ 近傍の吸収係数．さまざまな温度における測定値の平方根をプロットしている．[G. G. Macfarlane and V. Roberts: Phys. Rev. **98**, 1865 (1955).]

を得る．光吸収は $\hbar\omega \geq E_{\mathrm{g}} - \hbar\Omega$ で可能である．光吸収スペクトルの平方根は，$E_{\mathrm{g}} - \hbar\Omega \leq \hbar\omega \leq E_{\mathrm{g}} + \hbar\Omega$ において $\omega$ の一次関数で，$\hbar\omega > E_{\mathrm{g}} + \hbar\Omega$ でも近似的に一次関数である．グラフにすると $\hbar\omega = E_{\mathrm{g}} + \hbar\Omega$ で傾きが不連続に変わるため，折れ曲がった直線状になる．

この振る舞いは間接ギャップを持つ半導体（間接半導体）で実際に観測されている．一例として，珪素（Si）で測定された $\hbar\omega \approx E_{\mathrm{g}}$ における吸収係数の平方根を図 10.4 に示した（前節で見たように，近似的に $\alpha(\omega) \propto \mathrm{Re}\sigma(\omega)$）．ただし低温では，次節で述べる励起子効果が効いて，実験を単純に式 (10.27) では説明できなくなる．

## 10.3　励起子

絶縁体の光吸収スペクトルを実験的に測定すると，一電子近似の結果 (10.8) では説明できないスペクトル構造が $\hbar\omega \approx E_{\mathrm{g}}$ に現れることが多い．即ち，スペクトル強度が増強されたり，一電子近似ではスペクトル強度がないはずの $\hbar\omega < E_{\mathrm{g}}$ の領域に鋭いピーク構造が出現したりする．一般に，光吸収により価電子帯にいた電子が一個伝導帯へ励起されると，価電子帯には「電子の抜け穴」が残る．この抜け穴は，$+e$ の電荷を持つ粒子（**正孔**）として振る舞い，伝導帯に励起された電子（これは $-e$ の電荷を持つ）と引力的に相互作用して，両者は**励起子**（**エキシトン**）と呼ばれる束縛状態を形成する．こうして，光吸収過程の終状態は相互作用効果により再構成され（**終状態相互作用**），吸収端近傍のスペクトル形状が，一電子近似の結果 (10.8) から大きく修正される．本節では，この問題を扱うため，一対の電子と正孔を記述する有効ハミルトニアンを導出する．以下，直接ギャップが $\Gamma$ 点（$\boldsymbol{k} = 0$）にあると仮定して議論を進めよう．

絶対零度で HF 近似を使って一電子近似を行い，HF 方程式を解いて得られ

るバンド分散を $\epsilon_{n,\boldsymbol{k}}$ と書こう．この近似の範囲では，電子系の基底状態 $|\mathrm{HF}\rangle$ は，価電子帯以下（$n \leq n_{\mathrm{v}}$）のすべてのバンドが電子によって完全に占有され，伝導帯以上のバンド（$n \geq n_{\mathrm{c}}$）がまったく占有されていない状態である．バンドの番号が $n$，Bloch 波数が $\boldsymbol{k}$，スピンが $\sigma$ の電子を一つ作る（消す）演算子を $c_\alpha^\dagger$（$c_\alpha$）と書いて（$\alpha = (n, \boldsymbol{k}, \sigma)$ の意味とする），$\mathcal{H}$ を，

$$\mathcal{H} = \sum_{\alpha_1\alpha_2} (\alpha_1|\hat{H}_1|\alpha_2) c_{\alpha_1}^\dagger c_{\alpha_2} + \frac{1}{2} \sum_{\alpha_1\alpha_2\alpha_3\alpha_4} (\alpha_1\alpha_2|\hat{H}_2|\alpha_4\alpha_3) c_{\alpha_1}^\dagger c_{\alpha_2}^\dagger c_{\alpha_3} c_{\alpha_4} \tag{10.28}$$

と第二量子化しておこう．ここで，$H_1$ は運動エネルギーと格子ポテンシャルを表す一体演算子，$H_2$ は電子間 Coulomb 相互作用を表す二体演算子である．

価電子帯から伝導帯へ電子を（スピンを反転させずに[2]）一個励起した状態（**電子正孔対**を一個作った状態），

$$|\boldsymbol{k}; \boldsymbol{Q}, S\rangle = B_{\boldsymbol{k};\boldsymbol{Q},S}^\dagger |\mathrm{HF}\rangle, \quad B_{\boldsymbol{k};\boldsymbol{Q},S}^\dagger = \frac{1}{\sqrt{2}} \left( c_{n_{\mathrm{c}},\boldsymbol{Q}+\boldsymbol{k},\uparrow}^\dagger c_{n_{\mathrm{v}},\boldsymbol{k},\uparrow} + (-1)^S c_{n_{\mathrm{c}},\boldsymbol{Q}+\boldsymbol{k},\downarrow}^\dagger c_{n_{\mathrm{v}},\boldsymbol{k},\downarrow} \right) \tag{10.29}$$

を考えよう．ここで，$\boldsymbol{Q}$ は励起状態の全波数ベクトル，$S = 0, 1$ は全スピンを表す[3]．$\boldsymbol{k}$ と $\boldsymbol{Q}$ は第一 Brillouin ゾーン内のベクトルとし，もし $\boldsymbol{k} + \boldsymbol{Q}$ が第一 Brillouin ゾーンからはみ出した場合は適当な逆格子ベクトルを加えて第一 Brillouin ゾーン内へ還元する約束とする．容易に確認できるように，$|\boldsymbol{k}; \boldsymbol{Q}, S\rangle$ の集合は電子正孔対を一個励起した状態が張る部分空間の完全正規直交系を成す．以下では，この空間内でハミルトニアン $\mathcal{H}$ を対角化し，近似的な励起固有状態を求めよう[4]．このとき，$\boldsymbol{Q}$ と $S$ は $\mathcal{H}$ によって保存される量子数になるので，これらの値を固定してよい．（近似的な）基底状態のエネルギー $\langle\!\langle \mathcal{H} \rangle\!\rangle_{\mathrm{HF}} \equiv \langle \mathrm{HF}|\mathcal{H}|\mathrm{HF}\rangle$ をエネルギーの基準値に選ぶと，$\mathcal{H}$ の行列表示は，

$$\mathcal{H}_{\boldsymbol{k}\boldsymbol{k}'} \equiv \langle \boldsymbol{k}; \boldsymbol{Q}, S|(\mathcal{H} - \langle\!\langle \mathcal{H} \rangle\!\rangle_{\mathrm{HF}})|\boldsymbol{k}'; \boldsymbol{Q}, S\rangle = \left\langle\!\!\left\langle B_{\boldsymbol{k};\boldsymbol{Q},S} \mathcal{H} B_{\boldsymbol{k}';\boldsymbol{Q},S}^\dagger \right\rangle\!\!\right\rangle_{\mathrm{HF}} - \langle\!\langle \mathcal{H} \rangle\!\rangle_{\mathrm{HF}} \delta_{\boldsymbol{k}\boldsymbol{k}'} \tag{10.30}$$

となる．$|\mathrm{HF}\rangle$ が $\mathcal{H}_{\mathrm{HF}} = \sum_\alpha \epsilon_{n\boldsymbol{k}} c_\alpha^\dagger c_\alpha + (\text{定数})$ の基底状態であることに注意する

---

2) 全スピンの $z$ 成分が保存量なので，スピン反転させずに励起した状態とスピンを反転させて励起した状態は混成しない．光吸収による励起過程がスピン反転を伴わないことにも注意．

3) $B_{\boldsymbol{k};\boldsymbol{Q},S}^\dagger$ は波数ベクトル $\boldsymbol{k}$ の電子を消し，波数ベクトル $\boldsymbol{k}+\boldsymbol{Q}$ の電子を作るので，$|\boldsymbol{k}; \boldsymbol{Q}, S\rangle$ の全波数ベクトルは $\boldsymbol{Q}$ である．また，全スピン演算子を $\boldsymbol{\mathcal{S}}$ として，$\boldsymbol{\mathcal{S}}^2 = \mathcal{S}_-\mathcal{S}_+ + \mathcal{S}_z^2 + \mathcal{S}_z$（$\mathcal{S}_+ \equiv \mathcal{S}_x + i\mathcal{S}_y = \hbar \sum_{n,\boldsymbol{k}} c_{n\boldsymbol{k}\uparrow}^\dagger c_{n\boldsymbol{k}\downarrow}$，$\mathcal{S}_- \equiv \mathcal{S}_x - i\mathcal{S}_y = \hbar \sum_{n,\boldsymbol{k}} c_{n\boldsymbol{k}\downarrow}^\dagger c_{n\boldsymbol{k}\uparrow}$）であることと，$\mathcal{S}_z = 0$ の固有状態を考えていることから，$S = 0, 1$ が全スピンに対応することも明らか．

4) この扱いは原子核物理の分野で用いられる Tamm-Dancoff 近似に当たる．

と，右辺の期待値を（絶対零度の場合の）Bloch-de Dominicis の定理を用いて評価できる．具体的には，$c = (n_{\mathrm{c}}, \boldsymbol{Q} + \boldsymbol{k}, \sigma)$, $v = (n_{\mathrm{v}}, \boldsymbol{k}, \sigma)$, $c' = (n_{\mathrm{c}}, \boldsymbol{Q} + \boldsymbol{k}', \sigma')$, $v' = (n_{\mathrm{v}}, \boldsymbol{k}', \sigma')$, $\alpha_i = (n_i, \boldsymbol{k}_i, \sigma_i)$ の意味として，

$$\left\langle\!\left\langle c_v^\dagger c_c c_{\alpha_1}^\dagger c_{\alpha_2} c_{c'}^\dagger c_{v'} \right\rangle\!\right\rangle_{\mathrm{HF}} = -\delta_{v\alpha_2}\delta_{cc'}\delta_{\alpha_1 v'} + \delta_{vv'}\delta_{c\alpha_1}\delta_{\alpha_2 c'} + \delta_{vv'}\delta_{cc'}\delta_{\alpha_1\alpha_2} f(\epsilon_{n_1\boldsymbol{k}_1}) \tag{10.31}$$

および，

$$\begin{aligned}
&\left\langle\!\left\langle c_v^\dagger c_c c_{\alpha_1}^\dagger c_{\alpha_2}^\dagger c_{\alpha_3} c_{\alpha_4} c_{c'}^\dagger c_{v'} \right\rangle\!\right\rangle_{\mathrm{HF}} \\
&= -\delta_{v\alpha_3}\delta_{c\alpha_1}\delta_{\alpha_2 v'}\delta_{\alpha_4 c'} + \delta_{v\alpha_3}\delta_{c\alpha_2}\delta_{\alpha_1 v'}\delta_{\alpha_4 c'} + \delta_{v\alpha_4}\delta_{c\alpha_1}\delta_{\alpha_2 v'}\delta_{\alpha_3 c'} - \delta_{v\alpha_4}\delta_{c\alpha_2}\delta_{\alpha_1 v'}\delta_{\alpha_3 c'} \\
&\quad - \delta_{v\alpha_3}\delta_{cc'}\delta_{\alpha_1\alpha_4}\delta_{\alpha_2 v'} f(\epsilon_{n_1\boldsymbol{k}_1}) + \delta_{v\alpha_3}\delta_{cc'}\delta_{\alpha_1 v'}\delta_{\alpha_2\alpha_4} f(\epsilon_{n_2\boldsymbol{k}_2}) \\
&\quad + \delta_{v\alpha_4}\delta_{cc'}\delta_{\alpha_1\alpha_3}\delta_{\alpha_2 v'} f(\epsilon_{n_1\boldsymbol{k}_1}) - \delta_{v\alpha_4}\delta_{cc'}\delta_{\alpha_1 v'}\delta_{\alpha_2\alpha_3} f(\epsilon_{n_2\boldsymbol{k}_2}) \\
&\quad + \delta_{vv'}\delta_{c\alpha_1}\delta_{\alpha_2\alpha_3}\delta_{\alpha_4 c'} f(\epsilon_{n_2\boldsymbol{k}_2}) - \delta_{vv'}\delta_{c\alpha_1}\delta_{\alpha_2\alpha_4}\delta_{\alpha_3 c'} f(\epsilon_{n_2\boldsymbol{k}_2}) \\
&\quad - \delta_{vv'}\delta_{c\alpha_2}\delta_{\alpha_1\alpha_3}\delta_{\alpha_4 c'} f(\epsilon_{n_1\boldsymbol{k}_1}) + \delta_{vv'}\delta_{c\alpha_2}\delta_{\alpha_1\alpha_4}\delta_{\alpha_3 c'} f(\epsilon_{n_1\boldsymbol{k}_1}) \\
&\quad - \delta_{vv'}\delta_{cc'}\delta_{\alpha_1\alpha_3}\delta_{\alpha_2\alpha_4} f(\epsilon_{n_1\boldsymbol{k}_1}) f(\epsilon_{n_2\boldsymbol{k}_2}) + \delta_{vv'}\delta_{cc'}\delta_{\alpha_1\alpha_4}\delta_{\alpha_2\alpha_3} f(\epsilon_{n_1\boldsymbol{k}_1}) f(\epsilon_{n_2\boldsymbol{k}_2})
\end{aligned} \tag{10.32}$$

が成り立つ．さらに，一電子状態 $\alpha$ が HF 方程式の解であること，即ち，

$$(\alpha_1|\hat{H}_1|\alpha_2) + \sum_{\alpha} \Big( (\alpha, \alpha_1|\hat{H}_2|\alpha, \alpha_2) - (\alpha, \alpha_1|\hat{H}_2|\alpha_2, \alpha) \Big) f(\epsilon_{n\boldsymbol{k}}) = \epsilon_{n_1\boldsymbol{k}_1}\delta_{\alpha_1\alpha_2} \tag{10.33}$$

と，近似的な基底状態のエネルギーの表式 (7.11),

$$\begin{aligned}
\langle\!\langle \mathcal{H} \rangle\!\rangle_{\mathrm{HF}} &= \sum_{\alpha} (\alpha|\hat{H}_1|\alpha) f(\epsilon_{n\boldsymbol{k}}) \\
&\quad + \frac{1}{2} \sum_{\alpha\alpha'} \Big( (\alpha, \alpha'|\hat{H}_2|\alpha, \alpha') - (\alpha, \alpha'|\hat{H}_2|\alpha', \alpha) \Big) f(\epsilon_{n\boldsymbol{k}}) f(\epsilon_{n'\boldsymbol{k}'})
\end{aligned} \tag{10.34}$$

および $(\alpha_1, \alpha_2|\hat{H}_2|\alpha_4, \alpha_3) = (\alpha_2, \alpha_1|\hat{H}_2|\alpha_3, \alpha_4)$ に注意すると，一個の電子正孔対を記述する有効ハミルトニアンとして，

$$\mathcal{H}_{\boldsymbol{k}\boldsymbol{k}'} = \Big( \epsilon_{n_{\mathrm{c}}\boldsymbol{k}+\boldsymbol{Q}} - \epsilon_{n_{\mathrm{v}},\boldsymbol{k}} \Big) \delta_{\boldsymbol{k}\boldsymbol{k}'} + \frac{1}{V} U^{(S)}_{\boldsymbol{k}\boldsymbol{k}'} \tag{10.35}$$

$$\frac{1}{V} U^{(S)}_{\boldsymbol{k}\boldsymbol{k}'} = \frac{1}{2} \sum_{\sigma\sigma'} \Big( -(c, v'|\hat{H}_2|c', v) + \delta_{S0}(c, v'|\hat{H}_2|v, c') \Big) \tag{10.36}$$

を得る．

Koopmans の定理 (7.26) から明らかなように（近似）基底状態に Bloch 波数が $\boldsymbol{k} + \boldsymbol{Q}$ の伝導電子（伝導帯の電子）を一つ付加すると，系のエネルギーは $\epsilon_{n_{\mathrm{c}}\boldsymbol{k}+\boldsymbol{Q}}$ だけ増加する．一方，（近似）基底状態から Bloch 波数 $\boldsymbol{k}$ を持つ価電子

（価電子帯の電子）を一個取り除くと，系のエネルギーは $\epsilon_{n_v \boldsymbol{k}}$ だけ減少する．これが式 (10.35) 第一項の意味である．価電子帯に空いた「電子の抜け穴」（**正孔**）は，正電荷 $+e$ を持つフェルミオンとして振る舞うので，（伝導）電子と正孔が同時に存在すると，両者の間に引力的な Coulomb 相互作用が働く（**電子正孔直接相互作用**）．これが式 (10.36) の第一項の負符号の起源である．一方，式 (10.36) の第二項は，励起されていた伝導電子が価電子帯の正孔を埋め，代わりに価電子帯の他の電子が伝導帯へ励起される相互作用過程を表す．電子正孔描像（伝導帯の電子と価電子帯の正孔を使って物理を記述する描像）で見ると，これは電子と正孔が交換する過程（**電子正孔交換相互作用**）を表し，電子正孔直接相互作用と逆符号で斥力的である．電子正孔交換相互作用は $S = 0$ の場合にしか働かない．実際，Coulomb 相互作用の前後で電子のスピンは変化しないから，伝導電子と正孔の全スピンがゼロでないと，伝導電子が正孔を埋めることができない．

一般に電子正孔直接相互作用は電子正孔交換相互作用よりも強いので，電子と正孔は束縛状態を形成する．これが**励起子**に他ならない．励起子を考える際に，励起子のサイズ（電子が正孔の周りに広がっている程度を示す長さ）$a_{\rm X}$ と，結晶の格子定数 $a$ の大小関係が重要である．特に，$a_{\rm X} \gg a$ の場合を **Wannier-Mott 励起子**[5)]，$a_{\rm X} \sim a$ の場合を **Frenkel 励起子**と呼ぶ[6)]．一般の励起子は両者の中間的性格を持つ．

本節では，電子正孔対を一個励起した状態が張る部分空間への射影演算子を $\mathcal{P}$ とし，$\mathcal{PHP}$ を有効ハミルトニアンに選んだ．しかし，2.6 節で述べたように，実際にはそれらに直交する状態群が及ぼす影響（くりこみ）を考慮する必要がある．今のままでは，伝導帯と価電子帯以外のバンドの存在や格子の自由度の影響等，さまざまな効果が抜け落ちてしまう．それらの中で特に重要なのは相互作用に対する遮蔽効果である．後節で詳しく述べるが，Wannier-Mott 励起子では，励起子のサイズが格子定数に比べて大きく，連続的な誘電媒質である絶縁体の中に電子と正孔が埋め込まれているという描像になるため，Coulomb ポテンシャルの長距離部分を絶縁体の静的誘電率 $\epsilon_0$ で割っておく必要がある．これに対し，Frenkel 励起子は孤立した原子（あるいは分子）の励起状態に近く，同一の分子（原子）内の電子と正孔を考えていることになるので，しばしば Coulomb 相互作用に対する遮蔽効果は無視される．

---

5）G. H. Wannier: Phys. Rev. **52**, 191 (1937).

6）J. Frenkel: Phys. Rev. **37**, 17 (1931).

## 10.4 Wannier-Mott 励起子

本節では，Wannier-Mott 励起子について詳しく調べよう．まず，式 (10.36) に現れる $H_2$ の行列要素を，

$$\begin{aligned}(\alpha_1, \alpha_2|H_2|\alpha_4, \alpha_3) &\equiv \delta_{\sigma_1\sigma_4}\delta_{\sigma_2\sigma_3}(n_1, \boldsymbol{k}_1|_1 \otimes (n_2, \boldsymbol{k}_2|_2 U(\hat{\boldsymbol{r}}_1 - \hat{\boldsymbol{r}}_2)|n_4, \boldsymbol{k}_4)_1 \otimes |n_3, \boldsymbol{k}_3)_2 \\ &= \delta_{\sigma_1\sigma_4}\delta_{\sigma_2\sigma_3}\frac{1}{V}\sum_{\boldsymbol{q}} U_q(n_1, \boldsymbol{k}_1|e^{i\boldsymbol{q}\cdot\hat{\boldsymbol{r}}}|n_4, \boldsymbol{k}_4)(n_2, \boldsymbol{k}_2|e^{-i\boldsymbol{q}\cdot\hat{\boldsymbol{r}}}|n_3, \boldsymbol{k}_3)\end{aligned} \tag{10.37}$$

と変形する．Wannier-Mott 励起子を特徴づける長さスケールは，格子定数に比べて十分長いので，励起子が主に Γ 点の近傍の電子と正孔で構成されていると考えてよい．Γ 点近傍のみに注目するので，式 (6.44) において位相因子 $e^{i\boldsymbol{A}_n(\boldsymbol{k}_0)\cdot\tilde{\boldsymbol{k}}}$ を省略してよく，$k_i a$ および $qa$（$a$：格子定数）について一次近似で，

$$\begin{aligned}(n, \boldsymbol{k}|e^{i\boldsymbol{q}\cdot\hat{\boldsymbol{r}}}|n', \boldsymbol{k}') &= \delta_{\boldsymbol{q},\boldsymbol{k}-\boldsymbol{k}'}(u_{n,\boldsymbol{k}}|u_{n',\boldsymbol{k}-\boldsymbol{q}}) \\ &\approx \delta_{\boldsymbol{q},\boldsymbol{k}-\boldsymbol{k}'}(u_{n,\boldsymbol{k}}|\left(|u_{n',\boldsymbol{k}}) + \sum_{n''(\neq n')} i\boldsymbol{q}\cdot\boldsymbol{r}_{n''n'\boldsymbol{k}}|u_{n'',\boldsymbol{k}})\right) \\ &\approx \delta_{\boldsymbol{q},\boldsymbol{k}-\boldsymbol{k}'}\left(\delta_{nn'} + (1-\delta_{nn'})i\boldsymbol{q}\cdot\boldsymbol{r}_{nn'\boldsymbol{k}=0}\right)\end{aligned} \tag{10.38}$$

と評価できる．したがって，$\boldsymbol{r}_{\rm cv} \equiv \boldsymbol{r}_{n_{\rm c}n_{\rm v}\boldsymbol{k}=0}$，$\hat{\boldsymbol{Q}} \equiv \boldsymbol{Q}/Q$ として，

$$U^{(S)}_{\boldsymbol{k}\boldsymbol{k}'} \approx -\frac{4\pi e^2}{\epsilon_0|\boldsymbol{k}-\boldsymbol{k}'|^2} + \delta_{S0}\frac{8\pi e^2}{\epsilon_\infty}\left|\hat{\boldsymbol{Q}}\cdot\boldsymbol{r}_{\rm cv}\right|^2 \tag{10.39}$$

となる．ただしここで相互作用の遮蔽を現象論的に考慮した．右辺第一項の引力的な電子正孔直接相互作用は，点電荷 $-e$ と $+e$ の間に働く長距離 Coulomb 相互作用と同形である．そこで，空間を満たしている絶縁体による遮蔽効果を考慮し，この項を絶縁体の静的誘電率 $\epsilon_0$ で割った．一方，右辺第二項の斥力的な電子正孔交換相互作用は，$S=0$ の場合のみ存在し，短距離相互作用なので格子変形によって遮蔽されない．そこでこの項を，$\epsilon_0$ から格子変形による寄与を除いた誘電率 $\epsilon_\infty$ で割っておくことにする[7]．

7）具体的には，特徴的な格子振動の振動数より十分大きく，バンドギャップに対応する振動数より十分小さい振動数領域の誘電率(ほぼ実数になる）を $\epsilon_\infty$ とする．この領域では，電場の振動に追従できない格子系は電場に応答せず，電子系は近似的に静電応答を示す．より精密な議論は Y. Toyozawa: *Optical Processes in Solids* (Cambridge University Press, 2003) 8.3, 8.4 節を参照せよ．

簡単のため，Γ 点近傍で伝導帯と価電子帯のバンド分散が等方的で，

$$\epsilon_{n_c \boldsymbol{k}} \approx \epsilon_{n_c 0} + \frac{\hbar^2 k^2}{2m_e}, \quad \epsilon_{n_v \boldsymbol{k}} \approx \epsilon_{n_v 0} - \frac{\hbar^2 k^2}{2m_h}, \quad \left(\epsilon_{n_c 0} - \epsilon_{n_v 0} = E_g\right) \tag{10.40}$$

と近似できる場合を考えよう．ただし，$m_e > 0, m_h > 0$ は電子と正孔の有効質量である．励起固有状態を $\sum_{\boldsymbol{k}} F(\boldsymbol{k})|\boldsymbol{k} - m_h \boldsymbol{Q}/M; \boldsymbol{Q}, S\rangle$ と展開し[8)]，$\boldsymbol{Q}$ が逆格子ベクトルに比べて十分小さい場合の Schrödinger 方程式を書き下すと，

$$\sum_{\boldsymbol{k}'}\left(\left(E_g + \frac{\hbar^2 Q^2}{2M} + \frac{\hbar^2 k^2}{2m_r}\right)\delta_{\boldsymbol{k}\boldsymbol{k}'} - \frac{1}{V}\frac{4\pi e^2}{\epsilon_0 |\boldsymbol{k} - \boldsymbol{k}'|^2} + \frac{\delta_{S0}}{V}\frac{8\pi e^2}{\epsilon_\infty}\left|\hat{\boldsymbol{Q}} \cdot \boldsymbol{r}_{cv}\right|^2\right) F(\boldsymbol{k}') = EF(\boldsymbol{k}) \tag{10.41}$$

となる．ただし，$E$ は（近似）基底状態のエネルギー $\langle\!\langle \mathcal{H} \rangle\!\rangle_{HF}$ から測った励起エネルギー，$M = m_e + m_h$ は電子と正孔の重心質量，$m_r = m_e m_h / M$ は換算質量，$E_g = \epsilon_{n_c 0} - \epsilon_{n_v 0}$ はバンドギャップである．さらに，包絡関数を，

$$F(\boldsymbol{r}) = \frac{1}{\sqrt{V}}\sum_{\boldsymbol{k}} F(\boldsymbol{k}) e^{i\boldsymbol{k}\cdot\boldsymbol{r}}, \quad \left(\text{このとき，} \int |F(\boldsymbol{r})|^2 d^3\boldsymbol{r} = \sum_{\boldsymbol{k}} |F(\boldsymbol{k})|^2 = 1\right) \tag{10.42}$$

によって定めると，Schrödinger 方程式は，

$$\left(E_g + \frac{\hbar^2 Q^2}{2M} - \frac{\hbar^2 \nabla^2}{2m_r} - \frac{e^2}{\epsilon_0 r} + \delta_{S0}\frac{8\pi e^2}{\epsilon_\infty}\left|\hat{\boldsymbol{Q}} \cdot \boldsymbol{r}_{cv}\right|^2 \delta(\boldsymbol{r})\right) F(\boldsymbol{r}) = EF(\boldsymbol{r}) \tag{10.43}$$

に帰する．左辺括弧内の第二項が重心運動の運動エネルギー，第三項が相対運動の運動エネルギーを表す．また，前述のように，第四項が表す電子正孔直接相互作用は引力的な Coulomb 相互作用になり，第五項が表す電子正孔交換相互作用は，$S = 0$ の場合にのみ働き，デルタ関数 $\delta(\boldsymbol{r})$ に比例する斥力的な短距離相互作用になる．

まず，電子正孔交換相互作用を無視し，直接相互作用の影響について考えよう．この場合，Schrödinger 方程式 (10.43) は水素原子に対するものと同形となって厳密に解ける．重心波数ベクトル $\boldsymbol{Q}$ を固定して考えると，$E < E_g + \hbar^2 Q^2 / 2M$ を満たすエネルギー準位（**束縛状態**）として，離散的な系列，

$$E = \frac{\hbar^2 Q^2}{2M} + E_n, \quad E_n = E_g - E_X \frac{1}{n^2}, \quad (n = 1, 2, 3, \cdots) \tag{10.44}$$

---

8）励起固有状態を $\sum_k F(\boldsymbol{k})|\boldsymbol{k} + \alpha \boldsymbol{Q}; \boldsymbol{Q}, S\rangle$ と展開し，式 (10.41) 左辺に現れる運動エネルギー項から $\boldsymbol{Q} \cdot \boldsymbol{k}$ に比例する項が消えるように定数 $\alpha$ を定めると，$\alpha = -m_h/M$ となる．この $\alpha$ の選択は，$\boldsymbol{k}$ を電子と正孔の相対座標に共役な波数ベクトルに選ぶことに対応している．

が得られるが，これが**励起子**のエネルギーに他ならない．**束縛エネルギー**は，

$$E_X = \frac{e^4 m_r}{2\epsilon_0^2 \hbar^2} = \frac{\hbar^2}{2m_r a_X^2} = \frac{e^2}{2\epsilon_0 a_X} \tag{10.45}$$

と書け，水素原子の Bohr 半径に相当する励起子 Bohr 半径，

$$a_X = \frac{\epsilon_0 \hbar^2}{m_r e^2} \tag{10.46}$$

が，励起子内部構造の空間的広がりを表す長さとなる．

半導体では Wannier-Mott 励起子が観測されることが多い．これは，ドナーを導入した半導体に対し，浅いドナー準位の描像（6.5 節）が妥当なのと同じ事情である．半導体では電子と正孔は共に $0.1m$ 程度の軽い有効質量を持ち，また静的誘電率 $\epsilon_0$ は 10 程度の値をとる．したがって，$E_X$ は水素原子の束縛エネルギー（13.6 eV）の $10^{-3}$ 倍程度（$\sim$ 10 meV），$a_X$ は水素原子 Bohr 半径（0.529 Å）の $10^2$ 倍程度（$\sim$ 10 nm）となり，実際に励起子 Bohr 半径は格子定数に比べ非常に長い．

離散準位 $E_n$ に対応する固有波動関数は，主量子数 $n = 1, 2, \cdots$ の他に，方位量子数 $l = 0, 1, \cdots, (n-1)$ と磁気量子数 $m = -l, -l+1, \cdots, l-1, l$ によって指定され，極座標 $(r, \vartheta, \varphi)$ の関数として，

$$F_{n,l,m}(r,\vartheta,\varphi) = \sqrt{\left(\frac{2}{na_X}\right)^3 \frac{(n-l-1)!}{2n\,((n+l)!)^3}} \left(\frac{2r}{na_X}\right)^l e^{-r/na_X} L_{n+l}^{2l+1}\left(\frac{2r}{na_X}\right) Y_{l,m}(\vartheta,\varphi) \tag{10.47}$$

と書き下せる．ここで $L_n^m(x)$ は Laguerre 陪多項式，$Y_{l,m}(\vartheta,\varphi)$ は球面調和関数である．一方，$E > E_g + \hbar^2 Q^2/2M$ の領域に連続分布するエネルギー準位（**散乱状態**）は，

$$E = \frac{\hbar^2 Q^2}{2M} + E_k, \quad E_k = E_g + \frac{\hbar^2 k^2}{2m_r} \tag{10.48}$$

で，固有関数は $(k, l, m)$ で指定され，合流超幾何関数 $F(a; b; z)$ を用いて，

$$F_{k,l,m}(r,\vartheta,\varphi) = \frac{(i2kr)^l}{(2l+1)!} e^{\pi\alpha_k/2} \sqrt{\frac{2\pi k^2}{R\alpha_k \sinh(\pi\alpha_k)} \prod_{j=0}^{l} (j^2 + \alpha_k^2)}$$
$$\times e^{-ikr} F(l+1+i\alpha_k; 2l+2; 2ikr) Y_{l,m}(\vartheta,\varphi) \tag{10.49}$$

と表される．ただし，$\alpha_k = 1/ka_X$ とし，波動関数が半径 $R$ の球内に閉じ込められているとして規格化した．このとき，$k$ は離散化された値 $k_n$ をとり，$k$ から $k + dk$ の間に存在する $k_n$ の数を $dn$ とすれば，$R \to +\infty$ の極限で $dn/dk \to$

$R/\pi$ である[9)].

次に電子正孔交換相互作用(式 (10.43) 括弧内の第四項)の効果について考えよう．この短距離相互作用は**一重項励起子**($S = 0$)にのみ存在する．この効果を一次摂動で扱うと，**縦励起子**($\hat{\boldsymbol{Q}} \parallel \boldsymbol{r}_{\rm cv}$)が，**横励起子**($\hat{\boldsymbol{Q}} \perp \boldsymbol{r}_{\rm cv}$)よりも，

$$\Delta_{\rm LT} = \frac{8\pi e^2}{\epsilon_\infty} |\boldsymbol{r}_{\rm cv}|^2 \, |F(\boldsymbol{r} = 0)|^2 \tag{10.50}$$

だけ高いエネルギーを持つことがわかる．励起子 Bohr 半径を $a_{\rm X}$ として $|F(\boldsymbol{r} = 0)|^2 \sim a_{\rm X}^{-3}$ であり，$a$ を格子定数として $|\boldsymbol{r}_{\rm cv}| \sim a$ だから，$\Delta_{\rm LT} \sim (e^2/\epsilon_0 a_{\rm X}) \times (a/a_{\rm X})^2 \sim E_{\rm X} \times (a/a_{\rm X})^2$ と評価できる．ここでは $a_{\rm X} \gg a$ だから $\Delta_{\rm LT} \ll E_{\rm X}$ であり，一次摂動が正当化される．また，この近似の範囲では一重項($S = 0$)の横励起子と**三重項励起子**($S = 1$)の準位は縮退する(一重項三重項分裂を $\Delta_{\rm LT}$ に対して無視できる)．

準備が整ったので，光吸収スペクトルに対する励起子効果を考えよう．まず，中野-久保公式 (8.105) に立ち戻り，式 (4.45) の Lehmann-Källén 表示を利用して，$k_{\rm B}T \ll \hbar\omega$ における伝導率実部の表式を求めると，

$$\begin{aligned} P(\omega) &\equiv {\rm Re}\left(\boldsymbol{e} \cdot \left(\underline{\sigma}(\omega)\boldsymbol{e}\right)\right) \\ &= \frac{1}{\omega} \cdot \frac{1}{V} {\rm Im}\chi_{\boldsymbol{e}\cdot\boldsymbol{\mathcal{J}}^{(0)}, \boldsymbol{\mathcal{J}}^{(0)}\cdot\boldsymbol{e}}(\omega) \\ &= \frac{1}{\omega} \cdot \frac{1}{V} \left(1 - e^{-\beta\hbar\omega}\right) \pi \sum_{m,n} p_m \left|\langle n|\boldsymbol{\mathcal{J}}^{(0)} \cdot \boldsymbol{e}|m\rangle\right|^2 \delta(\hbar\omega + \tilde{E}_m - \tilde{E}_n) \\ &\approx \frac{1}{\omega} \cdot \frac{\pi}{V} \sum_{m,n} p_m \left|\langle n|\boldsymbol{\mathcal{J}}^{(0)} \cdot \boldsymbol{e}|m\rangle\right|^2 \delta\left(\hbar\omega - (\tilde{E}_n - \tilde{E}_m)\right) \end{aligned} \tag{10.51}$$

を得る．低温では始状態 $|m\rangle$ を基底状態に決め打ちして，$|{\rm HF}\rangle$ で近似できる．このとき，$\boldsymbol{\mathcal{J}}^{(0)} \cdot \boldsymbol{e}|{\rm HF}\rangle$ が $\boldsymbol{Q} = 0, S = 0$ の状態だから[10)]，終状態 $|n\rangle$ には $\boldsymbol{Q} = 0$, $S = 0$ の状態だけが選ばれる．そこで，$S = 0$, $\boldsymbol{Q} \to 0$ とした Schrödinger 方程式 (10.41)(あるいは 式 (10.43))を解いて，固有波動関数 $F_a(\boldsymbol{k})(= V^{-1/2} \int F_a(\boldsymbol{r}) e^{-i\boldsymbol{k}\cdot\boldsymbol{r}} d^3\boldsymbol{r})$ と，そのエネルギー $E_a$ を求め，

$$|a\rangle = \sum_{\boldsymbol{k}} F(\boldsymbol{k}) |\boldsymbol{k}; \boldsymbol{Q} = 0, S = 0\rangle \tag{10.52}$$

9) 水素原子の Schrödinger 方程式の解については，L. D. Landau and E. M. Lifshitz: Quantum Mechanics, 3rd Edition (Butterworth Heinemann, 1981) §.36 を参照のこと．

10) $\boldsymbol{\mathcal{J}}^{(0)}$ は全波数ベクトル，全スピンを不変に保つ演算子であることに注意．

を近似的な終状態，$E_a$ を始状態から終状態への近似的な励起エネルギーとしよう．$\boldsymbol{p}_{n_c,n_v\boldsymbol{k}} \approx \boldsymbol{p}_{cv} \equiv \boldsymbol{p}_{n_c,n_v\boldsymbol{k}=0}$ と近似すると，

$$P(\omega) \approx \frac{1}{\omega}\cdot\frac{\pi}{V}\left(\frac{e}{m}\right)^2 |\boldsymbol{p}_{cv}\cdot\boldsymbol{e}|^2 \sum_a 2\left|\sum_{\boldsymbol{k}} F_a(\boldsymbol{k})\right|^2 \delta(\hbar\omega - E_a)$$
$$= \frac{2\pi}{\omega}\cdot\left(\frac{e}{m}\right)^2 |\boldsymbol{p}_{cv}\cdot\boldsymbol{e}|^2 \sum_a |F_a(\boldsymbol{r}=0)|^2\,\delta(\hbar\omega - E_a) \tag{10.53}$$

を得る．電子正孔交換相互作用を無視する場合には，Schrödinger 方程式へ単に $\boldsymbol{Q}=0$ を代入すればよい．電子正孔交換相互作用まで考慮する場合は，長波長近似を行わずに系が吸収する光の波数ベクトルが $\boldsymbol{Q}$ を与えると考えて，$\hat{\boldsymbol{Q}}\cdot\boldsymbol{r}_{cv}$ の値を見積もることになる．しかし，通常問題となる $\boldsymbol{e}\parallel\boldsymbol{r}_{cv}$ の状況では[11]，$\boldsymbol{e}\perp\hat{\boldsymbol{Q}}$ を反映して $\hat{\boldsymbol{Q}}\cdot\boldsymbol{r}_{cv}=0$ となり，結局は電子正孔交換相互作用の効果が消える．このとき，光吸収に寄与する励起子は，重心運動量ゼロ（$Q\to 0$），一重項（$S=0$）の横励起子（$\hat{\boldsymbol{Q}}\perp\boldsymbol{r}_{cv}$）のみとなる．

式 (10.47) および (10.49) から，$|F_a(\boldsymbol{r}=0)|^2$ は，束縛状態に対し，

$$|F_{n,l,m}(\boldsymbol{r}=0)|^2 = \frac{\delta_{l,0}\delta_{m,0}}{\pi}\left(\frac{1}{na_X}\right)^3 \tag{10.54}$$

散乱状態に対し，

$$|F_{k,l,m}(\boldsymbol{r}=0)|^2 = \delta_{l,0}\delta_{m,0}\frac{k^2\alpha_k e^{\pi\alpha_k}}{2R\sinh(\pi\alpha_k)} \tag{10.55}$$

と求まる．これらの結果を代入して得られる最終結果，

$$P(\omega) = \frac{2\pi}{\omega}\left(\frac{e}{m}\right)^2 |\boldsymbol{p}_{cv}\cdot\boldsymbol{e}|^2\left(\sum_{n=1}^{+\infty}\frac{1}{\pi}\left(\frac{1}{na_X}\right)^3\delta(\hbar\omega - E_n) + \frac{R}{\pi}\int_0^{+\infty}\frac{k^2\alpha_k e^{\pi\alpha_k}}{2R\sinh(\pi\alpha_k)}\delta(\hbar\omega - E_k)\,dk\right)$$
$$= \frac{2}{\omega}\left(\frac{e}{m}\right)^2 |\boldsymbol{p}_{cv}\cdot\boldsymbol{e}|^2\sum_{n=1}^{+\infty}\left(\frac{1}{na_X}\right)^3\delta(\hbar\omega - E_n) + S(\omega)P^{(0)}(\omega) \tag{10.56}$$

を **Elliott 公式**[12] と呼ぶ．ただしここで，

11）巨視的に見て等方的な系では，光の電場と平行な電流密度が励起される．ところが，$\mathcal{J}^{(0)}\parallel\boldsymbol{p}_{cv}\parallel\boldsymbol{r}_{cv}$ だから，これは $\boldsymbol{r}_{cv}\parallel\boldsymbol{e}$ の状況を考えていることになる．

12）R. J. Elliott: Phys. Rev. **108**, 1384 (1957).

$$P^{(0)}(\omega) = \frac{\pi}{\omega}\left(\frac{e}{m}\right)^2 |\boldsymbol{p}_{\mathrm{cv}} \cdot \boldsymbol{e}|^2 \cdot \frac{2}{V}\sum_{\boldsymbol{k}} \delta\left(\hbar\omega - E_{\mathrm{g}} - \frac{\hbar^2 k^2}{2m_{\mathrm{r}}}\right)$$
$$= \frac{2\pi}{\omega}\left(\frac{e}{m}\right)^2 |\boldsymbol{p}_{\mathrm{cv}} \cdot \boldsymbol{e}|^2 \frac{1}{4\pi^2}\left(\frac{2m_{\mathrm{r}}}{\hbar^2}\right)^{3/2} \left(\hbar\omega - E_{\mathrm{g}}\right)^{1/2} \theta\left(\hbar\omega - E_{\mathrm{g}}\right) \qquad (10.57)$$

は，電子正孔間相互作用を無視し（一電子近似の下で），式 (10.2) に $\boldsymbol{p}_{n_{\mathrm{c}},n_{\mathrm{v}}\boldsymbol{k}} \approx \boldsymbol{p}_{\mathrm{cv}} \equiv \boldsymbol{p}_{n_{\mathrm{c}},n_{\mathrm{v}}\boldsymbol{k}=0}$ を代入して求めた光吸収スペクトルを表し，**Sommerfeld 因子**，

$$S(\omega) \equiv \frac{\pi g(\omega) e^{\pi g(\omega)}}{\sinh \pi g(\omega)} > 1, \quad \left(g(\omega) \equiv \sqrt{\frac{E_{\mathrm{X}}}{\hbar\omega - E_{\mathrm{g}}}}\right) \qquad (10.58)$$

は，そこからのスペクトルの増強を表現している．

式 (10.56) 第一項に，$\hbar\omega = E_{\mathrm{g}} - E_{\mathrm{X}}/n^2$ $(n = 1, 2, \cdots)$ に位置する一連のデルタ関数が現れているが，これらは光吸収により励起子が形成される過程に由来するものである．このとき，$n \to +\infty$ の極限で稠密に分布したデルタ関数が $\hbar\omega \to E_{\mathrm{g}} - 0$ に作る単位エネルギー当たりのスペクトル強度と，$\hbar\omega \geq E_{\mathrm{g}}$ の連続スペクトルの $\hbar\omega \to E_{\mathrm{g}} + 0$ の極限値は一致する[13]．したがって，実際の実験で $\hbar\omega = E_{\mathrm{g}}$ 付近の励起子由来の構造と連続スペクトルを区別するのは難しい．以上の結論は，一電子近似の結果 $P^{(0)}(\omega) \propto \sqrt{\hbar\omega - E_{\mathrm{g}}}\,\theta(\hbar\omega - E_{\mathrm{g}}) \to 0$ とはまったく異なるものである．一方，$\hbar\omega \to +\infty$ では，$S(\omega) \to 1$ なので，$P(\omega)$ は $P^{(0)}(\omega)$ に漸近する．

図 10.5 に，砒化ガリウム（GaAs）の薄膜で測定された低温における透過率スペクトル $T(\omega)$ を示した．試料を透過した光の強度を入射光の強度で割った比が透過率で，これを光のエネルギー $\hbar\omega$ の関数として表したものが

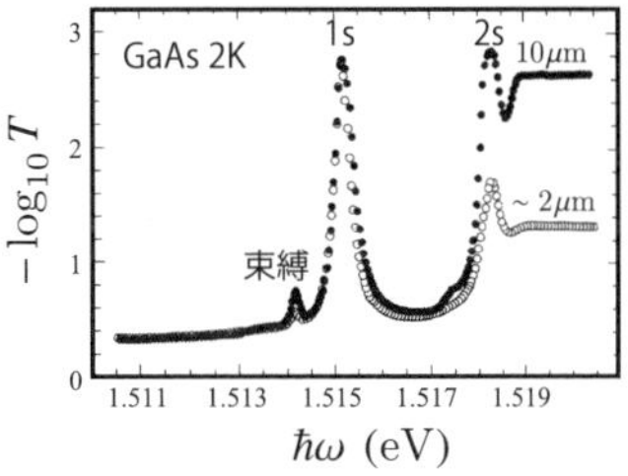


図 10.5 砒化ガリウム（GaAs）における低温（2K）における透過スペクトル $T(\omega)$．10μm および 2μm の厚みの試料に対して $-\log_{10} T(\omega)$ をプロットしている．[D. D. Sell: Phys. Rev. B **6**, 3750 (1972).]

13）$\hbar\omega \to E_{\mathrm{g}} - 0$ における単位エネルギー当たりのスペクトル強度は，

$$\lim_{n\to+\infty} \frac{2e^2|\boldsymbol{p}_{\mathrm{cv}} \cdot \boldsymbol{e}|^2}{m^2(E_{\mathrm{g}}/\hbar)}\left(\frac{1}{na_{\mathrm{X}}}\right)^3 \cdot \left(-\frac{E_{\mathrm{X}}}{(n+1)^2} + \frac{E_{\mathrm{X}}}{n^2}\right)^{-1} = \frac{\hbar e^2|\boldsymbol{p}_{\mathrm{cv}} \cdot \boldsymbol{e}|^2}{2m^2 E_{\mathrm{g}}}\left(\frac{2m_{\mathrm{r}}}{\hbar^2}\right)^{3/2} \sqrt{E_{\mathrm{X}}}$$

である．一方，$\hbar\omega \to E_{\mathrm{g}} + 0$ における連続スペクトルの極限値は，

$$\lim_{\hbar\omega\to E_{\mathrm{g}}+0} \pi\alpha(\omega) \cdot \frac{e^2|\boldsymbol{p}_{\mathrm{cv}} \cdot \boldsymbol{e}|^2}{2\pi m^2(E_{\mathrm{g}}/\hbar)}\left(\frac{2m_{\mathrm{r}}}{\hbar^2}\right)^{3/2} (\hbar\omega - E_{\mathrm{g}})^{1/2} = \frac{\hbar e^2|\boldsymbol{p}_{\mathrm{cv}} \cdot \boldsymbol{e}|^2}{2m^2 E_{\mathrm{g}}}\left(\frac{2m_{\mathrm{r}}}{\hbar^2}\right)^{3/2} \sqrt{E_{\mathrm{X}}}$$

であり，両者は一致する．

$T(\omega)$ である．図に示した $-\log_{10} T(\omega)$ は，試料の光吸収が大きい $\hbar\omega$ において大きな値をとる．実際に，1s および 2s 励起子に対応するエネルギーに強い光吸収が存在することを反映して，そこに鋭いピーク構造が現れている．より高次の励起子に起因するピークは，連続状態からの寄与とくっついて分解できていない．なお，1s 励起子よりも低エネルギー側に現れている小さなピークは，結晶中の不純物に束縛された励起子に起因する構造である．

## 10.5　Frenkel 励起子

Wannier-Mott 励起子では，電子が正孔の周りに格子定数よりはるかに長いスケールで広がっている．この電子正孔間の相対自由度を記述する波動関数 $F(\boldsymbol{r})$ は，有効 Schrödinger 方程式 (10.43) から決定される．しかし分子性結晶では，電子と正孔は同一の分子上に強く束縛され（孤立分子が励起された状況と大差がなく），電子正孔間の相対自由度はもはや存在しない．ただし，電子や正孔の分子間の飛び移り積分が非常に小さい場合でも，この励起状態は電子正孔交換相互作用を通じて結晶内を動き回る．この運動する励起を粒子に見立てたのが Frenkel 励起子である．Frenkel 励起子は，アルカリハライドをはじめとするイオン結晶でも見られるが，以下では分子性結晶を想定して議論を進める．

座標原点に置かれた孤立した分子に対して HF 近似を適用し，一電子状態（分子軌道）を計算する．孤立した分子は基底状態において「閉殻」構造をとるとする．つまり，占有されている分子軌道のうち最もエネルギーの高いものを $\epsilon_{\mathrm{H}}$ とすると，$\epsilon_{\mathrm{H}}$ 以下のエネルギーを持つ分子軌道はすべて上下スピンを持つ電子によって完全に占有されている．基底状態において $\epsilon_{\mathrm{H}}$ よりも高いエネルギーを持つ分子軌道はすべて非占有であるが，そのうちで最もエネルギーが低いものを $\epsilon_{\mathrm{L}}$ とする．また，$\epsilon_{\mathrm{H}}$ および $\epsilon_{\mathrm{L}}$ に対応する分子軌道をそれぞれ $|\mathrm{H})$，$|\mathrm{L})$ と書く．10.3 節の議論を孤立分子に適用して，電子をエネルギー $\epsilon_{\mathrm{H}}$ から $\epsilon_{\mathrm{L}}$ の分子軌道へ励起した状態（分子内の電子正孔対励起状態）のエネルギー $E$ を，基底状態のエネルギーを基準として求めると，

$$E = \epsilon_{\rm L} - \epsilon_{\rm H} - v_0 + 2\delta_{S,0} w_0 \tag{10.59}$$

$$\begin{aligned} v_0 &= (\mathrm{L}|_1 \otimes (\mathrm{H}|_2 U(\hat{\boldsymbol{r}}_1 - \hat{\boldsymbol{r}}_2)|\mathrm{L})_1 \otimes |\mathrm{H})_2 \\ &= \int d^3\boldsymbol{r}_1 d^3\boldsymbol{r}_2 U(\boldsymbol{r}_1 - \boldsymbol{r}_2) |(\boldsymbol{r}_1|\mathrm{L})|^2 |(\boldsymbol{r}_2|\mathrm{H})|^2 > 0 \end{aligned} \tag{10.60}$$

$$w_0 = (\mathrm{L}|_1 \otimes (\mathrm{H}|_2 U(\hat{\boldsymbol{r}}_1 - \hat{\boldsymbol{r}}_2)|\mathrm{H})_1 \otimes |\mathrm{L})_2 = \frac{1}{V}\sum_{\boldsymbol{q}} \frac{4\pi e^2}{q^2} \left|(\mathrm{L}|e^{i\boldsymbol{q}\cdot\hat{\boldsymbol{r}}}|\mathrm{H})\right|^2 > 0 \tag{10.61}$$

となる．ここで，エネルギーの原点を分子の基底状態に選び，Coulomb ポテンシャルを $U(r) = e^2/r$ とした．$v_0$ が分子内の電子正孔直接相互作用，$2w_0$ が分子内の電子正孔交換相互作用を表す．

次に，分子が結晶（Bravais 格子）を組んだ場合を考えよう．電子正孔対励起が Frenkel 励起子を作るということは，式 (10.59) において $v_0 - 2w_0$ が正で非常に大きいために，励起子状態を各分子内で電子正孔対を励起した状態の重ね合わせでよく近似できることを意味する．より具体的に，重心波数ベクトルが $\boldsymbol{Q}$，全スピンが $S$ の励起子状態は，

$$|\boldsymbol{Q}, S\rangle = \frac{1}{\sqrt{2N_{\rm c}}}\sum_{\boldsymbol{n}} e^{i\boldsymbol{Q}\cdot\boldsymbol{n}} \left(c^\dagger_{\mathrm{L},\boldsymbol{n},\uparrow} c_{\mathrm{H},\boldsymbol{n},\uparrow} + (-1)^S c^\dagger_{\mathrm{L},\boldsymbol{n},\downarrow} c_{\mathrm{H},\boldsymbol{n},\downarrow}\right)|\mathrm{HF}\rangle \tag{10.62}$$

と書き下せる．ここで，$\boldsymbol{n}$ は各分子（単位胞）の位置を指定する格子ベクトルであり，$\boldsymbol{n}$ に位置する分子に，分子軌道 $a$，スピンが $\sigma$ の電子を消す（作る）演算子を $c_{a,\boldsymbol{n},\sigma}$（$c^\dagger_{a,\boldsymbol{n},\sigma}$）と書いた．特に，異なる分子間の飛び移り積分が小さい場合には，$\boldsymbol{n}$ の並進移動を表すユニタリー演算子を $\hat{T}_{\boldsymbol{n}}$ として，

$$|n_{\rm c}, \boldsymbol{k}) \approx \frac{1}{\sqrt{N_{\rm c}}}\sum_{\boldsymbol{n}} \hat{T}_{\boldsymbol{n}}|\mathrm{L})e^{i\boldsymbol{k}\cdot\boldsymbol{n}}, \quad |n_{\rm v}, \boldsymbol{k}) \approx \frac{1}{\sqrt{N_{\rm c}}}\sum_{\boldsymbol{n}} \hat{T}_{\boldsymbol{n}}|\mathrm{H})e^{i\boldsymbol{k}\cdot\boldsymbol{n}} \tag{10.63}$$

あるいは同じことだが，

$$c^\dagger_{n_{\rm c},\boldsymbol{k},\sigma} \approx \frac{1}{\sqrt{N_{\rm c}}}\sum_{\boldsymbol{n}} c^\dagger_{\mathrm{L},\boldsymbol{n},\sigma} e^{i\boldsymbol{k}\cdot\boldsymbol{n}}, \quad c^\dagger_{n_{\rm v},\boldsymbol{k},\sigma} \approx \frac{1}{\sqrt{N_{\rm c}}}\sum_{\boldsymbol{n}} c^\dagger_{\mathrm{H},\boldsymbol{n},\sigma} e^{i\boldsymbol{k}\cdot\boldsymbol{n}} \tag{10.64}$$

が成り立つので，式 (10.29) で定義した $|\boldsymbol{k}; \boldsymbol{Q}, S\rangle$ を使って，

$$|\boldsymbol{Q}, S\rangle = \frac{1}{\sqrt{N_{\rm c}}}\sum_{\boldsymbol{k}} |\boldsymbol{k}; \boldsymbol{Q}, S\rangle \tag{10.65}$$

とも書ける．この状態のエネルギーを基底状態のエネルギーから測った値を $E$ とすると，

$$E = \langle \boldsymbol{Q}, S|\mathcal{H}|\boldsymbol{Q}, S\rangle - \langle\!\langle \mathcal{H}\rangle\!\rangle_{\mathrm{HF}} = \frac{1}{N_{\mathrm{c}}}\sum_{\boldsymbol{k}\boldsymbol{k}'}\mathcal{H}_{\boldsymbol{k}\boldsymbol{k}'} \approx \epsilon_{\mathrm{L}} - \epsilon_{\mathrm{H}} + \frac{1}{N_{\mathrm{c}}V}\sum_{\boldsymbol{k}\boldsymbol{k}'}U^{(S)}_{\boldsymbol{k}\boldsymbol{k}'} \tag{10.66}$$

である．分子間の飛び移り積分が小さいので，$\epsilon_{\mathrm{c},\boldsymbol{k}+\boldsymbol{Q}} \approx \epsilon_{\mathrm{L}}$，$\epsilon_{\mathrm{v},\boldsymbol{k}} \approx \epsilon_{\mathrm{H}}$ と近似した．また，$\mathcal{H}_{\boldsymbol{k}\boldsymbol{k}'}$ および $U^{(S)}_{\boldsymbol{k}\boldsymbol{k}'}$ はそれぞれ式 (10.35) と (10.36) で定義されている．

式 (10.36) 右辺の和を，第一項および第二項に由来する寄与に分け，$(\boldsymbol{r}|\mathrm{L})$ と $(\boldsymbol{r}|\mathrm{H})$ が原点近傍以外では非常に小さな値しか持たないことに注意すると，

$$\begin{aligned}
&\frac{1}{N_{\mathrm{c}}}\sum_{\boldsymbol{k}\boldsymbol{k}'}\frac{1}{2}\sum_{\sigma\sigma'}(-(c, v'|H_2|c', v))\\
&= -\frac{1}{2N_{\mathrm{c}}^3}\sum_{\boldsymbol{k}\boldsymbol{k}'}\sum_{\boldsymbol{n}_1\sim\boldsymbol{n}_4}\sum_{\sigma\sigma'}\int d^3\boldsymbol{r}d^3\boldsymbol{r}'(\mathrm{L}|\boldsymbol{r}-\boldsymbol{n}_1)(\mathrm{H}|\boldsymbol{r}'-\boldsymbol{n}_2)\frac{e^2}{|\boldsymbol{r}-\boldsymbol{r}'|}\\
&\qquad\times(\boldsymbol{r}-\boldsymbol{n}_3|\mathrm{L})(\boldsymbol{r}'-\boldsymbol{n}_4|\mathrm{H})e^{-i(\boldsymbol{Q}+\boldsymbol{k})\cdot\boldsymbol{n}_1}e^{-i\boldsymbol{k}'\cdot\boldsymbol{n}_2}e^{i(\boldsymbol{Q}+\boldsymbol{k}')\cdot\boldsymbol{n}_3}e^{i\boldsymbol{k}\cdot\boldsymbol{n}_4}\delta_{\sigma\sigma'}\\
&\approx -\frac{1}{N_{\mathrm{c}}^3}\sum_{\boldsymbol{k}\boldsymbol{k}'}\sum_{\boldsymbol{n}\boldsymbol{n}'}\int d^3\boldsymbol{r}d^3\boldsymbol{r}'\,|(\boldsymbol{r}-\boldsymbol{n}|\mathrm{L})|^2\,|(\boldsymbol{r}'-\boldsymbol{n}'|\mathrm{H})|^2\,\frac{e^2}{|\boldsymbol{r}-\boldsymbol{r}'|}e^{i(\boldsymbol{k}'-\boldsymbol{k})\cdot\boldsymbol{n}}e^{-i(\boldsymbol{k}'-\boldsymbol{k})\cdot\boldsymbol{n}'}\\
&= -\frac{1}{N_{\mathrm{c}}}\sum_{\boldsymbol{n}\boldsymbol{n}'}\int d^3\boldsymbol{r}d^3\boldsymbol{r}'\,|(\boldsymbol{r}-\boldsymbol{n}|\mathrm{L})|^2\,|(\boldsymbol{r}'-\boldsymbol{n}'|\mathrm{H})|^2\,\frac{e^2}{|\boldsymbol{r}-\boldsymbol{r}'|}\,(\delta_{\boldsymbol{n},\boldsymbol{n}'})^2 = -v_0
\end{aligned} \tag{10.67}$$

$$\begin{aligned}
&\frac{1}{N_{\mathrm{c}}}\sum_{\boldsymbol{k}\boldsymbol{k}'}\frac{1}{2}\sum_{\sigma\sigma'}(c, v'|H_2|v, c')\\
&= \frac{1}{2N_{\mathrm{c}}^3}\sum_{\boldsymbol{k}\boldsymbol{k}'}\sum_{\boldsymbol{n}_1\sim\boldsymbol{n}_4}\sum_{\sigma\sigma'}\int d^3\boldsymbol{r}d^3\boldsymbol{r}'(\mathrm{L}|\boldsymbol{r}-\boldsymbol{n}_1)(\mathrm{H}|\boldsymbol{r}'-\boldsymbol{n}_2)\frac{e^2}{|\boldsymbol{r}-\boldsymbol{r}'|}\\
&\qquad\times(\boldsymbol{r}-\boldsymbol{n}_3|\mathrm{H})(\boldsymbol{r}'-\boldsymbol{n}_4|\mathrm{L})e^{-i(\boldsymbol{Q}+\boldsymbol{k})\cdot\boldsymbol{n}_1}e^{-i\boldsymbol{k}'\cdot\boldsymbol{n}_2}e^{i\boldsymbol{k}\cdot\boldsymbol{n}_3}e^{i(\boldsymbol{Q}+\boldsymbol{k}')\cdot\boldsymbol{n}_4}\\
&\approx \frac{2}{N_{\mathrm{c}}^3}\sum_{\boldsymbol{k}\boldsymbol{k}'}\sum_{\boldsymbol{n}\boldsymbol{n}'}\int d^3\boldsymbol{r}d^3\boldsymbol{r}'\Phi(\boldsymbol{r}-\boldsymbol{n})\Phi^*(\boldsymbol{r}'-\boldsymbol{n}')\frac{e^2}{|\boldsymbol{r}-\boldsymbol{r}'|}e^{-i\boldsymbol{Q}\cdot(\boldsymbol{n}-\boldsymbol{n}')} = 2\left(w_0 + w_{\boldsymbol{Q}}\right)
\end{aligned} \tag{10.68}$$

を得る．ここで，$\Phi(\boldsymbol{r}) \equiv (\mathrm{L}|\boldsymbol{r})(\boldsymbol{r}|\mathrm{H})$ として，

$$w_{\boldsymbol{n}} \equiv \int d^3\boldsymbol{r}d^3\boldsymbol{r}'\Phi(\boldsymbol{r})\Phi^*(\boldsymbol{r}')\frac{e^2}{|\boldsymbol{n}+\boldsymbol{r}-\boldsymbol{r}'|}, \quad w_{\boldsymbol{Q}} \equiv \sum_{\boldsymbol{n}\neq 0}w_{\boldsymbol{n}}e^{-i\boldsymbol{Q}\cdot\boldsymbol{n}} \tag{10.69}$$

と定めた.

以上まとめると,

$$E = \epsilon_{\rm L} - \epsilon_{\rm H} - v_0 + 2\delta_{S,0}w_0 + 2\delta_{S,0}w_{\boldsymbol{Q}} \tag{10.70}$$

となる. 第一項から第四項までは, 孤立分子に対する結果 (10.59) に他ならない. つまり, 最後の項は励起子が分子間を動き回る効果を表す. Wannier-Mott 励起子の場合には, 励起子の重心の運動エネルギーは, 電子と正孔のバンド質量の和を $M = m_{\rm e} + m_{\rm h}$ として単純に $\hbar^2 Q^2/2M$ であった. つまり, 連続空間中を自由に動き回る質量 $m_{\rm e}$ と $m_{\rm h}$ の粒子が, 粒子間に働く引力によって一塊になって運動するようになったという描像となる. しかし, Frenkel 励起子の場合には随分様相が異なる. 実際, 電子や正孔自体が分子間を移動することによって生じる励起子の運動よりも, 電子正孔交換相互作用によって有効的に生じた励起子の分子間移動の方が重要になる. 電子や正孔自体がまったく分子間を移動できなくても, 励起子が分子間を移動可能であることを表しているのが, 励起子の有効飛び移り積分 $w_{\boldsymbol{n}}$ である.

この飛び移り積分 $w_{\boldsymbol{n}}$ を評価しておこう. $\Phi(\boldsymbol{r})$ は原点近傍以外で非常に小さな値しかとらないから, 式 (10.69) において, Coulomb ポテンシャルを,

$$\frac{e^2}{|\boldsymbol{n}+\boldsymbol{r}-\boldsymbol{r}'|} \approx \frac{e^2}{|\boldsymbol{n}|} + (\boldsymbol{r}-\boldsymbol{r}')\cdot\nabla_{\boldsymbol{R}}\left(\frac{e^2}{R}\right)\bigg|_{\boldsymbol{R}=\boldsymbol{n}} + \frac{1}{2}((\boldsymbol{r}-\boldsymbol{r}')\cdot\nabla_{\boldsymbol{R}})^2\left(\frac{e^2}{R}\right)\bigg|_{\boldsymbol{R}=\boldsymbol{n}} + \cdots \tag{10.71}$$

と展開するとよい. 分子軌道の直交性 $\int\Phi(\boldsymbol{r})d^3\boldsymbol{r} = ({\rm L}|{\rm H}) = 0$ から, 上式第一項と第二項に由来する項は消え, 第三項に由来する寄与だけが生き残り,

$$2w_{\boldsymbol{n}\neq 0} \approx \frac{\boldsymbol{\mu}_{\rm d}^2}{|\boldsymbol{n}|^3} - \frac{3(\boldsymbol{\mu}_{\rm d}\cdot\boldsymbol{n})^2}{|\boldsymbol{n}|^5} \tag{10.72}$$

を導く. 右辺は, $\boldsymbol{n}$ だけ離れた二つの電気双極子に働く相互作用の形になっており, 電気双極子モーメントは,

$$\boldsymbol{\mu}_{\rm d} = \int e\boldsymbol{r}\Phi(\boldsymbol{r})d^3\boldsymbol{r} = ({\rm L}|e\hat{\boldsymbol{r}}|{\rm H}) \tag{10.73}$$

と表される (ここでは $\boldsymbol{\mu}_{\rm d}$ が実ベクトルであるとする).

和から $\boldsymbol{n} = 0$ を除くことを表すために, 格子定数程度のカットオフ $a$ を導入し, $\boldsymbol{n}$ の和を積分で近似すると, ベクトル $\boldsymbol{a}$ と $\boldsymbol{b}$ がなす角を $\vartheta_{\boldsymbol{ab}}$ として,

$$
\begin{aligned}
2w_{\boldsymbol{Q}} &\approx \frac{N_{\mathrm{c}}\mu_{\mathrm{d}}^2}{V}\int_{R\geq a} d^3\boldsymbol{R}\,\frac{1-3\cos^2\vartheta_{\boldsymbol{\mu}_{\mathrm{d}}\boldsymbol{R}}}{R^3}e^{-iQR\cos\vartheta_{\boldsymbol{QR}}} \\
&= \frac{N_{\mathrm{c}}\mu_{\mathrm{d}}^2}{V}\int_a^{+\infty}\frac{dR}{R}\int_{-1}^{+1}d\left(\cos\vartheta_{\boldsymbol{QR}}\right)\int_0^{2\pi}d\varphi \\
&\qquad \left(1-3\left(\cos\vartheta_{\boldsymbol{Q\mu}_{\mathrm{d}}}\cos\vartheta_{\boldsymbol{QR}}+\sin\vartheta_{\boldsymbol{Q\mu}_{\mathrm{d}}}\sin\vartheta_{\boldsymbol{QR}}\cos\varphi\right)^2\right)e^{-iQR\cos\vartheta_{\boldsymbol{QR}}} \\
&= -4\pi\frac{N_{\mathrm{c}}\mu_{\mathrm{d}}^2}{V}\frac{-Qa\cos Qa+\sin Qa}{(Qa)^3}\left(1-3\cos^2\vartheta_{\boldsymbol{Q\mu}_{\mathrm{d}}}\right) \\
&= -\frac{4\pi}{3}\frac{N_{\mathrm{c}}\mu_{\mathrm{d}}^2}{V}\left(1-3\cos^2\vartheta_{\boldsymbol{Q\mu}_{\mathrm{d}}}\right)+o(Qa)\quad (Qa\to 0)
\end{aligned}
\tag{10.74}
$$

と評価できる．ここで公式，

$$
\cos\vartheta_{\boldsymbol{\mu}_{\mathrm{d}}\boldsymbol{R}} = \cos\vartheta_{\boldsymbol{Q\mu}_{\mathrm{d}}}\cos\vartheta_{\boldsymbol{QR}}+\sin\vartheta_{\boldsymbol{Q\mu}_{\mathrm{d}}}\sin\vartheta_{\boldsymbol{QR}}\cos\varphi \tag{10.75}
$$

を適用し[14]，動径を $R$，極角を $\vartheta_{\boldsymbol{QR}}$ とする極座標を導入した上で，方位角 $\varphi$，$\cos\vartheta_{\boldsymbol{QR}}$，$R$ の順に積分を実行した．つまり $2w_{\boldsymbol{Q}}$ は，$Qa\to 0$ において $\boldsymbol{Q}$ と $\boldsymbol{\mu}_{\mathrm{d}}$ の成す角によって異なる極限に近づく（$\boldsymbol{Q}$ の関数として非解析的に振る舞う）．

上記の結果から求まる $\boldsymbol{Q}\to 0$ の励起子の準位を図 10.6 に整理した．一重項励起子（$S=0$）は縦横分裂を示し，$\boldsymbol{Q}\parallel\boldsymbol{\mu}_{\mathrm{d}}$ の縦励起子は，$\boldsymbol{Q}\perp\boldsymbol{\mu}_{\mathrm{d}}$ の横励起子より，

$$
\Delta_{\mathrm{LT}} = 4\pi\frac{N_{\mathrm{c}}\mu_{\mathrm{d}}^2}{V} \tag{10.76}
$$

だけエネルギーが高い．一方，三重項励起子（$S=1$）は縦横分裂を示さず，一重項の横励起子より，

$$
\Delta_{\mathrm{ST}} = 2w_0-\frac{4\pi}{3}\frac{N_{\mathrm{c}}\mu_{\mathrm{d}}^2}{V} = 2w_0-\frac{\Delta_{\mathrm{LT}}}{3} \tag{10.77}
$$

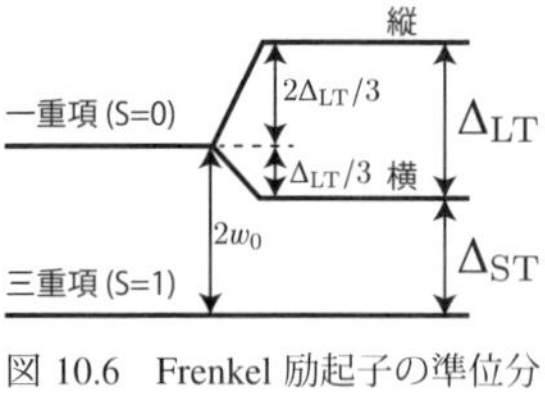

図 10.6　Frenkel 励起子の準位分裂

だけエネルギーが低い．一重項三重項分裂 $\Delta_{\mathrm{ST}}$ を（縦横分裂 $\Delta_{\mathrm{LT}}$ に対して）無視できた Wannier-Mott 励起子とは対照的である．

最後に光吸収スペクトルについて考えておこう．通常問題となる $\boldsymbol{e}\parallel\boldsymbol{\mu}_{\mathrm{d}}$ の状況では[15]，励起

14）$\boldsymbol{Q}/Q=(0,0,1)$，$\boldsymbol{\mu}_{\mathrm{d}}/\mu_{\mathrm{d}}=(\sin\vartheta_{\boldsymbol{Q\mu}_{\mathrm{d}}},0,\cos\vartheta_{\boldsymbol{Q\mu}_{\mathrm{d}}})$，$\boldsymbol{R}/R=(\sin\vartheta_{\boldsymbol{QR}}\cos\varphi,\sin\vartheta_{\boldsymbol{QR}}\sin\varphi,\cos\vartheta_{\boldsymbol{QR}})$ と座標表示し，$\cos\vartheta_{\boldsymbol{\mu}_{\mathrm{d}}\boldsymbol{R}}=\boldsymbol{\mu}_{\mathrm{d}}\cdot\boldsymbol{R}/\mu_{\mathrm{d}}R$ に代入せよ．

15）先の脚注 11 を参照．

子の重心運動量 $\boldsymbol{Q}$（= 系が吸収した光の波数ベクトル）が $\boldsymbol{\mu}_{\mathrm{d}}$ に直交するので，本節の考察の範囲では重心運動量ゼロ（$Q \to 0$），一重項($S = 0$）の横励起子（$\hat{\boldsymbol{Q}} \perp \boldsymbol{\mu}_{\mathrm{d}}$）だけが光吸収に寄与し，スペクトルはそのエネルギー $\hbar\omega = \epsilon_{\mathrm{L}} - \epsilon_{\mathrm{H}} - v_0 + 2w_0 - \Delta_{\mathrm{LT}}/3$ に位置するただ一本のデルタ関数になる．ただし，単位胞内に複数の同種分子が含まれているときには，孤立分子の吸収線の縮退が，分子同士の双極子間相互作用によって解かれて，吸収線が複数本に分裂することがある（$2w_Q$ が行列になったと思えばよい），これを **Davydov 分裂**[16] と呼ぶ．

16）A. S. Davydov: *Theory of Molecular Excitons* (McGraw-Hill, 1962).

# 第 11 章

# 金属における遮蔽効果

## 11.1 Lindhard 公式

8.3 節で述べたように，巨視的に見て一様で等方的な物質の光学応答を記述する横場に対する伝導率 $\sigma_\perp(q,\omega)$ と電磁応答核の関係式は，***D*** 法でも ***E*** 法でも中野–久保公式で与えられる．しかし，縦場に対する伝導率 $\sigma_\parallel(q,\omega)$ と電磁応答核の関係式は，***E*** 法で式 (8.58)，***D*** 法で式 (8.63) と異なり，その違いは式 (8.74) を通じて縦場に対する誘電率 $\epsilon_\parallel(q,\omega)$ の表式にも反映される．本節では，金属を単純化したモデルとして，ジェリウムモデルを取り上げ，$\epsilon_\parallel(q,\omega)$ を考察しよう．***D*** 法と ***E*** 法の描像の違いを意識して読み進めてほしい．以下，本節を通じて Coulomb ゲージを採用し，系に印加する縦場をスカラーポテンシャルで表すことにする．

***D*** 法では電子間に働く Coulomb 相互作用をあらわに扱うので，

$$\mathcal{H} = \sum_{\boldsymbol{k}\sigma} \epsilon_{\boldsymbol{k}} c^\dagger_{\boldsymbol{k}\sigma} c_{\boldsymbol{k}\sigma} + \frac{1}{2V}\sum_{\boldsymbol{q}\neq 0} \frac{4\pi e^2}{q^2}\left(\rho_{-\boldsymbol{q}}\rho_{\boldsymbol{q}} - \mathcal{N}\right) \tag{11.1}$$

が，外場がないときのハミルトニアンである．式 (1.52) を第二量子化した形で表しており，$\epsilon_{\boldsymbol{k}} = \hbar^2 k^2/2m$ は電子の分散関係，$\rho_{\boldsymbol{q}} = \sum_{\boldsymbol{k}\sigma} c^\dagger_{\boldsymbol{k}-\boldsymbol{q}\sigma} c_{\boldsymbol{k}\sigma}$ は波数表示の電子密度演算子（式 (7.29) 参照），$\mathcal{N} \equiv \sum_{\boldsymbol{k}\sigma} c^\dagger_{\boldsymbol{k}\sigma} c_{\boldsymbol{k}\sigma}$ は電子数演算子を表す．スカラーポテンシャルによって表される外場が印加されると，ハミルトニアンに摂動項，

$$\mathcal{H}_{\rm ext}(t) = \int d^3\boldsymbol{r}\,(-e\delta\rho(\boldsymbol{r}))\,\phi^{(\rm ex)}(\boldsymbol{r},t) = \int \frac{d\omega}{2\pi} e^{-i\omega t+\delta t} \frac{1}{V}\sum_{\boldsymbol{q}\neq 0}(-e\rho_{-\boldsymbol{q}})\phi^{(\rm ex)}(\boldsymbol{q},\omega) \tag{11.2}$$

が加わる．ここで，電磁場に寄与しない $\phi^{(\rm ex)}(\boldsymbol{q}=0,\omega)$ の値をゼロに選んで $\boldsymbol{q}=0$ の項を和から除き，電荷密度演算子 $-e\delta\rho(\boldsymbol{r}) \equiv -e(\rho(\boldsymbol{r}) - \mathcal{N}/V)$（$\mathcal{N} \equiv$

$\langle\!\langle N \rangle\!\rangle_{\rm eq}$）の波数表示が $-e\delta\rho_{\boldsymbol{q}} = -e(\rho_{\boldsymbol{q}} - N\delta_{\boldsymbol{q},0})$ であることを用いた[1]．外場を表すスカラーポテンシャル，

$$\phi^{(\rm ex)}(\boldsymbol{r},t) = \int \frac{d\omega}{2\pi}\frac{1}{V}\sum_{\boldsymbol{q}\neq 0}\phi^{(\rm ex)}(\boldsymbol{q},\omega)e^{i\boldsymbol{q}\cdot\boldsymbol{r}-i\omega t+\delta t} \tag{11.3}$$

が，電場 $\boldsymbol{E}$ ではなく，電束密度 $\boldsymbol{D}$ の縦成分を表すことに注意しよう．

熱平衡状態では一様分布した電子の負電荷と背景の正電荷が打ち消しあって，電荷分布がゼロになる（$-e\langle\!\langle \delta\rho(\boldsymbol{r})\rangle\!\rangle_{\rm eq} = -e(\langle\!\langle \rho(\boldsymbol{r})\rangle\!\rangle_{\rm eq} - N/V) = 0$）から，外場 $\phi^{(\rm ex)}$ が誘起する電荷分布は，系に存在する電荷分布 $n_{\rm c}^{(\rm in)}$ に一致し，その波数表示を，

$$n_{\rm c}^{(\rm in)}(\boldsymbol{q},t) \equiv -e\langle\!\langle \delta\rho_{\boldsymbol{q}}\rangle\!\rangle_t = -e\langle\!\langle \rho_{\boldsymbol{q}}\rangle\!\rangle_t, \quad (\boldsymbol{q}\neq 0) \tag{11.4}$$

と書き表せる（$\langle\!\langle \bullet \rangle\!\rangle_t$ は外場印加下での時刻 $t$ における平均値）．これを，

$$n_{\rm c}^{(\rm in)}(\boldsymbol{q},t) = \int \frac{d\omega}{2\pi} n_{\rm c}^{(\rm in)}(\boldsymbol{q},\omega)e^{-i\omega t+\delta t} \tag{11.5}$$

と Fourier 展開すると，線形応答の範囲で，

$$n_{\rm c}^{(\rm in)}(\boldsymbol{q},\omega) = -e^2\Pi(q,\omega)\phi^{(\rm ex)}(\boldsymbol{q},\omega) \tag{11.6}$$

が成り立ち，

$$\Pi(q,\omega) \equiv \frac{1}{V}\chi_{\rho_{\boldsymbol{q}}\rho_{-\boldsymbol{q}}}(\omega) = \frac{1}{V}\cdot\frac{i}{\hbar}\int_0^\infty e^{i\omega t-\delta t}\left\langle\!\!\left\langle [\rho_{\boldsymbol{q}}(t),\rho_{-\boldsymbol{q}}]_- \right\rangle\!\!\right\rangle_{\rm eq} dt \tag{11.7}$$

を**分極関数**と呼ぶ．系の一様性を反映して，外場と誘起された電荷密度は同じ波数ベクトルで空間変調する．さらに系の等方性を反映して，$\Pi(q,\omega)$ は $\boldsymbol{q}$ の向きに依存しない．また，式 (8.41) からわかるように，$\boldsymbol{D}$ 法で計算した電磁応答核と分極関数の間には，$\mathcal{K}_{00}(q,\omega) = -(ce)^2\Pi(q,\omega)$ の関係がある．

ここで，$\boldsymbol{D}$ 法から $\boldsymbol{E}$ 法の描像へ乗り替えるために，**時間依存 Hartree 近似**を行う．即ち，外場について二次（$n_{\rm c}^{(\rm in)}$ の二次）の項と，電子密度の平均値 $n_{\rm c}^{(\rm in)}(\boldsymbol{q},t)$ からのゆらぎを表す項を無視して，電子間相互作用を，

1）電荷密度は電子の負電荷の密度と，背景の正電荷の密度の和である．

$$\frac{1}{2V}\sum_{q\neq0}\frac{4\pi e^2}{q^2}\left(\rho_{-q}\rho_{q}-\mathcal{N}\right)=\frac{1}{2V}\sum_{q\neq0}\frac{4\pi e^2}{q^2}:\rho_{-q}\rho_{q}:$$
$$=\frac{1}{2V}\sum_{q\neq0}\frac{4\pi}{q^2}\Bigg(n_{\mathrm{c}}^{(\mathrm{in})}(-\boldsymbol{q},t)(-e\rho_{\boldsymbol{q}})+(-e\rho_{-\boldsymbol{q}})n_{\mathrm{c}}^{(\mathrm{in})}(\boldsymbol{q},t)$$
$$-n_{\mathrm{c}}^{(\mathrm{in})}(-\boldsymbol{q},t)n_{\mathrm{c}}^{(\mathrm{in})}(\boldsymbol{q},t)+:\Big(-e\rho_{-\boldsymbol{q}}-n_{\mathrm{c}}^{(\mathrm{in})}(-\boldsymbol{q},t)\Big)\Big(-e\rho_{\boldsymbol{q}}-n_{\mathrm{c}}^{(\mathrm{in})}(\boldsymbol{q},t)\Big):\Bigg)$$
$$\approx\frac{1}{V}\sum_{q\neq0}\frac{4\pi}{q^2}(-e\rho_{-\boldsymbol{q}})n_{\mathrm{c}}^{(\mathrm{in})}(\boldsymbol{q},t) \tag{11.8}$$

と評価する．ここで，$:O:$ は，第二量子化された演算子 $O$ の表式に現れる生成・消滅演算子の積を，消滅演算子が生成演算子の右側に来るように並び替え，並び替えに対応する符号を付けたもの（正規順序積）に書き直すことを意味し，たとえば $:c_1^\dagger c_2 c_3^\dagger c_4:=-c_1^\dagger c_3^\dagger c_2 c_4=c_1^\dagger c_3^\dagger c_4 c_2$ である．結果として，$\mathcal{H}(t)\equiv\mathcal{H}+\mathcal{H}_{\mathrm{ext}}(t)$ は，

$$\mathcal{H}(t)=\sum_{\boldsymbol{k}\sigma}\epsilon_{\boldsymbol{k}}c_{\boldsymbol{k}\sigma}^\dagger c_{\boldsymbol{k}\sigma}+\int\frac{d\omega}{2\pi}e^{-i\omega t+\delta t}\frac{1}{V}\sum_{q\neq0}(-e\rho_{-\boldsymbol{q}})\,\phi(\boldsymbol{q},\omega) \tag{11.9}$$

と近似される．ここで，誘起された電子分布が作る場（分極場），

$$\phi^{(\mathrm{in})}(\boldsymbol{q},\omega)=\frac{4\pi}{q^2}n_{\mathrm{c}}^{(\mathrm{in})}(\boldsymbol{q},\omega),\quad\left(\phi^{(\mathrm{in})}(\boldsymbol{r},t)=\int d^3\boldsymbol{r}'\frac{n_{\mathrm{c}}^{(\mathrm{in})}(\boldsymbol{r}',t)}{|\boldsymbol{r}-\boldsymbol{r}'|}\right) \tag{11.10}$$

を，フィードバックとして元々の外場 $\phi^{(\mathrm{ex})}$ に取り込んだ，

$$\phi(\boldsymbol{q},\omega)=\phi^{(\mathrm{ex})}(\boldsymbol{q},\omega)+\phi^{(\mathrm{in})}(\boldsymbol{q},\omega)=\phi^{(\mathrm{ex})}(\boldsymbol{q},\omega)+\frac{4\pi}{q^2}n_{\mathrm{c}}^{(\mathrm{in})}(\boldsymbol{q},\omega) \tag{11.11}$$

を導入した．

こうして，Sommerfeld モデルのハミルトニアン $\mathcal{H}_0=\sum_{\boldsymbol{k}\sigma}\epsilon_{\boldsymbol{k}}c_{\boldsymbol{k}\sigma}^\dagger c_{\boldsymbol{k}\sigma}$ に，有効外場 $\phi$ による摂動を印加したハミルトニアンを得た．これが最も単純な $\boldsymbol{E}$ 法のハミルトニアンである．ここで，$\phi$ について線形応答の範囲で考えると，Sommerfeld モデルの分極関数を $\Pi^{(0)}(q,\omega)$ として，

$$n_{\mathrm{c}}^{(\mathrm{in})}(\boldsymbol{q},\omega)=-e^2\Pi^{(0)}(q,\omega)\phi(\boldsymbol{q},\omega) \tag{11.12}$$

が成り立つ．式 (7.29) に注意し，式 (4.73) を用いると，$\Pi^{(0)}(q,\omega)$ は，

$$\Pi^{(0)}(q,\omega) = -\frac{1}{V}\sum_{\boldsymbol{k}\boldsymbol{k}'\sigma\sigma'}\frac{(\delta_{\sigma\sigma'}\delta_{\boldsymbol{k},\boldsymbol{k}'-\boldsymbol{q}})^2\,(f(\epsilon_{\boldsymbol{k}})-f(\epsilon_{\boldsymbol{k}'}))}{\hbar\omega+\epsilon_{\boldsymbol{k}}-\epsilon_{\boldsymbol{k}'}+i\delta}$$
$$= -\frac{2}{V}\sum_{\boldsymbol{k}}\frac{f(\epsilon_{\boldsymbol{k}})-f(\epsilon_{\boldsymbol{k}+\boldsymbol{q}})}{\hbar\omega+\epsilon_{\boldsymbol{k}}-\epsilon_{\boldsymbol{k}+\boldsymbol{q}}+i\delta} \tag{11.13}$$

と求まる．さらに，$U_q \equiv 4\pi e^2/q^2$ と定め，式 (11.11), (11.12) から得られる $\phi(\boldsymbol{q},\omega) = \phi^{(\mathrm{ex})}(\boldsymbol{q},\omega) - U_q\Pi^{(0)}(q,\omega)\phi(\boldsymbol{q},\omega)$ を，式 (11.12) に繰り返し代入すると，

$$n_{\mathrm{c}}^{(\mathrm{in})}(\boldsymbol{q},\omega) = -e^2\Pi^{(0)}(q,\omega)\phi^{(\mathrm{ex})}(\boldsymbol{q},\omega) + e^2\Pi^{(0)}(q,\omega)U_q\Pi^{(0)}(q,\omega)\phi(\boldsymbol{q},\omega)$$
$$= \cdots = -e^2\left(\Pi^{(0)} - \Pi^{(0)}U_q\Pi^{(0)} + \Pi^{(0)}U_q\Pi^{(0)}U_q\Pi^{(0)} - \cdots\right)\phi^{(\mathrm{ex})}$$
$$= -e^2\frac{\Pi^{(0)}(q,\omega)}{1+U_q\Pi^{(0)}(q,\omega)}\phi^{(\mathrm{ex})}(\boldsymbol{q},\omega) \tag{11.14}$$

を導ける．これを式 (11.6) と見比べると，近似式（**Lindhard 公式**[2]），

$$\Pi(q,\omega) = \Pi^{(0)} - \Pi^{(0)}U_q\Pi^{(0)} + \Pi^{(0)}U_q\Pi^{(0)}U_q\Pi^{(0)} - \cdots = \frac{\Pi^{(0)}(q,\omega)}{1+U_q\Pi^{(0)}(q,\omega)} \tag{11.15}$$

を得る．

結局，時間依存 Hartree 近似により，相互作用効果のうちで外場へ繰り込める寄与（これは外場と同じ位相部分を持つ）を残し，残りの寄与を捨てたのだが，その際に外場と異なる「乱雑な位相」を持つ寄与の和が消えると考えたことになる[3]．そこで，上述の一連の近似を**乱雑位相近似**（Random Phase Approximation, 略して **RPA**）と呼ぶ．RPA はある種の一電子近似だから，高密度極限（$r_{\mathrm{s}} \ll 1$）で妥当だが，低密度領域（$r_{\mathrm{s}} \gtrsim 1$）では平均場からのゆらぎの寄与（式 (11.8) 二段目の最終項）が無視できなくなって破綻する．より具体的に言うと，RPA では時間依存 Hartree 近似で直接相互作用の寄与だけを平均場へ取り込み，それと対になる交換相互作用の寄与を無視しているので，自己相互作用が消えずに残ってしまう[4]．また，相互作用効果を完全に有効外場（平均場）に取り込むことはできないので，弱められた（遮蔽された）相互

2）J. Lindhard: K. Dan. Vidensk. Selsk. Mat. Fys. Medd. **28**(8), 1 (1954); H. Ehrenreich and M. H. Cohen: Phys. Rev. **115**, 786 (1959).

3）D. Bohm and D. Pines: Phys. Rev. **82**, 625 (1951); D. Pines and D. Bohm: Phys. Rev. **85**, 338 (1952);D. Bohm and D. Pines: Phys. Rev. **92**, 609 (1953); D. Pines: Phys. Rev. **92**, 626 (1953).

4）HF 近似では，直接相互作用と交換相互作用が相殺して，自己相互作用が消えたことを思い出せ．

作用効果が残る[5]．この残留相互作用は，各電子の近くから他の電子を遠ざけることによって，分極効果（外場へのフィードバック効果）を弱める．裏返して言えば，残留相互作用を無視した RPA は，外場へのフィードバック効果を過大評価している．

議論の中で，$\phi^{(\mathrm{ex})}$，$\phi^{(\mathrm{in})}$，$\phi$ と 3 つのスカラーポテンシャルが現れたが，これらはそれぞれ，系の外部にある電荷分布，系に誘起された電荷分布，それらを合わせた電荷分布が作る場を表す．物質中の Maxwell 方程式に現れる電束密度 $\boldsymbol{D}$ と電場 $\boldsymbol{E}$ との対応は，それらの縦成分を $D_{\parallel}, E_{\parallel}$ として，

$$D_{\parallel}(\boldsymbol{q},\omega) = -iq\phi^{(\mathrm{ex})}(\boldsymbol{q},\omega) \tag{11.16}$$

$$E_{\parallel}(\boldsymbol{q},\omega) = -iq\phi(\boldsymbol{q},\omega) \tag{11.17}$$

となる．縦場の誘電率 $\epsilon_{\parallel}(q,\omega)$ は，

$$D_{\parallel}(\boldsymbol{q},\omega) = \epsilon_{\parallel}(\boldsymbol{q},\omega)E_{\parallel}(\boldsymbol{q},\omega) \tag{11.18}$$

あるいは同じことだが，

$$\phi(\boldsymbol{q},\omega) = \frac{1}{\epsilon_{\parallel}(q,\omega)}\phi^{(\mathrm{ex})}(\boldsymbol{q},\omega) \tag{11.19}$$

によって定義される．上式を，式 (11.11) に式 (11.6) を代入したものと見比べると，

$$\frac{1}{\epsilon_{\parallel}(q,\omega)} = 1 - U_q\Pi(q,\omega) \tag{11.20}$$

を得る．これは式 (8.64) に他ならない．さらに，$\Pi(q,\omega)$ を式 (11.15) で近似すると，

$$\epsilon_{\parallel}^{(\mathrm{RPA})}(q,\omega) = 1 + U_q\Pi^{(0)}(q,\omega) \tag{11.21}$$

---

5) $\boldsymbol{D}$ 法で求めた厳密な分極関数 $\Pi(q,\omega)$ に対し，

$$\Pi(q,\omega) = \Pi^{(\mathrm{sc})} - \Pi^{(\mathrm{sc})}U_q\Pi^{(\mathrm{sc})} + \Pi^{(\mathrm{sc})}U_q\Pi^{(\mathrm{sc})}U_q\Pi^{(\mathrm{sc})} - \cdots = \frac{\Pi^{(\mathrm{sc})}(q,\omega)}{1+U_q\Pi^{(\mathrm{sc})}(q,\omega)}$$

を満たす $\Pi^{(\mathrm{sc})}(q,\omega)$ を**既約分極関数**と呼ぶ．本来，$\boldsymbol{E}$ 法のハミルトニアン $\mathcal{H}_{\mathrm{sc}}$ は，それを使って求めた分極関数が既約分極関数 $\Pi^{(\mathrm{sc})}(q,\omega)$ を再現するように定めるべきものである．しかし，そもそも厳密な $\Pi(q,\omega)$ がわからないから苦労しているわけなので，そのような $\mathcal{H}_{\mathrm{sc}}$ を前もって知ることはできない．そこで，$\mathcal{H}_{\mathrm{sc}}$ を Sommerfeld モデルのハミルトニアン $\mathcal{H}_0$ で近似し，$\Pi^{(\mathrm{sc})}(q,\omega) \approx \Pi^{(0)}(q,\omega)$ とするのが RPA である．RPA で切り捨てられた $\mathcal{H}_{\mathrm{sc}} - \mathcal{H}_0$ が残留相互作用を表す．

となる．ジェリウムモデルは微視的に見ても一様かつ等方的であるため，長波長近似を持ち出すまでもなく，式 (11.19) によって $\epsilon_{\parallel}(q,\omega)$ を定義できることに注意しよう．言い換えると，式 (11.19) は $1/q$ が微視的な長さスケールになっても成立する．$\boldsymbol{E}$ 法を採用した場合に，式 (8.41) が $\mathcal{K}_{00}(\boldsymbol{q},\omega) = -(ce)^2\Pi^{(0)}(q,\omega)$ を導くことにも注意しよう．この式を式 (8.58) に代入し，式 (8.74) を用いれば，再び式 (11.21) を導ける．

なお，$\Pi^{(0)}(q,\omega)$ の表式 (11.13) は，もう少し計算を進めて，角度積分を実行できる．

$$
\begin{aligned}
\Pi^{(0)}(q,\omega) &= -\frac{2}{(2\pi)^3}\int d^3\boldsymbol{k}\left(\frac{f(\epsilon_{\boldsymbol{k}})}{\hbar\omega+\epsilon_{\boldsymbol{k}}-\epsilon_{\boldsymbol{k}+\boldsymbol{q}}+i\delta}-\frac{f(\epsilon_{-\boldsymbol{k}})}{\hbar\omega+\epsilon_{-\boldsymbol{k}-\boldsymbol{q}}-\epsilon_{-\boldsymbol{k}}+i\delta}\right)\\
&= -\frac{2}{(2\pi)^2}\int_0^{+\infty}dk\,k^2 f(\epsilon_k)\int_{-1}^{+1}d(\cos\vartheta)\\
&\qquad\qquad \sum_{s=\pm1}\frac{s}{\hbar\omega - s(\hbar^2 kq\cos\vartheta/m+\epsilon_q)+i\delta}\\
&= \frac{2D_{\mathrm{F}}^{(0)}}{4\tilde{q}}\sum_{s=\pm1}\int_0^{+\infty}d\tilde{k}\,f(\epsilon_{\tilde{k}})\tilde{k}^2\int_{-1}^{+1}dx\,\frac{s}{s\tilde{k}x+s\tilde{q}-(\tilde{\omega}+i\delta)/\tilde{q}}\\
&= \frac{2D_{\mathrm{F}}^{(0)}}{4\tilde{q}}\sum_{s=\pm1}\int_0^{+\infty}d\tilde{k}f(\epsilon_{\tilde{k}})\tilde{k}\ln\left(\frac{\tilde{k}+\tilde{q}-s(\tilde{\omega}+i\delta)/\tilde{q}}{-\tilde{k}+\tilde{q}-s(\tilde{\omega}+i\delta)/\tilde{q}}\right)
\end{aligned}
\tag{11.22}
$$

ただし Sommerfeld モデルで定義される Fermi 波数 $k_{\mathrm{F}}$ と Fermi 速度 $v_{\mathrm{F}} \equiv \hbar k_{\mathrm{F}}/m$ を用いて，$\tilde{k} \equiv k/k_{\mathrm{F}}$，$\tilde{q} \equiv q/2k_{\mathrm{F}}$, $\tilde{\omega}/\tilde{q} \equiv \omega/v_{\mathrm{F}}q$ と定めた．また，$D_{\mathrm{F}}^{(0)} = 2mk_{\mathrm{F}}/(2\pi\hbar)^2$ は Fermi 準位における状態密度の値（式 (1.29)）を表す．右辺に現れる複素数の対数は主値をとる．即ち，$\ln z$ の分岐切断を実軸の $-\infty$ から 0 までの部分に選び，$-\pi < \mathrm{Im}(\ln z) \le \pi$ とする．このとき，$a$, $b$, $c$, $d$ を実数として，$bd > 0$ であれば常に，

$$
\ln(a+ib)-\ln(c+id) = \ln\left(\frac{a+ib}{c+id}\right) = -\ln\left(\frac{c+id}{a+ib}\right) \tag{11.23}
$$

が成り立つことに注意しよう．

特に，絶対零度では $\tilde{k}$ についての積分も実行できる．$f(\epsilon_{\tilde{k}}) = \theta(1-\tilde{k})$ とし，任意のゼロでない虚部を持つ複素数 $a$ に対して成り立つ不定積分の公式，

$$
\int x\ln\frac{x+a}{-x+a}dx = ax + \frac{1}{2}\left(x^2-a^2\right)\ln\frac{x+a}{-x+a},\quad (x:\text{実数}) \tag{11.24}
$$

を用いると，

$$\Pi^{(0)}(q,\omega) = 2D_{\mathrm{F}}^{(0)}\left(\frac{1}{2} + \sum_{s=\pm1}\frac{1-(\tilde{q}-s\tilde{\omega}/\tilde{q})^2}{8\tilde{q}}\ln\left(\frac{1+\tilde{q}-s(\tilde{\omega}+i\delta)/\tilde{q}}{-1+\tilde{q}-s(\tilde{\omega}+i\delta)/\tilde{q}}\right)\right) \tag{11.25}$$

を得る．特に $\omega \geq 0$ の場合を考え，実部と虚部に分けて式を整理すると，

$$\mathrm{Re}\Pi^{(0)}(q,\omega) = 2D_{\mathrm{F}}^{(0)}\left(\frac{1}{2} + \sum_{s=\pm1}\frac{1-(\tilde{q}-s\tilde{\omega}/\tilde{q})^2}{8\tilde{q}}\ln\left|\frac{\tilde{q}+1-s\tilde{\omega}/\tilde{q}}{\tilde{q}-1-s\tilde{\omega}/\tilde{q}}\right|\right) \tag{11.26}$$

$$\begin{aligned}\mathrm{Im}\Pi^{(0)}(q,\omega) &= 2\pi D_{\mathrm{F}}^{(0)}\sum_{s=\pm1}\frac{1-(\tilde{q}-s\tilde{\omega}/\tilde{q})^2}{8\tilde{q}}\left(\theta\left(s(\tilde{q}+1)-\frac{\tilde{\omega}}{\tilde{q}}\right)-\theta\left(s(\tilde{q}-1)-\frac{\tilde{\omega}}{\tilde{q}}\right)\right)\\ &= \begin{cases}\pi D_{\mathrm{F}}^{(0)}\left(1-(\tilde{q}-\tilde{\omega}/\tilde{q})^2\right)/4\tilde{q} & \left(|\tilde{q}^2-\tilde{q}| \leq \tilde{\omega} \leq \tilde{q}^2+\tilde{q}\right)\\ \pi D_{\mathrm{F}}^{(0)}\tilde{\omega}/\tilde{q} & \left(0 \leq \tilde{\omega} \leq \tilde{q}-\tilde{q}^2\right)\\ 0 & (\text{それ以外})\end{cases}\end{aligned} \tag{11.27}$$

となる．式 (11.27) が非ゼロとなる $\omega$ の範囲については，11.3 節でもう一度議論する．

ここで注意が二つある．一つ目の注意は，**$\Pi^{(0)}(q,\omega)$ が $q \to 0$ としてから $\omega \to 0$ とするか，$\omega \to 0$ としてから $q \to 0$ とするかで，異なる極限値に近づく**ことである．既に 4.4 節で述べたように，物理的な状況を適切に反映した極限の順番を選ぶ必要がある．二つ目の注意は，連続的に分布した極が**対数関数の分岐切断**に化けたことである．これは $(z-a)^{-1}$ を $a$ で積分した結果が対数関数で，複素関数として分岐切断を持つということであり，Green 関数や複素感受率を扱っていると頻繁に遭遇する事態である．分数和の形の Lehmann-Källén 表示を見ているときも，最終結果が分岐切断を持ちうることを忘れないようにしたい．

## 11.2 静電遮蔽と Friedel 振動

外部電荷として原点に点電荷を置いた場合，つまり，外部電荷密度が，

$$n_{\mathrm{c}}^{(\mathrm{ex})}(\boldsymbol{r}) = Ze\delta(\boldsymbol{r}), \quad \left(n_{\mathrm{c}}^{(\mathrm{ex})}(\boldsymbol{q}) = Ze\right) \tag{11.28}$$

と書ける場合を考えよう．このとき，

$$\phi^{(\mathrm{ex})}(\boldsymbol{q}) = \frac{4\pi Ze}{q^2} \tag{11.29}$$

であり，電子が感じる有効場 $\phi$ は，

$$\phi(\boldsymbol{q}) = \frac{\phi^{(\mathrm{ex})}(\boldsymbol{q})}{\epsilon_{\parallel}^{(\mathrm{RPA})}(q,\omega=0)} = \frac{4\pi Ze}{q^2\epsilon_{\parallel}^{(\mathrm{RPA})}(q,\omega=0)} \tag{11.30}$$

と表せる．以下しばらく，$q/k_{\mathrm{F}} \ll 1$ の場合を考えよう．このとき，$q/k_{\mathrm{F}}$ の一次近似，

$$\epsilon_{\boldsymbol{k}} - \epsilon_{\boldsymbol{k}+\boldsymbol{q}} = -\boldsymbol{q}\cdot\nabla_{\boldsymbol{k}}\epsilon_{\boldsymbol{k}}, \quad f(\epsilon_{\boldsymbol{k}}) - f(\epsilon_{\boldsymbol{k}+\boldsymbol{q}}) = -(\boldsymbol{q}\cdot\nabla_{\boldsymbol{k}}\epsilon_{\boldsymbol{k}})(\partial f/\partial\epsilon) \tag{11.31}$$

を式 (11.13) に代入すると，Sommerfeld モデルの状態密度を $D^{(0)}(\epsilon)$ として，

$$\Pi^{(0)}(q,\omega=0) = -2\int\frac{d^3\boldsymbol{k}}{(2\pi)^3}\frac{\boldsymbol{q}\cdot\nabla_{\boldsymbol{k}}\epsilon_{\boldsymbol{k}}}{\boldsymbol{q}\cdot\nabla_{\boldsymbol{k}}\epsilon_{\boldsymbol{k}}}\frac{\partial f}{\partial\epsilon} = 2\int\left(-\frac{\partial f}{\partial\epsilon}\right)D^{(0)}(\epsilon)d\epsilon \tag{11.32}$$

となる．したがって，式 (11.30) から，

$$\epsilon_{\parallel}^{(\mathrm{RPA})}(q,\omega=0) = 1 + (q\lambda_{\mathrm{sc}})^{-2},\ \phi(\boldsymbol{q}) = \frac{4\pi Ze}{q^2+\lambda_{\mathrm{sc}}^{-2}},\ \lambda_{\mathrm{sc}}^{-2} \equiv 8\pi e^2\int\left(-\frac{\partial f}{\partial\epsilon}\right)D^{(0)}(\epsilon)d\epsilon \tag{11.33}$$

と評価できる[6]．特に絶対零度では，$-\partial f/\partial\epsilon = \delta(\epsilon-\epsilon_{\mathrm{F}})$ だから，

$$\lambda_{\mathrm{sc}}^{-2} = q_{\mathrm{TF}}^2 \equiv 8\pi e^2 D_{\mathrm{F}}^{(0)} = \frac{4}{\pi}\left(\frac{4}{9\pi}\right)^{1/3} r_{\mathrm{s}}k_{\mathrm{F}}^2 \tag{11.34}$$

が成り立ち，$q_{\mathrm{TF}}$ を **Thomas-Fermi の遮蔽定数**[7] と呼ぶ．一方，$k_{\mathrm{B}}T \gg \epsilon_{\mathrm{F}}$ の高温では，$f(\epsilon) \approx e^{-\beta(\epsilon-\mu)}$ なので，$n \equiv N/V = 2\int f(\epsilon)D^{(0)}(\epsilon)d\epsilon$ として，

$$\lambda_{\mathrm{sc}}^{-2} = q_{\mathrm{DH}}^2 \equiv \frac{4\pi ne^2}{k_{\mathrm{B}}T} \tag{11.35}$$

が得られ，$q_{\mathrm{DH}}$ を **Debye-Hückel の遮蔽定数**[8] と呼ぶ．

まず，巨視的な場がどうなるか調べよう．つまり，長波長近似を行い，$q/k_{\mathrm{F}} \ll 1$ の波数成分を残し，$q/k_{\mathrm{F}} \gg 1$ の短波長成分を捨てて，$\phi(r) = V^{-1}\sum_{\boldsymbol{q}\neq 0}\phi(\boldsymbol{q})e^{i\boldsymbol{q}\cdot\boldsymbol{r}}$ の空間的変化を $1/k_{\mathrm{F}}$ 程度の長さスケールで平滑化する．実際に，$q/k_{\mathrm{F}} \ll 1$ で 1，$q/k_{\mathrm{F}} \gg 1$ で 0 に近づく滑らかなカットオフ関数 $f_{\mathrm{c}}(q)$ を導入すると，

---

6) この $\lambda_{\mathrm{sc}}^{-2}$ の値は，Thomas-Fermi 近似から得られた式 (1.73) の $\lambda_{\mathrm{sc}}^{-2}$ の値に一致する．

7) L. H. Thomas: Proc. Camb. Philos. Soc. **23**, 542 (1927); E. Fermi: Rend. Accad. Naz. Lincei. **6**, 602 (1927).

8) P. Debye and E. Hückel: Physikalische Zeitschrift **24**, 185 (1923).

$$\phi_{q\approx 0}(r) = \frac{1}{V}\sum_{\boldsymbol{q}\neq 0} f_{\rm c}(q)\phi(\boldsymbol{q})e^{i\boldsymbol{q}\cdot\boldsymbol{r}} \approx \frac{1}{(2\pi)^3}\int d^3\boldsymbol{q}\,\frac{4\pi Zee^{i\boldsymbol{q}\cdot\boldsymbol{r}}}{q^2+\lambda_{\rm sc}^{-2}} = \frac{Ze}{r}e^{-r/\lambda_{\rm sc}} \tag{11.36}$$

が導かれ，長距離 Coulomb 相互作用が遮蔽されて**湯川型の短距離相互作用**になることがわかる．ここで，原点を囲む半径 $R \gg \lambda_{\rm sc}$ の球を考え，Gauss の法則を適用すると，球内に存在する全電荷はほとんどゼロになっている．つまり，外部電荷を導入すると，この電荷をほとんど打ち消すだけの電子が，原点から $\lambda_{\rm sc}$ 程度の範囲内に集まって，外部電荷が作るポテンシャルを弱める（**遮蔽する**）というわけである．

次に，長波長近似を行わず，有効場 $\phi(r)$ の $r \to +\infty$ における漸近形をもう少し精密に評価し，平滑化によって切り捨てられた微視的な長さスケールの空間変化を調べよう．以下，絶対零度に話を限定する．まず，式 (11.25) で $\tilde{\omega} = 0$ とすると，

$$\Pi^{(0)}(q,\omega=0) = 2D_{\rm F}^{(0)}F\left(\frac{q}{2k_{\rm F}}\right) = 2D_{\rm F}^{(0)}\left(\frac{1}{2}+\frac{1-(q/2k_{\rm F})^2}{4(q/2k_{\rm F})}\ln\left|\frac{1+(q/2k_{\rm F})}{1-(q/2k_{\rm F})}\right|\right) \tag{11.37}$$

となる．ただし，$F(x)$ は Kohn の関数 (7.38) である．この結果と式 (11.21) は，

$$\phi(r) = \frac{1}{V}\sum_{\boldsymbol{q}\neq 0}\frac{4\pi Zee^{i\boldsymbol{q}\cdot\boldsymbol{r}}}{q^2\epsilon_{\parallel}^{\rm (RPA)}(q,\omega=0)} = \frac{4\pi Ze}{(2\pi)^3}\int d^3\boldsymbol{q}\,\frac{e^{i\boldsymbol{q}\cdot\boldsymbol{r}}}{q^2+q_{\rm TF}^2F(q/2k_{\rm F})} \tag{11.38}$$

を導く．上式で $r$ を非常に大きくすると，右辺の Fourier 変換において，変換される $q$ の関数が最も急激に変化する部分，つまり $F(q/2k_{\rm F})$ の微分が対数発散する $q = 2k_{\rm F}$ 近傍の寄与が抽出される．この寄与は，

$$\begin{aligned}
\phi_{q\approx 2k_{\rm F}}(r) &= \frac{4\pi Ze}{(2\pi)^2}\int_0^{+\infty} dq\,g_{\rm c}\left(\frac{q}{2k_{\rm F}}-1\right)q^2\int_{-1}^{+1} d(\cos\vartheta)\frac{e^{iqr\cos\vartheta}}{q^2+q_{\rm TF}^2F(q/2k_{\rm F})}\\
&= \frac{4\pi Ze}{2\pi^2 r}\int_0^{+\infty} d\tilde{q}\,g_{\rm c}(\tilde{q}-1)\tilde{q}\,\frac{\sin(2k_{\rm F}r\tilde{q})}{\tilde{q}^2+\tilde{q}_{\rm TF}^2F(\tilde{q})}\\
&\approx \frac{2Ze}{\pi r}\int_0^{+\infty} d\tilde{q}\,g_{\rm c}(\tilde{q}-1)\tilde{q}\left(\frac{1}{\tilde{q}^2+\tilde{q}_{\rm TF}^2/2}-\frac{\tilde{q}_{\rm TF}^2}{(\tilde{q}^2+\tilde{q}_{\rm TF}^2/2)^2}\left(F(\tilde{q})-\frac{1}{2}\right)\right)\\
&\qquad\times(\sin(2k_{\rm F}r(\tilde{q}-1))\cos 2k_{\rm F}r+\cos(2k_{\rm F}r(\tilde{q}-1))\sin 2k_{\rm F}r)\\
&\approx -\frac{2Ze\cos(2k_{\rm F}r)}{\pi r}\frac{\tilde{q}_{\rm TF}^2}{(1+\tilde{q}_{\rm TF}^2/2)^2}\int_{-\infty}^{+\infty} d\tilde{q}\,g_{\rm c}(\tilde{q}-1)F(\tilde{q})\sin(2k_{\rm F}r(\tilde{q}-1))
\end{aligned} \tag{11.39}$$

と評価できる．ただし，$g_{\rm c}(x)$ は $|x| \ll 1$ で 1，$|x| \gg 1$ で 0 に近づくカットオフ

関数である．二段目で角度積分を実行し，無次元量 $\tilde{q} \equiv q/2k_{\rm F}, \tilde{q}_{\rm TF} \equiv q_{\rm TF}/2k_{\rm F}$ を導入した．三段目では，$F(\tilde{q}=1)=1/2$ に注意して，$|F(\tilde{q})-1/2| \ll 1$ について一次近似した．最終段では，$\tilde{q}=1$ 近傍で $F(\tilde{q})-1/2 \approx (1/2)(\tilde{q}-1)\ln|\tilde{q}-1|$ が $\tilde{q}-1$ の奇関数であることに注意し，$\sin(2k_{\rm F}r(\tilde{q}-1))$ に比例する項だけを残した．また，$F(\tilde{q})$ 以外の関数部分に $\tilde{q}=1$ を代入し，$F(\tilde{q})$ を含まない項を無視した．最後に，$|\tilde{q}-1| \ll 1$ で $F'(\tilde{q}) \approx (1/2)\ln|\tilde{q}-1|$, $F''(\tilde{q}) \approx 1/2(\tilde{q}-1)$, $g'_{\rm c}(\tilde{q}-1)=0$ であることと，$|\tilde{q}-1| \gg 1$ で $g_{\rm c}(\tilde{q}-1)$ と $g'_{\rm c}(\tilde{q}-1)$ をゼロとみなせることに注意して，二回部分積分すると，

$$
\begin{aligned}
\phi_{q\approx 2k_{\rm F}}(r) &\approx \frac{Ze}{\pi r}\frac{\cos(2k_{\rm F}r)}{(2k_{\rm F}r)^2}\frac{\tilde{q}_{\rm TF}^2}{(1+\tilde{q}_{\rm TF}^2/2)^2}\int_{-\infty}^{+\infty} g_{\rm c}(\tilde{q}-1)\frac{\sin(2k_{\rm F}r(\tilde{q}-1))}{\tilde{q}-1}d\tilde{q} \\
&\approx \frac{Ze}{\pi r}\frac{\cos(2k_{\rm F}r)}{(2k_{\rm F}r)^2}\frac{\tilde{q}_{\rm TF}^2}{(1+\tilde{q}_{\rm TF}^2/2)^2}\int_{-\infty}^{+\infty}\frac{\sin x}{x}dx = \frac{\tilde{q}_{\rm TF}^2}{(1+\tilde{q}_{\rm TF}^2/2)^2}\cdot\frac{Ze}{r}\frac{\cos 2k_{\rm F}r}{(2k_{\rm F}r)^2}
\end{aligned}
\tag{11.40}
$$

が導かれ[9]，$r^{-3}\cos 2k_{\rm F}r$ に比例する振動（**Friedel 振動**）が現れることがわかる[10]．同様の振動は磁性不純物の周りで伝導電子が作るスピン密度分布にも見られる．この点については 13.3 節で議論する．

## 11.3　プラズマ振動

式 (4.44), (11.13), (11.21) を用いると，

$$
\begin{aligned}
{\rm Im}\epsilon_{\parallel}^{\rm (RPA)}(q,\omega) &= U_q {\rm Im}\Pi^{(0)}(q,\omega) \\
&= 2\pi\frac{U_q}{V}\sum_{\boldsymbol{k}}\left(f(\epsilon_{\boldsymbol{k}})-f(\epsilon_{\boldsymbol{k+q}})\right)\delta\left(\hbar\omega+\epsilon_{\boldsymbol{k}}-\epsilon_{\boldsymbol{k+q}}\right)
\end{aligned}
\tag{11.41}
$$

と書き下せる．絶対零度かつ $\omega \geq 0$ の場合，上式がゼロでないのは $\epsilon_{\boldsymbol{k+q}}-\epsilon_{\boldsymbol{k}}=\hbar\omega \geq 0$, $f(\epsilon_{\boldsymbol{k}})=1$ かつ $f(\epsilon_{\boldsymbol{k+q}})=0$ を満たす $\boldsymbol{k}$ が存在するときである．これは，外場のエネルギー $\hbar\omega$ を使って，Fermi 球内の状態 $\boldsymbol{k}$ から Fermi 球外の状

---

9）Dirichlet 積分 $\int_{-\infty}^{+\infty}(\sin x/x)dx$ の値は，以下のように二重積分に書き直せば初等的に求まる（指数関数的に減衰する因子 $e^{-xy}$ が，無限積分の積分順序の交換を正当化する）．

$$
\int_{-\infty}^{+\infty}\frac{\sin x}{x}dx = 2\int_0^{+\infty}\frac{\sin x}{x}dx = 2\int_0^{+\infty}dx\int_0^{+\infty}dy e^{-xy}\sin x = 2\int_0^{+\infty}\frac{dy}{y^2+1}=\pi
$$

10）J. Friedel: Phil. Mag. Ser. 7 **43**, 153 (1952); J. S. Langer and S. H. Vosko: J. Phys. Chem. Solids **12**, 196 (1959).

態 $\boldsymbol{k}+\boldsymbol{q}$ へ電子を叩き上げる励起過程（**電子正孔対励起**[11)]）が $\Pi^{(0)}(q,\omega)$ の虚部の起源だからである．

つまり，$\boldsymbol{k}$ 空間上で，$|\boldsymbol{k}| < k_{\mathrm{F}}$ かつ $|\boldsymbol{k}+\boldsymbol{q}| > k_{\mathrm{F}}$ が表す領域と，$\epsilon_{\boldsymbol{k}+\boldsymbol{q}} - \epsilon_{\boldsymbol{k}} = \hbar\omega$（同じことだが $\boldsymbol{q}\cdot\boldsymbol{k} = m\omega/\hbar - q^2/2$）が表す平面が交わりを持つと，$\mathrm{Im}\epsilon_{\parallel}^{(\mathrm{RPA})}(q,\omega) \neq 0$ となる．図 11.1 上のように考えると，この条件を，$v_{\mathrm{F}} \equiv \hbar k_{\mathrm{F}}/m$ を Fermi 速度として，

$$
\begin{cases}
0 \le \omega \le v_{\mathrm{F}}q + \dfrac{\hbar q^2}{2m} & (q \le 2k_{\mathrm{F}}) \\
-v_{\mathrm{F}}q + \dfrac{\hbar q^2}{2m} \le \omega \le v_{\mathrm{F}}q + \dfrac{\hbar q^2}{2m} & (q \ge 2k_{\mathrm{F}})
\end{cases}
\tag{11.42}
$$

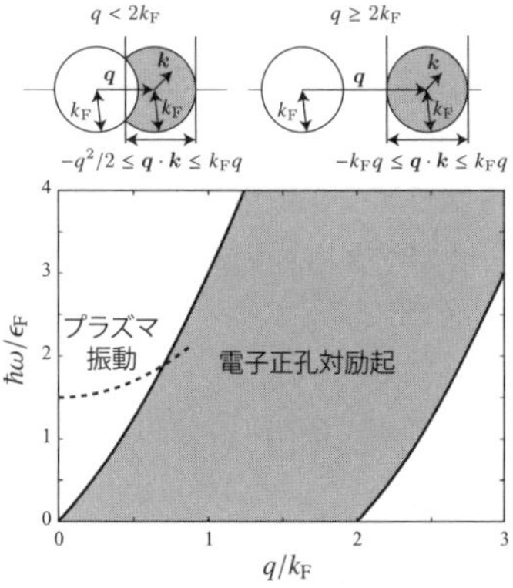


図 11.1 $\mathrm{Im}\epsilon_{\parallel}^{(\mathrm{RPA})}$ がゼロでない領域

と書き表せ，これを $(q,\omega)$ 平面上に図示すると，図 11.1 下のようになる．

次に $q \ll 2k_{\mathrm{F}}$，$\omega \gg v_{\mathrm{F}}q$ の領域で $\epsilon_{\parallel}^{(\mathrm{RPA})}(q,\omega)$ を評価しよう．$q \ll 2k_{\mathrm{F}}$ では電子正孔対励起が可能か否かの境目が $\omega = v_{\mathrm{F}}q$ にあるため，この領域で $\epsilon_{\parallel}^{(\mathrm{RPA})}(q,\omega)$（同じことだが $\Pi^{(0)}(q,\omega)$）は実数である．$\hbar\omega \gg |\epsilon_{\boldsymbol{k}+\boldsymbol{q}} - \epsilon_{\boldsymbol{k}}|$ に注意すると，式 (11.13) の実部を，

$$
\begin{aligned}
\mathrm{Re}\Pi^{(0)}(q,\omega) &= -\frac{2}{V}\sum_{\boldsymbol{k}}\left(\frac{f(\epsilon_{\boldsymbol{k}})}{\hbar\omega + \epsilon_{\boldsymbol{k}} - \epsilon_{\boldsymbol{k}+\boldsymbol{q}}} - \frac{f(\epsilon_{-\boldsymbol{k}})}{\hbar\omega + \epsilon_{-\boldsymbol{k}-\boldsymbol{q}} - \epsilon_{-\boldsymbol{k}}}\right) \\
&= -\frac{4}{\hbar\omega}\frac{1}{V}\sum_{\boldsymbol{k}} f(\epsilon_{\boldsymbol{k}})\sum_{n=0}^{\infty}\left(\frac{\epsilon_{\boldsymbol{k}+\boldsymbol{q}} - \epsilon_{\boldsymbol{k}}}{\hbar\omega}\right)^{2n+1} = -\frac{nq^2}{m\omega^2} - \frac{3nv_{\mathrm{F}}^2q^4}{5m\omega^4} + \cdots
\end{aligned}
\tag{11.43}
$$

と展開できて，

$$
\epsilon_{\parallel}^{(\mathrm{RPA})}(q,\omega) = 1 - \frac{\omega_{\mathrm{p}}^2}{\omega^2} - \frac{3}{5}\frac{\omega_{\mathrm{p}}^2 v_{\mathrm{F}}^2 q^2}{\omega^4} + \cdots \tag{11.44}
$$

を得る．ただし，

11）この電子正孔対は，Fermi 面より外側の電子と Fermi 面内の空席（正孔）の対のこと．

$$\omega_{\rm p} = \sqrt{\frac{4\pi ne^2}{m}} = \frac{4}{\sqrt{3\pi}}\left(\frac{4}{9\pi}\right)^{1/6} \sqrt{r_{\rm s}}\left(\frac{\epsilon_{\rm F}}{\hbar}\right) \tag{11.45}$$

は**プラズマ振動数**であり，式 (9.32) でも現れたものである．

ここで，$\omega$ の方程式として，

$$\epsilon_{\parallel}^{\rm (RPA)}(q,\omega) = 0 \tag{11.46}$$

を解くと，縦固有モードの分散関係，

$$\omega = \omega_q \equiv \omega_{\rm p}\left(1 + 3v_{\rm F}^2 q^2/10\omega_{\rm p}^2 + \cdots\right) \tag{11.47}$$

を得る．つまり $\epsilon_{\parallel}^{-1}(q,\omega_q) = \infty$ だから，外場 $\phi^{\rm (ex)}(\boldsymbol{q},\omega_q)$ が無限小でも，有限の $\phi^{\rm (ind)}(\boldsymbol{q},\omega_q)$ が誘起されるわけだ．同時に $n_{\rm c}^{\rm (ind)}(\boldsymbol{q},\omega_q) \neq 0$ も誘起されるから，式 (11.47) は電子密度の疎密波（電子の集団励起モード）の分散関係を表す．特に，長波長極限（$q \to 0$）でも，電子密度が振動数 $\omega_{\rm p}(\neq 0)$ の振動運動（**プラズマ振動**）を行う点が重要である[12]．逆に，$q$ を大きくしていくと，$\omega = \omega_q$ が表す曲線が電子正孔対励起が可能な領域に入り込む．この場合，$\epsilon_{\parallel}^{\rm (RPA)}(q,\omega)$ が虚部を持つことに対応して，$\omega_q$ も虚部を持ち，疎密波は時間とともに減衰する．なお，波動・粒子二重性を反映して，波数 $\boldsymbol{q}$ のプラズマ振動は運動量 $\hbar\boldsymbol{q}$，エネルギー $\hbar\omega_q$ の「粒子」の顔を併せ持つ．これを**プラズモン**と呼ぶ．

## 11.4　対分布関数

ごく一般に，$\Pi(q,\omega)$ から，（スピン分解していない）対分布関数，

$$g(\boldsymbol{r},\boldsymbol{r}') = \frac{\langle\!\langle \rho(\boldsymbol{r})\rho(\boldsymbol{r}')\rangle\!\rangle_{\rm eq} - \langle\!\langle \rho(\boldsymbol{r})\rangle\!\rangle_{\rm eq}\delta(\boldsymbol{r}-\boldsymbol{r}')}{\langle\!\langle \rho(\boldsymbol{r})\rangle\!\rangle_{\rm eq}\langle\!\langle \rho(\boldsymbol{r}')\rangle\!\rangle_{\rm eq}} \tag{11.48}$$

の情報を引き出すことができる．この関数は，$\boldsymbol{r}$ と $\boldsymbol{r}'$ に二電子を同時に見出す確率密度を，二電子間に相関がないときの値が 1 になるように規格化したものである．並進対称性と等方性からこの関数が $|\boldsymbol{r}-\boldsymbol{r}'|$ のみに依存することと，

12）この振動運動は古典力学で理解できる．$x = \pm L/2$ に端を持つ系を考え，電子密度 $n$ を一様に保ったまま各電子の位置を一斉に $x$ 方向に $\delta$ ずらすと，$x = +L/2$ の端からはみ出した電子が面電荷密度 $-en\delta$ の表面電荷，$x = -L/2$ の端に取り残された背景電荷が面密度 $ne\delta$ の表面電荷を作る．これらは $|x| \leq L/2$ に $x$ 方向の電場 $E = 4\pi ne\delta$ を生み，電子の運動方程式は $m\ddot{\delta} = -eE = -4\pi ne^2\delta$ となる．したがって，電子は一様な密度分布を保ちつつ振動数 $\omega_{\rm p}$ の単振動を行う．

$\langle\!\langle \rho(\boldsymbol{r}) \rangle\!\rangle_{\rm eq} = n$ から，

$$g(|\boldsymbol{r}-\boldsymbol{r}'|) = \frac{1}{V}\int d^3\boldsymbol{r}''\left(\frac{1}{n^2}\langle\!\langle \rho(\boldsymbol{r}''+\boldsymbol{r}-\boldsymbol{r}')\rho(\boldsymbol{r}'')\rangle\!\rangle_{\rm eq} - \frac{1}{n}\delta(\boldsymbol{r}-\boldsymbol{r}')\right)$$
$$= \frac{1}{nV}\left(S_{q=0}-1\right) + \frac{1}{nV}\sum_{\boldsymbol{q}\neq 0} e^{i\boldsymbol{q}\cdot(\boldsymbol{r}-\boldsymbol{r}')}\left(S_q - 1\right)$$
$$\overset{\text{熱力学極限}}{\to} 1 + \frac{3}{2|\boldsymbol{r}-\boldsymbol{r}'|k_{\rm F}^3}\int_0^\infty q dq \sin(q|\boldsymbol{r}-\boldsymbol{r}'|)(S_q - 1) \tag{11.49}$$

と書ける．ここで，**構造因子**，

$$S_q \equiv \frac{1}{N}\langle\!\langle \rho_{\boldsymbol{q}}\rho_{-\boldsymbol{q}}\rangle\!\rangle_{\rm eq} = (1-\delta_{\boldsymbol{q},0})\frac{1}{N}\langle\!\langle \rho_{\boldsymbol{q}}\rho_{-\boldsymbol{q}}\rangle\!\rangle_{\rm eq} + \delta_{\boldsymbol{q},0}\frac{\langle\!\langle \mathcal{N}^2\rangle\!\rangle_{\rm eq}}{N}$$
$$\overset{\text{熱力学極限}}{\to} (1-\delta_{\boldsymbol{q},0})\frac{1}{N}\langle\!\langle \rho_{\boldsymbol{q}}\rho_{-\boldsymbol{q}}\rangle\!\rangle_{\rm eq} + \delta_{\boldsymbol{q},0}N \tag{11.50}$$

を導入し，熱力学極限で電子数のゆらぎを平均値に対して無視できること（$\langle\!\langle(\mathcal{N}-N)^2\rangle\!\rangle_{\rm eq}/N^2 = \langle\!\langle \mathcal{N}^2\rangle\!\rangle_{\rm eq}/N^2 - 1 = O(1/N)$）を用いた．式 (11.50) 右辺で場合分けが生じていることからもわかるように，構造因子は $\boldsymbol{q} = 0$ で不連続である．実際，$\boldsymbol{q} \neq 0$，$q \to 0$ とすると，$S_q = n\int d^3\boldsymbol{r}(e^{-i\boldsymbol{q}\cdot\boldsymbol{r}} - 1)(g(r)-1) \to 0$ だが，$S_{q=0} = N$ である．

また，$\boldsymbol{q} \neq 0$ では $\langle\!\langle \rho_{\boldsymbol{q}\neq 0}\rangle\!\rangle_{\rm eq} = 0$ なので，揺動散逸定理 (4.47) から，

$$S(q,\omega) \equiv \frac{1}{N}\int_{-\infty}^{+\infty}\langle\!\langle \rho_{\boldsymbol{q}}(t)\rho_{-\boldsymbol{q}}\rangle\!\rangle_{\rm eq} e^{i\omega t}dt \tag{11.51}$$
$$= \frac{2\hbar}{1-e^{-\beta\hbar\omega}}\frac{1}{N}{\rm Im}\chi_{\rho_{\boldsymbol{q}}\rho_{-\boldsymbol{q}}}(\omega) = \frac{2\hbar}{1-e^{-\beta\hbar\omega}}\frac{1}{n}{\rm Im}\Pi(q,\omega) \tag{11.52}$$

が言える．$S(q,\omega)$ は**動的構造因子**と呼ばれ，**構造因子** $S_q$ と，

$$\frac{1}{2\pi}\int_{-\infty}^{+\infty} S(q,\omega)d\omega = \frac{1}{N}\int_{-\infty}^{+\infty}\frac{d\omega}{2\pi}\int_{-\infty}^{+\infty} dt\, e^{i\omega t}\langle\!\langle \rho_{\boldsymbol{q}}(t)\rho_{-\boldsymbol{q}}\rangle\!\rangle_{\rm eq} = S_q \tag{11.53}$$

と結びつく．以下では絶対零度の場合を論じる．このとき，$\left(1-e^{-\beta\hbar\omega}\right)^{-1} = \theta(\hbar\omega)$ なので，式 (11.52) および (11.53) から，

$$S_q = S_q^{\rm (HF)} + \Delta S_q \tag{11.54}$$
$$S_q^{\rm (HF)} \equiv \frac{1}{\pi n}\int_0^{+\infty}{\rm Im}\Pi^{(0)}(q,\omega)d(\hbar\omega) \tag{11.55}$$
$$\Delta S_q \equiv \frac{1}{\pi n}\int_0^{+\infty}{\rm Im}\left(\Pi(q,\omega) - \Pi^{(0)}(q,\omega)\right)d(\hbar\omega) \tag{11.56}$$

を導ける．ここで，$S_q$ を $r_{\rm s} = 0$ のときの（つまり HF 近似で求めた）構造因

子 $S_q^{(\mathrm{HF})}$ と，相互作用による補正 $\Delta S_q$ に分割した[13]．

ここまでの結果は厳密である．以下では式 (11.15) を用いて，

$$\Pi(q,\omega) - \Pi^{(0)}(q,\omega) \approx -\frac{U_q\left(\Pi^{(0)}(q,\omega)\right)^2}{1 + U_q\Pi^{(0)}(q,\omega)} \tag{11.57}$$

と評価しよう．上式を式 (11.56) に代入したものが $\Delta S_q$ の近似を与える．構造因子 $S_q$ を二つの寄与に分解したので，対分布関数も，

$$g(r) = g^{(\mathrm{HF})}(r) + \Delta g(r) \tag{11.58}$$

と分解しよう．ここで，$g^{(\mathrm{HF})}(r)$ は相互作用がないときの（つまり HF 近似で求めた）対分布関数で，式 (7.61) の $g^{(\mathrm{HF})}_{\sigma\sigma'}(r)$ を $\sigma$ と $\sigma'$ について平均して，スピン分解していない対分布関数に書き直すことにより，

$$g^{(\mathrm{HF})}(r) = 1 - \frac{9}{2}\left(\frac{j_1(k_\mathrm{F}r)}{k_\mathrm{F}r}\right)^2 \tag{11.59}$$

と求まる．一方，相互作用による対分布関数の補正，

$$\Delta g(r) = \frac{3}{2k_\mathrm{F}^3 r}\int_0^\infty q dq \sin(qr)\,\Delta S_q \tag{11.60}$$

は，前述の $\Delta S_q$ の近似評価を用いて数値的に計算できる．

図 11.2 に示すように，$g^{(\mathrm{HF})}(r=0) = 0.5$，$g^{(\mathrm{HF})}(r \to +\infty) = 1$ であり，$g^{(\mathrm{HF})}(r)$ は $r = 0$ で凹む．この凹みは交換孔（同じスピンを持つ電子同士に働く Pauli 排他律）に由来している．これに $\Delta g(r)$ を加えると，$r_\mathrm{s}$ の増加とともに $g(r)$ の

---

13）式 (11.56) の $\omega$ 積分を数値的に求めようとすると，前節で述べた $\epsilon_\parallel(q,\omega) = 0$ から決まる縦固有モードの振動数 $\omega = \omega_q$ で，$\mathrm{Im}\Pi(q,\omega) = -(1/U_q)\mathrm{Im}\,(1/\epsilon_\parallel(q,\omega))$ がデルタ関数型の特異性を持つことが問題になる．そこで，$\Delta\Pi(q,\omega) \equiv \Pi(q,\omega) - \Pi^{(0)}(q,\omega)$ の表式に現れる $\omega$ を複素変数 $z$ に置き換えて，複素平面の上半面（$\mathrm{Im}z > 0$）で解析的な $\Delta\Pi(q,z)$ を定め，積分経路を，

$$\int_0^{+\infty} \mathrm{Im}\Delta\Pi(q,\omega)d\omega = \mathrm{Im}\int_0^{+\infty}\Delta\Pi(q,\omega)d\omega = \mathrm{Im}\left(-\int_{+\infty}^0 \Delta\Pi(q,i\nu)id\nu\right)$$
$$= \int_0^{+\infty}\mathrm{Re}\Delta\Pi(q,i\nu)d\nu$$

と変更するとよい．ここで，実軸直上を 0 から $+\infty$ まで，無限遠の 1/4 円の上を $+\infty$ から $+i\infty$ まで，虚軸上を $+i\infty$ から 0 まで辿る閉じた積分経路に沿った $\Delta\Pi(q,z)$ の複素積分が Cauchy の積分定理からゼロになることと，無限遠の 1/4 円に沿った $\Delta\Pi(q,z)$ の複素積分が $|\Delta\Pi(q,z)| \ll 1/|z|$（$|z| \to +\infty$）からゼロになることを用いた．図 11.2 を描く際に，この計算手法を利用した．

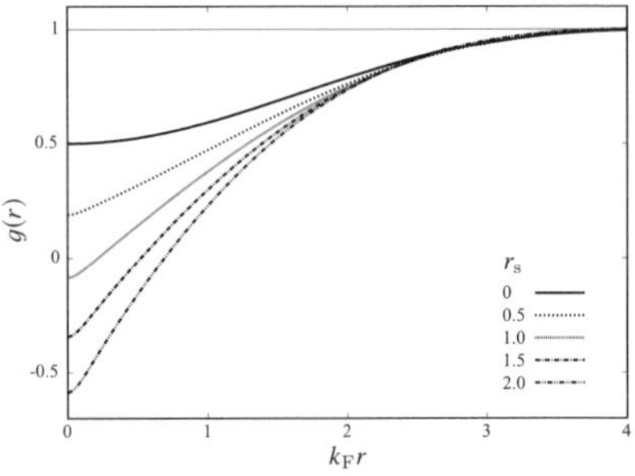

図 11.2　RPA で計算された絶対零度におけるジェリウムモデルの対分布関数［筆者による確認計算］

$r = 0$ における凹みが増強される．これは Coulomb 斥力によって電子が避けあう効果（電子相関効果）の反映である．確率の意味を持つ対分布関数は $g(r) \geq 0$ を満たすべきだが，RPA では $r_s \gtrsim 1$ において $g(r = 0) < 0$ という非物理的な結果となる．これは，RPA が電子が避けあう効果を過大評価することを意味する．

各電子は電子同士の避けあい方を反映して決まる分極場を感じているが，この分極場が電子に与える影響は電子同士の避けあい方にフィードバックされる．式 (11.14) の展開式から，RPA がこのフィードバックの連鎖を考慮していることを見て取れる．ただしそこで，分極場に対する応答が，常に Sommerfeld モデルの分極関数 $\Pi^{(0)}(q, \omega)$ で記述されていることが問題である．本当は，各電子の近くから他の電子がいなくなると，それ以上に系を分極させて電子同士を遠ざけようとする過程は抑制されるはずだが，RPA ではこの抑制機構が忘れられているのだ．そのために電子間の避けあいが過大評価されてしまう．結局，RPA が妥当な領域は $r_s \ll 1$ に留まり，典型的な金属に対応する $r_s \sim 1$ の領域では RPA がほころびはじめている．

## 11.5　基底状態のエネルギー

パラメーター $\lambda$ を導入したジェリウムモデルのハミルトニアン，

$$\mathcal{H}(\lambda) = \sum_{\boldsymbol{k}\sigma} \epsilon_{\boldsymbol{k}} c^{\dagger}_{\boldsymbol{k}\sigma} c_{\boldsymbol{k}\sigma} + \frac{\lambda}{2V} \sum_{\boldsymbol{q}\neq 0} U_q \left(\rho_{-\boldsymbol{q}}\rho_{\boldsymbol{q}} - \mathcal{N}\right) \tag{11.61}$$

を考察しよう．$\lambda = 0$ が Sommerfeld モデル，$\lambda = 1$ がジェリウムモデルに対応する．電子数が $N$ のときの $\mathcal{H}(\lambda)$ の基底状態のエネルギーを $E(\lambda)$，基底状態を $|\lambda\rangle$ と書くと，Hellmann-Feynman の定理 (2.112) から，

$$E(1) - E(0) = \int_0^1 d\lambda \langle\lambda| \frac{\partial \mathcal{H}}{\partial \lambda} |\lambda\rangle = \int_0^1 d\lambda \frac{1}{2V} \sum_{\boldsymbol{q}\neq 0} U_q \left(\langle\lambda|\rho_{-\boldsymbol{q}}\rho_{\boldsymbol{q}}|\lambda\rangle - N\right) \tag{11.62}$$

を導け，一電子当たりに換算したジェリウムモデルの基底状態のエネルギー

$\epsilon_{\rm g} \equiv E(1)/N$ を，

$$\epsilon_{\rm g} = \frac{3}{5}\epsilon_{\rm F} + \epsilon_{\rm X} + \epsilon_{\rm c} \tag{11.63}$$

$$\epsilon_{\rm X} \equiv \frac{1}{N}\cdot\frac{1}{2V}\sum_{\boldsymbol{q}\neq 0} U_q\left(\langle 0|\rho_{-\boldsymbol{q}}\rho_{\boldsymbol{q}}|0\rangle - N\right) = -\frac{3e^2k_{\rm F}}{4\pi} \tag{11.64}$$

$$\begin{aligned}\epsilon_{\rm c} &\equiv \frac{1}{N}\cdot\int_0^1 d\lambda\frac{1}{2V}\sum_{\boldsymbol{q}\neq 0} U_q\Big(\langle\lambda|\rho_{-\boldsymbol{q}}\rho_{\boldsymbol{q}}|\lambda\rangle - \langle 0|\rho_{-\boldsymbol{q}}\rho_{\boldsymbol{q}}|0\rangle\Big) = \frac{1}{2V}\int_0^1 d\lambda\sum_{\boldsymbol{q}\neq 0} U_q\Delta S_q^{(\lambda)} \\ &= \frac{1}{2\pi N}\int_0^1 d\lambda\sum_{\boldsymbol{q}\neq 0} U_q\int_0^{+\infty}{\rm Im}\left(\Pi^{(\lambda)}(q,\omega) - \Pi^{(0)}(q,\omega)\right)d(\hbar\omega)\end{aligned} \tag{11.65}$$

と表せる．ここで，式 (1.30) から $E(0)/N = 3\epsilon_{\rm F}/5$ であることと，HF 近似（一次摂動）で求めた一電子当たりの相互作用エネルギー $\epsilon_{\rm X}$ の表式 (7.42) を用いた．また，電子相関の効果を表す $\epsilon_{\rm c}$ の表式を式 (11.56) を使って変形した．その際に，$\mathcal{H}(\lambda)$ を使って求めた $\Delta S_q$ と $\Pi(q,\omega)$ をそれぞれ $\Delta S_q^{(\lambda)}$ と $\Pi^{(\lambda)}(q,\omega)$ と書いた．

式 (11.65) に式 (11.57) を代入し（ただし $U_q$ を $\lambda U_q$ に置き換え，化学ポテンシャルを $2\sum_{\boldsymbol{k}} f(\epsilon_{\boldsymbol{k}}) = N$ となるように選んでおく），$\lambda$ 積分を実行すると，RPA の範囲で，

$$\begin{aligned}\epsilon_{\rm c} &= \frac{1}{2\pi N}\int_0^1 d\lambda\sum_{\boldsymbol{q}\neq 0}\int_0^{+\infty} d(\hbar\omega){\rm Im}\left(-\frac{\lambda\left(U_q\Pi^{(0)}(q,\omega)\right)^2}{1+\lambda U_q\Pi^{(0)}(q,\omega)}\right) \\ &= \frac{1}{2\pi N}\sum_{\boldsymbol{q}\neq 0}\int_0^{+\infty} d(\hbar\omega){\rm Im}\left(\ln\left(1+U_q\Pi^{(0)}(q,\omega)\right) - U_q\Pi^{(0)}(q,\omega)\right)\end{aligned} \tag{11.66}$$

と求まる．上式右辺を $\ln(1+x)\approx x - x^2/2+\cdots$ を使って $U_q$ について冪展開し，$\epsilon_{\rm c}$ から二次摂動の寄与 $\epsilon_{\rm c}^{(2)}$ を抜き出してみると，

$$\begin{aligned}\epsilon_{\rm c}^{(2)} &= -\frac{2}{N}\sum_{\boldsymbol{q}\neq 0}\left(\frac{U_q}{2}\right)^2\int_0^{\infty} d(\hbar\omega){\rm Re}\Pi^{(0)}(q,\omega)\left(\frac{1}{\pi}{\rm Im}\Pi^{(0)}(q,\omega)\right) \\ &= \frac{8}{N}\sum_{\boldsymbol{q}\neq 0}\left(\frac{U_q}{2V}\right)^2\sum_{\substack{|\boldsymbol{k}_1|<k_{\rm F}\\|\boldsymbol{k}_1+\boldsymbol{q}|>k_{\rm F}}}\sum_{\boldsymbol{k}_2}\frac{f(\epsilon_{\boldsymbol{k}_2}) - f(\epsilon_{\boldsymbol{k}_2+\boldsymbol{q}})}{\epsilon_{\boldsymbol{k}_2} - \epsilon_{\boldsymbol{k}_2+\boldsymbol{q}} + \epsilon_{\boldsymbol{k}_1+\boldsymbol{q}} - \epsilon_{\boldsymbol{k}_1}}\end{aligned} \tag{11.67}$$

となる[14)]．右辺の和に現れる項がゼロでないのは，$|\boldsymbol{k}_2| > k_{\rm F}$ かつ $|\boldsymbol{k}_2+\boldsymbol{q}| < k_{\rm F}$

---

14）${\rm Im}\Pi^{(0)}$ の表式は式 (11.41) にある．この式において，$\omega \geq 0$ では，$f(\epsilon_{\boldsymbol{k}}) - f(\epsilon_{\boldsymbol{k}+\boldsymbol{q}})$ が $|\boldsymbol{k}| < k_{\rm F}$ かつ $|\boldsymbol{k}+\boldsymbol{q}| > k_{\rm F}$ のときだけ 1，それ以外では 0 となることを思い出そう．また，${\rm Re}\Pi^{(0)}$ の表式は，式 (11.13) から $i\delta$ を取り除き，主値をとることを示す記号 P を付加したものになるが，

の場合か，$|\boldsymbol{k}_2| < k_{\rm F}$ かつ $|\boldsymbol{k}_2 + \boldsymbol{q}| > k_{\rm F}$ の場合だが，後者からの寄与は，$\boldsymbol{k}_1$ と $\boldsymbol{k}_2$ の入れ替えに対して反対称な項の和になるから消えて，前者からの寄与だけが残り，

$$\epsilon_{\rm c}^{(2)} = -\frac{2}{N}\sum_{\boldsymbol{q}\neq 0}\left(\frac{U_q}{V}\right)^2 \sum_{\substack{|\boldsymbol{k}_1|<k_{\rm F}\\ |\boldsymbol{k}_1+\boldsymbol{q}|>k_{\rm F}}} \sum_{\substack{|\boldsymbol{k}_2|<k_{\rm F}\\ |\boldsymbol{k}_2+\boldsymbol{q}|>k_{\rm F}}} \frac{1}{\epsilon_{\boldsymbol{k}_1+\boldsymbol{q}} + \epsilon_{\boldsymbol{k}_2+\boldsymbol{q}} - \epsilon_{\boldsymbol{k}_1} - \epsilon_{\boldsymbol{k}_2}} \tag{11.68}$$

となる．ここで $\boldsymbol{k}_2 \rightsquigarrow -\boldsymbol{k}_2 - \boldsymbol{q}$ の変数変換を行い，表式を $\boldsymbol{k}_1$ と $\boldsymbol{k}_2$ の入れ替えに対して対称な項の和の形に書き改めた．

ここで，式 (11.68) の $\boldsymbol{q}$ についての和において，$|\boldsymbol{q}| \ll k_{\rm F}$ の領域からの寄与に注目しよう，$\boldsymbol{q}$ と $\boldsymbol{k}_i$ が成す角を $\vartheta_i$ とし，$x_i = \cos\vartheta_i$ と定めると，$|\boldsymbol{k}_i| < k_{\rm F}$, $|\boldsymbol{k}_i + \boldsymbol{q}| > k_{\rm F}$ の条件を $0 < x_i < 1$, $k_{\rm F} - qx_i < k_i < k_{\rm F}$ と書き表せるので，$q$ について一次近似で，

$$\begin{aligned}
&\frac{1}{V^2}\sum_{\substack{|\boldsymbol{k}_1|<k_{\rm F}\\ |\boldsymbol{k}_1+\boldsymbol{q}|>k_{\rm F}}} \sum_{\substack{|\boldsymbol{k}_2|<k_{\rm F}\\ |\boldsymbol{k}_2+\boldsymbol{q}|>k_{\rm F}}} \frac{1}{\epsilon_{\boldsymbol{k}_1+\boldsymbol{q}} - \epsilon_{\boldsymbol{k}_1} + \epsilon_{\boldsymbol{k}_2+\boldsymbol{q}} - \epsilon_{\boldsymbol{k}_2}}\\
&= \frac{(2\pi)^2}{(2\pi)^6}\cdot\frac{m}{\hbar^2}\int_0^1 dx_1 \int_0^1 dx_2 \int_{k_{\rm F}-qx_1}^{k_{\rm F}} k_1^2 dk_1 \int_{k_{\rm F}-qx_2}^{k_{\rm F}} k_2^2 dk_2 \frac{1}{qk_1x_1 + qk_2x_2}\\
&= \frac{qk_{\rm F}^3}{(2\pi)^4}\cdot\frac{m}{\hbar^2}\int_0^1 dx_1\int_0^1 dx_2 \frac{x_1x_2}{x_1+x_2} = \frac{qk_{\rm F}^3}{(2\pi)^4}\cdot\frac{m}{\hbar^2}\cdot\frac{2}{3}(1-\ln 2)
\end{aligned} \tag{11.69}$$

を得る．ところが，上式を式 (11.68) に代入し，$q = 0$ 近傍の $\boldsymbol{q}$ の和を評価すると，

$$\begin{aligned}
\epsilon_{\rm c}^{(2)} &\overset{q=0\,\text{近傍}}{\approx} -\frac{2}{n}\int_0 dq \frac{4\pi q^2}{(2\pi)^3}\left(\frac{4\pi e^2}{q^2}\right)^2 \frac{qk_{\rm F}^3}{(2\pi)^4}\cdot\frac{m}{\hbar^2}\cdot\frac{2}{3}(1-\ln 2)\\
&= -\frac{2e^4m}{\pi^2\hbar^2}(1-\ln 2)\int_0 \frac{dq}{q}
\end{aligned} \tag{11.70}$$

が得られ，右辺は対数発散する．実は二次以上の項はすべて発散するが，それらの和は発散しない．これは，$q \to 0$ で $U_q = 4\pi e^2/q^2$ が遮蔽された形 $4\pi e^2/(q^2 + q_{\rm TF}^2)$ に置き換わり，$q$ の積分下限が $q_{\rm TF}$ に置き換わるためだと考えられる．式 (11.34) から，$q_{\rm TF}/k_{\rm F} \propto \sqrt{r_{\rm s}}$ なので，$r_{\rm s} \ll 1$ で $\ln r_{\rm s}$ に比例する寄与を，

$$\frac{\epsilon_{\rm c}}{1\mathrm{Ry}} \approx -\frac{4}{\pi^2}(1-\ln 2)\int_{q_{\rm TF}} \frac{dq}{q} \approx \frac{2}{\pi^2}(1-\ln 2)\ln r_{\rm s} \approx 0.0622 \ln r_{\rm s} \tag{11.71}$$

---

後述のように $\boldsymbol{k}_1, \boldsymbol{k}_2$ についての和が主値をとらなくても収束するため，記号 P を省略した．

と評価できる．

高密度極限（$r_s \to +0$）での基底状態のエネルギーに対する主要な寄与は，HF近似の結果（式(7.44)と(7.45)の和）に，ここで求めた式(11.71)の補正を加えた，

$$\frac{\epsilon_g}{1\mathrm{Ry}} = \frac{3}{5}\left(\frac{9\pi}{4}\right)^{2/3}\frac{1}{r_s^2} - \frac{3}{2\pi}\left(\frac{9\pi}{4}\right)^{1/3}\frac{1}{r_s} + \frac{2}{\pi^2}(1-\ln 2)\ln r_s + \cdots$$
$$= \frac{2.21}{r_s^2} - \frac{0.916}{r_s} + 0.0622\ln r_s + \cdots \tag{11.72}$$

によって与えられる．現在は，より詳しい摂動計算によって，より精密な（RPAで考慮されていない二次摂動項とすべての三次摂動項まで考慮した）結果，

$$\frac{\epsilon_g}{1\mathrm{Ry}} = \frac{2.21}{r_s^2} - \frac{0.916}{r_s} + 0.0622\ln r_s - 0.0938 + 0.0184 r_s \ln r_s - 0.020 r_s$$
$$+ O(r_s^2 \ln r_s, r_s^2) \tag{11.73}$$

が導かれている[15)]．RPAは二次摂動の寄与すべてを取り込めてはいないが，$\ln r_s$ に比例する主要項を正しく評価している．この対数項のために $r_s = 0$ が真性特異点となることに注意しよう．この事実は，摂動論が一筋縄ではいかないことを教えてくれる．一般に，相互作用の強さを展開パラメーターとして，基底状態のエネルギーや熱力学ポテンシャルをヤミクモに摂動展開しても，収束しない漸近展開が得られたり，あるいは本節で見たように各摂動項自体が発散するといった「悲しい」結末が待っていることが多い．問題を克服するためには，本節で行ったように，展開前の関数形を適切に予想し，摂動項の一部を無限次数まで一気に足し上げる（**部分和**をとる）作業が必要となるが，そこでは数学だけでなく，深い物理的洞察（今の場合は遮蔽効果という物理を見抜くこと）が求められる．ここが摂動論の最大の「難所」であり，同時に簡単には予見できない結果を導く可能性を窺わせるところでもある[16)]．

---

15）T. Endo, M. Horiuchi, Y. Takada and H. Yasuhara: Phys. Rev. B **59**, 7367 (1999).

16）ジェリウムモデルの場合，$r_s$ の冪だけを使って展開するのはセンスが悪く，$\ln r_s$ を展開に使う部品として付け加える必要があったわけである．ここでは，無理やり $r_s$ で冪級数展開した（数学的に意味を持たない）式から，「心眼」（物理的直観）で $\ln r_s$ 依存性を見抜いたのだが，このような「心眼」を会得するのは凡人には難しい．半自動的にこの手の作業を行うための処方の一つが**くりこみ群**である．

# 第 IV 部

# 電子相関

# 第12章

# LandauのFermi液体論

## 12.1 断熱的接続の概念

**LandauのFermi液体論**の基礎となるのは，**電子間相互作用のない電子系に，じわじわと（断熱的に）電子間相互作用を導入して，相互作用する電子系（Fermi液体）へ連続的に接続できる**という仮定である．このとき，状態交差や束縛状態の形成が起こらなければ，新しい状態は古い状態の量子数を用いて表せるはずである．相互作用が引力的である場合には，実際に束縛状態が形成される可能性があるので，以降では斥力相互作用の場合に話を限る．また簡単のため系は等方的で一様であるとしよう．相互作用のない電子系（ここではSommerfeldモデル）は波数 $\boldsymbol{k}$，スピン $\sigma$ の状態が占有されている確率を表す運動量分布関数 $n_{\boldsymbol{k}\sigma}$ によって記述されるから，Fermi液体も $n_{\boldsymbol{k}\sigma}$ で記述されることになる．これは，Fermi液体においても量子数 $\boldsymbol{k}\sigma$ で指定された粒子を考えることができることを意味する．この粒子は状態 $\boldsymbol{k}\sigma$ の電子に相互作用効果をじわじわ繰り込んで得られた「フェルミオン」で，**準粒子**と呼ばれる．Sommerfeldモデルとの対応から，絶対零度における準粒子の運動量分布関数は，

$$n_{\boldsymbol{k}}^{(0)} = \theta(k_{\mathrm{F}} - k) \tag{12.1}$$

であるが，電子と準粒子の間には一対一対応があるので，電子数と準粒子数は同じでなければならず，上式中のFermi波数 $k_{\mathrm{F}}$ は相互作用のないときのものと同じになる．Fermi球の体積は相互作用印加による影響を受けないと言ってもよい．これを**Luttingerの定理**という．系の励起は，この分布からのずれ，

$$\delta n_{\boldsymbol{k}\sigma} = n_{\boldsymbol{k}\sigma} - n_{\boldsymbol{k}}^{(0)} \tag{12.2}$$

で記述される．ここで，相互作用が弱いという仮定は用いていないことに注意

しよう．**相互作用がかなり強くても，連続的な接続さえできれば Fermi 液体の描像は成立する．**

相互作用効果の大部分は準粒子に「繰り込まれる」が，それでも準粒子間に弱い相互作用が残る．したがって，準粒子はある有限の時間 $\tau$ 程度が経過するたびに他の準粒子により散乱され，その波数ベクトルを変化させる．しかも，散乱の際に準粒子間でエネルギーが授受されるため，準粒子のエネルギーにも $\hbar/\tau$ 程度の不確かさが生じる．準粒子の概念が有効であるためには，Fermi 面から測った準粒子のエネルギー $\epsilon - \mu$ がエネルギーのぼけ $\hbar/\tau$ に埋もれてはならないので，

$$\frac{\hbar}{\tau} \ll |\epsilon - \mu| \tag{12.3}$$

が満たされていなければならない．12.5 節で再度この条件について検討しよう．

Fermi 液体のエネルギーは，準粒子の運動量分布関数 $n_{\boldsymbol{k}\sigma}$ によって決まる汎関数である．これを，$E[n_{\boldsymbol{k}\sigma}]$ とし，$\delta n_{\boldsymbol{k}\sigma}$ の二次まで展開すると，

$$E[n_{\boldsymbol{k}\sigma}] = E[n_{\boldsymbol{k}}^{(0)}] + \sum_{\boldsymbol{k}\sigma} \epsilon_{\boldsymbol{k}}^{(\mathrm{qp})} \delta n_{\boldsymbol{k}\sigma} + \frac{1}{2V} \sum_{\boldsymbol{k}\boldsymbol{k}'\sigma\sigma'} f_{\sigma\sigma'}(\boldsymbol{k}, \boldsymbol{k}') \delta n_{\boldsymbol{k}\sigma} \delta n_{\boldsymbol{k}'\sigma'} \tag{12.4}$$

と書くことができる．ここでは系の等方性を仮定しているので，準粒子のエネルギー $\epsilon_{\boldsymbol{k}}^{(\mathrm{qp})}$ は $k = |\boldsymbol{k}|$ の関数になる．一方，$f_{\sigma\sigma'}(\boldsymbol{k}, \boldsymbol{k}')$ は準粒子間の相互作用（相互作用関数）を表す．ここで，$k = k_\mathrm{F}$ 近傍の展開，

$$\epsilon_{\boldsymbol{k}}^{(\mathrm{qp})} = \epsilon_{k_\mathrm{F}}^{(\mathrm{qp})} + \frac{\hbar^2 k_\mathrm{F}}{m^*} (k - k_\mathrm{F}) + o\,(k - k_\mathrm{F}), \quad \left( \frac{\hbar k_\mathrm{F}}{m^*} \equiv \left. \frac{\partial \epsilon_{\boldsymbol{k}}^{(\mathrm{qp})}}{\hbar \partial k} \right|_{k=k_\mathrm{F}} \right) \tag{12.5}$$

を考えると，$m^*$ は有効質量の意味を持つ．Fermi 面における準粒子の状態密度は，

$$D_\mathrm{F}^* = \frac{1}{V} \sum_{\boldsymbol{k}} \delta\left(\mu - \epsilon_{\boldsymbol{k}}^{(\mathrm{qp})}\right) = \frac{1}{(2\pi)^3} \int \delta\left(\mu - \epsilon_{k}^{(\mathrm{qp})}\right) 4\pi k^2 dk = \frac{2m^* k_\mathrm{F}}{(2\pi\hbar)^2} \tag{12.6}$$

となり，Sommerfeld モデルに比べ $m^*/m$ 倍になる．

上記の $\epsilon_{\boldsymbol{k}}^{(\mathrm{qp})}$ は系が $n_{\boldsymbol{k}}^{(0)}$ で記述される基底状態にあるときの準粒子のエネルギーである．系がより一般の状態にあるときには，準粒子のエネルギーは，系の運動量分布関数 $n_{\boldsymbol{k}\sigma}$ に依存する汎関数になる．準粒子のエネルギーの定義

は，$\boldsymbol{k},\sigma$ の状態の粒子を一つ増減させたときのエネルギーだから，

$$\tilde{\epsilon}^{(\mathrm{qp})}_{\boldsymbol{k}\sigma} \equiv \frac{\delta E}{\delta n_{\boldsymbol{k}\sigma}} = \epsilon^{(\mathrm{qp})}_{\boldsymbol{k}} + \frac{1}{V}\sum_{\boldsymbol{k}'\sigma'} f_{\sigma\sigma'}(\boldsymbol{k},\boldsymbol{k}')\delta n_{\boldsymbol{k}'\sigma'} \tag{12.7}$$

と表される．

低エネルギー励起では，$k \approx k_{\mathrm{F}}$ のときだけ $\delta n_{\boldsymbol{k}\sigma} \neq 0$ なので，$k = k' = k_{\mathrm{F}}$ の相互作用関数が重要になる．特に等方的な系では，この相互作用関数が $\boldsymbol{k}$ と $\boldsymbol{k}'$ の成す角 $\vartheta$ と，スピン $\sigma$，$\sigma'$ の相対的な向きの関数になるので，

$$f_{\sigma\sigma'}(\boldsymbol{k},\boldsymbol{k}') = f^{(\mathrm{s})}(\vartheta) + \sigma\sigma' f^{(\mathrm{a})}(\vartheta), \quad f^{(\mathrm{s,a})}(\vartheta) = \sum_{\ell=0}^{\infty} f^{(\mathrm{s,a})}_{\ell} P_{\ell}(\cos\vartheta) \tag{12.8}$$

と，$\ell$ 次 Legendre 関数 $P_{\ell}$ を使って展開しておくと便利である．その上で，相互作用パラメーターを，

$$F^{(\mathrm{s})}_{\ell} \equiv 2f^{(\mathrm{s})}_{\ell} D^{*}_{\mathrm{F}}, \quad F^{(\mathrm{a})}_{\ell} \equiv 2f^{(\mathrm{a})}_{\ell} D^{*}_{\mathrm{F}}, \tag{12.9}$$

と無次元化しておこう．

## 12.2 準粒子の性質

以上の準備の下で，いくつかの物理量を計算してみよう．まず，低温電子比熱を求めたい．そのために有限温度における電子の運動量分布関数を知る必要がある．Fermi 液体論では，系の状態を運動量分布関数 $n_{\boldsymbol{k}\sigma}$ で指定できると考えるので，系のエントロピーを，

$$S[n_{\boldsymbol{k}\sigma}] = -k_{\mathrm{B}}\sum_{\boldsymbol{k}\sigma}(n_{\boldsymbol{k}\sigma}\ln n_{\boldsymbol{k}\sigma} + (1-n_{\boldsymbol{k}\sigma})\ln(1-n_{\boldsymbol{k}\sigma})) \tag{12.10}$$

と表せる[1)]．また，明らかに全電子数は，$N[n_{\boldsymbol{k}\sigma}] = \sum_{\boldsymbol{k}\sigma} n_{\boldsymbol{k}\sigma}$ と書ける．運動量

---

1) 系の状態が分布関数 $n_{\boldsymbol{k},\sigma}$ だけで指定されることを反映して，エントロピーの表式は，Sommerfeld モデルと同形になる．今，波数 $\boldsymbol{k}$ の近傍で体積 $d^3\boldsymbol{k}$ の微小領域を考えよう．この領域内で $\boldsymbol{k},\sigma$ がとりうる値の総数は 1 スピン当たり $M = d^3\boldsymbol{k}/(2\pi/L)^3$ であり（$L$ は系の大きさを示す長さ），$\sigma$ スピンを持つ準粒子の数は $N_{\sigma} = n_{\boldsymbol{k}\sigma}M$ である．$M$ 個の準位に $N_{\sigma}$ 個の粒子を配置する方法は ${}_{M}C_{N_{\sigma}}$ 通りあるから，この領域からのエントロピーへの寄与を，Stirling 公式 $\ln n! \approx n\ln n - n$, $(n \to +\infty)$（14.4 節の脚注 7 を参照）を用いて，

$$k_{\mathrm{B}}\ln({}_{M}C_{N_{\uparrow}}\cdot{}_{M}C_{N_{\downarrow}}) \approx -k_{\mathrm{B}}\frac{Vd^3\boldsymbol{k}}{(2\pi)^3}\sum_{\sigma}(n_{\boldsymbol{k}\sigma}\ln n_{\boldsymbol{k}\sigma} + (1-n_{\boldsymbol{k}\sigma})\ln(1-n_{\boldsymbol{k}\sigma}))$$

分布関数は，熱力学ポテンシャル $\Omega = E - TS - \mu N$ が最小という条件，

$$\frac{\delta\Omega[n_{k\sigma}]}{\delta n_{k\sigma}} = \frac{\delta E[n_{k\sigma}]}{\delta n_{k\sigma}} - T\frac{\delta S[n_{k\sigma}]}{\delta n_{k\sigma}} - \mu\frac{\delta N[n_{k\sigma}]}{\delta n_{k\sigma}} = 0 \tag{12.11}$$

即ち，

$$\tilde{\epsilon}^{(\mathrm{qp})}_{k\sigma} + k_{\mathrm{B}}T\ln\frac{n_{k\sigma}}{1-n_{k\sigma}} - \mu = 0 \tag{12.12}$$

から求まり，

$$n_{k\sigma} = \frac{1}{e^{\beta(\tilde{\epsilon}^{(\mathrm{qp})}_{k\sigma}-\mu)}+1} \tag{12.13}$$

となる．この式は Sommerfeld モデルのものと同形だが，実際には，$\tilde{\epsilon}^{(\mathrm{qp})}_{k\sigma}$ が $n_{k\sigma}$ の汎関数なので，自己無撞着に解くべき方程式である．このとき，Sommerfeld モデルの場合とまったく同様のやり方で，比熱を，

$$C^{(\mathrm{e})}_V = \gamma T, \quad \gamma = \frac{2\pi^2}{3}k_{\mathrm{B}}^2 D^*_{\mathrm{F}} \tag{12.14}$$

と求めることができる（$\tilde{\epsilon}^{(\mathrm{qp})}_{k\sigma}$ と $\epsilon^{(\mathrm{qp})}_{k}$ の差からくる効果は $T$ について高次の補正になる）．つまり，Sommerfeld モデルの結果と比べ，電子比熱は $m^*/m$ 倍になる．

次に，絶対零度における等温圧縮率 $\kappa$ を考えよう．Gibbs-Duhem の式 $SdT - Vdp + Nd\mu = 0$ を考慮すると[2]，電子密度を $n = N/V$，圧力を $p$ として，

$$\kappa \equiv -\frac{1}{V}\frac{\partial V}{\partial p} = \frac{1}{n}\frac{\partial n}{\partial p} = \frac{1}{n^2}\frac{\partial n}{\partial \mu} \tag{12.15}$$

が計算すべき量となる（偏微分はすべて温度 $T$ を固定して計算する）．系に定数ポテンシャル $u$ で表される外場を加えると，ハミルトニアンに $\sum_{k\sigma} u n_{k\sigma}$ という項が加わって，有効的に化学ポテンシャルが $u$ だけ減少するから，

$$\frac{\partial n}{\partial \mu} = -\left.\frac{\partial n}{\partial u}\right|_{u=0} \tag{12.16}$$

が成り立つ．したがって，圧縮率 $\kappa$ を求めるには密度 $n$ の変化を $u$ の一次近似で評価すればよい．外場の印加により準粒子のエネルギーは，

---

と評価できる．最後に $\boldsymbol{k}$ の全領域からの寄与を足し上げると表式が得られる．

2）熱力学ポテンシャル $\Omega$ の無限小変化は $d\Omega = -SdT - pdV - Nd\mu$ と表される．一方，$\Omega$ の示量性 $\Omega(T,\lambda V,\mu) = \lambda\Omega(T,V,\mu)$（$\lambda > 0$ は任意）は $\Omega = \partial\Omega(T,\lambda V,\mu)/\partial\lambda|_{\lambda=1} = -pV$ および $d\Omega = -d(pV) = -pdV - Vdp$ を導く．二つの $d\Omega$ の表式から $SdT - Vdp + Nd\mu = 0$ を得る．

$$\tilde{\epsilon}_{\boldsymbol{k}\sigma}^{(\mathrm{qp})} + u = \epsilon_{\boldsymbol{k}}^{(\mathrm{qp})} + u + \frac{1}{V}\sum_{\boldsymbol{k}'\sigma'} f_{\sigma\sigma'}(\boldsymbol{k}, \boldsymbol{k}')\delta n_{\boldsymbol{k}'\sigma'} \tag{12.17}$$

となる．ただし，$\delta n_{\boldsymbol{k}\sigma}$ は外場によって生じた励起を表す．この式から $\partial n_{\boldsymbol{k}\sigma}/\partial u|_{u=0}$ に対する自己無撞着方程式,

$$\begin{aligned}\left.\frac{\partial n_{\boldsymbol{k}\sigma}}{\partial u}\right|_{u=0} &= \left.\frac{\partial}{\partial u}\left(\frac{1}{e^{\beta\left(\tilde{\epsilon}_{\boldsymbol{k}\sigma}^{(\mathrm{qp})}+u-\mu\right)}+1}\right)\right|_{u=0} = \frac{\partial n_{\boldsymbol{k}}^{(0)}}{\partial \epsilon_{\boldsymbol{k}}^{(\mathrm{qp})}} + \left.\frac{\partial n_{\boldsymbol{k}}^{(0)}}{\partial \epsilon_{\boldsymbol{k}}^{(\mathrm{qp})}}\,\frac{\partial \tilde{\epsilon}_{\boldsymbol{k}\sigma}^{(\mathrm{qp})}}{\partial u}\right|_{u=0} \\ &\to -\delta\left(\epsilon_{\boldsymbol{k}}^{(\mathrm{qp})} - \mu\right)\left(1 + \frac{1}{V}\sum_{\boldsymbol{k}'\sigma'} f_{\sigma\sigma'}(\boldsymbol{k}, \boldsymbol{k}')\left.\frac{\partial n_{\boldsymbol{k}'\sigma'}}{\partial u}\right|_{u=0}\right), \quad (T \to 0)\end{aligned} \tag{12.18}$$

を得る．系が等方的であることと，外場がスピンによらないことから,

$$\Lambda = \frac{1}{V}\sum_{\boldsymbol{k}'\sigma'} f_{\sigma\sigma'}(\boldsymbol{k}, \boldsymbol{k}')\left.\frac{\partial n_{\boldsymbol{k}'\sigma'}}{\partial u}\right|_{u=0} \tag{12.19}$$

は $\boldsymbol{k}$ の方向にも $\sigma$ にもよらない．そこで，自己無撞着方程式を $\Lambda$ に対するものに書き換えると,

$$\Lambda = -F_0^{(\mathrm{s})}(1 + \Lambda) \tag{12.20}$$

となる．これを解くことにより,

$$\kappa = -\frac{1}{n^2}\frac{1}{V}\sum_{\boldsymbol{k}\sigma}\left.\frac{\partial n_{\boldsymbol{k}\sigma}}{\partial u}\right|_{u=0} = \frac{2D_{\mathrm{F}}^*}{n^2}\frac{1}{1+F_0^{(\mathrm{s})}} \tag{12.21}$$

を得る．

同様の計算によりスピン磁気感受率も計算できる．この場合には，外場としてスピンに依存する場（Zeeman 分裂）$\pm g\mu_{\mathrm{B}}B/2$ を加えればよい．ここで，$g \approx 2$ は $g$ 因子，$\mu_{\mathrm{B}} = e\hbar/2mc$ は Bohr 磁子，上下の符号はそれぞれ上下スピンに対応する．この外場によって誘起されたスピン磁化が,

$$M^{(\mathrm{s})} = -\frac{g\mu_{\mathrm{B}}}{2}\frac{1}{V}\sum_{\boldsymbol{k}}(\delta n_{\boldsymbol{k}\uparrow} - \delta n_{\boldsymbol{k}\downarrow}) \tag{12.22}$$

と書けることに注意すると，スピン磁気感受率が,

$$\chi_{\mathrm{s}} \equiv \lim_{B\to 0}\frac{M^{(\mathrm{s})}}{B} = 2D_{\mathrm{F}}^*\left(\frac{g\mu_{\mathrm{B}}}{2}\right)^2\frac{1}{1+F_0^{(\mathrm{a})}} \tag{12.23}$$

と求まる．つまり，$1 + F_0^{(\mathrm{a})} > 0$ ならばスピンは常磁性を示す．

これまで静的な量を計算してきたが，最後に粒子の流れについて考察しておこう．運動量分布関数が $n_{\boldsymbol{k}\sigma}$ で与えられているとき，準粒子の（準古典的な意味での）速度は $\partial\tilde{\epsilon}^{(\mathrm{qp})}_{\boldsymbol{k}\sigma}/\hbar\partial\boldsymbol{k}$ である[3)]．したがって，準粒子の運ぶ流れは，

$$\boldsymbol{J}^{(\mathrm{qp})} = \sum_{\boldsymbol{k}\sigma} \frac{\partial\tilde{\epsilon}^{(\mathrm{qp})}_{\boldsymbol{k}\sigma}}{\hbar\partial\boldsymbol{k}} n_{\boldsymbol{k}\sigma} \tag{12.24}$$

となる．一方，系に並進対称性があれば，電子の運ぶ流れは系の全運動量 $\boldsymbol{P}$ を使って，

$$\boldsymbol{J}^{(\mathrm{e})} = \frac{\boldsymbol{P}}{m} = \sum_{\boldsymbol{k}\sigma} \frac{\hbar\boldsymbol{k}}{m} n_{\boldsymbol{k}\sigma} \tag{12.25}$$

とも書ける．Fermi 液体中の準粒子数は真の電子数に一致するので，$\boldsymbol{J}^{(\mathrm{e})} = \boldsymbol{J}^{(\mathrm{qp})}$ でなければならない．ここで，両辺の変分をとると，

$$\begin{aligned}\sum_{\boldsymbol{k}\sigma} \frac{\hbar\boldsymbol{k}}{m}\delta n_{\boldsymbol{k}\sigma} &= \sum_{\boldsymbol{k}\sigma} \frac{\partial\tilde{\epsilon}^{(\mathrm{qp})}_{\boldsymbol{k}\sigma}}{\hbar\partial\boldsymbol{k}}\delta n_{\boldsymbol{k}\sigma} + \frac{1}{V}\sum_{\boldsymbol{k}\boldsymbol{k}'\sigma\sigma'} \frac{\partial f_{\sigma\sigma'}(\boldsymbol{k},\boldsymbol{k}')}{\hbar\partial\boldsymbol{k}} n_{\boldsymbol{k}\sigma}\delta n_{\boldsymbol{k}'\sigma'} \\ &= \sum_{\boldsymbol{k}\sigma} \frac{\partial\tilde{\epsilon}^{(\mathrm{qp})}_{\boldsymbol{k}\sigma}}{\hbar\partial\boldsymbol{k}}\delta n_{\boldsymbol{k}\sigma} - \frac{1}{V}\sum_{\boldsymbol{k}\boldsymbol{k}'\sigma\sigma'} f_{\sigma\sigma'}(\boldsymbol{k},\boldsymbol{k}')\frac{\partial n_{\boldsymbol{k}'\sigma'}}{\hbar\partial\boldsymbol{k}'}\delta n_{\boldsymbol{k}\sigma}\end{aligned} \tag{12.26}$$

となる．最終段で部分積分と変数 $\boldsymbol{k}$ と $\boldsymbol{k}'$ の入れ替えを行った．これより，

$$\frac{\hbar\boldsymbol{k}}{m} = \frac{\partial\tilde{\epsilon}^{(\mathrm{qp})}_{\boldsymbol{k}\sigma}}{\hbar\partial\boldsymbol{k}} - \frac{1}{V}\sum_{\boldsymbol{k}'\sigma'} f_{\sigma\sigma'}(\boldsymbol{k},\boldsymbol{k}')\frac{\partial n_{\boldsymbol{k}'\sigma'}}{\hbar\partial\boldsymbol{k}'} \tag{12.27}$$

を得る．特に絶対零度を考え，$\boldsymbol{k}$ として Fermi 面上のベクトルを選ぶ $(k = k_{\mathrm{F}})$ と，

$$\frac{\hbar\boldsymbol{k}}{m} = \frac{\partial\epsilon^{(\mathrm{qp})}_{\boldsymbol{k}\sigma}}{\hbar\partial\boldsymbol{k}} - \frac{1}{V}\sum_{\boldsymbol{k}'\sigma'} f_{\sigma\sigma'}(\boldsymbol{k},\boldsymbol{k}')\frac{\partial n^{(0)}_{\boldsymbol{k}'\sigma'}}{\hbar\partial\boldsymbol{k}'} = \frac{\hbar\boldsymbol{k}}{m^*} + \sum_{\sigma'}\int\frac{d^3\boldsymbol{k}'}{(2\pi)^3} f_{\sigma\sigma'}(\boldsymbol{k},\boldsymbol{k}')\frac{\boldsymbol{k}'}{\hbar k'}\delta(k' - k_{\mathrm{F}}) \tag{12.28}$$

が導かれ，さらに両辺に $\boldsymbol{k}$ を内積し，$\boldsymbol{k}'$ に関する積分を実行すると，最終的

3）Schrödinger 方程式の解として得られる波束が描く軌道と，粒子の古典的な運動の軌跡は一般に一致する．古典的なハミルトニアン $\mathcal{H}(\boldsymbol{r},\boldsymbol{p})$ と，粒子の速度の対応関係はごく一般に $\dot{\boldsymbol{r}} = \partial\mathcal{H}/\partial\boldsymbol{p}$ であるので，$\boldsymbol{k} \approx \boldsymbol{k}_0$ の成分からなる準粒子の波束の速度は，$\partial\tilde{\epsilon}^{(\mathrm{qp})}_{\boldsymbol{k}\sigma}/\hbar\partial\boldsymbol{k}|_{\boldsymbol{k}=\boldsymbol{k}_0}$．

に，

$$\frac{m^*}{m} = 1 + \frac{F_1^{(s)}}{3} \tag{12.29}$$

を得る．電子に相互作用を繰り込んだ影響が準粒子の有効質量であり，繰り込まれた分だけ弱められた準粒子間相互作用を表すのが相互作用関数である．相互作用は元々一つの出所から来ているので，当然これら二つの量は連動しており，互いに矛盾がないように決定されねばならない．上式はその際に考慮すべき一般的な制限を与えている．この制限の考慮は，たとえば伝導率を計算する際に重要になる（そこでは電子の重心運動が扱われる）．

圧縮率とスピン分極率の式は $1 + F_0^{(s)} < 0$ または $1 + F_0^{(a)} < 0$ であると Fermi 球が不安定になることを示している．前者は系が非一様になる不安定性，後者は自発的にスピン磁化が生じる不安定性に対応している．また，有効質量の式は，$1 + F_1^{(s)}/3 < 0$ であると Fermi 球が不安定になることを示している．より一般に，

$$1 + \frac{1}{2\ell + 1} F_\ell^{(s,a)} < 0 \tag{12.30}$$

であると，球面調和関数 $Y_{\ell,m}(\vartheta, \varphi)$ に比例した Fermi 面の微小変形に対して，Fermi 球が不安定になることが知られている．これを **Pomeranchuk 不安定性**[4] と呼ぶ．

## 12.3 遅延 Green 関数

ここまでの議論は現象論であり，種々のパラメーターが満たすべき種々の制限や物理量の間に成り立つ関係式などについての情報は得られるが，それらが具体的にどんな値をとるかは未知のままである．そもそも Fermi 液体論が成立するための前提条件が成立するかどうかさえ定かでない．こうした問題について考えるには，微視的レベルの考察が必要である．そのための新たな道具立てとして，**（一電子）遅延 Green 関数** $\hat{G}(\omega)$ を導入しよう．これは行列（一体の演算子）であって，一電子状態の完全正規直交系 $\{|\alpha)\}$ を使って，

$$G_{\alpha\alpha'}(\omega) = (\alpha|\hat{G}(\omega)|\alpha') = -\frac{i}{\hbar}\int_0^{+\infty} \left\langle\!\left\langle \left[ c_\alpha(t), c_{\alpha'}^\dagger \right]_+ \right\rangle\!\right\rangle_{\text{eq}} e^{i\omega t - \delta t} dt \tag{12.31}$$

4）I. I. Pomeranchuk: Sov. Phys. JETP **8**, 361 (1959).

と成分表示される[5]．ただし，$c_\alpha^\dagger$（$c_\alpha$）は一電子状態 $\alpha$ の電子を一つ作る（消す）演算子である．また，演算子 $O$ の Heisenberg 表示を，

$$O(t) \equiv e^{i(\mathcal{H}-\mu\mathcal{N})t/\hbar} O e^{-i(\mathcal{H}-\mu\mathcal{N})t/\hbar} \tag{12.32}$$

と定め，無限小の収束因子 $\delta > 0$ を導入した．遅延 Green 関数の定義が線形応答理論の複素感受率の定義に酷似していることに注意しよう．違いは，(1) マイナス符号がかかっていること，(2) $c_\alpha(t)$ と $c_{\alpha'}^\dagger$ の交換関係ではなく反交換関係になっていることの二点のみである．

上記の類似性に留意すれば，第4章と同様の考察を行うことによって，さまざまな結果を導ける．まず，$G_{\alpha\alpha'}(\omega)$ の Lehmann-Källén 表示は，

$$G_{\alpha\alpha'}(\omega) = \sum_{m,n} \frac{(p_m + p_n)\langle m|c_\alpha|n\rangle\langle n|c_{\alpha'}^\dagger|m\rangle}{\hbar\omega + \tilde{E}_m - \tilde{E}_n + i\delta} \tag{12.33}$$

と与えられる．ここで，Fock 空間を張る完全正規直交系 $\{|m\rangle\}$ を $\mathcal{H} - \mu\mathcal{N}$ の固有状態に選び，その固有値を $\tilde{E}_m$ として，大分配関数を $\Xi = \sum_m e^{-\beta\tilde{E}_m}$，Boltzmann 重みを $p_m \equiv e^{-\beta\tilde{E}_m}/\Xi$ と定めた．また，定義式 (12.31) で実数 $\omega$ を複素数 $z$ に置き換えたとき，$G_{\alpha\alpha'}(z)$ が複素平面の上半面（$\mathrm{Im}z > 0$）で解析的になることや，物理的な系で $G_{\alpha\alpha'}(z) \to 0$ $(|z| \to +\infty)$ が要求されることも，複素感受率と同様である．したがって，Kramers-Kronig の関係式，

$$\mathrm{Re}G_{\alpha\alpha'}(\omega) = \frac{1}{\pi}\mathrm{P}\int_{-\infty}^{+\infty} \frac{\mathrm{Im}G_{\alpha\alpha'}(\omega')}{\omega - \omega'}d\omega', \quad \mathrm{Im}G_{\alpha\alpha'}(\omega) = -\frac{1}{\pi}\mathrm{P}\int_{-\infty}^{+\infty} \frac{\mathrm{Re}G_{\alpha\alpha'}(\omega')}{\omega - \omega'}d\omega' \tag{12.34}$$

が成立する．

公式 (4.63) に対応する公式を導くこともできる．そのために遅延 Green 関数 $G_{\alpha\alpha'}(\omega)$ を拡張し，一般の演算子 $\mathcal{A}, \mathcal{B}$ に対して，

$$\mathcal{G}_{\mathcal{B}\mathcal{A}}(\omega) \equiv -\frac{i}{\hbar}\int_0^{+\infty} \langle\!\langle [\mathcal{B}(t), \mathcal{A}]_+ \rangle\!\rangle_{\mathrm{eq}}\, e^{i\omega t - \delta t}dt \tag{12.35}$$

と定めておく．ただし，式 (12.32) によって $\mathcal{B}(t)$ を定める．ここで，

---

5) $\{|\alpha)\}$ とは別の完全正規直交系 $\{|\beta)\}$ を使って $\hat{G}(\omega)$ を成分表示した場合でも，一電子状態 $|\beta)$ の電子を作る（消す）演算子を $d_\beta^\dagger = \sum_\alpha (\alpha|\beta) c_\alpha^\dagger$（$d_\beta = \sum_\alpha (\beta|\alpha) c_\alpha$）と表せるので，

$$(\beta|\hat{G}(\omega)|\beta') = \sum_{\alpha,\alpha'} (\beta|\alpha)(\alpha|\hat{G}(\omega)|\alpha')(\alpha'|\beta') = -\frac{i}{\hbar}\int_0^{+\infty} \left\langle\!\!\left\langle \left[d_\beta, d_{\beta'}^\dagger\right]_+ \right\rangle\!\!\right\rangle_{\mathrm{eq}} e^{i\omega t - \delta t}dt$$

が成り立ち，定義式に矛盾が生じることはない．

$$\frac{d}{dt}\langle\!\langle[\mathcal{B}(t),\mathcal{A}]_+\rangle\!\rangle_{\rm eq} = \left\langle\!\!\left\langle\left[\dot{\mathcal{B}}(t),\mathcal{A}\right]_+\right\rangle\!\!\right\rangle_{\rm eq} = -\left\langle\!\!\left\langle\left[\mathcal{B}(t),\dot{\mathcal{A}}\right]_+\right\rangle\!\!\right\rangle_{\rm eq} \tag{12.36}$$

に注意すると,

$$\begin{aligned}\mathcal{G}_{\mathcal{B}\mathcal{A}}(\omega) &= -\frac{i}{\hbar}\left[\frac{e^{i(\omega+i\delta)t}}{i(\omega+i\delta)}\langle\!\langle[\mathcal{B}(t),\mathcal{A}]_+\rangle\!\rangle_{\rm eq}\right]_0^{+\infty} \\ &\quad + \frac{i}{\hbar}\int_0^{+\infty}\frac{e^{i(\omega+i\delta)t}}{i(\omega+i\delta)}\frac{d}{dt}\langle\!\langle[\mathcal{B}(t),\mathcal{A}]_+\rangle\!\rangle_{\rm eq}\,dt \\ &= \frac{(i/\hbar)\langle\!\langle[\mathcal{B},\mathcal{A}]_+\rangle\!\rangle_{\rm eq} - \mathcal{G}_{\dot{\mathcal{B}}\mathcal{A}}(\omega)}{i(\omega+i\delta)} = \frac{(i/\hbar)\langle\!\langle[\mathcal{B},\mathcal{A}]_+\rangle\!\rangle_{\rm eq} + \mathcal{G}_{\mathcal{B}\dot{\mathcal{A}}}(\omega)}{i(\omega+i\delta)}\end{aligned} \tag{12.37}$$

を導け，さらに上式の分母を払うと,

$$(\hbar\omega+i\delta)\mathcal{G}_{\mathcal{B}\mathcal{A}}(\omega) = \langle\!\langle[\mathcal{B},\mathcal{A}]_+\rangle\!\rangle_{\rm eq} + i\hbar\mathcal{G}_{\dot{\mathcal{B}}\mathcal{A}}(\omega) = \langle\!\langle[\mathcal{B},\mathcal{A}]_+\rangle\!\rangle_{\rm eq} - i\hbar\mathcal{G}_{\mathcal{B}\dot{\mathcal{A}}}(\omega) \tag{12.38}$$

に至る.

遅延 Green 関数から得られる重要な情報の一つに，**一電子スペクトル**がある．この量は遅延 Green 関数の対角成分 $G_{\alpha\alpha}(\omega)$ の虚部を使って,

$$\begin{aligned}A_\alpha(\omega) \equiv -\frac{1}{\pi}{\rm Im}G_{\alpha\alpha}(\omega) &= \sum_{m,n} p_m\left|\langle n|c_\alpha^\dagger|m\rangle\right|^2\delta(\hbar\omega+\tilde{E}_m-\tilde{E}_n) \\ &\quad + \sum_{m,n} p_m\left|\langle n|c_\alpha|m\rangle\right|^2\delta(-\hbar\omega+\tilde{E}_m-\tilde{E}_n) > 0\end{aligned} \tag{12.39}$$

と定義され（右辺の表式は式 (4.44), (12.33) から導かれる),

$$\int_{-\infty}^{+\infty}A_\alpha(\omega)d(\hbar\omega) = \sum_{m,n}p_m\left(\left|\langle n|c_\alpha^\dagger|m\rangle\right|^2 + \left|\langle n|c_\alpha|m\rangle\right|^2\right) = \left\langle\!\!\left\langle\left[c_\alpha, c_\alpha^\dagger\right]_+\right\rangle\!\!\right\rangle_{\rm eq} = 1 \tag{12.40}$$

を満たす．式 (12.39) 右辺の第一項は，エネルギー $\hbar\omega+\mu$ を持った一電子状態 $\alpha$ の電子を系に一つ付加できる確率，第二項は逆にエネルギー $\hbar\omega+\mu$ を持った一電子状態 $\alpha$ の電子を系から一つ引き抜ける確率に比例している（$\hbar\omega$ が化学ポテンシャル $\mu$ から測った一電子エネルギーであることに注意）[6]．したがって，$A_\alpha((\epsilon-\mu)/\hbar)$ を，一電子状態 $\alpha$ が持つエネルギー $\epsilon$ の「分布」と解釈できる（エネルギー $\epsilon$ を持った一電子状態があれば，そこに電子を一つ付加するか，または一つ引き抜くことが可能である)．つまり，$A_\alpha((\epsilon-\mu)/\hbar)$ が $\epsilon$ の分布関数として，ただ一つの非常に鋭いピークを持てば，一電子状態 $\alpha$ の

6）前者と後者の確率は，それぞれ**逆光電子分光**と**光電子分光**によって測定できる.

エネルギーは精度よく定まっており（**コヒーレント**），逆に，$A_\alpha((\epsilon-\mu)/\hbar)$ が $\epsilon$ の分布関数として広い幅を持てば，一電子状態 $\alpha$ のエネルギーは不定（**インコヒーレント**）ということになる．

上記の $A_\alpha((\epsilon-\mu)/\hbar)$ の物理的意味に鑑みて，**（一電子）状態密度**を，

$$D(\epsilon) \equiv \frac{1}{2V}\sum_\alpha A_\alpha\left(\frac{\epsilon-\mu}{\hbar}\right) = -\frac{1}{2V}\cdot\frac{1}{\pi}\sum_\alpha \mathrm{Im}\left(G_{\alpha\alpha}\left(\frac{\epsilon-\mu}{\hbar}\right)\right)$$
$$= -\frac{1}{2V}\cdot\frac{1}{\pi}\mathrm{Im}\left(\mathrm{Tr}\,\hat{G}\left(\frac{\epsilon-\mu}{\hbar}\right)\right) \tag{12.41}$$

と定めよう（1 スピン当たりの量とするために 2 で割った）[7]．式 (12.39) 右辺を，揺動散逸定理 (4.47) を導いたときと同様に変形すると，

$$A_\alpha(\omega) = \left(e^{\beta\hbar\omega}+1\right)\sum_{m,n} p_n \left|\langle n|c_\alpha^\dagger|m\rangle\right|^2 \delta\left(\hbar\omega + \tilde{E}_m - \tilde{E}_n\right) \tag{12.42}$$

となって，

$$\int_{-\infty}^{+\infty} \frac{A_\alpha(\omega)}{e^{\beta\hbar\omega}+1} d(\hbar\omega) = \sum_{m,n} p_n \left|\langle n|c_\alpha^\dagger|m\rangle\right|^2 = \left\langle\!\left\langle c_\alpha^\dagger c_\alpha \right\rangle\!\right\rangle_{\mathrm{eq}} \tag{12.43}$$

が成り立つから，状態密度と電子密度 $n$ の関係は，

$$2\int_{-\infty}^{+\infty} f(\epsilon)D(\epsilon)d\epsilon = \frac{1}{V}\sum_\alpha \left\langle\!\left\langle c_\alpha^\dagger c_\alpha \right\rangle\!\right\rangle_{\mathrm{eq}} = \frac{1}{V}\langle\!\langle \mathcal{N} \rangle\!\rangle_{\mathrm{eq}} = n \tag{12.44}$$

となる．ただし，$f(\epsilon) = \left(e^{\beta(\epsilon-\mu)}+1\right)^{-1}$ は Fermi 分布関数である．上式は式 (1.31) と同じ形をしている．このことから，式 (12.41) が，相互作用のない系に対して定義された状態密度の自然な拡張になっていることを見て取れる．

具体的に相互作用のない系の状態密度を計算してみよう．まず，相互作用がない系の遅延 Green 関数を求める．一電子ハミルトニアンを $\hat{H}_1$ とすれば，第二量子化された系のハミルトニアンを，

$$\mathcal{H} - \mu\mathcal{N} = \sum_{\alpha\alpha'} (\alpha|\left(\hat{H}_1 - \mu\right)|\alpha')c_\alpha^\dagger c_{\alpha'} \tag{12.45}$$

と書き下せ，

7) Green 関数を解説している教科書では，状態密度を $D(\epsilon) = -(1/2\pi V)\sum_\alpha A_\alpha(\epsilon/\hbar)$ と定義していることが多い．そこでは化学ポテンシャル $\mu$ を基準に測った一電子エネルギーを $\epsilon$ としている．

$$i\hbar\dot{c}_\alpha = [c_\alpha, \mathcal{H} - \mu\mathcal{N}]_- = \sum_{\alpha'} (\alpha| \left(\hat{H}_1 - \mu\right) |\alpha') c_{\alpha'} \tag{12.46}$$

が成り立つ．したがって，式 (12.38) は，

$$(\hbar\omega + i\delta) G_{\alpha\alpha'}(\omega) = \left\langle\!\!\left\langle \left[c_\alpha, c^\dagger_{\alpha'}\right]_+ \right\rangle\!\!\right\rangle_{\rm eq} + \sum_{\alpha''} (\alpha| \left(\hat{H}_1 - \mu\right) |\alpha'') G_{\alpha''\alpha'}(\omega) \tag{12.47}$$

を導く．上式に $\left[c_\alpha, c^\dagger_{\alpha'}\right]_+ = \delta_{\alpha\alpha'}$ を代入し，$G_{\alpha\alpha'}(\omega)$ について解くと，行列形式で，

$$\hat{G}(\omega) = \frac{1}{\hbar\omega - \hat{H}_1 + \mu + i\delta} \tag{12.48}$$

を得る．つまり，$\hat{G}(\omega)$ は一電子ハミルトニアン $\hat{H}_1$ のレゾルベントになる．特に，$|\alpha)$ が $\hat{H}_1$ の固有状態に選ばれていて（つまり $(\alpha|\hat{H}_1|\alpha') = \epsilon_\alpha \delta_{\alpha\alpha'}$ と対角表示されていて），

$$\mathcal{H} - \mu\mathcal{N} = \sum_\alpha (\epsilon_\alpha - \mu) c^\dagger_\alpha c_\alpha \tag{12.49}$$

と書けている場合には，

$$G_{\alpha\alpha'}(\omega) = (\alpha|\hat{G}(\omega)|\alpha') = \frac{\delta_{\alpha\alpha'}}{\hbar\omega - \epsilon_\alpha + \mu + i\delta} \tag{12.50}$$

だから，一電子スペクトルは，

$$A_\alpha(\omega) = -\frac{1}{\pi} {\rm Im} G_{\alpha\alpha}(\omega) = \delta(\hbar\omega + \mu - \epsilon_\alpha) \tag{12.51}$$

となり，一電子状態 $\alpha$ にある電子のエネルギーが，$\epsilon_\alpha$ に確定していることを表現する．そこから計算される状態密度，

$$D(\epsilon) = \frac{1}{2V} \sum_\alpha A_\alpha \left(\frac{\epsilon - \mu}{\hbar}\right) = \frac{1}{2V} \sum_\alpha \delta(\epsilon - \epsilon_\alpha) \tag{12.52}$$

は，これまで用いてきた定義式 (1.42) に一致する．ただし，軌道とスピン両方の自由度を $\alpha$ で表したため，1 スピン当たりの量にするための 1/2 が新たに現れている．

再び一般的な場合の考察に戻り，系のハミルトニアンを $\mathcal{H} = \mathcal{H}_0 + \mathcal{H}'$ とする．ただし，$\mathcal{H}_0$ は式 (12.45) の形に表されていて，$\mathcal{H}' = 0$ のときの遅延 Green 関数，

$$\hat{G}^{(0)}(\omega) = \frac{1}{\hbar\omega - \hat{H}_1 + \mu + i\delta} \tag{12.53}$$

が既知だとしよう．$\mathcal{H}'$ が扱いにくい一体演算子である場合[8)]や，二体以上の相互作用項を含む場合には，厳密に遅延 Green 関数 $\hat{G}(\omega)$ を求めるのは困難になる．このような場合，しばしば $\mathcal{H}'$ を摂動として扱って $\hat{G}(\omega)$ を近似的に評価する必要に迫られる．このとき，後述するように，$\hat{G}(\omega)$ と $\hat{G}^{(0)}(\omega)$ の差分ではなく，**自己エネルギー**，

$$\hat{\Sigma}(\omega) \equiv \left(\hat{G}^{(0)}(\omega)\right)^{-1} - \left(\hat{G}(\omega)\right)^{-1} \tag{12.54}$$

に着目し，これを摂動論的に評価した方がよい．自己エネルギーの定義式を，

$$\hat{G}(\omega) = \frac{1}{\left(\hat{G}^{(0)}(\omega)\right)^{-1} - \hat{\Sigma}(\omega)} = \frac{1}{\hbar\omega - \hat{H}_1 + \mu - \hat{\Sigma}(\omega) + i\delta} \tag{12.55}$$

と書き直すとわかるように，$\hat{\Sigma}(\omega)$ には**有効的な一電子ポテンシャル**（$\mathcal{H}'$ によって生じた一電子ハミルトニアン $\hat{H}_1$ に対する補正）という物理的な意味がある．ただし，一般には $\hat{\Sigma}(\omega)$ が $\omega$ 依存性を持ち，非エルミートになりうる点に注意しなければならない．なお，式 (12.55) や，式 (12.54) 両辺の分母を払った，

$$\hat{G}(\omega) = \hat{G}^{(0)}(\omega) + \hat{G}^{(0)}(\omega)\hat{\Sigma}(\omega)\hat{G}(\omega) \tag{12.56}$$

を **Dyson 方程式**と呼ぶ．

摂動論的な評価に際して，$\hat{G}(\omega)$ と $\hat{G}^{(0)}(\omega)$ の差分よりも，自己エネルギー（あるいは，$\left(\hat{G}(\omega)\right)^{-1}$ と $\left(\hat{G}^{(0)}(\omega)\right)^{-1}$ の差分）に着目した方がよいことは，ハミルトニアンの摂動項が一体演算子であって，

$$\mathcal{H}' = \sum_{\alpha,\alpha'} (\alpha|\hat{H}'_1|\alpha') c^\dagger_\alpha c_{\alpha'} \tag{12.57}$$

と表される場合を考えれば明らかである．実際，この場合の遅延 Green 関数は，

$$\hat{G}(\omega) = \frac{1}{\hbar\omega - \hat{H}_1 - \hat{H}'_1 + \mu + i\delta} \tag{12.58}$$

であるので，厳密に $\hat{\Sigma}(\omega) = \hat{H}'_1$ である．しかし，$\hat{G}(\omega)$ と $\hat{G}^{(0)}(\omega)$ の差分を $\hat{H}'_1$ について冪展開すると，

8）たとえば，9.4 節で考えたように，不純物配置に関する平均をとる必要がある場合がこれに当たる．

$$\hat{G}(\omega) = \hat{G}^{(0)}(\omega) + \hat{G}^{(0)}(\omega)\hat{H}'_1\hat{G}^{(0)}(\omega) + \hat{G}^{(0)}(\omega)\hat{H}'_1\hat{G}^{(0)}(\omega)\hat{H}'_1\hat{G}^{(0)}(\omega) + \cdots \quad (12.59)$$

となり，展開を有限次数で止めた場合には，$\hat{G}(\omega)$ と $\hat{G}^{(0)}(\omega)$ の極の位置が常に一致するという非物理的な結果しか得られない．本当は，$\mathcal{H}'$ が微小（$\hat{H}'_1$ が微小）ならば，$\hat{G}^{(0)}(\omega)$ の極からわずかにずれた位置に，$\hat{G}(\omega)$ の極が現れるはずなのだが，$\hat{G}(\omega)$ を $\hat{H}'_1$ について冪展開すると，$\hat{G}^{(0)}(\omega)$ の極の近傍で冪展開が破綻するせいで，この事実が隠されてしまうのである．

## 12.4 自己エネルギーの二次摂動

以下では具体的に，デルタ関数型ポテンシャルを通じて相互作用する（仮想的な）電子系を考えよう[9]．第二量子化する前の表示で，この系のハミルトニアンは，

$$\mathcal{H} = \sum_i \frac{\hat{\boldsymbol{p}}_i^2}{2m} + \frac{U}{2}\sum_{i\neq j}\delta\left(\hat{\boldsymbol{r}}_i - \hat{\boldsymbol{r}}_j\right) \quad (12.60)$$

である．ただし，$i$ 番目の電子の位置および運動量演算子をそれぞれ $\hat{\boldsymbol{r}}_i$, $\hat{\boldsymbol{p}}_i$ とし，斥力相互作用を考えて $U > 0$ とする．平行スピンを持つ二電子は同じ位置に来れないので，反平行スピンを持つ電子間にだけ相互作用が働くことに注意しよう．この事実は，波数 $\boldsymbol{k}$，スピン $\sigma$ の状態の電子を一つ作る（消す）演算子を $c^\dagger_{\boldsymbol{k}\sigma}$（$c_{\boldsymbol{k}\sigma}$）とし，$\epsilon_{\boldsymbol{k}} = \hbar^2k^2/2m$ とおいて，ハミルトニアンを，

$$\mathcal{H} = \sum_{\boldsymbol{k}\sigma}\epsilon_{\boldsymbol{k}}c^\dagger_{\boldsymbol{k}\sigma}c_{\boldsymbol{k}\sigma} + \frac{U}{V}\sum_{\boldsymbol{k}_1,\boldsymbol{k}_2,\boldsymbol{k}_3,\boldsymbol{k}_4}\delta_{\boldsymbol{k}_1+\boldsymbol{k}_2,\boldsymbol{k}_3+\boldsymbol{k}_4}c^\dagger_{\boldsymbol{k}_1\uparrow}c^\dagger_{\boldsymbol{k}_2\downarrow}c_{\boldsymbol{k}_3\downarrow}c_{\boldsymbol{k}_4\uparrow} \quad (12.61)$$

と第二量子化するとわかりやすい．以下では，右辺第一項（運動エネルギー）を非摂動ハミルトニアン，第二項（相互作用）を摂動項として扱う．

実は，ハミルトニアン (12.61) は問題を抱えている．三次元空間でデルタ関数型のポテンシャルを考えると，紫外発散（大きな $\boldsymbol{k}$ の寄与から生じる発散）を生じ，そのままでは意味のある結果が得られない．この事実は，系の基底状態のエネルギー $E_0$ を，式 (2.106) を使って $U$ について二次摂動で計算

9）このような仮想的な系を考えるのは，長距離 Coulomb 相互作用に付随して起こる遮蔽効果の問題を切り分けたいからである．遮蔽効果をあらかじめ取り込み，低エネルギー領域を記述することに特化した有効モデルを考えていると考えて欲しい．

すると明らかになる．非摂動ハミルトニアン $\mathcal{H}^{(0)}$ の基底状態を $|\Psi_0^{(0)}\rangle$，そのエネルギーを $E_0^{(0)}$ とし，0 または 1 の値をとる関数 $w_{\boldsymbol{k}_1,\boldsymbol{k}_2;\boldsymbol{k}'_1,\boldsymbol{k}'_2} \equiv n^{(0)}_{\boldsymbol{k}_1\uparrow}n^{(0)}_{\boldsymbol{k}_2\downarrow}\left(1-n^{(0)}_{\boldsymbol{k}'_1\uparrow}\right)\left(1-n^{(0)}_{\boldsymbol{k}'_2\downarrow}\right)$ を導入すると，$w_{\boldsymbol{k}_1,\boldsymbol{k}_2;\boldsymbol{k}'_1,\boldsymbol{k}'_2}=1$ のときには $c^\dagger_{\boldsymbol{k}'_1\uparrow}c^\dagger_{\boldsymbol{k}'_2\downarrow}c_{\boldsymbol{k}_2\downarrow}c_{\boldsymbol{k}_1\uparrow}|\Psi_0^{(0)}\rangle$ がエネルギー $E_0^{(0)}+\epsilon_{\boldsymbol{k}'_1}+\epsilon_{\boldsymbol{k}'_2}-\epsilon_{\boldsymbol{k}_1}-\epsilon_{\boldsymbol{k}_2}$ を持つ $\mathcal{H}^{(0)}$ の励起固有状態になり，$w_{\boldsymbol{k}_1,\boldsymbol{k}_2;\boldsymbol{k}'_1,\boldsymbol{k}'_2}=0$ のときには，$c^\dagger_{\boldsymbol{k}'_1\uparrow}c^\dagger_{\boldsymbol{k}'_2\downarrow}c_{\boldsymbol{k}_2\downarrow}c_{\boldsymbol{k}_1\uparrow}|\Psi_0^{(0)}\rangle=0$ となるので，

$$
\begin{aligned}
E_0 = {} & \sum_{\boldsymbol{k}\sigma}\epsilon_{\boldsymbol{k}}n^{(0)}_{\boldsymbol{k}\sigma}+\frac{U}{V}\sum_{\boldsymbol{k}\boldsymbol{k}'}n^{(0)}_{\boldsymbol{k}\uparrow}n^{(0)}_{\boldsymbol{k}'\downarrow} \\
& +\left(\frac{U}{V}\right)^2\sum_{\boldsymbol{k}_1\boldsymbol{k}_2\boldsymbol{k}'_1\boldsymbol{k}'_2}\frac{n^{(0)}_{\boldsymbol{k}_1\uparrow}n^{(0)}_{\boldsymbol{k}_2\downarrow}\left(1-n^{(0)}_{\boldsymbol{k}'_1\uparrow}\right)\left(1-n^{(0)}_{\boldsymbol{k}'_2\downarrow}\right)}{\epsilon_{\boldsymbol{k}_1}+\epsilon_{\boldsymbol{k}_2}-\epsilon_{\boldsymbol{k}'_1}-\epsilon_{\boldsymbol{k}'_2}}\delta_{\boldsymbol{k}_1+\boldsymbol{k}_2,\boldsymbol{k}'_1+\boldsymbol{k}'_2}
\end{aligned}
\tag{12.62}
$$

を得る．右辺第三項で，$n^{(0)}_{\boldsymbol{k}_1\uparrow}n^{(0)}_{\boldsymbol{k}_2\downarrow}$ に比例する部分を抜き出すと，$n^{(0)}_{\boldsymbol{k}_1\uparrow}n^{(0)}_{\boldsymbol{k}_2\downarrow}$ の係数は，

$$
\left(\frac{U}{V}\right)^2\sum_{\boldsymbol{k}'_1\boldsymbol{k}'_2}\frac{1}{\epsilon_{\boldsymbol{k}_1}+\epsilon_{\boldsymbol{k}_2}-\epsilon_{\boldsymbol{k}'_1}-\epsilon_{\boldsymbol{k}'_2}}\delta_{\boldsymbol{k}_1+\boldsymbol{k}_2,\boldsymbol{k}'_1+\boldsymbol{k}'_2}
\tag{12.63}
$$

と書け，$\boldsymbol{k}'_1$, $\boldsymbol{k}'_2$ についての和が発散する．この紫外発散の問題を避けるため，以下では Fermi エネルギーに比べて十分大きなカットオフ $\epsilon_{\mathrm{c}}$ を導入し，$\boldsymbol{k}$ のとりうる値が $\epsilon_{\boldsymbol{k}}<\epsilon_{\mathrm{c}}$ の範囲に制限されているとする．これは，相互作用の及ぶ範囲が完全な一点ではなく，$\hbar(m\epsilon_{\mathrm{c}})^{-1/2}$ 程度の長さまで及ぶと考えたことに相当する．

ハミルトニアンが全電子の運動量を保存し，スピンを反転させる過程を含まないので，遅延 Green 関数は（$U$ の値によらず常に），

$$
G_{\boldsymbol{k}\sigma,\boldsymbol{k}'\sigma'}(\omega)=\delta_{\boldsymbol{k}\boldsymbol{k}'}\delta_{\sigma\sigma'}G_{\boldsymbol{k}\sigma}(\omega)
\tag{12.64}
$$

の対角形となる．式 (12.54) から自己エネルギーも対角成分しか持たず，

$$
\Sigma_{\boldsymbol{k}\sigma,\boldsymbol{k}'\sigma'}(\omega)=\delta_{\boldsymbol{k}\boldsymbol{k}'}\delta_{\sigma\sigma'}\Sigma_{\boldsymbol{k}\sigma}(\omega)
\tag{12.65}
$$

と書け，式 (12.50) から $G^{(0)}_{\boldsymbol{k}\sigma}(\omega)\equiv G_{\boldsymbol{k}\sigma}(\omega)|_{U=0}=(\hbar\omega-\epsilon_{\boldsymbol{k}}+\mu+i\delta)^{-1}$ だから，

$$
G_{\boldsymbol{k}\sigma}(\omega)=\frac{1}{\left(G^{(0)}_{\boldsymbol{k}\sigma}(\omega)\right)^{-1}-\Sigma_{\boldsymbol{k}\sigma}(\omega)}=\frac{1}{\hbar\omega-\epsilon_{\boldsymbol{k}}+\mu-\Sigma_{\boldsymbol{k}\sigma}(\omega)+i\delta}
\tag{12.66}
$$

が成り立つ．

ここで，$c_\alpha$ や $c_\alpha^\dagger$ の時間微分が，

$$i\hbar\dot{c}_{\boldsymbol{k}\uparrow} = [c_{\boldsymbol{k}\uparrow}, \mathcal{H} - \mu\mathcal{N}]_- = (\epsilon_{\boldsymbol{k}} - \mu)c_{\boldsymbol{k}\uparrow} + \frac{U}{V}\sum_{\boldsymbol{k}_2\boldsymbol{k}_3\boldsymbol{k}_4} \delta_{\boldsymbol{k}+\boldsymbol{k}_2,\boldsymbol{k}_3+\boldsymbol{k}_4} c^\dagger_{\boldsymbol{k}_2\downarrow} c_{\boldsymbol{k}_3\downarrow} c_{\boldsymbol{k}_4\uparrow} \tag{12.67}$$

$$-i\hbar\dot{c}^\dagger_{\boldsymbol{k}\uparrow} = (\epsilon_{\boldsymbol{k}} - \mu)c^\dagger_{\boldsymbol{k}\uparrow} + \frac{U}{V}\sum_{\boldsymbol{k}_1\boldsymbol{k}_2\boldsymbol{k}_3} \delta_{\boldsymbol{k}_1+\boldsymbol{k}_2,\boldsymbol{k}_3+\boldsymbol{k}} c^\dagger_{\boldsymbol{k}_1\uparrow} c^\dagger_{\boldsymbol{k}_2\downarrow} c_{\boldsymbol{k}_3\downarrow} \tag{12.68}$$

と書けることに注意しよう[10]．この結果と式 (12.38) を使い，$\mathcal{G}_{\mathcal{BA}}(\omega)$ に式 (4.23), (4.24) と同様の双線形性があることに注意すると，

$$\begin{aligned}(\hbar\omega + i\delta)G_{\boldsymbol{k}\uparrow}(\omega) &= \left\langle\!\left\langle \left[c_{\boldsymbol{k}\uparrow}, c^\dagger_{\boldsymbol{k}\uparrow}\right]_+ \right\rangle\!\right\rangle_{\mathrm{eq}} + i\hbar\mathcal{G}_{\dot{c}_{\boldsymbol{k}\uparrow}, c^\dagger_{\boldsymbol{k}\uparrow}}(\omega) \\ &= 1 + (\epsilon_{\boldsymbol{k}} - \mu)G_{\boldsymbol{k}\uparrow}(\omega) + \frac{U}{V}\sum_{\boldsymbol{k}_2,\boldsymbol{k}_3,\boldsymbol{k}_4} \delta_{\boldsymbol{k}+\boldsymbol{k}_2,\boldsymbol{k}_3+\boldsymbol{k}_4} \mathcal{G}_{c^\dagger_{\boldsymbol{k}_2\downarrow}c_{\boldsymbol{k}_3\downarrow}c_{\boldsymbol{k}_4\uparrow},\, c^\dagger_{\boldsymbol{k}\uparrow}}(\omega)\end{aligned} \tag{12.69}$$

$$\begin{aligned}(\hbar\omega + i\delta)\mathcal{G}_{c^\dagger_{\boldsymbol{k}_2\downarrow}c_{\boldsymbol{k}_3\downarrow}c_{\boldsymbol{k}_4\uparrow},\, c^\dagger_{\boldsymbol{k}\uparrow}}(\omega) &= \left\langle\!\left\langle \left[c^\dagger_{\boldsymbol{k}_2\downarrow}c_{\boldsymbol{k}_3\downarrow}c_{\boldsymbol{k}_4\uparrow},\, c^\dagger_{\boldsymbol{k}\uparrow}\right]_+ \right\rangle\!\right\rangle_{\mathrm{eq}} - i\hbar\mathcal{G}_{c^\dagger_{\boldsymbol{k}_2\downarrow}c_{\boldsymbol{k}_3\downarrow}c_{\boldsymbol{k}_4\uparrow},\, \dot{c}^\dagger_{\boldsymbol{k}\uparrow}}(\omega) \\ &= \delta_{\boldsymbol{k}_4\boldsymbol{k}}\delta_{\boldsymbol{k}_2\boldsymbol{k}_3}\left\langle\!\left\langle c^\dagger_{\boldsymbol{k}_2\downarrow}c_{\boldsymbol{k}_2\downarrow} \right\rangle\!\right\rangle_{\mathrm{eq}} + (\epsilon_{\boldsymbol{k}} - \mu)\mathcal{G}_{c^\dagger_{\boldsymbol{k}_2\downarrow}c_{\boldsymbol{k}_3\downarrow}c_{\boldsymbol{k}_4\uparrow},\, c^\dagger_{\boldsymbol{k}\uparrow}}(\omega) \\ &\quad + \frac{U}{V}\sum_{\boldsymbol{k}'_1\boldsymbol{k}'_2\boldsymbol{k}'_3} \delta_{\boldsymbol{k}'_1+\boldsymbol{k}'_2,\boldsymbol{k}'_3+\boldsymbol{k}} \mathcal{G}_{c^\dagger_{\boldsymbol{k}_2\downarrow}c_{\boldsymbol{k}_3\downarrow}c_{\boldsymbol{k}_4\uparrow},\, c^\dagger_{\boldsymbol{k}'_1\uparrow}c^\dagger_{\boldsymbol{k}'_2\downarrow}c_{\boldsymbol{k}'_3\downarrow}}(\omega)\end{aligned} \tag{12.70}$$

を得る．もう少しすっきりした形，

$$\left(G^{(0)}_{\boldsymbol{k}\uparrow}(\omega)\right)^{-1} G_{\boldsymbol{k}\uparrow}(\omega) = 1 + \frac{U}{V}\sum_{\boldsymbol{k}_2,\boldsymbol{k}_3,\boldsymbol{k}_4} \delta_{\boldsymbol{k}+\boldsymbol{k}_2,\boldsymbol{k}_3+\boldsymbol{k}_4} L_{\boldsymbol{k}_2\boldsymbol{k}_3\boldsymbol{k}_4\boldsymbol{k}}(\omega) \tag{12.71}$$

$$\begin{aligned}\left(G^{(0)}_{\boldsymbol{k}\uparrow}(\omega)\right)^{-1} L_{\boldsymbol{k}_2\boldsymbol{k}_3\boldsymbol{k}_4\boldsymbol{k}}(\omega) &= \delta_{\boldsymbol{k}_4\boldsymbol{k}}\delta_{\boldsymbol{k}_2\boldsymbol{k}_3}\left\langle\!\left\langle c^\dagger_{\boldsymbol{k}_2\downarrow}c_{\boldsymbol{k}_2\downarrow} \right\rangle\!\right\rangle_{\mathrm{eq}} \\ &\quad + \frac{U}{V}\sum_{\boldsymbol{k}'_1\boldsymbol{k}'_2\boldsymbol{k}'_3} \delta_{\boldsymbol{k}'_1+\boldsymbol{k}'_2,\boldsymbol{k}'_3+\boldsymbol{k}} Q_{\boldsymbol{k}_2\boldsymbol{k}_3\boldsymbol{k}_4\boldsymbol{k}'_1\boldsymbol{k}'_2\boldsymbol{k}'_3}(\omega)\end{aligned} \tag{12.72}$$

$$L_{\boldsymbol{k}_2\boldsymbol{k}_3\boldsymbol{k}_4\boldsymbol{k}}(\omega) \equiv \mathcal{G}_{c^\dagger_{\boldsymbol{k}_2\downarrow}c_{\boldsymbol{k}_3\downarrow}c_{\boldsymbol{k}_4\uparrow},\, c^\dagger_{\boldsymbol{k}\uparrow}}(\omega), \quad Q_{\boldsymbol{k}_2\boldsymbol{k}_3\boldsymbol{k}_4\boldsymbol{k}'_1\boldsymbol{k}'_2\boldsymbol{k}'_3}(\omega) \equiv \mathcal{G}_{c^\dagger_{\boldsymbol{k}_2\downarrow}c_{\boldsymbol{k}_3\downarrow}c_{\boldsymbol{k}_4\uparrow},\, c^\dagger_{\boldsymbol{k}'_1\uparrow}c^\dagger_{\boldsymbol{k}'_2\downarrow}c_{\boldsymbol{k}'_3\downarrow}}(\omega) \tag{12.73}$$

に整理した後，$L_{\boldsymbol{k}_2\boldsymbol{k}_3\boldsymbol{k}_4\boldsymbol{k}}(\omega)$ を消去すれば，最終的に，

$$\begin{aligned}G_{\boldsymbol{k}\uparrow}(\omega) &= G^{(0)}_{\boldsymbol{k}\uparrow}(\omega) + \frac{Un}{2}\left(G^{(0)}_{\boldsymbol{k}\uparrow}(\omega)\right)^2 \\ &\quad + \left(\frac{U}{V}\right)^2 \sum_{\boldsymbol{k}_2\boldsymbol{k}_3\boldsymbol{k}_4\boldsymbol{k}'_1\boldsymbol{k}'_2\boldsymbol{k}'_3} \delta_{\boldsymbol{k}+\boldsymbol{k}_2,\boldsymbol{k}_3+\boldsymbol{k}_4}\delta_{\boldsymbol{k}'_1+\boldsymbol{k}'_2,\boldsymbol{k}'_3+\boldsymbol{k}} Q_{\boldsymbol{k}_2\boldsymbol{k}_3\boldsymbol{k}_4\boldsymbol{k}'_1\boldsymbol{k}'_2\boldsymbol{k}'_3}(\omega)\left(G^{(0)}_{\boldsymbol{k}\uparrow}(\omega)\right)^2\end{aligned} \tag{12.74}$$

10）交換関係や反交換関係を計算する際には，3.4 節の脚注 17 に掲げた公式が有用である．

に至る．ここで，上向きスピンと下向きスピンを持つ電子が同数あるとし，$n$ を全電子密度として，$V^{-1}\sum_{k}\left\langle\!\left\langle c^{\dagger}_{k\downarrow}c_{k\downarrow}\right\rangle\!\right\rangle_{\mathrm{eq}}=n/2$ と計算した．

式 (12.74) に現れる $Q_{k_2k_3k_4k'_1k'_2k'_3}(\omega)$ を摂動のゼロ次で評価すれば，$G_{k\uparrow}(\omega)$ を二次摂動で評価したことになる．即ち，$Q_{k_2k_3k_4k'_1k'_2k'_3}(\omega)$ を，

$$Q^{(0)}_{k_2k_3k_4k'_1k'_2k'_3}(\omega)\equiv\frac{1}{i\hbar}\int_{0}^{+\infty}\left\langle\!\left\langle\left[c^{\dagger}_{k_2\downarrow}(t)c_{k_3\downarrow}(t)c_{k_4\uparrow}(t),c^{\dagger}_{k'_1\uparrow}c^{\dagger}_{k'_2\downarrow}c_{k'_3\downarrow}\right]_{+}\right\rangle\!\right\rangle_{0}e^{i\omega t-\delta t}dt \tag{12.75}$$

に置き換えればよい．ここで，$\langle\!\langle\bullet\rangle\!\rangle_0$ は，熱力学的な平均値を非摂動ハミルトニアンを用いて計算するだけではなく，その中に現れる演算子の Heisenberg 表示もすべて非摂動ハミルトニアンを用いて計算することを意味する．このとき，$c_{k\sigma}$ の Heisenberg 表示は，式 (3.67) および (3.68) から，

$$c_{k\sigma}(t)=c_{k\sigma}e^{-i(\epsilon_k-\mu)t/\hbar},\quad c^{\dagger}_{k\sigma}(t)=c^{\dagger}_{k\sigma}e^{i(\epsilon_k-\mu)t/\hbar} \tag{12.76}$$

なので，

$$Q^{(0)}_{k_2k_3k_4k'_1k'_2k'_3}(\omega)=\frac{\left\langle\!\left\langle\left[c^{\dagger}_{k_2\downarrow}c_{k_3\downarrow}c_{k_4\uparrow},c^{\dagger}_{k'_1\uparrow}c^{\dagger}_{k'_2\downarrow}c_{k'_3\downarrow}\right]_{+}\right\rangle\!\right\rangle_{0}}{\hbar\omega+\epsilon_{k_2}-\epsilon_{k_3}-\epsilon_{k_4}+\mu+i\delta} \tag{12.77}$$

となる．分子に現れた平均値は Bloch-de Dominicis の定理を用いて，

$$\begin{aligned}\left\langle\!\left\langle\left[c^{\dagger}_{k_2\downarrow}c_{k_3\downarrow}c_{k_4\uparrow},c^{\dagger}_{k'_1\uparrow}c^{\dagger}_{k'_2\downarrow}c_{k'_3\downarrow}\right]_{+}\right\rangle\!\right\rangle_{0}&=\delta_{k_2k_3}\delta_{k_4k'_1}\delta_{k'_2k'_3}f(\epsilon_{k_2})\left(1-f(\epsilon_{k_4})\right)f(\epsilon_{k'_2})\\&+\delta_{k_2k'_3}\delta_{k_3k'_2}\delta_{k_4k'_1}f(\epsilon_{k_2})\left(1-f(\epsilon_{k_3})\right)\left(1-f(\epsilon_{k_4})\right)\\&+\delta_{k_2k_3}\delta_{k_4k'_1}\delta_{k'_2k'_3}f(\epsilon_{k_2})f(\epsilon_{k_4})f(\epsilon_{k'_2})\\&+\delta_{k_2k'_3}\delta_{k_3k'_2}\delta_{k_4k'_1}\left(1-f(\epsilon_{k_2})\right)f(\epsilon_{k_3})f(\epsilon_{k_4})\end{aligned} \tag{12.78}$$

と計算できる．

以上の結果をまとめると，遅延 Green 関数を二次摂動で評価した表式として，

$$\begin{aligned}G_{k\sigma}(\omega)&=G^{(0)}_{k\sigma}(\omega)+G^{(0)}_{k\sigma}(\omega)(Un/2)G^{(0)}_{k\sigma}(\omega)\\&\quad+\left(G^{(0)}_{k\sigma}(\omega)\Sigma^{(2)}_{k}(\omega)G^{(0)}_{k\sigma}(\omega)+G^{(0)}_{k\sigma}(\omega)(Un/2)G^{(0)}_{k\sigma}(\omega)(Un/2)G^{(0)}_{k\sigma}(\omega)\right)\\&\quad+\cdots\end{aligned} \tag{12.79}$$

$$\Sigma^{(2)}_{k}(\omega)=\left(\frac{U}{V}\right)^{2}\sum_{k_2k_3k_4}\delta_{k+k_2,k_3+k_4}\frac{f(\epsilon_{k_2})(1-f(\epsilon_{k_3}))(1-f(\epsilon_{k_4}))+(1-f(\epsilon_{k_2}))f(\epsilon_{k_3})f(\epsilon_{k_4})}{\hbar\omega+\epsilon_{k_2}-\epsilon_{k_3}-\epsilon_{k_4}+\mu+i\delta} \tag{12.80}$$

を得る．ここで，$V^{-1}\sum_{\boldsymbol{k}}\left\langle\!\left\langle c^{\dagger}_{\boldsymbol{k}\sigma}c_{\boldsymbol{k}\sigma}\right\rangle\!\right\rangle_0 \approx V^{-1}\sum_{\boldsymbol{k}}\left\langle\!\left\langle c^{\dagger}_{\boldsymbol{k}\sigma}c_{\boldsymbol{k}\sigma}\right\rangle\!\right\rangle_{\mathrm{eq}} = n/2$ と見積もった（誤差は摂動の三次以上になる）．

上記のように $G_{\boldsymbol{k}\sigma}(\omega)$ を $U$ について冪展開すると，$G^{(0)}_{\boldsymbol{k}\sigma}(\omega)$ が次々と現れ，$G^{(0)}_{\boldsymbol{k}\sigma}(\omega)$ が発散する $\hbar\omega \to \epsilon_{\boldsymbol{k}} - \mu$ で近似が破綻してしまう．これは，12.3 節で述べたように，$\hat{G}(\omega)$ と $\hat{G}^{(0)}(\omega)$ の差分を摂動論的に評価したせいで生じた問題で，本当は自己エネルギー（同じことだが，$\left(\hat{G}(\omega)\right)^{-1}$ と $\left(\hat{G}^{(0)}(\omega)\right)^{-1}$ の差分）を評価すべきなのである．そこで，式 (12.66) の $G_{\boldsymbol{k}\sigma}(\omega)$ を $\Sigma_{\boldsymbol{k}\sigma}(\omega)$ について形式的に冪展開した，

$$G_{\boldsymbol{k}\sigma} = G^{(0)}_{\boldsymbol{k}\sigma} + G^{(0)}_{\boldsymbol{k}\sigma}\Sigma_{\boldsymbol{k}\sigma}G^{(0)}_{\boldsymbol{k}\sigma} + G^{(0)}_{\boldsymbol{k}\sigma}\Sigma_{\boldsymbol{k}\sigma}G^{(0)}_{\boldsymbol{k}\sigma}\Sigma_{\boldsymbol{k}\sigma}G^{(0)}_{\boldsymbol{k}\sigma} + \cdots \tag{12.81}$$

と，式 (12.79) を比較して，$\Sigma_{\boldsymbol{k}\sigma}(\omega)$ を定めよう．その結果，$\Sigma_{\boldsymbol{k}\sigma}(\omega)$ を $U$ の二次近似で，

$$\Sigma_{\boldsymbol{k}\sigma}(\omega) = \frac{Un}{2} + \Sigma^{(2)}_{\boldsymbol{k}}(\omega) \tag{12.82}$$

と評価できる[11]．これを式 (12.66) の $G_{\boldsymbol{k}\sigma}(\omega)$ へ代入した結果は，$\hbar\omega \to \epsilon_{\boldsymbol{k}} - \mu$ でも妥当性を失わない．自己エネルギーの表式の第一項（摂動の一次の寄与）$Un/2$ は Hartree 近似の結果である．ここで考えている相互作用は反平行スピンを持つ二電子間にのみ働くから，交換相互作用項の寄与はない．摂動の二次の寄与 $\Sigma^{(2)}_{\boldsymbol{k}}(\omega)$ は電子相関の効果を与える．

二次摂動程度なら上記のような泥臭い計算をしてもさしたる手間ではないが，さらに高次の摂動展開を行おうとすれば，計算を系統的・機械的に行う手法を使わないと立ちゆかなくなる．そこで便利なのが，Feynman ダイヤグラムの技法を駆使して松原–Green 関数を摂動展開し，それを解析接続して遅延 Green 関数を評価する方法である．これについては数多くの良書[12]が既に存在するので，各自で習得して欲しい．

---

11）ここまで，$G_{\boldsymbol{k}\uparrow}(\omega)$ を評価したが，$G_{\boldsymbol{k}\downarrow}(\omega)$ に対しても同様の結果が得られることに注意．

12）たとえば，A. A. Abrikosov, L. P. Gor'kov and I. E. Dzyaloshinskii: *Methods of Quantum Field Theory in Statistical Physics, Revised Edition* (Dover, 1975); A. L. Fetter and J. D. Walecka: *Quantum Theory of Many-Particle Systems* (Dover, 2003); G. D. Mahan: *Many-Particle Physics, 3rd Edition* (Springer, 2000); 高田康民：『多体問題』（朝倉書店, 1999）．

## 12.5　Fermi 液体の微視的理論

本節では，前節で考えたモデルに話を限ることはせずに，ごく一般的に相互作用する一様な電子系（そこでは電子の全運動量が保存する）を考えるところから話を始めよう．ただし，相互作用はスピン反転過程を伴わないとする．このとき，一電子遅延 Green 関数や自己エネルギーが波数 $\boldsymbol{k}$, スピン $\sigma$ に関して対角的であることは既に述べた通りで，一電子スペクトルは，

$$A_{\boldsymbol{k}\sigma}(\omega) = -\frac{1}{\pi}\mathrm{Im}G_{\boldsymbol{k}\sigma}(\omega) = \frac{1}{\pi}\frac{-\mathrm{Im}\Sigma_{\boldsymbol{k}\sigma}(\omega) + \delta}{(\hbar\omega - \epsilon_{\boldsymbol{k}} + \mu - \mathrm{Re}\Sigma_{\boldsymbol{k}\sigma}(\omega))^2 + (-\mathrm{Im}\Sigma_{\boldsymbol{k}\sigma}(\omega) + \delta)^2} \tag{12.83}$$

となる．$A_{\boldsymbol{k}\sigma}(\omega)$ が常に正であるため，$\mathrm{Im}\Sigma_{\boldsymbol{k}\sigma}(\omega)$ は常に負でなければならない．また，相互作用がない場合は $\Sigma_{\boldsymbol{k}\sigma}(\omega) = 0$ だから，

$$A_{\boldsymbol{k}\sigma}(\omega) = \frac{1}{\pi}\frac{\delta}{(\hbar\omega - \epsilon_{\boldsymbol{k}} + \mu)^2 + \delta^2} \to \delta(\hbar\omega - \epsilon_{\boldsymbol{k}} + \mu) \tag{12.84}$$

となる．そこから類推して考えると，一般には，

$$\hbar\omega - \epsilon_{\boldsymbol{k}} + \mu - \mathrm{Re}\Sigma_{\boldsymbol{k}\sigma}(\omega) = 0 \tag{12.85}$$

を $\omega$ の方程式として解いて得られる $\hbar\omega = \epsilon^{(\mathrm{qp})}_{\boldsymbol{k}\sigma} - \mu$ に一電子スペクトル $A_{\boldsymbol{k}\sigma}(\omega)$ のピークが現れると考えられる．このピークが十分に「鋭ければ」，$\epsilon^{(\mathrm{qp})}_{\boldsymbol{k}\sigma}$ は，相互作用を繰り込んだ一電子エネルギー，つまり，Fermi 液体論における準粒子のエネルギーという意味を獲得する．

さて，Fermi 液体の概念が成立するためには，ピーク幅はどれくらい細ければよいだろうか．簡単のために，系の等方性を仮定し，絶対零度で考えよう．系の等方性から $\Sigma_{\boldsymbol{k}\sigma}(\omega)$ や $A_{\boldsymbol{k}\sigma}(\omega)$，$\epsilon_{\boldsymbol{k}}$，$\epsilon^{(\mathrm{qp})}_{\boldsymbol{k}\sigma}$ はすべて $k = |\boldsymbol{k}|$ だけの関数となり，$\sigma$ 依存性もなくなる．ここで，

$$\epsilon^{(\mathrm{qp})}_{k_\mathrm{F}} = \mu, \quad (\Leftrightarrow\ \epsilon_{k_\mathrm{F}} + \mathrm{Re}\Sigma_{k_\mathrm{F}}(0) = \mu) \tag{12.86}$$

から Fermi 波数 $k_\mathrm{F}$ を定め，$k = k_\mathrm{F}$，$\omega = 0$ の近傍で，

$$\mathrm{Re}\Sigma_k(\omega) = \mathrm{Re}\Sigma_{k=k_\mathrm{F}}(0) + a\hbar\,(k - k_\mathrm{F}) - b\hbar\omega + \cdots \tag{12.87}$$

と展開すると，一電子スペクトルは，

$$A_k(\omega) = \frac{Z}{\pi}\frac{\Gamma_k}{\left(\hbar\omega - \left(\epsilon_k^{(\mathrm{qp})} - \mu\right)\right)^2 + \Gamma_k^2} + A_k^{(\mathrm{inc})}(\omega) \tag{12.88}$$

の形になる．第一項は $\hbar\omega = \epsilon_k^{(\mathrm{qp})} - \mu$ に位置し，幅 $\Gamma_k$ を持つ Lorentz 分布型のピーク（**コヒーレンスピーク**），第二項はその他の際立った構造を持たない部分（**インコヒーレント部分**）を表す．この様子を模式的に示したのが図 12.1 である．一電子スペクトル全体に対するコヒーレンスピークの寄与の「重み」は，

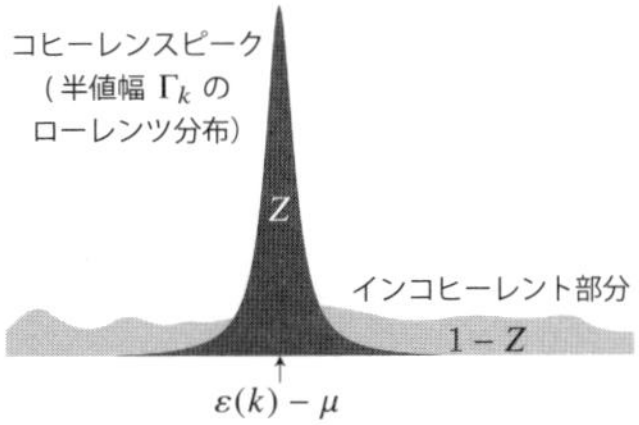


図 12.1　Fermi 液体論が有効な場合の一電子スペクトルの模式図

$$Z = \frac{1}{1+b} = \left(1 - \frac{1}{\hbar}\frac{\partial \mathrm{Re}\Sigma_{k_\mathrm{F}}(\omega)}{\partial\omega}\bigg|_{\omega=0}\right)^{-1} \tag{12.89}$$

と書け，**くりこみ因子**と呼ばれる．また，準粒子のエネルギー $\epsilon_k^{(\mathrm{qp})}$ およびコヒーレンスピークの幅 $\Gamma_k$ を，

$$\epsilon_k^{(\mathrm{qp})} - \mu = Z\left(\epsilon_k - \epsilon_{k_\mathrm{F}} + a\hbar(k - k_\mathrm{F})\right), \quad \Gamma_k = -Z\mathrm{Im}\Sigma_k\left(\frac{\epsilon_k^{(\mathrm{qp})} - \mu}{\hbar}\right) \tag{12.90}$$

と書き表せる．遅延 Green 関数に対するコヒーレンスピークの寄与は，$G_k^{(\mathrm{coh})}(\omega) = Z\left(\hbar\omega - \epsilon_k^{(\mathrm{qp})} + \mu + i\Gamma_k\right)^{-1}$ と書けるが，これを逆 Fourier 変換すれば，

$$G_k^{(\mathrm{coh})}(t) \approx Ze^{-i\left(\epsilon_k^{(\mathrm{qp})} - \mu\right)t/\hbar} e^{-\Gamma_k t/\hbar}, \quad (t > 0) \tag{12.91}$$

となる．つまり，準粒子の寿命は $\hbar/\Gamma_k$ 程度である（正確な定義は $\tau_k = \hbar/2\Gamma_k$）．したがって，電子系が Fermi 液体論によって記述されるための条件 (12.3) を，

$$0 < Z < 1 \text{ かつ } \Gamma_k \ll \left|\epsilon_k^{(\mathrm{qp})} - \mu\right|, \quad \left(\left|\epsilon_k^{(\mathrm{qp})} - \mu\right| \to 0\right) \tag{12.92}$$

あるいは同じことだが，

$$0 < Z < 1 \text{ かつ } -\mathrm{Im}\Sigma_k(\omega) \ll |\hbar\omega|,\ |k - k_\mathrm{F}|, \quad (\omega \to 0,\ k \to k_\mathrm{F}) \tag{12.93}$$

と表現できる．

前節で論じた電子系のモデルが，Fermi 液体の条件 (12.93) を満足するかどうか，二次摂動の範囲で調べよう．自己エネルギーの虚部は二次摂動の寄与から生じる．式 (12.80) の第一項と第二項をそれぞれ $\Sigma_k^{(2a)}(\omega)$，$\Sigma_k^{(2b)}(\omega)$ とすれば，

$$
\begin{aligned}
-\mathrm{Im}\Sigma_k^{(2a)}(\omega) &= \pi\left(\frac{U}{V}\right)^2 \sum_{\boldsymbol{k}_2,\boldsymbol{k}_3,\boldsymbol{k}_4} \delta_{\boldsymbol{k}+\boldsymbol{k}_2,\boldsymbol{k}_3+\boldsymbol{k}_4}\delta(\hbar\omega+\mu+\epsilon_2-\epsilon_3-\epsilon_4)f_2(1-f_3)(1-f_4) \\
&= \pi\left(\frac{U}{V}\right)^2 \sum_{\boldsymbol{k}',\boldsymbol{q}} \delta(\hbar\omega+\mu+\epsilon_{\boldsymbol{k}'}-\epsilon_{\boldsymbol{k}'+\boldsymbol{q}}-\epsilon_{\boldsymbol{k}-\boldsymbol{q}})(f_{\boldsymbol{k}'}-f_{\boldsymbol{k}'+\boldsymbol{q}}) \\
&\qquad\qquad\qquad\qquad \times\theta(\epsilon_{\boldsymbol{k}'+\boldsymbol{q}}-\epsilon_{\boldsymbol{k}'})(1-f_{\boldsymbol{k}-\boldsymbol{q}}) \\
&= \frac{1}{2}\left(\frac{U}{V}\right)^2 \sum_{\boldsymbol{q}} \mathrm{Im}\chi^{(0)}_{\rho_{\boldsymbol{q}}\rho_{-\boldsymbol{q}}}\left(\frac{\hbar\omega+\mu-\epsilon_{\boldsymbol{k}-\boldsymbol{q}}}{\hbar}\right)(1-f_{\boldsymbol{k}-\boldsymbol{q}})\theta(\hbar\omega+\mu-\epsilon_{\boldsymbol{k}-\boldsymbol{q}})
\end{aligned}
\tag{12.94}
$$

となる．ここで，$\epsilon_i \equiv \epsilon_{\boldsymbol{k}_i} = \hbar^2 k_i^2/2m$，$f_i \equiv f(\epsilon_i)$ の意味である．また，$f_{\mathrm{B}}(\epsilon) \equiv (e^{\beta\epsilon}-1)^{-1}$ を Bose 分布関数として，恒等式，

$$
f(\epsilon)(1-f(\epsilon')) = (f(\epsilon)-f(\epsilon'))(-f_{\mathrm{B}}(\epsilon-\epsilon')) \overset{T\to 0}{\to} (f(\epsilon)-f(\epsilon'))\theta(\epsilon'-\epsilon) \tag{12.95}
$$

が成立することを用いた．さらに，$-\mathrm{Im}\Sigma_k^{(2a)}(\omega)$ を数係数を除いて評価しよう．まず，式 (11.27) から，

$$
\frac{1}{V}\mathrm{Im}\chi^{(0)}_{\rho_{\boldsymbol{q}}\rho_{-\boldsymbol{q}}}\left(\frac{\hbar\omega+\mu-\epsilon_{\boldsymbol{k}-\boldsymbol{q}}}{\hbar}\right) \sim D_{\mathrm{F}}^{(0)}\frac{(\hbar\omega+\mu-\epsilon_{\boldsymbol{k}-\boldsymbol{q}})/\mu}{q/k_{\mathrm{F}}} \tag{12.96}
$$

となることに注意し，$\boldsymbol{q}' = \boldsymbol{k}-\boldsymbol{q}$ と変数変換すると，

$$
\begin{aligned}
-\mathrm{Im}\Sigma_k^{(2a)}(\omega) &\sim \frac{U^2 D_{\mathrm{F}}^{(0)} k_{\mathrm{F}}}{\mu}\int d^3\boldsymbol{q}'\,\frac{(\hbar\omega+\mu-\epsilon_{q'})}{|\boldsymbol{k}-\boldsymbol{q}'|}(1-f_{q'})\theta(\hbar\omega+\mu-\epsilon_{q'}) \\
&\sim \frac{\left(UD_{\mathrm{F}}^{(0)}\right)^2}{\mu}\int_{\mu}^{\hbar\omega+\mu}(\hbar\omega+\mu-\epsilon)d\epsilon \sim \frac{\left(UD_{\mathrm{F}}^{(0)}\right)^2}{\mu}(\hbar\omega)^2
\end{aligned}
\tag{12.97}
$$

を得る．まったく同様に $-\mathrm{Im}\Sigma_k^{(2b)}(\omega) \propto (\hbar\omega)^2$ も示せ，摂動が有効な範囲では $Z = 1 - o(U)$ だから，Fermi 液体論の前提条件が満たされる．

絶対零度における電子（準粒子ではない）の運動量分布関数が，式 (12.43) から，

$$
n_{\boldsymbol{k}}^{(\mathrm{e})} \equiv \left\langle\!\left\langle c_{\boldsymbol{k}\sigma}^{\dagger}c_{\boldsymbol{k}\sigma}\right\rangle\!\right\rangle_{\mathrm{eq}} = \int_{-\infty}^{0} A_{\boldsymbol{k}}(\omega)d(\hbar\omega) \tag{12.98}
$$

と書けることに注意しよう．系が等方的で Fermi 液体論の前提条件が満たされていれば，$k \to k_{\mathrm{F}}$ では，$\Gamma_k \to 0$ となるので，$A_k(\omega) = Z\delta(\hbar\omega - \epsilon_{\boldsymbol{k}}^{(\mathrm{qp})} + \mu) + (\omega$ の滑らかな関数）と評価できて，

$$n^{(\mathrm{e})}_{k_\mathrm{F}-0} - n^{(\mathrm{e})}_{k_\mathrm{F}+0} = Z \tag{12.99}$$

を得る．つまり，**相互作用がある場合でも，運動量分布関数の不連続な跳びを使って Fermi 面を明確に定義できる**．これは Fermi 液体の著しい性質である．この様子を模式的に示したのが図 12.2 である．

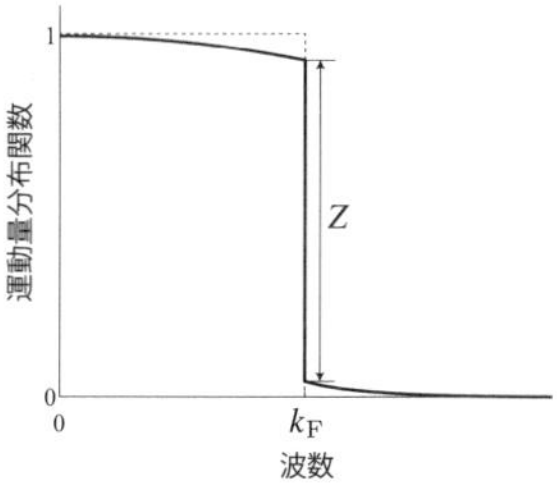


図 12.2　運動量分布関数の模式図

例として，ハミルトニアン (12.61) で記述される系の運動量分布関数 $n^{(\mathrm{e})}_k$ を二次摂動で計算してみよう．既に遅延 Green 関数を二次摂動で求めているので，式 (12.98) から直接的に計算することもできるが，$\delta\mathcal{H}/\delta\epsilon_{\boldsymbol{k}} = \sum_\sigma c^\dagger_{\boldsymbol{k}\sigma} c_{\boldsymbol{k}\sigma}$ に注意して，Hellmann-Feynman の定理 (2.112) を用いる方が早い．系の基底状態のエネルギーを二次摂動で評価した式 (12.62) を $\epsilon_{\boldsymbol{k}}$ で変分することにより，

$$n^{(\mathrm{e})}_k = \frac{1}{2}\cdot\frac{\delta E}{\delta\epsilon_{\boldsymbol{k}}} = n^{(0)}_k + \left(\frac{U}{V}\right)^2 \sum_{\boldsymbol{k}_1\boldsymbol{k}_2\boldsymbol{k}_3}\left(\frac{\left(1-n^{(0)}_k\right)\left(1-n^{(0)}_{k_3}\right)n^{(0)}_{k_1}n^{(0)}_{k_2}}{\left(\epsilon_k+\epsilon_{k_3}-\epsilon_{k_1}-\epsilon_{k_2}\right)^2} - \frac{n^{(0)}_k n^{(0)}_{k_3}\left(1-n^{(0)}_{k_1}\right)\left(1-n^{(0)}_{k_2}\right)}{\left(\epsilon_k+\epsilon_{k_3}-\epsilon_{k_1}-\epsilon_{k_2}\right)^2}\right)\delta_{\boldsymbol{k}+\boldsymbol{k}_3,\boldsymbol{k}_1+\boldsymbol{k}_2} \tag{12.100}$$

が導かれる[13]．ただし，$k^{(0)}_\mathrm{F} = \left(3\pi^2 N/V\right)^{1/3}$ として，$n^{(0)}_k = \theta\left(k^{(0)}_\mathrm{F} - k\right)$ であり，くりこみ因子 $Z$ は，

$$Z = 1 - \left(\frac{U}{V}\right)^2 \sum_{\boldsymbol{k}_1\boldsymbol{k}_2\boldsymbol{k}_3}\left(\frac{\left(1-n^{(0)}_{k_3}\right)n^{(0)}_{k_1}n^{(0)}_{k_2}}{\left(\epsilon_{k^{(0)}_\mathrm{F}}+\epsilon_{k_3}-\epsilon_{k_1}-\epsilon_{k_2}\right)^2} + \frac{n^{(0)}_{k_3}\left(1-n^{(0)}_{k_1}\right)\left(1-n^{(0)}_{k_2}\right)}{\left(\epsilon_{k^{(0)}_\mathrm{F}}+\epsilon_{k_3}-\epsilon_{k_1}-\epsilon_{k_2}\right)^2}\right)\delta_{\boldsymbol{k}+\boldsymbol{k}_3,\boldsymbol{k}_1+\boldsymbol{k}_2} \tag{12.101}$$

と表される．つまり，電子数 $N$ を固定して考えると，$n^{(\mathrm{e})}_k$ が跳びを示す Fermi 波数 $k_\mathrm{F}$ は，$U$ によらず $k^{(0)}_\mathrm{F}$ に等しい．「**Fermi 面が囲む波数空間の体積が電子数で決まり，相互作用によらない**」という事実は，より一般的な形で証明されていて，**Luttinger の定理**と呼ばれる．

最後に準粒子の質量について述べておこう．Fermi 面上（$k = k_\mathrm{F}$）における

13) 物理的意味が乏しいので，これ以上計算を進めることはしないが，$Z$ の表式中の波数ベクトルに関する和は厳密に実行でき，結果は $Z = 1 - \left(UD^{(0)}_\mathrm{F}\right)^2 \ln 2$ となる（$D^{(0)}_\mathrm{F}$ は，Sommerfeld モデルの Fermi 準位における状態密度）．原論文は，V. A. Belyakov: Soviet Phys. JETP **13**, 850 (1961) [Zh. Exp. Teor. Fiz **40**, 1210 (1961)]. だが，導出過程の計算は省かれている．実際の計算は直接的に行えるが煩わしい．

準粒子の質量 $m^*$ は，式 (12.90) から，

$$\frac{m^*}{m} = \frac{m_\omega}{m} \cdot \frac{m_k}{m}, \quad \frac{m_\omega}{m} = \frac{1}{Z}, \quad \frac{m_k}{m} = \frac{v_{\mathrm{F}}^{(0)}}{v_{\mathrm{F}}^{(0)} + a} \tag{12.102}$$

と書ける．ただし $v_{\mathrm{F}}^{(0)} \equiv \hbar k_{\mathrm{F}}/m$ は Sommerfeld モデルにおける Fermi 速度を表す．

# 第13章
# 近藤問題と局所Fermi液体

## 13.1 Andersonモデル

非磁性のホスト金属（貴金属やAlなど）へ遷移金属（たとえば鉄）を不純物として混ぜた合金を考えよう．磁性不純物を含まないホスト金属の価電子のバンドが，構成原子のs軌道に由来していることを想定して，この価電子をs電子と呼ぼう．波数$\boldsymbol{k}$，スピン$\sigma$を持つs電子の生成・消滅演算子を$c^\dagger_{\boldsymbol{k}\sigma}$，$c_{\boldsymbol{k}\sigma}$，そのバンド分散を$\epsilon_{\boldsymbol{k}}$とすれば，磁性不純物がないときのs電子系のハミルトニアンを，相互作用を無視して，

$$\mathcal{H}_{\mathrm{c}} = \sum_{\boldsymbol{k}\sigma} \epsilon_{\boldsymbol{k}} c^\dagger_{\boldsymbol{k}\sigma} c_{\boldsymbol{k}\sigma} \tag{13.1}$$

と書ける．次に，孤立した遷移金属原子の3d電子（以下d電子と略す）のモデルを作る．1.6節でHubbardモデルを導入したときと同様に，3d軌道（以下d軌道と略す）の縮退を無視して，

$$\mathcal{H}_{\mathrm{d}} = \sum_{\sigma} \epsilon_{\mathrm{d}} n_{\mathrm{d}\sigma} + U n_{\mathrm{d}\uparrow} n_{\mathrm{d}\downarrow} \tag{13.2}$$

をハミルトニアンとしよう．ここで，$\epsilon_{\mathrm{d}}$はd軌道のエネルギー準位，$U$はd軌道を反平行のスピンを持つ二電子が同時に占有したときに働くオンサイト相互作用，$n_{\mathrm{d}\sigma}$は，d軌道を占有する$\sigma$スピンを持つ電子の数を表す演算子である．d軌道の縮退を無視したので同じスピンを持つ二電子がd軌道を占有することはなく，同じスピンを持つ電子同士の相互作用もないことに注意しよう．

実際にホスト金属中に遷移金属を不純物として混ぜると，s電子とd電子の状態間の混成を考慮しなければならない．この効果は，

$$\mathcal{H}_{\mathrm{h}} = \frac{1}{\sqrt{V}} \sum_{\boldsymbol{k}\sigma} \left( g_{\boldsymbol{k}} c^\dagger_{\boldsymbol{k}\sigma} d_\sigma + g^*_{\boldsymbol{k}} d^\dagger_\sigma c_{\boldsymbol{k}\sigma} \right) \tag{13.3}$$

と表せる．ここで，$g_k$ は混成を表す行列要素で，$d_\sigma^\dagger$，$d_\sigma$ はスピン $\sigma$ を持つ d 電子に対する生成・消滅演算子である．上記の三つをすべて加えたハミルトニアン，

$$\mathcal{H} = \sum_{k\sigma} \epsilon_k c_{k\sigma}^\dagger c_{k\sigma} + \sum_{\sigma} \epsilon_{\mathrm{d}} n_{\mathrm{d}\sigma} + U n_{\mathrm{d}\uparrow} n_{\mathrm{d}\downarrow} + \frac{1}{\sqrt{V}} \sum_{k\sigma} \left( g_k c_{k\sigma}^\dagger d_\sigma + g_k^* d_\sigma^\dagger c_{k\sigma} \right) \tag{13.4}$$

によって記述される系を **Anderson モデル**[1] と呼ぶ．

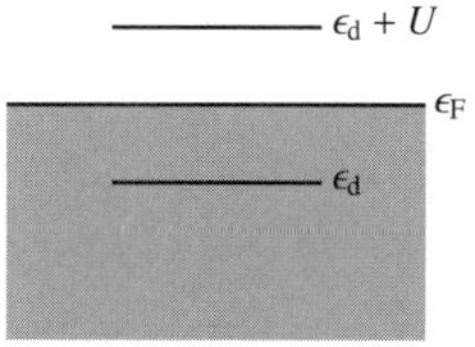


図 13.1　Anderson モデルの概念図（電子正孔対称な場合）

以下では，Fermi 準位を $\epsilon_{\mathrm{F}}$ とし，d 軌道のエネルギー準位が $\epsilon_{\mathrm{d}} < \epsilon_{\mathrm{F}} < \epsilon_{\mathrm{d}} + U$ を満たし，混成の行列要素 $|g_k|$ が十分小さく，$|g_k| \ll \epsilon_{\mathrm{F}} - \epsilon_{\mathrm{d}}$ かつ $|g_k| \ll \epsilon_{\mathrm{d}} + U - \epsilon_{\mathrm{F}}$ が満たされる場合を考える（図 13.1）．$\mathcal{H}_{\mathrm{d}}$ だけを考えると，d 軌道を占有する一個目の電子のエネルギーは $\epsilon_{\mathrm{d}}$，二個目の電子のエネルギーは $\epsilon_{\mathrm{d}} + U$ である．混成が十分に小さければ，一個の電子が d 軌道を占有し，その電子がいなくなったり，（逆向きスピンを持つ）他の電子が d 軌道に入る過程は起こりにくいので，d 軌道を占有している電子のスピンが，あたかも**局在スピン**のように振る舞うと予想される．

## 13.2　s-d モデル

局在スピンの描像を数学的に表現するには，2.6 節で述べた有効ハミルトニアンの方法を使い，Anderson モデルから低エネルギー状態に着目した有効モデルを導出すればよい．低エネルギー状態は，d 軌道が一個の電子によって占有された状態である．これに比べて，d 軌道が空あるいは二重占有された状態は，おおよそ $\epsilon_{\mathrm{F}} - \epsilon_{\mathrm{d}}$，$\epsilon_{\mathrm{d}} + U - \epsilon_{\mathrm{F}}$ だけエネルギーが高い．そこで，d 軌道が一つの電子で占有された状態への射影演算子を $\mathcal{P}$ に選ぶ．このとき，$\mathcal{P}\mathcal{H}_{\mathrm{d}}\mathcal{P} = \mathcal{P}\epsilon_{\mathrm{d}}\mathcal{P}$，$\mathcal{P}\mathcal{H}_{\mathrm{h}}\mathcal{P} = 0$ だから，有効ハミルトニアン (2.102) の第一項は，

$$\mathcal{H}_{\mathrm{eff}}^{(1)} = \mathcal{P}\mathcal{H}\mathcal{P} = \mathcal{P}(\mathcal{H}_{\mathrm{c}} + \epsilon_{\mathrm{d}})\mathcal{P} \tag{13.5}$$

となる．以下では定数 $\epsilon_{\mathrm{d}}$ を省略しよう．また，第二項は $\mathcal{Q}\mathcal{H}\mathcal{P} = \mathcal{H}_{\mathrm{h}}\mathcal{P}$ に注意すると，

1）P. W. Anderson: Phys. Rev. **124**, 41 (1961).

$$\mathcal{H}_{\text{eff}}^{(2)} = \mathcal{P}\mathcal{H}_{\text{h}}\frac{1}{E-\mathcal{H}}\mathcal{H}_{\text{h}}\mathcal{P}$$
$$= \mathcal{P}\frac{1}{V}\sum_{\boldsymbol{k}_1\boldsymbol{k}_2\sigma_1\sigma_2}\left(d_{\sigma_1}^{\dagger}c_{\boldsymbol{k}_1\sigma_1}\frac{g_{\boldsymbol{k}_1}^{*}g_{\boldsymbol{k}_2}}{E-\mathcal{H}}c_{\boldsymbol{k}_2\sigma_2}^{\dagger}d_{\sigma_2} + c_{\boldsymbol{k}_1\sigma_1}^{\dagger}d_{\sigma_1}\frac{g_{\boldsymbol{k}_1}g_{\boldsymbol{k}_2}^{*}}{E-\mathcal{H}}d_{\sigma_2}^{\dagger}c_{\boldsymbol{k}_2\sigma_2}\right)\mathcal{P} \tag{13.6}$$

と書ける．上式は $\mathcal{H}_{\text{h}}$ に関する二次摂動の式とみなせ，右辺第一項と第二項ではそれぞれ d 電子がゼロ個および二個の状態が中間状態となっているので，それぞれの項のエネルギー分母を $E-\mathcal{H} \approx \epsilon_{\text{d}} - \epsilon_{\text{F}}$，$E-\mathcal{H} \approx \epsilon_{\text{F}} - (\epsilon_{\text{d}} + U)$ と評価できる．磁性不純物の位置 $\boldsymbol{R}$ の近傍でだけ局所的に s 軌道と d 軌道が混成しているとすると，$g_{\boldsymbol{k}}$ の表式に s 電子の Bloch 状態の平面波的な位相因子に由来する $e^{-i\boldsymbol{k}\cdot\boldsymbol{R}}$ の位相因子が現れる．この自明な位相因子以外の $\boldsymbol{k}$ および $\boldsymbol{R}$ 依存性を無視し，$g_{\boldsymbol{k}} \approx ge^{-i\boldsymbol{k}\cdot\boldsymbol{R}}$（$g$ : 定数）と近似すると，

$$\mathcal{H}_{\text{eff}}^{(2)} = \mathcal{P}\frac{g^2}{V}\sum_{\boldsymbol{k}_1\boldsymbol{k}_2\sigma_1\sigma_2}e^{-i(\boldsymbol{k}_1-\boldsymbol{k}_2)\cdot\boldsymbol{R}}\left(\frac{1}{\epsilon_{\text{d}}-\epsilon_{\text{F}}}\left(\delta_{\boldsymbol{k}_1\boldsymbol{k}_2}\delta_{\sigma_1\sigma_2} - c_{\boldsymbol{k}_1\sigma_1}^{\dagger}c_{\boldsymbol{k}_2\sigma_2}\right)d_{\sigma_2}^{\dagger}d_{\sigma_1} + \frac{1}{\epsilon_{\text{F}}-\epsilon_{\text{d}}-U}c_{\boldsymbol{k}_1\sigma_1}^{\dagger}c_{\boldsymbol{k}_2\sigma_2}\left(\delta_{\sigma_1\sigma_2} - d_{\sigma_2}^{\dagger}d_{\sigma_1}\right)\right)\mathcal{P} \tag{13.7}$$

を得る．さらに，d 電子が一個（つまり，$\sum_{\sigma} d_{\sigma}^{\dagger}d_{\sigma} = 1$）の状態だけを相手にすることを前提に $\mathcal{P}$ を省略し，定数項を除くと，有効ハミルトニアンは，

$$\mathcal{H}_{\text{eff}} = \mathcal{H}_{\text{c}} + V_0\rho(\boldsymbol{R}) - \frac{J}{2\hbar}\hat{\boldsymbol{S}}\cdot\boldsymbol{\sigma}(\boldsymbol{R}) \tag{13.8}$$
$$\hat{\boldsymbol{S}} = \frac{\hbar}{2}\sum_{\sigma\sigma'}(\sigma|\hat{\boldsymbol{\sigma}}|\sigma')d_{\sigma}^{\dagger}d_{\sigma'},\quad \rho(\boldsymbol{r}) = \frac{1}{V}\sum_{\boldsymbol{q}}e^{i\boldsymbol{q}\cdot\boldsymbol{r}}\rho_{\boldsymbol{q}},\quad \boldsymbol{\sigma}(\boldsymbol{r}) = \frac{1}{V}\sum_{\boldsymbol{q}}e^{i\boldsymbol{q}\cdot\boldsymbol{r}}\boldsymbol{\sigma}_{\boldsymbol{q}} \tag{13.9}$$

に帰する．ここで，$(\sigma|\hat{\boldsymbol{\sigma}}|\sigma')$ を Pauli 行列の要素として，演算子 $\hat{\boldsymbol{S}}$ は d 電子のスピン（磁性不純物に局在したスピン）を表す．一方，演算子 $\rho(\boldsymbol{r})$ および $\boldsymbol{\sigma}(\boldsymbol{r})$ は，それぞれ $\boldsymbol{r}$ における s 電子の密度およびスピン密度を表す．それらの波数表示 $\rho_{\boldsymbol{q}}$ および $\boldsymbol{\sigma}_{\boldsymbol{q}}$ は，s 電子の Bloch 状態の $\boldsymbol{k}$ 依存性を平面波的な位相因子の部分でのみ考慮することにより，

$$\rho_{\boldsymbol{q}} = \sum_{\boldsymbol{k},\boldsymbol{k}',\sigma,\sigma'}(\boldsymbol{k}\sigma|e^{-i\boldsymbol{q}\cdot\hat{\boldsymbol{r}}}|\boldsymbol{k}'\sigma')c_{\boldsymbol{k}\sigma}^{\dagger}c_{\boldsymbol{k}'\sigma'} \approx \sum_{\boldsymbol{k}\sigma}c_{\boldsymbol{k}-\boldsymbol{q}\sigma}^{\dagger}c_{\boldsymbol{k}\sigma} \tag{13.10}$$
$$\boldsymbol{\sigma}_{\boldsymbol{q}} = \sum_{\boldsymbol{k},\boldsymbol{k}',\sigma,\sigma'}(\boldsymbol{k}\sigma|\hat{\boldsymbol{\sigma}}e^{-i\boldsymbol{q}\cdot\hat{\boldsymbol{r}}}|\boldsymbol{k}'\sigma')c_{\boldsymbol{k}\sigma}^{\dagger}c_{\boldsymbol{k}'\sigma'} \approx \sum_{\boldsymbol{k},\sigma,\sigma'}(\sigma|\hat{\boldsymbol{\sigma}}|\sigma')c_{\boldsymbol{k}-\boldsymbol{q}\sigma}^{\dagger}c_{\boldsymbol{k}\sigma'} \tag{13.11}$$

と表される．また，有効ハミルトニアンに現れる結合定数は，

$$V_0 = \frac{g^2}{2}\left(-\frac{1}{\epsilon_{\mathrm{d}} - \epsilon_{\mathrm{F}}} - \frac{1}{\epsilon_{\mathrm{d}} + U - \epsilon_{\mathrm{F}}}\right), \quad J = -2g^2\left(-\frac{1}{\epsilon_{\mathrm{d}} - \epsilon_{\mathrm{F}}} + \frac{1}{\epsilon_{\mathrm{d}} + U - \epsilon_{\mathrm{F}}}\right) \tag{13.12}$$

と定義される．有効ハミルトニアンの第二項は，s 電子がポテンシャル $V_0\delta(\boldsymbol{r}-\boldsymbol{R})$ を感じることを示す．これは，通常の非磁性不純物による効果に置き換えることができる．一方，第三項はスピンに依存した散乱を表し，磁性不純物特有のものである．$\epsilon_{\mathrm{d}} < \epsilon_{\mathrm{F}} < \epsilon_{\mathrm{d}} + U$ を考慮すれば，$J < 0$ であり，s 電子と d 電子のスピンの間に，互いの向きを反平行にしようとする反強磁性的な相互作用が働くことを示す．

特に $\epsilon_{\mathrm{F}}-\epsilon_{\mathrm{d}} = \epsilon_{\mathrm{d}}+U-\epsilon_{\mathrm{F}}$（つまり $\epsilon_{\mathrm{F}} = \epsilon_{\mathrm{d}}+U/2$）の場合は，$V_0 = 0, J = -8g^2/U$ となって話が簡単になる．これは**電子正孔対称な場合**と呼ばれ，$\epsilon_{\mathrm{d}}$ と $\epsilon_{\mathrm{d}}+U$ が Fermi 準位を挟んで上下対称に位置する状況を表す．もし，s 電子のバンドの状態密度も Fermi 準位を挟んで対称な形をしていれば，Anderson モデルを厳密に扱っても，d 電子の状態密度が Fermi 準位を挟んで対称な形状となり，平均の d 電子数は厳密に 1 になる．$\epsilon_{\mathrm{F}}$ が $\epsilon_{\mathrm{d}} + U/2$ からずれると，この対称性がくずれ，d 電子数の平均値は 1 からずれる．なお，電子正孔対称と呼ぶのは，状態密度をみたとき，電子が詰まっている部分と電子が空席の（正孔がいる）部分が Fermi 準位を挟んで対称になるためである．

磁性不純物特有の物理を抽出するために，スピンに依存する散乱過程だけを考慮したのが，ハミルトニアン，

$$\begin{aligned}\mathcal{H}_{\mathrm{c}} + \mathcal{H}_{\mathrm{K}} &= \sum_{k\sigma} \epsilon_k c^\dagger_{k\sigma} c_{k\sigma} - \frac{J}{2\hbar}\hat{\boldsymbol{S}} \cdot \boldsymbol{\sigma}(\boldsymbol{R}) \\ &= \sum_{k\sigma} \epsilon_k c^\dagger_{k\sigma} c_{k\sigma} - \frac{J}{2\hbar V}\sum_{\boldsymbol{q}} e^{-i\boldsymbol{q}\cdot\boldsymbol{R}}\hat{\boldsymbol{S}} \cdot \boldsymbol{\sigma}_{-\boldsymbol{q}}\end{aligned} \tag{13.13}$$

で記述される **s-d モデル**である．第二項 $\mathcal{H}_{\mathrm{K}}$ で表される s 電子と d 電子のスピン間の相互作用を **s-d 相互作用**と呼ぶ．

## 13.3　RKKY 相互作用

前節で得た s-d 相互作用が存在すると，s 電子は局在スピン（d 電子のスピン）から影響を受ける．$J$ が十分に小さいときには局在スピンがゆらぐ時間スケールは非常に長いだろう．そこで，局在スピンのゆらぎを無視できる時間スケール内で物理を考えて，局在スピンの期待値 $\langle\langle\hat{\boldsymbol{S}}\rangle\rangle$ がゼロでないとする．局在スピンは原点に置かれているとし，$\langle\langle\hat{\boldsymbol{S}}\rangle\rangle$ の向きを $z$ 軸正の向きに選ぶと，ハ

ミルトニアンを，

$$\mathcal{H}_{\mathrm{c}} + \mathcal{H}_{\mathrm{K}} = \sum_{\boldsymbol{k}\sigma} \epsilon_{\boldsymbol{k}} c^{\dagger}_{\boldsymbol{k}\sigma} c_{\boldsymbol{k}\sigma} - \frac{J\langle\!\langle \hat{S}_z \rangle\!\rangle}{2\hbar V} \sum_{\boldsymbol{q}} \sigma_{z,-\boldsymbol{q}} \tag{13.14}$$

と近似できる．本節ではハミルトニアン第一項 $\mathcal{H}_{\mathrm{c}}$ を Sommerfeld モデルのハミルトニアン $\mathcal{H}_0$ に選び（つまり $\epsilon_{\boldsymbol{k}} = \hbar^2 k^2/2m$ とする），第二項 $\mathcal{H}_{\mathrm{K}}$ を外場項とみなそう．久保公式を適用すれば，$J$ の一次の精度で，

$$\langle\!\langle \sigma_{z,\boldsymbol{q}} \rangle\!\rangle = \frac{J\langle\!\langle \hat{S}_z \rangle\!\rangle}{2\hbar V} \chi^{(0)}_{\sigma_{z,\boldsymbol{q}},\sigma_{z,-\boldsymbol{q}}}(\omega = 0) \tag{13.15}$$

を得る．ここで，$\chi^{(0)}_{\sigma_{z,\boldsymbol{q}},\sigma_{z,-\boldsymbol{q}}}(\omega)$ は，Sommerfeld モデルの複素感受率で，式 (4.73) を用いて，

$$\begin{aligned}
\chi^{(0)}_{\sigma_{z,\boldsymbol{q}}\sigma_{z,-\boldsymbol{q}}}(\omega) &= -\sum_{\boldsymbol{k},\boldsymbol{k}',\sigma,\sigma'} \frac{(f(\epsilon_{\boldsymbol{k}}) - f(\epsilon_{\boldsymbol{k}'}))\,(\boldsymbol{k}\sigma|\hat{\sigma}_z e^{-i\boldsymbol{q}\cdot\hat{\boldsymbol{r}}}|\boldsymbol{k}'\sigma')(\boldsymbol{k}'\sigma'|\hat{\sigma}_z e^{i\boldsymbol{q}\cdot\hat{\boldsymbol{r}}}|\boldsymbol{k}\sigma)}{\hbar\omega + \epsilon_{\boldsymbol{k}} - \epsilon_{\boldsymbol{k}'} + i\delta} \\
&= -2\sum_{\boldsymbol{k}} \frac{f(\epsilon_{\boldsymbol{k}}) - f(\epsilon_{\boldsymbol{k}+\boldsymbol{q}})}{\hbar\omega + \epsilon_{\boldsymbol{k}} - \epsilon_{\boldsymbol{k}+\boldsymbol{q}} + i\delta}
\end{aligned} \tag{13.16}$$

と計算される．上式から $\chi^{(0)}_{\sigma_{z,\boldsymbol{q}}\sigma_{z,-\boldsymbol{q}}}(\omega) = \chi^{(0)}_{\rho_{\boldsymbol{q}}\rho_{-\boldsymbol{q}}}(\omega)$ となることがわかるので，特に絶対零度では，$D^{(0)}_{\mathrm{F}} = 2mk_{\mathrm{F}}/(2\pi\hbar)^2$ を Sommerfeld モデルの Fermi 準位における状態密度，$F(x)$ を Kohn の関数 (7.38) として，

$$\frac{1}{V}\chi^{(0)}_{\sigma_{z,\boldsymbol{q}},\sigma_{z,-\boldsymbol{q}}}(\omega = 0) = 2D^{(0)}_{\mathrm{F}} F\left(\frac{q}{2k_{\mathrm{F}}}\right) = 2D^{(0)}_{\mathrm{F}}\left(\frac{1}{2} + \frac{1 - (q/2k_{\mathrm{F}})^2}{4(q/2k_{\mathrm{F}})} \ln\left|\frac{1 + (q/2k_{\mathrm{F}})}{1 - (q/2k_{\mathrm{F}})}\right|\right) \tag{13.17}$$

が成り立つ．局在スピンによって誘起された s 電子のスピン密度を実空間表示で表すと（線形応答の範囲で），

$$\begin{aligned}
\langle\!\langle \sigma_z(\boldsymbol{r}) \rangle\!\rangle &= \frac{1}{V}\sum_{\boldsymbol{q}} \langle\!\langle \sigma_{z,\boldsymbol{q}} \rangle\!\rangle e^{i\boldsymbol{q}\cdot\boldsymbol{r}} \\
&= \frac{J\langle\!\langle \hat{S}_z \rangle\!\rangle}{2\hbar} \cdot \frac{2\pi}{(2\pi)^3} \int_0^{+\infty} q^2 dq \int_{-1}^{+1} ds\, 2D^{(0)}_{\mathrm{F}} F\left(\frac{q}{2k_{\mathrm{F}}}\right) e^{iqrs} \\
&= \frac{J\langle\!\langle \hat{S}_z \rangle\!\rangle}{2\hbar} \cdot \frac{(2k_{\mathrm{F}})^2 D^{(0)}_{\mathrm{F}}}{2\pi^2 i r} \int_{-\infty}^{+\infty} \tilde{q} F(\tilde{q})\, e^{i2k_{\mathrm{F}} r\tilde{q}} d\tilde{q}
\end{aligned} \tag{13.18}$$

となる．

ここで，対数関数 $\ln z$ の分岐切断を実軸負の部分に選ぶと，$a > 0$ として

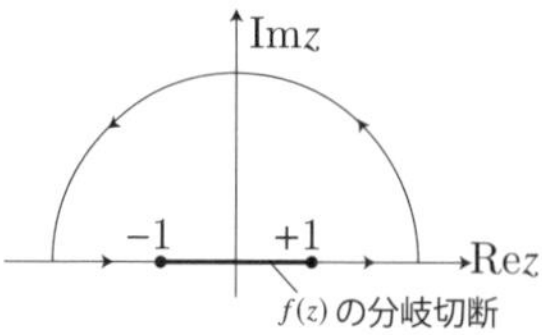


図 13.2　積分経路．$f(z)$ の分岐切断は実軸上 $-1 < \mathrm{Re}z < 1$ にある．

$$f(z) = z\left(\frac{1}{2} + \frac{1-z^2}{4z}\ln\left(\frac{z+1}{z-1}\right)\right)e^{iaz} \tag{13.19}$$

は $\mathrm{Im}z > 0$ の領域で解析的で，$|z| \to +\infty$ で指数関数的にゼロに近づく関数となる．したがって，Cauchy の積分定理から，図 13.2 の閉じた積分経路（$z = x + i\delta$ として $x$ を $-\infty$ から $+\infty$ まで動かした後，無限遠を通って再び $z = -\infty + i\delta$ へ戻る経路）に対し $\oint f(z)dz = 0$ となる．ところが，無限遠の経路上の積分はゼロであり，$|x| < 1$ では $\ln((x + i\delta + 1)/(x + i\delta - 1)) = \ln|(1 + x)/(1 - x)| - i\pi$ だから，

$$\int_{-\infty}^{+\infty} xF(x)e^{iax}dx = i\pi\int_{-1}^{+1}\frac{1-x^2}{4}e^{iax}dx \tag{13.20}$$

が成立する．したがって，$n$ を電子密度として，

$$\begin{aligned}\langle\!\langle\sigma_z(\boldsymbol{r})\rangle\!\rangle &= \frac{J\langle\!\langle\hat{S}_z\rangle\!\rangle}{2\hbar}\cdot\frac{(2k_\mathrm{F})^2D_\mathrm{F}^{(0)}}{2\pi r}\int_{-1}^{+1}d\tilde{q}\frac{1-\tilde{q}^2}{4}e^{i2k_\mathrm{F}r\tilde{q}}\\ &= 6\pi nJD_\mathrm{F}^{(0)}\frac{\langle\!\langle\hat{S}_z\rangle\!\rangle}{\hbar}\frac{\sin(2k_\mathrm{F}r) - 2k_\mathrm{F}r\cos(2k_\mathrm{F}r)}{(2k_\mathrm{F}r)^4}\end{aligned} \tag{13.21}$$

となる．こうして，s 電子のスピンが，Friedel 振動と同様に，$r^3$ で減衰しながら $\cos(2k_\mathrm{F}r)$ で振動していることがわかった．その起源も Friedel 振動と同じで，$\chi^{(0)}_{\sigma_{z,-q},\sigma_{z,q}}(\omega = 0) = \chi^{(0)}_{\rho_{-q},\rho_q}(\omega = 0)$ が $q = 2k_\mathrm{F}$ で示す対数特異性である．

ここまで，s 電子のスピンが局在スピンから受ける影響を調べてきたが，磁性不純物が複数存在する場合には，誘起された s 電子のスピン密度を介して，異なる局在スピンの間に有効相互作用が生じる．二つの磁性不純物 1, 2 の相対位置を $\boldsymbol{R}$ とすれば，局在スピン $\hat{\boldsymbol{S}}_1$，$\hat{\boldsymbol{S}}_2$ 間の相互作用エネルギーを，

$$-\frac{J}{2\hbar}\sigma_z(\boldsymbol{R})\hat{S}_{2z} = -12\pi\left(\frac{J}{2\hbar}\right)^2 D_\mathrm{F}^{(0)}n\frac{\sin(2k_\mathrm{F}R) - 2k_\mathrm{F}R\cos(2k_\mathrm{F}R)}{(2k_\mathrm{F}R)^4}\hat{S}_{1z}\hat{S}_{2z} \tag{13.22}$$

と見積もることができる．ただし，$\sigma_z(\boldsymbol{r})$ は $z$ 軸方向に向いた磁性不純物 1 により誘起された s 電子のスピン密度である．局在スピンが $z$ 軸方向に向いていると仮定したために，スピンの $z$ 成分だけが特別扱いされた表式を得たが，上記の相互作用は，本来局在スピンの回転操作に対して対称であるべきなので，

$$\mathcal{H}_\mathrm{RKKY} = -12\pi\left(\frac{J}{2\hbar}\right)^2 D_\mathrm{F}^{(0)}n\frac{\sin(2k_\mathrm{F}R) - 2k_\mathrm{F}R\cos(2k_\mathrm{F}R)}{(2k_\mathrm{F}R)^4}\hat{\boldsymbol{S}}_1\cdot\hat{\boldsymbol{S}}_2 \tag{13.23}$$

と修正すべきである．上記の局在スピン間の相互作用を **Ruderman-Kittel-糟**

**谷-芳田相互作用**（略して **RKKY 相互作用**）[2] と呼ぶ．

## 13.4 近藤温度

図 13.3 のように，s 電子の状態密度 $D^{(0)}(\epsilon) \equiv V^{-1}\sum_{k}\delta(\epsilon-\epsilon_{k})$ が $-W$ から $+W$ まで一定値 $D_{\mathrm{F}}^{(0)}$ を持ち，Fermi 準位がちょうどバンドの中心に位置していて $\epsilon_{\mathrm{F}} = 0$ である状況を考えよう．ここでは，$\delta W < 0$ として，$\mathcal{H}_{\mathrm{c}}$ の固有状態のうちで，$W+\delta W < \epsilon < W$ のエネルギー領域（図で右側の黒塗りした部分）に電子がまったくおらず，しかも $-W < \epsilon < -(W+\delta W)$ のエネルギー領域（図で左側の黒塗りした部分）に正孔（電子の抜けた孔）がまったくいない，

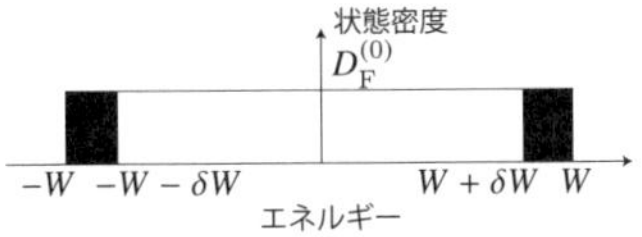

図 13.3　s 電子のエネルギーに対するカットオフを $W$ から $W+\delta W$ へ縮小する様子．ここでは $\delta W < 0$ とする．

$$c_{k\sigma}^{\dagger}c_{k\sigma} = 1 - c_{k\sigma}c_{k\sigma}^{\dagger} = \theta(-\epsilon_{k}), \quad (W+\delta W < |\epsilon_{k}| < W \text{ のとき}) \tag{13.24}$$

を満たす低エネルギー状態群を選び，それらが張る部分空間に作用する有効ハミルトニアン $\mathcal{H}_{\mathrm{eff}}$ を導出する．この部分空間への射影演算子を $\mathcal{P}$ とし，$Q = 1-\mathcal{P}$ と定めると，$\mathcal{P}\mathcal{H}_{\mathrm{c}}Q = Q\mathcal{H}_{\mathrm{c}}\mathcal{P} = 0$ となるから，式 (2.102) を二次摂動で評価することにより，

$$\mathcal{H}_{\mathrm{eff}} \approx \mathcal{P}(\mathcal{H}_{\mathrm{c}}+\mathcal{H}_{\mathrm{K}})\mathcal{P} + \mathcal{P}\mathcal{H}_{\mathrm{K}}Q\frac{1}{-W}Q\mathcal{H}_{\mathrm{K}}\mathcal{P} \tag{13.25}$$

を得る．具体的に計算するために，$|\epsilon_{k}| < W+\delta W$ を満たす $\boldsymbol{k}$ 点の集合を $\mathbb{L}$，$W+\delta W < |\epsilon_{k}| < W$ を満たす $\boldsymbol{k}$ 点の集合を $\mathbb{H}$ とおくと，右辺第一項を，

$$\mathcal{H}_{\mathrm{eff}}^{(1)} = \sum_{\substack{k\in\mathbb{L}\\ \sigma}} \epsilon_{k}c_{k\sigma}^{\dagger}c_{k\sigma} - \frac{J}{2\hbar V}\sum_{\substack{k_1,k_2\in\mathbb{L}\\ \sigma_1,\sigma_2}} \hat{\boldsymbol{S}}\cdot(\sigma_1|\hat{\boldsymbol{\sigma}}|\sigma_2)c_{k_1\sigma_1}^{\dagger}c_{k_2\sigma_2} \tag{13.26}$$

と書き表せる．一方，右辺第二項を，式 (13.24) に注意して評価すると，

2）M. A. Ruderman and C. Kittel: Phys. Rev. **96**, 99 (1954); T. Kasuya: Prog. Theor. Phys. **16**, 45 (1956); K. Yosida: Phys. Rev. **106**, 893 (1957).

$$\begin{aligned}\mathcal{H}_{\rm eff}^{(2)} &= \frac{1}{-W}\left(\frac{J}{2\hbar V}\right)^2 \sum_{\substack{\boldsymbol{k}_1\boldsymbol{k}_2\in\mathbb{L}\\ \sigma_1\sigma_2}} \sum_{\substack{\boldsymbol{k}\in\mathbb{H}\\ \sigma}} \Big\{\Big(\hat{\boldsymbol{S}}\cdot(\sigma_1|\hat{\boldsymbol{\sigma}}|\sigma)\Big)\Big(\hat{\boldsymbol{S}}\cdot(\sigma|\hat{\boldsymbol{\sigma}}|\sigma_2)\Big) c^\dagger_{\boldsymbol{k}_1\sigma_1} c_{\boldsymbol{k}\sigma} c^\dagger_{\boldsymbol{k}\sigma} c_{\boldsymbol{k}_2\sigma_2} \\ &\qquad + \Big(\hat{\boldsymbol{S}}\cdot(\sigma|\hat{\boldsymbol{\sigma}}|\sigma_1)\Big)\Big(\hat{\boldsymbol{S}}\cdot(\sigma_2|\hat{\boldsymbol{\sigma}}|\sigma)\Big) c^\dagger_{\boldsymbol{k}\sigma} c_{\boldsymbol{k}_1\sigma_1} c^\dagger_{\boldsymbol{k}_2\sigma_2} c_{\boldsymbol{k}\sigma}\Big\} \\ &= \frac{VD_{\rm F}^{(0)}|\delta W|}{-W}\left(\frac{J}{2\hbar V}\right)^2 \sum_{\substack{\boldsymbol{k}_1\boldsymbol{k}_2\in\mathbb{L}\\ \sigma_1\sigma_2}} \sum_{\sigma} \Big\{\Big(\hat{\boldsymbol{S}}\cdot(\sigma_1|\hat{\boldsymbol{\sigma}}|\sigma)\Big)\Big(\hat{\boldsymbol{S}}\cdot(\sigma|\hat{\boldsymbol{\sigma}}|\sigma_2)\Big) c^\dagger_{\boldsymbol{k}_1\sigma_1} c_{\boldsymbol{k}_2\sigma_2} \\ &\qquad + \Big(\hat{\boldsymbol{S}}\cdot(\sigma|\hat{\boldsymbol{\sigma}}|\sigma_1)\Big)\Big(\hat{\boldsymbol{S}}\cdot(\sigma_2|\hat{\boldsymbol{\sigma}}|\sigma)\Big) c_{\boldsymbol{k}_1\sigma_1} c^\dagger_{\boldsymbol{k}_2\sigma_2}\Big\} \\ &= \frac{\delta W}{W} VD_{\rm F}^{(0)}\left(\frac{J}{2\hbar V}\right)^2 \sum_{\substack{\boldsymbol{k}_1\boldsymbol{k}_2\in\mathbb{L}\\ \sigma_1\sigma_2}} \sum_{\mu,\nu=x,y,z} \hat{S}_\mu \hat{S}_\nu \Big(\sigma_1\Big|[\hat{\sigma}_\mu,\hat{\sigma}_\nu]_-\Big|\sigma_2\Big) c^\dagger_{\boldsymbol{k}_1\sigma_1} c_{\boldsymbol{k}_2\sigma_2} \\ &= -\frac{\delta W}{W}\frac{J^2 D_{\rm F}^{(0)}}{2\hbar V} \sum_{\substack{\boldsymbol{k}_1\boldsymbol{k}_2\in\mathbb{L}\\ \sigma_1\sigma_2}} \hat{\boldsymbol{S}}\cdot(\sigma_1|\hat{\boldsymbol{\sigma}}|\sigma_2) c^\dagger_{\boldsymbol{k}_1\sigma_1} c_{\boldsymbol{k}_2\sigma_2}\end{aligned} \tag{13.27}$$

となる．ただし，定数項を無視し，最終段の変形では $\varepsilon_{\mu\nu\xi}$ を Levi-Civita の記号として，

$$\Big[\hat{\sigma}_\mu, \hat{\sigma}_\nu\Big]_- = 2i\sum_\xi \varepsilon_{\mu\nu\xi}\hat{\sigma}_\xi, \quad \sum_{\mu\nu}\varepsilon_{\mu\nu\xi}\hat{S}_\mu\hat{S}_\nu = i\hbar\hat{S}_\xi \tag{13.28}$$

であることを用いた．

上記の結果は，s 電子のバンド幅を $2W$ から $2(W+\delta W)$ へ縮めて，$W+\delta W < \epsilon < W$ のエネルギー領域に電子がいたり，$-W < \epsilon < -(W+\delta W)$ の領域に正孔がいるような高エネルギーの中間状態を考慮するのをやめる代わりに，$J$ を，

$$\delta J = \frac{\delta W}{W} J^2 D_{\rm F}^{(0)} \tag{13.29}$$

だけ変化させておけば．低エネルギーの現象については同等の物理が得られるということを示している．この式を**スケーリング則**と呼ぶ[3]．バンド幅を $2W_{\rm eff}$ まで縮めたときの有効相互作用の値を $J_{\rm eff}$ とすれば，スケーリング則を変数分離形の常微分方程式として解くことで，

$$J_{\rm eff} = \frac{J}{1 - JD_{\rm F}^{(0)}\ln(W_{\rm eff}/W)} = -\frac{1}{D_{\rm F}^{(0)}\ln(W_{\rm eff}/k_{\rm B}T_{\rm K})} \tag{13.30}$$

を得る．ここで**近藤温度** $T_{\rm K}$ を，

3）P. W. Anderson: J. Phys. C **3**, 2436 (1970). より一般に，本節のように摂動によるくりこみとパラメーターのスケーリング則を組み合わせた解析手法を**（摂動論的）くりこみ群**と呼ぶ．

$$k_B T_K \equiv W e^{1/JD_F^{(0)}} \tag{13.31}$$

と定めた．バンド幅を縮めるたびに高次摂動の効果が系統的に取り込まれていくので，得られた $J_{\rm eff}$ は $J$ について無限次の効果まで含んでいる．

$W_{\rm eff} = k_B T_K$ において $|J_{\rm eff}|$ が発散することに注意しよう．これは摂動論が破綻する兆候だと理解される．逆に言えば，近藤温度より低エネルギー（低温）の現象を考察する場合には，s-d モデルを非摂動論的に扱わねばならない．この事実は，近藤温度 $T_K$ を $J$ の関数として見たとき，$J = 0$ が真性特異点になっていることにも現れている[4)]．もう少し深く考えるならば，$|J_{\rm eff}|$ の発散が示唆するのは，**s 電子と d 電子がスピン一重項の束縛状態を形成して，局在スピンが消失する**という物理である．ただし，たった一つの磁性不純物の影響で系全体が相転移を起こすようなことは考えられないから，温度を下げていくときに起こる状態変化は連続的であり，近藤温度は局在スピンが消失していく目安を与える．

逆に近藤温度よりも高い温度では，系が $J = 0$ のときの特徴を残していて，生き残った**局在スピンが常磁性的に振る舞う**と考えられる．このとき s 電子の Fermi 球は Fermi 準位から $k_B T$ 程度までくずれているので，$W_{\rm eff} \sim k_B T$ となったところで，それ以上バンド幅を縮められなくなり，そこで有効的な結合定数の値は，

$$J_{\rm eff}(T) = -\frac{1}{D_F^{(0)} \ln (T/T_K)} \tag{13.32}$$

になる．

## 13.5 近藤効果

多数の磁性不純物が空間上にランダムに配置していれば，ハミルトニアンは，

$$\mathcal{H} = \sum_{k\sigma} \epsilon_k c_{k\sigma}^\dagger c_{k\sigma} - \frac{J}{2\hbar} \int d^3 r\, \boldsymbol{S}^{\rm (imp)}(\boldsymbol{r}) \cdot \boldsymbol{\sigma}(\boldsymbol{r}) = \sum_{k\sigma} \epsilon_k c_{k\sigma}^\dagger c_{k\sigma} - \frac{J}{2\hbar V} \sum_{\boldsymbol{q}} \boldsymbol{S}_{\boldsymbol{q}}^{\rm (imp)} \cdot \boldsymbol{\sigma}_{-\boldsymbol{q}} \tag{13.33}$$

4) この事情は，引力相互作用する Fermion 系における Cooper 対形成の物理とよく似ている．

となる．ここで，$\boldsymbol{R}_i$ を各磁性不純物の位置，$\hat{\boldsymbol{S}}_i$ を $\boldsymbol{R}_i$ に位置する磁性不純物が持つ局在スピンとして，局在スピン密度を表す演算子を，

$$\boldsymbol{S}^{(\mathrm{imp})}(\boldsymbol{r}) \equiv \sum_i \hat{\boldsymbol{S}}_i \delta(\boldsymbol{r}-\boldsymbol{R}_i) = \frac{1}{V}\sum_{\boldsymbol{q}} e^{i\boldsymbol{q}\cdot\boldsymbol{r}} \boldsymbol{S}^{(\mathrm{imp})}_{\boldsymbol{q}}, \quad \boldsymbol{S}^{(\mathrm{imp})}_{\boldsymbol{q}} = \sum_i \hat{\boldsymbol{S}}_i e^{-i\boldsymbol{q}\cdot\boldsymbol{R}_i} \tag{13.34}$$

と定めた．

9.4 節で述べた方法を用いて，磁性不純物による散乱から生じる輸送緩和時間 $\tau_{\mathrm{tr}}$ を求めよう．出発点は式 (9.51), (9.52) である．電子の全運動量演算子を $\mathcal{P} \equiv \sum_{\boldsymbol{k}\sigma} \hbar \boldsymbol{k} c^\dagger_{\boldsymbol{k}\sigma} c_{\boldsymbol{k}\sigma}$ として，磁性不純物が電子系に及ぼす「ランダム力」を表す演算子は，

$$\dot{\mathcal{P}} = \frac{i}{\hbar}[\mathcal{H},\mathcal{P}]_- = \frac{iJ}{2\hbar V}\sum_{\boldsymbol{q}} \boldsymbol{q}\left(\boldsymbol{S}^{(\mathrm{imp})}_{\boldsymbol{q}} \cdot \boldsymbol{\sigma}_{-\boldsymbol{q}}\right) \tag{13.35}$$

と表される．これを式 (9.52) に代入し，9.4 節と同様に計算を進めると，$J$ について二次近似で，

$$\begin{aligned}
&\frac{1}{3V}\sum_\mu \chi_{\mathcal{P}_\mu \mathcal{P}_\mu}(\omega) \\
&\approx \frac{i}{3V\omega}\left(\frac{J}{2\hbar V}\right)^2 \sum_{\boldsymbol{q},\boldsymbol{q}'} q_\mu q'_\mu \frac{\chi^{(0)}_{\boldsymbol{S}^{(\mathrm{imp})}_{\boldsymbol{q}}\cdot\boldsymbol{\sigma}_{-\boldsymbol{q}},\boldsymbol{S}^{(\mathrm{imp})}_{-\boldsymbol{q}'}\cdot\boldsymbol{\sigma}_{\boldsymbol{q}'}}(\omega) - \chi^{(0)}_{\boldsymbol{S}^{(\mathrm{imp})}_{\boldsymbol{q}}\cdot\boldsymbol{\sigma}_{-\boldsymbol{q}},\boldsymbol{S}^{(\mathrm{imp})}_{-\boldsymbol{q}'}\cdot\boldsymbol{\sigma}_{\boldsymbol{q}'}}(0)}{i\omega} \\
&= \frac{i}{\omega}\cdot\frac{1}{V}\sum_{\boldsymbol{q}} \frac{\boldsymbol{q}^2}{3} n^{(\mathrm{imp})} S(S+1)\hbar^2 \left(\frac{J}{2\hbar}\right)^2 \gamma_{\boldsymbol{q}}(\omega)
\end{aligned} \tag{13.36}$$

と評価できる．ここで，磁性不純物の密度を $n^{(\mathrm{imp})}$ とし，式 (9.55) で定義される $\gamma_{\boldsymbol{q}}(\omega)$ を用いた．また，$J=0$ の系の複素感受率を，

$$\begin{aligned}
\frac{1}{V}\chi^{(0)}_{\boldsymbol{S}^{(\mathrm{imp})}_{\boldsymbol{q}}\cdot\boldsymbol{\sigma}_{-\boldsymbol{q}},\boldsymbol{S}^{(\mathrm{imp})}_{-\boldsymbol{q}'}\cdot\boldsymbol{\sigma}_{\boldsymbol{q}'}}(\omega) &= \frac{1}{V^3}\int d^3\boldsymbol{R}_i d^3\boldsymbol{R}_j \sum_{i,j} e^{-i\boldsymbol{q}\cdot(\boldsymbol{R}_i-\boldsymbol{R}_j)} \chi^{(0)}_{\hat{\mathrm{S}}_i\cdot\boldsymbol{\sigma}_{-\boldsymbol{q}},\hat{\mathrm{S}}_j\cdot\boldsymbol{\sigma}_{\boldsymbol{q}}}(\omega)\delta_{\boldsymbol{q},\boldsymbol{q}'} \\
&= \frac{1}{V}\sum_{i,j}\delta_{i,j}\chi^{(0)}_{\hat{\mathrm{S}}_i\cdot\boldsymbol{\sigma}_{-\boldsymbol{q}},\hat{\mathrm{S}}_j\cdot\boldsymbol{\sigma}_{\boldsymbol{q}}}(\omega)\delta_{\boldsymbol{q},\boldsymbol{q}'} \\
&= n^{(\mathrm{imp})} S(S+1)\hbar^2 \chi^{(0)}_{\rho_{\boldsymbol{q}},\rho_{-\boldsymbol{q}}}(\omega)\delta_{\boldsymbol{q},\boldsymbol{q}'}
\end{aligned} \tag{13.37}$$

と計算した．即ち，不純物配置に関する平均をとった後，$J=0$ では局在スピンと電子スピンがそれぞれ相関なくランダムな向きを持つことに注意して，ス

ピンの向きに関する平均をとり，

$$\sum_{\mu\nu} \hat{S}_{i,\mu}\hat{\sigma}_{\mu}\hat{S}_{i,\nu}\hat{\sigma}_{\nu} \approx \sum_{\mu} \hat{S}^2_{i,\mu}\hat{\sigma}^2_{\mu} = \hat{\mathbf{S}}^2_i = S(S+1)\hbar^2 \tag{13.38}$$

と評価した．

式 (13.36) は，式 (9.54) で $|u_q|^2 \rightsquigarrow J^2S(S+1)/4$ と置き換えたものに等しい．したがって，9.4 節と同様の式変形を行うと，電子が Fermi 縮退している場合について，式 (9.63) で $|u_q|^2 \rightsquigarrow J^2S(S+1)/4$ と置き換えた，

$$\frac{1}{\tau_{\mathrm{tr}}} = \frac{2\pi n^{(\mathrm{imp})} D_{\mathrm{F}}^{(0)}}{\hbar} \frac{J^2S(S+1)}{4} \int \frac{d\Omega}{4\pi}(1-\cos\vartheta) = \frac{2\pi n^{(\mathrm{imp})} D_{\mathrm{F}}^{(0)}}{\hbar} \frac{J^2S(S+1)}{4} \tag{13.39}$$

を得る．ただし，これは $J$ について最低次（二次）の評価で，高いエネルギーを持つ中間状態が効く高次摂動の効果が考慮されていない．近藤温度より高い温度では，$J$ を式 (13.32) で与えられる $J_{\mathrm{eff}}(T)$ で置き換えることで，この効果を取り込める．その結果[5]，

$$\frac{1}{\tau_{\mathrm{tr}}} = \frac{\pi S(S+1) n^{(\mathrm{imp})}}{2\hbar D_{\mathrm{F}}^{(0)} (\ln(T/T_{\mathrm{K}}))^2} \tag{13.40}$$

を得る．つまり，温度を下げると，散乱頻度 $1/\tau_{\mathrm{tr}}$ は $JD_F^{(0)}\ln(k_{\mathrm{B}}T/W) \ll 1$ の高温域で対数的に増大し，温度が近藤温度に近づくと冪的に発散する．さらに磁性不純物による散乱の他に，9.5 節で議論した格子振動（低温領域なので音響フォノン）による散乱を考慮する必要がある．こちらの散乱頻度は温度とともに $T^5$ に比例して増大する．したがって，両者の効果が拮抗する温度において合金の抵抗値は極小を示す．これを**近藤効果**[6]と呼ぶ．

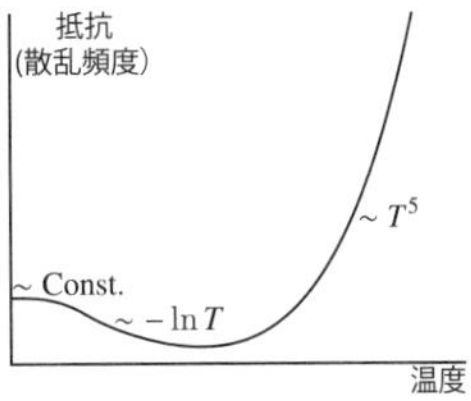


図 13.4　近藤効果の概念図

実際には，温度が $T_{\mathrm{K}}$ 以下まで下がっても $1/\tau_{\mathrm{tr}}$ が発散することはない．$T \lesssim T_{\mathrm{K}}$ では一重項束縛状態が形成されて，局在スピンが s 電子によって「遮蔽」されるので，s-d 相互作用特有の散乱過程は抑制され，通常の不純物散乱と同様の過程だけが $1/\tau_{\mathrm{tr}}$ に寄与する．その結果，$T \to 0$ では $1/\tau_{\mathrm{tr}}$ は増大しながら有限値に近づくことになる．以上の振る舞いをまとめると図 13.4 になる．

5）この導出の仕方は，倉本義夫：『量子多体物理学』（朝倉書店, 2010）による．

6）J. Kondo: Prog. Theor. Phys. **32**, 37 (1964).

## 13.6 $U$ に関する摂動

簡単のため，以下では電子正孔対称の場合に話を限定する．13.2 節では，Anderson モデルから $g$ に関する摂動展開を行って s-d モデルを構築した．しかし，このやり方では，近藤温度より低いエネルギー領域の物理を理解するのが難しくなってしまった．$g = 0$ では局在スピンの自由度を反映し，二重縮退した基底状態が実現しているが，$g \neq 0$ とした途端，低エネルギー状態が再構成されて，縮退のない一重項基底状態が形成される．つまり，$g = 0$ と $g \neq 0$ の基底状態が**つながっていない**ので，何が起こっているのかが見えにくいのだ．

そこで本節では，目先を変えて $U$ に関する摂動を考えよう[7)]．$U = 0$ の基底状態は，s 電子と d 電子の準位が混成して新しくできた一電子状態に，Fermi 準位までぎっしり上向き・下向きスピンの電子が詰まった一重項状態である．この状態は，大きな $U > 0$ における一重項基底状態と自然に**つながる**と期待される．基底状態の考察に関して言えば，たとえ $U$ が非常に大きい領域の物理を知りたい場合でも，一旦 $U = 0$ に立ち戻り，$U$ に関する摂動論で大きな $U$ における振る舞いを想像する方が得策だったのだ（急がば回れ！）．$U$ の変化に関してつながっているという概念は Fermi 液体論と同様のものだが，磁性不純物原子上に局在した d 電子を議論しているので，特に**局所 Fermi 液体**という用語を用いる．

出発点は $U = 0$ の場合の Anderson モデル，

$$\mathcal{H}_0 = \sum_{\boldsymbol{k}\sigma} \epsilon_{\boldsymbol{k}} c^\dagger_{\boldsymbol{k}\sigma} c_{\boldsymbol{k}\sigma} + \epsilon_{\mathrm{d}} \sum_{\sigma} d^\dagger_\sigma d_\sigma + \frac{g}{\sqrt{V}} \sum_{\boldsymbol{k}\sigma} \left( c^\dagger_{\boldsymbol{k}\sigma} d_\sigma + d^\dagger_\sigma c_{\boldsymbol{k}\sigma} \right) \tag{13.41}$$

である（以下，磁性不純物原子が座標原点 $\boldsymbol{R} = 0$ にあるとし，$g_{\boldsymbol{k}} \approx g$ と近似する）．相互作用のない問題なので，遅延 Green 関数が厳密に求まる．つまり，個々の電子が従う一電子ハミルトニアンを，ブラケット記法で表した s 電子と d 電子の一電子状態を $|\boldsymbol{k}\sigma)$，$|\mathrm{d}\sigma)$ として，

$$\hat{H}_1 = \sum_{\boldsymbol{k}\sigma} \epsilon_{\boldsymbol{k}} |\boldsymbol{k}\sigma)(\boldsymbol{k}\sigma| + \epsilon_{\mathrm{d}} \sum_{\sigma} |\mathrm{d}\sigma)(\mathrm{d}\sigma| + \frac{g}{\sqrt{V}} \sum_{\boldsymbol{k}\sigma} \left( |\boldsymbol{k}\sigma)(\mathrm{d}\sigma| + |\mathrm{d}\sigma)(\boldsymbol{k}\sigma| \right) \tag{13.42}$$

と表せて，形式的に，

7) K. Yamada: Prog. Theor. Phys. **53**, 970 (1975).

$$\hat{G}^{(0)}(\omega) = \frac{1}{\hbar\omega - \hat{H}_1 + \mu + i\delta} \tag{13.43}$$

である．$(\hbar\omega - \hat{H}_1 + \mu + i\delta)\hat{G}^{(0)}(\omega) = 1$ を成分表示すると，たとえば，

$$(\hbar\omega - \epsilon_{\rm d} + \mu + i\delta)({\rm d}\sigma|\hat{G}^{(0)}(\omega)|{\rm d}\sigma) - \frac{g}{\sqrt{V}}\sum_{\boldsymbol{k}}(\boldsymbol{k}\sigma|\hat{G}^{(0)}(\omega)|{\rm d}\sigma) = 1$$

$$-\frac{g}{\sqrt{V}}({\rm d}\sigma|\hat{G}^{(0)}(\omega)|{\rm d}\sigma) + (\hbar\omega - \epsilon_{\boldsymbol{k}} + \mu + i\delta)(\boldsymbol{k}\sigma|\hat{G}^{(0)}(\omega)|{\rm d}\sigma) = 0 \tag{13.44}$$

が得られるが，これらの式から d 電子の Green 関数を，

$$G_{\rm d}^{(0)}(\omega) \equiv ({\rm d}\sigma|\hat{G}^{(0)}(\omega)|{\rm d}\sigma) = \left(\hbar\omega - \epsilon_{\rm d} + \mu - \frac{g^2}{V}\sum_{\boldsymbol{k}}\frac{1}{\hbar\omega - \epsilon_{\boldsymbol{k}} + \mu + i\delta}\right)^{-1} \tag{13.45}$$

と計算できる．右辺に現れる $\boldsymbol{k}$ に関する和を，バンド幅を $2W$ として，

$$\frac{1}{V}\sum_{\boldsymbol{k}}\frac{g^2}{\hbar\omega - \epsilon_{\boldsymbol{k}} + \mu + i\delta} = \int d\epsilon'\,\frac{g^2 D^{(0)}(\epsilon')}{\hbar\omega - \epsilon' + \mu + i\delta} \approx {\rm P}\int_{-W}^{+W} d\epsilon'\,\frac{g^2 D_{\rm F}^{(0)}}{\hbar\omega - \epsilon'} - i\pi g^2 D_{\rm F}^{(0)} \tag{13.46}$$

と評価し，$|\hbar\omega| \ll W$ の領域のみに着目することにして，$\omega = 0$ で消える実部を無視し，虚部のみを残せば，

$$G_{\rm d}^{(0)}(\omega) = \frac{1}{\hbar\omega - \epsilon_{\rm d} + \mu + i\Delta}, \quad \left(\Delta = \pi g^2 D_{\rm F}^{(0)}\right) \tag{13.47}$$

となり，d 電子の状態密度（原子一個の寄与なので体積で割らない）が，

$$D_{\rm d}^{(0)}(\epsilon) \equiv -\frac{1}{\pi}{\rm Im}G_{\rm d}^{(0)}\left(\frac{\epsilon - \mu}{\hbar}\right) = \frac{1}{\pi}\frac{\Delta}{(\epsilon - \epsilon_{\rm d})^2 + \Delta^2} \tag{13.48}$$

と求まる．これは幅 $\Delta$ の Lorentz 分布である．

次に $U > 0$ の場合を考え，d 電子の Green 関数を，

$$G_{\rm d}(\omega) = \frac{1}{\left(G_{\rm d}^{(0)}(\omega)\right)^{-1} - \Sigma(\omega)} = \frac{1}{\hbar\omega - \epsilon_{\rm d} + \mu + i\Delta - \Sigma(\omega)} \tag{13.49}$$

と書いておいて，自己エネルギー $\Sigma(\omega)$ を $U$ の二次摂動で評価しよう．計算は 12.4 節で行ったのとまったく同様に行えて，式 (12.74) に相当する式は，

$$G_{\rm d}(\omega) = G_{\rm d}^{(0)}(\omega) + \frac{U}{2}\left(G_{\rm d}^{(0)}(\omega)\right)^2 + U^2 Q_{\rm d}(\omega)\left(G_{\rm d}^{(0)}(\omega)\right)^2 \tag{13.50}$$

$$Q_{\rm d}(\omega) = \frac{1}{i\hbar}\int_0^{+\infty} \left\langle\!\left\langle \left[d_\downarrow^\dagger(t)d_\downarrow(t)d_\uparrow(t), d_\uparrow^\dagger d_\downarrow^\dagger d_\downarrow\right]_+ \right\rangle\!\right\rangle_{\rm eq} e^{i\omega t-\delta t}dt \tag{13.51}$$

となる．ここで，電子正孔対称の条件から $\left\langle\!\left\langle d_\sigma^\dagger d_\sigma \right\rangle\!\right\rangle_{\rm eq} = 1/2$ であることを用いた．上式は，自己エネルギーを $U$ の一次摂動で評価した結果が，単なる定数エネルギーシフト $\Sigma^{(1)}(\omega) = U/2$ であることを示す．しかも，電子正孔対称の条件から $\epsilon_{\rm d} - \mu = -U/2$ だから[8]，一次摂動の効果まで考慮した d 電子の Green 関数は簡単な形，

$$G_{\rm d}^{(0+1)}(\omega) = \frac{1}{\hbar\omega - \epsilon_{\rm d} + \mu - \Sigma^{(1)}(\omega) + i\Delta} = \frac{1}{\hbar\omega + i\Delta} \tag{13.52}$$

にまとまる．

$U$ についての二次摂動で評価するには，式 (13.51) において，$Q_{\rm d}(\omega)$ を $U = 0$ の場合の $Q_{\rm d}^{(0)}(\omega)$ で近似すればよい．$Q_{\rm d}^{(0)}(\omega)$ を計算するために，$\hat{H}_1$ の固有エネルギーを $\epsilon_n$，固有状態を $|n\sigma)$ として，非摂動ハミルトニアンを，

$$\mathcal{H}_0 = \sum_{n\sigma} \epsilon_n a_{n\sigma}^\dagger a_{n\sigma} \tag{13.53}$$

と書き直そう．$a_{n\sigma}^\dagger$（$a_{n\sigma}$）は状態 $|n\sigma)$ の電子を一つ作る（消す）演算子である．このとき形式的に，

$$\hat{G}^{(0)}(\omega) = \sum_{n\sigma} |n\sigma)\frac{1}{\hbar\omega - \epsilon_n + \mu + i\delta}(n\sigma| \tag{13.54}$$

と書け，相互作用がないときの d 電子の状態密度は，$({\rm d}\sigma|n\sigma') = ({\rm d}|n)\delta_{\sigma\sigma'}$ と書けることに注意すれば，

$$D_{\rm d}^{(0)}(\epsilon) \equiv -\frac{1}{\pi}{\rm Im}({\rm d}\sigma|\hat{G}^{(0)}\left(\frac{\epsilon-\mu}{\hbar}\right)|{\rm d}\sigma) = -\frac{1}{\pi}{\rm Im}G_{\rm d}^{(0)}\left(\frac{\epsilon-\mu}{\hbar}\right) = \sum_n |({\rm d}|n)|^2\,\delta(\epsilon-\epsilon_n) \tag{13.55}$$

と求まる．

ここで，$d_\sigma = \sum_n ({\rm d}|n)a_{n\sigma}$（$d_\sigma^\dagger = \sum_n (n|{\rm d})a_{n\sigma}^\dagger$）に注意して，$Q_{\rm d}^{(0)}(\omega)$ を計算すると，

8）この条件式は有限温度でも成立する．

$$Q_{\mathrm{d}}^{(0)}(\omega) = \sum_{n_1,n_2,n_3,n_1',n_2',n_3'} (n_1|\mathrm{d})(\mathrm{d}|n_2)(\mathrm{d}|n_3)(n_1'|\mathrm{d})(n_2'|\mathrm{d})(\mathrm{d}|n_3') \times \frac{\left\langle\!\left\langle \left[ a_{n_1\downarrow}^{\dagger} a_{n_2\downarrow} a_{n_3\uparrow}, a_{n_1'\uparrow}^{\dagger} a_{n_2'\downarrow}^{\dagger} a_{n_3'\downarrow} \right]_+ \right\rangle\!\right\rangle_0}{\hbar\omega + \epsilon_{n_1} - \epsilon_{n_2} - \epsilon_{n_3} + \mu + i\delta} \tag{13.56}$$

となり，分子に現れた平均値は Bloch-de Dominicis の定理を使って評価できる．その結果を用いると，最終的に自己エネルギーに対する二次摂動の寄与を，

$$\Sigma^{(2)}(\omega) = U^2 \int d\epsilon_1 d\epsilon_2 d\epsilon_3 D_{\mathrm{d}}^{(0)}(\epsilon_1) D_{\mathrm{d}}^{(0)}(\epsilon_2) D_{\mathrm{d}}^{(0)}(\epsilon_3) \times \frac{f(\epsilon_1)(1 - f(\epsilon_2))(1 - f(\epsilon_3)) + (1 - f(\epsilon_1)) f(\epsilon_2) f(\epsilon_3)}{\hbar\omega + \epsilon_1 - \epsilon_2 - \epsilon_3 + \mu + i\delta} \tag{13.57}$$

と計算できる[9]．このとき，$D_{\mathrm{d}}^{(0)}(\epsilon)$ に一次摂動の効果を取り込んで，

$$D_{\mathrm{d}}^{(0)}(\epsilon) = -\frac{1}{\pi} \mathrm{Im} G_{\mathrm{d}}^{(0+1)} \left( \frac{\epsilon - \mu}{\hbar} \right) = \frac{1}{\pi} \frac{\Delta}{(\epsilon - \mu)^2 + \Delta^2} \tag{13.58}$$

としておくと，電子正孔対称性を破らない結果になる．d 電子の Green 関数は，

9) $\Sigma^{(2)}(\omega)$ を数値計算する際に，この表式をそのまま評価してはいけない．$\epsilon_1, \epsilon_2, \epsilon_3, \omega$ に関する四重ループを回すことになってしまう．まず $\mathrm{Im}\Sigma^{(2)}(\omega)$ を求めてから，Kramers-Kronig 関係式，

$$\mathrm{Re}\Sigma^{(2)}(\omega) = \frac{1}{\pi} \mathrm{P} \int_{-\infty}^{+\infty} \frac{\mathrm{Im}\Sigma^{(2)}(\omega')}{\omega' - \omega} d\omega'$$

が成り立つことを利用して $\mathrm{Re}\Sigma^{(2)}(\omega)$ を計算するとよい（主値積分の数値計算については 14.5 節の脚注 12 を参照）．$\mathrm{Im}\Sigma^{(2)}(\omega)$ の数値計算は，

$$\begin{aligned} \mathrm{Im}\Sigma^{(2)}(\omega) = -\pi U^2 \int & d\epsilon_1 d\epsilon_2 d\epsilon_3 D_{\mathrm{d}}^{(0)}(\epsilon_1) D_{\mathrm{d}}^{(0)}(\epsilon_2) D_{\mathrm{d}}^{(0)}(\epsilon_3) \\ & \times (f(\epsilon_1)(1 - f(\epsilon_2))(1 - f(\epsilon_3)) + (1 - f(\epsilon_1)) f(\epsilon_2) f(\epsilon_3)) \\ & \times \delta(\hbar\omega + \epsilon_1 - \epsilon_2 - \epsilon_3 + \mu) \end{aligned}$$

に $\delta(\hbar\omega + \epsilon_1 - \epsilon_2 - \epsilon_3 + \mu) = (2\pi)^{-1} \int_{-\infty}^{+\infty} e^{i(\hbar\omega + \epsilon_1 - \epsilon_2 - \epsilon_3 + \mu)s} ds$ を代入して，

$$\mathrm{Im}\Sigma^{(2)}(\omega) = -\frac{U^2}{2} \int_{-\infty}^{+\infty} e^{i(\hbar\omega + \mu)s} \left( a(-s)(b(s))^2 + b(-s)(a(s))^2 \right) ds$$

$$a(s) \equiv \int_{-\infty}^{+\infty} e^{-i\epsilon s} D_{\mathrm{d}}^{(0)}(\epsilon) f(\epsilon) d\epsilon, \quad b(s) \equiv \int_{-\infty}^{+\infty} e^{-i\epsilon s} D_{\mathrm{d}}^{(0)}(\epsilon)(1 - f(\epsilon)) d\epsilon$$

と変形することにより，二重ループだけを使って実行できる（筆者は試していないが，計算式はすべて Fourier 変換の形なので，高速 Fourier 変換の手法を適用することも可能であろう）．上記の手法を使って実際に計算した結果を図 13.5 に示す．

$$G_{\mathrm{d}}(\omega)=\frac{1}{\left(G_{\mathrm{d}}^{(0+1)}(\omega)\right)^{-1}-\Sigma^{(2)}(\omega)}=\frac{1}{\hbar\omega+i\Delta-\Sigma^{(2)}(\omega)} \tag{13.59}$$

と求まる．

特に，絶対零度の場合，

$$\Sigma^{(2)}(\omega)=U^2\int_0^{+\infty}d\epsilon_1\int_0^{+\infty}d\epsilon_2\int_0^{+\infty}d\epsilon_3\ \frac{\Delta}{\pi}\frac{1}{\epsilon_1^2+\Delta^2}\cdot\frac{\Delta}{\pi}\frac{1}{\epsilon_2^2+\Delta^2}\cdot\frac{\Delta}{\pi}\frac{1}{\epsilon_3^2+\Delta^2}$$
$$\times\left(\frac{1}{\hbar\omega+\epsilon_1+\epsilon_2+\epsilon_3+i\delta}+\frac{1}{\hbar\omega-\epsilon_1-\epsilon_2-\epsilon_3+i\delta}\right) \tag{13.60}$$

を得る．明らかに上式は $\Sigma^{(2)}(\omega)=-\left(\Sigma^{(2)}(-\omega)\right)^*$ を満たし，$\Sigma^{(2)}(\omega)$ の実部と虚部は，それぞれ $\omega$ の奇関数および偶関数である．しかも $\Sigma^{(2)}(0)=0$ なので，$|\hbar\omega|\ll\Delta$ において $\mathrm{Im}\Sigma^{(2)}(\omega)=O\left((\hbar\omega)^2\right)$ が成立し，この意味で「Fermi 液体」としての要件を満足する．また，

$$\left.\frac{1}{\hbar}\frac{\partial\Sigma^{(2)}}{\partial\omega}\right|_{\omega=0}=-2U^2\int_0^{+\infty}d\epsilon_1\int_0^{+\infty}d\epsilon_2\int_0^{+\infty}d\epsilon_3\ \frac{\Delta}{\pi}\frac{1}{\epsilon_1^2+\Delta^2}\cdot\frac{\Delta}{\pi}\frac{1}{\epsilon_2^2+\Delta^2}$$
$$\times\frac{\Delta}{\pi}\frac{1}{\epsilon_3^2+\Delta^2}\cdot\frac{1}{(\epsilon_1+\epsilon_2+\epsilon_3)^2}<0 \tag{13.61}$$

なので，くりこみ因子は $Z=(1-\hbar^{-1}\partial\mathrm{Re}\Sigma^{(2)}(\omega)/\partial\omega|_{\omega=0})^{-1}<1$ を満たし，$|\epsilon-\mu|\ll\Delta$ における d 電子の状態密度は，

$$D_{\mathrm{d}}(\epsilon)\equiv-\frac{1}{\pi}\mathrm{Im}G_{\mathrm{d}}\left(\frac{\epsilon-\mu}{\hbar}\right)=\frac{Z}{\pi}\frac{Z\Delta}{(\epsilon-\mu)^2+(Z\Delta)^2} \tag{13.62}$$

となって，$\epsilon=\mu$ に位置する状態密度のピーク（**近藤共鳴ピーク**）が，$U$ の増大とともにやせ細ることがわかる．ただし，ピークの $\epsilon=\mu$ における高さは $U$ によらずに不変で，常に一定値 $1/\pi\Delta$ をとる．高次摂動の効果を取り入れたとしても，「Fermi 液体」としての要件が満たされている限り，この結果は変わらないことに注意しよう．

今度は逆に，$|\epsilon-\mu|\gg\Delta$ の領域を考えよう．この場合，$\Sigma^{(2)}(\omega)$ の表式の分母において，$\hbar\omega$ に比べて $\epsilon_1,\epsilon_2,\epsilon_3$ を無視できる．$\int_0^\infty D_{\mathrm{d}}^{(0)}(\epsilon)d\epsilon=1/2$ に注意すると，

$$\Sigma^{(2)}(\omega)\approx U^2\frac{1/8+1/8}{\hbar\omega}=\frac{U^2}{4\hbar\omega} \tag{13.63}$$

が得られる．これを代入して計算すれば，

$$D_{\rm d}(\epsilon) \approx \frac{1}{\pi\Delta} \frac{\Delta^2}{\left(\epsilon - \mu - \dfrac{U^2}{4(\epsilon-\mu)}\right)^2 + \Delta^2} \tag{13.64}$$

となり，$\epsilon = \mu \pm U/2$ 付近にもピークが現れることが理解される．一方，$g = 0$ (つまり $U/g = +\infty$) のときの状態密度は，明らかに，

$$D_{\rm d}(\epsilon) = \frac{1}{2}\delta(\epsilon - \epsilon_{\rm d}) + \frac{1}{2}\delta(\epsilon - \epsilon_{\rm d} - U) = \frac{1}{2}\delta\left(\epsilon - \mu + \frac{U}{2}\right) + \frac{1}{2}\delta\left(\epsilon - \mu - \frac{U}{2}\right) \tag{13.65}$$

である（$\mu = \epsilon_{\rm d} + U/2$ に注意）．d 軌道に入る一つ目の電子のエネルギーは $\epsilon_{\rm d}$ だが，二個目は $\epsilon_{\rm d} + U$ のエネルギーを持つからである．式 (13.64) において $U/g \to +\infty$ とすると，上式の結果が再現されることに注意しよう．ここでやっている計算は $U$ に関する二次摂動だから，本来は $U$ が大きい領域では正当性が保証されないのだが，たまたま幸運なことに $U \to +\infty$ の極限でも正しい結果を与えるのだ．この「幸運」は電子正孔対称の条件が成り立っている系特有の事情である．

実際に式 (13.57), (13.59) から求めた d 電子の状態密度 $D_{\rm d}(\epsilon) \equiv -{\rm Im}G_{\rm d}((\epsilon - \mu)/\hbar)/\pi$ を，図 13.5 に示した．$U$ を大きくしていくと，$\epsilon = \mu$ に位置する近藤共鳴ピークがやせ細り，その分の強度が $\epsilon \sim \mu \pm U/2$ のピークへ移動していくことがわかる．ただし，$g$ がどんなに小さくても，ゼロでない限りは非常に細い近藤共鳴ピークが残るという点が重要である．実際，$U$ の値によらず $D_{\rm d}(\mu) = 1/\pi\Delta$ が厳密に成り立っているので，共鳴ピークの高さは不変に保たれており，やせ細ることはあっても消えることはない．近藤共鳴ピークは，低温極限（絶対零度）において，$g = 0$ から $g \neq 0$ へスイッチしたときに新しく現れるスペクトル構造である．この事実は，近藤共鳴ピークが，前節で議論した一重項束縛状態形成の帰結として生じたものであることを示している．

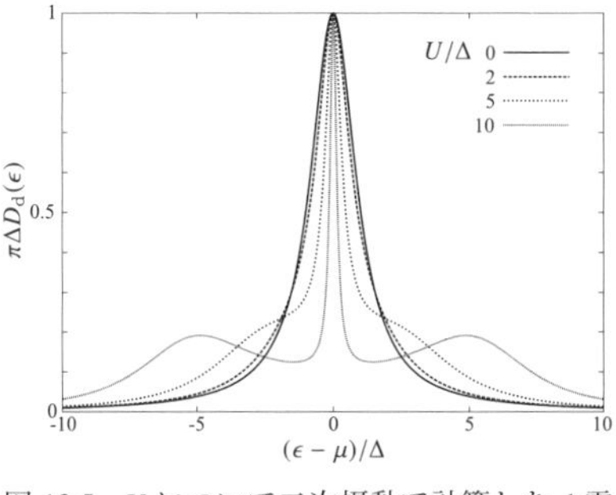

図 13.5　$U$ について二次摂動で計算した d 電子の状態密度［筆者による確認計算］

有限温度における近藤共鳴ピークは，面積をほとんど変えないまま，元々の絶対零度におけるピーク幅に温度程度の幅を加えた形状をとる．したがって，絶対零度における近藤共鳴ピークの幅を $k_{\rm B}T^*$ とすれば，$T \gg T^*$ では近藤共

鳴ピークは潰れて消失し（ピークの高さが $T^*/T \ll 1$ 倍になる），スペクトル形状は $g=0$ のときと大差がなくなる．裏返せば，一重項束縛状態形成の効果が効くのは $T \lesssim T^*$ の低温ということになるが，この結論が 13.4 節の議論と整合するなら $T^* \sim T_K$ となるはずだ．つまり，絶対零度における近藤共鳴ピークは $k_B T_K$ 程度の幅を持つ．

# 第 14 章

# Mott-Hubbard 絶縁体

## 14.1 Hubbard モデル

1.6 節で，「(自由電子) + (格子ポテンシャル) + (電子間相互作用) = ？」という観点に立った「最小モデル」として Hubbard モデルを導入した．そのハミルトニアンは，

$$\mathcal{H} = \mathcal{H}_0 + \mathcal{H}_U = -t \sum_{(ij)\sigma} \left( c_{i\sigma}^{\dagger} c_{j\sigma} + c_{j\sigma}^{\dagger} c_{i\sigma} \right) + U \sum_{i} n_{i\uparrow} n_{i\downarrow} \tag{14.1}$$

である．ここで，$i$ 番目のサイトに $\sigma$ スピンを持つ電子を一つ消す演算子を $c_{i\sigma}$ とし，$n_{i\sigma} = c_{i\sigma}^{\dagger} c_{i\sigma}$ は $i$ 番目のサイトに局在する電子を表す演算子である．また $(i, j)$ は最近接サイトの対についての和をとることを表す．右辺第一項 $\mathcal{H}_0$ は，隣接する $i$ 番目と $j$ 番目の原子軌道間の飛び移り積分がすべて $-t$ であるとした強束縛モデルを表している（以下では特に断らない限り $t > 0$ とする）．一方，第二項 $\mathcal{H}_U$ は，同じ原子軌道上を上下スピンを持つ二つの電子が占有すると，$U > 0$ の Coulomb 斥力によるエネルギー上昇があることを示している．Hubbard モデルでは，次近接サイトへの飛び移り，原子軌道の縮退，サイト間にわたる長距離 Coulomb 相互作用等の効果がすべて無視されているが，それでもこのモデルは驚くほど多様な物理を内包している．

Hubbard モデルを特徴づける要素は以下の三つである．

(1) 相互作用の強さ $U/t$
(2) 一サイト当たりの電子数（占有率）$n = N/N_{\mathrm{s}}$
(3) サイトの配置（結晶構造や次元性）

ただし，$N$ は電子数，$N_{\mathrm{s}}$ はサイト数である．モデルが単純なので，一見解析は簡単そうに思えるが，実際に系の性質がよくわかっているのは一次元だけで，二次元以上については未解明の部分が多く残されている．ただし，$n = 1$

の場合（half-filling）の性質は，かなり深く理解されている．$n \neq 1$ の場合に正確にわかっていることは少ないが，第 15 章で述べるように，結晶構造によっては金属強磁性の可能性が示唆されており，また高温超伝導の可能性も予想されている．本章では特に断らぬ限り，三次元系を対象として，$n = 1$ の場合に話を限る．

以下ではサイトが Bravais 格子を成しているとする（つまり，単位胞内にサイトは一つ）．6.3 節で強束縛モデルのハミルトニアンを議論したとき，$i$ 番目のサイトの位置 $\boldsymbol{R}_i$ に局在した原子軌道 $|\boldsymbol{R}_i\rangle$ から，Bloch 波数 $\boldsymbol{k}$ で指定される系全体に広がった一電子状態，

$$|\boldsymbol{k}\rangle = \frac{1}{\sqrt{N_{\mathrm{s}}}} \sum_i e^{i\boldsymbol{k}\cdot\boldsymbol{R}_i} |\boldsymbol{R}_i\rangle \tag{14.2}$$

を構成したことを思い出そう．このとき，一電子状態の軌道部分が $|\boldsymbol{k}\rangle$，スピンが $\sigma$ の電子を一つ消す（作る）演算子を $c_{\boldsymbol{k}\sigma}$ （$c^{\dagger}_{\boldsymbol{k}\sigma}$）とすると，

$$\begin{cases} c_{i\sigma} = \dfrac{1}{\sqrt{N_{\mathrm{s}}}} \displaystyle\sum_{\boldsymbol{k}} e^{i\boldsymbol{k}\cdot\boldsymbol{R}_i} c_{\boldsymbol{k}\sigma} \\ c^{\dagger}_{i\sigma} = \dfrac{1}{\sqrt{N_{\mathrm{s}}}} \displaystyle\sum_{\boldsymbol{k}} e^{-i\boldsymbol{k}\cdot\boldsymbol{R}_i} c^{\dagger}_{\boldsymbol{k}\sigma} \end{cases} \tag{14.3}$$

である．これを代入すると，ハミルトニアンの第一項が対角化された形になり，

$$\mathcal{H} = \sum_{\boldsymbol{k}\sigma} \epsilon_{\boldsymbol{k}} c^{\dagger}_{\boldsymbol{k}\sigma} c_{\boldsymbol{k}\sigma} + \frac{U}{N_{\mathrm{s}}} \sum_{\boldsymbol{k}_1\boldsymbol{k}_2\boldsymbol{k}_3\boldsymbol{k}_4} \delta'_{\boldsymbol{k}_1+\boldsymbol{k}_2,\boldsymbol{k}_3+\boldsymbol{k}_4} c^{\dagger}_{\boldsymbol{k}_1\uparrow} c^{\dagger}_{\boldsymbol{k}_2\downarrow} c_{\boldsymbol{k}_3\downarrow} c_{\boldsymbol{k}_4\uparrow} \tag{14.4}$$

となる．ただし，一つのサイトからそれに隣接するサイトに向かうベクトルを $\boldsymbol{\delta}$ として，バンド分散 $\epsilon_{\boldsymbol{k}}$ は，

$$\epsilon_{\boldsymbol{k}} = -t \sum_{\boldsymbol{\delta}} e^{i\boldsymbol{k}\cdot\boldsymbol{\delta}} \tag{14.5}$$

と書け，拡張された Kronecker のデルタは，

$$\delta'_{\boldsymbol{k},\boldsymbol{k}'} = \begin{cases} 1 & (\boldsymbol{k} - \boldsymbol{k}' \text{ が逆格子ベクトルの一つに等しいとき}) \\ 0 & (\text{それ以外}) \end{cases} \tag{14.6}$$

と定義される．Hubbard モデルは，離散的な並進対称性（すべての電子を一斉に格子ベクトルだけ並進移動する対称操作に対する不変性）を持つため，電子

の波数ベクトルの和が逆格子ベクトルの差を除いて保存する（全波数ベクトルを第一 Brillouin ゾーン内に還元したものが保存する）[1]．上記の拡張された Kronecker のデルタは，この保存則を反映して現れたものである．相互作用過程のうち，$\boldsymbol{k}_1 + \boldsymbol{k}_2 - \boldsymbol{k}_3 - \boldsymbol{k}_4 = 0$ であるものを**正常過程**，$\boldsymbol{k}_1 + \boldsymbol{k}_2 - \boldsymbol{k}_3 - \boldsymbol{k}_4$ がゼロでない逆格子ベクトルに等しいものを **Umklapp 過程**と呼んで区別する．

Hubbard モデルは，全電子のスピンを一斉に回転する操作に対する対称性も持つ．電子の全スピンを表す演算子は，Pauli 行列の要素 $(\sigma|\hat{\boldsymbol{\sigma}}|\sigma')$ を使って，

$$\mathcal{S}_\mu \equiv \frac{\hbar}{2} \sum_{i,\sigma_1,\sigma_2} (\sigma_1|\hat{\sigma}_\mu|\sigma_2) c^\dagger_{i\sigma_1} c_{i\sigma_2} = \frac{\hbar}{2} \sum_{\boldsymbol{k},\sigma_1,\sigma_2} (\sigma_1|\hat{\sigma}_\mu|\sigma_2) c^\dagger_{\boldsymbol{k}\sigma_1} c_{\boldsymbol{k}\sigma_2} \tag{14.7}$$

と表せるが，ハミルトニアンはこの演算子と可換である（各自確認せよ）．

$$[\mathcal{H}, \boldsymbol{\mathcal{S}}]_- = 0 \tag{14.8}$$

もちろん，$\boldsymbol{\mathcal{S}}$ の異なる成分同士は非可換なので，同時対角化可能なのは，$\mathcal{H}$ と $\boldsymbol{\mathcal{S}}^2$ および $\mathcal{S}_\mu$ のうちの一成分である（この一成分として通常は $\mathcal{S}_z$ を選ぶ）．

## 14.2 反強磁性秩序（弱結合領域）

本題の Mott-Hubbard 転移について議論する前に，スピンの**反強磁性秩序**について議論する．サイトを A サイトと B サイトの二つのグループに分け，しかも A サイトに隣接するすべてのサイトが B サイトに，B サイトに隣接するすべてのサイトが A サイトになるようにできるとき，格子は**二分割可能 (bipartite)** であると言う．反強磁性秩序は，A サイト内，B サイト内でサイトのスピン磁化（スピン演算子の期待値）が同じ向きに揃っており，A サイ

1) この保存則は，Bloch の定理とまったく同様の議論から導ける．すべての電子の位置を一斉に $\boldsymbol{\delta}$ だけ並進移動する操作を表す演算子を $\mathcal{T}_{\boldsymbol{\delta}}$ とすると，ハミルトニアン $\mathcal{H}$ は，離散的な並進対称性を持つので，$\boldsymbol{a}_i$ $(i = 1,2,3)$ を基本並進ベクトルとして，$\mathcal{T}_{-\boldsymbol{a}_i}$ と可換である．Fock 空間の完全正規直交系として $\{\prod_j c^\dagger_{\boldsymbol{k}_j,\sigma_j}|0\rangle\}$ を選ぶと，これは $\mathcal{T}_{-\boldsymbol{a}_i}$ $(i = 1,2,3)$ の同時固有状態になっており，それぞれの固有値は $e^{i\sum_j \boldsymbol{k}_j\cdot\boldsymbol{a}_i}$ である．何故なら，

$$\mathcal{T}_{-\boldsymbol{a}_i} c^\dagger_{\boldsymbol{k}\sigma} \mathcal{T}^{-1}_{-\boldsymbol{a}_i} = \frac{1}{\sqrt{N_\mathrm{s}}} \sum_j e^{i\boldsymbol{k}\cdot\boldsymbol{R}_j} \mathcal{T}_{-\boldsymbol{a}_i} c^\dagger_{j\sigma} \mathcal{T}^{-1}_{-\boldsymbol{a}_i} = \frac{1}{\sqrt{N_\mathrm{s}}} \sum_j e^{i\boldsymbol{k}\cdot(\boldsymbol{R}_j+\boldsymbol{a}_i)} c^\dagger_{j\sigma} = e^{i\boldsymbol{k}\cdot\boldsymbol{a}_i} c^\dagger_{\boldsymbol{k}\sigma}$$

および $\mathcal{T}_{-\boldsymbol{a}_i}|0\rangle = |0\rangle$ が成り立つからである．電子の全波数ベクトル $\sum_j \boldsymbol{k}_j$ を第一 Brillouin ゾーン内へ還元したものを $\boldsymbol{q}$ とすれば，$\mathcal{T}_{-\boldsymbol{a}_i}$ の固有値は $e^{i\boldsymbol{q}\cdot\boldsymbol{a}_i}$ と表され，$\mathcal{T}_{-\boldsymbol{a}_i}$（$i = 1,2,3$）の固有値の組と，波数ベクトル $\boldsymbol{q}$ の間には一対一対応がある．ハミルトニアンとの可換性を反映して，$\mathcal{T}_{-\boldsymbol{a}_i}$ の固有値は保存するから，$\boldsymbol{q}$ は保存量になる．

トとBサイトのスピン磁化の大きさが同じで向きが逆になったスピン磁気構造を指す．$\boldsymbol{R}_i$ がAサイトに属するとき $e^{i\boldsymbol{Q}\cdot\boldsymbol{R}_i} = 1$，Bサイトに属するとき $e^{i\boldsymbol{Q}\cdot\boldsymbol{R}_i} = -1$ となるように Bloch 波数 $\boldsymbol{Q}$ を選べるならば，$\boldsymbol{Q}$ を**反強磁性ベクトル**と呼ぶ．このとき $e^{i2\boldsymbol{Q}\cdot\boldsymbol{R}_i} = \left(e^{i\boldsymbol{Q}\cdot\boldsymbol{R}_i}\right)^2 = 1$ だから，$2\boldsymbol{Q}$ は逆格子ベクトルの一つに一致する．たとえば，単純立方格子は二分割可能であり，$a$ を格子定数として $\boldsymbol{Q} = (\pi/a, \pi/a, \pi/a)$ である．この $\boldsymbol{Q}$ を用いて反強磁性秩序を表現するならば，各サイトに $e^{i\boldsymbol{Q}\cdot\boldsymbol{R}_i}$ に比例したスピン磁化が生じたスピン磁気構造ということになる．

磁気秩序の発現を外場に対する不安定性の観点から論じよう．後で一般の磁気秩序も議論できるように，$\boldsymbol{q}$ を一般の波数ベクトルとし，各サイトに静磁束密度 $\boldsymbol{B}e^{i\boldsymbol{q}\cdot\boldsymbol{R}_i}$ を印加すると，Hubbard モデルのハミルトニアンに Zeeman 分裂を表す摂動項，

$$\mathcal{H}_{\rm ext} = \sum_i \frac{1}{2} g\mu_{\rm B}\boldsymbol{\sigma}_i \cdot \boldsymbol{B}e^{i\boldsymbol{q}\cdot\boldsymbol{R}_i} = \mu_{\rm B}\boldsymbol{\sigma}_{-\boldsymbol{q}} \cdot \boldsymbol{B} \tag{14.9}$$

が加わる（電子の軌道運動に対する外場の影響は無視する）．ここで，g 因子を $g = 2$ とし，Bohr 磁子を $\mu_{\rm B} = e\hbar/2mc$ と書いた．また，$\boldsymbol{\sigma}_i$ はサイト $i$ のスピン演算子，$\boldsymbol{\sigma}_{\boldsymbol{q}}$ はその波数表示で，

$$\boldsymbol{\sigma}_i \equiv \sum_{\sigma\sigma'} (\sigma|\hat{\boldsymbol{\sigma}}|\sigma')c^\dagger_{i\sigma}c_{i\sigma'}, \quad \boldsymbol{\sigma}_{\boldsymbol{q}} \equiv \sum_i \boldsymbol{\sigma}_i e^{-i\boldsymbol{q}\cdot\boldsymbol{R}_i} = \sum_{\boldsymbol{k}\sigma\sigma'} (\sigma|\hat{\boldsymbol{\sigma}}|\sigma')c^\dagger_{\boldsymbol{k}-\boldsymbol{q}\sigma}c_{\boldsymbol{k}\sigma'} \tag{14.10}$$

と表される．この外場印加により，各サイトにスピン磁化 $-\mu_{\rm B}\langle\langle\boldsymbol{\sigma}_{\boldsymbol{q}}\rangle\rangle e^{i\boldsymbol{q}\cdot\boldsymbol{R}_i}/N_{\rm s}$ が誘起される[2)]．系がスピンの向きに関して等方的だから，$\boldsymbol{B}$ が $z$ 軸正の向きを持つとしても一般性を失わない．このとき，線形応答の範囲で，

$$-\frac{\mu_{\rm B}}{N_{\rm s}}\langle\langle\sigma_{z,\boldsymbol{q}}\rangle\rangle = \chi_{\rm s}(\boldsymbol{q})B, \quad \chi_{\rm s}(\boldsymbol{q}) \equiv \frac{\mu_{\rm B}^2}{N_{\rm s}}\chi_{\sigma_{z,\boldsymbol{q}}\sigma_{z,-\boldsymbol{q}}}(\omega = 0) \tag{14.11}$$

が成り立つ．$\chi_{\rm s}(\boldsymbol{q})$ は（静的）**スピン磁気感受率**と呼ばれる．

スピン磁気感受率 $\chi_{\rm s}(\boldsymbol{q})$ を第11章で述べた RPA の範囲で求めよう．電子数演算子 $\sum_{\boldsymbol{k}\sigma} c^\dagger_{\boldsymbol{k}\sigma}c_{\boldsymbol{k}\sigma}$ と，外場によって誘起されるスピン密度を表す $\sigma_{z,\boldsymbol{q}}$ を平均値に置き換え，

2）磁化は単位体積当たりでなく一サイト当たりの量とした．格子の周期性を反映し，外場と誘起される磁化の空間変調を表す波数ベクトルは（第一 Brillouin ゾーン内に還元する約束の下で）一致する．

$$
\begin{aligned}
\mathcal{H}_U = \frac{U}{N_\mathrm{s}} \sum_{\boldsymbol{k},\boldsymbol{k}',\boldsymbol{q}'} \Big( & \left\langle\!\left\langle c^\dagger_{\boldsymbol{k}'-\boldsymbol{q}'\uparrow} c_{\boldsymbol{k}'\uparrow} \right\rangle\!\right\rangle c^\dagger_{\boldsymbol{k}+\boldsymbol{q}'\downarrow} c_{\boldsymbol{k}\downarrow} + \left\langle\!\left\langle c^\dagger_{\boldsymbol{k}'-\boldsymbol{q}'\downarrow} c_{\boldsymbol{k}'\downarrow} \right\rangle\!\right\rangle c^\dagger_{\boldsymbol{k}+\boldsymbol{q}'\uparrow} c_{\boldsymbol{k}\uparrow} \\
& - \left\langle\!\left\langle c^\dagger_{\boldsymbol{k}'-\boldsymbol{q}'\uparrow} c_{\boldsymbol{k}'\uparrow} \right\rangle\!\right\rangle \left\langle\!\left\langle c^\dagger_{\boldsymbol{k}+\boldsymbol{q}'\downarrow} c_{\boldsymbol{k}\downarrow} \right\rangle\!\right\rangle \\
& + \left( c^\dagger_{\boldsymbol{k}'-\boldsymbol{q}'\uparrow} c_{\boldsymbol{k}'\uparrow} - \left\langle\!\left\langle c^\dagger_{\boldsymbol{k}'-\boldsymbol{q}'\uparrow} c_{\boldsymbol{k}'\uparrow} \right\rangle\!\right\rangle \right) \left( c^\dagger_{\boldsymbol{k}+\boldsymbol{q}'\downarrow} c_{\boldsymbol{k}\downarrow} - \left\langle\!\left\langle c^\dagger_{\boldsymbol{k}+\boldsymbol{q}'\downarrow} c_{\boldsymbol{k}\downarrow} \right\rangle\!\right\rangle \right) \Big) \\
\approx \frac{U}{N_\mathrm{s}} \sum_{\boldsymbol{k}} & \left( \frac{N}{2} c^\dagger_{\boldsymbol{k}\downarrow} c_{\boldsymbol{k}\downarrow} + \frac{\langle\!\langle \sigma_{z,\boldsymbol{q}} \rangle\!\rangle}{2} c^\dagger_{\boldsymbol{k}+\boldsymbol{q}\downarrow} c_{\boldsymbol{k}\downarrow} + \frac{N}{2} c^\dagger_{\boldsymbol{k}\uparrow} c_{\boldsymbol{k}\uparrow} - \frac{\langle\!\langle \sigma_{z,\boldsymbol{q}} \rangle\!\rangle}{2} c^\dagger_{\boldsymbol{k}+\boldsymbol{q}\uparrow} c_{\boldsymbol{k}\uparrow} \right) \\
= - \frac{U}{2N_\mathrm{s}} & \langle\!\langle \sigma_{z,\boldsymbol{q}} \rangle\!\rangle \sigma_{z,-\boldsymbol{q}} + \frac{Un}{2} \sum_{\boldsymbol{k}\sigma} c^\dagger_{\boldsymbol{k}\sigma} c_{\boldsymbol{k}\sigma}
\end{aligned}
\tag{14.12}
$$

と近似する．右辺一段目の和において，演算子を含まない第三項を省き，平均値からのゆらぎを表す第四項を無視した．最終段の第二項は，一電子エネルギーの定数シフトを表すので，化学ポテンシャルの補正として扱うことにすると，

$$
\mathcal{H} + \mathcal{H}_\mathrm{ext} \approx \sum_{\boldsymbol{k}\sigma} \epsilon_{\boldsymbol{k}} c^\dagger_{\boldsymbol{k}\sigma} c_{\boldsymbol{k}\sigma} + \mu_\mathrm{B} \sigma_{z,-\boldsymbol{q}} B_\mathrm{eff} \tag{14.13}
$$

$$
B_\mathrm{eff} = B - \frac{U}{2\mu_\mathrm{B} N_\mathrm{s}} \langle\!\langle \sigma_{z,\boldsymbol{q}} \rangle\!\rangle \approx \left( 1 + \frac{U}{2\mu_\mathrm{B}^2} \chi_\mathrm{s}(\boldsymbol{q}) \right) B \tag{14.14}
$$

を得る．つまり，$U = 0$ の（相互作用のない）系に，$z$ 軸正の向きに有効磁束密度 $B_\mathrm{eff}$ が印加されている問題を考えればよくなった．$B_\mathrm{eff}$ について線形応答の範囲で，

$$
-\frac{\mu_\mathrm{B}}{N_\mathrm{s}} \langle\!\langle \sigma_{z,\boldsymbol{q}} \rangle\!\rangle = \chi_\mathrm{s}^{(0)}(\boldsymbol{q}) B_\mathrm{eff} \tag{14.15}
$$

を得る．ここで，$U = 0$ の系のスピン磁気感受率 $\chi_\mathrm{s}^{(0)}(\boldsymbol{q})$ は，式 (13.16) を導いたときと同様に，

$$
\chi_\mathrm{s}^{(0)}(\boldsymbol{q}) = \frac{\mu_\mathrm{B}^2}{N_\mathrm{s}} \chi^{(0)}_{\sigma_{z,\boldsymbol{q}}\sigma_{z,-\boldsymbol{q}}}(\omega = 0) = -2\frac{\mu_\mathrm{B}^2}{N_\mathrm{s}} \sum_{\boldsymbol{k}} \frac{f(\epsilon_{\boldsymbol{k}}) - f(\epsilon_{\boldsymbol{k}+\boldsymbol{q}})}{\epsilon_{\boldsymbol{k}} - \epsilon_{\boldsymbol{k}+\boldsymbol{q}}} \tag{14.16}
$$

と求まる．ただし，Fermi 分布関数に現れる化学ポテンシャル $\mu$ は $2\sum_{\boldsymbol{k}} f(\epsilon_{\boldsymbol{k}}) = N$ から決定する．さらに，式 (14.11), (14.14), (14.15) を見比べて，$\chi_\mathrm{s}(\boldsymbol{q}) = \chi_\mathrm{s}^{(0)}(\boldsymbol{q})\left(1 + (U/2\mu_\mathrm{B}^2)\chi_\mathrm{s}(\boldsymbol{q})\right)$，あるいは同じことだが，

$$
\chi_\mathrm{s}(\boldsymbol{q}) = \frac{\chi_\mathrm{s}^{(0)}(\boldsymbol{q})}{1 - (U/2\mu_\mathrm{B}^2)\chi_\mathrm{s}^{(0)}(\boldsymbol{q})} \tag{14.17}
$$

が導出される．ここでもし上式右辺の分母がゼロ，つまり，

$$1 = \frac{U}{2\mu_{\mathrm{B}}^2}\chi_{\mathrm{s}}^{(0)}(\boldsymbol{q}) \tag{14.18}$$

が満たされれば，$\chi_{\mathrm{s}}(\boldsymbol{q})$ が発散し，外場なしに波数 $\boldsymbol{q}$ で空間変調した磁化が生じうる．特に，ある有限の温度 $T_{\mathrm{c}}$ において条件式 (14.18) が満たされるならば，$T = T_{\mathrm{c}}$ で相転移が起こり，$T < T_{\mathrm{c}}$ において波数 $\boldsymbol{q}$ で空間変調した磁性秩序が現れる可能性がある．

波数空間上で，$\epsilon_{\boldsymbol{k}} = \epsilon_{\mathrm{F}}$（$\epsilon_{\mathrm{F}}$：Fermi 準位）が表す Fermi 面を，波数ベクトル $\boldsymbol{q}$ だけ平行移動することを考える（ただし，第一 Brillouin ゾーンからはみ出た部分はゾーン内に還元する）．平行移動前の Fermi 面が，移動後の Fermi 面と，有限の（ゼロでない）面積にわたってぴったり重なる部分 $S$ を持つとき，Fermi 面の**ネスティング（nesting）**が生じていると言い，$\boldsymbol{q}$ を**ネスティングベクトル**と呼ぶ．実際に，Fermi 面のネスティングが生じている場合，$S$ 上を除く $S$ 近傍の $\boldsymbol{k}$ 点では，$\epsilon_{\boldsymbol{k}} > \epsilon_{\mathrm{F}} > \epsilon_{\boldsymbol{k}+\boldsymbol{q}}$ または $\epsilon_{\boldsymbol{k}} < \epsilon_{\mathrm{F}} < \epsilon_{\boldsymbol{k}+\boldsymbol{q}}$ のいずれかが成立するので，絶対零度の $\chi_{\mathrm{s}}^{(0)}(\boldsymbol{q})$ が，

$$\begin{aligned}\frac{\chi_{\mathrm{s}}^{(0)}(\boldsymbol{q})}{2\mu_{\mathrm{B}}^2} &= -\frac{1}{N_{\mathrm{s}}}\sum_{\boldsymbol{k}}\frac{f(\epsilon_{\boldsymbol{k}}) - f(\epsilon_{\boldsymbol{k}+\boldsymbol{q}})}{\epsilon_{\boldsymbol{k}} - \epsilon_{\boldsymbol{k}+\boldsymbol{q}}} \approx \frac{1}{N_{\mathrm{s}}}\sum_{\boldsymbol{k}:S\ \text{近傍}}\frac{1}{\left|\epsilon_{\boldsymbol{k}} - \epsilon_{\boldsymbol{k}+\boldsymbol{q}}\right|} \\ &= \int d\epsilon \frac{1}{N_{\mathrm{s}}}\sum_{\boldsymbol{k}:\mathrm{S}\ \text{近傍}}\frac{1}{|\epsilon|}\delta\left(\epsilon - \epsilon_{\boldsymbol{k}} + \epsilon_{\boldsymbol{k}+\boldsymbol{q}}\right) \approx \tilde{D}_{\mathrm{F}}\int_{\epsilon=0\ \text{近傍}}\frac{d\epsilon}{2|\epsilon|} \to +\infty \end{aligned} \tag{14.19}$$

$$\tilde{D}_{\mathrm{F}} \equiv \frac{2}{N_{\mathrm{s}}}\sum_{\boldsymbol{k}:\mathrm{S}\ \text{近傍}}\delta\left(\epsilon_{\boldsymbol{k}+\boldsymbol{q}} - \epsilon_{\boldsymbol{k}}\right) = 2\int_{\epsilon_{\boldsymbol{k}}=\epsilon_{\boldsymbol{k}+\boldsymbol{q}}=\epsilon_{\mathrm{F}}}\frac{dS}{\left|\nabla_{\boldsymbol{k}}\left(\epsilon_{\boldsymbol{k}+\boldsymbol{q}} - \epsilon_{\boldsymbol{k}}\right)\right|} \tag{14.20}$$

と対数発散する．一方，高温極限では $f(\epsilon_{\boldsymbol{k}}) - f(\epsilon_{\boldsymbol{k}+\boldsymbol{q}}) \to 0$ だから，$\chi_{\mathrm{s}}^{(0)}(\boldsymbol{q}) \to 0$ となる．つまり，$U > 0$ である限り，必ずある有限の温度 $T_{\mathrm{c}}$ において条件式 (14.18) が満たされ，$\chi_{\mathrm{s}}(\boldsymbol{q})$ が発散する．この温度より低温では，波数 $\boldsymbol{q}$ の空間変調を持つ磁性秩序が現れる可能性がある[3)]．

有限温度では，$f(\epsilon)$ が完全な階段関数型でなくなり，$|\epsilon - \epsilon_{\mathrm{F}}| \lesssim k_{\mathrm{B}}T$ においてなまる．その結果，$k_{\mathrm{B}}T$ が対数発散を抑えるエネルギーカットオフの役目を果たし，$W$ をバンド幅程度のエネルギーとして，

3）元の Fermi 面と $\boldsymbol{q}$ だけ平行移動した Fermi 面が厳密には重ならず，Fermi 面のネスティングが近似的なものに留まる場合は，$U$ をある程度大きくしないと，条件式 (14.18) を満たす $T_{\mathrm{c}}$ が見つからない．

$$\frac{\chi_s^{(0)}(\boldsymbol{q})}{2\mu_B^2} \approx \tilde{D}_F \ln\left(\frac{W}{k_B T}\right) \tag{14.21}$$

となる．この結果を式 (14.18) に代入し，$k_B T$ について解くと，

$$k_B T_c \approx W e^{-1/U\tilde{D}_F} \tag{14.22}$$

を得る．ただし，議論に矛盾を生じないために，$T_c$ は式 (14.21) の評価が妥当になる低温領域になければならない．この要請は $U\tilde{D}_F \ll 1$ の弱結合領域で満足される．

反強磁性秩序形成に対する不安定性を議論する際には $\boldsymbol{q}$ を反強磁性ベクトル $\boldsymbol{Q}$ に選べばよい．既に述べたように，反強磁性ベクトル $\boldsymbol{Q}$ がネスティングベクトルになっているときには，$U$ がどんなに小さくても常に正の $T_c$ が得られ，そこで反強磁性相への転移が起こる可能性がある．たとえば，単純立方格子では，$\epsilon_{\boldsymbol{k}} = -2t\left(\cos k_x a + \cos k_y a + \cos k_z a\right)$ だから（$a$ は格子定数），half-filling における Fermi 面（$\epsilon_{\boldsymbol{k}} = 0$）を考えたとき，反強磁性ベクトル $\boldsymbol{Q} = (\pi/a, \pi/a, \pi/a)$ がネスティングベクトルになっており，このケースに該当している．

実際に $T = T_c$ で反強磁性相への転移が起こるとき，$T_c$ を **Néel 温度**と呼ぶ．Néel 温度以下の反強磁性相では，A サイトと B サイトが非等価になる．実際，上向き（あるいは下向き）スピンを持つ電子が感じるポテンシャルを Hartree 近似で見積もると（式 (14.12) を参照），その値は A サイトと B サイトで異なる．したがって，図 14.1 のように，結晶の単位胞の体積が有効的に二倍に広がり，反強磁性ベクトル $\boldsymbol{Q}$ が新しい逆格子ベクトルとして加わって，**第一 Brillouin ゾーンが半分に折り畳まれる**．このとき，6.1 節で述べたのと同様の機構によって，半分に折り畳まれたゾーンの境界上で，元々ひとつながりだったバンド分散が二つの枝に分裂する．バンド分散の分裂は $U$ を大きくすると広がっていき，分裂してできた二つのバンド分散の間にエネルギーの重なりがなくなると，バンドギャップができて系は絶縁体になる．ここでは half-filling を考えているので，二つに分裂したバンドのエネルギーの低い方が完全に占有され，エネルギーの高い方は非占有という状況になるからである．本書では，反強磁性秩序形成によって系が絶縁化する機構を総じて **Slater 機構**と呼ぶ[4)]．

4）J. C. Slater: Phys. Rev. **82**, 538 (1951).

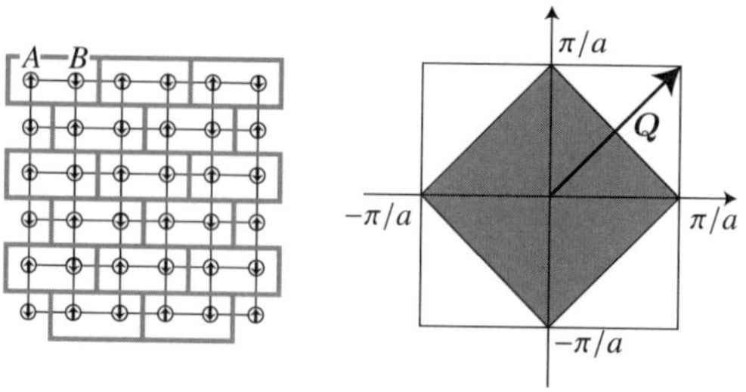


図 14.1　Slater 機構の説明．ここでは二分割可能な二次元格子を例に選んだ．反強磁性秩序が形成されると，A サイトと B サイトが非等価になり，実空間上で単位胞が有効的に二倍の大きさになる（左図）．これに対応して，波数空間では反強磁性ベクトル $\boldsymbol{Q} = (\pi/a, \pi/a)$ が逆格子ベクトルに加わり，元々の第一 Brillouin ゾーンが，半分の面積を持つ新しい第一 Brillouin ゾーン（灰色の領域）に折り畳まれる（右図）．折り畳まれたゾーンの境界上では，元々縮退していたバンド分散が二つに分裂する．分裂した二つのバンドの間にエネルギーの重なりがなくなったとき，系は絶縁体になる．

特に単純立方格子では，half-filling において反強磁性ベクトル $\boldsymbol{Q}$ がネスティングベクトルになっており，しかもネスティング条件が Fermi 面上の至る所で成立する特殊な状況が実現している（**完全ネスティング**）．そのため，無限小の相互作用 $U$ を導入しただけで反強磁性秩序を持った基底状態が実現し，同時に Fermi 面（= 折り畳まれたゾーンの境界）の至るところでエネルギーギャップが開き，系は絶縁化する．

## 14.3　反強磁性秩序（強結合領域）

前節で述べた RPA を使った議論は $U/t$ が十分に小さい場合に有効である．本節では逆に，強結合極限 $U/t \gg 1$（$t/U \ll 1$）を考えよう．$t = 0$ では，各サイトに電子が一個ずつ局在した状態が基底状態で，各電子のスピンはどの方向を向いていてもエネルギーは変わらないから，基底状態は $2^{N_s}$ 重に縮退している．電子を一個隣接サイトへ動かすと，二重占有されたサイトができ，エネルギーが $U$ だけ増加した励起状態ができる．$t = 0$ の基底状態が張る低エネルギー状態の空間への射影演算子を $\mathcal{P}$ として，式 (2.102) を二次摂動で評価し，有効ハミルトニアンを構成すると，

$$\mathcal{H}_{\text{eff}} = \mathcal{PHP} + \mathcal{PHQ}\frac{1}{-U}\mathcal{QHP} = \mathcal{PH}_U\mathcal{P} + \mathcal{PH}_0\frac{1}{-U}\mathcal{H}_0\mathcal{P}$$
$$= -\frac{t^2}{U}\mathcal{P}\left(\sum_{(ij)\sigma} c_{i\sigma}^\dagger c_{j\sigma} + \text{h.c.}\right)^2 \mathcal{P}$$
$$= -\frac{t^2}{U}\mathcal{P}\sum_{(ij)\sigma\sigma'}\left(c_{i\sigma}^\dagger c_{j\sigma} c_{j\sigma'}^\dagger c_{i\sigma'} + c_{j\sigma}^\dagger c_{i\sigma} c_{i\sigma'}^\dagger c_{j\sigma'}\right)\mathcal{P} \tag{14.23}$$

が得られる．ここで，$\mathcal{Q} = 1 - \mathcal{P}$ として，

$$\mathcal{PHP} = \mathcal{PH}_U\mathcal{P} = 0, \quad \mathcal{QHP} = \mathcal{QH}_0\mathcal{P} = \mathcal{H}_0\mathcal{P} \tag{14.24}$$

に注意し，基底状態と励起状態のエネルギー差を $U$ と見積もった．また，低エネルギー状態において二重占有されたサイトが一つもないことを用いた．上式は $t/U$ に関する二次摂動の評価となる．

低エネルギー状態では，各サイトに電子が一個ずつ局在し，電荷の自由度は身動きがとれない．残っているのはスピンの自由度だけである．したがって，有効ハミルトニアンが各サイトのスピン演算子だけで書けていると期待するのが自然である．そこで，

$$\hat{S}_i^z = \frac{\hbar}{2}\sum_\sigma \sigma c_{i\sigma}^\dagger c_{i\sigma}, \quad \hat{S}_i^+ = \hbar c_{i\uparrow}^\dagger c_{i\downarrow}, \quad \hat{S}_i^- = \hbar c_{i\downarrow}^\dagger c_{i\uparrow} \tag{14.25}$$

を導入し，

$$\hat{\boldsymbol{S}}_i \cdot \hat{\boldsymbol{S}}_j = \hat{S}_i^z \hat{S}_j^z + \frac{1}{2}\left(\hat{S}_i^+ \hat{S}_j^- + \hat{S}_i^- \hat{S}_j^+\right) \tag{14.26}$$

および，

$$\left(\sum_\sigma c_{i\sigma}^\dagger c_{i\sigma}\right)\mathcal{P} = \mathcal{P} \tag{14.27}$$

に注意し，定数部分を無視すると，以下の**反強磁性 Heisenberg モデル**を得る．

$$\mathcal{H}_{\text{eff}} = -\frac{2J}{\hbar^2}\sum_{(ij)} \hat{\boldsymbol{S}}_i \cdot \hat{\boldsymbol{S}}_j, \quad J = -\frac{2t^2}{U} < 0 \tag{14.28}$$

ただし，各サイトに電子が一個ずつ局在した低エネルギー状態へ作用すると

いう了解の下で，射影演算子 $\mathcal{P}$ を省略した．この結果は，隣接サイト間で局在したスピン間に反強磁性的相互作用（スピンを反平行にしようとする相互作用）が働くことを示している．このスピン間相互作用を**運動交換相互作用**と呼ぶ．

したがって，二分割可能な格子では，強結合領域 $U/t \gg 1$ における基底状態が反強磁性秩序を示すと期待される．Heisenberg モデルでは $|J| \propto t^2/U$ が唯一のエネルギースケールなので，Néel 温度 $k_B T_N$ も $t^2/U$ に比例する．$k_B T_N/t$ が，弱結合極限では $U/t$ の増加関数だった（式 (14.22)）のに対し，強結合極限では $U/t$ の減少関数となっていることに注意しよう．実際の $k_B T_N/t$ は，$U/t$ が小さい所では増加し，$U/t \sim 1$ で最大値をとり，さらに $U/t$ を大きくすると減少に転じると予想される．

強結合領域の反強磁性相でも系は絶縁体になるが，この領域では，上述のように，電子間斥力の効果で各サイトに一個ずつ電子が局在した絶縁体があらかじめできていて，各サイトに局在した電子のスピンが運動交換相互作用により反強磁性を示すと考えるのが自然である．つまり，仮に反強磁性秩序の出現が抑制されていても，系は絶縁体になるだろう．この絶縁化の機構は，次節以降で詳しく議論する問題である．

## 14.4　Gutzwiller の変分基底状態

14.2 節では，低温における反強磁性秩序の出現と，それに伴う系の絶縁化（Slater 機構）の可能性を検討した．図 14.2 に示した酸化バナジウム (III)（$V_2O_3$）をはじめとして，典型的な Mott-Hubbard 絶縁体と目される物質の多くが，低温において反強磁性秩序を伴う絶縁体となる．しかし，Slater 機構だけで，これらの物質の絶縁性を完全に説明するのには無理がある．仮に Slater 機構だけで説明できるのならば，Néel 温度を超えた途端，反強磁性秩序が壊れて系が金属的になり，系の光学的性質に大きな変化が現れると予想されるが，Néel 温度以上でも $U/t$ が大きい場合には絶縁体として振る舞い続ける．そこから圧力の印加等によって $U/t$ を小さくしていくと，ある $U/t$ の値で常磁性絶縁相から金属相への一次転移（**Mott-Hubbard 転移**）が観測される．

この Mott-Hubbard 転移の機構を解明するためには，実際に Néel 温度より高い温度で Hubbard モデルを考察すればよいと考えるかもしれない．しかし，単純な格子構造においては，しばしば反強磁性秩序が過度に安定化するため

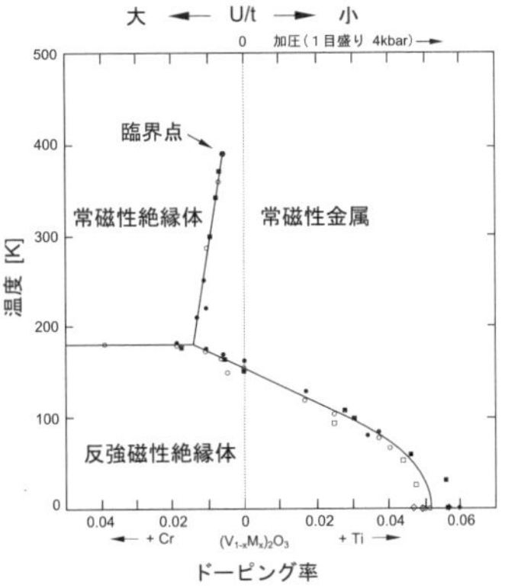


図 14.2 典型的な Mott-Hubbard 絶縁体である酸化バナジウム (III) $V_2O_3$ の相図．相境界はすべて体積変化を伴う一次相転移．[D. B. McWhan *et al.*: Phys. Rev. B **7**, 1920 (1973).]

（ネスティングが完全だと，無限小の $U$ で反強磁性相が現れることを思い出そう），Néel 温度が高すぎて，Néel 温度以上で Mott-Hubbard 転移が起こらない可能性が高い．これを防ぐには，ネスティング効果を弱めたり，二分割可能でない格子を考えて（**幾何学的フラストレーション**を導入して），反強磁性秩序の形成を抑制する必要がある．しかしそれでは，折角の単純なモデルが複雑化してしまう．そこで，格子構造を単純なもののままにする代わりに，**サイト間に生じる反強磁性的スピン相関の効果を無視しても系は絶縁化するのか？**という問題を考えてみよう．以下，この問題に対するアプローチとして，Gutzwiller の変分基底状態を使う手法と，動的平均場理論を紹介する．

はじめに Gutzwiller の変分基底状態について述べる．そのための下準備として，二サイト Hubbard モデル，

$$\mathcal{H} = -t\sum_{\sigma}\left(c_{1\sigma}^{\dagger}c_{2\sigma} + c_{2\sigma}^{\dagger}c_{1\sigma}\right) + U\left(n_{1\uparrow}n_{1\downarrow} + n_{2\uparrow}n_{2\downarrow}\right) \tag{14.29}$$

を考察しておこう．half-filling の場合を考え，上下スピンを持った電子が各一個ずつあるとする．相互作用がない場合（$U = 0$）は，電子がサイト $i(= 1, 2)$ に局在した電子軌道を $|i)$ として，**分子軌道論**で言うところの**結合軌道** $|\mathrm{b}) = (|1) + |2))/\sqrt{2}$ と**反結合軌道** $|\mathrm{a}) = (|1) - |2))/\sqrt{2}$ を考えるとよい．結合軌道および反結合軌道にスピン $\sigma$ を持つ電子を一つ生成する演算子は，それぞれ，

$$b_{\sigma}^{\dagger} = \frac{1}{\sqrt{2}}\left(c_{1\sigma}^{\dagger} + c_{2\sigma}^{\dagger}\right), \quad a_{\sigma}^{\dagger} = \frac{1}{\sqrt{2}}\left(c_{1\sigma}^{\dagger} - c_{2\sigma}^{\dagger}\right) \tag{14.30}$$

と書ける．これらを用いると $U = 0$ のときのハミルトニアン $\mathcal{H}_0$ は対角化され，

$$\mathcal{H}_0 = -t\sum_{\sigma} b_{\sigma}^{\dagger}b_{\sigma} + t\sum_{\sigma} a_{\sigma}^{\dagger}a_{\sigma} \tag{14.31}$$

となる．したがって基底状態は，

$$|\Psi_0\rangle = b_\uparrow^\dagger b_\downarrow^\dagger|0\rangle = \frac{1}{2}\left(\left(c_{1\uparrow}^\dagger c_{2\downarrow}^\dagger + c_{2\uparrow}^\dagger c_{1\downarrow}^\dagger\right) + \left(c_{1\uparrow}^\dagger c_{1\downarrow}^\dagger + c_{2\uparrow}^\dagger c_{2\downarrow}^\dagger\right)\right)|0\rangle$$
$$= \frac{1}{\sqrt{2}}\left(|\Psi_{\text{neutral}}\rangle + |\Psi_{\text{ionic}}\rangle\right) \tag{14.32}$$

である．この状態では，各サイトに電子が 1 つずつ入った**中性的状態** $|\Psi_{\text{neutral}}\rangle$ と片方のサイトに電子が偏った**イオン的状態** $|\Psi_{\text{ionic}}\rangle$ が等しい重みで寄与している．一方，相互作用が強い極限 $U/t \gg 1$ では，14.3 節の議論が成り立つので，サイト 1，2 を電子が 1 つずつ占有したスピン一重項状態 $|\Psi_{\text{neutral}}\rangle$ が基底状態となる．これは **Heitler-London の近似**で用いられる状態である．

二サイト Hubbard モデルは，スピンの回転に対して対称で，二つのサイトの入れ替え（空間反転）操作に対しても対称である．上記の結果は二電子状態の基底状態がスピン一重項状態であり，しかも空間反転のパリティが偶（空間反転しても状態の符号が変わらない）であることを示唆している．この対称性を持つすべての状態は，$|\Psi_{\text{neutral}}\rangle$ と $|\Psi_{\text{ionic}}\rangle$ の線形結合として表せるので，一般の $U$ の値に対する基底状態を，$g$ を調整すべきパラメーターとして，

$$|g\rangle = \frac{1}{\sqrt{1+g^2}}\left(|\Psi_{\text{neutral}}\rangle + g|\Psi_{\text{ionic}}\rangle\right) \tag{14.33}$$

の形に表せると予想できる．実際にハミルトニアンを $|\Psi_{\text{neutral}}\rangle$ と $|\Psi_{\text{ionic}}\rangle$ で挟んで $2\times 2$ 行列を作り，これを対角化して基底状態を求めると，

$$g = \frac{1}{4t}\left(\sqrt{U^2+16t^2} - U\right) \tag{14.34}$$

が得られ，基底状態のエネルギーも $E = -2tg$ と求まる．基底状態におけるイオン的状態の割合 $g^2/(1+g^2)$ が $U/t$ の増加とともに減少するのは，オンサイト斥力相互作用が同一サイトに二電子が同時に占有するのを邪魔するからである．上記の基底状態は，規格化定数を $R$ として，

$$|g\rangle = R\prod_{i=1,2}\left(1+(g-1)n_{i\uparrow}n_{i\downarrow}\right)|\Psi_0\rangle \tag{14.35}$$

と書くこともできる．

式 (14.35) の状態を $N_s$ サイト系へ拡張した，

$$|g\rangle = R\mathcal{P}_g|\Psi_0\rangle \tag{14.36}$$

$$\mathcal{P}_g = \prod_{i=1}^{N_s}\left(1+(g-1)n_{i\uparrow}n_{i\downarrow}\right) = g^{\sum_i n_{i\uparrow}n_{i\downarrow}} \tag{14.37}$$

が **Gutzwiller の変分基底状態**である[5]．$|\Psi_0\rangle$ は相互作用がない half-filling の系の基底状態である．また，$\mathcal{P}_g$ は **Gutzwiller の射影演算子**と呼ばれる．二サイト Hubbard モデルのときとは異なり，$g$ をどう調整しても，一般に $|g\rangle$ は厳密な基底状態にはならない．そこで量子力学における**変分原理**[6]を指針とし，$|g\rangle$ から計算されるエネルギー期待値 $E = \langle g|\mathcal{H}|g\rangle$ を最小にする $g$ を求め，最良の近似的基底状態を決定する．

エネルギー期待値を精密に求めるには数値的な手法（モンテカルロ法）を用いる必要がある．しかし，ここでは一つの近似的な評価の与え方として，$|\Psi_0\rangle$ がさまざまな電子配置の状態を等しい重みで足し上げたものであることに注意し，種々の期待値を「**確率論的に**」見積もるという解析的な手法を紹介する．まず「確率論的」見積もりに慣れるため，規格化定数 $R$ を評価してみよう．上下スピン電子の数をそれぞれ $N_\uparrow$，$N_\downarrow$ とすると，二重占有されている（上下スピンを持つ二つの電子によって同時に占有されている）サイトの数が $D$ であるような配置の総数は，

$$N_D(N_s, N_\uparrow, N_\downarrow) = \frac{N_s!}{(N_\uparrow - D)!(N_\downarrow - D)!D!(N_s - N_\uparrow - N_\downarrow + D)!} \tag{14.38}$$

となる．ここで，上向きスピン電子が一個だけ存在するサイトの数が $N_\uparrow - D$，下向きスピン電子が一個だけ存在するサイトの数が $N_\downarrow - D$，二重占有されたサイトの数が $D$，電子が占有していないサイトの数が $N_s - N_\uparrow - N_\downarrow + D$ であることを用いた．また，$\sigma$ スピン電子の数が $N_\sigma$ である状態の一つが現れる確率は，$n_\sigma = N_\sigma/N_s$ として，

$$P(N_s, N_\sigma) = n_\sigma^{N_\sigma}(1 - n_\sigma)^{N_s - N_\sigma} \tag{14.39}$$

だから，規格化条件 $\langle g|g\rangle = 1$ は，

$$R^{-2} = P(N_s, N_\uparrow)P(N_s, N_\downarrow)\sum_D g^{2D} N_D(N_s, N_\uparrow, N_\downarrow) \tag{14.40}$$

を与える．$D$ の和の実行は難しいので，統計力学で用いる最大項の方法を用いて，

---

5）M. C. Gutzwiller: Phys. Rev. Lett. **10**, 159 (1963); Phys. Rev. **134**, A923 (1964); *ibid.* **137**, A1726 (1964).

6）$\mathcal{H}$ の基底状態のエネルギーを $E_0$ とすると，任意の規格化された状態 $|\Psi\rangle$ に対し，$\langle\Psi|\mathcal{H}|\Psi\rangle \geq E_0$ が成り立つ（等号は $|\Psi\rangle$ が基底状態に一致したときにのみ成立）．実際，$\mathcal{H}$ の固有値を昇順に $E_0, E_1, \cdots$，対応する固有状態を $|0\rangle, |1\rangle, \cdots$ とし，$|\Psi\rangle = \sum_{n=0}^{+\infty} c_n|n\rangle$ と展開すると，$\langle\Psi|\mathcal{H}|\Psi\rangle = \sum_n |c_n|^2 E_n \geq \sum_n |c_n|^2 E_0 = E_0$．

$$S(D) = \ln\left(g^{2D} N_D\right) \tag{14.41}$$

を Stirling 公式 $\ln n! \approx n \ln n - n$ $(n \to +\infty)$ を用いて評価し[7)]，$S$ が最大値を与える $D = \tilde{D}$ からの寄与のみを残して，

$$R^{-2} \approx P(N_{\mathrm{s}}, N_\uparrow) P(N_{\mathrm{s}}, N_\downarrow) g^{2\tilde{D}} N_{\tilde{D}}(N_{\mathrm{s}}, N_\uparrow, N_\downarrow) \tag{14.42}$$

と見積もる．$\tilde{D}$ は $dS/dD = 0$ から決まるが，**二重占有率** $d = \tilde{D}/N_{\mathrm{s}}$ を導入すれば，この条件を，

$$g^2 = \frac{d(1 - n_\uparrow - n_\downarrow + d)}{(n_\uparrow - d)(n_\downarrow - d)} \tag{14.43}$$

と表せる．

次に，運動エネルギー $\langle g|\mathcal{H}_0|g\rangle$ を見積もる．具体的には，下向きスピン電子が乱雑に配置された状況下で，上向きスピン電子がサイト間を飛び移っていく過程からの寄与を「確率論的に」計算する．過程を以下の三つに分類して個別に考察していこう．

(1) $\overset{j}{\boxed{\uparrow}} \cdots \overset{i}{\boxed{\phantom{\uparrow}}} \rightsquigarrow \overset{j}{\boxed{\phantom{\uparrow}}} \cdots \overset{i}{\boxed{\uparrow}}$

$j$ サイトを単独で占有していた上向きスピン電子が，隣接した空のサイト $i$ に飛び移る過程からの寄与は，確率論的に，

$$\frac{\langle g|c_{i\uparrow}^\dagger c_{j\uparrow}|g\rangle_1}{\langle \Psi_0|c_{i\uparrow}^\dagger c_{j\uparrow}|\Psi_0\rangle} = R^2 \sum_D g^{2D} N_D(N_{\mathrm{s}} - 2, N_\uparrow - 1, N_\downarrow) P(N_{\mathrm{s}} - 2, N_\uparrow - 1) P(N_{\mathrm{s}}, N_\downarrow) \tag{14.44}$$

と見積もることができる．ここで，$N_D$ の引数が $N_{\mathrm{s}} - 2$ になっているのは，$N_{\mathrm{s}}$ から注目した二サイトは除いたことによる．同様に，注目した上向きスピン電子を $N_\uparrow$ から除いたことにより $N_D$ の引数に現れるのは $N_\uparrow - 1$ になる．$D = \tilde{D}$ の項のみを残すと，

$$\frac{\langle g|c_{i\uparrow}^\dagger c_{j\uparrow}|g\rangle_1}{\langle \Psi_0|c_{i\uparrow}^\dagger c_{j\uparrow}|\Psi_0\rangle} = \frac{(n_\uparrow - d)(1 - n_\uparrow - n_\downarrow + d)}{n_\uparrow(1 - n_\uparrow)} \tag{14.45}$$

となる．

7）$n \ln n - n = \int_0^n \ln x dx \le \ln n! = \sum_{j=1}^n \ln j \le \int_1^{n+1} \ln x dx = (n+1)\ln(n+1) - n$ から，$\ln n! = n \ln n - n + O(\ln n)$．

(2) $\overset{j}{\boxed{\uparrow\downarrow}} \cdots \overset{i}{\boxed{\ \ \downarrow}} \rightsquigarrow \overset{j}{\boxed{\ \ \downarrow}} \cdots \overset{i}{\boxed{\uparrow\downarrow}}$

二重占有された $j$ サイトから，下向きスピン電子で占有された隣接サイト $i$ へ上向きスピン電子が飛び移る過程からの寄与は，

$$\frac{\langle g|c^\dagger_{i\uparrow}c_{j\uparrow}|g\rangle_2}{\langle\Psi_0|c^\dagger_{i\uparrow}c_{j\uparrow}|\Psi_0\rangle} = R^2\sum_D g^{2D+2}N_D(N_\mathrm{s}-2, N_\uparrow-1, N_\downarrow-2)$$
$$\times P(N_\mathrm{s}-2, N_\uparrow-1)P(N_\mathrm{s}, N_\downarrow) \qquad (14.46)$$

と計算でき，$D=\tilde{D}$ の項のみを残すと，

$$\frac{\langle g|c^\dagger_{i\uparrow}c_{j\uparrow}|g\rangle_2}{\langle\Psi_0|c^\dagger_{i\uparrow}c_{j\uparrow}|\Psi_0\rangle} = g^2\frac{(n_\uparrow-d)(n_\downarrow-d)^2}{n_\uparrow(1-n_\uparrow)(1-n_\uparrow-n_\downarrow+d)} \qquad (14.47)$$

となる．

(3) $\overset{j}{\boxed{\uparrow\downarrow}} \cdots \overset{i}{\boxed{\phantom{\uparrow\downarrow}}} \rightsquigarrow \overset{j}{\boxed{\ \ \downarrow}} \cdots \overset{i}{\boxed{\uparrow\ \ }}$ または $\overset{j}{\boxed{\uparrow\ \ }} \cdots \overset{i}{\boxed{\ \ \downarrow}} \rightsquigarrow \overset{j}{\boxed{\phantom{\uparrow\downarrow}}} \cdots \overset{i}{\boxed{\uparrow\downarrow}}$

二重占有された $j$ サイトから，隣接した空のサイト $i$ へ上向きスピン電子が飛び移る過程とその逆過程からの寄与（それぞれ同じ寄与を与える）を足し上げたものは，

$$\frac{\langle g|c^\dagger_{i\uparrow}c_{j\uparrow}|g\rangle_3}{\langle\Psi_0|c^\dagger_{i\uparrow}c_{j\uparrow}|\Psi_0\rangle} = 2R^2\sum_D g^{2D+1}N_D(N_\mathrm{s}-2, N_\uparrow-1, N_\downarrow-1)$$
$$\times P(N_\mathrm{s}-2, N_\uparrow-1)P(N_\mathrm{s}, N_\downarrow) \qquad (14.48)$$

と計算でき，$D=\tilde{D}$ の項のみを残すと，

$$\frac{\langle g|c^\dagger_{i\uparrow}c_{j\uparrow}|g\rangle_3}{\langle\Psi_0|c^\dagger_{i\uparrow}c_{j\uparrow}|\Psi_0\rangle} = 2g\frac{(n_\uparrow-d)(n_\downarrow-d)}{n_\uparrow(1-n_\uparrow)} \qquad (14.49)$$

となる．

(1), (2), (3) の寄与を足しあわせ，$g$ と二重占有率 $d$ の間の関係式 (14.43) を用いると，

$$
\begin{aligned}
q_\sigma &\equiv \frac{\langle g|c_{i\sigma}^\dagger c_{j\sigma}|g\rangle_{1+2+3}}{\langle \Psi_0|c_{i\sigma}^\dagger c_{j\sigma}|\Psi_0\rangle} \\
&= \frac{n_\sigma - d}{n_\sigma(1-n_\sigma)}\left((1-n_\uparrow-n_\downarrow+d) + g^2\frac{(n_{-\sigma}-d)^2}{(1-n_\uparrow-n_\downarrow+d)} + 2g(n_{-\sigma}-d)\right) \\
&= \frac{\left(\sqrt{(n_\sigma-d)(1-n_\uparrow-n_\downarrow+d)} + \sqrt{(n_{-\sigma}-d)d}\right)^2}{n_\sigma(1-n_\sigma)}
\end{aligned}
\tag{14.50}
$$

を得る．以下では，変分パラメーターとして $g$ ではなく二重占有率 $d$ を用いよう．特に，half-filling で常磁性状態を考えると，$n_\uparrow = n_\downarrow = n/2 = 1/2$ だから，

$$
q = q_\uparrow = q_\downarrow = 8d(1-2d) \tag{14.51}
$$

となり，運動エネルギーの期待値を簡潔に，

$$
\langle g|\mathcal{H}_0|g\rangle = -qt\sum_{(i,j),\sigma}\langle\Psi_0|\left(c_{i\sigma}^\dagger c_{j\sigma} + \text{h.c.}\right)|\Psi_0\rangle = 2q\sum_{\boldsymbol{k}}\epsilon_{\boldsymbol{k}} n_{\boldsymbol{k}}^{(0)} \tag{14.52}
$$

と書き下せる．ここで，

$$
n_{\boldsymbol{k}}^{(0)} = \langle\Psi_0|c_{\boldsymbol{k}\sigma}^\dagger c_{\boldsymbol{k}\sigma}|\Psi_0\rangle \tag{14.53}
$$

は相互作用がない系の運動量分布関数を表す．相互作用項の期待値も簡単に計算できる．二重占有されたサイト数は $\tilde{D}$ で与えられるので，単純に，

$$
\langle g|\mathcal{H}_U|g\rangle = U\tilde{D} = N_{\mathrm{s}}Ud \tag{14.54}
$$

である．最終的なエネルギー期待値の評価は，

$$
E = \sum_{\boldsymbol{k}} 2q\epsilon_{\boldsymbol{k}} n_{\boldsymbol{k}}^{(0)} + N_{\mathrm{s}}Ud \tag{14.55}
$$

となる．

ここでやった「確率論的な」見積もりでは，サイト上で二電子が避けあう効果を二重占有率という変分パラメーターでうまく表現している．一方で，異なるサイト間の電子相関は考慮されていない．サイト間のスピン相関も無視されるため，式 (14.55) の評価は常磁性状態を想定したものとなる．式 (14.55) から，準粒子のエネルギーが $q\epsilon_{\boldsymbol{k}}$ であり，準粒子の有効質量と $q$ の間に，

$$
\frac{m^*}{m} = \frac{1}{q} \tag{14.56}
$$

の関係があることを読み取れる．また，$\delta\mathcal{H}/\delta\epsilon_{\boldsymbol{k}} = \sum_\sigma c_{\boldsymbol{k}\sigma}^\dagger c_{\boldsymbol{k}\sigma}$ であることに注意し，Hellmann-Feynman の定理 (2.112) を用いれば，電子（準粒子ではない）

の分布関数を

$$n_{\boldsymbol{k}}^{(\mathrm{e})} \equiv \langle g|c_{\boldsymbol{k}\sigma}^{\dagger}c_{\boldsymbol{k}\sigma}|g\rangle = \frac{1}{2}\frac{\delta E}{\delta\epsilon_{\boldsymbol{k}}} = qn_{\boldsymbol{k}}^{(0)} + n(1-q) \tag{14.57}$$

と計算できる[8]．つまり，$q$ はFermi面における $n_{\boldsymbol{k}}^{(\mathrm{e})}$ の不連続な跳びの大きさを表す量であり，12.5節の言葉を使えばくりこみ因子 $Z$ に等しい．また，(12.102)式において $m_k/m = 1$ とした結果が得られたことから，自己エネルギーの波数依存性が無視されていることがわかる．

変分パラメーター $d$ の関数として表した，一サイト当たりのエネルギーは，

$$\frac{E}{N_{\mathrm{s}}} = q\epsilon_0 + Ud = 8\epsilon_0 d(1-2d) + Ud \tag{14.58}$$

となる．ここで，相互作用がない系のFermi準位を $\epsilon_{\mathrm{F}}^{(0)}$，（一サイト当たりの量として表した）状態密度を，

$$D^{(0)}(\epsilon) \equiv \frac{1}{N_{\mathrm{s}}}\sum_{\boldsymbol{k}}\delta(\epsilon-\epsilon_{\boldsymbol{k}}) \tag{14.59}$$

として，

$$\epsilon_0 = \frac{1}{N_{\mathrm{s}}}\sum_{\boldsymbol{k}\sigma}\epsilon_{\boldsymbol{k}}n_{\boldsymbol{k}}^{(0)} = 2\int_{-\infty}^{\epsilon_{\mathrm{F}}^{(0)}}\epsilon D^{(0)}(\epsilon)d\epsilon \tag{14.60}$$

は，相互作用がない系の一サイト当たりのエネルギーを表し，$\epsilon_0 < \epsilon_{\mathrm{F}}^{(0)}$ が成り立つ．

BrinkmanとRiceは[9]，Gutzwillerの変分基底状態がhalf-fillingにおいて金属絶縁体転移を導く点に着目した．簡単化のために $D^{(0)}(\epsilon) = D^{(0)}(-\epsilon)$ が満たされる場合（**電子正孔対称な場合**）を考えよう．このとき，half-fillingでは $\epsilon_{\mathrm{F}}^{(0)} = 0$ であるので，$\epsilon_0 < 0$ となる．$E/N_{\mathrm{s}}$ を最小にする $d$ を決めると，

$$U_{\mathrm{c}} \equiv 8|\epsilon_0| \tag{14.61}$$

として，

8）エネルギー $E$ を計算する際，$N$ を定数とみなして計算を行っているため，$n_k^{(\mathrm{e})} = (1/2)\delta E/\delta\epsilon_k$ の関係から $n_k^{(\mathrm{e})}$ の定数部分は決まらない．定数部分は $n = 2N_{\mathrm{s}}^{-1}\sum_k n_k^{(0)} = 2N_{\mathrm{s}}^{-1}\sum_k n_k^{(\mathrm{e})}$ から決める．

9）W. F. Brinkman and T. M. Rice: Phys. Rev. B **2**, 4302 (1970).

$$d = \begin{cases} \frac{1}{4}\left(1 - \frac{U}{U_c}\right) & (U \le U_c) \\ 0 & (U > U_c) \end{cases}, \quad \frac{E}{N_s} = \begin{cases} -|\epsilon_0|\left(1 - \frac{U}{U_c}\right)^2 & (U \le U_c) \\ 0 & (U > U_c) \end{cases} \tag{14.62}$$

となる．したがって，$U \to U_c - 0$ では，くりこみ因子が，

$$Z = q = 1 - \left(\frac{U}{U_c}\right)^2 \tag{14.63}$$

に従ってゼロに近づき，準粒子の有効質量が

$$\frac{m^*}{m} = \frac{1}{q} = \left(1 - \left(\frac{U}{U_c}\right)^2\right)^{-1} \tag{14.64}$$

に従って発散して，$U = U_c$ で金属から絶縁体への二次相転移が起こる（$E$ を $U$ の関数とみなすと，$U = U_c$ において $E'(U)$ は連続で $E''(U)$ は不連続）．この絶縁化の機構は前述の Slater 機構とはまったく異なる．そこで，上記の絶縁化機構を，**Gutzwiller-Brinkman-Rice 機構**と呼ぶことにしよう．

最終結果の定性的振る舞いがバンド分散の詳細な関数形に依存しないと考え，cosine 型バンドから得られる状態密度の代わりに，半円型の，

$$D^{(0)}(\epsilon) = \frac{2}{\pi W}\sqrt{1 - \left(\frac{\epsilon}{W}\right)^2}\,\theta(W - |\epsilon|) \tag{14.65}$$

を使って $U_c$ を見積もると[10)]，$|\epsilon_0| = 4W/3\pi$ から，

$$U_c/W = 32/3\pi \approx 3.40 \tag{14.66}$$

を得る．

## 14.5　動的平均場理論

本節では，常磁性状態を仮定して Mott-Hubbard 転移を調べるより進んだ手法として，**動的平均場理論**（Dynamical Mean Field Theory，略して **DMFT**）を紹介する．以下，行列表示の一電子遅延 Green 関数を $\hat{G}(\omega)$，自己エネルギーを $\hat{\Sigma}(\omega)$ とする．Hubbard モデルは結晶の周期性とスピンに関する回転対称性

10）ただし，積分値は厳密な値 $\int D^{(0)}(\epsilon)d\epsilon = 1$ に合わせてある．

を有するので，$\hat{G}(\omega)$ および $\hat{\Sigma}(\omega)$ は，軌道部分が式 (14.2)，スピンが $\sigma$ の一電子状態 $|\boldsymbol{k},\sigma)$ を使うと，対角形

$$\left(\boldsymbol{k},\sigma\left|\hat{G}(\omega)\right|\boldsymbol{k}',\sigma'\right)=\delta_{\boldsymbol{k}\boldsymbol{k}'}\delta_{\sigma\sigma'}G_{\boldsymbol{k}}(\omega),\quad\left(\boldsymbol{k},\sigma\left|\hat{\Sigma}(\omega)\right|\boldsymbol{k}'\sigma'\right)=\Sigma_{\boldsymbol{k}}(\omega)\delta_{\boldsymbol{k}\boldsymbol{k}'}\delta_{\sigma\sigma'} \tag{14.67}$$

に表せる．式 (12.50) から $G_{\boldsymbol{k}}^{(0)}(\omega)\equiv G_{\boldsymbol{k}}(\omega)|_{U=0}=(\hbar\omega-\epsilon_{\boldsymbol{k}}+\mu+i\delta)^{-1}$ なので，Dyson 方程式は，

$$G_{\boldsymbol{k}}(\omega)=\frac{1}{\left(G_{\boldsymbol{k}}^{(0)}(\omega)\right)^{-1}-\Sigma_{\boldsymbol{k}}(\omega)}=\frac{1}{\hbar\omega-\epsilon_{\boldsymbol{k}}+\mu-\Sigma_{\boldsymbol{k}}(\omega)+i\delta} \tag{14.68}$$

となる．動的平均場理論は，自己エネルギー $\Sigma_{\boldsymbol{k}}(\omega)$ の波数依存性を無視して，

$$\Sigma_{\boldsymbol{k}}(\omega)\approx\Sigma(\omega) \tag{14.69}$$

と近似する理論の総称である[11]．この近似の下では，行列表示の自己エネルギー $\hat{\Sigma}(\omega)$ は単なるスカラー $\Sigma(\omega)$ で近似される．したがって，サイト $i$ に局在し，スピン $\sigma$ を持つ一電子状態を $|i,\sigma)$ とすれば，

$$(i,\sigma|\hat{\Sigma}(\omega)|j,\sigma')=\Sigma(\omega)\delta_{i,j}\delta_{\sigma,\sigma'} \tag{14.70}$$

が成り立つ．ここで一電子遅延 Green 関数を，

$$\hat{G}(\omega)=\frac{1}{\hbar\omega-\hat{H}_{\mathrm{eff}}+\mu+i\delta} \tag{14.71}$$

の形に表すと，有効一電子ハミルトニアンは，

$$\hat{H}_{\mathrm{eff}}=-t\sum_{(i,j),\sigma}(|i,\sigma)(j,\sigma|+|j,\sigma)(i,\sigma|)+\Sigma(\omega)\sum_{i,\sigma}|i,\sigma)(i,\sigma| \tag{14.72}$$

と書ける．つまり $\Sigma(\omega)$ は電子が各サイト上で感じる有効的な一体ポテンシャル（平均場）としての意味を獲得している．$\omega$ 依存性を持った平均場を考えていることが,「動的平均場」の名前の由来になっている．

ここで一つのサイト（ここでは $m$ 番目のサイトとする）に注目し，局所 Green 関数,

11) Hubbard モデルにこの近似をはじめて使ったのは，J. Hubbard: Proc. R. Soc. Lond. A **281**, 401 (1964)（連作論文の三本目なので，しばしば Hubbard III と呼ぶ）．なお，無限次元 Hubbard モデルでは，厳密に自己エネルギーの波数依存性がない [W. Metzner and D. Vollhardt: Phys. Rev. Lett. **62**, 324 (1989).].

$$G_{\rm loc}(\omega) \equiv (m\sigma|\hat{G}(\omega)|m\sigma) = \frac{1}{N_{\rm s}}\sum_m (m\sigma|\hat{G}(\omega)|m\sigma) \tag{14.73}$$

を導入する（結晶の周期性とスピンに関する対称性を反映して，右辺が $m$ にも $\sigma$ にも依存しないことに注意）．そして，この局所 Green 関数を，

$$\begin{aligned} G_{\rm loc}(\omega) &= \frac{1}{N_{\rm s}}\sum_m \sum_{\boldsymbol{k}\boldsymbol{k}'} (m\sigma|\boldsymbol{k}\sigma)(\boldsymbol{k}\sigma|\hat{G}(\omega)|\boldsymbol{k}'\sigma)(\boldsymbol{k}'\sigma|m\sigma) \\ &= \frac{1}{N_{\rm s}}\sum_{\boldsymbol{k}} \frac{1}{\hbar\omega - \epsilon_{\boldsymbol{k}} + \mu - \Sigma(\omega) + i\delta} = \int_{-\infty}^{+\infty} \frac{D^{(0)}(\epsilon)}{\hbar\omega - \epsilon + \mu - \Sigma(\omega) + i\delta} d\epsilon \end{aligned} \tag{14.74}$$

と変形しておく．ただし，$D^{(0)}(\epsilon)$ は $U = 0$ の系の状態密度で，式 (14.59) によって定義される[12)]．

有効一電子ハミルトニアン $\hat{H}_{\rm eff}$ から，注目している $m$ 番目のサイト上で働

12) 系が Fermi 液体である限り $\mathrm{Im}\Sigma(\omega = 0) = 0$ なので，$\omega = 0$ 近傍では式 (14.74) の被積分関数の極が実軸に接近し，数値積分が難しくなる．ここではより一般的に，$|\mathrm{Im}z|$ の大小によらず，精度よく，

$$I \equiv \int_a^b \frac{g(x)}{z - x} dx, \quad (g(x) : [a,b] \text{ 上で滑らかな実関数},\ z : \mathrm{Im}z \neq 0 \text{ を満たす複素数})$$

の数値を求める初等的な方法について述べる．まず，区間 $[a,b]$ を微小区間 $[x_j - \Delta/2, x_j + \Delta/2]$ $(\Delta \equiv (b-a)/N,\ x_j \equiv a + (j - 1/2)\Delta,\ j = 1, 2, \cdots, N)$ に分割し，各微小区間上で $g(x)$ を二次多項式，

$$g_j(x) \equiv g(x_{j-1})\frac{(x - x_j)(x - x_{j+1})}{2\Delta^2} - g(x_j)\frac{(x - x_{j-1})(x - x_{j+1})}{\Delta^2} + g(x_{j+1})\frac{(x - x_{j-1})(x - x_j)}{2\Delta^2}$$

で近似して（$g_j(x)$ を $g_j(x_l) = g(x_l)$ $(l = j-1, j, j+1)$ から決めた），各微小区間上の積分を，

$$\begin{aligned} I_j &\equiv \int_{x_j-\Delta/2}^{x_j+\Delta/2} \frac{g(x)}{z - x} dx \approx -\int_{x_j-\Delta/2}^{x_j+\Delta/2} \left(\frac{g_j''(z)}{2}(x - z) + g_j'(z) + \frac{g_j(z)}{x - z}\right) dx \\ &= -\frac{1}{2} g_j''(z)\Delta(x_j - z) - g_j'(z)\Delta - g_j(z)\ln\left(\frac{x_j - z + \Delta/2}{x_j - z - \Delta/2}\right) \end{aligned}$$

と評価する（$g_j(x) = g''(z)(x - z)^2/2 + g'(z)(x - z) + g(z)$ に注意．複素数の対数は主値をとる）．なお，$g(x)$ の $x = z$ における一階および二階微分係数は，

$$\begin{aligned} g_j'(z)\Delta &= \frac{g(x_{j-1})(z - x_j - \Delta/2) - 2g(x_j)(z - x_j) + g(x_{j+1})(z - x_j + \Delta/2)}{\Delta} \\ g_j''(z)\Delta &= \frac{g(x_{j-1}) - 2g(x_j) + g(x_{j+1})}{\Delta} \end{aligned}$$

と求まる．上記の $I_j$ の評価は $|\mathrm{Im}\Sigma(\omega)|$ の大小によらず正確で，$I = \sum_{j=1}^N I_j + O(\Delta^2)$ $(N \to +\infty)$ となる．なお，$z$ を実数とし，$I_j$ の結果に現れる対数関数を実部をとった $\ln|(x_j - z + \Delta/2)/(x_j - z - \Delta/2)|$ に置換すると，上記の手続きは定積分 $I$ の主値を数値的に求める方法になる．

く相互作用効果を除いたハミルトニアンを $\hat{H}_{\mathrm{m}}$，注目しているサイト上での相互作用効果を表す項を $\hat{H}_{\mathrm{i}}$ とすれば，

$$\hat{H}_{\mathrm{eff}} = \hat{H}_{\mathrm{m}} + \hat{H}_{\mathrm{i}} \tag{14.75}$$

$$\hat{H}_{\mathrm{m}} = -t \sum_{(ij),\sigma} (|i\sigma)(j\sigma| + |j\sigma)(i\sigma|) + \Sigma(\omega) \sum_{i(\neq m),\sigma} |i\sigma)(i\sigma| \tag{14.76}$$

$$\hat{H}_{\mathrm{i}} = \Sigma(\omega) \sum_{\sigma} |m\sigma)(m\sigma| \tag{14.77}$$

となる．ここで，恒等式，

$$\hat{G}(\omega) = \left(\hbar\omega - \hat{H}_{\mathrm{m}} - \hat{H}_{\mathrm{i}} + \mu + i\delta\right)^{-1} = \hat{G}_{\mathrm{m}}(\omega) + \hat{G}_{\mathrm{m}}(\omega)\hat{H}_{\mathrm{i}}\hat{G}(\omega) \tag{14.78}$$

$$\hat{G}_{\mathrm{m}}(\omega) \equiv \left(\hbar\omega - \hat{H}_{\mathrm{m}} + \mu + i\delta\right)^{-1} \tag{14.79}$$

に着目し，$(i,\sigma|\hat{H}_{\mathrm{i}}|j,\sigma')$ が $i = j = m$ かつ $\sigma = \sigma'$ であるとき以外はゼロであることを用いると，局所 Green 関数 $G_{\mathrm{loc}}(\omega) \equiv (m,\sigma|\hat{G}(\omega)|m,\sigma)$ に対し，

$$\begin{aligned} G_{\mathrm{loc}}(\omega) &\equiv (m,\sigma|\hat{G}(\omega)|m,\sigma) \\ &= (m,\sigma|\hat{G}_{\mathrm{m}}(\omega)|m,\sigma) \\ &\qquad + \sum_{m'm''} (m,\sigma|\hat{G}_{\mathrm{m}}(\omega)|m'\sigma)(m'\sigma|\hat{H}_{\mathrm{i}}|m''\sigma)(m''\sigma|\hat{G}(\omega)|m\sigma) \\ &= G^{(0)}_{\mathrm{loc}}(\omega) + G^{(0)}_{\mathrm{loc}}(\omega)\Sigma(\omega)G_{\mathrm{loc}}(\omega) \end{aligned} \tag{14.80}$$

を得る．ここで，

$$G^{(0)}_{\mathrm{loc}}(\omega) \equiv (m\sigma|\hat{G}_{\mathrm{m}}(\omega)|m\sigma) = (m\sigma|\frac{1}{\hbar\omega - \hat{H}_{\mathrm{m}} + \mu}|m\sigma) \tag{14.81}$$

は，注目したサイト上で働く相互作用効果を無視したときの局所 Green 関数である．式 (14.80) は局所 Green 関数に対する Dyson 方程式の形になっている．元々，自己エネルギーは $G_{\boldsymbol{k}}(\omega)$ に現れる相互作用効果を表す（Dyson 方程式 (14.68) を満たす）ように導入されたが，それに動的平均場近似（式 (14.69)）を施した $\Sigma(\omega)$ は，着目したサイト上の局所 Green 関数に，そのサイト上で働く相互作用の効果を導入する（Dyson 方程式 (14.80) を満たす）自己エネルギーという意味を持っているわけだ．

こうして，我々は以下の**有効一サイト系の問題**を考えればよいことになった．

「オンサイト相互作用がないとき，一電子遅延 Green 関数が $G^{(0)}_{\mathrm{loc}}(\omega)$ で

与えられる一サイト系があったとする．この系にオンサイト相互作用 $Un_\uparrow n_\downarrow$（$n_\sigma$ はサイト上にいる $\sigma$ スピンを持つ電子数を表す演算子）を導入したとき，Dyson 方程式 (14.80) を満たす自己エネルギー $\Sigma(\omega)$ を求めよ.」

実は，これと等価な問題を既に 13.6 節で考えている．実際，13.6 節の議論における不純物原子をサイトとみなし，d 電子の一電子遅延 Green 関数を局所 Green 関数に対応させれば，考えている状況はまったく同じである[13]．

有効一サイト問題の解法はさまざまなものがあって，それらにはそれぞれ長所・短所がある．どの解法を選ぶかによってさまざまなタイプの動的平均場理論を構成することが可能だが，ここでは式 (13.57) の結果を流用し，自己エネルギーを $U$ に関する二次摂動で，

$$\Sigma(\omega) = \frac{U}{2} + \Sigma^{(2)}(\omega) \tag{14.82}$$

$$\begin{aligned}\Sigma^{(2)}(\omega) = U^2 \int d\epsilon_1 d\epsilon_2 d\epsilon_3 D^{(0)}_{\mathrm{loc}}(\epsilon_1) D^{(0)}_{\mathrm{loc}}(\epsilon_2) D^{(0)}_{\mathrm{loc}}(\epsilon_3) \\ \times \frac{f(\epsilon_1)(1-f(\epsilon_2))(1-f(\epsilon_3)) + (1-f(\epsilon_1)) f(\epsilon_2) f(\epsilon_3)}{\hbar\omega + \epsilon_1 - \epsilon_2 - \epsilon_3 + \mu + i\delta}\end{aligned} \tag{14.83}$$

$$D^{(0)}_{\mathrm{loc}}(\epsilon) \equiv -\frac{1}{\pi} \mathrm{Im} G^{(0+1)}_{\mathrm{loc}} \left( \frac{\epsilon - \mu}{\hbar} \right) \tag{14.84}$$

と評価しよう．ただし，$G^{(0+1)}_{\mathrm{loc}}(\omega) \equiv \left( \left( G^{(0)}_{\mathrm{loc}}(\omega) \right)^{-1} - U/2 \right)^{-1}$ は，$G^{(0)}_{\mathrm{loc}}(\omega)$ に $U$ の一次の補正を取り込んだものを表しており，式 (14.80) から導かれる，

$$\left( G^{(0+1)}_{\mathrm{loc}}(\omega) \right)^{-1} = (G_{\mathrm{loc}}(\omega))^{-1} + \Sigma^{(2)}(\omega) \tag{14.85}$$

を満たす．

最後に，式 (14.74), (14.85), (14.83) を $G_{\mathrm{loc}}(\omega)$, $G^{(0)}_{\mathrm{loc}}(\omega)$, $\Sigma^{(2)}(\omega)$ についての連立方程式として解く必要がある．そのために，以下の手順で $\Sigma^{(2)}(\omega)$ を自己無撞着に決める．

(0) $\Sigma^{(2)}(\omega)$ の候補を与える．

(1) 式 (14.74), (14.82) を使って $G_{\mathrm{loc}}(\omega)$ を構成する．

(2) 式 (14.85) を使って $G^{(0+1)}_{\mathrm{loc}}(\omega)$ を構成する．

(3) 式 (14.83), (14.84) を使って新しい $\Sigma^{(2)}(\omega)$ の候補を構成する．新旧の

13）Anderson モデルのパラメーター $\epsilon_k, g, \epsilon_{\mathrm{d}}$ を $G^{(0)}_{\mathrm{d}} = G^{(0)}_{\mathrm{loc}}$ となるように調節したと思えばよい．

$\Sigma^{(2)}(\omega)$ の候補の差が十分に小さければこれが求めるべき $\Sigma^{(2)}(\omega)$ である．そうでなければ $\Sigma^{(2)}(\omega)$ の候補を新しいものに置き換えて (1) へ戻る．

こうして $\Sigma^{(2)}(\omega)$ が求まれば，式 (14.82) と (14.74) を使って $G_{\rm loc}(\omega)$ も求まり，たとえば状態密度を以下のように計算できる．

$$D(\epsilon) \equiv -\frac{1}{N_{\rm s}\pi}{\rm Im}\left({\rm Tr}\hat{G}\left(\frac{\epsilon-\mu}{\hbar}\right)\right) = -\frac{1}{N_{\rm s}\pi}{\rm Im}\left(\sum_m (m|\hat{G}\left(\frac{\epsilon-\mu}{\hbar}\right)|m)\right)$$
$$= -\frac{1}{\pi}{\rm Im}G_{\rm loc}\left(\frac{\epsilon-\mu}{\hbar}\right) \qquad (14.86)$$

以上のように，動的平均場理論を二次摂動法と組み合わせる方法を**反復摂動法**と呼ぶ[14]．

本節の目標は $U/t \sim 1$ で起こると期待される Mott-Hubbard 転移を調べることにあるので，有効一サイト問題の解法に，弱結合領域（$U/t \ll 1$）で妥当な摂動論を用いることには疑問があるかもしれない．しかし，13.6 節で述べたように，電子正孔対称な場合（$D^{(0)}(\epsilon) = D^{(0)}(-\epsilon)$ が成り立つ場合）では，二次摂動が強結合極限の結果を再現するという「幸運」があり，問題は起こらない．逆に，電子正孔対称でない場合では，単純な反復摂動法はうまくいかなくなる．

電子正孔対称な場合には，化学ポテンシャルが $\mu = U/2$ であるときに half-filling の条件が満たされる．実際に $\mu = U/2$ とおき，はじめに $\Sigma^{(2)}(\omega) = -\left(\Sigma^{(2)}(-\omega)\right)^*$ を満たす（電子正孔対称な）自己エネルギーの候補を与えると，式 (14.74) において $G_{\rm loc}(\omega) = -(G_{\rm loc}(-\omega))^*$，式 (14.85) から，$G^{(0+1)}_{\rm loc}(\omega) = -\left(G^{(0+1)}_{\rm loc}(-\omega)\right)^*$ が成り立ち，式 (14.83) から得られる新しい $\Sigma^{(2)}(\omega)$ の候補も $\Sigma^{(2)}(\omega) = -\left(\Sigma^{(2)}(-\omega)\right)^*$ を満足する（$f(2\mu-\epsilon) = 1 - f(\epsilon)$ の関係に注意）．したがって，自己無撞着解も電子正孔対称性を反映したものとなり，状態密度は $D(\epsilon) = D(2\mu-\epsilon)$ を満たす．このとき確かに，

14）原論文は，A. Georges and G. Kotliar: Phys. Rev. B **45**, 6479 (1992); M. J. Rozenberg, X. Y. Zhang and G. Kotliar: Phys. Rev. Lett. **69**, 1236 (1992); M. J. Rozenberg, G. Kotliar and X. Y. Zhang: Phys. Rev. B **49**, 10181 (1994). ただし本節では，原論文と等価だが少し異なる（Feynman 経路積分や松原 Green 関数を使わない）定式化を行っている．そのため図 14.3 も再計算した．

$$n = 2\int D(\epsilon)f(\epsilon)d\epsilon = \int D(\epsilon)f(\epsilon)d\epsilon + \int D(2\mu-\epsilon)(1-f(2\mu-\epsilon))d\epsilon$$
$$= \int D(\epsilon)d\epsilon = 1 \tag{14.87}$$

となり，half-filling の条件が満たされる．

相互作用がないときの状態密度 $D^{(0)}(\epsilon)$ として式 (14.65) で表される半円型のものを使い，低温極限で計算した結果を図 14.3 に示した．$U/t \ll 1$ の状態密度は $U = 0$ の半円型の状態密度 $D^{(0)}(\omega)$ と大差ない形状をしていて，系は金属である．一方，$U/W \gg 1$ の状態密度は二つの寄与に分裂している．エネルギーが低い方を**下部 Hubbard バンド**，エネルギーが高い方を**上部 Hubbard バンド**と呼ぶ．二つの Hubbard バンドはだいたい $U$ 程度離れており，両者の間にはエネルギーギャップが開いている．Fermi 準位はこのギャップの中心に位置しており，系は絶縁体的である．

強結合極限（$W = 0$）では，電子は各サイトに一個ずつ局在した基底状態になっており，そこから電子を一つ引き抜くのに要するエネルギーはゼロ，電子を一つ付け加えるのに要するエネルギーは $U$ に確定している．この事実を反映して，状態密度は二つのデルタ関数から成り，

$$D(\epsilon) = \frac{1}{2}\delta(\epsilon) + \frac{1}{2}\delta(\epsilon - U) = \frac{1}{2}\delta\left(\epsilon - \mu + \frac{U}{2}\right) + \frac{1}{2}\delta\left(\epsilon - \mu - \frac{U}{2}\right) \tag{14.88}$$

と書ける．下部および上部 Hubbard バンドは強結合極限におけるこれら二つのデルタ関数へつながっていく構造である．

低温では，自己無撞着解が「ヒステリシス」を示す $U/W$ の領域がある．そこでは，自己無撞着解が一意に決まらず，金属的な解と絶縁体的な解の両方が得られる．熱平衡状態では，二つの自己無撞着解のうち，低い Helmholtz 自由エネルギーを持つものが実現する．温度を固定して金属的，絶縁体的な解に対応する Helmholtz 自由エネルギーを $U/W$ の関数として求めたとき，有限温度ではそれらは滑らかにつながらず交差する（交点で微分がとぶ）．つまり，金属から絶縁体への変化は一次相転移である．しかし，絶対零度では，金属的な解が常に絶縁体的な解よりも低いエネルギーを持つため[15]，交差が起こらず，

15）有効一サイト問題の解法に摂動論（金属側からのアプローチ）を用いると，絶対零度で金属的な解が有利になりやすいというのは自然な結果だろう．より精密に，有効一サイト問題を厳密対角化と数値くりこみ群法を組み合わせて解いた場合でも，絶対零度では二次相転移が得られる [R. Bulla: Phys. Rev. Lett. **83**, 136 (1999).]．ただし $U_c$ の値は反復摂動法の結果よりやや小さくなる（$U_c/W \approx 2.94$）．一方，温度を上げたときには絶縁体的な解が有利になりや

転移は二次相転移となる．この二次相転移は $U_c/W \approx 3.37$ で起こり，この臨界値は Gutzwiller の変分基底状態から得られた結果 (14.66) に近い（これらの結果については脚注 14 に挙げた原論文を参照せよ）．

面白いのは，金属的な解が見つからなくなる寸前に，金属的な解が示す状態密度の構造である．下部・上部 Hubbard バンドの他に，$\epsilon = \mu$ の位置に鋭いピーク（**コヒーレンスピーク**）が現れる．これは，13.6 節で議論した Anderson モデルの言葉で言えば近藤共鳴ピークであり，絶対零度で $U \to U_c - 0$ とすると，高さを変えずに限りなく痩せ細る．この振る舞いは，Fermi 面上における準粒子の有効質量の発散（Gutzwiller-Brinkman-Rice 機構）を示唆するものである．

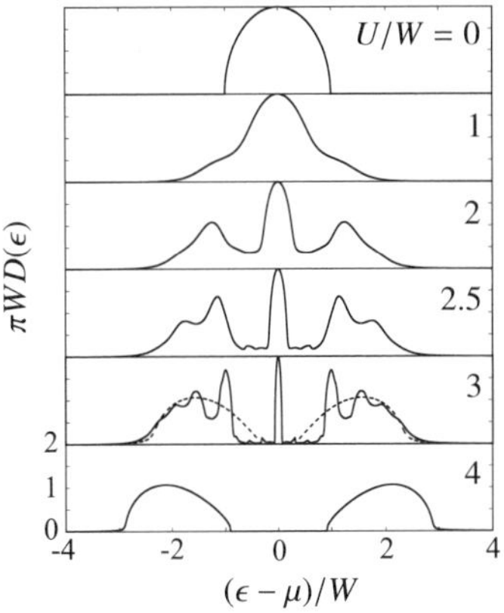


図 14.3　$k_B T = 10^{-2} W$ において $U/W = 1, 2, 2.5, 3, 4$ に対して求めた状態密度．$U/W = 3$ では自己無撞着な解として，金属的な解（実線）だけでなく絶縁体的な解（破線）も得られる．［筆者による確認計算］

Mott-Hubbard 転移に対する Gutzwiller-Brinkman-Rice 機構を導く理論として，前節で Gutzwiller 変分関数 + 確率論的見積もりを用いた理論，本節で動的平均場理論を紹介した．これらの理論では共に，サイト間の電子相関（サイト間の反強磁性的なスピン相関を含む）の効果を完全に無視している．実際に局所的な電子相関の効果を考えるだけで話がすむのは，空間次元が無限大（より正確には隣接サイト数が無限大）という非現実的な極限だけであることが知られており，より現実的な有限次元の系では，大なり小なり非局所的な電子相関の効果（自己エネルギーの波数依存性）を考慮しなければならない．特にこの傾向は低次元系で顕著になる．この意味で，Gutzwiller-Brinkman-Rice 機構は，Mott-Hubbard 転移の極限的な一側面だけを抽出した描像でしかない．現在ではより進んだ Mott-Hubbard 転移の理解を目指して，クラスター型に拡張され

すい．本節で述べた計算では，サイト間のスピンの相関が完全に無視されるため，絶縁体相においてサイト上に局在した電子のスピンがフラフラし，低温でも一サイト当たり $\ln 2$ のエントロピーが残るからである．この結論は（単一サイト）DMFT の特殊事情を反映していることに注意しよう．クラスター型の DMFT を用いると，サイト間のスピンに反強磁性的な相関が働いて残留エントロピーが消えるため，まったく逆の（低温で絶縁的，高温で金属的な解が有利になる）結論が得られる．

た動的平均場理論[16]をはじめとして，非局所的な電子相関を近似的・部分的に取り込んだ理論の開発が進められている．

16）T. Maier, M. Jarrell, T. Pruschke and M. H. Hettler: Rev. Mod. Phys. **77**, 1027 (2005).

# 第 V 部

# 自発的対称性の破れ

# 第15章 金属強磁性

## 15.1 金属強磁性のモデル

鉄（Fe）は磁石にくっつく．室温でこの性質を示す単体物質は，他にニッケル（Ni）とコバルト（Co）だけである（ガドリニウム（Gd）も 289 K 以下でこの性質を示す）．この現象の起源は，これらの物質が，電子スピンを同じ向きに揃えて，自発的に（外部磁場の印加なしに）非ゼロの磁化を現出させる性質（**強磁性**）を持つことにある[1]．鉄，コバルト，ニッケルはいずれも金属で，スピン磁気モーメントを担う電子は動き回っているだろう．したがって，それらの強磁性を Heisenberg モデルのような局在スピンモデルで扱うのは適切でない．

金属を考えているので，まずジェリウムモデルを使うことを思いつく．ジェリウムモデルの強磁性の可能性については，既に 7.2 節の最後で簡単に論じた．その議論を復習しておこう．ジェリウムモデルの基底状態を HF 近似で扱うと，交換相互作用が平行スピンを持つ電子間でだけ働くので，電子のスピンの向きを揃えた方が相互作用エネルギーが下がる．しかし，その一方でスピンの向きを揃えれば揃えるほど，運動エネルギーは上がる．実際，スピンが完全に偏極すると，一つの電子状態に上下スピン一組の電子を収容できていたものが，一つの電子しか収容できなくなるので，Fermi 準位が著しく上昇する．両

1) もう少し正確に言うと，これらの物質中では，強磁性を反映して，巨視的な数の電子がスピンの向きを揃えた**磁区**と呼ばれる領域（ドメイン）が多数できている．磁区の構造や各磁区が持つ磁化の向きは，磁束密度に蓄えられたエネルギーと，磁区間に境界（**磁壁**）を作ることで生じた界面エネルギーの和を最小にするように決まっている．普段は，物質外部に磁力線がなるべく漏れないように磁区が形成されるため，物質全体では磁石の性質を示さない．これは，磁石をたくさん集めても，磁石同士が S 極と N 極をくっつけあった塊ができるだけで，全体として強力な磁石ができるわけではないのと同じ理屈である．しかし，磁石を近づけると，磁区の構造と各磁区が持つ磁化の向きが変わり，物質全体が磁石としての性質を示すようになって，磁石に引っ張られる．

効果の競合となるが，HF 近似の範囲では，$r_s > 5.4502\cdots$ において相互作用エネルギーの低下が運動エネルギーの上昇を凌駕し，系は強磁性を示すという結果になる．しかし，HF 近似で無視されている電子相関の効果まで考慮した，拡散モンテカルロ法等の数値計算（図 1.2）は，通常の金属では考えられない大きな $r_s$ の値（$r_s \gtrsim 75$）を考えない限り，強磁性が現れないことを示している．交換相互作用の起源は，Pauli 排他律を反映した交換孔を形成することで，平行スピンを持つ電子同士だけが相互作用エネルギーを下げることができることにあった．しかし，電子相関まで考えると，反平行スピンを持つ電子同士にも避けあいが生じる（Coulomb 孔ができる）ため，スピンを揃えることによるエネルギーの低下が小さくなるのである．

強磁性の起源が交換相互作用にあり，その発現が容易でないこともわかったが，鉄，コバルト，ニッケルの特殊性を理解するには，もう少し現実的なモデルが必要である．3d 遷移元素の最外殻電子配置は，スカンジウム (Sc) $3d^1 4s^2$，チタン (Ti) $3d^2 4s^2$，バナジウム (V) $3d^3 4s^2$，クロム (Cr) $3d^5 4s^1$，マンガン (Mn) $3d^5 4s^2$，鉄 (Fe) $3d^6 4s^2$，コバルト (Co) $3d^7 4s^2$，ニッケル (Ni) $3d^8 4s^2$，銅 (Cu) $3d^{10} 4s^1$，亜鉛 (Zn) $3d^{10} 4s^2$ となっており．これらの元素の単体はすべて金属である．そのバンド分散は，3d 軌道に由来するエネルギー幅の狭いバンド（d バンド）が 4s 軌道に由来するエネルギー幅の広いバンド（s バンド）と重なり，両者の混成によりモード間反発を起こした構造を持つ（図 15.1）．3d 軌道がちょうど半分占有されたクロムとマンガンが反強磁性になる傾向を示し[2)]，3d 軌道が 6 割以上，しかも不完全に占有された鉄，コバルト，ニッケルが強磁性を示す．他の 3d 遷移元素は単体ではすべて常磁性を示す．

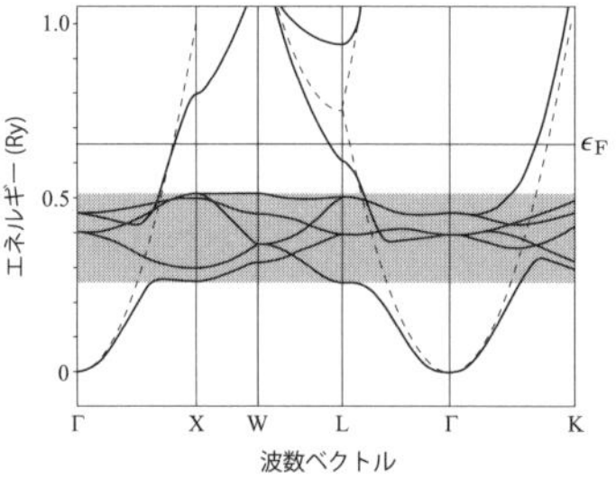

図 15.1　銅（Cu）のバンド分散．自由電子の分散関係（点線の放物線）に沿って広いエネルギーの範囲にわたって伸びる s バンドの分散と，灰色で示した狭いエネルギー領域内に密集した五本の d バンドの分散が重なり，それらが混成してモード間反発を起こしている．[G. A. Burdick: Phys. Rev. **129**, 138 (1963).]

このような系統的な変化は，磁性秩序を考える際の d バンドの重要性を強く示唆する．一般に，3d 遷移金属は，状態密度に d バンドに由来する鋭いピーク構造を持つ．

2）これらは広義の意味での反強磁性体である．より正確に言えば，クロムは反強磁性秩序に空間変調が加わったスピン密度波状態にあり，マンガンは $\alpha$-Mn と呼ばれる複雑な格子構造をとるため，磁気構造の詳細がよくわかっていない．

特に，鉄，コバルト，ニッケルで常磁性状態を仮定してバンド計算を行うと，図 15.2 に示すように，この鋭いピーク構造の一つに Fermi 準位が位置する．したがって，Fermi 準位近傍で d バンドを占有する電子（d 電子）は局在しかかっており，相対的に d 電子間の相互作用は非常に強い．この状況を記述するモデルの候補としては，第 14 章でも用いた Hubbard モデルが挙げられる．そのハミルトニアンは式 (14.4),

$$\mathcal{H} = \mathcal{H}_0 + \mathcal{H}_U = \sum_{\boldsymbol{k}\sigma} \epsilon_{\boldsymbol{k}} c^\dagger_{\boldsymbol{k}\sigma} c_{\boldsymbol{k}\sigma} + \frac{U}{N_{\mathrm{s}}} \sum_{\boldsymbol{k}_1\boldsymbol{k}_2\boldsymbol{k}_3\boldsymbol{k}_4} \delta'_{\boldsymbol{k}_1+\boldsymbol{k}_2,\boldsymbol{k}_3+\boldsymbol{k}_4} c^\dagger_{\boldsymbol{k}_1\uparrow} c^\dagger_{\boldsymbol{k}_2\downarrow} c_{\boldsymbol{k}_3\downarrow} c_{\boldsymbol{k}_4\uparrow} \tag{15.1}$$

である．このモデルは d バンドしか考慮しておらず，3d 軌道の五重縮退も無視している．それでも，14.2 節と 14.3 節で示したように，half-filling ($n = N/N_{\mathrm{s}} = 1$) において反強磁性秩序を示しやすいという傾向を捉えることに成功していた．今度は $n$ が 1 からずれた場合を考え，強磁性発現の可能性を探ろうというわけである．

ジェリウムモデルの議論が頭にあると，Hubbard モデルに強磁性の発現機構が備わっていることを摑みにくいかもしれない．Hubbard モデルでは，反平行スピンを持つ電子間にのみ斥力的な相互作用が働くので，相互作用項を HF 近似しても直接相互作用項（Hartree 項）のみが現れ，交換相互作用項（Fock 項）が現れないからである．しかし，これは見方の違いに過ぎない．ジェリウムモデルを HF 近似すると，直接相互作用項が消え，交換相互作用項だけが残り，電子同士が平行スピンを持つときだけ相互作用エネルギーが下がる．一方，Hubbard モデルを HF 近似（Fock 項がないので Hartree 近似と言ってもよい）で扱うと，反平行スピンを持つ電子間に働く直接相互作用だけが生き残り，電子同士が反平行スピンを持つときにだけ相互作用エネルギーが上がる．しかし，どちらのモデルでも，電子同士が反平行スピンを持つときより，平行スピンを持つときの方が相互作用エネルギーが下がるのは同じである．

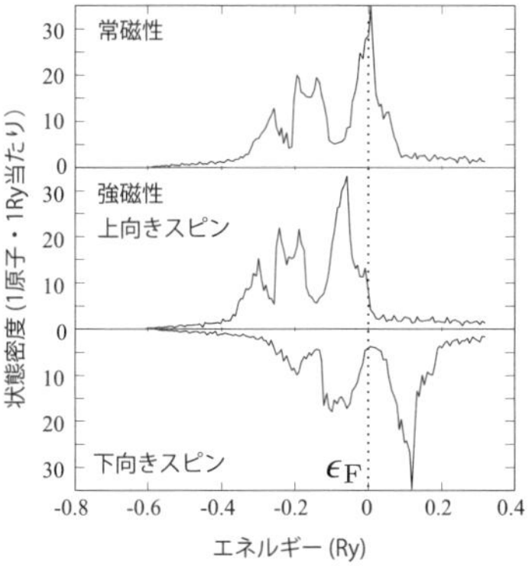


図 15.2　局所密度近似で計算された鉄 (Fe) の状態密度．仮想的に常磁性を仮定した場合の結果（上）と，実際に強磁性を仮定した場合の結果（下）．後者では一原子当たりの磁気モーメントの計算値は $2.15\mu_{\mathrm{B}}$（実験値は $2.2\mu_{\mathrm{B}}$）．［赤井久純氏より提供］

ここまで，やや曖昧に「強磁性（秩序）」という用語を用いてしまったので，その定義を明確にしておこう．そのためには，アンサンブル平均についての再考を要する．実際，Hubbardモデルのハミルトニアンはスピン回転操作に対して不変である（SU(2)対称性を持つ）ので，もし単純に大正準アンサンブルに関する平均をとれば，スピンの$z$軸をどの向きに選んでも，上向きスピンと下向きスピンを持つ電子数の平均値は同じになり，スピン磁化ゼロ，つまり，

$$-\frac{\mu_{\mathrm{B}}}{N_{\mathrm{s}}}\langle\!\langle\sigma_{z,\boldsymbol{q}=0}\rangle\!\rangle_{\mathrm{eq}}=-\frac{\mu_{\mathrm{B}}}{N_{\mathrm{s}}}\frac{\mathrm{Tr}\left(e^{-\beta(\mathcal{H}-\mu N)}\sum_{\boldsymbol{k}}\left(c_{\boldsymbol{k}\uparrow}^{\dagger}c_{\boldsymbol{k}\uparrow}-c_{\boldsymbol{k}\downarrow}^{\dagger}c_{\boldsymbol{k}\downarrow}\right)\right)}{\mathrm{Tr}e^{-\beta(\mathcal{H}-\mu N)}}=0 \tag{15.2}$$

という結果しか出てこない．ただし，$\boldsymbol{\sigma}_{\boldsymbol{q}}$は波数表示したスピン密度演算子であって，式(14.10)，即ち，

$$\boldsymbol{\sigma}_{\boldsymbol{q}}=\sum_{\boldsymbol{k},\boldsymbol{k}',\sigma,\sigma'}(\boldsymbol{k}\sigma|e^{-i\boldsymbol{q}\cdot\hat{\boldsymbol{r}}}\hat{\boldsymbol{\sigma}}|\boldsymbol{k}'\sigma')c_{\boldsymbol{k}\sigma}^{\dagger}c_{\boldsymbol{k}'\sigma'}=\sum_{\boldsymbol{k},\sigma,\sigma'}(\sigma|\hat{\boldsymbol{\sigma}}|\sigma')c_{\boldsymbol{k}-\boldsymbol{q}\sigma}^{\dagger}c_{\boldsymbol{k}\sigma'} \tag{15.3}$$

によって定義される（$(\sigma|\hat{\boldsymbol{\sigma}}|\sigma')$はPauli行列の要素を表す）．系が強磁性を示す際に起こっていることは，**自発的な対称性の破れ**である．今，ハミルトニアン$\mathcal{H}$の固有状態の中に，$z$軸正の向きに巨視的なスピン磁化を持った状態$|z\rangle$があったとしよう．$\mathcal{H}$はスピン回転操作に対して不変だから，系に存在するすべてのスピンを一斉に回転させ，スピン磁化の向きを単位ベクトル$\boldsymbol{n}$の向きに向けた状態$|\boldsymbol{n}\rangle$も$|z\rangle$と同じエネルギーを持つ．しかし，系がスピンの向きを揃える機構を備えていて，その機構が十分に強い場合，一旦$z$軸正の向きに巨視的なスピン磁化を形成した状態が実現してしまうと，系の状態が少々ゆらいだとしても，$z$軸正の向き以外の向きに巨視的なスピン磁化を持った状態は決して実現しない．このとき，$|z\rangle$と$|\boldsymbol{n}\rangle$の両方を考慮したアンサンブル平均を考えるのは明らかにおかしい．意味のある結果を得るためには，**Bogoliubovの準平均**を用いる必要がある．即ち，ハミルトニアンに$z$軸正の向きに磁束密度を印加した場合のZeeman項を加え，一サイト当たりのスピン磁化（$\mu_{\mathrm{B}}$を単位とする）を，

$$m_{\mathrm{s}}\equiv-\frac{1}{N_{\mathrm{s}}}\langle\!\langle\sigma_{z,\boldsymbol{q}=0}\rangle\!\rangle_{\mathrm{B}}\equiv\lim_{B\to\pm0}\lim_{\text{熱力学極限}}\frac{-1}{N_{\mathrm{s}}}\frac{\mathrm{Tr}\left(e^{-\beta(\mathcal{H}_B-\mu N)}\sigma_{z,\boldsymbol{q}=0}\right)}{\mathrm{Tr}e^{-\beta(\mathcal{H}_B-\mu N)}} \tag{15.4}$$

$$\mathcal{H}_B\equiv\mathcal{H}+\mu_{\mathrm{B}}B\sigma_{z,\boldsymbol{q}=0} \tag{15.5}$$

と計算する．このとき外場を取り除く前に熱力学極限をとる点が重要である．上記の極限値が式(15.2)で計算した結果と異なり，$m_{\mathrm{s}}\neq 0$となる場合に，自

発的に対称性が破れていると考える．$m_s = 0$ が対称性が破れていない無秩序相（**常磁性相**），$m_s \neq 0$ が自発的に対称性が破れた秩序相（**強磁性相**）であり，両者間に**相転移**がある．一般に，$m_s$ のように相転移を記述する変数を**秩序パラメーター**と呼ぶ．

## 15.2 Stoner 理論

まずは Hubbard モデルを RPA や HF 近似で取り扱って，少なくとも十分大きな $U$ に対して，これらの近似の範囲内では強磁性相が現れることを確認しておきたい．そのために 14.2 節と同じ作戦をとり，常磁性相において一様な静磁束密度を印加したときのスピン磁気感受率を調べ，温度を下げていったときにスピン磁気感受率に現れる異常を調べよう[3]．既に 14.2 節で，波数 $\boldsymbol{q}$ の空間変調を持つ磁束密度を印加した場合のスピン磁気感受率 $\chi_s(\boldsymbol{q})$ を RPA の範囲で求めておいた．その結果は式 (14.17),

$$\chi_s(\boldsymbol{q}) = \frac{\chi_s^{(0)}(\boldsymbol{q})}{1-\left(U/2\mu_B^2\right)\chi_s^{(0)}(\boldsymbol{q})}, \quad \chi_s^{(0)}(\boldsymbol{q}) = -2\frac{\mu_B^2}{N_s}\sum_{\boldsymbol{k}}\frac{f(\epsilon_{\boldsymbol{k}})-f(\epsilon_{\boldsymbol{k}+\boldsymbol{q}})}{\epsilon_{\boldsymbol{k}}-\epsilon_{\boldsymbol{k}+\boldsymbol{q}}} \tag{15.6}$$

によって与えられる．ただし，Fermi 分布関数に現れる化学ポテンシャル $\mu$ は $2\sum_{\boldsymbol{k}} f(\epsilon_{\boldsymbol{k}}) = N$ から決めるものとする．一様な磁束密度を印加した場合のスピン磁気感受率 $\chi_s$ は $\boldsymbol{q}\to 0$ の極限をとれば求まるから，

$$\chi_s \equiv \lim_{\boldsymbol{q}\to 0}\chi_s(\boldsymbol{q}) = \frac{\chi_s^{(0)}}{1-\left(U/2\mu_B^2\right)\chi_s^{(0)}} \tag{15.7}$$

となる．ここで，$U=0$ の系のスピン磁気感受率 $\chi_s^{(0)}$ は，

$$\chi_s^{(0)} \equiv \lim_{\boldsymbol{q}\to 0}\chi_s^{(0)}(\boldsymbol{q}) = 2\mu_B^2\int\left(-\frac{\partial f}{\partial\epsilon}\right)D^{(0)}(\epsilon)d\epsilon \tag{15.8}$$

と計算される．ただし，$D^{(0)}(\epsilon)$ は $U = 0$ の系の状態密度で，一サイト当たりの量として，式 (14.59) によって定義される．

もしある温度 $T_c$ において $\chi_s$ が発散すれば，この温度において無限小の磁束密度の印加で有限の一様スピン磁化を生じさせることができる．つまり，この

3）一般に，無秩序相と秩序相間の二次相転移の可能性を探る際に，無秩序相で秩序パラメーターを誘起する外場を印加し，線形感受率の発散（外場に対する不安定性）を調べる手法が有効である．ただし，この手法では一次相転移の可能性を調べることはできない．

不安定性は $T < T_c$ で強磁性相が現れる可能性を示している．実際に強磁性相が現れる場合，この $T_c$ を **Curie 温度**と呼ぶ．$\chi_s$ が発散する条件は，

$$1 = \left(U/2\mu_B^2\right)\chi_s^{(0)} \tag{15.9}$$

によって与えられる．これに式 (15.8) を代入すれば，

$$1 = U\int\left(-\frac{\partial f}{\partial \epsilon}\right)D^{(0)}(\epsilon)d\epsilon \tag{15.10}$$

となる．通常，上式右辺は高温極限でゼロに近づき，温度を下げると単調に増加する．したがって，絶対零度において上式右辺が 1 より大きければ，強磁性に対する不安定性を生じる温度 $T_c$ が存在する．この条件（**Stoner 条件**[4]）は，

$$UD_F^{(0)} \geq 1, \quad \left(D_F^{(0)} \equiv D^{(0)}(\epsilon_F)\right) \tag{15.11}$$

と表せる．逆に，Stoner 条件が満たされなければ，絶対零度に至るまで不安定性は現れない．また，$T_c$ 直上の温度では，$1 = U\chi_s^{(0)}(T_c)/2\mu_B^2$ なので，

$$\frac{1}{\chi_s(T)} \approx \frac{1}{\chi_s^{(0)}(T_c)}\left(1 - \frac{U}{2\mu_B^2}\chi_s^{(0)}(T_c) - \frac{1}{\chi_s^{(0)}(T_c)}\left.\frac{\partial \chi_s^{(0)}}{\partial T}\right|_{T=T_c}(T - T_c)\right) \propto (T - T_c) \tag{15.12}$$

となり，$T_c$ のごく近傍において，**Curie-Weiss 則**，

$$\chi_s(T) \propto (T - T_c)^{-1} \tag{15.13}$$

が成り立つ．

次に強磁性相について考えていこう．つまり，Bogoliubov の準平均の意味で平均値をとったときに $m_s \neq 0$ であったとする．平均値からのゆらぎを無視する近似（HF 近似に相当）を行って，相互作用項 $\mathcal{H}_U$（式 (15.1) の第二項）を，

4）E. C. Stoner: Proc. R. Soc. Lond. A **165**, 372 (1938); *ibid*. **169**, 339 (1939).

$$
\begin{aligned}
\mathcal{H}_U = \frac{U}{N_{\mathrm{s}}} \sum_{\boldsymbol{k},\boldsymbol{k}',\boldsymbol{q}} \Big( & \langle\!\langle c^{\dagger}_{\boldsymbol{k}'-\boldsymbol{q}\uparrow} c_{\boldsymbol{k}'\uparrow} \rangle\!\rangle_{\mathrm{B}} c^{\dagger}_{\boldsymbol{k}+\boldsymbol{q}\downarrow} c_{\boldsymbol{k}\downarrow} + \langle\!\langle c^{\dagger}_{\boldsymbol{k}'-\boldsymbol{q}\downarrow} c_{\boldsymbol{k}'\downarrow} \rangle\!\rangle_{\mathrm{B}} c^{\dagger}_{\boldsymbol{k}+\boldsymbol{q}\uparrow} c_{\boldsymbol{k}\uparrow} \\
& - \langle\!\langle c^{\dagger}_{\boldsymbol{k}'-\boldsymbol{q}\uparrow} c_{\boldsymbol{k}'\uparrow} \rangle\!\rangle_{\mathrm{B}} \langle\!\langle c^{\dagger}_{\boldsymbol{k}+\boldsymbol{q}\downarrow} c_{\boldsymbol{k}\downarrow} \rangle\!\rangle_{\mathrm{B}} \\
& + \left( c^{\dagger}_{\boldsymbol{k}'-\boldsymbol{q}\uparrow} c_{\boldsymbol{k}'\uparrow} - \langle\!\langle c^{\dagger}_{\boldsymbol{k}'-\boldsymbol{q}\uparrow} c_{\boldsymbol{k}'\uparrow} \rangle\!\rangle_{\mathrm{B}} \right) \left( c^{\dagger}_{\boldsymbol{k}+\boldsymbol{q}\downarrow} c_{\boldsymbol{k}\downarrow} - \langle\!\langle c^{\dagger}_{\boldsymbol{k}+\boldsymbol{q}\downarrow} c_{\boldsymbol{k}\downarrow} \rangle\!\rangle_{\mathrm{B}} \right) \Big) \\
\approx \frac{U}{N_{\mathrm{s}}} \sum_{\boldsymbol{k},\boldsymbol{k}'} \Big( & \langle\!\langle c^{\dagger}_{\boldsymbol{k}'\uparrow} c_{\boldsymbol{k}'\uparrow} \rangle\!\rangle_{\mathrm{B}} c^{\dagger}_{\boldsymbol{k}\downarrow} c_{\boldsymbol{k}\downarrow} + \langle\!\langle c^{\dagger}_{\boldsymbol{k}'\downarrow} c_{\boldsymbol{k}'\downarrow} \rangle\!\rangle_{\mathrm{B}} c^{\dagger}_{\boldsymbol{k}\uparrow} c_{\boldsymbol{k}\uparrow} \\
& - \langle\!\langle c^{\dagger}_{\boldsymbol{k}'\uparrow} c_{\boldsymbol{k}'\uparrow} \rangle\!\rangle_{\mathrm{B}} \langle\!\langle c^{\dagger}_{\boldsymbol{k}\downarrow} c_{\boldsymbol{k}\downarrow} \rangle\!\rangle_{\mathrm{B}} \Big) \\
= U\left(\frac{n+m_{\mathrm{s}}}{2}\right) & \sum_{\boldsymbol{k}} c^{\dagger}_{\boldsymbol{k}\uparrow} c_{\boldsymbol{k}\uparrow} + U\left(\frac{n-m_{\mathrm{s}}}{2}\right) \sum_{\boldsymbol{k}} c^{\dagger}_{\boldsymbol{k}\downarrow} c_{\boldsymbol{k}\downarrow} - N_{\mathrm{s}} U \left(\frac{n+m_{\mathrm{s}}}{2}\right)\left(\frac{n-m_{\mathrm{s}}}{2}\right) \\
= \frac{Un}{2} \sum_{\boldsymbol{k}\sigma} & c^{\dagger}_{\boldsymbol{k}\sigma} c_{\boldsymbol{k}\sigma} + \frac{Um_{\mathrm{s}}}{2} \sum_{\boldsymbol{k}} \left( c^{\dagger}_{\boldsymbol{k}\uparrow} c_{\boldsymbol{k}\uparrow} - c^{\dagger}_{\boldsymbol{k}\downarrow} c_{\boldsymbol{k}\downarrow} \right) - N_{\mathrm{s}} U \left( \frac{n^2 - m_{\mathrm{s}}^2}{4} \right)
\end{aligned}
\tag{15.14}
$$

と評価する．ただし，系の並進対称性は破られていないとした（$\langle\!\langle c^{\dagger}_{\boldsymbol{k}-\boldsymbol{q},\sigma} c_{\boldsymbol{k}\sigma} \rangle\!\rangle_{\mathrm{B}} \propto \delta_{\boldsymbol{q},0}$）．右辺最終段の第一項は，一電子エネルギーの定数シフトを表し，化学ポテンシャルの補正として扱える．そうすると，HF 近似されたハミルトニアンは，

$$
\mathcal{H}_{\mathrm{HF}} = \sum_{\boldsymbol{k}} \left( \epsilon_{\boldsymbol{k}} + \frac{Um_{\mathrm{s}}}{2} \right) c^{\dagger}_{\boldsymbol{k}\uparrow} c_{\boldsymbol{k}\uparrow} + \sum_{\boldsymbol{k}} \left( \epsilon_{\boldsymbol{k}} - \frac{Um_{\mathrm{s}}}{2} \right) c^{\dagger}_{\boldsymbol{k}\downarrow} c_{\boldsymbol{k}\downarrow} - N_{\mathrm{s}} U \left( \frac{n^2 - m_{\mathrm{s}}^2}{4} \right) \tag{15.15}
$$

と書ける．つまり，上向きスピンの電子と下向きスピンの電子のバンド分散がそれぞれ形を変えずに $+Um_{\mathrm{s}}/2$, $-Um_{\mathrm{s}}/2$ だけ定数シフトするという描像が得られる．上下スピンのバンドの分裂 $Um_{\mathrm{s}}$ は**交換分裂**と呼ばれている．

この $\mathcal{H}_{\mathrm{HF}}$ では対称性の破れが既に考慮済みなので，$\mathcal{H}_{\mathrm{HF}}$ を使って（通常の意味の）大正準アンサンブルの平均を計算すれば，Bogoliubov の準平均が計算される．実際に $\mathcal{H}_{\mathrm{HF}}$ を使って $m_{\mathrm{s}}$ を計算すると，自己無撞着方程式，

$$
m_{\mathrm{s}} = -\frac{1}{N_{\mathrm{s}}} \sum_{\boldsymbol{k}} \left( f\left( \epsilon_{\boldsymbol{k}} + \frac{Um_{\mathrm{s}}}{2} \right) - f\left( \epsilon_{\boldsymbol{k}} - \frac{Um_{\mathrm{s}}}{2} \right) \right) \tag{15.16}
$$

が導かれる．ここで，$f(\epsilon) = \left( e^{\beta(\epsilon-\mu)} + 1 \right)^{-1}$ は Fermi 分布関数である．この自己無撞着方程式が自明解 $m_{\mathrm{s}} = 0$ 以外に $m_{\mathrm{s}} \neq 0$ の解を持つことが，強磁性相が実現するための必要条件である．ただし，化学ポテンシャル $\mu$ は，

$$n = \frac{1}{N_s} \sum_{\boldsymbol{k}} \left( f\left(\epsilon_{\boldsymbol{k}} + \frac{Um_s}{2}\right) + f\left(\epsilon_{\boldsymbol{k}} - \frac{Um_s}{2}\right) \right) \tag{15.17}$$

から決める．

特に，強磁性相の低温側から温度を上げて相転移点へ近づいたとき，$m_s$ が連続的にゼロに近づく（つまり**二次相転移**が起こる）場合を考えよう．相転移点近傍の強磁性相で，式 (15.16) の右辺を $m_s$ の一次で評価すると，相転移の条件として，

$$m_s = -\frac{Um_s}{N_s} \sum_{\boldsymbol{k}} f'(\epsilon_{\boldsymbol{k}}) = Um_s \int \left(-\frac{\partial f}{\partial \epsilon}\right) D^{(0)}(\epsilon) d\epsilon \tag{15.18}$$

を得る．こうして再び条件式 (15.10) が導かれた．つまり，強磁性相が常磁性相へ転移する温度は，常磁性相でスピン磁気感受率 $\chi_s(T)$ の発散から求めた $T_c$ に一致する．ただし，$D^{(0)}(\epsilon)$ の関数形によっては一次相転移（相転移点で $m_s$ が不連続にゼロに跳ぶ）も起こりうる．その場合にはこの結論は成り立たない．

式 (15.16), (15.17) の結果は，Helmholtz 自由エネルギーの変分原理からも導ける．実際に，近似ハミルトニアン (15.15) から Helmholtz 自由エネルギーを計算すると，

$$F = \Omega + \mu N \tag{15.19}$$

$$\Omega = -k_B T \sum_{\boldsymbol{k}, s=\pm 1} \ln\left(1 + e^{-\beta(\epsilon_{\boldsymbol{k}} + sUm_s/2 - \mu)}\right) - N_s U \left(\frac{n^2 - m_s^2}{4}\right) \tag{15.20}$$

となる．ここでは，式 (3.73) を使って求めた熱力学ポテンシャル $\Omega$ を Legendre 変換して Helmholtz 自由エネルギー $F$ を計算している．このとき，化学ポテンシャル $\mu$ には，$N = -\partial\Omega/\partial\mu$ を $\mu$ について解いた結果を代入するわけだが，$N = -\partial\Omega/\partial\mu$ は式 (15.17) を導く．一方，$m_s$ を変分パラメーターとして変分原理を適用すると，

$$\begin{aligned} \frac{\partial F}{\partial m_s} &= \frac{U}{2} \sum_{\boldsymbol{k}, s=\pm 1} sf\left(\epsilon_{\boldsymbol{k}} + s\frac{Um_s}{2}\right) - \sum_{\boldsymbol{k}, s=\pm 1} f\left(\epsilon_{\boldsymbol{k}} + s\frac{Um_s}{2}\right) \frac{\partial \mu}{\partial m_s} + N_s \frac{Um_s}{2} + \frac{\partial \mu}{\partial m_s} N_s n \\ &= \frac{U}{2} \sum_{\boldsymbol{k}, s=\pm 1} sf\left(\epsilon_{\boldsymbol{k}} + s\frac{Um_s}{2}\right) + N_s \frac{Um_s}{2} = 0 \end{aligned} \tag{15.21}$$

を得る．この条件は式 (15.16) に一致する．式 (15.16), (15.17) が $m_s \neq 0$ の解を

持ち，しかもそこで $F$ が $m_s$ の関数として最小となるとき，強磁性相が実現する．

相転移の様子をより詳しく調べるには，$\zeta \equiv Um_s/2 \ll \epsilon_F$ かつ $k_BT_c \ll \epsilon_F$ を仮定して，$F$ を $\zeta/\epsilon_F$ と $k_BT/\epsilon_F$ について冪展開してみるとよい．式 (15.21) を Taylor 展開 $D^{(0)}(\epsilon\pm\zeta) = D^{(0)}(\epsilon)\pm D^{(0)\prime}(\epsilon)\zeta+(1/2!)D^{(0)\prime\prime}(\epsilon)\zeta^2\pm(1/3!)D^{(0)\prime\prime\prime}(\epsilon)\zeta^3+\cdots$ と Sommerfeld 展開の公式 (1.34) を使って変形すると，$D_F^{(0)\prime} = D^{(0)\prime}(\epsilon_F)$ 等の意味として，

$$\frac{\partial F}{\partial\zeta} = \frac{2}{U}\frac{\partial F}{\partial m_s} = -N_s\sum_{s=\pm1}\int sD^{(0)}(\epsilon+s\zeta)f(\epsilon)d\epsilon + N_s\frac{2}{U}\zeta$$
$$= -2N_s\left(D^{(0)}(\mu)\zeta + \left(\frac{\zeta^3}{6}+\frac{\pi^2(k_BT)^2\zeta}{6}\right)D_F^{(0)\prime\prime}\right) + N_s\frac{2}{U}\zeta \tag{15.22}$$

となる．ここで $\zeta/\epsilon_F$，$k_BT/\epsilon_F$ の五次以上の項を無視した．一方，$(\mu-\epsilon_F)D_F^{(0)} = \int_{-\infty}^{\mu}D^{(0)}(\epsilon)d\epsilon - \int_{-\infty}^{\epsilon_F}D^{(0)}(\epsilon)d\epsilon = \int_{-\infty}^{\mu}D^{(0)}(\epsilon)d\epsilon - n/2$ および式 (15.17) から，

$$\mu-\epsilon_F = \frac{1}{D_F^{(0)}}\left(\int_0^{\mu}D^{(0)}(\epsilon)d\epsilon - \frac{1}{2}\sum_{s=\pm1}\int D^{(0)}(\epsilon+s\zeta)f(\epsilon)d\epsilon\right)$$
$$= -\left(\frac{\zeta^2}{2}+\frac{\pi^2(k_BT)^2}{6}\right)\frac{D_F^{(0)\prime}}{D_F^{(0)}} \tag{15.23}$$

を得るので，式 (15.22) に現れる $D^{(0)}(\mu)$ を，$\zeta/\epsilon_F$，$k_BT/\epsilon_F$ の四次以上の項を無視して，

$$D^{(0)}(\mu) = D_F^{(0)} + (\mu-\epsilon_F)D_F^{(0)\prime} = D_F^{(0)} - \left(\frac{\zeta^2}{2}+\frac{\pi^2(k_BT)^2}{6}\right)\frac{\left(D_F^{(0)\prime}\right)^2}{D_F^{(0)}} \tag{15.24}$$

と評価できる．この結果を式 (15.22) に代入し，$\zeta$ について積分すれば，$\zeta/\epsilon_F$，$k_BT/\epsilon_F$ の四次近似で，

$$\frac{1}{N_s}F(T,\zeta) = \frac{1}{N_s}F(T,\zeta=0) + C_2(T)\zeta^2 + C_4\zeta^4 \tag{15.25}$$

$$C_2(T) \equiv \frac{1}{U} - D_F^{(0)} + \frac{\pi^2(k_BT)^2}{6}R, \quad C_4 \equiv \frac{1}{12}\left(\frac{2\left(D_F^{(0)\prime}\right)^2}{D_F^{(0)}} + R\right) \tag{15.26}$$

$$R \equiv \left.\frac{d^2}{d\epsilon^2}\ln D^{(0)}(\epsilon)\right|_{\epsilon=\epsilon_F} = \frac{\left(D_F^{(0)\prime}\right)^2}{D_F^{(0)}} - D_F^{(0)\prime\prime} \tag{15.27}$$

を得る．

ここで行った近似の範囲では，二次相転移が起こるために，Stoner 条件 $UD_{\mathrm{F}}^{(0)} \geq 1$ だけでなく，$R > 0$ が要求される．実際にこれらの条件が満たされていると，

$$k_{\mathrm{B}}T_{\mathrm{c}} = \frac{1}{\pi}\sqrt{\frac{6(D_{\mathrm{F}}^{(0)} - 1/U)}{R}} \tag{15.28}$$

を境に $C_2(T)$ の符号反転が起き，$T < T_{\mathrm{c}}$ では $C_2(T) < 0$，$T > T_{\mathrm{c}}$ では $C_2(T) > 0$ となる．$T < T_{\mathrm{c}}$ では常に $C_2(T) < 0$，$C_4 > 0$ だから，変分原理の条件 $N_{\mathrm{s}}^{-1}\partial F/\partial\zeta = 2C_2(T)\zeta + 4C_4\zeta^3 = 0$ は $\zeta$ の方程式として非ゼロの解 $\zeta = \zeta(T)$ を必ず持ち，$\zeta = \zeta(T)$ において，$F(T,\zeta)$ は $\zeta$ の関数として最小となる．特に，$T_{\mathrm{c}}$ 直下では，$\zeta(T)$ を，

$$\zeta(T) = A\left(1 - \frac{T}{T_{\mathrm{c}}}\right)^{1/2}, \quad A = \pi k_{\mathrm{B}}T_{\mathrm{c}}\sqrt{\frac{2R}{2\left(D_{\mathrm{F}}^{(0)\prime}\right)^2/D_{\mathrm{F}}^{(0)} + R}} \tag{15.29}$$

と表せる．上式から，$C_2(T)$ が符号反転する温度 $T_{\mathrm{c}}$ が実は Curie 温度であって，$T \to T_{\mathrm{c}} - 0$ で $\zeta(T) \to +0$ となる二次相転移が起こることを確認できる．秩序パラメーターが $T_{\mathrm{c}}$ 直下の温度で $(1 - T/T_{\mathrm{c}})^{1/2}$ 型の特異性を示すという結論は，平均場理論で二次相転移を扱ったときに共通して見られる特徴である．

Stoner 理論は，大きなスピン磁化が生じている場合に，平均場からのゆらぎが小さく抑えられている絶対零度で正当化できる可能性がある．しかしその一方で，スピンのゆらぎが大きくなる有限温度では，ほとんど役に立たない．たとえば，常識的な $U$ の値を使って式 (15.28) から Curie 温度を推定しても，実験値より桁違いに大きな値しか得られない．また，$T_{\mathrm{c}}$ 直下のスピン磁化を $M \propto (T_{\mathrm{c}} - T)^{\beta}$，$T_{\mathrm{c}}$ 直上のスピン磁気感受率を $\chi_{\mathrm{s}} \propto (T - T_{\mathrm{c}})^{-\gamma}$ と表して臨界指数 $\beta$ および $\gamma$ を定めると，ニッケル（Ni）の磁化測定は $\beta \approx 0.4, \gamma \approx 1.3$ を与え[5)]，Stoner 理論の式 (15.29), (15.12) の値 $\beta = 1/2, \gamma = 1$ と大きく食い違う．さらに，式 (15.12) の導出から明らかなように，Stoner 理論は $T_{\mathrm{c}}$ 直上の狭い温度領域に限って Curie-Weiss 則が成り立つことを予言するが，実際の振る舞いは真逆であり，$T_{\mathrm{c}}$ 近傍を除く広い温度領域で Curie-Weiss 則が成立する．これらの実験事実との不一致を解消するには，平均場からのゆらぎ（電子相関の効果）を取り込む工夫が必要になる．この点については 15.5 節で論じる．

5）C. Hohenemser, N. Rosov and A. Kleinhammes: Hyperfine Interact. **49**, 267 (1989); M. Seeger, S. N. Kaul, H. Kronmuller and R. Reisser: Phys. Rev. B **51**, 12585 (1995).

## 15.3　Stoner 励起とスピン波

本節では，Stoner 条件 $UD_{\mathrm{F}}^{(0)} \geq 1$ が満たされていて，強磁性基底状態が実現している場合に着目し，そこからの低エネルギー励起を考察する[6]．以下では，自発磁化が $z$ 軸正の向きに生じている（$m_{\mathrm{s}} > 0$）とし，それに垂直に時間依存する磁束密度，

$$\boldsymbol{B}(t) = \left(B_x(t), B_y(t), 0\right), \quad B_x(t) - iB_y(t) = Be^{i(\boldsymbol{q}\cdot\boldsymbol{r}-\omega t)+\delta t} \tag{15.30}$$

を印加する．このとき Hubbard ハミルトニアンに加わる外場項は，

$$\mathcal{H}_{\mathrm{ext}} = \mu_{\mathrm{B}} B\left(\sigma_{-,\boldsymbol{q}} e^{i\omega t+\delta t} + \sigma_{+,-\boldsymbol{q}} e^{-i\omega t+\delta t}\right) \tag{15.31}$$

と表される．ここで，

$$\sigma_{+,\boldsymbol{q}} = \frac{1}{2}\left(\sigma_{x,\boldsymbol{q}} + i\sigma_{y,\boldsymbol{q}}\right) = \sum_{\boldsymbol{k}} c^{\dagger}_{\boldsymbol{k}-\boldsymbol{q}\uparrow} c_{\boldsymbol{k}\downarrow}, \quad \sigma_{-,\boldsymbol{q}} = \frac{1}{2}\left(\sigma_{x,\boldsymbol{q}} - i\sigma_{y,\boldsymbol{q}}\right) = \sum_{\boldsymbol{k}} c^{\dagger}_{\boldsymbol{k}-\boldsymbol{q}\downarrow} c_{\boldsymbol{k}\uparrow} \tag{15.32}$$

である．$\mathcal{H}_{\mathrm{ext}}$ の第一項は $e^{i\omega t}$，第二項は $e^{-i\omega t}$ に比例し，異なる振動数を持つため，線形応答の範囲ではこれらの影響を別個に扱える．$\mathcal{H}_{\mathrm{ext}}$ の第一項と第二項によって誘起されるスピン磁化は，線形応答の範囲でそれぞれ，

$$-\frac{\mu_{\mathrm{B}}}{N_{\mathrm{s}}}\langle\!\langle \sigma_{+,-\boldsymbol{q}} \rangle\!\rangle_t = \chi_{+-}(-\boldsymbol{q}, -\omega)Be^{i\omega t+\delta t} \qquad \chi_{+-}(\boldsymbol{q}, \omega) \equiv \frac{\mu_{\mathrm{B}}^2}{N_{\mathrm{s}}}\chi_{\sigma_{+,\boldsymbol{q}},\sigma_{-,-\boldsymbol{q}}}(\omega) \tag{15.33}$$

$$-\frac{\mu_{\mathrm{B}}}{N_{\mathrm{s}}}\langle\!\langle \sigma_{-,\boldsymbol{q}} \rangle\!\rangle_t = \chi_{-+}(\boldsymbol{q}, \omega)Be^{-i\omega t+\delta t} \qquad \chi_{-+}(\boldsymbol{q}, \omega) \equiv \frac{\mu_{\mathrm{B}}^2}{N_{\mathrm{s}}}\chi_{\sigma_{-,\boldsymbol{q}},\sigma_{+,-\boldsymbol{q}}}(\omega) \tag{15.34}$$

と書ける．$\chi_{+-}(\boldsymbol{q}, \omega)$ や $\chi_{-+}(\boldsymbol{q}, \omega)$ は動的横スピン磁気感受率と呼ばれる．式 (4.25) から $\chi_{+-}(-\boldsymbol{q}, -\omega) = (\chi_{-+}(\boldsymbol{q}, \omega))^*$ が成り立つので，以降では $\chi_{-+}(\boldsymbol{q}, \omega)$ だけを考察する．

RPA で動的横スピン磁気感受率を評価するため，式 (15.14) でも考えた時間依存しない平均値（電子密度 $n$ と自発磁化 $m_{\mathrm{s}}$）に加えて，$\mathcal{H}_{\mathrm{ext}}$ の第二項によって誘起された時間依存する磁化を表す平均値も残して時間依存 Hartree 近似を行うと，相互作用項 $\mathcal{H}_U$（式 (15.1) の第二項）を，

---

6）本節の議論は，T. Izuyama, D.-J. Kim and R. Kubo: J. Phys. Soc. Jpn. **18**, 1025 (1963) に基づく．

$$\mathcal{H}_U \approx \frac{U}{N_s}\sum_{\boldsymbol{k},\boldsymbol{k}'}\left(\left\langle\!\left\langle c^\dagger_{\boldsymbol{k}'\uparrow}c_{\boldsymbol{k}'\uparrow}\right\rangle\!\right\rangle_{\mathrm{B}} c^\dagger_{\boldsymbol{k}\downarrow}c_{\boldsymbol{k}\downarrow} + \left\langle\!\left\langle c^\dagger_{\boldsymbol{k}'\downarrow}c_{\boldsymbol{k}'\downarrow}\right\rangle\!\right\rangle_{\mathrm{B}} c^\dagger_{\boldsymbol{k}\uparrow}c_{\boldsymbol{k}\uparrow}\right.$$
$$\left. - \left\langle\!\left\langle c^\dagger_{\boldsymbol{k}'\uparrow}c_{\boldsymbol{k}'\uparrow}\right\rangle\!\right\rangle_{\mathrm{B}}\left\langle\!\left\langle c^\dagger_{\boldsymbol{k}\downarrow}c_{\boldsymbol{k}\downarrow}\right\rangle\!\right\rangle_{\mathrm{B}}\right) - \frac{U}{N_s}\sum_{\boldsymbol{k}\boldsymbol{k}'}\left\langle\!\left\langle c^\dagger_{\boldsymbol{k}'-\boldsymbol{q}\downarrow}c_{\boldsymbol{k}'\uparrow}\right\rangle\!\right\rangle_t c^\dagger_{\boldsymbol{k}+\boldsymbol{q}\uparrow}c_{\boldsymbol{k}\downarrow}$$
$$= \frac{Un}{2}\sum_{\boldsymbol{k}\sigma}c^\dagger_{\boldsymbol{k}\sigma}c_{\boldsymbol{k}\sigma} + \frac{Um_s}{2}\sum_{\boldsymbol{k}}\left(c^\dagger_{\boldsymbol{k}\uparrow}c_{\boldsymbol{k}\uparrow} - c^\dagger_{\boldsymbol{k}\downarrow}c_{\boldsymbol{k}\downarrow}\right)$$
$$- \frac{U}{N_s}\left\langle\!\left\langle \sigma_{-,\boldsymbol{q}}\right\rangle\!\right\rangle_t \sigma_{+,-\boldsymbol{q}} - N_s U\left(\frac{n^2 - m_s^2}{4}\right) \tag{15.35}$$

と評価できる．定数項を省略し，一電子エネルギーのシフト $Un/2$ を化学ポテンシャルに吸収させれば，外場項（$\mathcal{H}_{\mathrm{ext}}$ の第二項のみ考慮）を含むハミルトニアンを，

$$\mathcal{H} + \mathcal{H}_{\mathrm{ext}} \approx \mathcal{H}_{\mathrm{HF}} + \left(\mu_{\mathrm{B}}Be^{-i\omega t+\delta t} - \frac{U}{N_s}\left\langle\!\left\langle \sigma_{-,\boldsymbol{q}}\right\rangle\!\right\rangle_t\right)\sigma_{+,-\boldsymbol{q}}$$
$$= \mathcal{H}_{\mathrm{HF}} + \mu_{\mathrm{B}}B_{\mathrm{eff}}e^{-i\omega t+\delta t}\sigma_{+,-\boldsymbol{q}} \tag{15.36}$$

$$B_{\mathrm{eff}} \approx \left(1 + \frac{U}{\mu_{\mathrm{B}}^2}\chi_{-+}(\boldsymbol{q},\omega)\right)B \tag{15.37}$$

と近似できる．つまり，$\mathcal{H}_{\mathrm{HF}}$ で記述される相互作用のない系に，動的な有効磁束密度 $B_{\mathrm{eff}}e^{-i\omega t+\delta t}$ を印加したときの応答を調べればよい．有効磁束密度について線形応答の範囲では，

$$-\frac{\mu_{\mathrm{B}}}{N_s}\left\langle\!\left\langle \sigma_{-,\boldsymbol{q}}\right\rangle\!\right\rangle_t = \chi^{(\mathrm{HF})}_{-+}(\boldsymbol{q},\omega)B_{\mathrm{eff}}e^{-i\omega t+\delta t} \tag{15.38}$$

が成り立つ．ただし，$\chi^{(\mathrm{HF})}_{-+}(\boldsymbol{q},\omega)$ はハミルトニアンが $\mathcal{H}_{\mathrm{HF}}$ の系の動的横スピン磁気感受率で，式 (13.16) を導いたときと同様の計算により，

$$\chi^{(\mathrm{HF})}_{-+}(\boldsymbol{q},\omega) \equiv \frac{\mu_{\mathrm{B}}^2}{N_s}\chi^{(\mathrm{HF})}_{\sigma_{-,\boldsymbol{q}},\sigma_{+,-\boldsymbol{q}}}(\omega) = -\frac{\mu_{\mathrm{B}}^2}{N_s}\sum_{\boldsymbol{k}}\frac{f(\epsilon_{\boldsymbol{k}} - Um_s/2) - f(\epsilon_{\boldsymbol{k}+\boldsymbol{q}} + Um_s/2)}{\hbar\omega + \epsilon_{\boldsymbol{k}} - \epsilon_{\boldsymbol{k}+\boldsymbol{q}} - Um_s + i\delta} \tag{15.39}$$

と求まる．式 (15.38), (15.37), (15.34) から，

$$\chi_{-+}(\boldsymbol{q},\omega) = \chi^{(\mathrm{HF})}_{-+}(\boldsymbol{q},\omega)\left(1 + \frac{U}{\mu_{\mathrm{B}}^2}\chi_{-+}(\boldsymbol{q},\omega)\right) \tag{15.40}$$

が導かれるので，これを $\chi_{-+}(\boldsymbol{q},\omega)$ について解くと，

$$\chi_{-+}(\boldsymbol{q},\omega) = \frac{\chi_{-+}^{(\mathrm{HF})}(\boldsymbol{q},\omega)}{1-\left(U/\mu_{\mathrm{B}}^2\right)\chi_{-+}^{(\mathrm{HF})}(\boldsymbol{q},\omega)} \tag{15.41}$$

を得る．

まず，$\chi_{-+}(\boldsymbol{q},\omega)$ の虚部を調べよう．式 (15.41) から，

$$\mathrm{Im}\chi_{-+}(\boldsymbol{q},\omega) = \left|1-\left(U/\mu_{\mathrm{B}}^2\right)\chi_{-+}^{(\mathrm{HF})}(\boldsymbol{q},\omega)\right|^{-2}\mathrm{Im}\chi_{-+}^{(\mathrm{HF})}(\boldsymbol{q},\omega) \tag{15.42}$$

であるから，$\mathrm{Im}\chi_{-+}(\boldsymbol{q},\omega)$ がゼロでない値を持つかどうかを調べるには，$\mathrm{Im}\chi_{-+}^{(\mathrm{HF})}(\boldsymbol{q},\omega)$ がゼロでない値を持つかどうかを調べればよい．式 (15.39) から，

$$\mathrm{Im}\chi_{-+}^{(\mathrm{HF})}(\boldsymbol{q},\omega) = \frac{\pi\mu_{\mathrm{B}}^2}{N_{\mathrm{s}}}\sum_{\boldsymbol{k}}\left(f\left(\epsilon_{\boldsymbol{k}}-\frac{Um_{\mathrm{s}}}{2}\right)-f\left(\epsilon_{\boldsymbol{k}+\boldsymbol{q}}+\frac{Um_{\mathrm{s}}}{2}\right)\right)$$
$$\times\delta\left(\hbar\omega+\epsilon_{\boldsymbol{k}}-\epsilon_{\boldsymbol{k}+\boldsymbol{q}}-Um_{\mathrm{s}}\right) \tag{15.43}$$

となる．絶対零度かつ $\omega \geq 0$ とすると，デルタ関数の条件から $\epsilon_{\boldsymbol{k}+\boldsymbol{q}} + Um_{\mathrm{s}}/2 \geq \epsilon_{\boldsymbol{k}} - Um_{\mathrm{s}}/2$ であるので，上式右辺の和の中身がゼロでないのは $f(\epsilon_{\boldsymbol{k}+\boldsymbol{q}} + Um_{\mathrm{s}}/2) = 0$ かつ $f(\epsilon_{\boldsymbol{k}+\boldsymbol{q}} - Um_{\mathrm{s}}/2) = 1$ のときである．これは，電磁場のエネルギー $\hbar\omega$ を使って，波数が $\boldsymbol{k}$ の下向きスピンを持った電子を，スピンを上向きに反転させて波数 $\boldsymbol{k}+\boldsymbol{q}$ へ叩き上げる励起（**Stoner 励起**）が $\mathrm{Im}\chi_{-+}(\boldsymbol{q},\omega)$ の起源であることの反映である．$\mathrm{Im}\chi_{-+}(\boldsymbol{q},\omega)$ がゼロでない $(\boldsymbol{q},\omega)$ に対しては，$(\epsilon_{\boldsymbol{k}+\boldsymbol{q}} + Um_{\mathrm{s}}/2) - (\epsilon_{\boldsymbol{k}} - Um_{\mathrm{s}}/2) = \hbar\omega \geq 0$，$\epsilon_{\boldsymbol{k}+\boldsymbol{q}} + Um_{\mathrm{s}}/2 \geq \epsilon_{\mathrm{F}}$，$\epsilon_{\boldsymbol{k}} - Um_{\mathrm{s}}/2 \leq \epsilon_{\mathrm{F}}$ を満たす $\boldsymbol{k}$ が存在する．特に $\epsilon_{\boldsymbol{k}} = \hbar^2k^2/2m$ とし，式 (11.42) を導いたときと同様に考えると，この $(q,\omega)$ 平面上の領域を，

$$\mathrm{Max}\left(0, -\frac{\hbar^2k_{\downarrow}}{m}q+\frac{\hbar^2q^2}{2m}+Um_{\mathrm{s}}\right) \leq \hbar\omega \leq +\frac{\hbar^2k_{\downarrow}}{m}q+\frac{\hbar^2q^2}{2m}+Um_{\mathrm{s}} \tag{15.44}$$

と表せる（図 15.3）．ただし，$\mathrm{Max}(a,b)$ は $a,b$ のうち大きいものを返す関数であり，下向きスピンを持つ電子に対する Fermi 波数 $k_{\downarrow}$ は，$\epsilon_{k_{\downarrow}} - Um_{\mathrm{s}}/2 = \epsilon_{\mathrm{F}}$ から決める．

実は上の議論には穴がある．式 (15.41) までは $\mathrm{Im}\chi_{-+}^{(\mathrm{HF})} \sim \delta$ としておいて，最後に $\delta \to +0$ とするのが正しい計算手順だから，Stoner 励起が存在しない（$\mathrm{Im}\chi_{-+}^{(\mathrm{HF})} = 0$ となる）領域でも，式 (15.41) の分母がゼロという条件，

$$\frac{1}{U} = -\frac{1}{N_{\mathrm{s}}}\sum_{\boldsymbol{k}}\frac{f(\epsilon_{\boldsymbol{k}}-Um_{\mathrm{s}}/2)-f(\epsilon_{\boldsymbol{k}+\boldsymbol{q}}+Um_{\mathrm{s}}/2)}{\hbar\omega+\epsilon_{\boldsymbol{k}}-\epsilon_{\boldsymbol{k}+\boldsymbol{q}}-Um_{\mathrm{s}}} \tag{15.45}$$

を満たす $\omega = \omega_{\boldsymbol{q}}$ があれば，式 (1.25) から，

$$\mathrm{Im}\chi_{-+}(\boldsymbol{q},\omega) = \pi\left(\frac{\mu_{\mathrm{B}}^2}{U}\right)^2 \left|\frac{\partial\chi_{-+}^{(\mathrm{HF})}}{\partial\omega}\right|_{\omega=\omega_{\boldsymbol{q}}}^{-1} \delta(\omega-\omega_{\boldsymbol{q}}) \tag{15.46}$$

となる．この可能性を探るため，$q$ と $\omega$ が共に小さく，任意の $\boldsymbol{k}$ に対し，

$$|\hbar\omega + \epsilon_{\boldsymbol{k}} - \epsilon_{\boldsymbol{k}+\boldsymbol{q}}| \ll Um_{\mathrm{s}} \tag{15.47}$$

となるような $(\boldsymbol{q},\omega)$ の領域に着目しよう．この領域内では，$\hbar\omega = \epsilon_{\boldsymbol{k}+\boldsymbol{q}} - \epsilon_{\boldsymbol{k}} + Um_{\mathrm{s}}$ を満たせないので Stoner 励起は存在しない．特に $q = 0$ とし，自己無撞着方程式 (15.16) を用いると，式 (15.45) は，

$$\frac{1}{U} = -\frac{m_{\mathrm{s}}}{\hbar\omega - Um_{\mathrm{s}}} \tag{15.48}$$

に帰着し，$\omega = \omega_{\boldsymbol{q}=0} = 0$ を導く．$\sigma_{+,\boldsymbol{q}=0} = \sum_{\boldsymbol{k}} c_{\boldsymbol{k}\uparrow}^{\dagger} c_{\boldsymbol{k}\downarrow}$ は系のスピン磁化を一様に回転させることしかしないので，これは当然の結果である．

　そこで，$q \neq 0$ でも小さな $q$ に対しては式 (15.45) の解 $\omega = \omega_{\boldsymbol{q}} = O(q^2)$ が見つかると期待して，式 (15.45) の右辺を $q$ の二次まで残す近似で，

$$\begin{aligned}
&(\text{右辺})\\
&= \frac{1}{Um_{\mathrm{s}}}\frac{1}{N_{\mathrm{s}}}\sum_{\boldsymbol{k}}\left(f\left(\epsilon_{\boldsymbol{k}} - \frac{Um_{\mathrm{s}}}{2}\right) - f\left(\epsilon_{\boldsymbol{k}+\boldsymbol{q}} + \frac{Um_{\mathrm{s}}}{2}\right)\right)\sum_{j=0}^{+\infty}\left(\frac{\hbar\omega - \epsilon_{\boldsymbol{k}+\boldsymbol{q}} + \epsilon_{\boldsymbol{k}}}{Um_{\mathrm{s}}}\right)^j\\
&\approx \frac{1}{U} - \frac{1}{(Um_{\mathrm{s}})^2}\frac{1}{N_{\mathrm{s}}}\sum_{\boldsymbol{k}}\left(f\left(\epsilon_{\boldsymbol{k}} - \frac{Um_{\mathrm{s}}}{2}\right) - f\left(\epsilon_{\boldsymbol{k}} + \frac{Um_{\mathrm{s}}}{2}\right)\right)\left((\boldsymbol{q}\cdot\nabla_{\boldsymbol{k}})\epsilon_{\boldsymbol{k}} + \frac{1}{2}(\boldsymbol{q}\cdot\nabla_{\boldsymbol{k}})^2\epsilon_{\boldsymbol{k}}\right)\\
&\quad + \frac{m_{\mathrm{s}}\hbar\omega}{(Um_{\mathrm{s}})^2} + \frac{1}{(Um_{\mathrm{s}})^2}\frac{1}{N_{\mathrm{s}}}\sum_{\boldsymbol{k}}\left((\boldsymbol{q}\cdot\nabla_{\boldsymbol{k}})f\left(\epsilon_{\boldsymbol{k}} + \frac{Um_{\mathrm{s}}}{2}\right)\right)(\boldsymbol{q}\cdot\nabla_{\boldsymbol{k}})\epsilon_{\boldsymbol{k}}\\
&\quad + \frac{1}{(Um_{\mathrm{s}})^3}\frac{1}{N_{\mathrm{s}}}\sum_{\boldsymbol{k}}\left(f\left(\epsilon_{\boldsymbol{k}} - \frac{Um_{\mathrm{s}}}{2}\right) - f\left(\epsilon_{\boldsymbol{k}} + \frac{Um_{\mathrm{s}}}{2}\right)\right)((\boldsymbol{q}\cdot\nabla_{\boldsymbol{k}})\epsilon_{\boldsymbol{k}})^2
\end{aligned} \tag{15.49}$$

と評価しよう．ここで再び自己無撞着方程式 (15.16) を用いた．時間反転対称性を反映して，符号反転 $\boldsymbol{k} \rightsquigarrow -\boldsymbol{k}$ に対し，$\epsilon_{\boldsymbol{k}}$ と $(\boldsymbol{q}\cdot\nabla_{\boldsymbol{k}})^2\epsilon_{\boldsymbol{k}}$ は偶関数，$(\boldsymbol{q}\cdot\nabla_{\boldsymbol{k}})\epsilon_{\boldsymbol{k}}$ は奇関数として振る舞う．上式右辺に現れる奇関数の項は $\boldsymbol{k}$ について和をとったときに消える．また，Fermi 分布関数の微分を含む項の和は，部分積分により Fermi 分布関数の微分を含まない形に変形できる．こうして，解として，

$$\hbar\omega_{\boldsymbol{q}} \approx \frac{1}{m_s}\frac{1}{N_s}\sum_{\boldsymbol{k}}\left(f\left(\epsilon_{\boldsymbol{k}} - \frac{Um_s}{2}\right) + f\left(\epsilon_{\boldsymbol{k}} + \frac{Um_s}{2}\right)\right)\frac{1}{2}\left(\boldsymbol{q}\cdot\nabla_{\boldsymbol{k}}\right)^2\epsilon_{\boldsymbol{k}}$$
$$-\frac{1}{Um_s^2}\frac{1}{N_s}\sum_{\boldsymbol{k}}\left(f\left(\epsilon_{\boldsymbol{k}} - \frac{Um_s}{2}\right) - f\left(\epsilon_{\boldsymbol{k}} + \frac{Um_s}{2}\right)\right)\left(\left(\boldsymbol{q}\cdot\nabla_{\boldsymbol{k}}\right)\epsilon_{\boldsymbol{k}}\right)^2 \qquad (15.50)$$

が得られ，右辺は $\boldsymbol{q}\cdot\underline{D}\boldsymbol{q}$（$\underline{D}$ は実対称行列）の形になる．一見，$\underline{D}$ が $m_s \to 0$ で発散しそうだが，$f(\epsilon_{\boldsymbol{k}} \pm Um_s/2) = \sum_{j=0}^{+\infty} f^{(j)}(\epsilon_{\boldsymbol{k}})(\pm Um_s/2)^j/j!$ と Taylor 展開し，$f^{(j+1)}(\epsilon_{\boldsymbol{k}})(\boldsymbol{q}\cdot\nabla_{\boldsymbol{k}})\epsilon_{\boldsymbol{k}} = (\boldsymbol{q}\cdot\nabla_{\boldsymbol{k}})f^{(j)}(\epsilon_{\boldsymbol{k}})$ に注意して部分積分すると，

$$\hbar\omega_{\boldsymbol{q}} \approx \frac{U^2 m_s}{12N_s}\sum_{\boldsymbol{k}} f''(\epsilon_{\boldsymbol{k}})\left(\boldsymbol{q}\cdot\nabla_{\boldsymbol{k}}\right)^2\epsilon_{\boldsymbol{k}}, \quad (m_s \to 0) \qquad (15.51)$$

となり，実は $\underline{D}$ が $m_s$ に比例してゼロに近づくことがわかる．

安定な強磁性状態はある種の「剛性 (stiffness)」を示し，揃っているスピンの向きをわずかにひねると，元の向きに戻そうとする．この性質を反映して，スピンの微小振動（正確には自発磁化の向きを回転軸とするスピンの歳差運動）が系を伝播できる．これは波であり，**スピン波**と呼ばれる．Stoner 励起が個々の電子の励起（個別励起）なのに対し，スピン波は電子全体を巻き込んだ励起（集団励起）である．

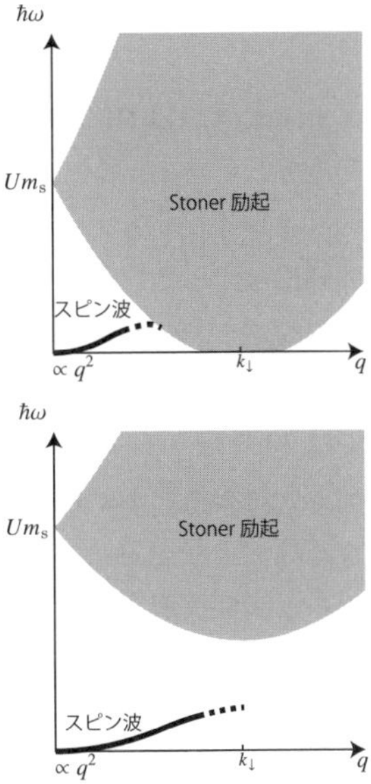

図 15.3 Stoner 励起が存在する領域とスピン波励起（模式図）．上図：交換分裂が小さい場合，下図：大きい場合．

先ほど求めた $\omega = \omega_{\boldsymbol{q}}$ はスピン波の分散関係だと考えられる．実際このとき，波動・粒子二重性から，基底状態に運動量 $\hbar\boldsymbol{q}$，エネルギー $\hbar\omega_{\boldsymbol{q}}$ を持つ「粒子」（**マグノン**）を一個生成した励起状態群が現れることになるが，式 (15.46) はまさにそのような励起状態群の存在を示している．分散関係を $\omega = \boldsymbol{q}\cdot\underline{D}\boldsymbol{q} + o\left(q^2\right)$（$\underline{D}$ は実対称行列）の形に書いたとき，強磁性状態の安定性から $\underline{D}$ は正値行列でなければならない．その正の固有値（スピン剛性定数）が大きいほど強磁性状態の「剛性」が高い．

前述のように，スピン波の空間変化を緩やかにする長波長極限 $\boldsymbol{q} \to 0$ では，スピンの向きを揃えたまま一様に傾けるだけのことになるので，励起エネルギー $\hbar\omega_{\boldsymbol{q}}$ はゼロに近づく（ギャップレスモードになる）．つまり，$\lim_{\boldsymbol{q}\to 0}\omega_{\boldsymbol{q}} = 0$ は RPA の

せいで偶然導かれたものではなく，物理的な必然である．この議論は一般化できる．即ち，自発的対称性の破れは，スピンの向きに関する等方性の破れでなくてよい．連続的な対称性が自発的に破れた基底状態が実現すれば，必ずギャップレスモード（**南部-Goldstone モード**）が存在する．これが**南部-Goldstone の定理**である．

ただし，スピン波の議論で $\lim_{\boldsymbol{q}\to 0}\omega_{\boldsymbol{q}} = 0$ を示す際に，$\omega_{\boldsymbol{q}}$ の $\boldsymbol{q} = 0$ における連続性が暗黙の前提とされていたことに注意が要る．一般に，$\boldsymbol{q} = 0$ における連続性の有無は，熱力学極限で系の表面の効果が残るか否かによって決まる．実際，系のサイズ長が $L$ で，各方向の波数の値が $\pi/L$ 刻みで離散化されているとき，$L \to +\infty$ の極限で表面効果を無視できれば，有限系と無限系の区別はなくなり（$\lim_{L\to+\infty}\omega_{q=\pi/L} = \omega_{\boldsymbol{q}=0} = 0$），$\omega_{\boldsymbol{q}}$ は $\boldsymbol{q} = 0$ で連続になって，ギャップレスモードを与える．しかし，長距離相互作用が存在して，$L \to +\infty$ でも表面効果が残るなら[7]，両者の差が残って $\lim_{\boldsymbol{q}\to 0}\omega_{\boldsymbol{q}} \neq \omega_{\boldsymbol{q}=0} = 0$ となる可能性がある．このような場合は南部-Goldstone の定理の適用外になる．

## 15.4　二電子問題（金森の理論）

Stoner 理論は HF 近似に基づく理論である．HF 近似を超えて電子相関効果を取り入れると，ジェリウムモデルにおける強磁性の議論と同様に，強磁性状態は不安定化すると予想される．電子相関効果の扱いは難しく，現在も完全な理解には至っていないが，以下ではこの問題に対して定性的な理解を与える**金森の理論**[8]を紹介する．

3d 元素の単体金属のうちで，強磁性秩序が現れる鉄，コバルト，ニッケルでは 3d 軌道が 6 割以上占有されている．そこで極限的状況として，3d 軌道の縮退を無視した Hubbard モデルにおいて，占有率が $2 - n \ll 1$ の場合を考えよう．バンドが完全に詰まった状態から $N$ 個電子を取り除いた $N$ 正孔系は $N$ 電子系と同様に扱えるので，$2 - n \ll 1$ の代わりに $n \ll 1$ の場合を調べればよい．低電子密度（$n \ll 1$）では，二電子間の相関だけが重要になるから，二電子系

7）たとえば Coulomb 相互作用を考えた場合，立方体表面に有限の面密度で分布した表面電荷が存在すると，この表面電荷が系の内部に作る電場は，系のサイズがどんなに大きくても無視できない．

8）原論文は J. Kanamori: Prog. Theor. Phys. **30**, 275 (1963)．短距離の二体相関を有効相互作用に繰り込んで，平均場による計算を可能にするという発想は原子核物理の分野で用いられる Brueckner-Hartree-Fock 理論と共通のものである．

について詳しく調べておこう．

二電子のスピン状態としては一重項（$S = 0$）と三重項（$S = 1$）状態がある．三重項状態では二電子のスピンが同じ向きに揃っていて，Pauli 排他律により二電子は同一サイトを占有できないので $U$ の効果が現れない．Pauli 排他律は，二電子が同じ波数ベクトルを持つことも禁じるため，二電子系のエネルギー準位は，

$$E = \epsilon_{\boldsymbol{k}_1} + \epsilon_{\boldsymbol{k}_2}, \quad (\boldsymbol{k}_1 \neq \boldsymbol{k}_2) \tag{15.52}$$

と表される．

一方，一重項状態には $U$ の効果が現れる．第一 Brillouin ゾーン内に還元した二電子の全波数ベクトルが保存することに注意し，全波数ベクトルが $\boldsymbol{Q}$ の一重項状態を，

$$|\Psi\rangle = \sum_{\boldsymbol{k}_1,\boldsymbol{k}_2} \delta'_{\boldsymbol{k}_1+\boldsymbol{k}_2,\boldsymbol{Q}} F(\boldsymbol{k}_1, \boldsymbol{k}_2) c^\dagger_{\boldsymbol{k}_1\uparrow} c^\dagger_{\boldsymbol{k}_2\downarrow} |0\rangle \tag{15.53}$$

と表そう．ただし，$|0\rangle$ は真空状態であり，展開係数 $F(\boldsymbol{k}_1, \boldsymbol{k}_2)$ には，

$$F(\boldsymbol{k}_1, \boldsymbol{k}_2) = F(\boldsymbol{k}_2, \boldsymbol{k}_1) \tag{15.54}$$

の制限がつく．Schrödinger 方程式 $(\mathcal{H} - E)|\Psi\rangle = 0$ に上の展開式を代入すると，

$$(\epsilon_{\boldsymbol{k}_1} + \epsilon_{\boldsymbol{k}_2} - E)\,\delta'_{\boldsymbol{k}_1+\boldsymbol{k}_2,\boldsymbol{Q}} F(\boldsymbol{k}_1, \boldsymbol{k}_2) + \frac{U}{N_{\mathrm{s}}} \sum_{\boldsymbol{k}_3,\boldsymbol{k}_4} \delta'_{\boldsymbol{k}_1+\boldsymbol{k}_2,\boldsymbol{Q}} \delta'_{\boldsymbol{k}_3+\boldsymbol{k}_4,\boldsymbol{Q}} F(\boldsymbol{k}_3, \boldsymbol{k}_4) = 0 \tag{15.55}$$

となる．これを，

$$-\frac{1}{U}\delta'_{\boldsymbol{k}_1+\boldsymbol{k}_2,\boldsymbol{Q}} F(\boldsymbol{k}_1, \boldsymbol{k}_2) = \frac{1}{N_{\mathrm{s}}} \frac{\delta'_{\boldsymbol{k}_1+\boldsymbol{k}_2,\boldsymbol{Q}}}{\epsilon_{\boldsymbol{k}_1} + \epsilon_{\boldsymbol{k}_2} - E} \sum_{\boldsymbol{k}_3,\boldsymbol{k}_4} \delta'_{\boldsymbol{k}_3+\boldsymbol{k}_4,\boldsymbol{Q}} F(\boldsymbol{k}_3, \boldsymbol{k}_4) \tag{15.56}$$

と書き換えてから，両辺で $\boldsymbol{k}_1$，$\boldsymbol{k}_2$ に関する和をとり，最後に両辺を $\sum_{\boldsymbol{k}_1,\boldsymbol{k}_2} \delta'_{\boldsymbol{k}_1+\boldsymbol{k}_2,\boldsymbol{Q}} F(\boldsymbol{k}_1, \boldsymbol{k}_2)$ で割ると，

$$-\frac{1}{U} = g(E) \equiv \frac{1}{N_{\mathrm{s}}} \sum_{\boldsymbol{k}_1\boldsymbol{k}_2} \frac{\delta'_{\boldsymbol{k}_1+\boldsymbol{k}_2,\boldsymbol{Q}}}{\epsilon_{\boldsymbol{k}_1} + \epsilon_{\boldsymbol{k}_2} - E} \tag{15.57}$$

を得る．この方程式を $E$ について解けば，全波数ベクトル $\boldsymbol{Q}$ を持つ一重項のエネルギー準位がすべて求まる．

ここでは，$N_{\mathrm{s}}$ を大きいが有限に選んでいるので，$\epsilon_{\boldsymbol{k}}$ は離散値をとる．全波

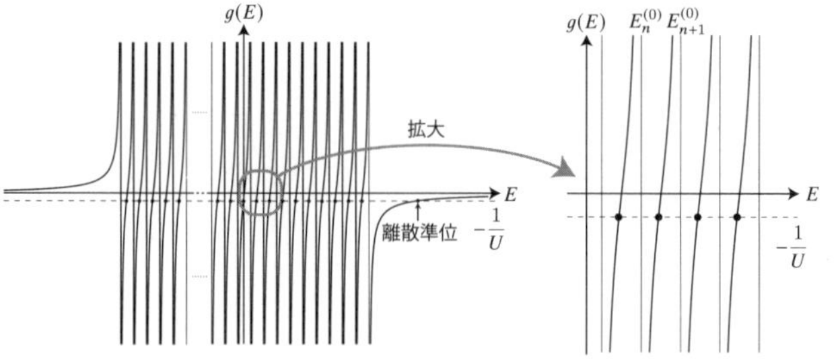


図 15.4　式 (15.57) で定義される $g(E)$ の関数形．$g(E) = -1/U$ の解はグラフの交点を与える $E$ の値として求まる．

数ベクトル $\boldsymbol{k}_1 + \boldsymbol{k}_2$ を第一 Brillouin ゾーンに還元したものが $\boldsymbol{Q}$ に等しいという保存則の下で，$\epsilon_{\boldsymbol{k}_1} + \epsilon_{\boldsymbol{k}_2}$ がとりうる離散値に小さいものから順に番号を振ったものを $E_n^{(0)}$ $(n = 0, 1, \cdots, M)$ とし，$\epsilon_{\boldsymbol{k}_1} + \epsilon_{\boldsymbol{k}_2} = E_n^{(0)}$ を満たす $(\boldsymbol{k}_1, \boldsymbol{k}_2)$ の数を $g_n$ と定める．この定義の下で，方程式 (15.57) 右辺の $g(E)$ を，

$$g(E) = \frac{1}{N_\mathrm{s}} \sum_{n=0}^{M} \frac{g_n}{E_n^{(0)} - E} \tag{15.58}$$

と書き表すと，$\lim_{E \to E_n^{(0)}+0} g(E) = -\infty$，$\lim_{E \to E_{n+1}^{(0)}-0} g(E) = +\infty$ なので，図 15.4 に示したように，$E_n^{(0)} < E < E_{n+1}^{(0)}$ の範囲に方程式 (15.57) の解が存在する．この解は，$N_\mathrm{s} \to +\infty$ としたとき，連続的に分布したエネルギー準位を形成する．また，この連続準位の上限よりもさらに高いエネルギーを持つエネルギー準位が存在する．実際，$\lim_{E \to E_M^{(0)}+0} g(E) = -\infty$，$\lim_{E \to +\infty} g(E) = 0$ だから，連続エネルギー準位よりも高い（$E > E_M^{(0)}$）ところに方程式 (15.57) の解がある．この離散エネルギー準位は，二電子の束縛状態を表している[9]．

二電子系の基底状態について調べよう[10]．特に，三重項基底状態が現れる条件に興味がある．基底状態が三重項状態であることは，二電子の間にスピンを揃えようとする相関があることを意味するからである．以下では，離散化された一電子準位 $\epsilon_{\boldsymbol{k}}$ の最小値を $\epsilon_0$，その次に低い値を $\epsilon_1$ とする．このとき，バンド分散が谷構造を持ち，バンドの下端 $\epsilon_0$ が縮退する可能性があることに注意しよう．$\epsilon_0$ に縮退がないときには，バンドの下端は TRIM（逆格子ベクトルの

9）電子間に引力が働く場合（$U < 0$）に対して同様の考察を行うと，連続エネルギー準位よりも低い（$E < E_1^{(0)}$）ところに，離散エネルギー準位が現れる．この準位は 10.3 節で議論した励起子に類似の束縛状態である．

10）J. C. Slater, H. Statz and G. F. Koster: Phys. Rev. **91**, 1323 (1953).

半分）に位置していなければならない．TRIM 以外の $\boldsymbol{k}$ 点に位置していると，バンドの時間反転対称性（$\epsilon_{\boldsymbol{k}} = \epsilon_{-\boldsymbol{k}}$）を反映して，$\epsilon_0$ は少なくとも二重に縮退するからである．

まず，一電子準位 $\epsilon_0$ が縮退していない場合を考える．三重項の最低エネルギー準位 $E_{\mathrm{T}}$ は，$U$ に依存せずに決まり，Pauli 排他律を考慮すると，

$$E_{\mathrm{T}} = \epsilon_0 + \epsilon_1 \tag{15.59}$$

と求まる．一方，一重項状態を考えると，$\boldsymbol{Q} \neq 0$ では，$E_0^{(0)} \geq \epsilon_0 + \epsilon_1$ となり，$\epsilon_0 + \epsilon_1$ 以上のエネルギー準位しか現れない．$\boldsymbol{Q} = 0$ では $E_0^{(0)} = 2\epsilon_0$ かつ $g_0 = 1$ となるから，前述のように $\lim_{E \to E_0^{(0)}+0} g(E) = -\infty$ であり，しかも $E_1^{(0)} = 2\epsilon_1$，$g_1 \geq 1$ だから，

$$g(\epsilon_0 + \epsilon_1) = \frac{1}{N_{\mathrm{s}}} \frac{1}{2\epsilon_0 - \epsilon_0 - \epsilon_1} + \frac{1}{N_{\mathrm{s}}} \frac{g_1}{2\epsilon_1 - \epsilon_0 - \epsilon_1} + (\text{正の項}) > 0 \tag{15.60}$$

となる．この結果は，一重項の最低エネルギー準位 $E_{\mathrm{S}}$ が $\boldsymbol{Q} = 0$ で実現し，$2\epsilon_0 < E_{\mathrm{S}} < \epsilon_0 + \epsilon_1 = E_{\mathrm{T}}$ を満たすことを示している．つまり，基底状態は一重項状態である．

次に，一電子準位 $\epsilon_0$ が縮退している場合を考えよう．$U$ の影響を受けない三重項の最低エネルギー準位は，$\epsilon_0$ の縮退を反映して，

$$E_{\mathrm{T}} = 2\epsilon_0 \tag{15.61}$$

となる．一方，一重項の最低エネルギー準位 $E_{\mathrm{S}}$ は，式 (15.58) において $E_0^{(0)} \geq 2\epsilon_0$ であることから，$E_{\mathrm{S}} > 2\epsilon_0$ を満たす．したがって，基底状態は三重項状態となる（$E_{\mathrm{T}} < E_{\mathrm{S}}$）．

最低一電子準位が縮退していない場合，相互作用しない二電子の最低エネルギー準位は，Pauli 排他律のために，一重項状態より三重項状態の方が高い．相互作用は，一重項状態のエネルギーだけを上昇させるが，両状態の最低エネルギー準位の大小関係を逆転することはない．そのため，三重項基底状態が実現するのは，最低一電子エネルギー準位が縮退する場合に限られたのである．

しかし，$U$ をどんなに大きくしても相互作用効果が圧倒的にならないのは不思議である．この点について理解するため，$E_n^{(0)} < E < E_{n+1}^{(0)}$ に現れる解を，もう少し詳しく調べてみよう．ここでは，$E_n^{(0)} = \epsilon_{\boldsymbol{k}_1} + \epsilon_{\boldsymbol{k}_2}$ と書けていたとして，$E = E_n^{(0)} + \Delta E$ とおく．このとき，

$$-\frac{1}{U} = -\frac{1}{N_s}\frac{2-\delta_{\boldsymbol{k}_1,\boldsymbol{k}_2}}{\Delta E} + \frac{1}{N_s}\sum_{\boldsymbol{k}_3,\boldsymbol{k}_4}{}' \frac{\delta'_{\boldsymbol{k}_1+\boldsymbol{k}_2,\boldsymbol{k}_3+\boldsymbol{k}_4}}{\epsilon_{\boldsymbol{k}_3}+\epsilon_{\boldsymbol{k}_4}-\epsilon_{\boldsymbol{k}_1}-\epsilon_{\boldsymbol{k}_2}} \tag{15.62}$$

を解けば，$\Delta E$ が求まる．第二項の $\sum'$ は，分母がゼロになる項を除いて和をとることを示す記号である．ただしここでは，$g_n = 2-\delta_{\boldsymbol{k}_1,\boldsymbol{k}_2}$ とした[11)]．また，$\Delta E$ を $1/N_s$ のオーダーの寄与まで評価することを目的にしているので，右辺第二項に現れる $\Delta E$ を無視した．実際に方程式を $\Delta E$ について解くと，

$$\Delta E = \frac{(2-\delta_{\boldsymbol{k}_1,\boldsymbol{k}_2})U}{N_s}\frac{1}{1+UG(\boldsymbol{k}_1,\boldsymbol{k}_2)},\quad G(\boldsymbol{k}_1,\boldsymbol{k}_2) \equiv \frac{1}{N_s}\sum_{\boldsymbol{k}_3,\boldsymbol{k}_4}{}' \frac{\delta'_{\boldsymbol{k}_1+\boldsymbol{k}_2,\boldsymbol{k}_3+\boldsymbol{k}_4}}{\epsilon_{\boldsymbol{k}_3}+\epsilon_{\boldsymbol{k}_4}-\epsilon_{\boldsymbol{k}_1}-\epsilon_{\boldsymbol{k}_2}} \tag{15.63}$$

を得る．

一方で，$\Delta E$ を $U$ の一次摂動（HF 近似に相当）によって評価すると，

$$\Delta E_{\mathrm{HF}} = \langle \boldsymbol{k}_1,\boldsymbol{k}_2|\mathcal{H}_U|\boldsymbol{k}_1,\boldsymbol{k}_2\rangle = \frac{(2-\delta_{\boldsymbol{k}_1,\boldsymbol{k}_2})U}{N_s} \tag{15.64}$$

という結果になる．ここで，固有値 $\epsilon_{\boldsymbol{k}_1}+\epsilon_{\boldsymbol{k}_2}$ に属する $\mathcal{H}_0$ の一重項固有状態が，

$$|\boldsymbol{k}_1,\boldsymbol{k}_2\rangle = \begin{cases} \dfrac{1}{\sqrt{2}}\left(c^\dagger_{\boldsymbol{k}_1\uparrow}c^\dagger_{\boldsymbol{k}_2\downarrow} + c^\dagger_{\boldsymbol{k}_2\uparrow}c^\dagger_{\boldsymbol{k}_1\downarrow}\right)|0\rangle & (\boldsymbol{k}_1 \neq \boldsymbol{k}_2 \text{ のとき}) \\ c^\dagger_{\boldsymbol{k}_1\uparrow}c^\dagger_{\boldsymbol{k}_2\downarrow}|0\rangle & (\boldsymbol{k}_1 = \boldsymbol{k}_2 \text{ のとき}) \end{cases} \tag{15.65}$$

と書けることを用いた．つまり，一次摂動の結果において $U$ を有効的な値，

$$U_{\mathrm{eff}}(\boldsymbol{k}_1,\boldsymbol{k}_2) = \frac{U}{1+UG(\boldsymbol{k}_1,\boldsymbol{k}_2)} \tag{15.66}$$

に置き換えれば，電子相関を考慮した正確な結果 (15.63) が得られる．低エネルギー状態に着目した場合には，$\boldsymbol{k}_1, \boldsymbol{k}_2$ がバンドの下端近傍にあるときの $U_{\mathrm{eff}}$ の値が重要になる．このとき，$G$ は正の値をとり，バンド幅の逆数 $1/W$ 程度の大きさを持つ．したがって，たとえ $U \gg W$ であっても常に $U_{\mathrm{eff}} \lesssim W$ となり，実効的な相互作用 $U_{\mathrm{eff}}$ は $W$ を大きく超えない．電子同士が避けあう電子相関効果により，実効的な相互作用パラメーターが小さく抑えられることを示している．

上述の $U_{\mathrm{eff}}$ が，$n \ll 1$ の場合の絶対零度における有効相互作用を表すと考え

11）つまり，全波数ベクトルの保存則を満たしつつ $\epsilon_{\boldsymbol{k}_3}+\epsilon_{\boldsymbol{k}_4} = \epsilon_{\boldsymbol{k}_1}+\epsilon_{\boldsymbol{k}_2}$ となるのは $(\boldsymbol{k}_3,\boldsymbol{k}_4) = (\boldsymbol{k}_1,\boldsymbol{k}_2)$ または $(\boldsymbol{k}_2,\boldsymbol{k}_1)$ の場合だけであると考えた．

ると，Stoner 条件 (15.11) はずっと厳しい条件，

$$U_{\mathrm{eff}} D_{\mathrm{F}}^{(0)} \geq 1 \tag{15.67}$$

に置き換わる．実際，通常のバンドでは $D_{\mathrm{F}}^{(0)} \sim 1/W$ だから，どんなに $U$ を大きくしても左辺はたかだか 1 のオーダーの値にしかならない．現実的な $U$ の値に対して左辺が 1 より大きくなるためには，$D_{\mathrm{F}}^{(0)}$ が $1/W$ よりも十分に大きい必要がある．同様の結論は，$2 - n \ll 1$ でも成立する．実際，強磁性を示す鉄，コバルト，ニッケルにおける常磁性状態を仮定して計算された状態密度（図 15.2 を参照）は，d バンド由来の鋭いピーク構造を持ち，しかもそのピーク直上に Fermi 準位が位置している．そのため，これらの元素では，他の元素と比べて $D_{\mathrm{F}}^{(0)}$ の値が大きい．

Fermi 準位上に状態密度のピーク構造があると強磁性発現に有利であるという傾向は，先ほど行った二電子問題の基底状態に対する議論の延長で理解することもできる．二電子系で三重項基底状態が実現するためには，最低一電子準位が縮退している必要があった．これはスピンを揃えたことで生じる運動エネルギーの上昇をなくせるからである．これを $n$ が有限値をとる場合へ拡張すると，スピンを揃えたことで生じる運動エネルギーの上昇をなくすために，Fermi 準位近傍の一電子状態が巨視的な縮退度で縮退していればよいことになる[12)]．しかしこれは非現実的なので，それに近い状況として状態密度のピーク構造を考えるわけである．

要するに基底状態に話を限ると，バンド構造の詳細を反映させつつ，電子相関効果による有効相互作用の抑制を適切に見積もることができれば，Stoner 理論の延長で強磁性を説明できる可能性がある．実際，7.5 節で述べた局所密度近似（ただしスピン分極を考慮する）や，その改良版である一般化された密度勾配近似（Generalized Gradient Approximation, 略して GGA）[13)]を用いると，3d 遷移金属のうちで，鉄，コバルト，ニッケルだけが基底状態で強磁性を示すこ

12）ただし縮退すれば何でもよいわけではない．実空間上に局在し，互いに直交する一電子軌道が無数にあり，それらの間に電子の飛び移りがなければ縮退度は巨視的になるが，電子スピン間に相関がないので強磁性は生じない．一方，そのような局在軌道がとれないのに巨視的縮退がある系では，強磁性基底状態の出現を厳密に示した例がある（E. H. Lieb: Phys. Rev. Lett. **62**, 1201 (1989); *ibid.* 1927 (1989); A. Mielke: J. Phys. A **24**, L73 (1991); *ibid.* **24**, 3311 (1991).; H. Tasaki: Phys. Rev. Lett. **69** 1608 (1992).）．

13）鉄では強磁性と反強磁性状態のエネルギーが拮抗するため，LDA で計算するとエネルギー極小を与える格子において，強磁性状態が最安定の磁気構造にならない．強磁性状態が最安定であることを予言するには GGA を用いる必要がある．

とを正しく予言し，実験で測定される一原子当たりの磁気モーメントを，有効数字二桁程度で再現できる（図 15.2 も参照せよ）.

## 15.5　SCR 理論

前節で述べたように，絶対零度に話を限ると，Stoner 理論を修正して一定の意味を与えられる望みがある．しかし有限温度では問題はもっと深刻になる．実際，15.2 節で述べたように，Stoner 理論が予測する物理量の温度依存性は，低温から高温に至るまで，定量的のみならず，定性的に見ても実験結果にそぐわない．有限温度の強磁性相ではスピン波励起が重要になるはずだし，Curie 温度以上でも強磁性相に近づけば，スピン波の前駆とみなせるような低エネルギー励起が存在するだろう．Stoner 理論では，こうした強磁性（寸前）の状態におけるスピンのゆらぎを無視し，重要でない Stoner 励起だけを考慮しているので，有限温度で破綻が起きるのはむしろ必然と言える．この点を改善するための取り組みとして，本節では守谷-川畑の **Self-Consistent Renormalization (SCR) 理論**を取り上げよう[14].

Hubbard ハミルトニアン $\mathcal{H}$ は，上向きおよび下向きスピンの電子数を表す演算子 $\mathcal{N}_\sigma = \sum_k c^\dagger_{k\sigma} c_{k\sigma}$ と可換だから，$\mathcal{N}_\uparrow$ と $\mathcal{N}_\downarrow$ の値をそれぞれ $N_\uparrow$ と $N_\downarrow$ に固定した Hilbert 空間内で物理を考えることができる．以下では，$N_\uparrow$ と $N_\downarrow$ を指定する代わりに，$N = N_\uparrow + N_\downarrow$ と $M_\mathrm{s} = N_\downarrow - N_\uparrow$ を指定し，$N$ だけを固定した Hilbert 空間上で定義される（通常の正準アンサンブルで用いる）トレースを Tr，$N$ と $M_\mathrm{s}$ の両方を固定した Hilbert 空間上で定義される（制限付き）トレースを $\mathrm{Tr}_{M_\mathrm{s}}$ と書く．この記法を使って，一様な静磁束密度 $B$ を印加した状況下での Helmholtz 自由エネルギー $F(B)$ を書き表すと，

$$F(B) \equiv -k_\mathrm{B}T \ln\left(\mathrm{Tr}e^{-\beta\left(\mathcal{H}-\mu_\mathrm{B}B\left(\mathcal{N}_\downarrow-\mathcal{N}_\uparrow\right)\right)}\right) = -k_\mathrm{B}T \ln\left(\sum_{M_\mathrm{s}} e^{-\beta(\tilde{F}(M_\mathrm{s})-\mu_\mathrm{B}BM_\mathrm{s})}\right) \tag{15.68}$$

$$\tilde{F}(M_\mathrm{s}) \equiv -k_\mathrm{B}T \ln\left(\mathrm{Tr}_{M_\mathrm{s}}\left(e^{-\mathcal{H}/k_\mathrm{B}T}\right)\right) \tag{15.69}$$

となる．正準アンサンブルで考えると，$\mathcal{N}_\downarrow - \mathcal{N}_\uparrow$ の値が $M_\mathrm{s}$ となる確率は $p(M_\mathrm{s})$

14）T. Moriya and A. Kawabata: J. Phys. Soc. Jpn. **34**, 639 (1973); *ibid.* **35**, 669 (1973). この論文の後も，守谷を中心に，SCR 理論のさまざまな発展形が作られている．本節の議論は，上田和夫：『磁性入門』（裳華房, 2011）5.3 節と，三宅和正：『物性物理学ハンドブック』（朝倉書店, 2012）1.2.2 項を参考にした.

$= e^{-\beta(\tilde{F}(M_s)-\mu_B BM_s)}/e^{-\beta F(B)}$ である．この確率を最大にする $M_s$ の値は，

$$\frac{\partial\tilde{F}}{\partial M_s} - \mu_B B = 0 \tag{15.70}$$

を $M_s$ について解いた解 $M_s = M_s(B)$ によって与えられる．確率分布 $p(M_s)$ は $M_s = M_s(B)$ に鋭いピークを持ち，熱力学極限では（つまり $o(N_s)$ の誤差を無視すれば），この $M_s(B)$ は正準アンサンブルを使って求めた $\mathcal{N}_\downarrow - \mathcal{N}_\uparrow$ の平均値に一致する．このとき，$M_s(B \to 0) = 0$ が常磁性相，$M_s(B \to 0) \neq 0$ が強磁性相に対応する．式 (15.68) に最大項の方法を適用し，$\sum_{M_s} e^{-\beta(\tilde{F}(M_s)-\mu_B BM_s)} \approx e^{-\beta(\tilde{F}(M_s(B))-\mu_B BM_s(B))}$ と評価すると，Legendre 変換，

$$F(B) = \tilde{F}(M_s(B)) - \mu_B BM_s(B) \tag{15.71}$$

となる．

$\tilde{F}$ を $U$ で微分すると，$\tilde{F}$ に対する Hellmann-Feynman の定理，

$$\frac{\partial\tilde{F}}{\partial U} = \left\langle\!\!\left\langle \frac{\partial\mathcal{H}}{\partial U} \right\rangle\!\!\right\rangle_{U,M_s} = \left\langle\!\!\left\langle \frac{\mathcal{H}_U}{U} \right\rangle\!\!\right\rangle_{U,M_s} = \left\langle\!\!\left\langle \frac{1}{2}\mathcal{N} - \frac{1}{N_s}\sum_{\boldsymbol{q}} \frac{1}{2}\left[\sigma_{-,\boldsymbol{q}}, \sigma_{+,-\boldsymbol{q}}\right]_+ \right\rangle\!\!\right\rangle_{U,M_s} \tag{15.72}$$

を導ける．ただし，$\langle\!\langle\bullet\rangle\!\rangle_{U,M_s} \equiv \mathrm{Tr}_{M_s}(e^{-\mathcal{H}/k_BT}\cdots)/\mathrm{Tr}_{M_s}e^{-\mathcal{H}/k_BT}$ は，与えられた $U$ に対応する $\mathcal{H}$ を使い，$M_s$ が固定された Hilbert 空間上で正準アンサンブルを考えたときの平均操作を表す．つまり，相互作用エネルギーをスピンの相関関数（ゆらぎ）から計算できるわけである．上式を積分すれば，

$$\tilde{F} = \tilde{F}_0 + \frac{1}{2}NU - \frac{1}{N_s}\sum_{\boldsymbol{q}}\int_0^U dU' \left\langle\!\!\left\langle \frac{1}{2}\left[\sigma_{-,\boldsymbol{q}}, \sigma_{+,-\boldsymbol{q}}\right]_+ \right\rangle\!\!\right\rangle_{U',M_s} \tag{15.73}$$

となる．ただし，$\tilde{F}_0$ は $U = 0$ とおいて求めた $\tilde{F}$ である．

右辺第三項を，揺動散逸定理 (4.49) から導かれる，

$$\begin{aligned}\left\langle\!\!\left\langle \frac{1}{2}\left[\sigma_{-,\boldsymbol{q}}, \sigma_{+,-\boldsymbol{q}}\right]_+ \right\rangle\!\!\right\rangle_{U,M_s} &= \int_{-\infty}^{+\infty}\frac{d\omega}{2\pi}\int_{-\infty}^{+\infty} dt\, e^{i\omega t}\left\langle\!\!\left\langle \frac{1}{2}\left[\sigma_{-,\boldsymbol{q}}(t), \sigma_{+,-\boldsymbol{q}}\right]_+ \right\rangle\!\!\right\rangle_{U,M_s} \\ &= \frac{N_s}{2\pi\mu_B^2}\int_{-\infty}^{+\infty} d(\hbar\omega)\coth\left(\frac{\hbar\omega}{2k_BT}\right)\mathrm{Im}\chi_{-+}^{U,M_s}(\boldsymbol{q},\omega)\end{aligned} \tag{15.74}$$

を用いて書き換えると，

$$\tilde{F} = \tilde{F}_0 + \frac{1}{2}NU - \frac{1}{2\pi\mu_B^2}\sum_{\boldsymbol{q}}\int_0^U dU' \int_{-\infty}^{+\infty} d(\hbar\omega)\coth\left(\frac{\hbar\omega}{2k_BT}\right)\mathrm{Im}\chi_{-+}^{U',M_s}(\boldsymbol{q},\omega) \tag{15.75}$$

となる．ただし，$\chi_{-+}^{U,M_s}(\boldsymbol{q},\omega) \equiv (\mu_B^2/N_s)\chi_{\sigma_{-,\boldsymbol{q}}\sigma_{+,-\boldsymbol{q}}}^{U,M_s}(\omega)$ は，与えられた $U, N, M_s$ の値に対して求めた複素感受率を表す．式 (15.75) において，$\chi_{-+}^{U,M_s}(\boldsymbol{q},\omega)$ を $\chi_{-+}^{U=0,M_s}(\boldsymbol{q},\omega)$ で近似すると，$U$ についての一次摂動（つまり Stoner 理論）で相互作用効果を評価したことになる（式 (15.14) に $\sum_{\boldsymbol{k}} c_{\boldsymbol{k}\sigma}^\dagger c_{\boldsymbol{k}\sigma} = N_\sigma$ を代入した結果が得られる）から，

$$\begin{aligned}&\frac{1}{2}NU - \frac{1}{2\pi\mu_B^2}\sum_{\boldsymbol{q}}\int_0^U dU' \int_{-\infty}^{+\infty} d(\hbar\omega)\coth\left(\frac{\hbar\omega}{2k_BT}\right)\mathrm{Im}\chi_{-+}^{U=0,M_s}(\boldsymbol{q},\omega)\\ &= \frac{UN^2}{2N_s} - \frac{UM_s^2}{2N_s} - \frac{U}{4N_s}\left(N^2 - M_s^2\right) = \frac{U}{4N_s}\left(N^2 - M_s^2\right)\end{aligned} \tag{15.76}$$

が成り立つ．この事実に留意し，式 (15.75) を，

$$\tilde{F} = \tilde{F}_0 + \frac{U}{4N_s}\left(N^2 - M_s^2\right) + \Delta\tilde{F} \tag{15.77}$$

$$\Delta\tilde{F} = -\frac{1}{2\pi\mu_B^2}\sum_{\boldsymbol{q}}\int_0^U dU' \int_{-\infty}^{+\infty} d(\hbar\omega)\coth\left(\frac{\hbar\omega}{2k_BT}\right)\mathrm{Im}\left(\chi_{-+}^{U',M_s} - \chi_{-+}^{U=0,M_s}\right) \tag{15.78}$$

と書き直そう．$\tilde{F}$ の表式の第一項，第二項，第三項はそれぞれ $U$ のゼロ次，一次，二次以上（電子相関）の寄与に対応している．上述の Hellmann-Feynman の定理と揺動散逸定理を用いた計算技巧は，11.5 節でも使ったものである．

以下では常磁性相（$M_s(B \to 0) = 0$ の場合）を考察する．一様な静磁束密度 $B$ を印加したときに生じるスピン磁化は $\mu_B M_s(B)/N_s$ だから，静的一様スピン磁気感受率 $\chi_s$ は，

$$\begin{aligned}\frac{1}{\chi_s} &= \left(\frac{\mu_B}{N_s}\left.\frac{\partial M_s}{\partial B}\right|_{B=0}\right)^{-1} = \frac{N_s}{\mu_B}\left.\frac{\partial B}{\partial M_s}\right|_{M_s=0} = \frac{N_s}{\mu_B^2}\left.\frac{\partial^2\tilde{F}}{\partial M_s^2}\right|_{M_s=0}\\ &= \frac{N_s}{\mu_B^2}\left.\frac{\partial^2\tilde{F}_0}{\partial M_s^2}\right|_{M_s=0} - \frac{U}{2\mu_B^2} + \frac{N_s}{\mu_B^2}\left.\frac{\partial^2\Delta\tilde{F}}{\partial M_s^2}\right|_{M_s=0} = \frac{1}{\chi_s^{(0)}} - \frac{U}{2\mu_B^2} + \frac{N_s}{\mu_B^2}\left.\frac{\partial^2\Delta\tilde{F}}{\partial M_s^2}\right|_{M_s=0}\end{aligned} \tag{15.79}$$

から求まる．ただし，$\chi_s^{(0)} = (\mu_B^2/N_s)(\partial^2 F_0/\partial M_s^2|_{M_s=0})^{-1}$ は $U = 0$ のときの静的一様スピン磁気感受率である．電子相関の効果を表す右辺第三項を無視すると，式 (15.7) が導かれることに注意しよう．つまり，右辺第三項が Stoner 理論に

対する修正を与える．

以上の議論は厳密である．ここから先は $\chi_{-+}^{U,M_s}(\boldsymbol{q},\omega)$ を近似的に扱おう．RPA で評価すると，式 (15.41) を導いたときと同様の計算により，

$$\chi_{-+}^{U,M_s}(\boldsymbol{q},\omega) = \frac{\chi_{-+}^{U=0,M_s}(\boldsymbol{q},\omega)}{1-(U/\mu_B^2)\chi_{-+}^{U=0,M_s}(\boldsymbol{q},\omega)} \tag{15.80}$$

を得る．これを式 (15.78) に代入し，$U'$ 積分を実行した（複素数の対数は主値をとる），

$$\Delta\tilde{F} = \frac{1}{2\pi}\sum_{\boldsymbol{q}}\int_{-\infty}^{+\infty} d(\hbar\omega)\coth\left(\frac{\hbar\omega}{2k_BT}\right)\mathrm{Im}\left(\ln\left(1-\frac{U}{\mu_B^2}\chi_{-+}^{U=0,M_s}\right)+\frac{U}{\mu_B^2}\chi_{-+}^{U=0,M_s}\right) \tag{15.81}$$

を $M_s$ で二階微分し，$M_s = 0$ を代入すると，

$$\left.\frac{\partial^2\Delta\tilde{F}}{\partial M_s^2}\right|_{M_s=0} = \frac{1}{\pi\mu_B^2N_s^2}\sum_{\boldsymbol{q}}\int_{-\infty}^{+\infty} d(\hbar\omega)\frac{1}{2}\coth\left(\frac{\hbar\omega}{2k_BT}\right) \times \mathrm{Im}\left(g_1\chi_{-+}^{U,M_s=0}+g_2\left(\chi_{-+}^{U,M_s=0}\right)^2\right) \tag{15.82}$$

を導ける．ただし，

$$g_1(\boldsymbol{q},\omega) \equiv -\frac{N_s^2U^2}{\mu_B^2}\left.\frac{\partial^2\chi_{-+}^{U=0,M_s}}{\partial M_s^2}\right|_{M_s=0},\quad g_2(\boldsymbol{q},\omega) \equiv -\frac{N_s^2U^2}{\mu_B^2}\left(\left.\frac{\partial\ln\chi_{-+}^{U=0,M_s}}{\partial M_s}\right|_{M_s=0}\right)^2 \tag{15.83}$$

である．被積分関数の中で $\mathrm{Im}\chi_{-+}^{U,M_s=0}$ および $\mathrm{Im}\left(\chi_{-+}^{U,M_s=0}\right)^2$ に比例する項は，スピンのゆらぎについて一次と二次の寄与になる．そこで，前者を主要項と予想し，後者を捨てると，式 (15.79) は，

$$\frac{1}{\tilde{\chi}_s} = 1-\tilde{U}_{\mathrm{eff}}+\frac{2}{\pi\mu_B^2N_s}\sum_{\boldsymbol{q}}\int_{-\infty}^{+\infty} d(\hbar\omega)\mathrm{sgn}(\hbar\omega)f_B(|\hbar\omega|)\tilde{g}_1(\boldsymbol{q},\omega)\mathrm{Im}\chi_{-+}^{U,M_s=0}(\boldsymbol{q},\omega) \tag{15.84}$$

$$\tilde{U}_{\mathrm{eff}} \equiv \tilde{U}-\frac{2}{\pi\mu_B^2N_s}\sum_{\boldsymbol{q}}\int_{-\infty}^{+\infty} d(\hbar\omega)\frac{\mathrm{sgn}(\hbar\omega)}{2}\tilde{g}_1(\boldsymbol{q},\omega)\mathrm{Im}\chi_{-+}^{U,M_s=0}(\boldsymbol{q},\omega) \tag{15.85}$$

に帰する．ここで，無次元量 $\tilde{\chi}_s \equiv \chi_s/\chi_s^{(0)}$, $\tilde{U} \equiv U\chi_s^{(0)}/2\mu_B^2$, $\tilde{g}_1 \equiv g_1\chi_s^{(0)}/2\mu_B^2$ を導入した．また，$\coth(\hbar\omega/2k_BT)/2 \overset{T=0}{\to} \mathrm{sgn}(\hbar\omega)/2$（sgn は符号関数）に注意し，$\coth(\hbar\omega/2k_BT)/2 = \mathrm{sgn}(\hbar\omega)/2+\mathrm{sgn}(\hbar\omega)f_B(|\hbar\omega|)$（$f_B(\epsilon) \equiv (e^{\beta\epsilon}-1)^{-1}$ は Bose 分布

関数）と分解した．つまり，式 (15.85) 右辺の第二項がスピンゆらぎの「ゼロ点振動」，式 (15.84) 右辺の第三項がスピンゆらぎの「熱励起」の効果を表す．高温の常磁性状態では $1/\tilde{\chi}_{\mathrm{s}} > 0$ が要請されるから，式 (15.84) の右辺は正のはずである．したがって，絶対零度で式 (15.84) の右辺がゼロ以下であれば，$1/\tilde{\chi}_{\mathrm{s}} = 0$（$\tilde{\chi}_{\mathrm{s}} = +\infty$）となる温度（Curie 温度）$T_{\mathrm{c}}$ が存在する．この条件（修正された Stoner 条件）は $\tilde{U}_{\mathrm{eff}} \geq 1$ となる．スピンゆらぎの「ゼロ点振動」の効果（電子相関効果）が $\tilde{U}$ を $\tilde{U}_{\mathrm{eff}}(< \tilde{U})$ に修正するので，強磁性の発現条件が元来の Stoner 条件 $\tilde{U} \geq 1$ より厳しくなっている．これは前節と同様の結論である．

ここまで議論した静的一様スピン磁気感受率 $\chi_{\mathrm{s}}$ は，熱力学関数 $\tilde{F}$ の微分から求めたもので，4.4 節で述べた等温感受率に当たる．一方，$\chi_{\mathrm{s}}$ を複素感受率 $\chi_{-+}^{U,M_{\mathrm{s}}=0}(\boldsymbol{q},\omega)$ から求めることもできる．つまり，4.4 節の議論に従って，$\omega \to 0$ としてから $q \to 0$ として，

$$\chi_{\mathrm{s}} = 2\lim_{q\to 0}\chi_{-+}^{U,M_{\mathrm{s}}=0}(\boldsymbol{q},\omega=0) \tag{15.86}$$

を計算すればよい（系がスピンについて等方的であることに注意）．しかし，当たり前だが，上式に RPA の表式 (15.80) を代入すれば，単に Stoner 理論で求めた $\chi_{\mathrm{s}}$ が導かれるだけである．つまり，二つのやり方で求めた静的一様スピン磁気感受率が一致しないことになって，自己矛盾に陥ってしまう．この問題点を解決するには，$\chi_{-+}^{U,M_{\mathrm{s}}=0}(\boldsymbol{q},\omega)$ を RPA を越えて扱う必要がある．守谷–川畑が提案した改良形は，

$$\chi_{-+}^{U,M_{\mathrm{s}}=0}(\boldsymbol{q},\omega) = \frac{\chi_{-+}^{U=0,M_{\mathrm{s}}=0}(\boldsymbol{q},\omega)/(1+\lambda)}{1-(U/\mu_{\mathrm{B}}^2)\chi_{-+}^{U=0,M_{\mathrm{s}}=0}(\boldsymbol{q},\omega)/(1+\lambda)} \tag{15.87}$$

である．RPA では，相互作用がある系に磁束密度を印加する問題を，相互作用のない系に相互作用効果を取り込んだ有効磁束密度を印加する問題にすり替える．しかし実際には，有効磁束密度（平均場）に取り込みきれない相互作用効果が残る．これは相関効果であり，前述のようにスピンが揃うのを妨げるように働く．したがって，有効磁束密度に対する応答は，相互作用がないときよりも鈍くなるはずだ．この事実を $\chi_{-+}^{U=0,M_{\mathrm{s}}=0}(\boldsymbol{q},\omega)$ を $1+\lambda$ で割って反映させたのが式 (15.87) である（$\lambda > 0$ が期待される）．ここで，$\lambda$ を $(\boldsymbol{q},\omega)$ の関数として扱えば厳密な理論になるが，SCR 理論では $\lambda$ を自己無撞着に決まるパラメーターとして扱う．

長波長，低エネルギー領域におけるスピンゆらぎの情報は，スペクトル関数 $\mathrm{Im}\chi_{-+}^{U,M_s=0}(\boldsymbol{q},\omega)$ に書き込まれている．15.3 節の議論を思い出すと，強磁性基底状態からのスピン波励起の分散関係 $\omega = \omega_q$ は，RPA の複素感受率 (15.41) の分母がゼロという条件から決まっており，スペクトル関数は $\omega = \omega_q$ の位置にデルタ関数型のピークを持つ．その名残りとして，常磁性状態のスペクトル関数も，$\tilde{q} \equiv q/2k_\mathrm{F} \ll 1$, $\tilde{\omega}/\tilde{q} \equiv \omega/v_\mathrm{F}q \ll 1$（$v_\mathrm{F}$ は Fermi 速度）の領域にピーク構造を持つだろう（**パラマグノン**）．ただし，ピークは有限の幅を持つ．このピーク構造の起源は，式 (15.87) の分母の $(\boldsymbol{q},\omega)$ 依存性だから，それ以外の部分の $(\boldsymbol{q},\omega)$ 依存性をすべて無視して，$q \to 0$, $\omega/q \to 0$ の極限値に置き換えよう．つまり，式 (15.87) の分子において $\chi_{-+}^{U=0,M_s=0}(\boldsymbol{q},\omega) \approx \chi_\mathrm{s}^{(0)}/2$，式 (15.84) において $\tilde{g}_1(\boldsymbol{q},\omega) \approx \tilde{g}_1 \equiv \lim_{q\to 0}\tilde{g}_1(\boldsymbol{q},\omega=0)$ と近似する．

一方，分母の $(\boldsymbol{q},\omega)$ 依存性を決めている $\chi_{-+}^{U=0,M_s=0}(\boldsymbol{q},\omega)$ の関数形は，少し真面目に調べる必要がある．ここでは，$\tilde{q} \ll 1$ かつ $\tilde{\omega}/\tilde{q} \ll 1$ の領域で正確な近似式を求めればよい．参考例として Sommerfeld モデルを考えると，式 (13.16) を導いた際と同様の計算により，式 (11.13) と同形の表式，

$$\chi_{-+}^{U=0,M_s=0}(\boldsymbol{q},\omega) \equiv \frac{\mu_\mathrm{B}^2}{N_\mathrm{s}}\chi_{\sigma_{-,\boldsymbol{q}},\sigma_{+,-\boldsymbol{q}}}^{U=0,M_s=0}(\omega) = -\frac{\mu_\mathrm{B}^2}{N_\mathrm{s}}\sum_{\boldsymbol{k}}\frac{f(\epsilon_{\boldsymbol{k}}) - f(\epsilon_{\boldsymbol{k}+\boldsymbol{q}})}{\hbar\omega + \epsilon_{\boldsymbol{k}} - \epsilon_{\boldsymbol{k}+\boldsymbol{q}} + i\delta} \tag{15.88}$$

を得る．したがって，絶対零度の $\chi_{-+}^{U=0,M_s=0}(\boldsymbol{q},\omega)$ は式 (11.25) と同形になり，$\tilde{q} \equiv q/2k_\mathrm{F} \ll 1$ かつ $\tilde{\omega}/\tilde{q} \equiv \omega/v_\mathrm{F}q \ll 1$ では，最低次近似（$\tilde{q}$ の二次，$\tilde{\omega}/\tilde{q}$ の一次近似）で，

$$\chi_{-+}^{U=0,M_s=0}(\boldsymbol{q},\omega) \approx \frac{\chi_\mathrm{s}^{(0)}}{2}\left(1 - a^{(0)}\tilde{q}^2 + ib^{(0)}\frac{\tilde{\omega}}{\tilde{q}} + \cdots\right), \quad \left(a^{(0)} = \frac{1}{3},\ b^{(0)} = \frac{\pi}{2}\right) \tag{15.89}$$

と評価できる．より一般の場合でも，$a^{(0)} > 0$ や $b^{(0)} > 0$ の値が修正されるだけで，関数形は変わらないと予想して，上式を式 (15.87) の分母に代入し，前述のように分子では $\chi_{-+}^{U=0,M_s=0}(\boldsymbol{q},\omega) \approx \chi_\mathrm{s}^{(0)}/2$ と近似すると，

$$\chi_{-+}^{U,M_s=0}(\boldsymbol{q},\omega) \approx \frac{\chi_\mathrm{s}^{(0)}/2}{\tilde{\chi}_\mathrm{s}^{-1} + a\tilde{q}^2 - ib\tilde{\omega}/\tilde{q}}, \quad \left(a \equiv \tilde{U}a^{(0)} > 0,\ b \equiv \tilde{U}b^{(0)} > 0\right) \tag{15.90}$$

を得る．ここで，パラメーター $\lambda$ を式 (15.86) を満たすように定めた．

無次元化された静的一様スピン磁気感受率 $\tilde{\chi}_\mathrm{s}$ は Curie 温度近傍で発散するので，強い温度依存性を持つ．一方で，それ以外のパラメーター $\tilde{U}_\mathrm{eff}, \tilde{g}_1, a, b$ は，$\tilde{\chi}_\mathrm{s}$ に比べて弱い温度依存性しか持たない．そこで，$\tilde{U}_\mathrm{eff}, \tilde{g}_1, a, b$ の温度依

存性を無視し，これらを物質に依存して決まる定数とみなす．その上で，式 (15.90) を式 (15.84) に代入して導かれる，

$$\begin{aligned}\frac{1}{\tilde{a}\tilde{\chi}_{\mathrm{s}}} &= \frac{1-\tilde{U}_{\mathrm{eff}}}{\tilde{a}} + \frac{4\tilde{g}_1}{\pi\tilde{a}}\cdot\frac{\chi_{\mathrm{s}}^{(0)}}{2\mu_{\mathrm{B}}^2}\cdot\frac{3}{q_{\mathrm{c}}^3}\int_0^{q_{\mathrm{c}}} dq\, q^2 \int_0^{+\infty} d(\hbar\omega)\frac{f_{\mathrm{B}}(\hbar\omega)\,(b\tilde{\omega}/\tilde{q})}{\left(\tilde{\chi}_{\mathrm{s}}^{-1}+a\tilde{q}^2\right)^2+(b\tilde{\omega}/\tilde{q})^2} \\ &= \frac{1-\tilde{U}_{\mathrm{eff}}}{\tilde{a}} + 3\tilde{g}\int_0^1 dx \int_0^{+\infty} d\xi \frac{1}{e^{2\pi\xi}-1}\frac{x^3\xi}{u^2+\xi^2} \\ &\approx \frac{1-U_{\mathrm{eff}}}{\tilde{a}} + \frac{3\tilde{g}\tilde{T}}{4}\int_0^1 dx\left(\frac{x^2}{x^2+(\tilde{a}\tilde{\chi}_{\mathrm{s}})^{-1}} - \frac{x^3}{x\left(x^2+(\tilde{a}\tilde{\chi}_{\mathrm{s}})^{-1}\right)+\tilde{T}/6}\right)\end{aligned}$$

$$\left(\tilde{T}\equiv\frac{2\pi k_{\mathrm{B}}T}{\tilde{a}\epsilon_{\mathrm{c}}},\ \tilde{g}\equiv\frac{4\tilde{g}_1}{\pi\tilde{a}}\cdot\frac{\epsilon_{\mathrm{c}}\chi_{\mathrm{s}}^{(0)}}{2\mu_{\mathrm{B}}^2},\ \tilde{a}\equiv a\left(\frac{q_{\mathrm{c}}}{2k_{\mathrm{F}}}\right)^2,\ \epsilon_{\mathrm{c}}\equiv\frac{\hbar v_{\mathrm{F}}q_{\mathrm{c}}}{b},\ u\equiv\frac{x\left(x^2+(\tilde{a}\tilde{\chi}_{\mathrm{s}})^{-1}\right)}{\tilde{T}}\right) \tag{15.91}$$

を $1/\tilde{a}\tilde{\chi}_{\mathrm{s}}$ についての方程式として解けば，$\tilde{\chi}_{\mathrm{s}}$ の温度依存性が決まる．上式一段目で，$\boldsymbol{q}$ が第一 Brillouin ゾーン内に制限されることを表すために，$q$ の上限値 $q_{\mathrm{c}}$ を $(4\pi q_{\mathrm{c}}^3/3)/((2\pi)^3/V) = N_{\mathrm{s}}$ によって定め，$\boldsymbol{q}$ の和を積分に書き直した．また，二段目では積分変数を $x = q/q_{\mathrm{c}}$ と $\xi = \beta\hbar\omega/2\pi$ に置換し，三段目で $I(u) \equiv \int_0^{+\infty} d\xi(e^{2\pi\xi}-1)^{-1}\xi(u^2+\xi^2)^{-1} \approx 1/4u(1+6u)$ と近似した[15)]．

長波長・低エネルギーのスピンゆらぎしか考慮していない SCR 理論が妥当なのは，$\tilde{T} \ll 1$ の低温である．$\tilde{U}_{\mathrm{eff}} = 1$ が $T_{\mathrm{c}} = 0$ に対応するので，$\tilde{U}_{\mathrm{eff}} \approx 1$ の場合に注目して，方程式 (15.91) を数値的に解き，静的一様スピン磁気感受率の逆数の温度依存性を求めたのが，図 15.5 である．修正された Stoner 条件 $\tilde{U}_{\mathrm{eff}} \geq 1$ が成立するとき，転移温度の近傍を除けば，$\tilde{T}_{\mathrm{c}} < \tilde{T} \ll 1$ の広い温度領域にわたって，$1/\chi_{\mathrm{s}}$ が Curie-Weiss 則的な温度依存性を示している（$T$ の一次式でよく近似される）．これは，Stoner 理論の欠点を克服す

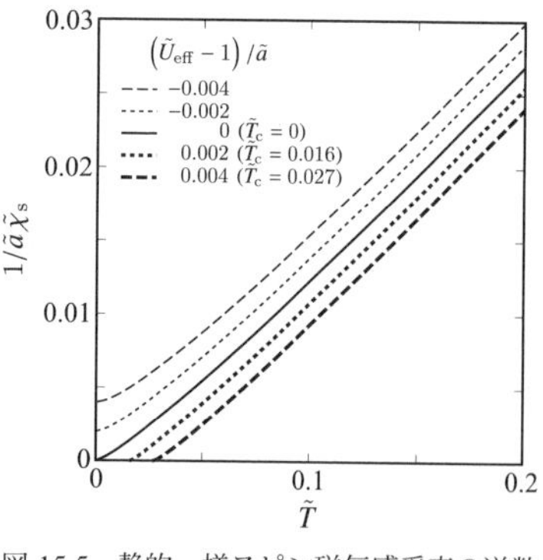


図 15.5　静的一様スピン磁気感受率の逆数の温度依存性［筆者による確認計算］

15）$u \to +0$ では $(u^2+\xi^2)^{-1} \approx u^{-1}\pi\delta(\xi)$ だから $I(u) \approx 1/4u$．一方，$u \to +\infty$ では $I(u) \approx (2\pi u)^{-2}\int_0^{+\infty} d\xi'\xi'/(e^{\xi'}-1) = (2\pi u)^{-2}\zeta(2) = 1/24u^2$．$I(u)$ は複雑な変化をしない単調減少関数なので，両極限の漸近形を内挿した $I(u) \approx 1/4u(1+6u)$ がよい有理関数近似を与える．ディガンマ関数 $\psi$ を使って $I(u) = (\ln u - 1/2u - \psi(u))/2$ と表すこともできるが，ここに至るまでに大胆な近似をいくつも経ているので，ここだけ厳密な式変形に拘る必要はあるまい．

る結果である．

SCR 理論は低温で正当化されるので，特に $T_c = 0$（**量子臨界点**）の場合，一般には難しい転移温度近傍の物理の解析もある程度意味を持つだろう．このとき，$\tilde{U}_{\rm eff} = 1$ だから方程式 (15.91) の右辺第一項が消える．$T = T_c = 0$ 近傍では，$\tilde{\chi}_s$ が非常に大きく，式 (15.91) 右辺で $(\tilde{a}\tilde{\chi}_s)^{-1} = 0$ とおけるので，積分変数を $x$ から $y = \tilde{T}^{-1/3}x$ に置換し，積分上限 $\tilde{T}^{-1/3}$ を $+\infty$ で近似することにより，$1/\chi_s \propto T^{4/3}$ を得る．ただし，温度を上げると，$1/\chi_s$ の温度依存性は，前述の Curie-Weiss 則的なものへ変化する．

# 第 16 章

# 超伝導の BCS 理論

## 16.1　フォノンを媒介とする有効引力

これまで，電子間に働く Coulomb 斥力の効果についてさまざまな側面から調べてきた．ここで自然な疑問として，(1) 電子間に引力が働くことがあるか？　(2) 引力が働いたらどんな現象が予想されるのか？　という問いが浮かんでくる．本章ではこの問題について議論する．まず，(1) の問いについて考えよう．もちろん電子間に直接働く相互作用は Coulomb 斥力だけなのであるが，何か別の自由度を仲介することによって，有効的な電子間引力が生じる可能性は残されている．そのうちで最も代表的なものが，縦波音響フォノンを仲介して生じる有効的な電子間引力である．

電子と音響フォノンが結合した系を記述するハミルトニアンとして，式 (9.68),

$$\begin{aligned}\mathcal{H} &= \mathcal{H}_{\mathrm{e}} + \mathcal{H}_{\mathrm{ph}} + \mathcal{H}_{\mathrm{e\text{-}ph}} \\ &= \sum_{\boldsymbol{k}\sigma} \epsilon_{\boldsymbol{k}} c^{\dagger}_{\boldsymbol{k}\sigma} c_{\boldsymbol{k}\sigma} + \sum_{\boldsymbol{q}} \hbar\omega_q \left( b^{\dagger}_{\boldsymbol{q}} b_{\boldsymbol{q}} + \frac{1}{2} \right) + \frac{1}{\sqrt{V}} \sum_{\boldsymbol{q}} g_q \rho_{-\boldsymbol{q}} \left( b_{\boldsymbol{q}} + b^{\dagger}_{-\boldsymbol{q}} \right) \qquad (16.1)\end{aligned}$$

を採用しよう．ここで，波数ベクトル $\boldsymbol{k}$，スピン $\sigma$ の電子の生成・消滅演算子を $c^{\dagger}_{\boldsymbol{k}\sigma}$, $c_{\boldsymbol{k}\sigma}$，波数ベクトル $\boldsymbol{q}$ の縦波音響フォノンの生成・消滅演算子を $b^{\dagger}_{\boldsymbol{q}}$, $b_{\boldsymbol{q}}$ とした．また，電子の分散関係は $\epsilon_{\boldsymbol{k}} = \hbar^2 \boldsymbol{k}^2/2m$，縦波音響モードの分散関係は $\omega_q = c_{\parallel} q$，電子とフォノンの結合定数は $g_q \approx u_{\mathrm{c}} \sqrt{\hbar q/2\rho_{\mathrm{M}} c_{\parallel}}$ と表され，$c_{\parallel}$ は音速，$\rho_{\mathrm{M}}$ はイオン核の質量密度，$u_{\mathrm{c}}$ はエネルギーの次元を持つ定数である．

フォノンが励起されていない低エネルギー状態（$\sum_{\boldsymbol{q}} b^{\dagger}_{\boldsymbol{q}} b_{\boldsymbol{q}} = 0$）が張る空間への射影演算子を $\mathcal{P}$ とし，式 (2.102) から有効ハミルトニアンを作ると，

$$
\begin{aligned}
\mathcal{H}_{\text{eff}} &= \mathcal{PHP} + \mathcal{PHQ}\frac{1}{E - \mathcal{QHQ}}\mathcal{QHP} \\
&= \mathcal{P}\left(\mathcal{H}_{\text{e}} + \mathcal{H}_{\text{ph}}\right)\mathcal{P} + \mathcal{P}\mathcal{H}_{\text{e-ph}}\frac{1}{E - \mathcal{QHQ}}\mathcal{H}_{\text{e-ph}}\mathcal{P} \\
&= \mathcal{P}\Bigg(\sum_{\boldsymbol{k}\sigma}\frac{\hbar^2 k^2}{2m}c^\dagger_{\boldsymbol{k}\sigma}c_{\boldsymbol{k}\sigma} \\
&\qquad + \frac{1}{V}\sum_{\boldsymbol{q}\boldsymbol{q}'}\sum_{\boldsymbol{k}\sigma\boldsymbol{k}'\sigma'} c^\dagger_{\boldsymbol{k}+\boldsymbol{q}\sigma}c_{\boldsymbol{k}\sigma}b_{\boldsymbol{q}}\frac{g_q g_{q'}}{E - \mathcal{QHQ}}b^\dagger_{-\boldsymbol{q}'}c^\dagger_{\boldsymbol{k}'+\boldsymbol{q}'\sigma'}c_{\boldsymbol{k}'\sigma'}\Bigg)\mathcal{P}
\end{aligned}
\tag{16.2}
$$

となる．ここで定数項を省き，波数表示の密度演算子の表式 $\rho_{-\boldsymbol{q}} = \sum_{\boldsymbol{k}\sigma} c^\dagger_{\boldsymbol{k}+\boldsymbol{q}\sigma}c_{\boldsymbol{k}\sigma}$ を代入した．

以下では，$k_{\text{B}}T \ll \hbar\omega_{\text{D}}$（$\omega_{\text{D}}$：Debye 振動数）の低温領域で用いることを暗黙の了解として $\mathcal{P}$ を省略する．有効ハミルトニアン (16.2) は第二項の分母に $E$ を含んでいて，そのままでは扱いづらいので，$(E - \mathcal{QHQ})^{-1}$ を $g_q$ についてゼロ次近似で評価する．これにより，$g_q$ について二次近似で $\mathcal{H}_{\text{eff}}$ を構成したことになる．$E$ を有効ハミルトニアンの左から作用させる状態（ブラ）のエネルギーとすれば，$c^\dagger_{\boldsymbol{k}+\boldsymbol{q}\sigma}c_{\boldsymbol{k}\sigma}b_{\boldsymbol{q}}(E - \mathcal{QHQ})^{-1} \approx c^\dagger_{\boldsymbol{k}+\boldsymbol{q}\sigma}c_{\boldsymbol{k}\sigma}b_{\boldsymbol{q}}(E - (\mathcal{H}_{\text{e}} + \mathcal{H}_{\text{ph}}))^{-1} \approx -c^\dagger_{\boldsymbol{k}+\boldsymbol{q}\sigma}c_{\boldsymbol{k}\sigma}b_{\boldsymbol{q}}(\epsilon_{\boldsymbol{k}} - \epsilon_{\boldsymbol{k}+\boldsymbol{q}} + \hbar\omega_{\boldsymbol{q}})^{-1}$ となり，有効ハミルトニアンの右から作用させる状態（ケット）のエネルギーとすれば，$(E - \mathcal{QHQ})^{-1}b^\dagger_{-\boldsymbol{q}'}c^\dagger_{\boldsymbol{k}'+\boldsymbol{q}'\sigma'}c_{\boldsymbol{k}'\sigma'} \approx -(\epsilon_{\boldsymbol{k}'+\boldsymbol{q}'} - \epsilon_{\boldsymbol{k}'} + \hbar\omega_{\boldsymbol{q}'})^{-1}b^\dagger_{-\boldsymbol{q}'}c^\dagger_{\boldsymbol{k}'+\boldsymbol{q}'\sigma'}c_{\boldsymbol{k}'\sigma'}$ となる．有効ハミルトニアンがエルミートになるように表式を対称化すると，

$$
\begin{aligned}
\mathcal{H}_{\text{eff}} &= \sum_{\boldsymbol{k}\sigma}\frac{\hbar^2 k^2}{2m}c^\dagger_{\boldsymbol{k}\sigma}c_{\boldsymbol{k}\sigma} \\
&\quad + \frac{1}{2V}\sum_{\boldsymbol{q}}\sum_{\boldsymbol{k}\sigma\boldsymbol{k}'\sigma'}c^\dagger_{\boldsymbol{k}+\boldsymbol{q}\sigma}c_{\boldsymbol{k}\sigma}\left(\frac{g_q^2}{-(\epsilon_{\boldsymbol{k}} - \epsilon_{\boldsymbol{k}+\boldsymbol{q}} + \hbar\omega_{\boldsymbol{q}})} + (\boldsymbol{k} \rightsquigarrow \boldsymbol{k}' - \boldsymbol{q})\right)c^\dagger_{\boldsymbol{k}'-\boldsymbol{q}\sigma'}c_{\boldsymbol{k}'\sigma'} \\
&= \sum_{\boldsymbol{k}\sigma}\frac{\hbar^2 k^2}{2m}c^\dagger_{\boldsymbol{k}\sigma}c_{\boldsymbol{k}\sigma} + \frac{1}{V}\sum_{\boldsymbol{k}\boldsymbol{k}'\sigma}\frac{g^2_{|\boldsymbol{k}'-\boldsymbol{k}|}}{\epsilon_{\boldsymbol{k}'} - \epsilon_{\boldsymbol{k}} - \hbar\omega_{|\boldsymbol{k}'-\boldsymbol{k}|}}c^\dagger_{\boldsymbol{k}'\sigma}c_{\boldsymbol{k}'\sigma} \\
&\qquad + \frac{1}{V}\sum_{\boldsymbol{k}\boldsymbol{k}'\boldsymbol{q}\sigma\sigma'}\frac{g_q^2\hbar\omega_{\boldsymbol{q}}}{(\epsilon_{\boldsymbol{k}+\boldsymbol{q}} - \epsilon_{\boldsymbol{k}})^2 - (\hbar\omega_{\boldsymbol{q}})^2}c^\dagger_{\boldsymbol{k}'-\boldsymbol{q}\sigma'}c^\dagger_{\boldsymbol{k}+\boldsymbol{q}\sigma}c_{\boldsymbol{k}\sigma}c_{\boldsymbol{k}'\sigma'}
\end{aligned}
\tag{16.3}
$$

に至る．

有効ハミルトニアン $\mathcal{H}_{\text{eff}}$ は，電子の自由度だけに注目して，縦波音響フォノンが電子系に与える影響を第二項と第三項という形で繰り込んだものであ

る．この $\mathcal{H}_{\rm eff}$ を使い，系の基底状態のエネルギーを $g_q$ の二次近似で評価してみよう．

$$
\begin{aligned}
E &= \left\langle \Psi_0^{(0)} \right| \mathcal{H}_{\rm eff} \left| \Psi_0^{(0)} \right\rangle \\
&= \sum_{k\sigma} \epsilon_{k} n_{k\sigma} + \frac{1}{V} \sum_{kk'\sigma} \frac{g^2_{|k'-k|}}{\epsilon_{k'} - \epsilon_{k} - \hbar\omega_{|k'-k|}} n_{k'\sigma} \\
&\quad - \frac{1}{2V} \sum_{kk'\sigma} \left( \frac{g^2_{|k'-k|}}{\epsilon_{k'} - \epsilon_{k} - \hbar\omega_{|k'-k|}} - \frac{g^2_{|k'-k|}}{\epsilon_{k'} - \epsilon_{k} + \hbar\omega_{|k'-k|}} \right) n_{k'\sigma} n_{k\sigma} \\
&= \sum_{k\sigma} \epsilon_{k} n_{k\sigma} + \frac{1}{V} \sum_{kk'\sigma} \frac{g^2_{|k'-k|} n_{k'\sigma} (1 - n_{k\sigma})}{\epsilon_{k'} - \epsilon_{k} - \hbar\omega_{|k'-k|}}
\end{aligned}
\tag{16.4}
$$

ただし，$|\Psi_0^{(0)}\rangle$ は $\mathcal{H}_{\rm e}$ の基底状態で，運動量分布関数が $n_{k\sigma} = \langle \Psi_0^{(0)} | c^\dagger_{k\sigma} c_{k\sigma} | \Psi_0^{(0)} \rangle = \theta(k_{\rm F} - k)$（$k_{\rm F}$：Fermi 波数）で与えられる Fermi 球を表す．このエネルギーの表式を $n_{k\sigma}$ の汎関数とみなし，$n_{k\sigma}$ について汎関数微分すると，一電子エネルギーの表式，

$$
\frac{\delta E}{\delta n_{k\sigma}} = \epsilon_{k} + \Delta\epsilon_{k} \tag{16.5}
$$

$$
\Delta\epsilon_{k} = \frac{1}{V} \sum_{k'} g^2_{|k'-k|} \left( \frac{1 - n_{k'\sigma}}{\epsilon_{k} - \epsilon_{k'} - \hbar\omega_{|k'-k|}} + \frac{n_{k'\sigma}}{\epsilon_{k} - \epsilon_{k'} + \hbar\omega_{|k'-k|}} \right) \tag{16.6}
$$

を得る．以下では，$\boldsymbol{k}$ が Fermi 面近傍にあって，$|\epsilon_{k} - \epsilon_{\rm F}| \ll \hbar\omega_{\rm D}$（$\epsilon_{\rm F} = \hbar^2 k_{\rm F}^2/2m$ は Fermi エネルギー）を満たす場合を考えて，自己エネルギー $\Delta\epsilon_{k}$ を，

$$
\begin{aligned}
\Delta\epsilon_{k} = \int_{-\epsilon_{\rm c}}^{\epsilon_{\rm c}} d\xi \int_0^\infty d(\hbar\omega) \frac{1}{V} \sum_{k'} g^2_{|k'-k|} \delta(\epsilon_{k'} - \epsilon_{\rm F} - \xi) \delta(\hbar\omega - \hbar\omega_{|k'-k|}) \\
\times \left( \frac{\theta(\xi)}{\xi_{k} - \xi - \hbar\omega} + \frac{1 - \theta(\xi)}{\xi_{k} - \xi + \hbar\omega} \right)
\end{aligned}
\tag{16.7}
$$

と書き直そう．ただし，$\epsilon_{\rm c}$ は $\hbar\omega_{\rm D} \ll \epsilon_{\rm c} \ll \epsilon_{\rm F}$ を満たすカットオフパラメーターである．また，$\xi_{k} \equiv \epsilon_{k} - \epsilon_{\rm F}$ を導入した．上式で $\boldsymbol{k}'$ の和を先に実行し，その際にデルタ関数内の $\xi$ をゼロで置き換えると，

$$
\Delta\epsilon_{k} \approx \int_0^\infty d(\hbar\omega) \alpha^2 F(\hbar\omega) \ln \left| \frac{\xi_{k} - \hbar\omega}{\xi_{k} + \hbar\omega} \right| \tag{16.8}
$$

を得る．ここで，**Eliashberg 関数**，

$$\alpha^2 F(\hbar\omega) \equiv \frac{1}{V}\sum_{\boldsymbol{k}'} g^2_{|\boldsymbol{k}'-\boldsymbol{k}|}\delta\left(\epsilon_{\mathrm{F}}-\epsilon_{\boldsymbol{k}'}\right)\delta\left(\hbar\omega-\hbar\omega_{|\boldsymbol{k}'-\boldsymbol{k}|}\right)$$
$$= D^{(0)}_{\mathrm{F}}\frac{1}{2}\int_{-1}^{+1} d(\cos\vartheta)\, g^2_{q(\vartheta)}\delta\left(\hbar\omega-\hbar\omega_{q(\vartheta)}\right) \tag{16.9}$$

を導入した[1]．また，$D^{(0)}_{\mathrm{F}} = \sum_{\boldsymbol{k}}\delta(\epsilon_{\mathrm{F}}-\epsilon_{\boldsymbol{k}}) = 2mk_{\mathrm{F}}/(2\pi\hbar)^2$ は Sommerfeld モデルにおける Fermi 準位上の状態密度であり，Fermi 面上にある $\boldsymbol{k}$ と $\boldsymbol{k}'$ がなす角度を $\vartheta$ として $q(\vartheta) \equiv |\boldsymbol{k}'-\boldsymbol{k}| = 2k_{\mathrm{F}}\sin(\vartheta/2) = k_{\mathrm{F}}\sqrt{2(1-\cos\vartheta)}$ と定めた．十分小さな $\xi_{\boldsymbol{k}}$ に対しては，

$$\Delta\epsilon_{\boldsymbol{k}} \approx -\lambda\xi_{\boldsymbol{k}}, \quad \lambda = 2\int_0^{\infty}\frac{d(\hbar\omega)}{\hbar\omega}\alpha^2 F(\hbar\omega) \tag{16.10}$$

が成り立つから，Fermi 面上における有効質量 $m^*$ は，

$$\frac{m}{m^*} = \frac{m}{\hbar^2 k_{\mathrm{F}}}\frac{\partial}{\partial k}\left(\epsilon_{\boldsymbol{k}}+\Delta\epsilon_{\boldsymbol{k}}\right)\Big|_{k=k_{\mathrm{F}}} = 1-\lambda \tag{16.11}$$

を満たす．明らかに $\lambda > 0$ であり，Fermi 面近傍における有効質量は元の電子の質量に比べて重くなる．格子中を運動する電子は，電子-フォノン相互作用を通じて格子変形を誘起し，自分にとって居心地のよいポテンシャルを形成するため，電子のエネルギーは低下し，同時に電子は動きにくくなって有効質量が増大する．

次に，本題の有効電子間引力について考えよう[2]．有効ハミルトニアン (16.3) の第二項は一体演算子で，$\epsilon_{\boldsymbol{k}}$ への補正を与える．一方，第三項は音響フォノンを介して生じる有効的電子間相互作用を表す．$\boldsymbol{k}_1 = \boldsymbol{k}$, $\boldsymbol{k}_2 = \boldsymbol{k}'$, $\boldsymbol{k}_3 = \boldsymbol{k}+\boldsymbol{q}$, $\boldsymbol{k}_4 = \boldsymbol{k}'-\boldsymbol{q}$ がすべて Fermi 面近傍にある場合（$|\epsilon_{\boldsymbol{k}_i}-\epsilon_{\mathrm{F}}| \ll \hbar\omega_{\mathrm{D}}$）には，この有効相互作用を，

$$\mathcal{H}_{U_{\mathrm{ph}}} = -\frac{U_{\mathrm{ph}}}{2V}\sum_{\boldsymbol{k}\boldsymbol{k}'\boldsymbol{q}\sigma\sigma'} c^\dagger_{\boldsymbol{k}'-\boldsymbol{q}\sigma'}c^\dagger_{\boldsymbol{k}+\boldsymbol{q}\sigma}c_{\boldsymbol{k}\sigma}c_{\boldsymbol{k}'\sigma'} \approx -\frac{U_{\mathrm{ph}}}{V}\sum_{\boldsymbol{k}\boldsymbol{k}'\boldsymbol{q}} c^\dagger_{\boldsymbol{k}'-\boldsymbol{q}\uparrow}c^\dagger_{\boldsymbol{k}+\boldsymbol{q}\downarrow}c_{\boldsymbol{k}\downarrow}c_{\boldsymbol{k}'\uparrow} \tag{16.12}$$

と近似できる（$\boldsymbol{k}, \boldsymbol{k}', \boldsymbol{q}$ の和は $|\epsilon_{\boldsymbol{k}_i}-\epsilon_{\mathrm{F}}| \ll \hbar\omega_{\mathrm{D}}$ の範囲でとる）．ただし，$U_{\mathrm{ph}}$ は，

$$U_{\mathrm{ph}} = 2\cdot\frac{1}{2}\int_{-1}^{+1} d(\cos\vartheta)\frac{g^2_{q(\vartheta)}}{\hbar\omega_{q(\vartheta)}} = 2\int_0^{\infty}\frac{d(\hbar\omega)}{\hbar\omega}\frac{1}{D^{(0)}_{\mathrm{F}}}\alpha^2 F(\hbar\omega) = \frac{\lambda}{D^{(0)}_{\mathrm{F}}} \tag{16.13}$$

と定義される．$U_{\mathrm{ph}} > 0$ だから，この有効相互作用は引力的である．有効ハミ

1）G. M. Eliashberg: Sov. Phys. JETP **11**, 696 (1960).
2）H. Fröhlich: Phys. Rev. **79**, 845 (1950).

ルトニアンが，デルタ関数型のポテンシャルで相互作用する電子系のハミルトニアン (12.61) と同形であることに注意しよう．有効引力相互作用は短距離型だから，二電子が同じ位置に来たときに強く働く．このとき，Pauli 排他律を反映して，二電子は反平行のスピンを持たねばならない．この事実を考慮して，式 (16.12) で反平行スピンを持つ電子間の相互作用だけを残したのである．

## 16.2 Cooperの不安定性

本節では，式 (16.3) の第二項を無視したハミルトニアン，

$$\mathcal{H} = \mathcal{H}_{\mathrm{e}} + \mathcal{H}_{U_{\mathrm{ph}}} \tag{16.14}$$

で記述される系を考察し，第二項の有効引力相互作用がもたらす不安定性について調べよう．もう少し具体的に言えば，電子間引力によって，二電子の束縛状態（**Copper 対**[3)]）が同じ量子状態に揃って巨視的な数形成されること（**量子凝縮**）に対する不安定性が本節のテーマである．

第 15 章で論じた強磁性についての議論では，巨視的なスピン磁化の発生に対する不安定性を探るため，スピン磁化を増減させる磁束密度を印加して応答を調べた．ここでは，Cooper 対形成に対する不安定性を議論したいのだから，Cooper 対の数を増減させる外場を印加すればよいと考えるのが自然である．有効引力相互作用は短距離型で，反平行スピンを持つ二電子間に働いている．したがって，Cooper 対の状態はスピン一重項状態（二電子の全スピンがゼロ）であるはずである．また，最も低いエネルギーを持つ束縛状態は重心運動量がゼロの状態であろう．引力相互作用によるエネルギー低下の効果を最大限に享受するためには，二電子が同じ位置にいる確率を大きくした方がよい．以上のことを参考にすると，ハミルトニアンに摂動，

$$\mathcal{H}_{\mathrm{ext}} = -F\mathcal{B}^{\dagger} - F^{*}\mathcal{B} \tag{16.15}$$

$$\mathcal{B}^{\dagger} = \sum_{|\xi_{\boldsymbol{k}}|<\hbar\omega_{\mathrm{D}}} c^{\dagger}_{\boldsymbol{k}\uparrow} c^{\dagger}_{-\boldsymbol{k}\downarrow} \tag{16.16}$$

を加えれば，Cooper 対の数が増減すると予想できる[4)]．ここで，化学ポテンシ

3）L. N. Cooper: Phys. Rev. **104**, 1189 (1956).

4）$\mathcal{B}^{\dagger}$ が作る二電子の状態は，相対軌道角運動量ゼロ，全スピンゼロだから，**s 波**の対称性を持

ャルを $\mu$ として，$\xi_{\boldsymbol{k}} = \epsilon_{\boldsymbol{k}} - \mu$ と定めた．また，$F$ は外場の強さを制御する複素数のパラメーターである．式 (16.16) 右辺の波数の和に制限をつけたのは，$|\xi_{\boldsymbol{k}}| < \hbar\omega_{\mathrm{D}}$ を満たす電子だけが引力の影響を受けることを反映させるためである．

ただし，式 (16.15) が表す外場が「仮想的」なもので，現実の実験で印加できるものでないことに注意が要る．これは $\mathcal{H}_{\mathrm{ext}}$ が **(大域的) ゲージ対称性**を破っているからである．この対称性は，電子数演算子 $\mathcal{N}$ を生成子とするユニタリー演算子，

$$\mathcal{U}_\varphi = e^{i\varphi\mathcal{N}}, \quad (\varphi: \text{実数}) \tag{16.17}$$

に対し，ハミルトニアン $\mathcal{H}$ が，

$$\mathcal{U}_\varphi \mathcal{H} \mathcal{U}_\varphi^{-1} = \mathcal{H}, \quad (\text{任意の}\,\varphi\,\text{に対し}) \tag{16.18}$$

を満たすことを指す．物性論が対象とする第一原理のハミルトニアンには，この対称性がある．式 (16.18) において $\varphi$ を微小量に選ぶと，

$$\mathcal{H} = \mathcal{U}_\varphi \mathcal{H} \mathcal{U}_\varphi^{-1} = (1 + i\varphi\mathcal{N})\mathcal{H}(1 - i\varphi\mathcal{N}) + o(\varphi) = \mathcal{H} + i\varphi[\mathcal{N}, \mathcal{H}]_- + o(\varphi) \tag{16.19}$$

となって，$[\mathcal{N}, \mathcal{H}]_- = 0$ が導かれる．逆に，$[\mathcal{N}, \mathcal{H}]_- = 0$ ならば，$\mathcal{U}_\varphi \mathcal{H} \mathcal{U}_\varphi^{-1} = \mathcal{H}$ となることも明らかである．つまり，ハミルトニアンに大域的ゲージ対称性があることと，全電子数が保存することは等価である．$\mathcal{H}_{\mathrm{ext}}$ は明らかに電子数を保存しないのでこの対称性を破っている．電子の生成・消滅演算子が，

$$\mathcal{U}_\varphi c_{\boldsymbol{k}\sigma} \mathcal{U}_\varphi^{-1} = e^{-i\varphi} c_{\boldsymbol{k}\sigma}, \quad \mathcal{U}_\varphi c_{\boldsymbol{k}\sigma}^\dagger \mathcal{U}_\varphi^{-1} = e^{i\varphi} c_{\boldsymbol{k}\sigma}^\dagger \tag{16.20}$$

と変換されることを使って，$\mathcal{U}_\varphi \mathcal{H}_{\mathrm{ext}} \mathcal{U}_\varphi^{-1} \neq \mathcal{H}_{\mathrm{ext}}$ を直接確かめることもできる．

線形応答の範囲で考える場合，式 (16.15) の第一項と第二項の影響を個別に扱える．第一項 $-F\mathcal{B}^\dagger$ によって，系には有限の**対振幅** $\langle\!\langle \mathcal{B} \rangle\!\rangle$ が誘起され，第二項 $-F^*\mathcal{B}$ によって $\langle\!\langle \mathcal{B}^\dagger \rangle\!\rangle$ が誘起される．式 (4.53) を用いて，この応答を記述する等温感受率（**対感受率**）$\chi_{\mathrm{pair}}$ の表式を書き下すと，

---

つ Cooper 対の形成を考えていることになる．電子間の引力機構によっては s 波以外の対称性を持つ Cooper 対の形成が重要になる場合もある．

$$\frac{1}{V}\langle\!\langle \mathcal{B} \rangle\!\rangle = \chi_{\text{pair}} F \tag{16.21}$$

$$\chi_{\text{pair}} = \frac{\beta}{V}\langle\!\langle \mathcal{B}^\dagger ; \mathcal{B} \rangle\!\rangle_{\text{eq}} = \frac{1}{V}\int_0^\beta \left\langle\!\!\left\langle e^{\tau(\mathcal{H}-\mu\mathcal{N})}\mathcal{B}^\dagger e^{-\tau(\mathcal{H}-\mu\mathcal{N})}\mathcal{B} \right\rangle\!\!\right\rangle_{\text{eq}} d\tau \tag{16.22}$$

となる．$\chi_{\text{pair}}$ が正の実数であることは，式 (4.54) と同様の計算によって示せる．したがって，$F = |F|e^{i\varphi}$ とすると $\langle\!\langle \mathcal{B} \rangle\!\rangle = |\langle\!\langle \mathcal{B} \rangle\!\rangle|e^{i\varphi}$ となり，$F$ と $\langle\!\langle \mathcal{B} \rangle\!\rangle$ の位相は一致する．

以下，対感受率を RPA で評価する5)．そのためにまず，誘起された平均値 $\langle\!\langle \mathcal{B} \rangle\!\rangle$，$\langle\!\langle \mathcal{B}^\dagger \rangle\!\rangle$ からのゆらぎを無視して，式 (16.12) で与えられる相互作用項 $\mathcal{H}_{U_{\text{ph}}}$ を，

$$\begin{aligned}\mathcal{H}_{U_{\text{ph}}} = &-\frac{U_{\text{ph}}}{V}\sum_{\boldsymbol{k}\boldsymbol{k}'\boldsymbol{q}}\Big\{\Big\langle\!\!\Big\langle c^\dagger_{\boldsymbol{k}'-\boldsymbol{q}\uparrow}c^\dagger_{\boldsymbol{k}+\boldsymbol{q}\downarrow}\Big\rangle\!\!\Big\rangle c_{\boldsymbol{k}\downarrow}c_{\boldsymbol{k}'\uparrow} + \Big\langle\!\!\Big\langle c_{\boldsymbol{k}\downarrow}c_{\boldsymbol{k}'\uparrow}\Big\rangle\!\!\Big\rangle c^\dagger_{\boldsymbol{k}'-\boldsymbol{q}\uparrow}c^\dagger_{\boldsymbol{k}+\boldsymbol{q}\downarrow} \\ &+ \Big(c^\dagger_{\boldsymbol{k}'-\boldsymbol{q}\uparrow}c^\dagger_{\boldsymbol{k}+\boldsymbol{q}\downarrow} - \Big\langle\!\!\Big\langle c^\dagger_{\boldsymbol{k}'-\boldsymbol{q}\uparrow}c^\dagger_{\boldsymbol{k}+\boldsymbol{q}\downarrow}\Big\rangle\!\!\Big\rangle\Big)\Big(c_{\boldsymbol{k}\downarrow}c_{\boldsymbol{k}'\uparrow} - \Big\langle\!\!\Big\langle c_{\boldsymbol{k}\downarrow}c_{\boldsymbol{k}'\uparrow}\Big\rangle\!\!\Big\rangle\Big) \\ &- \Big\langle\!\!\Big\langle c^\dagger_{\boldsymbol{k}'-\boldsymbol{q}\uparrow}c^\dagger_{\boldsymbol{k}+\boldsymbol{q}\downarrow}\Big\rangle\!\!\Big\rangle\Big\langle\!\!\Big\langle c_{\boldsymbol{k}\downarrow}c_{\boldsymbol{k}'\uparrow}\Big\rangle\!\!\Big\rangle\Big\} \\ \approx &-\frac{U_{\text{ph}}}{V}\langle\!\langle \mathcal{B} \rangle\!\rangle \mathcal{B}^\dagger - \frac{U_{\text{ph}}}{V}\Big\langle\!\!\Big\langle \mathcal{B}^\dagger \Big\rangle\!\!\Big\rangle \mathcal{B} + \frac{U_{\text{ph}}}{V}\Big\langle\!\!\Big\langle \mathcal{B}^\dagger \Big\rangle\!\!\Big\rangle \langle\!\langle \mathcal{B} \rangle\!\rangle\end{aligned} \tag{16.23}$$

と近似する．並進対称性は破れていないと考えて，$\langle\!\langle c^\dagger_{\boldsymbol{k}\uparrow}c^\dagger_{\boldsymbol{k}'\downarrow}\rangle\!\rangle = \delta_{\boldsymbol{k}',-\boldsymbol{k}}\langle\!\langle c^\dagger_{\boldsymbol{k}\uparrow}c^\dagger_{-\boldsymbol{k}\downarrow}\rangle\!\rangle$，$\langle\!\langle c_{\boldsymbol{k}\uparrow}c_{\boldsymbol{k}'\downarrow}\rangle\!\rangle = \delta_{\boldsymbol{k}',-\boldsymbol{k}}\langle\!\langle c_{\boldsymbol{k}\uparrow}c_{-\boldsymbol{k}\downarrow}\rangle\!\rangle$ と計算した．平均値としては上式で残したものの他に，通常の HF 近似でも現れる $\langle\!\langle c^\dagger_{\boldsymbol{k}'-\boldsymbol{q}\downarrow}c_{\boldsymbol{k}'\downarrow}\rangle\!\rangle c^\dagger_{\boldsymbol{k}+\boldsymbol{q}\uparrow}c_{\boldsymbol{k}\uparrow}$ や $\langle\!\langle c^\dagger_{\boldsymbol{k}+\boldsymbol{q}\uparrow}c_{\boldsymbol{k}\uparrow}\rangle\!\rangle c^\dagger_{\boldsymbol{k}'-\boldsymbol{q}\downarrow}c_{\boldsymbol{k}'\downarrow}$ のような寄与があるが，これらは最終的に化学ポテンシャルの補正を与えるだけなので始めから省略している．さらに，外場について二次の最終項を無視すると，近似ハミルトニアンを，

$$\mathcal{H} + \mathcal{H}_{\text{ext}} \approx \mathcal{H}_{\text{e}} - F_{\text{eff}}\mathcal{B}^\dagger - F^*_{\text{eff}}\mathcal{B} \tag{16.24}$$

$$F_{\text{eff}} = F + \frac{U_{\text{ph}}}{V}\langle\!\langle \mathcal{B} \rangle\!\rangle \approx \left(1 + U_{\text{ph}}\chi_{\text{pair}}\right)F \tag{16.25}$$

と表せ，Sommerfeld モデルのハミルトニアン $\mathcal{H}_{\text{e}}$ に有効外場項 $-F_{\text{eff}}\mathcal{B}^\dagger - F^*_{\text{eff}}\mathcal{B}$

5) 本書では，相互作用がある系の外場に対する応答を，相互作用効果を繰り込んだ有効外場に対する相互作用がない系の応答に置き換えて考えることで，自己無撞着に感受率を決定する方法を十把一絡げに RPA と呼んでいる．しかしもう少し詳しく見ると，11.1, 14.2, 15.2 節では電子正孔対を励起する外場を考えていたのに対し，ここでは電子対を励起する外場を考えているという違いがある．自己無撞着に決まる感受率を Feynman ダイヤグラムで表すと，はしご形状のグラフが現れることから，ここで述べた近似を RPA と呼ばず，**はしご近似**と呼んで区別することも多い．

を加えたときの応答を考察すればよくなり，$F_{\rm eff}$ の線形応答の範囲で，

$$\frac{1}{V}\langle\!\langle \mathcal{B} \rangle\!\rangle = \chi^{(0)}_{\rm pair} F_{\rm eff} \tag{16.26}$$

が成り立つ．Sommerfeldモデルの対感受率 $\chi^{(0)}_{\rm pair}$ は，式(3.68)，Bloch-de Dominicisの定理および恒等式，

$$f(\epsilon)f(\epsilon') = f_{\rm B}(\epsilon + \epsilon' - 2\mu)\,(1 - f(\epsilon) - f(\epsilon')) \tag{16.27}$$

を用いて（$f_{\rm B}(\epsilon) \equiv (e^{\beta\epsilon} - 1)^{-1}$ はBose分布関数），

$$\begin{aligned}
\chi^{(0)}_{\rm pair} &= \frac{1}{V}\int_0^\beta \left\langle\!\!\left\langle e^{\tau(\mathcal{H}_{\rm e}-\mu N)}\mathcal{B}^\dagger e^{-\tau(\mathcal{H}_{\rm e}-\mu N)}\mathcal{B}\right\rangle\!\!\right\rangle_0 d\tau \\
&= \frac{1}{V}\int_0^\beta \sum_{|\xi_{\boldsymbol{k}}|,|\xi_{\boldsymbol{k}'}|<\hbar\omega_{\rm D}} e^{(\epsilon_{\boldsymbol{k}}+\epsilon_{-\boldsymbol{k}}-2\mu)\tau} \left\langle\!\!\left\langle c^\dagger_{\boldsymbol{k}'\uparrow} c^\dagger_{-\boldsymbol{k}'\downarrow} c_{-\boldsymbol{k}\downarrow} c_{\boldsymbol{k}\uparrow}\right\rangle\!\!\right\rangle_0 d\tau \\
&= \frac{1}{V}\sum_{|\xi_{\boldsymbol{k}}|<\hbar\omega_{\rm D}} \frac{e^{\beta(\epsilon_{\boldsymbol{k}}+\epsilon_{-\boldsymbol{k}}-2\mu)} - 1}{\epsilon_{\boldsymbol{k}} + \epsilon_{-\boldsymbol{k}} - 2\mu} f(\epsilon_{\boldsymbol{k}})\, f(\epsilon_{-\boldsymbol{k}}) \\
&= \frac{1}{V}\sum_{|\xi_{\boldsymbol{k}}|<\hbar\omega_{\rm D}} \frac{1 - 2f(\epsilon_{\boldsymbol{k}})}{2\epsilon_{\boldsymbol{k}} - 2\mu} \approx D^{(0)}_{\rm F}\int_{-\hbar\omega_{\rm D}}^{+\hbar\omega_{\rm D}} \frac{d\xi}{2\xi}\tanh\left(\frac{\xi}{2k_{\rm B}T}\right)
\end{aligned} \tag{16.28}$$

と求まる．ただし，$\langle\!\langle\bullet\rangle\!\rangle_0$ は，Sommerfeldモデルのハミルトニアン $\mathcal{H}_{\rm e}$ を使って熱平衡状態における平均値を計算することを意味する．

ここで，式(16.21), (16.25), (16.26)を見比べると，

$$\chi_{\rm pair} = \frac{\chi^{(0)}_{\rm pair}}{1 - U_{\rm ph}\chi^{(0)}_{\rm pair}} \tag{16.29}$$

を得る．上式の分母がゼロ，つまり，**Thoulessの判定条件**[6]，

$$1 = U_{\rm ph}\chi^{(0)}_{\rm pair} \tag{16.30}$$

が満たされることがあれば $\chi_{\rm pair}$ が無限大に発散する．これは外場なしに $\langle\!\langle\mathcal{B}\rangle\!\rangle$ や $\langle\!\langle\mathcal{B}^\dagger\rangle\!\rangle$ が誘起される可能性を示す．この不安定性（**Cooperの不安定性**）は外場を取り去る極限で生じているので，たとえ印加した外場が想像上のものであっても，不安定性自体は現実に起こりうる物理現象と捉えるべきである．

有限温度 $T = T_{\rm c}(> 0)$ でThoulessの判定条件(16.30)が満足されることがあ

6) D. J. Thouless: Ann. Phys. **10**, 553 (1960).

るかどうか調べよう．Thouless の判定条件に式 (16.28) を代入し，少し変形すると，

$$\frac{1}{U_{\mathrm{ph}}D_{\mathrm{F}}^{(0)}} = \int_0^{\hbar\omega_{\mathrm{D}}} \frac{d\xi}{\xi} \tanh\left(\frac{\xi}{2k_{\mathrm{B}}T}\right) \tag{16.31}$$

となる．右辺の積分は $T \to 0$ で無限大に発散し，$T \to +\infty$ でゼロに近づくから，$U_{\mathrm{ph}}D_{\mathrm{F}}^{(0)}$ の値によらず，Thouless の判定条件を満たす $T_{\mathrm{c}}(> 0)$ は必ず存在する．以下では $k_{\mathrm{B}}T_{\mathrm{c}}/\hbar\omega_{\mathrm{D}} \ll 1$ を想定し，上式右辺の積分を $O(k_{\mathrm{B}}T/\hbar\omega_{\mathrm{D}})$ の誤差を無視する近似で評価する．まず，部分分数展開の公式[7)]，

$$\tanh\left(\frac{x}{2}\right) = \sum_{n=0}^{+\infty} \frac{4x}{x^2 + (2n+1)^2\pi^2} \tag{16.32}$$

を代入し，変数変換 $y = \xi/\hbar\omega_{\mathrm{D}}$ を行うと，$\Delta x \equiv 2\pi k_{\mathrm{B}}T/\hbar\omega_{\mathrm{D}}$，$x_n \equiv (n + 1/2)\Delta x$ として，

$$\int_0^{\hbar\omega_{\mathrm{D}}} \frac{d\xi}{\xi} \tanh\left(\frac{\xi}{2k_{\mathrm{B}}T}\right) = \frac{2\Delta x}{\pi} \int_0^1 \sum_{n=0}^{\infty} \frac{dy}{y^2 + x_n^2} = \frac{2}{\pi} \sum_{x_n > 0} \frac{\Delta x}{x_n} \arctan\left(\frac{1}{x_n}\right) \tag{16.33}$$

---

7) 公式を証明しておこう．偶関数 $\pi\cosh(zx)$ を区間 $-\pi \le x \le +\pi$ 上で Fourier 級数展開した，

$$\pi\cosh(zx) = \frac{1}{2}a_0(z) + \sum_{n=1}^{+\infty} a_n(z)\cos(nx)$$

$$a_n(z) \equiv \frac{1}{\pi}\int_{-\pi}^{+\pi} \pi\cosh(zx)\cos(nx)dx = \int_{-\pi}^{+\pi} \frac{e^{zx}+e^{-zx}}{2}\frac{e^{inx}+e^{-inx}}{2}dx$$

$$= \frac{(-1)^n 2z}{n^2+z^2}\sinh(z\pi)$$

に $x = 0, \pi$ を代入した結果を $\sinh(z\pi)$ で割ると，

$$\frac{\pi}{\sinh(z\pi)} = \frac{1}{z} + 2z\sum_{n=1}^{+\infty}\frac{(-1)^n}{n^2+z^2}, \quad \frac{\pi\cosh(z\pi)}{\sinh(z\pi)} = \frac{1}{z} + 2z\sum_{n=1}^{+\infty}\frac{1}{n^2+z^2}$$

を得る．上式から導かれる，

$$\pi\tanh\left(\frac{z\pi}{2}\right) = \pi\frac{2\sinh^2(z\pi/2)}{2\sinh(z\pi/2)\cosh(z\pi/2)} = \pi\frac{\cosh(z\pi)-1}{\sinh(z\pi)} = 4z\sum_{n=0}^{+\infty}\frac{1}{(2n+1)^2+z^2}$$

$$\pi\coth\left(\frac{z\pi}{2}\right) = \pi\frac{\cosh(z\pi/2)}{\sinh(z\pi/2)} = \frac{1}{z/2} + 2z\sum_{n=1}^{+\infty}\frac{1}{n^2+(z/2)^2} = \frac{2}{z} + 4z\sum_{n=1}^{+\infty}\frac{1}{(2n)^2+z^2}$$

に $z = x/\pi$ を代入すると，次式に至る．

$$\tanh\left(\frac{x}{2}\right) = 4x\sum_{n=0}^{+\infty}\frac{1}{x^2+(2n+1)^2\pi^2}, \quad \coth\left(\frac{x}{2}\right) = \frac{2}{x} + 4x\sum_{n=1}^{+\infty}\frac{1}{x^2+(2n)^2\pi^2}$$

と書ける．ここでは，$O(\Delta x)$ の誤差を無視しているので，$x_n > 1$ の範囲の和を，

$$\sum_{x_n>1} \frac{\Delta x}{x_n} \arctan\left(\frac{1}{x_n}\right) \approx \int_1^{\infty} \frac{dx}{x} \arctan\left(\frac{1}{x}\right) = \int_0^1 \frac{dy}{y} \arctan y$$
$$\approx \sum_{0<x_n<1} \frac{\Delta x}{x_n} \arctan x_n = \sum_{0<x_n<1} \frac{\Delta x}{x_n}\left(\frac{\pi}{2} - \arctan\left(\frac{1}{x_n}\right)\right) \quad (16.34)$$

と変形でき[8]，$x_n < 1$ を満たす $n$ の最大値を $n_c \approx 1/\Delta x = \hbar\omega_D/2\pi k_B T$ として，

$$\int_0^{\hbar\omega_D} \frac{d\xi}{\xi} \tanh\left(\frac{\xi}{2k_B T}\right) \approx \sum_{0<x_n<1} \frac{\Delta x}{x_n} = 2\sum_{n=0}^{n_c} \frac{1}{2n+1} = 2\left(\sum_{n=1}^{2n_c} \frac{1}{n} - \sum_{n=1}^{n_c} \frac{1}{2n}\right)$$
$$\approx 2\left(\ln(2n_c) + \gamma - \frac{1}{2}(\ln n_c + \gamma)\right) \approx \ln\left(\frac{2e^{\gamma}\hbar\omega_D}{\pi k_B T}\right) \quad (16.35)$$

となる．ただしここで，Euler 定数 $\gamma(= 0.57721566\cdots)$ の定義，

$$\sum_{n=1}^{n_c} \frac{1}{n} = \ln n_c + \gamma + O\left(\frac{1}{n_c}\right), \quad (n_c \to +\infty) \quad (16.36)$$

を用いた．実際に，式 (16.35) を式 (16.31) に代入して解くと，

$$k_B T_c \approx \frac{2e^{\gamma}}{\pi} \hbar\omega_D e^{-1/D_F^{(0)} U_{ph}} \approx 1.13\hbar\omega_D e^{-1/D_F^{(0)} U_{ph}} \quad (16.37)$$

と評価できる．通常 $D_F^{(0)} U_{ph} \ll 1$ なので，確かに $k_B T_c \ll \hbar\omega_D$ が満たされる．

さて，式 (16.37) で与えられる $T_c$ より低温では何が起こるだろうか．第15章で論じた強磁性の議論から類推すると，$T = T_c$ で二次相転移が起こり，$T < T_c$ では**自発的にゲージ対称性を破った秩序相**が実現することが期待される．17.2 節で明らかになるように，この秩序相では 8.5 節で定義した Meissner 重みがゼロでなく，系は**超伝導体**となる．つまり，式 (16.37) は系が超伝導体へ転移する温度を表している．式 (1.66) から $c_{\parallel} \propto \rho_M^{-1/2}$ であるので，

$$T_c \propto \hbar\omega_D \propto c_{\parallel} \propto \rho_M^{-1/2} \quad (16.38)$$

が成り立つ．この比例関係は元素を同位体で置換すれば実験的に確認できる(**同位元素効果**)．

---

8) 一方，$0 < x_n < 1$ の範囲の和は，$\int_0^1 (dx/x) \arctan(1/x)$ が発散するので，積分に書き換えずに，和の形のまま評価する必要がある．

## 16.3 BCS 理論

本節では，$T < T_c$ で実現する（と予想される）自発的にゲージ対称性を破った秩序相（超伝導相）を扱う標準的な枠組みとして，**Bardeen-Cooper-Schrieffer の理論**（略して **BCS 理論**）[9] を取り上げる．まず，秩序パラメーターを定義するところから始めよう．第 15 章の議論から類推すると，Bogoliubov の準平均を用いて定義される，

$$\Delta \equiv \frac{U_{\mathrm{ph}}}{V}\langle\!\langle \mathcal{B} \rangle\!\rangle_{\mathrm{B}} \equiv \frac{U_{\mathrm{ph}}}{V} \lim_{|F|\to 0} \lim_{\text{熱力学極限}} \frac{\mathrm{Tr}\left(e^{-\beta(\mathcal{H}_F - \mu N)}\mathcal{B}\right)}{\mathrm{Tr}e^{-\beta(\mathcal{H}_F - \mu N)}} \tag{16.39}$$

$$\mathcal{H}_F = \mathcal{H} - |F|e^{i\varphi}\mathcal{B}^\dagger - |F|e^{-i\varphi}\mathcal{B} \tag{16.40}$$

を秩序パラメーターとするのが妥当である．$\langle\!\langle \mathcal{B} \rangle\!\rangle_{\mathrm{B}}/V$ を秩序パラメーターとしてもよいが，後でわかるように $|\Delta|$ が励起ギャップという物理的な意味を持つので，この方が後々具合がよい．$\Delta = 0$ がゲージ対称性が破れていない無秩序相（**正常相**）を表し，$\Delta \neq 0$ が**ゲージ対称性を自発的に破った**秩序相（**超伝導相**）を表す．上記のように $\Delta$ を定めると，秩序相で $\Delta = |\Delta|e^{i\varphi} \neq 0$ となって，$\Delta$ の位相を $\varphi$ に決めたことになる．つまり，巨視的な数の Cooper 対が量子力学的な位相を揃えた（**コヒーレント**な）状態を考えていることになる．第 15 章の議論では，スピンに関する回転対称性を自発的に破った秩序相を考察するために，スピン磁化の向きを固定する外部磁束密度を印加して Bogoliubov の準平均を考えたが，ここでは自発的にゲージ対称性を破った秩序相を考えたいので，位相 $\varphi$ を固定する外場を使って Bogoliubov の準平均を定義するわけだ．

Bogoliubov の準平均の意味で計算した $\langle\!\langle \mathcal{B} \rangle\!\rangle_{\mathrm{B}}$ および $\langle\!\langle \mathcal{B}^\dagger \rangle\!\rangle_{\mathrm{B}}$ がゼロでないとして，式 (16.23) に従って相互作用項を評価すれば，**BCS ハミルトニアン**，

9）J. Bardeen, L. N. Cooper, J. R. Schrieffer: Phys. Rev. **106**, 162 (1957); *ibid.* **108**, 1175 (1957).

$$\begin{aligned}\mathcal{H}_{\rm BCS}-\mu\mathcal{N}&=\sum_{k\sigma}\xi_k c^\dagger_{k\sigma}c_{k\sigma}-\Delta\mathcal{B}^\dagger-\Delta^*\mathcal{B}+\Delta^*\langle\!\langle\mathcal{B}\rangle\!\rangle_{\rm B}\\&=\sum_{k\sigma}\xi_k c^\dagger_{k\sigma}c_{k\sigma}-\sum_k\left(\Delta_k c^\dagger_{k\uparrow}c^\dagger_{-k\downarrow}+\Delta^*_k c_{-k\downarrow}c_{k\uparrow}\right)+\frac{V}{U_{\rm ph}}|\Delta|^2\\&=\sum_{k\sigma}\xi_k\tilde{c}^\dagger_{k\sigma}\tilde{c}_{k\sigma}-\sum_k|\Delta_k|\left(\tilde{c}^\dagger_{k\uparrow}\tilde{c}^\dagger_{-k\downarrow}+\tilde{c}_{-k\downarrow}\tilde{c}_{k\uparrow}\right)+\frac{V}{U_{\rm ph}}|\Delta|^2\end{aligned}\tag{16.41}$$

を得る．ここで，ハミルトニアンに現れる係数がすべて実数になるように，

$$\tilde{c}_{k\sigma}=e^{-i\varphi/2}c_{k\sigma},\quad \tilde{c}^\dagger_{k\sigma}=e^{i\varphi/2}c^\dagger_{k\sigma}\tag{16.42}$$

を導入した．また，$\xi_k=\epsilon_k-\mu$ として，

$$\Delta_k\equiv\Delta\cdot\theta(\hbar\omega_{\rm D}-|\xi_k|)\tag{16.43}$$

と定めた．BCSハミルトニアンは電子数を保存しない．したがって，常に大正準アンサンブルを使って議論することを前提に，$\mathcal{H}_{\rm BCS}$ ではなく $\mathcal{H}_{\rm BCS}-\mu\mathcal{N}$ の表式を書いた．

BCSハミルトニアンを扱う際に，**Bogoliubov-Valatin 変換**[10]を用いると便利である．即ち，$\vartheta_k$ を実数パラメーターとして，

$$a_{k\sigma}=e^{i\mathcal{G}}\tilde{c}_{k\sigma}e^{-i\mathcal{G}},\quad a^\dagger_{k\sigma}=e^{i\mathcal{G}}\tilde{c}^\dagger_{k\sigma}e^{-i\mathcal{G}}\tag{16.44}$$

$$\mathcal{G}=-\sum_k i\vartheta_k\left(\tilde{c}^\dagger_{k\uparrow}\tilde{c}^\dagger_{-k\downarrow}-\tilde{c}_{-k\downarrow}\tilde{c}_{k\uparrow}\right)\tag{16.45}$$

によって $a_{k\sigma}, a^\dagger_{k\sigma}$ を導入する．明らかに $\mathcal{G}$ はエルミートだから（$\mathcal{G}^\dagger=\mathcal{G}$），$e^{i\mathcal{G}}$ はユニタリー演算子になる（$\left(e^{i\mathcal{G}}\right)^\dagger=e^{-i\mathcal{G}^\dagger}=e^{-i\mathcal{G}}$）．このとき，$a^\dagger_{k\sigma}, a_{k\sigma}$ は，反交換関係，

$$[a_{k\sigma},a_{k'\sigma'}]_+=\left[e^{i\mathcal{G}}\tilde{c}_{k\sigma}e^{-i\mathcal{G}},e^{i\mathcal{G}}\tilde{c}_{k'\sigma'}e^{-i\mathcal{G}}\right]_+=e^{i\mathcal{G}}\left[\tilde{c}_{k\sigma},\tilde{c}_{k'\sigma'}\right]_+e^{-i\mathcal{G}}=0\tag{16.46}$$

$$\left[a^\dagger_{k\sigma},a^\dagger_{k'\sigma'}\right]_+=\left[e^{i\mathcal{G}}\tilde{c}^\dagger_{k\sigma}e^{-i\mathcal{G}},e^{i\mathcal{G}}\tilde{c}^\dagger_{k'\sigma'}e^{-i\mathcal{G}}\right]_+=e^{i\mathcal{G}}\left[\tilde{c}^\dagger_{k\sigma},\tilde{c}^\dagger_{k'\sigma'}\right]_+e^{-i\mathcal{G}}=0\tag{16.47}$$

$$\left[a_{k\sigma},a^\dagger_{k'\sigma'}\right]_+=\left[e^{i\mathcal{G}}\tilde{c}_{k\sigma}e^{-i\mathcal{G}},e^{i\mathcal{G}}\tilde{c}^\dagger_{k'\sigma'}e^{-i\mathcal{G}}\right]_+=e^{i\mathcal{G}}\left[\tilde{c}_{k\sigma},\tilde{c}^\dagger_{k'\sigma'}\right]_+e^{-i\mathcal{G}}=\delta_{kk'}\delta_{\sigma\sigma'}\tag{16.48}$$

を満足し，フェルミオンの生成・消滅演算子としての資格を持つ．この意味において，Bogoliubov-Valatin 変換は生成・消滅演算子の選び直し（正準変換）

10）N. N. Bogoliuvov: Nuvo Cimento **7**, 794 (1958); J. Valatin: Nuvo Cimento **7**, 843 (1958).

と理解されるが，後で見るように生成演算子と消滅演算子の線形結合を考えており，式 (3.27) のような単なる一電子状態の選び直しにはなっていない．$\mathcal{G}$ が電子系の全運動量と全スピンを変えない演算子であることに注意しよう．$\tilde{c}^{\dagger}_{k\sigma}$ は電子系の全運動量を $\hbar\boldsymbol{k}$，全スピンの $z$ 成分を $\hbar\sigma/2$ だけ増加させるから，これを Bogoliubov-Valatin 変換した $a^{\dagger}_{k\sigma}$ も同じ性質を持つ．

ここで交換関係，

$$\left[i\mathcal{G}, \tilde{c}_{k\uparrow}\right]_{-} = -\vartheta_k \tilde{c}^{\dagger}_{-k\downarrow}, \quad \left[i\mathcal{G}, \tilde{c}^{\dagger}_{-k\downarrow}\right]_{-} = \vartheta_k \tilde{c}_{k\uparrow} \tag{16.49}$$

に注意し，式 (2.37) を用いると，

$$\begin{aligned} a_{k\uparrow} = e^{i\mathcal{G}}\tilde{c}_{k\uparrow}e^{-i\mathcal{G}} &= \tilde{c}_{k\uparrow} + [i\mathcal{G}, \tilde{c}_{k\uparrow}]_{-} + \frac{1}{2!}\left[i\mathcal{G}, [i\mathcal{G}, \tilde{c}_{k\uparrow}]_{-}\right]_{-} + \cdots \\ &= \left(1 - \frac{\vartheta_k^2}{2!} + \cdots\right)\tilde{c}_{k\uparrow} - \left(\vartheta_k - \frac{\vartheta_k^3}{3!} + \cdots\right)\tilde{c}^{\dagger}_{-k\downarrow} \\ &= (\cos\vartheta_k)\,\tilde{c}_{k\uparrow} - (\sin\vartheta_k)\,\tilde{c}^{\dagger}_{-k\downarrow} \end{aligned} \tag{16.50}$$

となる．まったく同様に，

$$a^{\dagger}_{-k\downarrow} = e^{i\mathcal{G}}\tilde{c}^{\dagger}_{-k\downarrow}e^{-i\mathcal{G}} = (\cos\vartheta_k)\,\tilde{c}^{\dagger}_{-k\downarrow} + (\sin\vartheta_k)\,\tilde{c}_{k\uparrow} \tag{16.51}$$

である．これらの式を逆に解いて得られる

$$\begin{cases} \tilde{c}_{k\uparrow} = (\cos\vartheta_k)\,a_{k\uparrow} + (\sin\vartheta_k)\,a^{\dagger}_{-k\downarrow} \\ \tilde{c}^{\dagger}_{-k\downarrow} = (\cos\vartheta_k)\,a^{\dagger}_{-k\downarrow} - (\sin\vartheta_k)\,a_{k\uparrow} \end{cases} \tag{16.52}$$

を式 (16.41) へ代入すると，

$$\begin{aligned} &\mathcal{H}_{\mathrm{BCS}} - \mu\mathcal{N} \\ &= \sum_k \Big(\Big(\xi_k\left(\cos^2\vartheta_k - \sin^2\vartheta_k\right) + 2\,|\Delta_k|\sin\vartheta_k\cos\vartheta_k\Big)\left(a^{\dagger}_{k\uparrow}a_{k\uparrow} + a^{\dagger}_{-k\downarrow}a_{-k\downarrow}\right) \\ &\quad + \Big(-2\xi_k\sin\vartheta_k\cos\vartheta_k + |\Delta_k|\left(\cos^2\vartheta_k - \sin^2\vartheta_k\right)\Big)\left(a^{\dagger}_{-k\downarrow}a^{\dagger}_{k\uparrow} + a_{k\uparrow}a_{-k\downarrow}\right) \\ &\quad + \Big(2\xi_k\sin^2\vartheta_k - 2\,|\Delta_k|\sin\vartheta_k\cos\vartheta_k\Big)\Big) + \frac{V}{U_{\mathrm{ph}}}\,|\Delta|^2 \end{aligned} \tag{16.53}$$

を導ける．ここで，$\left(a^{\dagger}_{-k\downarrow}a^{\dagger}_{k\uparrow} + a_{k\uparrow}a_{-k\downarrow}\right)$ に比例する項が消えるように $\vartheta_k$ を選ぶと具合がよい．この条件は，

$$\cos(2\vartheta_k) = \cos^2\vartheta_k - \sin^2\vartheta_k = \frac{\xi_k}{E_k}, \quad \sin(2\vartheta_k) = 2\sin\vartheta_k\cos\vartheta_k = \frac{|\Delta_k|}{E_k} \tag{16.54}$$

を導く．ただし，

$$E_{\boldsymbol{k}} = \sqrt{\xi_{\boldsymbol{k}}^2 + |\Delta_{\boldsymbol{k}}|^2} \tag{16.55}$$

である．このとき，

$$\cos^2\vartheta_{\boldsymbol{k}} = \frac{1+\cos(2\vartheta_{\boldsymbol{k}})}{2} = \frac{1}{2}\left(1+\frac{\xi_{\boldsymbol{k}}}{E_{\boldsymbol{k}}}\right), \quad \sin^2\vartheta_{\boldsymbol{k}} = \frac{1-\cos(2\vartheta_{\boldsymbol{k}})}{2} = \frac{1}{2}\left(1-\frac{\xi_{\boldsymbol{k}}}{E_{\boldsymbol{k}}}\right) \tag{16.56}$$

であり，ハミルトニアンは，

$$\mathcal{H}_{\mathrm{BCS}} - \mu\mathcal{N} = \sum_{\boldsymbol{k}} E_{\boldsymbol{k}}\left(a_{\boldsymbol{k}\uparrow}^{\dagger}a_{\boldsymbol{k}\uparrow} + a_{-\boldsymbol{k}\downarrow}^{\dagger}a_{-\boldsymbol{k}\downarrow}\right) + W_{\mathrm{s}} \tag{16.57}$$

$$W_{\mathrm{s}} = \sum_{\boldsymbol{k}}(\xi_{\boldsymbol{k}} - E_{\boldsymbol{k}}) + \frac{V}{U_{\mathrm{ph}}}|\Delta|^2 \tag{16.58}$$

と書ける．つまり，相互作用のないフェルミオン系に対するハミルトニアンに帰着したわけである．$a_{\boldsymbol{k}\sigma}$ や $a_{\boldsymbol{k}\sigma}^{\dagger}$ によって生成・消滅するフェルミオンを**ボゴロン**と呼ぶ.

絶対零度において，ボゴロンが一つもない状態，つまり，

$$a_{\boldsymbol{k}\sigma}|\Psi_0\rangle = e^{i\mathcal{G}}\tilde{c}_{\boldsymbol{k}\sigma}e^{-i\mathcal{G}}|\Psi_0\rangle = 0 \tag{16.59}$$

を満たすボゴロンの真空状態 $|\Psi_0\rangle$ が Fock 空間で考えた $\mathcal{H}_{\mathrm{BCS}} - \mu\mathcal{N}$ の基底状態を与え，そのエネルギー（絶対零度における大正準ポテンシャル）は，$W_{\mathrm{s}}$ となる．式 (16.59) は，$e^{-i\mathcal{G}}|\Psi_0\rangle$ が電子の真空状態 $|0\rangle$ に等しいことを意味するので，$|\Psi_0\rangle$（**BCS 基底状態**と呼ばれる）は，式 (16.56) で与えた $\cos\vartheta_{\boldsymbol{k}}$ と $\sin\vartheta_{\boldsymbol{k}}$ を使って，

$$\begin{aligned}
|\Psi_0\rangle = e^{i\mathcal{G}}|0\rangle &= \prod_{\boldsymbol{k}} e^{\vartheta_{\boldsymbol{k}}\left(b_{\boldsymbol{k}}^{\dagger}-b_{\boldsymbol{k}}\right)}|0\rangle \\
&= \prod_{\boldsymbol{k}}\left(1+\vartheta_{\boldsymbol{k}}\left(b_{\boldsymbol{k}}^{\dagger}-b_{\boldsymbol{k}}\right)+\frac{\vartheta_{\boldsymbol{k}}^2}{2!}\left(b_{\boldsymbol{k}}^{\dagger}-b_{\boldsymbol{k}}\right)^2+\frac{\vartheta_{\boldsymbol{k}}^3}{3!}\left(b_{\boldsymbol{k}}^{\dagger}-b_{\boldsymbol{k}}\right)^3+\cdots\right)|0\rangle \\
&= \prod_{\boldsymbol{k}}\left(1+\vartheta_{\boldsymbol{k}}b_{\boldsymbol{k}}^{\dagger}-\frac{\vartheta_{\boldsymbol{k}}^2}{2!}-\frac{\vartheta_{\boldsymbol{k}}^3}{3!}b_{\boldsymbol{k}}^{\dagger}+\cdots\right)|0\rangle \\
&= \prod_{\boldsymbol{k}}\left(\cos\vartheta_{\boldsymbol{k}}+e^{i\varphi}\sin\vartheta_{\boldsymbol{k}}c_{\boldsymbol{k}\uparrow}^{\dagger}c_{-\boldsymbol{k}\downarrow}^{\dagger}\right)|0\rangle
\end{aligned} \tag{16.60}$$

と書き下せる．ここで，$b_{\boldsymbol{k}}^{\dagger} = \tilde{c}_{\boldsymbol{k}\uparrow}^{\dagger}\tilde{c}_{-\boldsymbol{k}\downarrow}^{\dagger} = e^{i\varphi}c_{\boldsymbol{k}\uparrow}^{\dagger}c_{-\boldsymbol{k}\downarrow}^{\dagger}$ に対し，

$$[b_{\boldsymbol{k}}, b_{\boldsymbol{k}'}]_- = \left[b^\dagger_{\boldsymbol{k}}, b^\dagger_{\boldsymbol{k}'}\right]_- = 0, \quad \left[b_{\boldsymbol{k}}, b^\dagger_{\boldsymbol{k}'}\right]_- = \left(1 - c^\dagger_{\boldsymbol{k}\uparrow} c_{\boldsymbol{k}\uparrow} - c^\dagger_{-\boldsymbol{k}\downarrow} c_{-\boldsymbol{k}\downarrow}\right) \delta_{\boldsymbol{k}\boldsymbol{k}'} \tag{16.61}$$

$$b^2_{\boldsymbol{k}} = \left(b^\dagger_{\boldsymbol{k}}\right)^2 = 0, \quad b_{\boldsymbol{k}}|0\rangle = 0, \quad b_{\boldsymbol{k}} b^\dagger_{\boldsymbol{k}}|0\rangle = \left(b^\dagger_{\boldsymbol{k}} b_{\boldsymbol{k}} + 1 - c^\dagger_{\boldsymbol{k}\uparrow} c_{\boldsymbol{k}\uparrow} - c^\dagger_{-\boldsymbol{k}\downarrow} c_{-\boldsymbol{k}\downarrow}\right)|0\rangle = |0\rangle \tag{16.62}$$

が成り立つことを用いた．

一方，$|\Psi_0\rangle$ にボゴロンを生成した状態は励起状態を表す．波数 $\boldsymbol{k}$ を持つボゴロンのエネルギーは $E_{\boldsymbol{k}} = \sqrt{\xi^2_{\boldsymbol{k}} + \Delta^2_{\boldsymbol{k}}}$ と書ける．これを示したのが図 16.1 である．ボゴロン一個を励起するために $\Delta$ を超えるエネルギーが必要である．つまり，$\Delta$ は励起ギャップという物理的意味を持つ．実際に系を励起する際には何らかの散乱過程を考えることになる．この過程を表す演算子が電子の生成演算子と消滅演算子の積で書かれていたとしよう．この演算子をボゴロンの生成・消滅演算子で書き直すとわかるように，この散乱によって生じる励起状態はボゴロン二個を生成した状態である．この意味では，基底状態からの励起に必要な最小のエネルギーは $2\Delta$ である．

ボゴロンの生成・消滅演算子の積の平均値（正確には Bogoliubov の準平均）は，BCS ハミルトニアンを使った場合，通常の大正準アンサンブルの平均として計算でき，

$$\left\langle\!\left\langle a^\dagger_{\boldsymbol{k}\sigma} a_{\boldsymbol{k}'\sigma'} \right\rangle\!\right\rangle_{\mathrm{B}} = \tilde{f}(E_{\boldsymbol{k}})\, \delta_{\boldsymbol{k}\boldsymbol{k}'} \delta_{\sigma\sigma'} \tag{16.63}$$

$$\left\langle\!\left\langle a^\dagger_{\boldsymbol{k}\sigma} a^\dagger_{\boldsymbol{k}'\sigma'} \right\rangle\!\right\rangle_{\mathrm{B}} = \langle\!\langle a_{\boldsymbol{k}\sigma} a_{\boldsymbol{k}'\sigma'} \rangle\!\rangle_{\mathrm{B}} = 0 \tag{16.64}$$

と求まる．ただし，ハミルトニアン $\mathcal{H}_{\mathrm{BCS}}$ そのものではなく $\mathcal{H}_{\mathrm{BCS}} - \mu N$ を扱ったことに対応して，Fermi 分布関数を，

$$\tilde{f}(\xi) = \frac{1}{e^{\beta\xi} + 1} \tag{16.65}$$

と再定義しなければならない．より多くの $a_{\boldsymbol{k}\sigma}, a^\dagger_{\boldsymbol{k}\sigma}$ の積の平均値も，Bloch-de Dominicis の定理を使えば計算できる．

応用例として，Cooper 対のサイズについて考えよう．（波数ごとに分解した）対振幅 $\langle\!\langle c_{-\boldsymbol{k}\downarrow} c_{\boldsymbol{k}\uparrow} \rangle\!\rangle$ を考えると，$\boldsymbol{k}$ は二電子の相対座標 $\boldsymbol{r}_{\mathrm{rel}}$ に共役な波数を表す．したがって，実空間における Cooper 対の空間的広がりは「Cooper 対の波動関数」

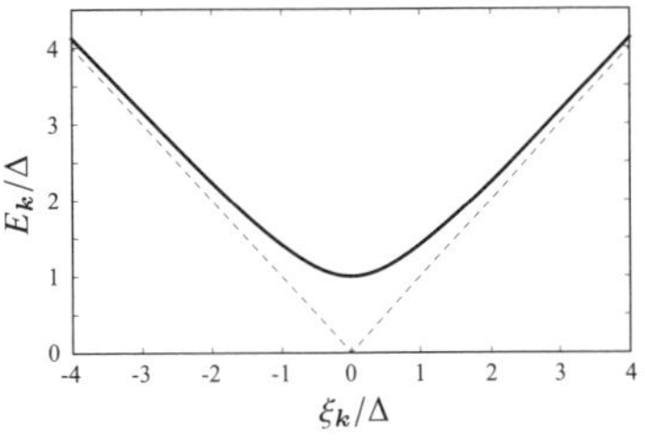

図 16.1　ボゴロンのエネルギー

$$\psi(r_{\rm rel}) \equiv \frac{1}{V}\sum_{\boldsymbol{k}} e^{-i\boldsymbol{k}\cdot\boldsymbol{r}_{\rm rel}} \langle\!\langle c_{-\boldsymbol{k}\downarrow} c_{\boldsymbol{k}\uparrow} \rangle\!\rangle_{\rm B} = \frac{e^{i\varphi}}{V}\sum_{\boldsymbol{k}} e^{-i\boldsymbol{k}\cdot\boldsymbol{r}_{\rm rel}} \langle\!\langle \tilde{c}_{-\boldsymbol{k}\downarrow} \tilde{c}_{\boldsymbol{k}\uparrow} \rangle\!\rangle_{\rm B} \tag{16.66}$$

を計算すればわかるはずである．右辺の平均値は，一般の温度に対し，

$$\begin{aligned} \langle\!\langle \tilde{c}_{-\boldsymbol{k}\downarrow} \tilde{c}_{\boldsymbol{k}\uparrow} \rangle\!\rangle_{\rm B} &= \left\langle\!\!\left\langle \left((\cos\vartheta_{\boldsymbol{k}})\, a_{-\boldsymbol{k}\downarrow} - (\sin\vartheta_{\boldsymbol{k}})\, a^{\dagger}_{\boldsymbol{k}\uparrow}\right)\left((\cos\vartheta_{\boldsymbol{k}})\, a_{\boldsymbol{k}\uparrow} + (\sin\vartheta_{\boldsymbol{k}})\, a^{\dagger}_{-\boldsymbol{k}\downarrow}\right) \right\rangle\!\!\right\rangle_{\rm B} \\ &= 2\sin\vartheta_{\boldsymbol{k}}\cos\vartheta_{\boldsymbol{k}}\left(\frac{1}{2} - \tilde{f}(E_{\boldsymbol{k}})\right) = \frac{|\Delta_{\boldsymbol{k}}|}{2E_{\boldsymbol{k}}}\tanh\left(\frac{E_{\boldsymbol{k}}}{2k_{\rm B}T}\right) \end{aligned} \tag{16.67}$$

と計算できる．特に $T = 0$ とすると，$\tanh(E_{\boldsymbol{k}}/2k_{\rm B}T) = 1$ なので，

$$\begin{aligned} \psi(r_{\rm rel}) &= e^{i\varphi}\frac{2\pi}{(2\pi)^3}\int_0^{+\infty} dk k^2 \int_{-1}^{+1} d(\cos\vartheta) e^{-ikr_{\rm rel}\cos\vartheta}\frac{|\Delta_k|}{2E_k} \\ &\approx e^{i\varphi}\frac{1}{(2\pi)^2 r_{\rm rel}}\frac{m}{\hbar^2}\int_{-\hbar\omega_{\rm D}}^{+\hbar\omega_{\rm D}} d\xi \frac{|\Delta|}{\sqrt{\xi^2+|\Delta|^2}}\sin\left(k_{\rm F}r_{\rm rel} + \frac{\xi}{\hbar v_{\rm F}}r_{\rm rel}\right) \\ &= e^{i\varphi}D_{\rm F}^{(0)}|\Delta|\cdot\frac{\sin k_{\rm F}r_{\rm rel}}{k_{\rm F}r_{\rm rel}}\int_0^{\hbar\omega_{\rm D}/|\Delta|}\frac{1}{\sqrt{x^2+1}}\cos\left(\frac{|\Delta|}{\hbar v_{\rm F}}r_{\rm rel}x\right)dx \end{aligned} \tag{16.68}$$

となる．ただし，$v_{\rm F} = \hbar k_{\rm F}/m$ は Fermi 速度を表す．Riemann-Lebesgue の定理により，右辺の積分は $r_{\rm rel} \to +\infty$ でゼロに減衰する．この減衰を特徴づける長さ，

$$\xi_0 \equiv \frac{\hbar v_{\rm F}}{|\Delta|_{T=0}} \tag{16.69}$$

は Cooper 対の空間的広がりを表し，**Pippard の長さ**と呼ばれる[11]．通常の金属では $\xi_0 \sim 10^{-5}$ m であり，半径 $\xi_0$ の球内に存在する電子数は $(k_{\rm F}\xi_0)^3 \sim 10^{12}$ 程度となる．つまり，基底状態では Cooper 対が密に重なりあった状況が実現している．

最後に残った作業は，秩序パラメーター（励起ギャップ）$\Delta$ の決定である．定義式，

11）式 (16.68) で積分上限 $\hbar\omega_{\rm D}/|\Delta| \gg 1$ を $+\infty$ で近似すると，第二種変形 Bessel 関数 $K_n(x)$ を使って，

$$\psi(r_{\rm rel}) \approx e^{i\varphi}D_{\rm F}^{(0)}|\Delta|\cdot\frac{\sin k_{\rm F}r_{\rm rel}}{k_{\rm F}r_{\rm rel}}K_0\left(\frac{|\Delta|}{\hbar v_{\rm F}}r_{\rm rel}\right)$$

と書け，$K_0(x)$ の漸近形 $K_0(x) \approx e^{-x}\sqrt{\pi/2x}$　$(x \to +\infty)$ から，$\psi(r_{\rm rel}) \sim e^{-r_{\rm rel}/\xi_0}/\sqrt{r_{\rm rel}}$　$(r_{\rm rel} \to +\infty)$ を得る．なお，歴史的な経緯から，$\hbar v_{\rm F}/\pi|\Delta|_{T=0}$ を Pippard の長さと定義することも多い．

$$\Delta \equiv \frac{U_{\mathrm{ph}}}{V}\langle\!\langle \mathcal{B} \rangle\!\rangle_{\mathrm{B}} = \frac{U_{\mathrm{ph}}}{V} \sum_{|\xi_{\boldsymbol{k}}|<\hbar\omega_{\mathrm{D}}} \langle\!\langle c_{-\boldsymbol{k}\downarrow} c_{\boldsymbol{k}\uparrow} \rangle\!\rangle_{\mathrm{B}} = e^{i\varphi} \frac{U_{\mathrm{ph}}}{V} \sum_{|\xi_{\boldsymbol{k}}|<\hbar\omega_{\mathrm{D}}} \langle\!\langle \tilde{c}_{-\boldsymbol{k}\downarrow} \tilde{c}_{\boldsymbol{k}\uparrow} \rangle\!\rangle_{\mathrm{B}} \tag{16.70}$$

に，式 (16.67) を代入すると，$\Delta$ が満たすべき**ギャップ方程式**,

$$\Delta = e^{i\varphi} \frac{U_{\mathrm{ph}}}{V} \sum_{\boldsymbol{k}} \frac{|\Delta_{\boldsymbol{k}}|}{2E_{\boldsymbol{k}}} \tanh\left( \frac{E_{\boldsymbol{k}}}{2k_{\mathrm{B}}T} \right) \tag{16.71}$$

を導ける．右辺の $\boldsymbol{k}$ についての和を，

$$\frac{1}{V} \sum_{\boldsymbol{k}} \frac{|\Delta_{\boldsymbol{k}}|}{2E_{\boldsymbol{k}}} \tanh\left( \frac{E_{\boldsymbol{k}}}{2k_{\mathrm{B}}T} \right) \approx D_{\mathrm{F}}^{(0)} \int_{-\hbar\omega_{\mathrm{D}}}^{+\hbar\omega_{\mathrm{D}}} d\xi \frac{|\Delta|}{2\sqrt{\xi^2 + |\Delta|^2}} \tanh\left( \frac{\sqrt{\xi^2 + |\Delta|^2}}{2k_{\mathrm{B}}T} \right) \tag{16.72}$$

と積分に書き直せば，ギャップ方程式を，

$$\frac{1}{U_{\mathrm{ph}} D_{\mathrm{F}}^{(0)}} = \int_0^{\hbar\omega_{\mathrm{D}}} \frac{d\xi}{\sqrt{\xi^2 + |\Delta|^2}} \tanh\left( \frac{\sqrt{\xi^2 + |\Delta|^2}}{2k_{\mathrm{B}}T} \right) \tag{16.73}$$

と書くこともできる．ギャップ方程式が $\Delta \neq 0$ の解を持つことは，超伝導相が実現するための必要条件である．しかし実は，超伝導相以外に秩序相の候補がないならば，必要十分条件と考えてよい．16.4 節で示すように，ギャップ方程式が $\Delta \neq 0$ の解を持つときには，必ず超伝導相が正常相より低い自由エネルギーを持つからである．このとき，$|\Delta|$ がいくら小さくても非ゼロである限り超伝導相が実現するため，正常相から超伝導相への転移は二次相転移になる．

特に絶対零度では．ギャップ方程式右辺の積分を，変数変換 $\xi = |\Delta| \sinh x$ により，

$$(\text{式 (16.73) 右辺}) = \int_0^{\hbar\omega_{\mathrm{D}}} \frac{d\xi}{\sqrt{\xi^2 + |\Delta|^2}} = \int_0^{\operatorname{arcsinh}(\hbar\omega_{\mathrm{D}}/|\Delta|)} dx = \operatorname{arcsinh}\left( \frac{\hbar\omega_{\mathrm{D}}}{|\Delta|} \right) \tag{16.74}$$

と計算でき（arcsinh は sinh の逆関数），

$$|\Delta_{T=0}| = \frac{\hbar\omega_{\mathrm{D}}}{\sinh\left(1/U_{\mathrm{ph}} D_{\mathrm{F}}^{(0)}\right)} \approx 2\hbar\omega_{\mathrm{D}} e^{-1/U_{\mathrm{ph}} D_{\mathrm{F}}^{(0)}} \tag{16.75}$$

を得る．

一方，超伝導転移が二次相転移であることを認めると，ギャップ方程式 (16.73)

表 16.1　BCS 理論の普遍値と実験値の比較［国立天文台編『理科年表』(丸善) および R. Mersevey and B. B. Schwartz: in *Superconductivity*, ed. R. D. Parks (CRC Press, 1969).］

| 元素 | Al | V | Zn | Nb | Cd | In | Sn($\beta$) | Ta | Hg($\alpha$) | Tl | Pb | BCS |
|---|---|---|---|---|---|---|---|---|---|---|---|---|
| $T_c$[K] | 1.196 | 5.30 | 0.852 | 9.23 | 0.56 | 3.40 | 3.72 | 4.39 | 4.15 | 2.39 | 7.19 | - |
| $\hbar\omega_D/k_B$[K] | 428 | 380 | 327 | 275 | 209 | 108 | 199 | 240 | 71.9 | 78.5 | 105 | - |
| $2\lvert\Delta_{T=0}\rvert/k_BT_c$ | 3.4 | 3.4 | 3.2 | 3.8 | 3.2 | 3.6 | 3.5 | 3.6 | 4.6 | 3.6 | 4.3 | 3.53 |
| $\Delta C/C_n\rvert_{T=T_c}$ | 1.45 | 1.5 | 1.3 | 1.9 | 1.4 | 1.7 | 1.6 | 1.6 | 2.4 | 1.5 | 2.7 | 1.43 |

に $|\Delta| \to +0$ を代入し，これを温度 $T$ に関する方程式として解けば転移温度 $T_c$ が求まる．この作業から導かれる方程式は，Thouless の判定条件 (16.31) に一致し，転移温度 $k_BT_c$ の評価として式 (16.37) を導く．このとき，基底状態からの最小励起エネルギー $2|\Delta_{T=0}|$ と転移温度 $k_BT_c$ の比は，

$$\frac{2\,|\Delta_{T=0}|}{k_BT_c} = \frac{2\pi}{e^\gamma} \approx 3.53 \tag{16.76}$$

となり，物質によらない普遍値になる．これは BCS 理論の試金石になる重要な関係式である．フォノンを媒介とする引力機構で説明できるとされている典型的な超伝導体の実験値を表 16.1 に示した．実験値が ±0.1 程度の測定誤差を含んでいることにも鑑みると，Hg と Pb 以外では BCS が予言する普遍値と実験値の一致は非常によいと言える．Hg と Pb でこの比の値が大きくなるのは，電子とフォノンの結合が強い（$U_{ph}D_F^{(0)}$ が大きい）ためだと考えられている．実際，これらの物質では Debye 温度 $\hbar\omega_D/k_B$ に比して転移温度 $T_c$ が高めの値をとる（表の右側に行くほどイオン核が重いので，Debye 温度がほぼ単調に減少しているのに，Hg, Pb の転移温度はそれに準じていない）．なお，いわゆる高温超伝導体では 8 程度の大きな値が報告されている．

一般の温度におけるギャップ $|\Delta|$ はギャップ方程式を数値的に解けば求まる．その際に，ギャップ方程式を少し変形しておくとよい．まず，Thouless の判定条件 (16.31) を用いて，ギャップ方程式から $1/U_{ph}D_F^{(0)}$ を消去し，

$$\int_0^{\hbar\omega_D} \frac{d\xi}{\xi}\tanh\left(\frac{\xi}{2k_BT_c}\right) = \int_0^{\hbar\omega_D} \frac{d\xi}{\sqrt{\xi^2+|\Delta|^2}}\tanh\left(\frac{\sqrt{\xi^2+|\Delta|^2}}{2k_BT}\right) \tag{16.77}$$

とする．両辺から $\int_0^{\hbar\omega_D}(d\xi/\xi)\tanh(\xi/2k_BT)$ を差し引いてから，左辺に式 (16.35) の近似を適用し，右辺では $x=\xi/k_BT$ と変数変換すると，ギャップ方程式は，

$$\ln\left(\frac{T}{T_c}\right) = \int_0^{+\infty} dx \left[\frac{1}{y}\tanh\frac{y}{2}\right]_{y=x}^{y=\sqrt{x^2+(|\Delta|/k_B T)^2}} \tag{16.78}$$

に帰する．ただし，右辺の積分の上限を $\hbar\omega_D/k_B T \gg 1$ から $+\infty$ に置き換えた．

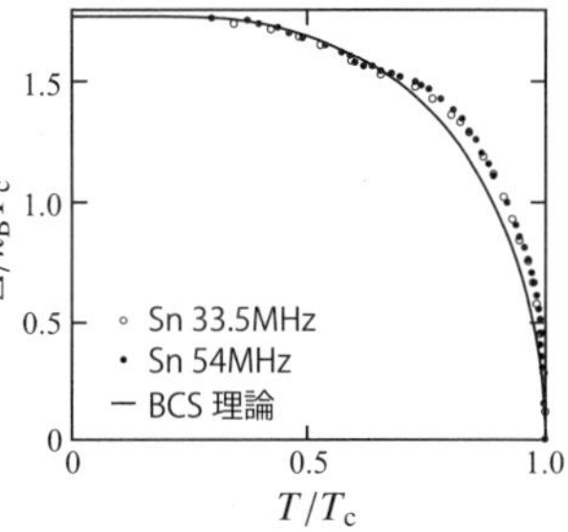


図 16.2 ギャップの温度依存性．曲線がギャップ方程式の解，データ点は錫の超音波吸収による実測値．[R. W. Morse and H. V. Bohm: Phys. Rev. **108**, 1094 (1957).]

以下では特に $T_c$ 直下の温度依存性を調べよう．このとき，式 (16.78) 左辺を $(T-T_c)/T_c$ と近似できる．右辺には部分分数展開の公式 (16.32) を代入し，各項を $|\Delta|/k_B T \ll 1$ について二次近似で評価すると，$\zeta(x) \equiv \sum_{n=1}^{+\infty} n^{-x}$ をゼータ関数として，

$$\begin{aligned}\frac{T-T_c}{T_c} &\approx \left(\frac{|\Delta|}{k_B T}\right)^2 \sum_{n=0}^{+\infty} \frac{d}{da}\int_0^{+\infty} \frac{4dx}{x^2+a}\bigg|_{a=(2n+1)^2\pi^2} \\ &= -\sum_{n=0}^{+\infty} \frac{\pi\,(|\Delta|/k_B T)^2}{(2n+1)^3\pi^3} = -\frac{|\Delta|^2}{\pi^2\,(k_B T)^2}\frac{7\zeta(3)}{8}\end{aligned} \tag{16.79}$$

を導け[12)]，これを解いて，

$$|\Delta| = \pi k_B T_c \left(\frac{8}{7\zeta(3)}\right)^{1/2}\left(1-\frac{T}{T_c}\right)^{1/2} \approx 3.06 k_B T_c \left(1-\frac{T}{T_c}\right)^{1/2} \tag{16.80}$$

を得る．秩序パラメーターが $T_c$ 直下で $(1-T/T_c)^{1/2}$ 型の特異性を示すという結論は，式 (15.29) でも見たもので，二次相転移を平均場理論で扱った際に共通して見られる特徴である．

## 16.4 超伝導体の熱力学

熱力学を議論するために大正準ポテンシャル $\Omega$ を求めよう．近似ハミルトニアンが式 (16.57) で与えられることに注意して，式 (3.73) を使うと，

12) $\sum_{n=0}^{+\infty} \frac{1}{(2n+1)^3} = \sum_{n=1}^{+\infty} \frac{1}{n^3} - \sum_{n=1}^{+\infty} \frac{1}{(2n)^3} = \zeta(3) - \frac{1}{8}\zeta(3) = \frac{7}{8}\zeta(3).$

$$\Omega = -2k_{\mathrm{B}}T \sum_{\boldsymbol{k}} \ln\left(1 + e^{-\beta E_{\boldsymbol{k}}}\right) + W_{\mathrm{s}} \tag{16.81}$$

を得る．このとき，$|\Delta|$ がギャップ方程式 (16.71) を満たすように決められていれば，

$$\begin{aligned}
\frac{\partial \Omega}{\partial |\Delta|} &= \sum_{\boldsymbol{k}} \left( \frac{2e^{-\beta E_{\boldsymbol{k}}}}{1 + e^{-\beta E_{\boldsymbol{k}}}} - 1 \right) \frac{\partial E_{\boldsymbol{k}}}{\partial |\Delta|} + 2\frac{V}{U_{\mathrm{ph}}}|\Delta| \\
&= -\sum_{\boldsymbol{k}} \frac{|\Delta_{\boldsymbol{k}}|}{E_{\boldsymbol{k}}} \tanh\left(\frac{E_{\boldsymbol{k}}}{2k_{\mathrm{B}}T}\right) + 2\frac{V}{U_{\mathrm{ph}}}|\Delta| \\
&= 0
\end{aligned} \tag{16.82}$$

が成立する．つまり，$|\Delta|$ を変分パラメーターと見たときの変分原理 $\partial\Omega/\partial|\Delta| = 0$ とギャップ方程式は等価である．

まず，絶対零度で超伝導相の凝縮エネルギーを計算しよう．超伝導相における大正準ポテンシャルは，

$$\Omega_{\mathrm{s}} = W_{\mathrm{s}} = \sum_{\boldsymbol{k}} (\xi_{\boldsymbol{k}} - E_{\boldsymbol{k}}) + \frac{V}{U_{\mathrm{ph}}}|\Delta|^2 \tag{16.83}$$

である．一方，系が正常相であり続けたとしたときの大正準ポテンシャルは，上式で $|\Delta| = 0$ としたものであるから，

$$\Omega_{\mathrm{n}} = \sum_{\boldsymbol{k}} (\xi_{\boldsymbol{k}} - |\xi_{\boldsymbol{k}}|) \tag{16.84}$$

となる．したがって，凝縮エネルギー（超伝導相になったことによるエネルギーの低下分）は，

$$\begin{aligned}
\Omega_{\mathrm{s}} - \Omega_{\mathrm{n}} &= VD_{\mathrm{F}}^{(0)} \int_{-\hbar\omega_{\mathrm{D}}}^{+\hbar\omega_{\mathrm{D}}} \left( \xi - \sqrt{\xi^2 + |\Delta|^2} + \frac{|\Delta|^2}{2\sqrt{\xi^2 + |\Delta|^2}} \right) d\xi - VD_{\mathrm{F}}^{(0)} \int_{-\hbar\omega_{\mathrm{D}}}^{0} 2\xi d\xi \\
&= VD_{\mathrm{F}}^{(0)} \left( (\hbar\omega_{\mathrm{D}})^2 - \hbar\omega_{\mathrm{D}} \sqrt{(\hbar\omega_{\mathrm{D}})^2 + |\Delta|^2} \right) \approx -\frac{V}{2} D_{\mathrm{F}}^{(0)} |\Delta|^2
\end{aligned} \tag{16.85}$$

と求まる．ただし，上式一段目でギャップ方程式 (16.73) を使い，最終段で $\hbar\omega_{\mathrm{D}}/|\Delta| \to +\infty$ の極限をとった．この結果は，Fermi 面近傍のエネルギー幅 $|\Delta|$ の範囲にいる電子が Cooper 対を作った結果，対一個当たり $|\Delta|$ のエネルギーを得して $D_{\mathrm{F}}^{(0)}|\Delta|^2/2$ だけエネルギーが下がったと解釈できる．この意味で，$|\Delta|$ は Cooper 対の「束縛エネルギー」というべき量になっている．温度を上げていくと $\Omega_{\mathrm{s}}$ と $\Omega_{\mathrm{n}}$ の差は単調に縮まり，$T = T_{\mathrm{c}}$ で両者の差がなくなる．つまり，

$T < T_c$ である限り（同じことだが $|\Delta| \neq 0$ である限り），常に $\Omega_s < \Omega_n$ が成り立つ．

大正準ポテンシャル $\Omega$ は $(T, V, \mu)$ の関数であるので，$\Omega_s$ と $\Omega_n$ を比較しても，同じ電子数の状態間の比較になっていないかもしれない．しかしこの心配は無用である．実際に超伝導相における電子数の平均値を計算してみると，

$$\langle\!\langle N \rangle\!\rangle = -\frac{\partial \Omega_s}{\partial \mu} = -\sum_{\boldsymbol{k}} \left( 2\tilde{f}(E_{\boldsymbol{k}}) \frac{\partial E_{\boldsymbol{k}}}{\partial \mu} + \frac{\partial W_s}{\partial \xi_{\boldsymbol{k}}} \frac{\partial \xi_{\boldsymbol{k}}}{\partial \mu} \right) = \sum_{\boldsymbol{k}} \left( 1 - \frac{\xi_{\boldsymbol{k}}}{E_{\boldsymbol{k}}} \tanh\left( \frac{E_{\boldsymbol{k}}}{2k_B T} \right) \right) \tag{16.86}$$

となる．変分原理の式 (16.82) が成立するので，$|\Delta|$ の $\mu$ 依存性を無視して $\partial\Omega_s/\partial\mu$ を計算すればよいことに注意しよう．一方，正常相であることを仮定して求めた電子数の平均値は，$|\Delta| = 0$ として，

$$\langle\!\langle N \rangle\!\rangle = -\frac{\partial \Omega_n}{\partial \mu} = \sum_{\boldsymbol{k}} \left( 1 - \tanh\left( \frac{\xi_{\boldsymbol{k}}}{2k_B T} \right) \right) \left( = 2\sum_{\boldsymbol{k}} \tilde{f}(\xi_{\boldsymbol{k}}) \right) \tag{16.87}$$

である．しかし，$|\epsilon - \epsilon_F| \leq \hbar\omega_D$ において $D^{(0)}(\epsilon) \approx D_F^{(0)}$ とする近似の下で，両者は等しい．

$$\begin{aligned} -\frac{\partial \Omega_s}{\partial \mu} + \frac{\partial \Omega_n}{\partial \mu} &= \sum_{\boldsymbol{k}} \left( \left( 1 - \frac{\xi_{\boldsymbol{k}}}{E_{\boldsymbol{k}}} \tanh\left( \frac{E_{\boldsymbol{k}}}{2k_B T} \right) \right) - \left( 1 - \tanh\left( \frac{\xi_{\boldsymbol{k}}}{2k_B T} \right) \right) \right) \\ &= V D_F^{(0)} \int_{-\hbar\omega_D}^{+\hbar\omega_D} \left( \tanh\left( \frac{\xi}{2k_B T} \right) - \frac{\xi}{\sqrt{\xi^2 + |\Delta|^2}} \tanh\left( \frac{\sqrt{\xi^2 + |\Delta|^2}}{2k_B T} \right) \right) d\xi \\ &= 0 \end{aligned} \tag{16.88}$$

つまり，化学ポテンシャル $\mu$ を電子数 $N$ の関数として定める際に，$N = -\partial\Omega_s/\partial\mu$ を解いて求めても，$N = -\partial\Omega_n/\partial\mu$ を解いて求めても同じ結果が得られ，$\mu_s(T, V, N) = \mu_n(T, V, N)$ となる．結局，大正準ポテンシャルを Legendre 変換して Helmholtz の自由エネルギー $F(T, V, N) = \Omega(T, V, \mu(T, V, N)) + \mu(T, V, N)N$ を作っても，

$$F_s - F_n = \Omega_s + \mu_s N - (\Omega_n + \mu_n N) = \Omega_s - \Omega_n \tag{16.89}$$

となって，$\Omega_s$ と $\Omega_n$ の大小関係がそのまま $F_s$ と $F_n$ の大小関係に反映される．

超伝導相における大正準ポテンシャルからエントロピーを計算すると，

$$S_{\mathrm{s}} \equiv -\frac{\partial \Omega_{\mathrm{s}}}{\partial T} = -2k_{\mathrm{B}} \sum_{\boldsymbol{k}} \Big( \tilde{f}(E_{\boldsymbol{k}}) \ln \tilde{f}(E_{\boldsymbol{k}}) + \big(1 - \tilde{f}(E_{\boldsymbol{k}})\big) \ln \big(1 - \tilde{f}(E_{\boldsymbol{k}})\big) \Big) \qquad (16.90)$$

を得る．ここでも，変分原理の式 (16.82) が成立するので，$|\Delta|$ の $T$ 依存性を無視して $\partial\Omega/\partial T$ を計算すればよい．さらに単位体積当たりの定積比熱も，

$$C_{\mathrm{s}} \equiv \frac{T}{V}\left(\frac{\partial S_{\mathrm{s}}}{\partial T}\right)_{V,N} \approx \frac{T}{V}\left(\frac{\partial S_{\mathrm{s}}}{\partial T}\right)_{V,\mu} \qquad (16.91)$$

から求めることができる13)．その結果，

$$C_{\mathrm{s}} = \frac{2}{V} \sum_{\boldsymbol{k}} E_{\boldsymbol{k}} \frac{\partial \tilde{f}(E_{\boldsymbol{k}})}{\partial T} = \frac{2}{TV} \sum_{\boldsymbol{k}} \left( E_{\boldsymbol{k}}^2 \left( -\frac{\partial \tilde{f}(E_{\boldsymbol{k}})}{\partial E_{\boldsymbol{k}}} \right) - \frac{T}{2} \frac{\partial |\Delta|^2}{\partial T} \left( -\frac{\partial \tilde{f}(E_{\boldsymbol{k}})}{\partial E_{\boldsymbol{k}}} \right) \right) \qquad (16.92)$$

を得る．

まず $T = 0$ 近傍で単位体積当たりの定積比熱を評価してみよう．この場合，式 (16.92) 第一項が主要項となり，

$$\begin{aligned} C_{\mathrm{s}} &\approx \frac{2}{TV} \sum_{\boldsymbol{k}} E_{\boldsymbol{k}}^2 \left( -\frac{\partial \tilde{f}(E_{\boldsymbol{k}})}{\partial E_{\boldsymbol{k}}} \right) = \frac{2k_{\mathrm{B}}\beta^2}{V} \sum_{\boldsymbol{k}} E_{\boldsymbol{k}}^2 \tilde{f}(E_{\boldsymbol{k}}) \big(1 - \tilde{f}(E_{\boldsymbol{k}})\big) \\ &\approx 2k_{\mathrm{B}}\beta^2 D_{\mathrm{F}}^{(0)} |\Delta_{T=0}|^2 \int_0^{+\infty} e^{-\beta\sqrt{|\Delta_{T=0}|^2 + \xi^2}} d\xi \\ &\approx 2k_{\mathrm{B}}\beta^2 D_{\mathrm{F}}^{(0)} |\Delta_{T=0}|^2 e^{-\beta|\Delta_{T=0}|} \int_0^{+\infty} e^{-\beta\xi^2/2|\Delta_{T=0}|} d\xi \\ &\approx \sqrt{2\pi} k_{\mathrm{B}} \beta^{3/2} D_{\mathrm{F}}^{(0)} |\Delta_{T=0}|^{5/2} e^{-\beta|\Delta_{T=0}|} \end{aligned} \qquad (16.93)$$

を得る．次に，$T = T_{\mathrm{c}}$ 直下を調べる．超伝導状態における単位体積当たりの定積比熱 $C_{\mathrm{s}}$ と，系が正常状態であるときの単位体積当たりの定積比熱 $C_{\mathrm{n}}$ の差は，式 (16.92) 第二項で与えられ，

$$\Delta C \equiv (C_{\mathrm{s}} - C_{\mathrm{n}})_{T \to T_{\mathrm{c}} - 0} = \frac{2}{T_{\mathrm{c}} V} \sum_{\boldsymbol{k}} \frac{T_{\mathrm{c}}}{2} \frac{\partial |\Delta|^2}{\partial T} \frac{\partial \tilde{f}(E_{\boldsymbol{k}})}{\partial E_{\boldsymbol{k}}} \bigg|_{T \to T_{\mathrm{c}} - 0} \qquad (16.94)$$

となる．これに式 (16.80) を代入すれば，

$$\Delta C = k_{\mathrm{B}}^2 T_{\mathrm{c}} D_{\mathrm{F}}^{(0)} \frac{8\pi^2}{7\zeta(3)} \qquad (16.95)$$

---

13）$\mu = \epsilon_{\mathrm{F}}(1 - (\pi^2/12)(k_{\mathrm{B}}T/\epsilon_{\mathrm{F}})^2 + \cdots)$ であるので，$\mu$ の温度依存性を無視しても，比熱に現れる誤差は $(k_{\mathrm{B}}T/\epsilon_{\mathrm{F}})^2$ のオーダーに留まる．

を得る．つまり，温度が $T_c$ を超えて超伝導相から正常相へ転移すると同時に，定積比熱は $\Delta C$ だけ不連続に減少する．式 (1.39) より，

$$C_n = \frac{2\pi^2}{3} D_F^{(0)} k_B^2 T_c \tag{16.96}$$

であるから，

$$\left.\frac{\Delta C}{C_n}\right|_{T=T_c} = \frac{12}{7\zeta(3)} \approx 1.43 \tag{16.97}$$

は物質によらない普遍値となる．式 (16.76) と同じく，この関係式も BCS 理論の試金石となる．表 16.1 を見るとわかるように，Nb, Hg, Pb 以外では BCS 理論の普遍値と実験値は近いと言える．

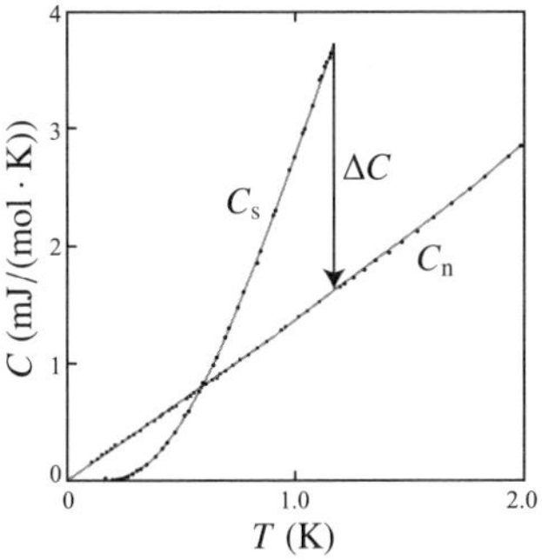


図 16.3　アルミニウムの比熱の温度変化．転移温度以下の正常相の比熱は $3\times10^{-2}$T の磁場を印加して測定されている．[N. E, Phillips: Phys. Rev. **114**, 676 (1959).]

## 第 17 章

# BCS 理論の応用

## 17.1　超伝導体の線形応答

本節では超伝導体の線形応答を論じる．具体的には，一体演算子 $\mathcal{A}$ に対して定義される複素感受率 $\chi_{\mathcal{A}\mathcal{A}^\dagger}(\omega)$ を，BCS ハミルトニアンを使って，

$$\chi_{\mathcal{A}\mathcal{A}^\dagger}(\omega) = \frac{i}{\hbar}\int_0^{+\infty} \left\langle\!\left\langle \left[\mathcal{A}(t), \mathcal{A}^\dagger\right]_- \right\rangle\!\right\rangle_{\mathrm{BCS}} e^{i\omega t - \delta t} dt \tag{17.1}$$

と評価したい．ただし，$\langle\!\langle \bullet \rangle\!\rangle_{\mathrm{BCS}}$ の記号は，大正準アンサンブルを BCS ハミルトニアン $\mathcal{H}_{\mathrm{BCS}} - \mu\mathcal{N}$ を使って計算するだけでなく，演算子の時間発展も，

$$\mathcal{A}(t) \equiv e^{i(\mathcal{H}_{\mathrm{BCS}} - \mu\mathcal{N})t/\hbar}\mathcal{A}e^{-i(\mathcal{H}_{\mathrm{BCS}} - \mu\mathcal{N})t/\hbar} \tag{17.2}$$

と計算することを意味する．以下では，演算子 $\mathcal{A}$ がスピン反転を起こさず[1)]，

$$\mathcal{A} = \sum_{\boldsymbol{k}_1\boldsymbol{k}_2\sigma} (\boldsymbol{k}_1\sigma|\hat{A}|\boldsymbol{k}_2\sigma) c^\dagger_{\boldsymbol{k}_1\sigma} c_{\boldsymbol{k}_2\sigma} \tag{17.3}$$

の形を持ち，式 (4.27) の意味で偶奇性が定まっているとする．即ち，互いに時間反転の関係にある行列要素 $(\boldsymbol{k}_1\uparrow|\hat{A}|\boldsymbol{k}_2\uparrow)$ と $(-\boldsymbol{k}_2\downarrow|\hat{A}|-\boldsymbol{k}_1\downarrow)$ の間に，

$$(\boldsymbol{k}_1\uparrow|\hat{A}|\boldsymbol{k}_2\uparrow) = \eta(-\boldsymbol{k}_2\downarrow|\hat{A}|-\boldsymbol{k}_1\downarrow), \quad (\eta = \pm 1) \tag{17.4}$$

の関係が成り立つと仮定する．たとえば，$\mathcal{A}$ が電子密度を表すとき $\eta = +1$，電流密度を表すとき $\eta = -1$ である．

まず，$\mathcal{A}$ をボゴロンの生成・消滅演算子を用いて，

1) 本節の議論をスピン反転がある場合へ拡張することは容易である．各自やってみよ．

$$\begin{aligned}\mathcal{A} &= \sum_{\boldsymbol{k}_1\boldsymbol{k}_2}(\boldsymbol{k}_1\uparrow|\hat{A}|\boldsymbol{k}_2\uparrow)\left(\tilde{c}^\dagger_{\boldsymbol{k}_1\uparrow}\tilde{c}_{\boldsymbol{k}_2\uparrow}+\eta\tilde{c}^\dagger_{-\boldsymbol{k}_2\downarrow}\tilde{c}_{-\boldsymbol{k}_1\downarrow}\right)\\ &= \sum_{\boldsymbol{k}_1\boldsymbol{k}_2}(\boldsymbol{k}_1\uparrow|\hat{A}|\boldsymbol{k}_2\uparrow)\Big(\left(\cos\vartheta_{\boldsymbol{k}_1}\cos\vartheta_{\boldsymbol{k}_2}-\eta\sin\vartheta_{\boldsymbol{k}_1}\sin\vartheta_{\boldsymbol{k}_2}\right)\left(a^\dagger_{\boldsymbol{k}_1\uparrow}a_{\boldsymbol{k}_2\uparrow}+\eta a^\dagger_{-\boldsymbol{k}_2\downarrow}a_{-\boldsymbol{k}_1\downarrow}\right)\\ &\qquad +\left(\cos\vartheta_{\boldsymbol{k}_1}\sin\vartheta_{\boldsymbol{k}_2}+\eta\sin\vartheta_{\boldsymbol{k}_1}\cos\vartheta_{\boldsymbol{k}_2}\right)\left(a^\dagger_{\boldsymbol{k}_1\uparrow}a^\dagger_{-\boldsymbol{k}_2\downarrow}+\eta a_{-\boldsymbol{k}_1\downarrow}a_{\boldsymbol{k}_2\uparrow}\right)\Big)\end{aligned} \tag{17.5}$$

と表そう（定数項は省いた）．ボゴロンの生成・消滅演算子で表した BCS ハミルトニアンは，相互作用のないフェルミオン系に対するものと同形なので，4.5 節と同様のやり方で $\chi_{\mathcal{A}\mathcal{A}^\dagger}(\omega)$ が求まる．その結果は，

$$\begin{aligned}\chi_{\mathcal{A}\mathcal{A}^\dagger}(\omega) = \sum_{\boldsymbol{k}_1\boldsymbol{k}_2}\left|(\boldsymbol{k}_1\uparrow|\hat{A}|\boldsymbol{k}_2\uparrow)\right|^2 \Bigg\{ &-F_{\boldsymbol{k}_1\boldsymbol{k}_2}\left(\frac{\tilde{f}(E_{\boldsymbol{k}_1})-\tilde{f}(E_{\boldsymbol{k}_2})}{\hbar\omega+E_{\boldsymbol{k}_1}-E_{\boldsymbol{k}_2}+i\delta}+(\boldsymbol{k}_1\leftrightarrow\boldsymbol{k}_2)\right)\\ &-G_{\boldsymbol{k}_1\boldsymbol{k}_2}\left(\frac{1-\tilde{f}(E_{\boldsymbol{k}_1})-\tilde{f}(E_{\boldsymbol{k}_2})}{\hbar\omega-E_{\boldsymbol{k}_1}-E_{\boldsymbol{k}_2}+i\delta}-\frac{1-\tilde{f}(E_{\boldsymbol{k}_1})-\tilde{f}(E_{\boldsymbol{k}_2})}{\hbar\omega+E_{\boldsymbol{k}_1}+E_{\boldsymbol{k}_2}+i\delta}\right)\Bigg\}\end{aligned} \tag{17.6}$$

$$F_{\boldsymbol{k}_1\boldsymbol{k}_2} \equiv \left(\cos\vartheta_{\boldsymbol{k}_1}\cos\vartheta_{\boldsymbol{k}_2}-\eta\sin\vartheta_{\boldsymbol{k}_1}\sin\vartheta_{\boldsymbol{k}_2}\right)^2 = \frac{1}{2}\left(1+\frac{\xi_{\boldsymbol{k}_1}\xi_{\boldsymbol{k}_2}}{E_{\boldsymbol{k}_1}E_{\boldsymbol{k}_2}}-\eta\frac{\left|\Delta_{\boldsymbol{k}_1}\Delta_{\boldsymbol{k}_2}\right|}{E_{\boldsymbol{k}_1}E_{\boldsymbol{k}_2}}\right) \tag{17.7}$$

$$G_{\boldsymbol{k}_1\boldsymbol{k}_2} \equiv \left(\cos\vartheta_{\boldsymbol{k}_1}\sin\vartheta_{\boldsymbol{k}_2}+\eta\sin\vartheta_{\boldsymbol{k}_1}\cos\vartheta_{\boldsymbol{k}_2}\right)^2 = \frac{1}{2}\left(1-\frac{\xi_{\boldsymbol{k}_1}\xi_{\boldsymbol{k}_2}}{E_{\boldsymbol{k}_1}E_{\boldsymbol{k}_2}}+\eta\frac{\left|\Delta_{\boldsymbol{k}_1}\Delta_{\boldsymbol{k}_2}\right|}{E_{\boldsymbol{k}_1}E_{\boldsymbol{k}_2}}\right) \tag{17.8}$$

となる（各自確認せよ）．式 (17.6) の第一項（$F_{\boldsymbol{k}_1\boldsymbol{k}_2}$ に比例する項）と，第二項（$G_{\boldsymbol{k}_1\boldsymbol{k}_2}$ に比例する項）はそれぞれ，式 (17.5) の第一項（ボゴロンの個数を変えない遷移過程）と第二項（ボゴロンの個数を二個増減させる遷移過程）からくる寄与を表している．そもそも $\cos\vartheta_{\boldsymbol{k}}$ や $\sin\vartheta_{\boldsymbol{k}}$ は，電子の生成（消滅）演算子をボゴロンの生成演算子と消滅演算子の量子力学的な重ねあわせとして表したときに現れた係数である．一般に，量子力学的な重ねあわせを考えると干渉効果を生じるが，式 (17.6) でこの効果を表すのが $F_{\boldsymbol{k}_1\boldsymbol{k}_2}$ や $G_{\boldsymbol{k}_1\boldsymbol{k}_2}$ なので，$F_{\boldsymbol{k}_1\boldsymbol{k}_2}$，$G_{\boldsymbol{k}_1\boldsymbol{k}_2}$ を**コヒーレンス因子**と呼ぶ．

4.3 節で示したように，単位時間当たりに系に吸収されるエネルギー（外場のパワー損失）は式 (4.43)，つまり，

$$P(\omega) \equiv \frac{1}{2}|F|^2\omega\mathrm{Im}\chi_{\mathcal{A}\mathcal{A}^\dagger}(\omega) \tag{17.9}$$

によって与えられる．この量をもう少し詳しく調べよう．$P(\omega)$ を式 (17.6) 第

一項（$F_{\boldsymbol{k}_1\boldsymbol{k}_2}$ に比例する項）から来る寄与 $P_1(\omega)$ と，第二項（$G_{\boldsymbol{k}_1\boldsymbol{k}_2}$ に比例する項）から来る寄与 $P_2(\omega)$ に分けて，それぞれを式 (4.44) を使って計算する．

まず，$P_1(\omega)$ はボゴロンの個数を変えない遷移からの寄与だから，$\hbar|\omega| < 2|\Delta|$ の振動数領域でも値を持ち，

$$P_1(\omega) = \frac{|F|^2}{2} 2\pi|A|^2\omega \sum_{|\xi_{\boldsymbol{k}_1}|,|\xi_{\boldsymbol{k}_2}|<\hbar\omega_{\mathrm{D}}} \frac{1}{2}\left(1 - \eta\frac{|\Delta|^2}{E_{\boldsymbol{k}_1}E_{\boldsymbol{k}_2}}\right)\left(\tilde{f}(E_{\boldsymbol{k}_1}) - \tilde{f}(E_{\boldsymbol{k}_2})\right) \times \delta(\hbar\omega + E_{\boldsymbol{k}_1} - E_{\boldsymbol{k}_2}) \tag{17.10}$$

と書き表される．ここで，$\left|(\boldsymbol{k}_1\uparrow|\hat{A}|\boldsymbol{k}_2\uparrow)\right|^2$ の $\boldsymbol{k}_1, \boldsymbol{k}_2$ 依存性が小さいことを仮定し，これを Fermi 面近傍での平均値 $|A|^2$ に置き換えた．また，$\xi_{\boldsymbol{k}_1}$（$\xi_{\boldsymbol{k}_2}$）に関して奇関数となる寄与が，Fermi 面近傍の状態密度を一定値 $D_{\mathrm{F}}^{(0)}$ におく近似の下で，$\boldsymbol{k}_1$（$\boldsymbol{k}_2$）について和をとる際に消えることを用いた．上式右辺の和の中身は $E_{\boldsymbol{k}}$ だけの関数になっている．そこで，$2D_{\mathrm{F}}^{(0)}$ で無次元化したボゴロンの状態密度，

$$\tilde{D}_{\mathrm{s}}(E) \equiv \frac{1}{2D_{\mathrm{F}}^{(0)}V}\sum_{\boldsymbol{k}}\delta(E - E_{\boldsymbol{k}}) \approx \frac{D_{\mathrm{F}}^{(0)}}{2D_{\mathrm{F}}^{(0)}}\int_{-\infty}^{+\infty} d\xi\,\delta\left(E - \sqrt{\xi^2 + |\Delta|^2}\right) = \frac{E\theta(E - |\Delta|)}{\sqrt{E^2 - |\Delta|^2}} \tag{17.11}$$

を導入すると便利である．上式右辺の $\xi$ 積分の範囲は，元々 $-\hbar\omega_{\mathrm{D}}$ から $+\hbar\omega_{\mathrm{D}}$ までだが，$|\Delta| \ll \hbar\omega_{\mathrm{D}}$ に注意して $-\infty$ から $+\infty$ までに拡大した．この $\tilde{D}_{\mathrm{s}}(E)$ を使うと，

$$P_1(\omega) = \frac{|F|^2}{2} 2\pi|A|^2\left(VD_{\mathrm{F}}^{(0)}\right)^2\omega\int_{|\Delta|}^{+\infty} dE\int_{|\Delta|}^{+\infty} dE'\,\tilde{D}_{\mathrm{s}}(E)\tilde{D}_{\mathrm{s}}(E') \times 2\left(1 - \eta\frac{|\Delta|^2}{EE'}\right)\left(\tilde{f}(E) - \tilde{f}(E')\right)\delta(\hbar\omega + E - E') \tag{17.12}$$

と書ける．一方，$P_2(\omega)$ はボゴロンの個数を二個増減させる遷移からの寄与を表すから，$\hbar|\omega| > 2|\Delta|$ でしか値を持たない．実際に $P_1(\omega)$ を求めたときと同様の計算を行い，$\tilde{f}(-E) = 1 - \tilde{f}(E)$ を用いると，

$$P_2(\omega) = \frac{|F|^2}{2}\pi|A|^2\left(VD_{\mathrm{F}}^{(0)}\right)^2\omega\int_{|\Delta|}^{+\infty} dE\int_{|\Delta|}^{+\infty} dE'\,\tilde{D}_{\mathrm{s}}(E)\tilde{D}_{\mathrm{s}}(E')2\left(1 + \eta\frac{|\Delta|^2}{EE'}\right) \times\left(\left(\tilde{f}(-E) - \tilde{f}(E')\right)\delta(\hbar\omega - E - E') + \left(\tilde{f}(E) - \tilde{f}(-E')\right)\delta(\hbar\omega + E + E')\right) \tag{17.13}$$

が得られ，デルタ関数の引数を見てみると，$\hbar|\omega| = |E + E'| \geq 2|\Delta|$ のときしか右辺が値を持たないことを確認できる．

以上まとめると，

$$\begin{aligned}P(\omega) &= P_1(\omega) + P_2(\omega) \\ &= \frac{|F|^2}{2} 2\pi |A|^2 \left(V D_{\mathrm{F}}^{(0)}\right)^2 \omega \int_{|E|\geq|\Delta|} dE \int_{|E'|\geq|\Delta|} dE' \; \tilde{D}_{\mathrm{s}}(|E|) \tilde{D}_{\mathrm{s}}(|E'|) \\ &\quad \times \left(1 - \eta \frac{|\Delta|^2}{EE'}\right) \left(\tilde{f}(E) - \tilde{f}(E')\right) \delta(\hbar\omega + E - E') \\ &= \frac{|F|^2}{2} 2\pi |A|^2 \left(V D_{\mathrm{F}}^{(0)}\right)^2 \omega \int_{\substack{|E|\geq|\Delta| \\ |E+\hbar\omega|\geq|\Delta|}} dE \; \tilde{D}_{\mathrm{s}}(|E|) \tilde{D}_{\mathrm{s}}(|E+\hbar\omega|) \\ &\quad \times \left(1 - \eta \frac{|\Delta|^2}{E(E+\hbar\omega)}\right) \left(\tilde{f}(E) - \tilde{f}(E+\hbar\omega)\right) \end{aligned} \tag{17.14}$$

となる．正常相を仮定した場合の $P(\omega)$ を $P_{\mathrm{n}}(\omega)$ とすると，これは上式で $\Delta \to 0$ の極限をとれば求まり，$\lim_{\Delta\to 0} \tilde{D}_{\mathrm{s}}(E) = 1$ に注意すると，

$$\begin{aligned}P_{\mathrm{n}}(\omega) &\approx \frac{|F|^2}{2} 2\pi |A|^2 \left(V D_{\mathrm{F}}^{(0)}\right)^2 \omega \int_{-\infty}^{+\infty} dE \left(\tilde{f}(E) - \tilde{f}(E+\hbar\omega)\right) \\ &= \frac{|F|^2}{2} 2\pi |A|^2 \left(V D_{\mathrm{F}}^{(0)}\right)^2 \hbar\omega^2 \end{aligned} \tag{17.15}$$

と書ける．したがって，比 $P/P_{\mathrm{n}}$ の表式は，

$$\frac{P(\omega)}{P_{\mathrm{n}}(\omega)} \approx \frac{1}{\hbar\omega} \int_{\substack{|E|\geq|\Delta| \\ |E+\hbar\omega|\geq|\Delta|}} dE \; \frac{\left|E(E+\hbar\omega) - \eta|\Delta|^2\right|}{\sqrt{E^2 - |\Delta|^2}\sqrt{(E+\hbar\omega)^2 - |\Delta|^2}} \left(\tilde{f}(E) - \tilde{f}(E+\hbar\omega)\right) \tag{17.16}$$

となる．

特に，$\hbar|\omega| \ll |\Delta|$ かつ $\hbar|\omega| \ll k_{\mathrm{B}}T$ の低振動数領域（$\omega \to 0$ の極限）に着目しよう．$\hbar|\omega| \ll k_{\mathrm{B}}T$ であることから，$\tilde{f}(E) - \tilde{f}(E+\hbar\omega) \approx (-\partial\tilde{f}/\partial E)\hbar\omega$ と近似できるので，

$$\frac{P(\omega)}{P_{\mathrm{n}}(\omega)} \approx \int_{\substack{|E|\geq|\Delta| \\ |E+\hbar\omega|\geq|\Delta|}} dE \; \frac{\left|E(E+\hbar\omega) - \eta|\Delta|^2\right|}{\sqrt{E^2 - |\Delta|^2}\sqrt{(E+\hbar\omega)^2 - |\Delta|^2}} \left(-\frac{\partial\tilde{f}}{\partial E}\right) \tag{17.17}$$

を得る．まず，$\eta = +1$ の場合を考えると，$\hbar|\omega| \ll |\Delta|$ であることから，右辺の積分の中で $\omega = 0$ と近似できて，

$$\frac{P(\omega)}{P_{\rm n}(\omega)} \approx \int_{|E|\geq|\Delta|} dE \left(-\frac{\partial \tilde{f}}{\partial E}\right) = 2\tilde{f}\,(|\Delta|) \tag{17.18}$$

となり，$T_{\rm c}$ 以下で温度を下げると，$|\Delta|$ が急激に増大するので，$P/P_{\rm n}$ は急激に減少する．一方，$\eta = -1$ の場合，単純に $\omega = 0$ とすると，右辺の積分が対数的に発散する．しかし，実際の固体では，$|\Delta_{\boldsymbol{k}}|$ が定数ではなく $\boldsymbol{k}$ の向きに依存するし，フォノン散乱等によるエネルギー準位のぼけもあるから，$\omega \to 0$ でも積分は有限値に留まる．このとき，温度を $T_{\rm c}$ 以下で下げると，$P/P_{\rm n}$ は単調に変化せず，一旦増大（発散の名残り）してから減少（$-\partial\tilde{f}/\partial E$ の効果）に転じ，$T_{\rm c}$ より少し低い温度で最大となる（**Hebel-Slichter ピーク**）．

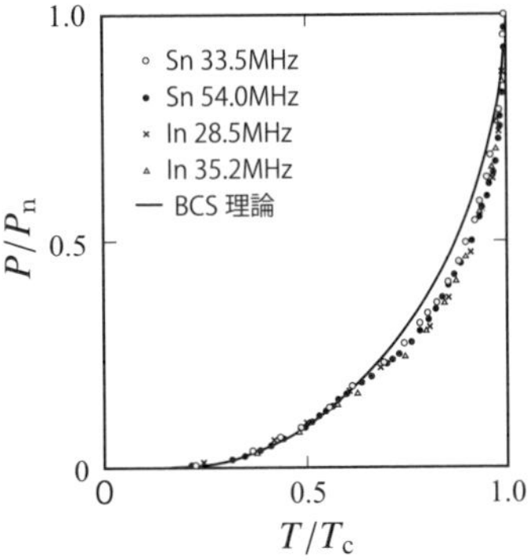


図 17.1 超音波吸収 [R. W. Morse and H. V. Bohm: Phys. Rev. **108**, 1094 (1957).]

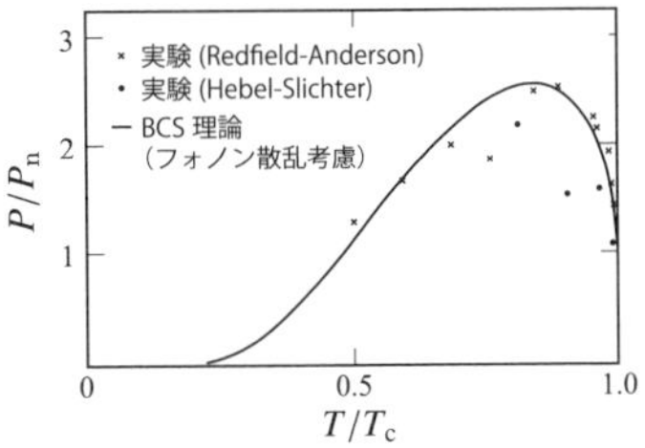


図 17.2 アルミニウムの核スピン緩和レート [M. Fibich: Phys. Rev. Lett. **14**, 561 (1965).]

ここでは詳細を述べないが[2]，超音波吸収は $\eta = +1, \omega \to 0$ の場合に当たり，式 (17.18) が実験で得られる $P/P_{\rm n}$ の温度依存性を見事に説明する（図 17.1）．一方，核スピン緩和レートは $\eta = -1, \omega \to 0$ の場合に当たり，$P/P_{\rm n}$ の温度依存性に Hebel-Slichter ピークが実測されている（図 17.2）．また，超伝導体薄膜による遠赤外光の吸収は，$\eta = -1, \hbar|\omega| \gg k_{\rm B}T$ の場合に当たり，式 (17.16) において $\tilde{f}(E) - \tilde{f}(E+\hbar\omega) \approx \theta(E+\hbar\omega) - \theta(E)$ と近似した結果が，低温で測定されたスペクトルの形状をよく再現する[3]．これらの実験結果との整合性が，BCS 理論の妥当性を確固たるものにしている．

2) より詳しい議論は M. Tinkham: *Introduction to Superconductivity* (Dover, 2004) を参照.

3) 系に並進対称性があれば，運動量保存則から $(\boldsymbol{k}_1\uparrow|\hat{A}|\boldsymbol{k}_2\uparrow) \propto \delta_{\boldsymbol{k}_1\boldsymbol{k}_2}$ となり，式 (17.10) が成立せず，$P(\omega) = 0$ となる．ここでは並進対称性が破れ，$|(\boldsymbol{k}_1\uparrow|\hat{A}|\boldsymbol{k}_2\uparrow)| \approx |A|$ とおける状況を想定している．

## 17.2　Meissner-Ochsenfeld 効果

8.5 節で述べたように，本書では系が Meissner-Ochsenfeld 効果を示すこと，即ち，Meissner 重みが正であること，

$$D^{(\mathrm{M})} \equiv \lim_{q\to 0} K_\perp(q, \omega = 0) > 0 \tag{17.19}$$

を超伝導の定義とした．本節では，自発的にゲージ対称性が破れた秩序相が，上記の条件が満たすことを示そう．

BCS ハミルトニアンでは，電子間に働く Coulomb 相互作用が顕に考慮されていないから，$\boldsymbol{E}$ 法を採用し，電場 $\boldsymbol{E}$ と磁束密度 $\boldsymbol{B}$ を外場として扱って電磁応答を調べることになる．スカラーポテンシャルをゼロとする Weyl ゲージを課し，電場 $\boldsymbol{E}$ と磁束密度 $\boldsymbol{B}$ の両方をベクトルポテンシャル $\boldsymbol{A}$ だけで表そう．このとき，線形応答の範囲で，

$$\boldsymbol{j}^{(\mathrm{in})}(\boldsymbol{q}, \omega) = -\frac{1}{c}\underline{K}(\boldsymbol{q}, \omega)\boldsymbol{A}(\boldsymbol{q}, \omega) \tag{17.20}$$

が成り立つ．ここでは，動的な電磁応答まで考えている．電磁応答核テンソルの空間部分 $\underline{K}(\boldsymbol{q}, \omega)$ は，式 (8.42) で $\boldsymbol{q} = \boldsymbol{q}'$，$D^{(0)} = ne^2/m$（$n$：電子密度）として，

$$K_{\mu\nu}(\boldsymbol{q}, \omega) = -\frac{1}{V}\chi_{\mathcal{J}_\mu^{(\mathrm{p})}(\boldsymbol{q}), \mathcal{J}_\nu^{(\mathrm{p})}(-\boldsymbol{q})}(\omega) + \frac{ne^2}{m}\delta_{\mu\nu} \tag{17.21}$$

と書け，常磁性電流密度演算子は，第二量子化された形で，

$$\begin{aligned}\mathcal{J}^{(\mathrm{p})}(\boldsymbol{q}) &\equiv \frac{-e}{2m}\sum_{\boldsymbol{k}_1\boldsymbol{k}_2\sigma}(\boldsymbol{k}_1|\left[\hat{\boldsymbol{p}}, e^{-i\boldsymbol{q}\cdot\hat{\boldsymbol{r}}}\right]_+|\boldsymbol{k}_2)c^\dagger_{\boldsymbol{k}_1\sigma}c_{\boldsymbol{k}_2\sigma} \\ &= -e\sum_{\boldsymbol{k}}\frac{\hbar(\boldsymbol{k}+\boldsymbol{q}/2)}{m}\left(\tilde{c}^\dagger_{\boldsymbol{k}\uparrow}\tilde{c}_{\boldsymbol{k}+\boldsymbol{q}\uparrow} - \tilde{c}^\dagger_{-\boldsymbol{k}-\boldsymbol{q}\downarrow}\tilde{c}_{-\boldsymbol{k}\downarrow}\right)\end{aligned} \tag{17.22}$$

と表せる．ここで，行列要素を，

$$(\boldsymbol{k}_1|\left[\hat{\boldsymbol{p}}, e^{-i\boldsymbol{q}\cdot\hat{\boldsymbol{r}}}\right]_+|\boldsymbol{k}_2) = (\boldsymbol{k}_1|\hat{\boldsymbol{p}}|\boldsymbol{k}_2 - \boldsymbol{q}) + (\boldsymbol{k}_1 + \boldsymbol{q}|\hat{\boldsymbol{p}}|\boldsymbol{k}_2) = \hbar\,(2\boldsymbol{k}_1 + \boldsymbol{q})\,\delta_{\boldsymbol{k}_2, \boldsymbol{k}_1+\boldsymbol{q}} \tag{17.23}$$

と計算した．

系に等方性があるので，横場に対する応答と縦場に対する応答を分けて考えてよい．横場に対する電磁応答核 $K_\perp(q, \omega)$ は，$\boldsymbol{q}$ と同じ向きを持つ単位ベクトルを $\hat{\boldsymbol{q}} = \boldsymbol{q}/q$，それと直交する任意の単位ベクトルを $\boldsymbol{e}$ として，

$$K_{\perp}(q,\omega) \equiv \frac{ne^2}{m} - \frac{1}{V}\chi_{e\cdot\mathcal{J}^{(p)}(q),\mathcal{J}^{(p)}(-q)\cdot e}(\omega) = \frac{ne^2}{m} - \frac{1}{V}\sum_{k}(\boldsymbol{k}\cdot\boldsymbol{e})^2 L_{\boldsymbol{k}}(\boldsymbol{q},\omega)$$
$$= \frac{ne^2}{m} - \frac{1}{V}\sum_{k}\frac{1}{2}\left(k^2 - (\boldsymbol{k}\cdot\hat{\boldsymbol{q}})^2\right)L_{\boldsymbol{k}}(\boldsymbol{q},\omega) \tag{17.24}$$

と計算される．ただし，

$$L_{\boldsymbol{k}}(\boldsymbol{q},\omega) \equiv \frac{e^2\hbar^2}{m^2}\left(-F_{\boldsymbol{k},\boldsymbol{k}+\boldsymbol{q}}\left(\frac{\tilde{f}(E_{\boldsymbol{k}}) - \tilde{f}(E_{\boldsymbol{k}+\boldsymbol{q}})}{\hbar\omega + E_{\boldsymbol{k}} - E_{\boldsymbol{k}+\boldsymbol{q}} + i\delta} + (\boldsymbol{k}\leftrightarrow\boldsymbol{k}+\boldsymbol{q})\right)\right.$$
$$\left. - G_{\boldsymbol{k},\boldsymbol{k}+\boldsymbol{q}}\left(\frac{1-\tilde{f}(E_{\boldsymbol{k}}) - \tilde{f}(E_{\boldsymbol{k}+\boldsymbol{q}})}{\hbar\omega - E_{\boldsymbol{k}} - E_{\boldsymbol{k}+\boldsymbol{q}} + i\delta} - \frac{1-\tilde{f}(E_{\boldsymbol{k}}) - \tilde{f}(E_{\boldsymbol{k}+\boldsymbol{q}})}{\hbar\omega + E_{\boldsymbol{k}} + E_{\boldsymbol{k}+\boldsymbol{q}} + i\delta}\right)\right) \tag{17.25}$$

である．上式を導く際，公式(17.6)の $\eta = -1$ の場合を適用して，$\chi_{e\cdot\mathcal{J}^{(p)}(q),\mathcal{J}^{(p)}(-q)\cdot e}(\omega)$ を計算した．また，$K_{\perp}(q,\omega) \equiv \boldsymbol{e}\cdot(\underline{K}(\boldsymbol{q},\omega)\boldsymbol{e})$ は，$\boldsymbol{e}$ が $\hat{\boldsymbol{q}}$ に直交していれば，$\boldsymbol{e}$ の選択によらないことに注意しよう．この事実から式(17.24)右辺の最終段の変形が示される．

式(8.76), (8.80)からわかるように，$K_{\perp}(q,\omega=0)$ は一様な静磁束密度に対する線形応答（透磁率や磁気感受率）を決める．ここでは Zeeman 分裂の効果を考慮していないので，電子の軌道運動に起因する磁性を考えていることになる．$q\to 0$ では，$F_{\boldsymbol{k},\boldsymbol{k}+\boldsymbol{q}} \to 1$，$G_{\boldsymbol{k},\boldsymbol{k}+\boldsymbol{q}} \to 0$ となるため，

$$\lim_{q\to 0} L_{\boldsymbol{k}}(\boldsymbol{q},\omega=0) = \frac{e^2\hbar^2}{m^2}\left(-2\tilde{f}'(E_{\boldsymbol{k}})\right) \tag{17.26}$$

を得る．したがって，$\vartheta$ を $\hat{\boldsymbol{q}}$ と $\boldsymbol{k}$ がなす角として，

$$D^{(\mathrm{M})} = \frac{ne^2}{m} + \frac{e^2\hbar^2}{m^2}\frac{1}{V}\sum_{\boldsymbol{k}}k^2\left(1-\cos^2\vartheta\right)\tilde{f}'(E_{\boldsymbol{k}})$$
$$= \frac{ne^2}{m} + \frac{e^2}{m}\frac{4}{3V}\sum_{\boldsymbol{k}}\frac{\hbar^2k^2}{2m}\tilde{f}'(E_{\boldsymbol{k}})$$
$$\approx \frac{ne^2}{m} + \frac{e^2}{m}\frac{4\epsilon_{\mathrm{F}}}{3}2D_{\mathrm{F}}^{(0)}\int_{|\Delta|}^{+\infty}\tilde{D}_{\mathrm{s}}(E)\tilde{f}'(E)\,dE$$
$$= \frac{ne^2}{m}\left(1 + 2\int_{|\Delta|}^{+\infty}\frac{E\tilde{f}'(E)}{\sqrt{E^2-|\Delta|^2}}dE\right) \tag{17.27}$$

が成り立つ．絶対零度では，$\tilde{f}'(E_{\mathrm{k}}) = -\delta(E_{\boldsymbol{k}}) = 0$ だから，$\Delta \neq 0$ である限り式(17.27)右辺の積分がゼロとなり，$D^{(\mathrm{M})} = ne^2/m \neq 0$ を得る．温度を上げると $D^{(\mathrm{M})}$ は単調減少し，$T = T_{\mathrm{c}}$ において $\Delta = 0$ となったとき，式(17.27)右辺の積分が $\int_0^{+\infty}\tilde{f}'(E)dE = \tilde{f}(+\infty) - \tilde{f}(0) = -1/2$ となって，$D^{(\mathrm{M})} = 0$ となる．つま

り，**$\Delta \neq 0$ である限り Meissner 重みはゼロでなく，系は Meissner-Ochsenfeld 効果を示す**[4]．

静的な磁束密度，系内の電流密度の横成分，ベクトルポテンシャルの横成分の波数表示を，それぞれ $\boldsymbol{B}(\boldsymbol{q})$，$\boldsymbol{j}_\perp^{(\mathrm{in})}(\boldsymbol{q})$，$\boldsymbol{A}_\perp(\boldsymbol{q})$ とし（つまり，$\boldsymbol{B}(\boldsymbol{q},\omega) = \boldsymbol{B}(\boldsymbol{q})\cdot 2\pi\delta(\omega)$ 等の意味），小さな $q$ に対し $K_\perp(q,\omega = 0)$ の $q$ 依存性を無視すると，**London 方程式**[5]，

$$\boldsymbol{j}_\perp^{(\mathrm{in})}(\boldsymbol{q}) = -\frac{1}{c}D^{(\mathrm{M})}\boldsymbol{A}_\perp(\boldsymbol{q}) \tag{17.28}$$

が得られ，特に外部電流密度がない（$\boldsymbol{j}(\boldsymbol{q}) - \boldsymbol{j}^{(\mathrm{in})}(\boldsymbol{q}) = \boldsymbol{j}^{(\mathrm{ex})}(\boldsymbol{q}) = 0$）ときには，上式と Maxwell 方程式 (8.15) は，

---

4）正常相（つまり Sommerfeld モデル）における $K_\perp(q,\omega = 0)$ をもう少し調べておこう．$\Delta = 0$ とし，$k_\mathrm{B}T/\epsilon_\mathrm{F}$ の二次以上の補正項を無視して，$q$ の二次近似で評価すると，$\hat{\boldsymbol{q}}$ と $\boldsymbol{k}$ のなす角を $\vartheta$ として，

$$\begin{aligned}
&K_\perp(q,\omega = 0)\\
&= \frac{ne^2}{m} - \frac{e^2\hbar^2}{m^2V}\sum_{\boldsymbol{k}}\frac{k^2q^2 - |\boldsymbol{k}\cdot\boldsymbol{q}|^2}{2q^2}\left(-2\frac{f(\epsilon_{\boldsymbol{k}}) - f(\epsilon_{\boldsymbol{k}+\boldsymbol{q}})}{\epsilon_{\boldsymbol{k}} - \epsilon_{\boldsymbol{k}+\boldsymbol{q}}}\right)\\
&= \frac{ne^2}{m} - \frac{e^2}{m}\frac{1}{V}\sum_{\boldsymbol{k}}2\epsilon_{\boldsymbol{k}}\,(1-\cos^2\vartheta)\left(-f'(\epsilon_{\boldsymbol{k}}) - \frac{1}{2}f''(\epsilon_{\boldsymbol{k}})\epsilon_q - \frac{1}{3!}f'''(\epsilon_{\boldsymbol{k}})4\epsilon_{\boldsymbol{k}}\epsilon_q\cos^2\vartheta\right)\\
&= \frac{ne^2}{m} - \frac{2e^2}{m}D_\mathrm{F}^{(0)}\int_0^{+\infty}d\epsilon\,\sqrt{\frac{\epsilon}{\epsilon_\mathrm{F}}}2\epsilon\left(-\frac{2}{3}f'(\epsilon) - \frac{2}{3}\cdot\frac{1}{2}f''(\epsilon)\epsilon_q - \left(\frac{1}{3}-\frac{1}{5}\right)\frac{4}{3!}\epsilon f'''(\epsilon)\epsilon_q\right)\\
&= -\frac{2e^2}{m}D_\mathrm{F}^{(0)}\int_0^{+\infty}d\epsilon\left(\frac{1}{3}\cdot\frac{3}{2}\sqrt{\frac{\epsilon}{\epsilon_\mathrm{F}}}f'(\epsilon) - \frac{4}{45}\cdot\frac{5}{2}\cdot\frac{3}{2}\sqrt{\frac{\epsilon}{\epsilon_\mathrm{F}}}f'(\epsilon)\right)\epsilon_q\\
&= \frac{e^2}{m^2}\cdot\frac{D_\mathrm{F}^{(0)}}{6}(\hbar q)^2
\end{aligned}$$

を得る（$-f'(\epsilon) = \delta(\epsilon - \epsilon_\mathrm{F})$ と近似した）．ここで，式 (8.80) を用いると，静的一様磁気感受率が，

$$\chi_\mathrm{o} = \lim_{q\to 0}\frac{-K_\perp(q,\omega = 0)}{(cq)^2} = -\frac{e^2\hbar^2}{m^2c^2}\cdot\frac{D_\mathrm{F}^{(0)}}{6} = -\frac{2}{3}\mu_\mathrm{B}^2D_\mathrm{F}^{(0)}$$

と求まる．通常の $r_\mathrm{s} \sim 1$ の金属を想定して $e^2k_\mathrm{F} \sim \epsilon_\mathrm{F} = mv_\mathrm{F}^2/2$（$v_\mathrm{F}$: Fermi 速度）だと考えると，8.3 節で述べたように，$|\chi_\mathrm{o}| \sim (v_\mathrm{F}/c)^2$ である．$\chi_\mathrm{o} < 0$ だから反磁性（**Landau 反磁性**）が現れている．ただし，ここで考えた磁化が電子の軌道運動に由来するもので，スピン磁化を含まない点に注意が要る．電子のスピンは常磁性（**Pauli 常磁性**）を示す．実際，スピン磁気感受率は，式 (12.23) に $D_\mathrm{F}^* = D_\mathrm{F}^{(0)}$，$F_0^{(\mathrm{a})} = 0$ を代入することによって，$\chi_\mathrm{s} = 2\mu_\mathrm{B}^2D_\mathrm{F}^{(0)} > 0$ と求まる．結局，軌道とスピン両方の寄与を合わせた磁化に対して定義される磁気感受率は，

$$\chi_\mathrm{m} = \chi_\mathrm{o} + \chi_\mathrm{s} = \frac{4}{3}\mu_\mathrm{B}^2D_\mathrm{F}^{(0)} > 0$$

となり，全体として Sommerfeld モデルが常磁性を示すことがわかる．

5）F. London and H. London: Proc. R. Soc. Lond. A **149**, 71 (1935). 二人の著者は兄弟．

$$-q^2 \boldsymbol{A}_\perp(\boldsymbol{q}) = \frac{1}{\lambda_{\mathrm{M}}^2} \boldsymbol{A}_\perp(\boldsymbol{q}), \quad \left( \Leftrightarrow \nabla \cdot \boldsymbol{B}(\boldsymbol{r}) = 0 \text{ かつ } \nabla^2 \boldsymbol{B}(\boldsymbol{r}) = \frac{1}{\lambda_{\mathrm{M}}^2} \boldsymbol{B}(\boldsymbol{r}) \right) \tag{17.29}$$

を導く．上式に現れる長さ，

$$\lambda_{\mathrm{M}} \equiv \frac{c}{\sqrt{4\pi D^{(\mathrm{M})}}} \tag{17.30}$$

を，後述する物理的意味から**侵入長**と呼ぶ．絶対零度では，プラズマ振動数 $\omega_{\mathrm{p}} \equiv \sqrt{4\pi n e^2/m}$ を使って $\lambda_{\mathrm{M}} = c/\omega_{\mathrm{p}}$ と表せ，その典型的な値は $10^{-8} - 10^{-7}$m 程度である（9.3 節を参照）．

ここで，$x < 0$ が真空，$x > 0$ が超伝導体で，$x \to -\infty$ で $\boldsymbol{B}$ が一様だとしよう．系の対称性から $\boldsymbol{B}$ が $y$ と $z$ に依存しないので，方程式 (17.29) は超伝導体内部（$x \geq 0$）で $B_x(x) = 0$，$B_\mu(x) = B_\mu(0)e^{-x/\lambda_{\mathrm{M}}}$ $(\mu = y, z)$ を導く．つまり，超伝導体内部の磁束密度は表面（$x = 0$）に平行な成分しか持てず，平行成分も表面から侵入長 $\lambda_{\mathrm{M}}$ 程度の深さまでしか内部に入り込めない．侵入長のスケールで見ると磁束密度は $x = 0$ で連続だから，真空側でも超伝導体表面に近づくと磁束密度が表面に平行になる．一般的な形状を持つ超伝導体でも同様で，超伝導体表面で磁束密度は表面に平行な成分しか持てず，超伝導体内部の磁束密度は表面から侵入長程度の深さまでしか存在できない．結局，外部磁場中に置かれた超伝導体は，図 17.3 のように磁束を「排斥」する[6)]．

ここで，$K_\perp(q, \omega = 0)$ の $q$ 依存性を無視するという近似の妥当性を検討しておこう．以下では簡単のために絶対零度で議論する．式 (17.24) を見るとわかるように，$K_\perp(q, \omega = 0)$ の $q$ 依存性は $E_{\boldsymbol{k}+\boldsymbol{q}}$ を通じて入る．したがって，$|\xi_{\boldsymbol{k}+\boldsymbol{q}} - \xi_{\boldsymbol{k}}| \approx \hbar v_{\mathrm{F}} q \ll |\Delta|$ が満たされていれば，$K\perp(q, \omega = 0)$ の $q$ 依存性を無視できる．この条件は，式 (16.69) によって定義される Pippard の長さ $\xi_0$ を使うと，$q \ll 1/\xi_0$ と表現できる．一方，London 方程式が成立しているのだとすれば，$q \sim 1/\lambda_{\mathrm{M}}$ だから，$K_\perp(q, \omega = 0)$ の $q$ 依存性を無視できるのは，$\lambda_{\mathrm{M}} \gg \xi_0$ が成

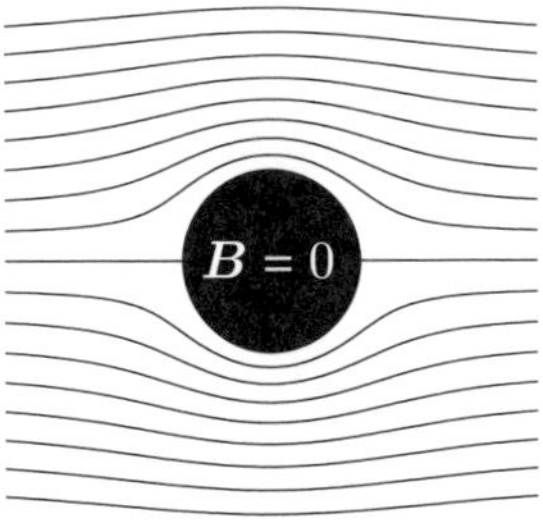


図 17.3　一様磁場に対し垂直に置かれた超伝導体の円柱（黒く塗り潰した）が磁束を排斥する様子．実線は円柱に垂直な面上で描いた磁力線.

6) 真空領域の $\boldsymbol{B}(\boldsymbol{r})$ は，$\nabla \cdot \boldsymbol{B} = 0, \nabla \times \boldsymbol{B} = 0$ を，無限遠方で $\boldsymbol{B}(\boldsymbol{r})$ が一様な外部磁場に一致し，超伝導体の表面で $\boldsymbol{B}(\boldsymbol{r})$ が表面に平行な成分しか持たないという境界条件の下で解けば求まる．つまり $\boldsymbol{B}(\boldsymbol{r})$ は，非圧縮性完全流体の一様定常流の中に物体を置いたときにできる渦なし流と等価.

立する場合である．このような超伝導体を**London 型**と呼ぶ．逆に，$\lambda_{\mathrm{M}} \lesssim \xi_0$ ならば，$K_\perp(q,\omega = 0)$ の $q$ 依存性を残したまま扱う必要がある．このような超伝導体を **Pippard 型**と呼ぶ．Pippard 型の超伝導体も磁束を排斥することに変わりはないが，侵入長は式 (17.29) から変更される．ここでは，$\lambda_{\mathrm{M}} \ll \xi_0$ であるとして，有効的な侵入長 $\lambda_{\mathrm{eff}}$ を大雑把に見積もってみよう．Cooper 対の大きさが $\xi_0$ 程度なのに対し，$\boldsymbol{A}_\perp$ は表面から $\lambda_{\mathrm{eff}}$ の厚みまでしか届かないから，Meissner 重みが $\lambda_{\mathrm{eff}}/\xi_0$ 倍程度に抑えられると考えると，$\lambda_{\mathrm{eff}} \sim c/\sqrt{4\pi(\lambda_{\mathrm{eff}}/\xi_0)D^{(\mathrm{M})}} = (\xi_0/\lambda_{\mathrm{eff}})^{1/2}\lambda_{\mathrm{M}}$ を得る．したがって，

$$\lambda_{\mathrm{eff}} \sim \lambda_{\mathrm{M}}\,(\xi_0/\lambda_{\mathrm{M}})^{1/3} \tag{17.31}$$

となり，$(\xi_0/\lambda_{\mathrm{M}})^{1/3}$ の因子の分だけ $\lambda_{\mathrm{M}}$ より長くなる．

以上見てきたように，BCS 理論は，自発的にゲージ対称性を破った秩序相（$\Delta \neq 0$ の相）が Meissner-Ochsenfeld 効果を示すことを予言する．ただし，同時に問題も残っている．上で行ったのと同じ方法で，縦場に対する電磁応答核 $K_\parallel(q,\omega)$ を求めてみると，

$$\begin{aligned} K_\parallel(q,\omega) \equiv \hat{\boldsymbol{q}}\cdot(\underline{K}(\boldsymbol{q},\omega)\hat{\boldsymbol{q}}) &= \frac{ne^2}{m} - \frac{1}{V}\chi_{\hat{\boldsymbol{q}}\cdot\mathcal{J}^{(\mathrm{p})}(\boldsymbol{q}),\mathcal{J}^{(\mathrm{p})}(-\boldsymbol{q})\cdot\hat{\boldsymbol{q}}}(\omega) \\ &= \frac{ne^2}{m} - \frac{1}{V}\sum_{\boldsymbol{k}}\left(\hat{\boldsymbol{q}}\cdot\left(\boldsymbol{k}+\frac{\boldsymbol{q}}{2}\right)\right)^2 L_{\boldsymbol{k}}(\boldsymbol{q},\omega) \end{aligned} \tag{17.32}$$

となる．これは，

$$\lim_{q\to 0} K_\parallel(q,\omega = 0) = D^{(\mathrm{M})} > 0 \tag{17.33}$$

つまり，十分小さな $q$ に対して，

$$j_\parallel^{(\mathrm{in})}(\boldsymbol{q}) \stackrel{?}{=} -\frac{1}{c}K_\parallel(q,\omega = 0)A_\parallel(\boldsymbol{q}) \approx -\frac{1}{c}D^{(\mathrm{M})}A_\parallel(\boldsymbol{q}) \tag{17.34}$$

が成り立つことを意味する．本節では，スカラーポテンシャルをゼロとする Weyl ゲージを選んだが，それでも $\boldsymbol{A}(\boldsymbol{r}) \rightsquigarrow \boldsymbol{A}(\boldsymbol{r}) + \nabla\Lambda(\boldsymbol{r})$（$\Leftrightarrow A_\parallel(\boldsymbol{q}) \rightsquigarrow A_\parallel(\boldsymbol{q}) + iq\Lambda(\boldsymbol{q})$）とするゲージ変換の自由度は残っている．ところが，左辺の電流密度の縦成分 $j_\parallel(\boldsymbol{q})$ はゲージ不変なのに，$D^{(\mathrm{M})} > 0$ のとき右辺はこのゲージ変換に対して不変ではなく，矛盾を生じる．この問題の解決は次節へ先送りする．

## 17.3　Josephson 効果・磁束の量子化

図 17.4 のように，左右に置かれた二つの超伝導体を薄い絶縁膜を挟んで接触させると，電子の波動関数が絶縁膜内部へしみ出すので，二つの超伝導体の間を電子が移動できるようになる．言葉を変えると，二つの超伝導体の電子の波動関数が境界近くで混成する．この接合系（**Josephson 接合**）のハミルトニアンは，

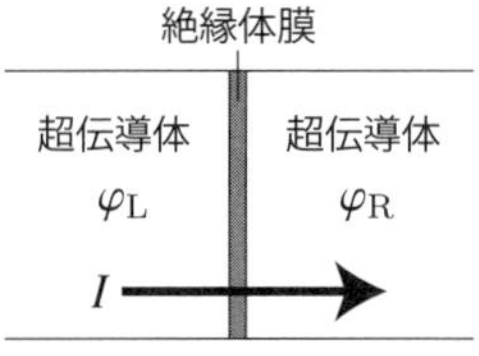

図 17.4　Josephson 接合

$$\mathcal{H} - \mu\mathcal{N} = (\mathcal{H}_{\rm L} - \mu\mathcal{N}_{\rm L}) + (\mathcal{H}_{\rm R} - \mu\mathcal{N}_{\rm R}) + \mathcal{H}_{\rm LR} \tag{17.35}$$

と書ける．ここで $\mathcal{H}_{\rm L} - \mu\mathcal{N}_{\rm L}$ と $\mathcal{H}_{\rm R} - \mu\mathcal{N}_{\rm R}$ はそれぞれ左側，右側の超伝導体を記述する BCS ハミルトニアンで，ボゴロンの生成・消滅演算子を使うと，式 (16.57) の形，

$$\mathcal{H}_{\rm L} - \mu\mathcal{N}_{\rm L} = \sum_{\boldsymbol{k}} E_{{\rm L}\boldsymbol{k}} \left( a^\dagger_{{\rm L}\boldsymbol{k}\uparrow} a_{{\rm L}\boldsymbol{k}\uparrow} + a^\dagger_{{\rm L}-\boldsymbol{k}\downarrow} a_{{\rm L}-\boldsymbol{k}\downarrow} \right) + W_{\rm L} \tag{17.36}$$

$$\mathcal{H}_{\rm R} - \mu\mathcal{N}_{\rm R} = \sum_{\boldsymbol{k}} E_{{\rm R}\boldsymbol{k}} \left( a^\dagger_{{\rm R}\boldsymbol{k}\uparrow} a_{{\rm R}\boldsymbol{k}\uparrow} + a^\dagger_{{\rm R}-\boldsymbol{k}\downarrow} a_{{\rm R}-\boldsymbol{k}\downarrow} \right) + W_{\rm R} \tag{17.37}$$

に表せる．ここで，左右の超伝導体の別をそれぞれ L と R の添字で区別し，$\mathcal{H}_{\rm L} - \mu\mathcal{N}_{\rm L}$ および $\mathcal{H}_{\rm R} - \mu\mathcal{N}_{\rm R}$ の基底状態のエネルギーを，それぞれ $W_{\rm L}$ および $W_{\rm R}$ とした．対応する基底状態をそれぞれ $|\Psi^{(0)}_{\rm L}\rangle$ および $|\Psi^{(0)}_{\rm R}\rangle$ とすれば，それらはボゴロンの真空状態になっている．つまり，左右の超伝導体におけるボゴロンの消滅演算子をそれぞれ $a_{{\rm L}k\sigma}$ および $a_{{\rm R}k\sigma}$ として，$a_{{\rm L}k\sigma}|\Psi^{(0)}_{\rm L}\rangle = a_{{\rm R}k\sigma}|\Psi^{(0)}_{\rm R}\rangle = 0$ が成り立つ．一方，

$$\mathcal{H}_{\rm LR} = \sum_{\boldsymbol{k}\boldsymbol{k}'\sigma} \left( T_{\boldsymbol{k},\boldsymbol{k}'} c^\dagger_{{\rm L}\boldsymbol{k}\sigma} c_{{\rm R}\boldsymbol{k}'\sigma} + T^*_{\boldsymbol{k},\boldsymbol{k}'} c^\dagger_{{\rm R}\boldsymbol{k}'\sigma} c_{{\rm L}\boldsymbol{k}\sigma} \right) \tag{17.38}$$

は左右の超伝導体を電子が往来するトンネル過程を表す．ここで，$T_{\boldsymbol{k}\boldsymbol{k}'}$ は一個の電子が絶縁体膜をトンネルする遷移の確率振幅である．電子の生成・消滅演算子 $c^\dagger_{{\rm L},\boldsymbol{k},\sigma}$, $c_{{\rm L},\boldsymbol{k},\sigma}$, $c^\dagger_{{\rm R},\boldsymbol{k},\sigma}$, $c_{{\rm R},\boldsymbol{k},\sigma}$ を使わず，ボゴロンの生成・消滅演算子を使って書き直せば，

$$\mathcal{H}_{\rm LR} = \mathcal{T} + \mathcal{T}^\dagger \tag{17.39}$$

$$\begin{aligned}\mathcal{T} &\equiv e^{i\varphi/2}\sum_{\boldsymbol{k}\boldsymbol{k}'\sigma} T_{\boldsymbol{k},\boldsymbol{k}'}\tilde{c}^{\dagger}_{\mathrm{L}\boldsymbol{k}\sigma}\tilde{c}_{\mathrm{R}\boldsymbol{k}'\sigma} \\ &= e^{i\varphi/2}\sum_{\boldsymbol{k}\boldsymbol{k}'}\Big(T_{\boldsymbol{k},\boldsymbol{k}'}\left(\cos\vartheta_{\mathrm{L}\boldsymbol{k}}a^{\dagger}_{\mathrm{L}\boldsymbol{k}\uparrow}+\sin\vartheta_{\mathrm{L}\boldsymbol{k}}a_{\mathrm{L}-\boldsymbol{k}\downarrow}\right)\left(\cos\vartheta_{\mathrm{R}\boldsymbol{k}'}a_{\mathrm{R}\boldsymbol{k}'\uparrow}+\sin\vartheta_{\mathrm{R}\boldsymbol{k}'}a^{\dagger}_{\mathrm{R}-\boldsymbol{k}'\downarrow}\right) \\ &\quad +T^{*}_{\boldsymbol{k},\boldsymbol{k}'}\left(\cos\vartheta_{\mathrm{L}\boldsymbol{k}}a^{\dagger}_{\mathrm{L}-\boldsymbol{k}\downarrow}-\sin\vartheta_{\mathrm{L}\boldsymbol{k}}a_{\mathrm{L}\boldsymbol{k}\uparrow}\right)\left(\cos\vartheta_{\mathrm{R}\boldsymbol{k}'}a_{\mathrm{R}-\boldsymbol{k}'\downarrow}-\sin\vartheta_{\mathrm{R}\boldsymbol{k}'}a^{\dagger}_{\mathrm{R}\boldsymbol{k}'\uparrow}\right)\Big) \quad (17.40)\end{aligned}$$

となる．ここで，エルミート性と時間反転対称性から導かれる $T_{-\boldsymbol{k},-\boldsymbol{k}'} = T^{*}_{\boldsymbol{k},\boldsymbol{k}'}$ を用いた．また，$\varphi = \varphi_{\mathrm{R}} - \varphi_{\mathrm{L}}$ は右と左の秩序パラメーターの位相差を表す．

$\mathcal{H}_0 \equiv \mathcal{H}_{\mathrm{L}} + \mathcal{H}_{\mathrm{R}}$ の基底状態は，$|\Psi^{(0)}_0\rangle \equiv |\Psi^{(0)}_{\mathrm{L}}\rangle \otimes |\Psi^{(0)}_{\mathrm{R}}\rangle$ であり，そのエネルギーは $E^{(0)}_0 = W_{\mathrm{L}} + W_{\mathrm{R}}$ である．ここに $\mathcal{H}_{\mathrm{LR}}$ の効果を摂動計算で取り込むことを考える．$|\Psi^{(0)}_0\rangle$ がボゴロンの真空状態なので，$\langle\Psi^{(0)}_0|\mathcal{T}|\Psi^{(0)}_0\rangle = \langle\Psi^{(0)}_0|\mathcal{T}^{\dagger}|\Psi^{(0)}_0\rangle = 0$ であり，$\mathcal{H}_{\mathrm{LR}}$ の一次摂動の寄与はない．したがって，$\mathcal{H}_{\mathrm{LR}}$ が基底状態のエネルギーに与える補正 $\Delta E$ は，$\mathcal{H}_{\mathrm{LR}}$ についての二次摂動からはじまり，最低次の近似で，

$$\begin{aligned}\Delta E &= \left\langle\Psi^{(0)}_0\right|\mathcal{H}_{\mathrm{LR}}\left(E^{(0)}_0-\mathcal{H}_0\right)^{-1}\mathcal{H}_{\mathrm{LR}}\left|\Psi^{(0)}_0\right\rangle \\ &= \left\langle\Psi^{(0)}_0\right|\mathcal{T}\left(E^{(0)}_0-\mathcal{H}_0\right)^{-1}\mathcal{T}^{\dagger}\left|\Psi^{(0)}_0\right\rangle + \left\langle\Psi^{(0)}_0\right|\mathcal{T}^{\dagger}\left(E^{(0)}_0-\mathcal{H}_0\right)^{-1}\mathcal{T}\left|\Psi^{(0)}_0\right\rangle \\ &\quad + \left\langle\Psi^{(0)}_0\right|\mathcal{T}\left(E^{(0)}_0-\mathcal{H}_0\right)^{-1}\mathcal{T}\left|\Psi^{(0)}_0\right\rangle + \left\langle\Psi^{(0)}_0\right|\mathcal{T}^{\dagger}\left(E^{(0)}_0-\mathcal{H}_0\right)^{-1}\mathcal{T}^{\dagger}\left|\Psi^{(0)}_0\right\rangle \quad (17.41)\end{aligned}$$

と評価できる．右辺第一項と第二項は，正常相にある金属を絶縁膜を挟んで接合した場合にも現れる寄与であり，秩序パラメーターの位相差 $\varphi$ に依存しない．一方，第三項と第四項は超伝導体を接合した場合にだけ現れる寄与で $\varphi$ に依存する．そこで，以降では前者の寄与を無視し，後者の寄与だけに着目する．ふたたび $|\Psi^{(0)}_0\rangle$ がボゴロンの真空状態であることに注意すれば，ただちに，

$$\Delta E = -J_0\cos\varphi \quad (17.42)$$

$$\begin{aligned}J_0 &\equiv \sum_{\boldsymbol{k}\boldsymbol{k}'}\frac{\left|T_{\boldsymbol{k},\boldsymbol{k}'}\right|^2}{E_{\mathrm{L}\boldsymbol{k}}+E_{\mathrm{R}\boldsymbol{k}'}}\cdot 4\cos\vartheta_{\mathrm{L}\boldsymbol{k}}\sin\vartheta_{\mathrm{L}\boldsymbol{k}}\cos\vartheta_{\mathrm{R}\boldsymbol{k}'}\sin\vartheta_{\mathrm{R}\boldsymbol{k}'} \\ &= \sum_{\boldsymbol{k}\boldsymbol{k}'}\frac{\left|T_{\boldsymbol{k},\boldsymbol{k}'}\right|^2}{E_{\mathrm{L}\boldsymbol{k}}+E_{\mathrm{R}\boldsymbol{k}'}}\frac{|\Delta_{\mathrm{L}\boldsymbol{k}}|}{E_{\mathrm{L}\boldsymbol{k}}}\frac{|\Delta_{\mathrm{R}\boldsymbol{k}'}|}{E_{\mathrm{R}\boldsymbol{k}'}} > 0 \quad (17.43)\end{aligned}$$

を得る．

ここで，左右の超伝導体間を流れる電流を調べてみよう．左の超伝導体にいる電子の数を表す演算子は，

$$\mathcal{N}_\mathrm{L} \equiv \sum_{k\sigma} c^\dagger_{\mathrm{L}k\sigma} c_{\mathrm{L}k\sigma} \tag{17.44}$$

と書けるから，その時間微分を表す演算子は，

$$\dot{\mathcal{N}}_\mathrm{L} = \frac{1}{i\hbar}[\mathcal{N}_\mathrm{L}, \mathcal{H}]_- = -\frac{i}{\hbar}\left(\mathcal{T} - \mathcal{T}^\dagger\right) = -\frac{2}{\hbar}\frac{\partial \mathcal{H}}{\partial \varphi} \tag{17.45}$$

となる[7]．したがって，Hellmann-Feynman の定理 (2.112) を用いて，左から右の超伝導体へ流れる電流 $I$ を，

$$I \equiv -e \times \left(-\langle \Psi_0 | \dot{\mathcal{N}}_\mathrm{L} | \Psi_0 \rangle\right) = -\frac{2e}{\hbar}\langle \Psi_0 | \frac{\partial \mathcal{H}}{\partial \varphi} | \Psi_0 \rangle = -\frac{2e}{\hbar}\frac{\partial \Delta E}{\partial \varphi} = -\frac{2e}{\hbar} J_0 \sin\varphi \tag{17.46}$$

と計算できる．ここで，$|\Psi_0\rangle$ は $\mathcal{H}$ の基底状態である．

つまり，秩序パラメーターの位相が異なる二つの超伝導体を接触させると，両者間に電圧差がなくても電流（**Josephson 電流**）が流れる．これが**（直流）Josephson 効果**[8]である．二つの超伝導体の境界で式 (17.42) に示されるエネルギー上昇があることは，系が二つの超伝導体の秩序パラメーターの位相を揃えようとする傾向があることを意味する．実際に位相を揃えるために何が起こるかというと，電流が流れる．これは，式 (17.45) が示すように，$\varphi$ に共役な物理量が電子の流れ（電流）だからである．

上記の Josephson 効果の議論は，式 (17.34) がゲージ対称性に抵触するという問題を解決する糸口を与える．8.2 節でも述べたように，この種の問題は，電磁応答核を連続の方程式を満たさない近似を用いて計算したときに起きる．式 (17.34) を導く際に用いたのは，式 (16.23) に示した平均場近似で，そこでは秩序パラメーターの空間的・時間的変化を無視した．しかし，秩序パラメータの位相が空間変化すれば，秩序パラメーターの位相が異なる超伝導体が隣接した状況となり，Josephson 電流を生じるだろう．この電流の寄与を無視したことが，連続の方程式が成立しなくなる原因だと推定できる．

実際に，超伝導体の秩序パラメーター $\Delta = |\Delta|e^{i\varphi}$ の位相 $\varphi$ がゆっくり空間変調しているとし，$\delta x$ を微小量として $\delta\varphi \equiv \varphi(x+\delta x, y, z) - \varphi(x, y, z) \approx \nabla_x\varphi \cdot \delta x$ と定めると，式 (17.46) から，$\boldsymbol{r} = (x, y, z)$ における電流密度の $x$ 成分が，$-\sin(\delta\varphi)/\delta x \approx -\nabla_x\varphi$ に比例することを予想できる．他の方向についても同様だから，$\varphi(\boldsymbol{r})$ の空間変化は $-\nabla\varphi(\boldsymbol{r})$ に比例する電流密度を生み出し，電流密度の縦成分に，

7）ボゴロンの生成・消滅演算子で表した $\mathcal{H}_\mathrm{L}$ は $\varphi_\mathrm{L}$ 依存性を持たない．$\mathcal{H}_\mathrm{R}$ も同様．

8）B. D. Josephson: Phys. Lett. **1**, 251 (1962).

$$j_{\parallel}^{(\mathrm{J})}(\boldsymbol{q}) = -Ciq\varphi(\boldsymbol{q}) \tag{17.47}$$

の寄与を与えるだろう．ただし，$\varphi(\boldsymbol{q}) \equiv \int \varphi(\boldsymbol{r})e^{-i\boldsymbol{q}\cdot\boldsymbol{r}}d^3\boldsymbol{r}$，$C > 0$ は未知の定数である．

式 (17.34) に，忘れられていた式 (17.47) の寄与を加え，表式全体がゲージ不変になるように定数 $C$ を定めれば，正しい結果になると期待できる．秩序パラメーターは，電子対を消滅させる演算子に対する確率振幅として定義されているので，空間変化を考慮した $\Delta(\boldsymbol{r}) = |\Delta(\boldsymbol{r})|e^{i\varphi(\boldsymbol{r})}$ は，電荷 $-2e$ を持つ荷電粒子の波動関数のように振る舞う．したがって，2.5 節で述べたように，ゲージ変換 $\boldsymbol{A}(\boldsymbol{r}) \rightsquigarrow \boldsymbol{A}(\boldsymbol{r}) + \nabla\Lambda(\boldsymbol{r})$（$\Leftrightarrow$ $A_{\parallel}(\boldsymbol{q}) \rightsquigarrow A_{\parallel}(\boldsymbol{q}) + iq\Lambda(\boldsymbol{q})$）に際し，$\Delta(\boldsymbol{r})$ の位相は $\varphi(\boldsymbol{r}) \rightsquigarrow \varphi(\boldsymbol{r}) - 2e\Lambda(\boldsymbol{r})/\hbar c$（$\Leftrightarrow$ $\varphi(\boldsymbol{q}) \rightsquigarrow \varphi(\boldsymbol{q}) - 2e\Lambda(\boldsymbol{q})/\hbar c$）と変換される．この点に注意して定数 $C$ を定めると，式 (17.34) を，

$$j_{\parallel}^{(\mathrm{in})}(\boldsymbol{q}) \approx -\frac{1}{c}D^{(\mathrm{M})}\tilde{A}_{\parallel}(\boldsymbol{q}), \quad \left(\tilde{\boldsymbol{A}}(\boldsymbol{q}) \equiv \boldsymbol{A}(\boldsymbol{q}) + \frac{\hbar c}{2e}i\boldsymbol{q}\varphi(\boldsymbol{q})\right) \tag{17.48}$$

と修正できる．このとき，秩序変数の位相 $\varphi$ の自由度をその縦成分に「飲み込んだ」$\tilde{\boldsymbol{A}}$ は，$\boldsymbol{A}$ をゲージ変換した形（$\boldsymbol{A}$ と同じ電磁場を表すベクトルポテンシャル）になる．

式 (17.48) を反磁性総和則 (8.78) の破れという観点から見直そう．式 (17.34) において，$j_{\parallel}^{(\mathrm{in})}(\boldsymbol{q})$ がゲージ不変なのに $A_{\parallel}(\boldsymbol{q})$ がゲージ不変でないという矛盾を解消する道は，$K_{\parallel}(q, \omega = 0) = 0$ しかない．したがって，縦場と横場の区別がなくなる $q \to 0$ では $K_{\perp}(q, \omega = 0) \to 0$ となり，Meissner-Ochsenfeld 効果が禁じられるというのが反磁性総和則だった．しかし，自発的にゲージ対称性を破った秩序相では，秩序変数の位相 $\varphi$ の自由度をベクトルポテンシャルが「飲み込む」ことで，ゲージ対称性の要請に抵触せずに，縦場に対する応答を式 (17.48) の形にする「抜け道」が残されている．このとき，縦場と横場の区別がなくなる $q \to 0$ では横場に対する応答も式 (17.28) の形になるので，反磁性総和則が破られ，Meissner-Ochsenfeld 効果が許される．さらに，縦場および横場の応答が式 (17.48), (17.28) の形になることに対応して，電磁場の縦および横固有モード両方の分散関係にエネルギーギャップが開く[9]．特に横固有モードについては「光子が質量を獲得した」という言い方もできる

9）長波長極限における両モードの振動数は共に $\sqrt{4\pi D^{(\mathrm{M})}}$（絶対零度ではプラズマ振動数に一致）．

(**Anderson-Higgs 機構**)[10), 11)].

式 (17.48) から導かれる重要な物理現象として**磁束の量子化**がある．この現象を考えるために，超伝導体のリングを用意し，リングの穴を貫く磁束を印加しよう（図 2.1 のリングが超伝導体でできていると考えよ）．リングを作る超伝導体が侵入長 $\lambda_{\rm M}$ に比べて十分太ければ，超伝導体内部深くで $\boldsymbol{B} = \nabla\times\boldsymbol{A} = 0$ なので，ベクトルポテンシャル $\boldsymbol{A}$ は縦成分しか持たず，Stokes の定理を用いてリングの穴を貫く磁束を，

$$\Phi \equiv \int_S \boldsymbol{B}(\boldsymbol{r})\cdot d\boldsymbol{S} = \int_S \nabla\times\boldsymbol{A}(\boldsymbol{r})\cdot d\boldsymbol{S} = \oint_C \boldsymbol{A}(\boldsymbol{r})\cdot d\boldsymbol{r} = \oint_C \boldsymbol{A}_{\parallel}(\boldsymbol{r})\cdot d\boldsymbol{r} \tag{17.49}$$

と表せる[12)]．ここで，$\boldsymbol{A}_{\parallel}(\boldsymbol{r}) \equiv V^{-1}\sum_{\boldsymbol{q}}(\boldsymbol{q}/q)A_{\parallel}(\boldsymbol{q})e^{i\boldsymbol{q}\cdot\boldsymbol{r}}$ と定めた．また，$C$ は超伝導体内部の深いところを通って穴の周りを一周する閉曲線，$S$ はこの閉曲線を縁とする曲面である．さらに，超伝導体内部深くでは Maxwell 方程式 (8.4) から $\boldsymbol{j}^{(\rm in)} = \boldsymbol{j} = (c/4\pi)\nabla\times\boldsymbol{B} = 0$ なので，式 (17.48) は $\boldsymbol{A}_{\parallel}(\boldsymbol{r}) + (\hbar c/2e)\nabla\varphi(\boldsymbol{r}) = 0$ を導き，

$$\Phi = \oint \boldsymbol{A}_{\parallel}(\boldsymbol{r})\cdot d\boldsymbol{r} = -\frac{\hbar c}{2e}\oint \nabla\varphi(\boldsymbol{r})\cdot d\boldsymbol{r} = -\frac{\hbar c}{2e}\Delta\varphi \tag{17.50}$$

を得る．ところが，穴の周りを一周したときの $\varphi(\boldsymbol{r})$ の変化 $\Delta\varphi$ は，秩序パラメーターが $\boldsymbol{r}$ の一価関数なので $2\pi$ の整数倍に等しい．したがって，

$$\Phi = n\frac{\Phi_0}{2}, \quad (n : \text{整数}) \tag{17.51}$$

が成立し，$\Phi$ は $\Phi_0/2$ の整数倍に量子化される．ここで，$\Phi_0 \equiv hc/e$ は**磁束量子**であり，量子化単位が $\Phi_0$ の半分になったのは，Cooper 対の電荷が $-2e$ だからである．

10) P. W. Anderson: Phys. Rev. **112**, 1900 (1958); Y. Nambu: Phys. Rev. **117**, 648 (1960).

11) 自発的にゲージ対称性を破った秩序相では，秩序パラメーターの位相 $\varphi$ が空間的・時間的にゆっくりゆらぐ南部–Goldstone モードの存在を期待したくなるが，$\varphi$ の自由度は縦場に「飲み込まれる」ため，このような集団励起モードは電磁場の縦固有モードと同化してギャップレスでなくなる．プラズマ振動を思い出せばわかるように，縦固有モード（電荷の疎密波）のエネルギーギャップは自発的なゲージ対称性の破れとは無関係に開くもので，11.3 節の脚注 12 で述べたように，Coulomb 相互作用の長距離性を反映して，熱力学極限でも系の表面電荷の効果が残ることに起源を持つ．そのため，南部–Goldstone の定理の適用外となる（15.3 節末尾の議論を参照）．

12) 超伝導体内部でしか定義されない $\tilde{\boldsymbol{A}}(\boldsymbol{r})$ には Stokes の定理を適用できないので注意．

## 17.4　第一種および第二種超伝導体

超伝導体に外部から一様静磁場 $\boldsymbol{H}$ を印加することを考えよう[13]．磁場 $\boldsymbol{H}$ が小さい間は，Meissner-Ochsenfeld 効果により物質内部への磁束の侵入はないが，$H$ がある臨界値を超えると，超伝導状態が壊れて正常状態ができ，磁束が物質内部へ侵入する[14]．超伝導体は，その侵入の仕方によって第一種と第二種に分類される．**第一種超伝導体**では，小さな $H$ では系全体が超伝導体であり続けて磁束を排除し，$H$ が**臨界磁場** $H_c$ を超えたとき，系全体が正常状態へ一次相転移して系全体に磁束が侵入する．Al, Sn, Hg, Pb 等，多くの単体の超伝導体が第一種に属する．

臨界磁場 $H_c$ を見積もるために，一様静磁場 $\boldsymbol{H} = H\boldsymbol{e}_y$ の印加下で，$x < 0$ が超伝導状態，$x > 0$ が正常状態になっている状況を想像しよう．微小な（$(v/c)^2$ オーダーの）磁気応答しか示さない正常領域（$x > 0$）では，磁束密度を $\boldsymbol{B} \approx \boldsymbol{H}$，系に誘起された電流密度を $\boldsymbol{j}^{(\text{in})} \approx 0$ と近似できる．17.2 節で述べたように，Meissner-Ochsenfeld 効果を示す超伝導領域（$x < 0$）では，$\boldsymbol{B} = B(x)\boldsymbol{e}_y \approx He^{x/\lambda_M}\boldsymbol{e}_y$，$\boldsymbol{j}^{(\text{in})} = (c/4\pi)\nabla \times \boldsymbol{B} = (c/4\pi)(\partial B/\partial x)\boldsymbol{e}_z$ だから，境界面の単位面積に $x$ 方向の Lorentz 力（磁場の圧力），

$$-\frac{1}{c}\int_{-\infty}^{0} j_z^{(\text{in})} B_y dx = -\frac{1}{4\pi}\int_{-\infty}^{0} \frac{\partial B}{\partial x} B dx = -\frac{H^2}{8\pi} < 0 \tag{17.52}$$

が働く．一方，正常状態と超伝導状態にある物質の単位体積当たりの Helmholtz 自由エネルギーを $f_n, f_s$ とすると，境界面が $\Delta x$ 動いたときに，境界面の単位面積当たり $(f_s - f_n)\Delta x$ の自由エネルギーの変化を生じるから，これに由来して，境界面の単位面積に $x$ 方向の力 $f_n - f_s > 0$ が働く．実際には $H < H_c$ だと後者の力が前者の力に打ち勝って全領域が超伝導状態になり，$H > H_c$ では逆の状況になって全領域が正常状態になる．両者の力が釣りあう $H = H_c$ では，

$$f_n - f_s = \frac{H_c^2}{8\pi} \tag{17.53}$$

が成立する．上式から，$H_c$ が温度 $T$ の上昇とともに減少し，$T = T_c$ でゼロと

---

13）第 8 章の記法の下で，静磁場に対し $\boldsymbol{H} = \nabla \times \boldsymbol{A}^{(\text{ex})}$ だから，$\boldsymbol{H}$ は物質系の外部にある電流が作る場．

14）本節では定性的な議論しかしない．定量的な議論には Gintzburg-Landau の理論（GL 理論）が必要である．この理論については前掲の Tinkham の教科書を参照せよ．

なることがわかる．

一方，**第二種超伝導体**[15]では，磁場が**下部臨界磁場** $H_{c1}$ を超えたところで，磁束の侵入により超伝導状態が破壊された領域と，まだ破壊されていない領域が共存した混合状態が実現し，$H$ がさらに大きくなって**上部臨界磁場** $H_{c2}$ を超えたときに系全体が正常状態になる．$H_{c1} < H < H_{c2}$ の混合状態では，磁束がフィラメント状に侵入し，その中心に正常領域ができている．この磁束フィラメントは，超伝導状態の領域に取り囲まれているため式 (17.51) に従って，$\Phi_0/2$ の整数倍に量子化される．第二種超伝導体では，超伝導相と正常相の境界面を増やした方がエネルギーを得する（だからこそ磁束が侵入できる）．したがって，磁束フィラメントは $\Phi_0/2$ の磁束を持つものにばらけ，お互いに避けあう傾向を示し，不純物や欠陥の影響が少ない超伝導体では図 17.5 のように三角格子（**Abrikosov 格子**）を組むことが多い．

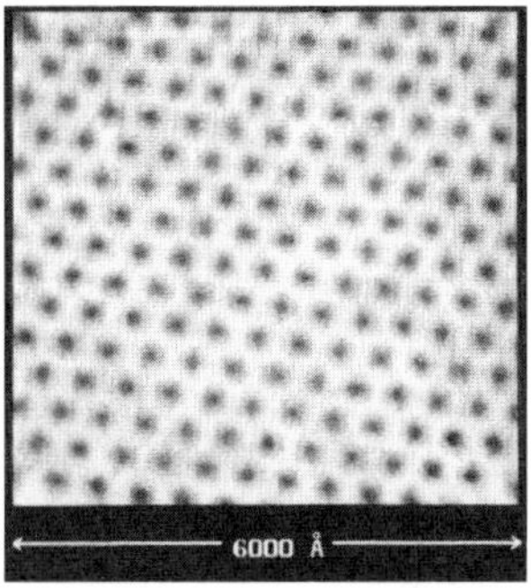


図 17.5　第二種超伝導体である二セレン化ニオブ（$NbSe_2$）において測定された，印加磁場 1T，温度 1.8K の下での走査型トンネル顕微鏡（STM）のイメージ．STM では探針を動かしながら，探針位置のトンネル電流の微分コンダクタンスを測定する．この量は Fermi 準位における状態密度に比例するため，磁束の侵入により超伝導が壊れた場所で大きな値をとる（黒色で図示）．[H. F. Hess, R. B. Robinson, R. C. Dynes, J. M. Valles and J. V. Waszczak: Phys. Rev. Lett. **62**, 214 (1989).]

第一種と第二種超伝導体の区別を考えるときに，**コヒーレンス長**の概念が重要になる．ある場所で局所的に超伝導状態を破壊した（秩序パラメーターをゼロにした）としよう．コヒーレンス長は，この場所からどれくらいの距離離れると秩序パラメーターが回復するかを表す．コヒーレンス長は超伝導状態の安定性を表現するので，ギャップのエネルギーを長さに換算した量になると予想される．そこで，Pippard の長さ (16.69) に現れるギャップ $|\Delta|$ を有限温度での値に置き換えることにより，

$$\xi \sim \hbar v_F / |\Delta(T)| \tag{17.54}$$

を得る．つまり $\xi$ は絶対零度で Pippard の長さ $\xi_0$ と同程度だが，有限温度では $\xi_0$ より長く，転移温度に近づくと $(1 - T/T_c)^{-1/2}$ に比例して発散する．また，不純物を含む系ではその影響を受ける．

15）A. A. Abrikosov: Sov. Phys. JETP **5**, 1174 (1957).

超伝導体の外部から磁場 $H$ を印加した結果，磁束フィラメントができたと想像しよう．その中心から半径 $\lambda_M$ 程度の範囲に磁束の侵入が許される．同時に，半径 $\xi$ 程度の範囲で超伝導状態が破壊される．磁束の大きさは $\Phi_0/2 = ch/2e$ だから，磁束が侵入した領域上の平均磁束密度は，$\Phi_0/2\pi\lambda_M^2$ 程度となる．この磁束密度は磁束フィラメントを作るのに必要な最小の磁場の見積もりを与える．つまり，磁束フィラメントが形成される条件は，

$$H \gtrsim \frac{\Phi_0}{2\pi\lambda_M^2} \tag{17.55}$$

になる．

同じ問題を別の観点から考えてみよう．先ほどの $H_c$ についての考察は，磁束が排斥された領域の体積を $\Delta V$ 広げると $(H^2/8\pi)\Delta V$ のエネルギー上昇があり，超伝導状態の領域の体積を $\Delta V$ 広げると $(f_n - f_s)\Delta V$ のエネルギー低下があることを教える．磁場印加によって磁束フィラメントができたときには，その中心から半径 $\lambda_M$ 程度の範囲に磁束が侵入し，磁束フィラメントの単位長さ当たり $\left(H^2/8\pi\right)\cdot\left(\pi\lambda_M^2\right)$ 程度エネルギーが低下する．同時に，半径 $\xi$ 程度の範囲で超伝導状態が破壊されて，磁束フィラメントの単位長さ当たり $(f_n - f_s)\cdot\left(\pi\xi^2\right) = \left(H_c^2/8\pi\right)\cdot\left(\pi\xi^2\right)$ 程度エネルギーが上昇する．したがって，磁束フィラメントを作るのに必要なエネルギーが負になる（実際に磁束フィラメントが形成される）条件は，

$$H \gtrsim \frac{\xi}{\lambda_M} H_c \tag{17.56}$$

となる．式 (17.55) と (17.56) の条件は一致すべきなので，$H_c$ を大雑把に，

$$H_c \sim \frac{\Phi_0}{2\pi\xi\lambda_M} \tag{17.57}$$

と評価できる．

第一種と第二種超伝導体の区別は，侵入長 $\lambda_M$ とコヒーレンス長 $\xi$ の大小関係で決まる．実際，$\xi \gg \lambda_M$ であれば，式 (17.56) 右辺が $(\xi/\lambda_M)H_c \gg H_c$ を満たすから，$H \leq H_c$ で磁束フィラメントが形成されることはなく，系は第一種の超伝導体となる．しかし逆に $\xi \ll \lambda_M$ であれば，

$$H_{c1} \sim \frac{\Phi_0}{2\pi\lambda_M^2} \sim \frac{\xi}{\lambda_M} H_c \,(\ll H_c) \tag{17.58}$$

が下部臨界磁場を与え，$H \geq H_{c1}$ の磁場を印加すると，磁束フィラメントが形成されて，系は第二種超伝導体となる[16)]．さらに $H$ を大きくしていくと，侵入する磁束フィラメントの密度が増していくが，

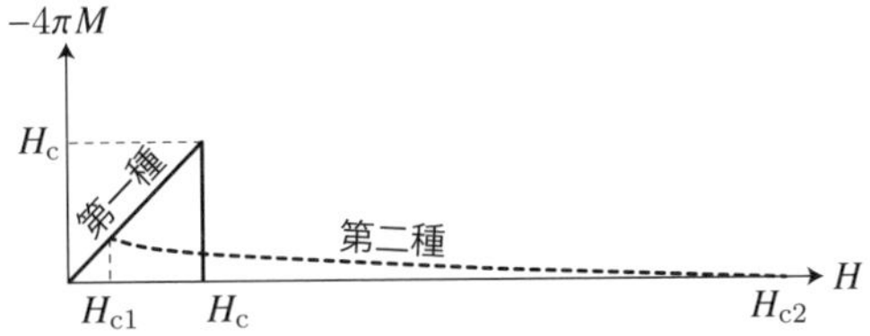

図 17.6 第一種および第二種超伝導体における磁化 $M$ の磁場 $H$ 依存性（模式図）

磁束フィラメントの中心から半径 $\xi$ 程度の長さの範囲が正常状態になっているため，磁束フィラメント間の距離が $\xi$ 程度まで縮まると，系全体が正常状態になる．このときの磁場が，上部臨界磁場 $H_{c2}$ に他ならず，

$$H_{c2} \sim \frac{\Phi_0}{2\pi\xi^2} \sim \frac{\lambda_M}{\xi} H_c \, (\gg H_c) \tag{17.59}$$

となる．以上の考察からわかった，第一種および第二種超伝導体における磁化 $M$ の磁場 $H$ 依存性をまとめて，模式的に示したのが図 17.6 である[17)]．

## 17.5 BCS-BEC クロスオーバー

仮想的に，電子密度 $n$ の Sommerfeld モデル（Fermi 波数 $k_F^{(0)} \equiv (3\pi^2 n)^{1/3}$，Fermi 準位 $\epsilon_F^{(0)} \equiv (\hbar k_F^{(0)})^2/2m$）に引力相互作用を導入し，その強さを制御できると考えよう．実際の電子系だとこのような制御は難しいが，たとえばフェルミオンの原子（半整数スピンを持つ $^6$Li や $^{40}$K 等）を極低温（~ 100 nK）まで冷やした**冷却原子系**では，実際に Fechbach 共鳴を利用して原子間の引力相互

16) ここでは，どんな冪関数より弱い依存性しか示さない対数補正は無視されており，より精密には $H_{c1} \sim (\Phi_0/2\pi\lambda_M^2)\ln(\lambda_M/\xi) \sim H_c(\xi/\lambda_M)\ln(\lambda_M/\xi)$ となる．

17) 変位電流を無視した Maxwell 方程式 $\nabla \times \boldsymbol{H} = 4\pi \boldsymbol{j}^{(ex)}/c$ と $\nabla \times \boldsymbol{E} = -\dot{\boldsymbol{B}}/c$ の両辺にそれぞれ $\boldsymbol{E}$ と $\boldsymbol{H}$ を内積し，式 (8.95) を導く際と同様の計算を行うと，$-\boldsymbol{E} \cdot \boldsymbol{j}^{(ex)} = (1/4\pi)\boldsymbol{H} \cdot \dot{\boldsymbol{B}} + (c/4\pi)\nabla \cdot (\boldsymbol{E} \times \boldsymbol{H})$ を得る．両辺を空間積分すると，左辺は物質と電磁場の複合系が外部から受け取る仕事率を与え，右辺第二項は無限遠の表面積分になって消える．つまり，一様磁束密度 $B$ をゆっくり $\delta B = \dot{B}\delta t$ だけ微小変化させたとき，複合系が外部から受け取る単位体積当たりの仕事は $H\delta B/4\pi$ であり，複合系の Helmholtz 自由エネルギー密度 $f(B)$ は $\partial f/\partial B = H/4\pi$ を満たす．Legendre 変換により磁場 $H$ を変数とする自由エネルギー密度 $g(H) = f - HB/4\pi$ を定めると，第二種超伝導体では $H = H_{c2}$ で正常状態と超伝導状態の $g$ の値が釣りあうことになるが，$\partial g/\partial H = -B/4\pi$ かつ $g(0) = f(0)$ だから，系が正常状態および超伝導状態にあるときの磁束密度をそれぞれ $B_n(H) \approx H$，$B_s(H)$ として，$f_n - \int_0^{H_{c2}} HdH/4\pi = f_s - \int_0^{H_{c2}} B_s(H)dH/4\pi$ が成り立つ．第二種超伝導体では $H_c$ を直接測定することはできないので，磁化 $M(H) \equiv (B_s(H) - H)/4\pi$ の測定データから，$H_c^2/8\pi = f_n - f_s = -\int_0^{H_{c2}} M(H)dH$ を満たすように $H_c$ を定める．

作用の強さを自在に制御できる．

これまで論じてきた BCS 理論は，電子間引力が弱い極限（弱結合極限）で正当化される．絶対零度における電子対（Cooper 対）の大きさは，Pippard の長さ $\xi_0 = \hbar^2 k_F^{(0)}/m|\Delta|_{T=0}$ 程度で，平均電子間距離を $d \sim 1/k_F^{(0)}$ とすると，$\epsilon_F^{(0)} \sim 10^4$ K, $|\Delta| \sim k_B T_c \sim 10$ K の典型的な超伝導体では，

$$\xi_0/d \sim \epsilon_F^{(0)}/|\Delta| \sim 10^3 \gg 1 \tag{17.60}$$

だから，Cooper 対は密に重なりあった状況になっている．電子対の量子凝縮（超伝導転移）が起こる温度は，式 (16.37) で与えられ，この温度で Cooper 対の形成と量子凝縮が同時に起こる．16.4 節で述べたように，この弱結合領域では，系の化学ポテンシャルを相互作用導入前の Fermi 準位で近似でき，

$$\mu \approx \epsilon_F^{(0)} > 0 \tag{17.61}$$

が成り立つ．

一方，電子間引力が非常に強い場合（強結合極限）では，量子凝縮するかどうかに関係なく，二つの電子が強く結合し，サイズ長 $\xi_0$ が小さい電子対を形成する．特に，電子対間の間隔（$\sim d$）と比較して，

$$\xi_0/d \ll 1 \tag{17.62}$$

が成り立てば，電子対を一個のボゾンとみなせる．また，電子間の引力相互作用が短距離型であれば，ボゾン間相互作用は弱い．電子対の束縛エネルギーを $E_B$ とすると，運動量 $\hbar\boldsymbol{q}$ を持つ電子対ボゾンのエネルギーは $\epsilon_{B,\boldsymbol{q}} = -E_B + \hbar^2\boldsymbol{q}^2/2(2m)$ であり，すべての電子が対を成すと考えると，電子対ボゾンの密度は $n/2$ に等しい．電子対ボゾンは，ある転移温度 $T_c$ 以下で **Bose-Einstein 凝縮**（英語で Bose-Einstein condensation，略して BEC）すると期待される．即ち，$T \le T_c$ では $\boldsymbol{q} = 0$ の電子対ボゾンの密度 $n_0$ がゼロでなくなる（電子対ボゾンが量子凝縮する）．このとき，電子対ボゾン系の化学ポテンシャルは，任意の $\boldsymbol{q}$ に対し Bose 分布関数が非負であるという条件下で許される最低の値 $\epsilon_{B,\boldsymbol{q}=0} = -E_B$ に一致し，

$$n_0 = \frac{n}{2} - \frac{1}{V}\sum_{\boldsymbol{q}\neq 0}\frac{1}{e^{\beta\hbar^2\boldsymbol{q}^2/2(2m)} - 1} \xrightarrow{\text{熱力学極限}} \frac{n}{2} - \int \frac{d^3\boldsymbol{q}}{(2\pi)^3}\frac{1}{e^{\beta\hbar^2\boldsymbol{q}^2/4m} - 1} \ge 0 \tag{17.63}$$

が成り立つ．さらに，不等式の等号が $T = T_c$ で成立することと，右辺の積分

を，

$$\int \frac{d^3\boldsymbol{q}}{(2\pi)^3}\frac{1}{e^{\beta\hbar^2\boldsymbol{q}^2/4m}-1} = \int \frac{d^3\boldsymbol{q}}{(2\pi)^3}\sum_{j=1}^{+\infty} e^{-j\hbar^2\boldsymbol{q}^2/4mk_{\mathrm{B}}T} = \frac{1}{(2\pi)^3}\left(\frac{4\pi mk_{\mathrm{B}}T}{\hbar^2}\right)^{3/2}\zeta\left(\frac{3}{2}\right) \tag{17.64}$$

と表せる（$\zeta(x) \equiv \sum_{j=1}^{+\infty} j^{-x}$ はゼータ関数）ことに注意すると，転移温度が，

$$k_{\mathrm{B}}T_{\mathrm{c}} = \frac{h^2}{4\pi m}\left(\frac{n/2}{\zeta(3/2)}\right)^{2/3} = 2\pi\left(\frac{1}{6\pi^2\zeta(3/2)}\right)^{2/3}\epsilon_{\mathrm{F}}^{(0)} \approx 0.218\epsilon_{\mathrm{F}}^{(0)} \tag{17.65}$$

と求まる．また，結果的に全電子が電子対を組んでいても，電子と電子対ボソンは共存可能な状況で熱平衡状態に達しているため，二電子の化学ポテンシャルの和は電子対ボソンの化学ポテンシャルと釣りあっており，$T = T_{\mathrm{c}}$ では，

$$2\mu = -E_{\mathrm{B}}(< 0) \tag{17.66}$$

が成り立つ．

弱結合極限における超伝導転移も，強結合極限における Bose-Einstein 凝縮も電子対の量子凝縮であるという点は共通している．つまり，相互作用の強さによらず，十分低温では電子対が量子凝縮し，自発的にゲージ対称性が破れた秩序相が実現しており，弱結合領域から強結合領域へ移ると，電子対が Cooper 対的なものから，電子対ボソン的なものへ連続的に変化する（**BCS-BEC クロスオーバー**）と考えられる[18]．このとき，転移温度の表式も BCS 理論が予言するものから，Bose-Einstein 凝縮を表す式 (17.65) へ連続的に変わるだろう．本節では，この転移温度の移り変わりを議論した Nozières と Schmitt-Rink の理論[19]を紹介する．

以下では，BCS-BEC クロスオーバーの普遍的な側面に着目して，短距離の引力相互作用をするフェルミオン系の中で最も単純なモデル，即ち，式 (12.60) において相互作用ポテンシャルの符号を反転したハミルトニアン，

18）基底状態の BCS-BEC クロスオーバーを最初に論じたのは，D. M. Eagles: Phys. Rev. **186**, 456 (1969)．本格的な研究の契機となった論文は，A. J. Leggett: J. Physique, Colloq. C, **7**, 19 (1980)．

19）原論文は P. Nozières and S. Schmitt-Rink: J. Low Temp. Phys. **59**, 195 (1985)．散乱長による結果の整理は C. A. R. Sá de Melo, M. Randeria and J. R. Engelbrecht: Phys. Rev. Lett. **71**, 3202 (1993) による．

$$\mathcal{H} = \mathcal{H}_0 + \mathcal{H}_U = \sum_i \frac{\hat{\boldsymbol{p}}_i^2}{2m} - \frac{U}{2}\sum_{i \neq j} \delta\left(\hat{\boldsymbol{r}}_i - \hat{\boldsymbol{r}}_j\right), \quad (U > 0) \tag{17.67}$$

を持つ系を考察する．上式を第二量子化すると，式 (12.61) に同じ符号反転を施した，

$$\mathcal{H} = \mathcal{H}_0 + \mathcal{H}_U = \sum_{\boldsymbol{k}\sigma} \epsilon_{\boldsymbol{k}} c^\dagger_{\boldsymbol{k}\sigma} c_{\boldsymbol{k}\sigma} - \frac{U}{V} \sum_{\boldsymbol{k}_1\boldsymbol{k}_2\boldsymbol{k}_3\boldsymbol{k}_4} \delta_{\boldsymbol{k}_1+\boldsymbol{k}_2,\boldsymbol{k}_3+\boldsymbol{k}_4} c^\dagger_{\boldsymbol{k}_1\uparrow} c^\dagger_{\boldsymbol{k}_2\downarrow} c_{\boldsymbol{k}_3\downarrow} c_{\boldsymbol{k}_4\uparrow} \tag{17.68}$$

を得る．ここで，$\epsilon_{\boldsymbol{k}} = \hbar^2 \boldsymbol{k}^2/2m$ である．

12.4 節で斥力相互作用の場合を扱ったときもそうだったが，このハミルトニアンは紫外発散の問題を抱えている．この点を検討するために二電子系を考えよう．この系は，15.4 節とまったく同様の手法で扱える．簡単のために，二電子の重心運動量をゼロとし，式 (15.57) に当たる式を書き下すと，$\epsilon_{-\boldsymbol{k}} = \epsilon_{\boldsymbol{k}}$ から，

$$\frac{1}{U} = \frac{1}{V} \sum_{\boldsymbol{k}} \frac{1}{2\epsilon_{\boldsymbol{k}} - E} \tag{17.69}$$

となる．これを解けば二電子系のエネルギー準位 $E$ が求まるはずだが，すべての $\boldsymbol{k}$ について和をとると右辺は無限大となり，$|E|$ が有限の解は存在しなくなる．これは，デルタ関数型の（相互作用が及ぶ範囲が無限小，ポテンシャルの深さが無限大の）相互作用ポテンシャルを用いたせいで導かれる非物理的な結果である．

上記の問題を回避する一つの方法は，12.4 節でも行ったエネルギーカットオフ $\epsilon_{\mathrm{c}}$ の導入である．即ち，$\boldsymbol{k}$ が動く範囲を $\epsilon_{\boldsymbol{k}} < \epsilon_{\mathrm{c}}$ によって制限するのだ．しかしこの方法では，計算結果（たとえば方程式 (17.69) を解いて得られるエネルギー準位）が $\epsilon_{\mathrm{c}}$ に依存してしまう．もう少し賢い解決法は散乱長の導入である．即ち，方程式 (17.69) の両辺から $V^{-1} \sum_{\boldsymbol{k}} 1/2\epsilon_{\boldsymbol{k}}$ を差し引いて，

$$-\frac{m}{4\pi\hbar^2 a_{\mathrm{s}}} = \frac{1}{V} \sum_{\boldsymbol{k}} \left( \frac{1}{2\epsilon_{\boldsymbol{k}} - E} - \frac{1}{2\epsilon_{\boldsymbol{k}}} \right) \tag{17.70}$$

$$\frac{m}{4\pi\hbar^2 a_{\mathrm{s}}} \equiv -\frac{1}{U} + \frac{1}{V} \sum_{\boldsymbol{k}} \frac{1}{2\epsilon_{\boldsymbol{k}}} \tag{17.71}$$

と書き直すのだ．式 (17.71) が定める $a_{\mathrm{s}}$ を**（s 波）散乱長**と呼ぶ．方程式 (17.70) の右辺は $\epsilon_{\mathrm{c}} \to +\infty$ の極限で収束し，$\epsilon_{\mathrm{c}}$ が十分に大きければ，ほとんど $\epsilon_{\mathrm{c}}$ に

依存しない．そこで，相互作用を特徴づけるパラメーターが実は $U$ ではなく，散乱長 $a_s$ だと思い直すと，方程式 (17.70) を解いて得られるエネルギー準位がほとんど $\epsilon_c$ に依存しなくなる．式 (17.71) で $U \to +0$ および $U \to +\infty$ の極限をとるとわかるように，$1/a_s \to -\infty$ および $+\infty$ が，それぞれ弱結合および強結合極限に対応する．

散乱長の正負は束縛状態の有無に対応している．実際，方程式 (17.70) 右辺は $E$ を $-\infty$ から 0 まで動かすと $-\infty$ から 0 まで単調増加するので，$a_s > 0$ ならば方程式は束縛状態を表す $E < 0$ の解を一つだけ持つ．逆に $a_s < 0$ ならば束縛状態を表す解はない．式 (1.24) の Sommerfeld モデルの状態密度を $D^{(0)}(\epsilon)$ として，

$$(\text{右辺}) \overset{\epsilon_c \to +\infty}{\to} \int_0^{+\infty} D^{(0)}(\epsilon) \left( \frac{1}{2\epsilon - E} - \frac{1}{2\epsilon} \right) d\epsilon = -\frac{m^{3/2}\sqrt{|E|}}{4\pi\hbar^3}, \quad (E < 0) \tag{17.72}$$

が成り立つから，$a_s > 0$ のときに現れる束縛状態の束縛エネルギーは，

$$E_B = |E| = \frac{\hbar^2}{m a_s^2} \tag{17.73}$$

と表される．束縛エネルギー $E_B$ と束縛状態の半径 $a_B$ の間には $E_B = \hbar^2/2m_r a_B^2$ の関係があるから（$m_r \equiv m/2$ は換算質量），$a_B = a_s$ である．

転移温度を 16.2 節で述べた Thouless の判定条件 (16.30) を使って決めよう．ただし，$U_{ph}$ を $U$ に置き換え，$\chi_{pair}^{(0)}$ の表式 (16.28) に現れる $\boldsymbol{k}$ の和の制限も $|\xi_{\boldsymbol{k}}| < \hbar\omega_D$ から $\epsilon_{\boldsymbol{k}} < \epsilon_c$ に置き換える．また，$\epsilon_{\boldsymbol{k}}$ の値の範囲が $\epsilon_F^{(0)}$ 近傍に限定されなくなるので，$D^{(0)}(\epsilon) \approx D_F^{(0)} \equiv D^{(0)}(\epsilon_F^{(0)})$ の近似は行わない．つまり，判定条件は，

$$\frac{1}{U} = \chi_{pair}^{(0)} \equiv \frac{1}{V} \sum_{\boldsymbol{k}} \frac{1 - 2f(\epsilon_{\boldsymbol{k}})}{2\epsilon_{\boldsymbol{k}} - 2\mu} \tag{17.74}$$

である．これを式 (17.71) を用いて $\epsilon_c$ に依存しない形に書き直すと，

$$-\frac{m}{4\pi\hbar^2 a_s} = \tilde{\chi}_{pair}^{(0)} \tag{17.75}$$

$$\tilde{\chi}_{pair}^{(0)} \equiv \chi_{pair}^{(0)} - \frac{1}{V} \sum_{\boldsymbol{k}} \frac{1}{2\epsilon_{\boldsymbol{k}}} \overset{\epsilon_c \to +\infty}{\to} \int_0^{+\infty} D^{(0)}(\epsilon) \left( \frac{\tanh((\epsilon - \mu)/2k_B T)}{2(\epsilon - \mu)} - \frac{1}{2\epsilon} \right) d\epsilon \tag{17.76}$$

になる．上式は，転移温度 $k_B T_c$，結合定数 $1/a_s$ および化学ポテンシャル $\mu$ の間に成立する関係式を与える．転移温度を結合定数の関数として求めるためには，三者を結ぶ関係式がもう一つ必要になる．BCS 理論ではこの関係式を

$\mu \approx \epsilon_F^{(0)}$ で補っていたが，式 (17.66) から明らかなように，相互作用が強くなるとこの関係式は成立しない．

そこで 11.5 節や 15.5 節で使った技巧を用いる．即ち，RPA で動的対感受率を計算して，そこから揺動散逸定理と Hellmann-Feynman の定理を使って熱力学ポテンシャル $\Omega$ を求めるのだ．そうすれば，熱力学関係式 $n = -V^{-1}\partial\Omega/\partial\mu$ が，$k_B T_c$，$1/a_s$，$\mu$ の間に成り立つもう一つの関係式を導く．実際に，動的対感受率を考えるために，式 (16.15) の代わりに，重心波数ベクトル $\boldsymbol{q}$ を持つ電子対を生成する動的な摂動項，

$$\mathcal{H}_{\text{ext}}(t) = -F\mathcal{B}_{\boldsymbol{q}}^{\dagger} e^{-i(\omega+2\mu/\hbar)t+\delta t}, \quad \mathcal{B}_{\boldsymbol{q}}^{\dagger} = \sum_{\boldsymbol{k}} c_{\boldsymbol{q}/2+\boldsymbol{k}\uparrow}^{\dagger} c_{\boldsymbol{q}/2-\boldsymbol{k}\downarrow}^{\dagger} \tag{17.77}$$

をハミルトニアン $\mathcal{H}$ に加え，この摂動に対する線形応答を，

$$\frac{1}{V}\langle\!\langle \mathcal{B}_{\boldsymbol{q}} \rangle\!\rangle_t = \chi_{\text{pair}}(q,\omega) F e^{-i(\omega+2\mu/\hbar)t+\delta t} \tag{17.78}$$

と書いて，動的対感受率 $\chi_{\text{pair}}(q,\omega)$ を定める（系の等方性を反映して $q = |\boldsymbol{q}|$ の関数になる）．一電子を生成する過程を扱う一電子遅延 Green 関数では，生成する電子のエネルギーを $\mu$ を基準に測ったものを $\hbar\omega$ としたので，二電子を生成する過程を扱う複素感受率でも，生成する電子対のエネルギーを $2\mu$ を基準に測ったものを $\hbar\omega$ とし，それに合わせて外場の振動数を $\omega + 2\mu/\hbar$ とした．このとき久保公式は，

$$\begin{aligned}
\chi_{\text{pair}}(q,\omega) &\equiv \frac{1}{V}\chi_{\mathcal{B}_{\boldsymbol{q}},\mathcal{B}_{\boldsymbol{q}}^{\dagger}}(\omega) \\
&= \frac{1}{V}\cdot\frac{i}{\hbar}\int_0^{+\infty} \left\langle\!\!\left\langle \left[ e^{i\mathcal{H}t/\hbar}\mathcal{B}_{\boldsymbol{q}} e^{-i\mathcal{H}t/\hbar}, \mathcal{B}_{\boldsymbol{q}}^{\dagger} \right]_- \right\rangle\!\!\right\rangle_{\text{eq}} e^{i(\omega+2\mu/\hbar)t-\delta t} dt \\
&= \frac{1}{V}\cdot\frac{i}{\hbar}\int_0^{+\infty} \left\langle\!\!\left\langle \left[ \mathcal{B}_{\boldsymbol{q}}(t), \mathcal{B}_{\boldsymbol{q}}^{\dagger} \right]_- \right\rangle\!\!\right\rangle_{\text{eq}} e^{i\omega t-\delta t} dt
\end{aligned} \tag{17.79}$$

を導く．ここで，$\mathcal{B}_{\boldsymbol{q}}$ が電子数を二個減らすため，式 (4.10) が成立せず，$\mathcal{B}_{\boldsymbol{q}}(t) \equiv e^{i(\mathcal{H}-\mu\mathcal{N})t/\hbar}\mathcal{B}_{\boldsymbol{q}} e^{-i(\mathcal{H}-\mu\mathcal{N})t/\hbar} = e^{i2\mu t/\hbar} e^{i\mathcal{H}t/\hbar}\mathcal{B}_{\boldsymbol{q}} e^{-i\mathcal{H}t/\hbar}$ となることに注意しよう．上記の $\omega$ の定義が自然なものであることは，$\chi_{\text{pair}}(q,\omega)$ の $\omega \to 0$ 極限が，静的な外場 $\mathcal{H}_{\text{ext}} = -F\mathcal{B}_{\boldsymbol{q}}^{\dagger}$ を印加したときの等温感受率に一致することからもわかる．

さらに，揺動散逸定理 (4.47) から導かれる，

$$\begin{aligned}\frac{1}{V}\left\langle\!\left\langle \mathcal{B}_{\boldsymbol{q}}^{\dagger}\mathcal{B}_{\boldsymbol{q}}\right\rangle\!\right\rangle_{\mathrm{eq}} &= \frac{1}{V}\int_{-\infty}^{+\infty}\frac{d\omega}{2\pi}\int_{-\infty}^{+\infty}dt\, e^{i\omega t}\left\langle\!\left\langle \mathcal{B}_{\boldsymbol{q}}^{\dagger}\mathcal{B}_{\boldsymbol{q}}(t)\right\rangle\!\right\rangle_{\mathrm{eq}} \\ &= \frac{1}{\pi}\int_{-\infty}^{+\infty}\frac{\mathrm{Im}\chi_{\mathrm{pair}}(q,\omega)}{e^{\beta\hbar\omega}-1}d(\hbar\omega) \end{aligned} \tag{17.80}$$

と，熱力学ポテンシャル $\Omega$ に対する Hellmann-Feynman の定理 (3.78) を用いると，

$$\frac{\partial\Omega}{\partial U} = \left\langle\!\!\left\langle \frac{\partial\mathcal{H}}{\partial U}\right\rangle\!\!\right\rangle_{\mathrm{eq}} = -\frac{1}{V}\sum_{\boldsymbol{q}}\left\langle\!\left\langle \mathcal{B}_{\boldsymbol{q}}^{\dagger}\mathcal{B}_{\boldsymbol{q}}\right\rangle\!\right\rangle_{\mathrm{eq}} = -\frac{1}{\pi}\sum_{\boldsymbol{q}}\int_{-\infty}^{+\infty}\frac{\mathrm{Im}\chi_{\mathrm{pair}}(q,\omega)}{e^{\beta\hbar\omega}-1}d(\hbar\omega) \tag{17.81}$$

が言えて（$\sum_{\boldsymbol{k}_1\boldsymbol{k}_2\boldsymbol{k}_3\boldsymbol{k}_4}\delta_{\boldsymbol{k}_1+\boldsymbol{k}_2,\boldsymbol{k}_3+\boldsymbol{k}_4}c_{\boldsymbol{k}_1\uparrow}^{\dagger}c_{\boldsymbol{k}_2\downarrow}^{\dagger}c_{-\boldsymbol{k}_3\downarrow}c_{\boldsymbol{k}_4\uparrow} = \sum_{\boldsymbol{q}}\mathcal{B}_{\boldsymbol{q}}^{\dagger}\mathcal{B}_{\boldsymbol{q}}$ に注意），

$$\Omega = \Omega^{(0)} + \Delta\Omega, \quad \Delta\Omega = -\frac{1}{\pi}\int_0^U dU'\sum_{\boldsymbol{q}}\int_{-\infty}^{+\infty} f_{\mathrm{B}}(\hbar\omega)\,\mathrm{Im}\chi_{\mathrm{pair}}^{U'}(q,\omega)d(\hbar\omega) \tag{17.82}$$

を得る．ここで，$f_{\mathrm{B}}(\epsilon) \equiv (e^{\beta\epsilon}-1)^{-1}$ は Bose 分布関数，$\Omega^{(0)}$ は $U = 0$ のとき（つまり Sommerfeld モデルの）熱力学ポテンシャルである．また，$\chi_{\mathrm{pair}}^{U}(q,\omega)$ と書いて，動的対感受率の $U$ 依存性を明示した．15.5 節の議論と対比させるならば，上式第二項は「超伝導ゆらぎ」の寄与と呼ぶべきものである．

次に，RPA で $\chi_{\mathrm{pair}}^{U}(q,\omega)$ を評価する[20]．即ち，$\mathcal{H}_U$ から外場項へ繰り込める寄与を，

$$\mathcal{H}_U = -\frac{U}{V}\sum_{\boldsymbol{q}'}\mathcal{B}_{\boldsymbol{q}'}^{\dagger}\mathcal{B}_{\boldsymbol{q}'} \approx -\frac{U}{V}\langle\!\langle\mathcal{B}_{\boldsymbol{q}}\rangle\!\rangle_t\mathcal{B}_{\boldsymbol{q}}^{\dagger} = -U\chi_{\mathrm{pair}}^{U}(q,\omega)F\mathcal{B}_{\boldsymbol{q}}^{\dagger}e^{-i(\omega+2\mu/\hbar)t+\delta t} \tag{17.83}$$

と抜き出し，

$$\mathcal{H} + \mathcal{H}_{\mathrm{ext}}(t) \approx \mathcal{H}_0 - \left(1 + U\chi_{\mathrm{pair}}^{U}(q,\omega)\right)F\mathcal{B}_{\boldsymbol{q}}^{\dagger}e^{-i(\omega+2\mu/\hbar)t+\delta t} \tag{17.84}$$

と近似する．上式右辺を，Sommerfeld モデルのハミルトニアン $\mathcal{H}_0$ に，第二項の有効外場項が加わったと見ると，$\chi_{\mathrm{pair}}^{U}(q,\omega) = \chi_{\mathrm{pair}}^{(0)}(q,\omega)\left(1 + U\chi_{\mathrm{pair}}^{U}(q,\omega)\right)$，即ち，

$$\chi_{\mathrm{pair}}^{U}(q,\omega) = \frac{\chi_{\mathrm{pair}}^{(0)}(q,\omega)}{1 - U\chi_{\mathrm{pair}}^{(0)}(q,\omega)} \tag{17.85}$$

20）ここで行う近似を RPA とは呼ばず，はしご近似と呼ぶ場合も多い．16.2 節の脚注 5 を参照せよ．

を導ける．ただし，

$$\begin{aligned}\chi^{(0)}_{\text{pair}}(q,\omega) &\equiv \frac{1}{V}\cdot\frac{i}{\hbar}\int_0^{+\infty}\left\langle\!\left\langle\left[\mathcal{B}_q(t),\mathcal{B}^\dagger_q\right]_-\right\rangle\!\right\rangle_0 e^{i\omega t-\delta t}dt\\ &= \frac{1}{V}\cdot\frac{i}{\hbar}\int_0^{+\infty}\sum_{kk'}\left\langle\!\left\langle\left[c_{q/2-k\downarrow}c_{q/2+k\uparrow},c^\dagger_{q/2+k'\uparrow}c^\dagger_{q/2-k'\downarrow}\right]_-\right\rangle\!\right\rangle_0\\ &\qquad\qquad\times e^{-i(\epsilon_{q/2+k}+\epsilon_{q/2-k}-2\mu)+i\omega t-\delta t}dt\\ &= -\frac{1}{V}\sum_k\frac{1-f(\epsilon_{q/2+k})-f(\epsilon_{q/2-k})}{\hbar\omega-\epsilon_{q/2+k}-\epsilon_{q/2-k}+2\mu+i\delta}\end{aligned}\tag{17.86}$$

は Sommerfeld モデルの動的対感受率である．

式 (17.85) を式 (17.82) へ代入し，$U'$ 積分を実行すると（複素数の対数は主値をとる），

$$\begin{aligned}\Delta\Omega &= \frac{1}{\pi}\sum_q\int_{-\infty}^{+\infty}d(\hbar\omega)f_{\text{B}}(\hbar\omega)\text{Im}\left(\ln\left(1-U\chi^{(0)}_{\text{pair}}(q,\omega)\right)\right)\\ &= \frac{1}{\pi}\sum_q\int_{-\infty}^{+\infty}d(\hbar\omega)f_{\text{B}}(\hbar\omega)\text{Im}\left(\ln\left(-\frac{m}{4\pi\hbar^2a_{\text{s}}}-\tilde{\chi}^{(0)}_{\text{pair}}(q,\omega)\right)\right)\end{aligned}\tag{17.87}$$

を得る．ここで，$\text{Im}(\ln(1-U\chi^{(0)}_{\text{pair}}(q,\omega)))=\text{Im}(\ln(U^{-1}-\chi^{(0)}_{\text{pair}}(q,\omega)))$ と式 (17.71) を用いて $\epsilon_{\text{c}}$ 依存性を取り除き，

$$\begin{aligned}\tilde{\chi}^{(0)}_{\text{pair}}(q,\omega) &\equiv \chi^{(0)}_{\text{pair}}(q,\omega)-\frac{1}{V}\sum_k\frac{1}{2\epsilon_k}\\ &\xrightarrow{\epsilon_{\text{c}}\to+\infty} -\frac{1}{V}\sum_k\left(\frac{1-f(\epsilon_{q/2+k})-f(\epsilon_{q/2-k})}{\hbar\omega-2\epsilon_k-2\epsilon_{q/2}+2\mu+i\delta}+\frac{1}{2\epsilon_k}\right)\end{aligned}\tag{17.88}$$

を導入した（系の等方性から，$\tilde{\chi}^{(0)}_{\text{pair}}$ は $\boldsymbol{q}$ の向きに依存しない[21]）．こうして，

$$n = -\frac{1}{V}\frac{\partial\Omega}{\partial\mu} = n^{(0)}+\Delta n \tag{17.89}$$

$$n^{(0)} \equiv -\frac{1}{V}\frac{\partial\Omega^{(0)}}{\partial\mu} = 2\int_{-\infty}^{+\infty}D^{(0)}(\epsilon)f(\epsilon)d\epsilon \tag{17.90}$$

$$\Delta n \equiv -\frac{1}{V}\frac{\partial\Delta\Omega}{\partial\mu} = -2\int\frac{d^3\boldsymbol{q}}{(2\pi)^3}\int_{-\infty}^{+\infty}\frac{d\epsilon}{\pi}f_{\text{B}}(\epsilon)\text{Im}G_q(\epsilon) \tag{17.91}$$

$$G_q(\hbar\omega) \equiv \frac{\partial\tilde{\chi}^{(0)}_{\text{pair}}(q,\omega)/\partial(2\mu)}{\left(m/4\pi\hbar^2a_{\text{s}}\right)+\tilde{\chi}^{(0)}_{\text{pair}}(q,\omega)} \tag{17.92}$$

---

21）$\boldsymbol{k}$ に関する和を積分に変形し，$\boldsymbol{k}$ と $\boldsymbol{q}$ がなす角を極角とする極座標を選ぶと，角度積分を解析的に実行可能．

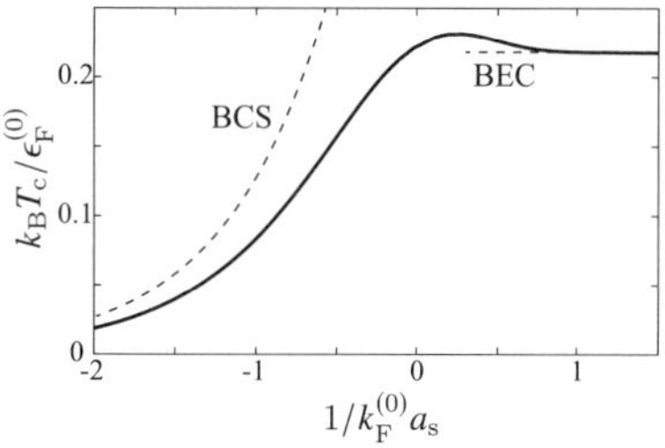


図 17.7 転移温度の BCS-BEC クロスオーバー［筆者による確認計算］

を得る[22)]．ここで，Sommerfeld モデルの電子密度 $n^{(0)}$ は自由電子の寄与，そこからの変化分 $\Delta n$ は電子対ボゾンの密度の二倍と解釈される．実際，後者の寄与は Bose 分布関数と「電子対ボゾンの一粒子スペクトル」$-\mathrm{Im}G_q(\epsilon)/\pi$ の積を $\boldsymbol{q}$ と $\epsilon$ について積分した形を持つ．

式 (17.76) の $\epsilon$ 積分を $\xi \equiv \epsilon/k_\mathrm{B}T$ に関する積分に書き換えると，式 (17.75) により $(1/k_\mathrm{F}^{(0)}a_\mathrm{s})\cdot(k_\mathrm{B}T_\mathrm{c}/\epsilon_\mathrm{F}^{(0)})^{-1/2}$ を $\eta \equiv \mu/k_\mathrm{B}T_\mathrm{c}$ のみを変数として含む形に表せる．一方，式 (17.88) と式 (17.90) でも $\epsilon$ 積分を $\xi$ 積分に書き換え，式 (17.91) の $\boldsymbol{q}$ 積分も $\xi' \equiv \epsilon_{\boldsymbol{q}/2}/k_\mathrm{B}T$ に関する積分に書き換えて，式 (17.92) に式 (17.75) を代入すると，式 (17.89) により $(k_\mathrm{B}T_\mathrm{c}/\epsilon_\mathrm{F}^{(0)})^{-3/2}$ を $\eta$ のみを変数として含む形に表せる．以上の結果から，$1/k_\mathrm{F}^{(0)}a_\mathrm{s}$ と $k_\mathrm{B}T_\mathrm{c}/\epsilon_\mathrm{F}^{(0)}$ も $\eta$ のみを変数として含む形に表せるので，$\eta$ を媒介変数として用いて，$1/k_\mathrm{F}^{(0)}a_\mathrm{s}$ と $k_\mathrm{B}T_\mathrm{c}/\epsilon_\mathrm{F}^{(0)}$ の関係をプロットでき，図 17.7 を得る[23)]．

弱結合極限 $1/k_\mathrm{F}^{(0)}a_\mathrm{s} \to -\infty$ に着目しよう．このとき，式 (17.87) の被積分関数がゼロになり，式 (17.89) で $\Delta n$ の寄与を無視できる．答えを先読みして，$T_\mathrm{c} \ll \epsilon_\mathrm{F}^{(0)}$ を仮定すると，$\mu \approx \epsilon_\mathrm{F}^{(0)}$ を得る．これを式 (17.75) に代入し，$x \equiv \epsilon/\epsilon_\mathrm{F}^{(0)}$，$\tilde{T} \equiv k_\mathrm{B}T/\epsilon_\mathrm{F}^{(0)}$ を導入すると，無次元化された方程式として，

---

22）後述するように，$\mathrm{Im}G_q(\epsilon)$ がデルタ関数型の特異性を持ちうるので，$\epsilon$ 積分の数値計算には工夫が要る．具体的には，$G_q(\epsilon)$ の表式で $\epsilon$ を複素変数 $z$ に置き換えた $G_q(z)$ を用意し，図 4.1 で無限小半円の中心を $z=0$ に置いた閉経路上の積分を $\oint$ と表して，

$$\frac{1}{\pi}\int_{-\infty}^{+\infty} f_\mathrm{B}(\epsilon)\mathrm{Im}G_q(\epsilon)d\epsilon = \lim_{R\to+\infty}\frac{1}{\pi}\mathrm{Im}\left(\mathrm{P}\int_{-R}^{+R} f_\mathrm{B}(\epsilon)G_q(\epsilon)d\epsilon\right)$$
$$= \frac{1}{\pi}\mathrm{Im}\left(\oint f_\mathrm{B}(z)G_q(z)dz - \int_{\text{無限小半円}} f_\mathrm{B}(z)G_q(z)dz - \int_{\text{無限大半円}} f_\mathrm{B}(z)G_q(z)dz\right)$$
$$= \frac{2}{\beta}\sum_{n=1}^{+\infty}\mathrm{Re}G_q(i\nu_n) + \frac{1}{\beta}G_q(0) + \frac{1}{4}$$

と変形する．ここで，$G_q(z)$ が $\mathrm{Im}z > 0$ で解析的であることと，$f_\mathrm{B}(z)$ が $z = i\nu_n \equiv 2\pi in/\beta$（$n$：整数）に一位の極を持つことに注意して，閉経路上の積分に留数解析を適用した．さらに，無限小半円上の積分を式 (4.30) と同様に求め，無限大半円上の積分を $\int_{\text{無限大半円}} f_\mathrm{B}(z)G_q(z)dz = -\int_{1/4\ \text{円}} dz/2z = -i\pi/4$ と計算した（$\because$ 無限遠で $f_\mathrm{B}(z) = -\theta(-\mathrm{Re}z)$，$G_q(z) = 1/2z$）．右辺の級数和を数値計算する際には，カットオフ $n_\mathrm{c} \sim 10^3 - 10^4$ を設け，$n \le n_\mathrm{c}$ についての和だけ直接評価し，$n > n_\mathrm{c}$ についての和は無限積分で近似して評価する．

23）表式に現れる積分は角度積分以外すべて数値的に行う．端点で特異的な関数の積分や，収束が遅い無限積分に対しては二重指数関数型数値積分公式が有効．

$$\frac{\pi}{2}\cdot\frac{1}{k_{\mathrm{F}}^{(0)}|a_{\mathrm{s}}|}=\int_0^{+\infty}\sqrt{x}\left(\frac{\tanh\left((x-1)/2\tilde{T}\right)}{2(x-1)}-\frac{1}{2x}\right)dx \tag{17.93}$$

を得る．ここで，右辺の積分上限を $x_{\mathrm{c}}\gg 1$ に置き換えたものを，

$$I_1=\int_0^{x_{\mathrm{c}}}dx\left(\frac{\tanh((x-1)/2\tilde{T})}{2(\sqrt{x}+1)}-\frac{1}{2\sqrt{x}}\right),\quad I_2=\int_0^{x_{\mathrm{c}}}dy\frac{\tanh((x-1)/2\tilde{T})}{2(x-1)} \tag{17.94}$$

の和に分解して（$\sqrt{x}/(x-1)=(\sqrt{x}+1)^{-1}+(x-1)^{-1}$ に注意），それぞれを $O(\tilde{T})$ の誤差を無視して評価しよう．まず，$I_1$ では $\tanh((x-1)/2\tilde{T})\approx\mathrm{sgn}(x-1)$（sgn は符号関数）と近似でき，$I_1\approx 2\ln 2-2-\ln(1+\sqrt{x_{\mathrm{c}}})$ となる．一方，$I_2$ は $[0,1]$ 上と $[1,x_{\mathrm{c}}]$ 上の積分に分ければ式 (16.31) 右辺と同様に評価でき，$I_2\approx\ln(2(x_{\mathrm{c}}-1)e^{\gamma}/\pi\tilde{T})/2+\ln(2e^{\gamma}/\pi\tilde{T})/2$ となる．したがって，$x_{\mathrm{c}}\to+\infty$ の極限で 式 (17.93) 右辺は $I_1+I_2\approx\ln(8e^{\gamma-2}/\pi\tilde{T})$ に漸近し，式 (17.93) を $\tilde{T}$ について解いた結果は，転移温度の見積もりとして，

$$T_{\mathrm{c}}\approx\frac{8e^{\gamma-2}}{\pi}\epsilon_{\mathrm{F}}^{(0)}\exp\left(-\frac{\pi}{2k_{\mathrm{F}}|a_{\mathrm{s}}|}\right),\quad(\gamma:\text{Euler 定数}) \tag{17.95}$$

を与える．この結果は当初の予想，$T_{\mathrm{c}}\ll\epsilon_{\mathrm{F}}^{(0)}$ に矛盾しない．エネルギーカットオフを導入しなかったので，Debye エネルギー $\hbar\omega_{\mathrm{D}}$ の役割を相互作用がない系の Fermi エネルギー $\epsilon_{\mathrm{F}}^{(0)}$ が担っている点，散乱長を導入したために $U_{\mathrm{ph}}D_{\mathrm{F}}^{(0)}$ が $2k_{\mathrm{F}}|a_{\mathrm{s}}|/\pi$ に置き換わっている点に違いはあるが，本質的に上式は BCS 理論の結果 (16.37) と同形である．

今度は，強結合極限 $1/k_{\mathrm{F}}^{(0)}a_{\mathrm{s}}\to+\infty$ に着目しよう．ここでも答えを先読みし，$\mu<0, k_{\mathrm{B}}T_{\mathrm{c}}\ll|\mu|$ を予想すると，Fermi 分布関数 $f(\epsilon_{\boldsymbol{k}})$ が指数関数的に小さくなる．このとき，式 (17.75) は式 (17.70) に漸近し，$2\mu\to-E_{\mathrm{B}}=-\hbar^2/ma_{\mathrm{s}}^2$ を導く．一方，式 (17.89) では $n^{(0)}$ を無視でき，さらに式 (17.92) でも，

$$\tilde{\chi}_{\mathrm{pair}}^{(0)}(q,\omega)\approx-\frac{1}{V}\sum_{\boldsymbol{k}}\left(\frac{1}{\hbar\omega-2\epsilon_{\boldsymbol{k}}-2\epsilon_{\boldsymbol{q}/2}+2\mu+i\delta}+\frac{1}{2\epsilon_{\boldsymbol{k}}}\right) \tag{17.96}$$

と近似できる．結果に主要な寄与を与える $\hbar\omega\lesssim k_{\mathrm{B}}T_{\mathrm{c}}\ll|\mu|$ では $\hbar\omega-2\epsilon_{\boldsymbol{k}}-2\epsilon_{\boldsymbol{q}/2}+2\mu<\hbar\omega+2\mu<0$ だから，$\mathrm{Im}\tilde{\chi}_{\mathrm{pair}}^{(0)}(q,\omega)$ は正の無限小になり，$T=T_{\mathrm{c}}$ において，

$$\mathrm{Im}G_q(\hbar\omega)\approx-\pi\frac{\partial\tilde{\chi}_{\mathrm{pair}}^{(0)}(q,\omega)}{\partial(2\mu)}\delta\left(\frac{m}{4\pi\hbar^2a_{\mathrm{s}}}+\tilde{\chi}_{\mathrm{pair}}^{(0)}(q,\omega)\right)=-\pi\delta\left(\hbar\omega-2\epsilon_{\boldsymbol{q}/2}\right) \tag{17.97}$$

となる．ここで，デルタ関数に関する公式 (1.25), (4.44) を適用後，式 (17.75) の右辺 (17.76) が式 (17.96) へ $q = \omega = 0$ を代入した値に等しいことを反映して，$m/4\pi\hbar^2 a_s + \tilde{\chi}^{(0)}_{\rm pair}(q,\omega) = 0$ の解が $\hbar\omega = 2\epsilon_{\boldsymbol{q}/2}$ になることと，式 (17.96) が導く $\partial\tilde{\chi}^{(0)}_{\rm pair}(q,\omega)/\partial(2\mu) \approx \partial\tilde{\chi}^{(0)}_{\rm pair}(q,\omega)/\partial(\hbar\omega) > 0$ を用いた．こうして，式 (17.89)-(17.92) は，

$$n \approx 2\int \frac{d^3\boldsymbol{q}}{(2\pi)^3} f_{\rm B}\,(2\epsilon_{\boldsymbol{q}/2}) \tag{17.98}$$

に帰す．これは式 (17.63) の不等号を等号に置き換えた方程式に他ならず，強結合極限の転移温度は，電子対ボゾンが Bose-Einstein 凝縮する温度 $k_{\rm B}T_{\rm c} \approx 0.218\epsilon^{(0)}_{\rm F}$（式 (17.65)）に漸近することになる．この結果は当初の予想に矛盾しない（$\mu \approx -E_{\rm B} < 0$ かつ $k_{\rm B}T_{\rm c} < \epsilon^{(0)}_{\rm F} = (\hbar k^{(0)}_{\rm F})^2/2m \ll \hbar^2/2ma_{\rm s}^2 = E_{\rm B}/2 \approx |\mu|$）．このように，Nozières と Schmitt-Rink の理論は，弱結合と強結合の両極限で厳密な結果を再現する内挿理論になっている．

# 第 VI 部

# 量子Hall効果

# 第 18 章

# 整数量子 Hall 効果

## 18.1　古典および量子 Hall 効果

MOS 構造（金属 (M)，酸化物 (O)，半導体 (S) の三層構造）において酸化物と半導体の界面近くに形成される反転層や，半導体ヘテロ構造（単一ヘテロ接合や量子井戸）を用いると，電子の運動を二次元面内に拘束することができる．本節では，このように二次元面内を運動する電子に，面に垂直かつ一様で，静的な磁束密度 $\boldsymbol{B}$ を印加した系を考える．以下では，$\boldsymbol{B}$ の向きを $z$ 軸正の向きに選び（即ち $\boldsymbol{B} = B\boldsymbol{e}_z$ かつ $B > 0$），面上に $x$ 軸と $y$ 軸をとる．電子は $xy$ 平面上を運動するから，電子の位置や運動量を $x, y$ 成分から成る二次元ベクトルで表せる．

この系に，時間依存する面内方向の電場 $\boldsymbol{E}(t) = \boldsymbol{E}e^{-i\omega t}$ を印加したときの応答を調べよう．系が一様ならば，系に誘起される電流密度（電流の面密度）$\boldsymbol{j}(t)$ を，線形応答の範囲で $\boldsymbol{j}(t) = \underline{\sigma}(\omega)\boldsymbol{E}e^{-i\omega t}$ と表せる．ここでは $\boldsymbol{E}$ と $\boldsymbol{j}$ が二次元ベクトルなので，伝導率テンソル $\underline{\sigma}(\omega)$ は二行二列の行列になる．以下，等方的な系を考えることにすると，$z$ 軸周りの $\pi/2$ 回転に対する系の不変性から $\sigma_{xx}(\omega) = \sigma_{yy}(\omega), \sigma_{xy}(\omega) = -\sigma_{yx}(\omega)$ が成り立ち，$\boldsymbol{j}(t) = \underline{\sigma}(\omega)\boldsymbol{E}e^{-i\omega t}$ が複素形式の一個の式，

$$j_x(t) \mp i j_y(t) = \sigma_\pm(\omega)(E_x \mp iE_y)e^{-i\omega t} \tag{18.1}$$

にまとまる．ここで，$\sigma_\pm(\omega) \equiv \boldsymbol{e}_\pm \cdot (\underline{\sigma}(\omega)\boldsymbol{e}_\pm) = \sigma_{xx}(\omega) \pm i\sigma_{xy}(\omega)$ は，Jones ベクトルが $\boldsymbol{e}_\pm = (\boldsymbol{e}_x \pm i\boldsymbol{e}_y)/\sqrt{2}$ の円偏光に対する応答を記述する伝導率である．式 (18.1) の複素共役をとると，$(\sigma_\pm(\omega))^* = \sigma_\mp(-\omega)$（$\Leftrightarrow$ $(\sigma_{\mu\nu}(\omega))^* = \sigma_{\mu\nu}(-\omega)$）の関係を見て取れる．

議論の出発点として，古典力学（Drude 理論）の範囲で伝導率を考えてみよう．電子間相互作用の効果を無視すると，各電子の Newton 方程式は，

$$m_{\mathrm{e}}\left(\frac{d}{dt}+\frac{1}{\tau_{\mathrm{tr}}}\right)\dot{\boldsymbol{r}}(t)=-e\left(\boldsymbol{E}(t)+\frac{1}{c}\dot{\boldsymbol{r}}(t)\times\boldsymbol{B}\right) \tag{18.2}$$

となる．ただし，$\dot{\boldsymbol{r}}\equiv d\boldsymbol{r}/dt$ は電子の速度，$\tau_{\mathrm{tr}}$ は電子が散乱される効果を表す現象的な輸送緩和時間である．また，半導体中の伝導電子を想定し，電子の質量を有効質量 $m_{\mathrm{e}}$ に置き換えた．複素形式で書くと，この Newton 方程式は一階の線形常微分方程式,

$$\left(\frac{d}{dt}+\frac{1}{\tau_{\mathrm{tr}}}\right)(\dot{x}(t)\mp i\dot{y}(t))=-\frac{e}{m_{\mathrm{e}}}(E_x\mp iE_y)e^{-i\omega t}\mp i\omega_{\mathrm{c}}(\dot{x}(t)\mp i\dot{y}(t)) \tag{18.3}$$

に帰する．ここで，**サイクロトロン振動数**,

$$\omega_{\mathrm{c}}\equiv\frac{eB}{m_{\mathrm{e}}c} \tag{18.4}$$

を導入した．

手始めに，散乱体がない系に静電場を印加した場合（$\omega=0,\ \tau_{\mathrm{tr}}\to+\infty$）を考えよう．電場がない（$\boldsymbol{E}=0$）ときの一般解は，$R_x, R_y, v, \varphi$ を実数の積分定数として,

$$x(t)\mp iy(t)=R_x\mp iR_y+\frac{v}{\omega_{\mathrm{c}}}e^{\mp i(\omega_{\mathrm{c}}t+\varphi)} \tag{18.5}$$

であり，$(R_x,R_y)$ を中心する速さ $v$，半径 $v/\omega_{\mathrm{c}}$ の等速円運動（**サイクロトロン運動**）を表す．静電場（$\boldsymbol{E}\neq 0,\ \omega=0$）を印加したときの一般解は，これに特解を加えた,

$$x(t)\mp iy(t)=\frac{c(E_y\pm iE_x)}{B}t+R_x\mp iR_y+\frac{v}{\omega_{\mathrm{c}}}e^{\mp i(\omega_{\mathrm{c}}t+\varphi)} \tag{18.6}$$

になる．つまり，（初期条件によらず）円運動の中心が一定の速度 $c\boldsymbol{E}\times\boldsymbol{B}/B^2$ で移動する．この中心の運動を $\boldsymbol{E}\times\boldsymbol{B}$ **ドリフト** と呼ぶ．

次に，散乱体がある系に振動電場を印加した一般的な場合（$\tau_{\mathrm{tr}}<+\infty,\ \omega\neq 0$）を考えよう．一般解を求めるには，電場と同じ $\dot{x}(t)\mp i\dot{y}(t)\propto e^{-i\omega t}$ の時間依存性を仮定して特解を求めておいて，それに電場がないときの一般解 $\dot{x}(t)\mp i\dot{y}(t)\propto e^{\mp i\omega_{\mathrm{c}}t-t/\tau_{\mathrm{tr}}}$ を加えればよい．ところが $t\gg\tau_{\mathrm{tr}}$ では，特解の部分だけが生き残るので，初期条件によらず,

$$\dot{x}(t)\mp i\dot{y}(t)=-\frac{e}{m_{\mathrm{e}}}\frac{i}{\omega\mp\omega_{\mathrm{c}}+i/\tau_{\mathrm{tr}}}(E_x\mp iE_y)e^{-i\omega t} \tag{18.7}$$

を得る．電子密度（電子数の面密度）を $n_{2\mathrm{D}}$ として，$j_x(t)\mp ij_y(t)=-n_{2\mathrm{D}}e\,(\dot{x}(t)\mp i\dot{y}(t))$ と書けるから，伝導率 $\sigma_{\pm}(\omega)=\sigma_{xx}(\omega)\pm i\sigma_{xy}(\omega)$ の表式は,

$$\sigma_\pm(\omega) = i\frac{n_{2D}e^2}{m_e}\frac{1}{(\omega \mp \omega_c) + i/\tau_{tr}} \tag{18.8}$$

となる．したがって，円偏光の吸収スペクトル $\mathrm{Re}\sigma_\pm(\omega)$ は $\omega = \pm\omega_c$ に半値幅 $1/\tau_{tr}$ の共鳴ピークを示す．これを**サイクロトロン共鳴**と呼ぶ．

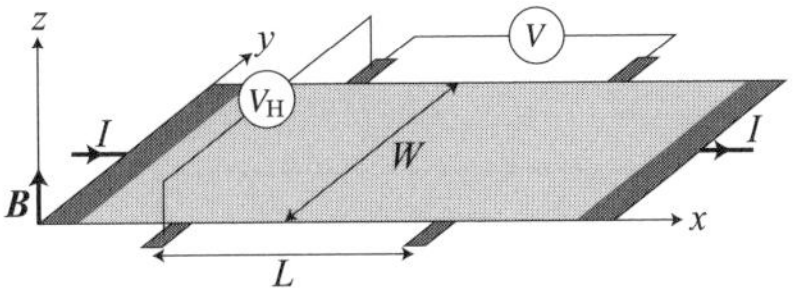


図 18.1　$\rho_{xx}$ と $\rho_{xy}$ の測定

直流極限 $\omega \to 0$ では，$\sigma_{\mu\nu} \equiv \sigma_{\mu\nu}(0)$ は実数になるので，**対角伝導率**と **Hall 伝導率**が，それぞれ，

$$\sigma_{xx} = \sigma_{yy} = \mathrm{Re}\sigma_+(0) = \frac{\sigma_0}{1+(\omega_c\tau_{tr})^2}, \quad \sigma_{xy} = -\sigma_{yx} = \mathrm{Im}\sigma_+(0) = -\frac{\sigma_0(\omega_c\tau_{tr})}{1+(\omega_c\tau_{tr})^2} \tag{18.9}$$

と求まる．ただし，$\sigma_0 \equiv n_{2D}e^2\tau_{tr}/m_e$ は（Drude 公式で求めた）$\boldsymbol{B} = 0$ の直流伝導率を表す．散乱がない極限 $\tau_{tr} \to +\infty$ では，$\sigma_{xx} = \sigma_{yy} \to 0$，$\sigma_{xy} = -\sigma_{yx} \to -n_{2D}ec/B$ となり，電子の $\boldsymbol{E}\times\boldsymbol{B}$ ドリフト（電流密度で言うと $\boldsymbol{j} = -n_{2D}ec\boldsymbol{E}\times\boldsymbol{B}/B^2$）が再現される[1)]．

一方，電流密度 $\boldsymbol{j}(t) = \boldsymbol{j}e^{-i\omega t}$ を系に流したとき，線形応答の範囲で系に誘起される電場を $\boldsymbol{E}(t)$ として，抵抗率テンソル $\underline{\rho}(\omega)$ を $\boldsymbol{E}(t) = \underline{\rho}(\omega)\boldsymbol{j}e^{-i\omega t}$ によって定義できる．このとき，$\underline{\rho}(\omega) = \left(\underline{\sigma}(\omega)\right)^{-1}$，あるいは同じことだが，

$$\rho_\pm(\omega) = (\sigma_\pm(\omega))^{-1}, \quad \left(\rho_\pm(\omega) \equiv \boldsymbol{e}_\pm\cdot\left(\underline{\rho}(\omega)\boldsymbol{e}_\pm\right) = \rho_{xx}(\omega) \pm i\rho_{xy}(\omega)\right) \tag{18.10}$$

が成り立つ．特に直流極限（$\omega \to 0$）において，Drude 公式 (18.9) は，

$$\rho_{xx} = \rho_{yy} = \mathrm{Re}\left(\frac{1}{\sigma_+(0)}\right) = \frac{1}{\sigma_0}, \quad \rho_{xy} = -\rho_{yx} = \mathrm{Im}\left(\frac{1}{\sigma_+(0)}\right) = \frac{B}{n_{2D}ec} \tag{18.11}$$

を導く．つまり，$B \neq 0$ である限り **Hall 抵抗率** $\rho_{xy}$ はゼロでない．これが（古典的）**Hall 効果**である．通常の実験では $\sigma_{\mu\nu}$ ではなく $\rho_{\mu\nu}$ を測定する．即ち，図 18.1 に示すような長方形の試料（Hall bar と呼ばれる）に $x$ 方向の定電流 $I$ を流しておいて，$x$ 方向に生じる電位差 $V$ と，$y$ 方向に生じる電位差 $V_H$（**Hall 電圧**）を測定し，

1）より一般に，$\sigma_{xy} = -n_{2D}ec/B + \sigma_{xx}/\omega_c\tau_{tr}$ が成り立つ（$n_{2D}ec/B = \sigma_0/\omega_c\tau_{tr}$ に注意）．第一項が $\boldsymbol{E}\times\boldsymbol{B}$ ドリフトの寄与で，第二項が散乱によって生じた補正を表す．輸送緩和時間 $\tau_{tr}(< +\infty)$ の導入は，第一項の電流に対する粘性抵抗力 $F_x = -m_e\dot{x}/\tau_{tr}$ を生み出すが，この力を表す有効電場 $F_x/(-e)$ が誘起する電流密度 $\Delta j_x = \sigma_{xx}F_x/(-e) = (\sigma_{xx}/\omega_c\tau_{tr})E_y$ が，第二項を与える．

$$\rho_{xx} \equiv \frac{E_x}{j_x} = \frac{V/L}{I/W} = \frac{VW}{IL}, \quad \rho_{yx} \equiv \frac{E_y}{j_x} = \frac{V_{\rm H}/W}{I/W} = \frac{V_{\rm H}}{I} \tag{18.12}$$

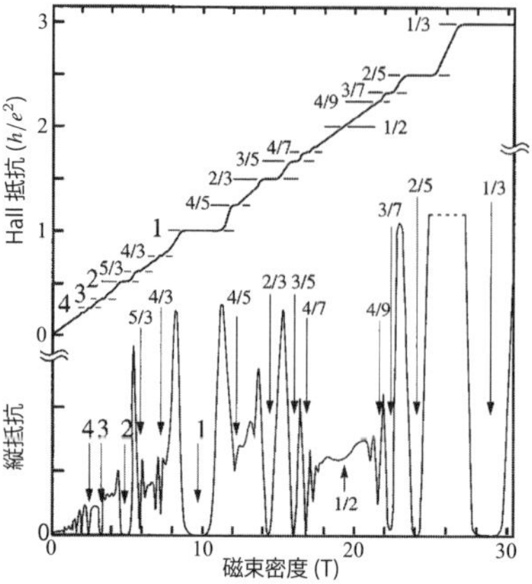


図 18.2　強磁場下二次元電子系の対角抵抗と Hall 抵抗の測定結果．占有率が分数値をとる磁束密度を，その分数を併記した矢印で示した．[H. L. Stomer: Rev. Mod. Phys. **71**, 875 (1999).]

と決める．ここで，$L$ は $x$ 方向の電位差を測る電極間の距離，$W$ は $y$ 方向の電位差を測る電極間の距離である．二次元系は特殊で，Hall 抵抗率 $E_y/j_x$ と Hall 抵抗 $V_{\rm H}/I$ が一致する．そのため，Hall 抵抗率の測定に $L$ や $W$ の情報は不要である．

弱磁場領域では Drude 理論と実験結果の一致は非常によく，Hall 抵抗率の表式 (18.11) が電子の有効質量 $m_{\rm e}$ と輸送緩和時間 $\tau_{\rm tr}$ に依存しないことを利用して，Hall 抵抗（率）の測定データから電子密度 $n_{\rm 2D}$ を評価できる[2]．しかし，低温（数 K 以下）で清浄な（移動度が $10^5{\rm cm}^2/{\rm Vs}$ を超える）試料に強磁場（$B \gtrsim 10{\rm T}$）を印加すると事情が一変する．図 18.2 に示したように，実験で測定された Hall 抵抗 $V_{\rm H}/I$ の $B$ 依存性はところどころで線形から大きく外れ，対角抵抗 $V/I$ も磁気振動を示し，Drude 理論に従わなくなる．そればかりか，以下に述べる特異な振る舞いを示す．

(1) 磁束密度 $B$ を変えてもまったく Hall 抵抗が変化しない領域（**プラトー**）が，

$$\nu \equiv \frac{n_{\rm 2D}hc}{eB} = \frac{p}{q}, \quad (p\text{ と }q\text{ は互いに素な整数で，}q\text{ は奇数}) \tag{18.13}$$

を満たす $B$ の付近に現れる．ここで，$\nu$ は後述する Landau 準位の**占有率**である．

(2) プラトー領域では Hall 抵抗値が「厳密」[3]に，

2) Hall 抵抗（率）$\rho_{yx}$ の表式に $e^2$ ではなく $e$ が現れることからわかるように，電流が電子によって運ばれているとき $\rho_{yx} < 0$，正孔によって運ばれているとき $\rho_{yx} > 0$ となる．つまり，Hall 抵抗（率）から，キャリアの電荷の符号と，キャリア密度を同時に測定できる．

3) 高移動度試料の整数量子 Hall 効果では，Hall 抵抗の量子化値からのずれは，相対誤差で $10^{-9}$ 以下．

$$\rho_{xy} = \frac{q}{p} \cdot \frac{h}{e^2} \tag{18.14}$$

(3) プラトー領域では対角抵抗がゼロになる．

プラトー上の伝導率は $\sigma_{xx} = 0$，$\sigma_{xy} = -(p/q)e^2/h$ となる．$p/q$ が整数および分数のプラトーが現れる現象を，それぞれ**整数量子 Hall 効果**[4]，**分数量子 Hall 効果**[5]と呼ぶ．「量子 Hall 効果」というと，(2) の側面だけに目を奪われがちだが，Drude 理論の範囲でも，厳密に $\nu = p/q$ であるときに Hall 抵抗値が $B/n_{2D}ec = (q/p)(h/e^2)$ になることは示せる．その意味で言えば，むしろ (1) の側面を量子 Hall 効果の本質と見るべきだろう．

サイクロトロン運動は振動数 $\omega_c$ の調和振動子と等価だから，次節で述べるように，量子力学的には $\hbar\omega_c$ のエネルギー間隔で並んだ離散的なエネルギー準位（**Landau 準位**）が形成される．Landau 準位間の間隔 $\hbar\omega_c$ が，不純物がつけた Landau 準位のエネルギー幅と同程度かそれより大きくなったとき，Landau 準位形成による量子効果が，さまざまな物理量の磁気振動として顔を見せるのはむしろ自然なことである[6]．

しかしそうだとしても，Hall 抵抗という巨視的な物理量に，量子力学を特徴づける Planck 定数そのものが現れるというのは，まさに「巨視的量子効果」と呼ぶに相応しい極めて特異な現象である．現在では，整数量子ホール効果のプラトーにおける Hall 抵抗の値は，抵抗標準として利用されており，$h/e^2 \approx 25812.807\Omega$ は **von Klitzing 定数**と呼ばれている．

## 18.2 Landau 準位

磁束密度 $\boldsymbol{B} = B\boldsymbol{e}_z$ $(B > 0)$ を印加した $xy$ 平面上の電子系を量子力学で取り扱おう．電子間相互作用および不純物の効果を無視すると，一電子ハミルトニアンは，

$$\hat{H} = \hat{H}_o + \hat{H}_s, \quad \left(\hat{H}_o \equiv \frac{\hat{\boldsymbol{\pi}}^2}{2m_e},\ \hat{H}_s \equiv \frac{g_e\mu_B B}{\hbar}\hat{s}_z\right) \tag{18.15}$$

4）K. von Klitzing, G. Dorda and M. Pepper: Phys. Rev. Lett. **45**, 494 (1980).

5）D. C. Tsui, H. L. Stormer and A. C. Gossard: Phys. Rev. Lett. **48**, 1559 (1982).

6）実際，図 18.2 の弱磁場側のデータには，整数量子 Hall 効果の前駆となる対角抵抗の磁気振動が見える．この **Shubnikov-de Haas 振動**は，整数量子 Hall 効果が見つかる以前から知られていた．

となる．電子の軌道自由度に作用する $\hat{H}_o$ は，電子の運動エネルギーを表し，**力学的運動量**演算子 $\hat{\boldsymbol{\pi}} = \hat{\boldsymbol{p}} + e\boldsymbol{A}(\hat{\boldsymbol{r}})/c$ を使って表されている．ただし，$\hat{\boldsymbol{r}}$ および $\hat{\boldsymbol{p}}$ は，電子の位置および正準運動量演算子であり，$\boldsymbol{A}(\boldsymbol{r})$ は，$\nabla \times \boldsymbol{A} = \boldsymbol{B}$ を満たすベクトルポテンシャルである．一方，スピン自由度に作用する $\hat{H}_s$ は Zeeman 分裂を表しており，$\mu_B$ は Bohr 磁子，$\hat{\boldsymbol{s}}$ は電子のスピン演算子である．半導体上で実現される二次元電子系は一般に低密度であるため，伝導帯の底近傍のみに注目して $\boldsymbol{k}\cdot\boldsymbol{p}$ 摂動を適用でき，ハミルトニアンは上記のように自由電子と同形になるが，電子の質量や $g$ 因子が有効値 $m_e$ と $g_e$ に置き換わることに注意が要る．たとえば，半導体ヘテロ構造によく用いられる砒化ガリウム (GaAs) の場合，$m_e \approx 0.067m$，$g_e \approx -0.44$ であり，元来の電子の静止質量 $m$ や $g$ 因子 $g \approx 2$ とは大きく異なる．

力学的運動量 $\hat{\boldsymbol{\pi}}$ は質量と速度の積を表す．実際，Heisenberg 方程式から，

$$\dot{\hat{\boldsymbol{r}}} \equiv \frac{1}{i\hbar}\left[\hat{\boldsymbol{r}}, \hat{H}\right]_- = \frac{\hat{\boldsymbol{\pi}}}{m_e} \tag{18.16}$$

が成り立つ．量子力学と古典力学の大きな違いは，$\hat{\pi}_x$ と $\hat{\pi}_y$ の非可換性，

$$\left[\hat{\pi}_x, \hat{\pi}_y\right]_- = \frac{e}{c}(i\hbar)\left(-\nabla_x A_y + \nabla_y A_x\right) = -i\frac{\hbar^2}{\ell^2}, \quad \left(\ell \equiv \sqrt{\frac{c\hbar}{eB}}\right) \tag{18.17}$$

に現れる（式 (2.88) に注意）．ここで $\ell$ は長さの次元を持ち，**磁場長**と呼ばれる．式 (18.16) に注意すると，古典的なサイクロトロン運動の中心の座標と，中心から見た相対座標に対応する演算子をそれぞれ，

$$\hat{\boldsymbol{R}} \equiv \hat{\boldsymbol{r}} - \hat{\boldsymbol{\xi}} = \hat{\boldsymbol{r}} + \frac{\ell^2}{\hbar}\boldsymbol{e}_z \times \hat{\boldsymbol{\pi}}, \quad \hat{\boldsymbol{\xi}} \equiv -\frac{1}{\omega_c}\boldsymbol{e}_z \times \dot{\hat{\boldsymbol{r}}} = -\frac{\ell^2}{\hbar}\boldsymbol{e}_z \times \hat{\boldsymbol{\pi}} \tag{18.18}$$

と定義すべきことがわかる[7]．ただし，$x, y, z$ 軸正の向きを持つ単位ベクトルを，$\boldsymbol{e}_x, \boldsymbol{e}_y, \boldsymbol{e}_z$ とした．これらの演算子の各成分は，交換関係，

$$\left[\hat{R}_x, \hat{R}_y\right]_- = +i\ell^2, \quad \left[\hat{\xi}_x, \hat{\xi}_y\right]_- = -i\ell^2, \quad \left[\hat{\xi}_\mu, \hat{R}_\nu\right]_- = 0 \tag{18.19}$$

を満たす．$\hat{\boldsymbol{\pi}}$ は $\hat{\boldsymbol{\xi}}$ だけで表されるから，$\hat{\boldsymbol{R}}$ は $\hat{\boldsymbol{\pi}}$ の各成分と可換であり，したがって保存量となる（$\dot{\hat{\boldsymbol{R}}} = [\hat{\boldsymbol{R}}, \hat{H}]_-/i\hbar = 0$）．この事実は，古典力学において，サイクロトロン運動の中心が不動であることに対応する．ただし，$[\hat{R}_x, \hat{R}_y]_- \neq 0$ だから，中心座標の $x$ 成分と $y$ 成分は同時に確定値をとることはできない．

7）式 (18.5) から導かれる $x(t) \mp iy(t) = R_x \mp iR_y \pm i(\dot{x}(t) \mp i\dot{y}(t))/\omega_c$ に注意．

古典的なサイクロトロン運動は角速度 $\omega_{\rm c}$ の等速円運動で，振動数 $\omega_{\rm c} = eB/m_{\rm e}c$ の調和振動子の運動と等価である．量子力学でも両者は等価である．これを見るには，

$$\hat{a} \equiv \frac{i\ell}{\sqrt{2}\hbar}\left(\hat{\pi}_x - i\hat{\pi}_y\right) = \frac{1}{\sqrt{2}\ell}\left(\xi_x - i\xi_y\right) \tag{18.20}$$

を導入するとよい．このとき，$\hat{a}$ とそのエルミート共役 $\hat{a}^\dagger$ は，昇降演算子の交換関係，

$$\left[\hat{a}, \hat{a}^\dagger\right]_- = 1 \tag{18.21}$$

を満たし，それぞれ $\hat{a}^\dagger\hat{a}$ の固有値 $n = 0, 1, 2, \cdots$ を一つ下げる・上げる演算子になる．また，

$$\hat{\boldsymbol{\xi}}^2 = \frac{\ell^4}{\hbar^2}\hat{\boldsymbol{\pi}}^2 = 2\ell^2\left(\hat{a}^\dagger\hat{a} + \frac{1}{2}\right) \tag{18.22}$$

が成り立つので，軌道部分のハミルトニアンは，

$$\hat{H}_{\rm o} = \hbar\omega_{\rm c}\left(\hat{a}^\dagger\hat{a} + \frac{1}{2}\right) \tag{18.23}$$

と書け，調和振動子と同形となる．つまり，$\hat{H}$ のエネルギー準位は，$a^\dagger a$ の固有値を $n = 0, 1, 2, \cdots$，（$z$ 方向の）電子スピンを $\sigma = \pm 1$ として，

$$\epsilon_{n,\sigma} \equiv \epsilon_n + \epsilon_\sigma, \quad \left(\epsilon_n \equiv \hbar\omega_{\rm c}\left(n + \frac{1}{2}\right),\ \epsilon_\sigma \equiv \frac{g_{\rm e}}{2}\mu_{\rm B}B\sigma\right) \tag{18.24}$$

となる．これを **Landau 準位**と呼ぶ．ここで，$\epsilon_n$ と $\epsilon_\sigma$ は，それぞれハミルトニアンの軌道部分 $\hat{H}_{\rm o}$ とスピン部分 $\hat{H}_{\rm s}$ の固有値である．

各 Landau 準位は中心座標の自由度を反映して縮退する．交換関係 $[\hat{R}_x, \hat{R}_y]_- = i\ell^2$ から $\hat{R}_x$ と $\hat{R}_y$ の不確定性関係が $\Delta R_x \Delta R_y \sim 2\pi\ell^2$ であることに注意し，面積 $2\pi\ell^2$ ごとに一個の量子状態が割り当てられると考えると，各 Landau 準位の縮退度が単位面積当たり $1/2\pi\ell^2$ だと予想できる．この結果は以下のようにも導ける．$\boldsymbol{B} = 0$ の二次元電子系に対する（一スピン当たりの）状態密度は，

$$D_{\rm 2d}(\epsilon) = \frac{1}{S}\sum_{\boldsymbol{k}}\delta\left(\epsilon - \frac{\hbar^2\boldsymbol{k}^2}{2m_{\rm e}}\right) \overset{S\to+\infty}{\to} \frac{1}{(2\pi)^2}\int_0^{+\infty}\delta\left(\epsilon - \frac{\hbar^2k^2}{2m_{\rm e}}\right)2\pi k dk = \frac{m_{\rm e}}{2\pi\hbar^2} \tag{18.25}$$

と書け，$\epsilon$ によらない定数になる．Landau 準位はエネルギー $\hbar\omega_{\rm c}$ ごとに等間隔に形成されるので，$\boldsymbol{B} = 0$ においてエネルギー幅 $\hbar\omega_{\rm c}$ の中にある一電子状態の数が，一個の Landau 準位の縮退度を与える．したがって，単位面積当たり

の Landau 準位の縮退度は，

$$D_{\rm L} \equiv \hbar\omega_{\rm c} \cdot D_{\rm 2d} = \hbar \cdot \frac{eB}{m_{\rm e}c} \cdot \frac{m_{\rm e}}{2\pi\hbar^2} = \frac{1}{2\pi\ell^2} \tag{18.26}$$

となる．系の面積を $S$ として，Landau 準位の縮退度を $D_{\rm L}S = BS/\Phi_0$（$\Phi_0 \equiv hc/e$ は磁束量子）と書くこともできる．つまり，**Landau 準位の縮退度は，系を貫く磁束量子の本数に等しい**．Landau 準位の形成に伴う物理現象を考えるときには，電子によって占有された Landau 準位の個数を表す**占有率**，

$$\nu \equiv \frac{n_{\rm 2D}}{D_{\rm L}} = 2\pi\ell^2 n_{\rm 2D} = \frac{n_{\rm 2D}hc}{eB} \tag{18.27}$$

を用いて議論すると見通しがよい．量子 Hall 効果のプラトーは，占有率 $\nu = p/q$（$p$ と $q$ は互いに素な整数で，$q$ は奇数）の近傍で現れ，$\nu$ が整数の場合が量子 Hall 効果，分数の場合が分数量子 Hall 効果に対応する．

力学的運動量 $\hat{\boldsymbol{\pi}}$ は保存しない．実際，Heisenberg 方程式は，古典力学における Newton 方程式に対応して，

$$\dot{\hat{\boldsymbol{\pi}}} = \frac{1}{i\hbar}\left[\hat{\boldsymbol{\pi}}, \hat{H}\right]_- = -\frac{\hbar}{\ell^2}\frac{\hat{\boldsymbol{\pi}}}{m_{\rm e}} \times \boldsymbol{e}_z = -\frac{e}{c}\dot{\hat{\boldsymbol{r}}} \times \boldsymbol{B} \tag{18.28}$$

を導く．そこで，右辺を左辺に移項すると，

$$\hbar\hat{\boldsymbol{K}} \equiv \hat{\boldsymbol{\pi}} - \frac{e}{c}\boldsymbol{B} \times \hat{\boldsymbol{r}} = \hat{\boldsymbol{\pi}} - \frac{\hbar}{\ell^2}\boldsymbol{e}_z \times \hat{\boldsymbol{r}} = -\frac{\hbar}{\ell^2}\boldsymbol{e}_z \times \hat{\boldsymbol{R}} \tag{18.29}$$

が保存する（$\dot{\hat{\boldsymbol{K}}} = 0$）ことがわかる．$\hbar\hat{\boldsymbol{K}}$ の各成分は $\hat{\boldsymbol{\pi}}$ の各成分と可換だが，$\hat{K}_x$ と $\hat{K}_y$ は非可換である．

保存する波数ベクトルを表す演算子 $\hat{\boldsymbol{K}}$ を生成子として，ユニタリ演算子，

$$\hat{T}_{\boldsymbol{a}} = e^{-i\hat{\boldsymbol{K}}\cdot\boldsymbol{a}} \tag{18.30}$$

を導入すると，式 (2.37) と $[\hat{r}_\mu, \hat{K}_\nu]_- = i\delta_{\mu\nu}$，$[\hat{\pi}_\mu, \hat{K}_\nu]_- = [\hat{s}_\mu, \hat{K}_\nu]_- = 0$ から，

$$\hat{T}_{\boldsymbol{a}}\hat{\boldsymbol{r}}\hat{T}_{\boldsymbol{a}}^{-1} = \hat{\boldsymbol{r}} - \boldsymbol{a}, \quad \hat{T}_{\boldsymbol{a}}\hat{\boldsymbol{\pi}}\hat{T}_{\boldsymbol{a}}^{-1} = \hat{\boldsymbol{\pi}}, \quad \hat{T}_{\boldsymbol{a}}\hat{\boldsymbol{s}}\hat{T}_{\boldsymbol{a}}^{-1} = \hat{\boldsymbol{s}} \tag{18.31}$$

なので，$\hat{T}_{\boldsymbol{a}}$ は並進移動演算子の役割を果たす．任意の $\boldsymbol{a}$ に対して $\hat{T}_{\boldsymbol{a}}\hat{H}\hat{T}_{\boldsymbol{a}}^{-1} = \hat{H}$ が成り立つという意味で系は一様である．二つの磁場中の並進移動演算子 $\hat{T}_{\boldsymbol{a}}$ と $\hat{T}_{\boldsymbol{b}}$ の非可換性に注意しよう．実際，式 (18.31) から，$\hat{T}_{\boldsymbol{a}}\hat{T}_{\boldsymbol{b}}\hat{T}_{\boldsymbol{a}}^{-1} = e^{-i\hat{T}_{\boldsymbol{a}}(\hat{\boldsymbol{K}}\cdot\boldsymbol{b})\hat{T}_{\boldsymbol{a}}^{-1}} = e^{-i(\hat{\boldsymbol{\pi}}/\hbar - \boldsymbol{e}_z\times(\hat{\boldsymbol{r}}-\boldsymbol{a})/\ell^2)\cdot\boldsymbol{b}} = \hat{T}_{\boldsymbol{b}}e^{-i(\boldsymbol{e}_z\times\boldsymbol{a})\cdot\boldsymbol{b}/\ell^2} = \hat{T}_{\boldsymbol{b}}e^{-i\boldsymbol{e}_z\cdot(\boldsymbol{a}\times\boldsymbol{b})/\ell^2}$ だから，

$$\hat{T}_{\boldsymbol{a}}\hat{T}_{\boldsymbol{b}} = \hat{T}_{\boldsymbol{b}}\hat{T}_{\boldsymbol{a}}e^{-iS_{\boldsymbol{a},\boldsymbol{b}}/\ell^2} \tag{18.32}$$

となる．ここで，$S_{a,b} \equiv \boldsymbol{e}_z \cdot (\boldsymbol{a} \times \boldsymbol{b})$ は，$\boldsymbol{a}$ と $\boldsymbol{b}$ が張る平行四辺形の（符号付きの）面積である．上式は，磁束量子 $\Phi_0 = hc/e$ を使って，$\hat{T}_{-\boldsymbol{b}}\hat{T}_{-\boldsymbol{a}}\hat{T}_{\boldsymbol{b}}\hat{T}_{\boldsymbol{a}} = e^{2\pi i BS_{a,b}/\Phi_0}$ と書くこともでき，電子を平行四辺形の辺に沿って一周させると，状態ケットに AB 効果に対応する位相因子が付くことを表現している．

力学的角運動量の $z$ 成分 $\hat{\Lambda}_z \equiv \boldsymbol{e}_z \cdot (\hat{\boldsymbol{r}} \times \hat{\boldsymbol{\pi}})$ も保存せず，式 (18.16), (18.28) から，

$$\frac{d}{dt}\hat{\Lambda}_z = \boldsymbol{e}_z \cdot \left(\frac{\hat{\boldsymbol{\pi}}}{m_\mathrm{e}} \times \hat{\boldsymbol{\pi}}\right) + \boldsymbol{e}_z \cdot \left(\hat{\boldsymbol{r}} \times \left(-\frac{\hbar}{m_\mathrm{e}\ell^2}\hat{\boldsymbol{\pi}} \times \boldsymbol{e}_z\right)\right) = \frac{eB}{2c}\left(\hat{\boldsymbol{r}} \cdot \dot{\hat{\boldsymbol{r}}} + \dot{\hat{\boldsymbol{r}}} \cdot \hat{\boldsymbol{r}}\right) \tag{18.33}$$

となる．そこで，右辺を左辺に移項すると，

$$\hat{J}_z = \hat{\Lambda}_z - \frac{eB\hat{\boldsymbol{r}}^2}{2c} = \frac{\hbar}{2\ell^2}\left(\hat{\boldsymbol{\xi}}^2 - \hat{\boldsymbol{R}}^2\right) = \hbar\left(\hat{a}^\dagger\hat{a} - \hat{b}^\dagger\hat{b}\right) \tag{18.34}$$

が保存する（$\dot{\hat{J}}_z = 0$）ことがわかる．ただしここで，

$$\hat{b} \equiv \frac{1}{\sqrt{2}\ell}\left(\hat{R}_x + i\hat{R}_y\right) \tag{18.35}$$

と定め，式 (18.22) および，

$$\hat{\boldsymbol{R}}^2 = 2\ell^2\left(\hat{b}^\dagger\hat{b} + \frac{1}{2}\right) \tag{18.36}$$

の関係を使った．$\hat{b}$ とそのエルミート共役 $\hat{b}^\dagger$ は，

$$\left[\hat{b}, \hat{b}^\dagger\right]_- = 1, \quad \left[\hat{a}, \hat{b}\right]_- = \left[\hat{a}^\dagger, \hat{b}\right]_- = \left[\hat{a}, \hat{b}^\dagger\right]_- = \left[\hat{a}^\dagger, \hat{b}^\dagger\right]_- = 0 \tag{18.37}$$

を満たすので，$a^\dagger a$ と $b^\dagger b$ は可換で同時対角化可能であり，$\hat{b}$ と $\hat{b}^\dagger$ は，$\hat{a}^\dagger\hat{a}$ の固有値 $n = 0, 1, 2, \cdots$ を変えずに，それぞれ $\hat{b}^\dagger\hat{b}$ の固有値 $m = 0, 1, 2, \cdots$ を一つ下げる・上げる演算子になる．また，$\hat{J}_z$ の固有値は $\hbar(n - m)$ と表せ，$\hbar$ の整数倍に量子化される．

保存角運動量の $z$ 成分 $\hat{J}_z$ は $[\hat{\boldsymbol{\pi}}, \hat{J}_z]_- = i\hbar\boldsymbol{e}_z \times \hat{\boldsymbol{\pi}}$ および $[\hat{\boldsymbol{r}}, \hat{J}_z]_- = i\hbar\boldsymbol{e}_z \times \hat{\boldsymbol{r}}$ を満たすので，$\hat{J}_z$ を生成子とするユニタリー演算子，

$$\hat{R}_\varphi \equiv e^{-i\hat{J}_z\varphi/\hbar} \tag{18.38}$$

は，電子の軌道自由度に対し，$z$ 軸を回転軸として右ねじの向きに $\varphi$ 回転する操作を表す回転演算子となる．実際，この回転を表す直交行列を $\underline{R}_\varphi$ として，

$$\hat{R}_\varphi\hat{\boldsymbol{r}}\hat{R}_\varphi^{-1} = \underline{R}_\varphi^{-1}\hat{\boldsymbol{r}}, \quad \hat{R}_\varphi\hat{\boldsymbol{\pi}}\hat{R}_\varphi^{-1} = \underline{R}_\varphi^{-1}\hat{\boldsymbol{\pi}} \tag{18.39}$$

が成り立つ．任意の $\varphi$ に対して $\hat{R}_\varphi\hat{H}_\mathrm{o}\hat{R}_\varphi^{-1} = \hat{H}_\mathrm{o}$ が成り立つから，系の軌道自由

度は等方的である．

$\hat{H}$ の固有状態は，$\hat{H}_\mathrm{o}$ の固有状態 $|n,\alpha)$ と $\hat{H}_\mathrm{s}$ の固有状態 $|\sigma)$ の積状態になる．まず，縮退した固有状態を区別する量子数 $\alpha$ として中心座標の $x$ 成分を選び，

$$\hat{H}_\mathrm{o}|n,X) = \epsilon_n|n,X), \quad \hat{R}_x|n,X) = X|n,X) \tag{18.40}$$

を満たす同時固有状態 $|n,X)$ を求めよう[8]．この場合，

$$\hat{a}|0,0) = 0, \quad \hat{R}_x|0,0) = 0 \tag{18.41}$$

を満たす規格化された状態ケット $|0,0)$（位相を除いて一意に決まる）を起点に，

$$|n,X) = \hat{T}_{X\boldsymbol{e}_x}|n,0) = \frac{1}{\sqrt{n!}}\hat{T}_{X\boldsymbol{e}_x}\left(a^\dagger\right)^n|0,0) \tag{18.42}$$

と計算すればよい．ここで，$[\hat{\boldsymbol{\pi}},\hat{T}_{\Delta X\boldsymbol{e}_x}]_- = 0$ と $\hat{T}^{-1}_{\Delta X\boldsymbol{e}_x}\hat{R}_x\hat{T}_{\Delta X\boldsymbol{e}_x} = \hat{R}_x + \Delta X$ から，

$$\hat{H}_\mathrm{o}\hat{T}_{\Delta X\boldsymbol{e}_x}|n,X) = \hat{T}_{\Delta X\boldsymbol{e}_x}\hat{H}_\mathrm{o}|n,X) = \epsilon_n\hat{T}_{\Delta X\boldsymbol{e}_x}|n,X) \tag{18.43}$$

$$\hat{R}_x\hat{T}_{\Delta X\boldsymbol{e}_x}|n,X) = \hat{T}_{\Delta X\boldsymbol{e}_x}(\hat{R}_x + \Delta X)|n,X) = (X+\Delta X)\hat{T}_{\Delta X\boldsymbol{e}_x}|n,X) \tag{18.44}$$

となることを用いた．つまり，$\hat{T}_{\Delta X\boldsymbol{e}_x}$ は $n$ を変えずに $X$ を $X+\Delta X$ に変える．

具体的に $|n,X)$ を扱う際には，**Landau ゲージ** $\boldsymbol{A}(\boldsymbol{r}) = (0, Bx)$ が便利である．このゲージでは，

$$\hat{\boldsymbol{\pi}} = \left(\hat{p}_x, \hat{p}_y + \frac{\hbar\hat{x}}{\ell^2}\right), \quad \hat{\boldsymbol{R}} = \left(-\frac{\ell^2\hat{p}_y}{\hbar}, \hat{y} + \frac{\ell^2\hat{p}_x}{\hbar}\right), \quad \hat{\boldsymbol{K}} = \left(\frac{\hat{p}_x}{\hbar} + \frac{\hat{y}}{\ell^2}, \frac{\hat{p}_y}{\hbar}\right) \tag{18.45}$$

となり，$\hat{R}_x$（$\hat{K}_y$）が単純な形になるからである．式 (2.37) と $[\hat{p}_x, \hat{x}-\hat{R}_x]_- = -i\hbar$ から，

$$\hat{a} = \frac{1}{\sqrt{2}}\left(\frac{i\ell}{\hbar}\hat{p}_x + \frac{\hat{x}-\hat{R}_x}{\ell}\right) = \frac{i\ell}{\sqrt{2}\hbar}e^{-\left(\hat{x}-\hat{R}_x\right)^2/2\ell^2}\hat{p}_x e^{\left(\hat{x}-\hat{R}_x\right)^2/2\ell^2} \tag{18.46}$$

だから，式 (18.41) を $\hat{p}_x e^{\hat{x}^2/2\ell^2}|0,0) = \hat{p}_y|0,0) = 0$（即ち，$\nabla_x(e^{x^2/2\ell^2}(x,y|0,0)) = \nabla_y(x,y|0,0) = 0$）に書き直せ，

$$(x,y|0,0) = L^{-1/2}\left(\pi^{1/2}\ell\right)^{-1/2}e^{-x^2/2\ell^2} \tag{18.47}$$

を得る．ここで，$y$ 方向の系の長さを $L$ とし，周期境界条件 $\hat{T}_{-L\boldsymbol{e}_y}|n,X) = |n,X)$（$\Leftrightarrow$ $(x,y+L|n,X) = (x,y|n,X)$）を課して規格化定数を定めた[9]．さらに，式

8）$\hat{H}_\mathrm{o}$ と $\hat{R}_y$ の同時固有状態に対しても同様の議論を行える．

9）$(x,y|\hat{T}_{-L\boldsymbol{e}_y} = (x,y|e^{i\hat{p}_yL/\hbar} = (x,y+L|$.

(18.42), (18.46) および $(x,y|\hat{T}_{Xe_x} = (x,y|e^{-i\hat{y}X/\ell^2}e^{-i\hat{p}_xX/\hbar} = e^{-iXy/\ell^2}(x-X|$ から[10),]

$$\begin{aligned}(x,y|n,X) &= (x,y|\hat{T}_{Xe_x}|n,0) = e^{-iXy/\ell^2}(x-X,y|n,0)\\ &= \frac{e^{-iXy/\ell^2}}{\sqrt{L}}\frac{1}{\sqrt{\pi^{1/2}\ell}}\left(\frac{1}{\sqrt{n!}}\left(\frac{-1}{\sqrt{2}}\right)^n e^{x^2/2\ell^2}\left(\ell\frac{\partial}{\partial x}\right)^n e^{-x^2/\ell^2}\right)_{x\rightsquigarrow x-X}\\ &= \frac{e^{-iXy/\ell^2}}{\sqrt{L}}\frac{1}{\sqrt{2^n n!\pi^{1/2}\ell}}H_n\left(\frac{x-X}{\ell}\right)e^{-(x-X)^2/2\ell^2}, \quad (n=0,1,2,\cdots) \qquad (18.48)\end{aligned}$$

を導ける．ただし，

$$H_n(x) \equiv (-1)^n e^{x^2}\left(\frac{d}{dx}\right)^n e^{-x^2} \qquad (18.49)$$

は Hermite 多項式である．$y$ 方向の周期境界条件のために，$X$ の値は $\Delta X \equiv 2\pi\ell^2/L$ 刻みで離散化され，$X = 2\pi\ell^2 j/L$ ($j$：整数) となるので，$L \to +\infty$ の極限で，

$$\begin{aligned}\sum_X |(x,y|n,X)|^2 &= \frac{1}{\Delta X}\sum_X |(x,y|n,X)|^2\,\Delta X \to \frac{L}{2\pi\ell^2}\int_{-\infty}^{+\infty} dX\,|(x,y|n,X)|^2\\ &= \frac{1}{2\pi\ell^2}\int_{-\infty}^{+\infty} dX\int_0^L dy\,|(x-X,y|n,0)|^2 = \frac{1}{2\pi\ell^2} \qquad (18.50)\end{aligned}$$

を得る．左辺を系全体にわたって $x,y$ 積分し，その結果を系の面積で割ったものが単位面積当たりの Landau 準位の縮退度を与えるが，これは $1/2\pi\ell^2$ に等しい．

今度は，$\hat{H}_0$ と $b^\dagger b$ の同時固有状態，即ち，

$$\hat{H}_0|n,m) = \epsilon_n|n,m), \quad \hat{b}^\dagger\hat{b}|n,m) = m|n,m) \qquad (18.51)$$

を満たす $|n,m)$ を求めよう．この場合，

$$\hat{a}|0,0) = \hat{b}|0,0) = 0 \qquad (18.52)$$

を満たす規格化された状態ケット $|0,0)$ から出発するとよい．この $|0,0)$ は（位相を除けば）一意に定まる．$n$ と $m$ を一つ上げる演算子 $\hat{a}^\dagger$ と $\hat{b}^\dagger$ を繰り返し作用させれば，

$$|n,m) = \frac{1}{\sqrt{n!m!}}\left(\hat{a}^\dagger\right)^n\left(\hat{b}^\dagger\right)^m|0,0) \qquad (18.53)$$

10) $[\hat{y},\hat{p}_x]_- = 0$ だから $\hat{T}_{Xe_x} \equiv e^{-i(\hat{p}_x/\hbar+\hat{y}/\ell^2)X} = e^{-i\hat{y}X/\ell^2}e^{-i\hat{p}_xX/\hbar}$.

を得る．系が面積 $S$ の円盤形状を持ち，電子の中心座標に $\pi\hat{\boldsymbol{R}}^2 \leq S$ の条件が課されると考えると，系を貫く磁束量子の本数 $N_\phi \equiv BS/\Phi_0 = S/2\pi\ell^2$ が整数のとき，式 (18.36) から，許容される $m$ の値は $m = 0, 1, \cdots, N_\phi - 1$ となる．したがって，$S \to +\infty$ の極限で，単位面積当たりの Landau 準位の縮退度は $1/2\pi\ell^2$ に等しい．

具体的に $|n, m)$ を扱う際には，**対称ゲージ** $\boldsymbol{A}(\boldsymbol{r}) = \boldsymbol{B} \times \boldsymbol{r}/2$ を用いると便利である．このゲージでは，

$$\hat{\boldsymbol{\pi}} = \left(\hat{p}_x - \frac{\hbar\hat{y}}{2\ell^2}, \hat{p}_y + \frac{\hbar\hat{x}}{2\ell^2}\right), \quad \hat{\boldsymbol{R}} = \left(\frac{\hat{x}}{2} - \frac{\ell^2\hat{p}_y}{\hbar}, \frac{\hat{y}}{2} + \frac{\ell^2\hat{p}_x}{\hbar}\right) \tag{18.54}$$

と書け，式 (2.37) を用いて，

$$\hat{a} = \frac{1}{\sqrt{2}}\left(\frac{i\ell}{\hbar}\left(\hat{p}_x - i\hat{p}_y\right) + \frac{\hat{x} - i\hat{y}}{2\ell}\right) = \frac{i\ell}{\sqrt{2}\hbar}e^{-\left(\hat{x}^2+\hat{y}^2\right)/4\ell^2}\left(\hat{p}_x - i\hat{p}_y\right)e^{\left(\hat{x}^2+\hat{y}^2\right)/4\ell^2} \tag{18.55}$$

$$\hat{b} = \frac{1}{\sqrt{2}}\left(\frac{i\ell}{\hbar}(\hat{p}_x + i\hat{p}_y) + \frac{\hat{x} + i\hat{y}}{2\ell}\right) = \frac{i\ell}{\sqrt{2}\hbar}e^{-\left(\hat{x}^2+\hat{y}^2\right)/4\ell^2}\left(\hat{p}_x + i\hat{p}_y\right)e^{\left(\hat{x}^2+\hat{y}^2\right)/4\ell^2} \tag{18.56}$$

を示せる．したがって，式 (18.52) の条件は，$(\hat{p}_x \pm i\hat{p}_y)e^{(\hat{x}^2+\hat{y}^2)/4\ell^2}|0, 0) = 0$（即ち，$\nabla_\mu(e^{(x^2+y^2)4\ell^2}(x, y|0, 0)) = 0$）に帰着し，規格化された座標表示の波動関数として，

$$(x, y|0, 0) = \frac{1}{\sqrt{2\pi\ell^2}}e^{-(x^2+y^2)/4\ell^2} \tag{18.57}$$

を得る．ここで，$\hat{b}^\dagger = (\hat{x} - i\hat{y})/\sqrt{2}\ell - \hat{a}$, $[\hat{a}, (\hat{b}^\dagger)^m]_- = 0$ および $\hat{a}|0, 0) = 0$ に注意すると，$z \equiv x - iy = re^{-i\varphi}$ として，

$$\begin{aligned}(x, y|0, m) &= \frac{1}{\sqrt{m!}}(x, y|\left(\hat{b}^\dagger\right)^m|0, 0) = \frac{1}{\sqrt{m!}}\left(\frac{x - iy}{\sqrt{2}\ell}\right)(x, y|\left(\hat{b}^\dagger\right)^{m-1}|0, 0) \\ &= \frac{1}{\sqrt{2\pi\ell^2 m!}}\left(\frac{z}{\sqrt{2}\ell}\right)^m e^{-|z|^2/4\ell^2} = \frac{1}{\sqrt{2\pi\ell^2 m!}}\left(\frac{r}{\sqrt{2}\ell}\right)^m e^{-im\varphi}e^{-r^2/4\ell^2}\end{aligned} \tag{18.58}$$

を得る．さらに，式 (18.55) と $|n, m) = (n!)^{-1/2}(\hat{a}^\dagger)^n|0, m)$，$\partial/\partial x + i\partial/\partial y = 2\partial/\partial z$ は，

$$
\begin{aligned}
(x,y|n,m) &= \frac{(-1)^n}{\sqrt{2\pi\ell^2 n!m!}} e^{|z|^2/4\ell^2}\left(\sqrt{2}\ell\frac{\partial}{\partial z}\right)^n \left\{e^{-|z|^2/2\ell^2}\left(\frac{z}{\sqrt{2}\ell}\right)^m\right\} \\
&= (-1)^n\sqrt{\frac{n!}{2\pi\ell^2 m!}}\left(\frac{z}{\sqrt{2}\ell}\right)^{m-n} e^{-|z|^2/4\ell^2}\frac{e^{\zeta}\zeta^{-(m-n)}}{n!}\left(\frac{d}{d\zeta}\right)^n\left(e^{-\zeta}\zeta^{n+(m-n)}\right) \\
&= (-1)^n\sqrt{\frac{n!}{2\pi\ell^2 m!}}\left(\frac{z}{\sqrt{2}\ell}\right)^{m-n} L_n^{m-n}\left(\frac{|z|^2}{2\ell^2}\right)e^{-|z|^2/4\ell^2} \\
&= (-1)^n\sqrt{\frac{n!}{2\pi\ell^2 m!}}\left(\frac{r}{\sqrt{2}\ell}\right)^{m-n} e^{i(n-m)\varphi}L_n^{m-n}\left(\frac{r^2}{2\ell^2}\right)e^{-r^2/4\ell^2} \\
&\qquad\qquad (n,m=0,1,2,\cdots)
\end{aligned}
\tag{18.59}
$$

を導く[11]．ここで，$\zeta \equiv |z|^2/2\ell^2$ であり，

$$
L_n^k(x) \equiv \frac{e^x x^{-k}}{n!}\left(\frac{d}{dx}\right)^n\left(e^{-x}x^{n+k}\right) \tag{18.60}
$$

は Laguerre 陪多項式である．

## 18.3　整数量子 Hall 効果の理論

準備が整ったので整数量子 Hall 効果を論じよう[12]．18.1 節でも述べたが，明らかにすべき点は以下の三つである．ここでは抵抗率ではなく伝導率の言葉で表現し直しておこう．

(1) 磁束密度を変えてもまったく Hall 伝導率が変化しない領域（プラトー）が $\nu = p$ (整数) となる磁束密度付近に現れる．

(2) プラトー領域では Hall 伝導率が「厳密に」$-pe^2/h$ に等しい．

(3) プラトー領域では対角伝導率がゼロになる．

本節ではまず (1) と (3) に対する説明を与える．(2) については次節以降で議論する．

出発点のハミルトニアンは，

11）$m < n$ では $\boldsymbol{r} = 0$ で $(\boldsymbol{r}|n,m)$ が発散しそうだが，公式 $L_n^{m-n}(x) = (m!/n!)(-x)^{n-m}L_m^{n-m}(x)$ を用いると，実際にはこの発散がないことがわかる．

12）この問題を初めて論じたのは，量子 Hall 効果発見より前に，不純物の存在下でも $\nu = p$（整数）で $\sigma_{xy} = -pe^2/h$ となる可能性を指摘した T. Ando, Y. Matsumoto and Y. Uemura: J. Phys. Soc. Jpn. **39**, 279 (1975)．本節の議論は，H. Aoki and T. Ando: Solid State Commun. **38**, 1079 (1981) を参考にした．

$$\mathcal{H} = \sum_{i=1}^{N} \frac{\hat{\boldsymbol{\pi}}_i^2}{2m_\mathrm{e}} + \sum_{i=1}^{N} V(\hat{\boldsymbol{r}}_i) + \frac{1}{2}\sum_{i\neq j} \frac{e^2}{\epsilon_0 \left|\hat{\boldsymbol{r}}_i - \hat{\boldsymbol{r}}_j\right|} + \frac{g_\mathrm{e}\mu_\mathrm{B} B}{\hbar}\sum_{i=1}^{N} \hat{s}_{z,i} \tag{18.61}$$

である．ここで，$i$ 番目の電子の位置，力学的運動量，スピンを表す演算子をそれぞれ $\hat{\boldsymbol{r}}_i, \hat{\boldsymbol{\pi}}_i, \hat{\boldsymbol{s}}_i$ とし，不純物が作る一体ポテンシャルを $V(\boldsymbol{r})$ とした．また，電子間相互作用が半導体中で遮蔽される効果を表すため，第三項の Coulomb 相互作用ポテンシャルを半導体の静的誘電率 $\epsilon_0$ で割った．伝導率テンソルに現れる量子効果を扱うため，中野–久保公式 (8.109) を使う必要がある．つまり，混合性の条件 (8.107) が満たされていれば，$\boldsymbol{\mathcal{J}}^{(0)} \equiv -e\sum_i \dot{\hat{\boldsymbol{r}}}_i$ として，伝導率テンソルを，

$$\sigma_{\mu\nu}(\omega) = \frac{1}{S}\frac{1}{i\omega}\left(\chi_{\mathcal{J}_\mu^{(0)}\mathcal{J}_\nu^{(0)}}(\omega) - \chi_{\mathcal{J}_\mu^{(0)}\mathcal{J}_\nu^{(0)}}(0)\right) \tag{18.62}$$

と書き表せる．ただし，磁場中の二次元電子系を扱っているため，二点注意が必要である．まず，電流密度を面密度として定めるので，系の面積を $S$ として，$1/V$ の因子が $1/S$ に置き換わる．また，外場印加前から磁束密度が存在するため，各電子の速度演算子 $\dot{\hat{\boldsymbol{r}}}_i$ が，$\hat{\boldsymbol{p}}_i/m_\mathrm{e}$ ではなく，

$$\dot{\hat{\boldsymbol{r}}}_i = \frac{1}{i\hbar}\left[\hat{\boldsymbol{r}}_i, \mathcal{H}\right]_- = \frac{\hat{\boldsymbol{\pi}}_i}{m_\mathrm{e}} \tag{18.63}$$

になる．

整数量子 Hall 効果は占有率 $\nu$ が整数に近いときに観測される．Landau 準位間に大きなエネルギーギャップがあり，その中に Fermi 準位が位置して，ちょうど整数個の Landau 準位が占有されている状況では，電子相関効果は重要でないだろう．そこで，一電子近似を適用し，9.1 節と同様に計算すると，式 (9.10) の $\boldsymbol{q} = 0$ の場合に当たる，

$$\sigma_{\mu\nu}(\omega) = -\frac{i\hbar e^2}{S}\sum_{\alpha_1,\alpha_2} \frac{f(\epsilon_{\alpha_1}) - f(\epsilon_{\alpha_2})}{\epsilon_{\alpha_1} - \epsilon_{\alpha_2}} \cdot \frac{(\alpha_1|\dot{\hat{r}}_\mu|\alpha_2)(\alpha_2|\dot{\hat{r}}_\nu|\alpha_1)}{\hbar\omega + \epsilon_{\alpha_1} - \epsilon_{\alpha_2} + i\delta} \tag{18.64}$$

を得る．ここで，$\epsilon_\alpha$ と $|\alpha)$ は一電子ハミルトニアン，

$$\hat{H} = \hat{H}_\mathrm{o} + \hat{H}_\mathrm{s}, \quad \left(\hat{H}_\mathrm{o} \equiv \frac{\hat{\boldsymbol{\pi}}^2}{2m_\mathrm{e}} + V(\hat{\boldsymbol{r}}),\ \hat{H}_\mathrm{s} \equiv \frac{g_\mathrm{e}\mu_\mathrm{B} B}{\hbar}\hat{s}_z\right) \tag{18.65}$$

のエネルギー準位と固有状態である（$V(\boldsymbol{r})$ は遮蔽された不純物ポテンシャルに再定義しておく）．直流極限（$\omega \to 0$）の対角伝導率は，式 (9.14), (9.15) に当たる，

$$\sigma_{xx} = \mathrm{Re}\sigma_{xx}(0) = \frac{\pi\hbar e^2}{S}\int_{-\infty}^{+\infty} d\epsilon\left(-\frac{\partial f}{\partial \epsilon}\right)\sum_{\alpha_1,\alpha_2} |(\alpha_2|\dot{\hat{x}}|\alpha_1)|^2\delta(\epsilon-\epsilon_{\alpha_1})\delta(\epsilon-\epsilon_{\alpha_2}) \quad (18.66)$$

によって与えられ，絶対零度では $-\partial f/\partial\epsilon = \delta(\epsilon - \epsilon_{\mathrm{F}})$ だから Fermi 準位上の一電子状態の寄与だけで決まる．一方．Hall 伝導率は，$(\alpha_1|\dot{\hat{x}}|\alpha_2)(\alpha_2|\dot{\hat{y}}|\alpha_1) - (\alpha_1|\dot{\hat{y}}|\alpha_2)(\alpha_2|\dot{\hat{x}}|\alpha_1)$ が純虚数であることと，式 (4.44) から導かれる $\mathrm{Re}(\epsilon_{\alpha_1} - \epsilon_{\alpha_2} + i\delta)^{-1} = \mathrm{P}(\epsilon_{\alpha_1} - \epsilon_{\alpha_2})^{-1}$ を用いて，

$$\begin{aligned}\sigma_{xy} &= \frac{1}{2}\mathrm{Re}\left(\sigma_{xy}(0) - \sigma_{yx}(0)\right)\\ &= \mathrm{Re}\left(\frac{\hbar e^2}{2iS}\sum_{\alpha_1,\alpha_2}\frac{f(\epsilon_{\alpha_1}) - f(\epsilon_{\alpha_2})}{\epsilon_{\alpha_1}-\epsilon_{\alpha_2}}\frac{(\alpha_1|\dot{\hat{x}}|\alpha_2)(\alpha_2|\dot{\hat{y}}|\alpha_1) - (\alpha_1|\dot{\hat{y}}|\alpha_2)(\alpha_2|\dot{\hat{x}}|\alpha_1)}{\epsilon_{\alpha_1}-\epsilon_{\alpha_2}+i\delta}\right)\\ &= \frac{\hbar e^2}{iS}\sum_{\substack{\alpha_1,\alpha_2\\(\epsilon_{\alpha_1}\neq\epsilon_{\alpha_2})}} f(\epsilon_{\alpha_1})\frac{(\alpha_1|\dot{\hat{x}}|\alpha_2)(\alpha_2|\dot{\hat{y}}|\alpha_1) - (\alpha_1|\dot{\hat{y}}|\alpha_2)(\alpha_2|\dot{\hat{x}}|\alpha_1)}{(\epsilon_{\alpha_1}-\epsilon_{\alpha_2})^2}\end{aligned} \quad (18.67)$$

と計算され[13]，絶対零度でも Fermi 準位上の一電子状態の寄与だけでは決まらない．巨視的に見て等方的な系の光学応答は，偏光の向きを表す Jones ベクトルを $\boldsymbol{e}$ として，$\sigma(\omega) \equiv \boldsymbol{e}\cdot(\underline{\sigma}(\omega)\boldsymbol{e}) = \sigma_{xx}(\omega) + (e_x^* e_y - e_y^* e_x)\sigma_{xy}(\omega)$ によって記述される．発生する Joule 熱は $\mathrm{Re}\sigma(\omega)$ に比例し，$e_x^* e_y - e_y^* e_x$ は純虚数だから，エネルギー散逸と結びつくのは $\mathrm{Re}\sigma_{xx}(\omega)$ と $\mathrm{Im}\sigma_{xy}(\omega)$ である．特に直流極限では，$\sigma_{xx} = \mathrm{Re}\sigma_{xx}(\omega = 0)$ はエネルギー散逸と結びつくが，$\sigma_{xy} = \mathrm{Re}\sigma_{xy}(\omega = 0)$ は結びつかない．式 (18.67) において分母に現れる $i\delta$ が不要になったのはこのためである．なお，式 (18.67) の和に現れる各項は，Fermi 分布関数を除くと $\alpha_1$ と $\alpha_2$ の入れ替えに対して反対称なので，絶対零度の Hall 伝導率を，

$$\sigma_{xy}|_{T=0} = \frac{\hbar e^2}{iS}\sum_{\substack{\alpha_1,\alpha_2\\(\epsilon_{\alpha_1}<\epsilon_{\mathrm{F}}<\epsilon_{\alpha_2})}}\frac{(\alpha_1|\dot{\hat{x}}|\alpha_2)(\alpha_2|\dot{\hat{y}}|\alpha_1) - (\alpha_1|\dot{\hat{y}}|\alpha_2)(\alpha_2|\dot{\hat{x}}|\alpha_1)}{(\epsilon_{\alpha_1}-\epsilon_{\alpha_2})^2} \quad (18.68)$$

とも表せる（$\epsilon_{\alpha_2} < \epsilon_{\mathrm{F}}$ を満たす $\alpha_2$ からの寄与が消える）．

ここで，一電子状態 $|\alpha)$ が**局在状態**か否かが重要になる．空間およびスピン座標 $(\boldsymbol{r}, \sigma)$ で表示した波動関数 $(\boldsymbol{r}, \sigma|\alpha_1)$ が，$\boldsymbol{r}$ の関数として指数関数的に局在していれば，$\hat{\boldsymbol{r}}$ の行列要素が有限確定値となるため，

13）二段目の二重和で，$\epsilon_{\alpha_1} = \epsilon_{\alpha_2}$ を満たす項は，$\alpha_1$ と $\alpha_2$ の入れ替え操作に対して反対称なので，和をとると互いにキャンセルしあって消える．したがって分母の $i\delta$ を省略してよい．

$$(\alpha_1|\dot{\hat{\boldsymbol{r}}}|\alpha_2) = \frac{1}{i\hbar}(\alpha_1|\left[\hat{\boldsymbol{r}}, \hat{H}\right]_-|\alpha_2) = \frac{1}{i\hbar}(\epsilon_{\alpha_2} - \epsilon_{\alpha_1})(\alpha_1|\hat{\boldsymbol{r}}|\alpha_2) \tag{18.69}$$

が成り立つ．$(\boldsymbol{r},\sigma|\alpha_2)$ が局在している場合も同様である．一方，$(\boldsymbol{r},\sigma|\alpha_1)$ と $(\boldsymbol{r},\sigma|\alpha_2)$ がともに非局在状態である場合には，熱力学極限において $\hat{\boldsymbol{r}}$ の行列要素の値が不定となるため，上記の変形は許されない．特に，Fermi 準位上のすべての一電子状態が局在状態である場合には，式 (18.69) から $\epsilon_{\alpha_1} = \epsilon_{\alpha_2} = \epsilon_{\mathrm{F}}$ を満たす任意の $\alpha_1, \alpha_2$ に対して $(\alpha_1|\dot{\hat{\boldsymbol{r}}}|\alpha_2) = 0$ が成り立ち，式 (18.66) の対角伝導率は絶対零度でゼロになる（$\sigma_{xx} = 0$）．一方，Hall 伝導率 (18.67) を，各一電子状態 $|\alpha)$ の寄与へ分解し，

$$\sigma_{xy} = \sum_{\alpha} f(\epsilon_\alpha) C_\alpha, \quad C_\alpha \equiv \frac{\hbar e^2}{iS} \sum_{\alpha'(\epsilon_{\alpha'} \neq \epsilon_\alpha)} \frac{(\alpha|\dot{\hat{x}}|\alpha')(\alpha'|\dot{\hat{y}}|\alpha) - (\alpha|\dot{\hat{y}}|\alpha')(\alpha'|\dot{\hat{x}}|\alpha)}{(\epsilon_\alpha - \epsilon_{\alpha'})^2} \tag{18.70}$$

と書くと，$|\alpha)$ が局在状態であるときには，式 (18.69) から，

$$C_\alpha = -\frac{\hbar e^2}{iS}\left(\frac{1}{i\hbar}\right)^2 (\alpha|\left[\hat{x}, \hat{y}\right]_-|\alpha) = 0 \tag{18.71}$$

となり，やはり局在状態からの寄与が消える．しかし，Hall 伝導率は絶対零度でも Fermi 準位上の一電子状態だけでは決まらないので，Fermi 準位上の一電子状態がすべて局在状態であっても，$\sigma_{xy} = 0$ とは限らない．

実験では，電子密度 $n$ を固定し，磁束密度 $B$ を動かして，占有率 $\nu = hn_{\mathrm{2D}}/eB$ を制御することが多いが，理論的には，$B$ を固定し，$n_{\mathrm{2D}}$ を動かして $\nu$ を制御すると考えた方がわかりやすい．特に絶対零度の場合には，Fermi 準位 $\epsilon_{\mathrm{F}}$ を動かしたことになる．このとき，一電子状態がすべて局在状態になっているエネルギー領域（**移動度ギャップ**）があると，上述の議論から，Fermi 準位が移動度ギャップ 内に位置している間は，絶対零度における対角伝導率がゼロ，Hall 伝導率は一定値をとる（プラトー構造を持つ）．対偶をとれば，対角伝導率が非ゼロの値を持ち，Hall 伝導率が変化しうるのは，Fermi 準位直上に非局在状態があるときだけである．

結局，整数量子 Hall 効果を理解するためには，「不純物が存在する磁場中の二次元電子系において，局在状態と非局在状態がどのようにエネルギー分布しているか？」という問題を考える必要がある．不純物ポテンシャルは Landau 準位の縮退を解いて，ポテンシャルの高低差程度の準位幅をつける．古典力学で考えると，電子の中心座標は不純物ポテンシャルが作る電場に垂直に運

動（$\boldsymbol{E}\times\boldsymbol{B}$ ドリフト）するので，不純物ポテンシャルの等高線（図 18.3）に沿った軌道を描く．したがって，不純物ポテンシャルの空間変化の長さスケールが，磁場長 $\ell$ よりもずっと長い強磁場中では，一電子状態の確率振幅は中心座標が描く古典軌道の近くに大きな値を持つ．Landau 準位の中心から離れたエネルギーでは，古典軌道は不純物ポテンシャルの極小や極大の周りに閉曲線を描き，それらは互いに空間的に離れているため，一電子状態は局在しやすい．逆に，空間的に広がった古典軌道は，Landau 準位の中心付近のエネルギーに現れやすい．量子効果まで考慮すると，不純物ポテンシャルの鞍点付近で接近した古典軌道の間で，電子の飛び移り（トンネル効果）が許されるため，一電子状態はさらに広がる傾向を示す．

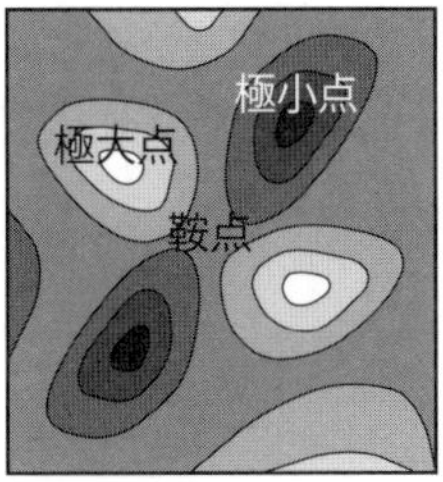

図 18.3　等高線表示した不純物ポテンシャル（模式図）

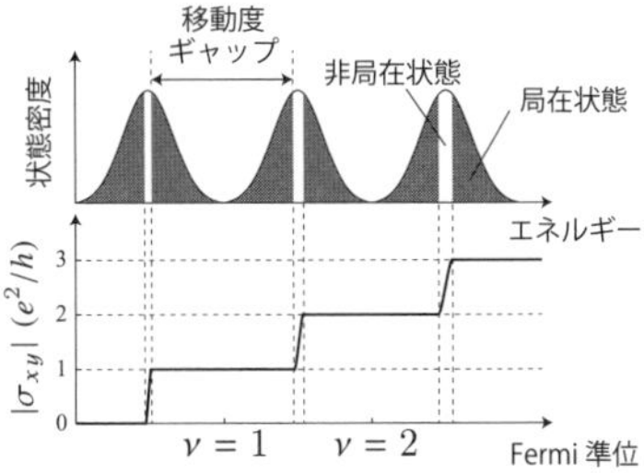

図 18.4　整数量子 Hall 効果の概念図

特に強磁場極限を考えた場合，一電子エネルギーを Landau 準位の中心のエネルギーに近づけると，一電子状態の局在を特徴づける長さ（局在長）が冪的に発散することが数値計算によって示されている[14]．局在長が系のサイズに収まれば局在状態，系のサイズを超えれば非局在状態と考え，それらのエネルギー分布を模式的に示すと図 18.4 になる．つまり，占有率 $\nu$ が整数 $p(=1,2,\cdots)$ に等しくなる前後で Hall 伝導率が一定値（プラトー構造）をとり，そこで対角伝導率はゼロになる．

次節以降では，Landau 準位間のエネルギーギャップが不純物によって潰されずに残っていて，$\nu = p$ で Fermi 準位がこのエネルギーギャップの中にあるとき，$\nu = p$ 前後に現れるプラトー上で厳密に $\sigma_{xy} = -pe^2/h$ となることを示す．

14）電子のエネルギーを $\epsilon$，Landau 準位の中心のエネルギーを $\epsilon_c$ として，局在長は $|\epsilon - \epsilon_c|^{-s}$ に従って発散する（たとえば，K. Slevin and T. Ohtsuki: Phys. Rev. B **80**, 041304 (2009) によると $s = 2.593 \pm 0.006$）．$\boldsymbol{B} = 0$ の二次元電子系では，不純物ポテンシャルの強さによらず，すべての一電子状態が局在状態になることが知られており，非局在状態の存在は非自明なものである．

## 18.4 Widom-Středa公式

プラトーにおける $\sigma_{xy}$ の値を求めよう．まず，式(18.67)を形式的に，

$$\sigma_{xy} = \frac{\hbar e^2}{iS}\sum_{\alpha_1,\alpha_2}\int_{|\epsilon-\epsilon_{\alpha_2}|\geq\delta} d\epsilon\, f(\epsilon)\frac{(\alpha_1|\dot{\hat{x}}|\alpha_2)(\alpha_2|\dot{\hat{y}}|\alpha_1)-(\alpha_1|\dot{\hat{y}}|\alpha_2)(\alpha_2|\dot{\hat{x}}|\alpha_1)}{(\epsilon-\epsilon_{\alpha_2})^2}\times\delta(\epsilon-\epsilon_{\alpha_1})$$

$$= \frac{\hbar e^2}{iS}\int d\epsilon\, f(\epsilon)\mathrm{Tr}\left(-\frac{d}{d\epsilon}\left(\dot{\hat{x}}\left(\mathrm{P}\frac{1}{\epsilon-\hat{H}}\right)\dot{\hat{y}}-\dot{\hat{y}}\left(\mathrm{P}\frac{1}{\epsilon-\hat{H}}\right)\dot{\hat{x}}\right)\delta(\epsilon-\hat{H})\right) \tag{18.72}$$

と書き直し，右辺の1/2を部分積分し，1/2をそのまま残すと，

$$\sigma_{xy} = \frac{i\hbar e^2}{2S}\int d\epsilon\left(f(\epsilon)\mathrm{Tr}\left(\frac{d\hat{F}}{d\epsilon}\delta(\epsilon-\hat{H})-\hat{F}\frac{d\delta(\epsilon-\hat{H})}{d\epsilon}\right)-\frac{\partial f}{\partial\epsilon}\mathrm{Tr}\left(\hat{F}\delta(\epsilon-\hat{H})\right)\right) \tag{18.73}$$

$$\hat{F}(\epsilon) \equiv \dot{\hat{x}}\left(\mathrm{P}\frac{1}{\epsilon-\hat{H}}\right)\dot{\hat{y}}-\dot{\hat{y}}\left(\mathrm{P}\frac{1}{\epsilon-\hat{H}}\right)\dot{\hat{x}} \tag{18.74}$$

となる．さらにレゾルベント，

$$\hat{G}_{\pm}(\epsilon) \equiv \frac{1}{\epsilon-\hat{H}\pm i\delta} = \mathrm{P}\frac{1}{\epsilon-\hat{H}} \mp i\pi\delta(\epsilon-\hat{H}) \tag{18.75}$$

を導入し，$d\hat{G}_{\pm}/d\epsilon = -\hat{G}_{\pm}^2$ と $\dot{\hat{\boldsymbol{r}}} = [\hat{\boldsymbol{r}},\hat{H}]_-/i\hbar = -[\hat{\boldsymbol{r}},\hat{G}_{\pm}^{-1}]_-/i\hbar$ を用いると，式(18.73)の被積分関数の第一項に現れるトレースを，力学的角運動量演算子 $\hat{\boldsymbol{\Lambda}} \equiv \hat{\boldsymbol{r}}\times\hat{\boldsymbol{\pi}} = m_{\mathrm{e}}\hat{\boldsymbol{r}}\times\dot{\hat{\boldsymbol{r}}}$ を使って，

$$\begin{aligned}
\mathrm{Tr}(\cdots) &= -\frac{1}{2\pi i}\sum_{\xi=\pm}\xi\mathrm{Tr}\left(\dot{\hat{x}}\hat{G}_\xi\dot{\hat{y}}\hat{G}_\xi^2-\dot{\hat{y}}\hat{G}_\xi\dot{\hat{x}}\hat{G}_\xi^2\right)\\
&= -\frac{1}{2\pi\hbar}\sum_{\xi=\pm}\xi\mathrm{Tr}\left(\hat{x}\dot{\hat{y}}\hat{G}_\xi^2-\hat{G}_\xi^{-1}\hat{x}\hat{G}_\xi\dot{\hat{y}}\hat{G}_\xi^2-(x\leftrightarrow y)\right)\\
&= -\frac{1}{2\pi\hbar}\sum_{\xi=\pm}\xi\mathrm{Tr}\left(\hat{x}\dot{\hat{y}}\hat{G}_\xi^2+\frac{1}{i\hbar}\left(\hat{G}_\xi^{-1}\hat{x}\hat{G}_\xi\hat{y}\hat{G}_\xi-\hat{G}_\xi^{-1}\hat{x}\hat{y}\hat{G}_\xi^2\right)-(x\leftrightarrow y)\right)\\
&= \frac{1}{i\hbar}\mathrm{Tr}\left(\frac{\hat{\Lambda}_z}{m_{\mathrm{e}}}\frac{d}{d\epsilon}\delta\left(\epsilon-\hat{H}\right)\right)-\frac{1}{2\pi i\hbar^2}\sum_{\xi=\pm}\xi\mathrm{Tr}\left(\hat{G}_\xi^{-1}\hat{x}\hat{G}_\xi\hat{y}\hat{G}_\xi-(x\leftrightarrow y)\right)
\end{aligned} \tag{18.76}$$

と変形できる．このとき，トレースの巡回公式(3.33)を，低エネルギー領域で有界な $\dot{\hat{\boldsymbol{r}}}$ や[15] $\hat{G}_\xi$ には適用できるが，非有界な $\hat{\boldsymbol{r}}$ には適用できない点に注意が

15) 式(18.18)から，低エネルギーの一電子状態 $|\alpha)$, $|\alpha')$ に対し，$|(\alpha|\dot{\hat{\boldsymbol{r}}}|\alpha')| = |(\alpha|\hat{\boldsymbol{\pi}}|\alpha')|/m_{\mathrm{e}} \lesssim \hbar/m_{\mathrm{e}}\ell$.

要る．ただし，系に端があれば，$\hat{\boldsymbol{r}}$ も有界になるので公式を適用できて，$\mathrm{Tr}\left(\hat{G}_\xi^{-1}\hat{x}\hat{G}_\xi\hat{y}\hat{G}_\xi-(x\leftrightarrow y)\right)=\mathrm{Tr}\left(\hat{y}\hat{x}\hat{G}_\xi-\hat{x}\hat{y}\hat{G}_\xi\right)=0$ となり，最終段の第二項は消える．

以上の結果を用いると，**Smřka-Středa 公式**[16)]，

$$\sigma_{xy}=\sigma_{xy}^{(\mathrm{I})}+\sigma_{xy}^{(\mathrm{II})} \tag{18.77}$$

$$\sigma_{xy}^{(\mathrm{I})}=\frac{i\hbar e^2}{2S}\int d\epsilon\left(-\frac{\partial f}{\partial\epsilon}\right)\mathrm{Tr}\left(\left(\dot{\hat{x}}\mathrm{P}\frac{1}{\epsilon-\hat{H}}\dot{\hat{y}}-\dot{\hat{y}}\mathrm{P}\frac{1}{\epsilon-\hat{H}}\dot{\hat{x}}\right)\delta(\epsilon-\hat{H})\right) \tag{18.78}$$

$$\sigma_{xy}^{(\mathrm{II})}=\frac{e^2}{2Sm_\mathrm{e}}\int d\epsilon\left(-\frac{\partial f}{\partial\epsilon}\right)\mathrm{Tr}\left(\hat{\Lambda}_z\delta(\epsilon-\hat{H})\right)=-\frac{ec}{S}\frac{\partial\mathfrak{M}_z}{\partial\mu} \tag{18.79}$$

$$\mathfrak{M}_z\equiv-\frac{e}{2m_\mathrm{e}c}\int d\epsilon\, f(\epsilon)\mathrm{Tr}\left(\hat{\Lambda}_z\delta(\epsilon-\hat{H})\right)=-\frac{e}{2m_\mathrm{e}c}\sum_\alpha f(\epsilon_\alpha)\,(\alpha|\hat{\Lambda}_z|\alpha) \tag{18.80}$$

を導ける．ただし，式 (18.79) を導く際に，再度部分積分を行った．絶対零度では，$-\partial f/\partial\epsilon=\delta(\epsilon-\epsilon_\mathrm{F})$ だから，$\sigma_{xy}=\sigma_{xy}^{(\mathrm{I})}+\sigma_{xy}^{(\mathrm{II})}$ は Fermi 準位上の一電子状態からの寄与だけで決まる．この結果は，式 (18.70) において $\sigma_{xy}$ が Fermi 準位以下のすべての一電子状態の寄与の和で決まっていたことと対照をなす．

導出過程から明らかなように，式 (18.79) から $\sigma_{xy}^{(\mathrm{II})}$ を求めようとすれば，系に端があるとして計算を行う必要があるが，非有界演算子 $\hat{\Lambda}_z$ の行列要素が系の端の詳細に強く依存してしまうのが面倒である．そこで，$\sigma_{xy}^{(\mathrm{II})}$ の表式を，有界演算子だけを含み，熱力学極限で系の端に影響されない形に書き改めよう．式 (18.65) において，$\hat{H}_\mathrm{o}$ と $\hat{H}_\mathrm{s}$ に含まれる $B$ をそれぞれ $B_\mathrm{o}, B_\mathrm{s}$ と書き直し，両者を独立変数とみなすと，対称ゲージ $\boldsymbol{A}(\boldsymbol{r})=B_\mathrm{o}\boldsymbol{e}_z\times\boldsymbol{r}/2$ の下で，

$$\frac{\partial\hat{H}}{\partial B_\mathrm{o}}=\frac{e}{4m_\mathrm{e}c}(\boldsymbol{e}_z\times\hat{\boldsymbol{r}})\cdot\hat{\boldsymbol{\pi}}+\frac{e}{4m_\mathrm{e}c}\hat{\boldsymbol{\pi}}\cdot(\boldsymbol{e}_z\times\hat{\boldsymbol{r}})=\frac{e}{2m_\mathrm{e}c}\boldsymbol{e}_z\cdot(\hat{\boldsymbol{r}}\times\hat{\boldsymbol{\pi}})=\frac{e}{2m_\mathrm{e}c}\hat{\Lambda}_z \tag{18.81}$$

が成り立つので[17)]，熱力学ポテンシャル $\Omega$ に対する Hellmann-Feynman の定理 (3.78) から，$\mathfrak{M}_z=-\partial\Omega/\partial B_\mathrm{o}$ を得る．つまり，$\mathfrak{M}_z$ は電子の軌道運動に由来する磁気モーメントという意味を持つ[18)]．ここで，熱力学の Maxwell 関係式，

---

16) L. Smřka and P. Středa: J. Phys. C **10**, 2153 (1977).

17) $\pi_\mu$ と $(\boldsymbol{e}_z\times\hat{\boldsymbol{r}})_\mu$ $(\mu=x,y)$ が可換であることに注意．

18) 17.4 節の脚注 17 で示したように，磁束密度 $\boldsymbol{B}$ をゆっくり $\delta\boldsymbol{B}$ 変化させたときに電子系と電磁場に与えられる仕事は $\int d^3r\boldsymbol{H}\cdot\delta\boldsymbol{B}/4\pi$ に等しい．そこから磁束密度のエネルギー変化 $\int d^3r\delta(\boldsymbol{B}^2/8\pi)=\int d^3r\boldsymbol{B}\cdot\delta\boldsymbol{B}/4\pi$ を差し引くと $-\int d^3r\boldsymbol{M}\cdot\delta\boldsymbol{B}$ となる．したがって，一様静磁束密度 $\boldsymbol{B}$ の存在下で求めた $\Omega$ は $-\partial\Omega/\partial\boldsymbol{B}=\int d^3r\boldsymbol{M}$ を満たすが，右辺は電子系の磁気モーメントに他ならない．

$$\frac{\partial \mathfrak{M}_z}{\partial \mu} = -\frac{\partial^2 \Omega}{\partial \mu \partial B_o} = -\frac{\partial^2 \Omega}{\partial B_o \partial \mu} = \frac{\partial N}{\partial B_o} \tag{18.82}$$

を用いると，**Widom-Středa 公式**,

$$\sigma_{xy}^{(\mathrm{II})} = -ec\frac{\partial n_{2\mathrm{D}}}{\partial B_o} \tag{18.83}$$

を導ける[19]．このとき，電子密度，

$$n_{2\mathrm{D}} \equiv \frac{N}{S} = \frac{1}{S}\int d\epsilon\, f(\epsilon)\mathrm{Tr}\delta(\epsilon - \hat{H}) = \frac{1}{S}\sum_{\alpha} f(\epsilon_\alpha) \tag{18.84}$$

は，バルクの（熱力学極限で系の端の影響を受けない）物理量になっている．

以下では，絶対零度に話を限定し，Landau 準位の間隔が，不純物によって生じた Landau 準位の幅よりも大きく，Landau 準位間にエネルギーギャップが残っており，Fermi 準位がこのギャップ中にある場合について考えよう．このとき，式 (18.78) で定義される $\sigma_{xy}^{(\mathrm{I})}$ は，Fermi 準位上の一電子状態の寄与だけで決まるのでゼロとなり，$\sigma_{xy}$ 自体が Widom-Středa 公式 (18.83) によって与えられる[20]．占有率が整数値になるので．この整数を $p$ とすれば，$n_{2\mathrm{D}} = \nu/2\pi\ell^2 = peB_o/hc$ より**厳密に**,

$$\sigma_{xy} = \sigma_{xy}^{(\mathrm{II})} = -ec\frac{\partial n_{2\mathrm{D}}}{\partial B_o} = -p\frac{e^2}{h} \tag{18.85}$$

となる．前節の議論も考え合わせると，これが $\nu = p$ 前後のプラトーにおける Hall 伝導率の値を与える．不純物があるときには，Hall 伝導率に寄与する一電子状態がわずかな非局在状態だけになるが，それでもある種の「総和則」のようなものが成り立っていて，$\nu = p$ における Hall 伝導率は常に不純物がないときと同じ値になるのだ．また，Fermi 準位が Landau 準位をまたぐごとに $\sigma_{xy}$ の値が変わることから，各 Landau 準位に必ず非局在状態が存在することも示せたことになる．

今度は Widom-Středa 公式 (18.83) ではなく，あえて Smřka-Středa 公式 (18.79) を使って考えてみよう．この場合，$\sigma_{xy}^{(\mathrm{II})}$ も Fermi 準位上の一電子状態の寄与だけで決まるから，一見 $\sigma_{xy}^{(\mathrm{II})} \overset{?}{=} 0$ となって式 (18.85) に矛盾しそうであ

19）A. Widom: Phys. Lett. A **90**, 474 (1982); P. Středa: J. Phys. C **15**, L717 (1982).

20）結局，$\sigma_{xy}$ を熱力学量（平衡統計力学で計算可能な量）$\partial n_{2\mathrm{D}}/\partial B_o$ で表せたことになる．電気伝導は非平衡な不可逆現象になるのが普通だが，Fermi 準位がエネルギーギャップの中にあるときには，Joule 熱が発生しない（$\sigma_{xx} = 0$）という特殊事情があるため，このようなことが可能になる．

る．しかしこのとき，系に端があるとして，式 (18.79) を計算すべきことを思い出す必要がある．系に端があるときの電子の古典的な運動を考えると，図 18.5 のように，サイクロトロン運動と端での跳ね返りを繰り返し，電子が磁束密度に対し左ねじの向きに端を巡る**スキッピング軌道**が可能である．この事実を反映して，量子力学でも端に局在した**エッジ状態**が現れる．ところが，$\sigma_{xy}^{(\mathrm{II})}$ の表式 (18.79) が非有界演算子 $\hat{\Lambda}_z$ を含むため，Fermi 準位上にエッジ状態があると，それが有限個であっても，$\sigma_{xy}^{(\mathrm{II})}$ に熱力学極限で無視できない寄与を与える可能性がある．

図 18.5 スキッピング軌道とエッジ電流

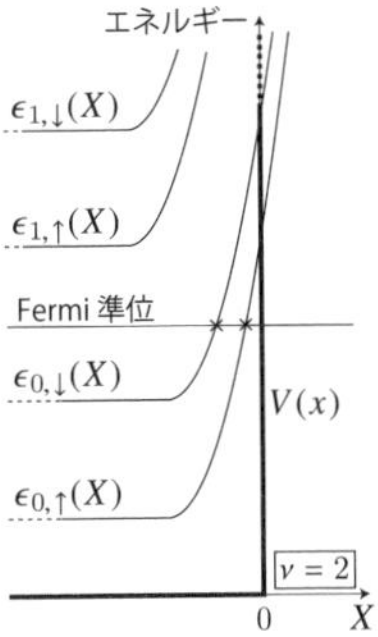

図 18.6 エッジ状態のエネルギー

エッジ状態についてもう少し詳しく調べるために，$x = 0$ を端を持つ半無限系を考えよう．電子はポテンシャル $V(x)$ によって $x < 0$ の側に閉じ込められており，図 18.6 のように，$V(x)$ は $x \leq 0$ でゼロ，$x > 0$ で速やかに無限大に発散する形状を持つとする．簡単のため，ひとまず不純物の効果を無視すると，$y$ 方向に並進対称性があるので，保存波数の $y$ 成分 $\hat{K}_y$（中心座標の $x$ 成分 $\hat{R}_x$）が良い量子数になる．Landau ゲージ $\boldsymbol{A}(\boldsymbol{r}) = (0, Bx)$ の下で $\hat{R}_x = \hat{x} - \ell^2\hat{\pi}_y/\hbar = -\ell^2\hat{p}_y/\hbar$ が確定値 $X$ をとるとき，$\hat{\pi}_x = \hat{p}_x$，$\hat{\pi}_y = \hbar(\hat{x} - X)/\ell^2$ となるから，一電子ハミルトニアン (18.65) は，一次元系と同じ形，

$$\hat{H} = \frac{\hat{p}_x^2}{2m_{\mathrm{e}}} + \frac{1}{2}m_{\mathrm{e}}\omega_{\mathrm{c}}^2(x - X)^2 + V(x) + \frac{g_{\mathrm{e}}}{2}\mu_{\mathrm{B}}B\sigma \tag{18.86}$$

を持つ（$\sigma$ は電子のスピン）．その固有状態を $|n, \sigma; X)$，エネルギーを $\epsilon_{n,\sigma}(X)$ ($n = 0, 1, 2, \cdots$, $\sigma = \uparrow, \downarrow$) と書こう．$X$ が系の十分内部にある状態（**バルク状態**）は $V(x)$ による閉じ込めの影響を受けないので，$x = X$ 近傍に磁場長 $\ell$ 程度で局在し，そのエネルギーは式 (18.24) の Landau 準位 $\epsilon_{n,\sigma}$ に一致する．一方，$X \gtrsim 0$ の状態（**エッジ状態**）は，$V(x)$ による閉じ込めの影響を強く受けて系の端（$x = 0$）近傍に局在し，$\epsilon_{n,\sigma}(X)$ は $X$ の関数として急激に増大する（図 18.6）．したがって，方程式 $\epsilon_{n,\sigma}(X) = \mu$ は，$\epsilon_{n,\sigma} < \mu$ ならば解を持ち，$\epsilon_{n,\sigma} > \mu$ ならば解を持たない．ここでは，占有率が整数 $p$ に等しい（$\epsilon_{n,\sigma} < \mu$ を満たす $(n, \sigma)$ が $p$ 個ある）ので，Fermi 準位上のエッジ状態の個数が $N_{\mathrm{edge}} = p$ だとわかる．

Hellmann-Feynman の定理 (2.112) から，

$$(\alpha|\dot{\hat{y}}|\alpha) = (\alpha|\frac{\hat{\pi}_y}{m_\mathrm{e}}|\alpha) = -\frac{\ell^2}{\hbar}(\alpha|\frac{\partial \hat{H}}{\partial X}|\alpha) = -\frac{\ell^2}{\hbar}\frac{\partial \epsilon_{n,\sigma}}{\partial X}(<0) \tag{18.87}$$

だから（$|\alpha)$ は $|n,\sigma;X)$ の略），平衡状態において系を流れる電流は，

$$\begin{aligned} I_\mathrm{edge} &= \frac{-e}{L}\sum_{n,\sigma}\sum_{X} f(\epsilon_{n,\sigma}(X))\,(n,\sigma;X|\dot{\hat{y}}|n,\sigma;X) \\ &\overset{L\to+\infty}{\to} \frac{-e}{L}\cdot\frac{L}{2\pi\ell^2}\sum_{n,\sigma}\int \theta(\mu-\epsilon_{n,\sigma}(X))\left(-\frac{\ell^2}{\hbar}\frac{\partial\epsilon_{n,\sigma}}{\partial X}\right)dX \\ &= \frac{e}{h}N_\mathrm{edge}\mu + (\mu\text{ に依存しない項}) \end{aligned} \tag{18.88}$$

となる（式 (18.50) と同様に，$X$ に関する和を積分に変形した）．$\partial\epsilon_{n,\sigma}/\partial X$ が非ゼロになるのはエッジ状態だけだから，$I_\mathrm{edge}$ は系の端近傍を流れる電流（**エッジ電流**）を表す．このとき，磁束密度の向きに対するエッジ電流の向きが定まっているのは，古典的なスキッピング軌道において電子の運動の向きが定まっていたことの名残りである．エッジ状態が磁束密度を決まった向きにめぐる環状電流であることを「カイラル」という修飾語で表して，**カイラルエッジ状態**と呼ぶ．

すべての方向に端を持つ系では，図 18.5 のように，磁束密度に対して右ねじの向きに系の端を一周するエッジ電流 $I_\mathrm{edge}$ が流れる．巨視的な面積 $S$ を持つ系では，$I_\mathrm{edge}$ を理想的な線電流とみなし，式 (18.80) の軌道磁気モーメントを，

$$\mathfrak{M}_z = -\frac{e}{2m_\mathrm{e}c}\sum_{\alpha} f(\epsilon_\alpha)\,(\alpha|\hat{\Lambda}_z|\alpha) = \frac{I_\mathrm{edge}}{2c}\oint_{\text{系の端}}(\boldsymbol{r}\times d\boldsymbol{r})_z = \frac{I_\mathrm{edge}S}{c} \tag{18.89}$$

と評価してよい．カイラルエッジ状態は磁場長 $\ell$ 程度の幅で系の端近傍に局在するので，この評価による誤差は上式右辺に比べて相対的に磁場長とサイズ長の比程度小さく，無視できるからである．式 (18.88), (18.89) を式 (18.79) に代入し，先ほどの $N_\mathrm{edge} = p$ の関係を用いると，$\sigma_{xy}^{(\mathrm{II})} = -N_\mathrm{edge}e^2/h = -pe^2/h$ が導かれ，式 (18.85) の結果が再現される．

ここまで不純物効果を無視して論じてきたが，カイラルエッジ状態では電子が一方通行で運動するので，弱い不純物の影響があったとしても後方散乱が禁止され，「完全伝導チャンネル」の性質を持つ．そのような「完全伝導チャンネル」の数が明確に定義できている限りは，ここでの議論がそのまま成立し続

ける[21].

## 18.5 トポロジカル数を用いた議論

本節では，Hall 伝導率の量子化を 2.7 節で導入した Chern 数と結びつけよう[22]．前節と同様に一電子近似で考えるが，一電子 Schrödinger 方程式，

$$\hat{H}|\alpha) = \epsilon_\alpha|\alpha), \quad \hat{H} = \frac{\hat{\boldsymbol{\pi}}^2}{2m_\mathrm{e}} + V(\hat{\boldsymbol{r}}) + \frac{g_\mathrm{e}\mu_\mathrm{B}B}{\hbar}\hat{s}_z \tag{18.90}$$

を解く際に，$L\boldsymbol{e}_x$ と $L\boldsymbol{e}_y$ を周期ベクトルとし，位相をひねる周期境界条件，

$$\hat{T}_{-L\boldsymbol{e}_\mu}|\alpha) = e^{i\vartheta_\mu}|\alpha), \quad (\mu = x, y) \tag{18.91}$$

を課す．ここで，$\hat{T}_{\boldsymbol{a}}$ は一様静磁束密度中での並進移動演算子で，式 (18.30) によって与えられる．以下では，一電子エネルギー準位と固有状態が $\boldsymbol{\vartheta} \equiv (\vartheta_x, \vartheta_y)$ を指定した境界条件の下で得られたものであることを明示し，それらをそれぞれ $\epsilon_\alpha(\boldsymbol{\vartheta})$，$|\alpha;\boldsymbol{\vartheta})$ と書く．式 (18.67) を用いて求めた絶対零度の Hall 伝導率も $\boldsymbol{\vartheta}$ の関数で，

$$\sigma_{xy}(\boldsymbol{\vartheta}) = \frac{\hbar e^2}{iL^2} \sum_{\substack{\alpha\neq\alpha' \\ (\epsilon_\alpha(\boldsymbol{\vartheta})<\mu)}} \boldsymbol{e}_z \cdot \frac{(\alpha;\boldsymbol{\vartheta}|\dot{\hat{\boldsymbol{r}}}|\alpha';\boldsymbol{\vartheta}) \times (\alpha';\boldsymbol{\vartheta}|\dot{\hat{\boldsymbol{r}}}|\alpha;\boldsymbol{\vartheta})}{(\epsilon_\alpha(\boldsymbol{\vartheta}) - \epsilon_{\alpha'}(\boldsymbol{\vartheta}))^2} \tag{18.92}$$

となる（不純物ポテンシャルが Landau 準位の縮退を完全に解いているとする）．

前節と同様に，Landau 準位の間隔が不純物によって生じた Landau 準位の幅より大きく，Landau 準位間にエネルギーギャップが残っており，与えられた化学ポテンシャル $\mu$ が $\boldsymbol{\vartheta}$ によらず常にこのギャップ内にあると仮定しよう．このとき，占有率 $\nu$ は $\boldsymbol{\vartheta}$ によらず，完全に占有された Landau 準位の数を表す整数 $p$ に等しく，熱力学極限では Hall 伝導率 $\sigma_{xy}(\boldsymbol{\vartheta})$ の $\boldsymbol{\vartheta}$ 依存性がなくなると予想されるので，$\boldsymbol{\vartheta}$ について平均した，

$$\overline{\sigma}_{xy} \equiv \int_0^{2\pi} \frac{d\vartheta_x}{2\pi} \int_0^{2\pi} \frac{d\vartheta_y}{2\pi} \sigma_{xy}(\boldsymbol{\vartheta}) \tag{18.93}$$

21) より現実的な状況を想定して，エッジ電流から整数量子 Hall 系を説明するには，**Landauer-Büttiker 公式**に基づく理論が必要になる [M. Büttiker: Phys. Rev. B **38**, 9375 (1988); *ibid.* **38**, 12724 (1988); Phys. Rev. Lett. **62**, 229 (1989).].

22) Q. Niu, D. J. Thouless and Y.-S. Wu: Phys. Rev. B **31**, 3372 (1985).

を，$\nu = p$ で測定される Hall 伝導率と同一視できる．

ここで，特異ゲージ変換により，

$$|\widetilde{\alpha;\boldsymbol{\vartheta})} = \hat{U}(\boldsymbol{\vartheta})|\alpha;\boldsymbol{\vartheta}), \quad \left(\hat{U}(\boldsymbol{\vartheta}) \equiv e^{-i\boldsymbol{\vartheta}\cdot\hat{\boldsymbol{r}}/L}\right) \tag{18.94}$$

を導入すると，$|\widetilde{\alpha;\boldsymbol{\vartheta})}$ は，

$$\hat{T}_{-L\boldsymbol{e}_\mu}|\widetilde{\alpha;\boldsymbol{\vartheta})} = \hat{T}_{-L\boldsymbol{e}_\mu} e^{-i\boldsymbol{\vartheta}\cdot\hat{\boldsymbol{r}}}\hat{T}^{-1}_{-L\boldsymbol{e}_\mu}\hat{T}_{-L\boldsymbol{e}_\mu}|\alpha;\boldsymbol{\vartheta}) = e^{-i\boldsymbol{\vartheta}\cdot(\hat{\boldsymbol{r}}+L\boldsymbol{e}_\mu)/L}\hat{T}_{-L\boldsymbol{e}_\mu}|\alpha;\boldsymbol{\vartheta}) = |\widetilde{\alpha;\boldsymbol{\vartheta})} \tag{18.95}$$

からわかるように通常の境界条件を満たし，一電子 Schrödinger 方程式，

$$\hat{\hat{H}}(\boldsymbol{\vartheta})|\widetilde{\alpha;\boldsymbol{\vartheta})} = \epsilon_\alpha(\boldsymbol{\vartheta})|\widetilde{\alpha;\boldsymbol{\vartheta})}, \quad \hat{\hat{H}}(\boldsymbol{\vartheta}) \equiv \hat{U}(\boldsymbol{\vartheta})\hat{H}\hat{U}^{-1}(\boldsymbol{\vartheta}) = \hat{H}|_{\hat{\boldsymbol{\pi}}\rightsquigarrow\hat{\boldsymbol{\pi}}+\hbar\boldsymbol{\vartheta}/L} \tag{18.96}$$

に従う．ただし，式 (2.37) から導かれる $e^{-i\boldsymbol{\vartheta}\cdot\hat{\boldsymbol{r}}/L}\hat{\boldsymbol{\pi}}e^{i\boldsymbol{\vartheta}\cdot\hat{\boldsymbol{r}}/L} = \hat{\boldsymbol{\pi}} + \hbar\boldsymbol{\vartheta}/L$ を用いた．境界条件の $\boldsymbol{\vartheta}$ 依存性を，一電子ハミルトニアンの $\boldsymbol{\vartheta}$ 依存性にすり替えることができたわけである．さらに，$(L/\hbar)\nabla_{\boldsymbol{\vartheta}}\hat{\hat{H}} = (\hat{\boldsymbol{\pi}} + \hbar\boldsymbol{\vartheta}/L)/m_{\mathrm{e}} = e^{-i\boldsymbol{\vartheta}\cdot\hat{\boldsymbol{r}}/L}(\hat{\boldsymbol{\pi}}/m_{\mathrm{e}})e^{i\boldsymbol{\vartheta}\cdot\hat{\boldsymbol{r}}/L} = e^{-i\boldsymbol{\vartheta}\cdot\hat{\boldsymbol{r}}/L}\dot{\hat{\boldsymbol{r}}}e^{i\boldsymbol{\vartheta}\cdot\hat{\boldsymbol{r}}/L}$ を用いると，**Thouless-甲元-Nightingale-Nijs (TKNN) 公式**[23]，

$$\overline{\sigma}_{xy} = \frac{e^2}{\hbar}\sum_{\epsilon_\alpha \le \mu}\int_0^{2\pi}\frac{d\vartheta_x}{2\pi}\int_0^{2\pi}\frac{d\vartheta_y}{2\pi}B_\alpha(\boldsymbol{\vartheta}) \tag{18.97}$$

$$\begin{aligned} B_\alpha(\boldsymbol{\vartheta}) &\equiv \frac{\hbar^2}{iL^2}\sum_{\alpha'(\neq\alpha)}\boldsymbol{e}_z\cdot\frac{(\alpha;\boldsymbol{\vartheta}|\dot{\hat{\boldsymbol{r}}}|\alpha';\boldsymbol{\vartheta})\times(\alpha';\boldsymbol{\vartheta}|\dot{\hat{\boldsymbol{r}}}|\alpha;\boldsymbol{\vartheta})}{\left(\epsilon_\alpha(\boldsymbol{\vartheta}) - \epsilon_{\alpha'}(\boldsymbol{\vartheta})\right)^2} \\ &= \frac{1}{i}\sum_{\alpha'(\neq\alpha)}\boldsymbol{e}_z\cdot\frac{(\widetilde{\alpha;\boldsymbol{\vartheta}}|\nabla_{\boldsymbol{\vartheta}}\hat{\hat{H}}|\widetilde{\alpha';\boldsymbol{\vartheta})}\times(\widetilde{\alpha';\boldsymbol{\vartheta}}|\nabla_{\boldsymbol{\vartheta}}\hat{\hat{H}}|\widetilde{\alpha;\boldsymbol{\vartheta})}}{\left(\epsilon_\alpha(\boldsymbol{\vartheta}) - \epsilon_{\alpha'}(\boldsymbol{\vartheta})\right)^2} \end{aligned} \tag{18.98}$$

を導ける．ここで 2.7 節の議論を思い出し，式 (18.98) を式 (2.128) と比較すると，$B_\alpha(\boldsymbol{\vartheta})$ は $\hat{\hat{H}}(\boldsymbol{\vartheta})$ から計算される Berry 曲率（パラメーター空間が二次元なので $z$ 成分しか持たない）になっている．境界条件 (18.91) の周期性を反映して，

$$B_\alpha\left(\vartheta_x + 2\pi, \vartheta_y\right) = B_\alpha\left(\vartheta_x, \vartheta_y + 2\pi\right) = B_\alpha\left(\vartheta_x, \vartheta_y\right) \tag{18.99}$$

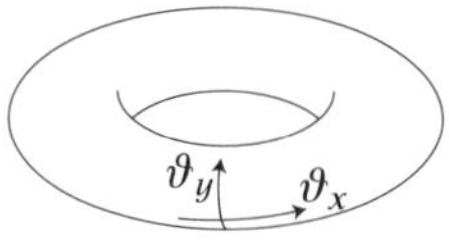

図 18.7　トーラス．

が満たされるので，$0 \le \vartheta_x \le 2\pi, 0 \le \vartheta_y \le 2\pi$ を図 18.7 のような三次元空間内のトーラス（ドーナツの表面）$S$ 上に張られた直交曲線座標，$B_\alpha$ を $S$ 上で定義された「磁束密度」$\boldsymbol{B}_\alpha$ の $S$ に垂直な成分とみなせる．と

23）D. J. Thouless, M. Kohmoto, M. P. Nightingale, M. den Nijs: Phys. Rev. Lett. **49**, 405 (1982).

ころが，閉曲面 $S$ を貫いて湧き出す「磁束」を $2\pi$ で割った，

$$N_\alpha \equiv \frac{1}{2\pi}\int_0^{2\pi} d\vartheta_x \int_0^{2\pi} d\vartheta_y B_\alpha(\boldsymbol{\vartheta}) = \frac{1}{2\pi}\int_S \boldsymbol{B}_\alpha \cdot d\boldsymbol{S} \tag{18.100}$$

は（第一）Chern 数と呼ばれる**トポロジカル数**になり，整数値をとるのであったから，

$$\overline{\sigma}_{xy} = N_{\mathrm{Ch}}\frac{e^2}{h}, \quad N_{\mathrm{Ch}} \equiv \sum_{\epsilon_\alpha \le \mu} N_\alpha = \text{整数} \tag{18.101}$$

が成り立つ．

位相をひねる周期境界条件を用いた議論は，端がある系を論じる際にも役立つ．ここでは $x = \pm L/2$ に端を持つ系を考え，$x$ 方向の閉じ込めポテンシャルを $V(x)$ に選び，

$$\hat{H} = \frac{1}{2m_{\mathrm{e}}}\hat{\boldsymbol{\pi}}^2 + V(\hat{x}) + \frac{g_{\mathrm{e}}\mu_{\mathrm{B}}B}{\hbar}\hat{s}_z \tag{18.102}$$

とおいて，不純物ポテンシャルの効果を一旦無視する．そして，閉じ込めのない $y$ 方向には，式 (18.91) と同様の位相をひねる周期境界条件，

$$\hat{T}_{-L\boldsymbol{e}_y}|\alpha) = e^{i\vartheta_y}|\alpha) \tag{18.103}$$

を課す．既に述べたように，特異ゲージ変換 $|\widetilde{\alpha, \vartheta_y}) = \hat{U}(0, \vartheta_y)|\alpha, \vartheta_y)$ を行うと，$y$ 方向の境界条件が通常の周期境界条件に，一電子ハミルトニアンが，

$$\hat{\tilde{H}}(\vartheta_y) = \frac{1}{2m_{\mathrm{e}}}\left(\hat{\boldsymbol{\pi}} + \frac{e}{c}\delta\boldsymbol{A}\right)^2 + V(\hat{x}) + \frac{g_{\mathrm{e}}\mu_{\mathrm{B}}B}{\hbar}\hat{s}_z, \quad \delta\boldsymbol{A} \equiv \left(0, \frac{\hbar c}{eL}\vartheta_y\right) \tag{18.104}$$

に置き換わる．つまり，一様な静磁束密度を表すベクトルポテンシャル $\boldsymbol{A}$ に，新たなベクトルポテンシャル $\delta\boldsymbol{A}$ が加わるから，時刻 $t = 0$ から $\tau$ にわたって，$\vartheta_y$ を 0 から $2\pi$ まで線形に増加させると，系に一様静電場，

$$\boldsymbol{E} = -\frac{\partial(\delta\boldsymbol{A})}{c\partial t} = -\frac{\hbar\dot{\vartheta}_y}{eL}\boldsymbol{e}_y = -\frac{h}{e}\cdot\frac{1}{L\tau}\boldsymbol{e}_y \tag{18.105}$$

を印加したことになる（**Laughlin の思考実験**[24]）．ここで $\tau$ が十分大きいとして，線形応答の範疇で考え，式 (18.97) の結果を使うと，時刻 $t = 0$ から $\tau$ までに，系の右端（$x = L/2$）近傍にいる電子の数が，

24）R. B. Laughlin: Phys. Rev. B **23**, 5632 (1981).

$$\Delta N = \frac{j_x \cdot L\tau}{-e} = \frac{\sigma_{xy} E_y \cdot L\tau}{-e} = \sigma_{xy} \frac{h}{e^2} = N_{\mathrm{Ch}} \tag{18.106}$$

個，左端（$x = -L/2$）近傍にいる電子の数が $-\Delta N$ 個変化する．つまり，系の端近傍において，ちょうど整数個の電子の出入りがある．

今度は特異ゲージ変換をせずに，式 (18.103) の境界条件と一電子ハミルトニアン (18.102) をそのまま使って考えよう．系が $y$ 方向の並進対称性を持つことを反映して，保存波数の $y$ 成分 $\hat{K}_y$ の固有値 $k_y$ が良い量子数になるので，$k_y$ と電子のスピン $\sigma$ の値が確定しているときの $\hat{H}$ のエネルギー準位を $\epsilon_{n,\sigma}(k_y)$ $(n = 0, 1, 2, \cdots)$ と書こう．ただし，境界条件 (18.103) は $e^{ik_y L} = e^{i\vartheta_y}$ を意味するから，$k_y$ の値は，

$$k_y = \frac{2\pi j}{L} + \frac{\vartheta_y}{L}, \quad (j : \text{整数}) \tag{18.107}$$

と離散化されている．ここで，$\vartheta_y$ を 0 から $2\pi$ まで（長い時間をかけて）ゆっくり増やそう．そうすると，各一電子状態は，$\hat{H}$ の固有状態であり続けながら（断熱定理），$k_y$ の値を $2\pi/L$（ちょうど $k_y$ の一刻み分）だけ増やす．その結果，電子の分布関数が，熱平衡状態における $f(\epsilon_{n,\sigma}(k_y))$ から $f(\epsilon_{n,\sigma}(k_y - 2\pi/L))$ に変化する．この分布関数の変化が，系の端で生じる電子数の変化を与えるためには，$k_y$ の関数とみなした $\epsilon_{n,\sigma}(k_y)$ が Fermi 準位を横切り，しかもその交点近傍の状態が端に局在したエッジ状態を表していなければならない．

実際，図 18.8 からわかるように，系の右端近傍に局在し，Fermi 準位上で $\partial\epsilon_{n,\sigma}/\partial k_y > 0$ を満たす（群速度が $y$ 軸正の向きの）エッジ状態が $N_+$ 個あると，分布関数の変化によって系の右端近傍にいる電子数が $N_+$ 個増える（Fermi 準位より高いエネルギー準位に $N_+$ 個の電子が入る）．逆に，系の右端近傍に局在し，Fermi 準位上で $\partial\epsilon_{n,\sigma}/\partial k_y < 0$ を満たす（群速度が $y$ 軸負の向きの）エッジ状態が $N_-$ 個あると，右端近傍にいる電子の数が $N_-$ 個減る（Fermi 準位より低いエネルギー準位にいた電子が $N_-$ 個いなくなる）．つまり，右端近傍での電子数の変化は

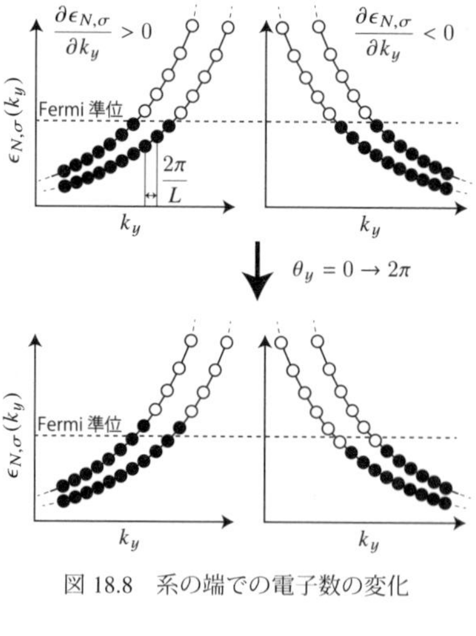


図 18.8　系の端での電子数の変化

$\Delta N = N_+ - N_-$ である．この結果は式 (18.106) に一致するから，**バルク-エッジ対応**，

$$N_+ - N_- = N_{\mathrm{Ch}} \tag{18.108}$$

が成り立つ．バルクの物理量である Hall 伝導率の量子化値が，Fermi 準位上のエッジ状態の個数という系の端の情報と結びつくという事実は，前節の Smřka-Středa 公式を用いた議論でも見たものである．

本節では，前節で式 (18.85) を導いたのと同じ物理的状況を考察し，Fermi 準位がエネルギーギャップ内にあるときに $\sigma_{xy}$ が $e^2/h$ の整数倍に量子化されることを示し，バルク-エッジ対応も導いた．しかし，式 (18.85) が，$p$ を占有率を表す整数として $\sigma_{xy} = -pe^2/h$ を与えたのに対し，本節の議論だけから式 (18.97) の整数 $N_{\mathrm{Ch}}$ の値を定めることはできない．これは議論の中で，磁場中の二次元電子系の特殊性をほとんど使っていないためである．前節のエッジ状態に関する考察において，中心座標の $x$ 成分 $X$ と $k_y$ の間に $k_y = -X/\ell^2$ の関係があり，系の右端で $\partial\epsilon_{n,\sigma}/\partial k_y = -\ell^2\partial\epsilon_{n,\sigma}/\partial X < 0$ となることに注意すれば，$N_+ = 0, N_- = p$ が得られ，再び，

$$\sigma_{xy} = N_{\mathrm{Ch}}\frac{e^2}{h} = (N_+ - N_-)\frac{e^2}{h} = -p\frac{e^2}{h} \tag{18.109}$$

を導ける．

なお，上記の結果，あるいは前節で導いた式 (18.85) だけを見て，整数量子 Hall 効果のすべての側面を理解できたと思うのは早計である．これらの結果は $\nu = p$ (整数) という一点で $\sigma_{xy} = -pe^2/h$ となることを主張しているだけで，プラトーの出現については何も言及していないからだ．18.3 節で述べたように，プラトーの出現を説明するには，局在状態が Hall 伝導率に寄与しないことを示した上で，局在状態のエネルギー分布について考察する必要がある．本節の議論の範囲でも，局在状態が Hall 伝導度に寄与しないことまでは理解できる．実際，局在状態は，実空間上でいわば「きれぎれ」になった波動関数の形状を持つので，十分大きな系では境界条件の位相のひねりの影響を受けず，式 (18.98) において $B_\alpha(\boldsymbol{\vartheta}) = 0$ を与えて $\overline{\sigma}_{xy}$ に寄与しないと考えられる．しかし，それ以上の理解に進もうとすると，局在状態のエネルギー分布に関する情報が別途必要になる．局在状態のエネルギー分布が図 18.4 のようになっているという情報を併せて用いてはじめて，Fermi 準位が移動度ギャップ 中にある間 Hall 伝導率が一定値をとり，プラトーが出現することを説明できる．

トポロジカル数を用いた議論の最大の長所は，議論が「普遍的」であることにある．つまり，本節の議論は**Fermi 準位がエネルギーギャップ内にあること以外の仮定を要さないので**，磁場中の二次元電子系以外の系にも拡張できる可能性を秘めている．実際，**トポロジカル数によって物質を分類する**という精神は，近年急速に発展を遂げた**トポロジカル絶縁体**や**トポロジカル超伝導体**の研究分野へ受け継がれた[25]．

25）この研究分野の入門書として，齋藤英治，村上修一：『スピン流とトポロジカル絶縁体』（共立出版, 2014）を挙げておく．

# 第 19 章

# 分数量子 Hall 効果

## 19.1 予備的な考察

前章の整数量子 Hall 効果の理論に従えば，量子 Hall 効果が起こるのは占有率が整数に近い場合に限られる．しかし実験的には，図 18.2 に示したように，占有率が奇数分母の有理数に近いときにも量子 Hall 効果が観測されている (**分数量子 Hall 効果**)．前章の整数量子 Hall 効果の理論は非常に一般的で，電子間相互作用を無視したということ以外に大きな欠陥が見当たらない．逆に言えば，分数量子 Hall 効果を紐解く鍵は電子間相互作用にあると予想されるので，式 (18.61) の $N$ 電子系のハミルトニアン，

$$\mathcal{H} = \mathcal{H}_0 + \mathcal{H}_{\mathrm{imp}} + \mathcal{H}_{\mathrm{C}} + \mathcal{H}_{\mathrm{Z}} \tag{19.1}$$

$$\mathcal{H}_0 = \sum_{i=1}^{N} \frac{\hat{\boldsymbol{\pi}}_i^2}{2m_{\mathrm{e}}},\ \mathcal{H}_{\mathrm{imp}} = \sum_{i=1}^{N} V(\hat{\boldsymbol{r}}_i),\ \mathcal{H}_{\mathrm{C}} = \frac{1}{2}\sum_{i\neq j} \frac{e^2}{\epsilon_0 \left|\hat{\boldsymbol{r}}_i - \hat{\boldsymbol{r}}_j\right|},\ \mathcal{H}_{\mathrm{Z}} = \frac{g_{\mathrm{e}}\mu_{\mathrm{B}} B}{\hbar} \sum_{i=1}^{N} \hat{s}_{z,i} \tag{19.2}$$

を一電子近似を行わずに扱う必要がある．ここで，$\hat{\boldsymbol{r}}_i, \hat{\boldsymbol{\pi}}_i, \hat{\boldsymbol{s}}_i$ は，それぞれ $i(= 1, 2, \cdots, N)$ 番目の電子の位置，力学的運動量，スピンを表す演算子である．また，伝導電子の有効質量を $m_{\mathrm{e}}$，不純物ポテンシャルを $V(\boldsymbol{r})$，半導体の静的誘電率を $\epsilon_0$，伝導電子の有効 $g$ 因子を $g_{\mathrm{e}}$，Bohr 磁子を $\mu_{\mathrm{B}}$ とした．たとえば，砒化ガリウム（GaAs）では $m_{\mathrm{e}} \approx 0.067m$，$g_{\mathrm{e}} \approx -0.44$，$\epsilon_0 \approx 13$ である．

量子 Hall 効果の本質は，電気伝導という巨視的な物理現象に量子効果が現れることにある．量子効果が Landau 準位形成によってもたらされるという事情は，整数量子 Hall 効果でも分数量子 Hall 効果でも変わらないと予想される．つまり，不純物ポテンシャルや電子間相互作用に影響されるとしても，Landau 準位の大雑把な構造が大きく崩されることがあってはならない．つまり，Landau 準位の間隔 $\hbar\omega_{\mathrm{c}}$ が他のエネルギースケールを凌駕している必要が

ある．

次に，不純物ポテンシャルと電子間相互作用のどちらが大きなエネルギースケールなのかが問題になる．不純物ポテンシャルの方が大きければ，相互作用効果が不純物効果に埋もれて，整数量子 Hall 効果しか現れなくなるだろう．したがって，分数量子 Hall 効果が現れるときには，電子間相互作用の方が大きくなっているはずである．電子間の距離 $d$ を，一電子が占める平均の面積 $1/n_{2D}$ を持つ円の半径と見積もると，占有率を $\nu$ として，$d = 1/\sqrt{\pi n_{2D}} = \ell\sqrt{2/\nu}$ であり（∵ 式 (18.27)），分数量子 Hall 効果が観測されている占有率では $d \sim \ell$ だから，相互作用のエネルギースケールは $e^2/\epsilon_0 d \sim e^2/\epsilon_0\ell$ である．実際には，Landau 準位形成による一電子準位の巨視的な縮退を反映して，$\mathcal{H}_0$ から求まる $N$ 電子準位も巨視的に縮退しており，この縮退を相互作用 $\mathcal{H}_C$ が解くことによって生じた $N$ 電子系のエネルギー準位の分裂を論じることになる．この分裂を特徴づけるエネルギースケールは，$e^2/\epsilon_0\ell$ よりさらに一桁程度小さい[1]．一方，前節でも述べたように，不純物ポテンシャルのエネルギーは，不純物ポテンシャルが準位に付けるエネルギー幅 $\Gamma$ によって特徴づけられる．したがって，分数量子 Hall 効果を考えるのに理想的な状況は，電子間相互作用が作る準位構造が不純物効果によって乱されず，しかも Landau 準位の間隔が他のエネルギースケールを凌駕している，

$$\Gamma \ll 0.1e^2/\epsilon_0\ell \ll \hbar\omega_c \tag{19.3}$$

の条件下で実現される．ここで，$\hbar\omega_c \propto B$，$e^2/\epsilon_0\ell \propto \sqrt{B}$ だから，上記の状況は**強磁場極限**に対応する．実際，GaAs/AlGaAs ヘテロ構造上の二次元電子系において分数量子 Hall 効果が観測されるときには，$\boldsymbol{B} = 0$ での移動度が $10\ \mathrm{m^2/Vs}$ を超える極めて清浄な試料に，数十 T 程度の磁束密度が印加されている．

全スピン演算子の $z$ 成分 $\sum_i \hat{s}_{z,i}$ はハミルトニアンと可換なので，$\sum_i \hat{s}_{z,i}$ の固有値が良い量子数になる．つまり，Zeeman 項 $\mathcal{H}_Z = (g_e\mu_B B/\hbar)\sum_i \hat{s}_{z,i}$ を定数のように扱える．特に強磁場極限では，$0.1e^2/\epsilon_0\ell \ll |g_e|\mu_B B$ が成り立つため，電子のスピンが $z$ 軸正の向きに完全に偏極しているとして（砒化ガリウムを念

1）電子間相互作用により生じた準位の分裂が，全体としてどの程度のエネルギー幅で広がっているかを特徴づけるのが $e^2/\epsilon_0\ell$ である．しかしここでは，もっと細かい分裂の構造（具体的には基底状態からの励起エネルギー）を特徴づけるエネルギースケールを考える必要がある．

頭に置いて $g_e < 0$ とする)，$\mathcal{H}_Z = Ng_e\mu_B/2$ としてよい．ただし，10 T 程度の磁束密度だと，GaAs/AlGaAs ヘテロ構造上の二次元電子系ではまだ $|g_e|\mu_B B \sim 0.1e^2/\epsilon_0\ell$ の状況にしか達していないので，実験との対応を考える際には注意を要する．

以上の事実を頭に置き，問題の簡単化を図ろう．まず，一番小さなエネルギースケールを与える不純物ポテンシャル項 $\mathcal{H}_{\rm imp}$ を一旦無視して，系の基底状態の性質を調べ，後からそれが不純物にどのように影響されるのかを検討することにしよう．分数量子 Hall 効果が観測されている占有率では，何らかの意味で「特別な」基底状態が実現されていて，不純物による影響が一般の場合とは異なるだろうと予想するわけである．ただし，不純物ポテンシャルの存在が量子 Hall 効果に必須であることを忘れてはならない．実際，式 (19.2) で $\mathcal{H}_{\rm imp}$ を無視すると，

$$\mathcal{J}_\pm^{(0)} \equiv \boldsymbol{\mathcal{J}}^{(0)}\cdot\boldsymbol{e}_\pm = \frac{\mathcal{J}_x^{(0)} \pm i\mathcal{J}_y^{(0)}}{\sqrt{2}}, \quad \left(\boldsymbol{\mathcal{J}}^{(0)} \equiv -e\sum_{i=1}^N \dot{\hat{\boldsymbol{r}}}_i = -e\sum_{i=1}^N \frac{\hat{\boldsymbol{\pi}}_i}{m_e},\ \boldsymbol{e}_\pm \equiv \frac{\boldsymbol{e}_x \pm i\boldsymbol{e}_y}{\sqrt{2}}\right) \tag{19.4}$$

の Heisenberg 方程式は，電子間相互作用によらない形[2]，

$$\dot{\mathcal{J}}_\pm^{(0)} = \frac{1}{i\hbar}\left[\mathcal{J}_\pm^{(0)}, \mathcal{H}\right]_- = \pm i\omega_c\mathcal{J}_\pm^{(0)} \tag{19.5}$$

を持つ．全力学的運動量 $\sum_i \hat{\boldsymbol{\pi}}_i$ に比例する $\boldsymbol{\mathcal{J}}^{(0)}$ の運動は，内力（電子間相互作用）に影響されないわけだ．この方程式の解 $\mathcal{J}_\pm^{(0)}(t) = e^{\pm i\omega_c t}\mathcal{J}_\pm^{(0)}$ は，

$$\begin{aligned}\chi_{\mathcal{J}_\mp^{(0)}\mathcal{J}_\pm^{(0)}}(\omega) &= \frac{i}{\hbar}\int_0^{+\infty} \left\langle\!\!\left\langle\left[\mathcal{J}_\mp^{(0)}(t), \mathcal{J}_\pm^{(0)}\right]_-\right\rangle\!\!\right\rangle_{\rm eq} e^{i\omega t-\delta t}dt \\ &= -\frac{1}{\hbar}\frac{1}{\omega\mp\omega_c+i\delta}\left\langle\!\!\left\langle\left[\mathcal{J}_\mp^{(0)}, \mathcal{J}_\pm^{(0)}\right]_-\right\rangle\!\!\right\rangle_{\rm eq} = \mp\frac{Ne^2\omega_c/m_e}{\omega\mp\omega_c+i\delta}\end{aligned} \tag{19.6}$$

を導く（式 (18.16) に注意)．さらにこの結果を中野-久保公式 (18.62) に代入すると，

$$\sigma_\pm(\omega) \equiv \boldsymbol{e}_\pm\cdot\left(\underline{\sigma}(\omega)\boldsymbol{e}_\pm\right) = \sigma_{xx}(\omega) \pm i\sigma_{xy}(\omega) = i\frac{n_{\rm 2D}e^2}{m_e}\frac{1}{\omega\mp\omega_c+i\delta} \tag{19.7}$$

を得る．つまり，$\sigma_\pm(\omega)$ は電子間相互作用の影響を受けない（**Kohn の定**

---

2) $[\sum_i \hat{\pi}_{i,\mu}, \hat{\boldsymbol{r}}_j - \hat{\boldsymbol{r}}_k]_- = [\hat{\pi}_{j,\mu}, \hat{\boldsymbol{r}}_j]_- - [\hat{\pi}_{k,\mu}, \hat{\boldsymbol{r}}_k]_- = 0.$

**理**[3])．特に静的極限 $\omega \to 0$ において，厳密に $\sigma_{xx} = \sigma_{yy} = \mathrm{Re}\sigma_+(0) = 0$ および $\sigma_{xy} = -\sigma_{yx} = \mathrm{Im}\sigma_+(0) = -n_{2\mathrm{D}}ec/B = -\nu e^2/h$ となる．不純物ポテンシャルを完全に無視すると，量子 Hall 効果の本質であるプラトーの出現を説明できなくなってしまう．

定数項に準じて扱える Zeeman 項 $\mathcal{H}_\mathrm{Z}$ まで省略してしまえば，考察すべきハミルトニアンは $\mathcal{H}_0 + \mathcal{H}_\mathrm{C}$ に帰する．議論をより簡単にするには，$\hbar\omega_\mathrm{c}/e^2\epsilon_0\ell \to +\infty$ の強磁場極限を考えて，占有率 $0 < \nu < 1$ における基底状態や低エネルギー励起状態だけに注目し，励起 Landau 準位からのくりこみを無視した有効ハミルトニアン，

$$\mathcal{H}_\mathrm{eff} = \mathcal{P}(\mathcal{H}_0 + \mathcal{H}_\mathrm{C})\mathcal{P} = \frac{N\hbar\omega_\mathrm{c}}{2}\mathcal{P} + \mathcal{P}\mathcal{H}_\mathrm{C}\mathcal{P} \tag{19.8}$$

を考察するとよい．ここで $\mathcal{P}$ は，$N$ 電子すべてが $n = 0, \sigma = \uparrow$ の最低 Landau 準位を占有している状態[4])が張る部分 Hilbert 空間 $\mathbb{V}_\mathrm{LL}$ への射影演算子である．右辺第一項は定数項とみなせるから，電子間相互作用だけが物理現象を支配する究極の強相関電子系が実現していることがわかる．このとき，占有率が $1-\nu$ の系を，正孔の占有率が $\nu$ の系とみなせるが，二つの負電荷 $-e$ の間に働く Coulomb 相互作用と，二つの正電荷 $+e$ の間に働く Coulomb 相互作用は等しいので，占有率が $1-\nu$ の系と占有率 $\nu$ の系は等価になる（両占有率は互いに**電子正孔共役**の関係にある）．したがって，考察の対象となる占有率の範囲を $0 < \nu \leq 1/2$ に絞り込める．

強相関極限（$r_\mathrm{s} \gg 1$）のジェリウムモデルの基底状態が Wigner 結晶であったことを思い出すと，同じく強相関極限が実現している強磁場極限の二次元電子系でも，基底状態が Wigner 結晶（二次元系なので三角格子）であると予想したくなるが，この点については少し慎重に考える必要がある．確かに強磁場極限では，Landau 準位が形成された結果，電子の相対座標の自由度が凍結されて，中心座標の自由度だけが生き残った状況になっているが，中心座標演算子の $x$ 成分と $y$ 成分が非可換なので，中心座標は $\ell$ 程度の長さスケールで量子的にゆらぐ．確かに，$\nu \ll 1$ の低占有率領域では，Wigner 結晶の格子定数 $a = (4/\sqrt{3}n_{2\mathrm{D}})^{1/2} = (8\pi/\sqrt{3}\nu)^{1/2}\ell$ が $a \gg \ell$ を満たすので，Wigner 結晶の基底状態が実現するはずだ．しかし，実験で分数量子 Hall 効果が観測されてい

3）このとき，サイクロトロン共鳴のスペクトル $\mathrm{Re}\sigma_\pm(\omega)$ も電子間相互作用によらない [W. Kohn: Phys. Rev. **123**, 1242 (1961).　].

4）Landau 準位が縮退しているため，このような状態は無数にある．

るような占有率(たとえば $\nu = 1/3$) では, $a \sim \ell$ なので, 量子ゆらぎによって Wigner 結晶が融解し, 基底状態で電子の「量子液体」が実現する可能性が残されている.

## 19.2 二電子問題

7.4 節のカスプ定理, 14.4 節の Gutzwiller 変分関数, 15.4 節の金森理論から得られる教訓は, 二電子問題の厳密解が多電子系の電子相関 (特に短距離相関) に関する重要な知見を与えるということである. そこで二電子系を考え, 二電子が共に最低 Landau 準位にあるという制限を課して, $\mathcal{H}_{\rm C} = e^2/\epsilon_0|\hat{\boldsymbol{r}}_1 - \hat{\boldsymbol{r}}_2|$ を対角化してみよう.

まず, 各電子に対して式 (18.35) で定義される $\hat{b}_1$ と $\hat{b}_2$ を正準変換し,

$$\hat{b}_\pm = \frac{1}{\sqrt{2}}\left(\hat{b}_1 \pm \hat{b}_2\right) \tag{19.9}$$

を導入するとよい. 実際, これらの演算子は交換関係 $[\hat{b}_-, \hat{b}_-^\dagger]_- = [\hat{b}_+, \hat{b}_+^\dagger]_- = 1$ および $[\hat{b}_-, \hat{b}_+^\dagger]_- = [\hat{b}_+, \hat{b}_-^\dagger]_- = [\hat{b}_-, \hat{b}_+]_- = [\hat{b}_-^\dagger, \hat{b}_+^\dagger]_- = 0$ を満たし, $b_+^\dagger, b_+$ および $b_-^\dagger, b_-$ は, それぞれ $b_+^\dagger b_+$ および $b_-^\dagger b_-$ に対する昇降演算子の組となる. このとき, 互いに可換な $b_+^\dagger b_+$ と $b_-^\dagger b_-$ の同時固有状態,

$$|m_+, m_-\rangle = \frac{1}{\sqrt{m_+!m_-!}}\left(b_+^\dagger\right)^{m_+}\left(b_-^\dagger\right)^{m_-}|0,0\rangle, \quad (m_+ = 0, 1, 2, \cdots, \ m_- = 1, 3, 5, \cdots) \tag{19.10}$$

の集合は $\mathbb{V}_{\rm LL}$ の完全正規直交系を成す. 電子はフェルミオンだから, $|m_+, m_-\rangle$ は二電子 ($b_1^\dagger$ と $b_2^\dagger$) の入れ替えに対し反対称である. この入れ替えにより, $b_+^\dagger$ は不変で, $b_-^\dagger$ は $-b_-^\dagger$ に置換されるから, $m_-$ が奇数でなければならないことに注意しよう.

各電子の中心座標を表す演算子を $\hat{\boldsymbol{R}}_i$ として, $\left(\hat{\boldsymbol{R}}_1 - \hat{\boldsymbol{R}}_2\right)^2 = 4\ell^2\left(b_-^\dagger b_- + 1/2\right)$ が成り立つので, $b_-^\dagger b_-$ の固有値が $m_- = 1, 3, 5, \cdots$ であることは, 二電子の中心座標間の距離 (相対角運動量と言ってもよい) が離散化されることを意味する. 実際に座標表示の波動関数を書き下すと, 二電子の避けあい方がよりわかりやすい. 対称ゲージを採用して, 式 (18.59) でやったように, 二電子の複素座標 $z_i = x_i - iy_i$ を導入し, 二電子の重心および相対座標の複素表示を $(z_1 + z_2)/2 = r_{\rm G}e^{-i\varphi_{\rm G}}$, $z_1 - z_2 = re^{-i\varphi}$ とすると,

$$\begin{aligned}\langle \boldsymbol{r}_1, \boldsymbol{r}_2 | m_+ m_- \rangle &= \frac{1}{\sqrt{2^{m_+ + m_-} m_+! m_-!}} \langle \boldsymbol{r}_1, \boldsymbol{r}_2 | \left(b_1^\dagger + b_2^\dagger\right)^{m_+} \left(b_1^\dagger - b_2^\dagger\right)^{m_-} |00\rangle \\ &= \frac{1}{2\pi\ell^2 \sqrt{m_+! m_-!}} \left(\frac{z_1 + z_2}{2\ell}\right)^{m_+} \left(\frac{z_1 - z_2}{2\ell}\right)^{m_-} e^{-(|z_1|^2 + |z_2|^2)/4\ell^2} \\ &= \frac{1}{2\pi\ell^2 \sqrt{m_+! m_-!}} \left(\frac{r_\mathrm{G}}{\ell}\right)^{m_+} e^{-im_+\varphi_\mathrm{G}} \left(\frac{r}{2\ell}\right)^{m_-} e^{-im_-\varphi} e^{-r_\mathrm{G}^2/2\ell^2} e^{-r^2/8\ell^2} \qquad (19.11)\end{aligned}$$

を得る．したがって，片方の電子の周りに，もう片方の電子を見出す確率は，$r$ が小さいところで $r^{2m_-}$ に比例する．

式(19.10)の完全正規直交系を用いて相互作用項を行列表示すると，5.3節の脚注7で示した積分公式と，$\Gamma(z) \equiv \int_0^{+\infty} x^{z-1} e^{-x} dx = 2\int_0^{+\infty} y^{2z-1} e^{-y^2} dy$ から導かれる $\int_0^{+\infty} x^{2n+1} e^{-x^2} dx = n!/2$，$\int_0^{+\infty} x^{2n} e^{-x^2} dx = (2n)!\sqrt{\pi}/2^{2n+1} n!$ $(n = 0, 1, 2, \cdots)$ を用いて，

$$\begin{aligned}\langle m_+ m_- | \mathcal{H}_\mathrm{C} | m'_+ m'_- \rangle &= \int d^2\boldsymbol{r}_1 d^2\boldsymbol{r}_2 \langle m_+ m_- | \boldsymbol{r}_1, \boldsymbol{r}_2 \rangle \frac{e^2}{\epsilon_0 |\boldsymbol{r}_1 - \boldsymbol{r}_2|} \langle \boldsymbol{r}_1, \boldsymbol{r}_2 | m'_+ m'_- \rangle \\ &= \frac{e^2}{\epsilon_0 (2\pi\ell^2)^2 \sqrt{m_+! m_-! m'_+! m'_-!}} \int_0^{+\infty} \left(\frac{r_\mathrm{G}}{\ell}\right)^{m_+ + m'_+} e^{-r_\mathrm{G}^2/\ell^2} r_\mathrm{G} dr_\mathrm{G} \\ &\quad \times \int_0^{+\infty} \left(\frac{r}{2\ell}\right)^{m_- + m'_-} e^{-r^2/4\ell^2} dr \\ &\quad \times \int_0^{2\pi} e^{i(m_+ - m'_+)\varphi_\mathrm{G}} d\varphi_\mathrm{G} \int_0^{2\pi} e^{i(m_- - m'_-)\varphi} d\varphi \\ &= \delta_{m_+ m'_+} \delta_{m_- m'_-} \frac{(2m_-)!}{2^{2m_-} (m_-!)^2} \cdot \frac{\sqrt{\pi}}{2} \frac{e^2}{\epsilon_0 \ell} \qquad (19.12)\end{aligned}$$

が得られる．つまり，Hilbert空間を $\mathbb{V}_\mathrm{LL}$ に制限したとき，$|m_-, m_+\rangle$ は $\mathcal{H}_\mathrm{C}$ の固有状態になっている．エネルギー準位は $m_+$ については縮退していて，$m_-$ だけに依存し，

$$U_{m_-} \equiv \frac{(2m_-)!}{2^{2m_-} (m_-!)^2} \cdot \frac{\sqrt{\pi}}{2} \frac{e^2}{\epsilon_0 \ell} \qquad (19.13)$$

である．これは**Haldaneの擬ポテンシャル**と呼ばれており，図19.1に示すように $m_-$ の単調減少関数である．

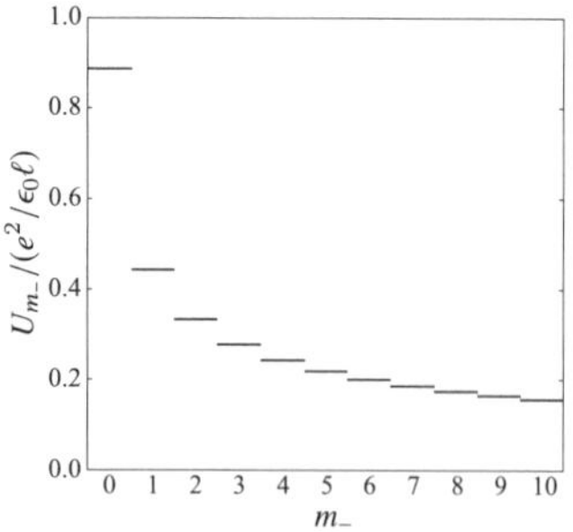


図19.1　Haldaneの擬ポテンシャル

7.4節で，基底状態における二電子の避けあい方（カスプ定理）を論じたときには，小さな相対角運動量を持つ二電子状態を参考にした．これは暗黙のうちに，相対角運動量が

大きくなると，波動関数が激しく振動し，運動エネルギーが著しく上昇することを考慮していたのである．しかし，強磁場極限ではこのような運動エネルギーの上昇がないので事情が一変する．二電子系のみならず多電子系の基底状態でも，電子間の相対角運動量 $m_-$ をなるべく大きくして，二電子の避けあいを強め，エネルギーを下げる機構だけが重要になる．もう一つ注意すべき点は，二電子の避けあい方が，整数 $m_-$ によって規定されることである．この事実を反映して，多電子系でも，電子間の短距離の避けあい方が「離散化」されると考えられる．

## 19.3 Laughlin 波動関数

$N$ 電子系の考察に戻り，すべての電子が最低 Landau 準位にあるという制限を課して，$\mathcal{H}_{\mathrm{C}}$ の基底状態について考えよう．対称ゲージを採用し，電子の座標を複素座標 $z = x - iy$ で表すと，任意の一電子状態の波動関数は，($z$ の多項式) $\times e^{-|z|^2/4\ell^2}$ の形を持つ．面積 $S$ の円盤状の系を考え，各電子の中心座標に $\pi\hat{\boldsymbol{R}}_i^2 \leq S$ の制限を課すと，式 (18.36) から，多項式の次数は，系を貫く磁束量子の本数（整数とする）を $N_\phi = BS/\Phi_0 = S/2\pi\ell^2$ として，$N_\phi - 1$ 以下に制限される．したがって，$\mathbb{V}_{\mathrm{LL}}$ に属する任意の $N$ 電子状態の（軌道部分の）波動関数は，各電子の複素座標 $z_i = x_i - iy_i$（$i = 1, 2, \cdots, N$）の多項式 $F(\{z_j\})$ を使って，

$$\langle\{\boldsymbol{r}_j\}|\psi\rangle = F\left(\{z_j\}\right) e^{-\sum_{j=1}^{N}|z_j|^2/4\ell^2} \tag{19.14}$$

と書け，$F(\{z_j\})$ に現れる $z_i$ の次数は $N_\phi - 1$ 以下である．系に回転対称性があり，全保存角運動量演算子 $\mathcal{J}_z = \hbar\sum_j(a_j^\dagger a_j - b_j^\dagger b_j) = -\hbar\sum_j b_j^\dagger b_j$ が保存することに注意して[5]，$|\psi\rangle$ を $\sum_{j=1}^{N} b_j^\dagger b_j = M(= 0, 1, 2, \cdots)$ の固有状態に選ぶと，$F(\{z_j\})$ は同次式の形，

$$F(\{z_j\}) = \sum_{0 \leq m_i \leq N_\phi - 1} \delta_{\sum_{i=1}^{N} m_i, M} C_{m_1, m_2, \cdots, m_N} z_1^{m_1} z_2^{m_2} \cdots z_N^{m_N}$$

$$(C_{m_1, m_2, \cdots, m_N}：展開係数) \tag{19.15}$$

になる．また，電子がフェルミオンであることを反映して，$F(\{z_j\})$ は変数の

5) $\mathbb{V}_{\mathrm{LL}}$ 内では $a_j^\dagger a_j = 0$.

入れ替えに対して完全反対称である．つまり，任意の $i \neq j$ に対して，

$$F(\cdots, z_i, \cdots, z_j, \cdots) = -F(\cdots, z_j, \cdots, z_i, \cdots) \tag{19.16}$$

が成立する．

ここで，基底状態に対する $F(\{z_j\})$ を，いわゆる **Jastrow 型因子**の形，

$$F\left(\{z_j\}\right) \approx \prod_{i<j} f\left(z_i - z_j\right) \tag{19.17}$$

で近似し，変分原理に従って多項式 $f(z)$ の関数形を最適化することを考えよう．このとき，先ほど述べた諸条件を満たすために，$f(z)$ は $f(z) = -f(-z)$ を満たす同次多項式でなければならないので，$f(z) \propto z^{m_-}$（$m_- = 1, 3, 5, \cdots$）である．このとき，$z^{m_-}$ に付く比例係数は波動関数を規格化する際に決まってしまうため，実際に調整可能な変分パラメーターは $m_-$ ただ一つになる．

式 (19.17) および (19.14) に $f(z) \propto z^{m_-}$ を代入して得られる $N$ 電子系の波動関数は，式 (19.11) の二電子状態の波動関数で $m_+ = 0$ としたものの拡張になっている．したがって，$m_-$ が大きいほど，電子間の避けあいが強まり，波動関数から求まるエネルギー期待値が低下する．ところが，式 (19.17) に現れる各 $z_i$ の最大次数を調べると $m_-(N-1)$ であり，これは $N_\phi - 1$ 以下でなければならないから，$m_-$ がとりうる値には，

$$m_- \leq \frac{N_\phi - 1}{N - 1} \xrightarrow{\text{熱力学極限}} \frac{1}{\nu} \tag{19.18}$$

の制限がつく．Jastrow 型因子 $\prod_{i<j}(z_i - z_j)^{m_-}$ は，任意の二電子間の相対角運動量を $m_-$ 以上にすることで，電子間の避けあいの効果を表現しており，各電子に他の電子が近づけない固有の領域として，磁束量子 $m_-$ 本分に当たる $m_- S/N_\phi = (2s+1)2\pi\ell^2$ の面積を割り付けていると考えることができる．実際，各電子に割り付けられた面積の総和は $Nm_- S/N_\phi$ だが，これが系の面積 $S$ 以下であるという条件 $m_- \leq N_\phi/N = 1/\nu$ は，不等式 (19.18) を再現する．

特に，占有率が，

$$\nu = \frac{1}{2s+1}, \quad (s = 0, 1, 2, \cdots) \tag{19.19}$$

に等しいときには $m_-$ を上限ギリギリの $2s+1$ に選べるため，**Laughlin 波動関数**[6]，

6）R. B. Laughlin: Phys. Rev. Lett. **50**, 1395 (1983).

$$\langle \{\boldsymbol{r}_j\} | \psi_{\rm L} \rangle = C \left( \prod_{i>j} \left( z_i - z_j \right)^{2s+1} \right) e^{-\sum_i |z_i|^2/4\ell^2}, \quad (C:\text{ 規格化定数}) \tag{19.20}$$

が，基底状態の波動関数を精度よく近似すると予想される．実際に $\nu = 1/3$（$s = 1$）の状況に対応する $N \lesssim 10$ の少数電子系では，$\mathcal{H}_{\rm C}$ を $\mathbb{V}_{\rm LL}$ 内で対角化して得られる厳密な基底状態 $|\psi\rangle$ が $|\langle\psi|\psi_{\rm L}\rangle| > 0.99$ を満たし[7]，その近似精度は驚くほど高い[8]．逆に，$\nu \neq 1/(2s+1)$ の場合には，式 (19.17) の近似は不適切なものになる．実際，$F(\{z_j\})$ に $z_i$ の次数が $m_-(N-1)$ より大きく，$N_\phi - 1$ より小さい項が現れないため，巨視的な長さスケールにわたって系の端近くの電子密度が一様でなくなった状態が構成されてしまう．

なお，$s = 0$（つまり $\nu = 1$）の場合には，Laughlin 波動関数はもはや近似ではなく（$\mathbb{V}_{\rm LL}$ 内で $\mathcal{H}_{\rm C}$ を対角化したときの）厳密な基底状態となる．実際 $\nu = N/N_\phi = 1$ では，$\mathbb{V}_{\rm LL}$ に属する状態が，最低 Landau 準位内のすべての一電子状態が占有された状態ただ一つしかない．したがって自動的に，この状態が厳密な基底状態 $|\psi\rangle$ になり，その波動関数は，式 (18.59) で $n = 0$，$0 \leq m \leq N_\phi - 1 = N - 1$ として得られる $N$ 個の一電子波動関数 $(\boldsymbol{r}|0, m) \propto z^m e^{-|z|^2/4\ell^2}$ から構成した Slater 行列式，

$$\langle \{\boldsymbol{r}\}_j | \psi \rangle = \frac{1}{\sqrt{N!}} \sum_P (-1)^P (\boldsymbol{r}_1|0, P(0))(\boldsymbol{r}_2|0, P(1)) \cdots (\boldsymbol{r}_N|0, P(N-1)) \tag{19.21}$$

になる（$P$ は番号 $0, 1, \cdots, N-1$ の置換，$(-1)^P$ はその符号を表す）．上式を式 (19.14) の形に書き直すと，同次多項式 $F(\{z_j\})$ は，$z_i$ と $z_j$ $(i \neq j)$ の入れ替えに対する反対称性を反映して $z_i = z_j$ を零点に持ち，しかも $z_i$ の最大次数は $N - 1$ だから，$F(\{z_j\})$ を因数分解すると，$C$ を規格化定数として，

$$\langle \{\boldsymbol{r}\}_j | \psi \rangle = C \left( \prod_{i<j} \left( z_i - z_j \right) \right) e^{-\sum_j |z_j|^2/4\ell^2} \tag{19.22}$$

を得る．上式はまさに $s = 0$ の Laughlin 波動関数に他ならない．

Laughlin 自身が指摘したように，Laughlin 波動関数の絶対値の二乗，

7）G. Fano, F. Ortolani and E. Colombo: Phys. Rev. B **34**, 2670 (1986).

8）変数 $z_i$ と $z_j$ を $z_{\rm G} = (z_i + z_j)/2$ と $z = z_i - z_j$ にとり直すと，$F(\{z_j\})$ は $z$ の次数が $2s+1$ 以上の項だけを含む．つまり，$|\psi_{\rm L}\rangle$ は二電子間の相対角運動量が $2s+1$ 以上の成分しか持たないので，$m_- \geq 2s+1$ における Haldane の擬ポテンシャルの値を $U_{m_-} = 0$ に置き換える（相互作用の長距離成分を切り捨てる）と厳密な基底状態になる．

$$\left|\langle\{\boldsymbol{r}_j\}|\psi_{\rm L}\rangle\right|^2 \propto \exp\left(2(2s+1)\sum_{i>j}\ln\left|z_i-z_j\right| - \sum_{i=1}^{N}\frac{|z_i|^2}{2\ell^2}\right) \tag{19.23}$$

と，一様に帯電した媒質中を運動する $N$ 本の線電荷の古典統計力学の間には密接な関係がある．即ち，線電荷がすべて $z$ 方向に平行に伸びているとし，各線電荷の配置を二次元座標 $\boldsymbol{r}_i = (x_i, y_i)$ の組で表して，熱平衡状態で各配置に付く古典的な Boltzmann 重み $P(\{\boldsymbol{r}_j\})$ を求めると，適切なパラメーターの選択の下で，

$$\left|\langle\{\boldsymbol{r}_j\}|\psi_{\rm L}\rangle\right|^2 = P\left(\{\boldsymbol{r}_j\}\right) \tag{19.24}$$

が成り立つのである．この事実を示そう．線電荷系の $z$ 方向の長さ（非常に長いとする）を $L$，$xy$ 方向の広がりを表す面積を $S$ とし，一本の線電荷の質量を $m$，電荷を $q$ とする．また，媒質全体が帯びた電荷は $Q$ であるとする（つまり，電荷密度は $Q/LS$）．この系の古典的なハミルトニアン $H$ は，$\boldsymbol{p}_i$ を $\boldsymbol{r}_i$ に共役な正準運動量として，

$$H = \sum_i \frac{\boldsymbol{p}_i^2}{2m} + \sum_{i>j}\tilde{U}\left(\left|\boldsymbol{r}_i-\boldsymbol{r}_j\right|\right) + \sum_i \tilde{V}\left(|\boldsymbol{r}_i|\right), \quad \tilde{U}(r) \equiv -\frac{2q^2}{L}\ln r, \quad \tilde{V}(r) = -\frac{\pi q Q}{LS}r^2 \tag{19.25}$$

である．ここで，$\tilde{U}(r)$ は距離 $r$ 離れた二本の線電荷間の Coulomb 相互作用ポテンシャル[9]，$\tilde{V}(r)$ は $\boldsymbol{r}$ に位置する線電荷と媒質間の Coulomb 相互作用ポテンシャルを表す[10]．線電荷系が温度 $T$ の熱平衡状態にあるとき，

$$P\left(\{\boldsymbol{r}_j\}\right) \propto \int\prod_i d^3\boldsymbol{p}_i e^{-H/k_{\rm B}T} \propto \exp\left(-\frac{\sum_{i>j}\tilde{U}\left(\left|\boldsymbol{r}_i-\boldsymbol{r}_j\right|\right)+\sum_i\tilde{V}\left(|\boldsymbol{r}_i|\right)}{k_{\rm B}T}\right) \tag{19.26}$$

であるから，線電荷系のパラメーターを，

9）座標原点に置かれた線電荷が作る電場を，$z$ 軸周りの回転対称性に注意して，$\boldsymbol{E}(\boldsymbol{r}) = E(r)\boldsymbol{r}/r$ と書くと，Gauss の法則から $(L\cdot 2\pi r)E(r) = 4\pi q$．したがって，距離 $r$ 離れた平行な二本の線電荷の Coulomb 相互作用ポテンシャルは，$\tilde{U}(r) = -\int qE(r)dr = -(2q^2/L)\ln r + (\text{定数})$．

10）系の $xy$ 方向の形状が円形なので，$z$ 軸周りの回転対称性に注意して，媒質が作る電場を $\boldsymbol{E}(\boldsymbol{r}) = E(r)\boldsymbol{r}/r$ と書くと，Gauss の法則から $(L\cdot 2\pi r)E(r) = 4\pi(L\cdot\pi r^2)(Q/LS)$．したがって，$\boldsymbol{r}$ に置かれた線電荷と媒質間の Coulomb 相互作用ポテンシャルは，$\tilde{V}(r) = -\int qE(r)dr = -(\pi qQ/LS)r^2 + (\text{定数})$．

$$2s+1 = \frac{q^2}{Lk_\mathrm{B}T}, \quad -\frac{1}{2\ell^2} = \frac{\pi q Q}{LS\,k_\mathrm{B}T} \tag{19.27}$$

を満たすように選べば，式 (19.24) が成り立つ[11]．つまり，Laughlin 波動関数から動径分布関数を直接求める代わりに，古典的な線電荷系の動径分布関数を求めてもよい．動径分布関数が求まると，そこから相互作用エネルギーの期待値（運動エネルギー項と Zeeman 項が定数値だからエネルギー期待値と言ってもよい）も計算できる．

線電荷系では，電気的中性の条件 $Nq = -Q$ が満たされないと，相互作用エネルギー（静電エネルギー）が無限大に発散することに注意しよう．これを Laughlin 波動関数の言葉に翻訳すると，

$$2s+1 = \frac{q^2}{Lk_\mathrm{B}T} = -\frac{qQ}{NLk_\mathrm{B}T} = \frac{1}{2\pi\ell^2}\cdot\frac{S}{N} = \frac{1}{\nu} \tag{19.28}$$

が満たされなければ，Laughlin 波動関数が，基底状態の近似波動関数として相応しくなくなるということになる．こうして再び，Laughlin 状態が基底状態のよい近似を与えるための必要条件として，$\nu = 1/(2s+1)$ を得る．

19.1 節で述べたように，強磁場下二次元電子系の基底状態が Wigner 結晶と量子液体のいずれを表すのかを知りたい．そこで，Laughlin 状態についてこの問題を考えよう．まず，$\nu = 1/(2s+1)$ の大小が，磁場長 $\ell$ と Wigner 結晶の格子定数 $a$ の比 $\ell/a \propto \sqrt{\nu}$ の大小，つまり量子ゆらぎの強弱に対応することに注意しよう．線電荷系では，$\nu = 1/(2s+1)$ は無次元化された温度 $k_\mathrm{B}T/(q^2/L)$ に翻訳される．その結果，あまり馴染みのない量子ゆらぎによる結晶の融解を，より身近な熱的ゆらぎ（温度上昇）による結晶の融解にすり替えて議論できる．古典粒子系の熱平衡状態に対しては，モンテカルロ法や hypernetted-chain 法等の数値計算手法が確立しており，それらを線電荷系の熱平衡状態に対して適用することにより，$k_\mathrm{B}T/(q^2/L) \approx 1/70$ より高温で液体状態，低温で二次元三角格子結晶が実現することが明らかにされている．したがって，Laughlin 状態は $\nu \approx 1/70$ より高い占有率で電子の量子液体，低い占有率で Wigner 結晶を表す．図 19.2 に，$\nu = 1/(2s+1) = 1/3$ および $1/5$ の場合の Laughlin 状態に対する電子の対分布関数を示す．これらは，線電荷系への翻

11）ここでは $|\langle\{\boldsymbol{r}_j\}|\psi_\mathrm{L}\rangle|^2 \propto P(\{\boldsymbol{r}_j\})$ を示したが，左辺と右辺は共に $\boldsymbol{r}_1, \boldsymbol{r}_2, \cdots, \boldsymbol{r}_N$ について積分すると 1 になるので，実は両辺の間に等号が成立する．

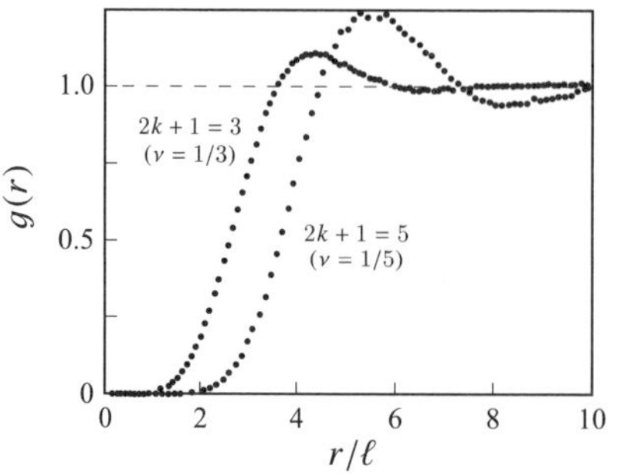


図 19.2　$\nu = 1/3$ および 1/5 の Laughlin 状態に対する電子の対分布関数 [D. Levesque, J. J. Weis and A. H. MacDonald: Phys. Rev. B **30**, 1056 (1984).]

訳を行ってから，モンテカルロ法を用いて数値計算されたものである．いずれの場合の対分布関数も，結晶のそれからはほど遠く，液体の特徴を示している[12]．

既に述べたように，少なくとも $\nu = 1/3$ では，Laughlin 状態が基底状態の非常によい近似になっていることが確認されている．ここで，それが電子の量子液体を表すことがわかった．一方で，$\nu \ll 1$ の極限で Wigner 結晶が実現することも明らかである．したがって，ある $\nu_c$ を境にして，それより高い占有率で量子液体，低い占有率で Wigner 結晶の基底状態が実現するという結論は正しいだろう．しかし，Laughlin 状態の近似精度が $\nu \ll 1$ では悪化するため，$\nu_c \approx 1/70$ の定量性は疑わしい．実際，Laughlin 波動関数は，電子間相互作用の短距離成分に由来するエネルギーを最小化するように[13]（電子間の近距離の避けあいを最大限強くするように）構成されているが，その際に無視された相互作用の長距離成分には，Wigner 結晶を安定化する働きがある．そのため，真の $\nu_c$ の値は 1/70 よりも有意に大きいであろう．現在のところ，分数量子 Hall 効果（やその名残り）が実際に観測される限界の占有率等から，$\nu_c \approx 1/7$ だと推測されている．

以上の考察から，占有率の値が $\nu = 1/(2s+1)$ に整合したときにだけ，Laughlin 状態 $|\psi_L\rangle$ によって精度よく近似される「特別」な基底状態が実現することがわかった．この整合性は，すべての電子に他の電子が近づけない固有の領域として，磁束量子 $(2s+1)$ 本分の面積が割り付け可能であることに起源を持つ．占有率 $\nu = 1/(2s+1)$ は分数量子 Hall 効果が観測されている占有率に符合しているので，Laughlin 状態の理解が分数量子 Hall 効果の理解につながると期待できる．

12）図 19.2 の対分布関数は $r$ が大きい所で速やかに 1 に漸近している．もし Wigner 結晶であれば，結晶の周期構造に由来する振動が $r$ が大きいところまで生き残るはずである．なお，データ点が若干ガタガタしているのは，モンテカルロ法を用いたために，データが統計誤差を含んでいるため．

13）脚注 8 も参照せよ．

## 19.4 Jainの複合フェルミオン描像

確かに，Laughlin状態が基底状態のよい近似を与える $\nu = 1/(2s+1) = 1/3, 1/5, \cdots$ では，分数量子Hall効果が観測されるが，図18.2に示した実験から明らかなように，$\nu = 1/5$, $1/7$ および $1/9$，並びにそれらと電子正孔共役の関係にある $\nu = 4/5, 6/7, 8/9$ よりも，$\nu = 2/5, 3/7$ および $4/9$，並びにそれらと電子正孔共役の関係にある $\nu = 3/5, 4/7, 5/9$ において，より明瞭な分数量子Hall効果が観測される．この点について考えるために，$\nu = 1/(2s+1)$ だけではなく，分数量子Hall効果が観測されるその他の占有率においても，基底状態に対する高精度の近似波動関数を構成してみよう[14]．

本節では，前節での議論を参考にして，基底状態を表す（軌道部分の）波動関数を，

$$\langle\{\boldsymbol{r}_j\}|\psi\rangle = \left(\prod_{i<j}\left(z_i - z_j\right)^f\right)\langle\{\boldsymbol{r}_j\}|\psi_{\mathrm{eff}}\rangle, \quad (f = 0, 1, 2, \cdots) \tag{19.29}$$

の形に書いておいて，$\langle\{\boldsymbol{r}_j\}|\psi_{\mathrm{eff}}\rangle$ を求めることを目指す．前節のように最初の段階で $|\psi\rangle \in \mathbb{V}_{\mathrm{LL}}$ の条件を考慮すると，$\langle\{\boldsymbol{r}_j\}|\psi_{\mathrm{eff}}\rangle$ が ($\{z_j\}$ の同次多項式) $\times$ $e^{-\sum_i |z_i|^2/4\ell^2}$ の形に書けるという制限をかけることになる．しかしここでは，$\langle\{\boldsymbol{r}_j\}|\psi_{\mathrm{eff}}\rangle$ が（規格化されていない）波動関数としての資格を持ち，滑らかな $\{\boldsymbol{r}_j\}$ の関数であるという緩やかな制限だけを課しておき，$|\psi\rangle \in \mathbb{V}_{\mathrm{LL}}$ の条件は後で考慮することにする．

前節では，Jastrow型因子 $\prod_{i<j}\left(z_i - z_j\right)^f$ が持つ一つの側面として，**電子間の避けあい**の表現を挙げた．実は，この因子はもう一つの側面を持つ．それを見るには，

$$\prod_{i<j}\left(z_i - z_j\right)^f = \left(\prod_{i<j}\frac{z_i - z_j}{\left|z_i - z_j\right|}\right)^f \left(\prod_{i<j}\left|z_i - z_j\right|\right)^f = e^{-i\Theta(\{\boldsymbol{r}_j\})}e^{-\Xi(\{\boldsymbol{r}_j\})} \tag{19.30}$$

と書き直すとよい．ただし，

14) 原論文は J. K. Jain: Phys. Rev. Lett. **63**, 199 (1989); Phys. Rev. B **41**, 7653 (1990). ただし，本節の Jain 波動関数の「導出」は，R. Rajaraman: Phys. Rev. B **56**, 6788 (1997) を参考に筆者が書き下ろしたもの．

$$\Xi(\{\boldsymbol{r}_j\}) \equiv -f\sum_{i<j}\mathrm{Re}\ln\left(z_i - z_j\right) = -f\sum_{i<j}\ln\left|\boldsymbol{r}_i - \boldsymbol{r}_j\right| \tag{19.31}$$

$$\Theta(\{\boldsymbol{r}_j\}) \equiv -f\sum_{i<j}\mathrm{Im}\ln\left(z_i - z_j\right) \tag{19.32}$$

において，複素数 $z$ の対数 $\ln z$ を主値をとらずに多価関数として扱い，$\Theta(\{\boldsymbol{r}_j\})$ も多価関数として扱う（それでも $e^{-i\Theta(\{\boldsymbol{r}_j\})}$ は一価関数である）．このとき，$e^{-\Xi(\{\boldsymbol{r}_j\})} = \prod_{i<j}|z_i - z_j|^f$ の因子は，二電子が近くにくる確率を抑制することで，電子間の避けあいを表現する．もう一つの $e^{-i\Theta(\{\boldsymbol{r}_j\})} = \prod_{i<j}((z_i - z_j)/|z_i - z_j|)^f$ の因子は，電子の座標だけに依存する位相変換であり，しかも $\Theta(\{\boldsymbol{r}_j\})$ が多価なので，**特異ゲージ変換**を表す．二つの因子 $e^{-i\Xi(\{\boldsymbol{r}_j\})}$ と $e^{-i\Theta(\{\boldsymbol{r}_j\})}$ は個々で見ると $\boldsymbol{r}_i = \boldsymbol{r}_j$ で特異的だが，両者の積をとると $e^{-i\Theta(\{\boldsymbol{r}_j\})}e^{-\Xi(\{\boldsymbol{r}_j\})} = \prod_{i<j}(z_i - z_j)^f$ は $\boldsymbol{r}_i = \boldsymbol{r}_j$ でも解析的であり，この意味で両者は表裏一体の関係にある．

基底エネルギーを $E$ とすると，基底状態 $|\psi\rangle$ は Schrödinger 方程式，

$$\mathcal{H}|\psi\rangle = E|\psi\rangle \tag{19.33}$$

$$\mathcal{H} = \mathcal{H}_0 + \mathcal{H}_\mathrm{C} = \sum_{i=1}^{N}\frac{1}{2m_\mathrm{e}}\left(\hat{\boldsymbol{p}}_i + \frac{e}{c}\boldsymbol{A}(\hat{\boldsymbol{r}}_i)\right)^2 + \frac{1}{2}\sum_{i\neq j}\frac{e^2}{\epsilon_0\left|\hat{\boldsymbol{r}}_i - \hat{\boldsymbol{r}}_j\right|} \tag{19.34}$$

を満たす．前述のように，$\mathbb{V}_\mathrm{LL}$ への射影操作を最後に考慮することにしたので，ここでも $\mathbb{V}_\mathrm{LL}$ への射影操作を行う前のハミルトニアンを用いる必要がある．Schrödinger 方程式に式 (19.29) のブラケット表示 $|\psi\rangle = e^{-i\Theta(\{\hat{\boldsymbol{r}}_j\})}e^{-\Xi(\{\hat{\boldsymbol{r}}_j\})}|\psi_\mathrm{eff}\rangle$ を代入してから，両辺に $e^{\Xi(\{\hat{\boldsymbol{r}}_j\})}e^{i\Theta(\{\hat{\boldsymbol{r}}_j\})}$ を作用させ，式 (2.37), (2.88) が導く，

$$e^{g(\hat{\boldsymbol{r}})}\hat{\boldsymbol{p}}e^{-g(\hat{\boldsymbol{r}})} = \hat{\boldsymbol{p}} + i\hbar\nabla g(\hat{\boldsymbol{r}}), \quad (g(\boldsymbol{r})\text{ は任意}) \tag{19.35}$$

を用いると，$|\psi_\mathrm{eff}\rangle$ が満足すべき有効 Schrödinger 方程式として，

$$\mathcal{H}_\mathrm{eff}|\psi_\mathrm{eff}\rangle = E|\psi_\mathrm{eff}\rangle \tag{19.36}$$

$$\begin{aligned}\mathcal{H}_\mathrm{eff} &\equiv e^{\Xi(\{\hat{\boldsymbol{r}}_j\})}e^{i\Theta(\{\hat{\boldsymbol{r}}_j\})}\mathcal{H}e^{-i\Theta(\{\hat{\boldsymbol{r}}_j\})}e^{-\Xi(\{\hat{\boldsymbol{r}}_j\})}\\ &= \sum_{i=1}^{N}\frac{1}{2m_\mathrm{e}}\left(\hat{\boldsymbol{p}}_i + \frac{e}{c}\left(\boldsymbol{A}(\hat{\boldsymbol{r}}_i) + \boldsymbol{a}'_i\left(\{\hat{\boldsymbol{r}}_j\}\right) + i\boldsymbol{a}''_i\left(\{\hat{\boldsymbol{r}}_j\}\right)\right)\right)^2 + \frac{1}{2}\sum_{i\neq j}\frac{e^2}{\epsilon_0\left|\hat{\boldsymbol{r}}_i - \hat{\boldsymbol{r}}_j\right|}\end{aligned} \tag{19.37}$$

を得る[15]．つまり，ハミルトニアンが相似変換されることによって「複素ベク

15）このように波動関数の Jastrow 型因子を有効ハミルトニアンに押し付けて扱う計算手法（transcorrelated 法）は，分数量子 Hall 効果の研究が始まる前から提案されていた [S. F. Boys and N. C. Handy: Proc. R. Soc. Lond. A **309**, 209 (1969); *ibid.* **310**, 63 (1969); *ibid.* **311**, 309

トルポテンシャル」$\boldsymbol{a}'_i(\{\boldsymbol{r}_j\}) + i\boldsymbol{a}''_i(\{\boldsymbol{r}_j\})$ が新たに導入され，その実部と虚部を，

$$\boldsymbol{a}'_i\left(\{\boldsymbol{r}_j\}\right) \equiv -\frac{\hbar c}{e}\nabla_i\Theta\left(\{\boldsymbol{r}_j\}\right), \quad \boldsymbol{a}''_i\left(\{\boldsymbol{r}_j\}\right) \equiv \frac{\hbar c}{e}\nabla_i\Xi\left(\{\boldsymbol{r}_j\}\right) \tag{19.38}$$

と表せる．

ここで，$\Xi(\{\boldsymbol{r}_j\}) + i\Theta(\{\boldsymbol{r}_j\}) = -f\sum_{i<j}\ln(z_i - z_j)$ が $z_i \neq z_j$ において $z_i = x_i - iy_i$ の解析関数なので，Cauchy-Riemann の関係式[16]，

$$\frac{\partial\Xi}{\partial x_i} = -\frac{\partial\Theta}{\partial y_i}, \quad \frac{\partial\Xi}{\partial y_i} = \frac{\partial\Theta}{\partial x_i} \tag{19.39}$$

が成り立つことに注意しよう．この関係式は，電子間の避けあいを表す $e^{-\Xi(\{\hat{\boldsymbol{r}}_j\})}$ と，特異ゲージ変換を表す $e^{-i\Theta(\{\hat{\boldsymbol{r}}_j\})}$ が表裏一体の関係にあることの数学的表現と言える．この関係式を反映して，「複素ベクトルポテンシャル」の実部 $\boldsymbol{a}'_i(\{\boldsymbol{r}_j\})$ と虚部 $\boldsymbol{a}''_i(\{\boldsymbol{r}_j\})$ は，

$$\boldsymbol{a}'_i\left(\{\boldsymbol{r}_j\}\right) = \boldsymbol{e}_z \times \boldsymbol{a}''_i\left(\{\boldsymbol{r}_j\}\right) \tag{19.40}$$

の関係で結びついている．

特異ゲージ変換 $e^{i\Theta(\{\hat{\boldsymbol{r}}_j\})}$ は，**電子を $z$ 軸負の向きを向く $f$ 本の磁束量子フィラメントが付着した粒子（複合粒子）に変換する**．実際，特異ゲージ変換 $e^{i\Theta(\{\hat{\boldsymbol{r}}_j\})}$ が導入する複素ベクトルポテンシャルの実部 $\boldsymbol{a}'_i(\{\boldsymbol{r}_j\})$ は，$i$ 番目の複合粒子が，元からある外部磁束密度 $\boldsymbol{B} = B\boldsymbol{e}_z$ の他に，

$$\boldsymbol{b}_i \equiv \nabla_i \times \boldsymbol{a}'_i = \nabla_i \times (\boldsymbol{e}_z \times \boldsymbol{a}''_i) = \left(\frac{\hbar c}{e}\nabla_i^2\Xi\left(\{\boldsymbol{r}_j\}\right)\right)\boldsymbol{e}_z = \left(-f\Phi_0\sum_{j(\neq i)}\delta(\boldsymbol{r}_i - \boldsymbol{r}_j)\right)\boldsymbol{e}_z \tag{19.41}$$

の磁束密度を感じることを表す[17]．ただし，$\Phi_0 \equiv hc/e$ は磁束量子である．特異ゲージ変換は波動関数の境界条件を変える可能性があるが，ここではちょうど整数本の磁束量子フィラメントを導入しているのでその心配はない．また，$\boldsymbol{b}_i$ が $\boldsymbol{r}_j = \boldsymbol{r}_i$ において特異的だが，Pauli の排他律により電子の位置が $\boldsymbol{r}_i = \boldsymbol{r}_j$ となることがないため，この特異性も顕在化することはない．その代わり，

(1969).].

16) ここでは $z_i = x_i + iy_i$ ではなく $z_i = x_i - iy_i$ としているため，通常と符号の付き方が異なる．

17) 公式 $\nabla^2\ln|\boldsymbol{r}| = 2\pi\delta(\boldsymbol{r})$ に注意せよ．実際，脚注 9 の考察から，$z$ 軸上に置かれた線電荷（線電荷密度 $q/L$）が作るスカラーポテンシャルは $\phi(\boldsymbol{r}) = -(2q/L)\ln|\boldsymbol{r}| + (\text{定数})$ である．このスカラーポテンシャルは Poisson 方程式 $\nabla^2\phi(\boldsymbol{r}) = -4\pi(q/L)\delta(\boldsymbol{r})$ の解だから $\nabla^2\ln|\boldsymbol{r}| = 2\pi\delta(\boldsymbol{r})$ が成立する．

複合粒子の統計性に注意を払う必要がある．実際，$f$ が奇数である場合には，$e^{-i\Theta(\{\hat{\boldsymbol{r}}_j\})}$ が二粒子の座標の入れ替えに対して反対称なので，電子の波動関数が二粒子の座標の入れ替えに対し反対称である性質（Fermi 統計性）が，複合粒子の波動関数が二粒子の座標の入れ替えに対し対称である性質（Bose 統計性）に変換され，複合粒子は**複合ボソン**となる．しかし，$f$ が偶数であれば，$e^{-i\Theta(\{\hat{\boldsymbol{r}}_j\})}$ が二粒子の座標の入れ替えに対して対称なので，複合粒子は電子と同じ Fermi 統計に従う**複合フェルミオン**になる．

一方，非ユニタリー変換 $e^{\Xi(\{\hat{\boldsymbol{r}}_j\})}$ は，複素ベクトルポテンシャルの虚部 $\boldsymbol{a}''(\{\boldsymbol{r}_j\})$ を生み出す．これにより，有効ハミルトニアン $\mathcal{H}_{\mathrm{eff}}$ が非エルミートになるので注意が必要である．既に述べたように，$e^{-\Xi(\{\boldsymbol{r}_j\})}=\prod_{i<j}|z_i-z_j|^f$ は電子間の避けあいの効果を表現する．非ユニタリー変換 $e^{\Xi(\{\hat{\boldsymbol{r}}_j\})}$ による相似変換は，この効果を有効ハミルトニアン $\mathcal{H}_{\mathrm{eff}}$ に取り込む働きをする．

ここで，複素ベクトルポテンシャルが表す場を空間的に平均化する近似（ある種の平均場近似）を行おう．即ち，

$$\boldsymbol{a}_i''\left(\{\boldsymbol{r}_j\}\right)=\frac{\hbar c}{e}\nabla_i\Xi\left(\{\boldsymbol{r}_j\}\right)=-f\frac{\hbar c}{e}\nabla_i\int_{\pi r^2\le S}d^2\boldsymbol{r}\sum_{j(\neq i)}\delta\left(\boldsymbol{r}-\boldsymbol{r}_j\right)\ln|\boldsymbol{r}_i-\boldsymbol{r}| \tag{19.42}$$

と変形してから，$\sum_{j(\neq i)}\delta\left(\boldsymbol{r}-\boldsymbol{r}_j\right)\approx n_{2\mathrm{D}}=\nu/2\pi\ell^2$ と近似すると，

$$\boldsymbol{a}_i''\left(\{\boldsymbol{r}_j\}\right)\approx -f\frac{\hbar c}{e}\frac{\nu}{2\pi\ell^2}\nabla_i\int_{\pi r^2\le S}d^2\boldsymbol{r}\ln|\boldsymbol{r}_i-\boldsymbol{r}|=-\frac{\hbar c}{e}\nabla_i\left(f\nu\frac{\boldsymbol{r}_i^2}{4\ell^2}\right) \tag{19.43}$$

および，

$$\boldsymbol{a}_i'\left(\{\boldsymbol{r}_j\}\right)=\boldsymbol{e}_z\times\boldsymbol{a}_i''\left(\{\boldsymbol{r}_j\}\right)\approx-\frac{\hbar c}{e}\boldsymbol{e}_z\times\nabla_i\left(f\nu\frac{\boldsymbol{r}_i^2}{4\ell^2}\right)=-f\nu\frac{B\boldsymbol{e}_z\times\boldsymbol{r}_i}{2}=-f\nu\boldsymbol{A}(\boldsymbol{r}_i) \tag{19.44}$$

を得る．ここで，積分公式 $\int_{\pi r'^2\le S}d^2\boldsymbol{r}'\ln|\boldsymbol{r}-\boldsymbol{r}'|=\pi r^2/2+(\text{定数})$[18] を用いた．さらに，有効ハミルトニアン $\mathcal{H}_{\mathrm{eff}}$ に電子間の避けあいの効果が既に取り込まれていることを考慮して Coulomb 相互作用項を省き，式 (19.35) を用いると，

18）脚注 10 で求めた線電荷（線電荷密度 $q/L$）と媒質（電荷密度 $Q/LS$）の間の相互作用ポテンシャルは $-(\pi qQ/LS)r^2+(\text{定数})$．一方，媒質を線電荷の一様分布とみなせば，これを $-(2qQ/LS)\int_{\pi r'^2\le S}d^2\boldsymbol{r}'\ln|\boldsymbol{r}-\boldsymbol{r}'|+(\text{定数})$ とも表せる．したがって，$\int_{\pi r'^2\le S}d^2\boldsymbol{r}'\ln|\boldsymbol{r}-\boldsymbol{r}'|=\pi r^2/2+(\text{定数})$．

$$\mathcal{H}_{\mathrm{eff}} \approx \sum_{i=1}^{N} \frac{1}{2m_{\mathrm{e}}} \left( \hat{\boldsymbol{p}}_i + \frac{e}{c}(1 - f\nu)\boldsymbol{A}(\hat{\boldsymbol{r}}_i) - i\hbar\nabla_i \left( f\nu \frac{\boldsymbol{r}_i^2}{4\ell^2} \right)_{\boldsymbol{r}_i \rightsquigarrow \hat{\boldsymbol{r}}_i} \right)^2 = e^{\Xi(\{\hat{\boldsymbol{r}}_j\})} \mathcal{H}_{\mathrm{CF}} e^{-\Xi(\{\hat{\boldsymbol{r}}_j\})} \tag{19.45}$$

$$\mathcal{H}_{\mathrm{CF}} \equiv \sum_{i=1}^{N} \frac{1}{2m_{\mathrm{e}}} \left( \hat{\boldsymbol{p}}_i + \frac{e}{c}(1 - f\nu)\boldsymbol{A}(\hat{\boldsymbol{r}}_i) \right)^2, \quad \Xi\left(\left\{\boldsymbol{r}_j\right\}\right) \equiv -f\nu \sum_j \frac{\boldsymbol{r}_j^2}{4\ell^2} \tag{19.46}$$

と評価できる．エルミート演算子 $\mathcal{H}_{\mathrm{CF}}$ は，平均化された複素ベクトルポテンシャルの実部だけを含み，複合粒子系のハミルトニアン $e^{i\Theta(\{\hat{\boldsymbol{r}}_j\})}\mathcal{H}e^{-i\Theta(\{\hat{\boldsymbol{r}}_j\})}$ に平均場近似を適用し，Coulomb 相互作用を省いたものを表す．元の電子系と平均場近似された複合粒子系のハミルトニアン $\mathcal{H}$ と $\mathcal{H}_{\mathrm{CF}}$ を比較すると，ベクトルポテンシャルが $\boldsymbol{A} \rightsquigarrow (1 - f\nu)\boldsymbol{A}$ と置き換えられた格好になっているので，複合粒子が感じる磁束密度 $B_{\mathrm{CF}}$ は，

$$B_{\mathrm{CF}} \equiv (1 - f\nu)(\nabla \times \boldsymbol{A})_z = (1 - f\nu)B \tag{19.47}$$

となり，同時に複合粒子に対する磁場長 $\ell_{\mathrm{CF}}$ と占有率 $\nu_{\mathrm{CF}}$ は，

$$\ell_{\mathrm{CF}} \equiv \sqrt{\frac{\hbar c}{e|B_{\mathrm{CF}}|}} = \frac{\ell}{\sqrt{|1 - f\nu|}}, \quad \nu_{\mathrm{CF}} \equiv 2\pi\ell_{\mathrm{CF}}^2 n_{\mathrm{2D}} = \frac{2\pi\ell^2 n}{|1 - f\nu|} = \frac{\nu}{|1 - f\nu|} \tag{19.48}$$

となる[19]．一方，平均化された複素ベクトルポテンシャルの虚部は，非ユニタリーな変換 $e^{-\Xi(\{\hat{\boldsymbol{r}}_j\})}$ へ吸収されている．式 (19.45) を有効 Schrödinger 方程式に代入してから，両辺に $e^{-\Xi(\{\hat{\boldsymbol{r}}_j\})}$ を作用させると，方程式は，

$$\mathcal{H}_{\mathrm{CF}}|\psi_{\mathrm{CF}}\rangle = E|\psi_{\mathrm{CF}}\rangle, \quad |\psi_{\mathrm{CF}}\rangle \equiv e^{-\Xi(\{\hat{\boldsymbol{r}}_j\})}|\psi_{\mathrm{eff}}\rangle \tag{19.49}$$

に帰する．つまり，$|\psi_{\mathrm{CF}}\rangle$ を $\mathcal{H}_{\mathrm{CF}}$ の基底状態に選べばよい．

以下では Jain に従い，複合粒子に付着する磁束量子フィラメントの本数 $f$ を偶数に選んで，これを複合フェルミオンとする．そして手始めに，前節で論じた $\nu = 1/(2s + 1)$ の場合を考えよう．このとき $f = 2s$ に選ぶと $\nu_{\mathrm{CF}} = 1$ となって，式 (19.22) において磁場長を $\ell_{\mathrm{CF}}$ に置き換えた，

$$\langle\{\boldsymbol{r}_j\}|\psi_{\mathrm{CF}}\rangle \propto \left( \prod_{i<j} \left( z_i - z_j \right) \right) e^{-\sum_j |z_j|^2/4\ell_{\mathrm{CF}}^2} \tag{19.50}$$

19) $\ell_{\mathrm{CF}}$ や $\nu_{\mathrm{CF}}$ の表式中の絶対値記号は $B_{\mathrm{CF}} < 0$ となった場合に必要．

が $\mathcal{H}_{\rm CF}$ の基底状態の波動関数になる．したがって，$\langle\{\boldsymbol{r}_j\}|\psi_{\rm CF}\rangle = \langle\{\boldsymbol{r}_j\}|e^{-\Xi(\{\hat{\boldsymbol{r}}_j\})}|\psi_{\rm eff}\rangle = e^{2s\nu\sum_j|z_j|^2/4\ell^2}\langle\{\boldsymbol{r}_j\}|\psi_{\rm eff}\rangle$ と，式 (19.48) が導く $\ell_{\rm CF}^{-2} + 2s\nu\ell^{-2} = \ell^{-2}$ を用いて，

$$\langle\{\boldsymbol{r}_j\}|\psi_{\rm eff}\rangle \propto \left(\prod_{i<j}\left(z_i - z_j\right)\right)e^{-\sum_j|z_j|^2/4\ell^2} \tag{19.51}$$

を得る．つまり，式の形を変えずに $\ell_{\rm CF}$ が $\ell$ に置き換わる．さらに上式を式 (19.29) に代入すると，Laughlin 波動関数 (19.20) を再現できる．

そこで一歩進んで，上記の議論を複合フェルミオン系の占有率が整数値 $\nu_{\rm CF} = p(= 1, 2, \cdots)$ の場合へ一般化できると考えてみよう．このとき，複合フェルミオンに付着させる磁束フィラメントの本数を $f = 2s = 0, 2, 4, \cdots$ として，電子系の占有率は，

$$\nu = \frac{p}{2sp \pm 1}, \quad (p = 1, 2, \cdots, \ s = 0, 1, 2, \cdots) \tag{19.52}$$

となる[20]．つまり，上記の占有率において，以下の手続きに従って構成される **Jain 波動関数** $\langle\{\boldsymbol{r}_j\}|\psi_{\rm J}\rangle$ が，基底状態の近似波動関数を与えると予想するわけである．

(1) $\mathcal{H}_{\rm CF}$ の基底状態（低エネルギーの Landau 準位がちょうど $p$ 個完全に占有された状態）を表す波動関数を構成して，そこに現れる磁場長をすべて $\ell_{\rm CF}$ から $\ell$ に置換したものを $\langle\{\boldsymbol{r}_j\}|\psi_{\rm eff}\rangle$ とする．つまり，$B_{\rm CF} > 0$ の場合には，式 (18.59) で $0 \le n \le p-1$，$0 \le m \le N/p - 1$ として得られる $N$ 個の一電子波動関数 $(\boldsymbol{r}|n, m)$ から Slater 行列式を構成して $\langle\{\boldsymbol{r}_j\}|\psi_{\rm eff}\rangle$ とする．$B_{\rm CF} < 0$ の場合には，$B_{\rm CF}$ の符号を反転したときの波動関数の複素共役を $\langle\{\boldsymbol{r}_j\}|\psi_{\rm eff}\rangle$ に選ぶ[21]．

(2) $\langle\{\boldsymbol{r}_j\}|\psi_{\rm eff}\rangle$ に $\prod_{i<j}(z_i - z_j)^{2s}$ をかけ，規格化した波動関数を $\langle\{\boldsymbol{r}_j\}|\psi_{\rm J}\rangle$ とする．ただし，$p > 1$ の場合には $\langle\{\boldsymbol{r}_j\}|\psi_{\rm J}\rangle$ が最低 Landau 準位に属さない成分を含むので，波動関数から最低 Landau 準位に属さない成分を切り捨てる操作を $\mathcal{P}_{\rm LLL}$，規格化定数を $C$ として，

---

20）式 (19.48) から逆算した．複号は $B_{\rm CF}$ の符号に対応している．

21）式 (2.76) で示したように，ある外部磁束密度の下にある系の基底状態 $|\Psi\rangle$ がわかっていたとすると，外部磁束密度の向きを反転させた系の基底状態は，時間反転演算子 $\Theta$ を使って $\Theta|\Psi\rangle$ と書ける．軌道部分の波動関数に関して言えば，時間反転は波動関数の複素共役をとることを意味する．

$$\langle\{\boldsymbol{r}_j\}|\psi_{\mathrm{J}}\rangle = C\mathcal{P}_{\mathrm{LLL}}\left[\left(\prod_{i<j}\left(z_i - z_j\right)^{2s}\right)\langle\{\boldsymbol{r}_j\}|\psi_{\mathrm{eff}}\rangle\right] \tag{19.53}$$

と修正する[22)].

複素ベクトルポテンシャルに対する平均場近似は極めて粗く，有効 Schrödinger 方程式 (19.49) から得られるエネルギー準位は，定量的には信頼できない．実際，有効 Schrödinger 方程式 (19.49) の段階では，基底状態と励起状態の間に Landau 準位の間隔に相当する $\hbar e|B_{\mathrm{CF}}|/m_{\mathrm{e}} \propto B$ 程度のエネルギーギャップが存在するが，元の電子系の準位構造のエネルギースケールは，19.1 節で述べたように $e^2/\epsilon_0\ell \equiv e^2/\epsilon_0\ell \propto \sqrt{B}$ で，しかも電子の有効質量 $m_{\mathrm{e}}$ に依存しない．つまり，平均場からのゆらぎの効果はエネルギースケール自体を置き換えるような，極めて大きな変更を与える．

このことから，Jain 状態に高い近似精度を望めないと思うかもしれない．ところが，実際に $N \lesssim 10$ の少数電子系において，ハミルトニアンの数値的な対角化によって得られる厳密な基底状態 $|\psi\rangle$ と Jain 状態 $|\psi_{\mathrm{J}}\rangle$ の内積をとると，$s$ と $p$ があまり大きすぎない限り，常に $|\langle\psi|\psi_{\mathrm{J}}\rangle| > 0.99$ という値が得られ，$|\psi_{\mathrm{J}}\rangle$ の近似精度が非常に高いことがわかっている[23)]．したがって，基底エネルギーも，有効 Schrödinger 方程式に頼らず，エネルギー期待値 $E = \langle\psi_{\mathrm{J}}|\mathcal{H}_{\mathrm{C}}|\psi_{\mathrm{J}}\rangle$ を評価すれば，極めて正確に求まる．有効 Schrödinger 方程式から得られるエネルギー準位が不正確なのにもかかわらず，Jain 状態の近似精度が極めて高い理由は今のところ明らかでない．しかし，式 (19.52) の「特別な」占有率では，式 (19.29) の形を持つ波動関数を仮定して，電子の避けあいの効果を取り込んだ段階で，$\langle\{\boldsymbol{r}_i\}|\psi_{\mathrm{eff}}\rangle$ の関数形の候補が強く限定され，いわば「離散化」される（関数形を連続的に変形する余地がなくなる）のだと予想される．そのため，基底状態に対応する $\langle\{\boldsymbol{r}_j\}|\psi_{\mathrm{eff}}\rangle$ を選別することだけを目的とする場合には杜撰な議論が許されて，上述のように相互作用ポテンシャルの詳細を考慮する必要すらなくなるのだろう．

ここまで不純物の効果を無視してきたが，もしごく弱い不純物ポテンシャルが存在すれば，（平均場近似の下で）複合フェルミオン系は $\nu_{\mathrm{CF}} = p$ の近傍

22) 式 (19.8) で導入した $\mathbb{V}_{\mathrm{LL}}$ への射影演算子を $\mathcal{P}$ とすれば，$\mathcal{P}_{\mathrm{LLL}}[\langle\{\boldsymbol{r}_j\}|\psi\rangle] \equiv \langle\{\boldsymbol{r}_j\}|\mathcal{P}|\psi\rangle$ の意味．

23) G. Dev and J. K. Jain: Phys. Rev. Lett. **69**, 2843 (1992); G. Möller and S. H. Simon: Phys. Rev. B **72**, 045344 (2005). 実際の数値計算は中心にモノポールを置いた球面上で定義された電子系で行われる．

で整数量子 Hall 効果を示すだろう．このとき，元の電子系も $\nu = p/(2sp \pm 1)$ の近傍で量子 Hall 効果を示すと予想されるが，これが分数量子 Hall 効果に他ならないというのが Jain の解釈である．この解釈では，複合フェルミオンに $z$ 軸負の向きを向く $2s$ 本の磁束量子フィラメントが付着しているために，複合フェルミオンが動くと誘導電場 $\boldsymbol{E}_\phi$ を生じる点が本質的である．実際，系に電流密度 $\boldsymbol{j} \neq 0$ が存在すると，複合フェルミオンは平均速度 $\boldsymbol{v} = \boldsymbol{j}/(-en_{2D})$ で運動する．これを同じ速度で運動する観測者から見ると，磁束量子フィラメントは（平均的に）静止しているから，電場を作らず（$\boldsymbol{E}'_\phi = 0$），磁束密度 $\boldsymbol{B}'_\phi = n_{2D}(-2s\Phi_0)\boldsymbol{e}_z$ だけを作る．ここで，速度 $\boldsymbol{v}$ で運動する観測者から静止した観測者へ乗り移る Lorentz 変換を行い，$(v/c)^2$ 以上のオーダーの補正を無視すると，平均速度 $\boldsymbol{v}$ で運動する磁束量子フィラメントが作る電場 $\boldsymbol{E}_\phi$ と磁束密度 $\boldsymbol{B}_\phi$ は，

$$\boldsymbol{E}_\phi = \boldsymbol{E}'_\phi - \boldsymbol{v} \times \boldsymbol{B}'_\phi = -2s\frac{h}{e^2}\boldsymbol{j} \times \boldsymbol{e}_z \neq 0 \tag{19.54}$$

$$\boldsymbol{B}_\phi = \boldsymbol{B}'_\phi = n_{2D}(-2s\Phi_0)\boldsymbol{e}_z = -2s\nu B\boldsymbol{e}_z \tag{19.55}$$

となり，$\boldsymbol{j}$ に垂直な誘導電場 $\boldsymbol{E}_\phi \neq 0$ が生じる．この誘導電場 $\boldsymbol{E}_\phi$ を考慮すると，複合フェルミオン系が $\nu_{CF} = p$ の近傍で整数量子 Hall 効果を示すときには，プラトー上で，系に外部から印加した一様静電場を $\boldsymbol{E}$ として，

$$\boldsymbol{j} = \mp p\frac{e^2}{h}\left(\boldsymbol{E} + \boldsymbol{E}_\phi\right) \times \boldsymbol{e}_z \tag{19.56}$$

が成り立つ．上下の符号は，複合フェルミオンが感じる磁束密度 $\boldsymbol{B}_{CF} \equiv \boldsymbol{B} + \boldsymbol{B}_\phi$ が $z$ 軸の正負どちらを向くか（$B_{CF} \equiv (1 - 2s\nu)B$ の正負）に対応する．上式と式 (19.54) は，

$$\boldsymbol{j} = -\frac{p}{2sp \pm 1}\frac{e^2}{h}\boldsymbol{E} \times \boldsymbol{e}_z \tag{19.57}$$

を導く．元の電子系の言葉で言えば，占有率 $\nu = p/(2sp \pm 1)$ の近傍にプラトーが現れ，そこで上式が成立するわけで，これは分数量子 Hall 効果に他ならない．

式 (19.52) に $s = 0$ を代入すると整数量子 Hall 効果が起こる占有率の系列 $\nu = 1, 2, 3, \cdots$ を得る．言うまでもなく，これが量子 Hall 効果が最も明瞭に観測される占有率の系列である．そこで次に $s = 1$ としてみると，

$$\nu = \begin{cases} \dfrac{p}{2p+1} = \dfrac{1}{3}, \dfrac{2}{5}, \dfrac{3}{7}, \dfrac{4}{9}, \cdots \\ \dfrac{p}{2p-1} = \dfrac{2}{3}, \dfrac{3}{5}, \dfrac{4}{7}, \dfrac{5}{9}, \cdots \end{cases} \tag{19.58}$$

を得る（$s = 1$ の場合には電子正孔共役の関係性を考慮しても新しい占有率の系列は出てこない），これは本節冒頭で述べた，実験で分数量子 Hall 効果が最も明瞭に観測されている占有率の系列（分数量子 Hall 効果の主系列）に他ならない．さらに大きな $s$ に対して得られる占有率の系列でも，量子 Hall 効果（やその前駆現象）が観測されることはあるが，$s$ が大きい系列に属する占有率ほど観測される効果が不明瞭になる．Jain の理論は，単に分数量子 Hall 効果が観測される占有率のリストを与えるだけではなく，どの占有率で明瞭な量子 Hall 効果が観測されるかという点（$s$ が小さいほど効果が明瞭であるという傾向）まで正しく予言する[24]．

## 19.5 分数電荷と励起状態

前節では，式 (19.52) の占有率において，基底状態が Jain 状態によってよく近似されることを述べた．その高い近似精度は，Jain 波動関数の構成手順が，低エネルギー励起状態や，占有率が式 (19.52) の値から微小にずれたときの基底状態を考える際にも有効であることを予想させる．実際，少数電子系に対する数値計算結果との比較は，この予想を裏づけている[25]．

まず，準電子と準正孔の概念について述べよう．複合フェルミオン系の占有率がちょうど整数 $p$ であるとき，その基底状態は $0 \leq n \leq p-1$ の Landau 準位

24）本書では，分数量子 Hall 効果が観測される占有率の系列に関して，直観的にわかりやすい複合フェルミオン描像に基づく説明だけを紹介した．しかし歴史的に言えば，複合フェルミオン描像による説明以前に「階層構造」による説明がある [F. D. M. Haldane: Phys. Rev. Lett **51**, 605 (1983); B. I. Halperin: Phys. Rev.Lett. **52**, 1583, 2390(E) (1984).]．準粒子をボゾンとみなす Haldane の理論によると，たとえば $\nu = 2/7$ の基底状態は $\nu = 1/3$ の Laughlin 状態（親状態）で生じた多数の準正孔が占有率 1/2 の Laughlin 状態を形成した娘状態，$\nu = 2/5$ の基底状態は多数の準電子が占有率 1/2 の Laughlin 状態を形成した娘状態と解釈される（ボゾン系に 19.3 節の議論を適用すると，偶数分母の占有率で Laughlin 状態が安定化する）．同様にして，娘状態の娘状態（孫状態）等々も作れることが，「階層構造」の名の由来である．一方，Halperin は準粒子が分数統計に従うと考えて，Haldane と同じ階層構造を得た．

25）前掲の G. Dev and J. K. Jain: Phys. Rev. Lett. **69**, 2843 (1992) および G. Möller and S. H. Simon: Phys. Rev. B **72**, 045344 (2005); R. K. Kamilla, X. G. Wu and J. K. Jain: Phys. Rev. Lett. **76**, 1332 (1996).

が完全に占有された状態 $|\psi_{\mathrm{CF}}\rangle$ である．そこへ複合フェルミオンを一つ追加したときの基底状態の一つは，$|n,m)$ の状態にある複合フェルミオンを一個生成する演算子を $c^\dagger_{n,m}$ として，$|\psi^{(\mathrm{qp})}_{\mathrm{CF}}\rangle = c^\dagger_{n=p,m=0}|\psi_{\mathrm{CF}}\rangle$ である[26)]．逆に，複合フェルミオンを一つ除去したときの基底状態の一つは，$|n,m)$ の状態にある複合フェルミオンを一個消す演算子を $c_{n,m}$ として，$|\psi^{(\mathrm{qh})}_{\mathrm{CF}}\rangle = c_{n=p-1,m=0}|\psi_{\mathrm{CF}}\rangle$ である．このとき，波動関数 $\langle\{\boldsymbol{r}_j\}|\psi_{\mathrm{CF}}\rangle$，$\langle\{\boldsymbol{r}_j\}|\psi^{(\mathrm{qp})}_{\mathrm{CF}}\rangle$，$\langle\{\boldsymbol{r}_j\}|\psi^{(\mathrm{qh})}_{\mathrm{CF}}\rangle$ はすべて単一の Slater 行列式で表される．そこに現れる磁場長をすべて $\ell$ に置き換えたものを $\langle\{\boldsymbol{r}_j\}|\psi_{\mathrm{eff}}\rangle$ に選び，式 (19.53) に従えば，対応する電子系の基底状態を表す波動関数 $\langle\{\boldsymbol{r}_j\}|\psi_{\mathrm{J}}\rangle$，$\langle\{\boldsymbol{r}_j\}|\psi^{(\mathrm{qp})}_{\mathrm{J}}\rangle$，$\langle\{\boldsymbol{r}_j\}|\psi^{(\mathrm{qh})}_{\mathrm{J}}\rangle$ を構成できる．既に述べたように，$\langle\{\boldsymbol{r}_j\}|\psi_{\mathrm{J}}\rangle$ は $\nu = p/(2sp+1)$ の電子系の基底状態を近似する Jain 状態に他ならない．一方，$\langle\{\boldsymbol{r}_j\}|\psi^{(\mathrm{qp})}_{\mathrm{J}}\rangle$ および $\langle\{\boldsymbol{r}_j\}|\psi^{(\mathrm{qh})}_{\mathrm{J}}\rangle$ は，それぞれ座標原点近傍で複合フェルミオンを追加および除去した状態を基に構成されているため，座標原点近傍に正電荷および負電荷が局在した電子系の状態を表す．そこで，それらを $\nu = p/(2sp+1)$ における Jain 状態に**準電子**および**準正孔**を生成した状態と呼ぶ．ここでは，座標原点に局在した準電子や準正孔が生成された状態を考えたが，これに磁場中の並進移動を施せば，任意の点に局在した準電子や準正孔を生成した状態も構成できる．

ここで興味深いのは，準電子や準正孔が**分数電荷**を持つ（素電荷 $e$ を単位に測った電荷が整数でなく分数になる）ことである．この点を明らかにするには，あえて熱力学極限をとらず，電子数 $N$ や系を貫く磁束量子の本数 $N_\phi$ を有限のまま扱う必要がある．一つの複合フェルミオンに着目したとき，この複合フェルミオンは外部から印加された $N_\phi$ 本の磁束量子以外に，自身以外の複合フェルミオンに付着した $2s$ 本の逆向きの磁束量子を感じる．したがって，複合フェルミオンの Landau 準位の縮退度は，

$$N_{\phi,\mathrm{CF}} \equiv N_\phi - 2s(N-1) \tag{19.59}$$

に等しく，$0 \le n \le p-1$ の Landau 準位が完全に占有されているときには，

$$N = pN_{\phi,\mathrm{CF}} = p(N_\phi - 2s(N-1)) \tag{19.60}$$

が成り立つ．ここから電子数を $N$ から $N' = N+1$ に増やすと，複合フェルミ

26）$\mathcal{H}_{\mathrm{CF}}$ の基底状態は縮退しており，$n=p$，$m \neq 0$ の状態に複合フェルミオンを一個付加した状態も基底状態である．しかし，この状態は本文で述べた状態とは異なる全角運動量を持つため，両状態は混成せず別々に扱える．

オンのLandau準位の縮退度も $N_{\phi,\mathrm{CF}}$ から,

$$N'_{\phi,\mathrm{CF}} \equiv N_\phi - 2s(N'-1) = N_{\phi,\mathrm{CF}} - 2s \tag{19.61}$$

に変化する．このとき,

$$N' \equiv N + 1 = pN_{\phi,\mathrm{CF}} + 1 = pN'_{\phi,\mathrm{CF}} + (2sp+1) \tag{19.62}$$

なので，基底状態では $2sp+1$ 個の複合フェルミオンが $n = p$ のLandau準位へ「はみ出し」，$2sp+1$ 個の準電子が生成される．逆に，電子数を $N$ から $N' = N-1$ へ減らしたときの基底状態では，$n = p-1$ のLandau準位に $2sp+1$ 個の空席ができ，$2sp+1$ 個の準正孔が生成される．したがって，準電子および準正孔の電荷を $\mp e^*$ とすると[27],

$$e^* = \frac{e}{2sp+1} \tag{19.63}$$

が成り立つ．

図19.3は，$\langle\{\boldsymbol{r}_j\}|\psi_{\mathrm{J}}^{(\mathrm{qp})}\rangle$ と $\langle\{\boldsymbol{r}_j\}|\psi_{\mathrm{J}}^{(\mathrm{qh})}\rangle$ から求まる座標原点近傍の電子密度を示したものである．この図を理解するために，一粒子波動関数から求まる確率密度 $|(\boldsymbol{r}|n, m = 0)|^2$ が，座標原点近傍に局在し，$n$ が大きいほど $r$ の関数として複雑に振動することに注意しよう．$\langle\{\boldsymbol{r}_j\}|\psi_{\mathrm{J}}^{(\mathrm{qp})}\rangle$ は $\nu_{\mathrm{CF}} = p$ の複合フェルミオンの基底状態に，$n = p, m = 0$ の複合フェルミオンを追加した状態を基に構成されているので，$\langle\{\boldsymbol{r}_j\}|\psi_{\mathrm{J}}^{(\mathrm{qp})}\rangle$ から求めた電子密度は，座標原点を中心として盛り上がり，$p$ が大きくなる $\nu = 1/3, 2/5, 3/7$ の順に，より複雑に動径方向に振動する．同様に，$\langle\{\boldsymbol{r}_j\}|\psi_{\mathrm{J}}^{(\mathrm{qh})}\rangle$ は $\nu_{\mathrm{CF}} = p$ の複合フェルミオンの基底状態から，$n = p-1, m = 0$ の複合フェルミオンを除去した状態を基に構成されているので，$\langle\{\boldsymbol{r}_j\}|\psi_{\mathrm{J}}^{(\mathrm{qh})}\rangle$ から求めた電子密度は，座標原点を中心として窪み，$p$ が大きくなる $\nu = 1/3, 2/5, 3/7$

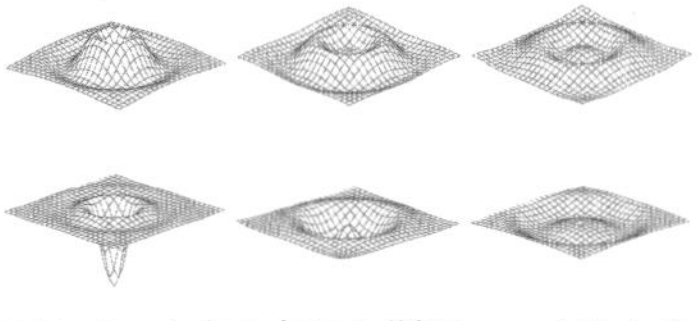

図19.3 上段：左から順に $\nu = 1/3, 2/5, 3/7$ のJain状態に原点近傍に局在した準電子を生成したときの電子密度分布．下段：準正孔を形成した場合．電子密度を $n_{2\mathrm{D}}(\boldsymbol{r})$，平均電子密度を $n_{2\mathrm{D}}$ として $(n_{2\mathrm{D}}(\boldsymbol{r})-n_{2\mathrm{D}})/n_{2\mathrm{D}}$ を図示．[K. Park: Dr. thesis (Stony Brook, State University of New York, 2000).]

27) 分数電荷を持つ準電子や準正孔は，Laughlin波動関数が提案された論文 [R. B. Laughlin: Phys. Rev. Lett. **50**, 1395 (1983).] で既に論じられている．そこでは，$\nu = 1/(2s+1)$ の基底状態を出発点として，系を貫く磁束量子の本数を断熱的に一本減らすと準電子が，一本増やすと準正孔が生成されることが示されている．ただし，この準電子・準正孔の定義は $p = 1$ の場合にしか有効でない．

の順に，より複雑に動径方向に振動する．また，同じ占有率で比べた場合，準正孔よりも準電子を生成した方が，電子密度の振動構造がより複雑になる．

次に，$\nu = p/(2sp+1)$ の Jain 状態 $|\psi_{\mathrm{J}}\rangle$ からの励起について論じよう[28]．複合フェルミオン系で見ると，これは占有率がちょうど整数 $p$ であるときの基底状態 $|\psi_{\mathrm{CF}}\rangle$ からの励起を考えることに対応する．つまり，第一励起状態は $n = p-1$ の Landau 準位を占有する複合フェルミオンを一個 $n = p$ の Landau 準位へ励起した状態であり，$n = p-1$ と $n = p$ の Landau 準位をそれぞれ「伝導帯」と「価電子帯」とみなせば，10.3 節で論じた**励起子**を考えていることになる．

$n = p$ の Landau 準位に励起された電子的な複合フェルミオンに対して，保存運動量および中心座標を表す演算子 $\hbar\hat{\boldsymbol{K}}_{\mathrm{e}}$ および $\hat{\boldsymbol{R}}_{\mathrm{e}}$ を定めると，式 (18.29) に対応して，関係式 $\hat{\boldsymbol{K}}_{\mathrm{e}} = -\boldsymbol{e}_z \times \hat{\boldsymbol{R}}_{\mathrm{e}}/\ell_{\mathrm{CF}}^2$ が成り立つ．一方，$n = p-1$ の Landau 準位に残された空席（正孔的な複合フェルミオン）に対して保存運動量および中心座標を表す演算子 $\hbar\hat{\boldsymbol{K}}_{\mathrm{h}}$ および $\hat{\boldsymbol{R}}_{\mathrm{h}}$ を定めると，$\hat{\boldsymbol{K}}_{\mathrm{h}} = +\boldsymbol{e}_z \times \hat{\boldsymbol{R}}_{\mathrm{h}}/\ell_{\mathrm{CF}}^2$ が成り立つ[29]．ところが，系の並進対称性を反映して重心運動量 $\hbar\boldsymbol{Q} = \hbar\hat{\boldsymbol{K}}_{\mathrm{e}} + \hbar\hat{\boldsymbol{K}}_{\mathrm{h}}$ が良い量子数になるため，

$$
\begin{aligned}
&\hbar\boldsymbol{Q}\ell_{\mathrm{CF}}^2 = -\boldsymbol{e}_z \times \left(\hat{\boldsymbol{R}}_{\mathrm{e}} - \hat{\boldsymbol{R}}_{\mathrm{h}}\right) \\
&\left(\Leftrightarrow\ \hat{\boldsymbol{R}}_{\mathrm{e}} - \hat{\boldsymbol{R}}_{\mathrm{h}} = \boldsymbol{e}_z \times \hbar\boldsymbol{Q}\ell_{\mathrm{CF}}^2\right)
\end{aligned}
\tag{19.64}
$$

となり，電子的な複合フェルミオンと正孔的な複合フェルミオンの中心座標の差も良い量子数であって，重心運動量 $\hbar\boldsymbol{Q}$ と連動していることがわかる．重心運動量 $\hbar\boldsymbol{Q}$ が大きいほど，電子的な複合フェルミオンと正孔的な複合フェルミオンの中心座標が離れているわけだ．電子的な複合フェルミオンと正孔的な複合フェルミオンがとりうる状態の数はそれぞれ $N_{\phi,\mathrm{CF}}$ 個あるから，第一励起状態は $N_{\phi,\mathrm{CF}}^2$ 個ある．系の $x$ および $y$ 方向に周期境界条件を課したとすると，$Q_x$ と $Q_y$ のとりうる値がそれぞれ $N_{\phi,\mathrm{CF}}$ 個あるので，$\hbar\boldsymbol{Q}$ のとりうる値の数も $N_{\phi,\mathrm{CF}}^2$ 個となる．したがって，第一励起状態を重心運動量 $\hbar\boldsymbol{Q}$ だけで指定でき

28) 歴史的に見ると，液体ヘリウムの基底状態からの励起を扱った Feynman の単一モード近似理論 [R. P. Feynman: Phys. Rev. **94**, 262 (1954); R. P. Feynman and M. Cohen: Phys. Rev. **102**, 1189 (1955).] を Laughlin 状態からの励起の解析に応用した先行研究がある [S. M. Girvin, A. H. MacDonald and P. M. Platzman: Phys. Rev. Lett. **54**, 581 (1985); S. M. Girvin, A. H. MacDonald and P. M. Platzman: Phys. Rev. B **33**, 2481 (1986).]．ただし，この理論は $Q$ が小さい場合にしか有効でない．ここで紹介した理論ではこの難点が解決されている．

29) ある運動量を持つ電子が抜けた孔は，その運動量と逆符号の運動量を持つ正孔として振る舞う．

る．以下では，これを $|\psi_{\rm CF}^{(\rm qex)}(\boldsymbol{Q})\rangle$ と書く．

第一励起状態 $|\psi_{\rm CF}^{(\rm qex)}(\boldsymbol{Q})\rangle$ に対応する座標表示の波動関数において，磁場長を $\ell_{\rm CF}$ から $\ell$ に置き換えたものを $\langle\{\boldsymbol{r}_j\}|\psi_{\rm eff}^{(\rm qex)}(\boldsymbol{Q})\rangle$ とし，式 (19.53) に従えば，Jain 状態からの第一励起状態に対応する波動関数 $\langle\{\boldsymbol{r}_j\}|\psi_{\rm J}^{(\rm qex)}(\boldsymbol{Q})\rangle$ を得ることができる．また，図 19.4 に示すように，励起エネルギーを $E^{(\rm qex)}(Q) \equiv \langle\psi_{\rm J}^{(\rm qex)}(\boldsymbol{Q})|\mathcal{H}_{\rm C}|\psi_{\rm J}^{(\rm qex)}(\boldsymbol{Q})\rangle - \langle\psi_{\rm J}|\mathcal{H}_{\rm C}|\psi_{\rm J}\rangle$ と評価できる．なお，このとき $\hbar\boldsymbol{Q}$ はそのまま電子系の重心運動量としての意味を持つ．

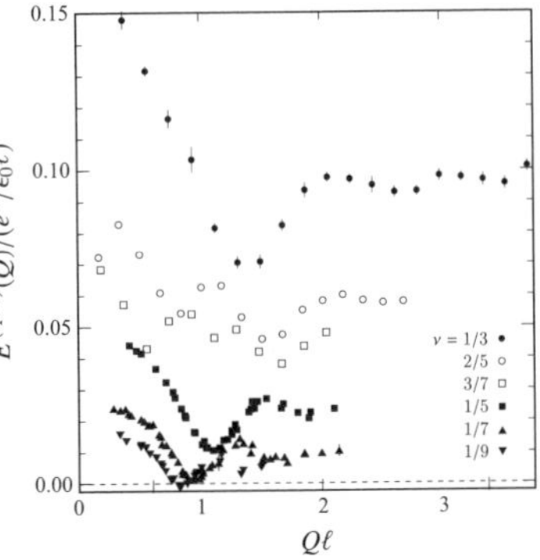


図 19.4　$\nu$ = 1/3, 2/5, 3/7, 1/5, 1/7, 1/9 における Jain 状態からの第一励起エネルギー．モノポールを中心においた球面上で，重心運動量の大きさが $\hbar Q$ の第一励起状態を表す近似波動関数を構成し，そのエネルギー期待値をモンテカルロ法で評価している（誤差棒はその統計誤差）．$\nu \leq 1/5$ については，異なるサイズの系における結果の重ね描き．[R. K. Kamilla, X. G. Wu, and J. K. Jain: Phys. Rev. Lett. **76**, 1332 (1996); R. K. Kamilla and J. K. Jain: Phys. Rev. B **55**, 13417 (1997).]

この図から，$\Delta \equiv E^{(\rm qex)}(Q \to +\infty) > 0$ を読み取れる．前述の議論からわかるように，$\Delta$ は無限に遠く離れた準電子と準正孔を作るのに必要なエネルギーを表す．特に $\nu = p/(2p+1)$（$s = 1$ の場合）に対しては経験則，

$$\Delta \approx \frac{C}{|2p+1|}\frac{e^2}{\epsilon_0\ell}, \quad C \approx 0.3 \tag{19.65}$$

が知られている[30]．有効 Schrödinger 方程式 (19.49) の段階だと，この励起エネルギーは Landau 準位の間隔 $\hbar eB_{\rm CF}/m_{\rm e} = \hbar\omega_{\rm c}/|2p+1|$ に対応するので，平均場からのゆらぎの効果により，エネルギースケールの置き換え $\hbar\omega_{\rm c} \leadsto Ce^2/\epsilon_0\ell$ が生じたと考えると辻褄があう．ただし，前節でも述べたように，このエネルギースケールの置き換えが起こる機構は，今のところ完全にはわかっていない．

ここで $Q$ を小さくしていくと，$E^{(\rm qex)}(Q)$ が減少することが予想される．電子的な複合フェルミオンと正孔的な複合フェルミオンの間の距離が $Q$ に比例するから，これを小さくすれば両者間の引力相互作用の効果が強まり，$E^{(\rm qex)}(Q)$ が減少するというわけだ．しかし実際には，$E^{(\rm qex)}(Q)$ が単調に減少し続けることはなく，（一般には複数の）極小を示し，最終的に $Q$ をゼロに近づ

30）B. I. Halperin, P. A. Lee and N. Read: Phys. Rev. B **47**, 7312 (1993). この論文では $\nu = 1/2$（$p \to \pm\infty$ に当たる）の系を，複合フェルミオンの Fermi 液体とみなして解析している．

けたときには $E^{(\mathrm{qex})}(Q)$ は増大に転じる．このとき現れる $E^{(\mathrm{qex})}(Q)$ の極小を**磁気ロトン**と呼ぶ．高次の Landau 準位を占有する複合フェルミオンほど，中心座標周りに複雑に振動する波動関数の形状を持つので，電子的な複合フェルミオンと正孔的な複合フェルミオンの中心座標を一致させるよりも，少し離しておいた方が両者の電荷分布の重なりが大きくなって，両者間の引力相互作用の効果が強まり，励起エネルギーが減少するのだと考えることができる．

磁気ロトンの出現を，Wigner 結晶化への前駆現象と捉えることもできる．実際，占有率を小さくしていくと，励起エネルギーの最小値はゼロに近づき，$\nu \lesssim 1/7$ では負になる．これは Jain 波動関数で記述される一様な電子液体状態より，自発的に並進対称性を破った Wigner 結晶的な状態がより安定になることを示している．この結果は，$\nu \lesssim 1/7$ では分数量子 Hall 効果が観測されなくなるという実験事実とも整合する．

励起エネルギーにギャップがある（$Q$ によらずある正の有限値以上の値をとる）と，無限小のエネルギーでは系に密度ゆらぎを誘起することができない．ある場所で電子を一つ引き抜き，その電子を無限に離れた場所に付加するのにも非ゼロのエネルギーが必要になる．これは，絶対零度の化学ポテンシャル $\mu$ が $\nu = p/(2sp+1)$ で不連続に跳ぶことを意味する．したがって，式 (12.15) から，等温圧縮率 $\kappa$ について，

$$\kappa = \frac{1}{n_{2\mathrm{D}}^2}\frac{\partial n_{2\mathrm{D}}}{\partial \mu} = \frac{2\pi\ell^2}{\nu^2}\left(\frac{\partial \mu}{\partial \nu}\right)^{-1} = 0, \quad \left(T = 0,\ \nu = \frac{p}{2sp+1}\right) \tag{19.66}$$

が言える．つまり，基底状態において電子系は**非圧縮性液体**として振る舞う．

## 19.6　トポロジカル縮退

本節では 18.5 節の議論を分数量子 Hall 効果の場合に拡張したい．そのために，

$$\mathcal{H} = \sum_{i=1}^{N}\frac{\hat{\boldsymbol{\pi}}_i^2}{2m_\mathrm{e}} + \sum_{i=1}^{N} V(\hat{\boldsymbol{r}}_i) + \frac{1}{2}\sum_{i\neq j} U\left(\hat{\boldsymbol{r}}_i - \hat{\boldsymbol{r}}_j\right) + \frac{g_\mathrm{e}\mu_\mathrm{B}B}{\hbar}\sum_{i=1}^{N}\hat{s}_{z,i} \tag{19.67}$$

をハミルトニアンとする Schrödinger 方程式を，$L\boldsymbol{e}_x$ と $L\boldsymbol{e}_y$ を周期ベクトルと

する周期境界条件を課して考察しよう[31]．このとき，$\boldsymbol{r}$ に電子があると $\boldsymbol{r}+j_xL\boldsymbol{e}_x+j_yL\boldsymbol{e}_y$（$j_x, j_y$ は整数）にもその電子の「像」があることになるので，不純物ポテンシャル $V(\boldsymbol{r})$ と相互作用ポテンシャル $U(\boldsymbol{r})$ が周期関数になるように，

$$V(\boldsymbol{r})=\frac{1}{(2\pi)^2}\int d^2\boldsymbol{q}V(\boldsymbol{q})e^{i\boldsymbol{q}\cdot\boldsymbol{r}}\rightsquigarrow\frac{1}{L^2}\sum_{\tilde{\boldsymbol{q}}\neq 0}V(\tilde{\boldsymbol{q}})e^{i\tilde{\boldsymbol{q}}\cdot\boldsymbol{r}} \tag{19.68}$$

$$U(\boldsymbol{r})=\frac{1}{(2\pi)^2}\int d^2\boldsymbol{q}U(\boldsymbol{q})e^{i\boldsymbol{q}\cdot\boldsymbol{r}}\rightsquigarrow\frac{1}{L^2}\sum_{\tilde{\boldsymbol{q}}\neq 0}U(\tilde{\boldsymbol{q}})e^{i\tilde{\boldsymbol{q}}\cdot\boldsymbol{r}} \tag{19.69}$$

と修正しておく．ただし，$n_x, n_y$ を整数として $\tilde{\boldsymbol{q}}\equiv(2\pi n_x/L, 2\pi n_y/L)$ である．以下では．系の面積 $L^2$ を貫く磁束量子の本数 $N_\phi\equiv BL^2/(2\pi\hbar/e)=L^2/2\pi\ell^2$ を整数とし，$N_\phi$ と電子数 $N$ の最大公約数を $N_{\rm G}$ とする．このとき，$p$ と $q$ を互いに素な整数として $N=pN_{\rm G}$，$N_\phi=qN_{\rm G}$ と表せ，占有率は $\nu\equiv N/N_\phi=p/q$ となる．

式 (18.30) に従って，$i$ 番目の電子を $\boldsymbol{a}$ だけ並進移動させる演算子 $\hat{t}_{i,\boldsymbol{a}}$ を定めると，

$$\hat{t}_{i,-\boldsymbol{a}}\hat{\boldsymbol{r}}_j\hat{t}_{i,-\boldsymbol{a}}^{-1}=\hat{\boldsymbol{r}}_j+\delta_{ij}\boldsymbol{a},\quad \hat{t}_{i,-\boldsymbol{a}}\hat{\boldsymbol{\pi}}_j\hat{t}_{i,-\boldsymbol{a}}^{-1}=\hat{\boldsymbol{\pi}}_j \tag{19.70}$$

だから，式 (19.68), (19.69) の置き換えをしておけば，

$$\hat{t}_{i,\mu}\mathcal{H}\hat{t}_{i,\mu}^{-1}=\mathcal{H},\quad (\hat{t}_{i,\mu}\equiv\hat{t}_{i,-L\boldsymbol{e}_\mu},\ i=1,2,\cdots,N,\ \mu=x,y) \tag{19.71}$$

が満たされる．また，式 (18.32) から，

$$\hat{t}_{i,x}\hat{t}_{j,y}=\hat{t}_{j,y}\hat{t}_{i,x}e^{-i\delta_{ij}L^2/\ell^2}=\hat{t}_{j,y}\hat{t}_{i,x} \tag{19.72}$$

なので，$\mathcal{H}$，$\hat{t}_{i,x}$，$\hat{t}_{i,y}$ は互いに可換で，同時対角化可能である．以下では系に位相をひねった周期境界条件を課そう．即ち，考察の対象とする $N$ 電子状態 $|\psi\rangle$ を，

$$\hat{t}_{i,\mu}|\psi\rangle=e^{i\vartheta_\mu}|\psi\rangle,\quad (i=1,2,\cdots,N,\ \mu=x,y) \tag{19.73}$$

を満たすものに制限する（良い量子数である $\hat{t}_{i,\mu}$ の固有値を $e^{i\vartheta_\mu}$ に固定する）．

手始めに，不純物ポテンシャルを無視した場合（$V(\boldsymbol{r})=0$）について考えよ

31）F. D. M. Haldane: Phys. Rev. Lett. **55**, 2095 (1985); Q. Niu, D. J. Thouless and Y.-S. Wu: Phys. Rev. B **31**, 3372 (1985); R. Tao and F. D. M. Haldane: Phys. Rev. B **33**, 3844 (1986).

う．このとき，すべての電子を一斉に $\boldsymbol{a}$ だけ並進移動させる演算子を，

$$\mathcal{T}_{\boldsymbol{a}} = \prod_{i=1}^{N} \hat{t}_{i,\boldsymbol{a}} \tag{19.74}$$

と定めると，ハミルトニアン $\mathcal{H}$ は任意の $\boldsymbol{a}$ に対し，

$$\mathcal{T}_{\boldsymbol{a}}\mathcal{H}\mathcal{T}_{\boldsymbol{a}}^{-1} = \mathcal{H} \tag{19.75}$$

を満たす（系の並進対称性）．また，

$$\mathcal{T}_{\mu} \equiv \mathcal{T}_{-L\boldsymbol{e}_{\mu}/N_{\phi}}, \quad (\mu = x, y) \tag{19.76}$$

と定めると，式 (18.32) から，

$$\mathcal{T}_x\mathcal{T}_y = e^{-iNL^2/N_{\phi}^2\ell^2}\mathcal{T}_y\mathcal{T}_x = e^{-2\pi ip/q}\mathcal{T}_y\mathcal{T}_x \tag{19.77}$$

$$\mathcal{T}_x\hat{t}_{i,y} = e^{-iL^2/N_{\phi}\ell^2}\hat{t}_{i,y}\mathcal{T}_x = \hat{t}_{i,y}\mathcal{T}_x \tag{19.78}$$

$$\hat{t}_{i,x}\mathcal{T}_y = e^{-iL^2/N_{\phi}\ell^2}\mathcal{T}_y\hat{t}_{i,x} = \mathcal{T}_y\hat{t}_{i,x} \tag{19.79}$$

が成り立つ．したがって，$\mathcal{H}, (\mathcal{T}_x)^q, \mathcal{T}_y, \hat{t}_{i,x}, \hat{t}_{i,y}$ は互いに可換で，同時対角化可能である（$\because (\mathcal{T}_x)^q\mathcal{T}_y = e^{-2\pi ip}\mathcal{T}_y(\mathcal{T}_x)^q = \mathcal{T}_y(\mathcal{T}_x)^q$）．ただし，周期境界条件を課すので $\hat{t}_{i,\mu}$ の固有値は $e^{i\vartheta_{\mu}}$ に固定されている．残りの $(\mathcal{T}_x)^q, \mathcal{T}_y$ の固有値から，「波数ベクトル」$\boldsymbol{Q} \equiv (Q_x, Q_y)$ を，

$$(\mathcal{T}_x)^q \text{ の固有値} = e^{iQ_x qL/N_{\phi}}, \quad \mathcal{T}_y \text{ の固有値} = e^{iQ_y L/N_{\phi}} \tag{19.80}$$

となるように定めると，$(\mathcal{T}_{\mu})^{N_{\phi}} = \prod_{i=1}^{N}\hat{t}_{i,\mu} = e^{iN\vartheta_{\mu}}$ だから，$\boldsymbol{Q}$ がとりうる値は，

$$\boldsymbol{Q} = \left(\frac{N\vartheta_x}{L} + \frac{2\pi}{L}n_x, \frac{N\vartheta_y}{L} + \frac{2\pi}{L}n_y\right), \quad \left(n_x, n_y \text{ は整数}\right) \tag{19.81}$$

となる．ただし，$n_x \rightsquigarrow n_x + N_{\mathrm{G}}$ あるいは $n_y \rightsquigarrow n_y + N_{\phi}$ と置き換えても $(\mathcal{T}_x)^q, \mathcal{T}_y$ の固有値は変わらないので，$n_x$ と $n_y$ の値はそれぞれ $N_{\mathrm{G}}$ および $N_{\phi}$ で割ったときの余りで区別され，$(n_x, n_y)$ の値を $0 \leq n_x \leq N_{\mathrm{G}} - 1$，$0 \leq n_y \leq N_{\phi} - 1$ の範囲に制限できる．

実際に，$\mathcal{H}$ の固有値が $E$，$(\mathcal{T}_x)^q$ の固有値が $e^{iQ_x qL/N_{\phi}}$，$\mathcal{T}_y$ の固有値が ${}^{iQ_y L/N_{\phi}}$ の同時固有状態を $|E, \boldsymbol{Q}\rangle$ とし，三つの演算子の固有方程式の両辺に左から $\mathcal{T}_x$ を作用させ，式 (19.75), (19.77) を用いると，

$$\mathcal{H}\mathcal{T}_x|E,\boldsymbol{Q}\rangle = E\mathcal{T}_x|E,\boldsymbol{Q}\rangle, \tag{19.82}$$

$$(\mathcal{T}_x)^q\mathcal{T}_x|E,\boldsymbol{Q}\rangle = e^{iQ_xqL/N_\phi}\mathcal{T}_x|E,\boldsymbol{Q}\rangle, \quad e^{-2\pi iN/N_\phi}\mathcal{T}_y\mathcal{T}_x|E,\boldsymbol{Q}\rangle = e^{iQ_yL/N_\phi}\mathcal{T}_x|E,\boldsymbol{Q}\rangle \tag{19.83}$$

を得る．つまり，$(\mathcal{T}_x)^s|E,\boldsymbol{Q}\rangle$（$s = 0,1,2\cdots,q-1$）は共通のエネルギー $E$ と「波数ベクトル」$(Q_x, Q_y + 2\pi sN/L)$ を持つ同時固有状態になるが，$p$ と $q$ が互いに素なので $sN = spN_{\mathrm{G}}$ を $N_\phi = qN_{\mathrm{G}}$ で割った余りは $0, N_{\mathrm{G}}, 2N_{\mathrm{G}}, \cdots, (q-1)N_{\mathrm{G}}$ のいずれかの値を一回ずつ重複なくとり，**各エネルギー準位は $q$ 重に縮退することになる**．したがって，$0 \le n_x, n_y \le N_{\mathrm{G}} - 1$ の範囲だけを調べれば，すべてのエネルギー準位がわかり，この範囲で得た固有状態に $\mathcal{T}_x$ を繰り返し作用させれば，他の縮退した固有状態もすべて求まる．

以下では占有率が式 (19.52) で与えられる分数に等しいとする．このとき不純物ポテンシャルがなければ，$\boldsymbol{\vartheta}$ の値によらず $q$ 重に縮退した基底状態と励起状態の間に相互作用起因のエネルギーギャップが開く．ここで不純物ポテンシャルを導入すると，状態同士が混成する．不純物ポテンシャルがエネルギーギャップに比べて十分小さいとすると，基底状態と励起状態間の混成を無視して，$q$ 個の基底状態同士の混成のみを考えればよくなる．各基底状態の「波数ベクトル」は $\Delta\boldsymbol{Q} = (0, 2\pi N_{\mathrm{G}}/L)$ の整数倍異なり，基底状態ではすべての電子が最低 Landau 準位を占有するので，式 (18.48) で与えられる一電子状態 $|n, X\rangle$ を用いて，基底状態間の混成によるエネルギー準位の分裂は，

$$\frac{N}{L^2}\left|\langle 0, X - \Delta Q_y\ell^2|V(\Delta\boldsymbol{Q})e^{i\Delta\boldsymbol{Q}\cdot\hat{\boldsymbol{r}}}|0, X\rangle\right| = \frac{N|V(\Delta\boldsymbol{Q})|}{L^2\sqrt{\pi}\ell}\int dx e^{-(x+\Delta Q_y\ell)^2/2\ell^2}e^{-x^2/2\ell^2}$$
$$= \frac{N|V(\Delta\boldsymbol{Q})|}{L^2}e^{-(\Delta Q_y\ell)^2/4} = \frac{pN_{\mathrm{G}}|V(\Delta\boldsymbol{Q})|}{L^2}e^{-\pi N_{\mathrm{G}}/2q} \tag{19.84}$$

程度である．即ち，熱力学極限（$N_{\mathrm{G}} \to +\infty$）では基底状態の $q$ 重縮退が解けずに残る．

18.5 節と同様に，周期境界条件の位相のひねりが $\boldsymbol{\vartheta} \equiv (\vartheta_x, \vartheta_y)$ であるときの Hall 伝導率 $\sigma_{xy}(\boldsymbol{\vartheta})$ を $\boldsymbol{\vartheta}$ について平均し，これを実測される Hall 伝導率と同一視しよう．実際に，絶対零度における $\sigma_{xy}(\boldsymbol{\vartheta}) = (\sigma_{xy}(\boldsymbol{\vartheta}) - \sigma_{yx}(\boldsymbol{\vartheta}))/2$ を中野–久保公式 (18.62) を用いて書き下し，そこに現れる複素感受率を Lehmann-Källén 表示すれば，

$$\overline{\sigma}_{xy} \equiv \int_0^{2\pi} \frac{d\vartheta_x}{2\pi} \int_0^{2\pi} \frac{d\vartheta_y}{2\pi} \sigma_{xy}(\boldsymbol{\vartheta}) = \frac{e^2}{h} \cdot \frac{1}{q} \int_0^{2\pi} d\vartheta_x \int_0^{2\pi} d\vartheta_y \frac{B(\boldsymbol{\vartheta})}{2\pi} \tag{19.85}$$

$$B(\boldsymbol{\vartheta}) \equiv \frac{\hbar^2}{iL^2} \sum_{n:\text{基底状態},\, m:\text{励起状態}} \boldsymbol{e}_z \cdot \frac{\langle n;\boldsymbol{\vartheta}| \sum_i \dot{\hat{\boldsymbol{r}}}_i |m;\boldsymbol{\vartheta}\rangle \times \langle m;\boldsymbol{\vartheta}| \sum_i \dot{\hat{\boldsymbol{r}}}_i |n;\boldsymbol{\vartheta}\rangle}{(E_n(\boldsymbol{\vartheta}) - E_m(\boldsymbol{\vartheta}))^2} \tag{19.86}$$

を得る．ここで，位相のひねりが $\boldsymbol{\vartheta}$ の周期境界条件を課したときの $\mathcal{H}$ の固有値と固有状態を $E_n(\boldsymbol{\vartheta})$，$|n;\boldsymbol{\vartheta}\rangle$ とした．基底状態の $q$ 重縮退を反映して，$1/q$ の因子が現れる点が重要である．さらに，ユニタリ演算子 $\mathcal{U}(\boldsymbol{\vartheta}) \equiv \prod_{i=1}^{N} e^{-i\boldsymbol{\vartheta}\cdot\hat{\boldsymbol{r}}_i/L}$ による特異ゲージ変換，

$$\tilde{\mathcal{H}}(\boldsymbol{\vartheta}) \equiv \mathcal{U}(\boldsymbol{\vartheta})\mathcal{H}\mathcal{U}^{-1}(\boldsymbol{\vartheta}) = \mathcal{H}|_{\hat{\boldsymbol{\pi}}_i \rightsquigarrow \hat{\boldsymbol{\pi}}_i + \hbar\boldsymbol{\vartheta}/L}, \quad \widetilde{|n;\boldsymbol{\vartheta}\rangle} \equiv \mathcal{U}(\boldsymbol{\vartheta})|n;\boldsymbol{\vartheta}\rangle \tag{19.87}$$

を行うと，周期境界条件を位相をひねらない $\hat{t}_{i,\mu}\widetilde{|n;\boldsymbol{\vartheta}\rangle} = \widetilde{|n;\boldsymbol{\vartheta}\rangle}$ に変換し，$\boldsymbol{\vartheta}$ 依存性をすべてハミルトニアン $\tilde{\mathcal{H}}(\boldsymbol{\vartheta})$ に押し付けることができる．また，$\mathcal{U}(\boldsymbol{\vartheta}) \sum_i \dot{\hat{\boldsymbol{r}}}_i \mathcal{U}^{-1}(\boldsymbol{\vartheta}) = \sum_i (\hat{\boldsymbol{\pi}}_i + \hbar\boldsymbol{\vartheta}/L)/m_{\mathrm{e}} = (L/\hbar)\nabla_{\boldsymbol{\vartheta}}\tilde{\mathcal{H}}$ なので，$B(\boldsymbol{\vartheta})$ を，

$$B(\boldsymbol{\vartheta}) = \frac{1}{i} \sum_{n:\text{基底状態},\, m:\text{励起状態}} \boldsymbol{e}_z \cdot \frac{\widetilde{\langle n;\boldsymbol{\vartheta}|}\nabla_{\boldsymbol{\vartheta}}\tilde{\mathcal{H}}\widetilde{|m;\boldsymbol{\vartheta}\rangle} \times \widetilde{\langle m;\boldsymbol{\vartheta}|}\nabla_{\boldsymbol{\vartheta}}\tilde{\mathcal{H}}\widetilde{|n;\boldsymbol{\vartheta}\rangle}}{(E_n(\boldsymbol{\vartheta}) - E_m(\boldsymbol{\vartheta}))^2} \tag{19.88}$$

と書き直せる．また，式 (2.128) を導いたときと同様の計算を行うと，

$$B(\boldsymbol{\vartheta}) = \nabla_{\boldsymbol{\vartheta}} \times \boldsymbol{A}(\boldsymbol{\vartheta}), \quad \left( \boldsymbol{A}(\boldsymbol{\vartheta}) \equiv \sum_{n:\text{基底状態}} \frac{1}{i} \widetilde{\langle n;\boldsymbol{\vartheta}|} \left( \nabla_{\boldsymbol{\vartheta}} \widetilde{|n;\boldsymbol{\vartheta}\rangle} \right) \right) \tag{19.89}$$

を示せる．$B(\boldsymbol{\vartheta})$ と $\boldsymbol{A}(\boldsymbol{\vartheta})$ は実の量で，それぞれ Berry 曲率と Berry 接続の拡張になっている．実際，$\widetilde{|n;\boldsymbol{\vartheta}\rangle}'$ を $\widetilde{|n;\boldsymbol{\vartheta}\rangle}$ とは別の直交規格化された $q$ 個の基底状態とすると，

$$\widetilde{|n';\boldsymbol{\vartheta}\rangle}' = \sum_{n:\text{基底状態}} \widetilde{|n;\boldsymbol{\vartheta}\rangle} \left( e^{i\underline{\Delta}(\boldsymbol{\vartheta})} \right)_{nn'}, \quad \left( \left( e^{i\underline{\Delta}(\boldsymbol{\vartheta})} \right)_{nn'} \equiv \widetilde{\langle n;\boldsymbol{\vartheta}|}\widetilde{n';\boldsymbol{\vartheta}\rangle}' \right) \tag{19.90}$$

が成り立つので，$\widetilde{|n;\boldsymbol{\vartheta}\rangle} \rightsquigarrow \widetilde{|n;\boldsymbol{\vartheta}\rangle}'$ と置き換えたとき，$\boldsymbol{A}(\boldsymbol{\vartheta})$ は，

$$\boldsymbol{A}'(\boldsymbol{\vartheta}) \equiv \sum_{n:\text{基底状態}} \frac{1}{i} \widetilde{\langle n;\boldsymbol{\vartheta}|}' \left( \nabla_{\boldsymbol{\vartheta}} \widetilde{|n;\boldsymbol{\vartheta}\rangle}' \right) = \boldsymbol{A}(\boldsymbol{\vartheta}) + \nabla_{\boldsymbol{\vartheta}} \mathrm{Tr}\left( \underline{\Delta}(\boldsymbol{\vartheta}) \right) \tag{19.91}$$

へ「ゲージ変換」され，$B(\boldsymbol{\vartheta})$ は不変に保たれる．このとき，$e^{i\underline{\Delta}(\boldsymbol{\vartheta})}$ が $q$ 次ユニタリー行列なので，$\underline{\Delta}(\boldsymbol{\vartheta})$ は $q$ 次エルミート行列，$\mathrm{Tr}\underline{\Delta}(\boldsymbol{\vartheta})$ は実関数になる．さらに，閉曲線 $C$ 上で $\widetilde{|n;\boldsymbol{\vartheta}\rangle}$ と $\widetilde{|n;\boldsymbol{\vartheta}\rangle}'$ が共に $\boldsymbol{\vartheta}$ の関数として一意に定まってい

れば，$e^{i\underline{\Delta}(\boldsymbol{\vartheta})}$ も $C$ 上で一意に定まるので，

$$e^{-i\oint_C \boldsymbol{A}'(\boldsymbol{\vartheta})\cdot d\boldsymbol{\vartheta}} = e^{-i\oint_C \left(\boldsymbol{A}(\boldsymbol{\vartheta})+\nabla_{\boldsymbol{\vartheta}}\mathrm{Tr}\left(\underline{\Delta}(\boldsymbol{\vartheta})\right)\right)\cdot d\boldsymbol{\vartheta}} = e^{-i\oint_C \boldsymbol{A}(\boldsymbol{\vartheta})\cdot d\boldsymbol{\vartheta} - i\mathrm{Tr}\underline{\Delta}_{\mathrm{f}} + i\mathrm{Tr}\underline{\Delta}_{\mathrm{i}}}$$
$$= e^{-i\oint_C \boldsymbol{A}(\boldsymbol{\vartheta})\cdot d\boldsymbol{\vartheta}} \det\left(e^{i\underline{\Delta}_{\mathrm{i}}}\right) \Big/ \det\left(e^{i\underline{\Delta}_{\mathrm{f}}}\right) = e^{-i\oint_C \boldsymbol{A}(\boldsymbol{\vartheta})\cdot d\boldsymbol{\vartheta}} \qquad (19.92)$$

が成り立つ．ここで，$C$ を一周する前後の $\underline{\Delta}$ を $\underline{\Delta}_{\mathrm{i}}$，$\underline{\Delta}_{\mathrm{f}}$ とし，正方行列 $\underline{X}$ に対する公式 $e^{\mathrm{Tr}\underline{X}} = \det(e^{\underline{X}})$ を用いた．こうして，$\gamma(C) \equiv \oint_C \boldsymbol{A}(\boldsymbol{\vartheta}) \cdot d\boldsymbol{\vartheta}$ は Berry 位相の拡張になる．

18.5 節と同様に，周期境界条件の位相のひねり $\boldsymbol{\vartheta}$ をトーラス表面 $S$ 上の曲線座標，$B(\vartheta_x, \vartheta_y) = B(\vartheta_x + 2\pi) = B(\vartheta_x, \vartheta_y + 2\pi)$ を拡張 Berry 曲率 $\boldsymbol{B}$ の $S$ に垂直な成分とみなそう．2.7 節で論じたように，閉曲面である $S$ 上で特異性を持たない拡張 Berry 接続は存在しない可能性がある．しかし，$S$ を分割した曲面 $S^{(\mathrm{I})}, S^{(\mathrm{II})}$ それぞれの上では，特異性のない拡張 Berry 接続 $\boldsymbol{A}^{(\mathrm{I})}, \boldsymbol{A}^{(\mathrm{II})}$ を選べる．このとき，$S$ 上で基底状態と励起状態間のエネルギーギャップが閉じなければ，Stokes の定理と式 (19.92) から，

$$\overline{\sigma}_{xy} = \frac{N_{\mathrm{Ch}}}{q}\frac{e^2}{h}, \quad N_{\mathrm{Ch}} \equiv \int_{S^{(\mathrm{I})}} \frac{\boldsymbol{B}\cdot d\boldsymbol{S}}{2\pi} + \int_{S^{(\mathrm{II})}} \frac{\boldsymbol{B}\cdot d\boldsymbol{S}}{2\pi} = \frac{\gamma^{(\mathrm{I})}(C) - \gamma^{(\mathrm{II})}(C)}{2\pi} = \text{整数} \qquad (19.93)$$

が成り立つ．ただし，閉曲線 $C$ は $S^{(\mathrm{I})}$ と $S^{(\mathrm{II})}$ の境界，$\gamma^{(\mathrm{I})}(C)$, $\gamma^{(\mathrm{II})}(C)$ は $\boldsymbol{A}^{(\mathrm{I})}$, $\boldsymbol{A}^{(\mathrm{II})}$ から求めた拡張 Berry 位相である．即ち，**Hall 伝導率の分数量子化（$1/q$ の因子）の起源は基底状態の $q$ 重縮退にある**．本節の議論から $N_{\mathrm{Ch}}$ は定まらないが，整数量子 Hall 効果の場合と同様に，不純物ポテンシャルが弱い極限での $N_{\mathrm{ch}}$ が，不純物がない場合の値に一致すると考えると，$N_{\mathrm{Ch}} = -p$ を予想できる．

一般に，相互作用起因の励起ギャップを持つ基底状態が縮退し，熱力学極限において局所的な摂動（上の例では不純物ポテンシャル）では縮退が解けないとき，これを**トポロジカル縮退**と呼ぶ．この名称は基底状態の縮退度が系のトポロジカルな形状に依存して決まることに由来する．たとえば上記の例では，系が定義されている曲面が球面だと縮退度は 1，トーラス表面だと縮退度は $q$ だが，$n$ 個の穴を持つ立体の表面上では縮退度が $q^n$ になることが知られている[32]．トポロジカル縮退は分数量子 Hall 効果を**トポロジカル秩序**の概念へ一般化する際に重要になると信じられている．

32）X. G. Wen and Q. Niu: Phys. Rev. B **41**, 9377 (1990).

# 参考書

本書は他書を参照せずに読めるようになっている．だからといって，より進んだ知識に対する貪欲さを忘れて欲しくはない．そこで，読者の助けになりそうな参考書のリストを付けておく．筆者の主観と好みに基づいて選んでおり，完全なリストを目指してはいない．また，斜め読み・拾い読みしたものも含んでおり，ここに挙げた本の内容のすべてを保証するわけではない．

## 本書が前提とする量子力学と統計力学を学ぶための教科書


[1] 清水明：『新版 量子論の基礎——その本質のやさしい理解のために』（サイエンス社，2004）．ブラケット記法を駆使した現代的スタイルを採用しつつ，初学者向けに書かれた本．ただし，内容が基礎事項に限られているため，本書を読む前に，角運動量，水素原子の電子状態，定常状態に対する摂動論などについて他書で補う必要がある．

[2] L. D. ランダウ, E. M. リフシッツ（著）好村滋洋，井上健男（訳）：『ランダウ=リフシッツ物理学小教程 量子力学』（ちくま学芸文庫，2008）．優れた本だが，露語の原著が 1972 年版と古いためブラケット記法を積極的には用いておらず，記述が簡潔で初学者にはやや不親切なので，[1] と相補的に用いるとよい．第 5 章まで読めば [1] の不足分を一通り補える．

[3] 田崎晴明：『統計力学 I, II』（培風館，2008）．現代的な視点で書かれた教科書．二巻組の大部だが，その分説明は丁寧．本書では，この本が扱っている項目を何らかの形で一通り学んでいることを前提とする．特に第 11 章の相転移・臨界現象の基礎は，学部の講義では省かれることがあるので，不案内な場合は独習しておいて欲しい．

[4] 久保亮五：『大学演習 熱学・統計力学 修訂版』（裳華房，1998）．1961 年初版．統計力学の演習書の決定版．各章冒頭にある基礎事項の要約が下手な教科書よりよく出来ており，昔はこの本だけで「習うより慣れろ」的に統計力学を学ぶ者も多かった．やや不親切な設問や，初見では解けない難問も少なくないが，辛抱強く取り組むと大いに力を養える．


## 本書のレベルを超えないが，より広い話題を扱った教科書


[5] N. W. Ashcroft and N. D. Mermin: *Solid State Physics* (Holt, Rinehart and Winston, 1976); 松原武生，町田一成（訳）：『固体物理の基礎 上 I・上 II・下 I・下 II』（吉岡書店，1981–1982）．固体物理の標準的教科書．広い話題に明解な説明が与えら

れている．最近，別著者による改訂版が出版されたが，筆者は旧版が好み．

[6] J. M. Ziman: *Principles of the Theory of Solids, 2nd Edition* (Cambridge University Press, 1972); 山下次郎，長谷川彰（訳）：『固体物性論の基礎 第2版』（丸善，1976）．扱われている内容に若干偏りがあるものの．個々の話題の掘り下げが深く，随所に著者の深い洞察がある．Boltzmann 方程式に基づく輸送現象の扱いに詳しい．

[7] G. Grosso and G. P. Parravicini: *Solid State Physics, 2nd Edition* (Academic Press, 2014); 安食博志（訳）：『固体物理学 上・中・下』（吉岡書店，2004–2005）．[5] と同程度の広範な内容を扱っているが，より理論家向けで詳しい計算が示されていて，話題の掘り下げも深い．比較的新しい話題にも言及がある．和訳は版が古くなっている．

[8] J. Sólyom: *Fundamentals of the Physics of Solids, Vol. 1–3* (Springer, 2007–2010). 初学者でも読める固体物理の教科書の中では，扱っている内容の広さ・深さ共に群を抜いているが，三巻組の大著のため短期間での通読は困難．

[9] A. A. Abrikosov: *Fundamentals of the Theory of Metals, Reprint Edition* (Dover, 2017); 松原武生，東辻千枝子（訳）：『金属物理学の基礎 上・下』（吉岡書店，1994, 1995）．金属電子論全般を扱った教科書で 1988 年初版．他書にない切れ味鋭い考察が随所に見られる．全体の半分弱（第 II 部）を超伝導の話題にあてているのも特徴で，本書第 17 章で触れられなかった Ginzburg-Landau 方程式についても詳しい記述がある．

## 本書とほぼ同レベルの教科書

[10] 松田博嗣，恒藤敏彦，松原武生，村尾剛，米沢富美子：『物性 I 新装版』（岩波書店，2011）．

[11] 中嶋貞雄，豊沢豊，阿部龍蔵：『物性 II 新装版』（岩波書店，2011）．
[10], [11] は同じ岩波講座シリーズ．1973，1972 年初版の古い本だがたびたび再版されている．[10] は本書 II 部の内容に加え，物質の凝集機構や構造についても詳しい．[11] は本書 III–V 部の内容全般を扱っている．オムニバス的構成でない和書だと，固体物理を広く扱った大学院生向けの教科書は，この二冊が最後か．

[12] 伊達宗行（監修），福山秀敏，山田耕作，安藤恒也（編）：『大学院物性物理 1–3』（講談社サイエンティフィク，1996–1997）．オムニバス的構成の本で三巻組．特に編者自身の筆による 1 巻第 1 章（安藤恒也：固体電子論と半導体——基礎から量子ホール効果まで），2 巻第 1 章（山田耕作：磁性）と第 2 章（福山秀敏：超伝導）が本書の参考になる．

[13] D. Pines: *Elementary Excitations in Solids* (Perseus, 1999); 大槻義彦，三沢節夫（訳）：『固体における素励起——フォノン，エレクトロン，プラズモンの量子論』（吉岡書店，1977）．1963 年初版の古典的名著．本書を執筆する際に書き方を手本にした．扱っている話題は [11] に近いが少し絞られている．

[14] C. Kittel: *Quantum Theory of Solids, 2nd Revised Editon* (Wiley, 1987); 堂山昌男（訳）：『固体の量子論』（丸善，1972）．本書と重なる内容も多いが，後半で本書で扱えなかった話題が幾つか扱われている．随所に著者の深い洞察が垣間見える．

原著は演習問題の解答付き.

[15] P. L. Taylor and O. Heinonen: *A Quantum Approach to Condesed Matter Physics* (Cambrdige University Press, 2002).

[16] D. W. Snoke: *Solid State Physics, Essential Concepts* (Addison-Wesley, 2008).

[17] U. Rössler: *Solid State Physics, 2nd Revised and Extended Edition* (Springer, 2009).

[18] D. I. Khomskii: *Basic Aspects of the Quantum Theory of Solids* (Cambridge University Press, 2010).

[19] G. D. Mahan: *Condensed Matter in a Nutshell* (Princeton University Press, 2011).

[20] P. Phillips: *Advanced Solid State Physics, 2nd Edition* (Cambridge University Press, 2012); 樺沢宇紀（訳）:『上級固体物理学』（丸善プラネット，2015）.

[21] M. L. Cohen and S. G. Louie: *Fundamentals of Condensed Matter Physics* (Cambridge University Press, 2016).

[22] S. M. Girvin: *Modern Condensed Matter Physics* (Cambridge University Press, 2019).

[15]-[22] はいずれも比較的新しく，著者の創意工夫が凝らされた現代的な記述に特徴がある．ただし，紙面の制限からか，個々の話題に対する説明は本書に比べると総じて簡素で，真に理解しようとすると原論文に戻らねばならなくなることが少なくない.

## より理解を深めたい人のための本

### 第 I 部）

[23] A. Messiah: *Quantum Mechanics* (Dover, 2014); 小出昭一郎，田村二郎（訳）:『量子力学 1-3』（東京図書，1971-1972）．原著は 1961 年初版．古いし大部で読みやすくはないが手堅い本．たとえば，断熱定理について数学的に誤った説明が流布している中で，Born-Fock の原論文に準じた正しい説明を与えている．本書で省いた Wigner の定理の証明もある.

[24] L. D. Landau and E. M. Lifshitz: *Quantum Mechanics (Non-Relativistic Theory) 3rd Edition* (Butterworth-Heinemann, 1981); 佐々木健，好村滋洋（訳）:『ランダウ=リフシッツ物理学教程 量子力学——非相対論的理論 1, 2 改訂新版』（東京図書，1983）．有名な理論物理学教程の一巻．現代的スタイルで書かれた本と比べると古めかしく，教程の他の巻で覚えるような感動にも乏しい．それでも正確無比で簡潔な記述と豊富な応用例は他書を圧倒する.

[25] J. J. Sakurai and J. Napolitano: *Modern Quantum Mechanics, 2nd Edition* (Cambridge University Press, 2017); 桜井明夫（訳）:『現代の量子力学 第 2 版 上・下』（吉岡書店，2014, 2015）．全編でブラケット記法を駆使し，現代的スタイルで書かれている．並進移動演算子の生成子から運動量演算子を定義するなど，対称性の重要性が強調されている.

[26] 河原林研:『量子力学』（岩波書店，2001）．特異ゲージ変換や Berry 位相等，古い教科書で扱われていない事項を補える．本書で省いた Wigner の定理の証明もある.

[27] 倉辻比呂志:『幾何学的量子力学』（丸善出版，2017）．Berry 位相とその応用に詳しい.

[28] 藪博之：『多粒子系の量子論』（裳華房，2016）．第二量子化や有効ハミルトニアンの方法（Brillouin-Wigner 型の摂動論）について，本書より詳しい説明あり．

[29] M. Le Bellac, F. Mortessagne and G. G. Batrouni: *Equilibrium and Non-equilibrium Statistical Thermodynamics* (Cambridge University Press, 2004); 鈴木増雄，豊田正，香取眞理，飯高敏晃，羽田野直道（訳）『統計物理学ハンドブック——熱平衡から非平衡まで』（朝倉書店，2007）．本書第 3 章の参考書としてよい．

[30] ズバーレフ（著），久保亮五（監訳），鈴木増雄，山崎義武（訳）：『非平衡統計熱力学 上・下』（丸善，1976）．露語の原著は 1971 年版．

[31] 戸田盛和，斎藤信彦，久保亮五，橋爪夏樹：『統計物理学 新装版』（岩波書店，2011）．[10], [11] と同じ岩波講座の一冊．古い本だがたびたび再版されている．

[30], [31] は本書第 4 章の参考書．非平衡統計力学全般を学ぶ本としては少し古くなっているが，線形応答理論に限って言えば現在も最良．特に [31] は久保自身の筆で貴重．

**第 II 部）**

[32] 小口多美夫：『バンド理論——物質科学の基礎として』（内田老鶴圃，1999）．

[33] 小口多美夫：『遷移金属のバンド理論」（内田老鶴圃，2012）．

[32], [33] は同著者による本で続き物として読める．説明が簡潔かつ平易で，第 II 部全般の入門的な参考書としてよい．

[34] 金森順次郎，米沢富美子，川村清，寺倉清之：『固体——構造と物性』（岩波書店，1994）．第 II 部全般の本格的な参考書．本書で扱えなかった物質の凝集機構や構造についても詳しい．

[35] W. A. Harrison: *Electronic Structure and the Properties of Solids: The Physics of the Chemical Bond* (Dover, 2012); 小島忠宣，小島和子，山田栄三郎（訳）：『固体の電子構造と物性——化学結合の物理 第三版・訂正増補版』（現代工学社，1983）．1980 年初版の古典的名著．化学結合論を基に物性を論じた本．強束縛モデルを具体的な物質へ応用する際に有用．

[36] R. M. Martin: *Electronic Structure: Basic Theory and Practical Methods* (Cambridge University Press, 2008); 寺倉清之，寺倉郁子，善甫康成（訳）：『物質の電子状態 上・下』（丸善出版，2012）．第一原理計算を扱った数多の本の中でも，特に内容が充実している．数値計算手法等の細かな点にまで言及がある．

[37] 犬井鉄郎，田辺行人，小野寺嘉孝：『応用群論——群表現と物理学』（裳華房，1980）．

[38] M. S. Dresselhaus, G. Dresselhaus and A. Jorio: *Group Theory: Application to the Physics of Condensed Matter* (Springer, 2008).

結晶が持つ対称性を余すことなく活用するためには群論の知識が要る．固体物理への応用を意図して書かれた本として [37], [38] を挙げる．

[39] P. Yu and M. Cardona: *Fundamentals of Semiconductors: Physics and Materials Properties, 4th Edition* (Springer, 2010); 末元徹，岡泰夫，勝本信吾，大成誠之助（訳）：『半導体の基礎』（シュプリンガー・フェアラーク東京，1999）．和訳は版が古くな

っている.

[40] J. H. Davies: *The Physics of Low-dimensional Semiconductors: An Introduction* (Cambridge University Press, 1997); 樺沢宇紀（訳）:『低次元半導体の物理』（丸善出版, 2012）.
半導体に関する本書の記述が簡素過ぎて満足できない読者も多いだろう．そこで，初学者でも読める半導体物理の標準的な教科書 [39] を挙げておく．[40] は半導体ヘテロ構造で実現される低次元電子系を扱った本だが，半導体物理の入門書としてもよい．

**第 III 部）**

[41] L. D. Landau, L. P. Pitaevskii and E. M. Lifshitz: *Electrodynamics of Continuous Media, 2nd Edition* (Butterworth-Heinemann, 1984); 井上健男，安河内昂，佐々木健（訳）:『ランダウ=リフシッツ物理学教程 電磁気学——連続媒質の電気力学 1・2』（東京図書，1962，1965）．内容が高度なことで知られる理論物理学教程の中でも特に手強い巻．しかし，現在入手可能な本の中で，物質中の Maxwell 方程式をこれほど詳細に扱っているものも見当たらない．

[42] D. Pines and P. Nozières: *The Theory of Quantum Liquids* (Westview Press, 1999). 1966 年初版．Fermi 液体論を扱った本だが，電磁応答に関する記述が参考になる．本書で言うところの $\boldsymbol{D}$ 法と $\boldsymbol{E}$ 法の違いが意識されている．

[43] 西川恭治，森弘之:『統計物理学』（朝倉書店，2000）．統計力学の教科書だが，3.3 節が電磁応答の一般論にあてられている．これについては前掲 [30] 18 節にも詳しい記述があるが，電磁場の横成分に対する応答を，前者ではすべて分極，後者ではすべて磁化として扱っていることに対応して，誘電率や透磁率の表式に違いが生じている．本書 8.3 節で述べたように，両者は異なる $(q,\omega)$ 領域を想定していると考えるとよい（より本質的な解決を目指す取り組みについては K. Cho: *Reconstruction of Macroscopic Maxwell Equations* (Springer, 2010) を参照）．なお，この本の 3.3 節と後掲 [85] 第 8 章は，電磁応答核の解説としても有用．

[44] 鈴木実:『固体物性と電気伝導』（森北出版，2014）．Boltzmann 方程式に基づく金属や半導体の輸送現象の扱いに詳しい．

[45] Y. Toyozawa: *Optical Processes in Solid* (Cambridge University Press, 2003). 固体の光学応答に関する話題を広く扱った本．本書にたびたび現れる $\boldsymbol{D}$ 法と $\boldsymbol{E}$ 法という用語は，元々この本で用いられていたもの．

[46] W. Schäfer and M. Wegener: *Semiconductor Optics and Transport Phenomena* (Springer, 2002). 半導体の光学応答と輸送現象の理論を扱った本格的な本.

[47] C. F. Klingshirm: *Semiconductor Optics, 3rd ed.* (Springer, 2004).

[48] 中山正昭:『半導体の光物性』（コロナ社，2013）.
[47], [48] は半導体光物性に関する話題を，実験結果も含めて広くまとめた本．[47] は辞書的，[48] は教科書的な用途に向く．

[49] 川畑有郷:『メゾスコピック系の物理学』（培風館，1997）.

[50] 勝本信吾:『半導体量子輸送物性』（培風館，2014）.

[51] Y. Imry: *Introduction to Mesoscopic Systems, 2nd Edition* (Oxford University Press, 2002); 樺沢宇紀（訳）:『メソスコピック物理入門』（吉岡書店，2000）．和訳は版が古くなっている．

[52] 長岡洋介，安藤恒也，高山一:『局在・量子ホール効果・密度波』（岩波書店，1993）第 I 部．

[53] S. Datta: *Electronic Transport in Mesoscopic Systems* (Cambrdige University Press, 1995).

本書では，電子波の干渉効果が重要になる量子輸送現象（特に Anderson 局在やメゾスコピック系の電気伝導）についてほとんど触れられなかった．この話題を扱った本は多いが，ここでは [49]–[53] を挙げておく．番号順に初学者から専門家向けの内容．

[54] 一丸節夫:「強結合電子ガスの多体問題」，大槻義彦編:『物理学最前線 4』（共立出版，1983）．第 11 章の参考書として非常によい．

**第 IV 部）**

[55] P. Nozières: *Theory of Interacting Fermi Systems* (Perseus, 1997). 1964 年初版の古典的名著．本書を含め多くの本が，この本の内容を下敷きにして Fermi 液体の物理的描像を与えている．説明が至極丁寧で，時折まどろっこしいと感じるほど．

[56] A. A. Abrikosov, L. P. Gorkov and I. E. Dzyaloshinski: *Methods of Quantum Field Theory in Statistical Physics, Revised Edition* (Dover, 1975); 松原武生，米沢富美子，佐々木健（訳）:『統計物理学における場の量子論の方法』（東京図書，1970）．Green 関数の摂動論を論じた古典的名著で，露語の原著は 1962 年初版．流石に記述が古い箇所もあるが，それを補って余りある充実した内容．特に Fermi 液体の微視的理論について詳しい．ただし，[55] とは対照的に説明が極めて簡潔なため，数式から物理的意味を読み取る能力が試される．原著の版が異なるのか，和訳は英訳より内容が 1 章多い．

[57] 高田康民:『多体問題——電子ガス模型からのアプローチ』（朝倉書店，1999）．Green 関数の摂動論を扱った和書の白眉．Fermi 液体の現象論と微視的理論，ジェリウムモデルの扱いに詳しい．随所に著者の深い洞察が垣間見える．

[58] G. F. Giuliani and G. Vignale: *Quantum Theory of the Electron Liquid* (Cambridge University Press, 2005). Green 関数の摂動論に基づく Fermi 液体の微視的理論，ジェリウムモデルの扱いに詳しい．電磁応答にも詳しく，本書第 III 部の参考書としても有用．

[59] 斯波弘行:『新版 固体の電子論』（森北出版，2019）．

[60] 斯波弘行:『電子相関の物理』（岩波書店，2001）．

[59], [60] は同著者による本で続き物として読める．[59] は 1996 年初版の本で，本書と同程度の読者を意識して書かれている．[60] は内容がより高度．本書第 IV 部全体の参考書として特にお薦め．

[61] 佐宗哲郎:『強相関電子系の物理 増補版』（日本評論社，2014）．本書と同程度の読者を意識して書かれた第 IV 部全体の参考書．

[62] 山田耕作:『電子相関』（岩波書店，1993）．本書第 IV 部に関連する広い話題が，

本書と同様に Fermi 液体論の観点から解説されている．扱っている内容は本書より広く，やや高度．Green 関数の摂動論に慣れてから読んだ方がよい．

[63] 倉本義夫：『量子多体物理学』（朝倉書店，2010）．本書第 IV 部に関連する広い話題を，かなり高度なものも含めてコンパクトにまとめた本．「まえがき」にあるように，省かれた計算過程を自分で補完する必要があり，薄い本だが読みこなすのに相応の時間を要する．

[64] 近藤淳：『金属電子論——磁性合金を中心として』（裳華房，1983）．近藤自身による近藤効果・近藤問題の解説で，本書第 13 章の参考書としてよい．より広く Fermi 面効果（運動量分布関数の不連続に帰因して生ずる不安定性）として，Anderson の直交定理や X 線吸収・放出スペクトルの Fermi 端異常も扱われている．説明が丁寧で初学者でも読める．

[65] 上田和夫，大貫惇睦：『重い電子系の物理』（裳華房，1998）．

[66] A. C. Hewson: *The Kondo Problem to Heavy Fermions* (Cambridge Univrsity Press, 2008).

[67] P. Coleman: *Introduction to Many-Body Physics* (Cambridge University Press, 2015).
近藤問題の先には重い電子系の研究分野が広がっている．その参考書として [65]–[67] を挙げておく．[65] は入門書．[66] は専門書．[67] は Green 関数の摂動論を扱った本格的な教科書だが，応用例が関連話題になっている．

[68] F. Gebhard: *The Mott Metal-Insulator Transition: Models and Methods* (Springer, 1997).
第 14 章の参考書としてよくまとまっている．

[69] R. M. Martin, L. Reining and D. M. Ceperley: *Interacting Electrons: Theory and Computational Approaches* (Cambridge University Press, 2016).

[70] A. Avella, F. Mancini Ed.: *Strongly Correlated Systems: Theoretical Methods* (Springer, 2011).

[71] A. Avella, F. Mancini Ed.: *Strongly Correlated Systems: Numerical Methods* (Springer, 2013)．本書第 IV 部で扱った強相関電子系の研究分野は，数値計算と切っても切り離せない．近年の目覚ましい計算機の性能向上に伴って，計算アルゴリズムも日々進化しているため，新しい情報に目を光らせておく必要があるが，本書執筆時での代表的な数値計算手法を概観できる本として [69]–[71] を挙げておく．[69] は前半を Green 関数の摂動論，後半を数値計算手法の解説に充てた大著．[70], [71] は専門家による講義録を集めた本．

**第 V 部）**

[72] 高橋和孝，西森秀稔：『相転移・臨界現象とくりこみ群』（丸善出版，2017）．本来，本書第 V 部は相転移の一般論から説き起こすのが筋だが，そこまで手が回らなかった．この点を補うための本格的な一冊．くりこみ群の手法も併せて身に着けておくとよい．

[73] 上田和夫：『磁性入門』（裳華房，2011）．

[74] 金森順次郎：『磁性』（培風館，1969）．

[75] 芳田奎：『磁性』（岩波書店，1991）．

[76] P. Fazekas: *Lecture Notes on Electron Correlation and Magnetism* (World Scientific, 1999).
本書では磁性一般を扱うのを諦め，金属強磁性に話題を絞った．紙面の都合もあるが，固体電子論の教科書であることもあり，電子が局在してスピン系になった場合（絶縁体の磁性）の議論は割愛したのである．より広く磁性一般を扱った本は多数出版されているが，その中でも特に [73], [74] は入門書，[75], [76] は本格的な専門書としてお薦め．

[77] 佐久間昭正：『磁性の電子論』（共立出版，2010）．固体電子論の一分野として磁性を扱うことを目指した本．前半はモデル理論，後半は第一原理計算に基づく内容で，多岐にわたる話題がコンパクトにまとめられている．

[78] 川畑有郷：『電子相関』（丸善，1992）．この本と前掲 [73] には初等的な SCR 理論の解説がある．

[79] 守谷亨：『磁性物理学』（朝倉書店，2006）．磁性一般を広く扱った本ではなく，著者自身の研究成果を中心とする特論的な内容の本．特に SCR 理論を総括した解説には他書にない迫力があり，本書では筆を伸ばせなかったスピンゆらぎの超伝導機構にも言及がある．ただし，内容が高度な割に記述が簡潔なため，相当に手強い本でもある．

[80] 草部浩一，青木秀夫：『多体電子論 I 強磁性』（東京大学出版会，1998）．金属強磁性を本書とは別の角度からまとめた特論的な本．特に，平坦バンド Hubbard モデルにおける強磁性発現の厳密な証明と，多バンド Hubbard モデルの強磁性に詳しい．

[81] A. Auerbach: *Interacting Electrons and Quantum Magnetism* (Springer, 1994). 前半は Hubbard モデルを出発点として議論を展開し，後半は低次元量子スピン系を主に扱った特論的な本．Hohenberg-Mermin-Wagner の定理，RVB (Resonating valence bond), Haldane ギャップ，スピンの経路積分，非線形シグマ模型等，古い本で欠けている話題を補うのに重宝する．

[82] 久保健，田中秀数：『磁性 I』（朝倉書店，2008）．本書で割愛したスピン系（絶縁体の磁性）についての参考書．説明が丁寧でわかりやすい．フラストレーション系にも言及あり．

[83] P. G. de Gennes: *Superconductivity of Metals and Alloys* (Westview Press, 1999). 1968 年初版の古典的名著．本書では扱えなかった，Bogoliubov-de Gennes 方程式，Ginzburg-Landau 方程式およびそれらの応用に詳しい．

[84] M. Tinkham: *Introduction to Superconductivity: 2nd Edition* (Dover, 2004); 青木亮三，門脇和男（訳）：『超伝導入門 上・下』（吉岡書店，2004，2006）．1973 年初版の古典的名著．標準的内容を網羅しつつ，説明が平易なのがよい．Josephson 効果について詳しい記述がある．

[85] J. R. Schrieffer: *Theory of Superconductivity, Revised Printing* (Perseus, 1999); 樺沢宇紀（訳）：『超伝導の理論』（丸善プラネット，2010）．1983 年初版の古典的名著．特に Green 関数による超伝導の扱い（南部–Gor'kov 形式）を学ぶのによい．第 8 章には超伝導体の電磁応答に関する詳しい解説がある．

[86] 中嶋貞雄：『超伝導入門』（培風館，1971）．[83]–[85] にもひけをとらない名著だ

が，表題に反して初学者にはやや手強い．

[87] 恒藤敏彦：『超伝導・超流動』（岩波書店，1993）．たとえば s 波の Cooper 対に議論を限定せず，異方的超伝導を包含する一般的な形式で BCS 理論が定式化されている等，現代的スタイルで書かれており，古い本の不足を補える．

[88] 丹羽雅昭：『超伝導の基礎 第 3 版』（東京電機大学出版局，2009）．超伝導の標準的な話題を満遍なく扱いつつ，計算過程が非常に詳しく書かれている．計算に躓いたとき役立つ．

[89] 黒木和彦，青木秀夫：『多体電子論 II 超伝導』（東京大学出版会，1999）．特論的な本．銅酸化物高温超伝導体を念頭に置き，本書では扱えなかったスピンゆらぎの超伝導機構について解説がある．

[90] 佐藤憲昭，三宅和正：『磁性と超伝導の物理——重い電子系の理解のために』（名古屋大学出版会，2013）．重い電子系への応用を意図して，磁性と超伝導および両者の関係を論じている．

**第 VI 部）**

[91] 安藤恒也（編）：『量子効果と磁場』（丸善，1995）．量子 Hall 効果の入門書として，この本と前掲 [52] 第 II 部を薦める．

[92] R. E. Prange and S. M. Girvin Eds.: *The Quantum Hall Effect, 2nd Edition* (Springer, 1989).

[93] S. Das Sarma and A. Pinczuk Eds.: *Perspectives in Quantum Hall Effects: Novel Quantum Liquids in Low-Dimensional Semiconductor Structures* (Wiley-VCH, 1996).
本書第 VI 部では歴史的順序にあまりこだわらずに，整数および分数量子 Hall 効果を解説した．当該分野の発展の経緯については，1980 年代および 1990 年代前半の研究成果のレビューを集めた [92], [93] からおおよそ摑める．

[94] T. Chakraborty and P. Pietiläinen: *The Quantum Hall Effects: Integral and Fractional* (Springer, 1995).

[95] 吉岡大二郎：『量子ホール効果』（岩波書店，1998）．

[96] 中島龍也，青木秀夫：『多体電子論 III 分数量子ホール効果』（東京大学出版会，1999）．
本書第 19 章の分数量子 Hall 効果の解説は，Jain の複合フェルミオン描像に基づく特論的な内容である．より総合的な解説は [94]–[96] にある．

[97] J. K. Jain: *Composite Fermions* (Cambridge University Press, 2007). Jain 自身の筆による複合フェルミオン描像に基づいた分数量子 Hall 効果の解説．

[98] 齊藤英治，村上修一：『スピン流とトポロジカル絶縁体——量子物性とスピントロニクスの発展』（共立出版，2014）．

[99] B. A. Bernevig and T. L. Hughes: *Topological Insulators and Topological Superconductors* (Princeton University Press, 2013).

[100] 野村健太郎：『トポロジカル絶縁体・超伝導体』（丸善出版，2016）．

[101] D. Vanderbilt: *Berry Phases in Electronic Structure Theory* (Cambridge University Press, 2018).

整数量子 Hall 効果の先には，トポロジカル絶縁体・超伝導体の研究分野が広がっている．[98] はその入門書．[99]–[101] はより本格的な内容．

**その他）**

[102] A. L. Fetter and J. D. Walecka: *Quantum Theory of Many-Particle Systems* (Dover, 2003); 松原武生，藤井勝彦（訳）：『多粒子系の量子論 理論編・応用編』（マグロウヒル，1987）．原著は 1971 年初版．

[103] G. D. Mahan: *Many-Particle Physics, 3rd Edition* (Springer, 2010). 1981 年初版.

[104] J. W. Negele and H. Orland: *Quantum Many-Particle Systems* (Perseus, 1998). 1988 年初版.

Green 関数の摂動論に関する参考書として，既に [55]–[58], [67], [69] を挙げたが，さらに [102]–[104] を加えておく．[102] は古典的名著で，計算過程まで詳細に書かれているのが特徴．しかしかえって大筋を捉えにくいかも．他書で疑問点が出てきたときに開くとよい．[103] は約 800 ページの大著で，他書の追随を許さない豊富な応用例が圧巻．随所に計算の注意点等の気の利いた記述もあり，是非手元に置いておきたい実践的な本．改版時の誤植が目立つので，気になるなら旧版を入手してもよいだろう．[104] は経路積分による定式化を採用しており，扱っている話題も含めて少し現代的な内容になっている．

[105] P. M. Chaikin and T. C. Lubensky: *Principles of Condensed Matter Physics* (Cambridge University Press, 1995). 固体物理の枠を超え，より広い意味での物質（特にソフトマター）に現代的な理論手法を応用することを目指した本．熱力学・統計力学の復習からはじまって，平均場理論，臨界現象とくりこみ群，物質の弾性・流体的性質，トポロジカル欠陥といった話題が手際よく扱われている．

[106] A. Altland and B. Simons: *Condensed Matter Field Theory, 2nd Edition* (Cambridge University Press, 2010); 新井正男，井上純一，鈴浦秀勝，田中秋広，谷口伸彦（訳）：『凝縮系物理における場の理論 第 2 版 上・下』（吉岡書店，2012）．現代的な場の理論の手法を物性へ応用することを目指した本．経路積分による定式化を採用し，固体物理の標準的事項に留まらず，新しい話題まで非常に幅広く扱われている．本書に欠けている計算技法のうちで特に重要なもの（Green 関数の摂動論，くりこみ群，非平衡 Green 関数）を一通り学べるという意味でも，本書の次に読む本としてお薦め．

[107] E. Fradkin: *Field Theories of Condensed Matter Physics 2nd Edition* (Cambridge University Press, 2013). この本も現代的な場の理論の手法を物性へ応用することを目指した本．第 2 版では，筆者が学生時代に読んだ初版（1991 年）から大幅に内容が増えている．[106] が初学者に配慮し，全体の統一感を重視した教科書の性格が強いのに対し，こちらは特論的な内容を集めた専門書の性格が強い．

[108] 永長直人：『物性論における場の量子論』（岩波書店，1995）．

[109] 永長直人：『電子相関における場の量子論』（岩波書店，1998）．

[108], [109] は同著者による本で続き物として読める．内容的には [107] と方向性が同じ本だが，初学者でも読めるように配慮されている．

# 索　引

**【た】**

著者略歴
大阪大学全学教育推進機構教授，博士（理学）
1970 年　生まれ
1994 年　東京大学理学部卒業
1999 年　東京大学大学院理学系研究科博士後期課程修了
日本学術振興会特別研究員，東京大学量子相エレクトロニクス研究センター研究機関研究員，科学技術振興事業団 CREST 研究員，大阪大学理学研究科助教授，同准教授を経て，
2018 年より現職.

固体電子の量子論

2019 年 8 月 27 日　初　版
2024 年 9 月 25 日　第 4 刷

［検印廃止］

著　者　浅野建一（あさの けんいち）

発行所　一般財団法人　東京大学出版会
代表者　吉見俊哉
153-0041 東京都目黒区駒場 4-5-29
電話 03-6407-1069　Fax 03-6407-1991
振替 00160-6-59964

印刷所　大日本法令印刷株式会社
製本所　誠製本株式会社


ISBN 978-4-13-062619-4　Printed in Japan